『十四五』国家重点图书出版规划项目

中国蔬菜系列丛书

中国结球甘蓝

方智远 主编

中国农业出版社

北京

编写委员会

主　　编：方智远

副 主 编：（按姓氏音序排列）

薄天岳　康俊根　李建斌　廖小军　刘玉梅

吕红豪　宋洪元　孙培田　王　超　王　勇

谢丙炎　杨丽梅　张恩慧　张扬勇　张友军

庄　木

编写人员：（按姓氏音序排列）

薄天岳　陈安均　陈锦秀　陈　立　陈利军

方智远　高丽朴　韩风庆　贺字典　黄建新

黄　炜　季家磊　康俊根　李成琼　李大伟

李建斌　李克斌　李明远　廖小军　凌　键

刘玉梅　吕红豪　茆振川　宋洪元　孙培田

邰　翔　田雪亮　王　超　王　清　王　勇

王少丽　王神云　王文欣　吴圣勇　谢丙炎

谢嘉俊　徐嘉悦　许忠民　严继勇　杨丽梅

杨肖飞　杨宇红　余方伟　曾爱松　张　斌

张恩慧　张　伟　张晓烜　张扬勇　张友军

赵　靓　朱晓炜　庄　木

序

甘蓝是重要的十字花科蔬菜作物，营养丰富，适应性强，世界各地广泛种植。甘蓝在17世纪末由欧洲传入中国，目前中国甘蓝的种植面积和产量均稳居世界第一位，在保障蔬菜周年供应、助力脱贫攻坚和推进乡村振兴中发挥了重要作用。

我国甘蓝遗传育种研究起步较晚，但发展速度较快。20世纪70年代以前，各科研单位主要开展了国外甘蓝品种的引种比较和常规选育工作。70年代以后，在国家和省部级项目的支持下，我国甘蓝育种在理论创新、技术创新和新品种培育与推广等领域取得一系列重要成果。目前生产上使用的良种已经更新了4～5代，由20世纪70年代以前的完全依赖进口到目前的国产化率85％以上，为我国种业科技自立自强和种源自主可控提供了重要支撑。

主编方智远院士是我国著名蔬菜学家、植物遗传学家，是中国蔬菜学科的主要奠基人之一，被誉为"中国杂交甘蓝之父"。他带领团队专注甘蓝遗传育种研究60年，在育种技术、种质资源创新和新品种选育等方面取得了开创性的成果，建立了世界领先的甘蓝自交不亲和及雄性不育高效育种技术体系，育成中国第一个甘蓝杂交种"京丰一号"及四代"中甘"系列甘蓝新品种，在全国各地大面积推广。方智远院士既是我国蔬菜科技进步的杰出代表，也是民族种业的功勋人物。

为了总结经验、明确新的研究方向，更好地解决甘蓝育种和生产中的关键理论和技术问题，方智远院士牵头组织国内甘蓝育种、栽培、植保、贮运加工等方面的专家编著了《中国结球甘蓝》。该书系统总结了我国几十年甘蓝育种、生产的经验和研究成果，同时对比介绍了国外甘蓝遗传育种研究新进展和新技术，具有较好的前瞻性、科学性、指导性。

本著作既是广大蔬菜科技工作者的一本重要参考书，更是学习传承以方智远院士为代表的科学家精神的媒介和载体。

先生虽逝，遗风长存。

刘旭

2024年1月15日

前 言

□□□□□□□□□□□□□□□□□□□□□□□□

　　结球甘蓝简称甘蓝，是中国的主要蔬菜作物，在世界各地超过 90 个国家广泛种植。甘蓝在 17 世纪末由欧洲传入中国，从 20 世纪 90 年代开始，在中国的栽培面积迅速扩大，由 1991 年的约 24 万 hm^2 增长到 2006 年的 94 万 hm^2，目前中国甘蓝的种植面积和产量均位居世界第一。甘蓝产业已成为我国农业增效、农民增收、农村发展的重要产业之一，在保障蔬菜周年供应和出口创汇中发挥着重要作用。

　　20 世纪 70 年代以前，我国的甘蓝良种几乎全部依赖进口。但自改革开放以来，在各级主管部门对于包括甘蓝在内的大宗蔬菜科技发展高度重视下，在国家科技攻关计划、863、973、国家科技支撑计划、国家重点研发计划、国家自然科学基金、现代农业产业技术体系等国家级项目的支持下，经过全国科技人员的努力，中国甘蓝研究取得了一批重大科研成果，先后培育出 280 多个优良品种，使甘蓝良种更新了 4～5 次，优良品种由完全依赖进口到国产化率 85％以上，这是在国家政策支持和科研人员努力下民族种业实现自主可控的一个典型范例。

　　中国甘蓝产业的迅速发展，离不开甘蓝育种、栽培、植保、贮运、加工等技术的不断创新和进步，以及取得的实践性成果。为了全面、系统地总结自 20 世纪 60 年代以来，中国甘蓝研究在理论和应用技术方面所取得的成就，中国农业科学院蔬菜花卉研究所等多个科研及教学单位的专家决定编辑出版《中国结球甘蓝》一书，以适应新时期产业发展的需求。对中国甘蓝科研与生产 60 年历程进行系统总结，也有利于推动我国蔬菜科技、种业与产业的整体提升。

　　全书共十六章，首先概述了国内外甘蓝研究概况，而后以遗传育种为核心，利用 8 章的篇幅进行详细阐述，内容涵盖生物学特性、种质资源、遗传机制、传统育种和生物技术育种等，重点聚焦中国甘蓝遗传育种的研究成果，同时兼顾国外最新研究进展，使读者能全面了解国内外育种情况。针对甘蓝栽培，利用 4 章系统总结了中国东南及华南、西南、北方二季作以及北方一季作等不同甘蓝主产区的栽培模式和栽培技术，指出了其中的问题和克服的途径。针对植保防控，通过第十四章和第十五章详细阐述了甘蓝生产中主要病虫害的种类、流行规律和防治要点，为甘蓝绿色生产提供了具体翔实的指导。本书还在第十六章对甘蓝贮运和加工进行了系统总结，为甘蓝的产业链延伸提供了依据。

本书是中国蔬菜学科一部重要的学术著作，其特点是内容比较全面而系统，理论与实践紧密结合、传统与创新有机融合。例如，在阐述一般的育种理论和技术时，均结合有国内育种实践的典型实例，具有中国特色。再有图文并茂的形式编写，先用文字详细阐释理论基础，并对存疑的观点进行反复推敲，同时用大量图片把理论具象化，并进一步将精心挑选的各章节彩图附后以飨读者。全书内容深入浅出，兼顾科学性、实践性、实用性与可读性，既可作为广大蔬菜研究工作者的重要参考书，又可作为大专院校师生的重要教材。期望本书能对促进中国蔬菜产业和蔬菜科技的发展以及国际学术交流发挥重要作用。

本书的编写出版得到各章节编写人员及部分园艺、植保、食品加工领域专家的大力支持。参加本书编写的人员都是活跃在蔬菜科研一线的专家，有扎实的基础理论知识和丰富的实践经验。在编写过程中大家认真负责，既结合自己丰富的研究工作实践，又查阅了大量文献资料。部分专家除完成本人负责的章节编写外，还积极参与其他章节的审稿工作。为了尽可能地保证编写质量，各章节除经作者本人修改外，还经过至少2位其他同行专家的审阅。张扬勇、刘玉梅、杨丽梅、康俊根、李建斌、宋洪元、庄木、吕红豪等分别审阅了该书的有关章节。

本书的编写得到了中国农业科学院蔬菜花卉研究所、北京市农林科学院、中国农业大学、西北农林科技大学、西南大学、东北农业大学、江苏省农业科学院、上海市农业科学院等单位的大力支持。2017年在中国农业科学院蔬菜花卉研究所成立了编撰办公室，吕红豪、王勇、季家磊等作为编撰办公室的成员，协助主编、副主编完成本书日常的组稿、统稿及图片征集工作。

本书的文字和图片多由编著者原创，但同时也参阅或引用了部分国内外相关专家学者的图片、文献和资料，由于篇幅有限未能在书中一一将来源引用列出，在此向原作者和出版单位表示歉意。由于本书涉及的研究方向多，涵盖的内容广，难免有疏漏与不足之处，敬请读者指正。

本书是在主编方智远院士的精心组织设计下完成的。方院士是我国著名蔬菜学家、遗传育种学家，在甘蓝种质资源创制、育种技术创新、新品种培育等方面取得了世界领先成果。特别是从20世纪70年代开始，针对不同时期对产量、品质、抗病性、抗逆性等方面的要求，育成四代"中甘"系列甘蓝品种，获我国蔬菜科技领域唯一的国家技术发明一等奖及3项国家科技进步二等奖，为中国蔬菜科技和产业的发展壮大作出了卓越贡献，是中国蔬菜学科的主要奠基人之一，被誉为"中国杂交甘蓝之父"。方院士从2017年开始策划组织本书撰写工作，并于同年11月18日在南京召开会议，确定了主编、副主编人选及各章节的主要编写人员，成立了编撰办公室。2018年1月商定了本书的编写提纲和编写规范。2019年10月开始，方院士累计组织审改6次，每一轮审改都留下了他大量亲自修改的笔迹。2023年1月6日，在北京大学第一医院，方院士在因病住院身体非常虚弱、戴着氧气罩的情况下，依然放不下《中国结球甘蓝》的编撰工作，用颤抖的手写下了最后的修改意见，并用微弱的声音再三嘱托要把书认真编好。为了完成方院士的遗愿，编委会多次利用周末或晚上的时间召开会议，组织编委会成员历经 10 余次审改，最终顺利完成本书编撰工作。方智远先生深沉厚重的爱国情怀、务实求新的学术追求、诲人不倦的师者风范，永远是后辈学习的榜样。

斯人已逝，精神永存。本书付梓之际正值方院士逝世一周年，谨以此书纪念方智远先生。

《中国结球甘蓝》编委会
2024 年 1 月（农历癸卯年冬）

目 录

第一章

概 述

第一节 甘蓝的起源、进化与传播

一、甘蓝的起源与进化

甘蓝是结球甘蓝（*Brassica oleracea* L. var. *capitata* L.）的简称，在我国各地别名有包菜、卷心菜、大头菜、疙瘩白、莲花白、茴子白、圆白菜、洋白菜、椰菜、高丽菜等，是十字花科芸薹属甘蓝种中顶芽能形成叶球的一个变种，染色体数 $2n=2x=18$。甘蓝营养丰富，球叶质地脆嫩，可炒食、煮食、凉拌、腌制或干制。其栽培历史最早可追溯到公元前 2 000 多年。甘蓝家族是经典的种内形态多样性模式作物，其种内至少包括 6 个栽培亚种，均由野生不结球甘蓝类型在不同地区、不同时期长期选择驯化形成（图 1-1）。

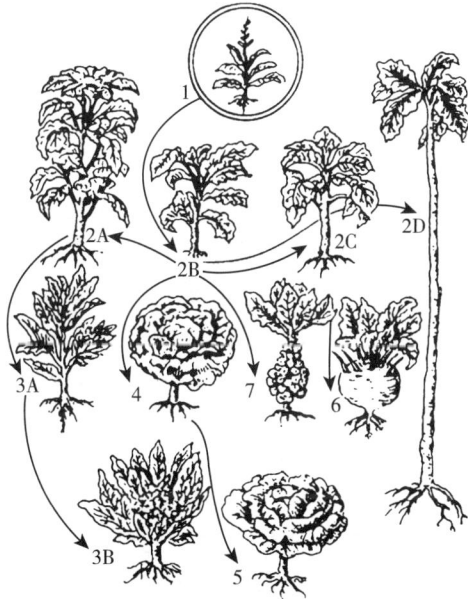

图 1-1 在人工选择和培育下野生甘蓝的变异（马尔柯夫，1953）

1. 一年生野生甘蓝 2. 羽衣甘蓝（2A：分枝者；2B：不分枝者；2C：髓状者；2D：饲用高茎者） 3. 花椰菜 [3A：二年生者（木立花椰菜）；3B：一年生者（花椰菜）] 4. 甘蓝 5. 皱叶甘蓝 6. 球茎甘蓝 7. 抱子甘蓝

甘蓝类栽培作物起源于地中海沿岸的野生甘蓝。甘蓝种野生类型种类较多，主要分布在地中海沿岸地区，特别是意大利西西里岛和希腊（Snogerup et al.，1990；Triblato et al.，2017），至于哪些是栽培种的祖先目前还有不同观点。早期的研究认为分布于欧洲南部和西部海岸线附近的野生甘蓝（*B. sylvestris*，一种低矮丛生具有木质化茎的植物）是所有甘蓝类蔬菜的祖先，其生长于地中海沿岸西部以及西班牙北部、法国西部、不列颠南部和西南部（Helm，1963；Tsunoda et al.，1980），现在这些地区还能找到其分布。Mabry 等（2021）利用 9 种野生甘蓝类型研究了栽培甘蓝与这些潜在野生甘蓝祖先的亲缘关系，认为爱琴海特有的 *B. cretica* 是最接近栽培甘蓝的野生甘蓝类型。Maggioni 等（2010，2018）通过分析公元前 6 世纪至公元 4 世纪的古希腊和拉丁文献以及分子证据，也支持甘蓝类作物最初驯化于地中海沿岸东部及中东的古希腊语区域这一观点。

野生甘蓝在自然生长状态下一般不结球，早在 2 500 多年前人们已经开始根据不同的需要对其进行选择性驯化。Cai 等（2022）根据文献记载和分子证据，认为野生甘蓝的驯化过程首先是形成多种类型的羽衣甘蓝，然后在不同栽培地区分别驯化，在漫长的驯化过程中，这些驯化的羽衣甘蓝和野生甘蓝之间仍存在着广泛的基因交流。随着人类的选择培育，逐渐驯化成现有的 6 个栽培亚种。其中花椰菜（*B. oleracea* var. *botrytis* L.）和青花菜（*B. oleracea* var. *italica* Plenck.）具有膨大的花序，球茎甘蓝（*B. oleracea* var. *gongylodes* L.）具有膨大的茎，芥蓝（*B. oleracea* var. *alboglabra*）具有嫩茎，结球甘蓝（*B. oleracea* var. *capitata* L.）的顶芽膨大成叶球，而抱子甘蓝（*B. oleracea* var. *germmifera* DC.）侧芽膨大成小叶球（Kalloo et al.，1993）。尽管甘蓝类蔬菜形态差异很大，但它们具有共同的 C 染色体基因组（$2n=18$），相互之间没有生殖隔离。这些形态的差异来源于人类根据自身需要长期定向选择培育的结果。

野生甘蓝作为古代的一种药用植物，大约 2 500 年前，它的一些类型，包括不分枝的、饲用的羽衣甘蓝，在地处欧洲南部的古希腊地中海区域培育成功，开始被古罗马人和古希腊人人工种植，驯化形成了不结球原生甘蓝。公元前 5 世纪凯尔特人征服欧洲大陆和小亚细亚，在公元前 4 世纪将原生甘蓝从地中海东部沿岸，引入欧洲西北部的不列颠群岛和毗邻欧洲东部的小亚细亚地区，由于原生甘蓝以叶片作为主要的食用器官，经过多年种植选择，叶片越来越大。随后原生甘蓝通过丝绸之路传入中国，并在中国南方地区通过选择，于北宋时期（公元 1095 年左右）形成了中国特有的薹用甘蓝——芥蓝。在欧洲地区的种植过程中，人们更愿意食用品质较好的甘蓝幼嫩叶片。公元 13 世纪，在德国由不分枝的羽衣甘蓝逐渐选择并培育出茎短缩、结球松散、适宜冷凉气候的结球甘蓝（Helm，1963）。经进一步选择培育，逐渐发展成为叶球紧实的普通结球甘蓝，并传播到欧洲各国和世界各地。随后，于公元 14～16 世纪，在意大利、英国分化出紫甘蓝和皱叶甘蓝（Nieuwhof，1969）。在圆球、扁圆球和尖球三种结球甘蓝类型中，圆球类型是最为古老的结球甘蓝类型，而扁圆球甘蓝是较晚驯化成的，大约在 18 世纪初尖球形甘蓝类型开始出现。在栽培叶用原生甘蓝的过程中，在邻近德国的欧洲其他国家，人们选择出了具有短缩肉质茎的甘蓝作物，最终形成了现在的球茎甘蓝。在后来的长期甘蓝栽培过程中，欧洲南部地区由于甘蓝较易抽薹开花，人们逐渐适应于食用甘蓝的幼嫩花薹，长期的选择压力使得在 15 世纪左右形成了青花菜和花椰菜，而抱子甘蓝是最后选育成功的甘蓝类蔬菜。

二、甘蓝在世界的传播

结球甘蓝首先由德国在公元 13 世纪开始种植。16 世纪以前，主要在欧洲各国之间传播，随后希腊人和罗马殖民者将甘蓝从黑海地区引入俄国。据耶尔马科夫和阿拉西莫维契主编的《蔬菜生物化学》（1964）记载，当时苏联是世界上甘蓝种植面积最大的国家，年种植面积达 54 万 hm^2，西欧各国为 35 万 hm^2，其中英国达 9 万 hm^2，而我国直到 20 世纪 80～90 年代种植面积也仅为 20 万～30 万 hm^2。现今，结球甘蓝仍被俄罗斯及原苏联各加盟共和国作为主要蔬菜而广泛种植。俄罗斯人平均每年甘蓝消费量超过美洲人 7 倍以上。

结球甘蓝大约在 14 世纪传入英国不列颠群岛（Nieuwhof，1969）。随着结球紧实的扁球形甘蓝的出现，结球甘蓝在 18 世纪初开始在世界各地迅速传播（Switzer，1727），18 世纪末逐渐替代了原始的圆球形甘蓝品种（Randolph，1793）。

结球甘蓝最早由迁居美洲的白人引入北美地区，16 世纪传入加拿大，法国航海者雅克·卡蒂亚（Jacques Cartier）通常被认为是在 1536 年首先将结球甘蓝引入美洲的人。据考证，亚洲地区的日本最早在 1775 年开始有结球甘蓝种植的记载（星川清亲，1978），而我国在清康熙二十九年（1690）前，就有结球甘蓝种植的记载（蒋名川，1983）。

三、甘蓝的传入和传播

（一）甘蓝的传入

我国最早关于结球甘蓝历史研究的文章为蒋名川先生（1983）的《关于几种蔬菜引进我国的历史的商榷》。据其考证，早在清康熙二十九年（1690）前，结球甘蓝就从沙俄通过陆路传入中国，被称为老枪菜、老羌菜、俄罗斯菜或阿罗斯菜，实际上均是指结球甘蓝。之后，《中国栽培植物发展史》一书则提出了甘蓝可能是在元代经丝绸之路通过新疆传入我国甘州，故取名为甘蓝（李璠，1984）。叶静渊在《我国结球甘蓝的引种史》（1984）和《甘蓝类蔬菜在我国的引种栽培与演化》（1986）的两篇文章中对结球甘蓝的多种名称进行了考释，倾向于多种途径传入的结论，认为结球甘蓝传入我国主要有三条途径：一是由缅甸经中国云南传入内地；二是由沙俄经我国黑龙江省传入；三是经由我国新疆传入。除此之外，还有经我国台湾及东部沿海一带海路引进的第四条途径。并且指出中国现在栽培的结球甘蓝，基本上都是传入中国新疆后逐渐推广的。由其他途径传入中国的结球甘蓝，大多没有得到推广。张平真（2006）也提出类似的结论。梁松涛（1991）考证认为中国栽培甘蓝至少已有 1 000 年历史。《中国农业百科全书·蔬菜卷》（1990）结球甘蓝条目采用了叶静渊先生提出的四条路径的观点，而《中国大百科全书·农业卷》（2002）结球甘蓝条目仅指出其传入途径为从陆路经俄罗斯传入我国北方和从海上由欧洲传入我国东南沿海这两条。2006 年出版的《中国蔬菜名称考释》一书将上述传入途径进行了归纳，得出了结球甘蓝传入我国的第五条途径，认为散叶类型的甘蓝早在南北朝时期就已经传入我国。

关于甘蓝最早的文献记载为汉代末年或南朝陶弘景所著《名医别录》："甘蓝，平，补骨髓，利五脏六腑，益心力，壮筋骨。此者是西土蓝，阔叶，可食。治黄毒者，作菹，经宿渍色黄，和盐食之，去心下结伏气。陇西多种食之，汉地少有。"但可以肯定此为尚不能结球的原生叶用甘蓝。"丝绸之路"是原生不结球甘蓝传入的最有可能的途径。丝绸之路是汉唐时期形成的经由长安、穿越河西走廊和塔里木盆地，通过中亚，或南下印度，或西往伊朗、直达地中海东岸的一条连接欧亚大陆的陆上通道。西北向来被认为是与我国文明起源和发展有重要关系的一个地区。尤其是在秦、汉、唐时期，西北地区作为我国的政治军事及文化中心，通过丝绸之路与西域地区通商频繁，《名医别录》成书的年代在张骞与班超出使西域带来大量植物种子之后，因此可推理早在汉代随着丝绸之路的开通，从地中海沿岸或中亚地区引入的甘蓝原生种，在我国"天下富庶无出陇右者"的西北陇西和河套地区开始少量种植。

从历史资料关于甘蓝的记载可以看出（表1-1），原生不结球甘蓝在传入中国后，唐宋以前主要作为药食兼用的植物缓慢发展。引入华南地区后，经多年选择在北宋时期形成了我国特有的薹用甘蓝——芥蓝，其在我国最早记载可追溯至北宋苏轼《雨后行菜圃》，"芥蓝如菌蕈，脆美牙颊响"（1095）。近年来，分子遗传学研究也表明，芥蓝与来源于欧洲西北部沿海地区的野生甘蓝亲缘关系较远，已成为一个单独的类群，表明芥蓝进化形成时间较早，且进化形成的地域与其他甘蓝类作物隔离，支持芥蓝起源于中国的学说（王冬梅等，2011）。元代司农司编撰的《农桑辑要》转录已佚元初《务本新书》："二月畦种，苗高，剥叶食之，剥而复生，刀割则不长。"此描述表明原生叶用甘蓝已非常具体地作为一种家常蔬菜，并详细记载了原生叶用甘蓝的生物学特性和农艺性状，说明在元代原生叶用甘蓝已经作为一种较常见的蔬菜载入农业专业书籍，同时可以肯定的是，此时的甘蓝未提及食用根或花薹，仅食用展开的叶片，仍是尚未结球的原生叶用甘蓝，只是可能经过人工选择，品质有所改良，种植地域有所扩大。

表1-1　中国史籍关于甘蓝的记载

公元纪年	年代	典籍	作者	引文
	汉代末年或南齐	名医别录	陶弘景	原书佚。据《证类本草》：甘蓝，平，补骨髓，利五脏六腑，益心力，壮筋骨。此者是西土蓝，阔叶，可食。治黄毒者，作菹，经宿渍色黄，和盐食之，去心下结伏气。陇西多种食之，汉地少有。
	南北朝	胡洽居士百病方	胡洽	原书佚，《隋书经籍志》引录：甘蓝，河东陇西多种食之，汉地甚少有。其叶长、大、厚，煮食甘美；经冬不死，春亦有英，其花黄，生角结子。
652	唐永徽三年	备急千金要方	孙思邈	蓝菜，味甘平无毒，久食大益肾，填髓脑，利五脏，调六腑。
8世纪初	唐代	本草拾遗	陈藏器	原书佚，此据《植物名实图考长编》：甘蓝，平，补骨髓，利关节，通经络中结气，明耳目，健人，少睡，益心力，壮筋骨。藏曰此是西土蓝，叶阔可食。时珍曰：此亦大叶冬蓝之类也。

（续）

公元纪年	年代	典籍	作者	引文
1082	北宋元丰五年	重修政和经史证类备用本草	唐慎微	引《食医心镜》文，内容同《名医别录》。
1095	北宋绍圣二年	雨后行菜圃	苏轼	芥蓝如菌蕈，脆美牙颊响。
1273	元至元十年	农桑辑要	元司农司	转录已佚元初《务本新书》：蓝菜，二月畦种，苗高，剥叶食之，剥而复生，刀割则不长。加火煮之，以水淘浸，或炒烂、或拌食、或包酸馅、或卷饼。生食颇有辛味。五月园枯，此叶独茂，故又曰主园菜。食至冬月，以草覆其根，四月终结子，可收作末，比芥末，根又生叶，可食一年，陕西多食此菜。若中人之家，但能自种两三畦蓝菜，并一二畦韭，周岁之中，甚省菜钱。
1310	元至大三年	王祯农书	王祯	元刻本佚，据明刻本，记载同上。
1505	明弘治十八年	本草品汇精要（御制本）	刘文泰	一种陈藏器馀甘蓝。甘蓝，平，补骨髓，利五脏六腑；益心力，壮筋骨。此者是西土蓝，阔叶，可食治黄毒者陇西多种食之，汉地少有。多食令人少睡。
1563	明嘉靖四十二年	大理府志	李元阳	莲花菜出大理府洱河东上沧湖。相传大士化箭镞所成。
1690	清康熙二十九年	柳边纪略	杨宾	阿罗斯其菜，茎如莴苣而短，叶若薹，包者白、舒者青……食之味淡，诸书所言皆一物也。
1720	清康熙五十九年	龙沙纪略·贡赋	方式济	老枪菜，即俄罗斯菘也，抽薹如莴苣，高二尺余，叶出层层删之，其末层叶相抱如球，取次而舒，已舒之叶老不堪食、割球烹之，略似安肃冬菘，郊圃种不满二百本，八月移盆。官弁分畜之，冬月包纸以贡。
1737	清乾隆二年	肃州新志	黄文炜、沈青崖	口外更有一种高大包心者，色味极佳，俗名莲花菜，实本西域名罗察菜。
1804	清嘉庆九年	回疆通志	和宁	莲花白菜……种出克什米尔，回部移来种之。
1810	清嘉庆十五年	黑龙江外记	西清	有蔬类莴苣而叶碧绿，上有紫筋，名老羌白菜，其种自俄罗斯来，人间偶见之，非园圃所种。
1848	清道光二十八年	植物名实图考长编	吴其濬	葵花白菜，生于山西，大叶青蓝如劈蓝，四面披离，中心叶白如黄芽菜，层层紧抱如覆碗，肥脆可爱，汾、沁之间菜之美者，为葅为羹无不宜之，山西志无纪者，日食菜根，乃缺蔬谱，俗讹为回子白菜。

（续）

公元纪年	年代	典籍	作者	引文
1911	民国元年	Farmers Of Forty Centuries: Or Permanent Agriculture in China, Korea and Japan	F. H. King	上海蔬菜市场甘蓝等蔬菜的价格（1900年4月）Oblong white cabbage, per lb., 2.00 cents
1933	民国二十二年	蔬菜园艺学	黄绍绪	甘蓝之原产地为欧洲，如法国、丹麦及英国之南海岸，现在尚有野生者。我国近来北京，上海及其他大都邑附近栽培尚盛，乡间则不多见
1936	民国二十五年	蔬菜大全	颜纶泽	球叶甘蓝栽培由来已久，栽培之品种极多，分类之法，亦有种种，或由叶色分为绿色种、紫色种，或依叶球形状分为球形、扁形、心脏形、圆锥形等四类，又有应成熟时期分为早熟、中熟、晚熟者。

原生甘蓝在汉代传入中国后未能在我国驯化成结球甘蓝。作为重要蔬菜作物的结球甘蓝是在欧洲驯化成功后传入我国的。但究竟在何年代通过何途径传入我国却仍是众说纷纭（张楠等，2014）。对历史资料和前人研究结果经过综合分析，结合我国各地甘蓝地方品种种质资源分布状况，专家普遍认为：尽管结球甘蓝最早传入我国的历史记载是17世纪末经由俄罗斯传入我国黑龙江省，但17世纪末期经由俄罗斯和中亚传入新疆并继而向北方各省传播应该是最主要的传入路线。原因有三：

其一，历史资料中，目前能够明确是结球甘蓝的最早记载是东北地区在清康熙二十九年（1690）的《柳边记略》："阿罗斯其菜，茎如莴苣而短，叶若薹，包者白、舒者青……食之味淡，诸书所言皆一物也"。但直到19世纪初，《黑龙江外记》（1810）仍谓"有蔬类莴苣而叶碧绿，上有紫筋，名老羌白菜，其种自俄罗斯来，人间偶见之，非园圃所种。"说明黑龙江结球甘蓝自俄罗斯引入之后并未得到推广。而我国西北地区关于结球甘蓝的最早记载为乾隆二年（1737）《肃州新志》："口外更有一种高大包心者，色味极佳，俗名莲花菜，实本西域名罗萝菜。"此时的甘蓝名称莲花菜已经和现在西北地区称谓一致。随后，18世纪中期，乾隆年间撰修的北方诸省的地方志中已经有称结球甘蓝为"回回白菜"或"回回菜"的，这种称谓和现在山西、河北、内蒙古、河南北部等地对结球甘蓝的称谓"苘子白""苘白"相呼应，揭示这一带的结球甘蓝是通过新疆传入甘肃、宁夏并进而传入北方诸省。1804年成书的《回疆通志》是清代喀什噶尔参赞大臣和宁创作的一部反映回疆八城和吐鲁番、哈密二城的地方志，嘉庆九年成书，所记述内容上限为顺治四年（1647），下限至嘉庆九年（1804），记载有"莲花白菜……种出克什米尔，回部移来种之"，对结球甘蓝有清晰的描述，结合乾隆年间纂修的山西和热河地方志中已经有对回回菜和回回白菜种植的广泛记载，说明此时从西北新疆地区传入北方各省的结球甘蓝种植已很普遍，可以推断结球甘蓝经由这条路径传入我国的时间不会晚于东北地区。经过对我国国家种质资源库现存甘蓝地方品种的地理来源统计（表1-2），来源于西部和北方各省的品种占绝大多数（78.44%），说明近代栽培的结球甘蓝，大部分都是通过俄罗斯及中亚传至新疆、甘肃再至北方各省这一主要传入线路传入，后再向华北、西南各省逐渐传播。

表 1-2 国家蔬菜种质资源中期库甘蓝地方品种来源及球形统计表

地域	扁球形	圆球形	尖球形	总数
西北	25	12	3	40
西南	41	5	4	50
华北	38	17	7	62
东北	12	7	0	19
南方	34	2	11	47
总计	150	43	25	218

注：资料来源于《中国蔬菜品种资源》第一分册（1991）、第二分册（1998）。西北包括新疆、宁夏、甘肃、青海的地方品种；西南包括四川、贵州的地方品种；华北主要包括山西、内蒙古和少量北京、河北、山东的地方品种；东北包括黑龙江、吉林和辽宁的地方品种；南方包括安徽、福建、广东、湖北、湖南、上海、江苏、浙江等地的地方品种。

其二，结球甘蓝的兴盛和迅速传播得益于 17 世纪晚熟型高产扁圆球甘蓝的培育成功。对我国国家蔬菜种质资源库保存的 218 份结球甘蓝地方品种统计表明（表 1-2），这些地方品种中扁圆球品种为 150 个，而圆球品种为 43 个，尖球品种为 25 个，扁圆球品种占到绝大多数。1959 年出版的《中国蔬菜优良品种》一书中收录 45 个结球甘蓝优良品种，其中尖球形 3 个，圆球形 7 个，扁圆形 35 个，扁圆形结球甘蓝也占大多数，表明在我国早期引入的传统地方品种主要应是晚熟扁圆形结球甘蓝品种。结球甘蓝最早引入中国应该是伴随欧洲晚熟扁圆形甘蓝的成功培育。

关于结球甘蓝的名称记载最早为明嘉靖四十二年（1563）李元阳纂修的《大理府志》。叶静渊（1986）认为所记载的"莲花菜"为结球甘蓝在莲座期所形成莲花样叶环的象形描述，据此考证认为结球甘蓝最早可能通过缅甸传入我国云南。但是此时晚熟扁圆形甘蓝尚未在欧洲培育成功，缅甸等东南亚地区气候较为炎热，当时晚熟圆球甘蓝包心较为疏松，在炎热地区很难栽培成功，也难以春化留种。因此这种在欧洲原产地种植尚不普遍的原始圆球形甘蓝，通过此路线传入云南的可能性并不大。《大理府志》所记载的莲花菜没有具体的形态描述，且并未有任何该"莲花菜"系从其他地区引入的说明，云南物种丰富，形如莲花的植物很多，很可能当时记载的莲花菜并非指结球甘蓝而是指当地的一种其他植物。现在西南地区称结球甘蓝为莲花菜，可能是结球甘蓝从西北地区传入西南的同时，将莲花菜的称谓引入当地而已。持同样观点的还有云南农业大学韩嘉义，1985 年在《浅议云南结球甘蓝的引种史——兼与叶静渊同志商榷》一文中对叶静渊认为的第一条传播路线提出了质疑。他指出明代《大理府志》中提到的"莲花菜"不是"莲花白"（即结球甘蓝），而很可能是其他植物，并指出结球甘蓝传入云南的时间不会比内地和沿海地区更早。

其三，俄罗斯由于幅员辽阔，气候冷凉，缺乏蔬菜，欧亚交界的中亚各国与俄罗斯接壤，结球甘蓝作为重要的蔬菜在当时种植较为普遍。因此，通过中亚地区及俄罗斯远东地区传入中国北方是较为顺理成章的事情。通过对现有甘蓝种质资源的分子水平的遗传多样性分析也初步表明，尽管由于甘蓝是典型的异交作物，长期的种植已经进行了大量的基因交流，但仍可看出俄罗斯及乌克兰群体和中国北方类群具有最近的遗传亲缘关系，且与欧洲其他国家群体、亚洲日本韩国群体及非洲群体的遗传距离相对较远，而南方的扁球类型品种也和北方类群的扁球类型品种具有很高的遗传相似性（Kang et al.，2011）。上述研究结果支持了中国历史古籍中关于晚熟甘蓝从俄罗斯和中亚地区传入我国的记载。

成书于 18 世纪中叶的《台湾府志》（1747）和《福建泉州府志》中提到了"番芥蓝"，有学者据此认为尚有海路传入的途径，但当地命名其为番芥蓝，说明是新近引入的品种。在台湾地区有称甘蓝为高丽菜，可能与来自朝鲜半岛有关，此时已经晚于北方结球甘蓝在中国西部和北方地区的全面推广，且面积有限，因此这条海路引入途径对结球甘蓝引入中国所起的作用要远弱于从俄罗斯和中亚引入的途径。

综上所述，蒋明川先生在《关于几种蔬菜引进我国的历史的商榷》中所提出的中国结球甘蓝最早是在清康熙二十九年（1690）前，从俄罗斯和中亚地区通过西北陆路传入新疆地区并继而向北方各省传播的观点，应该是较易被学术界广泛认可的。

（二）结球甘蓝在中国的传播与发展

17 世纪末结球甘蓝从俄罗斯和中亚传入中国。18 世纪初，结球甘蓝在我国西部及北方各省逐渐传播，18 世纪中期的北方各省府志已经多有关于"回回白菜"的记载，说明种植地域已经扩大。到 19 世纪上半叶，结球甘蓝在山西栽培已较普遍，并且是"汾、沁之间菜之美者……俗讹为回子白菜"（吴其濬，1848），并且也已传播至四川（1844）、贵州和云南（1854）、湖北（1866）。但这时结球甘蓝主要在中西部种植，在东部和南部开始大面积种植至晚应该在 19 世纪末。

King（1911）所著的《Farmers Of Forty Centuries：Or Permanent Agriculture in China，Korea and Japan》一书中详细记录了 1900 年 4 月在上海蔬菜市场结球甘蓝等蔬菜的价格，说明当时上海市场甘蓝消费已很普遍，考虑到当时我国交通运输状况不可能是从北方各省运输过去的，其消费的甘蓝肯定是当地已经大量种植的蔬菜，证明甘蓝在当时于我国东南部已经开始有较大规模的种植。民国七年（1918）的《上海县续志》记载表明，当地的结球甘蓝也是从北方传入的。

20 世纪 20～30 年代，随着中国特别是沿海地区与欧美各国经济交往的频繁，一些在欧美及日本留学的园艺科技人员回国工作，全国各地开始陆续引入欧美及日本很多优良结球甘蓝品种，包括 Copenhagen Market（哥本哈根市场、丹京早熟）、Succession（成功、继承）等著名的甘蓝品种，甘蓝品种开始多样化，种植地域推广至全国各地。民国二十四年颜纶泽（1936）所著的《蔬菜大全》记载有"球叶甘蓝栽培由来已久，栽培之品种极多，分类之法，亦有种种，或由叶色分为绿色种、紫色种"，并列举了 5 个我国普遍种植的结球甘蓝和 21 个"近年先后输入各地已种之"的新品种。此时，已经具备了现在我国结球甘蓝种植和分布的雏形，并逐渐发展成为我国最重要的蔬菜作物之一。

第二节　甘蓝的营养价值及其在蔬菜产业中的地位

一、甘蓝的营养价值

甘蓝是世界各国普遍栽培的一种蔬菜作物，是甘蓝类作物中栽培面积最大的蔬菜。甘蓝成为人们饮食中最受欢迎的蔬菜之一，主要归功于它的易栽培、高产、耐贮运和高营养价值。据中国营养协会分析，每 100g 鲜重含蛋白质 1.5g、脂肪 0.2g、碳水化合物 3.6g、粗纤维 1.0g，含钙 49mg、钾 124mg、磷 26mg、铁 0.6mg，还含有胡萝卜素 0.07mg、硫胺素 0.03mg、核黄素 0.03mg、烟酸 0.4mg、维生素 C 40mg 及其他维生素和矿物质。特别是其含有抗癌活性物质硫代葡萄糖苷，是目前医学界推崇的抗癌防癌蔬菜之一，其对癌症的预防作用可能是抑制癌细胞中芳香化酶的表达（Licznerska et al.，2013，2016）。

　　早在被用作蔬菜作物之前，传统上甘蓝就被用于治疗头痛、腹泻、痛风、皮肤湿疹、消化性溃疡以及身体解毒。近年来发现，甘蓝还是一种强大的血液净化器，可以用于调节血糖、改善血脂、平衡神经系统、净化肠道、预防过早衰老（Higdon et al.，2007；Singh et al.，2006；Raak et al.，2014）。在大航海时代，欧洲人在远洋航行时携带腌制的甘蓝菜作为预防维生素 C 缺乏症的食物。根据现有的科学文献，甘蓝的健康益处与这种蔬菜中所含的有益化合物有关。甘蓝叶片中含有丰富的天然生物活性物质如硫代葡萄糖苷、类黄酮、吲哚、维生素 C、胡萝卜素和生育酚，可以为人类提供多种健康益处（Martinez et al.，2017）。同时，甘蓝也是迄今为止发现少数含有维生素 B_{12} 的蔬菜作物之一，而维生素 B_{12} 对于维持血红细胞神经细胞的健康状态和 DNA 合成起着至关重要的作用（Marian et al.，2019）。

二、甘蓝在世界蔬菜中的地位

（一）栽培历史

　　结球甘蓝首先由德国人在公元 13 世纪开始种植。最早开始种植的结球甘蓝是较为原始的晚熟圆球形甘蓝。在英国，有关结球甘蓝的最早图片记载是 Gerard（1597）著述的《Herball or Generall Historie of Plantes》，其中描绘了圆球形的大型甘蓝，并称此在不列颠王国种植和食用非常普遍。Parkinson（1629）在《Paradisis in Sole》中描述了多种甘蓝品种并均描述为大型圆球甘蓝。早期的晚熟圆球形品种并未在全球各地广泛传播，究其原因，可能是其结球较疏松、不容易包球、冬性不强易抽薹等原因。而结球甘蓝的迅速传播得益于结球紧实的晚熟扁圆形甘蓝的培育成功。结球紧实的扁圆形甘蓝最早出现在 17 世纪的荷兰，因为扁圆形结球甘蓝适于在冷凉气候下生长并且产量较高，能够较好地越冬贮藏，因此在 18 世纪初迅速成为欧洲的一个主要作物并开始在世界各地迅速传播（Switzer，1727），18 世纪末期栽培面积超过了原始的圆球形甘蓝品种（Randolph，1793）。

　　欧洲结球甘蓝驯化成功之后，经过人工栽培和选择，培育出各种不同类型的结球甘蓝早期品种。许多地方农家原始品种，由种植者自己留种，长期在生产上使用，如约克（York）、布伦什维克（Brunswiek）、斯特拉斯堡（Strasbourg）、厄尔（Ulm）、奥伯维利尔斯（Aubervilliers）、邦尼尔（de Bonneuil）、圣丹尼斯（Saint Dennis）。19 世纪中期至 20 世纪初，美国栽培的 9 个主要甘蓝品种中有 7 个先后引自欧洲（Nieuwhof，1969）。

　　结球甘蓝目前已经遍布全球五大洲，成为世界各国普遍种植的重要蔬菜作物。从现代结球甘蓝栽培历史来看，根据联合国粮食及农业组织的数据（2021），自 1961 年有纪录以来，近 60 年全世界甘蓝种植面积总体呈增长趋势，1961—1991 年缓慢增长，1991—2001 年这 10 年种植面积呈爆发式增长，随后的 20 年基本稳定在 240 万 hm² 以上（图 1-2）。全球甘蓝发展的历程与亚洲甘蓝栽培的历史发展趋势高度重合，反映出甘蓝在 20 世纪 90 年代的高速增长，主要得益于改革开放后的中国甘蓝产业的蓬勃发展。近 60 年来，大洋洲、美洲和非洲甘蓝栽培面积保持稳定或缓慢增长。而欧洲作为结球甘蓝起源地，在 20 世纪 80 年代以前一直处于全球甘蓝栽培面积领先的区域，但自 80 年代后，甘蓝栽培面积被亚洲超越，之后 40 年栽培面积持续下降，到 2021 年已经下降五成，仅有 30 多万 hm²。自 17 世纪末结球甘蓝传入后，以中国为代表的亚洲国家，经过 300 余年的发展，近 40 年来已经逐渐取代欧洲地区成为甘蓝的主要栽培中心。

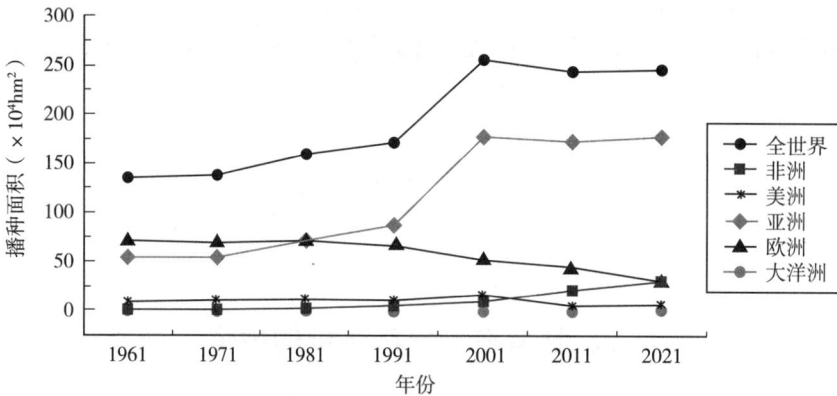

图 1-2 世界五大洲近 60 年甘蓝种植面积变化趋势
（数据源自 FAO 2021 年统计资料）

（二）在世界蔬菜产业中的地位、市场需求和供应

结球甘蓝的适应性和抗逆性均较强，易栽培，产量高，耐贮运，生态类型多样，在世界各地普遍都有种植。据 FAO 统计，2021 年全世界甘蓝播种面积 245.06 万 hm²，是欧洲、南北美洲、亚洲、大洋洲超过 90 个国家的主要蔬菜作物之一（Luud & Gilissen，2020），年种植面积超过 1 万 hm² 的国家有 25 个（表 1-3）。

甘蓝在世界各地都有较大的市场需求，全世界年产量达 7 170.7 万 t，人均年占有量达 9.15kg。在五大洲中，欧洲地区甘蓝人均占有量最高达 12.47kg。据估计，在波兰和瑞典等欧洲国家，甘蓝约占当地蔬菜生产总产量的 30%。其次为亚洲地区，甘蓝人均占有量达 12.32kg；大洋洲地区甘蓝人均占有量为 3.89kg，非洲地区甘蓝人均占有量为 3.19kg，美洲地区甘蓝人均占有量为 2.10kg。

甘蓝是欧美等西方国家最重要的传统蔬菜作物之一。欧美国家食用甘蓝的历史都很久远，是西方沙拉中的主要原材料。甘蓝主要的消费需求是鲜食或炒食，世界上大约 88% 的甘蓝消费量是鲜食或烹制菜肴，而在德国和奥地利等国家，发酵甘蓝（泡菜）更受欢迎，中国、韩国、加拿大、美国、俄罗斯及中亚国家也是泡菜的主要消费国（Moreb et al.，2020）。甘蓝引入以中国为代表的亚洲国家以后，由于其产量较高，供应期长，食用方法众多，生熟均可，不仅可以炒食、凉拌、腌制，还可涮食、作馅、配菜，甚至还可加工干制，已经成为中国、印度、印度尼西亚、韩国、日本等亚洲国家的重要蔬菜之一。

中国是世界上最大的甘蓝生产和消费市场，人均年占有量达 24.85kg，目前产量已经总体上可以满足国人的需求。除供应国内市场外，部分鲜菜及脱水加工菜还出口到东南亚及俄罗斯、日本、韩国等国家和地区。与我国甘蓝传入途径密切相关的传统的甘蓝种植区域——东欧和中亚地区也是世界上重要的甘蓝消费市场，其中白俄罗斯是世界上年人均甘蓝占有量最高的国家，达到了 40.35kg；其次是乌克兰 39.32kg，哈萨克斯坦 29.31kg，罗马尼亚 28.69kg，乌兹别克斯坦 19.49kg，波兰 19.24kg，俄罗斯 16.40kg。欧美地区尽管也是世界上重要的甘蓝消费市场，但甘蓝人均占有量仅略高于或低于世界平均水平，其中比利时 13.57kg，荷兰 13.22kg，德国 8.82kg，意大利 7.00kg，加拿大 4.73kg，而美国只有 2.89kg。由于欧美等西方国家甘蓝产量的制约以及庞大的消费需求，欧美许多国家的甘蓝供应主要依靠进口。

表 1-3　世界前 30 大甘蓝生产和消费国

国家或地区	所在洲	播种面积（hm²）	产量（t）
中　国	亚　洲	1 002 516	35 092 622
印　度	亚　洲	412 000	9 560 000
安哥拉	非　洲	124 360	338 918
俄罗斯	欧　洲	67 900	2 352 800
乌克兰	欧　洲	67 800	1 722 580
印度尼西亚	亚　洲	63 909	1 434 670
埃塞俄比亚	非　洲	46 446	447 618
越　南	亚　洲	37 571	1 024 203
土耳其	欧　洲	36 436	860 123
韩　国	亚　洲	36 002	2 473 171
日　本	亚　洲	33 671	1 402 287
肯尼亚	非　洲	31 426	1 099 882
朝　鲜	亚　洲	28 127	657 155
美　国	美　洲	23 067	959 507
孟加拉国	亚　洲	22 339	380 259
意大利	欧　洲	21 640	413 500
哈萨克斯坦	亚　洲	20 571	557 049
罗马尼亚	欧　洲	19 470	548 640
尼日尔	非　洲	18 170	527 089
波　兰	欧　洲	16 500	726 400
埃　及	非　洲	16 382	487 611
德　国	欧　洲	12 770	733 280
乌兹别克斯坦	亚　洲	12 588	680 640
西班牙	欧　洲	12 510	292 150
泰　国	亚　洲	10 323	255 834

（续）

国家或地区	所在洲	播种面积（hm²）	产量（t）
白俄罗斯	亚 洲	9 644	375 247
马拉维	非 洲	9 426	209 869
塞内加尔	非 洲	8 837	159 166
葡萄牙	欧 洲	8 230	236 230
法 国	欧 洲	8 130	211 930
世 界		2 450 601	71 707 239

注：数据来源于联合国粮食及农业组织2021年统计资料。

（三）在世界各大洲的主要产区分布

亚洲是结球甘蓝的主产区，中国、印度、印度尼西亚、韩国、日本为主要生产国。我国甘蓝面积和产量居世界首位。据2021年FAO的统计数据，亚洲地区甘蓝年播种面积约178万 hm²，占世界总播种面积的72.8%，总产量达5 610万 t，占世界总产量的78.2%（表1-4）。我国甘蓝播种面积100.3万 hm²，年总产量3 509.3万 t，占世界总产量的48.93%。印度是世界上甘蓝产量居第二位的国家，播种面积41.2万 hm²，年产量达956.0万 t。欧洲也是甘蓝的主要产区，年播种面积约30.56万 hm²，总产量达929.4万 t，占世界总产量的12.96%。俄罗斯是欧洲甘蓝产量最大的国家，播种面积6.8万 hm²，年产量达235.3万 t；其次为乌克兰（172.2万 t）、土耳其（86.0万 t）、德国（73.3万 t）、波兰（72.6万 t）、罗马尼亚（54.9万 t）、意大利（41.4万 t）。在北美洲的美国、加拿大也有大量的甘蓝生产，美国是美洲地区甘蓝种植面积最大的国家，年产量达96.0万 t。非洲主产区分布在东非和中非地区，主要生产国有安哥拉、埃塞俄比亚、肯尼亚、尼日尔、埃及等，年产量约409.5万 t。大洋洲甘蓝播种面积较小，主产国是澳大利亚和新西兰，年播种面积仅3 942.0hm²，年产量约15.2万 t。

表1-4 甘蓝在世界各大洲的主要产区分布

洲 名	地 区	播种面积（hm²）	年产量（t）
非 洲		291 693	4 095 078
	东非地区	100 255	1 925 269
	中非地区	128 289	425 366
	北非地区	27 666	774 598
	南非地区	4 174	201 830
	西非地区	31 310	768 014
美 洲		64 821	2 057 105
	北美地区	29 676	1 140 292
	中美地区	13 913	489 653
	加勒比海地区	8 699	161 407
	南美地区	12 533	265 753

（续）

洲　名	地　区	播种面积（hm²）	年产量（t）
亚　洲		1 784 007	56 100 856
	中亚地区	46 514	1 574 064
	东亚地区	1 101 628	39 652 036
	南亚地区	453 081	10 487 283
	东南亚地区	123 535	2 933 869
	西亚地区	59 249	1 453 604
欧　洲		305 603	9 293 779
	东欧地区	188 494	5 881 277
	北欧地区	15 843	426 167
	南欧地区	66 966	1 553 756
	西欧地区	34 300	1 432 579
大洋洲		4 477	160 421
	澳大利亚和新西兰地区	3 942	152 443
	大洋洲其他地区	535	7 978
总　计		2 450 601	71 707 239

注：数据来源于 FAO 2021 年统计资料。

三、甘蓝在中国蔬菜中的地位

（一）栽培历史

结球甘蓝自 17 世纪末从俄罗斯和中亚地区引入中国以来，在我国已有 300 多年的栽培历史。19 世纪后期 20 世纪初，随着国内外交流程度日益加深，一些在海外留学的园艺科技工作者先后回国引入一些欧美地区的甘蓝优良品种，此时甘蓝已经在全国各地特别是城市郊区广泛种植。我国最初栽培的甘蓝品种均由国外引进，如龚厥民（1929）、黄绍绪（1933）、吴耕民（1936）在《蔬菜园艺学》中记载的 19 个甘蓝品种，都是英、美、法的品种。经过在不同地区、不同季节长期栽培和选育，也逐步培育出适合不同地区、不同生长季节和不同栽培形式的甘蓝品种。在 1959 年出版的《中国蔬菜优良品种》一书中入选的 45 个甘蓝优良品种中，39 个为中国各地地方品种，占品种总数的 86.7%。

甘蓝适应性广，抗逆性强，容易栽培，同时产量高，耐运输，耐贮藏，在我国各地均可栽培。目前全国 31 个省、自治区、直辖市都有种植，是东北、西北、华北等冷凉地区春夏秋季以及华南地区冬春季的主要蔬菜作物，山东、河南、广东、四川、江苏、河北、湖南、湖北、福建等省栽培面积较大。

20 世纪 70 年代以前，我国甘蓝种植的品种主要是从国外引入，并经当地选择和培育形成的适应当地气候条件的传统地方品种，例如晚熟扁球甘蓝，有黑龙江的红旗磨盘，山西、内蒙古的二虎头、大同苗子白，四川的楠木叶、二乌叶、大乌叶等，以及 50～60 年代从欧美等国引进的一些早熟圆球形常规品种，如丹京早熟、狄特马尔斯克等。传统地方品种和引进的常规品种有时因整齐度不够、产量不稳定造成损失，如 50～60 年代广东、福建大面积种植的黄苗甘蓝，种子均由日本进口，数量和质量得不到保证，1967 年广东种植的黄苗甘蓝大面积抽薹开花，造成我国甘蓝生产巨大损失。自 1973 年我国第一个杂交甘蓝品种"京丰一号"培育成功以来，各育种单位相继培育出不同类型的甘蓝杂交品种，杂交品种以其丰产、优质、适应性广、整齐度高等特性迅速占据主导地位。随着市场经济的发展和杂交甘蓝品种的全面推广，90 年代是我国甘蓝生产爆发式增长的时期，播种面积和产量增加了 4 倍以上，占世界甘蓝播种面积比重从约 21％跃升至 45％以上，成为世界最重要的甘蓝栽培中心。随着种植面积的增加，为适应市场需求，甘蓝品种也在不断丰富和更新，品种类型日趋丰富，早熟、中熟、晚熟、圆球、扁球、尖球各种类型杂交品种日新月异，目前，以京丰一号、中甘 11、8398、中甘 21、中甘 628、晚丰、夏光、西园 4 号、春丰、争春等为代表的甘蓝杂交种已经实现了 4～5 代的更新换代，实现了春夏秋冬全年生产、周年供应。

（二）在中国蔬菜产业中的地位

甘蓝是东北、华北、西北等较冷凉地区春、夏、秋季的主要栽培蔬菜，长江流域及其以南地区秋、冬、春季也大面积栽培，在中国蔬菜周年供应和出口贸易中占有十分重要的地位。特别是近 20 年来，种植面积扩大迅速，据农业部统计，1989 年我国甘蓝播种面积为 20.93 万 hm²，总产量约 754.0 万 t，到 2006 年已经增加至 93.73 万 hm²，总产量约 3 076.7 万 t（表 1-5），居世界第一位，在常年全国播种面积最大的蔬菜中排第 4 位，产量和面积约占全国蔬菜的 5％。2010 年以后总产量稳定在 3 000 万 t 以上，比 20 世纪 80 年代末增长了近 4.5 倍，栽培面积和总产量及出口量稳居在蔬菜前十，并且近年来维持在一个较高的生产水平。

表 1-5　我国结球甘蓝栽培面积及产量发展

年份	播种面积（万 hm²）	产量（万 t）
1989	20.93	754.0
1990	23.33	840.5
1991	24.13	869.3
2003	88.33	2 875.2
2004	87.77	2 845.8
2005	89.83	2 985.8
2006	93.73	3 076.7

注：表中数据摘自《中国农业统计资料》。

（三）在中国的主要产区分布

甘蓝具有适应性广，抗病、抗逆性强，易栽培，产量高，耐贮运等优良特性，在中国各地普遍栽培。21 世纪以来，我国甘蓝每年种植面积稳定在 90 万 hm² 以上，在蔬菜生产中占有重要的地位，其中广东、湖北、河北、湖南、福建、四川、河南、山东、江苏、云南等省栽培面积较大,青海、西藏、宁夏种植面积较小(图1-3)。

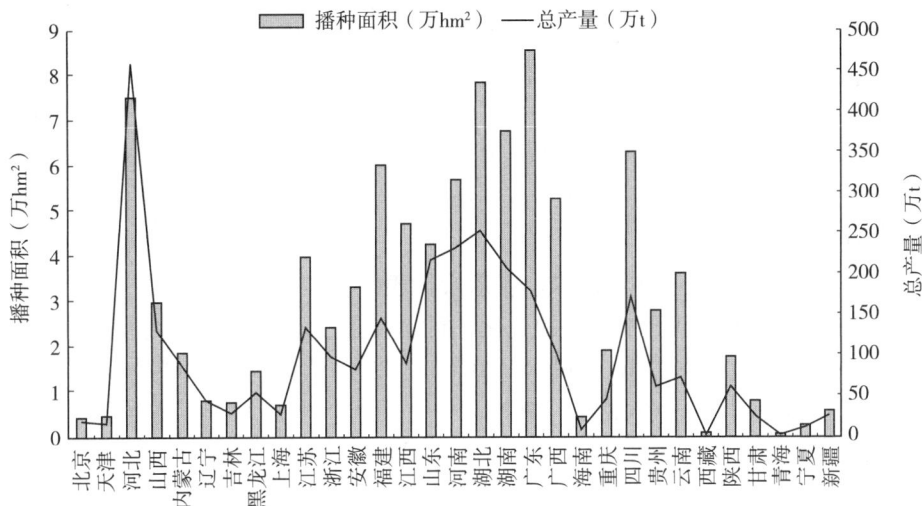

图1-3 中国各省域结球甘蓝播种面积及产量

(数据来源于农业部《中国农业统计年鉴》,2006)

我国适合甘蓝生长的气候生态类型多样,随着种植区域的扩大和甘蓝茬口的增加以及不同季节的市场需求,依据区域生产条件、生产方式不同,优势生产季节和优势种类差异,以及配套优良品种,逐渐形成了甘蓝生产的区域性特点。20世纪90年代以前,中国甘蓝生产主要分为春甘蓝、夏甘蓝、秋甘蓝,根据春、夏、秋甘蓝栽培区域气候特点和栽培模式的差异,可划分为东南甘蓝种植区、西南甘蓝种植区、北方二季作甘蓝种植区、一年一季甘蓝种植区。其中东南甘蓝种植区主要包括江苏、浙江、上海、安徽、广东、广西、江西、湖南、湖北、福建、台湾、香港、澳门等地,甘蓝年播种面积达49.78万 hm^2(农业部,2006),占全国播种面积的53.31%;西南甘蓝种植区包括四川、重庆、云南、贵州等地,具有独特的气候特点和栽培模式,甘蓝年播种面积为14.6万 hm^2;北方二季作甘蓝种植区包括西北地区的陕西、甘肃、宁夏,华北地区的北京、天津、河北、山西、内蒙古东部、辽宁东北部以及黄河流域的河南、山东等地,是甘蓝传入我国后率先兴盛发展的区域,甘蓝年播种面积达26.59万 hm^2,以占全国28.37%的播种面积,生产出占全国总产量42.18%的甘蓝,体现出该地区高效的甘蓝栽培水平;一年一季甘蓝种植区主要包括黑龙江、吉林、内蒙古西部和北部、山西北部及新疆北部等无霜期较短的高寒区域,甘蓝年播种面积约2.72万 hm^2。分省(自治区、直辖市)来看,我国甘蓝种植面积超过6万 hm^2 的六省分别为广东(8.53万 hm^2)、湖北(7.83万 hm^2)、河北(7.49万 hm^2)、湖南(6.75万 hm^2)、四川(6.29万 hm^2)、福建(6万 hm^2),而种植面积低于0.5万 hm^2 的省(自治区、直辖市)分别为北京(0.41万 hm^2)、天津(0.44万 hm^2)、海南(0.42万 hm^2)、宁夏(0.25万 hm^2)、西藏(0.05万 hm^2)、青海(0.04万 hm^2)(图1-3)。

自20世纪90年代以来,随着甘蓝生产的迅速发展,甘蓝的栽培方式、生产区域、市场要求也发生了重大变化。栽培方式由过去的春、夏、秋三季发展到多茬多模式栽培。例如，北方的冬春大棚、日光温室等设施栽培，以满足冬季早春市场；高纬度、高海拔地区的越夏栽培，以满足夏秋市场供应；中原南部地区越冬栽培，以满足早春市场；华南地区的冬季栽培，除供应本省外，部分销往香港、澳门和东南亚地区。生产基地由城市郊区向农村规模化生产变化，规模较大的甘蓝生产基地主要有：河北、山东中东部冬春设施基地；河北张家口、甘肃定西、山西寿阳、陕西太白、湖北恩施等地的高原（高山）越夏基地；河南新野、湖北嘉鱼等地的越冬基地；云南宜良、通海等地的秋冬甘蓝生产基地。

（四）中国主要甘蓝产区生产需求、供应及代表性品种

随着市场需求、生产基地及茬口的变化，目前甘蓝已经实现了周年生产周年供应。山东、河南、河北等华北地区甘蓝主栽区，为传统的北方二季作地区，春季以中早熟露地春甘蓝栽培为主，如中甘 21、中甘 15、中甘 11、中甘 628 等；秋季以中早熟秋甘蓝为主，品种主要有中甘 602、中甘 96、中甘 596 等。黑龙江、内蒙古西部、山西北部等地为传统的一季作地区，主栽品种以中晚熟甘蓝品种为主，如京丰一号、晚丰、秋丰、中甘 8 号、中甘 9 号等；西南地区四川、贵州、重庆、湖北西部山区等地以京丰一号、西园 3 号、西园 4 号等中晚熟扁球形甘蓝品种为主。江苏、浙江等东南地区，春甘蓝早熟栽培，主要为尖球形甘蓝品种，如春丰、博春、争春、争牛等；夏秋季主要代表品种为扁球的夏光、寒光甘蓝。随着甘蓝周年生产的发展，北方地区日光温室、大棚等设施栽培甘蓝可满足晚秋和早春蔬菜市场供应，主要栽培品种有 8398、中甘 56、中甘 26 等；北方和南方高原（高山）地区越夏甘蓝栽培可满足夏秋市场供应，主要栽培的中早熟品种为中甘 21、中甘 628、中甘 828 等，中晚熟品种有京丰一号、西园 4 号等。黄淮海地区越冬甘蓝栽培基地，如河南新野、湖北嘉鱼等地，可供应冬春淡季市场，带球越冬主要栽培品种为中甘 1305 和部分进口品种（张扬勇等，2020），苗期越冬的品种主要有春丰、争春及京丰一号。我国甘蓝生产除满足国内蔬菜市场的需求外，还大量销往东南亚地区和俄罗斯等国家，是我国出口创汇蔬菜的主要品种之一。

第三节　甘蓝主要科学技术成就

一、国外主要科学技术成就

结球甘蓝在欧洲驯化成功以后，经过人工栽培和选择，培育出多种不同类型的结球甘蓝早期品种。许多地方农家原始品种，由种植者自己留种，长期在生产上使用。

目前，世界各国都十分重视甘蓝种质资源的收集、保存和研究工作，据欧洲芸薹属数据库（TheECP/GR Brassica Database）资料记载，欧洲收集、保存甘蓝类种质资源 10 414 份，其中结球甘蓝 4 437 份。苏联瓦维洛夫研究所从 70 多个国家收集并保存甘蓝种质资源 3 240 份。美国收集、保存甘蓝类蔬菜种质资源 1 907 份，其中结球甘蓝 1 000 余份（李锡香等，2007）。

甘蓝发展史上具有里程碑意义的科学成就是甘蓝杂种优势的利用。甘蓝有非常显著的杂种优势，很早就引起了人们的注意。1876年，达尔文在《植物界异花和自花受精的效果》一书中，就阐述了他以早熟巴尔尼甘蓝品种（Early Barnes cabbage）为试验材料所观察到的甘蓝杂种优势现象。自20世纪20年代开始，美国、日本、苏联及西欧的一些国家相继开展了甘蓝杂种优势利用研究，发现甘蓝在产量、抗病性、早熟性等方面杂种优势明显。

由于甘蓝杂种一代具有丰产、抗病、适应性强、性状整齐一致等优点，世界上许多国家把甘蓝杂种优势利用作为遗传育种生产 F_1 种子的技术途径。其中，比较突出的是开展了自交不亲和系的选育与利用。为实现甘蓝杂种优势实用化，从理论和实践上研究解决杂种一代制种技术难题，Pearson（1932）首先提出把甘蓝两个自交不亲和系间隔种植，使之天然杂交生产一代杂种种子。Odland和Nall于1950年提出了一个近似双交种的甘蓝杂交育种方法。这一方法后来在日本得到完善。1950年日本泷井种苗公司首先利用自交不亲和系配制出世界上第1个甘蓝杂交种"长岗1号"，并在生产上推广应用。1954年伊藤进一步确立了利用自交不亲和系生产一代杂种的技术体系。Bateman等（1952）发现甘蓝等十字花科蔬菜自交不亲和性属于孢子体类型。治田辰夫（1962）在其发表的《十字花科蔬菜自交不亲和性遗传机制》的论文中，对甘蓝等十字花科蔬菜自交不亲和性和杂种优势利用做了全面阐述，推动了甘蓝杂种优势利用研究工作的深入开展。据不完全统计，1958—1974年日本培育约221个甘蓝新品种，杂交种191个，占86.4%，而1966年以后培育出的新品种几乎均为一代杂种。1980年美国《园艺学》（第1期）发表的14个甘蓝新品种，全部为一代杂种。1973—1976年欧洲共同体各国培育出128个甘蓝新品种，一代杂种占40%以上。俄罗斯对甘蓝杂种优势研究较早，但真正利用比较晚，20世纪80年代以后生产上才大部分使用一代杂种。在研究自交不亲和系制种途径的同时，许多国家还十分重视甘蓝雄性不育系的研究。从20世纪50年代开始，有不少有关甘蓝隐性单基因雄性不育材料发现的报道（Cole，1959；Borechers，1966；Dickson，1970）。1972年，Pearson报道通过青花菜与黑芥杂交获得细胞质甘蓝雄性不育系，但因不能获得不育性达到100%的不育系而无法应用。Bannerot等（1974）通过远缘杂交结合胚培养将Ogura萝卜胞质不育转入甘蓝中，但获得的不育系（Ogu CMS R_1）苗期低温黄化，不能被应用。1992年康奈尔大学Walters采用原生质体非对称融合的方法初步获得改良的萝卜胞质雄性不育材料Ogu CMS R_2，虽然苗期低温黄化问题基本解决，但花朵蜜腺不发达，雌蕊畸形结实不良，且杂交优势不强，因而也不能被利用。90年代后期，美国Asgrow公司继续采用原生质体非对称融合的方法得到既有很好的雄性不育性，又有较好的雌性器官和良好的配合力的新型改良甘蓝胞质雄性不育系材料Ogu CMS R_3，并于21世纪初逐步在育种实践中得到应用。

20世纪70~80年代，美、日及西欧各国在甘蓝抗黑腐病、枯萎病、根肿病、病毒病育种上也取得很好的成就，耐未熟抽薹、耐寒、耐裂球、耐贮运、适于加工和机械化收获的专用品种选育相继获得成功。90年代开始，随着科学技术的进步，小孢子或花药培养、原生质体融合、分子标记、转抗虫基因等生物技术在甘蓝育种中逐步与常规育种技术相结合，有些生物技术如小孢子培养等细胞工程技术、分子标记辅助育种技术等已经在甘蓝育种中实用化，有效地提高了育种效率。

美国、日本、荷兰、德国、法国等发达国家，自 20 世纪 70~80 年代开始，农业科研单位、大学、种子企业在甘蓝育种中就逐步有较明确的分工，大学主要从事基础研究，国家科研单位主要从事育种技术和种质创新研究，而种子企业主要从事品种选育和种子繁殖生产，比较好地实行了产、学、研的结合。美国先锋（Pioneer）、圣尼斯（Seminis），荷兰瑞克斯旺（Rijk Zwaan），瑞士先正达（Syngenta），法国利马格兰（Limagrain），日本泷井（Takii）、坂田（Sakata）等大型种子公司都具有强有力的育种科研实力和市场营销能力，针对世界各国不同生态条件开展甘蓝育种，育成的大批优良甘蓝品种已在很多国家推广应用。

二、中国主要科学技术成就

结球甘蓝传入中国已有 300 余年历史，但以甘蓝为对象的科学研究在中国发展较晚，直到 20 世纪初才有一些有关甘蓝品种引进、分类、栽培技术、播种方法、病虫害防治等方面的研究报道。胡昌大（1922）在上海浦东东大农场开展过甘蓝、番茄、洋葱等西洋蔬菜栽培研究试验。龚厥民（1929）、黄绍绪（1933）、熊同和（1935）、吴耕民（1946）等在中国早期出版的一批蔬菜园艺学书中，已对甘蓝栽培历史、分类、栽培技术、病虫害及其防治等进行过简要叙述。徐无锡（1932）在《农林新报》刊登了《甘蓝类之研究》，管家骥（1934）在《中华农学会报》报道了关于甘蓝植株色泽、叶型、株高、球重等数个重要性状遗传研究结果。他还在 1935 年的《农报》上报道了甘蓝之栽培方法。梁光商（1934）在《农声》上报道了甘蓝和花椰菜之害虫。李家文（1938）在成都以牛心子、平顶子、莲花白、大平头等 7 个品种为试材开展甘蓝引种品种比较试验，研究了这些品种的成熟期、产量、叶球大小、紧实度以及未熟抽薹的原因。徐绍华（1940）在《协大农报》上报道了"甘蓝播种方法之研究"等。这些报道虽然比较零散，但为此可了解我国蔬菜界的前辈在当时情况下关于甘蓝科学研究的一些初步科研成果，为后人进一步开展甘蓝科学研究提供重要参考。1949 年中华人民共和国成立后，我国蔬菜界对甘蓝的科学研究迅速开展，特别是 70 年代以来，在种质资源、遗传育种、栽培技术、病虫害防治、采后贮藏加工等方面都开展了系统研究并取得显著成就，为我国甘蓝生产的发展发挥了重要作用。

（一）种质资源研究取得许多重要成果

国内甘蓝种质资源的搜集、整理、鉴定和优异种质资源的发掘取得显著成绩。结球甘蓝虽然不是原产于中国，但是传入中国后，经各地的栽培驯化和选择，形成了适于各地不同生态条件的地方品种。20 世纪 50~60 年代，通过全国农业有关单位对甘蓝地方品种的搜集整理工作，1964 年全国主要科研教学单位保存的结球甘蓝种质资源已达 434 份（中国农业科学院蔬菜研究所汇编，1964）。在 1959 年出版的《中国蔬菜优品种》一书中，列有结球甘蓝优良品种 45 个，大部分是各地的优良地方品种。各地陆续鉴定发掘出的优良地方品种，都曾在生产上直接推广应用。如山西、内蒙古地区的大同苗子白、二虎头、大黑甘蓝、二大日期、桥靠三板墩等大型晚熟甘蓝品种；东北地区的红旗磨盘、弯沟大平顶、满洲里晚甘蓝；西北地区的西安大平头、定边大平头、靖远甘蓝、二转子甘蓝、大莲花白、吴忠大甘蓝；上海、四川、云南等地的黑叶小平头、楠木叶、大乌叶、二乌叶等耐高温高湿、抗病的中晚熟甘蓝品种；辽宁的金早生，长江中下游地区的鸡心、牛心等早熟、耐抽薹甘蓝品种等。有些优良地方资源作为育种原始材料，成为杂交优势利用的核心骨干亲本，对于杂种一代的育种发挥了重要作用，如北京的金早生、黑叶平头，上海、南京的黑叶小平头、大鸡心、牛心甘蓝，四川的楠木叶、二乌叶等（方智远等，1989；丁万霞和李建斌，1999）。

20世纪50年代以前，中国栽培的甘蓝品种，不仅数量少而且产量低，结球率一般只有70%～80%。当时与甘蓝有关的科学试验工作，多为引进甘蓝品种的比较试验，如分期播种栽培试种方法试验等，在龚厥民先生1929年著的《蔬菜园艺》中仅列有夏季早生（Early summer）、成功甘蓝（Succession）、四季早生（Apriu）3个由美国、英国引进的品种。在熊同和先生1935年编的《蔬菜园艺》中列有Early spring、Flower of spring、Little gem、Early Jersey wakefield、Copenhagen market、Early summer、Succession、Autumn king、Summer drumhead、Drumhead savoy等10个由欧美等国外引进的甘蓝品种。

80年代初开始，中国农业科学院蔬菜花卉研究所在国家有关种质资源研究项目的支持下，再次组织全国各地有关科研、教学单位进行包括甘蓝在内的蔬菜种质资源的收集、保存工作，包括对云南、西藏及神农架等边远地区的蔬菜种质资源进行重点考察，把搜集到的种质资源进行初步整理、编目，存入蔬菜种质资源中期库和国家种质资源库。截至2015年，国家种质资源库已搜集、保存国内外甘蓝类蔬菜种质资源551份，其中结球甘蓝224份，许多优良的地方品种如黑叶小平头、黑平头、北京早熟、金早生、牛心甘蓝、鸡心甘蓝、楠木叶等在育种中发挥了重要作用。

同时，引进鉴定和利用国外甘蓝种质资源也取得了较好的成果。欧洲、北美洲各国以及亚洲的日本、韩国等国甘蓝种质资源丰富。20世纪50～60年代，中国农业科学院蔬菜研究所等单位就从上述国家或地区引进一大批甘蓝种质资源，有不少在生产上被直接利用，如丹京早熟、狄特马尔斯克、金亩、北京早熟、黄苗等，有些国外种质资源至今仍作为甘蓝育种的原始材料。70～80年代随着对外交流的增多，又通过各种途径包括农业部的948项目，从国外引进一大批甘蓝种质资源，仅中国农业科学院蔬菜花卉研究所甘蓝育种团队1991—2010年就从美国、日本、荷兰、俄罗斯等20余个国家引进甘蓝种质资源1 479份次。在这些种质资源中，很多是这些国家的种子企业或科研教学单位最新育成的优良一代杂种或常规品种，既有抗黑腐病、枯萎病，耐寒、耐热、耐裂球、球色好、品质优异的品种，也有珍贵的原始育种材料，如改良的Ogura萝卜胞质雄性不育材料CMS R$_3$625、CMS R$_3$629等，进一步丰富了中国甘蓝种质资源库，促进了甘蓝杂种优势利用和抗病、抗逆、优质育种的发展。

近10年来，中国农业科学院蔬菜花卉研究所、北京市农林科学院蔬菜研究中心、江苏省农业科学院蔬菜研究所等国内7家主要甘蓝育种单位在"十二五"和"十三五"期间，共收集、引进国内外甘蓝种质资源逾2 500份（杨丽梅等，2016，2021），筛选鉴定出优良的抗枯萎病、抗黑腐病和抗根肿病种质资源300余份（康俊根等，2010；吕红豪等，2011；孙超等，2016；王神云等，2016；孔枞枞等，2018），为甘蓝优良新品种培育进一步奠定了资源基础。

甘蓝种质资源的创新利用也获得重大突破。各甘蓝科研育种单位陆续利用自交、回交、杂交等常规技术与生物技术相结合，创制出一批新的优异种质资源材料。如采用多代连续回交定向选择的方法选育出大量优良自交不亲和系的同时，创制出 87 - 534 等多份珍贵的自交亲和材料，有几份育种材料如黑叶小平头 21 - 3、北京早熟 01 - 20 等已成为甘蓝育种中的骨干亲本（王庆彪等，2013）。采用多抗性人工接种鉴定结合田间鉴定与分子标记辅助选择，育成多份可抗病毒病、枯萎病、黑腐病等珍贵的多抗性育种资源材料。近几年，抗根肿病育种材料的选育也获得重要突破。通过细胞工程、单倍体培养技术也获得多份综合性状优良的甘蓝 DH 系并应用于新品种的创制。特别是利用国内外首次发现的甘蓝显性核基因雄性不育 DGMS79 - 399 - 3，成功建立了甘蓝显性雄性不育育种技术体系，促进了甘蓝杂交制种由自交不亲和系到雄性不育系的重大变革。

（二）甘蓝遗传育种研究成果显著

20 世纪 50 年代，特别是 70 年代以来，中国甘蓝遗传育种研究得到迅速发展并取得巨大成就（方智远，2017）。

50～60 年代，各科研单位主要开展了国外甘蓝品种的引种比较试验和常规系统选育工作，如当时的华北农业科学研究所由丹麦引进丹京早熟（Copenhagen market）、狄特马尔斯克（Ditmarska），由东欧引进苏联 1 号和捷克皱叶甘蓝品种。1966 年中国农业科学院蔬菜研究所由加拿大引入 Vinking early strain，经多年选择，选出早熟春甘蓝品种北京早熟；原北京市农业科学研究所由丹麦引入金亩 84（Golden acre 84）；青岛市农业科学研究所由国外引入小金黄，都曾在我国北方作为早熟春甘蓝推广应用，到目前为止，仍被作为早熟育种原始材料广泛应用。

50 年代中期到 60 年代中后期，一些科研单位采用系统选育方法培育出一批甘蓝品种，如旅大市农业科学研究所以辽宁金县甘蓝地方品种牛心为原始材料，于 1953 年育成我国第 1 个通过系统选育的方法培育出的甘蓝新品种"金早生"。后来该研究所又以金早生为原始材料，通过系统选育的方法，育成早熟春甘蓝新品种迎春。东北农学院园艺系也通过系统选育的途径育成红旗磨盘和海拉尔 4 号等甘蓝新品种，在黑龙江、内蒙古等省、自治区推广。在此期间，沈阳农学院园艺系还研究总结了结球甘蓝紫色的遗传规律，北京大学生物系等单位开展了白菜与甘蓝种间杂交并对远缘杂交后代的主要性状进行了研究，这些工作对后来的结球甘蓝遗传育种有一定的参考价值。

60 年代中后期，由于"文化大革命"的影响，多数科研教学单位的甘蓝育种工作被迫停顿。但是，部分科技人员坚持与生产实践相结合，在甘蓝选种及优良品种繁育推广等方面做了不少工作。例如，当时我国华南地区每年要种植黄苗甘蓝几万公顷，但由于我国华南地区缺乏甘蓝通过阶段发育所需要的低温条件，所需黄苗甘蓝种子都要通过我国香港由日本进口，1967 年，国外种子商不仅乘机提高种子价格，而且以次充好，使我国广东等省春季种植的黄苗甘蓝出现了严重的未熟抽薹。面对这一情况，中国农业科学院蔬菜研究所、山东农学院、广东省副食品公司等单位的科技人员通力协作，采用南选北育的途径，经过 3 年的努力，在我国北方繁育出国内系统选育出的黄苗甘蓝种子。

50 年代末、60 年代初，旅大市农业科学研究所、中国农业科学院江苏分院、西安市农业科学研究所等单位利用原始地方品种作亲本，试配了一批甘蓝品种间杂交组合，试验结果显示，品种间一代杂种与两个亲本品种相比，在产量、抗逆性等方面都具有明显的杂种优势，一般可比亲本增产 20％左右。但是，由于甘蓝花朵小，每个种荚的种子数也不多，如果采用人工授粉的方法配制一代杂种，种子成本太高。为了解决甘蓝一代杂种制种的这一技术难题，中国农业科学院江苏分院于 1963 年对晨光、大平头等 5 个结球甘蓝品种进行了自交不亲和系的选育试验。试验结果表明，结球甘蓝植株中存在着不同程度的自交不亲和性。上海市农业科学院也对地方品种黑叶小平头进行了自交不亲和系的选育，并初步获得 103 和 105 两份有希望的自交不亲和材料。甘蓝杂种优势研究工作虽然在 60 年代后期被迫中断，但一些初步研究成果为后来的杂种优势利用研究打下了基础。

70 年代以来，在国家科技攻关、国家科技支撑计划、国家重点研发计划、"863"、"973"、国家自然科学基金以及农业部"948"、国家农业产业技术体系等项目的支持下，我国在甘蓝遗传育种基础理论研究、育种技术创新和新品种培育与推广等领域取得一系列令人瞩目的重要成果。

1. 明确了多个甘蓝重要农艺性状的遗传规律和分子机制，为育种提供了理论依据　通过多年的深入研究，我国科学家明确了甘蓝叶色、球形、中心柱长等性状以及自交不亲和性、雄性不育性、抗 TuMV、抗枯萎病等重要性状的遗传规律、分子机制。2014 年，我国率先主导完成了甘蓝基因组测序和组装，并对蛋白编码基因、非编码 RNA 和基因组变异信息进行了注释（Liu et al.，2014），随后又对甘蓝基因组信息进行了多次升级和重新组装（Cheng et al.，2016；Cai et al.，2020；Lv et al.，2020；Guo et al.，2021），为甘蓝重要功能基因克隆和功能验证奠定了基础。基于该参考基因组，对一些重要农艺性状如雄性不育基因、枯萎病抗性基因、杂交致死基因、叶色基因等进行了深入研究，总结反映这些应用基础研究成果的 200 多篇论文，已分别在《Nature Genetics》《Nature Communications》《Theoretical and Applied Genetics》《中国农业科学》《园艺学报》等重要学术期刊上发表，为这些基因在育种中的应用提供了重要的理论依据。

2. 建立了高效的甘蓝杂种优势利用技术体系，提高了甘蓝杂种优势利用效率　20 世纪 70 年代初，中国甘蓝育种科研人员在当时极为困难的条件下，开始系统地开展甘蓝杂种优势利用和自交不亲和系选育研究并很快取得突破性进展。特别是改革开放以来，国内甘蓝杂种优势利用研究进入迅猛发展阶段，北京、上海、黑龙江、吉林、辽宁、山东、山西、陕西、内蒙古、四川、江苏、云南、贵州、湖北、浙江等省、自治区、直辖市的蔬菜科研教学单位科技人员协同建立了完整的自交不亲和系选育技术体系，采取连续自交、定向选择方法，选育出自交不亲和性稳定、蕾期自交结实率高、配合力强、经济性状退化慢的 100 多个不同类型的甘蓝自交不亲和系，利用甘蓝自交不亲和系技术、抗病育种技术育成大批丰产抗病抗逆的杂交种，并在杂交制种中规模化应用，支撑了甘蓝杂交优势育种的成功与快速发展。

21 世纪以前，甘蓝杂交优势育种的主要途径均采用自交不亲和系选育技术。但该途径存在一些弊端，如杂交种中容易出现假杂种、亲本繁殖需要人工蕾期授粉成本高等，为克服甘蓝自交不亲和系杂交制种的上述弊端，国内外甘蓝育种工作者均以挖掘新型雄性不育源、建立雄性不育育种技术体系作为重要目标。20 世纪 70 年代，中国农业科学院蔬菜所通过在大量甘蓝植株中筛选，发现了优良的甘蓝显性雄性不育源 79 - 399 - 3。通过多年的研究，明确了该不育位点的遗传规律，建立了通过回交自交育性测定结合分子标记辅助选择的方法，并选育出 DGMS01 - 216 等一批优良的显性雄性不育系，确立了完善的显性雄性不育系的育种技术体系（Fang et al.，1997）。甘蓝显性核基因雄性不育系不育株率达 100%，且配合力优良，在大面积制种实践中证明其开花结实性状优于细胞质雄性不育系（专利号：ZL96120785. X）。各育种单位甘蓝育种科技人员还从引进的 CMS R$_1$、CMS R$_2$ 和 CMS R$_3$ 三代 Ogura 甘蓝胞质不育源中，鉴定筛选出苗期低温不黄化的优良胞质不育材料 CMS R$_3$625、CMS R$_3$629 等，研究建立了自交亲和系转育优良甘蓝 Ogura CMS 细胞质雄性不育系的选育技术，获得一系列在育种中广泛应用的不同类型优良细胞质雄性不育系，并在育种实践中表现结实正常，育性稳定，亲本可通过蜜蜂授粉繁殖。20 世纪 90 年代后期至 21 世纪初，各科研单位利用首次发现的甘蓝显性核基因雄性不育源和引进的优良胞质不育源，陆续研究建立了我国甘蓝雄性不育系育种技术体系，实现了甘蓝制种技术由自交不亲和系到雄性不育系的重大变革（方智远等，2021）。

3. 建立和完善了甘蓝抗病抗逆鉴定技术体系，为甘蓝种质资源创新奠定了基础 20 世纪 80 年代以来，相关育种科研和教学单位建立和完善了甘蓝耐寒、耐热、耐未熟抽薹等抗逆性鉴定技术体系以及甘蓝病毒病、枯萎病（浸根法）、根肿病（菌土法）、黑腐病（喷雾法）等主要病害苗期人工接种抗性鉴定技术，明确了接种方法、苗龄、菌（毒）液浓度、适宜温度和湿度的调查方法等关键技术环节，为育种材料的筛选和创新提供了依据和技术平台（田仁鹏等，2009；吕红豪等，2011；孔枞枞等，2018；杨丽梅等，2022）。

4. 建立了常规育种与生物技术育种相结合的甘蓝高效育种技术体系，提高了育种效率 20 世纪 90 年代以来，多家科研单位开展了甘蓝单倍体培养技术研究并获得了甘蓝纯系。如河南农业科学院园艺研究所利用小孢子培养技术获得 C57 - 11 等优良 DH 系，并育成了豫生 1 号和豫生 4 号甘蓝新品种（张晓伟等，2001，2008）。随后，相关科研单位研究优化了甘蓝单倍体育种技术，针对不同基因型对游离小孢子培养过程中的关键因子，包括取样时间、游离方法、培养基成分、培养条件、预处理热激温度等进行优化，提高了出胚率和成苗率，获得了一批优良 DH 系，有的已在育种中直接利用，如 D22、D77、D83、DH473 等（杨丽梅等，2003；苏贺楠等，2018；吕红豪等，2022）。

随着基因组学技术的飞速发展，相关科研教学单位陆续建立了甘蓝分子育种技术体系，极大地提高了育种效率。在研究解析了甘蓝雄性不育性、自交不亲和性、抗病抗逆性等重要农艺性状遗传和分子机制的基础上，定位或克隆了雄性不育、自交不亲和、枯萎病抗性、黑腐病抗性、根肿病抗性、叶色等一批重要农艺性状基因，建立了与这些性状紧密连锁的分子标记辅助选择技术体系，提高了甘蓝育种效率（杨丽梅等，2022）。另外，以转基因技术、基因编辑技术为核心的基因工程技术在甘蓝育种中也初步获得成功，为甘蓝优异育种材料的创制和基因聚合育种提供了新途径（杨丽梅等，2022）。

5. 培育出一批又一批满足产业需求的丰产优质多抗甘蓝新品种，实现品种更新 4～5 代 20 世纪 70～80 年代初，根据当时杂种优势育种技术尚不成熟，社会蔬菜供应数量严重不足的形势，以突破甘蓝自交不亲和系选育技术，培育丰产型甘蓝新品种为主要目标，北京、上海、江苏等地甘蓝育种科技人员利用自交不亲和途径育成一批杂种优势强、产量高的甘蓝一代杂种。中国农业科学院蔬菜研究所与北京市农业科学院蔬菜研究所合作利用黄苗"7224-5-3"和黑叶小平头"7221-3"两个自交不亲和系作亲本，于1973年育成我国第1个甘蓝杂交种"京丰一号"。京丰一号不仅产量高，比两个亲本增产30%以上，而且适应性广、抗逆性强、整齐度高，因而在我国各地迅速推广应用。此成果获1985年国家技术发明一等奖。2000年前后，京丰一号年种植面积达到33.33万hm^2。即使到2022年，仍是国内种植面积最大的甘蓝品种。此外，两单位还合作陆续育成报春、晚丰、庆丰、秋丰等早、中、晚熟配套品种。同期，上海市农业科学院育成新平头、夏光、寒光等品种，江苏省农业科学院育成苏晨1号、春丰等品种，山西省农业科学院育成理想1号、秋锦甘蓝等品种，内蒙古自治区农业科学院育成内配1号、内配2号、内配3号等品种。这些新品种一般比原有同类常规品种增产20%以上。到80年代中期，中国甘蓝杂交种种植面积占甘蓝种植总面积的80%～90%，对于提高我国蔬菜生产和供应水平发挥了重要作用。

80年代，随着甘蓝栽培面积的扩大，病害对甘蓝特别是对夏秋甘蓝的危害日趋严重。据调查，在病害流行年份秋甘蓝病毒病、黑腐病发病株率达到30%～40%，有的地块达70%以上。为了解决甘蓝生产上病害日益严重的问题，促进甘蓝生产的丰产稳产，从1983年开始，甘蓝的抗病育种被列为国家重点科技协作攻关课题。中国农业科学院蔬菜花卉研究所、西南农业大学园艺系、陕西省农业科学院蔬菜研究所、上海市农业科学院园艺研究所、江苏省农业科学院蔬菜研究所、东北农业大学园艺系等单位组成攻关协作组，在育种目标上，"六五"期间要求抗TuMV一种病害，"七五"（1986—1990）期间要求抗TuMV兼抗黑腐病，"八五"（1991—1995）期间要求抗TuMV、黑腐病兼耐CaMV或根肿病。经过10余年的协同努力，建立了甘蓝主要病害的多抗性苗期人工接种鉴定技术体系和标准，创制出20-2-5-2、8020-2-1、23202-1、8364、1162、84025、85003等我国首批抗TuMV兼抗黑腐病的抗病材料，育成中甘8号、中甘9号、西园2号、西园3号、西园4号、秦菜3号、秦甘4号、东农607等抗TuMV兼抗黑腐病的秋甘蓝品种以及中甘11、东农605等早熟、抗干烧心病的春甘蓝新品种。其中，中甘8号、中甘11已在全国27个省、自治区、直辖市推广，为减轻病害威胁发挥了重要作用。该成果获1991年国家科技进步二等奖。

90年代，针对市场和生产上需要优质蔬菜品种，缺乏露地保护地兼用甘蓝品种的状况，国内甘蓝攻关育种目标除继续重视抗病抗逆丰产外，还把优质作为最重要的育种目标，要求育成的品种不仅抗2～3种病害，而且要求叶球外观符合市场需求，叶质脆嫩，帮叶比30%左右，叶球紧实度0.5以上，中心柱长度不超过球高的1/2。按照上述育种目标，陆续育成中甘8398、中甘15等早熟优质新品种，这些新品种不仅品质好、产量高，而且适于露地和保护地兼用种植。20世纪90年代后期，育成新品种在我国各地区大面积推广，现在还是这些地区的主栽品种之一。成果获1998年国家科技进步二等奖。

21世纪初，相关育种单位以突破甘蓝雄性不育育种技术为主要育种目标，培育出一批以显性核基因雄性不育系及改良的细胞质雄性不育系配制的甘蓝优良新品种，如中甘21、中甘18、中甘101、春丰007、秋甘1号、西园8号等，其中，中甘21成为我国北方地区21世纪初春露地和高原夏菜的主栽品种，是2012、2013年农业部唯一的主推甘蓝品种。成果获2014年国家科技进步二等奖。

近年来，根据我国蔬菜生产市场形势变化需求，各育种单位以选育抗新型流行病害和适宜多样化栽培方式需求新品种为主要育种目标，陆续培育成功中甘628、中甘588、中甘102、京甘3号、京甘5号等一系列抗枯萎病甘蓝新品种并在我国枯萎病病区大面积推广应用，有效缓解了甘蓝枯萎病这一21世纪新发病害的严重威胁。同时，甘蓝抗根肿病的育种也取得进展，有关单位还育成耐寒带球越冬甘蓝新品种中甘1305、早熟保护地专用品种中甘56、中甘26等，为满足生产和市场上甘蓝栽培模式多样化及产品多样化需求作出了重要贡献。

6. 甘蓝良种繁育和示范推广取得了巨大进步 21世纪以来，全国甘蓝育种单位都基本上用雄性不育系制种途径替代自交不亲和系制种途径，杂交率一般都能达到100％，种子发芽率也由70％提高到85％以上，杂交种的种子产量和质量全面提高。各育种单位在选育新品种的同时，陆续建立了完善的良种繁育技术体系和规模化的甘蓝制种基地，提高了良种繁育体系的装备和技术水平，实现了种子生产标准化，大大提高了甘蓝杂交种种子质量，提高了国产甘蓝种子的市场竞争力，为避免甘蓝良种"卡脖子"作出了贡献。

20世纪80年代以来，全国农作物品种审定委员会委托全国农业技术推广服务中心和中国农业科学院蔬菜花卉研究所共同主持了多轮全国性甘蓝新品种区域试验，共有280多个甘蓝新品种通过国家或省（自治区、直辖市）审（鉴、认）定。近年又建立了甘蓝新品种登记制度，生产上使用的甘蓝品种已经更新了4~5代，良种普及率达95％以上，其中国产甘蓝品种占甘蓝播种面积80％以上。

（三）甘蓝病虫害研究及防控成果显著

病虫害不仅影响甘蓝的产量和产值，而且直接影响甘蓝产品的品质。近50年来，随着甘蓝生产的发展，我国科技人员在甘蓝病虫害研究和防治方面做了大量工作，并取得了显著成绩。甘蓝病虫害防控的技术成果主要表现在进一步查明了影响甘蓝生产病虫害的主要种类和分布，揭示了主要病虫害的危害规律和暴发机制，研究集成了一系列有效的防控技术，大大降低了病虫对甘蓝生产的危害，促进了甘蓝的安全高效生产。

现已查明危害甘蓝的病害有30余种，在我国，目前危害严重的病害主要有病毒病、霜霉病、黑腐病、根肿病以及近年蔓延较为迅速的甘蓝枯萎病。20世纪之前，甘蓝病害的研究和防治，主要集中在病毒病、霜霉病、黑腐病、软腐病、黑斑病和根肿病等方面。为促进这项工作取得进展，国家一度成立了全国性的攻关协作组，吸收病理方面的科技人员和育种家联合攻关。进入21世纪，随着一大批抗病品种的推广，病毒病、霜霉病、软腐病危害明显减轻。联合攻关也为其他难防病害的深入研究奠定了基础。

当前制约甘蓝产业发展的三大主要病害是甘蓝枯萎病、黑腐病和根肿病。甘蓝枯萎病是我国新发病害，也是当前北方越夏甘蓝商品菜生产基地威胁极大的土传病害之一。2001年在北京市的延庆区首次发现，目前已扩散至河北、山西、陕西、甘肃等重要的北菜南运甘蓝生产基地，成为发病地区甘蓝生产的主要限制因素。目前，该抗性基因 FOC1 已经被成功克隆并应用于抗枯萎病育种（Lv et al.，2014）。甘蓝黑腐病在我国危害比较普遍，南至海南岛北至黑龙江都有该病的发生，特别是在南方地区更为普遍，在我国北方夏秋茬多雨季节也日趋严重。近年来一些甘蓝生产基地由于多年连作重茬，黑腐病在这些地区已经上升成为影响甘蓝产量和品质的主要病害。甘蓝根肿病在我国发病地区也较广，不仅发生在我国南方各省份，陕西、河南、河北、北京、辽宁、黑龙江的甘蓝生产也有根肿病的发生。近年来，由于工厂化育苗及带菌育苗基质的长途调运，根肿病菌在全国各地蔓延迅速。随着抗病品种的大面积推广，目前甘蓝枯萎病的危害已在一定程度上得到控制。而甘蓝黑腐病和根肿病由于生理小种众多，抗性资源缺乏，抗性基因遗传复杂，病害的防治仍在继续研究攻关。除这三种主要病害外，还有一些区域性的病害如菌核病、黑斑病等也时有发生。甘蓝菌核病一般多发生在南方的冷凉潮湿季节和北方的冬春保护地设施栽培，南方重于北方。甘蓝黑斑病在我国南、北方都有发生，发生的种类以芸薹生链格孢为主。甘蓝菌核病和黑斑病虽在我国南方各省份重一些，但一般年份对甘蓝生产的影响并不大。

对这些病害的防控最有效的措施是培育抗病品种。国内在病原菌的分化、抗性资源的收集、抗性品种的选育等方面开展了大量的工作，并取得了可喜的进展。在这一过程中，有关甘蓝病原菌的分析技术、抗病材料的鉴定技术以及抗病品种的选育技术都有了质的提升。以上这些研究结果，为我国甘蓝主要病害的防控提供了理论依据。此外，还研究集成了一些行之有效的综合防治技术，包括农业防治、生物防治、化学农药防治等。农业防治包括实行轮作、避免连作、种子及育苗床消毒、清洁田园、深翻耕地、合理水肥管理等，对防止这些主要病害的发生和严重程度均有效果。目前各地均建立了规范安全的化学农药防治技术规程或规范。

危害甘蓝的害虫也有几十种，而且危害时间长，一些害虫已产生抗药性，使防治难度加大。危害最严重的害虫主要有菜青虫（菜粉蝶）、小菜蛾、甘蓝夜蛾、甜菜夜蛾、斜纹夜蛾、菜螟（钻心虫）、菜蚜、地老虎等。针对主要害虫研究集成了化学农药防治、生物防治、农业防治等有效综合防治方法。近些年来甘蓝害虫的非化学防治技术发展迅速，包括多种物理防治和生物防治技术的应用，如：利用害虫的正、负趋光性诱杀或趋避甘蓝害虫，利用不干胶黄板（或蓝板）诱杀甘蓝害虫，利用适合孔径的防虫网阻挡设施中的甘蓝害虫，利用黄皿（盆）诱杀甘蓝蚜虫，利用性诱剂诱杀多种夜蛾和小菜蛾，利用保护和释放天敌防治甘蓝害虫，利用喷洒苏云金杆菌、核型多角体病毒等防治甘蓝害虫等。这些物理和生物防治措施，有些在防治害虫时只有辅助的作用，但可以降低化学农药的用量，减少对甘蓝的污染。

（四）栽培模式及栽培技术的发展

近年来，随着中国蔬菜产业的发展，甘蓝生产面积也迅速增加。特别自改革开放以来，经过几十年的迅速发展，到 21 世纪初已达 93 万 hm² 以上，增长了 4 倍多。随着蔬菜保护地栽培、周年化供应和基地化生产的发展，甘蓝栽培模式和栽培茬口等也发生了很大变化。

1. 栽培模式向茬口多样化、基地规模化方向发展 20 世纪 90 年代以前，中国甘蓝生产主要分为春甘蓝、夏甘蓝、秋甘蓝，以及内蒙古、黑龙江、宁夏等高寒地区一年一季栽培。2000年前后，除上述栽培方式外，增加了以下栽培方式。

（1）北方冬季及早春小拱棚、大棚、日光温室等设施栽培　主要规模化生产基地分布在河北中东部、陕西关中地区和山东，以栽培耐抽薹的早熟圆球类型品种为主，可在冬季及早春蔬菜淡季供应市场。

（2）高纬度、高海拔地区高山（高原）越夏栽培　该种植模式主要分布在河西走廊、黄土高原、太行山区、张北高原、秦岭北麓、湖北西南山区、重庆东南山区等地，以栽培早熟或中早熟圆球类型品种或中熟扁球类型品种为主，在夏秋蔬菜淡季供应市场。

（3）中原南部地区越冬栽培　包括河南南部、湖北、湖南、江西、安徽、江苏中部和北部地区，以栽培耐寒、耐裂球、耐贮运的带球越冬甘蓝品种为主，冬季或早春蔬菜淡季供应市场。

（4）广东、广西、福建、云南等华南、东南、西南南部地区冬季栽培　以栽培早熟、优质、商品外观好的圆球形品种和中晚熟、耐裂球、球色绿、品质优的扁圆形品种为主，产品除在冬季满足本地需求外，还部分供应香港、澳门市场或出口东南亚地区。

（5）甘蓝优势产区规模化商品菜生产基地栽培　甘蓝规模化生产基地主要包括河北北部、山西晋中、甘肃兰州和定西地区、陕西宝鸡、湖北宜昌和恩施、重庆武隆等越夏甘蓝生产基地，河南新野、湖北嘉鱼等越冬甘蓝生产基地，河北中东部冬季设施甘蓝生产基地，云南宜良、通海等秋冬甘蓝生产基地等。这些基地大都采用"公司＋农户"的产销方式，农户生产，公司收购，远距离运往市场销售。如湖北长阳等地称为"高山蔬菜之乡"，出现过10万亩连片栽培京丰一号甘蓝的景象，产品主要销往长江中下游大中城市。河北崇礼被称为"甘蓝之乡"，曾出现过连绵15km种植中甘21甘蓝的场景，产品主要销往京津冀地区。甘肃定西夏季约5万亩早熟圆球形甘蓝，采用高密度栽培模式，作为北菜南运主战场之一，产品销往长江三角洲地区，获得"兰州包"的美誉。

2. 工厂化育苗技术大面积推广　随着甘蓝生产季节、种植地区、栽培方式和模式变化，育苗技术也发生了很大变化。育苗是一项技术性很强而又十分细致的工作，特别是冬季育苗常因低温影响出苗率，而夏秋甘蓝育苗时期正处于高温多雨季节，加上病虫害等不利因素，稍有疏忽就难以保证全苗壮苗。

甘蓝育苗的主要方法有苗床育苗、营养钵育苗和穴盘育苗。20世纪70～80年代以前，甘蓝生产主要分散在城市郊区，育苗方式春季主要是在阳畦温床育苗，夏秋季露地苗床育苗，育苗技术主要依赖农民技术员的经验，种苗的质量数量常得不到保障。80年代后，开始采用阳畦营养土或营养钵育苗，较费时费力，成本高、效率低。21世纪以来，穴盘育苗成为省时省工高效的育苗方式并逐渐被广泛接受。目前我国很多地区已经实现甘蓝育苗工厂化。工厂化育苗和传统育苗方式相比，优势主要体现在发芽率高、出苗整齐一致、根系发达、定植后无缓苗期、生长速度快、病虫害防治容易。随着我国蔬菜产业的发展，工厂化育苗技术得到了全面发展。根据辽宁、河北、山东、湖北、云南等25个省（自治区、直辖市）统计，2011—2013年采用蔬菜工厂化育苗技术累计育苗686.87亿株，其中甘蓝约占10%，栽培面积约10万 hm^2 以上。据2012年统计，山东省建成规模育苗场 300 家，年育甘蓝苗 4 亿株以上。河北省建成 117 家育苗场，年育苗量 20 亿株，包括 54 家小型（年育苗 1 000 万株以下）、53 家中型（1 000 万～3 000 万株）和 10 家大型（3 000 万株及以上）育苗场，遍布全省 11 个地级市（郝金魁等，2012）。近年来，一些西南地区采用漂浮板育苗，进一步提高了甘蓝种苗的质量，提高了效率。由于育苗时间的缩短和育苗技术的提高，春甘蓝未熟抽薹问题明显降低。

3. 甘蓝生产的机械化程度逐步提高 甘蓝抗逆、抗病性较强，对栽培条件要求不苛刻，所以在我国各地都有种植。随着我国城镇化速度不断加快，农村人口向第二、三产业转移的步伐也随之加快，从事农业生产的劳动力数量正在逐年萎缩。近年来，我国甘蓝的种植面积逐年增加，甘蓝生产中整地、定植和采收环节费工费时且劳动强度较大，而从事农业生产的劳动力逐年减少，对于劳动力紧张的规模化生产基地来说，应用机械化移栽是降低劳动强度、提高效率的有效途径。甘蓝机械化生产具有节省资源、安全无污染、效率高的特点，但其对甘蓝品种以及栽培模式要求极其严格。目前来说，甘蓝种植大部分作业环节仍以人工为主，用工量多、强度大、作业效率低。

从我国甘蓝生产的机械化程度来看，目前主要在耕整地环节使用拖拉机、旋耕机和起垄机等装备，在定植环节配合工厂化育苗采用全自动或半自动甘蓝移栽机，在田间管理环节应用大田喷灌、滴淋系统和农用植保无人机等装备。然而，在甘蓝采收等环节还是需要大量人工，综合机械化水平仍较低（张兆辉等，2020）。

甘蓝移栽机的常用类型主要有全自动双行移栽机、半自动双行移栽机、四行移栽机这 3 类。全自动双行移栽机需要配备特定的育苗流水线和育苗盘，并对苗高有严格要求。因此，国内一般采用半自动双行移栽机，采用电力驱动，节省资源，安全无污染，且株行距可调，在苗高、株型等方面的适应性较好。与发达国家相比，我国甘蓝生产的机械化水平还相当落后，这种现状，远远不能适应当前蔬菜生产发展的速度和规模，不利于甘蓝生产的专业化、标准化和产业化。

在甘蓝生产过程中，收获的用工量占到了甘蓝生产投入劳动量的 40% 左右。研究表明，甘蓝实现机械化收获可提升甘蓝生产效率 2.5～2.8 倍（李宝筱，2003）。欧美和日本对甘蓝收获机研究较早。欧美甘蓝收获机已经商品化，其产品以牵引式和悬挂式为主，有的机型带有结球输送装置，可与运输车联合作业；日本多为自走式一次性收获机。由于设计不同，具有不同的特点，如美国甘蓝收获机在设计上主要关注的是甘蓝直立性收割，其特殊的双螺旋拔取结构可以保证在不同高度和角度的情况下，切割刀头与甘蓝直立茎基部一直保持垂直，从而大大减少了收获甘蓝的损伤；丹麦的甘蓝收获机采用三点悬挂、电-液系统，收获机最前部带有液压驱动集束结构，可以拾取偏离垄中心的甘蓝；瑞士甘蓝收获机拔取结构可以通过液压缸调节高低，以适应不同垄的高度差异；日本研制的智能甘蓝收获机，可以自动辨别甘蓝的成熟度，实现多次收获。

国内对甘蓝收获机的研究报道很少，大多数处于基础理论研究阶段，目前还没有相关机型在国内推广使用。我国开展机械化甘蓝采收研究始于 20 世纪 80 年代末，台湾栾家敏教授研究制造出两行甘蓝收获机（王芬娥等，2009）。之后，甘肃农业大学、浙江大学、东北农业大学先后对甘蓝机械化采收进行了多方面的研究，但到目前为止仍不能投入实际生产中（王志强等，2011）。主要存在的问题有以下三方面：一是损伤问题，在拔取和切根的过程中会导致甘蓝叶球的损伤；二是堵塞问题，切掉的根和外包叶易拥堵在螺旋输送结构中间，影响收获机正常作业（梁松练等，2004）；三是现有成熟机型均为一次性收获机，选择性收获机还处在研制阶段，并且存在漏收率高、作业效率低等问题。

4. 甘蓝栽培技术逐步规范　各地农业行政推广部门按照甘蓝不同生产方式、季节、品种类型及市场对于品质的要求，制定了包括达标合格产品、绿色产品、有机产品的标准化生产技术规程，规范了耕地土壤要求、耕作制度、茬口安排、播种育苗、定植、水肥管理、主要病虫害防治措施，对促进甘蓝生产降低成本，提高产量，保证产品质量等发挥了重要作用。例如，在最近实施的双减（减肥、减药）科技项目指导下，许多地区在甘蓝生产中实施膜下滴灌水肥一体化技术取得明显效果，可减少水资源、肥料、农药消耗20%～30%。

（五）采后贮运及加工技术的发展进步明显

我国幅员辽阔，是甘蓝第一生产大国。为保证甘蓝的全国周年供应，近年来甘蓝基地化生产得到长足发展。这些基地大都采用"公司＋农户"的产销方式，远距离运往市场销售。刚采收的甘蓝作为初级农产品，不同于普通货物，脱离了生长环境，需要在特定的环境下进行流通，0～10℃是甘蓝适合流通的预冷温度带，因此在运输、贮存、包装等环节需要采用特定的技术和方法。长期以来，我国甘蓝商品在流通过程中，由于常温贮存、简单包装和常温运输，导致甘蓝采摘后，在流通过程中的损失率高达30%，这与美国、日本等国家蔬菜流通过程中2%～5%的损失率相比，经济损失巨大。

为了降低甘蓝在贮运过程中的损失，首先在甘蓝包装方面，要求包装材料具有保温性能、防水性能、防潮性能、透气性能和透氧性能。与甘蓝的规模化生产相比，对采摘后的甘蓝进行初级包装、流通加工成为薄弱环节，由于甘蓝包装机械投资不到位，甘蓝初加工机械化程度低，致使采收后的处理方式简单，手工作业为主要的操作方式，机械化、规模化的蔬菜包装、流通加工尚处于发展阶段。

近年来，充分利用现有的制冷技术，发展冷链物流是实现这一目标的保障，可满足甘蓝保鲜的特殊需求。流通过程中采用大吨位贮存作业、大流通量加工作业、长距离运输作业，最后到达消费市场，依靠冷链物流系统的支持来完成。

在甘蓝的贮存方面，专门的蔬菜保鲜库设施能够保证甘蓝在低温环境下贮存，延长甘蓝的贮存期，减少营养成分流失，降低腐败变质损耗量。但目前我国甘蓝的采后贮运技术还不十分成熟，尚未在整个冷链物流系统推行操作规范和执行标准，考虑到甘蓝的出口，应在GAP（良好农业规范）、GMP（良好生产规范）和HACCP（危害关键控制点分析）方面，建立和健全甘蓝采后贮运检测与监督机制，为蔬菜冷链物流系统的推行发挥基础作用，提高蔬菜保鲜贮运效率。

另外，结球甘蓝也是加工脱水蔬菜的主要品种和原料。但我国甘蓝加工起步较晚，加工方式以热风干制、腌制为主，据不完全统计，甘蓝加工率不到15%。随着农产品加工技术的进步，预冷、速冻、冻干、杀菌、无菌包装等先进技术和相关设备的引进、研发和应用，以及甘蓝新品种的推广，我国甘蓝加工业也有了一定的发展，除干制品、腌制品等传统加工品外，甘蓝鲜切、冻干、制汁、色素提取等一批高品质和高附加值的加工制品陆续投入生产，并形成了产业化规模。

甘蓝脱水加工业的发展对品种提出了新的要求。进行脱水甘蓝生产，需要球形大和球叶颜色深的甘蓝品种，在如江苏、浙江一带用于加工菜的甘蓝品种，要求外层 7～9 片球叶绿色，叶球扁圆形，干物质含量高。叶球大可以保障产量高，增加商品菜率，而颜色深可以使加工后的甘蓝叶保持绿色，符合加工品质要求。当前的品种在产量上可以达到要求，但球叶多为白色或淡黄色，符合加工要求的品种较少，因此加工专用型品种有很大的市场潜力。目前国内适合脱水加工的甘蓝品种并不多，种植面积较大的有京丰一号、奥奇娜等。

（六）我国甘蓝科学技术研究领域具卓越贡献的专家

改革开放吹响了蔬菜产业发展的冲锋号角。从"六五"开始，我国甘蓝科研工作步入了正规和快速发展的轨道。中国甘蓝产业在各级管理部门的支持下，已经形成一支有较强实力且不断壮大的科研队伍，涌现出一批科学家。我国甘蓝产业的发展，离不开一代代前辈科学家的奠基工作，正是他们的潜心研究和创新型科研成就，才为我国甘蓝产业发展奠定了良好的基础。

李家文（1913—1980），江苏镇江人，山东农学院园艺系教授，中国园艺学会第三届理事会副理事长，农业部科学技术委员会委员，我国芸薹属蔬菜育种奠基人之一。1938年毕业于金陵大学农学院农学系，1943 年获金陵大学农业科学研究所硕士学位，1945 年赴美国康奈尔大学农学院蔬菜系进修，1946 年回国。李家文先生致力于蔬菜园艺科学教学、研究和生产推广工作达 40 余年，在中国大白菜的理论研究、甘蓝种子繁育、祖国古代农业遗产的研究等方面做出了杰出的贡献。1967 年开始与中国农业科学院蔬菜研究所及山东、广东、天津等省、直辖市有关单位联合协作，开始了在北方繁殖甘蓝种子的研究，提出了"南选北繁"的理论和技术措施，解决了中国南方近百万亩越冬甘蓝种子的供应问题，使北方生产的黄苗甘蓝种子质量超过了日本进口的种子，使南方甘蓝生产实现了种子国产化。

谭其猛（1914—1984），出生于浙江省嘉兴市。1934 年毕业于浙江大学农学院园艺系。1952—1984 年历任沈阳农业大学副教授、教授，蔬菜教研室主任，园艺系主任兼遗传研究所所长，辽宁省农业科学院园艺所副所长。早在 20 世纪 50 年代，谭其猛先生就开展了蔬菜育种和杂种优势利用研究，开创了雄性不育育种技术新理论，明确细胞质遗传在远缘杂交中的显著作用。对十字花科蔬菜自交不亲和性的基因型分析进行了总结和探讨，使我国利用自交不亲和系配制一代杂种的理论日臻完善，为结球甘蓝的杂种优势利用奠定了基础。主持编著了全国农业院校统编教材《蔬菜品种选育及良种繁育》（北方本）和《蔬菜育种学》，成为指导蔬菜育种科技发展的经典教科书。

陈世儒（1924—1990），中国享誉盛名的园艺教育家，蔬菜育种专家，曾任西南大学（原西南农业大学）学术委员会副主任、中国园艺学会副理事长等。长期从事蔬菜种质资源和新品种选育研究工作。与中国农业科学院蔬菜研究所有关专家为争取蔬菜作物育种联合攻关计划做了大量工作，为国家立项"六五""七五"蔬菜作物联合攻关项目奠定了技术基础。培育出适合西南地区种植的秋冬甘蓝品种西园 2 号、西园 3 号、西园 4 号等系列品种，取得巨大的经济效益和社会效益，至今仍是西南地区主栽甘蓝品种。1979 年任全国统编教材《蔬菜育种学》（第一版）副主编；1987 年受聘为全国高等农业院校教材指导委员会副主任委员兼园艺学科组组长；1988 年出任全国统编教材《蔬菜育种学》（第二版）和《蔬菜种子生产原理与实践》主编，为促进中国蔬菜育种理论与实践的发展以及蔬菜生产做出了突出贡献。

许蕊仙（1925—），东北农业大学教授。1957 年开始甘蓝育种研究，共育成 6 个甘蓝优良品种应用于生产。1983 年参与全国蔬菜育种攻关课题研究。1978 年获黑龙江省科技大会奖。主持开展的"哈尔滨地区甘蓝病毒病毒原鉴定及应用"研究，1989 年获黑龙江省科技进步三等奖和国家各部委、经委、财政部荣誉奖。主要著作有《蔬菜育种及良种繁育》《蔬菜良种繁育技术》等。

贾翠莹（1928—），北京市农林科学院蔬菜研究所研究员。1959 年开始参加了大白菜品种选育及白菜、甘蓝的远缘杂交试验工作。20 世纪 70 年代初，甘蓝生产上品种混杂退化、产量低、抗病抗逆性差问题严重，她主持的甘蓝杂种一代优势利用课题，选育出 8 个不同性状的 F_1 及相应的自交不亲和系，并研制和提出了自交不亲和原种及一代杂种制种技术，使得这一国内外甘蓝生产上的重要技术难题较好解决。与中国农业科学院蔬菜花卉研究所合作选育出京丰一号、报春等系列新品种，实现了早、中、晚熟配套，成果 1979 年获北京市科技进步二等奖，1985 年获国家发明一等奖。

赵稚雅（1935—1991），西北农林科技大学（原陕西省农业科学院蔬菜研究所）研究员，长期从事大白菜和甘蓝等十字花科蔬菜抗病育种和种质资源筛选工作，"六五"和"七五"期间，参与国家甘蓝抗病育种协作工作组，明确了我国十字花科蔬菜 TuMV 病毒种群组成比例，建立了甘蓝病毒病和黑腐病多抗性鉴定标准和方法，筛选出 7321 - 1 - 4 - 2、红宝石等甘蓝抗黑腐病种质资源，育成秦菜 1 号、2 号和 3 号系列甘蓝新品种。主持研究"甘蓝一代杂种优势利用"1984 年获农牧渔业部科学技术进步奖三等奖。"十字花科蔬菜病毒种群鉴定及芜菁花叶病毒抗血清制备应用研究"获陕西省农牧业科技成果三等奖。

方智远（1939—2023），中国农业科学院蔬菜花卉研究所研究员、中国工程院院士，蔬菜遗传育种专家。与北京市农林科学院蔬菜研究所贾翠莹等合作，于 20 世纪 70~80 年代采用自交不亲和系途径育成中国第一个甘蓝杂交种"京丰一号"和 7 个系列品种，开创了我国甘蓝杂交优势利用的先河。利用自交不亲和系途径培育杂种一代这一先进技术在中国获得突破并逐步推广应用，对其他蔬菜作物杂种优势利用研究也起了重要的促进作用。80~90 年代育成中国首批甘蓝抗病品种中甘 8 号、中甘 9 号，第二代春早熟甘蓝新品种中甘 11 和第三代春早熟甘蓝新品种 8398，累计推广面积超过 1 亿亩①，社会经济效益显著。90 年代以来，方智远利用首次发现的甘蓝显性雄性不育源，研究建立了甘蓝雄性不育系育种技术体系，在甘蓝显性核基因雄性不育技术和胞质雄性不育技术上取得了具有自主创新性的领先成果，培育出第四代优质、抗病、抗逆新品种中甘 21 等，推广面积超过 1 000 万亩。主持获得 4 项国家奖。主持编写《蔬菜学》《中国

---

① 注：亩为非法定计量单位，15 亩＝1 公顷（hm^2）。——编著注

蔬菜育种学》等著作，为促进中国蔬菜育种理论与实践的发展以及蔬菜生产做出了突出贡献。

孙培田（1940—），中国农业科学院蔬菜花卉研究所研究员，蔬菜遗传育种专家。在"六五"至"九五"期间，主持和参加国家科技攻关及农业部重点科研项目等有关甘蓝新品种选育及应用基础研究等重要课题约30余项。育成不同类型的优良品种20多个，已在全国大面积推广种植。系统地提出了甘蓝割球采种、二膜覆盖等花期调节关键制种技术，构建了显性雄性不育规模化制种技术体系。新品种的推广应用，丰富了人民群众的菜篮子，也使许多菜农走上致富之路，社会经济效益显著。

丁万霞（1951—），江苏省农业科学院蔬菜研究所研究员，长期致力于甘蓝遗传育种与新品种推广工作。研究攻克了牛心类型甘蓝种质的创新及种子繁殖难的难题，自1987年起，育成了春丰等系列露地越冬栽培且不易先期抽薹的牛心型系列甘蓝品种，累计推广面积超1 000万亩，至今仍是南方地区春甘蓝主栽品种。牛心甘蓝已成为长江流域具有鲜明地域特色的甘蓝栽培和消费品种，近年来该类型品种迅速向北方扩展，种植面积逐年扩大。

李成琼（1955—），西南大学（原西南农业大学）园艺园林学院教授，主要从事甘蓝遗传育种与新品种推广工作。在甘蓝种质资源创新、自交不亲和及细胞质雄性不育遗传及应用、良种繁育及推广等领域取得一系列创新成果，对推动整个甘蓝育种进展起到了重要的作用。育成了以西园4号为代表的优质、多抗、丰产的"西园"系列平头型甘蓝新品种成为我国长江中上游地区主要的甘蓝栽培和消费类型，累计推广面积1 000万亩以上。

（七）我国甘蓝科学技术研究存在问题及展望

农业要发展，种业是关键。我国甘蓝育种在各级主管部门的支持下，已经形成一支有较强实力的育种科研队伍，从事甘蓝遗传育种的科研教学单位也由过去的不到10个单位增加到20余个。更可喜的是，部分种业企业也开始加入甘蓝遗传育种行列，产学研结合的甘蓝育种技术体系逐渐完善。在大家的协同努力下，我国甘蓝遗传育种取得了显著成就，良种普及率达95％以上，国产甘蓝品种占甘蓝播种面积的80％以上。

我国甘蓝育种虽然取得不少成就，特别是部分圆球类型甘蓝的优质、早熟性，部分尖球类型甘蓝的耐寒、耐先期抽薹能力具有明显的优势，但还不能完全满足国内生产和市场的需求，与发达国家的甘蓝育种水平相比还有一定差距，如育种队伍分散，育种规模较小，育成品种数量多，但突破性品种少；育种目标与市场需求联系不够紧密，目前生产上应用的品种在抗病抗逆性与品质优良的结合方面尚不能满足生产和市场的需求；种质资源不够丰富，特别是抗根肿病、黑腐病，以及耐寒、耐裂球等优异种质资源缺乏；基础研究薄弱，常规育种与生物技术结合不紧密，研究目标与甘蓝产业需求脱节且不够深入；甘蓝商品种子质量还需要进一步提高；甘蓝种业市场不规范，品种知识产权常常得不到保护；育种工作主要集中在农业科研和教学单位，种子企业规模小，自主育种能力薄弱等。近年来，日本、韩国、美国、荷兰等多个国家的种子公司的甘蓝种子进入中国种子市场，这些公司的甘蓝品种在抗病抗逆性方面具有优势，我国甘蓝育种面临激烈竞争。我国甘蓝科技人员要进一步重视国内外种质资源的搜集保存和精准评价鉴定工作，不断开拓基因组学、生物育种新技术和新途径，充分利用细胞工程和基因工程等技术创制新材料，并根据产业发展的市场需求变化及时调整育种目标，开展分子设计多基因聚合育种，提高育种效率，实现抗性和优质高产的有机结合，培育出更多优质抗病抗逆优良品种，为提升我国甘蓝产业科技水平，高质量发展甘蓝产业做出更大贡献。

◆ 主要参考文献

陈世儒，方智远，1991. "七五"国家科技攻关项目——蔬菜新品种选育研究：Ⅲ. 甘蓝专题育成的新品种（新组合）简介 [J]. 园艺学报，18（4）：374-377.

丁万霞，李建斌，1999. 耐热抗病的夏甘蓝新品系黑丰 [J]. 中国蔬菜（3）：59.

杜冬冬，2017. 履带自走式甘蓝收获机研究及称重系统开发 [D]. 杭州：浙江大学.

方智远，2007. 我国甘蓝生产和市场的变化及对策建议——在首届中国蔬菜种业发展论坛北京峰会上的讲话摘要 [J]. 中国蔬菜（9）：4.

方智远，2008. 我国甘蓝产销变化与育种对策 [J]. 中国蔬菜（1）：1-2.

方智远，2017. 中国蔬菜育种学 [M]. 北京：中国农业出版社.

方智远，2018. 中国蔬菜育种科学技术的发展与展望 [J]. 农学学报，8（1）：12-18.

方智远，2021. 甘蓝类蔬菜育种团队50年发展的几点体会 [J]. 中国蔬菜（1）：1-3.

方智远，刘玉梅，杨丽梅，等，2002. 我国甘蓝遗传育种研究概况 [J]. 园艺学报，29（增刊）：657-663.

方智远，刘玉梅，杨丽梅，等，2003. 以胞质雄性不育系配制的早熟秋甘蓝新品种"中甘22" [J]. 园艺学报（6）：761-778.

方智远，刘玉梅，杨丽梅，等，2007. 雄性不育系配制的甘蓝新品种及其繁育技术 [J]. 长江蔬菜（11）：32-34.

方智远，刘玉梅，杨丽梅，等，2007. 甘蓝杂种优势育种技术研究和中甘系列新品种选育回顾与展望 [J]. 中国农业科学，40（s）：320-324.

方智远，孙培田，刘玉梅，1982. 甘蓝自交系几个数量性状配合力的分析初报 [J]. 中国农业科学（1）：49-52.

方智远，孙培田，刘玉梅，等，1983. 甘蓝杂种优势利用和自交不亲和系选育的几个问题 [J]. 中国农业科学，16（3）：51-62.

方智远，孙培田，刘玉梅，等，1987. 北方地区早熟春甘蓝新品种"中甘11号"的选育 [J]. 中国蔬菜（4）：1-4.

方智远，孙培田，刘玉梅，等，1989. 甘蓝抗病新品种——中甘8号 [J]. 农业科技通讯（11）：34-35.

方智远，孙培田，刘玉梅，等，1996. 早熟春甘蓝新品种8398的选育 [J]. 中国蔬菜（1）：5-8.

方智远，张扬勇，刘玉梅，等，2010. 高山（高原）夏菜中的甘蓝 [J]. 中国蔬菜（19）：12-13.

高富欣，刘佳，闫书鹏，等，2005. 我国甘蓝品种市场需求的变化趋势 [J]. 中国蔬菜（2）：41-42.

龚厥民，1929. 蔬菜园艺学 [M]. 上海：商务印书馆.

韩嘉义，1985. 浅议云南结球甘蓝的引种史——兼与叶静渊同志商榷 [J]. 中国蔬菜，1（2）：21-22.

郝金魁，张西群，齐新，等，2012. 工厂化育苗技术现状与发展对策 [J]. 江苏农业科学，40（1）：349-351.

何其伟，郭素英，等，1993. 十字花科蔬菜优势育种 [M]. 北京：农业出版社.

黄绍绪，1933. 蔬菜园艺学 [M]. 上海：商务印书馆.

贾翠莹，1979. 甘蓝自交不亲和系的选育和利用 [J]. 农业科技资料（3）：7-12.

姜明，赵越，颉建明，等，2011. 甘蓝抗枯萎病SCAR标记的开发 [J]. 中国农业科学，44（14）：3053-3059.

蒋名川，1983. 关于几种蔬菜引进我国的历史的商榷 ［J］. 中国蔬菜（3）：35-37.

康俊根，2009. 甘蓝枯萎病抗性遗传及群体关联分析 ［D］. 北京：北京市农林科学院.

康俊根，田仁鹏，耿丽华，等，2010. 甘蓝抗枯萎病种质资源的筛选及抗性基因分布频率分析 ［J］. 中国蔬菜（2）：15-20.

孔枞枞，刘星，邢苗苗，等，2018. 甘蓝黑腐病和枯萎病兼抗材料的鉴定筛选 ［J］. 中国蔬菜（6）：22-31.

李家文，1979. 蔬菜栽培学各论（北方本）［M］. 北京：农业出版社.

李家文，1981. 中国蔬菜作物的来历和变异 ［J］. 中国农业科学（1）：90-95.

李璠，1984. 中国栽培植物发展史 ［M］. 北京：科学出版社.

李曙轩，1990. 中国农业百科全书·蔬菜卷 ［M］. 北京：农业出版社.

李锡香，方智远，2007. 结球甘蓝种质资源描述规范和数据标准 ［M］. 北京：中国农业出版社.

刘佳，冯兰香，蔡少华，等，1988. 结球甘蓝对 TuMV 和黑腐病的抗性鉴定 ［J］. 植物保护（6）：9-11.

刘玉梅，方智远，孙培田，1985. 甘蓝品种中甘十一号 ［J］. 农业科技通讯（10）：12-13.

刘玉梅，方智远，孙培田，等，1996. 秋甘蓝新品种中甘 9 号的选育 ［J］. 中国蔬菜（4）：6-8.

吕红豪，方智远，杨丽梅，等，2011. 甘蓝枯萎病抗源材料筛选及抗性遗传研究 ［J］. 园艺学报，38（5）：875-885.

吕红豪，杨丽梅，方智远，等，2022. 春甘蓝新品种'中甘 27'和'中甘 28'［J］. 园艺学报，49（S1）：63-64.

吕红豪，庄木，杨丽梅，等，2019. 早熟春甘蓝新品种'中甘 628'［J］. 园艺学报，46（7）：1421-1422.

农业部，2008. 2006 年全国各地蔬菜播种面积和产量 ［J］. 中国蔬菜（1）：65-66.

祁魏峥，颉建明，郁继华，等，2015. 甘蓝游离小孢子培养及再生植株倍性鉴定研究 ［J］. 西南农业学报，28（6）：2381-2388.

苏贺楠，韩风庆，杨丽梅，等，2018. 结球甘蓝小孢子培养条件优化及高代自交系胚状体诱导研究 ［J］. 中国蔬菜，350（4）：30-36.

孙超，马建，雷蕾，等，2016. 甘蓝种质资源根肿病抗性鉴定及 CRa、Crr1a 同源基因分析 ［J］. 植物遗传资源学报，17（6）：1058-1064.

谭其猛，1980. 蔬菜育种 ［M］. 北京：农业出版社.

谭其猛，1982. 蔬菜杂种优势的利用 ［M］. 上海：上海科学技术出版社.

田仁鹏，康俊根，耿丽华，等，2009. 甘蓝枯萎病抗性鉴定方法研究 ［J］. 中国农学通报，25（4）：39-42.

瓦维洛夫，1982. 主要栽培植物的世界起源中心 ［M］. 董玉琛，译. 北京：农业出版社.

王冬梅，陈琛，王庆彪，等，2011. 一个支持芥蓝起源于中国的分子证据 ［J］. 中国蔬菜，1（16）：15-19.

王芬娥，郭维俊，曹新惠，等，2003. 甘蓝生产现状及其机械化收获技术研究化 ［J］. 中国农机化（3）：79-82.

王立浩，方智远，杜永臣，等，2016. 我国蔬菜种业发展战略研究 ［J］. 中国工程科学，18（1）：123-136.

王庆彪，方智远，杨丽梅，等，2013. 中国甘蓝育成品种系谱分析 ［J］. 园艺学报，40（5）：869-886.

王神云，吴强，王红，等，2016. 结球甘蓝根肿菌鉴定和种质抗性评价 ［J］. 植物遗传资源学报，17（6）：1123-1132.

王晓佳，1999. 蔬菜育种学（各论）［M］. 北京：中国农业出版社.

王晓武，方智远，2002. 分子标记在结球甘蓝类作物研究中的应用 ［J］. 园艺学报，28（增刊）：637-643.

王志强，郭维俊，王芬娥，等，2011. 4YB-1 型甘蓝收获机的总体设计 ［J］. 甘肃农业大学学报，46（23）：126-130.

吴耕民，1936. 蔬菜园艺学 ［M］. 北京：中国农业书社.

吴其濬，1848. 植物名实图考（1957 年本）［M］. 北京：中华书局.

西南农业大学，1988. 蔬菜育种学［M］. 北京：农业出版社.

肖宏儒，姚森，金月，等，2019. 结球甘蓝生产全程机械化研究现状与对策［J］. 现代农业装备，40（2）：9-16.

许蕊仙，崔崇士，李桂英，1981. 甘蓝自交不亲和系的研究和利用［J］. 东北农学院学报（1）：60-64.

星川清亲，1978. 栽培植物的起源与传播［M］. 段传德，丁法元，译. 郑州：河南科学技术出版社.

杨丽梅，方智远，2022. 中国甘蓝遗传育种研究60年［J］. 园艺学报，49（10）：2075-2098.

杨丽梅，方智远，刘玉梅，等，2003. 利用小孢子培养选育甘蓝自交系［J］. 中国蔬菜（6）：36-37.

杨丽梅，方智远，刘玉梅，等，2011. “十一五”我国甘蓝遗传育种研究进展［J］. 中国蔬菜（2）：1-10.

杨丽梅，方智远，刘玉梅，等，2011. 抗枯萎病耐裂球秋甘蓝新品种'中甘96'［J］. 园艺学报，38（2）：397-398.

杨丽梅，方智远，庄木，等，2016. “十二五”我国甘蓝遗传育种研究进展［J］. 中国蔬菜（11）：1-6.

杨丽梅，方智远，张扬勇，等，2020. 中国结球甘蓝抗病抗逆遗传育种近年研究进展［J］. 园艺学报，47（9）：1678-1688.

叶静渊，1984. 我国结球甘蓝的引种史——与蒋名川同志商榷［J］. 中国蔬菜（2）：20.

叶静渊，1986. 甘蓝类蔬菜在我国的引种栽培与演化［J］. 自然科学史研究，5（3）：247-255.

颜纶泽，1936. 蔬菜大全［M］. 上海：商务印书馆.

耶尔马科夫，阿拉西莫维契，1964. 蔬菜生物化学［M］. 龚立三，译. 北京：农业出版社.

由海霞，2016. 近十一年我国蔬菜播种面积的变化规律分析［J］. 北方园艺（6）：168-170.

张恩慧，程永安，许忠民，等，2001. 结球甘蓝三种病害抗源筛选及抗病品种选育研究［J］. 西北农林科技大学学报，29（6）：30-33.

张楠，2014. 结球甘蓝在中国的传播及其本土化发展［J］. 南方农业，8（33）：20-22.

张楠，2015. 结球甘蓝在中国的引种与本土化研究（明清至民国）［D］. 南京：南京农业大学.

张楠，丁晓蕾，2015. 结球甘蓝名称考释［J］. 山西农业大学学报（社会科学版），14（8）：860-864.

张平真，2008. 中国蔬菜名称考释［M］. 北京：燕山出版社.

张晓伟，高睦枪，耿建峰，等，2001. 利用游离小孢子培养育成早熟春甘蓝新品种'豫生1号'［J］. 园艺学报，28（6）：577-582.

张晓伟，姚秋菊，蒋武生，等，2008. 利用游离小孢子培养技术育成甘蓝新品种'豫生4号'［J］. 园艺学报，35（7）：1090.

张扬勇，方智远，刘玉梅，等，2005. 早熟春甘蓝新品种中甘21的选育［J］. 中国蔬菜，（10/11）：28-29.

张扬勇，方智远，刘泽洲，等，2013. 中国蔬菜育成品种概况（1978—2012）［J］. 中国蔬菜，（23）：1-4.

张扬勇，方智远，杨丽梅，等，2020. 露地越冬甘蓝新品种'中甘1305'［J］. 园艺学报，47（3）：607-608.

张桢，2007. 甘蓝夏季工厂化穴盘育苗技术［J］. 上海蔬菜（5）：59-60.

中国农业科学院蔬菜花卉研究所，1992. 中国蔬菜品种资源目录：第一册［M］. 北京：万国学术出版社.

中国农业科学院蔬菜花卉研究所，1998. 中国蔬菜品种资源目录（第二册）［M］. 北京：气象出版社.

中国农业科学院蔬菜花卉研究所，2010. 中国蔬菜栽培学［M］. 北京：中国农业出版社.

中华人民共和国农业部，2006. 中国农业统计资料［M］. 北京：中国农业出版社.

中华人民共和国农业部，2019.2017年全国各地蔬菜、瓜果（西瓜、甜瓜、草莓等）、马铃薯播种面积和产量［J］. 中国蔬菜（11）：22.

治田辰夫，1962. 十字花科蔬菜的自交不亲和性遗传机制的研究［J］. 日本长冈研究农场报.

周长久，1995. 蔬菜种质资源概论［M］. 北京：北京农业大学出版社.

周成，2013. 甘蓝收获关键技术及装备研究［D］. 哈尔滨：东北农业大学.

周祥麟，翟依仁，王永文，1981. 选育甘蓝自交不亲和系和利用其一代杂种 [J]. 山西农业科学（5）：2-5.

庄木，方智远，孙培田，等，2001. 用显性雄性不育系配制的甘蓝新品种'中甘16'、'中甘17'[J]. 园艺学报（2）：183-190.

庄木，方智远，刘玉梅，等，2010. 春甘蓝新品种'中甘192'[J]. 园艺学报，37（11）：1881-1882.

庄木，方智远，刘玉梅，等，2008. 近年来春甘蓝育种研究进展 [C] //中国园艺学会十字花科蔬菜分会第六届学术研讨暨新品种展示会论文集 . 北京：中国园艺学会 .

Bannerot H, 1977. Unexpected difficulties met with the radish cytoplasm in *Brassica oleracea* [J]. Eucarpia Cruciferae Newslett, 2：16.

Bannerot H, Boulidard L, Cauderon Y, et al., 1974. Transfer of cytoplasmic male sterility from *Raphanus sativus* to *Brassica oleracea* [J]. Proc Eucarpia Meet Cruciferae, 25：52-54.

Bateman A J, 1952. Self-incompatibility systems in angiosperms. I. Theory [J]. Heredity, 6：285-310.

Boswell V R, 1934. Descriptions of types of principal American varieties of cabbage. US Department of Agriculture [M]. Washington DC：United States Department of Agriculture.

Camargo L, Savides L, Jung G, et al., 1997. Location of the self-incompatiblility locus in an RFLP and RAPD map of *Brassica oleracea* [J]. Journal of Heredity, 88（1）：57-60.

Cai C, Bucher J, Bakker F T, et al., 2022. Evidence for two domestication lineages supporting a middle-eastern origin for *Brassica oleracea* crops from diversified kale populations [J]. Horticulture Research, 9：33.

Cai X, Wu J, Liang J L, et al., 2020. Improved *Brassica oleracea* JZS assembly reveals significant changing of LTR-RT dynamics in different morphotypes [J]. Theoretical and Applied Genetics, 133：3187-3199.

Cao W X, Dong X, Ji J J, et al., 2021. BoCER1 is essential for the synthesis of cuticular wax in cabbage (*Brassica oleracea* L. var. *capitata*) [J]. Scientia Horticulturae, 277：109801.

Chen D, Zhong X, Cui J, et al., 2022. Comparative Genomic analysis of *Xanthomonas campestris* pv. *campestris* isolates bjsjq20200612 and gsxt20191014 provides novel insights into their genetic variability and virulence [J]. Frontiers in Microbiology, 13：833318.

Chen F, Sun R, Hou X, et al., 2016. Subgenome parallel selection is associated with morphptype diversification and convergent crop domestication in *Brassica rapa* and *Brassica oleracea* [J]. Nature genetics, 48（10）：1218-1224.

Dong X, Ji J, Yang L M, et al., 2019. Fine mapping and transcriptome analysis of *BoGL-3*, a waxless gene in cabbage (*Brassica oleracea* L. var. *capitata*) [J]. Molecular Genetics and Genomics, 294：1231-1239.

Duijs G, Voorrips R E, Visser D L, et al., 1992. Microspore culture is successful in most croptypes of *Brassica oleracea* L. [J]. Euphytica, 60：45-55.

Fang Z Y, Liu Y M, Lou P, et al., 2004. Current trends in cabbage breeding [J]. Journal of New Seeds, 6（2）：75-107.

Fang Z Y, Sun P T, Liu Y M, et al., 1995. Preliminary study on the inheritance of male sterility in cabbage line 79-399-438 [J]. Acta Horticulturae（402）：414-417.

Fang Z Y, Sun P T, Liu Y M, et al., 1997. A male sterile line with dominant gene (Ms) in cabbage and its utilization for hybrid seed production [J]. Euphytica（3）：265-268.

Guo N, Wang S, Gao L, et al., 2021. Genome sequencing sheds light on the contribution of structural variants to *Brassica oleracea* diversification [J]. BMC Biology, 19 (1): 1 - 15.

Helm J, 1963. Morphologish - taxonomische Gliederung der Kultursipen von *Brassica oleracea* L. [J]. Kulturpflanze, 11: 92 - 210.

Higdon J V, Delage B, Williams D E, et al., 2007. Cruciferous vegetables and human cancer risk: epidemiologic evidence and mechanistic basis [J]. Pharmacol. Res., 55 (3): 224 - 236.

Jennings D, Simmonds N, 1976. Evolution of crop plants [M]. New York: Longman Pub.

Ji J J, Cao W X, Tong L, et al., 2021. Identifcation and validation of an ECERIFERUM2 - LIKE gene controlling cuticular wax biosynthesis in cabbage (*Brassica oleracea* L. var. *capitata* L.) [J]. Theoretical and Applied Genetics, 134 (12): 4055 - 4066.

Kalloo G, Bergh B O. 1993. Genetic improvement of vegetable crops [M]. Pergamon. Oxford.

Kang J G, Fang Z Y, Wang X W, et al., 2011. Genetic diversity and relationships among cabbage (*Brassica oleracea* var. *capitata*) landraces in China revealed by AFLP markers [J]. African Journal of Biotechnology, 10 (32): 5940 - 5949.

Kang J G, Zhang G Y, Bonnema G, et al., 2008. Global analysis of gene expression in flower buds of *Ms - cd1 Brassica oleracea* conferring male sterility by using an *Arabidopsis* microarray [J]. Plant Molecular Biology. 66: (1): 177 - 192.

King F H, 1911. Farmers of forty centuries: or permanent agriculture in China, Korea and Japan [M]. Emmaus : Nabu Press.

Licheter R, 1989. Efficent yield of embryoids by culture of isolated microspores of different *Brassicaceae* species [J]. Plant Breeding, 103: 119 - 123.

Licznerska B E, Szaefer H, Murias M, et al., 2013. Modulation of *CYP19* expression by cabbage juices and their active components: indole - 3 - carbinol and 3, 3′ - diindolylmethene in human breast epithelial cell lines [J]. European journal of nutrition, 52 (5): 1483 - 1492.

Licznerska B E, Szaefer H, Murias M, et al., 2016. Erratum to modulation of *CYP19* expression by cabbage juices and their active components: indole - 3 - carbinol and 3, 3′ - diindolylmethene in human breast epithelial cell lines [J]. European Journal of Nutrition, 52 (5): 1483 - 1492.

Liu S, Liu Y, Yang X, et al., 2014. The *Brassica oleracea* genome reveals the asymmetrical evolution of polyploidy genomes [J]. Nature Communications, 5 (1): 1 - 11.

Liu X, Han F Q, Kong C C, et al., 2017. Rapid introgression of the Fusarium wilt resistance gene into an elite cabbage line through the combined application of a microspore culture, genome background analysis, and disease resistancespecific marker assisted selection [J]. Frontiers in Plant Science, 8: 354.

Lou P, Kang J G, Zhang G Y, et al., 2007. Transcript profiling of a dominant male sterile mutant (*Ms - cd1*) in cabbage during anther development [J]. Plant Science, 172 (1): 111 - 119.

Luud J, Gilissen W J, 2020. Chapter 5 - Food, nutrition and health in the Netherlands, Editor (s): Susanne Braun, Christina Zübert, Dimitrios Argyropoulos, Francisco Javier Casado Hebrard, In Nutritional&Health Aspect - Traditional&Ethnic Food, Nutritional and Health Aspects of Food in Western Europe [M]. New York: Academic Press.

Lv H H, Yang L M, Kang J G, et al., 2013. Development of InDel markers linked to Fusarium wilt resistance in cabbage [J]. Molecular Breeding, 32 (4): 961 - 967.

Lv H H, Fang Z Y, Yang L M, et al., 2014. Mapping and analysis of a novel candidate Fusarium wilt resistance gene *FOC1* in *Brassica oleracea* [J]. BMC Genomics, 15 (1): 1094.

Lv H H, Wang Y, Han F Q, et al. 2020. A high - quality reference genome for cabbage obtained with

SMRT reveals novel genomic features and evolutionary characteristics [J]. Scientific Reports, 10 (1): 1 - 9.

Mabry M E, Turner - Hissong S D, Gallagher E Y, et al. , 2021. The evolutionary history of wild, domesticated, and feral *Brassica oleracea* (Brassicaceae) [J]. Molecular Biology and Evolution, 38 (10): 4419 - 4434.

Maggioni L, Von Bothmer R, Poulsen, G, et al. , 2010. Origin and domestication of cole crops (*Brassica oleracea* L.): linguistic and literary considerations [J]. Economic Botany, 64 (2): 109 - 123.

Maggioni L, Von Bothmer R, Poulsen G, et al. , 2018. Domestication, diversity and use of *Brassica oleracea* L. , based on ancient Greek and Latin texts [J]. Genetic Resources and Crop Evolution, 65 (1): 137 - 159.

Marian B, Steliana Rodino, 2019. Fruit and vegetable - based Beverages - nutritional properties and health benefits [M]. Natural Beverages.

Martinez K, Mackert J, McIntosh M, 2017. Polyphenols and intestinal health [J]. Nutrition and Functional Foods for Healthy Aging, (3): 191 - 210.

Moreb N, Murphy A, Jaiswal S, et al. , 2020. Chapter 3 - Cabbage, Editor (s): Amit K. Jaiswal, Nutritional Composition and Antioxidant Properties of Fruits and Vegetables [M]. London: Academic Press.

Nieuwhof M, 1969. Cole crops: botany, cultivation, and utilization [M]. London: The University Press.

Shimizu M, Pu Z J, Kawanabe T, et al. , 2015. Map - based cloning of a candidate gene conferring Furarium yellows resistance gene in *Brassica oleracea* L. [J]. Theoretical and Applied Genetics (128): 119 - 130.

Singh J, Upadhyay A, Bahadur A, et al. , 2006. Antioxidant phytochemicals in cabbage (*Brassica oleracea* L. var. *capitata*) [J]. Scientia Horticulturae, 108 (3): 233 - 237.

Parkinson J, 1629. Paradisis in Sole [M]. London: The University Press.

Pearson O H, 1932. Breeding plants of the cabbage group [M]. California: Agriculture Experiment Station Bulletin.

Prakash S, Hinata K, 1980. Taxonomy, cytogenetics and origin of crop *Brassica*, a review [J]. Opera Botany, 55: 3 - 57.

Raak, C, Ostermann, T, Boehm, K, et al. , 2014. Regular consumption of sauerkraut and its effect on human health: a bibliometric analysis [J]. Global Advances in Health and Medicine, 3 (6): 12 - 18.

Randolph J, 1793. A treatise on gardening [M]. Wildside Press.

Ren W J, Li Z Y, Han F Q, et al. , 2020. Utilization of Ogura CMS germplasm with the clubroot resistance gene by fertility restoration and cytoplasm replacement in *Brassica oleracea* L [J]. Horticulture Research, 7: 61.

Switzer S, 1727. The Practical Kitchen Gardner [M]. T. Woodward.

Tsunoda S, Hinata, K, Gomez - Campo C. 1980. *Brassica* crops and wild allies [M]. Tokyo: Japan Scientific Societies.

Odland M L, Noll C J, 1950. The utilisation of cross - incompatibility and self - incompatibility in the production of F1 hybrid cabbage [J]. Proceedings. American Society for Horticultural Science, 55: 391 - 402.

Wennberg M, Ekvall J, Olsson, et al. , 2006. Changes in carbohydrate and glucosinolate composition in white cabbage (*Brassica oleracea* var. *capitata*) during blanching and treatment with acetic acid [J]. Food Chemistry, 95 (2): 226 - 236.

Xing M M，Lyu H H，Ma J，et al.，2016. Transcriptome profiling of resistance to *Fusarium oxysporum* f. sp. *conglutinans* in cabbage (*Brassica oleracea*) roots [J]. Plos One，11 (2)：e0148048.

Yu H L，Fang Z Y，Liu Y M，et al.，2016. Development of a novel allele‐specific Rfo marker and creation of Ogura CMS fertility restored interspecific hybrids in *Brassica oleracea* [J]. Theoretical Applied Genetics，129 (8)：1625－1637.

（方智远　康俊根）

第二章

甘蓝生物学特性

第一节 甘蓝生长发育周期

结球甘蓝是典型的两年生植物，包括营养生长时期和生殖生长时期。在正常的情况下，第1年是生长根、茎、叶、叶球等器官的营养生长时期，从播种到形成营养贮藏器官——叶球，要经过种子发芽期、幼苗期、莲座期和结球期，完成营养生长后，在0～12℃低温条件下，经过50～90d，通过春化阶段，进入生殖生长时期。结球甘蓝对低温要求严格，较高温度下不易通过春化阶段而进入生殖生长、开花结实。第2年3～4月气温≥10℃时，再将种株定植到露地，在长日照条件下春化植株开始抽薹、开花、授粉、结实，6～7月种子成熟，结束生殖生长，完成一个生长发育周期（图2-1）。

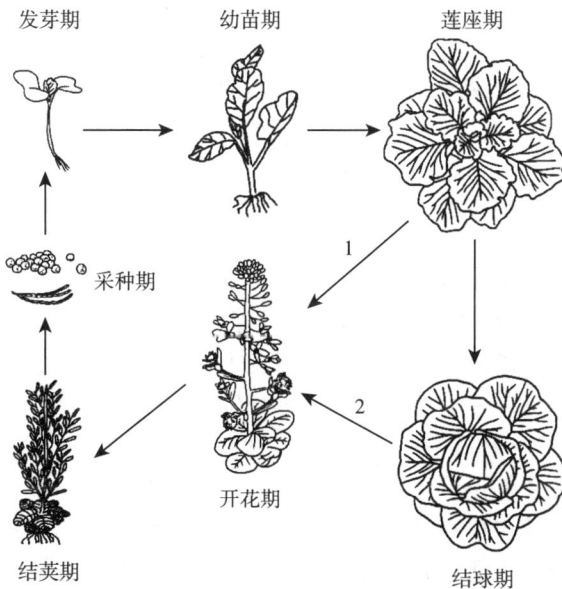

图2-1 甘蓝生长发育周期示意图（许忠民、李建斌绘制）

1. 半成株越冬　2. 成株越冬

一、营养生长期

营养生长期是指甘蓝的根、茎、叶等营养器官的建成、增长的过程，一般指甘蓝从种子发芽到花芽分化之前的生长时期。营养生长期可为进入生殖生长期积累必要的养分。甘蓝营养生长期分为发芽期、幼苗期、莲座期、结球期 4 个时期（图 2-2）。同一甘蓝品种，由于栽培季节和气候条件的不同，4 个时期的长短也不相同，冬春季温度较低，所以春甘蓝的发芽期和幼苗期较长，结球期温度升高，结球较快。夏秋甘蓝的发芽期和幼苗期正处于夏季高温条件下，所以生长较快。

图 2-2　甘蓝营养生长期
1. 发芽期　2. 幼苗期　3. 莲座期　4. 结球期

（一）发芽期

甘蓝发芽期是指种子从播种、种子萌动发芽到第 1 对真叶展开与子叶形成十字，即所谓"拉十字"。甘蓝种子播种后，吸水膨胀、发芽，呼吸作用加强，将蛋白质、脂肪等有机物分解，为种子萌芽生长提供充足能量，表现为种芽长度和含水量迅速上升。

为培育壮苗，要选择颗粒饱满、无病虫害且生活力强的种子，并给予适宜种子发芽的温度、水分和空气等环境条件。甘蓝是喜冷凉蔬菜，种子在 2~3℃ 时能缓慢发芽，因栽培季节不同和育苗设施条件不同，种子发芽期的长短也不相同。夏、秋季温度较高，一般为露地育苗，有时需搭遮雨棚；冬、春季温度较低，根据当地气候和育苗设施条件，一般用覆盖保温材料的阳畦、大棚或日光温室育苗。此时生长发育主要依靠种子内自身贮藏的养分和幼根根毛从土壤或其他基质中吸取水分及养料。

（二）幼苗期

从第 1 片真叶展开到植株表现为"团棵"时，为甘蓝幼苗期。幼苗期长出一个叶环左右的叶子，称为"团棵"。幼苗期结束就可以将苗子定植到大田。

夏、秋季温度较高，甘蓝幼苗生长速度较快，幼苗期一般需 20～25d；冬、春季温度较低，甘蓝幼苗生长速度较慢，一般需 30～50d。即使夏、秋季同时播种育苗，甘蓝幼苗期长短与品种特性也有一定的关系，早熟品种幼苗期大约 20d 完成，中晚熟品种大约 25d 完成。甘蓝幼苗期需要注意培育健壮幼苗，甘蓝壮苗标准为植株健壮，根系发达，幼苗整齐一致，无病虫害，没有机械损伤。

（三）莲座期

甘蓝幼苗定植后，从第 2 叶环出现到心叶开始抱合时为甘蓝莲座期。莲座期所需天数因品种熟性的不同而不同。早熟品种需 20d 左右，晚熟品种需 40d 左右，中熟品种介于两者之间。但甘蓝莲座期的长短除与品种特性有关外，还与栽培季节相关，在北京地区，黄苗甘蓝品种春季莲座期所需天数约为 42d，秋季约需 35d。甘蓝莲座期叶片数迅速增加，叶向四周展开，呈莲座状，为下一步结球创造条件。莲座期一般外叶数为 16～24 片，根吸收养分和叶片同化能力强，应创造适合茎叶和根系生长的条件，要及时中耕，促进根系生长，防止外叶生长过旺。

（四）结球期

从开始包球到叶球充实，达到采收标准为结球期。结球期所需天数与品种特性、栽培季节有关，早熟品种相对较短，一般需要 25～35d，中晚熟品种相对较长，一般需 40～70d。在北京地区，黄苗甘蓝品种春季定植结球期为 35d，秋季定植结球期约为 42d。这时期外叶即莲座叶制造大量养分，并输送到贮藏养分的叶球中，此时需要充足的水分、光照、肥料和适宜的温度，才能有利于叶球充实。

二、生殖生长期

生殖生长是指甘蓝通过低温春化以后，便开始分化形成花芽，进一步开花、授粉、受精、结荚，形成种子的过程。甘蓝生殖生长期主要包括花芽分化期、抽薹开花期、种子形成期。

（一）花芽分化期

甘蓝花芽分化期是指通过低温春化后，茎生长点由分生出叶片、腋芽转变分化出花序或花朵的过程。甘蓝是绿体春化型蔬菜，要通过春化作用进入生殖生长阶段须满足 3 个条件：一是营养体要达到一定大小；二是应满足春化所需的低温；三是春化低温要持续一定的时间。甘蓝植株由营养生长转为生殖生长时对环境条件要求比较严格，一般幼苗茎粗要达到 0.6cm 以上，叶宽 5cm 以上，0～12℃是春化适温，以 2～4℃最适宜，感受一定时间的低温就可完成春化阶段。甘蓝植株春化需要时间的长短与品种特性和植株大小相关，少数甘蓝品种幼苗即可发生春化，但耐抽薹的晚熟品种要在植株较大时，50～90d 的持续低温才能通过春化。

一般来说，同一个品种的植株营养体越大，通过春化阶段所需低温时间越短。伊东等（1966）报道，同样的甘蓝品种，茎粗 1cm 的植株，需要经过 25d 的低温诱导花芽分化；茎粗 0.8cm 的植株，则需 30d 的低温；茎粗 0.6cm 的植株，需 40d 的低温；茎粗 0.5cm

的植株，需 50d 的低温。

品种间冬性强弱差异较大，即完成春化需要的低温时间长短、苗龄大小相差也较大。总体而言，牛心、鸡心类型品种及一部分扁圆类型品种，冬性较强不易发生未熟抽薹，大部分扁圆类型品种次之，圆球类型品种往往冬性偏弱。冬性强的品种，完成春化所需植株大，且要求低温时间长。反之，冬性弱的品种，完成春化所需植株小，需低温时间也短。例如，黄苗、黑平头等冬性极强的品种，茎粗 1.5cm 以上、真叶 15 片以上的植株，在约 90d 的低温作用下，才能完成春化。所以，黄苗甘蓝在我国华南地区，可于 10～11 月播种育苗，大苗越冬，第 2 年春季收获，很少发生未熟抽薹现象。而迎春、小金黄等冬性弱的甘蓝品种，茎粗 0.6cm，真叶 7 片的幼苗，经过 50～60d 的低温作用，就可通过春化。所以，对于这些冬性弱的品种，必须适当晚播，控制幼苗营养体不能过大，防止发生未熟抽薹。

甘蓝种子繁育时一般采用半成株，半成株繁种的关键是要把握好苗的大小。郝启祥等（2007）采用半成株生产秦甘 80 杂种一代种子，父本 8 月 2 日、母本 8 月 12 日播种育苗较好，这个时期育苗父本茎粗可达 1.5cm 以上，母本茎粗可达 1.2cm 以上，而父母本春化抽薹率达到 98%。随着播期延后，茎粗和抽薹率均降低（表 2-1）。一般认为大多数品种在茎粗≥0.6cm 就可感应低温通过春化，但冬性强的品种需要较大植株和茎粗才能感受低温通过春化。

表 2-1 秦甘 80 双亲不同播期的抽薹率

（郝启祥等，2007）

年份	播期（月/日）	父　本			母　本		
		茎粗（cm）	叶数（片）	抽薹率（%）	茎粗（cm）	叶数（片）	抽薹率（%）
	7/23	1.72	22.3	100.0	1.52	28.5	100.0
	8/2	1.56	18.5	98.2	1.45	26.3	100.0
2004	8/12	1.34	15.2	60.1	1.23	21.8	98.4
	8/22	1.16	13.6	12.4	0.85	16.2	65.2
	9/1	1.08	11.9	0	0.76	13.6	10.8
	7/23	1.76	23.8	100.0	1.56	30.4	100.0
	8/2	1.65	18.7	97.8	1.48	27.6	100.0
2005	8/12	1.40	16.0	65.5	1.24	22.2	100.0
	8/22	1.21	13.5	13.6	0.80	16.7	67.4
	9/1	1.15	12.2	0	0.69	13.0	15.6

注：①抽薹率于 3 月 20 日开始调查；其余为 11 月 18～20 日调查。②叶片数为≥1cm^2 面积的叶片数量。

关于赤霉素对甘蓝花芽分化的促进作用已有很多报道。戴忠良等（2010）报道，用 100～400mg/L 的赤霉素对 2 个甘蓝品种处理后，可促进花芽分化，提高抽薹率。同时发现不同品种对赤霉素的响应也不同，对于冬性更强的 04-1-2，采用 100～400mg/L 的赤霉素处理，均与对照有显著差异；而对于冬性弱的材料 36-5，只有采用 300mg/L 以上赤霉素处理，才与对照相比抽薹率有显著差异（表 2-2）。

表 2-2　不同赤霉素处理对甘蓝抽薹率的影响

（戴忠良等，2010）

播种时间（月/日）	材料	GA₃（mg/L）				
		0	100	200	300	400
8/25	36-5	84.7[a]	86.9[ab]	90.3[abc]	92.1[bc]	92.7[c]
	04-1-2	60.2[a]	67.8[b]	75.7[c]	77.5[c]	77.7[c]

注：a、b、c 表示差异显著性。

（二）抽薹开花期

从种株完成花芽分化到花茎长出、开花至整株花朵谢花为抽薹开花期，一般为 50～80d。随着春季温度的升高和光照的增强，从生长点抽薹长出花茎，花芽形成花蕾，随后花蕾和侧枝迅速生长，逐渐进入开花盛期。甘蓝的花序为复总状花序，从顶芽抽出的花序为主花序，最先开花，腋芽抽生的花序从上向下依次开花，而每个花枝的花朵从下向上陆续开放。每一花枝上同一天内开放 3～4 朵花，绝大部分花在上午 12 点前开放，但也有少数花朵在下午开放。当植株接受的低温时间不足时，往往只有顶芽或上部几个腋芽能抽薹开花，而下部腋芽继续形成叶球不开花。早熟甘蓝每株有 12～20 个花枝，中、晚熟品种每株有 15～25 个花枝。当主枝和一级分枝上花数占全株的 90% 左右，其结实率也高（图 2-3）。

图 2-3　甘蓝抽薹开花期

甘蓝种株的高度，因品种和栽培管理条件不同而异。早熟牛心类型品种，种株高度一般比圆球类型和扁圆类型品种的高度更矮。在华北地区，冬季直接定植到塑料大棚或日光温室等设施内的种株，其高度要比第 1 年屯苗过冬、第 2 年春季定植于露地采种的种株高 1/3 以上。

甘蓝花粉粒的直径 30～40μm，花粉在 2～4℃ 条件下贮藏时，花粉活力能维持较长时间。对于在室温或田间条件下花粉能保持生活力的天数，则取决于不同的供试品种和环境条件。通常认为开花 1d 之后花粉活力明显降低，开花后 4d 几乎全部丧失活力，因此授粉还是应该用当天开放花朵的新鲜花粉。甘蓝花的柱头比雄蕊先成熟，幼小花蕾的柱头已有接受花粉的能力，开花前 8d 的花蕾人工蕾期授粉也可结实，但花蕾较小，操作不太方便，因此宜选择开花前 2～4d 的花蕾，结实率更高。进行人工杂交或自交时，隔离纸袋要在开花后 8～9d 才能去除。

（三）种子形成期

种子形成期是指甘蓝植株谢花后种荚生长，种子发育、充实至角果成熟，一般需 60d 左右（图 2-4）。要注意防止种株过早衰老或植株贪青晚熟。当下部种荚生长充实时，要减少浇水；当大部分种荚变成黄绿色，内部种子种皮变为褐色即可收获。

图 2-4　甘蓝种子形成期

三、营养生长与生殖生长的关系

　　甘蓝营养生长和生殖生长是植物生长发育过程中的两个不同阶段，既相互促进，又相互制约。营养生长是生殖生长的基础，营养生长好，生殖生长才能正常，才能获得较高的种子产量；营养生长不好，种子产量也受影响；营养生长过于旺盛，会抑制生殖器官的生长。同样，适时进入生殖生长阶段，对于营养生长也是至关重要，过早进入生殖生长，不利于营养生长；过晚或不进入生殖生长，营养生长就得不到有效转化，影响后代的繁殖。

　　甘蓝抽薹种株有春化逆转的现象，即由生殖生长转向营养生长，在花枝上抽生叶枝，这主要是由于抽薹后受到高温的影响造成的。抽薹生长早期所受高温的影响要比抽薹后期严重，受高温影响天数越多，春化逆转现象越明显，甚至有反复逆转的现象。高温解除春化后，在低温下还可重新春化，这种现象称为再春化作用。

　　在高温春化逆转前，随着低温春化处理时间的延长，经高温春化逆转后需要再春化的天数不断减少，8398 春化处理 18d 时进行高温春化逆转后需要 20d 才能完成再春化（T1-18），春化处理 23d 时进行高温春化逆转后仅需要 1d 就能完成再春化（T1-23）；京丰一号春化处理 23d 时进行春化逆转后需要 24d 才能完成再春化（T2-23），春化处理 29d 时进行高温春化逆转后仅需要 1d 就能完成再春化（T2-29）（表 2-3）。

表 2-3　高温对 8398 和京丰一号甘蓝春化逆转的影响

（蒋欣梅等，2009）

8398	完成春化总天数（d）	再春化完成天数（d）	京丰一号	完成春化总天数（d）	再春化完成天数（d）
CK1-18	20		CK2-23	25	
CK1-19	20		CK2-25	24	
CK1-21	19		CK2-27	22	

（续）

8398	完成春化总天数（d）	再春化完成天数（d）	京丰一号	完成春化总天数（d）	再春化完成天数（d）
CK1 - 23	18		CK2 - 29	22	
CK1 - 1	24		CK2 - 1	30	
T1 - 18	38	20	T2 - 23	47	24
T1 - 19	33	14	T2 - 25	42	17
T1 - 21	28	7	T2 - 27	36	9
T1 - 23	24	1	T2 - 29	30	1

注：再春化完成天数＝春化完成总天数－春化逆转前低温春化天数；CK 为对照。

第二节　甘蓝的植物学性状

一、根

甘蓝的根为圆锥根系。主根基部肥大，分生出许多侧根，在主、侧根上又发生许多须根，形成吸收根系。播种后到 2 片真叶出现前，以初生根生长为主；2 片真叶期后，次生根增加，7～10 片真叶时，侧根、须根数迅速增多。甘蓝的根属浅根系，入土不深，主要根群分布在 60cm 以内的土层中，以 30cm 的耕作层中最密集，最具活力的根系，大多分布在地下 7～20cm 处。从种子发芽到叶球形成，根系分布的深度和广度逐渐扩大，莲座期根群横向伸展多在 80cm 范围内，到结球期可达 100cm 的范围（岩间诚造，1984）。根系的发达程度在品种之间有较大差异，抗旱、耐热、耐寒品种根系往往较发达，有利于从土壤中吸收水分、养分，提高抗逆能力。甘蓝的根再生能力较强，主根、侧根断伤后，容易发生新的不定根。

二、茎

甘蓝的茎分为两种：营养茎和花茎。

（一）营养茎

营养茎是指在甘蓝营养生长阶段，节间短缩的茎结构，呈短锥状，有密集的叶痕，茎皮层和心髓比较发达。甘蓝营养茎包括外茎和内茎（中心柱），其形状与大小在品种间有较大差异。营养茎由表皮、皮层、髓组成。

在甘蓝子叶出土后，顶芽生长锥有明显的圆锥形轮廓。在发生第 1 片真叶的同时，生长锥上陆续发生叶原基，短缩茎不断膨大，横径一般可达 4～7cm，髓部发达（图 2 - 5）。

（二）花茎

花茎是指甘蓝生殖生长阶段形成的茎。花茎上有明显的节和节间，在节上生长有绿色的同化叶，茎绿色，一般覆有蜡粉。甘蓝的花茎由表皮、皮层和髓组成。

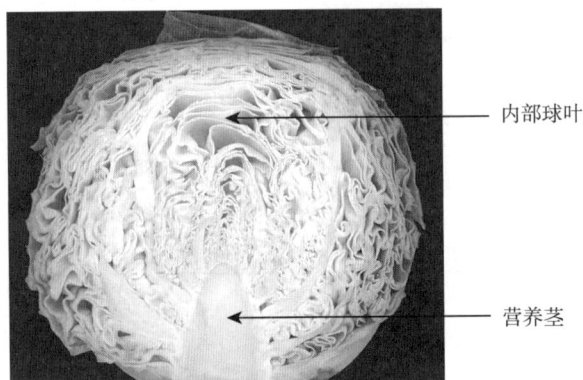

图 2-5　甘蓝叶球剖面

内部球叶

营养茎

图 2-6　甘蓝开花初期植株

主花茎

茎生叶

侧花茎

种株栽培后抽出直立的主花茎，在主花茎上发生侧花茎（图 2-6），而最下部的侧花茎一般为潜伏芽而不抽薹开花，但主花茎折伤后，这种潜伏芽即发育成正常花茎而开花。一般可利用此特点进行切球采种或主薹打顶。

三、叶

甘蓝的叶可分为子叶、基生叶、幼苗叶、莲座叶、球叶、茎生叶。除球叶为养分贮藏器官外，其余叶片既是同化器官，也是贮藏器官。不同时期叶片的形态差异较大，子叶呈肾形对生；第 1 对真叶即初生叶对生，与子叶成"十"字，无叶翅，叶柄较长。随后发生的幼苗叶互生在短缩茎上，随着生长，逐渐长出强大的莲座叶，也叫外叶。甘蓝外叶数一般为 10～30 片，早熟品种外叶数较少，中、晚熟品种的外叶数一般较多。莲座后期发生的外叶比较宽大，叶柄也逐渐变短，以至叶缘直达叶柄基部，形成无柄叶。甘蓝进入结球期，再发生的叶片中肋向内弯曲，包被顶芽，随着继续增长，叶片也随着增大，逐渐形成叶球。甘蓝叶球通过春化作用，抽生出花茎，花茎上的叶片称为茎生叶，又称薹生叶。

（一）子叶

子叶 2 片，肾形，表面光滑，叶缘无齿，有明显的子叶柄（图 2-7）。子叶属于胚性器官，在种子内呈卷叠状。当种子萌发胚轴伸长后，子叶向上伸展，拱出土面。子叶出土接受阳光后，逐渐变为绿色，开始进行光合作用。

子叶

基生叶

图 2-7　甘蓝子叶和基生叶

（二）基生叶

基生叶又称初生叶，是甘蓝幼苗最初形成的第 1 对真叶（图 2-7）。对生，与子叶垂直排列成"十"字形。初生叶大多为长椭圆形，锯齿状叶缘，有羽网状脉。基生叶是在子叶出土后开始分化的，无叶翅，有明显较长的叶柄，也无托叶。其主脉发达，有较大的主脉维管束。

（三）幼苗叶

幼苗叶是甘蓝苗期发生的叶片，一般指第 3~8 片的真叶，幼苗叶一般较小。随着幼苗生长，甘蓝发生基生叶后，随后发生幼苗叶，幼苗叶多数呈卵圆或椭圆形，具有明显丰富的网状叶脉，主脉发达，有较大的主脉维管束。叶柄较长而明显，叶片颜色绿色，叶肉较厚，多数叶面光滑并有蜡粉，少数品种叶色紫红或叶面皱缩。健壮的幼苗叶应该叶丛紧凑，节间短、不徒长，叶片颜色深绿（图 2-8）。

图 2-8　甘蓝幼苗

（四）莲座叶

从幼苗叶出现后到叶球出现之前的叶片称为莲座叶，也称为外叶。莲座叶肥大，绿色或深绿色，叶柄明显，叶脉发达，是甘蓝的主要同化器官，并对叶球起保护作用（图 2-9）。

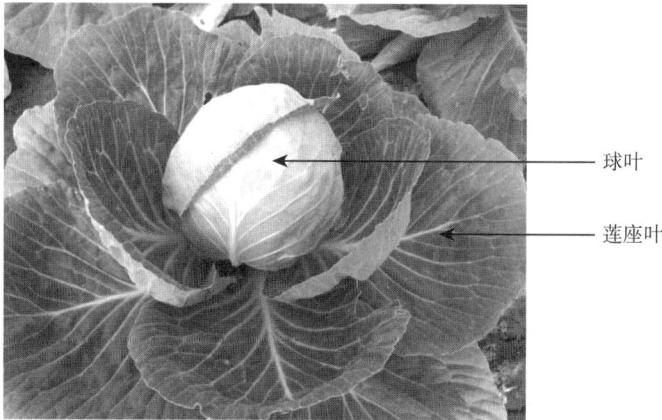

图 2-9　结球期甘蓝

甘蓝外叶叶片颜色有浅绿、黄绿、绿、深绿至灰绿色，紫甘蓝品种外叶为红色或紫红色。多数甘蓝品种叶面光滑无毛，皱叶甘蓝叶片皱缩。外叶叶片表面覆盖蜡粉，一般叶面蜡粉多，则较耐旱、耐热。

（五）球叶

随着甘蓝莲座期结束，植株进入包球期，再发生的叶片中肋向内弯曲，包被顶芽。随着继续新叶的生长，包被顶芽的叶片也随之增大，逐渐形成紧实的叶球。构成叶球的叶片都是无柄叶，一般绿色或黄绿色，紫甘蓝品种为红色或紫红色。叶球的形状因品种而异，一般为圆球形、尖球形（圆锥形）和扁圆形。

甘蓝的产品器官是叶球，是人们食用的部分，也是养分贮藏器官，其他叶片均为同化器官。球叶一般较大，但较莲座叶小。外面几层球叶能见到阳光，呈绿色或浅绿色（图2-9），内部叶片呈淡黄色或白色。球叶通常以多种折叠方式生长。

（六）茎生叶

在花茎上生长的叶片称为茎生叶。茎生叶叶片较小，先端尖，基部宽，呈三角形，叶片抱茎而生，无叶柄或叶柄较短。叶面光滑，蜡粉较多，叶缘锯齿少（见图2-6）。

四、花

（一）花芽分化

花芽分化是指甘蓝茎尖生长点分化形成花或花序的过程。甘蓝的花原基是植物体经历了营养生长发育阶段之后，转向生殖生长的顶端分生组织。

甘蓝花芽分化过程中茎尖的外部形态特征：营养生长期，生长点扁平，外部鳞状叶片紧裹生长点，呈尖锥状；花芽分化期，茎尖开始膨大，呈近圆球状。随着花芽分化过程的进行，鳞片逐渐松散开裂，至肉眼可见黄白色小花蕾时，包裹生长点的鳞片叶直立且叶片变厚变绿，此时花芽分化结束，进入现蕾阶段。

（二）抽薹与开花

花芽分化完成后进入生殖生长的甘蓝茎，开始迅速伸长，植株变高，称为抽薹。此时，抽薹主要依靠节间的伸长。随后，当甘蓝花蕾雄蕊中的花粉粒和雌蕊子房中的胚囊发育成熟时，花萼和花冠即行开放，露出雌蕊和雄蕊，称为开花。开花顺序，一般为主薹先开花，然后由上至下的一级分枝开花，再后是二、三、四级分枝逐渐依次开花，就一个花序来说，不论主枝还是分枝，其花蕾均是由下而上逐渐开放。

（三）花器官及花序

甘蓝为复总状花序，在主花茎的叶腋间发生一级分枝，在一级分枝的叶腋间发生二级分枝，若养分充足，管理条件好，还可发生三级和四级分枝。

甘蓝的花为完全花，由花梗、花托、花萼、花冠、雄蕊和雌蕊组成。花梗是花与花轴相连的中间部分。花梗的上部逐渐膨大，顶部是花托，它是花萼、花冠、雄蕊和雌蕊着生的地方。花萼是包被在花最外方的叶状体，呈绿色，共4片。花冠位于花萼内侧，由4个离生的花瓣组成，呈一轮，与花萼相同排列。花瓣一般为黄色，开花时4个花瓣呈"十"字形排列。雄蕊着生于花冠内方，6枚，排列成2轮，外轮雄蕊2枚，花丝较短；内轮雄蕊4枚，花丝较长。花药长圆形，着生于花丝顶上，向着雌蕊开裂。雌蕊位于花的中心，由2个合生心皮构成复雌蕊。子房上位，2室，有假隔膜。弯生胚珠多个。雌蕊的柱头，外形呈圆盘状，中央凹陷。柱头表面有层发达的乳头状突起的绒毛，细胞壁薄。绒毛下方有一些纵向伸长的薄壁细胞，细胞较小，排列紧密，与花柱的引导组织相接。在子房的基部，花丝两侧，生有6个蜜腺，呈绿色圆形小突起（图2-10）。

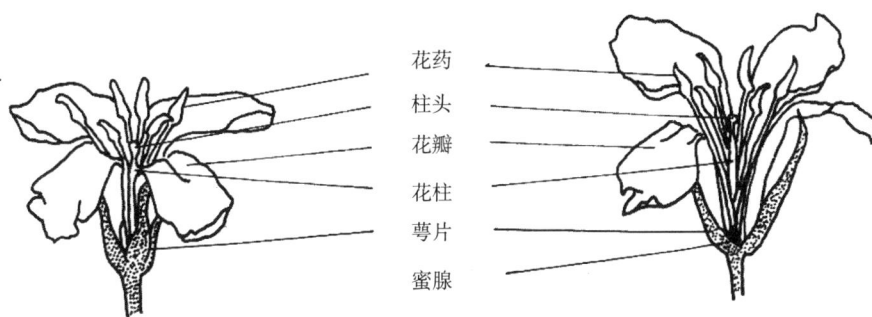

图 2-10 甘蓝的花器 （Mark J. Bassett，1986）

花药
柱头
花瓣
花柱
萼片
蜜腺

五、果实和种子

（一）果实

1. 果实的形成 结球甘蓝授粉受精后结出长角果，圆柱形，表面光滑，略呈念珠状，成熟时细胞膜增厚而硬化。角果由假膜分为两室，种子成排着生于假隔膜的边缘，形成侧膜胎座。果实成熟后沿腹缝线开裂，种子圆形。角果尖端果喙部分细长，不含种子，不开裂。种子千粒重约 4g。

2. 果实的形态结构 角果皮是由子房壁形成的，可以分为外角果皮、中角果皮、内角果皮三层。外角果皮只有一层细胞，有角质层和气孔；中角果皮的外层细胞内含有叶绿素，使幼果呈绿色，果实成熟时中角果皮变干收缩，成为革质；内角果皮发育后细胞壁加厚，果实成熟时变成纤维。它与种子的发育是同时的。角果皮和种子共同构成了甘蓝的果实，属于干果类型的长角果。果形细长，一般长度 3～6cm。一个种荚中可着生种子 15～30 粒（图 2-11）。

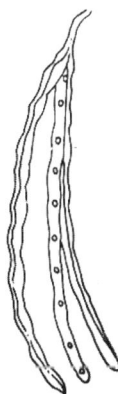

图 2-11 甘蓝长角果
（Mark J. Bassett，1986）

（二）种子

1. 种子的形成 甘蓝从授粉到种子成熟约需 50d。授粉后受精卵发育产生胚，胚珠的珠被变为种皮，胚乳在胚的发育过程中逐渐消失。受精后胚乳发育较快。胚通常在受精后 2 周都还很小，但 3～5 周后发育加快，最后几乎充满于种子内部，这时胚乳逐渐被吸收。在种子成熟时，胚乳已不存在，它的养分被胚吸收贮藏在子叶之中，属无胚乳种子。

2. 种子的形态结构 甘蓝的种子为圆球形，黄色、红褐色或黑褐色。成熟种子包括种皮、子叶、胚芽、胚轴和胚根。

3. 种子的寿命 在一般贮藏条件下，甘蓝种子寿命为 5～6 年，贮藏条件好可达 10 年。但在 0～4℃ 条件下，甘蓝种子寿命可达 15～20 年。将甘蓝种子含水量干燥脱水至 5%～7%，密封包装存入 −18℃ 冷库，种子寿命可达 50 年以上。

第三节 甘蓝不同生长发育阶段对环境条件的要求

甘蓝是一种适应性比较强的蔬菜作物，虽然比较喜冷凉、温和的气候，但有些类型在炎热的夏季也能栽培。由于适应性广、抗逆性强，对栽培环境要求不严，所以世界各地普遍栽培，在中国从南到北都可以种植。

一、发芽期与幼苗期

（一）发芽期

甘蓝发芽期的适宜温度为 23～25℃。冬季 2～3℃时浸润种子也可萌动，但过程极为缓慢。床土育苗，土温升高到 8℃以上幼芽才能出土，而 18～25℃时 2～3d 就能出芽，25℃以上发芽更快。所以依季节的不同，发芽期长短不一，夏、秋季节 8～10d，冬、春季节 15～20d。陈锦秀（2018）总结了"争春"甘蓝种子在不同温度下发芽率、发芽势、活力指数的情况，在 4～28℃之间，温度高时其发芽率高，活力也更强（表 2-4）。

表 2-4 争春甘蓝种子在不同温度下发芽率、发芽势、活力指数的比较
（陈锦秀，2018）

发芽率（%）				发芽势（%）				活力指数			
28℃	20℃	12℃	4℃	28℃	20℃	12℃	4℃	28℃	20℃	12℃	4℃
81	84	66	1	76	68	1	0	12.13	14.12	4.26	0.05

甘蓝种子萌发时不需要光照，所以播种后一般覆细土 2～3mm，并覆盖 1～2 层遮阳网，但出芽后种子自身的营养逐渐不够，需子叶进行光合作用制造营养，所以需及时揭开覆盖物，以防幼苗茎节徒长，成为高脚苗。

种子萌发需要经过吸水膨胀，由于结球甘蓝种子种皮薄，容易吸水膨胀，且吸水量较大。但种子吸水不是越多越好，一般种子含水量达到 40%～60% 就能发芽，吸水过多对发芽反而不利。一般播种前应适量浇水，使苗床土含有充足的水分，以供种子发芽、出苗及幼苗正常生长。此时的浇水量一般要求苗床 8～10cm 土层的水分含量达到饱和状态。播种后，如果床土干燥可每天喷水 1～2 次保持床土湿润，保证种子正常发芽。出芽后减少喷水次数，保持苗床见干见湿。

种子发芽到长出子叶主要靠种子自身贮藏的养分，因此饱满的种子和整理精细的苗床是保证出好苗的重要因素。

苗期床土必须肥沃，具有良好的物理性状，保水性强，通透性好。一般常用多年种植蔬菜的菜园土加一定量的腐熟厩肥、堆肥配制床土，二者比例多为 7:3。厩肥、堆肥必须经过腐熟，如果床土中速效肥料不足，可混施 0.1%～0.2% 的复合肥。配制床土时，一定要打碎、过筛，均匀地混合在一起。

（二）幼苗期

甘蓝幼苗期的适宜生长温度为 15～19℃。刚出土的幼苗抗寒能力稍弱，幼苗稍大时

耐寒能力增强，能忍受较长期的－2～－1℃及较短期－5～－3℃的低温。25～30℃时幼苗生长迅速，但易徒长，叶片薄。温度30℃以上时幼苗生长缓慢或停止，进而发生叶片卷曲、干枯、心叶坏死等现象。

结球甘蓝属于长日照作物，充足的日照有利于生长，但对光照强度的要求适应范围较宽，在阴雨天多、光照弱的南方和光照强的北方都能生长良好。在高温季节，甘蓝幼苗需要进行适当遮阴降温，以利于幼苗生长。

幼苗期需要保持苗床含水量达到60%～70%，不足时需及时补水。苗床也不能积水，否则易发病害。

甘蓝苗期需较多的氮，一般在3叶期时要观察幼苗长势，若苗弱、苗小、叶呈淡黄色，每667m² 可喷施尿素2.5～3.0kg。幼苗长到5～6片叶时形成第1叶环，也称团棵期，此时即可移栽大田。

二、莲 座 期

甘蓝莲座期对温度适应性比较强，20～25℃比较有利于外叶生长，但对25～30℃的高温也有较强的适应力。

莲座期要求较强光照，光照不足，莲座叶基部萎黄，易脱落，心叶继续散开，不利包球。

结球甘蓝植株含水量约90%，甘蓝根系分布较浅，且外叶大，因此要求在湿润的栽培条件下生长。一般在80%～90%的空气相对湿度和70%～80%的土壤湿度下生长良好。如果空气干燥，土壤水分不足时则生长缓慢，包心延迟。结球甘蓝也不耐涝，如果雨水过多，土壤排水不良，往往根系受渍变褐而亡。因此，在结球甘蓝定植前对大田要求开沟筑垄，排灌配套，做到旱能浇、涝能排。莲座期可进行1～2次中耕，促使土壤疏松，保水保墒，促进根系纵向发展，防止外叶生长过旺，以利于形成强壮的同化和吸收器官，为形成硕大而紧实的叶球打下基础。

莲座期叶片和根系的生长速度快，需氮量达到高峰，需要采取适当的水肥管理。在肥力一般的田块可追施氮肥1～2次，每次追肥量以300kg/hm² 左右尿素为宜。

结球甘蓝对土壤适应性较强，从沙壤土到黏壤土都能种植。在中性到微酸性（pH5.5～6.5）的土壤中生长良好，但在酸性过度的土壤中表现不好，且根肿病等病害也容易发生。故在偏酸性的土壤中种植需要补施石灰和必要的微量元素。

三、结 球 期

（一）结球初期

甘蓝莲座期后期内层叶迅速生长，内短缩茎开始增长，心叶开始向里翻卷，初步形成叶球的轮廓（图2-12），而最早生长的外叶开始衰老脱落。

结球期要求温和冷凉的气候，高温会阻碍包心过程，以15～25℃为适宜温度。如遇高温加干旱，会造成叶球松散，产量下降，品质变劣，甚至使叶球散开。结球初期的叶

球耐寒力较弱，0℃以下停止生长，可耐短期
-8~-3℃的低温，但部分品种遇冻害会表现
为外叶紫红、球叶发软发白，待温度提升后一
般可恢复。

甘蓝生长需水量较大，结球初期85%左右
的空气湿度和75%左右的土壤湿度有利于甘蓝
包球。特别是对土壤湿度的要求比较严格，倘
若保证了土壤水分的要求，即使空气湿度较低，
植株也能生长良好。如果土壤水分不足，再加
空气干燥，则容易引起基部叶片脱落，叶球小
而疏松，严重时甚至不能结球。

图2-12　结球甘蓝进入结球初期

叶球的形成需要消耗较多的磷、钾，进入
结球期后需磷量达到高峰，需要增施磷肥，否则就会影响结球。需钾量也开始上升，在收
获期达到最高。钾的施用量大致与氮相同，结球甘蓝整个生长期需求氮、磷、钾的比例为
3∶1∶4。除了氮、磷、钾外，还需要钙、镁、硼、锰、钼、铁等微量元素。注意施肥时
间，在需求高峰前适当提早施入。施肥可结合浇水一同进行。

（二）结球中后期

结球中期时叶球内部球叶不断充实，球叶膨大增厚，内短缩茎开始增长。叶球膨大到
一定大小体积不再增长时，即进入结球后期，叶球继续充实，内短缩茎继续伸长，但生长
量增加缓慢。当指压叶球达到紧实，即叶球完全成熟。图2-13和图2-14分别是结球
中、后期的叶球剖面。

图2-13　结球中期剖面

图2-14　结球后期剖面

结球中后期生长适温为17~25℃。在昼夜温差明显的条件下，有利于积累养分，结
球紧实。气温在25℃以上时，特别在高温干旱情况下，叶球容易生长不良，叶片呈船底
形，叶面蜡粉增加，叶球小，包心不紧。成熟叶球可耐短期-5~-3℃的低温，部分耐寒
品种的叶球能耐短期-8~-5℃的低温。

结球中期仍需充足的水分，浇水的次数视天气情况和土壤保水能力而定，可以在晴

朗的中午观察甘蓝叶片，若萎蔫塌地则应及时浇水。结球后期应控制浇水，以防叶球开裂。

四、抽薹开花期

结球甘蓝是二年生植物，由营养生长进入生殖生长需要经过冬季低温春化阶段，所需低温范围一般为0～12℃。在2～4℃的温度条件下，完成春化的速度更快。营养体在春化后开始花芽分化，开春气温回升后进入生殖生长时期。

（一）抽薹期

气温高于5℃、地温高于8℃时甘蓝叶球内薹不断伸长，内薹顶端的生长点转变成花茎端，逐步发育成花蕾。10～20℃时主茎迅速伸长，主茎叶芽处侧枝萌发，花蕾长大开始开花（图2-15）。但遇到气温回落则抽薹开花进程趋缓，花蕾易发生黄化脱落（图2-16），特别是雄性不育材料更容易发生黄化枯蕾现象。

图2-15　结球甘蓝抽薹开花　　　　图2-16　遇低温发生黄化枯蕾

长日照对花芽分化后的植株抽薹、开花稍有促进作用。但在不同地区不同气候条件下形成的品种，对光照条件的要求不完全一致。牛心类型、扁圆类型品种完成阶段发育对光照要求不严格，而圆球类型品种一般要经过较长的光周期，才能顺利完成阶段发育，导致其抽薹、开花时间一般较晚。

抽薹前期要求控水控肥，依靠种株的营养体即可完成抽薹，过多的肥料尤其是氮肥会促进球叶的生长反而抑制叶球抽薹。抽薹后期则需要追施适量的磷、钾肥，促进枝条发育，还可看长势补充些硼肥。

抽薹期需要结合培土进行2～3次松土，使种株根际土壤疏松，保水透气，促进种株抽薹，防止倒伏。

（二）开花期

甘蓝在抽薹开花期抗寒力较弱。10℃以下的低温影响正常开花结实，遇到－3～－1℃低温，能使花薹受冻害。开花时的适宜温度为18～25℃，如遇30℃以上高温，则影响开花受精，导致不能正常授粉结实。

开花期需要较强光照，自然光照条件下，植株生长正常。上午8～10时大部分花朵开放，花朵发育良好时开花后花药随即开裂散粉，落花少。在阴雨环境条件下，由于光照减弱，开花速度受到抑制，一般在上午10～11时才开放，少部分花推迟到下午开放，而且花药散开困难。连续阴雨天则可以导致植株生长发育不良，主茎和侧枝变细弱，花蕾发育不良，导致落花严重，结实率降低。

开花期需保持土壤湿度75%左右，土壤水分不足加上空气干燥时容易导致植株落花落蕾，花粉活力下降，结实不良。

进入盛花期每隔5～7d需浇水1次，并适当追肥，每公顷施硫酸铵225kg左右，过磷酸钙150kg左右。根外追施磷、钾、钼、硼、锌肥能提高种子的千粒重，改善种子质量，提高种子活力，并以几种肥料混合喷施效果最佳（表2-5）。

表2-5　根外喷施不同肥料对甘蓝F_1种子生活力的影响

（孟平红等，2003）

处理	千粒重（g）	比CK±（%）	发芽势（%）	比CK±（%）	发芽率（%）	比CK±（%）
T1	3.901	+6.1	75.6	+2.9	90.7	+7.5
T2	3.711	+1.0	82.9	+12.8	92.8	+10.0
T3	3.861	+5.1	78.4	+6.7	91.2	+8.1
T4	4.159	+13.2	86.0	+17.0	94.7	+12.2
T5（CK）	3.675	—	73.5	—	84.4	—

注：T1：喷磷酸二氢钾（含量≥80%）300倍液＋钼肥（含量≥90%）1 500倍液；T2：喷磷酸二氢钾300倍液＋硼砂（总含量95%）500倍液；T3：磷酸二氢钾300倍液＋硫酸锌（总含量98%）1 200倍液；T4：磷酸二氢钾300倍液＋钼肥1 500倍液＋硼砂500倍液＋硫酸锌1 200倍液；T5：清水（CK）。

五、结　实　期

甘蓝结实期的适宜温度为20～25℃。遇低温荚内种子发育受阻，易形成瘪籽；温度过高，则荚内种子成熟转色过快，易发生种子细小现象。

结实期也需要较强光照，在阴雨弱光环境条件下易发生病害，影响种株正常生长，所以在此期间需及时整枝打杈，保证通风通光。

进入结荚期可适当减少浇水，但如遇高温干旱天气，仍应及时灌溉。到角果即将成熟时应停止浇水，以防发出第2茬花枝和种荚内发芽。

种荚开始变黄时即可收获。由于成熟种荚容易裂开，应及时收获。于上午9～10时前收获，以免种荚炸裂而造成损失。收获后的种株可在晒场上后熟3～5d，但要注意翻动，并防止雨淋，以免霉烂。脱粒后的种子要及时晒干，但不宜在水泥地或塑料薄膜上暴晒。

在晾晒、脱粒、精选和装袋过程中，应有专人管理，防止机械混杂。

六、不利气候条件对甘蓝生长发育的影响

结球甘蓝是一种适应性比较强的蔬菜作物，对不同的气候条件都有较好的适应性，但是当各种气候条件因子超出结球甘蓝的适宜范围就会对其生长造成较严重的影响，这种影响直接导致了结球甘蓝产量的降低和品质的下降。在结球甘蓝栽培中经常遇到的不利天气条件有高温、雨涝、冻害、干旱等。

（一）高温

结球甘蓝喜冷凉，适宜在 7～25℃温度条件下生长，15～25℃适宜结球，30℃以上则不适宜其生长。

高温天气对结球甘蓝生长的影响主要表现在以下几个方面：

1. 高温影响结球甘蓝发芽　结球甘蓝秋季播种一般在 6～7 月，此时过高的气温常使地面温度异常增高，有时最高地面温度可达 50℃。甘蓝播种的覆土较浅，种子距地表较近，影响种子萌发生长，虽然种子胚轴部分可以继续生长，但根系长度和侧根数目会受到抑制。吸收器官一旦受到破坏，会成为病害发生有利因素。所以在高温条件下甘蓝发芽表现不整齐。

2. 高温影响结球甘蓝植株的正常生长　正常温度下甘蓝苗龄一般在 1 个月左右，在此阶段植株养分逐渐积累，根系、叶片正常生长。此时如遇高温天气，甘蓝幼苗徒长、植株生长势变弱、叶片皱缩焦灼、外叶反卷萎蔫、叶色发黄、植株萎蔫死亡（侯晟灿，2014）。因此，在甘蓝育种中，生长势、萎蔫枯死率可以作为甘蓝耐热性的直观参考指标（康俊根和翟依仁，2002）。

3. 高温影响甘蓝结球　在高温逆境条件下，结球甘蓝生长发育缓慢，不能正常结球。有研究表明，高温推迟结球，而且在高温条件下形成的叶球不紧实，产量较低。结球甘蓝叶球发育的最佳温度是 20℃左右。

4. 高温导致甘蓝种植地块病害发生　对南方而言，早秋时节不仅高温而且高湿，更易引起软腐病、黑腐病等病害发生。

（二）雨涝

雨涝是指由于连续阴雨天气导致地面积水，淹没了植物的部分或全部，影响植物的生长发育而造成的伤害。雨涝对植物生长产生的危害往往不是由于水分过多直接导致，而是由于水分过多阻碍植物与大气环境间的气体交换，造成土壤缺氧，使植物根系处于缺氧状态，从而导致养分吸收和运输受阻，植物从有氧呼吸转换到无氧呼吸，会对植物外部形态和生理生化等方面产生严重影响。结球甘蓝不耐涝，如果雨水过多，土壤排水不良，植株会因根系泡水受渍而受害。

1. 涝害影响结球甘蓝正常生长　当甘蓝遇到涝害天气时，由于根部长期在水中浸渍，导致根系对水分和矿物养分的吸收速率降低，初生根生长受阻，根系变浅变细，根毛显著减少，根体变小，干重减轻。此外，在根系缺氧的情况下，无氧呼吸还会产生乙醇、乳酸等有毒物质，导致根系变褐和发黑，发出臭味，最终根系腐烂死亡。尽管在大多数情况

下，甘蓝根系是主要的受淹组织，但在实际生产中根系的受涝症状难以观察，植株的茎和叶片在受涝情况下症状表现明显，容易观察。一般情况下，由于甘蓝根部腐烂致使养分向上运输受阻，造成甘蓝叶片生长停滞，叶片颜色由绿变黄，叶柄瘦长。这种情况直接导致甘蓝结球紧实度下降，产量下降。

2. 涝害造成结球甘蓝地块肥料流失　由于长时间降雨后，甘蓝田块积水过多，被雨水溶解的肥料或多或少地被冲刷，随积水外流、下渗。所以，涝害后即使甘蓝恢复生长状态，但由于土壤失去大量有机营养和微量元素，也会致使结球甘蓝生长缓慢。

3. 涝害易导致根系生长受抑制　涝害一般发生在夏秋之际，此时段室外气温一般较高。由于甘蓝根系较浅，被大雨冲刷后部分根系裸露在空气中，加之生长环境温度较高，很容易造成甘蓝根部失水，继而影响甘蓝地下部水分和营养向地上部的运输，从而导致甘蓝生长受到抑制甚至死亡。

4. 涝害易导致病虫害　涝害过后，天气转晴，受灾甘蓝本身已相当脆弱，加上高温、高湿的环境，正是病虫害高发的最佳时段，很容易导致甘蓝受害、产量降低。

（三）冻害

甘蓝喜冷凉气候。据孙慧娟等（2014）报道，甘蓝种子发芽的最低温度为2～3℃，刚出土的幼苗抗寒能力弱，具有6～8片叶的健壮幼苗耐寒性增强，能忍受−5～−2℃低温。经过低温锻炼的幼苗，能忍耐短期−10～−8℃严寒。进入结球期叶球较耐低温，5～10℃时叶球仍能缓慢生长。相同品种而言，成熟的叶球耐寒力不如幼苗。

甘蓝低温冻害是指在甘蓝生长发育的全过程（从移栽到收获），受暖空气下的剧烈温变或较剧烈的0℃以下降温所导致的伤害。冻害发生后，叶片受冻严重呈水渍状，叶片颜色变深（图2-17）。早春幼苗受冻最为严重的是在移栽后未经过缓苗（发根）之前，遭冻害的叶片发白，甚至干枯死亡，最终导致整棵幼苗受冻而死。处于莲座至结球期的甘蓝，冻害主要发生在中上层莲座叶上，叶的边缘紧缩，大部分叶肉组织坏死。部分甘蓝品种叶球受到低温胁迫后叶球中心会由绿渐渐变紫。由于北方地区深秋降温较早，秋甘蓝在还没有

图2-17　受冻害的甘蓝结球期

收获的时候可能经历夜晚长期0℃以下的低温，导致甘蓝叶球受到不同程度的损坏，影响产量。

冻害和低温对甘蓝生长的具体影响如下：

1. 冻害对甘蓝组织结构和生理功能的影响　甘蓝在发生冻害后细胞膜发生膜相的改变，从液晶态变成凝胶态，膜的透性增大；叶绿体和线粒体受到不同程度的伤害，电解质外渗率增加，膜结合酶活性也因此发生改变，导致植物细胞生理代谢失调和功能紊乱，从而影响甘蓝的正常生长。曾爱松等（2011）对低温胁迫条件下的甘蓝幼苗进行研究，发现

在适温下，甘蓝幼苗叶肉细胞中膜结构清晰，并且线粒体和叶绿体的结构均没有明显的变化；在−3℃处理条件下，其叶肉细胞中的膜结构遭到严重破坏，并且叶绿体基粒片层解体，线粒体的脊消失，表明此时的甘蓝幼苗已遭受冻害。

2. 甘蓝发生冻害后叶片光合作用和根系吸收作用下降 研究表明，在低温胁迫条件下，甘蓝叶片内的 PSⅡ 反应中心被破坏，导致光化学效率的降低，继而影响了光合作用的效率。低温还会影响到甘蓝根系生长及根部同化酶活性，严重阻碍地下部养分向上运输的能力。

(四) 干旱

干旱是指少雨、地下水位降低，土壤中的水分不能满足甘蓝正常生长需要而使植株受害的现象。甘蓝根系分布浅，叶片较大，蒸腾量大，易受到干旱胁迫的影响。

干旱对甘蓝生长的影响：

1. 干旱对甘蓝发芽的影响 由于缺少水分，甘蓝种子内部呼吸、新陈代谢、相关酶活性较弱，导致甘蓝发芽率、发芽势在干旱条件下较低。研究表明，干旱胁迫抑制甘蓝种子萌发、胚芽和胚根的生长，降低了成苗率。

2. 干旱胁迫对叶片光合作用的影响 随胁迫时间的延长及胁迫的加剧，甘蓝的光合速率、气孔导度、蒸腾速率等降低，从而影响光合作用效率。

3. 干旱胁迫对甘蓝幼苗形态（株高、茎粗）**的影响** 干旱胁迫下，植物的外部形态如株高、叶面积、茎粗等发生变化。随着干旱胁迫的加剧，甘蓝幼苗株高生长量显著变小，茎失水萎缩、变细（常青华，2012）。

第四节　甘蓝叶球的形成及形态特征

一、叶球形成及其机制

(一) 叶球的形成

甘蓝叶球具有保护顶芽、贮藏养分的作用，是主要的可食用部分。结球甘蓝叶球的形成是指植株生长到一定阶段（完成莲座期）时，感受到某些环境条件（如温度、光照等）使体内的物质和激素水平发生变化而引发叶背细胞的加速分裂和伸长，迫使叶片直立和向内弯曲。同时叶球内的叶片不断长大、数目不断增多而最终形成充实的叶球。甘蓝形成叶球的过程是一个复杂的生物学调控过程，除受遗传因素的影响外，还受光照、温度、矿物元素和内源激素等相互协调作用。

(二) 叶球形成的遗传基础和生理机制

1. 遗传基础 2016 年，Cheng 等完成了甘蓝类蔬菜作物代表材料的基因组重测序，构建了甘蓝类蔬菜的群体基因组变异图谱。在利用模式物种拟南芥基因组丰富的基因信息基础上，确定了甘蓝叶球形成与膨大根（茎）驯化选择的基因组信号及相关的基因，发现了 16 个参与结球甘蓝叶球形成的关键基因位点，只有当这些基因大多数为结球基因型时才能形成叶球。叶片背面和腹面是分别由决定背性和腹性两类不同极性的基因控制的。研究还发现叶片背性和腹性两类极性控制基因参与了叶球的形成。

Zhang 等（2022）以大白菜为研究对象，开展了基于时间序列的转录组测序，绘制了跨越莲座期与结球期的高密度基因转录图谱。研究发现在莲座期后，大白菜经历了一个特异性的转录重编程过程，即结球转变期。进一步研究发现，该转变期的启动受温度调控，并在结球甘蓝中发现了相似的结球转变期，说明大白菜和甘蓝在结球转变期上存在着趋同驯化。该研究还揭示乙烯在大白菜的结球驯化过程中被特异性地选择利用，而在结球甘蓝中未被选择利用，反映了大白菜和结球甘蓝的差异性驯化。

另外，叶片向内卷曲是结球甘蓝叶球发生的重要特征。探讨研究结球甘蓝叶片卷曲相关基因，对理解结球甘蓝叶球发育机制具有重要的意义。研究人员通过对甘蓝结球期茎尖和叶片以及莲座期茎尖和叶片的转录组对比分析，并结合荧光定量技术，挖掘得到一些与甘蓝叶片卷曲过程有关的基因。任雪松等（2014）筛选得到 2 个可能的结球甘蓝球叶自然卷曲过程中的主效调控基因 $BoHB12$ 和 $BoHB7$，其在结球期叶片中的表达量分别是莲座期叶片的 38.1 倍和 6.2 倍，同属于亮氨酸拉链蛋白（HD-Zip）家族。张林成等（2014）筛选得到 $BoLH01$ 和 $BoLH02$ 2 个基因在结球期叶片中高量表达，表达量的变化与甘蓝叶片卷曲趋势一致，由此推测 $BoLH01$ 和 $BoLH02$ 可能具有类似于 $CIN-TCPs$ 转录因子功能，在甘蓝叶片卷曲过程中发挥重要的调控作用。蒲全明等（2015）筛选出甘蓝莲座期叶片与结球期叶片中存在显著差异表达的 6 个生长素相关基因，分别为调控生长素动态平衡的 $BoILL6$、$BoASA1$ 基因，控制极性运输的 $BoSF21$、$BoPIN4$ 基因，参与信号转导的 $BoARF8$、$BoGH3.5$ 基因。其中，$BoILL6$、$BoASA1$ 与 $BoSF21$ 基因在结球期叶片中表达量是莲座期叶片中表达量的 12 倍以上。

甘蓝的结球不但受遗传因子的影响，在很大程度上也受肥料、温度和水分等环境条件的影响，加上结球和不结球的界限不易划分，因此不同人的研究结果可能不一样。

2. 生理机制

（1）根系对结球的影响　根系对结球的作用较大，它不但可以吸收甘蓝生长和结球所需的大量元素和微量元素，而且还可以合成生长和结球所需的内源激素。一般来说，在甘蓝的生育前期根系的生长速度要大于地上部的生长速度，尤其是莲座期根系生长最快。这个时期基本形成了植株的大部分根系，为叶球的形成奠定基础。加藤彻（1979）利用断根的方法来研究根系对甘蓝结球的作用，结果表明断根后甘蓝的叶形指数、叶片的角度都变小，断根可以促进叶片的偏下运动和向内的卷曲运动而利于结球，但球叶数目和球重明显下降。结球开始前不同时期断根对叶数和叶重的影响也不同，播后 68d 断根影响最大。因为这个时期正是由莲座期向结球期过渡，地上部需要从根系中获得大量的养分和水分。断根后减少了根的吸收面积与减弱了根的吸收功能，破坏了植株内部的激素平衡。有些激素如赤霉素（GA）、脱落酸（ABA）是在根系合成后运转至地上部而影响到结球。试验也表明，不同的断根程度对球叶数的影响也不同，无论在哪个时期断根，断根越多球叶就越少，叶球就越轻。

（2）顶芽对结球的影响　据加藤彻（1980）研究，在结球开始时，摘除顶芽后靠内部的外叶呈现直立状态，靠外部的叶不变化。如果对去掉顶芽的植株涂上萘乙酸（NAA）、6-苄基腺嘌呤（BA）会使得靠内部的叶向下运动，而使用赤霉素（GA）和脱落酸（ABA）叶片则明显地直立起来。结球开始前用激素喷叶片对结球也有影响，喷 NAA 和

BA 叶片向下运动（展开），喷 GA 和三碘苯甲酸（TIBA）叶片趋于直立。特别是喷 GA 后叶柄偏下运动，叶片向内卷曲并抱合成球状，明显促进结球。喷 NAA 会抑制叶的加宽生长，叶形指数变大，并在一定程度上抑制叶面积的扩大；而喷 GA 促进内部叶的面积扩大而不影响叶形指数。总之，叶片的偏上运动受茎顶部的激素平衡所控制，而叶形则受 GA 和 BA 比例的影响。

另外，甘蓝开始结球时外部球叶的解剖结构也会发生变化。这时叶片背面和腹面的细胞生长速度不一样，叶背的细胞生长快，而腹面生长慢，使背面细胞和腹面细胞的大小产生了差异，这就迫使叶片直立并向内弯曲抱合成球状。向叶背面施以生长素（IAA）也得到同样的结果。

3. 环境因素对结球的影响

（1）光照　一般情况下，光照强，叶片平铺而不直立会推迟结球；光照弱，叶片直立并向内卷曲促进结球。把甘蓝由明亮处移至黑暗处，其叶片很容易直立起来，发育早的个体就会出现结球状态。但叶片的直立方式也因品种而有差异，随生长发育出现品种特有的叶片竖立方式而进入结球状态。光照强度对叶片结球习性的影响还因叶龄长短、叶面积大小、叶的受光部位而异。壮龄叶片对光照最敏感，未成熟嫩叶和老叶则对光照反应十分迟钝，即使光照变弱也直立不起来。越接近叶尖部位对光照越敏感，相反，越接近叶柄部位则对光照反应越迟钝，即使光线直接照射在叶片表面叶也很难展开。叶片对光照的这种反应，感受面积越大则光照刺激越强，感受面积小的情况下，即使对光照刺激非常敏感的部位来讲，光线刺激作用也不会大。光照强度对叶形也有影响，光照弱时不仅叶片变小，叶宽的生长也不如叶长的生长，导致叶形变的细长，结球时间推迟。

日照长度对甘蓝的结球有影响。日照时间越短，叶片直立性越好，但当日照时间只有 4h 时，由于进行光合作用时间不足，即不能满足叶片生长需要的日照时间，叶片直立被抑制。秋天连阴天多也是造成甘蓝产量不高的一个重要原因。如果为促进结球而进行短日照处理时，要注意采用不阻碍叶片继续分化和生长的栽培方法或处理时间得当，否则反而会推迟结球的开始。

光质对甘蓝结球也有影响。一般红光多叶片易卷曲、直立，有利于结球，红光似乎起到了弱光的作用。蓝紫光多，叶片易展开而推迟结球，蓝紫光对结球起强光的作用。

（2）温度　有研究表明，低温促进结球，高温则推迟结球，而且在高温条件下形成的叶球不紧实，产量低。低温虽能促进结球，但温度不是越低越好，温度过低影响光合产物的制造反而推迟结球。甘蓝夏季生长缓慢，平均温度超过 25℃时生长减慢甚至停止生长。甘蓝叶球生长发育的最佳温度是 20℃左右。

昼温和夜温对结球的影响是不同的。昼温的高低对叶形和结球的影响不大，昼温高时叶片的长和宽同时生长，叶形指数基本不变。夜温的高低对叶形和结球的影响较大，夜温高时叶形变长而推迟结球，叶子发育快，寿命短；夜温低则叶片横向生长加快，叶形指数变小，从而有利于结球。

（3）土壤水分及通气性　疏松、透气、保水、保肥的土壤有利于甘蓝的结球。如果土壤通气性不好，土壤水分过多或过少，即使已结球的叶球也会重新松散开。

（4）矿质营养　大量的矿质元素对甘蓝的结球至关重要，倘若缺乏就会影响叶球的形成。不同的矿质元素对结球的作用是不同的，其中以氮、磷、钾最为重要，尤其是氮肥对甘蓝结球作用更大。增施氮肥可以促进细胞的分裂和生长，增加叶绿素含量，提高光合作用，扩大叶面积，进而增加产量。但是对叶数和叶形影响较小，即增施氮肥可以使叶宽和叶长同时生长形成较大的叶，而叶形指数不变。甘蓝结球对氮含量多少同样有要求。水培实验表明，氮的浓度在 $0 \sim 50 mg/kg$ 之间叶球重量随氮浓度的增加而增加，在 $50 \sim 500 mg/kg$ 之间叶球重量则随着浓度的增加略有减少。其他研究同样表明，结球甘蓝产量随氮素用量的增加而增加，但当氮素用量增加到一定量时，再增加用量则结球甘蓝产量下降（表 2-6）。另外，不同形态氮素肥料对结球甘蓝产量影响是不同的。研究表明，酰胺态氮对甘蓝的产量影响最显著（魏晓军，2017）。不同时期缺氮对结球的影响也不同，无论生育过程的哪个时期缺氮，球的干重和全株干重都有不同程度的减少。缺氮的日期越长叶球就越小，尤其是莲座期和结球前期缺氮对结球的影响最大，结球后期缺氮影响相对较小。值得注意的是氮素的多少还应和其他因素结合起来考虑，最主要的是光照。在氮含量相同的条件下光照强有利于提高氮的利用效率，使叶球生长快，球大而紧实。如果光照不足，氮素虽然充足，叶球体积也会变小，重量变轻，球不太紧实。另外，氮的多少还要和磷、钾、硫、镁等元素的浓度结合起来考虑。

表 2-6　不同施氮水平结球甘蓝的农艺性状
（傅世宗，2005）

处理	横径（cm）	球高（cm）	单株重（g）		收获指数（%）
			生物	经济	
1	15.5±2.11	10.5±0.98	842.5±286.37	567.5±252.11	65.61±8.92
2	19.0±1.23	13.5±1.76	1 825.0±294.43	1 338.6±211.72	73.33±4.92
3	20.8±1.85	14.8±1.51	2 148.3±324.70	1 695.0±298.45	78.90±6.61
4	20.9±0.97	15.5±0.78	2 197.5±211.77	1 756.8±161.13	80.43±2.60
5	20.2±1.92	14.5±1.17	2 131.3±273.01	1 674.2±231.85	78.55±1.44
6	20.1±0.94	14.4±1.26	2 089.2±239.01	1 581.7±304.69	75.71±7.75

注：处理 1. 空白，不施 N；处理 2. N90kg/hm²；处理 3. N180kg/hm²；处理 4. N 270kg/hm²；处理 5. N 360kg/hm²；处理 6. N 450kg/hm²。各试验处理均在统一 P₂O₅60kg/hm²、K₂O150kg/hm²和钙镁基肥 600kg/hm²的基础上进行，其中氮、钾肥 1/3 基肥，追肥分 2 次，每次 1/3 用量，磷肥和钙镁基肥全部基施。

　　磷肥对作物生长的作用是多方面的。多施磷肥能够加速细胞分裂，促进根系的生长，增强根系的吸肥吸水能力，对于地上部可以促进叶片的分化与发育，加速叶片的生长，所以多施磷肥可以提高叶球的产量。甘蓝的结球对磷的需求量不如对氮的需求量大，水培实验表明，磷浓度在 $0 \sim 20 mg/kg$，叶球的重量随着磷浓度增加而增加，超过 $20 mg/kg$ 叶球的重量逐渐下降。如果叶内磷的含量少于干重的 0.1%，叶球的重量则大幅度下降。不同生育时期缺磷对结球的影响也不尽相同，莲座期和结球前期缺磷对结球的影响最大，其他各时期影响较小，所以在结球前期（播后 $54 \sim 74d$）施用磷肥比其他时期效果要好。

　　钾可以调节气孔开闭，促进叶片与外界物质的交换，提高光合作用，并能促进碳水化合物的积累和运转而有利于结球。倘若钾、硼不足会导致光合产物运转受阻，则结球不充实。甘蓝的结球对钾的需求量很大，在水培条件下钾浓度达到 500mg/kg 时，甘蓝叶球重量不会明显下降。如果钾的浓度低于 1mg/kg，植株叶片内钾的含量少于干重的 0.3％时几乎不形成叶球。而且在莲座期和结球前期对钾的要求相当严格，如果该时期严重缺钾，即便结球的中、后期增施钾肥也几乎不形成叶球。另外研究发现，在钾肥适宜用量范围内，结球甘蓝施用氯化钾比硫酸钾可获得更高的产量（郭熙盛等，2006）。

缺钙会引起甘蓝的干烧心，在其他大量元素钙、镁、硫中，钙对结球的作用最大，而且需求量也最大。水培实验表明，钙浓度在 0～100mg/kg，甘蓝叶球的重量随着钙浓度的增加而增加，甚至浓度增加到 1 000mg/kg 时，叶球的重量也没有明显的减少。不同时期缺钙对结球的影响是不同的，播种后 54～74d 缺钙对结球的影响最大，其他时期缺钙则影响较小。镁和硫也有类似的结果。

二、叶球的形态特征

叶球是甘蓝最重要的食用部分，其性状特点也是鉴定品种的重要依据。

叶球颜色：指叶球正常收获期成熟叶球表面的颜色，可分为黄绿、绿、灰绿、蓝绿和紫色（图 2-18）。

| 黄绿色 | 绿色 | 灰绿色 | 蓝绿色 | 紫色 |

图 2-18 叶球颜色（刘玉梅等，2022）

叶球内颜色：指叶球正常收获期成熟叶球内部纵切面的颜色，可分为白、浅黄、黄、浅绿和紫色（图 2-19）。

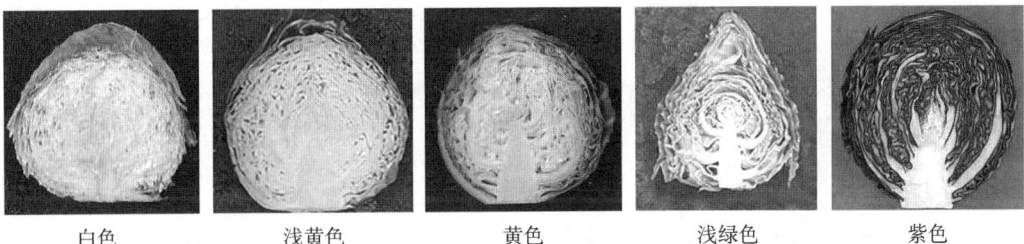

| 白色 | 浅黄色 | 黄色 | 浅绿色 | 紫色 |

图 2-19 叶球内颜色（刘玉梅等，2022）

叶球形状：指叶球正常收获期成熟叶球的形状，可分为扁圆形、近圆形、圆形、高圆形和牛心形（图 2-20）。

图 2-20 叶球形状

扁圆形　　　近圆形　　　圆形　　　高圆形　　　牛心形

叶球顶部形状：指叶球正常收获期成熟叶球顶部的形状，可分为平、阔圆、圆、钝尖和尖（图 2-21）。

平　　　阔圆　　　圆　　　钝尖　　　尖

图 2-21 叶球顶部形状

叶球底部形状：指叶球正常收获期成熟叶球基部的形状，可分为圆、平、拱形和倒卵形（图 2-22）。

圆　　　平　　　拱形　　　倒卵形

图 2-22 叶球底部形状

叶球纵径：叶球正常收获期成熟叶球基部至球顶端的高度（图 2-23）。
叶球横径：叶球正常收获期成熟叶球与其纵径垂直的最宽处的宽度（图 2-23）。
中心柱高：叶球正常收获期球内茎基部至顶端的高度（图 2-24）。
中心柱粗：叶球正常收获期球内中心柱最宽处横径（图 2-24）。

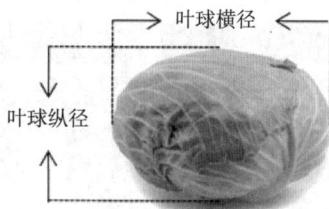

图 2-23 叶球横径和纵径

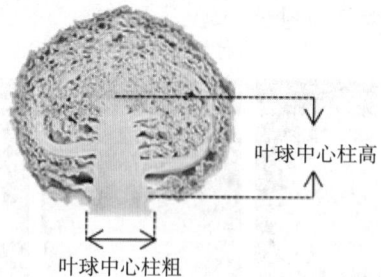

图 2-24 叶球中心柱高和中心柱粗

叶球覆盖度：叶球正常收获期叶球顶部被外层球叶覆盖的程度，可分为不覆盖、半覆盖和全覆盖（图 2-25）。

| 不覆盖 | 半覆盖 | 全覆盖 |

图 2-25　叶球覆盖度

◆ 主要参考文献

薄天岳，陈锦秀，缪体云，等，2012. 甘蓝新品种争牛的选育 [J]. 中国蔬菜 (4)：97-99.

蔡青，李成琼，司军，2009. 结球甘蓝耐寒性研究进展 [J]. 长江蔬菜 (2)：1-3.

曹维荣，王超，2007. 甘蓝迟抽薹基因的 RAPD 标记 [J]. 生物技术通报 (5)：167-169.

曹宗巽，吴相钰，1980. 植物生理学（下册）[M]. 北京：人民教育出版社.

曾爱松，严继勇，宋立晓，等，2011. 甘蓝幼苗叶片超微结构及细胞内 Ca^{2+} 分布对低温的响应 [J]. 华北农学报，26 (6)：129-135.

曾庆杰，刘听报，2017. 甘蓝氮肥用量梯度试验 [J]. 现代农业科技 (10)：73，75.

常青华，2013. 甘蓝萌发期和苗期抗旱性鉴定 [D]. 重庆：西南大学.

陈碧华，罗庆熙，张百俊，2006. 热激处理对甘蓝幼苗叶片保护酶活性及膜透性的影响 [J]. 华北农学报 (5)：6-8.

陈碧华，王广印，林紫玉，等，2008. 热激处理对甘蓝幼苗耐热性的影响 [J]. 广东农业科学 (7)：39-41.

陈锦秀，任云英，薄天岳，2004. 结球甘蓝有机栽培技术 [J]. 上海蔬菜 (6)：26-27.

陈锦秀，任云英，童尧明，2002. 采用田间和电导法鉴定几个结球甘蓝品种的耐热性试验 [J]. 蔬菜 (8)：30-31.

陈玉山，吴志珍，2012. 结球甘蓝施用氮、磷、钾肥料效应分析 [J]. 福建热作科技，37 (3)：15-17.

崔建辉，2007. 怎样调节黄瓜营养生长与生殖生长的矛盾 [J]. 河北农业科技 (10)：51.

戴忠良，潘跃平，肖燕，等，2010. 不同浓度赤霉素处理对结球甘蓝抽薹和开花的影响 [J]. 上海农业学报，26 (4)：69-71.

杜辉，潘俊松，何欢乐，等，2007. 甘蓝抽薹性状基因的分子标记定位 [J]. 分子植物育种 (5)：673-676.

方智远，2008. 甘蓝栽培技术 [M]. 北京：金盾出版社.

方智远，2017. 中国蔬菜育种学 [M]. 北京：中国农业出版社.

方智远，刘玉梅，杨丽梅，等，2004. 甘蓝显性核基因雄性不育与胞质雄性不育系的选育及制种 [J]. 中国农业科学 (5)：717-723.

方智远，刘玉梅，杨丽梅，等，2007. 雄性不育系配制的甘蓝新品种及其繁育技术 [J]. 长江蔬菜 (11)：32-34.

方智远，孙培田，刘玉梅，1991. 甘蓝栽培技术 [M]. 北京：金盾出版社.

方智远，孙培田，刘玉梅，等，2001. 几种类型甘蓝雄性不育的研究与显性不育系的利用 [J]. 中国蔬菜 (1)：11-15.

冯大领，2006. 结球甘蓝生长特性及早期抽薹的防治措施 [J]. 中国农村小康科技 (4)：44.

付振书，赵世杰，孟庆伟，等，2004. 热锻炼对甘蓝幼苗叶片激发能分配的影响 [J]. 应用生态学报

（8）：1353-1357.

付振书，赵世杰，孟庆伟，等，2005. 高温强光下耐热性不同的两个甘蓝品种幼苗光合作用差异的研究 [J]. 园艺学报 (1)：25-29.

傅世宗，2005. 施氮水平对结球甘蓝产量和硝酸盐含量的影响 [J]. 耕作与栽培 (5)：25, 50.

高富欣，1999. 如何防止早熟春甘蓝"未熟抽薹" [J]. 中国农村科技 (12)：7.

郜爱玲，李建安，刘儒，等，2010. 高等植物花芽分化机理研究进展 [J]. 经济林研究，28 (2)：131-136.

巩振辉，2010. 园艺植物种子学 [M]. 北京：中国农业出版社.

关泰杉，潘成，骆忠伟，等，2009. 不同处理甘蓝种子对苗期病害发生的影响 [J]. 种子世界 (12)：35-36.

韩淑艳，2013. 结球甘蓝栽培技术 [J]. 北方园艺 (12)：39-40.

郝启祥，李立，许忠民，2007. 秦甘 80 甘蓝杂种一代种子生产双亲花期调节技术研究 [J]. 陕西农业科学 (6)：4-7, 11.

何永梅，陈勇，李力，2008. 春结球甘蓝未熟抽薹原因与预防 [J]. 南方农业 (5)：51-52.

胡化东，1999. 早春甘蓝未熟抽薹的原因及对策 [J]. 新农业 (2)：33-34.

胡景江，2010. 植物生理学 [M]. 北京：国家开放大学出版社.

户连荣，郎南军，郑科，2008. 植物抗旱性研究进展及发展趋势 [J]. 安徽农业科学 (7)：2652-2654.

黄伟，任华中，陈洪峰，2000. 甘蓝类蔬菜高产优质栽培技术 [M]. 北京：中国林业出版社.

黄湘民，1988. 湘潭春甘蓝未熟抽薹情况调查 [J]. 中国蔬菜 (4)：47-49.

加藤彻，1979. 甘蓝结球现象的生理学研究：Ⅰ. 断根对结球姿态的影响 [J]. 园艺杂，48 (1)：26-31.

加藤彻，1980. 甘蓝结球现象的生理学研究：Ⅱ. 顶芽对结球姿态的影响 [J]. 园艺杂，49 (4)：426-434.

姜在民，贺学礼，2009. 植物学 [M]. 杨凌：西北农林科技大学出版社.

蒋先明，1987. 蔬菜栽培学各论 [M]. 北京：农业出版社.

蒋欣梅，赵荣秋，于锡宏，2009. 高温春化逆转对甘蓝体内核酸类物质含量的影响 [J]. 植物生理学通讯，45 (7)：673-676.

靳哲，2012. 甘蓝耐寒材料叶片结构、生理特征及其 BoCBF 基因标记的研究 [D]. 北京：中国农业科学院.

康俊根，翟依仁，2003. 甘蓝耐热性遗传效应分析 [J]. 华北农学报 (3)：93-95.

康俊根，翟依仁，张京社，等，2002. 甘蓝耐热性鉴定方法 [J]. 中国蔬菜 (1)：6-9.

柯桂兰，2010. 中国大白菜育种学 [M]. 北京：中国农业出版社.

李东，2013. 春甘蓝未熟抽薹的原因及防治对策 [J]. 蔬菜 (7)：56-57.

李贺勤，张文健，江绪文，等，2013. 种子大小和种皮颜色对甘蓝种子活力的影响 [J]. 种子，32 (10)：46-49.

李丽敏，2001. 春早熟甘蓝未熟抽薹的原因及防止对策 [J]. 中国蔬菜 (3)：40-41.

李梅，刘玉梅，方智远，等，2009. 结球甘蓝自交系抽薹与开花性状配合力及遗传力分析 [J]. 华北农学报，24 (5)：86-89.

李宁，2008. 碳、氮、核酸代谢与青花菜春化作用的关系 [D]. 哈尔滨：东北农业大学.

李曙轩，1979. 蔬菜栽培生理 [M]. 上海：上海科技出版社.

李锡香，方智远，2007. 结球甘蓝种质资源描述规范和数据标准 [M]. 北京：中国农业出版社.

李秀珍，1987. 脱春化对冬小麦幼芽中可溶性蛋白质组成及植物个体发育状况的影响 [J]. 植物学报，29 (3)：320-323.

李彦连，张爱民，2012. 植物营养生长与生殖生长辩证关系解析 [J]. 中国园艺文摘，28 (2)：36-37.

廖易，2004. 叶菜类甘蓝类蔬菜栽培实用技术 [M]. 北京：中国农业出版社.

林昌华，白由路，罗国安，等，2008. 氮磷钾肥对结球甘蓝商品性状及其产量的影响 [J]. 中国农学通报 (6)：329 - 334.

刘佃林，2016. 植物生理学 [M]. 北京：北京大学出版社.

陆帼一，1986. 蔬菜栽培生态生理 [M]. 杨凌：西北农林科技大学出版社.

陆帼一，程智慧，2009. 甘蓝类蔬菜周年生产技术 [M]. 北京：金盾出版社.

逯斌，谭克辉，林兵，等，1992. 冬小麦春化过程中低温诱导的与花芽分化相关的 mRNA 和蛋白质的合成 [J]. 植物生理学报 (2)：113 - 120.

罗羽洧，解卫华，马凯，2007. 无花果花芽分化与植物激素含量的关系 [J]. 云南植物研究 (5)：563 - 568.

马记良，1994. 中甘 11 春甘蓝未熟抽薹的原因及预防 [J]. 农村科技开发 (3)：13.

马炜梁，2009. 植物学 [M]. 北京：高等教育出版社.

马迎新，乔立平，2007. 蔬菜生产中如何调节营养生长与生殖生长的平衡？[J]. 蔬菜 (3)：15 - 16.

孟平红，罗克明，吴康云，等，2003. 根外喷施不同肥料对甘蓝制种效果的影响 [J]. 中国种业 (5)：29.

苗琛，利容千，王建波，1994. 热胁迫下不结球白菜和甘蓝叶片组织结构的变化 [J]. 武汉植物学研究 (3)：207 - 211，297 - 299.

倪强，刘顺华，2015. 四川省昭觉县夏秋结球甘蓝气候适应性分析 [J]. 北京农业 (6)：186 - 187.

倪文海，郁寿根，胡惠根，等，2012. 结球甘蓝栽培技术 [J]. 现代农业科技 (8)：142，146.

潘家驹，1995. 作物遗传育种总论 [M]. 北京：中国农业出版社.

潘瑞炽，1998. 植物生理学 [M]. 北京：人民教育出版社.

蒲全明，高启国，张林成，等，2015. 结球甘蓝叶片卷曲过程中 6 个生长素相关基因的克隆与表达分析 [J]. 中国蔬菜 (11)：19 - 27.

祁玉梅，1998. 论植物营养生长与生殖生长的对立统一关系 [J]. 天中学刊 (5)：87 - 88.

钱秀芳，夏春霞，钱忠贵，2006. 春甘蓝如何防止先期抽薹 [J]. 上海蔬菜 (2)：37.

秦文斌，山溪，张振超，等，2018. 低温胁迫对甘蓝幼苗抗逆生理指标的影响 [J]. 核农学报，32 (3)：576 - 581.

曲波，张微，陈旭辉，等，2010. 植物花芽分化研究进展 [J]. 中国农学通报，26 (24)：109 - 114.

饶立兵，陈先知，朱剑桥，等，2009. 利用植物生长调节剂防止甘蓝未熟抽薹的研究 [J]. 长江蔬菜 (20)：37 - 38.

任雪松，2015. 甘蓝叶片卷曲关联基因 BoHB12 和 BoHB7 的克隆与功能研究 [D]. 重庆：西南大学.

任雪松，张林成，蒲全明，等，2014. 结球甘蓝叶片卷曲相关 7 个同源异型盒基因的克隆与表达分析 [J]. 园艺学报，41 (5)：859 - 868.

山东农业大学，1997. 蔬菜栽培学各论第二版 (北方本) [M]. 北京：中国农业出版社.

杉山直仪，1981. 蔬菜的发育生理与栽培技术 [M]. 北京：农业出版社.

师建领，1999. 采种方法对春甘蓝未熟抽薹现象的影响 [J]. 种子科技 (3)：39.

石维杰，2009. 高温对耐热性不同的两个甘蓝品种激发能分配的影响 [D]. 泰安：山东农业大学.

石颖，庞国新，阚玉文，等，2015. 如何协调甜瓜营养生长与生殖生长的关系 [J]. 现代农村科技 (5)：17.

宋明，郭余龙，李松芹，等，1995. 甘蓝种子活力测定法的探讨 [J]. 西南农业大学学报 (6)：506 - 508.

宋宗森，1963. 大平头甘蓝生殖生长规律初步研究 [J]. 安徽农业科学 (5)：43 - 45.

孙春青，戴忠良，潘跃平，等，2011. 成熟度与烘干温度对结球甘蓝种子质量的影响 [J]. 西北植物学报，31 (3)：583 - 587.

孙惠娟，2015. 甘蓝抗寒性鉴定及种质资源筛选 [D]. 哈尔滨：东北农业大学.

谭克辉，1983. 低温诱导植物开花的机理 [J]. 植物生理生化进展，2：90-107.

汪承刚，2006. 春甘蓝未熟抽薹的原因及预防 [J]. 现代农业科技（1）：38.

汪精磊，李锡香，邱杨，等，2015. 十字花科蔬菜抽薹开花性状的调控机理和分子育种研究进展 [J].
植物遗传资源学报，16（6）：1283-1289.

王超，张韬，吴世昌，2003. 春甘蓝抽薹特性的研究（Ⅰ）——抽薹鉴定的方法 [J]. 东北农业大学学
报（2）：129-132.

王定藩，1966. 关于冬型禾谷类作物春化过程中形成春化活性物质的问题 [J]. 植物生理学通讯（4）：
29-33，7.

王广印，顾桂兰，张凌云，2008. 甘蓝种子萌发的逆温耐性诱导研究 [J]. 中国生态农业学报（5）：
1158-1162.

王桂芝，麻树林，王首春，等，1999. 结球甘蓝未熟抽薹的探讨 [J]. 种子世界（9）：18.

王久兴，2005. 贺桂欣白菜甘蓝类分册 [M]. 北京：科学技术文献出版社.

王露，2019. 茄子种质资源苗期耐涝性鉴定、遗传效应及关联分析 [D]. 扬州：扬州大学.

王庆彪，2011. 我国甘蓝育成品种系谱及部分骨干亲本的初步分析 [C]. 中国园艺学会十字花科分会论
文集：150-155.

王庆彪，方智远，张扬勇，等，2011. 甘蓝两种类型雄性不育系花器官形态及结实特性的比较研究 [J].
园艺学报，38（1）：61-68.

王爽，2018. 甘蓝优质栽培新技术 [M]. 北京：中国科学技术出版社.

王小佳，2008. 蔬菜育种学（总论）[M]. 北京：中国农业出版社.

王小佳，2011. 蔬菜育种学（各论）[M]. 北京：中国农业出版社.

王志英，郭丽萍，李倩倩，等，2015. 甘蓝苗生长过程中主要生理生化变化 [J]. 食品科学，36（3）：6-11.

魏晓军，2017. 氮素形态对结球甘蓝产量及产量形成的影响 [J]. 农业科技与信息（12）：69-71.

吴道藩，宋明，2002. 提高甘蓝种子活力的方法与机理研究 [J]. 园艺学报（6）：542-546.

武喆，任君，张光星，2014. 结球甘蓝不同花龄花粉活力测定 [J]. 河南农业科学，43（5）：146-148.

西南农业大学，1989. 蔬菜育种学（第二版）[M]. 北京：农业出版社.

向珣，宋洪元，李成琼，2001. 热胁迫下甘蓝细胞膜叶绿体线粒体超微结构研究 [J]. 西南农业大学学
报（6）：542-543.

肖华山，吕柳新，陈志彤，2006. 荔枝花芽分化过程中多胺、核酸和蛋白质的动态 [J]. 应用与环境生
物学报（5）：640-642.

徐磊，林碧英，林义章，2002. 春化作用与甘蓝类蔬菜的生育障碍（综述）[J]. 亚热带植物科学（4）：
73-76.

许忠民，张恩慧，程永安，等，2008. 春甘蓝耐裂球性鉴定方法及标准研究初报 [C] //中国园艺学会十
字花科蔬菜分会第六届学术研讨会暨新品种展示会论文集. 中国园艺学会十字花科蔬菜分会、湖北省
农业厅、湖北省农业科学院.

严春国，周绿江，2004. 早熟春甘蓝"未熟抽薹"发生特点及原因分析 [J]. 安徽农业（8）：10-11.

杨晖，杨兰廷，2000. 杏花芽分化期芽和叶片核酸含量的变化 [J]. 园艺学报（2）：90-94.

杨丽梅，刘玉梅，王晓武，等，1997. 甘蓝胞质雄性不育材料主要植物学性状初步观察 [J]. 中国蔬菜
（6）：26-27.

杨盛，白牡丹，郭黄萍，2018. 环境因子与花芽分化关系研究进展 [J]. 内蒙古农业大学学报（自然科
学版），39（5）：97-100.

杨小明，2009. 春甘蓝耐抽薹性鉴定方法的研究 [D]. 重庆：西南大学.

杨小明，李成琼，宋洪元，等，2009. 春甘蓝花芽分化至抽薹过程中生理生化指标的变化 [J]. 中国蔬

菜（24）：19-23.

叶创兴，朱念德，廖文波，等，2014. 植物学［M］. 北京：高等教育出版社.

张百俊，李新峥，赵兰枝，1992. 果菜类蔬菜营养生长与生殖生长的调节技术［J］. 河南科技（8）：10-11.

张恩慧，2009. 甘蓝类蔬菜周年生产技术［M］. 北京：金盾出版社.

张恩慧，干正荣，鲁玉妙，等，1993. 甘蓝主要品质性状相关性分析［J］. 陕西农业科学（5）：24，26.

张恩慧，许忠民，2003. 甘蓝高效生产新技术［M］. 杨凌：西北农林科技大学出版社.

张继澍，2006. 植物生理学［M］. 北京：高等教育出版社.

张林成，2016. 结球甘蓝叶片卷曲关联基因 BoLH27 和 BoSF21 的功能研究［D］. 重庆：西南大学.

张淑江，2004. 甘蓝类蔬菜良种引种指导［M］. 北京：金盾出版社.

张扬勇，靳哲，方智远，等，2011. 结球甘蓝抗寒性配合力分析及优良抗寒组合选育［J］. 中国蔬菜（14）：23-27.

张永吉，2014. 不结球白菜耐湿性鉴定及其生理机制研究［D］. 南京：南京农业大学.

张振贤，1988. 白菜、甘蓝的结球机制［J］. 山东农业大学学报（3）：97-103.

赵大中，陈民，种康，等，1998. 高等植物的春化作用与低温适应［J］. 植物生理学通讯（2）：155-159.

浙江农业大学，1985. 蔬菜栽培学各论第二版（南方本）［M］. 北京：农业出版社.

郑羡清，2013. 结球甘蓝氮磷钾肥施肥效应研究［J］. 现代农业科技（18）：78，81.

中国农业科学院蔬菜花卉研究所，1989. 中国蔬菜栽培学［M］. 北京：农业出版社.

钟学东，2001. 大白菜、甘蓝生产上未熟抽薹的原因与预防措施［J］. 蔬菜（3）：34.

种康，雍伟东，谭克辉，1999. 高等植物春化作用研究进展［J］. 植物学通报（5）：481-487.

周柏权，李泽明，游奕来，等，2008. 稻田板地冬种无公害结球甘蓝栽培技术［J］. 广东农业科学（10）：127-128.

周晨光，朱毅，罗云波，2014. 萝卜苗发芽过程中营养物质的动态变化［J］. 食品科学，35（9）：1-5.

周晓丽，李文德，成军花，2009. 水分胁迫对温室番茄苗期生长的影响初探［J］. 甘肃农业科技（10）：13-15.

朱广廉，钟海文，张爱琴，1990. 植物生理学实验［M］. 北京：北京大学出版社.

邹琦，2000. 植物生理学［M］. 北京：中国农业出版社.

Ajisak A H，Kuginuki Y，Yui S，et al.，2001. Identification and mapping of a quantitative trait locus controlling extreme late bolting in Chinese cabbage（*Brassica rapa* L. ssp. *pekinensis*，syn. *campestris* L.）using bulked segregant analysis［J］. Euphytica，118（1）：75-81.

Akratanakul W，Baggett J，1977. The inheritance of axillary heading tendency in cabbage，*Brassica oleracea* L.（Capitata Group）［J］. Journal of the American Society for Horticultural Science，102：5-7.

Bewley J D，Black M，1982. Physiology and biochemistry of seeds in relation to germination［M］. Berlin，Heidelberg：Springer.

Caspar T，Lin T P，Kakefuda G，et al.，1991. Mutants of arabidopsis with altered regulation of Starch Degradation 1［J］. Plant Physiology，95（4）：1181-1188.

Cheng F，Sun R，Hou X，et al.，2016. Subgenome parallel selection is associated with morphotype diversification and convergent crop domestication in *Brassica rapa* and *Brassica oleracea*［J］. Nature Genetics，48（10）：1218-1224.

Hara T，Kizawa T，Sonoda Y，1981. The role of macronutrients in cabbage-head formation：III. Cabbage-head development as affected by nitrogen and light［J］. Soil Science and Plant Nutrition，27（2）：177-184.

Hara T，Sonoda Y，1979. The role of macronutrients for cabbage-head formation：I. contribution to cabbage – head formation of nitrogen, phosphorus, or potassium supplied at different growth stages [J]. Soil Science and Plant Nutrition, 25 (1): 113 – 120.

Hara T, Sonoda Y, 1981. The role of macronutrients in cabbage – head formation: II. Contribution to cabbage – head formation of calcium, magnesium or sulfur supplied at different growth stages [J]. Soil Science and Plant Nutrition, 27 (1): 45 – 54.

Hara T, Sugimoto K, Sonoda Y, 1981. Nutritional relationship between nitrogen and sulfur in cabbage (*Brassica oleracea* L. var. *capitata* L.) [J]. Journal of the Japanese Society for Horticultural Science, 50 (1): 60 – 65.

Jiang X M, Li Y F, Yu X H, 2005. Effect of different growth state of broccoli (*Brassica oleracea* var. *italica*) on low temperature induction [J]. Journal of Northeast Agricultural University (English Edition) (1): 20 – 23.

Mark J, Bassett, 1986. Vegetable crop breeding [M]. AVI Publishing Co. Inc.

ODLAND M L, NOLL C J, 1950. The utilization of cross – compatibility and self – incompatibility in the production of F1 hybrid cabbage [J]. Proceedings. American Society for Horticultural Science, 55: 391 – 402.

Oliveira A P, Pereira D M, Andrade P B, et al. , 2008. Free amino acids of tronchuda cabbage (*Brassica oleracea* L. var. *costata* DC.): Influence of leaf position (internal or external) and collection time [J]. Journal of Agricultural and Food Chemistry, 56 (13): 5216 – 5221.

Zhang K, Yang Y, Wu J, et al. , 2022. A cluster of transcripts identifies a transition stage initiating leafy head growth in heading morphotypes of Brassica [J]. The Plant Journal: For Cell and Molecular Biology, 110 (3): 688 – 706.

（薄天岳　许忠民　黄炜　陈锦秀　李大伟　邰翔　朱晓炜）

注　第一、二节：许忠民、黄炜、李大伟；第三、四节：薄天岳、陈锦秀、邰翔、朱晓炜。

第三章

甘蓝种质资源

.... [中 国 结 球 甘 蓝]

第一节　甘蓝种质资源的分类和代表性种质资源

结球甘蓝的遗传资源丰富，其分类方法较多，有按植物学分类，也有按叶球形态、栽培季节、成熟期早晚分类，还有按其生态特性进行分类。

一、植物学分类及各类型代表性种质资源

按植物学可分为：普通甘蓝、紫甘蓝、皱叶甘蓝，这是最基本的分类方法。

（一）普通甘蓝（*Brassica oleracea* L. var. *capitata* L.）**及代表性种质资源**

其叶面平滑，无显著皱褶，叶中肋稍突出，叶色绿至深绿。为我国和世界各地栽培最普遍、面积最大的一个变种。代表性种质资源有黄苗、西安灰叶、北京早熟、大鸡心等。

（二）紫甘蓝（*Brassica oleracea* L. var. *vabra* DC.）**及代表性种质资源**

叶面和普通甘蓝一样，平滑而无显著皱折，但其外叶及球叶均为紫红色。炒食时转为黑紫色，一般宜凉拌生食。栽培面积远不如普通甘蓝，我国一些地区作为特菜栽培，面积逐年扩大。代表性种质资源有红亩、紫甘1号、紫萱、普来米罗等。

（三）皱叶甘蓝（*Brassica oleracea* L. var. *bullata* DC.）**及代表性种质资源**

其叶色似普通甘蓝，绿色至深绿色，但叶片因叶脉间叶肉很发达，形成凹凸不平而使叶面皱褶。球叶质地柔软，风味好，可炒食。在我国部分地区也作为特菜栽培，但栽培面积不大。在欧洲种植较广泛。代表性种质资源有泡泡绿、诺维沙、中生皱叶甘蓝、东皱1号等。

二、叶球形状分类及各类型代表性种质资源

按叶球形状可分为：扁圆球型、圆球型、尖球型3种类型，也是常用的分类方法。

（一）扁圆球型及代表性种质资源

叶球扁圆形、较大，多数为中晚熟，冬性较强，作春甘蓝种植时不易发生未熟抽薹，其中一部分冬性极强。一般产量较高，较抗病、耐热。该类型完成阶段发育对光照长短不敏感。采种种株开花早，花期30～40d，种株高度一般介于圆球型与尖球型之间。我国西

南及华南地区栽培的中晚熟甘蓝多为这种类型。代表性种质资源有黑叶小平头、大平头、黄苗、六月黄甘蓝、红旗磨盘等。

（二）圆球类型及代表性种质资源

叶球圆球形或近圆球形，多为早熟或中熟品种。一般叶球紧实，球叶脆嫩，品质较好。但此类型中部分品种冬性较弱，作春甘蓝种植时，如播种过早或栽培管理不当易发生未熟抽薹。一般抗病、耐热性不强，完成阶段发育需要较长时间的光照。采种种株开花晚，花期长达 40～50d，高度可达 150cm 以上。在我国北方地区作早熟春甘蓝栽培的多为这类品种。代表性种质资源有北京早熟、丹京早熟、狄特马尔斯克等。

（三）尖球类型及代表性种质资源

也称鸡心或牛心形，叶球顶部为尖形。多为早熟品种，一般冬性较强，作为春甘蓝种植不易未熟抽薹，抗病、耐热性差，但耐寒性强。完成阶段发育对光照长短不敏感。采种种株开花早，高度 120cm 左右，花期 30d 左右。这类品种一般在我国各地作早熟栽培，特别是在长江流域多作越冬栽培。代表性种质资源有大鸡心、小鸡心、上海牛心、开封牛心等。

三、栽培季节分类及各类型代表性种质资源

按栽培季节和熟性一般可分为：春甘蓝、夏甘蓝、秋冬甘蓝及一年一熟大型晚熟甘蓝 4 种类型。有的类型还可以按成熟期早晚分为早、中、晚熟。

（一）春甘蓝及代表性种质资源

适合在冬季播种育苗而在春季栽培的类型。该类型品种一般品质较好，但抗病、耐热性较差。按其成熟期又分为早熟春甘蓝和中、晚熟春甘蓝。早熟春甘蓝定植后 40～60d 可收获，叶球多为圆球形或尖球形。代表性种质资源有北京早熟、金早生等。中、晚熟品种春甘蓝定植后 70～90d 收获，叶球多为扁圆形。代表性种质资源有黑平头、四月慢、六月黄、西安灰叶等。

（二）夏甘蓝及代表性种质资源

一般指在二季作地区，4～5 月播种，8～9 月收获上市的品种类型。该类型品种一般耐热、抗病性较好，叶色较深，叶面蜡粉较多，多为扁圆形的中熟品种，但近年在高海拔或高纬度的冷凉地区，夏季种植早熟圆球类型品种面积逐年增加。代表性种质资源有黑叶小平头、大平头等。

（三）秋冬甘蓝及代表性种质资源

适合在 7～8 月播种，秋冬季收获上市的品种类型。该类型品种一般抗病、耐热性较好，按成熟期早晚还可分为早、中、晚熟秋冬甘蓝。早熟品种多为近圆球形，定植后 60d 左右可收获。代表性种质资源有寒春、罗文皂圆白菜等。中、晚熟品种一般为扁圆球形，定植后 70～90d 可收获。代表性种质资源有二乌叶、成功 2 号等。

（四）一年一熟大型晚熟类型及代表性种质资源

该类型主要分布于我国长城以北及青藏高原等高寒地区。由于这些地区无霜期短，无明显的夏季，而这一类型品种生育期又较长，因而只能一年一熟。一般 3～4 月播种，10

月份收获，是这些地区的主要冬贮蔬菜。代表性种质资源有海拉尔和尚头、红旗磨盘等。

四、表型综合性状分类

汤姆逊（1949）按植物学和熟性两种性状的综合表现把结球甘蓝分为 8 个类型，即威克非、展翼群，哥本哈根群，荷兰平头、鼓头群，皱叶甘蓝群，丹麦球头群，A 群，伏尔加群，红甘蓝群等。每一个类型在植物学性状和熟性上都有其特点（表 3-1）。

表 3-1　结球甘蓝的种群分类

（Tomson，1949）

种　群	特　性
威克非、展翼群 (Wakefied，Winning stadt)	尖球，早熟
哥本哈根群 (Copenhagen market)	圆球，早熟，外叶少而致密，茎短小
荷兰平头、鼓头群 (Flat dutch，Drumhead)	扁圆球形，中等大小，外叶大，向内卷包成叶球；淡绿色，此群品种成熟期幅度不一致
皱叶甘蓝群（Savoy）	叶片皱缩为其特征，叶色深绿，品质优良，但栽培不多
丹麦球头群 (Danish ballhead)	外叶大而少，淡绿色，蜡粉稍多，中晚熟，球叶致密，叶球紧实，耐贮藏
A 群（Alpha）	极早熟，圆球形，球紧实
伏尔加群（Volga）	晚熟，外叶少，向内翻卷，叶大而厚，深绿色
红甘蓝群（Red cabbage）	叶深紫红色，叶球紧实

第二节　甘蓝种质资源的分布与研究利用

一、种质资源的分布

结球甘蓝起源于地中海沿岸，是由不结球的野生甘蓝演化而来。早在 4 000 多年以前，野生甘蓝的一些类型就被古罗马和希腊人所利用，后来逐渐传至欧洲各国栽培改良。经过长期人工栽培和选择，逐渐演化出甘蓝类蔬菜的各个变种，包括结球甘蓝、花椰菜、青花菜、球茎甘蓝、羽衣甘蓝、抱子甘蓝等。17 世纪，结球甘蓝传入我国后，经过长期的栽培驯化，形成一些各具特色的地方品种。如四川、云南等西南地区的大楠木叶、小楠木叶、大乌叶、二乌叶等耐高温高湿的中晚熟甘蓝品种；浙江、江苏等长江流域地区的大鸡心、小鸡心等早熟、耐抽薹的尖球类型甘蓝品种；上海、武汉等地区的耐热、抗病的黑叶小平头、大平头、青种小平头等甘蓝品种；河南等中原地区的开封牛心、顺城牛心等耐寒、耐先期抽薹的矮尖类型甘蓝品种；北京、河北等华北地区的北京早熟、丹京早熟、金亩、迎春等早熟、优质圆球类型甘蓝品种；青海、陕西、新疆等西北地区的六月黄甘蓝、西安灰叶、定边大平头、二转子甘蓝、吴忠大甘蓝、乌市冬甘蓝等耐寒、抗病中晚熟甘蓝品种；山西、内蒙古、黑龙江等地区的榆次75天苗子白、大同苗子白、大虎头、二虎头、成功2号、海拉尔4号、红旗磨盘等大型晚熟甘蓝品种。这些优良的地方品种已在我国不同科研院所及大专院校的甘蓝育种工作中得到了很好的利用，在甘蓝新品种选育中发挥了重要作用，育成的甘蓝品种在国内得到广泛种植。

二、种质资源的搜集引进与保存

世界各国十分重视结球甘蓝种质资源的搜集、保存和研究工作。美国搜集、保存的甘蓝类资源1 907份，其中结球甘蓝1 000多份。苏联Vavilov研究所从70多个国家搜集3 240份甘蓝资源。据欧洲芸薹属数据库（The ECP/GR *Brassica* Database，2007）的资料显示，欧洲搜集、保存的甘蓝类资源10 414份，其中结球甘蓝4 437份。

我国于20世纪50年代中后期到60年代中期，通过开展结球甘蓝遗传资源调查、搜集、整理工作，使全国主要农业科研、教学单位保存的结球甘蓝种质资源达434份。70年代后期至90年代后期，中国农业科学院蔬菜花卉研究所主持科技部的种质资源研究项目，组织全国各地有关单位进行了蔬菜种质资源的搜集、鉴定、保存工作，据统计，被列入《中国蔬菜品种资源目录》（第一册，1992；第二册，1998）的各种不同类型甘蓝种质资源共有522份，其中有102份作为主要或重要种质资源被列入《中国蔬菜品种志》（中国农业科学院蔬菜花卉研究所，2001）。到2000年，已收集整理、入国家种质库保存的甘蓝类种质资源544份，其中结球甘蓝种质资源221份，到2015年入国家种质库保存的结球甘蓝种质资源224份。期间发现了一批优良的地方品种资源，有的直接在生产中推广应用，有的用作育种的原始材料。此外，中国农业科学院蔬菜花卉研究所甘蓝育种课题组在1965—1987年间，先后引种、鉴定了国内外结球甘蓝遗传资源1 080份。其中，国内395份，其余685份引自欧、亚、北美、大洋、非洲等五大洲34个国家。1988—2007年从国内外不同地区引进结球甘蓝种质资源934份，其中1988—1990年间177份，1991—2000年间324份。2001—2007年间433份。近10年来引进国内外不同资源1 000多份。通过资源的不断引进，进一步丰富了我国结球甘蓝的遗传资源。我国各相关研究和教学单位在资源引进的同时，还不断开展了资源创新的研究，"六五"至"十五"期间通过科技部"国家攻关""863""国家重大专项"等项目的实施，经全国相关科研院所和教学单位的联合攻关，选育和创制出一大批优质、抗病、抗逆的新种质，为结球甘蓝优质、多抗、丰产新品种选育提供了重要的基因资源。"十一五"期间（2006—2010）国内主要甘蓝育种单位共搜集、引进国内外甘蓝种质资源1 000余份，并对其进行鉴定评价，筛选出性状优良的种质材料100多份，其中抗逆（耐寒、耐先期抽薹、耐裂）、优质、抗病、雄性不育等优异资源50余份。其中获得4份高抗TuMV的雄性不育材料，5份耐未熟抽薹的春甘蓝雄性不育材料。"十二五"期间（2011—2015）国内主要甘蓝育种单位共搜集、引进国内外甘蓝种质资源2 000余份，并对其进行鉴定评价，初步筛选出一批性状优良的种质材料；鉴定育种材料11 400余份，从中筛选出优异育种材料450余份，其中抗病（枯萎病、黑腐病或根肿病）材料 240 余份，为复合抗病品种的选育奠定了基础（杨丽梅等，2016）。
"十三五"期间（2016—2020），据中国农业科学院蔬菜花卉研究所、北京市农林科学院蔬菜研究中心、江苏省农业科学院蔬菜研究所、上海市农业科学院园艺研究所、西南大学、西北农林科技大学、东北农业大学等国内 7 家科研教学单位统计，5 年期间国内主要甘蓝育种单位共搜集、引进国内外甘蓝种质资源逾 500 份，通过远缘杂交、小孢子培养及基因编辑等技术创制出优良育种材料逾 100 份（杨丽梅等，2020）。上述种质资源的引进和创制为优良、抗病、丰产甘蓝新品种培育奠定了坚实的基础。

三、种质资源的鉴定、创新与利用

（一）种质资源的鉴定

1. 种质资源鉴定、纯化方法　第 1 步把收集来的原始材料分为两份，一份在干燥容器保存，一份播种，初步进行经济性状鉴定，并选出符合育种目标的优良品种作为培养 F_1 的基础材料。第 2 步是在中选的优良品种中，选择优良植株进行单株自交、分株留种、分系比较鉴定，选择出符合目标性状的优良自交系。

具体做法应根据育种目标在不同季节田间鉴定原始材料。为选育抗病、丰产的秋甘蓝 F_1，原始材料的田间鉴定就必须在秋季进行。原始材料除秋播鉴定外，选育春甘蓝时还应进行春播鉴定。为了使在春播鉴定田中选出的优良植株能安全越过炎热的夏季，可采取以下几种措施：

（1）春老根腋芽扦插法　在春季结球甘蓝鉴定田中，选择优良单株，切去叶球，将带有 5～6 片外叶的植株根部带土坨移栽到排水良好的地块，不久叶腋就会长出腋芽，每个植株只留腋芽 4 个左右，待腋芽长到 5～6 片叶时，掰下进行扦插，腋芽成熟后长成植株，翌年春季进行采种。

（2）侧芽组织培养法　为提高繁殖系数，中国农业科学院蔬菜花卉研究所等单位用组织培养方法培养结球甘蓝叶球内的侧芽，已获得成功。

（3）冷库贮存方法　将入选的优良单株连根拔起，用筐装好放入冷库，冷库的温度应保持在 1～4℃。到当年 9 月中旬天气变凉以后，将植株从冷库中取出，先放在阴凉处 1 周左右，然后定植于大田。

2. 种质资源抗病性的鉴定和筛选　为减轻病毒病、黑腐病、枯萎病、根肿病对结球甘蓝的危害，中国农业科学院蔬菜花卉研究所、西南农业大学园艺系、西北农林科技大学园艺学院（原陕西省农业科学院蔬菜研究所）、东北农业大学园艺系、江苏省农业科学院蔬菜研究所、上海市农业科学院园艺研究所、北京市农林科学院蔬菜研究中心等单位，先后在"六五"至"九五"期间，承担了结球甘蓝抗芜菁花叶病毒病兼抗黑腐病育种的任务，在"十五"至"十三五"期间，承担了结球甘蓝抗枯萎病、根肿病育种的任务，为筛选出抗病原始材料，采用田间鉴定和苗期人工接种鉴定相结合的方法，并制订了统一的苗期人工接种抗病性鉴定的方法和标准，从而提高了结球甘蓝抗病育种的可靠性和科学性。

（1）病毒病（TuMV、CMV、CaMV）抗性苗期人工接种鉴定　一般在甘蓝幼苗 3～4 片真叶时采用摩擦方法进行苗期人工接种鉴定，在同一品种的不同单株上分别单接

CMV、CaMV 和 TuMV，接种后的幼苗置防虫日光温室或网室里培养，温度一般控制在 20～30℃，3 周后调查记载植株发病情况。

（2）黑腐病抗性苗期人工接种鉴定　一般采用喷雾接种方法进行。供试甘蓝幼苗在防虫日光温室或网室内培养，当甘蓝幼苗 5～6 片真叶时移到人工气候室内保湿一夜，第二天早晨制备接种菌液并进行喷雾接种，连接 2 次，在人工气候室内保湿 24h，然后移入日光温室内继续培养，温室内温度控制在 25～30℃，2 周后调查记载发病情况。

筛选具有复合抗性（抗芜菁花叶病毒兼抗黑腐病）的材料时，可在同一植株上进行鉴定，即 1～2 叶时接种芜菁花叶病毒，20d 后调查植株病情，此时苗龄已到 6～7 叶，再接种黑腐病，接种叶为第 5 片或第 6 片，具体做法与单独接种基本相同。通过上述鉴定方法，在"六五"至"七五"期间，全国甘蓝攻关协作组共筛选出一批抗芜菁花叶病毒或黑腐病以及兼抗两种病害的抗源材料。中国农业科学院蔬菜花卉研究所选育出的 20 - 2 - 5 - 2、8020 - 2、23202 - 1、8364 等 4 份材料在攻关组的联合统一鉴定中，以及在北京、哈尔滨、陕西、重庆等地试验，对 4 份毒原均表现为抗或高抗。

（3）根肿病抗性苗期人工接种鉴定　根肿病抗源筛选主要采取室内人工接种鉴定和田间自然鉴定两种方法。室内人工接种鉴定主要包括蘸根法、注射法、菌土法和伤根灌菌法等，具体可根据实际情况采用合适的方法。菌土法是将发病的肿根磨碎并与无菌土混合，将 10g 病土放入装有无菌珍珠岩的营养钵中心部位，催芽后的种子播种在病土内，于 18～25℃ 的温室中培养，接种根肿菌后 50d 调查发病情况。注射法是在温室中培育幼苗至 2 叶 1 心，用小刀在幼苗根部进行划伤处理，用移液器在伤口处注射 2mL 制备好的休眠孢子液，接种后幼苗置于 18～25℃ 的温室中培养。50d 后，拔出幼苗，将根部用清水冲洗干净调查发病情况。

（4）枯萎病抗性苗期人工接种鉴定　一般采用浸根法进行接种鉴定。将甘蓝种子消毒后在生长箱内催芽，培育甘蓝幼苗至 2 叶 1 心，将幼苗拔出，适度伤根后将根系浸入孢子悬液中（对照株浸入灭菌的蒸馏水中）15min。然后将植株栽到装有灭菌土（蛭石∶草炭∶土壤＝1∶1∶2）的培养钵里，置于白天 27～29℃、夜间 23～25℃ 的温室里培养。8～10d 后调查发病情况。

3. 优质种质资源的鉴定　为了筛选出品质优良的原始材料，结球甘蓝育种攻关协作组初步提出了品质鉴定方法和标准。要点如下：

（1）取样时间及数量　取样在品种适收时进行，每项鉴定内容不少于 5 个叶球。

（2）鉴定内容和方法

①叶球外观。叶球的色泽、球形等是否符合当地消费者的习惯要求。

②帮叶比。指中肋（帮）占全叶鲜重的百分率，要求新品种帮叶比不得高于 30%。

③紧实度。一般用公式 $W/\left(\frac{\pi}{6}HD^2\right)$ 计算，W 为叶球重量（g），H 为球高（cm），D 为叶球横径（cm）。不规则球形以容量法计算。一般要求叶球紧实度达 0.5 以上。

④纤维素含量。用酸洗法测定，要求占鲜重的 0.8% 左右。

⑤食用品质。将测定材料的叶球各层球叶切细后均匀混合，在生食和热食（煮沸 1min）两种情况下，鉴定质地和风味两项，其中质地分为脆嫩、柔软、粗硬 3 等，风味

分为甜、淡、有异味 3 等。

⑥中心柱长。叶球基部到中心柱顶端的长度。要求中心柱长度不超过叶球高度的 1/2 或低于对照品种的 10%～15%。

（3）鉴评人员及评分方法　参加鉴评人员 5～7 人，分项评价。各项在总分中的比例（权重）是：全项品质标准为 100 分，其中叶球外观占 10%，帮叶比、紧实度、中心柱长各占 15%，质地、风味各占 20%，纤维素含量占 5%。也可根据各地育种目标适当调整权重值。

4. 耐未熟抽薹种质资源的鉴定　选用甘蓝七叶一心、茎粗 0.7cm 及以上的幼苗，在有光条件下，4℃低温处理 45d，每处理 20～30 株，设 3 次重复。处理后于春季定植露地，于收获前 1d 调查抽薹率（表 3-2）。

表 3-2　耐抽薹性的分级标准

（刘玉梅等，2022）

抽薹率	≥80%	50%～80% （不含 80%）	30%～50% （不含 50%）	10%～30% （不含 30%）	<10%
级　别	极弱	弱	中等	强	极强

5. 抗寒种质资源的鉴定　通过苗期鉴定进行甘蓝种质耐寒性的评价（李锡香等，2007）。在冬季寒冷的地区，于晚秋或初冬在大棚内用营养钵播种育苗，正常管理培育 4～5 叶幼苗，每份种质设 3 次重复，每重复不少于 20 株。通过揭盖薄膜和草帘，让经过自然逐步降温锻炼的幼苗经历一段最低温度为零下 5℃的自然温度处理。当耐寒种质开始表现萎蔫、但尚能恢复正常时，恢复正常管理。设耐寒性强、中、弱 3 个品种为对照品种。

恢复正常管理 7d 后调查植株的受害情况，寒害级别根据植株的恢复和死亡状况分为 5 级。

级别　寒害症状

0　植株生长正常，无寒害症状；

1　1～2 片叶萎蔫，且 50%以上的萎蔫叶基本能恢复正常；

3　3～4 片叶萎蔫，且 25%以上的萎蔫叶基本能恢复正常，叶片上部或叶缘呈水浸状；

5　全部叶片萎蔫，水浸状叶缘或叶片上部枯萎；

7　整株萎蔫死亡。

根据寒害级别计算寒害指数，公式为：

$$CI = \frac{\sum nx}{N \cdot 7} \times 100$$

式中：CI 为寒害指数；n 为各级寒害株数；x 为寒害级数；N 为调查总株数。

分级标准见表 3-3。

表 3-3　耐寒性的分级标准

（李锡香等，2007）

寒害指数	≥65.0	35.0～65.0 （不含 65.0）	<35.0
级　别	弱	中	强

6. 耐热种质资源鉴定　根据"九五"国家攻关组研究和制定的方法，将 7～8 片叶的待测试品种幼苗，在夏季或早秋定植于大棚，试验设 3 次重复，每重复不少于 20 株。定植后，通过放风维持棚温白天在 35℃ 以上，最高不超过 40℃，并于结球始期调查田间热害情况（干边级数、卷叶级数），计算干边指数和卷叶指数，再计算平均值。于收获期调查植株的结球性，计算结球率。

热害分级：

0 级：植株球叶未发生干边或卷叶；

3 级：植株球叶干边或卷叶率≤10%；

5 级：10%＜植株球叶干边或卷叶率≤30%；

7 级：30%＜植株球叶干边或卷叶率≤60%；

9 级：植株球叶干边或卷叶率＞60%。

$$HI = \frac{\sum nx}{N \cdot 9} \times 100$$

式中：HI 为热害（干边或卷叶）指数；n 为各级热害株数；x 为热害级数；N 为调查总株数。

分级标准见表 3-4。

表 3-4　耐热性的分级标准

（李锡香等，2007）

耐热指数或结球率	耐热指数		
	耐热指数≥65.0 或结球率＜60%	35.0～65.0 （不含 65.0） 或结球率 60%～80% （不含 80%）	耐热指数＜35.0 或结球率≥80%
级　别	弱	中	强

7. 耐裂球种质资源鉴定　统计最佳收获期后叶球裂球比例达 15% 时的天数。分级标准见表 3-5。

表 3-5　耐裂球性的分级标准

（刘玉梅等，2022）

最佳收获期后达 15% 裂球率的天数	1d	2d	3d	4～7d （不含 7d）	≥7d
级　别	极易	易	中	不易	极不易

8. 雄性不育种质资源鉴定　目测，分别于开花始期、中期、末期在试验区进行调查，结合分子鉴定结果。具体描述如下：

（1）可育　雄蕊有花粉。

（2）细胞质不育　不育性完全由细胞质控制。当所有甘蓝品系给不育系授粉，均能保持不育性，在甘蓝中找不到相应的恢复系。

（3）显性核不育　不育性由显性核不育基因控制。其特征为系内杂合不育株与可育株杂交后代可分离出不育株与可育株各一半，纯合不育株与可育株杂交后代全部不育，其可育株自交后代全部可育。

（4）隐性核不育　不育性由隐性不育基因控制。其特征为系内不育株与杂合可育株杂交后代可分离出不育株与可育株各一半，其杂合可育株自交后代分离，可育株与不育株比例 3∶1。

（5）其他　除上述几种不育类型以外的其他雄性不育类型。

9. 自交亲和种质资源鉴定　开花当日采用系内混合花粉进行花期授粉，严格进行套袋隔离，记录授粉花朵数，待种子收获后调查种子粒数，根据以下公式计算亲和指数（表 3－6）。

$$SI = n/N$$

式中：SI 为亲和指数；n 为结籽粒数；N 为授粉花朵数。

表 3－6　自交亲和性的分级标准

（刘玉梅等，2022）

亲和指数	<1	1～3 （不含 3）	3～7 （不含 7）	≥7
级　别	不亲和	弱亲和	中亲和	强亲和

（二）种质资源的创新与利用

甘蓝种质资源是甘蓝育种的重要基础。20 世纪 50 年代以来，我国已经收集和保存了大量的国内结球甘蓝地方品种，与此同时，还从国外引进了很多结球甘蓝资源材料。这些资源在我国的结球甘蓝育种中已发挥了重大作用，使我国的甘蓝育种工作迈上了一个又一个台阶。但我国结球甘蓝的遗传育种基础比较狭窄，缺少耐热、抗多种病害、耐盐碱的特异种质资源（刘玉梅等，1997）。随着甘蓝产业的不断发展，对甘蓝育种提出了越来越高的目标，尤其是进入 21 世纪，我国甘蓝的遗传育种目标更注重品质和抗逆及品种多样化，这就给甘蓝种质资源提出了更新和更高的要求，在充分利用现有种质资源的基础上，还需要挖掘和创制新的种质材料。因此，通过多种途径拓宽结球甘蓝的遗传背景，扩大其种质资源显得十分重要。目前，除了常规育种手段外，细胞工程、基因工程及诱变育种、分子标记等技术也已逐渐成为结球甘蓝种质创新的重要手段。

1. 常规育种技术创制甘蓝种质资源

（1）自交不亲和系材料的创制与利用　通过连续自交、分离、定向选育的方法从我国地方品种和国外引进的杂交种中选优的自交系和自交不亲和系是长期以来采用的有效方法。我国于 20 世纪 60 年代开始对自交不亲和系进行选育和利用，已培育出了一系列优良的自交系和自交不亲和系，并广泛应用于配制杂交一代新品种。

在国内，早在 20 世纪 60 年代初，中国农业科学院江苏分院、上海农业科学院园艺研究所分别在晨光大平头、黑叶小平头等甘蓝品种中进行自交不亲和性状选育，并初步获得103、105、60 天早椰菜、北杨、郊赛等优良的自交不亲和材料。其中，103、105 是从上海地方品种黑叶小平头中选育成的自交不亲和系，叶球扁圆形，单球重 0.8kg，外叶近圆形，暗绿色，蜡粉多，叶柄较短。北杨是从上海地方品种北杨中平头中选育成的自交不亲和系，叶球扁圆形，单球重 1.17kg，较早熟，外叶短，抗寒性强。60 天早椰菜原产泰国，是由广东引进品种后经选育而成的自交不亲和系，叶球圆形，单球重 1.25kg，叶色黄绿，早熟，耐热。郊赛原产保加利亚，引进后经选育而成的自交不亲和系，叶球圆形，单球重 1.2kg，叶球紧实，抗性中等。利用这些自交不亲和系作亲本，先后育成了具有抗病、耐热、耐寒、高产、优质或早熟等特性的甘蓝新品种。

70 年代初开始，中国农业科学院蔬菜花卉研究所以及北京、陕西、江苏、上海、山西、重庆、吉林、内蒙古等省（自治区、直辖市）农业科学院和东北农业大学、西南农业大学等农业院校较系统地开展了甘蓝自交不亲和系选育和杂种优势利用研究，并取得突破性进展。

中国农业科学院蔬菜花卉研究所与北京市农林科学院蔬菜研究所合作，于 20 世纪 70 年代从北京当地的甘蓝品种和国内外引进的遗传资源中筛选出 10 余个优良自交不亲和系，利用从黑叶小平头中选育成的自交不亲和系 7221-3 和从黄苗中选育成的自交不亲和系 7224-5 做亲本，配制杂交组合，于 1973 年育成了我国第 1 个甘蓝杂交种京丰一号（方智远，1973），这标志着我国甘蓝杂种优势利用研究取得了突破性进展。随后用筛选出的 10 余个优良自交不亲和系作亲本，又配制出报春、双金、圆春、庆丰、秋丰、晚丰等 6 个早、中、晚熟配套的甘蓝一代杂种。这 7 个系列品种 1978—1984 年在我国 28 个省（自治区、直辖市）累计推广 414 万 hm²，累计增加经济效益 6.04 亿元。该项研究成果 1985 年获国家发明一等奖。其中京丰一号从育成推广至现今已有 50 年，每年种植面积仍在 7.5 万 hm² 左右。

20 世纪 80 年代以来，中国农业科学院蔬菜花卉研究所通过对收集和引进的国内外遗传资源材料的鉴定，在上千份农艺性状较好的遗传资源中进行了自交不亲和材料的筛选，先后选育出花期自交不亲和性稳定，蕾期自交结实好，经济性状优良并整齐一致，配合力强的优良自交不亲和系或自交亲和系 23202、84280-1-1-1、8282、01-20、79-156、86-397、87-534、91-276、96-100、96-109、99-198 等 30 余个，利用这些自交系或不亲和系成功育成了中甘 11、中甘 8 号、8398、中甘 21、中甘 25、中甘 28、中甘 628、中甘 828、中甘 56、中甘 1305 等 30 余个甘蓝一代杂种。例如，利用从秋甘蓝中筛选出高抗 TuMV 的优良自交不亲和系 23202 为母本，从日本引进的杂交种经多代自交分离选育成的自交不亲和系 8282 为父本，配制出高抗 TuMV 的早熟秋甘蓝一代杂种中甘 8 号；利用从春甘蓝中筛选出的早熟自交不亲和系 01-88、02-12、86-397、79-156 作亲本，配制出早熟、优质、丰产的春甘蓝一代杂种中甘 11 和 8398。这 3 个新的甘蓝一代杂种每年在生产上推广面积已达 3.75 万 hm² 以上，研究成果获国家科技进步二等奖。利用从早中熟春甘蓝地方品种金亩 84 中筛选出的早中熟自交不亲和系 05-73-4 和从早熟春甘蓝地方品种北京早熟中筛选出的早熟自交不亲和系 01-20 作亲本，配制出较早熟、优质、丰产的春甘蓝一代杂种中甘 15，已在我国华北、西北、西南部分地区大面积推广种植。利用从秋甘蓝中筛选出高抗 TuMV 的优良自交不亲和系 23202 为母本，从日本引进的杂交种经多代自交分离选育成的自交不亲和系 84280-1-1-1 为父本，育成早熟秋甘蓝一代杂种中甘 9 号。该品种高抗 TuMV 兼抗黑腐病，叶球扁圆，中熟，优质、丰产，较耐贮藏，定植到收获约 85d，一般产量每公顷可达 82 500～90 000kg（刘玉梅等，1996）。

江苏省农业科学院蔬菜研究所、上海农业科学院园艺研究所、陕西省农业科学院蔬菜研究所、西南农业大学园艺系、东北农业大学园艺系、山西省农业科学院蔬菜研究所等20余家科研和教学单位也在结球甘蓝自交不亲和系选育方面做了大量工作，育成一批优良的自交不亲和系，并先后选育出一批适于不同地区、不同季节种植的甘蓝一代杂种。例如，上海市农业科学院园艺研究所利用从当地地方品种黑叶小平头、北杨中平头、鸡心甘蓝及泰国引进的60天早椰菜、保加利亚引进的郊赛等遗传资源中筛选出的自交不亲和系作亲本，育成抗热性好的夏光、早夏-16（任云英等，2003），抗寒性好的寒光1号、寒光2号，耐先期抽薹性强的争春等甘蓝品种。其中，夏光甘蓝曾在我国12个省份作为夏甘蓝广泛种植。江苏省农业科学院蔬菜研究所利用从地方品种黑叶小平头、金早生、鸡心及从日本、美国引进的部分资源中筛选出的优良自交不亲和系作亲本，育成耐先期抽薹性强的春丰、春蕾、争春、春丰007、探春、春秋婷美等及育成耐热性较好的苏甘8号等甘蓝品种，已在生产上推广种植，其中春丰、春丰007、探春、春秋婷美等在我国长江流域作为越冬春甘蓝广泛种植。唐祖君等（2005）从黄苗中选育出生长势强、结球好、较抗病、叶色深绿、平头、结球紧实、单球重2.5kg左右、口感好、品质优的自交不亲和系53号（897-5-4-1），以该自交不亲和系作母本与从日本品种中选育出来的自交系94-3-2-6-1-1配制了一代杂种甘杂6号，2005年通过四川省农作物品种审定委员会审定。沈素娥等（1998）为了选育适合贵州省栽培的冬性强的春甘蓝一代种，利用强冬性地方甘蓝品种小青秆及日本材料丰田新1号，选育出亲和指数在1以下的强冬性自交不亲和系青早1881、青早1882及丰田211，并配制了冬性强的正反交组合"青早1882×丰田211"及"丰田211×青早1882"，该组合具有冬性强、结球紧实、叶球淡绿色、叶肉厚、品质佳等特性，产量与对照京丰一号相当，适合作春甘蓝栽培。西南农业大学园艺系育成的甘蓝一代杂种西园2号、西园3号、西园4号、西园6号、西园7号、西园8号，陕西省农业科学院蔬菜研究所育成的秦菜1号、秦菜2号、秦甘3号、秦甘50、秦甘60、绿球66、秦甘70、秦甘80、秦菜13、秋绿98，东北农业大学园艺系育成的东农605、东农606、东农607、东农609、东甘60均是用优良的自交不亲系配制而成。山西省农业科学院蔬菜研究所武永慧等（1996）从早熟结球甘蓝中甘11中选育出了在育种上可利用的、有代表性的3个早熟且优良的自交不亲和株系，分别为9106、9108-2-9和9110-1-1，并先后育成了理想1号、晋早2号、秋锦、惠丰1号、惠丰3号、惠丰4号等品种。浙江省农业科学院园艺研究所殷玉华等（1982）通过5年的连续自交选出3个优良的自交不亲和系杭州平头5-5-1、杭州平头6-6-3、早秋7-2-6。其中，杭州平头5-5-1早熟，抗霜霉病；杭州平头6-6-3和早秋7-2-6分别为早熟和早中熟，它们的结球性均好，并成功育成了浙丰1号。此外，内蒙古自治区农业科学院蔬菜研究所育成的内配1号、内配2号和内配3号，青岛市农业科学研究所育成的鲁甘1号和鲁甘2号，吉林省蔬菜花卉研究所育成的吉春、夏甘蓝1号等结球甘蓝一代杂种，都是利用从当地的地方品种或国内外引进的遗传资源中筛选出的优良自交不亲和系作亲本配制而成的。

近年来，国内从事甘蓝遗传育种的相关单位，通过自交、回交结合苗期鉴定筛选等方法创制出一批优良的甘蓝种质资源。江苏省农业科学院蔬菜研究所对88份甘蓝材料进行苗期和成株期根肿病的抗性鉴定，筛选出1份高抗根肿菌ECD17/31/13生理小种的圆球甘蓝材料 CR21，7 份抗病材料（王神云等，2016）。中国农业科学院蔬菜花卉研究所对102 份不同类型的甘蓝材料进行根肿病的抗性鉴定，筛选出 4 份高抗根肿菌 4 号小种的材料，其中 Kunminggan 和 Zhenxiong 来自云南的地方品种，病情指数为 12.50±7.21 和15.21±8.12；225 和 Zhouyebai 为结球甘蓝自交系，病情指数为 16.67±5.95 和 19.95±3.96（Ning 等，2018）。F8-514 是中国农业科学院蔬菜花卉研究所创制的抗根肿病材料，该材料是利用 Ogura CMS 恢复材料与抗根肿病不育甘蓝材料 2161 杂交及回交后获得（Ren 等，2020）。中国农业科学院蔬菜花卉研究所建立了稳定的甘蓝耐裂球评价方法，并从 74 份材料中筛选出极耐裂球材料，包括春甘蓝自交系 D4-D6、25-29，秋甘蓝自交系A7、H24、H29 和 H30（苏彦宾，2015）。

华中农业大学蔬菜改良中心筛选出的耐热结球甘蓝材料 WG-11F-2-1-2-4，该材料球色绿，结球紧实，耐热性好（侯晟灿，2014）。江苏省农业科学院蔬菜研究所从国外的扁圆球越冬甘蓝种质资源中筛选纯化出甘蓝耐热自交系 Y7-2-4，该材料在高温条件下结球正常，露地越冬抽薹率很低，叶球扁圆，中心柱较短，熟性较晚，品质好（王神云等，2018）。江苏省农业科学院蔬菜研究所利用光合生理指标鉴定的方法，从 79 份甘蓝材料中筛选出光合能力强、耐低温弱光的材料 S2 和 S3，适合在冬春低温弱光设施条件下栽培（李建斌等，2015）。山西省农业科学院蔬菜研究所利用引进百惠等国外甘蓝品种创新耐贮运性好的种质资源，通过多次单株选择与连续自交的方法，经过 5 代的选育，选出了 0206-3-9-2 等 5 个耐贮运性好、性状基本稳定的自交不亲和性好的株系（刘彩虹等，2011）。以上优良自交系的创制，为进一步提高甘蓝育种水平提供了丰富的育种材料。

由于自交不亲和系在甘蓝杂种优势中得到广泛应用，因此到 20 世纪 80 年代中期，甘蓝一代杂种种植面积已占我国甘蓝总栽培面积的 95% 以上。另外，1980—1990 年，通过国家及各省（自治区、直辖市）审（认）定的 52 个甘蓝品种中，有 36 个为一代杂种，占审定品种的 69.2%；1991—2001 年通过审（认）定的甘蓝品种 51 个，其中一代杂种有 49 个，占 96.1%；2002—2007 年通过国家鉴定的甘蓝品种 20 个，全部为一代杂种。

（2）雄性不育种质资源的创制与利用　甘蓝因其杂种优势明显，生产上使用的优良品种几乎全为一代杂种。杂种一代的生产可采用自交不亲和系和雄性不育系两种途径。但利用自交不亲和系生产一代杂种存在一定的缺陷，如杂交率达不到 100%、亲本靠人工蕾期自交繁殖成本高，以及长期自交生活力易发生退化等，而利用雄性不育系生产一代杂种则可以解决上述问题。因此，育种工作者对结球甘蓝雄性不育种质资源的发掘、创制及回交转育与利用进行了大量的研究。

1）结球甘蓝雄性不育资源类型

①细胞核雄性不育资源。细胞核雄性不育类型在植物中普遍存在，其不育性受细胞核基因控制。根据不育基因与可育基因之间的显隐性关系，又可分为隐性核不育和显性核不育。细胞核雄性不育株主要来源于自然突变。据报道，到目前为止，在结球甘蓝中发现多份核不育资源材料。其中，显性核不育突变为我国自主发现的特有的类型，并已成功地应用于甘蓝杂种优势利用（方智远等，1997）。

单基因隐性核不育资源：由1对隐性基因控制的核不育材料，其基因型是 $msms$，可育株基因型是 $MSms$ 或 $MSMS$。这两类基因型的可育株均是它的恢复系，但隐性核不育找不到典型的保持系，它只能从 F_1 代杂合可育株（$MSms$）的自交后代中获得1/4的不育株，或让 F_1 代杂合可育株与不育株回交，从后代中获得近1/2的不育株（$msms$）。通过回交筛选，获得的不育株率稳定在50%左右的雄性不育"两用系"，又称为甲型两用系。方智远等（1983）从黑叶小平头甘蓝自然群体中发现了由隐性单基因控制的雄性不育材料83121ms，其不育株在低温下叶色正常，不育花朵小但能正常开放，雄蕊退化无花粉，雌蕊正常，蜜腺发达，花蜜多，授粉后结实性良好，种荚正常，但由于其测交后代不育株率最多只能达到50%左右，如用该材料配制杂交种，必须拔去50%的可育株，费工费时，故实际应用困难（方智远等，2001）。另一份隐性核不育资源78091是1980年由荷兰引进，该材料为极晚熟、半结球类型甘蓝，花小，颜色浅黄，花朵呈半开放状态，低温条件下不育株生长正常，叶色不黄化。不育花雄蕊退化无花粉，雌蕊正常，人工授粉后结实中等，不育材料的测交后代中，不育株率保持在33.7%～60%，因此，该材料在甘蓝实际制种中很难利用。镜检发现在减数分裂阶段，不育突变体无法形成正常的四分体和小孢子，花药室异常，充满胼胝质。遗传分析发现该不育性由隐性单基因控制。通过精细定位将候选基因 $ms3$ 定位在C01染色体187.5kb区间范围内（Han et al.，2018）。

单基因显性核不育资源：单基因控制的显性核不育通常是单基因突变的产物，由于显性单基因突变频率极低，所以这种材料很难发现，该种核不育材料既找不到完全的恢复系，也找不到完全的保持系。不育株基因型为 $MSms$ 和 $MSMS$，不育株基因型 $MSMS$ 理论上存在，但一般情况下实际上没有办法获得。可育株基因型为 $msms$，可育株与不育株交配，后代不育株与可育株1∶1分离。因此，测交筛选，也只能获得不育株率在50%左右的雄性不育"两用系"，又称为乙型两用系。方智远等1979年从甘蓝原始材料79-399的自然群体中获得雄性不育株79-399-3，该材料的不育株经济性状良好，叶色正常，低温下不黄化，不育花朵正常开放，雄蕊退化，雌蕊完全正常，蜜腺发达，花蜜多，结实正常，具有很好的配合力。并通过对不育材料79-399-3从遗传学、细胞学、分子生物学及不育系的选育和利用等方面进行了系统的研究。通过研究已明确该材料控制不育性的主效基因为1对显性核基因，在一定基因背景与环境条件下表现为温度敏感，表明有修饰基因起作用（方智远等，1993）。该显性雄性不育材料的一部分雄性不育株存在着环境敏感性，即在一定的遗传背景和环境条件下，有些不育植株可出现有生活力的微量花粉，这种微量花粉不育植株的自交后代中，可分离出不育基因纯合的显性雄性不育株。目前已鉴定筛选出70多个显性不育纯合株和10余个配合力好、不育株率和不育度均达到100%的优良显性不育系，已用于配制杂交种。

②细胞质雄性不育资源。在自然界自发突变的细胞质雄性不育资源并不多见。细胞质雄性不育（CMS）一般认为是由细胞核不育基因与细胞质不育基因互作，共同控制的遗传性状。即只有核不育基因和细胞质不育基因共同存在时，才能引起雄性不育。这种类型的不育性既能筛选到保持系，又能找到恢复系，可以实现"三系"配套。自十字花科植物第1个细胞质雄性不育源Ogu CMS被Ogura（Ogura，1968）在萝卜中发现以来，国内

外在十字花科作物中发现和培育出多种不同来源的细胞质不育类型（刘玉梅等，2001），而研究最多、利用最广泛的是 Ogu CMS（萝卜细胞质雄性不育）和 Pol CMS（波里马细胞质雄性不育）。自 20 世纪 70 年代以来，在结球甘蓝上，我国主要是以从国外引进细胞质甘蓝不育资源为主，引进的甘蓝雄性不育材料主要是 Ogu CMS。中国农业科学院蔬菜花卉研究所甘蓝课题组先后 3 次引进了不同来源的 Ogu CMS，即萝卜胞质甘蓝不育材料 CMS R_1、改良萝卜胞质甘蓝不育材料 CMS R_2、改良萝卜胞质甘蓝不育材料 CMS R_3（方智远等，2004）。

Ogu CMS 是 Ogura 于 1968 年在日本萝卜繁种田发现的。经大量试验证明，其不育性由细胞质基因和 2 对隐性细胞核基因共同控制，雄性败育彻底，不育度及不育株率均为 100%，不育性十分稳定，不受环境条件影响。将此不育源首次向结球甘蓝等十字花科芸薹属蔬菜上转育时，由于遗传上的远缘效应，细胞质遗传物质和细胞核遗传物质之间存在着不协调，导致转育后代存在低温叶片黄花、蜜腺少、部分雌蕊不正常等缺陷（Bannerot，1977）。其中，叶片黄化现象严重妨碍了光合作用，使植株生长缓慢，成熟期推迟，产量降低；蜜腺退化，雌蕊不正常，自然状态下授粉结实率低。该材料在甘蓝实际制种中未能利用。

萝卜胞质甘蓝不育材料 CMS R_1：中国农业科学院蔬菜花卉研究所 1978 年由美国威斯康星大学引进 3 份萝卜胞质甘蓝不育材料 CMS $R_1$409、CMS $R_1$411 和 CMS $R_1$413。其中 CMS $R_1$409 为早熟圆球类型，其余 2 份为晚熟平头类型。这 3 份材料的不育性十分稳定，而且所有甘蓝材料都可以是它们的保持系。但是，它们的植株叶色特别是心叶在低温条件下严重黄化，蜜腺不发达，雌蕊不正常，影响生长速度和正常结实。该材料在甘蓝实际制种中利用也很困难。

改良萝卜胞质甘蓝不育材料 CMS R_2：美国、法国等国外学者通过原生质体融合的方法，获得了苗期低温不黄化的改良 Oug CMS。中国农业科学院蔬菜花卉研究所 1994 年由美国康奈尔大学引进改良萝卜胞质甘蓝不育材料 CMS $R_2$9511 和 CMS $R_2$9556。CMS $R_2$9511 和 CMS $R_2$9556 均为晚熟类型，经济性状不整齐，但不育性非常稳定，且所有甘蓝材料都是其保持系。这 2 份不育材料与 1978 年的引进的 3 份萝卜胞质不育材料相比，最大的改进是在低温条件下植株叶色不黄化，但开花结实尚存在不少问题。多数花朵是半开放状态，不少花朵雌蕊不正常，蜜腺不发达，相当一部分荚果畸形。

改良的萝卜胞质不育材料 CMS R_3：中国农业科学院蔬菜花卉研究所 1998 年由美国引进的改良的萝卜胞质不育材料，其中，CMS $R_3$625 为早熟圆球，CMS $R_3$629 为晚熟甘蓝。这 2 份材料的不育性也都很稳定，且所有甘蓝材料都能保持其不育性。与 1994 年引进的 2 份萝卜胞质不育材料相比，突出的优点除低温下叶色不黄化外，大多数不育花能正常开放，雌蕊几乎全部正常，2 份材料开花前期死花蕾约在 20%，开花后期，死蕾逐渐减轻，经济性状及配合力较好，该材料具有较好的应用前景。在以其作母本试配的杂交组合中，有些组合在秋季表现早熟、抗病，但整齐度欠佳，表明该不育材料需要经一步回交转育。目前，中国农业科学院蔬菜花卉研究所甘蓝青花菜课题组利用该不育源与 100 多个优良甘蓝自交系进行了回交转育，获得了 60 多个优良的不育系，已用于配制杂交种，部分品种在生产中大面积推广应用。此外，利用该不育源与 100 多个优良青花菜、芥蓝、苤蓝自交系进行了回交转育，获得了 50 多个优良的不育系，已用于配制不同类型杂交种，部分品种在生产中推广应用。

目前研究的甘蓝雄性不育材料主要有 6 种来源，它们的主要特性见表 3-7。

表 3-7 几种甘蓝雄性不育材料的来源及主要特性

雄性不育材料	来源	国内研究单位	不育株率（％）	不育株的不育度（％）	植株生长状况及低温下叶色	开花结实性状	配合力
隐性核基因甘蓝不育材料 83121ms	1983 年从小平头甘蓝中发现	中国农业科学院蔬菜花卉研究所	50	100	生长正常，低温下心叶不黄化	正常	较好
隐性单基因甘蓝不育材料 78091	1980 年由荷兰引进	中国农业科学院蔬菜花卉研究所、江苏农业科学院蔬菜研究所	50	100	生长正常，低温下心叶不黄化	不正常，花朵只能半开放	较好
萝卜胞质甘蓝不育材料 CMS R₁	1980 年前后由美国引进	中国农业科学院蔬菜花卉研究所、北京市农村科学院、江苏省农业科学院、上海市农业科学院、西南农业大学等	100	100	生长势弱，低温下心叶黄化	不正常，蜜腺退化种荚畸形	不强
改良萝卜胞质甘蓝不育材料 CMS R₂	1994 年前后由美国引进	中国农业科学院蔬菜花卉研究所、上海市农业科学院、陕西省农业科学院、天津市农业科学院	100	100	生长势较弱，但低温下叶不黄化	生长势较弱，种荚部分畸形	不强
改良萝卜胞质甘蓝不育材料 CMS R₃	1998 年由美国引进	中国农业科学院蔬菜花卉研究所、上海市农业科学院园艺研究所	100	100	生长正常，叶不黄化	结实较正常，20％左右花朵半开放	好
显性核基因甘蓝不育材料 DGMS79-399-3	1979 年在 79-399 甘蓝中发现	中国农业科学院蔬菜花卉研究所	100	100	生长正常，叶不黄化	正常	好

2）结球甘蓝雄性不育系的选育及利用 由表 3-7 可以看出，隐性雄性不育材料如 83121ms，由于其测交后代不育株率最多达到 50％左右，若用该材料配制杂交种，则必须拔除 50％的可育株，费工费时，故实际应用困难。隐性单基因结球甘蓝雄性不育材料 78091，虽然不育株生长正常，低温条件下叶色也正常，但不育花雄蕊退化无花粉，雌蕊

正常，人工授粉后结实中等，且多数不育花呈半开放状态，蜜腺小或无，影响昆虫授粉及自由授粉情况下的结实。不育材料的测交后代中，不育株率保持在 33.7%～60.0%。因此，该材料在甘蓝实际制种中利用也有困难（方智远等，2001）。因此，目前在甘蓝中广泛应用的主要有两种来源的不育材料，一是来源于 79 - 399 - 3 甘蓝的显性核基因雄性不育材料，二是来源 Ogu CMS 经改良的萝卜甘蓝细胞质雄性不育材料 CMS R$_3$（方智远等，2004）。

①细胞核雄性不育系的创制及利用。中国农业科学院蔬菜花卉研究所在结球甘蓝自然群体 79 - 399 中首次发现甘蓝显性核基因雄性不育源 DGMS79 - 399 - 3，并已在 2001 年获得国家发明专利。这一优异显性雄性不育源的发现和应用，使甘蓝一代杂种育种技术获得了重大突破，为甘蓝一代杂种选育与制种开辟了一条新途径。

中国农业科学院蔬菜花卉研究所以 79 - 399 - 3 为不育源，用 100 余个不同类型甘蓝自交系作父本进行转育，在回交后代中鉴定出纯合显性不育株 70 余个。通过对这些纯合显性不育株配制的显性雄性不育系的不育性、经济性状、配合力等方面进行全面考察，先后育成 DGMS 01 - 216、DGMS 01 - 425、DGMS 8180、DGMS 02 - 6 及 DGMS 23202 等 10 余个可实际应用的优良显性雄性不育系，其不育株率达 100%，不育度达 99% 以上，开花结实正常、经济性状优良、配合力好，已用于配制不同类型的杂交组合（方智远等，1997）。利用甘蓝显性雄性不育系与优良的自交系杂交，育成了中甘 16、中甘 17、中甘 18、中甘 19、中甘 21、中甘 24、中甘 25 等 10 余个优良甘蓝新品种，前 4 个已通过国家审定，中甘 21 于 2005 年获国家植物新品种权（方智远等，2004），中甘 24、中甘 25 于 2007 年通过国家农作物新品种鉴定委员会鉴定。其中中甘 17、中甘 19、中甘 21 等已在生产上大面积推广种植，年推广面积达 1.5 万 hm^2 以上。逐渐建立的一整套利用甘蓝显性雄性不育系配制杂交种的新方法，申报了国家发明专利，并获得了与该不育基因连锁的 EAPRD、SCAR、RFLP、SSR、AFLP 等分子标记。1997—2001 年利用显性雄性不育系配制甘蓝杂交种的试验采种获得成功，2005—2023 利用甘蓝显性雄性不育系大面积生产甘蓝杂交种获得成功。

②细胞质雄性不育系的创制及利用。来源于 Ogu CMS 的甘蓝细胞质雄性不育系，不育性十分稳定，不受环境条件影响，全部甘蓝自交系都是保持系。多年来一直受到芸薹属育种工作者的青睐，为了克服它的缺陷，国内外不少学者对此不育源进行了广泛的研究。中国农业科学院蔬菜花卉研究所甘蓝课题组 1998 年从美国引进了改良萝卜胞质甘蓝不育系 CMS R$_3$，已用多个不同类型的甘蓝自交系与其进行回交转育，回交后代在低温下叶色不黄化，大多数开花正常，雌蕊正常，但存在个别植株死蕾现象，具有较好的应用前景（方智远等，2001）。该课题组以改良萝卜胞质甘蓝不育系 CMS R$_3$ 为不育源，通过多代回交转育育成优良胞质不育系 60 余个，其中不育系 CMS R$_3$ 7014，不育性稳定，具有优良的经济性状，与自交系 8180 配制育成秋甘蓝新品种中甘 22，在秋季种植表现早熟、优质、抗病、丰产，生长势及产量与用保持系（回交父本）配制的杂交组合基本一致（方智远等，2004）。该品种 2007 年分别通过国家农作物新品种鉴定委员会鉴定和山西省审定。近年先后育成 CMS 87 - 534、CMS 96 - 100、CMS 96 - 109、CMS 99 - 198、CMS 01 - 20 等 10 余份优良细胞质不育系，成功育成中甘 26、中甘 27、中甘 628、中甘 828、中甘

1305 等优良新品种，已在生产中大面积推广种植。上海市农业科学院蔬菜研究所朱玉英等（1998）利用改良的 Ogura 不育源，对上海地区不同类型的甘蓝材料进行转育，获得了两个 Ogura 细胞质甘蓝雄性不育系 94BC - 15、94BC - 12。这 2 个不育系的不育性稳定，克服了不育源存在的蜜腺退化及雌蕊畸形造成结实不良的生理缺陷，并基本克服了苗期低温黄化现象，具有利用价值。利用不育系 94BC - 15 与亲本 92 - B6 杂交育成了杂种一代沪甘 1 号，该杂种一代具有生长势强、耐热性好、抗霜霉病和 TuMV、综合园艺性状优良等特点，产量比 夏光甘蓝增产 10％左右。

黄裕蜀等（1998）通过萝卜细胞质不育材料转育而得到甘蓝雄性不育系大 800382 和二 800382，这两个雄性不育系均表现全不育，植株性状与正常植株无明显差异，在甘蓝育种和生产上具有广阔的前景。张恩慧等（2006）通过转育获得在低温条件下生长正常、性状稳定、配合力高的萝卜细胞质甘蓝雄性不育系 CMS 03 - 12 - 58963，以此为母本，与父本自交系 MP01 - 68 - 53192 杂交，配制成一代杂种甘蓝新品种绿球 66，表现为中早熟、抗病、优质高产。此外，戴忠良等（2006）利用品比试验中发现的青花菜雄性不育单株为不育源，与近圆球形甘蓝自交系进行回交转育，育成了综合性状优良，配合力强、不育株率和不育度均达 100％的甘蓝细胞质雄性不育系 546A 及相应的保持系，并利用该不育系试配了几个杂种优势明显的结球甘蓝杂交组合。

用 Ogura CMS 甘蓝雄性不育系生产一代杂种种子杂交率高，成本较低，已在繁殖甘蓝一代杂种中广泛得到应用。

2. 通过生物技术创制甘蓝种质资源及利用 细胞工程、基因工程及分子标记等现代生物技术及诱变育种与传统育种技术相结合，对创造出更多优异的种质资源，培育出更具优良性状的结球甘蓝新品种发挥了重要作用。

（1）小孢子培养技术创制甘蓝种质资源 通过小孢子培养获得的 DH 系是理想的纯系，隐性基因也得以表达，丰富了种质资源。因此，小孢子培养是种质资源创新的途径之一。20 世纪 90 年代以来，中国农业科学院蔬菜花卉研究所、河南省农业科学院生物技术研究所、西北农林科技大学园艺学院、北京市农林科学院蔬菜研究中心等单位，通过游离小孢子培养获得了一批甘蓝 DH 纯系，部分优良 DH 纯系已用于配制甘蓝杂交组合。如河南省农业科学院生物技术研究所通过游离小孢子培养，分别从开封小牛心（地方品种）和中甘 11（杂交种）中获得了 DH 纯系 C95 - 16 和 C57 - 11，利用获得的 C95 - 16 和 C57 - 11 配制育成早熟春甘蓝新品种豫生 1 号（张晓伟等，2001）。中国农业科学院蔬菜花卉研究所先后对来自国内外的 30 多个不同基因型的甘蓝一代杂种通过进行游离小孢子培养，已在 20 多份基因型材料中共获得了近 2 000 株再生植株，其中 DH 群体大于 150 个基因型的有 5 个，有 10 余份主要经济性状优良的 DH 系（DH277、DH278、DH279、DH280等）已初步用于试配杂交组合（杨丽梅等，2003），其中配制出的杂交组合"DH277×根280""DH277×284""DH280×根280"等经田间鉴定，表现优良。中国农业科学院蔬菜花卉研究所利用甘蓝小孢子培养技术获得了 D134 等 4 份优良的抗枯萎病甘蓝 DH 系（吕红豪，2014）。西北农林科技大学园艺学院利用转育的 Ogu CMS 甘蓝细胞质雄性不育系与创制的 DH 系配制组合：XF05CMS×DH09 - 21 - 3 和 YZ34CMS451×DH10 - 2 - 3，育成中早熟甘蓝品种秦甘 68、秦甘 62，于 2015 年 3 月和 12 月通过了全国蔬菜品种鉴定

委员会鉴定（张恩慧，2015）；利用 DH 系转育的 Ogu CMS 甘蓝细胞质雄性不育系和 DH
系配制组合：CMS451－MP01－8×DH11－34 和 DH09－MP01－78CMS×DH10－2－3，
育成中熟、中晚熟甘蓝品种富绿、富尔，于 2017 年 4 月通过了陕西省农作物品种鉴定委
员会登记（张恩慧，2017）。

（2）利用远缘杂交和原生质体培养技术创制甘蓝种质资源　远缘种属之间由于遗传或
生理障碍的存在，很难杂交成功，但通过原生质体培养和体细胞融合技术，可克服生殖障
碍，实现遗传物质之间的交流。

结球甘蓝原生质体培养自 20 世纪 80 年代初期由 Lu 等（1982）以基因型 *Greyhound*
的子叶为材料，对游离原生质体进行培养首次获得成功以来，至今已取得了较大的进展。
已相继以 Market prize 和报春的真叶（Bindney et al.，1983；傅幼英等，1985），Ladi、
Ladi × Golden 和 N101 的根（Lillo et al.，1986），秦菜 3 号的子叶（孙振久，1993），
N101 和小鸡心的下胚轴（Lillo et al.，1986；钟仲贤等，1994）等外植体为材料，进行
游离原生质体培养并获得了再生植株，为甘蓝在原生质体水平上的遗传转化及种质资源创
制打下了基础。Sigareva 等（1997）通过可育的结球甘蓝的叶片细胞质与青花菜耐低温的
细胞质雄性不育系的叶片细胞质进行融合，获得了耐低温结球甘蓝细胞质雄性不育材料。

随着甘蓝原生质体培养及植株再生技术的突破，原生质体融合也取得了较大进展。自
从 Schenck 等（1982）首次利用原生质体融合获得 Early spring、Savoy king、Stone head
等结球甘蓝与 Tendergreen 等白菜体细胞杂种后，各国相关学者对这一技术进行了深入的
研究。日本学者 Taguchi（1986）等获得了结球甘蓝与白菜叶肉原生质体融合的再生植
株；雷开荣等（1999）通过结球甘蓝 Toskama 与萝卜 NeoroRA12984 原生质体融合获得
再生植株。

我国通过远缘杂交结合幼胚培养，已获得了白菜与甘蓝、萝卜与甘蓝、甘蓝型油菜与
甘蓝的远缘杂种植株。中国农业科学院蔬菜花卉研究所在 20 世纪 80 年代初，通过用萝卜
（金花薹萝卜不育系 48A、山东红 262A、318A、64－6－1A、19A）与甘蓝（北京早熟、
金亩 84 等）进行远缘杂交结合幼胚培养，获得了萝卜与甘蓝远缘杂种植株和回交 2 代种
子（方智远等，1983）。蒋立训等（1992）通过大白菜（早 4、851）与甘蓝（泰 60）的种
间杂交，获得了具有甘蓝抗逆性的远缘杂种。除了通过远缘杂交获得具有抗逆性的优良
品种或物种外，Bannrot 等（1974）通过属间杂交把萝卜中的细胞质雄性不育性转移到
了芸薹属的油菜和甘蓝中。祝朋芳等（2004）以改良萝卜胞质不育大白菜为母本，以
甘蓝型油菜为桥梁种进行杂交，获得了较多的种间 CMS 杂种，又以此种间 CMS 杂种为
母本，以 7 个羽衣甘蓝品种为父本进行第 2 次杂交，采用离体胚培养，使 14d 胚龄幼胚
发育成小植株。满红、张成合等（2005）在对结球甘蓝四倍体（$4x$）×二倍体（$2x$）和二
倍体（$2x$）×四倍体（$4x$）的授粉受精及胚胎发育观察的基础上，结合幼胚离体培养技
术，成功获得了结球甘蓝三倍体材料。孙振久等（2006）也以甘蓝（金 100、紫甘蓝、冬
王）和萝卜（心里美、守口大根）子叶为材料进行原生质体电融合研究，得到了甘蓝和萝
卜的杂交种。

中国农业科学院蔬菜花卉研究所利用远缘杂交和胚挽救的方法将油菜 Ogura CMS 的
恢复基因 *Rfo* 导入甘蓝材料，创制出近于甘蓝背景的育性恢复材料，可作为桥梁材料对

优良 Ogura CMS 材料进行恢复和再利用（于海龙等，2018）。

（3）利用基因工程创制甘蓝种质资源 基因工程在甘蓝种质资源创制中的应用研究，国内主要集中在甘蓝抗虫基因和雄性不育基因的遗传转化方面。据报道，目前已在 King Cole、青种大平头、黄苗、中甘 8 号、牛心、早秋、103、60 天早椰菜等甘蓝品种上获得了转 Bt 基因植株（Bai et al.，1993；Metz et al.，1995；毛慧珠等，1996；卫志明等，1998；杨广东，2002；蔡林等，1999；李汉霞，2006）。在鸡心甘蓝、黑叶平头、迎春、京丰、中甘 8 号、中甘 9 号、中甘 11、庆丰、晚丰等甘蓝品种上获得了转 $CpTI$（蛋白酶抑制剂）基因植株（佘建明等，1996；方宏筠等，1997；张七仙等，2001）。雷建军等（2002）已将水稻的半胱氨酸蛋白酶抑制剂基因转入甘蓝自交不亲和系，得到转基因抗虫甘蓝植株"192"。

中国农业科学院蔬菜花卉研究所在"十五""十一五"期间，通过根癌农杆菌介导转化甘蓝 7221 - 3、23202 等的下胚轴，将 Bt 基因成功转化到结球甘蓝中，获得了优良的抗菜青虫和小菜蛾的抗虫材料。仪登霞等（2014）采用农杆菌介导法将 $cry1Ia8$ 和 $cry1Ba3$ 基因同时导入甘蓝高代自交系，获得了对小菜蛾和菜青虫具有极强抗性的双价转基因植株，拓宽了 Bt 甘蓝的抗虫谱，增强了其抗虫性。沈革志等（2000）通过根癌农杆菌介导转化甘蓝 92 - 6B 的下胚轴，将 $TA29 - barnase$ 基因转化到结球甘蓝中，获得了转基因植株，经花器官观察，转基因植株中有雄蕊退化的雄性不育和半不育植株出现。Bhattacharya 等（2004）通过农杆菌介导转化结球甘蓝下胚轴，将细菌的 $betA$ 基因转化到结球甘蓝 Golden acre 中，获得了高耐盐转基因植株。He 等（1994）将发根农杆菌 pRi 质粒上的生长素（auxin）合成酶基因转移到结球甘蓝 Gansan 的 8 个自交系中，转基因植株当代表现根系发达、早结球和生长迅速。李然红等（2007）通过农杆菌介导将白细胞介素 - 4 基因转化到中甘 11 甘蓝中，并获得了转基因植株。

（4）利用诱变技术创制甘蓝种质资源 轩淑欣等（2005）以自交不亲和系 8398 - A 和 8398 - B 为试材，利用秋水仙素诱导获得了结球甘蓝同源四倍体，发现其亲和性高于二倍体。

（5）利用分子标记技术鉴定和创制甘蓝种质资源

①甘蓝显性雄性不育基因分子标记及应用。中国农业科学院蔬菜花卉研究所甘蓝课题组对国内外首次发现的甘蓝显性雄性不育基因 DGMS 79 - 399 - 3 的分子生物学进行了较系统的研究，先后找到了与显性雄性不育基因连锁的 RAPD、RFLP、SSR、AFLP 等分子标记，这些标记已在资源鉴定和辅助育种中得到了应用。王晓武等（1998，2000）在甘蓝中利用 BSA 法筛选到与显性细胞核雄性不育基因（Ms）连锁的 RAPD 标记 $OT11_{900}$，$EPT11_{900}$ 在辅助两个甘蓝自交系回交三代及两个青花菜自交系回交一代的 Ms 基因转育中，预测的准确率超过 90%。刘玉梅等（2003）运用 RFLP、SSR 技术，采用 BSA 法筛选与甘蓝显性细胞核雄性不育基因连锁的分子标记，获得了与该不育基因连锁的 RFLP 标记 pBN11 和 SSR 标记 $C03_{180}$（图 3 - 1），首次将该不育基因定位在第 1 和第 8 条染色体上。经对两个回交分离群体的检测，RFLP 标记 pBN11 与甘蓝显性细胞核雄性不育基因的遗传距离为 1.787～5.189cM，SSR 标记 $C03_{180}$ 与该不育基因的遗传距离为 4.30～8.94cM。其中 pBN11 在两个回交群体中的 DNA 杂交带型均呈共显性，已用于甘蓝纯合

基因型的鉴定。C03$_{180}$分别表现为共显性和显性，已用于部分甘蓝显性不育系统中纯合基因型的鉴定。用该标记对不同类型的甘蓝 DGMS 高代回交群体进行检测，该标记可准确区分部分甘蓝材料分离群体中的纯合基因型和杂合基因型。在辅助不同甘蓝类蔬菜高代回交转育群体的甘蓝 DGMS 基因转育中，检测的准确率达 93% 以上。获得的 SSR 标记C03$_{180}$已用于甘蓝 DGMS 基因在不同甘蓝类蔬菜中的辅助转育。用获得与甘蓝显性细胞核雄性不育基因连锁的 SSR 标记 C03$_{180}$分别对 44 份不同熟性、不同球形的结球甘蓝自交系DNA 进行检测，结果在 22 份扁球形结球甘蓝自交系中，除一个自交系中有该标记外，其余无该标记，而大多数圆球形甘蓝自交系中则有该标记，但在所检测的所有圆球形紫甘蓝、尖球形甘蓝中则无此标记。Han 等（2019）对显性雄性不育系 DGMS 01 - 20 和其对应的保持系 01 - 20 进行了重测序，利用一个高代回交群体，开发了与不育基因共分离的高通量 KASP 分子 K6。经测试，在 919 个分离单株、18 份不同的 DGMS 和 35 份不同的自交系材料中均能准确区分可育和不育单株。应用该标记对 DGMS 01 - 20 和 DGMS 2116敏感株自交后代进行鉴定，准确区分了杂合和纯合不育单株，省去了费时费力的测交鉴定步骤。

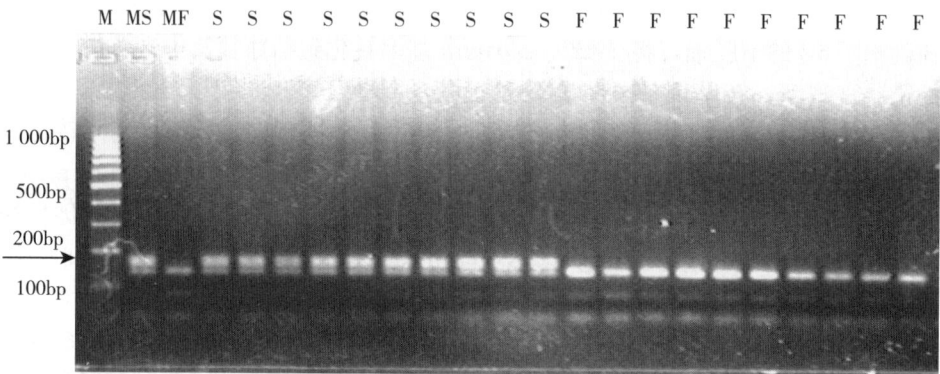

图 3 - 1   SSR 引物 0113C03 对甘蓝显性雄性不育 397 群体部分建池单株的扩增带型

（M：100bp Marker；MS：397 不育池；MF：397 可育池；S：不育单株；F：可育单株；箭头所示为差异性）

②甘蓝抗病基因分子标记及应用。目前报道的主要有甘蓝根肿病抗性的 QTL 和黑腐病抗性的 QTL 及抗芜菁花叶病毒基因的分子标记和抗枯萎病的分子标记。在黑腐病的抗性研究中，Camargo 等（1995）通过甘蓝品种 BI - 16 和抗病青花菜品种 OSUCR - 7 杂交的 F$_3$ 家系，找到了与甘蓝抗黑腐病相关的多个数量基因座位。对于根肿病前人也做了不少研究，Landry 等（1992）报道了与甘蓝根肿病小种 2 抗性基因连锁的两个 RFLP 标记CR2A 和 CR2b，这 2 个位点解释的变异占总变异的 61%。Voorrips 等（1997）通过RFLP 和 AFLP 分析，从甘蓝双单倍体（DH）群体中找到了根肿病抗病位点 pb - 6 和pb -42，这 2 个位点的加性效应可解释双亲 68% 的遗传变异和 DH 系间 60% 的遗传变异。

由于芜菁花叶病毒对十字花科蔬菜经常造成严重威胁，因此，对抗病毒育种的研究受到了重视。王雪等（2004）以中国农业科学院蔬菜花卉研究所甘蓝组育成的甘蓝感病自交系 01 - 16 - 5 - 7 和高抗病自交系 20 - 2 - 5 及其配制的 F$_1$ 代自交后构建的 F$_2$ 代分离群体为试材，用侵染我国甘蓝的 TuMV 主导致病株系——TuMV - C$_4$ 对亲本和 F$_2$ 的各个单株进行室内人工接种，利用酶联免疫吸附测定法对各植株 TuMV 的抗性进行鉴定。根据鉴定结果采用 BSA 法选取不同 F$_2$ 单株构建两对抗感池，应用 AFLP 分子标记技术找到了与甘蓝抗 TuMV 基因连锁的分子标记 E$_{24}$M$_{61}$ - 530，经最大似然函数计算，Kosambi 函数校正，其遗传距离为 14.44cM。该标记可用于甘蓝抗 TuMV 材料的辅助选择。

Liu 等（2017）利用国内外首次开发的用于甘蓝枯萎病抗性筛选的 PCR 引物 Frg13 - F/Frg13 - R（专利号 ZL201610228387.5），辅助鉴定甘蓝枯萎病抗性/辅助筛选具有枯萎病抗性的甘蓝材料，与田间鉴定结果吻合率达 96%。该方法用于育种具有操作简便易行、特异性强、稳定性好、可以实现早期选育等优点，具有较好应用前景。

综合利用小孢子培养、背景选择、抗性基因特异标记选择的方法快速创制高抗枯萎病导入系材料，实现了快速将枯萎病抗性导入到甘蓝骨干亲本 01 - 20 中（图 3 - 2），创制了优良甘蓝抗枯萎病导入系 YR01 - 20（图 3 - 3）。该导入系表现为高抗枯萎病，球色绿、耐抽薹、品质好，人工接种枯萎病病情指数低于 5.0，达到高抗（HR）水平。目前已利用该导入系配制杂交组合，进入育种应用阶段，并育成抗枯萎病的 YR 中甘 21、YR 中甘 15 等甘蓝品种。

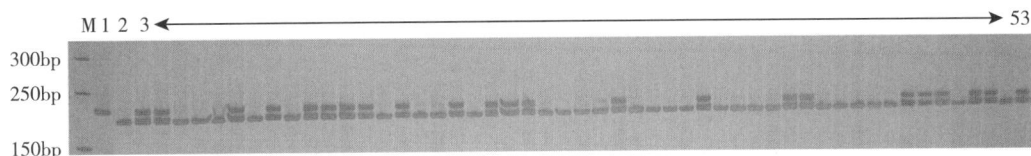

图 3 - 2　利用 Frg13 对 51 个 BC$_2$ 代单株进行枯萎病抗性鉴定结果
（M：代表 marker；1，2，3 泳道：分别代表 D134、01 - 20 和 F$_1$ 单株；泳道 4～53 代表 50 个 BC$_2$ 代单株。标记鉴定结果与接种结果吻合）

图 3 - 3　抗枯萎病自交系 YR01 - 20（右 2 行）和原始自交系 01 - 20（左 2 行）田间抗病表现

第三节 甘蓝优良种质资源及创制的亲本

一、耐寒、耐未熟抽薹种质资源

（一）早熟耐寒、耐未熟抽薹种质资源

"九五"期间，全国甘蓝攻关课题组育成耐先期抽薹材料 3 份。表现耐先期抽薹能力强，比正常播种期早播 15d 后未发生先期抽薹，8~9 片幼叶经 4℃处理 45d 后，先期抽薹率不超过 3%（表 3 - 8）。

表 3 - 8　耐先期抽薹甘蓝材料室内低温处理（4℃）后田间抽薹率

（李梅等，2000）

材料名称	抽薹率						育成单位
	4℃/20d	常温对照	4℃/30d	常温对照	4℃/45d	常温对照	
24 - 5	0	0	0	0	0	0	中国农业科学院蔬菜花卉研究所
96113	0	0	0	0	0	0	江苏省农业科学院蔬菜研究所
96115	0	0	0	0	2.4	0	江苏省农业科学院蔬菜研究所
小金黄（CK1）	2.4	0	19.1	0	90.5	0	
9966（CK2）	0	0	19.0	0	81.0	0	

此外，在我国原地方品种和育成的新品种中，有一部分表现出较强的耐寒、耐先期抽薹能力，该类型多数品种的共同特点是叶球尖球形，熟性早，耐寒性强，适于春季栽培而不易未熟抽薹。代表性品种有：

1. 金早生　辽宁省蔬菜试验站于 1953 年由旅大金县农家品种中选出（图 3 - 4）。株高约 30cm，开展度 40~50cm，外叶数少，11 片左右，深绿色，叶柄短。叶球牛心形或近圆形，单球重 0.5kg 左右。早熟，耐寒性及冬性强，不易未熟抽薹，适于早春栽培。极早熟，定植至叶球紧实 45~47d。每公顷产量 30 000kg 左右。

2. 鸡心种（别名：小鸡心）　上海宝山及嘉定等地春甘蓝地方品种。植株开展度 40cm，外叶少。叶呈卵形，长 30cm，宽 25cm，叶尖钝圆，深绿色，叶面蜡粉多，中肋绿白色。叶球尖头形，高 20~23cm，横径 15cm，浅绿色，单球重 0.5kg 左右。耐寒性及冬性强，不易未熟抽薹。

3. 绍兴鸡心包　浙江省绍兴农家品种，栽培历史悠久。株高 35cm，开展度 55cm×60cm。外叶倒卵形，灰绿色，全缘，长 33~35cm，宽 22~25cm，叶面蜡粉中等，外叶 9~10 片。叶球鸡心形，紧实，顶端较钝，绿白色，纵径 15~30cm，横径 14.5cm，单球重 0.4~0.5kg，中心柱高 8~9cm，横径 2cm。早熟，可春、秋两季栽培，春季种植生长期 170d，秋季种植生长期 100d 左右。抗性强，适应性广，不易先期抽薹，品质较佳。

4. 牛心种（别名：大鸡心）　上海宝山、嘉定及浦东等地春甘蓝地方品种（图 3 - 5）。植株开展度 50cm，外叶较多。叶呈卵形，长 45cm，宽 35cm，尖钝圆，绿色，叶面蜡粉

少，中肋绿白色。叶球尖头形，高 26cm，横径 18cm，浅绿色，单球重 1.0kg 左右。秋播春收的生长期 200d 左右，中熟种，宜春季栽培，抗寒能力及冬性强，不易未熟抽薹。结球略松，品质中等。

图 3-4 金早生

图 3-5 牛心种（大鸡心）

5. 顺城牛心 河南省开封市地方品种。植株开展度 40～50cm，外叶 12～16 片，深绿色。叶球牛心形，单球重约 0.7kg。叶质较硬，品质一般。叶球内中心柱极短，仅 3cm 左右。耐寒性及冬性强，头年 10 月下旬播种，露地越冬后，翌年春季收获前也很少发生未熟抽薹。

6. 牛心甘蓝 长江中下游地区春甘蓝地方品种。植株开展度 60～65cm，外叶 15～20 片，较直立，深绿色。叶球牛心形，单球重 1.5kg 左右。冬性强，不易未熟抽薹。长江流域一般在头年 10 月中下旬播种，幼苗露地越冬，翌年 5 月上中旬采收，每公顷产量 37 500kg 左右。

7. 郑州大牛心 河南省郑州市郊区农家品种，栽培历史悠久。株高 40～45cm，开展度 60cm×65cm。叶片近圆形，叶长 41cm，宽 40cm，叶灰绿色，表面皱缩，蜡粉多。叶球长圆锥形，纵径 32cm，横径 18cm，球顶较疏松，单球重约 1.5kg。中熟，从定植到收获 180d 左右。冬性较强，春季不易抽薹，适宜越冬栽培。

8. 郑州小牛心 河南省郑州市郊区农家品种，栽培历史悠久。株高 26～30cm，开展度 40cm×50cm。叶片近圆形，灰绿色，叶面较皱，蜡粉多，叶长 31cm，宽 30cm。叶球牛心形，纵径 17cm，横径 13cm，球顶较疏松，单球重约 0.65kg。从定植到收获约 180d。冬性强，不易抽薹，适宜越冬栽培。

9. 开封牛心 河南省开封市郊区农家品种（图 3-6），栽培历史悠久。株高 26～30cm，开展度 50cm×55cm。叶片近圆形，叶长 29cm，宽 26cm，叶面平滑，全缘，叶色灰绿，蜡粉少。叶球牛心形，纵径 18cm，横径 14cm，单球重约 0.8kg。从定植到收获 70～80d。冬性较强，较耐寒。叶球紧实，球内中心柱短。

10. 春丰 江苏省农业科学院蔬菜研究所于 1983 年育成的一代杂种（图 3-7）。1986 年起先后通过江苏、安徽及全国农作物品种审定委员会审定。植株开展度 70cm×70cm，株型较直立。叶色灰绿，蜡粉中等，外叶数 12 片左右。叶球桃形，球形指数 1.2，球重 1.2～1.5kg。适于长江中下游地区越冬栽培。耐寒性强，冬性强，不易发生先期抽薹现象。从定植到收获约 220d，每公顷产量 45 000kg 左右。

11. 春雷 江苏省农业科学院蔬菜研究育成的一代杂种，通过四川省农作物品种审定委员会审定。植株开展度 65cm×65cm，株高 28cm，叶色绿，蜡粉较少，叶缘平，叶微皱。叶球圆形，肉质脆嫩，味甘甜，单球重约 1.5kg，每公顷产量 45 000～52 500kg。耐寒，冬性强，露地越冬不易抽薹，适合全国大多数地区栽培。

12. 争春 上海市农业科学院园艺研究育成的一代杂种。为春季栽培品种，早熟，冬性强，不易先期抽薹，叶球紧实，优质高产。叶球圆球形，单球重 1.4kg 左右，每公顷产量 30 000～40 000kg。上海地区 10 月 5～10 日播种，翌年 4 月下旬至 5 月收获。

图 3-6 开封牛心

图 3-7 春丰

（二）中熟不易未熟抽薹种质资源

该类型的主要特点是叶球扁圆，冬性强，春季栽培不易未熟抽薹。代表品种有：

1. 大平头 原名成功甘蓝，1926 年金陵大学由国外引进栽培，然后传播到华东、华中等地。植株开展度 70～80cm，外叶 18～20 片，绿色。叶球扁圆，单球重 1.5～2.5kg。不易未熟抽薹，中晚熟，从定植到收获 90～100d，每公顷产量 60 000kg 左右。

2. 大乌叶 四川成都郊区地方品种。株高 30～35cm，植株开展度 70～80cm。外叶 18～24 片，浓绿色，蜡粉少，叶脉粗，叶片阔卵圆形，长 38cm，宽 36cm，深绿色，叶缘微波状，叶面平滑，叶脉粗，蜡粉多。叶球扁圆形，纵径 20cm，横径 31cm，绿白色，平顶，单球重可达 3.5～4kg。中晚熟，定植至收获 120～150d。耐寒和耐热性较强，抗病性也较强，冬性强，不易未熟抽薹。叶球紧实，质细嫩，味甜，品质优良。每公顷产量 75 000kg 左右。

3. 襄垣 65 天茴子白 山西省襄垣县城关镇农家品种，栽培历史悠久。株高 19～22cm，开展度 50cm×55cm。外叶数 15～20 片，叶呈卵圆形，叶缘有浅缺刻，叶色深绿，叶面较平，蜡粉少。叶球浅绿色，近圆球形，纵径 15cm，横径 17cm，紧实，球内中心柱高 6.4cm，单球重约 1.2kg。早中熟，定植至收获 65d 左右。较耐寒，冬性较强，不易发生未熟抽薹现象。耐热性较强，对病毒病、黑腐病的抗性也较强。叶球品质较好，耐贮藏性较强。

4. 四月慢甘蓝 上海市农业科学院园艺研究所经杂交育成的常规品种。株高约30cm，开展度约54cm，外叶12片。叶呈卵圆形，全缘，叶色深绿，叶面平，蜡粉较多。叶球近圆形，纵径16cm，横径18cm，叶球较松，球内中心柱高5～6cm，单球重1.2kg左右。中熟，从定植至春季收获180～200d。耐寒性强，抽薹晚，是解决春淡的优良品种之一。叶球质地柔软，品质较好。

5. 河北二平顶（平顶二桩） 开展度40cm×50cm，株高25～30cm，外叶16片左右，叶色灰绿，叶面较平滑，蜡粉较多。叶球浅绿色，扁圆形，纵径13cm，横径25cm，中心柱高4cm，单球重1.5kg。中熟品种，定植到收获70d左右，适宜春、秋栽培。耐寒性强，较耐热，也较耐贮藏，抗黑腐病和病毒病中等。冬性较强，不易未熟抽薹。结球较紧实，味微甜，品质较好。

6. 壶关75天苣子白 山西省壶关县城关镇农家品种，栽培历史悠久。株高25～30cm，开展度68cm×73cm，外叶数11～15片，叶呈倒卵圆形，叶缘较齐，叶色绿，叶面平，蜡粉少。叶球浅绿色，扁圆球形，纵径15cm，横径21cm，紧实，球内中心柱高9cm，单球重1.8kg。中熟，定植至收获75d左右。较耐寒，冬性较强，不易发生未熟抽薹现象。耐热性较强，对病毒病、黑腐病的抗性也较强。叶球品质较好，耐贮藏性较强。

7. 榆次75天苣子白 山西省榆次区小东关农家品种，栽培历史悠久。株高35～38cm，开展度74cm×78cm，外叶数14～18片，叶呈倒卵圆形，叶缘齐，叶色绿，叶面平，蜡粉少。叶球浅黄绿色，扁圆球形，纵径18cm，横径26cm，结球较紧，球内中心柱高9.2cm，单球重2.7kg。中晚熟，定植至收获75～80d。较耐寒，冬性较强，不易发生未熟抽薹现象。较耐热，对病毒病、黑腐病的抗性较强。叶球品质好，较耐贮藏。

8. 六月黄甘蓝 青海地方品种。植株开展度65～70cm，外叶15～20片，绿色，蜡粉少。叶球扁圆形，单球重1.5kg左右。中熟，从定植到收获70d左右，每公顷产量45 000～52 500kg。冬性较强，不易发生未熟抽薹现象。

9. 京丰一号 中国农业科学院蔬菜花卉研究所和北京市农林科学院蔬菜研究所合作，于1973年育成的国内第1个甘蓝杂交种（图3-8）。20世纪70年代中以后逐渐在全国各地推广，是目前我国各地种植最普遍、栽培面积最大的甘蓝品种。株高30～35cm，开展度70cm×75cm，外叶12～15片，叶片近圆形，全缘，深绿色，叶面平滑，蜡粉较多。叶球浅绿色，扁圆形，纵径约14cm，横径约28cm，较紧实，球内中心柱高约6.5cm，单球重约3kg。春季栽培定植到收获80～85d，秋季栽培定植到收获60～65d。抗寒性较强，对病毒病、黑腐病的抗性中等。春季栽培冬性较强，不易未熟抽薹。品质较好。

10. 西安灰叶 陕西省西安市地方品种（图3-9）。植株开展度53cm×48cm，外叶数12～13片，外叶灰绿色，叶面平滑，蜡粉较多。球叶浅绿色，叶球近圆形，纵径16cm，横径20cm。叶球紧实，中心柱高11cm，单球重1.8kg。中早熟，定植到收获75d，适宜作春甘蓝栽培。耐寒性强，耐热性较差，耐贮藏性较强，抗黑腐病较差，冬性强，品质较好。

11. D1186 中国农业科学院蔬菜花卉研究所由日本引进的杂交一代杂种。耐寒性好，耐先期抽薹能力强。对该材料进行7代连续自交纯化育成了耐寒自交系1186-1-2-3，该材料球色绿，圆球形，紧实，中心柱长小于球高的1/3，耐寒性强，耐先期抽薹（张扬勇等，2020）。

图 3-8　京丰一号

图 3-9　西安灰叶

二、耐热、抗病种质资源

"九五"期间，全国甘蓝攻关课题组经过联合攻关，育成耐热育种材料 3 份，表现为较强的耐热性，在 35℃高温条件下能正常生长，田间抗病毒病，主要经济性状优良，具有良好的配合力（表 3-9）。

表 3-9　耐热甘蓝材料鉴定结果

（全国甘蓝攻关课题组，1999）

材料名称	田间鉴定						室内鉴定		育成单位
	病毒病指数	表型	叶片干边级别	干边株率（%）	叶片卷叶级别	卷叶株率（%）	耐热指数	耐热性	
99Q08	1.42	HR	1	2.6	0	0	13.46	强	中国农业科学院蔬菜花卉研究所
96233-01-08	3.04	HR	1	1.3	0	0	26.23	强	江苏省农业科学院蔬菜研究所
9856	13.9	R	3	24.5	3	25.8	68.26	中	西南农业大学园艺系

此外，在我国原地方品种和育成的新品种中，有一部分品种表现出较强的耐热、抗病能力，该类型共同特点是叶球扁圆形，抗病、抗热性强，主要作夏秋甘蓝种植。代表品种有：

1. 南京小平头　20 世纪 50 年代前引自原中央农业实验所。在南京市和合肥市郊区有种植。株高 33cm，开展度 66cm，外叶 12 片，叶片深绿色，卵圆形，叶面微皱，附有少量蜡粉。叶球浅绿色，扁圆平顶，纵径 14cm，横径 26cm，单球重 1.6kg。中早熟。抗热，耐寒，中抗病虫害，结球紧实。秋种生长期 100d，越冬栽培生长期 220d。

2. 青种小平头　上海宝山、嘉定及浦东等地多年栽培。植株开展度 50cm，外叶少。叶近圆形，长 33cm，宽 33cm，深绿色，叶面蜡粉中等，中肋绿白色。叶球扁圆形，高

12cm，横径 20cm，绿白色，单球重 1～1.5kg。

3. 大平头　湖北武汉农家品种，栽培悠久。株高 30cm 左右，开展度 70～80cm。外叶近圆形，15～20 片，长 41cm，宽 40cm，稍向内翻，叶缘浅缺刻，灰绿色，叶面有较厚的蜡粉，中肋绿白色。叶球扁圆形，高 20cm，宽 36cm，心叶呈黄白色。单球重约 2.5kg，大者可达 5kg。晚熟，秋播冬收的生长期 120d 以上，冬播春收的约 240d，冬性强，需肥量大，叶球紧实，成熟期一致，产量高，质地脆嫩，品质优良。

4. 重庆黑叶大平头　重庆市地方品种，栽培历史较长。生长势强，株高 40～45cm，开展度约 80cm。叶片近圆形，深绿色，叶缘微波状，叶面平滑，蜡粉少。叶球扁圆形，纵径 20～22cm，横径 26～28cm，浅绿白色，单球重 1.5～2.0kg。晚熟，定植至收获 120d。耐热性较强，较抗病。叶球紧实，品质中等。

5. 二乌叶　四川省成都市地方品种，栽培历史较长。株高 30～32cm，开展度 68cm。叶片近圆形，绿色，长 37cm，宽 40cm，全缘微波状，叶面平滑，蜡粉较少，叶脉较细。叶球扁圆形，纵径 14～15cm，横径 22～25cm，绿白色，单球重 1.5～2.0kg。中熟，定植至收获 90～120d。耐热和耐寒性较强，抗病性强。叶球紧实，品质优良。

6. 小楠木叶　重庆市地方品种（图 3-10），栽培历史 50 余年，20 世纪 60～70 年代曾为川东地区甘蓝主栽品种，后作为渝丰等杂种一代的亲本之一。株高 35cm，开展度 66cm。叶近圆形，尖端凹下，绿色，叶缘微波状，叶面皱缩，蜡粉多。叶球扁圆形，纵径 14cm，横径 26cm，绿白色，单球重 1.5kg。中熟，定植至收获 100～120d。耐热、抗病，叶球紧实，品质中等。

7. 大楠木叶　重庆市地方品种，栽培历史 50 余年，是甘蓝新品种西园、渝丰杂交一代系列的亲本之一。株高 40～45cm，开展度约 100cm。叶片近圆形，先端微凹，绿色，叶背面灰绿色，叶缘波状，叶面微皱，蜡粉多。叶球扁圆形，纵径 16cm，横径 39cm，绿白色，单球重约 3.5kg。晚熟，定植至收获 120d。耐热、抗病，结球紧实，品质中等。

8. 二叶子　四川省自贡市地方品种，栽培历史 50 余年。株高 35cm，开展度 50cm。叶片近卵圆形，深绿色，叶缘波状，叶面皱缩，蜡粉较多。叶球扁圆形，纵径 20cm，横径 25cm，绿白色，单球重 1.4kg。中晚熟，定植至收获 100～120d。耐热、耐寒，较抗病，结球紧实，品质优良。

9. 乌市冬甘蓝（冬莲花白、包包菜）　新疆维吾尔自治区乌鲁木齐市农家品种，栽培历史悠久。开展度 56cm×72cm，外叶数 25 片左右，浅灰绿色，叶面微皱、蜡粉较多。叶球浅绿色，扁圆形，纵径 20～24cm，横径 25～32cm，结球紧实，中心柱高约 10cm，球重 3.2～3.6kg。晚熟，定植至收获 120d 左右，适宜春夏栽培。耐寒、抗热、抗病，适应性强，品质较好。

10. 成功 2 号　原引自日本，20 世纪 60 年代引入内蒙古自治区。植株高 33～37cm，开展度 68cm×78cm，外叶 16～22 片，叶呈倒卵圆形，全缘，浅灰绿色，叶面微皱，蜡粉较少。叶球扁圆形，纵径 18～21cm，横径 27cm，结球紧实，球内中心柱高 10.3cm，单球重 3.5kg。中熟，从定植至收获 85d。较耐热和耐寒，对病毒病的抗性较强。叶球质地柔嫩，品质好。

11. 冼村早椰菜　广州市地方品种，已栽培多年。株高 30～40cm，开展度 70cm×

80cm。叶黄绿色，叶长 40cm，宽 38cm，节间较密。叶球扁平，纵径 12～15cm，横径 20～28cm，结球紧实，叶球重 1.0～1.5kg。早熟，生长期 125～150d。耐热，迟播或迟收（至立春后）均容易抽薹或裂球。较耐贮藏，品质好。

12. 中甘 8 号 中国农业科学院蔬菜花卉研究所"六五"期间育成的早熟抗芜菁花叶病毒病秋甘蓝一代杂种（图 3 - 11），1989 年通过全国农作物品种审定委员会审定。植株开展度 60～70cm，外叶 16～18 片，叶片灰绿色，叶面蜡粉较多。叶球扁圆形，纵径 12cm，横径 24cm，球内中心柱长 5～6cm，叶球紧实度 0.43～0.53，单球重 2～3kg。秋季早熟，耐热性较强，定植到收获 60～70d，每公顷产量 60 000～75 000kg。

13. 夏光甘蓝 上海市农业科学院园艺研究所育成的一代杂种。株高 30～35cm，开展度约 50cm，外叶 14～15 片，叶卵圆形，全缘，叶色深绿，叶面平，蜡粉中等。叶球近圆形，纵径 12cm，横径 14～16cm，叶球紧实，球内中心柱高度约 6cm，单球重 1.0～1.5kg。早熟，从定植至收获约 60d。耐热性强，叶球质地柔软，品质中等。

14. 夏玉 开封市蔬菜研究所从日本引进的耐热、早熟结球甘蓝一代杂种。春、秋季种植株型较大，高温季节种植株型较小。叶球扁圆形，平均开展度 50cm，球径 22cm，球高 13cm，球重 1.7kg。耐热，夏季 35℃ 高温下能正常结球，从定植到收获约 56d。夏季栽培每公顷产量 37 500kg。

15. 早夏- 16 上海市农业科学院园艺研究所利用上海地方品种和国外引入的杂交种选育而成的耐热夏甘蓝一代杂种。植株直立，开展度较小，外叶平展呈宽卵形。叶球扁圆形，包心紧实，中心柱长/球高＜0.5。耐热、耐湿，抗黑腐病、病毒病，单球重夏季为 0.6～1.2kg，秋季可达 1.5～2.0kg，每公顷产量 25 000～50 000kg。上海地区 3～7 月播种，苗龄 25～30d，定植后 55d 采收。

图 3- 10 小楠木叶

图 3 - 11 中甘 8 号

三、抗病虫种质资源

（一）抗病种质资源

芜菁花叶病毒病（*Turnip mosaic virus*，简称 TuMV）、黄瓜花叶病毒病（CMV）、花椰菜花叶病毒病（CaMV）、黑腐病和根肿病是为害秋甘蓝的主要病害。从 1983 年起，经过国内科研和教学单位联合攻关，在广泛收集、引进大量原始材料的基础上，采用苗期人工接种多抗性鉴定和田间鉴定相结合的方法，鉴定和筛选抗源材料，筛选出 22 个抗多种病害的抗病资源材料。其中"六五""七五"期间育成 20 - 2 - 5 - 2、8726、8901 等抗TuMV 兼抗黑腐病抗源 7 个，"八五"期间育成抗 TuMV、兼抗 CMV 和黑腐病的抗源8020 - 1、陕 8501、东农 103 - 1、黑 3 - 3 - 1 - 1、K9221 等 9 个，育成一个抗根肿病抗源84067 - 4 - 1 - 31。"九五"期间育成抗 TuMV、兼抗 CMV 和黑腐或根肿病 3 种病害的抗源 6 个（表 3 - 10），其中部分抗源材料已用于配制育成优良的抗病新品种，并在生产中得到大面积推广应用（刘玉梅，2005）。

"六五"至"十五"期间育成了一批可抗芜菁花叶病毒（TuMV）、黄瓜花叶病毒（CMV）、花椰菜花叶病毒（CaMV）、黑腐病和根肿病等 1～3 种病害的夏秋甘蓝品种，在我国夏秋甘蓝生产中发挥了重要的作用。不但提高了我国甘蓝的抗病水平，而且也大大丰富了我国甘蓝抗病资源。

1. 秦菜 3 号　西北农林科技大学园艺学院（原陕西省农业科学院蔬菜研究所）"六五"期间育成的抗芜菁花叶病毒病秋甘蓝一代杂种。1989 年通过陕西省农作物品种审定委员会审定。株高 28cm，植株开展度 60cm 左右，外叶 9～10 片，叶色灰绿。叶球扁圆形，叶球高 19cm，宽 27cm，单球重 2～2.5kg。从定植到收获 85～95d，每公顷产量60 000～75 000kg。

2. 西园 2 号　西南农业大学园艺系"六五"期间育成的抗芜菁花叶病毒病秋甘蓝一代杂种。1986 年通过四川省农作物品种审定委员会审定。植株开展度 59cm，株高 59cm。叶球扁圆形，叶球高 13cm，宽 22cm，外叶 15～18 片，叶色深绿，单球重 1.5～2.0kg，每公顷产量 45 000kg。

3. 中甘 9 号　中国农业科学院蔬菜花卉研究所"七五"期间育成的抗 TuMV 病毒病和黑腐病秋甘蓝一代杂种。1995 年通过北京市农作物品种审定委员会审定。株高 28～32cm，开展度 60～70cm，外叶 15～17 片，深绿色，叶面蜡粉中等。球高 15cm，球宽24cm，中心柱长 6.5～7.3cm，单球重 3kg。从定植到收获约 85d。叶质脆嫩，品质优良，较耐贮藏。每公顷产量 82 500～90 000kg。

4. 东农 609　东北农业大学园艺系育成抗芜菁花叶病毒兼抗 CMV 和黑腐病的秋甘蓝一代杂种。1994 年通过黑龙江省农作物品种审定委员会审定。株高 30cm，植株开展度68～70cm，外叶 8～10 片。叶球扁圆形，鲜绿色，球高 15～17cm，平均单球重 2.7kg，中心柱长 5.8cm。叶球紧实度 0.65，每公顷产量 105 000kg。

5. 惠丰 3 号　山西省农业科学院蔬菜研究所育成的抗病毒和黑腐病秋甘蓝一代杂种。2001 年通过国家审定。植株开展度 50～60cm，外叶 11～14 片，叶色深绿色，蜡粉中等。叶球扁圆形，紧实，单球重 2.3～2.8kg。定植到收获 65～70d。每公顷产量约105 000kg。

6. 99 - 192　中国农业科学院蔬菜花卉研究所从日本引种材料中经过自交分离、定向选育而育成的抗黑腐病自交系。叶色深绿，叶球扁圆形，晚熟，抗黑腐病。

7. 20 - 2 - 5　中国农业科学院蔬菜花卉研究所育成的自交系。叶色灰绿，球形扁，晚熟，抗病毒病和黑腐病。

8. 海拉尔和尚头　内蒙古海拉尔市地方品种。叶色灰绿，叶球大扁圆，定植到收获 100~150d，耐寒，抗病性好（图 3-12）。

9. 北杨中平头　上海地区的传统地方品种。株型半直立，开展度 48~55cm。子叶浅绿，外叶 7~8 片，倒卵圆形，颜色灰绿，蜡粉较多，叶脉细而多。叶球形状扁圆，绿色，结球紧实，平均单球重 1.1~1.25kg，球高11.4cm，球宽 22.0cm，中心柱长 5.5cm，球叶色绿白，质地较韧。田间表现耐寒性强。

图 3-12　海拉尔和尚头

表 3-10　甘蓝抗病材料人工接种病（毒）源鉴定结果

（全国甘蓝育种攻关课题组，"六五"至"九五"期间）

材料名称	TuMV		CMV		黑腐病		根肿病		育成单位	育成时间
	病指	表型	病指	表型	病指	表型	病指	表型		
20-2-5-2	0.5	HR			14.7	R			中国农业科学院蔬菜花卉研究所	
23202-1	0	HR			5.9	R			中国农业科学院蔬菜花卉研究所	
8726	3.2	HR			23.6	R			西南农业大学园艺系	
8702	6.0	R			22.2	R			西南农业大学园艺系	"六五""七五"期间
606	1.8	HR			24.5	R			东北农业大学园艺系	
302	1.8	HR			26.7	R			东北农业大学园艺系	
8901	0.5	HR			21.6	R			陕西省农业科学院蔬菜研究所	
北京早熟（CK）	53.2	S			61.4	S			中国农业科学院蔬菜花卉研究所	
8020-1	2.5	HR	2.9	R	2.2	HR			中国农业科学院蔬菜花卉研究所	
陕 8501	7.8	R	5.2	R	11.5	R			陕西省农业科学院蔬菜研究所	
陕 8502	6.6	R	4.8	R	14.5	R			陕西省农业科学院蔬菜研究所	
东农 103-1	7.4	R	7.4	R	4.3	HR			东北农业大学园艺系	
B2-2	8.1	R	7.0	R	7.8	R			东北农业大学园艺系	
东农 A202-2	8.2	R	3.7	R	2.6	HR			东北农业大学园艺系	"八五"期间
黑 3-3-1-1	7.8	R	3.3	R	4.8	HR			江苏省农业科学院蔬菜研究所	
K9221	7.4	R	5.2	R	12.9	R			上海市农业科学院蔬菜研究所	
K9229	10.0	R	5.0	R	10.0	R			上海市农业科学院蔬菜研究所	
84067-4-1-3					21.4	R			西南农业大学园艺系	

（续）

材料名称	TuMV		CMV		黑腐病		根肿病		育成单位	育成时间
	病指	表型	病指	表型	病指	表型	病指	表型		
970110	0	HR	3.3	HR	13.5	R			江苏省农业科学院 蔬菜研究所	
99－103－1	0	HR	3.3	HR	10.7	R			东北农业大学园艺系	
9722	3.7	HR			13.8	R	18.7	R	西南农业大学园艺系	
9799	2.4	HR			12.0	R	17.3	R	西南农业大学园艺系	
98－249	4.0	HR	2.9	HR	9.4	R			中国农业科学院 蔬菜花卉研究所	
96－109	4.1	HR	2.9	HR	12.3	R			中国农业科学院 蔬菜花卉研究所	"九五"期间
20－2（抗CK）	0	HR	0	HR	12.6	R			中国农业科学院 蔬菜花卉研究所	
01－16－5－7 （感CK1）	60.2	HS	3.5	HR	46.0	S			中国农业科学院 蔬菜花卉研究所	
98－356 （感CK2）	61.5	HS	43.5	S	55.6	HS			陕西省农业科学院 蔬菜研究所	

注：HR：高抗；R：抗病；MR：中抗（耐病）；S：感病；HS：高感。

（二）抗虫种质资源

菜青虫和小菜蛾是危害甘蓝的主要害虫。"九五"期间，由中国农业科学院蔬菜花卉研究所主持，组织全国甘蓝攻关课题组在原有研究工作的基础上，开展了抗菜青虫材料的选育工作。由中国农业科学院蔬菜花卉研究所对参加单位提供的抗虫材料在田间自然条件下（全生长期不打任何农药）进行抗性鉴定。鉴定结果表明，有5份材料田间对菜青虫表现不同程度的抗性，其中8020抗虫性最好，970104表现抗虫，其余材料对菜青虫表现抗或耐（表3-11）。

表3-11 田间自然条件下甘蓝材料的抗虫性表现
（全国甘蓝育种攻关课题组，1999）

材料名称	心叶				外叶				育成单位
	虫害 指数	抗性	比CK1± （%）	比CK2± （%）	虫害 指数	抗性	比CK1± （%）	比CK2± （%）	
8025	21.7	T	－39.27	－33.36	23.42	T	－16.92	－3.85	中国农业科学院 蔬菜花卉研究所
8020	12.73	HR	－63.48	－59.93	17.47	R	－38.02	－28.28	中国农业科学院 蔬菜花卉研究所
970104	16.12	R	－53.75	－49.26	19.48	R	－30.89	－20.03	江苏农业科学院 蔬菜研究所

（续）

材料名称	心叶				外叶				育成单位
	虫害指数	抗性	比 CK1±（%）	比 CK2±（%）	虫害指数	抗性	比 CK1±（%）	比 CK2±（%）	
970309	16.63	R	−52.29	−47.65	21.22	T	−24.72	−12.88	江苏农业科学院蔬菜研究所
96045－48	27.55	T	−20.96	−13.28	26.05	T	−7.59	＋6.93	西南农大园艺系
96062－12	17.26	R	−50.48	−45.76	20.82	T	−26.14	−14.53	西南农大园艺系
99Q38（CK1）	34.86	S			28.19	T			
99Q39（CK2）	31.77	S			24.36	T			

注：HR：高抗；R：抗；T：耐；S：感。

四、优质种质资源

该类型共同的特点是叶球圆球形，早熟，叶质脆嫩，品质优良，但抗病、抗寒性较差，春季种植如播种过早易发生未熟抽薹。代表品种有：

1. 丹京早熟 原名哥本哈根市场（图 3 - 13），20世纪 50 年代由华北农业科学研究所从丹麦引入。植株开展度 50～60cm，外叶 15～18 片，绿色，蜡粉中等。叶球圆球形，单球重 1～1.5kg。冬性较弱，播种早易未熟抽薹。叶质脆嫩，品质较好。定植后 60d 左右收获，每公顷产量 45 000～52 500kg。

2. 金亩 1965 年由丹麦引入。植株开展度 50～60cm，外叶 15～20 片，浅绿色，蜡粉少。叶球高圆球形，结球紧实，单球重 1～1.5kg。叶质脆嫩，品质好。定植后 60d 左右收获，每公顷产量 45 000～52 500kg。

3. 小金黄 1969 年青岛市农业科学研究所由国外引进。植株开展度 45～50cm，外叶 15～20 片，绿色，蜡粉较少。叶球圆球形，单球重 0.5～0.6kg，叶质脆

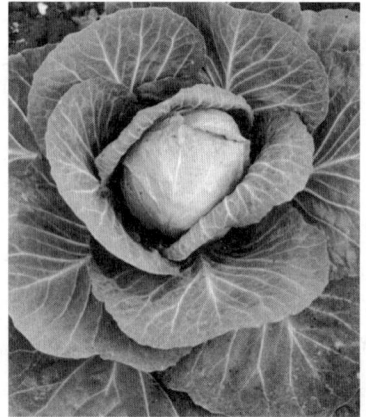

图 3 - 13　丹京早熟

嫩，品质好。冬性弱，球内中心柱约占球高的 2/3，易未熟抽薹。早熟，定植到收获 50d 左右，每公顷产量 37 500kg。

4. 狄特马尔斯克 50 年代由丹麦引入（图 3 - 14）。株高约 30cm，开展度 45～50cm，外叶 18～20 片，绿色。叶球圆球形，单球重 0.5～0.6kg。叶质脆嫩，品质好，球内中心柱约占球高的 2/3。早熟，定植后约 55d 收获，每公顷产量 30 000～37 500kg。

5. 迎春 20 世纪 70 年代初大连市农业科学研究所育成（图 3 - 15）。植株矮小、紧凑，平均株高 19.1cm，开展度 38.4cm，外叶 10 片左右，叶面深绿，平滑，蜡粉少，叶脉明显，中肋白绿色，叶近似全缘，微波状。叶球近圆形，平均球高 13.5cm，横径

15cm，球内中心柱高 7cm，球心白黄色，单球重 0.5kg 左右。每公顷产量37 500kg。极早熟，定植至收获 45d 左右。品质好。

6. 中甘 15　中国农业科学院蔬菜花卉研究所育成的中早熟春甘蓝新品种。1998 年通过北京市农作物品种审定委员会审定。植株开展度 42～45cm，外叶 14～16 片，叶色浅绿，叶面蜡粉较少。叶球圆球形，紧实度 0.6～0.62，中心柱长 5.7cm。单球重 1.3～1.5kg。叶质脆嫩，品质优良，帮叶比 18.1%。不易未熟抽薹，抗干烧心病。每公顷产量 52 500～60 000kg。

图 3-14　狄特马尔斯克

图 3-15　迎春

五、其他重要的优异种质资源

1. 鸡心甘蓝　上海市地方品种，曾在长江中下游地区广泛作早熟春甘蓝栽培。由于该品种冬性特强，是一个十分珍贵的耐未熟抽薹种质资源，国内许多育种单位将该品种作为一个优异的种质资源，从中选育出优良的自交系并育成优良的耐未熟抽薹的越冬春甘蓝新品种。该品种植株开展度 55～60cm，较直立，外叶 15～18 片，深绿色。叶球鸡心形，单球重 1～1.5kg。耐寒性及冬性强，不易未熟抽薹。长江流域一般 10 月下旬播种。每公顷产量 30 000kg 左右。

2. 北京早熟　中国农业科学院蔬菜花卉研究所从 1966 年由加拿大引入的甘蓝品种（Vinking early strain）中经多代系选育而成（图 3-16）。20 世纪 60 年代中后期至 70 年代初，曾为华北、西北、东北地区的早熟春甘蓝主栽品种之一。70 年代以来，国内许多育种单位将该品种作为重要的早熟、优质甘蓝育种的原始材料，育成

图 3-16　北京早熟

了一批早熟、圆球、优质春甘蓝新品种。该品种株高 25～28cm，开展度 40cm×50cm。外叶 17～20 片，卵圆形，全缘，绿色，叶面平滑，蜡粉较少。叶球浅绿色，圆球形，纵径约 13cm，横径约 13cm，叶球紧实，球内中心柱高约 7cm，单球重 0.5～0.65kg。每公顷产量 30 000～37 500kg。早熟，定植到收获 50～55d。球叶质地脆嫩，品质优良。

3. 黑叶小平头　上海市地方品种。适应性广，曾在国内许多地区都有种植。国内许多育种单位将该品种作为一个重要的耐热、抗病优异种质资源，从中选育出优良的自交系 7221-3 等，并育成耐热、抗病的夏秋甘蓝新品种。该品种植株开展度 60～70cm。外叶 15～18 片，灰绿色，蜡粉多。叶球扁圆形，单球重 1.5kg 左右。中熟，定植后 70～80d 收获。抗热、抗病性较强，一般适合作夏秋甘蓝栽培，每公顷产量 45 000～52 500kg。

4. 黑平头　中晚熟秋甘蓝地方品种。华北、西北各省（自治区、直辖市）一些地方有种植。国内许多育种单位将该品种作为一个重要的抗病优异种质资源，从中选育出优良的自交系并育成抗病的夏秋甘蓝新品种。植株开展度 65～75cm，外叶 16～20 片，灰绿色，蜡粉多。叶球扁圆形，单球重 1.5～2kg。抗病，抗热性强，耐贮性较好。定植后 90～100d 收获，每公顷产量 52 500～60 000kg。

5. 黄苗　最初由日本引进（图 3-17）。由于该品种冬性特强，是一个十分珍贵的耐未熟抽薹种质资源，曾于 60～70 年代在广东、广西、福建等地广泛用作春季中晚熟品种栽培。国内许多育种单位已利用该品种作为重要的中熟、优质、耐未熟抽薹甘蓝育种的原始材料进行耐未熟抽薹新品种选育。该品种植株开展度 65～75cm，单球重 2～2.5kg。球叶脆嫩，品质好，但抗病性较差。中晚熟，从定植到收获 90～100d。每公顷产量 60 000kg 左右。

图 3-17　黄苗

6. 罗文皂圆白菜　山西省阳高县罗文皂镇农家品种，栽培历史悠久。是阳高县原晚熟甘蓝主栽品种之一。叶球特别紧实，品质好（味甜），耐贮运。植株开展度 70cm×75cm，外叶数 15～20 片。叶呈近圆形，叶缘有浅缺刻，叶色浅灰绿色，叶面皱缩，蜡粉中。叶球浅绿色，扁圆球形，纵径 19cm，横径 26cm，球内中心柱高 12cm，单球重 3.6kg。晚熟，定植至收获 95～100d。较耐寒，冬性较强，不易发生先期抽薹现象。耐热性中等，对病毒病、黑腐病的抗性中等。

7. 宁夏大叶甘蓝　宁夏回族自治区地方品种。株高 35～39cm，开展度 85cm×100cm。外叶近圆形，灰绿色，叶柄极短或无，叶全缘，叶面蜡粉厚，微皱。叶球白绿，扁圆球形，纵径 20～23cm，横径 31～34cm，结球紧实，球内中心柱高 8～9cm，单球重 5～7kg。晚熟，定植至收获 150d。适合秋季栽培。耐寒、耐热、耐贮藏，抗黑腐病，冬性强，品质好。

8. 红旗磨盘　黑龙江哈尔滨市原红旗乡地方品种（图 3-18）。后由黑龙江省农业科学院园艺研究所与东北农学院于 1961 年育成了常规品种，曾为黑龙江省的主栽品种之一。

开展度 90～110cm，外叶数 24～26 片，浅灰绿色，叶面平滑，叶缘波状，蜡粉多。叶球色浅绿，扁平似磨盘，叶球纵径 16～20cm，横径 25～35cm，结球紧实，中心柱高 6～7cm，叶球重 5kg 左右。晚熟，定植到收获 95～110d。适合夏秋季栽培，耐寒性、耐贮藏性强，耐热性较强，抗黑腐病及病毒病，冬性强，品质较好。

图 3-18　红旗磨盘

9. 固原大甘蓝　宁夏农家品种。开展度 98cm×110cm。外叶 17～20 片，灰绿色，叶面皱，蜡粉多。叶球白绿色，扁圆形，球顶平，叶球纵径 18cm，横径 34cm，结球紧实，中心柱高 8.4cm，单球重 6～11kg。晚熟品种，生育期 180d 左右。适合秋季栽培，耐寒性强，较耐热，耐贮藏，抗黑腐病和病毒病能力强，冬性强，适应性强。叶球质地细嫩，品质好。

10. 泾源大平头甘蓝　宁夏回族自治区泾源县农家地方品种。生长势强，株高 40～45cm，开展度 100cm×110cm。外叶扇形，17～20 片，灰绿色，叶面皱，蜡粉较少。叶球白绿色，扁圆形，球顶平，纵径 17～19cm，横径 33～35cm，中心柱高 7～9cm，单球重 6～11kg。晚熟，生育期 170～180d，适合秋季栽培。耐寒性强，较耐热，耐贮运，抗黑腐病和病毒病，冬性强，适应性广。叶球质地细嫩，品质好。

11. 巴盟大圆菜　内蒙古自治区巴彦淖尔市农家品种。生长势强，株高 36cm，开展度 90cm。外叶 18～20 片，椭圆形，灰绿色，叶面蜡粉较多，叶面平滑稍皱褶，叶缘呈浅波状，中肋白绿色。叶球扁圆形，球顶稍平，球内中心柱高约占纵径的 1/3，结球紧实，单球重 8.3kg。晚熟，生长期 160d 左右。耐寒、耐热性强，抗病，耐盐碱，耐贮运。丰产，品质中等。

12. 苏木沁二虎头　内蒙古自治区农家品种。株高 38cm，开展度 56×59cm。外叶 18～22 片，呈倒卵圆形，叶缘有浅缺刻，叶片灰绿色，叶面微皱，蜡粉多。叶球扁圆形，白绿色，纵径 21cm，横径 30cm，结球紧实，球内中心柱高 6.3cm，叶球重约 5.2kg。晚熟，从定植至收获约 135d。耐寒，耐热，较耐旱，耐贮藏，较抗病毒病、黑腐病。质地较脆嫩，品质好。

13. 大同大日圆　山西省大同市郊区农家品种，栽培历史悠久。株高 45～48cm，开展度 82cm×88cm。外叶 18～20 片，呈倒卵圆形，叶缘较齐，叶色灰绿，叶面平，蜡粉多。叶球浅绿色，扁圆球形，纵径 18cm，横径 28cm，叶球紧实，球内中心柱高 9cm，单球重 5.8kg，最大可达 10kg 以上。晚熟，定植至收获 120d 左右。较耐寒，冬性较强，不易发生先期抽薹现象，在雁北地区可作一年一茬的晚熟甘蓝栽培。夏季较耐热，对病毒病、黑腐病的抗性较强。叶球品质较好，耐藏性较强。

六、优良雄性不育种质资源

1. DGMS 79-399-3　中国农业科学院蔬菜花卉研究所在国内外首次发现的甘蓝显性

雄性不育材料（图 3-19）。该不育材料不育性稳定，不育株率及不育度可达 100%；低温条件下叶片无黄化现象，植株及开花结实正常。中国农业科学院蔬菜花卉研究所以该材料为不育源，用优良的自交系进行回交转育，育成了 10 余个不育株率达到 100%、不育度达到或接近 100% 的已实际应用的甘蓝显性雄性不育系。

2. CMS R$_3$629 中国农业科学院蔬菜花卉研究所 1998 年通过国际合作引进的经过改良的萝卜胞质甘蓝雄性不育源（图 3-20）。该不育源植株生长正常，低温条件下叶片无黄化现象，不育性稳定，花朵开放与结实表现正常，蜜腺较发达，有很好的应用前景。中国农业科学院蔬菜花卉研究所以该材料为不育源，育成了 CMS R$_3$96-100（图 3-21）、CMS R$_3$02-12、CMS R$_3$7014 等 60 余个实际可应用的甘蓝细胞质雄性不育系。

世界首例发现的
甘蓝显性雄性不育材料

图 3-19 显性不育材料 DGMS 79-399-3

图 3-20 甘蓝细胞质雄性不育材料 CMS R$_3$629

图 3-21 甘蓝细胞质雄性不育系 CMS R$_3$96-100

七、紫色和皱叶甘蓝种质资源

1. 红亩 由美国引进的中熟紫甘蓝品种。植株较大，生长势强，开展度 60~70cm，外叶 20 片左右，叶色深紫红色。叶球紧实，近圆球形，单球重 1.5~2.0kg。从定植到收获 80d 左右，每公顷产量 45 000～52 500kg。

2. 紫甘 1 号　北京市农林科学院蔬菜研究中心选育的中熟紫甘蓝一代杂种。株型较大，生长势较强，开展度 65～70cm。外叶 18～20 片，叶色紫红色，蜡粉较多。耐贮性及抗病性较强。单球重 2.0～3.0kg。从定植到收获 80～90d，每公顷产量 60 000～90 000kg。

3. 紫萱　上海种都种业科技有限公司育成的中熟紫甘蓝新品种。植株生长势强，株型直立，外叶数 12～14 片，开展度 50cm。叶球圆球形，球高 15.5cm，横径 15.0cm，中心柱长 6.0cm，结球紧实。紫红色，心叶微甜，商品性佳。抗黑腐病和病毒病，平均单球重 1.8～2.0kg。从定植到收获 70～85d，每公顷产量 60 000～70 000kg。

4. 普来米罗　从荷兰引进的早熟紫甘蓝一代杂种（图 3 - 22）。植株紧凑，内叶紫红色，外叶直立，叶面有蜡粉。叶球近圆形，结球紧实，不易裂球，品质优良。耐贮性及抗病性较强。单球重 1.5～2.0kg。定植到收获约 80d，每公顷产量 40 000～50 000kg。

5. 东皱 1 号　北京东升种业有限公司从国外引进品种中选育出的早熟一代皱叶甘蓝品种。叶球长圆锥形，外叶深绿色，内叶浅黄色，结球包心早。叶质柔软，品质好，口感鲜嫩，单球重 0.5kg。定植到收获 45～50d，每公顷产量 37 000kg。

6. 泡泡绿　上海市农业科学院园艺研究所育成的皱叶甘蓝一代杂种（图 3 - 23）。植株半平铺，开展度 58.2cm。叶色浅绿，外叶大，叶面皱褶有叶泡。叶球圆形，顶稍带尖，球面皱褶隆缩，单球重约 0.8kg。定植到收获 65～70d，每公顷产量 44 000kg。

7. 中生皱叶甘蓝　从日本引进的皱叶甘蓝品种。叶球呈略扁球形，内叶浅黄色，结球紧实，较耐旱，不耐涝。单球重 1.6kg。从定植到收获约 80d。

8. 诺维沙　从荷兰引进的皱叶甘蓝品种，叶球扁平形，外叶深绿色，心叶黄绿色，结球紧实，耐热性较好，耐寒性较差，适合在夏季作早秋茬露地或大棚栽培。单球重 1.5kg 左右，每公顷产量 50 000kg。

图 3 - 22　普来米罗

图 3 - 23　泡泡绿

八、利用种质资源创制的优异亲本材料

国内从事甘蓝育种的主要科研院所和大专院校，从 20 世纪 70 年代至今，十分重视国内外种质资源的收集、引进、创新和利用。同时，利用地方品种或国内外的杂交种为材

料，通过多年连续自交和定向选择育成了一批优良育种材料，构建了甘蓝核心种质资源。利用这些核心种质资源，育成了一大批优良的杂交新品种，并在生产中得到了广泛的推广和应用。有代表性的优良育种材料如下：

1. 7221-3 中国农业科学院蔬菜花卉研究所 1972 年利用上海地方品种黑叶小平头为材料，通过多年连续自交和定向选择育成的优良耐热、抗病育种材料。叶色灰绿，蜡粉较多，叶球扁圆，耐热性好，抗病性较强，配合力好。利用该材料为亲本之一育成我国第 1 个甘蓝杂交种京丰一号。

2. 7224-5 中国农业科学院蔬菜花卉研究所 1972 年利用从日本引进的地方品种黄苗为材料，通过多年连续自交和定向选择育成的耐抽薹性强的育种材料。叶色浅绿，蜡粉较少，叶球扁圆，耐先期抽薹性强，耐热性较差，配合力好。利用该材料为亲本之一育成我国第 1 个甘蓝杂交种京丰一号。

3. 86-397 中国农业科学院蔬菜花卉研究所 1986 年利用地方品种北京早熟为材料，通过多年连续自交和定向选择育成的早熟、优质育种材料。株型直立，叶色浓绿，蜡粉较少。叶球圆球形，叶质脆嫩，品质优良，耐先期抽薹性较强，配合力好。利用该材料为亲本之一，成功育成 8398、中甘 15、中甘 21 等早熟优质春甘蓝新品种。

4. 87-534 中国农业科学院蔬菜花卉研究所 1987 年利用由德国引进的甘蓝杂交种 Flstacus，通过多年连续自交和定向选择育成的高度自交亲和育种材料（图 3-24）。植株开展度为 32.5cm×31.7cm，外叶 12 片左右，颜色绿，倒卵圆形。叶球圆形，单球重 0.7kg 左右，球叶质地嫩，紧实度大于 0.5。早熟，定植后约 55d 收获。花期自交亲和指数大于 10，春季种植耐抽薹性好。利用该材料作为亲本之一，成功育成中甘 21、中甘 192、中甘 196 等早熟优质甘蓝新品种。

5. 96-100 中国农业科学院蔬菜花卉研究所 1996 年利用从印度引进的 Bejo sheetal 甘蓝品种为材料，通过多年连续自交和定向选择育成的耐裂球性强的育种材料（图 3-25）。株型直立，叶色浓绿，蜡粉较多，叶球圆球形，抗枯萎病、耐裂球性好。利用该材料作为亲本之一，成功育成早熟、耐裂球新品种中甘 96。

图 3-24 自交系 87-534　　　　　　　　图 3-25 自交系 96-100

6. MP01-36845 西北农林科技大学从北京早熟中，经过多代自交和定向选择育成的早熟耐抽薹育种材料（图 3-26）。定植到收获 50d，外叶黄绿色，蜡粉少，抗病，较耐裂

球，冬性强。叶球圆形，中心柱 5.6cm，叶球紧实度 0.58，单球重 0.7kg。种株花期分枝性强，平均种株高 87.5cm，花期 38～40d。利用该材料育成绿球 66、秦甘 50、秦甘 52、秦甘 1652、富绿、富尔等新品种。

7. Y03 西北农林科技大学对日本珍奇自交分离纯化而育成的中熟、抗病育种材料（图 3-27）。定植到收获 75d。植株外叶稍直立，植株开展度 51.8cm，叶色灰色，蜡粉多，叶球扁圆形，抗病性强，单球重 1.2kg。种株花期分枝性中，平均种株高 86.5cm，花期 40～42d，花期自交高度不亲和，蕾期自交亲和（亲和指数 12.3）。利用该材料为亲本之一育成秦甘 1265、绿球 66、秦甘 78 等新品种。

图 3-26 自交系 MP01-36845 　　　　　　图 3-27 自交系 Y03

8. FT6358-3-3 西北农林科技大学 1982 年由国外引入的一个优质常规品种，经过自交分离纯化和抗病性鉴定筛选，于 1990 年育成的中早熟、抗病育种材料（图 3-28）。该材料高抗病毒病（TuMV 病指 0.3、CMV 病指 0.89）和高抗黑腐病（病指 2.89）；中早熟，生育期 65d；植株外叶较大，株型近开展，叶色绿色，蜡粉少；叶球圆形，单球重 1.2kg；种株花期分枝性中，平均种株高 95.1cm，花期 50d，花期自交高度不亲和，蕾期自交亲和（亲和指数 10.2）。利用该材料为亲本之一育成秦甘 70 和秦甘 80。

9. YZ34 西北农林科技大学利用日本引进的珍奇甘蓝品种，经早期自交分离，后期利用游离小孢子培养技术进行纯化育成的抗病、耐裂球育种材料（图 3-29）。该材料抗病性强，耐裂球，生育期 70d；叶色灰绿，蜡粉较多；叶球圆球形，单球重 1.5kg；种株开花较晚，分枝性和花枝长势较强，平均种株高 118.2cm，花期 30～35d。利用该材料为亲本之一育成秦甘 1268。

10. DH12-3M2 西北农林科技大学利用甘蓝早熟品种秦甘 50 的游离小孢子培养育成的早熟、抗病育种材料（图 3-30）。该材料早熟，春露地栽培定植到收获 52d。叶色黄绿色，蜡粉少；叶球圆形，中心柱 4.6cm，叶球紧实度 0.64；抗病毒病兼抗黑腐病、干烧心，耐裂球，单球重 1.2kg。种株花期分枝性强，平均种株高 100.8cm，花期 35d 左右，花器正常，花粉量大，配合力高。利用该材料为亲本之一育成秦甘 1656。

11. PM 东北农业大学从日本引进品种白塔通过多年连续自交和定向选择、后经多代回交转育而成的细胞质雄性不育材料（图 3-31）。叶色灰绿，叶球扁圆，定植到收获

65d，耐抽薹，抗黑腐病。作为亲本之一育成秋甘蓝新品种东农 614。

图 3-28　自交系 FT6358-3-3

图 3-29　自交系 YZ34

图 3-30　自交系 DH12-3M2

图 3-31　不育系 PM

12. RM　东北农业大学从地方品种金早生通过多年连续自交和定向选择、后经多代回交转育而成的细胞质雄性不育材料（图 3-32）。叶色鲜绿，叶球圆球形，定植到收获 55d，耐抽薹，抗病毒病。作为亲本之一育成春甘蓝新品种东农 613。

13. 9025　西南大学由地方品种大平头经多代自交获得的中熟扁圆形育种材料。中熟，外叶绿色，叶脉密，球形扁圆，较紧实，中心柱短。作为亲本之一育成了中熟秋甘蓝西园 4 号、西园 6 号。

14. 2013403　西南大学对引进品种金亩 84 通过多代自交选育而成的晚熟、优质的育种材料（图 3-33）。晚熟，外叶浅绿色，叶球大，扁圆，中心柱短，品质好，产量配合力极强，耐裂球性较强。作为亲本之一育成了极晚熟冬甘蓝品种西园冬秀。

15. 84079　西南大学对引进品种早秋通过多代自交获得的中心柱短的育种材料。中熟，外叶浅灰绿色，球形扁平，较紧实，中心柱短。作为亲本之一育成了中熟秋甘蓝西园 4 号。

16. 2017355　西南大学对引进品种寒胜通过多代自交选育而成的耐裂球性强的育种材料。极晚熟，外叶绿色，叶球小、扁圆，紧实度高，耐裂球性强。作为亲本之一育成了极晚熟冬甘蓝西园冬秀。

17. 84067-早 西南大学由地方品种黑叶平头经多代自交获得的育种材料（图3-34）。中熟，外叶灰绿色，叶球扁圆，较紧实，中心柱短。作为亲本之一育成了中熟秋甘蓝西园6号。

18. 2011214 西南大学由引进品种Hancock经多代自交纯化选育而成的晚熟、耐裂球性强的育种材料。晚熟，叶球扁圆，结球较松，耐裂球性强。作为亲本之一育成了晚熟冬甘蓝西园16。

19. 轮01181 上海市农业科学院园艺研究所由8份甘蓝核不育杂交组合混合授粉组成轮回选择群体，从中选出的高亲和育种材料（图3-35）。开展度中等，外叶蓝绿，蜡粉较少，叶片圆。叶球浅绿，圆正紧实，显球性好，内部叶层结构好，花期亲和指数为13.5。利用该材料为亲本之一育成沪甘118和沪甘158。

图3-32 不育系RM

图3-33 自交系2013403

图3-34 自交系84067-早

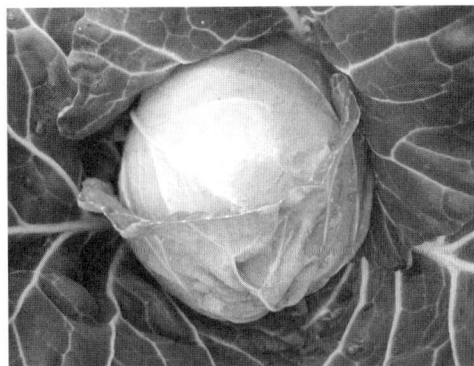

图3-35 自交系轮01181

20. 青浦牛心-7 上海市农业科学院园艺研究所通过对上海地方品种青浦牛心，连续7代自交，同时进行抗病性、抗逆性鉴定，选育出的综合性状稳定、抗病性好的育种材料（图3-36）。结球较松，牛心形，绿叶层较多，球色淡绿，蜡粉少，口感好。外叶圆、直立性不强，中心柱较短。利用该材料为亲本之一育成沪甘158。

21. 267－277　上海市农业科学院园艺研究所通过对荷兰引进结球甘蓝杂交品种多年系统选择而育成的球色好的育种材料。结球较松，圆球形，绿叶层较多，球色绿。外叶圆、直立性不强，中心柱较短。利用该材料为亲本之一育成沪甘118。

22. 15T09－3　江苏省农业科学院对由日本引进的中晚熟扁球甘蓝种质资源进行分离、重组，筛选的优异材料。具有耐寒、耐裂的特点，球叶绿，球面平，单球重1.0kg，耐裂球，食味佳。花期亲和指数0.1，蕾期亲和指数8.3。利用该材料为亲本之一育成了苏甘134等耐寒甘蓝品种。

23. 15T03－1　江苏省农业科学院对由日本引进的中早熟圆球甘蓝种质资源进行分离、重组，筛选的优异材料（图3－37）。叶片厚，耐寒，球叶鲜绿色，圆球形，裂球迟，单球重0.7kg，花期亲和指数12.1。利用该材料为亲本之一育成了苏甘47等中熟圆球甘蓝品种。

图3－36　自交系青浦牛心-7　　　　图3－37　自交系15T03－1

24. QN－2－24－3　江苏省农业科学院对由日本引进的中晚熟扁球甘蓝种质资源进行分离、重组，筛选的优异材料。具有球叶淡绿、球扁平、球面平等特点，耐裂球，单球重1.0kg，花期亲和指数13.7。利用该材料为亲本之一育成苏甘45等中熟扁球形甘蓝品种。

25. 364　江苏省农业科学院从引进商品种韩国心生，经连续自交5代后获得的育种材料。成熟期60d左右。株型半平铺，开展度68cm×65cm，外叶数约12片。球形尖、美观，结球紧实，球色深绿，叶球纵径约20cm，叶球横茎约15cm，中心柱长约6.4cm，单球重约1.05kg。耐抽薹。利用该材料为亲本之一育成甘蓝品种春秋秀美。

26. 397　江苏省农业科学院由地方资源少叶大牛心自交纯化获得的育种材料（图3－38）。成熟期75d左右。生长势旺盛，株型半直立，开展度63cm×58cm，外叶数约9片。球形尖，球色绿，结球疏松，叶球纵径约25cm，叶球横茎约17cm，中心柱长约9cm。单球重约1.05kg。利用该材料作为亲本之一育成甘蓝品种春秋婷美。

27. 09C1593　江苏省农业科学院由商品种碧实绿经连续自交5代后获得的育种材料。成熟期52d左右。株型直立，开展度54cm×53cm，外叶数约11片。球形圆整，球色深绿，结球紧实，单球重约0.75kg，叶球纵径约14.5cm，叶球横茎14.2cm，中心柱长约5.4cm。利用该材料作为亲本之一育成甘蓝品种春喜。

28. Z9718－4－3－1－5－6－13 北京市农林科学院蔬菜研究中心于 1997 年利用从美国 Chriseed 公司引进的 Super red No. 77 圆球形紫甘蓝杂交种,经 6 代自交分离、定向选择获得的性状优良、遗传稳定、配合力强的育种材料(图 3－39)。该材料从定植到采收 75d 左右。叶片灰紫色,蜡粉中等,叶缘有波纹。叶球紫色,圆球形,单球重约 1.6kg。结球紧实,耐热抗病,耐裂球。利用该材料育成了紫甘蓝杂交品种紫甘 1 号、紫甘 2 号和紫甘 3 号。

图 3－38 自交系 397

图 3－39 自交系 Z9718－4－3－1－5－6－13

29. 95100－1－B1－2－1－10－7 北京市农林科学院蔬菜研究中心于 1995 年利用从韩国引进的耐裂球 F_1 品种 Green voyage,经 6 代自交分离、定向选择获得的耐裂球育种材料(图 3－40)。该材料从定植到采收 65d 左右。耐热抗病,高抗枯萎病。叶片灰绿色,蜡粉重。叶球圆球形,单球重约 1.3kg,中心柱长小于球高的 1/2,结球紧实,叶质脆嫩,品质优,耐裂球。利用该材料培育成秋甘 3 号、秋甘 4 号、秋甘 7 号、京甘 611 等秋甘蓝新品种。

30. 95077－7－A1－B6－2－5 北京市农林科学院蔬菜研究中心于 1995 年利用从日本增田公司引进的抗病秋甘蓝杂交品种 YR 暖流,经 8 代自交分离、定向选择获得的育种材料(图 3－41)。其生育期 75d 左右,抗枯萎病、黑腐病和病毒病。株型紧凑,叶色深绿。叶球绿色,扁圆球形,球形大,结球紧实,中心柱短,耐裂球。利用该材料作为亲本之一,育成中熟扁球形秋甘蓝新品种秋甘 5 号。

图 3－40 自交系 95100－1－B1－2－1－10－7

图 3－41 自交系 95077－7－A1－B6－2－5

31. 95085 - 1 - A2 - 4 - 1 - 3 - 6 - 5 - 4 - 3 北京市农林科学院蔬菜研究中心于 1995 年利用从日本引进的耐热抗病夏秋甘蓝杂交品种 YR 剑山,经连续 8 代自交分离、定向选择获得的育种材料 (图 3 - 42)。其生育期 75d 左右,田间耐热性强,抗黑腐病和病毒病。株型紧凑,叶色深绿,蜡粉重。叶球圆球形,球形大,结球紧实,球叶绿,中心柱短,耐裂球。利用该材料作为亲本之一,育出耐热、抗枯萎病的秋甘蓝新品种秋甘 7 号。

32. DH 系 1371 - 2 - DH473 北京市农林科学院蔬菜研究中心于 2013 年从北京天诺泰隆科技发展有限公司引进的韩国早熟甘蓝杂交种 G1304,自交分离群体选出球形圆正、球色绿、结球紧实的分离株系 1371 - 2,经小孢子培养获得的 DH 株系,再经田间选择,于 2017 年获得的性状优良、遗传稳定的育种材料 (图 3 - 43)。该材料高抗枯萎病,植株长势中等,整齐度高,从定植到成熟 55d 左右,株型紧凑,开展度小,外叶深绿,蜡粉少,叶球正圆形,鲜绿色,光泽度好,耐先期抽薹,单球重 1.1kg,耐裂球性中等。利用该材料作为亲本之一育成京甘 4 号甘蓝新品种。

图 3 - 42　95085 - 1 - A2 - 4 - 1 - 3 - 6 - 5 - 4 - 3　　　图 3 - 43　DH 系 1371 - 2 - DH473

◆ 主要参考文献

蔡林,崔洪志,张友军,等,1996. 苏云金芽孢杆菌毒蛋白基因导入甘蓝获得抗虫转基因植株 [J]. 中国蔬菜,431 - 432.

曹必好,宋洪元,雷建军,等,2002. 结球甘蓝抗 TuMV 相关基因的克隆 [J]. 遗传学报 (7):646 - 652.

戴忠良,潘跃平,金永庆,等,2006. 结球甘蓝胞质雄性不育系 546A 的选育 [J]. 长江蔬菜 (9):47 - 48.

方宏筠,李大力,王关林,等,1997. 转豇豆胰蛋白酶抑制剂基因抗虫甘蓝植株的获得 [J]. Acta Botanica Sinica (10):940 - 945.

方智远,刘玉梅,杨丽梅,等,2004. 甘蓝显性核基因雄性不育与胞质雄性不育系的选育及制种 [J]. 中国农业科学 (5):717 - 723.

方智远,孙培田,1979. 新甘蓝一代杂种"双金"、"园春"、"晚丰" [J]. 农业科技通讯 (12):18.

方智远,孙培田,刘玉梅,1983. 萝卜与甘蓝远缘杂交研究初报 [J]. 园艺学报 (3):187 - 191.

方智远,孙培田,刘玉梅,1984. 甘蓝胞质雄性不育系的选育简报 [J]. 中国蔬菜 (4):42 - 43.

方智远,孙培田,刘玉梅,等,1987. 北方地区早熟春甘蓝新品种'中甘 11 号'的选育 [J]. 中国蔬菜 (4):1 - 4.

方智远，孙培田，刘玉梅，等，1993. 极早熟春甘蓝新品种中甘 12 号的选育 [J]. 中国蔬菜 (1)：1 - 2，9.

方智远，孙培田，刘玉梅，等，1997. 甘蓝显性雄性不育系的选育及其利用 [J]. 园艺学报 (3)：44 - 49.

方智远，孙培田，刘玉梅，等，2001. 几种类型甘蓝雄性不育的研究与显性不育系的利用 [J]. 中国蔬菜 (1)：11 - 15.

方智远，孙培田，1973. 甘蓝自交不亲和系的选育和利用 [J]. 农业科技通讯 (6)：28.

方智远，孙培田，刘玉梅，等，1993. Preliminary study on the inherence fmale sterility in cabbage line 79 - 399 - 3 and the selection//国际园艺作物品种改良学术讨论会论文集 [C]. 北京：中国农业科技出版社.

傅幼英，贾士荣，林云，1985. 结球甘蓝叶肉原生质体培养再生植株 [J]. 园艺学报 (3)：171 - 175.

黄和艳，张延国，邓波，等，2006. 利用 AFLP 标记辅助甘蓝显性雄性不育高代回交系选择 [J]. 园艺学报 (3)：539 - 543.

黄裕蜀，刘发琼，匡成兵，等，1998. 甘蓝雄性不育系大 800382 和二 800782 及配组 [J]. 长江蔬菜 (6)：30 - 31，39.

蒋立训，叶树茂，杨秀梅，等，1992. 大白菜（Brassica pekinensis）与甘蓝（B. oleracea）的种间试管受精 [J]. 实验生物学报 (4)：369 - 375.

雷建军，杨文杰，宋洪元，等，2002. 半胱氨酸蛋白酶抑制剂基因转化甘蓝的研究 [C] //加入 WTO 和中国科技与可持续发展——挑战与机遇、责任和对策（上册）. 北京：中国科学技术协会、四川省人民政府.

雷开荣，U Ryschka，E Klocke，1999. 不同供体原生质体前处理方法对甘蓝与萝卜属间原生质体融合植株再生的影响 [J]. 西南农业学报 (4)：5 - 10.

李汉霞，尹若贺，陆芽春，等，2006. CryIA（c）转基因结球甘蓝的抗虫性研究 [J]. 农业生物技术学报 (4)：546 - 550.

李然红，于丽杰，陶雷，等，2007. 根癌农杆菌介导白细胞介素 - 4 基因转化甘蓝（Brassica oleracea L.）研究 [J]. 分子植物育种 (1)：47 - 53.

李锡香，方智远，等，2007. 结球甘蓝种质资源描述规范和数据标准 [M]. 北京：中国农业出版社.

刘玉梅，2004. 甘蓝显性细胞核雄性不育的细胞学特征、生化基础及其分子标记的研究 [D]. 北京：中国农业科学院.

刘玉梅，方智远，孙培田，1997. 我国甘蓝遗传育种的研究进展和预测 [J]. 中国蔬菜 (6)：3 - 5.

刘玉梅，方智远，孙培田，等，1996. 秋甘蓝新品种中甘 9 号的选育 [J]. 中国蔬菜 (4)：6 - 8.

刘玉梅，方智远，孙培田，等，2001. 十字花科蔬菜作物雄性不育的类型和遗传 [J]. 园艺学报 (S1)：716 - 722.

刘玉梅，方智远，2005. 我国甘蓝新品种选育与育种技术研究进展与展望 [J]. 中国园艺文摘，125 (5)：13 - 18.

满红，张成合，柳霖坡，等，2005. 结球甘蓝二、四倍体间杂交三倍体的获得及细胞学鉴定 [J]. 植物遗传资源学报 (4)：405 - 408.

毛慧珠，唐惕，曹湘玲，等，1996. 抗虫转基因甘蓝及其后代的研究 [J]. 中国科学 C 辑：生命科学 (4)：339 - 347.

全国植物新品种测试标准化技术委员会，2022. 植物品种特异性（可区别性）、一致性和稳定性测试指南 甘蓝：GB/T 19557.29—2022 [S]. 北京：中国标准出版社.

任云英，童尧明，陈锦秀，2003. 上海市蔬菜品种资源研究（八）——结球甘蓝 [J]. 上海农业学报 (2)：24 - 26.

佘建明，蔡小宁，朱卫民，等，2001. 结球甘蓝抗虫转基因植株及其后代的抗性表现 [J]. 江苏农业学报（2）：73-76.

沈革志，王新其，朱玉英，等，2001. TA29-barnase 基因转化甘蓝产生雄性不育植株 ［J］. 植物生理学报（1）：43-48.

沈素娥，廖敏慧，龚静，等，1998. 结球甘蓝杂优利用研究 ［J］. 贵州农业科学（1）：12-15.

孙振久，1993. 甘蓝子叶原生质体培养与植株再生的研究 ［J］. 西北农林科技大学学报（自然科学版）（1）：100-102.

孙振久，刘莉莉，佟志强，2006. 融合及培养条件对甘蓝和萝卜原生质体融合及细胞分裂的影响 ［J］. 天津农业科学（2）：5-7.

唐祖君，匡成兵，熊维全，等，2005. 秋冬甘蓝甘杂 6 号的选育 ［J］. 中国蔬菜（Z1）：39-40.

王晓武，方智远，孙培田，等，1998. 一个与甘蓝显性雄性不育基因连锁的 RAPD 标记 ［J］. 园艺学报（2）：94-95.

王晓武，方智远，孙培田，等，2000. 一个用于甘蓝显性雄性不育基因转育辅助选择的 SCAR 标记 ［J］. 园艺学报（2）：143-144.

干雪，刘玉梅，李汉霞，等，2005. 芸薹属作物抗芜菁花叶病毒育种研究进展 ［J］. 园艺学报（5）：174-181.

卫志明，黄健秋，徐淑平，等，1998. 甘蓝下胚轴的高效再生和农杆菌介导 Bt 基因转化甘蓝 ［J］. 上海农业学报（2）：11-18.

武永慧，1996. 从中甘 11 号分离自交不亲和系的研究 ［J］. 山西农业科学（4）：20-23.

杨广东，朱祯，李燕娥，等，2002. 利用根癌农杆菌和基因枪法转化获得转抗虫融合蛋白基因（Bt-Cp-TI）甘蓝植株 ［J］. 实验生物学报（2）：117-122.

杨丽梅，方智远，刘玉梅，等，2003. 利用小孢子培养选育甘蓝自交系 ［J］. 中国蔬菜（6）：36-37.

杨丽梅，方智远，张扬勇，等，2020. 中国结球甘蓝抗病抗逆遗传育种近年研究进展 ［J］. 园艺学报，47（9）：1678-1688.

杨丽梅，方智远，庄木，等，2016. “十二五”我国甘蓝遗传育种研究进展 ［J］. 中国蔬菜（11）：1-6.

殷玉华，张世祖，朱宗元，1982. 结球甘蓝自交不亲和系的选育和杂交组合的选配 ［J］. 浙江农业科学（4）：214-216，196.

张恩慧，许忠民，程永安，等，2006. 利用细胞质雄性不育系选育的甘蓝新品种'绿球 66'［J］. 园艺学报（4）：929.

张七仙，敖光明，2001. 根癌农杆菌介导的甘蓝高效稳定的遗传转化系统的建立及对 CpTI 基因转化的研究 ［J］. 农业生物技术学报（1）：72-76，105.

张晓伟，高睦枪，耿建峰，等，2001. 利用游离小孢子培养育成早熟春甘蓝新品种'豫生 1 号'［J］. 园艺学报（6）：577-582.

张扬勇，方智远，杨丽梅，等，2020. 露地越冬甘蓝新品种'中甘 1305'［J］. 园艺学报，47（3）：607-608.

中国农业科学院蔬菜花卉研究所，1987. 中国蔬菜栽培学 ［M］. 北京：农业出版社.

中国农业科学院蔬菜花卉研究所，1992. 中国蔬菜品种资源目录：第一册 ［M］. 北京：万国学术出版社.

中国农业科学院蔬菜花卉研究所，1998. 中国蔬菜品种资源目录（第二册）［M］. 北京：气象出版社.

中国农业科学院蔬菜花卉研究所，2001. 中国蔬菜品种志（上卷）［M］. 北京：中国农业科技出版社.

中国农业科学院蔬菜花卉研究所，2001. 中国蔬菜品种志（下卷）［M］. 北京：中国农业科技出版社.

钟仲贤，李贤，1994. 青花菜和甘蓝下胚轴原生质体培养再生植株 ［J］. 农业生物技术学报（2）：76-80.

朱玉英，姚文岳，张素琴，等，1998. Ogura 细胞质甘蓝雄性不育系选育及其利用 ［J］. 上海农业学报（2）：19-24.

祝朋芳，魏毓棠，2004. 大白菜和羽衣甘蓝种间杂交研究 ［J］. 中国蔬菜（3）：10-12.

Bai Y Y, Mao H Z, Cao X L, et al., 1993. Transgenic cabbage plants with insect tolerance [M].

Bannerot H, Boulidard L, Cauderon Y, et al., 1974. Transfer of cytoplasmic male sterility from raphanus sativus to *Brassica oleracea* [J]. Eucarpia Cruciferae Conference, 52 - 54

Bannerot H, Boulidard L, Chupeau Y, 1977. Unexpected difficulties met with the radish cytoplasm in *Brassica oleracea* [J]. Eucarpia Cruciferae Newslett.

Bhattacharya R C, Maheswari M, Dineshkumar V, et al., 2004. Transformation of *Brassica oleracea* var. *capitata* with bacterial betA gene enhances tolerance to salt stress [J]. Scientia Horticulturae, 100 (1): 215 - 227.

Bidney D L, Shepard J F, Kaleikau E, 1983. Regeneration of plants from mesophyll protoplasts of *Brassica oleracea* [J]. Protoplasma, 117 (1): 89 - 92.

Camargo L E A, Osborn T C, 1996. Mapping loci controlling flowering time in *Brassica oleracea* [J]. Theoretical and Applied Genetics, 92 (5): 610 - 616.

Fang Z Y, Sun P T, Liu Y M, et al, 1995. Preliminary study on the inheritance of male sterile in cabbage line 79 - 399 - 438 [J]. International Society for Horticultural Science, 402: 414 - 417.

Fang Z Y, Sun P T, Liu Y M, et al., 1997. A male sterile line with dominant gene (Ms) in cabbage (*Brassica oleracea* var. *capitata*) and its utilization for hybrid seed production [J]. Euphytica, 97 (3): 265 - 268.

Han F, Yuan K, Kong C, et al., 2018. Fine mapping and candidate gene identification of the genic male - sterile gene *ms3* in cabbage 51S [J]. Theoretical and Applied Genetics, 131 (12): 2651 - 2661.

He Y, Wang J Y, Gong Z, et al., 1994. Root development initiated by exogenous auxin synthesis genes in *Brassica* sp. crops [J]. Plant Physiology and Biochemistry, 32 (4): 493 - 500.

Landry B S, Hubert N, Crete R, et al., 1992. A genetic map for *Brassica oleracea* based on RFLP markers detected with expressed DNA sequences and mapping of resistance genes to race 2 of *Plasmodiophora brassicae* (Woronin) [J]. Genome, 35 (3): 409 - 420.

Lillo C, Shahin E A, 1986. Rapid regeneration of plants from hypocotyl protoplasts and root segments of cabbage [J]. Hort Science, 21 (2): 315 - 317.

Lu D Y, Pental D, Cocking E C, 1982. Plant regeneration from seedling cotyledon protoplasts [J]. Zeitschrift für Pflanzenphysiologie, 107 (1): 59 - 63.

Metz T D, Dixit R, Earle E D, 1995. Agrobacterium tumefaciens - mediated transformation of broccoli (*Brassica oleracea* var. *italica*) and cabbage (*B. oleracea* var. *capitata*) [J]. Plant Cell Reports, 15 (3 - 4): 287 - 292.

Nishi S, Hiraoka T, 1958. Studies on F₁ hybrid vegetable crops: (1) Studies on the utilization of male sterility on F₁ seed production I histological studies on the degenerative process of male sterility in some vegetable crops [J]. Bull Natl/Inst Agric Jpn, ser E, 61 - 41.

Ogura H, 1968. Studies on the new male - sterility in Japanese Radish, with special reference to the utilization of this sterility towerds the practical raising of hybrid seeds [J]. Memoirs of the Faculty of Agriculture, Kagoshima University, 6 (2): 39 - 78.

Schenck H R, Röbbelen G, 1982. Somatic hybrids by fusion of protoplasts from *Brassica oleracea* and *B. campestris* [J]. Z. Pflanzenzüchtg, 89: 278 - 288.

Sigareva M A, Earle E D, 1997. Direct transfer of a cold - tolerant Ogura male - sterile cytoplasm into cabbage (*Brassica oleracea* ssp. *capitata*) via protoplast fusion [J]. Theoretical and Applied Genetics, 94 (2): 213 - 220.

Taguchi T，Kameya T，1986. Production of somatic hybrid plants between cabbage and chinese cabbage through protoplast fusion [J]. Japanese Journal of Breeding，36 (2)：185 - 189.

Voorrips R E，Jongerius M C，Kanne H J，1997. Mapping of two genes for resistance to clubroot (*Plasmodiophora brassicae*) in a population of doubled haploid lines of *Brassica oleracea* by means of RFLP and AFLP markers [J]. Theoretical and Applied Genetics，94 (1)：75 - 82.

（刘玉梅）

第四章

甘蓝育种目标和育种途径

第一节 甘蓝育种目标

育种目标是指对计划选育新品种所应具备的优良特征特性的要求。制定育种目标是育种工作的前提，育种目标正确与否直接关系到育种工作的成败。一般育种目标是相对稳定的，但在育种过程中，随着生态环境和种植方式的变化及社会经济的发展又需要进行适当的调整。

一、甘蓝总体育种目标

(一) 丰产、稳产

目前甘蓝育种在注重品质与抗性的同时，丰产、稳产依然是重要的育种目标。20 世纪 70～80 年代以前，蔬菜市场供应困难，丰产、稳产是甘蓝最主要的育种目标，一般要求新品种比原有品种增产 20％以上。"七五"至"九五"期间（1986—2000），国家科技攻关计划项目甘蓝育种课题要求育成的新品种比主栽品种增产 10％以上。"十五"至"十三五"期间（2001—2020），随着市场对甘蓝产品品质的重视，对甘蓝新品种产量增幅要求有所降低，但仍要求比主栽品种增产 5％以上。

(二) 优质

随着人们生活水平的不断提高，市场对甘蓝品质的要求也越来越高，主要包括叶球外观符合市场需求，球色绿、大小适中，叶球内结构匀称，叶球紧实度 0.5 以上或适中，叶球内中心柱长度不超过球高的 1/2，球叶叶质脆嫩，风味优良，粗纤维含量较低，维生素 C、粗蛋白等含量较高。

(三) 抗病虫

病害对甘蓝生产危害严重，选育具有单抗或复合抗性的抗病品种是甘蓝丰产稳产的关键。从 20 世纪 80 年代中期开始，选育抗芜菁花叶病毒病兼抗黑腐病已作为秋冬甘蓝的主要育种目标之一。近年来，我国多地建立了甘蓝大规模生产基地，多年连作使得黑腐病、根肿病（南方地区为主）、枯萎病（北方地区为主）的危害越来越严重。因此，培育抗黑腐病、根肿病、枯萎病品种成为甘蓝抗病育种新的主要目标。此外，甘蓝霜霉病、软腐病、菌核病、黑胫病、黑斑病等在各地每年都有不同程度的发生，可根据当地实际情况考虑将其作为抗病育种目标。

虫害是甘蓝生产的主要障碍之一，国内为害甘蓝的主要害虫有小菜蛾、菜青虫、甘蓝夜蛾、甜菜夜蛾、蚜虫、灰地种蝇等，目前防治虫害的主要措施还是喷施化学农药，但农药残留、环境污染、害虫产生抗药性等弊端依然突出，因此抗虫育种成为一个有效途径。通过抗虫资源的搜集利用以及转苏云金芽孢杆菌（*Bacillus thuringiensis*，简称 Bt）基因育种可以培育出甘蓝抗虫品种。

（四）抗逆

1. 不易未熟抽薹　春甘蓝在幼苗期经常会遭遇低温，冬性弱的春甘蓝在低温作用下，容易完成春化阶段发育，发生未熟抽薹，严重影响产量和品质，造成严重损失。因此，从 20 世纪 80 年代中期开始，把选育冬性强、在低温条件下不易未熟抽薹的品种作为春甘蓝的重要育种目标。

2. 耐热、抗寒性　我国多数地区夏季气候炎热、冬季寒冷，选育能在夏季 35℃左右高温下或能在冬季－6℃左右的低温下正常生长发育和结球的品种，也是甘蓝重要的育种目标。

3. 不易裂球、耐贮运　裂球会严重影响甘蓝的商品品质，因此耐裂球也是甘蓝重要的育种目标。近年来，甘蓝规模化生产基地的面积迅速增加，这些基地生产的甘蓝通常需要远距离运往城市销售或出口到国外，因此，需要培育适于远距离运输的耐贮运甘蓝新品种。

（五）适于加工

随着快餐食品中的配菜（如方便面的调料包）的需求量加大，用于脱水加工的甘蓝也迅速增加。作加工用的甘蓝品种一般要求叶球扁圆形，不太紧实，绿叶层多，球色一致，干物质含量高。

（六）适于机械化生产

近年来，我国从事农业生产的劳动力逐年减少，人工成本不断加大，促进了甘蓝生产向机械化方向发展。目前甘蓝育苗和定植已实现了机械化，但采收环节受栽培方式和品种差异等因素限制，机械化水平相对较低。因此，需定向培育一批适合机械化采收的甘蓝品种，此类品种一般要求株型直立，外短缩茎较长，开展度较小，耐裂球，耐贮运。

二、制定甘蓝育种目标的原则

制定育种目标是一项包括多方面内容的复杂工作，作为育种家不仅要熟悉甘蓝作物的特征特性、育种过程、目标性状的遗传特点，还要了解生产模式及市场需求等，因此首先要对拟推广地区的自然条件、生产水平、栽培技术、原有品种、面临问题等进行调查分析。在此基础上，制定育种目标主要要从以下几个方面综合考虑。

（一）生产和市场发展的前景

由于甘蓝是二年生异花授粉作物，育种周期较长，一般育成一个品种至少需要 7～8 年，而社会生产和消费对于品种的要求又是不断地发展变化，因此制定育种目标具有预见性至关重要，要求育种家具有前瞻性眼光，综合社会学、经济学及生物学等学科知识对社会经济发展趋势和市场需求变化做出预测。

(二) 现有品种有待改进的主要性状

在制定育种目标时，要结合生产和消费需求，有针对性地分析现有品种存在哪些缺点和不足，应该在哪些方面加以提升，做到主次分明地改良制约生产的主要性状。例如要解决甘蓝根肿病、黑腐病等问题，就要以提高抗病性为主要育种目标，同时兼顾优质、广适性等其他方面，才能实现新品种的更新换代，保证与生产和消费的实际需求相适应。

(三) 育种目标的具体化与可行性

制定育种目标不能只提出笼统的改良目标，要对相关性状进行具体量化分析，并形成可量化指标。例如，丰产应提出较对照品种的增产率，早熟品种在某种特定生态条件下比对照品种可提前多少天收获，抗病品种不仅要落实到生理小种上，还要提出具体的病情指数作为抗病指标。

(四) 不同品种的合理配套

随着社会经济的发展和人民生活水平的提高及周年供应的需求，对甘蓝品种提出了更高的细分市场要求。例如甘蓝要求早、中、晚熟品种配套，春、夏、秋、冬四季生产品种配套，适合露地、保护地等栽培方式的品种配套，此外还需要适合加工、适合机械化生产等特殊类型的品种。

三、不同类型甘蓝的育种目标

(一) 春甘蓝育种目标

北方春甘蓝1～2月播种，3～4月定植，5～6月收获，以早熟圆球形品种为主，也需要少数近圆球形或扁圆球形中熟品种。主要育种目标包括：早熟，定植到收获45～55d，耐未熟抽薹，可耐－4～0℃低温，品质优良，叶质脆嫩，球形圆正，球色绿，叶球内中心柱长不超过球高的1/2，耐裂球。

南方（长江中下游地区）苗期越冬春甘蓝一般于冬前11月播种，幼苗定植于露地越冬，春季3～5月收获上市，以牛心形、扁圆形品种为主。育种目标除丰产、优质外，最主要的是要求冬性和抗寒性极强，幼苗越冬时可抗较长时间－8～－6℃低温，短期可抗－10℃的低温，而且在低温作用下不易完成春化阶段发育而发生未熟抽薹。

(二) 夏秋甘蓝育种目标

此类品种一般分为平原、丘陵地区种植的夏秋甘蓝和高山、高原地区种植的夏秋甘蓝两类。

平原、丘陵地区栽培的夏秋甘蓝一般3～4月播种，7月中下旬到8月中下旬收获上市。此时正值高温多雨的时节，病虫害多，育种目标要求耐高温，耐涝，叶球紧实、圆球形或扁圆形，抗黑腐病、软腐病、枯萎病、根肿病、黑斑病等。

高山、高原地区种植的夏秋甘蓝，一般4～5月播种，7～9月收获上市。此时虽然是高温多雨季节，但1 000m左右的高山、高原地区气候凉爽，适于甘蓝生长。长江中下游高山上种植的甘蓝以中熟扁圆球形品种为主，要求球形圆正，球色绿，抗黑腐病、根肿病，耐贮运；河北、甘肃、山西、陕西、内蒙古等省（自治区）高原地区种植的夏秋甘蓝以早熟圆球品种为主，要求叶球圆正，球色亮绿，抗枯萎病、黑腐病，耐裂球，耐贮运。

（三）秋冬甘蓝育种目标

秋冬甘蓝主要包括早熟和中晚熟两种类型。早熟秋冬甘蓝于 7 月上中旬播种，10 月份收获，或 8～9 月播种，11～12 月收获。主要育种目标：早熟，从定植到收获 50～60d；叶球圆球形，紧实度适中，叶质脆嫩，叶球内中心柱短；耐裂球，耐热，抗黑腐病、病毒病、枯萎病、霜霉病等。

中晚熟秋冬甘蓝在我国北方于 6 月下旬到 7 月上旬播种，11 月份收获上市；南方 7～8 月播种，11 月至翌年 1 月收获。主要育种目标：叶球圆形或扁圆形，球形圆正，球色亮绿；耐裂球，耐热，抗黑腐病、病毒病、枯萎病、根肿病等。12 月至翌年 1 月收获的品种，还要求耐寒性好，田间保持能力强。

（四）越冬甘蓝育种目标

越冬甘蓝主要指长江中下游地区带球越冬的甘蓝，一般于 8～9 月播种，12 月至翌年 2～4 月收获。主要育种目标：能耐 $-6℃$ 左右的低温，耐未熟抽薹；叶球圆球形或扁圆形，球形圆正，球色绿，耐裂球，耐贮运；抗软腐病、根肿病、菌核病等，田间保持能力强。

（五）一年一熟甘蓝育种目标

华北、西北和东北北部及青藏高原等高寒地区，无霜期短，种植的晚熟甘蓝为一年一熟，一般 4 月份播种，10 月上中旬收获。主要育种目标：熟性晚，叶球大，紧实，球形扁圆或近圆，单球重 8～10kg，夏季耐热、抗软腐病和黑腐病，冬季耐贮藏。

（六）保护地甘蓝育种目标

近年来，随着设施蔬菜栽培技术的发展，利用保护地进行甘蓝反季节栽培的种植模式开始逐渐推广。北方保护地甘蓝一般于 9 月上中旬到 11 月分批播种，10 月中下旬后分批定植于中小拱棚、日光温室等，翌年 1～3 月收获上市。主要育种目标：早熟，叶球圆球形，球色绿，叶质脆嫩，在中小拱棚、日光温室内低温弱光条件下可正常生长发育和结球，抗霜霉病、软腐病，耐未熟抽薹，耐裂球等。

四、我国甘蓝育种目标的发展变化和未来趋势

我国甘蓝的育种目标是随着生产和市场的发展变化而变化的，国家级甘蓝育种项目目标变化如下：20 世纪 70 年代到 80 年代中以丰产为主，要求比原主栽品种增产 20％以上；80 年代中到 90 年代初，除要求丰产外还要兼抗两种病害；90 年代之后要求优质，兼抗三种病害，增产 10％以上；"十三五"国家重点研发计划"七大农作物育种"中的甘蓝育种课题要求优质，抗枯萎病、根肿病等新型流行病害，适应性强，比原主栽品种增产 5％以上。抗病育种目标从"六五"（20 世纪 80 年代中期）的抗 TuMV 一种病害，到"七五"的抗 TuMV 兼抗黑腐病，到"八五"的抗 TuMV、黑腐病兼耐 CaMV（或其他病害），再到"十三五"的抗枯萎病、根肿病等新型流行性病害。对品质的要求从最初的紧实、中心柱短、叶质脆嫩，发展到当前受市场欢迎的球色绿、叶质脆嫩、紧实度适中的"暄菜"。

未来要继续重视我国原有优势的育种目标，主要包括培育适于露地或保护地栽培的早

熟、优质、耐抽薹的圆球类型春甘蓝品种；早熟、优质、耐抽薹、耐寒的尖球类型春甘蓝品种；中熟、抗病、耐热、优质的扁圆球类型的秋冬甘蓝品种。与此同时，应时刻关注市场变化，根据生产和市场需求确立一些新的育种目标：主要包括适于高海拔、高纬度栽培的耐裂球、耐贮运、抗病（特别是抗黑腐病、枯萎病、根肿病）、优质的中早熟圆球类型或中熟扁球类型甘蓝品种；适于中原地区露地越冬栽培的耐寒性强的扁球或近圆球类型甘蓝品种；适于东部地区秋冬栽培鲜食或脱水加工用的叶球深绿色、绿叶层多的扁球类型甘蓝品种等。此外，还应有目的地了解国外市场需求，培育适应某些特定国家或地区需求的甘蓝品种，提高我国甘蓝品种在国际市场上的占有率。

第二节　甘蓝育种途径

甘蓝是典型的异花授粉作物，具有明显的杂种优势，因此可以通过引种与选种、杂交育种、杂种优势育种等常规方法以及远缘杂交育种、诱变育种、生物技术育种等辅助手段进行新品种培育。

一、引种和选种

引种是指从其他地区或国家引进新品种、品系或各种资源材料（包括种质资源），它们是育种工作的基础。对引进的资源材料要进行信息登记，包括材料名称、类型、特征特性、引进时间、从何处引进等，随后要进行田间及实验室鉴定，详细记载其特征特性，并对其遗传性状进行评价，选择优良材料用于育种。据统计，中国农业科学院蔬菜花卉研究所甘蓝育种课题组 1991—2010 年从美国、日本、荷兰、俄罗斯等 20 余个国家引进甘蓝种质资源 1 479 份次。在这些种质资源中，很多是这些国家的种子企业或科研、教学单位最新育成的优良一代杂种或常规品种，既有抗黑腐病、抗枯萎病、耐寒、耐热、耐裂球、品质优异的品种，也有珍贵的原始育种材料，如改良的 Ogura 萝卜胞质雄性不育材料 CMS R_3 625 等，丰富了我国甘蓝种质资源库，促进了甘蓝抗病、抗逆、优质育种的发展。

选种又称选择育种，指对现有品种中出现的自然变异进行性状鉴定，并通过单株选择或集团选择等方法培育出新品系或新品种。选种除直接用于新品种的选育外，还普遍应用于各种目标性状的自交系/自交不亲和系与雄性不育系的选育。因此，选种是育种的最基本途径之一。例如，图 4-1 中的"01-20"和图 4-2 中的"21-3"是通过多代连续自交、定向选择的方法育成的两个甘蓝骨干自交系，其中，01-20 来自国外引进品种北京早熟，21-3 来自上海地方品种黑叶小平头。利用这两个骨干系做亲本已分别育成十几个甘蓝新品种。

二、杂交育种

杂交育种是指根据育种目标选择适当的亲本进行杂交，实现不同基因型的组合，再在

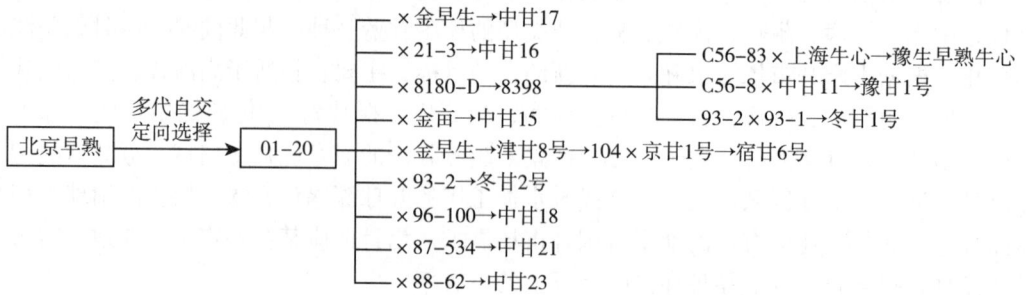

图 4-1　骨干亲本"01-20"的来源及利用

（王庆彪等，2013）

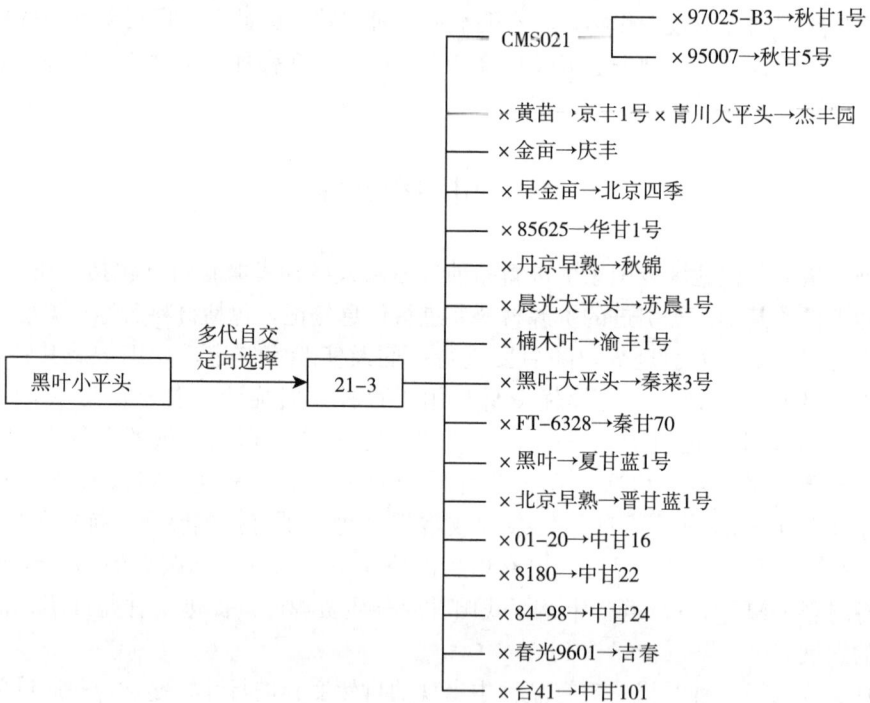

图 4-2　骨干亲本"21-3"的来源及利用

（王庆彪等，2013）

杂交种的分离世代中进行连续选择和纯化，获得遗传性状基本稳定的新品系/新品种的育种方法。通过杂交育种，不仅能获得结合了亲本优良性状于一体的新类型，还有可能获得由于基因互作而产生超亲遗传的新类型。

　　在甘蓝育种中，杂交育种主要应用于创造新的育种材料，育成一代杂种的优良自交系（自交不亲和系、自交亲和系）。例如用晚熟、高抗 TuMV 和黑腐病的黑叶大平头（7220-2-5）与较早熟、不抗病的黑叶小平头（7221-3）进行杂交，再经过多代鉴定选择，获得较早熟、抗 TuMV 和黑腐病的优良自交系 23202-1（图 4-3）。

1966年 华北地方品种"黑叶大平头"　　　　　上海地方品种"黑叶小平头"

　　　　　　│6代自交　　　　　　　　　　　　│6代自交
　　　　　　│单株选择　　　　　　　　　　　　│单株选择
　　　　　　↓　　　　　　　　　　　　　　　　↓

1972年　　稳定自交系7220-2-5　　　　　　稳定自交系7221-3
　　　　　（晚熟、高抗TuMV和黑腐病）　　　（较早熟、不抗病）

　　　　　　　　⊗　　　　　　　　　⊗

1982年　　　　　7220-2-5×7221-3

　　　　　　　　│5代自交
　　　　　　　　│单株选择
　　　　　　　　↓

1987年　　　　稳定自交系23202-1
　　　　　（较早熟、高抗TuMV和黑腐病）

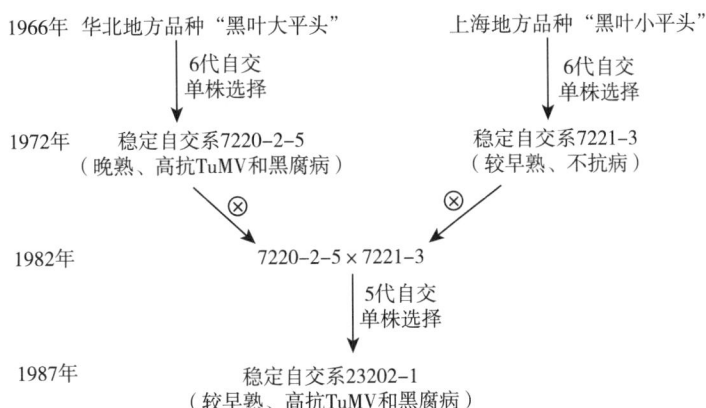

图 4-3　优良自交系 23202-1 的选育过程

三、回交育种

将供体的目标性状通过回交导入受体的育种方法称为回交育种，受体即轮回亲本一般为综合性状优良的育种材料，仅欠缺一两个目标性状，可以通过回交从供体即非轮回亲本获得，从而得到具有目标性状的优良育种材料。回交育种具有预见性强、回交后代所需群体小、育种年限短等特点。目前在甘蓝育种上主要应用于雄性不育系的转育和品种抗病性改良等方面。例如，中国农业科学院蔬菜花卉研究所甘蓝育种团队以显性核基因雄性不育材料 DGMS 79-399-3 为不育源，通过连续回交转育，获得 DGMS 01-216（01-216Ms）等可实际应用的优良显性雄性不育系（图 4-4），并利用其培育出中甘 17、中甘18、中甘 21 等优良甘蓝新品种；以改良萝卜胞质甘蓝不育系 Ogura CMS R_3 为不育源，通过回交转育获得 CMS 87-534、CMS 96-100 等应用前景良好的甘蓝胞质雄性不育系，并利用其培育出中甘 22、中甘 192、中甘 96 等优良甘蓝新品种。此外，为了将枯萎病抗性基因转育到甘蓝骨干亲本中，该团队以抗病 DH 系 D134 为抗性供体亲本，结合标记筛选通过回交的方式将枯萎病抗性成功转育到骨干亲本 01-20 中，获得高抗枯萎病亲本YR01-20，并成功培育出 YR 中甘 21 等优良抗病品种。

四、杂种优势育种

杂种优势一般是指杂交种在生长势、产量、抗病性、抗逆性、品质等方面优于双亲或某一亲本的现象。甘蓝具有较强的杂种优势，因此当今世界上的甘蓝育种方法主要是杂种优势育种，甘蓝生产上应用的品种几乎全部为一代杂种。甘蓝杂种优势育种一般包括种质资源的收集、纯化，育成纯合自交系（自交不亲和系、自交亲和系）、雄性不育系，配合力测定，获得优良组合，区域性试验，F_1 种子生产及示范推广等程序。甘蓝杂种优势育种生产 F_1 种子主要有自交不亲和系和雄性不育系两种途径。

自交系是由一个单株经过连续数代自交和严格选择而产生的性状整齐一致、基因型纯

1991年　79-399-3显性雄性不育材料敏感不育株 $Msms^{+-}$ × 01-216

1992年　　　　　　　　　F_1不育株 $Msms^-$ × 01-216

1993年　　　　　　　　　BC_1不育株 $Msms^-$ × 01-216

1994年　　　　　　　　　BC_2不育株 $Msms^-$ × 01-216

1995年　　　　　　　　　BC_3不育株 $Msms^-$ × 01-216

1996年　　　　　　　　　BC_4不育株 $Msms^-$ × 01-216

1997年　　　　　　　BC_5敏感不育株 $Msms^{+-}$

1998年　　　　　　纯合显性不育株 $MsMs$ × 01-216

1999年　　　　　　显性不育株 DGMS 01-216

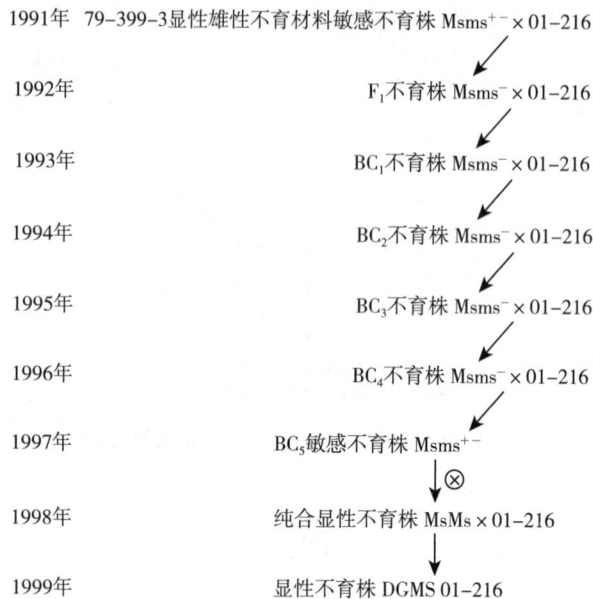

图 4-4　甘蓝显性核基因雄性不育系 DGMS 01-216 的选育过程

注：$MsMs$ 为显性纯合不育基因型；$Msms^-$ 为显性杂合不育基因型；$Msms^{+-}$ 为显性杂合不育基因型敏感株。

合、遗传性稳定的自交后代系统。优良自交系的选育是甘蓝杂种优势利用的关键环节。自交不亲和性是指两性花植物的雌雄性器官正常，不同基因型的株间授粉能正常结实，但花期自交不能结实或结实率极低的现象，是植物阻止自体受精、预防近亲繁殖和保持竞争优势的重要机制。自交不亲和性在甘蓝中广泛存在，经多代连续自交选育可以获得稳定遗传的自交不亲和系。20 世纪 70 年代，自交不亲和系选育与利用技术获得突破，大大促进了甘蓝杂种优势的利用。用自交不亲和系配制杂种一代时，每年需大量扩繁作为亲本的自交不亲和系，故自交不亲和系的有效繁殖是制种的关键。繁殖自交不亲和系的主要难题是克服其自交不亲和性。目前，蕾期自交是克服自交不亲和性的最有效方法。利用自交不亲和系生产一代杂种时，应选用正反交杂种优势都强的组合，这样的组合正反交种子均可利用，种子产量高。在 21 世纪之前，生产上使用的一代杂种，绝大多数都是用自交不亲和系配制的，如京丰一号（图 4-5）、西园 4 号、春丰等。

　　但是自交不亲和系的利用存在一定的缺陷：一是杂交种的杂交率难以达到 100%，特别是双亲花期不遇时，杂交率更低；二是自交不亲和系靠人工蕾期自交授粉繁殖成本高；三是长期连续自交繁殖容易发生自交退化等。而利用雄性不育系制种能够克服自交不亲和系制种的弊端。雄性不育是指两性花植物的雄性器官发生退化或丧失功能的现象，在植物界普遍存在。21 世纪初，甘蓝显性核基因雄性不育系、改良萝卜胞质甘蓝雄性不育系选育技术相继获得成功。与自交不亲和系相比，用雄性不育系生产杂交种有明显的优点：一是杂交种的杂交率一般可达 100%；二是杂交种的父本及雄性不育系的保持系均可用自交亲和系，可在隔离条件下用蜜蜂授粉繁殖，降低种子生产成本。

　　中国农业科学院蔬菜花卉研究所甘蓝育种团队发现了国内外首例甘蓝显性核基因雄性

母本：自交不亲和系7221-3　　　　　　父本：自交不亲和系7224-5-3

1966年　上海地方品种黑叶小平头　　　1971年　　7224

　　　　　　↓ 6代自交　　　　　　　1972年　　7224-5 ⊗
　　　　　　单株选择

1972年　　　7221-3　　　　　　　　1973年　　7224-5-3 ⊗

1973年　　　　　　　7221-3 × 7224-5-3

　　　　　　　　　　田间配合力测定

　　　　　　　　　　田间品种比较

　　　　　　　试验示范，定名：京丰一号

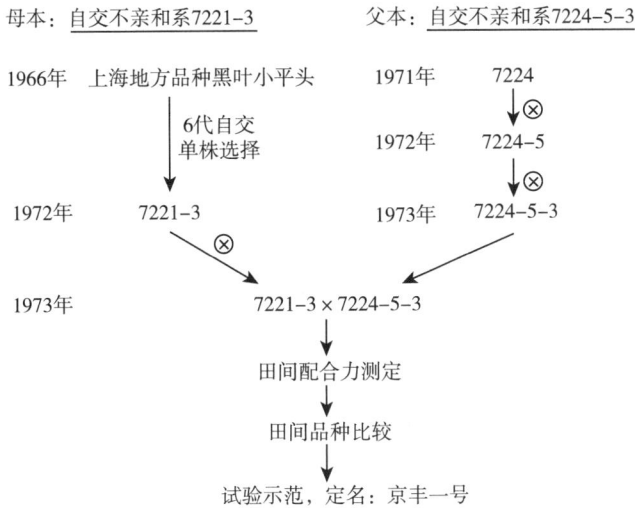

图 4-5　京丰一号选育系谱图

不育源，并创建了甘蓝显性雄性不育系育种技术体系：根据甘蓝显性雄性不育的遗传特性（低温诱导可产生微量花粉），采用连续回交选育的方法，以性状优良、配合力强的甘蓝自交系作父本进行显性雄性不育系的转育，经过连续回交、自交及测交等程序，结合分子标记辅助选择，创制出不同类型的纯合显性雄性不育株；纯合显性雄性不育株采用组织培养的方法进行扩繁，获得纯合显性雄性不育系；以纯合显性雄性不育系为母本与回交父本（即保持系）进行杂交，获得显性雄性不育系。通过对选育出的显性雄性不育系的农艺性状、配合力、育性等进行鉴定，从中筛选出 DGMS 01-216、DGMS 02-6 等雄性不育性稳定、配合力优良的显性雄性不育系。与此同时，该团队率先建立起用自交亲和系转育获得优良 CMS R_3 胞质雄性不育系的选育技术：以雄性不育性稳定、经济性状及开花结实性状良好的细胞质雄性不育源 CMS R_3 625 和 CMS R_3 629 为母本，以性状优良、配合力强的自交亲和系为父本进行甘蓝细胞质雄性不育系的转育，经 6 个世代的连续回交，获得 CMS 02-6、CMS 87-534、CMS 8180、CMS 96-100 等多个优良的甘蓝 Ogura CMS 系。该团队利用获得的优良显性雄性不育系和胞质雄性不育系培育出中甘 21、中甘 192、中甘 17、中甘 18、中甘 96、中甘 101 等多个突破性甘蓝新品种并大面积推广应用，规模化制种杂种杂父率 100%，比用自交不亲和系制种提高 8%～10%，实现了甘蓝杂交制种由自交不亲和系到雄性不育系的重大变革，显著提升了我国甘蓝育种水平。以上成果获 2014 年国家科技进步二等奖。

五、远缘杂交育种

远缘杂交一般是指植物分类学上不同种、属的植物间进行的杂交，它在一定程度上打破了物种间的界限，把不同植物的特有性状结合于同一个体中。在甘蓝中，远缘杂交育种主要应用于从其他作物引入一些特殊性状创制新的育种材料。例如，为了将白菜中的抗根肿病基因导入甘蓝,中国农业科学院蔬菜花卉研究所和西南大学等单位利用抗根肿病白菜与甘蓝进行远缘杂交,再通过回交获得了携带大白菜抗病位点 *CRa* 和 *CRb* 的抗性材料。此外,中国农业科学院蔬菜花卉研究所甘蓝育种团队利用远缘杂交技术,将甘蓝型油菜中的 Ogura CMS 育性恢复基因成功导入甘蓝,创制出甘蓝育性恢复材料"16Q2 - 11",从而打破了国外利用 Ogura CMS 对优异基因资源的垄断,为优异 Ogura CMS 资源的挖掘与利用提供了有力的技术支撑。

六、生物技术育种

生物技术是农业科技领域中具有引领性和颠覆性的战略高新技术。近年来,生物技术在提高育种效率、改良作物品质、提升作物抗性等方面发挥了重要作用。目前在甘蓝育种上应用的生物技术主要有细胞工程、基因工程和分子标记技术等。

(一) 细胞工程育种

1. 组织培养和胚培养 在甘蓝育种过程中,有些种子或植株数量较少的珍贵材料,常常因为种种原因而丢失,使育种工作受到影响。从 20 世纪 80 年代开始,国内相关育种单位开展了组织培养的研究工作,目前已建立起成熟的甘蓝组织培养体系,一般是在甘蓝抽薹开花后,取带有营养芽的茎段消毒后接种于特定培养基中,可实现对重要材料的保存和快速扩繁。例如,甘蓝显性核基因雄性不育系的利用过程中,纯合不育株无法通过种子繁殖,但通过取带有营养芽的茎段进行组培扩繁可以满足大规模雄性不育制种的需要(方智远等,2004)。

远缘杂交可以突破种属界限,扩大遗传变异,从而创造新的种质资源。但远缘杂交普遍存在早期胚败育现象,很难或无法得到杂交种子。而采用幼胚培养,将败育之前的幼胚从母体剥离出来,进行离体培养可获得杂交苗,达到远缘杂交的目的。Bannerot 等 (1974) 通过有性杂交结合胚培养将萝卜 Ogura CMS 的不育性状转移到甘蓝中,获得了 Ogura CMS R_1。

2. 小孢子培养 游离小孢子培养技术是在花药培养的基础上发展而来的一种单倍体诱导技术,减少了花药壁对培养结果的影响,培养出的单倍体植株经自然加倍或者秋水仙素诱导加倍形成纯合的双单倍体植株 (double haploid,DH)。传统的育种方法周期长,需耗费大量的人力物力才能得到稳定自交系。而通过小孢子培养技术可以快速得到单倍体 (haploid) 植株,再经过自然加倍或人工加倍成 DH 系,从而可大大缩短育种周期。自 Lichter (1989) 成功得到甘蓝游离小孢子再生植株后,中国学者陆续对甘蓝小孢子培养影响因素及培养体系优化等进行了研究,目前已建立起成熟的甘蓝小孢子培养技术体系。

20 世纪 90 年代以来,多家单位都通过游离小孢子培养获得了甘蓝纯系。例如,河南省农业科学院园艺研究所的张晓伟等 (2001,2008) 利用小孢子培养技术获得 C57 - 11、C95 - 16、CF - 4 等优良 DH 系,并育成甘蓝新品种豫生 1 号和豫生 4 号。中国农业科学院蔬菜花卉研究所甘蓝育种团队利用小孢子培养获得 D77、D83、D134、DH181 等一系列优良 DH 系,育成甘蓝新品种中甘 27、中甘 28、中甘 D22 等。

3. 原生质体融合 远缘杂交能一定程度上突破种属界限,但仅限于亲缘关系不太远的物种之间。而有些物种亲缘关系较远，无法通过胚培养获得杂交后代。因此，原生质体融合就成为转移属间目标性状的重要手段。原生质体融合又称体细胞杂交，是将植物不同种、属，甚至科之间的原生质体通过人工方法诱导融合，然后进行离体培养，使其再生杂种植株的技术。甘蓝 Ogura 细胞质雄性不育的改良就是原生质体融合在甘蓝育种中成功应用的典型案例。由于 Ogura CMS R_1 的细胞质全部为萝卜胞质，转到甘蓝中后具有苗期低温黄化、叶绿素含量低等缺陷，因此，Walters 等（1992）采用 Ogura CMS R_1 和花椰菜的原生质体进行非对称融合，成功将原不育系的萝卜叶绿体与花椰菜的叶绿体进行重组整合，获得 Ogura CMS R_2；Asgrow 公司在 Ogura CMS R_2 基础上，进一步通过原生质体非对称融合对该不育系的线粒体进行了重组整合，融合了青花菜线粒体，减少了萝卜线粒体的比例，获得目前被广泛应用的优良雄性不育源 Ogura CMS R_3。

（二）分子标记辅助育种

分子标记是一种以生物大分子物质核酸的多态性为基础的遗传标记，包括传统的 RFLP、RAPD、SSR、AFLP 标记以及近年来更为高效的 SNP、InDel 标记等，具有数量多、多态性好、不易受干扰、不影响目标性状表达等优点。结球甘蓝"JZS""D134" "OX - heart 923"等全基因组序列的公布为重要性状分子标记开发提供了重要参考。分子标记辅助育种就是利用与目标基因/性状紧密连锁的分子标记完成对目标性状的选择。通过分子标记辅助育种可以实现对基因型进行直接选择和有效聚合，省去了繁杂的表型选择过程，仅需在最后育种阶段进行田间表型鉴定，从而达到提高育种效率的目的。

近年来，在基因定位/克隆的基础上，我国甘蓝育种科研人员开发了与雄性不育、耐未熟抽薹、抗枯萎病、抗根肿病等重要性状紧密连锁的分子标记，通过常规育种结合分子标记辅助选择，已鉴定和创制出一批抗病、抗逆、优质的核心种质资源。例如，中国农业科学院蔬菜花卉研究所甘蓝育种团队针对甘蓝抗枯萎病基因 *FOC1*、抗黑腐病基因 *Borb1* 和抗根肿病基因 *CRa* 开发了连锁分子标记以及全基因组背景选择标记，通过回交转育，结合前景和背景标记选择，同时结合田间农艺性状调查和抗性水平鉴定，获得了一批优异的抗病育种材料，部分材料可抗 2 种以上病害。

随着甘蓝高质量基因组的公布，挖掘全基因组序列变异信息，建立基于 SNP 芯片的全基因组标记选择技术和基于关联分析的全基因组功能基因挖掘技术，有望在较短时间内大大提高我国甘蓝功能基因标记开发的效率和水平。例如，抗病基因的转育可以缩短到只要 3 个世代，而且可以同时针对多个基因进行选择，达到分子聚合育种的目的，将推动我国甘蓝由传统的"经验育种"向高效的"精准育种"的转变。

（三）基因工程育种

1. 转基因 转基因技术作为传统植物基因工程育种的核心技术，能够将具有特定遗传属性的目标基因经过人工分离、重组后导入并整合到植物的基因组中，从而改善植物原有性状或赋予其新的优良性状。目前，将目标基因导入植物的方法主要可分为两大类：一类是基因直接转移技术，包括基因枪法、原生质体法、脂质体法、花粉管通道法、电激转化法、PEG 介导转化方法等，其中基因枪转化法是代表；第二类是生物介导的转化方法，主要有农杆菌介导和病毒介导两种转化方法，其中农杆菌介导的转化方法操作简便、成本低、转化率高，广泛应用于双子叶植物的遗传转化。

关于甘蓝转基因的研究报道首次发表于 1985 年，自此之后的 30 多年间，我国科研人员进行了大量的甘蓝遗传转化研究，建立了高效的农杆菌介导的甘蓝遗传转化体系。20世纪 90 年代以来，我国甘蓝转基因育种研究主要集中在抗虫方面，应用较多的抗虫基因是苏云金芽孢杆菌杀虫晶体蛋白（Bt）基因。通过农杆菌介导的遗传转化，中国农业科学院蔬菜花卉研究所甘蓝育种团队将 Bt 毒蛋白基因 *cry1Ac*、*cry1Ia8*、*cry1Ba3* 等成功导入到甘蓝中，单价及二价转基因株系对小菜蛾表现出明显的毒杀作用（图 4-6）。

图 4-6　转 Bt 基因甘蓝抗虫性鉴定
A. C 转 Bt 基因甘蓝　B. 非转基因甘蓝

2. 基因编辑　基因编辑技术是可以精确地对生物体基因组特定目标基因进行修饰的一种基因工程技术。目前，应用最多的基因编辑系统是成簇规律间隔的短回文重复序列及其相关系统（clustered regularly interspaced short palindromicrepeats/CRISPR‐associated 9，CRISPR/Cas9）。该系统通过向导 RNA（single guide RNA，sgRNA）与靶基因互补配对，再利用 Cas9 蛋白切割 sgRNA 互补配对的核苷酸序列，引起 DNA 双链断裂，然后通过非同源性末端接合（Non‐homologous end joining，NHEJ）的方式进行断裂修复，从而引入碱基插入、缺失、替换等突变。利用该技术对植物进行定点编辑修饰后，在当代就可获得纯合植株，通过自交或回交的方法即可剔除外源载体序列，使编辑后的植株与自然变异或人工诱变产生的突变体植株没有本质区别。通过 CRISPR/Cas9 系统诱导基因突变来提高作物产量、改良品质、增强植物对生物和非生物胁迫的耐受性等，已经在植物中得到广泛应用。2022 年 1 月 24 日，农业农村部制定发布了《农业用基因编辑植物安全评价指南（试行）》，主要针对没有引入外源基因的基因编辑植物，依据可能产生的风险申请安全评价，从而将基因编辑这项革命性的技术纳入有效管理，为基因编辑产业化的应用指明了方向。

Lawrenson 等（2015）首次报道了利用 CRISPR/Cas9 对甘蓝赤霉素合成相关基因 *BolC. GA4* 定点诱变，诱变植株表现出矮化表型。之后，中国农业科学院蔬菜花卉研究所和西南大学等科研人员进一步完善了甘蓝 CRISPR/Cas9 基因编辑技术体系，完成甘蓝八氢番茄红素脱氢酶基因 *BoPDS*、雄性不育相关基因 *MS1*、自交不亲和基因 *BoSRK*、蜡质合成基因 *BoCER1*、单倍体诱导基因 *BoDMP9* 等的定点编辑，获得相应的雄性不育系、自交亲和系、叶色亮绿材料和单倍体诱导系等，为甘蓝优异种质创制和品种培育提供了重要的技术支撑。

◆ 主要参考文献

崔磊，杨丽梅，刘楠，等，2009. Bt *cry1 Ia8* 抗虫基因对结球甘蓝的转化及其表达 [J]. 园艺学报，36 (8)：1161 - 1168.

崔慧琳，李志远，方智远，等，2019. 结球甘蓝自交系 YL - 1 的高效遗传转化体系的建立及应用 [J]. 园艺学报，46 (2)：345 - 355.

方智远，1973. 甘蓝自交不亲和系的选育和利用 [J]. 农业科技通讯 (6)：28.

方智远，刘玉梅，1993. 结球甘蓝遗传育种研究及展望 [M] //21 世纪中国农业科技展望. 济南：山东科学技术出版社.

方智远，刘玉梅，杨丽梅，等，2004. 甘蓝显性核基因雄性不育与胞质雄性不育系的选育及制种 [J]. 中国农业科学 (5)：717 - 723.

方智远，刘玉梅，杨丽梅，等，2007. 雄性不育系配制的甘蓝新品种及其繁育技术 [J]. 长江蔬菜 (11)：32 - 34.

方智远，孙培田，刘玉梅，1983. 甘蓝杂种优势利用和自交不亲和系选育的几个问题 [J]. 中国农业科学 (2)：51 - 61.

方智远，孙培田，刘玉梅，等，1997. 甘蓝显性雄性不育系的选育及利用 [J]. 园艺学报，24 (3)：249 - 254.

方智远，孙培田，刘玉梅，等，2001. 几种类型甘蓝雄性不育的研究与显性不育系的利用 [J]. 中国蔬菜 (1)：6 - 10.

孔枞枞，2019. 甘蓝黑腐病抗源筛选和抗性遗传分析及 QTL 定位 [D]. 北京：中国农业科学院.

孔枞枞，2022. 甘蓝黑腐病菌 1 号生理小种抗性基因的精细定位和分析 [D]. 北京：中国农业科学院.

刘星，2017. 甘蓝抗枯萎病基因 *FOC1* 的功能分析与抗病材料的快速创制 [D]. 北京：中国农业科学院.

吕红豪，方智远，杨丽梅，等，2011. 甘蓝枯萎病抗源材料筛选及抗性遗传研究 [J]. 园艺学报，38 (5)：875 - 885.

宁宇，2019. 甘蓝根肿病抗源筛选、抗病基因定位及抗性机理研究 [D]. 北京：中国农业科学院.

彭丽莎，周俐利，任雪松，等，2016. 用胚挽救法创建甘蓝×大白菜抗根肿病新材料 [J]. 植物保护学报，43 (3)：419 - 426.

苏贺楠，2020. 甘蓝游离小孢子培养及胚胎发生相关基因研究 [D]. 长沙：湖南农业大学.

苏贺楠，韩风庆，杨丽梅，等，2018. 结球甘蓝小孢子培养条件优化及高代自交系胚状体诱导研究 [J]. 中国蔬菜 (4)：30 - 36.

王庆彪，方智远，杨丽梅，等，2013. 中国甘蓝育成品种系谱分析 [J]. 园艺学报，40 (5)：869 - 886.

王神云，吴强，王红，等，2016. 结球甘蓝根肿菌鉴定和种质抗性评价 [J]. 植物遗传资源学报，17 (6)：1123 - 1132.

杨丽梅，方智远，2022. 中国甘蓝遗传育种研究 60 年 [J]. 园艺学报，49 (10)：2075 - 2098.

杨丽梅，方智远，刘玉梅，等，2003. 利用小孢子培养选育甘蓝自交系 [J]. 中国蔬菜 (6)：36 - 37.

杨丽梅，方智远，刘玉梅，等，2011. 抗枯萎病耐裂球秋甘蓝新品种'中甘 96'[J]. 园艺学报，38 (2)：397 - 398.

杨丽梅，方智远，刘玉梅，等，2011. "十一五"我国甘蓝遗传育种研究进展 [J]. 中国蔬菜 (2)：1-10.

杨丽梅，方智远，庄木，等，2016. "十二五"我国甘蓝遗传育种研究进展 [J]. 中国蔬菜 (11)：1-6.

杨丽梅，方智远，张扬勇，等，2021. "十三五"我国甘蓝遗传育种研究进展 [J]. 中国蔬菜 (1)：15-21.

严慧玲，方智远，刘玉梅，等，2007. 甘蓝显性雄性不育材料 DGMS79-399-3 不育性的遗传效应分析 [J]. 园艺学报，34 (1)：93-98.

张晓伟，高睦枪，耿建峰，等，2001. 利用游离小孢子培养育成早熟春甘蓝新品种'豫生1号' [J]. 园艺学报，28 (6)：577-582.

张晓伟，姚秋菊，蒋武生，等，2008. 利用游离小孢子培养技术育成甘蓝新品种'豫生4号' [J]. 园艺学报，35 (7)：1090.

张恩慧，马英夏，杨安平，等，2012. 甘蓝小孢子培养中花蕾长度与细胞单核期的关系 [J]. 西北农业学报，21 (6)：124-128.

朱明钊，2022. 甘蓝抗根肿病 QTL 精细定位与抗病材料创制 [D]. 南京：南京农业大学.

Bannerot H，Boulidard L，Canderon Y，et al.，1974. Transfer of cytoplasmic male sterility from *Raphanus sativus* to *Brassica oleracea* [J]. Eucarpia Cruciferae Newsletter，1：52-54.

Cai X，Wu J，Liang J，et al.，2020. Improved Brassica oleracea JZS assembly reveals significant changing of LTR-RT dynamics in different morphotypes [J]. Theoretical and Applied Genetics，133：3187-3199.

Cao W X，Dong X，Ji J J，et al.，2021. *BoCER1* is essential for the synthesis of cuticular wax in cabbage (*Brassica oleracea* L. var. *capitata*) [J]. Scientia Horticulturae，277：109801.

Gao Y B，Zhang Y，Zhang D，et al.，2015. Auxin binding protein 1 (ABP1) is not required for either auxin signaling or *Arabidopsis* development [J]. Proceedings of the National Academy of Sciences of the United States of America，112：2275-2280.

Guo N，Wang S，Gao L，et al.，2021. Genome sequencing sheds light on the contribution of structural variants to *Brassica oleracea* diversification [J]. BMC Biology，19：93.

Kleinstiver B P，Prew M S，Tsai S O，et al.，2015. Engineered CRISPR-Cas9 nucleases with altered PAM specificities [J]. Nature，523：481-485.

Lawrenson T，Shorinola O，Stacey N，et al.，2015. Induction of targeted，heritable mutations in barley and *Brassica oleracea* using RNA-guided Cas9 nuclease [J]. Genome Biology，16：258.

Lichter R，1989. Efficient yield of embryoids by culture of isolated microspores of different *Brassicaceae* species [J]. Plant Breeding，103：119-123.

Liu X，Han F Q，Kong C，et al.，2017b. Rapid introgression of the *Fusarium* wilt resistance gene into an elite cabbage line through the combined application of a microspore culture，genome background analysis，and disease resistance specific marker assisted selection [J]. Frontiers in Plant Science，8：354.

Lv H，Fang Z，Yang L，et al.，2014b. Mapping and analysis of a novel candidate *Fusarium* wilt resistance gene *FOC1* in *Brassica oleracea* [J]. BMC Genomics，15：1094.

Lv H，Wang Q，Yang L，et al.，2014a. Breeding of cabbage (*Brassica oleracea* L. var. *capitata*) with fusarium wilt resistance based on microspore culture and marker-assisted selection [J]. Euphytica，200 (3)：465-473.

Lv H，Wang Y，Han F，2020. A high-quality reference genome for cabbage obtained with SMRT reveals novel genomic features and evolutionary characteristics [J]. Scientific Reports，10：12394.

Ma C F，Zhu C Z，Zheng M，et al.，2019. CRISPR/Cas9-mediated multiple gene editing in *Brassica oleracea* var. *capitata* using the endogenous tRNA-processing system [J]. Horticulture Research，6：20.

Peng L S, Zhou L L, Li Q F, et al., 2018. Identification of quantitative trait loci for clubroot resistance in *Brassica oleracea* with the use of *Brassica* SNP microarray [J]. Frontiers in Plant Science, 9: 822.

Ren W, Li Z, Han F, et al., 2020. Utilization of Ogura CMS germplasm with the clubroot resistance gene by fertility restoration and cytoplasm replacement in *Brassica oleracea* L [J]. Horticulture Research, 7: 61.

Walters T W, Mutschler M A, Earle E D. 1992. Protoplast fusion–derived Ogura male–sterile cauliflower with cold tolerance [J]. Plant Cell Reports, 10: 624–628.

Yi D X, Cui L, Wang L, et al., 2011. Transformation of cabbage (*Brassica oleracea* L. var. *capitata*) with Bt *cry1Ba3* gene for control of diamondback moth [J]. Agricultural Sciences in China, 10 (11): 1693–1700.

Yi D X, Cui L, Wang L, et al., 2013. Pyramiding of Bt *cry1Ia8* and *cry1Ba3* genes into cabbage (*Brassica oleracea* L. var. *capitata*) confers effective control against diamondback moth [J]. Plant Cell Tissue and Organ Culture, 115 (3): 419–428.

Yu H L, Fang Z Y, Liu Y M, et al., 2016. Development of a novel allele–specific *Rfo* marker and creation of Ogura CMS fertility restored interspecific hybrids in *Brassica oleracea* [J]. Theoretical & Applied Genetics, 129 (8): 1625–1637.

Zhao X, Yuan K, Liu Y, et al., 2022. In vivo maternal haploid induction based on genome editing of DMP in *Brassica oleracea* [J]. Plant Biotechnology Journal, 20: 2242–2244.

（杨丽梅　季家磊）

第五章

甘蓝主要性状遗传规律

.... [中 国 结 球 甘 蓝]

结球甘蓝为十字花科芸薹属异花授粉作物，利用自交系（inbred line）或双单倍体系（doubled haploid，简称 DH）配制杂种一代品种具有杂种优势。植物中杂交种的性状表现是由父母双亲的基因表达和外界环境调控共同决定的，但双亲的遗传基础起主导作用。结球甘蓝杂种优势来源于父母双亲等位基因的显性效应和非等位基因间加性效应叠加作用的结果。因而，明确和掌握结球甘蓝主要性状遗传规律对选育杂种一代品种显得尤为重要。至今，前人研究已揭示了结球甘蓝部分性状基因的遗传规律，但不同研究方法和选材差异，其性状遗传表现结果各有异同。

第一节 结球甘蓝植株性状

一、植株高度

结球甘蓝植株高度是指植株生长的地表面距离植株最高位置点的高度，简称株高。多项研究表明，结球甘蓝的植株高度为多基因控制的显性遗传，矮株与高株杂交 F_1 多为高株，高株为显性（表 5-1）。

Pease（1926）利用结球甘蓝与球茎甘蓝杂交，证明矮因子（t）相对于高因子（T）为隐性遗传。

Kwan（1934）研究认为，结球甘蓝株高性状是由多个基因控制的显性遗传。Wallace（1987）研究表明，结球甘蓝的株高由多对基因控制的显性遗传，其遗传力为 54.0%，狭义遗传力为 40.6%。

王万兴等（2013）利用结球甘蓝纯合自交系 01-88 和 02-12 杂交获得 F_1，通过游离小孢子培养获得 DH 群体，分析认为植株高度由 2 对主基因＋多基因控制，主基因遗传力为 59.16%。苏彦宾等（2019）研究表明，结球甘蓝株高性状遗传由 2 对连锁的且具加性-加性×加性上位性主基因＋多基因控制。

表 5-1 结球甘蓝植株高度遗传规律

群体	性状遗传规律	参考文献
结球甘蓝与球茎甘蓝杂交构建的分离群体	单基因显性控制	Pease，1926

（续）

群体	性状遗传规律	参考文献
不同结球甘蓝杂交构建的分离群体	多基因显性控制	Kwan，1934 Wallace，1987
不同结球甘蓝杂交构建的分离群体	2 对主基因＋多基因控制	王万兴等，2013 苏彦宾等，2019

由此可见，结球甘蓝营养生长期的植株高度是由多基因控制的显性遗传，植株高度的遗传在不同品种间有差异。亲本选育中，若选育高植株自交材料需在低世代选择；若选育矮植株自交材料随着自交基因纯合，于高世代选择有望得到。培育高植株的杂种一代品种，至少双亲之一应为高植株自交系。

二、外短缩茎长度

结球甘蓝外短缩茎长度指植株根茎分离处距离叶球底部的距离。根据已有研究结果，结球甘蓝外短缩茎长度的遗传规律主要有两种，其一为 2 对主基因＋多基因控制；其二短茎对长茎为多基因显性或不完全显性控制（表 5-2）。

缪体云等（2008）认为，结球甘蓝外短缩茎长度由 2 对主基因＋多基因控制，主基因的遗传力为 58.62%。王万兴等（2013）认为，结球甘蓝外短缩茎长度性状受 2 对独立的并有显性上位性作用的主基因＋多基因控制，第 1 对主基因的加性效应为－1.07，第 2 对主基因的加性效应为 4.39，主基因＋多基因效应决定了外短缩茎变异的 92.31%。

Wallace（1987）研究表明，结球甘蓝的茎长均是由多对基因控制的显性或不完全显性遗传。

表 5-2　结球甘蓝植株外短缩茎长度遗传规律

群体	性状遗传规律	参考文献
结球甘蓝杂交分离群体	外短缩茎长度受 2 对独立、显性上位性作用的主基因＋多基因控制	缪体云等，2008 王万兴等，2013
	茎长由多对基因显性或不完全显性控制	Wallace，1987

由此得出，结球甘蓝外短缩茎长度性状主要由多基因控制。培育外短缩茎长度短的品种，应尽可能选择外短缩茎长度较短的双亲进行杂交；若培育外短缩茎长度较长的品种，则至少双亲之一为长茎。在育种实践中，若要选育适合机械化生产的品种，应选择外短缩茎长度适当长和粗的品种。

三、开　展　度

结球甘蓝开展度（也称株幅）是指叶球成熟期莲座叶展开的最大幅度。结球甘蓝开展度与植株形态有关，开展型植株开展度较大，直立型植株开展度较小。方荣等（2011）对结球甘蓝的开展度性状进行遗传分析，得出为数量性状控制遗传，开展度从 51.75cm 至 66.20cm，其变异系数为 7.49%，遗传力为 93.05%。王万兴等（2013）研究认为植株开展度由 2 对主基因＋多基因控制，主基因遗传力为 19.56%。

由此可见，结球甘蓝开展度性状是由多基因控制的数量遗传，亲本选育应在自交分离的低世代进行开展度的选择。选配组合时，如要获得开展度相对较小的杂种一代，需选择开展度较小的双亲。

四、叶　色

结球甘蓝叶色主要分为绿色、深绿色、灰绿色、黄绿色和紫（红）色。研究得出结球甘蓝叶色的遗传主要有两种：紫色相对于绿色为不完全显性或显性，绿色相对于黄绿色为显性（表 5-3）。

表 5-3　结球甘蓝叶色遗传规律

群体	性状遗传规律	参考文献
紫甘蓝与绿甘蓝、羽衣甘蓝、青花菜等杂交构建的分离群体	紫色对绿色为不完全显性或显性	Wiegmann，1828 Pease，1926 Allgayer，1928 鲁玉妙等，1999
结球甘蓝叶色黄化突变体（YL-1）与绿色叶（01-20）杂交构建的分离群体	黄绿由一个隐性核基因控制，命名为 $ygl-1$	刘小萍等，2017
红（紫）甘蓝与绿甘蓝杂交构建的分离群体	叶色由几个基因相互作用决定	Kristofferson，1924 Magruder 和 Myers，1933 Sampson，1967 Wiile，1973

Wiegmann（1828）与 Pease（1926）利用不同材料研究均发现，结球甘蓝叶片的紫色性状相对于绿色性状为不完全显性。Allgayer（1928）采用紫甘蓝与绿色羽衣甘蓝杂交，发现紫色叶片性状由命名为 P 的显性基因控制，基因杂合状态下导致绿色叶子呈现紫色叶脉。鲁玉妙等（1999）通过青花菜与紫甘蓝杂交的组合，研究认为结球甘蓝紫色对绿色为不完全显性。

刘小萍等（2017）选用结球甘蓝叶色黄化突变体 YL-1（P_1）和正常绿色叶自交系 01-20（P_2）为亲本，构建六世代群体，研究表明黄绿叶是由 1 个隐性的核基因控制，命名为 $ygl-1$。

Kristofferson（1924）通过红色结球甘蓝和绿色结球甘蓝杂交试验，发现叶片颜色是由几个基因的相互作用决定：单独的基因 A 没有作用（绿叶），但与基因 D 结合产生红色叶；单独的基因 B 产生具有浅红色中脉的叶子，而与基因 A 组合时产生具有深紫色中脉的叶子；单独的基因 C 是无色的，但与基因 A 组合产生具有深紫色中脉的叶子；基因 E

的存在使得叶子上的深紫色区域得到扩大；基因 B 和 C 组合时表型与单独基因 B 的表型相同。据此推测出，绿色结球甘蓝的基因型是 $Dabce$，红色结球甘蓝的基因型是 $daBCE$。Magruder 和 Myers（1933）研究并提出了假说，即结球甘蓝植株颜色的性状是由被称为 M 和 S 的两个基因控制的，基因型是 $S\_M\_$（紫色）、$S\_m\_$（向日紫色，仅在植株暴露于太阳光中的那一部分为紫色）、$s\_M\_$（品红色）和 $s\_m\_$（整个植株绿色、浅绿色）。Kwan（1934）利用结球甘蓝一个深紫色品种与红色品种杂交，结果表明结球甘蓝花青苷的性状决定于两个重叠效应的基因（F_2 分离比例为 15 深紫色：1 红色植株），基因命名为 R_1 和 R_2；紫色品种与绿色品种杂交的 F_2 分离比例与两个隐性上位效应基因（9 紫色：3 红色：4 绿色植株）一致；基因 G 代表色素合成，H 代表紫色（红色植株的基因型：G_hh）。Sampson（1967）用了两个互补的显性因子来阐述颜色，认为其在一个基因座上有几个等位基因。基因 A 和 D 一起时产生红色结球甘蓝；单独的基因 B 引起浅红色中脉，与 A 组合时产生暗紫色中脉；基因 C 是无色，但与 A 一起产生深紫色中脉；基因 E 与 B 一起时扩大了深紫色区域范围；基因 C 与单独的 B 效果相同。因此，红色结球甘蓝的基因型是 $DABce$，而浅红色中脉的绿结球甘蓝的基因型是 $daBCE$。这些研究结果表明颜色的遗传具有数量性状属性。Wiile（1973）等通过对结球甘蓝叶色等的研究，得出了一个描述叶色遗传规律及基因符号的目录（表 5-4），认为红色结球甘蓝的花色苷颜色是由几个基因控制的，而且花色苷颜色属数量遗传。以 M 基因形成紫红色，同时 S 基因也产生紫色；一般叶色遗传是紫红色×绿色，F_1 为淡紫红色，F_2 分离为 3 紫红：1 绿或 9 紫红：7 绿或 15 紫红：1 绿，表明紫红色对绿色是由几个基因控制的不完全显性；黄色×绿色，绿色为显性；绿色×深绿色，深绿色为不完全显性。

表 5-4　结球甘蓝叶色遗传规律及基因符号

（Wiile，1973）

叶色基因符号	性状描述
C	花色苷少，隐性对于 A 上位，植株整体花色苷处于抑制状态
A	基本花色苷颜色因子，等位基因系统，强化因子
A^n	着色叶片，红色结球甘蓝中的强化因子
B	只具有浅红色中脉，具有 A 则变深红
G、H	深紫色的倍补因子：GH，阳光色；gH、gh 为绿色
M	紫红色植株颜色
$R-1$	阳光色的倍性因子
$R-2$	需要 G、H 也需要 S 的解调
S	阳光色，参照 G、H、$R-1$ 和 $R-2$

由此可见，结球甘蓝的叶片颜色遗传相对复杂，特别是叶片紫色性状基因遗传规律不同研究结果不同，主要是多个基因相互作用的结果。这可能受到试验材料不同或叶色的色泽制定标准影响，以及与叶片多基因遗传复杂性有关。就单一的黄绿色和绿色叶片选育，黄绿色叶是由 1 个隐性的核基因控制，要获得绿色杂种一代品种，双亲之一为绿色叶片即

可。从绿色和紫色材料杂交后代中选育出纯合紫色材料相对较复杂。

五、蜡　　粉

蜡粉是结球甘蓝叶面覆盖的一层灰白色霜状物，具有防止非气孔的水分散失、病虫害的侵染和太阳辐射的生物学功能，有利于防止植株体内水分过量蒸发、阻挡害虫为害和病原菌入侵等。叶片无蜡粉（也称亮叶），叶面表现明亮、鲜艳、叶脉明显等特征。结球甘蓝无蜡粉的遗传规律研究，多数结果是由 1 对隐性基因控制（表 5 - 5）。

初莲香等（1996）将从普通结球甘蓝迎春品种自交二代群体中发现的迎突-6 和迎突-7 无蜡粉的结球甘蓝分别进行自交和杂交，再将迎突-7 分别与普通结球甘蓝、羽衣甘蓝、抱子甘蓝、皱叶甘蓝等杂交后自交、测交，通过对各 F_1、F_2 及测交后代的表现进行分析，发现无蜡粉的性状是由 1 对隐性纯合基因控制。牟香丽等（2014）对结球甘蓝无蜡粉突变体的叶色性状进行研究，结果表明其为隐性单基因控制。李景涛等（2012）与 Liu 等（2017）以结球甘蓝无蜡粉亮绿材料 10Q - 961 为母本，分别与普通有蜡粉结球甘蓝材料 10Q - 206 和芥蓝材料 M - 36 进行杂交后自交及回交，配制六世代群体，研究 10Q - 961 无蜡粉亮绿性状遗传规律，发现 10Q - 961 无蜡粉亮绿性状为隐性单基因控制遗传。Ji 等（2018）以结球甘蓝无蜡粉亮绿突变体材料 g21 - 3 和普通有蜡粉结球甘蓝 21 - 3 为亲本进行杂交后自交及回交，配制六世代群体，对 g21 - 3 无蜡粉亮绿性状遗传规律分析，发现 g21 - 3 的无蜡粉亮绿性状由 1 对隐性基因控制；同时，其以结球甘蓝无蜡粉亮绿突变体材料 g21 - 3 和 10Q - 961 为亲本进行杂交后自交及回交，配制六世代群体，发现所有 F_1、F_2 及回交后代均表现无蜡粉亮绿性状，表明 g21 - 3 和 10Q - 961 的无蜡粉亮绿性状由相同遗传位点控制。石利朝等（2018）利用牛心甘蓝野生型材料 410W 与蜡粉缺失突变体 410M 进行杂交后自交及回交，配制六世代群体，研究分析蜡粉缺失突变体 410M 的遗传规律，结果表明蜡粉缺失性状为隐性单基因遗传。

Dong 等（2019）以结球甘蓝无蜡粉亮绿突变体材料 CGL - 3 和普通有蜡粉芥蓝 939 为亲本进行杂交、自交及回交，配制六世代群体，对 CGL - 3 无蜡粉亮绿性状遗传规律进行分析，发现 CGL - 3 的无蜡粉亮绿性状由 1 对显性基因控制。Zhu 等（2019）在普通有蜡粉结球甘蓝的高代自交系 G287 中发现 1 份无蜡粉亮绿突变材料 nwgl，以 nwgl 为父本，分别与普通有蜡粉结球甘蓝 G306 和 G274，进行杂交后自交，对获得的 F_1 和 F_2 后代表型进行分析，发现 nwgl 的无蜡粉亮绿性状由 1 对显性基因控制。

表 5 - 5　结球甘蓝植株叶色遗传规律

群体	性状遗传规律	参考文献
结球甘蓝无蜡粉亮叶突变体自交以及与结球甘蓝、羽衣甘蓝、抱子甘蓝、皱叶甘蓝、芥蓝等杂交构建的分离群体	无蜡粉亮绿叶由 1 对隐性纯合基因控制	初莲香等，1996　牟香丽等，2014 李景涛等，2012　Liu 等，2017 Ji 等，2018　石利朝等，2018
结球甘蓝无蜡粉亮叶突变体与芥蓝、结球甘蓝杂交后构建的分离群体	无蜡粉亮绿叶由 1 对显性基因控制	Dong 等，2019　Zhu 等，2019

由此可见，结球甘蓝不同的蜡粉缺失突变体由不同的基因控制，突变体材料多由自然或人工诱导基因突变获得。无蜡粉性状多由 1 对隐性纯合基因控制遗传，缺少蜡粉的保护一般来说是不利于自然生存，但对于特殊观赏和商品性需求的品种培育是有价值的。对于隐性基因控制的无蜡粉性状，培育无蜡粉的亮叶杂种一代品种双亲均需为无蜡粉的亮叶；而对于显性基因控制的无蜡粉性状，培育无蜡粉的亮叶杂种一代品种只需双亲之一为无蜡粉的亮叶即可。

六、叶片形状

结球甘蓝叶片形状，按照叶边缘形状分为全缘叶、裂叶，按照叶面平展性分为平叶（光滑叶）、皱叶。研究结果表明，结球甘蓝全缘叶为单基因显性遗传，皱叶由 2 个或 2 个以上基因控制（表 5 - 6）。

在 Pease（1926）做的结球甘蓝与球茎甘蓝杂交试验中，结球甘蓝的全缘叶性状相对于球茎甘蓝的裂叶性状为显性，由单一的显性基因 En 控制。Yarnell（1956）对结球甘蓝叶片突起叶（叶瘤 leaf protuberances）的性状研究结果表明，突起叶性状由显性或部分显性基因控制，该基因被命名为 As。

Kwan（1934）认为结球甘蓝皱叶性状由 2 个互补显性基因控制，命名为 W 和 S。Dickson 和 Wallace（1986）报道，皱叶由 3 个或以上的基因控制，皱叶对光滑叶为显性。

表 5 - 6 结球甘蓝植株叶片形状遗传规律

群体	性状遗传规律	参考文献
结球甘蓝与球茎甘蓝杂交构建的分离群体	全缘叶对裂叶为显性，单 1 显性基因 En 控制	Pease，1926
不同结球甘蓝杂交构建的分离群体	突起叶由显性或部分显性基因控制，基因被命名为 As	Yarnell，1956
不同结球甘蓝杂交构建的分离群体	皱叶由 2 个互补显性基因控制，命名为 W 和 S；皱叶由 3 个或以上的显性基因控制	Kwan，1934 Dickson 和 Wallace，1986

由此得出，仅从结球甘蓝叶片的光合作用分析，叶面积越大，光合产物越多。结球甘蓝的全缘叶片和皱叶片相对裂叶片和平叶片其叶片表面积相对较大，光合作用更强。亲本材料的全缘叶片和皱叶片适宜在自交材料的低世代选择，要培育出全缘叶片的杂种一代其双亲之一应为全缘叶片，要培育出皱叶片的杂种一代其双亲均需为皱叶叶片。

七、叶宽和叶长

结球甘蓝叶片宽度指叶片表面最大宽度处的长度，叶片长度指叶柄距离叶尖的长度。研究结果表明，结球甘蓝宽叶相对窄叶为单显性基因控制；外叶长度受 2 对主基因＋多基因控制（表 5 - 7）。

表5-7　结球甘蓝植株叶片宽度和长度遗传规律

群体	性状遗传规律	参考文献
结球甘蓝与球茎甘蓝杂交构建的分离群体	叶片宽对窄为显性，由单一基因控制；叶柄无对有为隐性基因控制	Pease，1926
不同结球甘蓝杂交构建的分离群体	外叶长由2对主基因与多基因控制，且主基因主导；外叶宽度由多基因控制	王万兴等，2013

Pease（1926）采用结球甘蓝与球茎甘蓝杂交，遗传分析结果表明结球甘蓝的宽叶性状相对于球茎甘蓝的窄叶性状为显性，由单基因控制；无柄叶片对有柄叶片为隐性。

王万兴等（2013）采用数量性状主基因＋多基因混合遗传模型分析认为，外叶长性状受2对主基因＋多基因控制，2对主基因的加性与加性×加性互作效应值为－2.68，主基因＋多基因的遗传力为88.05%，表明外叶长性状是由主基因与多基因共同作用的结果，且由主基因主导，主基因遗传力为56.56%，多基因遗传力为31.49%，另11.95%由环境因素控制。外叶宽性状由多基因控制，表型方差为10.06，多基因方差为8.07，环境方差为1.99。多基因方差和环境方差占表型方差的比率分别为80.23%和19.77%。

由此得出，结球甘蓝宽叶和窄叶材料杂交后代要获得窄叶自交系，宜在低世代进行选择。宽叶片和窄叶片各有利弊，宽叶片光合作用面积大，但不利于上下叶片透光；窄叶片光合作用面积小，但透光能力强。叶片宽直立型或叶片窄数量型是获得高产的植株形态。配制宽叶型杂种一代至少双亲之一为宽叶，配制窄叶型杂种一代双亲均需为窄叶。

八、外 叶 数

结球甘蓝外叶数指莲座叶片数，一般而言早熟品种叶片数少、晚熟品种叶片数多。研究表明结球甘蓝外叶数的遗传主要有两种：一是少叶片性状相对于多叶片性状为显性，还有一些修饰基因参与；二是外叶数性状是受2对主基因＋多基因控制的加性效应遗传（表5-8）。

表5-8　结球甘蓝植株叶片数遗传规律

群体	性状遗传规律	参考文献
结球甘蓝杂交分离群体	外叶片数量是少对多为显性，一些修饰基因参与	Pearson，1934
	外叶片数量主要由2对主基因＋多基因控制加性效应决定	方智远，1982；Pearson，1983；王万兴等，2013

Pearson（1934）研究认为，结球甘蓝外叶片数量遗传是少叶片性状相对于多叶片性状为显性，但也与一些修饰基因有关联。

方智远（1982）研究认为，外叶数性状的遗传主要由基因加性效应决定；Pearson（1983）研究认为外叶数多少属加性遗传。王万兴等（2013）采用数量性状主基因＋多基因混合遗传模型分析，认为外叶数性状受2对主基因＋多基因控制，在2对主基因中，第1对主基因的加性效应为3.03，第2对主基因的加性效应为3.02，且2对主基因都为正向作用，加性与加性×加性互作效应值为 3.01。主基因遗传力为 55.67%，多基因遗传力为 35.33%，另 9%由环境因素控制。

由此可见，根据结球甘蓝外叶数遗传结果，在外叶数较少的资源中进行自交分离可得到外叶数较少自交系，在外叶数较多的资源中自交分离很难得到较少的外叶数自交系。在育种实践中，双亲都要求选择外叶少的材料作亲本，才易获得外叶少的一代杂种。

第二节　甘蓝结球性状

一、结球性状

结球甘蓝结球性状主要受基因的控制，在一定程度上也受环境条件的影响。结球甘蓝结球性状遗传研究结果表明，结球性相对于不结球性为多基因控制的隐性遗传（表 5-9）。

表 5-9　结球甘蓝植株结球性遗传规律

群体	性状遗传规律	参考文献
结球甘蓝与羽衣甘蓝或球茎甘蓝杂交构建的分离群体	不结球性为显性，该性状受 2 个被命名为 N_1 和 N_2 基因控制	Pease，1926；Dickson 和 Farnham，1986；Farnham 等，2005
结球甘蓝与羽衣甘蓝或花椰菜杂交构建的分离群体	结球性由 1 个显性和 3 个隐性基因控制，或多基因控制	Allgaye，1928；Pelofske 和 Baggett，1979

Pease（1926）利用结球甘蓝与羽衣甘蓝、球茎甘蓝的杂交试验表明，羽衣甘蓝和球茎甘蓝的不结球性状相对于结球甘蓝的结球性状为显性，该性状受 2 个基因控制，分别被命名为 N_1 和 N_2。结球性由 2 个隐性基因 $n_1n_1n_2n_2$ 控制。基因型 $N_1n_1N_2n_2$ 结球性非常差，$N_1n_1n_2n_2$ 结球性较差，$n_1n_1N_2n_2$ 结球性较差，$n_1n_1n_2n_2$ 结球性好。Dickson 和 Farnham（1986）研究认为结球甘蓝的结球性相对于不结球性是隐性的。Farnham 等（2005）利用结球甘蓝自交系与不结球羽衣甘蓝自交系杂交，认为结球性至少部分为隐性。

Allgayer（1928）研究了羽衣甘蓝与结球甘蓝的杂交试验，认为共 4 个基因（1 个显性和 3 个隐性）与结球性有关。Pelofske 和 Baggett（1979）研究花椰菜与结球甘蓝杂交后代群体，结果表明结球甘蓝的结球性是受多基因控制的。

由此可见，结球甘蓝与其他甘蓝类不结球变种之间杂交，其后代均为不结球，而结球甘蓝同一变种间杂交，其后代几乎都结球。但结球性也受多基因控制，会影响结球的紧实程度。

二、叶球形状

结球甘蓝叶球形状主要分为尖球、圆球和扁球类型。遗传研究表明，叶球形状和叶球构成性状的遗传除了受基因控制外，还受环境因素的影响。就遗传而言，研究结果表明，叶球形状是受多基因调控，且遗传比较复杂，尖球形对圆球形或扁圆球形多为显性遗传。叶球的构成性状中叶球纵径、横径和叶球重量是受多基因控制的显性遗传；或叶球横径受

2 个独立的主基因和多基因隐性上位效应控制。叶球紧实度由 1 对主基因和多基因共同控制，主基因遗传为主（表 5 - 10）。

表 5 - 10　结球甘蓝叶球形状和构成性状遗传规律

群体	性状遗传规律	参考文献
结球甘蓝杂交群体	球形遗传比较复杂，受多基因调控。尖球形对圆球形为显性遗传，扁球形对圆球形为显性遗传	Von，2013；Tschermak，1916；王庆彪等，2013；陕西省农业科学院蔬菜研究所，1973
	叶球重、纵径、横径为显性遗传，由多个显性基因控制	Wallace 和 More，1987；方荣等，2011
结球甘蓝杂交分离群体	叶球紧实度由 1 对主基因和多基因共同控制，主基因占主导作用	孙朋朋，2014
	叶球横径受 2 个独立主基因和多基因隐性上位效应控制	Zhang 等，2016

Von Tschermak（1916）研究认为结球甘蓝的叶球尖球类型相对于圆球类型为显性遗传。王庆彪等（2013）从我国育成的 183 个结球甘蓝一代杂交品种系谱分析看出，尖球形与圆球形杂种后代多为尖球形；扁球形与圆球形杂种后代多为扁球形；尖球形与扁球形杂种后代多为扁球形。但是也有相反的结果，表明结球甘蓝球形遗传比较复杂，受多基因调控。陕西省农业科学院蔬菜研究所（1973）研究报道，结球甘蓝尖球形与圆球形、尖球形与扁圆形杂交，尖球形为显性遗传，F_2 分离出各种类型。结球甘蓝圆球形与扁圆形杂交，F_1 为近圆形或扁圆稍鼓，但在春季多表现为近圆球形，秋季多表现为近圆球稍扁，F_2 分离为圆球到扁球的多种类型。

Wallace 和 More（1987）研究分析认为，结球甘蓝的叶球重量、叶球纵径、叶球横径是显性遗传，由多个显性基因控制。方荣等（2011）通过对 14 个不同类型结球甘蓝品种研究表明，结球甘蓝叶球横径和球形指数遗传力比较高，分别为 95.43% 和 89.84%；而叶球纵径的遗传力比较低，仅为 22.52%。

孙朋朋（2014）利用两个结球甘蓝的高代自交系 P_1（96 - 100，短中心柱≤1/3）和 P_2（11 - 710，长中心柱≥2/3），配制六世代群体（P_1、P_2、F_1、BC_1P_1、BC_1P_2、F_2），采用植物数量性状主基因＋多基因混合遗传模型进行分析，结果表明，叶球横径、纵径和单球重性状均由多基因控制遗传为主，受环境影响也较大；叶球紧实度由 1 对主基因和多基因共同控制，主基因占主导作用，受环境影响较小。

Zhang 等（2016）对与结球甘蓝球形相关的性状遗传分析发现，叶球横径的大小受 2 个独立的主基因和具有隐性上位效应的多基因控制。

由此可见，结球甘蓝叶球形状选育应根据育种目标而定。尖球形与圆球形杂交后代的自交也可得到圆球形自交系，扁球形与尖球形或圆球形杂交后代的自交也可选育得到尖球形或圆球形自交系，选育圆球形杂种一代宜选用父母双亲均为圆球形的材料。

三、中心柱长度

结球甘蓝中心柱长度（也称内短缩茎长度）是指叶球底部距中心柱顶端的距离。研究表明，结球甘蓝中心柱长度性状遗传主要有三种表现，其一是短中心柱是由 2 个不完全显性基因控制；其二是中心柱长度遗传主要由基因加性效应决定；其三是中心柱长度遗传主要是受多基因控制的数量性状遗传（表 5 - 11）。

表 5 - 11　结球甘蓝叶球中心柱长度性状遗传规律

群体	性状遗传规律	参考文献
结球甘蓝杂交分离群体	短中心柱是由 2 个不完全显性基因控制	Dickson 和 Carruth，1967
	中心柱长度遗传主要由基因加性效应决定	Chiang，1969；方智远，1982
	中心柱长度为超显性遗传，至少受 1 对显性基因控制	Wallace 和 More，1987；雷建军等，1994
	中心柱长度主要受多基因控制数量性状遗传	孙朋朋，2014；Lv 等，2014

Dickson 和 Carruth（1967）等认为结球甘蓝短中心柱是由 2 个不完全显性基因控制的，2 个中心柱长度所占球高比为 69％和 24％的亲本杂交，其杂种一代的中心柱长度所占球高比为 35％；与短中心柱回交的平均中心柱长度所占球高比为 31％；与长中心柱回交的平均中心柱长度所占球高比为 49％。中心柱长度的遗传力估计值为 70％。

Chiang（1969）研究认为，结球甘蓝的中心柱长度的遗传主要是加性的，遗传力估计值为 34.56％。方智远（1982）研究认为，中心柱性状的遗传主要由基因加性效应决定。

Wallace 和 More（1987）研究认为，结球甘蓝中心柱长是超显性遗传，中心柱长的狭义遗传力为 17.9％。雷建军等（1994）研究认为，结球甘蓝中心柱长为超显性遗传，受到至少 1 对显性基因控制。

孙朋朋（2014）研究结果表明，中心柱长遗传主要受多基因控制。Lv 等（2014）研究认为结球甘蓝两个亲本材料的中心柱长度有显著的差异，且其分离模式符合正态分布模型，属于数量性状遗传，其广义遗传力为 75％。

由此可见，在结球甘蓝亲本选育时，通过选择中心柱短的植株分离留种可以逐步改进中心柱长度过长的性状；一般中心柱长度与叶球的球形有关，短中心柱与圆球形相关，长中心柱与扁球形相关。选育中心柱较短自交系材料很难从中心柱较长的资源中获得；培育中心柱短的杂交品种，选择两个中心柱长度都短的双亲有利于实现育种目标，易获得中心柱更短的一代杂种。

四、裂　球　性

结球甘蓝成熟采收时叶球开裂会失去叶球的商品价值，因此耐裂球品种选育就成为结球甘蓝的育种目标。结球甘蓝裂球性主要取决于基因型和栽培因素，遗传研究结果表明：一是裂球性至少由 3 对基因控制，基因作用呈累加效应，易裂球为不完全显性；二是裂球性由数量性状基因决定，主要受加性效应控制遗传（表 5 - 12）。

Chiang（1972）研究认为，利用叶球在成熟后易开裂的"Golden acre"和叶球达到成熟后一个相当长的时期仍然不开裂的"Baby head"两个稳定自交系杂交和回交，对 P_1、P_2 及其 F_1、BC_1、BC_2、F_2 进行遗传分析表明，至少有 3 对基因控制叶球开裂，基因作用呈累加效应，但是易裂球表现为不完全显性，狭义遗传力估值为 47%。Pang 等（2015）利用结球甘蓝两个裂球特性不同的亲本材料杂交，发现 F_1 代群体对裂球有部分抗性，表明抗性可能由部分优势基因控制，在 $F_{2:3}$ 分离群体中观察到裂球严重程度呈连续分布，表明多个基因参与结球甘蓝对裂球的抗性。

王丽娟等（1994）研究表明裂球性状是数量性状，主要是受加性效应控制的遗传。庄木等（2009）选用 6 个结球甘蓝自交系，配制 15 个杂交组合，进行耐裂球性状的遗传力分析。结果表明，基因加性效应和非加性效应对耐裂球性状均起作用，且以加性效应为主；随着田间持续生长时间的延长其加性效应所占比例增加。苏彦宾等（2012）以耐裂球及主要农艺性状存在显著差异的结球甘蓝的高代自交系 P_1（"79-156"极易裂球）和 P_2（"96-100"极耐裂球）为亲本，通过有性杂交和游离小孢子培养，分别构建了源自相同亲本组合的六世代群体和 DH 群体，利用主基因＋多基因两种混合遗传模型对结球甘蓝耐裂球性状进行遗传规律分析。结果表明，耐裂球性状由 2 对加性-显性-上位性主基因＋加性-显性-上位性多基因控制；2 对主基因均以加性效应为主，且存在明显的互作效应。朱晓炜等（2018）对结球甘蓝裂球时间研究表明，F_2 群体的裂球性随时间变化呈现连续的表型变异，认为裂球性为数量性状遗传且可能受主效基因控制。

表 5-12 结球甘蓝叶球裂球性状遗传规律

群体	性状遗传规律	参考文献
结球甘蓝杂交分离群体	叶球开裂至少有 3 对基因控制，基因作用呈累加效应，早开裂为不完全显性	Chiang，1972；Pang 等，2015
	裂球是数量性状，主要受加性效应控制遗传	王丽娟等，1994；庄木等，2009 苏彦宾等，2012；朱晓炜等，2018

由此可见，基于结球甘蓝耐裂球基因遗传规律，亲本材料选育应在低世代进行选择效果比较显著；耐裂球育种应以杂交育种为主，选配亲本均需选耐裂球性强的作为父母本，其杂种一代品种的耐裂球性更强。田间观察结球甘蓝裂球性与叶球中心柱长度具有相关性，叶球中心柱长度较长的品种易裂球，通常在顶部裂开；叶球中心柱长度较短的品种耐裂球，但叶球往往在侧面开裂。

第三节 甘蓝开花结实性状

一、花 色

结球甘蓝花色主要表现为黄色，有少部分呈现白色花瓣。对结球甘蓝花色遗传研究结果表明，白色花瓣性状对于黄色花瓣性状为单基因控制的显性遗传（表 5-13）。

Pearson（1929）研究认为，结球甘蓝植株白花对黄花是显性，白色花瓣颜色由 1 个显性基因控制，命名为 Wh。Fukushima（1929）对结球甘蓝与萝卜的属间杂交研究发现，结球甘蓝的黄色花瓣相对于萝卜的白色花瓣为隐性。Kakizaki（1930）研究认为，结球甘蓝白色花瓣性状为单基因显性遗传。韩风庆等（2016）以黄花结球甘蓝自交系 YL-1（P_1）和白花芥蓝自交系 11-192（P_2）为亲本材料，构建六世代群体，研究发现 F_1 植株均开白花，与芥蓝亲本花色一致，初步判断白花性状为显性性状。F_1 自交或回交后构建的 BC 和 F_2 群体中，BC_1P_1 群体符合 1∶1 分离比例，BC_1P_2 全部开白花。由此推断白花对黄花为单基因显性遗传。

刘玉梅等（1991）从日本引进"秋早"结球甘蓝后代中发现 1 株白花甘蓝，研究发现白花特性受隐性单基因控制。

表 5-13　结球甘蓝花色性状遗传规律

群体	性状遗传规律	参考文献
结球甘蓝间及与萝卜、白花芥蓝杂交构建的分离群体	白花对黄花为显性，基因命名为 Wh	Pearson，1929；Fukushima，1929 Kakizaki，1930；韩风庆等，2016
不同结球甘蓝材料杂交构建的分离群体	白花受隐性单基因控制	刘玉梅等，1991

由此可见，绝大多数结球甘蓝的花色为黄色，这可能是在进化过程中对自然界一种适应性的表现。据观察，黄花比白花更有利于吸引授粉昆虫采蜜授粉和自身繁衍。培育黄花杂交种需双亲材料均为黄花，要培育白花品种其双亲至少一个为白花。

二、自交不亲和性

自交不亲和性（self-incompatibility）是显花植物一种重要的防止近亲繁衍、增加变异的机制，其实质则是一种由花粉和柱头中的配体和受体相互识别后引发的细胞信号转导过程。结球甘蓝自交不亲和性受 1 个带有复等位基因的多态性 S 基因位点控制，已经证实有 50 个以上等位基因 S_1，S_2，S_3，……S_n，一般纯合的自交不亲和 S 单元型，自交表现不亲和，而不同 S 单元型之间杂交表现亲和，因此自交不亲和促进了异花受精。结球甘蓝属于孢子体自交不亲和，可稳定遗传。

结球甘蓝自交不亲和性的遗传比较复杂。Bateman（1955）研究发现结球甘蓝自交不亲和性由单个基因座 S 中的多个等位基因控制，并且 S 基因座中等位基因的识别特异性以孢子体形式表达。也就是说，花粉的识别特异性由携带花粉的植物的基因型决定，而不是由花粉粒本身的等位基因决定。Chiang 等（1993）通过对 $S_1S_3 \times S_1S_2$ 杂交的例子进行研究，阐述了结球甘蓝孢子体自交不亲和系的复杂反应和遗传形式（表 5-14）。

表 5-14　结球甘蓝孢子体自交不亲和系：$S_1S_3 \times S_1S_2$

（Chiang，1993）

花粉反应	雌蕊反应	自交亲和性
相互独立	相互独立	自交不亲和
S_1 相对于 S_2 为显性	相互独立	自交不亲和

（续）

花粉反应	雌蕊反应	自交亲和性
S_2相对于S_1为显性	相互独立	自交亲和
相互独立	S_1相对于S_3为显性	自交不亲和
相互独立	S_3相对于S_1为显性	自交亲和
S_1相对于S_2为显性	S_1相对于S_3为显性	自交不亲和
S_1相对于S_2为显性	S_3相对于S_1为显性	自交亲和
S_2相对于S_1为显性	S_1相对于S_3为显性	自交亲和
S_2相对于S_1为显性	S_3相对于S_1为显性	自交亲和

对于结球甘蓝孢子体型的自交不亲和性研究，发现孢子体型的杂合 S 基因间，在雌蕊和雄蕊方面都存在独立或显隐二种互作关系：独立就是杂合体的 2 个不同等位基因分别独立起作用互不干扰；显隐就是 2 个不同等位基因中只有 1 个有活性，另 1 个基因完全或部分不起作用。但后来又发现杂合等位基因间的相互作用还存在竞争减弱和显性颠倒现象。竞争减弱就是二基因的作用相互干扰而使不亲和性减弱甚至变为亲和；显性颠倒就是 S_x 在花粉方面对 S_y 为显性，而在花柱方面则 S_y 对 S_x 为显性，从而也表现自交亲和。竞争减弱和显性颠倒也是对为什么 2 个纯合自交不亲和株交配的后代，有时表现为自交亲和或弱不亲和的一种解释。

结球甘蓝自交不亲和性已知存在如下的遗传规律：

（1）常有正反交的亲和性差异　这是由于 S 基因在花粉和雄蕊内的显隐关系不同造成的。例如假设 S_3 对 S_2 在花柱内为独立，在花粉方面为显性，S_2 对 S_1 在雌蕊方面都是显性，则 $S_1S_2 \times S_2S_3$ 亲和，而反交 $S_2S_3 \times S_1S_2$ 不亲和。

（2）不亲和基因的纯合体是群体的正常组成　这是由于存在显隐和竞争减弱关系。例如设 $S_3 > S_2 > S_1$（>表示显性关系），则 $S_1S_2 \times S_1S_3$ 亲和而产生 S_1S_1，S_1S_2，S_3S_1，S_2S_3 四种后代。因此，这种群体在防止近亲繁殖方面的效率较配子体型差。

（3）在一个不亲和群体内可能包含二种不同基因型的个体　例如设 $S_3 > S_2 > S_1$，则 S_1S_3 和 S_2S_3 二种基因型可能存在于同一不亲和群体内。

（4）子代可能与父母本的双方或一方不亲和　根据 1 对纯合亲本所产生的子代与父母本的亲和关系，日本治田辰夫（1958）把结球甘蓝在内的十字花科蔬菜的孢子体型不亲和性遗传分为 4 种类型（图 5-1）。

由此可见，结球甘蓝属于异花授粉植物，杂交种具有优势。利用遗传性稳定的自交不亲和系作为亲本配制一代杂种可以省掉去雄的程序，实现杂交种子生产，大幅度降低杂种一代种子生产成本。自交不亲和系选育主要通过自交分离并对后代进行亲和指数测定和基因型鉴定后而获得。优良的自交不亲和系应具有高度的自交不亲和性，蕾期授粉结实率高、种子不易在种荚内发芽，性状整齐和经济性状优良，系内混合授粉自交多代生活力衰退慢，配合力高。

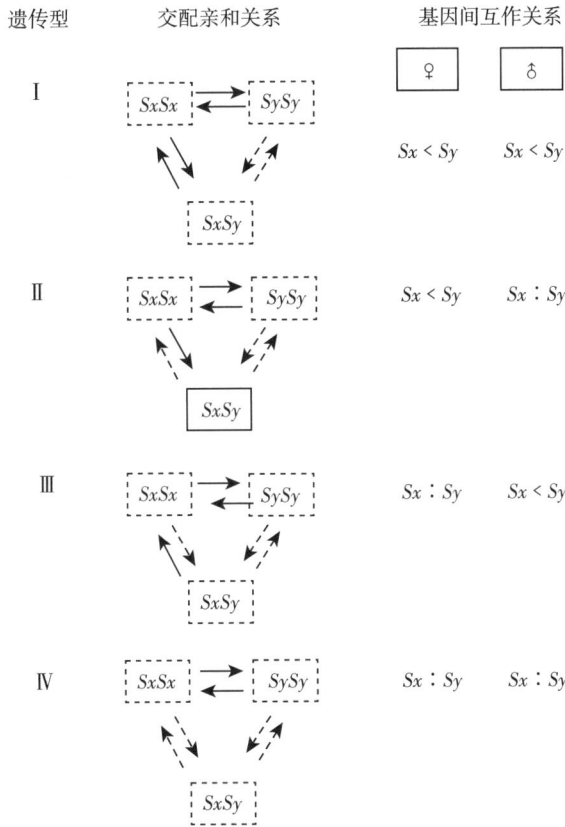

图 5-1　源于同一自交不亲和株的后代 3 种基因型间的交配亲和关系

(治田辰夫，1958)

⌐⌐⌐：自交不亲和　$S_x : S_y$：独立（共显性）　父 ➡ 母　$S_x < S_y$：隐性＜显性

⤏：不亲和　➡：亲和或弱亲和

三、雄性不育性

（一）细胞核雄性不育

细胞核雄性不育（genic male sterility，简称 GMS）是由细胞核基因控制的不育类型。结球甘蓝中常见的细胞核雄性不育包括隐性细胞核雄性不育（recessive genic male sterility，简称 RGMS）和显性细胞核雄性不育（dominant genic male sterility，简称 DGMS），主要为单基因控制。

1. 隐性细胞核雄性不育（RGMS）　结球甘蓝中已发现的细胞核雄性不育大多数受隐性核基因控制（表 5-15）。张恩慧等（1999）从姜城灰叶结球甘蓝中发现了隐性核不育材料 632-3185ms（图 5-2）；方智远等（2001）从小平头结球甘蓝自然群体中发现了隐性核不育材料 83121ms。该不育材料生长正常，花朵正常开放，雄蕊败育彻底，无花粉，雌蕊正常，蜜腺发达，花蜜较多，授粉结实良好，种荚正常。该不育类型的不育基因为

ms，不育株基因型为$msms$，可育株基因型包括$MsMs$和$Msms$两种。这种不育类型没有典型的保持系，只能从杂合可育株（$Msms$）的自交后代中得到约25%的不育株，或从同系内的可育姊妹株（$Msms$）与不育株（$msms$）测交后代中得到，可育株与不育株分离比例为$1:1$（图$5-3$）。

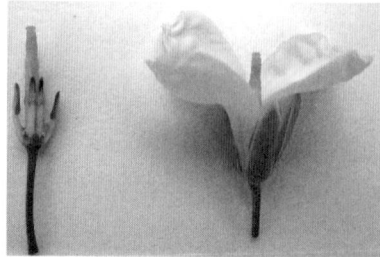

图 5-2　隐性细胞核雄性不育（RGMS）632-3185ms 花器
（张恩慧，1999）

图 5-3　结球甘蓝隐性细胞核雄性不育源遗传模型
（张恩慧等，1999；方智远等，2001）

2. 显性细胞核雄性不育（DGMS）　结球甘蓝显性细胞核雄性不育的不育性受显性基因控制。方智远等（1997）从结球甘蓝原始材料79-399的自然群体中发现了显性雄性不育源 DGMS 79-399-3（表5-15），由 DGMS 79-399-3 转育获得的雄性不育材料经济性状良好，生长正常，现蕾后无死花蕾现象或死花蕾较少，花朵可正常开放，雄蕊退化，雌蕊正常，蜜腺发达，花蜜多，结实良好，配合力强。遗传分析表明，结球甘蓝显性细胞核雄性不育的不育性受 1 个主效显性核基因控制（图5-4），同时受微效基因的影响。不同遗传背景的结球甘蓝显性细胞核雄性不育材料中存在不育性稳定及环境敏感两种类型，温度是影响环境敏感植株育性表达的主要因子（严慧玲等，2007）。环境敏感不育株在生长前期的低温条件下育性敏感，可产生微量有活力的花粉，在微量花粉不育株的自交后代中可分离出纯合显性雄性不育株，用其作母本与一般可育自交系杂交，可以获得不育株率达100%的显性雄性不育系（方智远等，2004；严慧玲等，2007）。

由此可见，结球甘蓝为两性花植物，隐性细胞核或显性细胞核雄性不育属于细胞核半不育类型，由 1 对隐性基因$msms$或一个显性基因Ms控制。隐性细胞核雄性不育与同质结合基因型（$MsMs$）可育父本交配，其子一代全是可育，自交后子二代分离出 1/4 不育；

若与异质结合基因型（*Msms*）可育父本交配，则子一代一半是不育，用于不育性保持。纯合显性细胞核雄性不育与同质结合基因型（*msms*）可育父本或环境敏感不育型（*Msms*）低温诱导产生微量花粉交配，其子一代全部是不育，用于不育性保持。

表 5 - 15　结球甘蓝细胞核雄性不育遗传规律

群体	性状遗传分析结论	遗传类型	代表材料	参考文献
结球甘蓝杂交分离群体	1 对隐性核基因控制（*msms*）	稳定遗传	632 - 3185ms 83121ms	张恩慧等，1999 方智远等，2001
	1 个显性核基因控制，受微效基因调控（*MS*）	稳定遗传 环境调控	MS79 - 399 - 3	方智远等，2004 严慧玲等，2007 方智远等，2004 严慧玲等，2007

Msms　　×　　msms　　　　　　　　　　　　　　Msms

（雄性不育）　（雄性可育）　　　　　　⊗　（敏感不育）

Msms　　：　　msms　　　　　MsMs　：　　Msms　：　　msms

（雄性不育）　（雄性可育）　　（雄性不育）　（雄性不育）　（雄性可育）

1　　：　　1　　　　　　　1　　：　　2　　：　　1

图 5 - 4　结球甘蓝显性细胞核雄性不育源 DGMS79 - 399 - 3 遗传模型

（方智远等，1997）

（二）细胞质雄性不育

结球甘蓝细胞质雄性不育（cytoplasmic male sterility，简称 CMS）大多数是从其他十字花科作物中转育而来的，类型较为丰富，主要包括萝卜胞质雄性不育（Ogura CMS）、甘蓝型油菜胞质雄性不育（Pol CMS 和 Nap CMS）和黑芥胞质雄性不育（Nigra CMS）。

1. 萝卜胞质雄性不育（Ogura CMS）　日本学者 Ogura（1968）在萝卜自然群体中发现了 Ogura CMS，其不育性彻底，不育度和不育率均为 100%，属于质核互作型遗传。结球甘蓝 Ogura CMS 分为 3 种 Ogura CMS R_1、Ogura CMS R_2 和 Ogura CMS R_3（方智远等，2001；张扬勇等，2011），其雄性不育植株的花器官表现各异（表 5 - 16）。

表 5 - 16　结球甘蓝 3 种异源细胞质雄性不育植株生长表现

群体	性状遗传类型	不育性特点	实际应用	参考文献
结球甘蓝与萝卜交配后代群体	Ogura CMS R_1	低温下叶色黄化，蜜腺发育不全，雌蕊不正常等	无法应用	Bannerot 等，1974
结球甘蓝与青花菜交配后代群体	Ogura CMS R_2	种荚发育畸形，蜜腺退化等	无法应用	Walters 等，1992

（续）

群体	性状遗传类型	不育性特点	实际应用	参考文献
结球甘蓝与青花菜交配后代群体	Ogura CMS R₃	不育性稳定，低温下叶色不黄化，开花结实正常	应用	方智远等，1997 张扬勇等，2011 Wang 等，2012

Bannerot 等（1974）通过有性杂交结合胚挽救将萝卜 Ogura CMS 的不育性状转移到结球甘蓝中，获得 Ogura CMS R_1。Walters 等（1992）利用原生质体融合技术创制了青花菜 Ogura CMS，随后将不育性状转育到结球甘蓝中，获得 Ogura CMS R_2。以上两种 Ogura CMS 存在诸多缺陷，均无法在生产和育种实践中应用。张扬勇等（2011）报道，Ogura CMS R_3 是在 Qgura CMS R_2 的基础上，融合了青花菜线粒体，减少了萝卜线粒体比例，使该不育类型的不育性稳定，低温下叶色不黄化，开花结实正常（图 5-5），已广泛应用于结球甘蓝育种及杂交种生产实践。结球甘蓝 Ogura CMS 胞质雄性不育是因细胞质中有一种控制不能形成正常雄配子的细胞质不育基因 S（Orf 138）和细胞核内具有 1 对影响细胞质不育性的隐性核基因（$rforfo$）共同

图 5-5　Ogura CMS R_3 萝卜胞质雄性不育花器
（张恩慧等，2016）

作用，才能产生正常的雌配子，而不能产生正常的雄配子，植株表现为雄性不育。实践表明，甘蓝资源材料中不存在该细胞质 S 不育基因的细胞核恢复基因（$RfoRfo$ 或 $Rforfo$），后来 Yu 等（2016）通过采用远缘杂交导入了细胞核 Rfo 恢复基因后，才成功创制了甘蓝 Ogura CMS 恢复系。Rfo 基因为单显性核基因，其与细胞质 S 基因组合后，共有两种可育组合形式，如 S（$RfoRfo$）可育型、S（$Rforfo$）可育型，另外一种形式 S（$rforfo$）则为不育型，也就是通常所说的结球甘蓝胞质雄性不育系。

由此可见，Ogura CMS 胞质雄性不育性为细胞质和细胞核互作型遗传，Ogura CMS R_3 已应用于结球甘蓝育种及杂交种生产实践。目前，结球甘蓝任何材料系都可通过回交获得对应的胞质雄性不育系和保持系。

2. 甘蓝型油菜胞质雄性不育（Pol CMS 和 Nap CMS）　Pol CMS 是傅廷栋等（1989）在甘蓝型油菜中发现的自然不育材料，又分为 3 种类型，即高温不育型、低温不育型和稳定型，其对温度敏感的特性主要取决于细胞核，即主要由保持系决定。该不育类型的不育性受细胞质基因和细胞核基因共同控制，Pol CMS 的恢复基因，存在于 A 组染色体上（Yang 和 Fu，1990），可育对不育是显性，表现为 1 对主效基因的遗传模式，但在 F_1 和回交群体中可出现部分半不育类型，说明该不育类型的不育性除受主效基因控制外，还受到修饰基因的影响（杨光圣，1991）。该不育类型转育到甘蓝类蔬菜中表现出花器官发育不良、结实率低等缺点，在结球甘蓝制种中很少应用（Yarrow 等，1990）。Nap CMS 又称

Shiga - Thompson 系统，该不育类型的基因型为 $S(rfrf)$，其恢复基因（Rf）普遍存在于欧洲和日本油菜品种中，不育株花瓣较小，花丝较短，育性对温度敏感，当温度高于20℃时表现为雄性可育，至今在生产中仍很少应用（Thompson，1972；Shiga 和 Baba，1973；Fan 和 Stefansson，1986）。

第四节　甘蓝熟性与耐抽薹性

一、熟　　性

结球甘蓝的熟性一般指结球甘蓝从定植至收获所需的天数，一般为 50～90d。按照天数又分为早、中、晚熟三大类，或早、早中、中、中晚和晚熟五类。相关研究结果表明，结球甘蓝早熟性为显性或不完全显性遗传（表 5 - 17）。

Swarup 等（1963）对结球甘蓝 6 个自交系的双列杂交结果分析，得出结球甘蓝的早熟性状为显性。Summers 和 Honma（1980）对结球甘蓝品种间杂交得到的分离群体进行分析认为，早熟性状为显性。

方智远等（1983）研究认为早熟性是不完全显性遗传性状，早熟与早熟杂交的 F_1 表现早熟或更早熟；早熟与中熟或早熟与晚熟杂交的 F_1 表现中间偏早。

Chiang（1969）研究认为结球甘蓝成熟期性状的遗传主要是加性数量遗传，遗传力估计值 82.68%。

表 5 - 17　结球甘蓝熟性遗传规律

群体	性状遗传规律	参考文献
	早熟为显性	Swarup 等，1963；Summers 和 Honma，1980
结球甘蓝杂交分离群体	早熟为不完全显性	方智远等，1983
	熟性为加性数量遗传	Chiang，1969

由此得出，结球甘蓝早熟性的遗传力较高，在选育早熟结球甘蓝品种时，先要选择早熟或极早熟的亲本，特别是在低世代优先需选择自交分离群体中的极早熟和早熟单株，并多代定向选择可适当提高自交系的早熟性。杂种一代的双亲均为早熟，才能培育出早熟或更早熟的杂交品种。

二、耐抽薹性

结球甘蓝的耐抽薹性是指结球甘蓝在冬、春季节栽培时耐受低温诱导并在春季不易早期抽薹的特性。结球甘蓝属于绿体春化型植物，耐抽薹的品种表现为较大的苗龄、低温感应期长，才能通过春化阶段；或较小的苗龄不易接受低温感应。易抽薹的品种则表现为较大的苗龄、低温感应期短就能通过春化阶段；或较小的苗龄易接受低温感应。一般结球甘蓝品种间耐抽薹性强弱存在差异。相关研究结果表明，结球甘蓝易抽薹性为单基因显性控制遗传或超显性遗传，抽薹期是受多基因控制的数量性状遗传（表 5-18）。

表 5-18　结球甘蓝耐抽薹性遗传规律

群体	性状遗传规律	参考文献
不同结球甘蓝材料杂交构建的分离群体	易抽薹为显性单基因控制或超显性遗传	Bremer，1931；香川，1966；方智远等，1983；郭辉，2012；张韬等，2003
紫甘蓝与绿甘蓝杂交构建的分离群体	易抽薹为隐性单基因控制	Sutton（1924）
不同结球甘蓝材料杂交构建的分离群体	抽薹期为受多基因控制的数量性状遗传	张韬等，2003；李梅等，2009；王五宏等，2020

Bremer（1931）的研究结果表明，结球甘蓝易抽薹性除去环境因素的影响，表现为单因子遗传，易抽薹对耐抽薹为显性。香川（1966）研究认为，结球甘蓝早抽薹与晚抽薹杂交，F_1 表现为偏早抽薹。方智远等（1983）研究认为，结球甘蓝弱冬性对强冬性一般表现显性或超显性遗传，即易抽薹与耐抽薹杂交，其 F_1 表现易或更易抽薹，并表明品种冬性强弱与其叶球中心柱长短呈正相关，相关系数 $r=0.83$，叶球中心柱长短可作为结球甘蓝冬性强弱的关联性状。郭辉（2012）研究认为结球甘蓝易抽薹对耐抽薹表现为显性遗传。

Sutton（1924）对紫甘蓝（易抽薹）与绿甘蓝（耐抽薹）杂交的 F_2 代分离群体进行研究，结果表明易抽薹性状是由单隐性基因控制的。

张韬等（2003）选用抽薹期明显不同的亲本为材料，对结球甘蓝抽薹性状进行遗传分析，结果表明抽薹期是受多基因控制的数量性状，符合加性-显性模型，以加性效应为主；早抽薹对迟抽薹是显性，但遗传力较低，易受环境条件影响。李梅等（2009）研究认为，结球甘蓝抽薹时期的遗传受 2 对主基因控制，同时存在多基因对主基因的修饰。王五宏等（2020）研究认为结球甘蓝抽薹时期的特性是受多基因控制的数量性状遗传，同时还受到环境因素的影响。

综上所述，结球甘蓝耐抽薹性选育主要是针对春季栽培或越冬栽培结球甘蓝品种设定的目标。春季温度低，倒春寒频发，对于易抽薹品种于春季栽培容易引起未熟抽薹。育种时对耐抽薹的早熟杂种一代品种选配，需要双亲均为耐抽薹的自交系；对于冬性强的耐抽薹亲本材料，在低世代选择是有效的。

第五节　甘蓝主要品质性状

一、抗坏血酸含量

遗传和环境对结球甘蓝抗坏血酸的含量都有影响，抗坏血酸含量是由多基因控制的数量遗传。Walker 和 Foster（1946）利用高抗坏血酸（ascorbic acid）含量及低抗坏血酸含量的结球甘蓝材料进行杂交，研究了抗坏血酸含量的遗传，F_1植株的抗坏血酸含量介于亲本之间，而F_2植株的抗坏血酸含量正常分布，表明性状由多基因控制。

Minkov（1970）研究分析认为，结球甘蓝幼苗的抗坏血酸含量和叶球的含量有相关性。根据结球甘蓝叶球大小分析，球小的品种一般比球大的品种含有较多抗坏血酸。即使血缘相近的品系，抗坏血酸的含量也相差较大。早熟品种的干物质含量和抗坏血酸含量呈正相关，相关系数$r=0.59$。栽培措施对抗坏血酸的含量也有影响，重施氮肥和复合肥料能提高其含量。

综上所述，结球甘蓝的品质育种是一个重要的育种目标，育种中要获得高含量抗坏血酸品种，亲本材料选育需在低世代进行，杂种一代双亲需均为高含量抗坏血酸的自交系。

二、糖和纤维素含量

结球甘蓝糖、纤维素的含量为数量性状遗传，主要受加性基因控制。洛考夫宁可瓦（1976）研究表明，结球甘蓝的糖含量以晚熟品种最高，中熟品种次之，早熟品种最低。分析90个结球甘蓝品种，干物质和糖含量的相关系数晚熟品种$r=0.89$，中熟品种$r=0.60$。张恩慧等（1993）选用结球甘蓝早、中、晚熟品种（系）共55份，对结球甘蓝主要品质性状研究表明，可溶性糖含量与纤维素含量之间呈显著负相关，相关系数$r=-0.41$。中国农业科学院蔬菜花卉研究所对13个结球甘蓝一代杂种的营养分析结果表明，还原糖一代杂种的含量与双亲含量的相关系数$r=0.58$。宋明等（1993）对60个不同的结球甘蓝品种（系）主要品质性状的分析结果表明，结球甘蓝的总糖含量与还原糖含量呈极显著正相关，相关系数$r=0.98$。沈思宁等（1992）对当地的中晚熟自交系的粗纤维进行了配合力分析，结果认为粗纤维性状的遗传主要受加性基因控制。陈锦秀（2006）研究认为，结球甘蓝粗纤维含量性状的遗传主要受加性基因控制，以加性效应为主。

综上所述，结球甘蓝糖和纤维素含量是品质育种的重要指标，结球甘蓝总糖主要为葡萄糖和果糖，以葡萄糖含量为主。结球甘蓝叶球的甜脆程度取决于糖和纤维素的含量。双亲高含糖量和适量纤维素含量才能配制出甜脆的杂种一代品种。

三、硫代葡萄糖苷含量

食用结球甘蓝及其他变种蔬菜可降低人类和其他哺乳动物的癌症发病率（Block 等，1992；Fahey 等，1997；Steinmetz and Potter，1996），其主要功能成分是硫代葡萄糖苷（GSL）及其异硫氰酸酯（ITC）分解产物。结球甘蓝硫代葡萄糖苷主要是由多基因控制的数量性状遗传。田多成（2014）对不同硫代葡萄糖苷含量亲本构建的F_2代分离群体研究发现，其硫代葡萄糖苷含量表现为连续的变异，表明该性状是由多基因控制的数量性状遗传。

Hill 等（1984）用8个结球甘蓝亲本进行相互杂交（4个高 GSL，$275\sim418mg/kg$；4个低 GSL，$39\sim49mg/kg$），分析所有组合种子中硫代葡萄糖苷（GSL）含量的遗传，结果表明亲本后代狭义遗传力回归系数为 0.32。Chiang 等（1986）研究了结球甘蓝种子中 3 种硫代葡萄糖苷成分 goitrin（致甲状腺肿素）、volatile isothiocyanates（挥发性异硫氰酸酯）和 thiocyanate ion（硫氰酸根离子）的遗传规律，结果表明：goitrin 观察到母系遗传效应，较低浓度的 goitrin 和 volatile isothiocyanates 受 4～6 个基因控制，硫氰酸根离子的含量由 2～3 个位点控制。

第六节 甘蓝抗病性

植物的抗病性遗传是极为复杂的，与植物本身的基因型和病原物的基因型都有关系，是寄主和病原物互作的结果。植物在遭受病原菌侵染时，会在短时间内快速识别病原菌，激活植物本身的防御反应体系，产生过敏反应（hypersensitive response，HR）。过敏反应的发生导致病原菌侵入处的植物细胞和组织发生程序性死亡（programmed cell death，PCD），对寄生型病原菌的侵入起到了有效的限制和消灭作用，而病原菌未侵入的植株部位则发生系统获得性抗性（systemic acquired resistance，SAR）。Flor（1971）提出的"基因对基因"（gene - for - gene）抗病学说认为，寄主植物分别含有抗病基因（R）和感病基因（r），而病原物分别含有相应的无毒基因（Avr）和有毒基因（Vir）。植物的抗病反应只有在植物的抗病基因（R）和病原物的无毒基因（Avr）都为显性时才能被激发，此时，植物表现抗病，其他情况下均表现为感病。系统获得性抗性（SAR）是植物的抗病基因产物和病原菌的无毒基因产物特异性互作的结果。结球甘蓝对于病害的抗性遗传，因研究者各自选择品种（系）和病原株（菌）系的不同，研究结果也不尽相同。

一、抗芜菁花叶病毒

结球甘蓝芜菁花叶病毒（$Turnip\ mosaic\ virus$，简称 TuMV），不同的结球甘蓝资源对 TuMV 抗性呈现出多种遗传规律，不同抗病基因对应一个或多个芜菁花叶病毒株系。据报道，我国十字花科蔬菜芜菁花叶病毒（TuMV）主要有 7 个株系群。结球甘蓝抗芜菁花叶病毒研究结果表明，主要有 3 种抗性遗传类型：抗病对感病的遗传表现为多基因控制的不完全显性；受几对独立的显性基因控制的完全显性遗传；加性-显性模式的数量性状遗传（表 5 - 19）。

表 5 - 19　结球甘蓝 TuMV 抗性遗传规律

群体	抗源	抗性遗传规律	参考文献
结球甘蓝杂交分离群体	—	抗性为不完全显性，多基因控制	Pound 和 Walker，1945
	84075	抗性受显性单基因或 2 对显性基因控制	Williams，1968；王超等，1991；曹必好等，2002
	1162	抗性为数量遗传，以加性作用为主	崔继哲，1989

Pound 和 Walker（1945）率先对甘蓝的 TuMV 抗性进行了研究，发现其抗性遗传表现为不完全显性，推断可能由多基因控制。

Williams（1968）通过研究发现，结球甘蓝对芜菁花叶病毒（TuMV）抗性为显性遗传。王超等（1991）在温度控制在25℃、光照18h以上的条件下，利用结球甘蓝2份高抗和2份感芜菁花叶病毒（TuMV）的高代自交系为材料，采用子叶期人工摩擦接种方法，对遗传后代进行鉴定研究分析，结果表明结球甘蓝对TuMV的抗性表现为完全显性，其抗病性受2对独立的显性基因控制。曹必好等（2002）以抗TuMV结球甘蓝自交系84075和感病自交系9797及其构建的分离群体为材料鉴定其抗病性，结果表明结球甘蓝抗TuMV性状为单显性基因控制。

崔继哲（1989）对结球甘蓝抗病自交系1162和感病材料引9-3构建的六世代群体进行苗期人工接种鉴定和遗传分析，指出结球甘蓝对TuMV的抗性表现为数量性状，其遗传规律符合加性-显性模型，遗传效应以加性作用为主；抗性的正、反交效应显著，表现为较明显的母性遗传。

由此可知，结球甘蓝在抗芜菁花叶病毒育种中，应在明确育种亲本自交系对芜菁花叶病毒不同株系抗病遗传的基础上，针对主要病毒株系选育抗源尤为重要。配制抗病杂交种时父母本双亲之一为抗源，另一亲本抗性较强即可培育出高抗TuMV杂种一代品种。

二、抗黑腐病

结球甘蓝黑腐病是一种由细菌感染危害的一种病害，黑腐病菌生理小种颇多，抗病基因位点多而遗传规律复杂。据研究，结球甘蓝资源中黑腐病抗源较少，高抗或免疫的抗源甚少。有关结球甘蓝抗黑腐病的遗传研究结果表明，其抗性：一是由单1个或多个显性基因控制；二是由1个显性基因F和2个修饰基因a，B控制；三是由1对隐性主基因控制（表5-20）。

表5-20　结球甘蓝黑腐病抗性遗传规律

群体	抗源	抗性遗传规律	生理小种	参考文献
不同结球甘蓝材料杂交构建的分离群体	Early Fuji Huguenot BOH 85c	抗性由1个或多个显性基因控制	3号	Bain，1955；Vicente等，2002
不同结球甘蓝材料杂交构建的分离群体	Early Fuji	抗性由1个显性基因F和2个修饰基因a，B控制	—	Williams，1971
不同结球甘蓝材料杂交构建的分离群体	Reiho P01 CY	抗性受多基因控制	1号	Doullah等，2011；Kifuji等，2013
不同结球甘蓝材料杂交构建的分离群体	Early Fuji PI 436606 QP07	抗性由1对隐性主基因控制	—	Williams等，1972；Dickson 和 Hunter，1987；蔡美杰等，2020
甘蓝重组自交系和染色体片段替换系		抗性为数量性状遗传，受多基因控制	—	刘泽慈，2019

Bain（1955）鉴定出高抗黑腐病品种"Early Fuji"和"Huguenot"，研究认为黑腐病抗性由 1 个或多个显性基因控制。Vicente 等（2002）研究发现甘蓝 DH 系"BOH 85c"对黑腐病的抗性受显性单基因控制。

Williams（1971）研究了结球甘蓝品种 Early Fuji 的抗性遗传，认为抗性由 1 个显性基因 F 和 2 个修饰基因 a，B 控制。

Doullah 等（2011）研究发现结球甘蓝 DH 系 Reiho P01 对黑腐病 1 号生理小种的抗性是受多基因控制的。Kifuji 等（2013）发现结球甘蓝 CY 自交系对黑腐病的抗性呈多基因的遗传模型。

Williams 等（1972）对抗黑腐病结球甘蓝 Early Fuji×感黑腐病品种 Badger 的杂交后代 F_1、F_2 和 BC 群体分离比研究表明，抗黑腐病性状由 1 对隐性主基因控制，将其命名为 f。在杂合状态下，基因 f 受 1 个隐性修饰基因（命名为 a）和一个显性修饰基因（命名为 B）控制。Dickson 和 Hunter（1987）研究分析结球甘蓝 PI436606 的抗性，认为与 Williams 等的研究品种 Early Fuji 有相似的遗传抗性，为带有修饰基因的单个隐性基因控制。蔡美杰等（2020）研究报道，利用结球甘蓝对黑腐病的抗源材料 P_1（QP07）和极感病材料 P_2 及其构建的 F_1、F_2、BC_1P_1、BC_1P_2 群体，采取田间自然诱发鉴定和苗期人工接种鉴定相结合的方法进行黑腐病抗性遗传分析，结果表明，结球甘蓝抗源材料 P_1（QP07）抗黑腐病为隐性单基因遗传。

刘泽慈（2019）利用重组自交系与染色体片段替换系对结球甘蓝抗黑腐病进行遗传定位分析，发现对黑腐病的抗性属于数量性状，受多基因控制，并确定了一个可解释 16.72% 表型变异的候选区间。

王晓武等（1995）研究提出了四基因遗传模式（表 5 - 21）。F-f 是主效基因，抗病表现为隐性，感病为不完全显性，且显性程度较低，含 F 等位基因的感病材料，其黑腐病抗性可通过与基因型为 ff 的抗病亲本杂交得到增强。X-x 基因是另一个作用比较强的重要基因，该基因抗病也表现为隐性，感病表现为显性，但其显性程度较高，选育杂交品种时带 XX 基因的亲本其抗性不易得到改良。N-n 基因的作用较 F-f、X-x 小，而且它的作用依赖于感病基因，某基因型为 NN 的感病亲本和基因型为 nn 的感病亲本杂交的后代可能比双亲更感病。隐性修饰基因 hh 对 Ff 基因型感病的抑制作用较强，利用这种抑制作用可以显著增强某些抗与感杂交组合的抗病性。F-f 位点和 H-h 位点可能分别与 Williams 三基因模式的 F-f、A-a 位点是对应的。从表型的分析来看，F-f、X-x 决定维管系统的抗扩展性，而 N-n 基因与抗侵入有关。

表 5 - 21　控制结球甘蓝黑腐病抗性的基因

（王晓武等，1995）

基因	显隐性关系	基因间关系
F-f	感（F）对抗（f）不完全显性	与 X-x 独立
X-x	感（X）对抗（x）显性	与 F-f 独立
N-n	增加（N）对不增加（n）显性	增加 F-基因型的病斑数
H-h	不抑制（H）对抑制（h）显性	抑制 Ff 基因型的感病性

由此可知，结球甘蓝黑腐病抗性是由基因决定的，受抗源材料基因型和病原生理小种类型共同影响。由于结球甘蓝缺乏对不同黑腐病生理小种有持久抗病性的资源（Soengas et al.，2007），因此使结球甘蓝应对黑腐病的遗传研究变得尤为复杂。不同病原生理小种具有相应的抗源基因，根据不同位点抗病基因筛选和创制复合抗病育种材料是抗病育种的基础。在育种上杂交分离或回交转育抗病基因，低世代抗性鉴定选择是有效的，配制杂种一代品种最好选用两个抗病亲本。

三、抗霜霉病

结球甘蓝霜霉病的抗性遗传机制比较复杂，因遗传资源、生长阶段、分级标准、抗性鉴定方法、栽培环境条件等而异。甘蓝霜霉病的抗性不易固定，抗性鉴定方法和遗传比较复杂。结球甘蓝抗霜霉病遗传研究结果表明，其抗性由 1 个或 3～4 个显性基因控制，或由 1 个隐性基因控制；霜霉病抗性存在着阶段性（表 5 - 22）。

表 5 - 22　结球甘蓝霜霉病抗性遗传规律

群体	抗性遗传规律	生长阶段	生理小种	参考文献
结球甘蓝杂交分离群体	抗性受 1 个显性基因控制	苗期 成熟期	br8	Natti 等，1967；Jensen 等，1999 于利等，2013 Coelho 和 Monteiro，2003
	抗性受 3～4 个显性基因控制	苗期		Hoser - Krauze 等，1995
	抗性受 1 个隐性基因控制	苗期		Malin 等，2004
	抗性受多个微效基因加性效应或显性上位效应控制	苗期	by9	Jensen 等，1999

Natti 等（1967）研究认为结球甘蓝幼苗对霜霉病的抗性，受单显性基因控制。Jensen 等（1999）苗期人工接种对结球甘蓝的抗性进行分析，认为不同的抗病材料和不同的病原生理小种互作表现为不同的抗性遗传规律，病原生理小种 br8 主要是由显性基因控制，病原生理小种 by9 是由多个微效基因加性效应控制，不同材料之间的杂交试验还表现出显性上位效应。于利等（2013）采用结球甘蓝对霜霉病基本免疫材料 R103 和极感病的材料 S101 及其构建的 F_2、BC_1 群体，采取苗期田间自然诱发鉴定和人工接种鉴定相结合的方法进行结球甘蓝抗性鉴定和遗传分析，结果表明材料 R103 霜霉病抗性是由 1 对显性基因控制。Coelho 和 Monteiro（2003）对结球甘蓝杂交后代 F_1、F_2、F_3 采用田间自然抗性鉴定并进行遗传分析，结果表明在成熟植株阶段表现出霜霉病抗性由单一显性基因调节。这些抗性可能表现为小种特异性。Hoser - Krauze 等（1995）研究认为结球甘蓝抗性是由 3～4 个显性基因控制。Malin 等（2004）用甘蓝型油菜上的寄生霜霉菌苗期人工接种侵染甘蓝，结果表明结球甘蓝霜霉病抗性是 1 个隐性性状。Coelho 等（1998）和王超等（2000）研究认为，结球甘蓝霜霉病的抗性存在着阶段性，苗期和成株期的抗性不一致。

由此可知，结球甘蓝霜霉病是一种真菌性病害，抗病性苗期和成株期存在着变异；一般抗源材料选育不仅苗期要抗病，而且莲座期和结球期也要抗病。在育种上对亲本材料抗性选育适宜在低世代进行，父母双亲抗病性强则杂种一代品种抗病性就强。

四、抗根肿病

结球甘蓝抗根肿病研究结果表明，其抗性遗传规律主要表现为 3 种：一是由 2 个或多个隐性基因控制；二是受 2 个基因控制，1 个为隐性基因，1 个为不完全显性基因；三是受多基因控制，涉及隐性或显性等位基因（表 5-23）。

表 5-23　结球甘蓝根肿病抗性遗传规律

群体	抗性遗传规律	生理小种	参考文献
结球甘蓝与青花菜或花椰菜杂交构建的分离群体	抗性受 2 个或多个隐性基因控制	—	Chiang 和 Crête，1970；Walker 和 Larson，1951；Gallegly，1956；Weisaeth，1961
不同结球甘蓝材料杂交构建的分离群体	抗性受 4 对隐性基因控制	2 号	吉川等，1978
不同结球甘蓝材料杂交构建的分离群体	抗性受 2 个基因控制，1 个为隐性基因，1 个为不完全显性基因	—	Vriesenga 和 Honma，1971；Roeoland 和 Voorrips 等，1997
不同结球甘蓝材料杂交构建的分离群体	抗性为不完全显性数量性状遗传，多基因控制并涉及隐性或显性等位基因	6 号 4 号	Chiang 和 Crête，1976；Hansen，1989；司军等，2003；Laurens 等，1993 张小丽等，2014

Chiang 和 Crête（1970）利用结球甘蓝的感根肿病品种 Red acre 和 Golden acre 与抗根肿病品系 8-41 杂交研究抗性结果表明，根肿病抗性是隐性的，抗性由 2 个基因控制，命名为 pb_1 和 pb_2。Walker 和 Larson（1951）研究认为，结球甘蓝根肿病抗性是隐性多基因遗传。Gallegly（1956）研究抗根肿病结球甘蓝品种 93-595s 与感根肿病青花菜和感根肿病花椰菜品种杂交后代分离结果认为，根肿病抗性由多基因控制。Weisaeth（1961）认为结球甘蓝抗根肿病是多基因遗传性状。

吉川等（1978）利用根肿病的病原生理小种 2 作遗传分析，选用抗病结球甘蓝 Böhmerwal dkohl 72755 和中度感病结球甘蓝 Aichidai bansen 杂交，结果表明抗性为 4 对隐性基因遗传。

Vriesenga 和 Honma（1971）用感根肿病的品系 MUS705 和抗病品系 MSV134 杂交，F_2 显示抗病性由 2 个基因控制，1 个为隐性基因，1 个为不完全显性基因。Roeoland 和 Voorrips 等（1997）研究了结球甘蓝抗病与感病双单倍体品系的 4 个组合的 F_1、F_2 和回交子代根肿病抗性遗传，结果表明 4 种抗性中，1 个主要受互补基因控制；2 个可能受 2 个基因控制，但遗传方式不能确定；第 4 种抗性受 2 个以上的基因控制。

Chiang 和 Crête（1976）对结球甘蓝的抗根肿病（菌系 6）品种 Badger shipper 和自交系 8-41 及感根肿病品种 Baby head 和 Storage green 的杂交结果进行分析认为，抗根肿病性状遗传具有明显的累加效应，在多基因控制下，对根肿病的抗性表现为数量性状，并涉及隐性或显性等位基因。Hansen（1989）选用 10 个对根肿病不同抗性的亲本系杂交，研究结果表明低抗性亲本对根肿病抗性属不完全显性数量性状遗传。司军等（2003）对结球甘蓝苗期根肿病抗性遗传规律研究结果表明，抗病性受 3 对以上基因控制，为不完全隐性，回交效应极显著，正反交效应差异不显著，呈现核遗传，细胞质的作用不明显。结球甘蓝对根肿病抗性的狭义遗传力较高，一般配合力和特殊配合力均较重要，符合加性-显性模型，加性效应是主要的。这种抗性表现在亲代和 F_1 代间存在极显著正相关，呈现出数量性状遗传的特点。Laurens 等（1993）研究认为结球甘蓝的根肿病抗性由多个等位基因控制，为不完全显性遗传且具有明显的加性效应。张小丽等（2014）通过有性杂交获得抗根肿病菌生理小种 4 号的 F_1 桥梁材料（青花菜×结球甘蓝近缘野生种"B2013"），研究认为根肿病抗性以主基因遗传为主，同时受环境影响较大。

结球甘蓝根肿病已知的抗性资源目前相对较少，也多表现为弱抗或中抗，抗病基因有待从资源中发掘或从其他十字花科作物中转育。根肿菌生理小种多，变异快，结球甘蓝的根肿病抗性遗传相对复杂，使得结球甘蓝抗根肿病育种难度较大。明确病原菌不同生理小种抗性基因遗传规律，转育抗病基因培育复合抗源自交系，才能配制抗病杂交种。

五、抗枯萎病

结球甘蓝抗枯萎病遗传除在一定环境条件下稳定外，主要表现为抗性受单一显性基因控制（表 5-24）。

表 5-24　结球甘蓝枯萎病抗性遗传规律

群体	抗性遗传规律	参考文献
不同结球甘蓝材料杂交构建的分离群体	抗性受单一显性基因控制	Walker 和 Smith，1930；Blank，1937；吕红豪 等，2011；姜明 等，2011；朱洪运，2013；Blank，1937；Morrison，1988
	抗性受多基因控制	Blank，1937；Morrison，1988

美国威斯康星大学 Walker（1930）首先报道了结球甘蓝枯萎病抗性的遗传规律，认为其受单一显性基因控制，随后在对影响枯萎病抗性的环境条件的研究中发现该抗性在 26℃下表现稳定，而在 28℃条件下虽然有少数个体表现出枯萎病的症状，大部分依然表现明显抗性，说明这种抗性在较高温度下表现稳定。中国农业科学院蔬菜花卉研究所吕红豪等（2011）利用多个 F_1 和亲本接种后的抗感表现证明甘蓝对枯萎病抗性符合显性遗传，而后利用高抗材料 96-100 和高感材料 01-20 构建的六世代群体进一步证明了甘蓝 96-100 对枯萎病的抗性符合显性单基因遗传。姜明等（2011）利用高抗枯萎病的结球甘蓝自交系 8024 与感病自交系 6A 进行研究，结果表明结球甘蓝对枯萎病的抗性受单显基因控

制，并通过抗感基因池的方法开发出了与该基因遗传距离 2.78cM 的 SCAR 分子标记。朱洪运（2013）研究认为，结球甘蓝枯萎病的抗性由显性单基因（*FOC-1*）控制。

与上述研究结论不同的是，Melvin（1933）在对甘蓝 Wisconsin hollander 的研究中发现其对枯萎病的抗性受多基因控制。至此，研究者将受单基因控制的抗性称作 A 型抗性，而将受多基因控制的抗性称为 B 型抗性。Blank（1937）用温室试验结合田间试验的方法对 Wisconsin all season 的抗性进行了研究，发现 A、B 两种抗性同时存在于该品系中。Bosland 和 Morrison（1988）陆续报道了两种抗性的生理小种特异性：A 型抗性的结球甘蓝品种对枯萎病菌 1 号生理小种具有较强抗性，对 2 号生理小种的抵抗能力较弱；B 型抗性在较低温度条件下对 1 号和 2 号生理小种均具有抗性，但是随着温度的升高抗性逐渐减弱，22～24℃条件下抗性几乎完全丧失。

我国传统种质资源中高抗枯萎病的材料较少，抗性表现多符合单显性基因遗传（康俊根等，2010）。由此可知，结球甘蓝抗枯萎病自交材料选择在低世代效果显著，或通过回交转育抗源材料的抗病基因相对容易获得；配制杂交种双亲之一具有抗病基因其后代即表现抗病。

◆ 主要参考文献

曹必好，宋洪元，雷建军，等，2002. 结球甘蓝抗 TuMV 相关基因的克隆 [J]. 遗传学报（7）：646-652.

陈锦秀，2006. 结球甘蓝主要品质性状及相关性状的遗传参数分析 [D]. 南京：南京农业大学.

初莲香，张晓江，王余文，1996. 甘蓝类无蜡粉亮叶性状遗传规律及其利用的研究 [J]. 遗传（1）：31-33.

崔继哲，1989. 甘蓝抗病毒病遗传的研究 [J]. 北方园艺（6）：1-5.

方荣，陈学军，周坤华，2011. 甘蓝主要农艺性状的遗传相关及因子分析 [J]. 江西农业大学学报，33（2）：248-253.

方智远，孙培田，刘玉梅，等，1997. 结球甘蓝显性雄性不育系的选育及其利用 [J]. 园艺学报（3）：44-49.

郭辉，2012. 结球甘蓝抽薹性状的遗传分析及分子标记研究 [D]. 重庆：西南大学.

韩风庆，2016. 甘蓝花瓣黄色基因 BolC. cpc-1 的定位及克隆 [D]. 北京：中国农业科学院.

吉川宏昭，王素，1989. 日本十字花科作物的抗根肿病育种 [J]. 中国蔬菜（3）：55-56.

姜明，2011. 甘蓝枯萎病抗性基因的分子标记研究 [D]. 哈尔滨：东北农业大学.

康俊根，田仁鹏，耿丽华，等，2010. 甘蓝抗枯萎病种质资源的筛选及抗性基因分布频率分析 [J]. 中国蔬菜（2）：15-20.

李景涛，杨丽梅，方智远，等，2012. 结球甘蓝 10Q-961 无蜡粉亮绿性状遗传规律初探 [J]. 中国蔬菜（12）：37-41.

李梅，刘玉梅，方智远，等，2009. 结球甘蓝自交系抽薹与开花性状配合力及遗传力分析 [J]. 华北农学报，24（5）：86-89.

刘小萍，2017. 甘蓝叶色基因 *ygl-1* 和 *BoPr* 的遗传分析及精细定位 [D]. 北京：中国农业科学院.

刘泽慈，2019. 甘蓝染色体片段替换系的构建和黑腐病抗性 QTL 定位及候选基因分析 [D]. 兰州：甘肃农业大学.

吕红豪，方智远，杨丽梅，等，2011. 甘蓝枯萎病抗源材料筛选及抗性遗传研究 [J]. 园艺学报，38（5）：875-885.

缪体云，刘玉梅，方智远，等，2008. 一个结球甘蓝 DH 群体主要农艺性状的遗传效应分析 [J]. 园艺学报（1）：59 - 64.

鲁玉妙，张恩慧，许忠民，1999. 青花菜与红甘蓝变种间杂交的遗传效应 [J]. 西北农业学报（3）：71 - 72.

刘玉梅，方智远，孙培田，等，1994. 一个白花结球甘蓝材料花色遗传的初步研究 [J]. 中国蔬菜（1）：36 - 37.

雷建军，李成琼，宋明，1994. 结球甘蓝主要经济性状遗传研究 [J]. 西南农业大学学报（3）：243 - 246.

牟香丽，2013. 结球甘蓝"无蜡粉亮叶"突变体性状分析 [D]. 哈尔滨：东北农业大学.

苏彦宾，李强，仪登霞，等，2019. 结球甘蓝叶球相关性状遗传分析 [J]. 北方园艺（8）：7 - 14.

沈思宁，秦智伟，许蕊仙，1992. 甘蓝主要品质性状杂种优势和亲本配合力分析 [J]. 东北农学院学报（3）：238 - 244.

司军，李成琼，肖崇刚，等，2003. 甘蓝根肿病抗性遗传规律的研究 [J]. 园艺学报（6）：658 - 662.

苏彦宾，2012. 结球甘蓝耐裂球性状遗传效应分析及 QTL 定位 [D]. 北京：中国农业科学院.

孙朋朋，2014. 甘蓝主要叶球性状遗传效应与关联分析及 QTL 定位 [D]. 南京：南京农业大学.

石利朝，曾爱松，李家仪，等，2018. 牛心甘蓝蜡粉缺失突变体 410M 特征的研究 [J]. 南京农业大学学报，41（1）：57 - 63.

田多成，2014. 结球甘蓝高密度分子遗传图谱的构建及硫代葡萄糖苷相关性状的 QTL 定位分析 [D]. 兰州：甘肃农业大学.

王丽娟，秦智伟，1994. 春甘蓝裂球性的解剖特征 [C] //中国园艺学会. 中国园艺学会首届青年学术讨论会论文集. 哈尔滨：东北农业大学：2.

王庆彪，方智远，杨丽梅，等，2013. 中国甘蓝育种系谱分析 [J]. 园艺学报，40（5）：869 - 886.

王万兴，刘玉梅，袁素霞，等，2014. 结球甘蓝植株相关主要农艺性状的遗传及相关性分析 [J]. 植物遗传资源学报，15（1）：48 - 55.

王五宏，汪精磊，李必元，等，2020. 结球甘蓝抽薹性遗传规律和 QTL 定位分析 [J]. 园艺学报，47（5）：974 - 982.

严慧玲，方智远，刘玉梅，等，2007. 甘蓝显性雄性不育材料 DGMS79 - 399 - 3 不育性的遗传效应分析 [J]. 园艺学报（1）：93 - 98.

杨光圣，傅廷栋，1991. 油菜细胞质雄性不育恢保关系的研究 [J]. 作物学报（2）：151 - 156.

于利，黄建新，王红，等，2013. 结球甘蓝霜霉病抗性鉴定与遗传分析 [J]. 华北农学报，28（3）：193 - 198.

张韬，王超，2003. 春结球甘蓝抽薹特性的研究（Ⅱ）遗传特性分析 [J]. 东北农业大学学报，34（4）：408 - 413.

张小丽，李占省，方智远，等，2014. 青花菜与甘蓝近缘野生种'B2013'杂交后代对根肿病抗性的遗传分析 [J]. 园艺学报，41（11）：2225 - 2230.

张扬勇，方智远，王庆彪，2011. 两种甘蓝 Ogura 细胞质雄性不育源的分子鉴别 [J]. 中国农业科学，44（14）：2959 - 2965.

张恩慧，干正荣，鲁玉妙，等，1993. 甘蓝主要品质性状相关性分析. 陕西农业科学（5）：24，26.

庄木，张扬勇，方智远，等，2009. 结球甘蓝耐裂球性状的配合力及遗传力研究 [J]. 中国蔬菜（2）：12 - 15.

朱晓炜，陈锦秀，邰翔，等，2018. 基于 QTL - seq 技术的甘蓝裂球时间 QTL 定位 [C] //中国园艺学会. 中国园艺学会 2018 年学术年会论文摘要集. 上海：上海市农业科学院园艺研究所上海市设施园艺技术重点实验室.

朱洪运，2013. 结球甘蓝遗传图谱的构建及主要农艺性状的 QTL 定位 [D]. 兰州：甘肃农业大学.

Allgayer H，1928. Genetische untersuchungen mit gartenkohl (*Brassica oleracea*) [J]. Zeitschrift für Induktive Abstammungs - und Vererbungslehre，47：191 - 260.

Bain D C, 1955. Resistance of cabbage to black rot. Disappearance of black rot symptoms in cabbage seedlings [J]. Phytopathology, 45 (1) .

Bateman A J, 1955. Self - incompatibility systems in angiosperms: III. Cruciferae [J]. Heredity, 53 - 68.

Bannerot H, Boulidard L, Cauderon Y, et al. , 1974. Transfer of cytoplasmatic male sterility from *Raphanus sativus* to *Brassica oleracea* [J]. Proc Eucarpia Meet Cruciferae Crop Section, 25: 52 - 54.

Blank L M, 1937. *Fusarium resistance* in Wisconsin all seasons cabbage [J]. Agricultural Research, 55: 497 - 510.

Bosland P W, Williams P H, Morrison R H, 1988. Influence of soil temperature on the expression of yellows and wilt of crucifers by *Fusarium oxysporum* [J]. Plant Disease, 72: 777 - 780.

Chiang M S, 1969. Diallel analysis of the inheritance of quantitative characters in cabbage (*Brassica oleracea* L. var. *capitata* L.) [J]. Canadian Journal of Genetics and Cytology, 11 (1): 103 - 109.

Chiang M S, Crête R, 1970. Inheritance of clubroot resistance in cabbage (*Brassica oleracea* L. var. *capitata* L.) [J]. Canadian Journal of Genetics and Cytology, 12 (2): 253 - 256.

Chiang M S, Crête R, 1976. Diallel analysis of the inheritance of resistance to race 6 of *Plasmodiophora brassicae* in cabbage [J]. Canadian Journal of Plant Science, 56 (4): 865 - 868.

Chiang M S, 1972. Inheritance of head splitting in cabbage (*Brassica oleracea* L. var. *capitata* L.) [J]. Euphytica, 21, 507 - 509.

Chiang M S, Chong C, Chevrier G, et al. , 1986. Inheritance of three glucosinolate components in cabbage (*Brassica oleracea* L. ssp. *capitata* L.) [J]. Cruciferae Newslett, 11: 45.

Chiang M S, Chong C, Landry B S, et al. , 1993. Cabbage: *Brassica oleracea* subsp. *capitata* L. [J]. Genetic Improvement of Vegetable Crops, 113 - 155.

Coelho P S, Donata V L, Kiril B, et al. , 1998. The relationship between cotyledon and adult plant resistance to downy mildew (*Peronospora parasitica*) in *Brassica oleracea* [J]. Acta Horticulturae (*ISHS*), 459: 335 - 342

Coelho P S, Monteiro A, 2003. Inheritance of downy mildew resistance in mature broccoli plants [J]. Euphytica, 131 (1): 65 - 69.

Dickson M H, Wallace D H, 1986. Cabbage breeding [J]. Breeding Vegetable Crops: 395 - 432.

Dickson M H, Carruth A F, 1967. The inheritance of core length in cabbage [J]. Proceedings of the American Society for Horticultural Science, 91: 321 - 324.

Dong X, Ji J, Yang L, et al. , 2019. Fine - mapping and transcriptome analysis of *BoGL - 3*, a wax - less gene in cabbage (*Brassica oleracea* L. var. *capitata*) [J]. Molecular Genetics and Genomics, 294: 1231 - 1239.

Doullah, M. A, Mohsin, et al. , 2011. Construction of a linkage map and QTL analysis for black rot resistance in *Brassica oleracea* L. [J]. International Journal of Natural Sciences, 1: 1 - 6

Fahey J W, Zhang Y S, Paul T, et al. , 1997. Broccoli sprouts: an exceptionally rich source of inducers of enzymes that protect against chemical carcinogens [J]. Proceedings of the National Academy of Sciences, 94 (19): 10367 - 10372.

Fang Z Y, Sun P T, Liu Y M, et al. , 1997. A male sterile line with dominant gene (Ms) in cabbage (*Brassica oleracea* var. *capitata*) and its utilization for hybrid seed production [J]. Euphytica, 97 (3): 265 - 268.

Fan Z G, Stefansson B R, 1986. Influence of temperature on sterility of two cytoplasmic male - sterility systems in rape (*Brassica napus* L.) [J]. Canadian Journal of Plant Science, 66 (2): 221 - 227.

Farnham M W, Ruttencutter G, Smith J P, et al., 2005. Provide a means to develop collard cultivars [J]. HortScience, 40 (6): 1686 - 1689.

Gallegly M E, 1956. Progress in breeding for resistance to clubroot of broccoli and cauliflower [J]. Phytopathology. 46 (467): 482 - 486.

Hansen M, 1989. Genetic variation and inheritance of tolerance to clubroot (*Plasmodiophora brassicae* Wor.) and other quantitative characters in cabbage (*Brassica oleracea* L.). Hereditas, 110 (1): 13 - 22.

Hill C B, Williams P H, Carlson D G, 1984. Heritability for total glucosinolates in a rapidcycling *B. oleracea* population [J]. Cruciferae Newslett, 9: 75.

Hoser - Krauze J, Lakowska - Ryk E, Antosik J, 1995. The inheritance to resistance to some *Brassica oleracea* L. cultivars and lines to downy mildew - *Peronospora parasitaca* (Pers.) ex Fr. [J]. Journal of Applied Genetics, 36: 27 - 33.

Jensen B D, Bak S V, Munk L, et al., 1999. Characterization and inheritance of partial resistance to downy mildew, *Peronospora parasitica*, in breeding material of broccoli, *Brassica oleracea* convar. *Botrytis* var. *italica* [J]. Plant Breeding, 118 (6): 549 - 554.

Jensen B D, Hockenhull J, Munk L, 1999. Seeding and adult plant resistance to downy mildew (*Peronospora parasitica*) in cauliflower (*Brassica oleracea* var. *botrytis*) [J], Plant Pathol, 48: 604 - 612.

Ji J L, Cao X W, Dong X, et al., 2018. A 252 - bp insertion in *BoCER1* is responsible for the glossy phenotype in cabbage (*Brassica oleracea* L. var. *capitata*) [J]. Molecular Breeding, 38: 128.

Kakizaki Y, 1930. A dominant white=Flowered mutant of *Brassica oleracea* L. [J]. The Japanese Journal of Genetics, 6 (2): 55 - 60.

Kuan C C, 1933. Inheritance of some plant characters in cabbage *Brassica oleracea* var. *capitata* [J]. Cornell University, 126 (27): 81 - 124.

Kristofferson K B, 1924. Contributions to the genetics of *Brassica oleracea* [J]. Hereditas, 5: 297 - 364.

Kifuji Y, Hanzaea H, Terasawa Y, et al., 2013. QTL analysis of black rot resistance in cabbage using newly developed EST - SNP markers [J]. Euphytica, 190: 289 - 295.

Laurens F, Thomas G, 1993. Inheritance of resistance to clubroot (*Plasmodiophora brassicae* Wor.) in kale (*Brassica oleracea* ssp. *acephala* L.) [J]. Hereditas, 119 (3): 253 - 262.

Liu D M, Tang J, Liu Z Z, et al., 2017. Fine mapping of *BoGL1*, a gene controlling the glossy green trait in cabbage (*Brassica oleracea* L. var. *capitata*) [J]. Molecular Breeding, 37: 69.

Liu D M, Dong X, Liu Z Z, et al., 2018. Fine mapping and candidate gene identification for wax biosynthesis locus, *BoWax1* in *Brassica oleracea* L. var. *capitata* [J]. Frontiers in Plant Science, 9: 309.

Liu Z Z, Fang Z Y, Zhuang M, et al., 2017. Fine - mapping and analysis of *Cgl1*, a gene conferring glossy trait in cabbage (*Brassica oleracea* L. var. *capitata*) [J]. Frontiers in Plant Science, 8: 239.

Lv H H, Wang Q B, Zhang Y Y, et al., 2014. Linkage map construction using InDel and SSR markers and QTL analysis of heading traits in *Brassica oleracea* L. var. *capitata* [J]. Molecular Breeding, 34 (1): 87 - 98.

Magruder R, 1933. The inheritance of some plant colors in cabbage [J]. Journal of Agricultural Research, 47: 233.

Malin C, Roland V B, Arnulf M, 2004. Screening and evaluation of resistance to downy mildew (*Peronospora parasitica*) and clubroot (*Plasmodiophora brassicae*) in genetic resources of *Brassica oleracea* [J]. Hereditas, 141 (3): 293 - 300.

Minkov I, 1970. The origin, distribution and qualities of some native head cabbage populations [J].

Nauc. trudove Viss Sel Stop. inst，19：7 - 15.

Monteiro A A，Coelho P S，Bahcevandziev K，2005. Inheritance of downy mildew resistance an cotyledon and adult - plant stages in 'Couve Algarvia' (*Brassica oleracea* var. *tronchuda*) [J]. Euphytica，141 (1 - 2)：85 - 92.

Natti J J，Dickson M H，Atkin J D，1967. Resistance of *Brassica oleracea* varieties to downy mildew [J]. Phytopathology，57：144 - 147.

Ogura H，1968. Studies on the new male sterility in Japanese radish with special reference to the utilization of this sterility towards the practical raising of hybrid seeds [J]. Memoirs of the Faculty of Agriculture，Kagoshima University，6：40 - 75.

Pang W，Li X，Choi S R，et al. ，2015. Mapping QTLs of resistance to head splitting in cabbage (*Brassica oleracea* L. var. *capitata*) [J]. Molecular Breeding，35：126.

Pelofske P J，Baggett J R，1979. Inheritance of internode length，plant form，and annual habit in a cross of cabbage and broccoli (*Brassica oleracea* var. *capitata* L. and var. *italica* Plenck) [J]. Euphytica，28：189 - 197.

Pearson O H，1934. Dominance of certain quality characters in cabbage [J]. Proceedings of the American Society for Horticultural Science，31：169 - 176.

Pearson O H，1983. Heterosis in vegetable crops [J]. Monographs on Theoretical & Applied Genetics：138 - 188.

Pearson O H，1972. Cytoplasmically inherited make sterility characters and flavar components from the species cross *Brassica nigra* (L.) Koch×*B. oleracea* L [J]. Journal of the American Society for Horticultural Science，97 (3)：397 - 402.

Pease M S，1926. Genetic studies in *Brasica oleracea* [J]. Journal of Genetics，16：363 - 385.

Pound G S，Walker J C，1945. Differentiation of certain crucifer viruses by the use of temperature and host immunity reactions [J]. Journal of agricultural Research，71：255 - 278.

Potter J D，Steinmetz K，1996. Vegetables，fruit and phytoestrogens as preventive agents [J]. IARC Scientific Publications (139)：61 - 90.

Roeoland E，Voorrips，1997. Genetic analysis of resistance to clubroot (*Plasmodiophora brassicae*) in *Brassica oleracea*：II. Quantitative analysis of root symptom measurements [J]. Euphytica 93 (1)：31 - 48.

Shiga T，Baba S，1973. Cytoplasmic male sterility in oil seed rape. *Brassica napus* L. ，and its utilization to breeding [J]. Japanese Journal of Breeding，23 (4)：187 - 197.

Sampson D R，1967. New light on the complexities of anthocyanin inheritance in *Brassica oleracea* [J]. Canadian Journal of Genetics and Cytology，8：404 - 413.

Soengas P，Hand P，Vicente J G，et al. ，2007. Identification of quantitative trait loci for resistance to *Xanthomonas campestris* pv. *campestris* in *Brassica rapa* [J]. Theoretical and Applied Genetics，114：637 - 645.

Swarup V，1963. Studies on hybrid vigor in cabbage [J]. Indian Journal of Genetics and Plant Breeding，23：90 - 100.

Summers W L，Honma S，1980. Inheritance of maturity，head weight，non - wrapper leaf weight，and stalk weight in cabbage1 [J]. Journal of the American Society for Horticultural Science，105 (5)：760 - 765.

Sutton E F，1924. Inheritance of "bolting" in cabbage："tendency to bolt" probably a recessive mendelian character [J]. Journal of Heredity，15 (6)：257 - 260.

Tschermak E V，1916. Ueber den gegenwartigen stand der gemusezuchtung [J]. Zeitschrift für Pflanzen-zuchtung，4：65 – 104.

Thompson K F，1972. Cytoplasmic male – sterility in oil – seed rape [J]. Heredity，29（1）：253 – 257.

Traka M H，2016. Health benefits of glucosinolates [J]. Advances in Botanical Research，80：247 – 279.

Vicente J G，Taylor J D，Sharpe A G，et al.，2002. Inheritance of race – specific resistance to *Xan-thomonas campestris* pv. *campestris* in *Brassica* genomes [J]. Phytopathology®，92（10）：1134 – 1141.

Vriesenga J D，Honma S，1971. Inheritance of seedling resistance to clubroot in *Brassica oleracea* L. [J]. Hort. Science（6）：395 – 396.

Wang Q B，Zhang Y Y，Fang Z Y，er al.，2012. Chloroplast and mitochondrial SSR help to distinguish allocytoplasmic male sterile types in cabbage（*Brassica oleracea* L. var. *capitata*）[J]. Molecular Breed-ing，30（2）：709 – 716.

Walters W T，Mustschler A M，Eaele D E，1992. Protoplast fusion – derived Ogura male – sterile cauli-flower with cold tolerance [J]. Plant Cell Reports，10（12）：624 – 628.

Wallace D H，More T A. 1987. Combining ability and heterosis studies using self – incompatible lines in cabbage [J]. Indian Journal of Genetics and Plant Breeding，47：20 – 27.

Walker J C，1930. Inheritance of *Fusarium resistance* in cabbage [J]. Journal of Agricultural Research，40：721 – 745.

Walker J C，Williams P H，1965. Inheritance of powdery mildew resistance in cabbage [J]. Plant Dis-ease，49：198 – 201.

Walker J C，Foster R E，1946. The inheritance of ascorbic acid content in cabbage [J]. American Journal of Botany，33：758 – 761.

Walker J C，Larson R H，1951. Progress in the development of clubroot – resistant cabbage [J]. Phytopa-thology，41：37.

Weisaeth G，1965. Breeding of *Brassica oleracea* resistant to clubroot，using the resistance source "Shet-land" [J]. Horticulture Research，5：46 – 47.

Williams P H，Staub J，Sutton J C，1972. Inheritance of resistance in cabbage to black rot [J]. Phytopa-thology，62：247 – 252.

Williams P H，Walker J C，Pound G S，1968. Hybelle and sanibel，multiple disease – resistant F$_1$ hybrid cabbages [J]. Phytopathology，58：791 – 796.

Yarnell S H，1956. Cytogenetics of the vegetable crops：II. Crucifers [J]. The Botanical Review，22：81 – 166.

Yarrow S A，Burnett L A，Wildeman R P，et al.，1990. The transfer of polima cytoplasmic male sterility from oil seed rape（*B. napus*）to broccoli（*B. oleracea*）by protoplast fusion [J]. Plant Cell Reports，9（4）：185 – 188.

Zhang X，Su Y，Liu Y，et al.，2016. Genetic analysis and QTL mapping of traits related to head shape in cabbage（*Brassica oleracea* var. *capitata* L.）. Scientia Horticulturae，207：82 – 88.

Zhu X W，Tai X，Ren Y Y，et al.，2019. Genome – wide analysis of coding and long non – coding RNAs involved in cuticular wax biosynthesis in cabbage（*Brassica oleracea* L. var. *capitata*）[J]. International Journal of Molecular Sciences，20：2820.

（张恩慧）

第六章

甘蓝杂种优势育种

.... [中 国 结 球 甘 蓝]

选择两个遗传组成不同、性状稳定的亲本进行杂交，配制具有杂种优势的杂交一代种子的育种方法称为杂种优势育种，简称优势育种。优势育种已成为许多农作物的主要育种途径，特别在蔬菜作物育种中广泛应用。甘蓝是雌雄同花的异花授粉作物，具有明显的杂种优势，目前世界各国推广的甘蓝品种 90％以上都是采用杂种优势育种途径育成的，这些杂交种种子的规模化生产是通过甘蓝自交不亲和系或雄性不育系来实现的。

第一节 概 述

一、历史和现状

甘蓝有非常明显的杂种优势，早在 1876 年，达尔文就在《植物界异花受精和自花受精的效果》（1876）一书中，阐述了以早熟巴尔尼甘蓝品种（Early Barnes cabbage）为试验材料所观察到的甘蓝杂种优势现象。从 20 世纪 20 年代开始，美国、日本、苏联及西欧的一些国家，相继开展了甘蓝杂种优势利用的研究。由于发现甘蓝杂种一代具有丰产、抗病、适应性强、性状整齐一致等优点，世界上许多科学家都把甘蓝杂种优势利用作为提高甘蓝育种和生产水平的一项重要措施。甘蓝是雌雄同花异花授粉作物，普遍存在自交不亲和性，因此自交不亲和系首先得到研究与利用。1932 年，Pearson 最早提出利用两个甘蓝自交不亲和系进行天然杂交，生产甘蓝杂种一代种子。1950 年，Odland 和 Nall 提出了一种近似双交种的制种方法，这一方法后来在日本得到完善。1950 年，日本泷井种苗公司首先利用自交不亲和系配制出甘蓝杂交一代品种长岗 1 号，并在生产上推广应用。1954年，伊藤确立了利用自交不亲和系生产 F_1 种子的体系。Bateman 等（1952，1954，1955）发现甘蓝等十字花科蔬菜的自交不亲和性属于孢子体类型。1962 年，治田辰夫发表了《十字花科蔬菜自交不亲和性遗传机制的研究》论文，对甘蓝等十字花科蔬菜自交不亲和性和杂种优势理论做了较全面的阐述，有力地推动了甘蓝杂种优势利用研究工作的深入开展。据不完全统计，1958—1974 年日本培育出 221 个甘蓝新品种，其中杂种一代为 191个，占 87％。值得注意的是 1966 年以后培育的新品种，几乎全为杂种一代。1973—1976年欧洲共同体各国培育出 128 个甘蓝新品种，其中杂种一代占 40％以上。1980 年《美国园艺学会杂志》（第 1 期）发表了 14 个甘蓝新品种，全为杂种一代。

我国甘蓝杂种优势利用研究工作起步较晚。20 世纪 50 年代后期至 60 年代初，旅大市农业科学研究所、中国农业科学院江苏分院、西安市农业科学研究所等单位曾先后开展了甘蓝杂种优势利用的研究，证明杂种一代在产量、抗逆性等方面都具有明显的杂种优势。和常规种相比，杂交种一般可增产20％～30％。1973年，中国农业科学院蔬菜研究所和北京市农林科学院蔬菜研究所合作，育成了我国第1个甘蓝杂种一代"京丰一号"，并在国内迅速大面积推广。1974年，上海市农业科学院园艺研究所育成杂种一代新平头甘蓝。70年代后期到90年代初，国内甘蓝杂种优势利用研究进入迅猛发展阶段，北京、上海、黑龙江、吉林、辽宁、山东、山西、陕西、内蒙古、四川、江苏、云南、贵州、湖北、浙江等省（自治区、直辖市）的蔬菜科研、教学单位，选育出了100多个不同类型的甘蓝自交不亲和系，育成了一大批优良的F_1品种。如中国农业科学院蔬菜花卉研究所和北京市农林科学院蔬菜研究所合作，育成报春、双金、园春、庆丰、秋丰、晚丰等早、中、晚熟配套的杂种一代，并在全国29个省、自治区、直辖市推广。京丰一号及这6个品种的研究成果于1985年获国家技术发明一等奖。上海市农业科学院园艺研究所育成了抗病、耐热的夏光甘蓝；陕西省农业科学院蔬菜研究所育成了早熟、丰产的秦菜1号、秦菜2号甘蓝。此外，山西、江苏、浙江、内蒙古、吉林、湖北、四川等省（自治区）的蔬菜科研、教学单位，也分别育成并推广了理想1号、苏晨1号、春丰、早丰甘蓝、内配1号、内配2号、华杂1号、甘杂1号等甘蓝一代杂种。

从80年代中期开始，甘蓝抗病育种被列入国家重要科技攻关项目，甘蓝的育种目标，除丰产、优质外，还要求抗1～2种病害，从而将甘蓝的优势育种提高到一个新的水平。中国农业科学院蔬菜花卉研究所、陕西省农业科学院蔬菜研究所、西南农业大学园艺系、东北农学院园艺系等单位协作攻关，采用苗期人工接种鉴定和田间自然诱发鉴定相结合的方法，筛选出了30多份抗TuMV、黑腐病的抗源材料，并育成了中甘8号、西园2号、西园3号、西园4号、秦菜3号、东农605、东农606、东农607等抗病、优质、丰产的甘蓝F_1新品种。其中，中甘8号在全国27个省、自治区、直辖市推广，1991年该项目成果获国家科技进步二等奖。90年代开始，育种目标更加重视丰产、优质和抗病、抗逆的结合，更加重视适于不同季节、不同生态条件下栽培的优良性状，育成8398、中甘15等优质并适于露地、保护地种植的新品种。"早熟春甘蓝新品种8398的育成"成果1998年获国家科技进步二等奖。在选育优良杂种一代的过程中，还较系统地研究了甘蓝主要性状的遗传规律，确定了自交不亲和系的标准和选育方法。同时各地还进行了甘蓝杂种一代制种技术的研究，提出了一套克服双亲花期不遇、提高制种产量和质量的有效措施。

为了探索甘蓝杂种一代的制种新途径，国外于20世纪60～70年代开始了甘蓝雄性不育系的选育研究，国内于70年代开展了甘蓝雄性不育系选育研究，并于90年代中后期取得重要突破，利用改良的胞质雄性不育系或显性不育系逐渐成为配制甘蓝杂交一代杂种的主要途径，克服了甘蓝自交不亲和系杂交制种存在的易出现假杂种、亲本繁殖成本高等弊端。中国农业科学院蔬菜花卉研究所在引进、研究、利用国外甘蓝胞质雄性不育系的同时，利用在世界上首次发现的甘蓝显性核基因雄性不育源79-399-3建立了显性雄性不育系育种技术体系（方智远等，2004），育成了中甘17、中甘19、中甘21等纯度高、杂种优势强的甘蓝新品种，该研究成果于2014年获国家科技进步二等奖。

进入21世纪，甘蓝杂种优势育种技术有了重大突破，分子标记、小孢子培养等生物技术和常规育种技术相结合也成为甘蓝杂交育种的重要途径，通过分子标记选择和小孢子培养获得 DH 株系，进行杂交组合配制，国内已育成了豫生 1 号、豫甘 5 号、锦秋 55、中甘 27、中甘 28、苏甘 55 等甘蓝品种。

二、甘蓝杂种优势表现

基因型不同的两个亲本杂交，其杂种一代在生长势、产量、抗性等方面表现出比双亲优越的现象称为杂种优势。国内外大量资料表明，甘蓝杂种一代有明显的杂种优势，主要表现为生长势旺、产量高、适应性强等方面。

（一）产量优势

优良的甘蓝杂种一代具有非常明显的产量优势。方智远等（1983）对 345 个甘蓝杂种一代进行了测产（表 6-1），结果表明：90.43% 的杂种一代单株产量超过高产亲本；8.41% 的杂种一代产量介于双亲之间；仅 1.16% 的杂种一代，产量低于低产亲本。

表 6-1　甘蓝杂种一代的产量优势

（方智远等，1983）

年份	调查组合数	超过高产亲本的组合		介于两亲本之间的组合		低于低产亲本的组合	
		组合数	百分率（%）	组合数	百分率（%）	组合数	百分率（%）
1978	57	44	77.2	13	22.8	0	0
1979	98	93	94.9	4	4.1	1	1
1980	154	149	96.7	5	3.3	0	0
1982	36	26	72.2	7	19.4	3	8.3
总计	345	312	90.43	29	8.41	4	1.16

赵稚雅等（1975）用北京早熟、成功 2 号等 6 个甘蓝地方品种配制 30 个杂交组合，总平均产量较亲本增产 21.2%，有 24 个组合超过双亲平均产量。方智远等（1982）采用双列杂交的方法，研究分析了几个甘蓝自交系部分数量性状的一般配合力方差分量和特殊配合力方差分量，结果也表明，单球重的特殊配合力方差分量大于一般配合力方差分量，而且广义遗传力与狭义遗传力之间有较大的差异，表明其遗传主要受非加性基因控制。在甘蓝育种中，为提高单球重采用优势育种较为有利。国内各单位育成的一批优良甘蓝杂种一代的实例也证明，优良的甘蓝杂种一代，一般比原有地方品种增产 20%～30%。李升娟等（2019）对甘蓝的 2 个杂交组合的单球重、中心柱长、球高、叶柄重等中亲优势值和超亲优势值进行了分析，结果表明单球重的超中亲值均最高，单球重的中亲值分别为 97.36 和 120.95，超亲值分别为 78.35 和 96.61，产量杂种优势较为明显。两个亲本系属于不同球形或来源于不同地区的杂交组合，产量优势尤为显著。如圆球形×尖球形、圆球形×扁圆球形等组合，有很强的产量优势。但是，这类组合的双亲开花期常常不一致，制种时调整双亲花期较费时、费力，制种产量受影响，增加了制种成本。选配球形相似，而叶色深浅、蜡粉多少等性状有一定差异的组合，如叶色灰绿×黄绿、灰绿×深绿、绿×深

绿等组合，也能获得产量优势较好的组合，而这些组合双亲的开花期往往较为一致，比较容易制种（表6-2）。同一品种不同自交系间产量配合力相差较大。亲本产量与杂种一代有明显的正相关，相关系数达0.979（赵稚雅等，1975）。中国农业科学院蔬菜研究所1979年调查了23个金早生自交系和北京早熟自交系7201-16-5-7的杂交种的产量。结果表明，产量最高的折合每667m²产量3 500kg以上，而最低的不足2 500kg。杂种一代产量与亲本系产量的高低呈高度正相关。因此，在配制杂交组合时，尽量选择亲本产量高的自交系。

表6-2　不同类型杂交组合的产量优势表现

（方智远等，1983）

熟性	组合类型		1979年春		1980年春	
	双亲球形	双亲叶色	调查组合数（个）	F₁产量超过双亲产量平均值的百分率（%）	调查组合数（个）	F₁产量超过双亲产量平均值的百分率（%）
早熟	圆球×尖球	绿×灰绿或深绿	44	48.18	76	26.5
	圆球×圆球	绿×绿	—	—	3	15.4
中早熟	圆球×牛心	绿×灰绿或深绿	17	66.57	33	63.5
	圆球×圆球	绿×深绿	8	50.11	13	49.9
	圆球×扁圆	绿×灰绿	13	56.61	5	81.8
中熟	扁圆×扁圆	黄绿×灰绿或绿×灰绿	3	40.08	6	50.3

（二）抗病性

通过杂交优势育种，可将不同亲本的抗病位点聚合在一起，提升杂交一代品种的抗病性。在我国危害甘蓝的病害，目前主要有黑腐病、病毒病、枯萎病和根肿病等。病毒病的种群中，以芜菁花叶病毒（TuMV）为主。对前两种病害的抗性，F₁代常表现为部分显性。方智远等（1977）曾将5个自交系用双列杂交半轮配法配制10个F₁，田间试验4次重复，随机排列。对病毒病、黑腐病的调查结果表明，除1个组合的抗病性超过双亲外，其余9个组合的病情指数介于双亲之间，其中有8个组合的病情指数偏向于抗病亲本。来源于同一个品种，甚至来源于同一单株的不同自交系，抗病性差异较大。例如，方智远等（1978）调查了黑平头自交系20-2-5的病毒病病情指数为2.4，而来源于同一原始单株的姊妹系20-2-4病情指数高达33.3。这说明通过自交分离，可以筛选出一些抗病性超过原始品种的抗病材料，用这些抗病材料作亲本配制杂种一代，其抗病性可明显超过一般地方品种。1977年，中国农业科学院蔬菜研究所用18个抗病性较好的自交系配制了71个杂交组合，秋季鉴定结果表明，抗病性超过北京秋甘蓝品种黑平头的有54个组合，占配制组合数的76.1%；抗黑腐病超过黑平头的有52个组合，占73.2%。中国农业科学院蔬菜花卉研究所、西南农业大学园艺系、陕西省农业科学院蔬菜研究所、东北农学院园艺系等单位，于20世纪90年代开展了甘蓝抗病毒病和抗黑腐病的育种工作，选育出一批高抗TuMV、兼抗黑腐病的抗病原始材料和杂种一代。

近年来，抗枯萎病育种研究表明，甘蓝对枯萎病1号小种的抗性为单基因显性，杂种一代中，只要一个亲本具有抗性基因即表现抗病。通过对甘蓝抗枯萎病基因定位和克隆，开发了与这些抗性紧密连锁的分子标记（Lv et al.，2014）。采用常规育种技术与分子标记辅助选择技术相结合，培育出一批抗病、优质、杂种优势强的甘蓝新品种，如中甘628、中甘828、中甘1305、中甘602、苏甘27、西园6号、西园秋丰等。

甘蓝根肿病、黑腐病的抗性遗传比较复杂，多数研究表明，对这两种病害的抗性为数量性状遗传或隐性遗传，要获得抗性的杂交一代，要求两个亲本均表现为抗病。

（三）早熟性

甘蓝杂种一代的成熟期往往介于双亲之间偏向早熟亲本。方智远等1979—1980年调查了269个杂交组合，结果表明，成熟期中间偏早的为193个，占组合数的72.0%；中间偏晚的46个组合，占17.0%；有30个组合的成熟期与早熟亲本相同或超过早熟亲本，占11.0%。在早熟F$_1$品种中，通过自交、分离、选择，可以选出早熟性超过原品种的自交系，再用这样的早熟自交系杂交，即可得到成熟期与早熟品种相同，甚至更早熟的杂种一代。

（四）品质优势

优良的甘蓝杂种一代，要求球色绿、球形美观、整齐、紧实度适中、中心柱短、叶质脆嫩，这些品质性状，一般介于双亲之间。要育成品质性状优良的一代杂种，应重视品质性状优良亲本的选育。如早熟甘蓝杂种一代中甘11、8398、中甘15、中甘21等优质品种，由于双亲均具有优良品质，因此其杂种一代商品品质好，产品已远销韩国、新加坡及我国香港、澳门市场。甘蓝杂种一代的营养品质一般介于双亲之间，如能重视自交系选育中营养指标的选择，再通过适当的组合选配，完全可以获得营养品质优良的杂种一代。方智远等对京丰一号等13个甘蓝F$_1$进行了营养品质分析，结果表明还原糖含量超过双亲的有8个组合，占61.5%；介于双亲之间的有2个组合；低于双亲的有3个组合。维生素C含量超过双亲的有4个组合，占30.8%；介于双亲之间的有8个组合，占61.5%；低于双亲的1个组合，占7.7%。Singh等（2013）认为Fe、Zn、Cu、Mn、Ca矿物元素的积累具有加性基因优势效应，遗传力大于80%，利用杂交育种的方法可以提高这些矿物元素的含量。Parkash等（2017）对甘蓝中抗氧化剂成分铜离子还原抗氧化能力、等离子体铁还原能力、β-胡萝卜素、叶绿素的分析表明，杂交组合的贡献值范围为41.47%～70.18%，而自交系仅为11.24%～47.22%。由此可见，通过杂交优势育种选育出营养品质优良的F$_1$是可行的。

三、杂种优势利用的技术途径

自交系间杂交又可分为单交种和双交种等。双交种，是指四个自交系中，先两个成对杂交，分别获得杂交后代，然后两个杂交后代再杂交获得双交杂交种。双交种在玉米等大田作物杂优育种中使用过，但实际应用中发现，亲本选择很复杂，而且双交种常常整齐度不好。因此，甘蓝杂种优势育种几乎都使用单交种。

在实际育种中，需有一种能生产出杂种优势强、杂交率高、性状稳定、成本低的杂种一代种子的技术途径。甘蓝为异花授粉作物，在自交不亲和系应用之前，曾尝试用地方品种间自然杂交的方法生产一代杂种种子，但在实际育种中发现，这种授粉方法获得的杂种一代种子杂交率仅 70％左右。而人工授粉只能用于育种过程中的杂交组合试配，配制生产上大面积应用的杂种一代种子成本太高。因此，要想实现杂种一代种子的高质量、规模化生产，必须利用自交不亲和系或雄性不育系制种途径。

甘蓝具有广泛的自交不亲和性，通过多代自交选择，可以获得自交不亲和性稳定的优良自交不亲和系，用自交亲和指数稳定在 1 以下的自交不亲和系作亲本自交，获得的杂交种，杂交率可达 90％以上。2000 年前，甘蓝优势育种基本上采用自交不亲和系途径，但是杂种一代的纯度不能达到 100％，而利用甘蓝雄性不育系进行制种可以达到 100％。甘蓝有多种雄性不育源，目前主要应用的为 Ogura 胞质雄性不育系和显性核基因雄性不育两种类型。这两类甘蓝雄性不育源，通过回交转育，都可获得不育株率达 100％、不育度达到或接近 100％的不育系，用其作母本与一个配合力优良的甘蓝自交系杂交，可生产出杂种优势强、杂交率达到 100％的杂交种。目前，很多甘蓝杂交种都采用雄性不育系制种途径。

四、甘蓝杂种优势育种程序

甘蓝杂种优势的一般育种程序主要包括：确定育种目标，按照育种目标广泛搜集种质资源，并进行鉴定、评价，筛选挖掘优异种质资源；对中选的优良种质资源通过自交或回交进行纯化，筛选出符合育种目标要求的优良的高代自交系（自交不亲和系或自交亲和系）或雄性不育系；利用优良高代自交系或雄性不育系配制杂交组合。通过配合力测定和品种比较试验，选出优良杂交组合；选择优良杂交组合进行区域性试验和生产试验；新的优良组合申请国家或省（自治区、直辖市）审定（认定）或鉴定、登记成为新品种。

第二节　甘蓝育种原始材料的搜集和创新

根据不同的育种目标，有目的、有计划地搜集种质资源，并进行鉴定评价，从中选出有利用价值的材料，作为开展自交系选育的原始材料。为提高育成杂种的适应性，要注意搜集不同来源及不同类型的种质资源。除重视国内种质资源的搜集外，要特别重视国外种质资源的搜集。当前，雄性不育系已在全世界广泛应用，这使得搜集有利用价值种质资源更为困难，而且许多国家都开始重视对种质资源的保护，因此更应该抓紧搜集国外甘蓝优异种质资源。

种质资源的鉴定评价以田间鉴定为主，根据所了解的生育期和生长习性分类种植，一般每份材料种一个小区，不设重复，顺序排列。生长期间，进行物候期、生物学特性及主要经济性状的调查记载。在成株期选择优良植株留种。选种的标准主要按育种目标进行，一般要求球形圆正、球色绿或亮绿、中心柱长度小于球高 1/2 等。

甘蓝为异花授粉作物，由地方品种或杂交种中选出优良植株，遗传特性较为复杂，要选出纯度好、一致性高、遗传性稳定好的自交系，需要采用连续自交、定向选择的方法。为防止因自交不亲和、花期自交得不到数量足够的自交后代，每代均采用蕾期自交方法获得自交后代的种子，用自交后代种子继续进行田间鉴定，选出的优良植株再进行继续自交纯化直到系内植株整齐一致、遗传性稳定为止。要获得一致性好的自交系，一般需要连续自交 6～10 代。为加速优良自交系的纯化，可以采用小孢子培养的方法，经过 2～3 年就可以获得性状优良的自交系（DH 系）。为获得抗病、抗逆性好的自交系，在进行田间鉴定的同时，还需在人工控制的条件下进行抗病、抗逆性鉴定、筛选。

一、育种原始材料搜集

为育成适于不同地区、不同季节的甘蓝杂种一代，要按照育种目标有计划、有目的地广泛搜集种质资源。在种质搜集过程中应注意以下几点。

（一）要根据育种目标进行原始材料的搜集

甘蓝的育种目标，要根据甘蓝生产和市场要求制定，主要包括丰产、抗病、抗逆、优质、适应性广等。搜集的原始材料应具有丰产性，可抗 1～2 种或多种生产上的流行病害，如病毒病、黑腐病、枯萎病、根肿病等。春甘蓝要求耐未熟抽薹，夏、秋甘蓝耐热，越冬甘蓝耐寒，叶球形状、结构、颜色等品质性状优良。各时期的育种目标可能有不同要求，除了重视主要目标性状外，还要注意有较好的综合性状。

（二）要重视优良地方种质资源的搜集

甘蓝在我国已有几百年的种植历史，在不同生态条件下经过长期栽培、选择、驯化，形成了一批抗病、抗逆、丰产、优质的地方品种资源，如北京地区的早熟、优质、耐未熟抽薹的北京早熟和金早生；上海、江苏地区的抗病耐热地方品种黑叶小平头，耐寒、耐未熟抽薹的地方品种鸡心、牛心甘蓝；四川盆地的丰产抗病抗逆地方品种楠木叶、二乌叶等，一年一季大型地方品种二虎头、大同茴子白等。在育种过程中，应加强对这些优良地方种质资源的搜集。

（三）要重视国外种质资源的搜集

荷兰、日本、韩国等国家育种历史长，种质资源丰富。近 20 年来，不少国外优良品种已引入我国，其在抗病、抗逆、耐裂球、耐寒性等方面有优势。我国还应继续采用不同方式和途径加强国外种质的搜集，丰富我国甘蓝种质资源库。但是，目前全世界已广泛利用雄性不育配制杂交一代，这增加了引进可利用的国外资源的难度。如果杂交种是胞质不育系作母本培育的，要采用育性恢复技术使其育性恢复后再分离选育亲本材料。

（四）要重视优异野生资源的搜集

结球甘蓝起源于地中海沿岸的野生甘蓝。携带 C 基因组的野生甘蓝（$2n=18$，CC），长期自然生长于野生环境，遗传多样性丰富，保留着大量的优良性状，特别是抗病性、抗逆性。中国农业科学院油料作物研究所于 2007 年开展了珍稀欧洲原始野生甘蓝的搜集工作，成功引进野生甘蓝资源 139 份，大大丰富了国内的野生甘蓝遗传资源（许鲲等，2009）。近年来，结球甘蓝枯萎病、黑腐病、根肿病等主要流行病害和极端低温等灾害性天气对生产的影响日益严重，迫切需要培育抗病抗逆甘蓝新品种。然而抗根肿病、抗黑腐病、耐寒等优异甘蓝种质资源较为缺乏。利用优异野生甘蓝与栽培甘蓝进行杂交，通过将野生甘蓝有利基因转入到栽培甘蓝中，可实现改良栽培甘蓝的目的。

二、育种原始材料的鉴定评价

（一）选择合适的季节进行鉴定

为了选配优势强、性状整齐一致的甘蓝杂种一代，必须把搜集来的原始材料进行鉴定和纯化。先把搜集来的原始材料分为两份，一份放入种质资源库保存，一份播种于田间进行经济性状鉴定，选择符合育种目标的优良单株。须注意，要在不同季节种植鉴定适于不同季节栽培的原始材料。这是因为各季节气候条件不同，只有在适宜的季节，品种的优良特性才能得到充分表现，才能选出符合育种目标的原始材料。例如，用于选育抗病、丰产的秋甘蓝杂种一代的原始材料，田间鉴定必须在秋季进行；用于选育丰产、冬性强、品质好，适于春季栽培的杂种一代的亲本材料，应进行春播鉴定。同样，培育越冬甘蓝品种的原始材料，应在低温条件下鉴定；培育设施栽培甘蓝的原始材料，应在温室大棚等保护地进行鉴定。春播鉴定的材料存在一个问题就是留种难。为了使春播鉴定田中选出的优良植株能安全越过炎热的夏季，可采用以下几种方法：①春老根腋芽扦插法；②侧芽组织培养法；③冷库贮存法。

（二）原始材料主要经济性状的鉴定和筛选

1. 抗病材料的鉴定和筛选　中国农业科学院蔬菜花卉研究所等单位采用田间鉴定和苗期人工接种鉴定相结合的方法，进行了抗源筛选。同时，制定了苗期人工接种抗病性鉴定的方法和标准。现已筛选出一批抗芜菁花叶病毒、抗黑腐病，以及兼抗两种病害的抗源材料，如中国农业科学院蔬菜花卉研究所选出的 20 - 2 - 5 - 2、8020 - 2、23202 - 1、8364 等 4 份材料，对北京、哈尔滨、陕西、重庆等地的 TuMV 毒原，均表现为抗或高抗。

2. 优质材料的筛选　为了筛选出品质优良的育种材料，主要从叶球外观、帮叶比、紧实度、纤维素含量、食用品质、中心柱长进行鉴定。具体鉴定方法见第三章。

3. 冬性强、不易先期抽薹材料的筛选　多年的鉴定结果表明，多数扁球形品种和尖头形品种冬性强，不易发生先期抽薹。代表品种有日本黄苗、北京黑平头、上海鸡心甘蓝、河南开封牛心等。但是，同一类型的不同品种，冬性强弱也有差异。试验发现，中心柱长短和先期抽薹率密切相关，相关系数达 0.83。因此，为筛选不易发生先期抽薹的材料，应主要以冬性强的种质资源为基础材料，通过对中心柱长短的选择，可获得不易发生先期抽薹的材料。具体做法是：冬前适当早播筛选获得冬性强的种质资源，翌春选择叶球中心柱短、不易先期抽薹且早熟丰产的材料或植株留作种株。

4. 抗寒材料的筛选　抗寒性鉴定筛选的方法是：对原始材料在较寒冷天气，特别是寒流过后，调查抗寒性的表现。也可以结合人工气候箱进行抗寒性的筛选。

5. 极早熟春甘蓝材料的筛选　春早熟甘蓝资源材料大多集中在圆球类型和尖头类型中。鉴定筛选出的极早熟原始材料，其自交分离后代的不同植株熟性有差异，可通过筛选获得极早熟春甘蓝自交系材料。

三、原始材料的纯化与育种材料创新

在甘蓝优势育种过程中，为了选配育成性状稳定、整齐一致的一代杂种，必须对育种原始材料进行多代纯化，原始材料纯化的方法是连续自交、定向选择。

自交代数要根据材料的性质而定。来自纯度较好的常规种原始材料，自交 3～4 代可获得稳定、一致性好的自交系，来自杂交种的原始材料，一般遗传基础更复杂，往往需要自交 5～6 代甚至 6～10 代。每个世代按育种目标选择优良植株留种，种植株数根据原始材料是常规种或杂交种可以有适当变化，常规种自交第 1 代一般种 50～60 株，符合育种目标的选 5～6 株留种；杂交种的自交第 1 代 F_2 代，应种 100～200 株或更多，符合育种目标的选 10 株左右留种。随着自交代数的增加，种植株数可适当减少。多数情况下，杂交种的优劣和自交系亲本表现密切相关，因此优良自交系的选择主要按目标性状表现的好坏决定取舍。但在实际育种中发现，有些自交系性状表型很突出，但配出的杂交组合不理想，而有的自交系性状表型不突出，但配出的杂交组合都很好。因此，在亲本自交系的选择过程中，还应同时结合配合力的测定。

甘蓝与其他农作物一样，在育种中也存在骨干亲本的现象，即有的亲本自交系具有很好的配合力，能与多个其他自交系配出许多优良的杂交组合。如中国农业科学院蔬菜花卉研究所甘蓝遗传育种团队，通过连续自交定向选择育成的 01-20（图 4-1）和 21-3（图 6-1）两个甘蓝骨干自交系，一个来自 20 世纪 60 年代由国外引进的北京早熟甘蓝，一个来自上海地方品种黑叶小平头，利用它们作亲本已分别育成十几个优良的一代杂种。

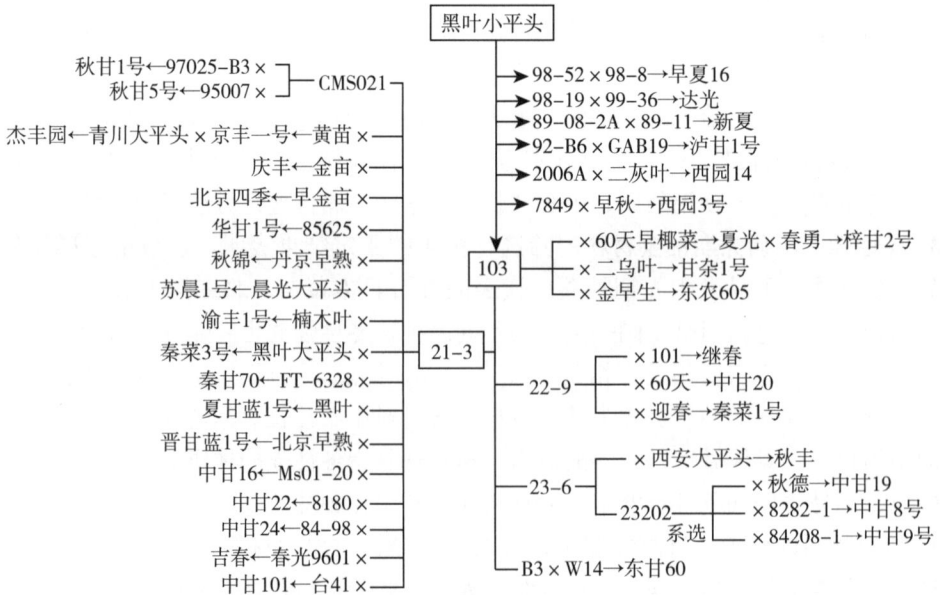

图 6-1　骨干亲本 21-3 的来源及利用

育种材料的创新是指以优异种质资源为原始材料，采用杂交、回交、自交等常规技术和细胞工程、分子标记、基因工程等生物技术相结合，创制出与原始资源材料不同的优异育种材料。在甘蓝中有很多事例,如 20 世纪 70~90 年代,美国科学家经过 20 多年的努力,通过远缘杂交、细胞工程和多代回交,获得已在甘蓝育种中被广泛应用的 Ogura 细胞质甘蓝雄性不育系,这是甘蓝杂种优势育种史上一项重大创新。中国农业科学院蔬菜花卉研究所育种团队,发现的甘蓝显性核基因雄性不育源 79-399-3,也是世界上首次获得的不育性稳定、不育株率 100%,花色鲜艳、蜜腺发达,结实性、配合力优良,已大面积实际应用的显性核基因雄性不育系,这是甘蓝育种技术上的一项重要变革。该团队还利用小孢子培养技术,育成配合力优良、在育种上广泛应用的 DH 系 D83、D22 等;利用分子标记结合小孢子培养育成已应用于育种的抗枯萎病自交系 YR01-20 等;利用转基因技术育成抗虫基因工程材料进入中间试验;应用远缘杂交、胚培养结合分子标记,将油菜 Ogura 细胞质雄性不育恢复材料中的恢复基因转育到甘蓝中,育成甘蓝 Ogura 恢复材料,并已在育种中应用等。

第三节 甘蓝优良自交不亲和系和自交亲和系的选育

自交不亲和性是指开花植物能够产生有功能的雌雄配子,不同的基因型植株之间授粉能正常结籽,但是自花授粉不能正常结籽的现象 (Stout,1917)。自交不亲和性可以有效地防止自交、促进异交,保证了生物的遗传多样性和防止自交衰退。甘蓝是异花授粉植物,自交不亲和性在甘蓝中广泛存在。甘蓝自交不亲和系可以采用蕾期授粉进行繁殖,经过连续自交、鉴定和选择,可以育成稳定遗传的自交不亲和系。在 2000 年之前,利用自交不亲和系生产一代杂种是世界各国甘蓝育种的主要途径,配制出了大量优良品种。

一、遗传规律与分子机制

(一)自交不亲和性的遗传规律

自交不亲和有配子体自交不亲和 (gametophytic SI,GSI) 与孢子体自交不亲和 (sporophytic SI,SSI) (Silva et al.,2001)。GSI 是由花粉和胚珠等配子体基因控制的,与亲本的基因型无关,只有花粉和胚珠为同一类型自交不亲和基因(S 基因)时才会表现出不亲和,主要存在罂粟科、茄科和蔷薇科等植物中 (Takayama and Isogai,2005)。甘蓝属于孢子体自交不亲和类型,主要由 S 位点控制 (Sanabria et al.,2008)。孢子体自交不亲和 (SSI) 花粉的表型是由产生花粉的父本是否具有与母本不亲和的基因,即由花粉外壁与柱头的孢子体基因型决定,与配子体基因型无关。若 $S1$ 对 $S2$、$S3$ 为显性,则从 $S1S2$ 花粉亲本产生的所有花粉粒均显示 $S1$ 表型,并在 $S1S2$ 和 $S1S3$ 的柱头上被拒绝,只能在 $S3S4$ 的柱头上顺利到达胚珠,表现为自交亲和 (Nasrallah,2019,图 6-2)。因此,不同 S 单倍型之间的显隐性关系最终决定花粉的亲和性。控制自交不亲和的 S 基因在花药中表达,基因的表达产物存在于花粉粒表面,孢子体自交不亲和反应主要发生在柱头表面,主要表现为花粉不能萌发或者花粉管萌发后不能正常生长 (De Nettancourt,2001;Watanabe et al.,2012;Wilkins et al.,2014)。由于花柱中 S 基因是在开花前 1~2d 呈上调表达,基因表达产物迅速积累。因此,在甘蓝开花前 1~2d 或者更早的柱头无法识别自体花粉和异体花粉，从而蕾期自交授粉后均能正常结实。

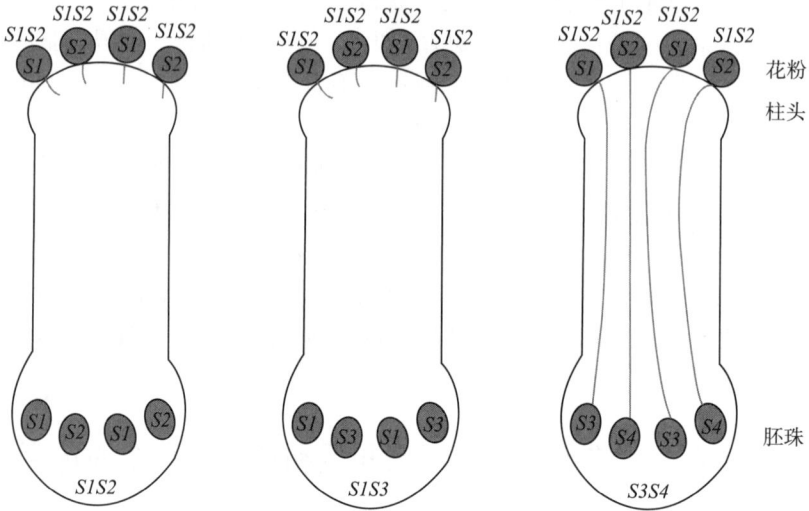

图 6-2 芸薹属植物孢子体型自交不亲和性模式图

（*S1* 对 *S2*、*S3* 为显性）

（Nasrallah，2019）

（二）自交不亲和性的机制

甘蓝属于孢子体型自交不亲和体系（SSI），该体系在遗传上由一个具有复等位基因 S 位点控制（又称 S 单元型）（Nasrallah，1993）。至今，在甘蓝中已鉴定了 50 多个 S 单元型（Ockendon，2000），主要有 3 类基因，分别编码 S 位点糖蛋白（S-locus glycoprotein）基因（*SLG*）、S 位点受体激酶（S-locus receptor kinase）基因（*SRK*）、S 位点富半胱氨酸蛋白（S-locus cysteine-rich protein）基因（*SCR*）/S 位点蛋白 11（S-locus protein 11）基因（*SP11*）。*SRK* 基因和 *SLG* 基因在雌蕊柱头中特异表达，*SCR/SP11* 在雄蕊花药中特异表达，当 *SCR/SP11* 与 *SRK*、*SLG* 属于同一单元型时，花粉落到柱头上后 3 种蛋白之间相互作用，他们之间的特异性的相互作用引起柱头乳突细胞 SI 信号级联放大，从而引发自交不亲和反应（Doucet et al.，2016；Suzuki et al.，1999；Schopfer et al.，1999）。除此之外，自交不亲和性还受 Exo70A1、M 位点蛋白激酶（M-locus protein kinase，MLPK）、臂重复蛋白（arm repeat-containing protein 1，ARC1）等调控（Murase et al.，2004；Samuel et al.，2009；Indriolo et al.，2012）。

二、优良自交不亲和系与自交亲和系的选育

自交不亲和性在甘蓝中广泛存在，这为利用自交不亲和系途径实现甘蓝杂种优势育种提供了重要的遗传基础。据方智远等（1983）对 86 个甘蓝品种的 741 株植株测定的结果，花期自交当代亲和指数小于 1 的植株有 421 株，占被测株数的 56.8%（表 6-3）。但与此同时，自交不亲和性强的植株比例不高，这又为选育自交不亲和系造成一定困难。

表 6-3　甘蓝品种自交当代自交不亲和株出现频率

(方智远等，1983)

品种名称	测定株数 （株）	花期自交亲和指数 低于 1 的株数（株）	自交不亲和株 出现频率（%）
北京早熟	95	37	38.9
金早生	49	36	73.5
DT409	65	31	47.7
迎春	28	4	14.3
金亩 84	77	49	63.6
黄亩	44	19	43..2
701	10	6	60.0
顺城牛心	38	12	31.6
田村金早生	12	10	83.3
小金黄	15	11	73.3
黑平头	18	9	50.0
其他 75 个品种	285	197	69.1
总计	741	421	56.8

（一）甘蓝优良自交不亲和系的标准

按照杂种优势育种的要求，一个可实际应用的甘蓝自交不亲和系，应该同时具有以下特性：

（1）自交不亲和性强而且稳定，即要求花期自交亲和指数小于 1，而且在不同的环境条件下，株系内各个植株花期自交及各植株之间花期异交均稳定表现不亲和，用这样的自交不亲和系制种，才能保证杂交种有较高的杂交率。

（2）蕾期自交有较高的结实性，一般要求蕾期自交每荚结籽能达到 10 粒左右，以降低自交不亲和系原种繁殖的成本。

（3）经济性状优良且自交衰退速度慢、程度小，主要性状整齐一致。

（4）有很好的配合力，与其他自交系杂交有较强的杂种优势。

（二）优良自交不亲和系的选育方法

要选育出一个同时具备上述优良性状的自交不亲和系，先要在搜集的种质资源中鉴定出一批经济性状优良、配合力好的原始材料，然后从中选择优良单株进行自交分离，并在其自交后代中，按照上述标准逐代进行严格的定向选择。

1. 自交不亲和性的鉴定和选择　由于控制甘蓝不亲和性的 S 等位基因数量比较多，又属于孢子体型不亲和，遗传比较复杂。因此，不同的甘蓝种质资源之间以及同一种质资源的不同植株之间，自交不亲和性都可能有差别，要选育自交不亲和系，首先要进行自交不亲和性测定。

试验证明，甘蓝的自交不亲和性是可遗传的性状，自交不亲和性受 S 基因控制，但还受其他基因的影响。在自交早代，自交不亲和性往往会发生分离，有些表现自交亲和植株的后代经继续自交，可分离出少数自交不亲和的植株；而一些表现自交不亲和植株的自交后代继续自交，也能分离出少数自交亲和的植株。自交亲和的植株，其自交后代出现自交亲和的概率高；自交不亲和的植株，其自交后代出现自交不亲和的概率高。与其他性状一样，通过自交分离和定向选择，自交不亲和株率能逐渐稳定提高。自交不亲和性稳定的快慢，在株系之间存在着明显差异，有的株系的自交不和性在自交3代就能基本稳定，有的株系需要4～5代或更多的自交代数才能稳定。根据自交不亲和性的上述遗传表现，自交不亲和性的鉴定和选择应采取连续自交、分离和定向选择的方法进行。具体做法如下：

在甘蓝育种原始材料中，选择一些优良单株进行自交，自交株数根据原始材料的性质而定，如果是一般常规品种需20～30株，如果是性状一致的一代杂种只需3～5株即可。植株开花之前在一级或二级花枝上套上透明的硫酸纸袋，待袋内花枝开花后，取本植株的新鲜花粉进行授粉，授粉后立即套上纸袋。根据花枝上开花情况，可在以后2～3d内对新开放的花朵再做花期自交1～2次，每个植株花期自交花数30～50朵。最后一次授粉后4～5d，可除去纸袋，摘除花枝未授粉的花朵和顶端的花蕾，并挂牌标记。种荚成熟后分别调查花期自交结实情况，从中选出自交结实率低的自交不亲和株。自交亲和与不亲和的标准，目前国内一般用花期自交亲和指数来表示，亲和指数小于1的为自交不亲和。为了使自交不亲和植株留下自交后代，应在花期自交的同时，在同一植株的另一部分花枝上进行人工蕾期自交授粉。因为花期自交不亲和的植株，蕾期自交一般都能获得自交种子。初步选出的自交不亲和植株，其自交后代的自交不亲和性还会发生分离，所以对其自交后代要连续进行花期自交不亲和性的测定，每代都注意选择那些花期不亲和性好但蕾期自交结实性好的植株留种，每系一般10株以上，直到自交不亲和性稳定为止。

育成的自交不亲和系，除要求系内所有植株花期自交都不亲和外，还要求系内所有植株在正常花期相互授粉也表现为不亲和（又称系内异交不亲和），只有这样的系统在制种时才能保证有很好的杂交率。人工测定系内异交不亲和性的方法有两种：一是混合花粉授粉法，即在株系内随机取10个左右植株的花粉加以混合，在正常开花期给同株系内各姊妹株授粉，如各姊妹株均表现不亲和，一般就可证明该株系内异交也是不亲和的。二是成对授粉法，即在正常花期系内姊妹株间成对相互授粉，如果均不亲和，也证明系内异交是不亲和的；如果有的组合是亲和的，可把那些表现不亲和的植株选出，到下一代再进行系内姊妹交，直到系内所有植株间花期异交均不亲和时为止。

系内异交不亲和性的测定，除上面介绍的人工测定方法外，还可以采用空间隔离法进行，其做法是将供测定的材料定植于空间隔离区内，观察同一株系内不同植株间靠昆虫自由授粉情况下的不亲和性表现，这种方法观察的结果比人工测定结果更为可靠，但需要严格的空间隔离条件。

在不亲和性的鉴定与选择过程中有几个注意事项：

（1）自交不亲和性测定要力求准确。为提高不亲和性测定的准确性，授粉前授粉者的手和授粉用的镊子一定要用70%的酒精严格消毒，授完1株消毒1次。授粉的花朵应是当天或前1d开放的，授粉用的花粉应是新鲜的。每株测定的花数一般在30朵以上。要防止异常天气对不亲和性表现的影响，例如，不宜在高温、高湿条件下测定不亲和性，因为在这种条件下，亲和植株也往往表现不亲和，造成测定结果不准确。

（2）注意特殊情况下的植株选择。在不亲和性测定中，对于一些经济性状和配合力特别好，但自交亲和的植株，不宜在自交早代过早淘汰。因为通过连续自交有可能分离出自交不亲和的植株，即使不能分离出自交不亲和植株，也可留作雄性不育系转育父本。在自交不亲和性测定中，发现有些单株或株系在正常开花期表现为不亲和，但老龄花或花枝末梢的花朵自交尚能结实，对这类植株或株系，不宜用作自交不和系。因为，如果利用这种开花后期老龄花可自交结实的株系作亲本进行杂交制种，会影响杂交种的杂交率。

（3）要严格掌握把花期自交亲和指数小于1作为判断甘蓝自交不亲和性的标准。试验证明，用亲和指数小于1的自交不亲和系作亲本，配制的一代杂种可保持很高的杂交率。一般情况下，甘蓝的每个角果有20粒左右的种子，用亲和指数小于1的自交不亲和系制种，20粒种子中可能出现1粒未杂交的亲本自交种子，理论上的杂交率应为95％左右。方智远等（1983）在以下两个方面的试验结果与这个估计基本相符。一是对几个自交亲和性程度不一的甘蓝材料，先进行花蕾去雄，在开花时授本株系混合花粉，授粉同时及授粉后4、8、12、24、36h，再授以具有一定标记性状的异株系或异品种的花粉，秋季将所得种子精细播种，然后调查杂交率。结果表明，凡自交亲和指数小于1的系统，其杂交率可达95％以上，即使在用本株系花粉授粉36h以后，再授异株系或异品种的花粉，也有很高的杂交率，而亲和指数大于1的系统，利用上述相同处理杂交率都在80％以下。二是用不亲和程度不一的材料作母本，将异株系或异品种定植在采种田作父本进行天然杂交，再将所得种子精细播种，然后调查杂交率，其结果与上述人工授粉实验基本一致（表6-4）。

试验还证明，多数花期自交亲和指数在1以下的原始材料，其自交不亲和性能够较快稳定。而多数亲和指数在1以上的材料，尤其是低世代的自交材料，不亲和性较难稳定。据方智远等对86个甘蓝原始材料的统计，用花期自交亲和指数在1以下的材料进行定向选择，在S_1代658个植株中，自交亲和指数在1以下的就达478株，占72.6％，到S_3代，自交亲和指数在1以下的植株所占比例可达91.8％。而S_0代花期自交亲和指数在1以上的植株30个，114个S_1代植株中，亲和指数在1以下的株数只占28％。

表6-4　母本不亲和性程度与天然杂交率

（方智远，1983）

年份	组合名称	母本花期自交及系内异交亲和指数	杂交率（％）
1978	01-16-5-7×02-11-2-6	0～0.45	96.7
1978	02-11-2-6×01-16-5-7	0～0.30	96.4
1978	02-11-2×01-16-5-7	0.29～5.72	85.2
1979	722-1-3×04-2-1	0～0.09	96.4
1979	7221-3×04-2-1	0～0.09	95.4
1979	04-2-1×7221-3	1.2～2.7	73.9
1980	22-5-4×紫甘蓝	4.37～11.1	70.8

2. 蕾期自交结实性状的选择　甘蓝自交不亲和系一般采用人工蕾期授粉的方法进行繁殖，因此，蕾期自交结实性状的好坏直接关系着亲本系种子繁殖的难易和成本。试验证明，蕾期自交结实性状的好坏，在自交不亲和系间存在着明显的差异，并且是可遗传的性状。

由于甘蓝中自交不亲和株率比较高，选择一个花期自交不亲和性很好的材料并不十分困难，但是要选出一个花期自交不亲和而蕾期自交结实也很好的材料常常遇到困难，不少甘蓝育种材料自交不亲和性很好，花期自交亲和指数可达0.1左右，但同时蕾期自交结实也很差，甚至授粉一个花蕾仅平均结1～2粒种子，如表6-5的7205-11-1。在原始材料中通过大群体鉴定筛选，可获得自交不亲和性及蕾期自交结实很好的材料，如表6-5和图6-3中的7221-3、7201-16-5-7、7202-11-2-6等几个自交不亲和系，自交不亲和株率为100%，系内异交亲和指数均在1以下，而蕾期自交结实指数可达10以上。

表6-5 几个甘蓝自交不亲和系花期、蕾期自交结实表现

（方智远等，1983）

株系名称	自交不亲和株率	系内花期异交亲和指数	蕾期自交结实指数
7221-3	100.0	0～0.09	14.0
7224-5-3	100.0	0.16～0.31	6.7
7201-16-5-7	100.0	0.06～0.45	12.5
7202-11-2-6	100.0	0～0.3	12.9
7223-6	100.0	0～0.66	9.1
7205-11-1	100.0	0～0.51	1.61

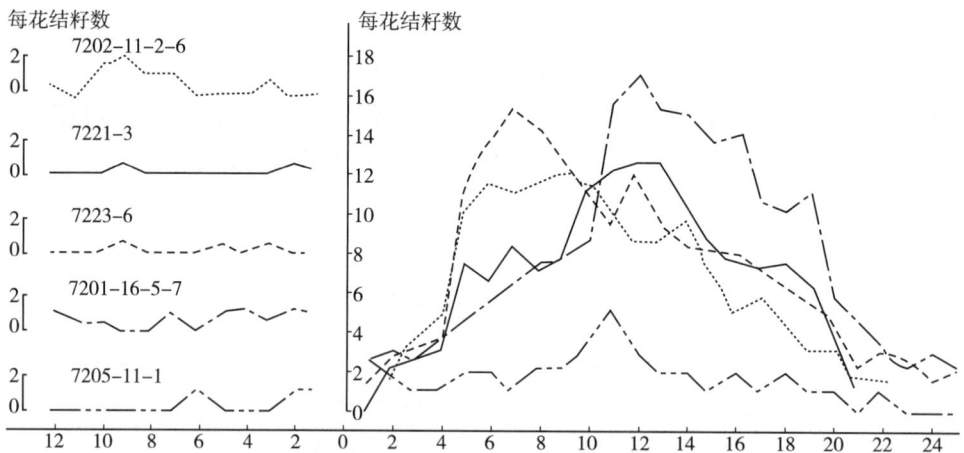

图6-3 甘蓝自交不亲和系花期、蕾期自交结实情况

（方智远、孙培田，1983）

注：0表示开花当天的花朵自交结实情况；左图为花期自交结实情况，数字表示花位，如2表示当天开放花朵向下第2个花朵；右图为当天开放花朵向上的花蕾自交结实情况，数字表示蕾位，如2表示开放花朵向上的第2个花蕾。

花期自交的同时，也进行蕾期自交结实性状的测定。用金属镊子把花蕾轻轻剥开，露出柱头，取同株的新鲜花粉授粉，授粉完成后去掉同枝开放的花朵及上部未授粉的花蕾，然后套袋，待种子成熟后，调查结实情况。在测定过程中需要注意的是，结实性好坏不仅与该材料的遗传特性有关，还与花蕾大小有关，当天即将开放的花蕾及枝条上部过小的花蕾一般结实不好，应用花前2～4d的花蕾自交可获得较好的结实性。如图6-4中的自交不亲和系都存在这种情况。

3. 经济性状和配合力的选择　甘蓝是异花授粉植物，育种的原始材料在自交早代许多性状都要发生分离，杂合性强的育种材料分离更为严重，要获得经济性状优良、整齐度一致的自交系，必须结合原始材料的自交、分离，进行各主要经济性状的鉴定和定向选择，一般经连续5～6代自交、分离选择之后，主要经济性状能基本一致。

在进行主要经济性状选择时，在自交早代，要注重单株的选择，在自交3～4代开始要注意优良株系的选择，同时在优良株系内选择优良单株。在不同株系选择时，除了注意选择综合性状优良的株系外，还要特别注意选择那些具有突出优良性状的株系。主要经济性状的选择最好结合配合力的测定，要特别重视从配合力好的系统中再选优良单株。中选的株系数、每株系内的选留株数，要根据育种目标的要求、材料的纯度和优良程度而定。一般来说，在人力物力允许的情况下，于自交早代，要多留一些具有各种优良性状的单株和株系，以保证不至于丢失优良性状和亲本自交系的多样性。至于每个系统供选择的植株数和最后选留的株数，则要根据具体情况而定。经济性状和配合力特别优异但杂合性很强的育种材料，在自交后的第一代（F_2代）供选择的群体250株左右，从中选择优良单株数一般不少于10～15株；纯度比较好或性状一般的原始材料，供选群体的植株可少一些，一般50株左右，从中选择5～10株。从自交第二代（F_3代）开始，从优良系统中选择优良单株，优良单株的选择要符合育种目标，同时还要适当注意性状的多样性。

一般情况下，自交多代后的自交系与原品种相比，生活力往往出现衰退，主要表现为生长势、抗病性、抗逆性减弱。但是，不同的株系退化的速度和程度不同，有的株系生活力衰退慢，有的则衰退快。生活力衰退的速度一般在自交1～2代时快。有些优良的自交系，虽经多代自交选择，其生活力退化程度小，并能基本稳定在一定的水平上。在实际工作中要注意选择那些自交生活力下降速度慢、下降程度少的株系，这可以在一定程度上克服自交后代生活力衰退的问题。

上面把优良自交不亲和系选育的几个方面的工作分别叙述，在实际工作中，这几个方面的选择是有机结合的，即在自交纯化过程中，进行经济性状选择的同时开展自交不亲和性测定；在单株自交不亲和性测定的同时进行蕾期自交结实性测定；在自交早代，就可以进行株系内植株间自交不亲和性测定和配合力测定等。这种做法同一年内的工作量可能大一些，但可以缩短育种年限，图6-4表示用自交不亲和系途径选育甘蓝单交种的模式图，图6-5、图6-6表示两个自交不亲和系选育系谱。

（三）甘蓝自交亲和系的选育

从21世纪初开始，甘蓝杂交种逐步采用雄性不育系制种。为了降低杂交种的制种成本，雄性不育系的保持系和杂交种的父本最好是自交亲和系（方智远等，2004），选择的方法也是采用连续自交定向选择的方法。在育种原始材料中选择重要育种目标性状和配合力优良的植株作花期自交。在自交早代，花期自交的结实性和经济性状都会分离。应选择花期自交亲和（要求花期自交亲和指数＞4）、其他经济性状也表现优良的植株继续回交选择，一般经过5～6代选择，可获得性状稳定的自交亲和系，如甘蓝自交亲和系"87-534"（图6-7）。对花期亲和性的鉴定，除用人工授粉方法外，也可用套袋的方法鉴定，即在花枝上套上透明硫酸纸袋，每天轻轻晃动纸袋进行授粉，待花谢后调查结实情况。如果在套袋的情况下能结自交种子，一般可表明试验材料有较好的自交亲和性。

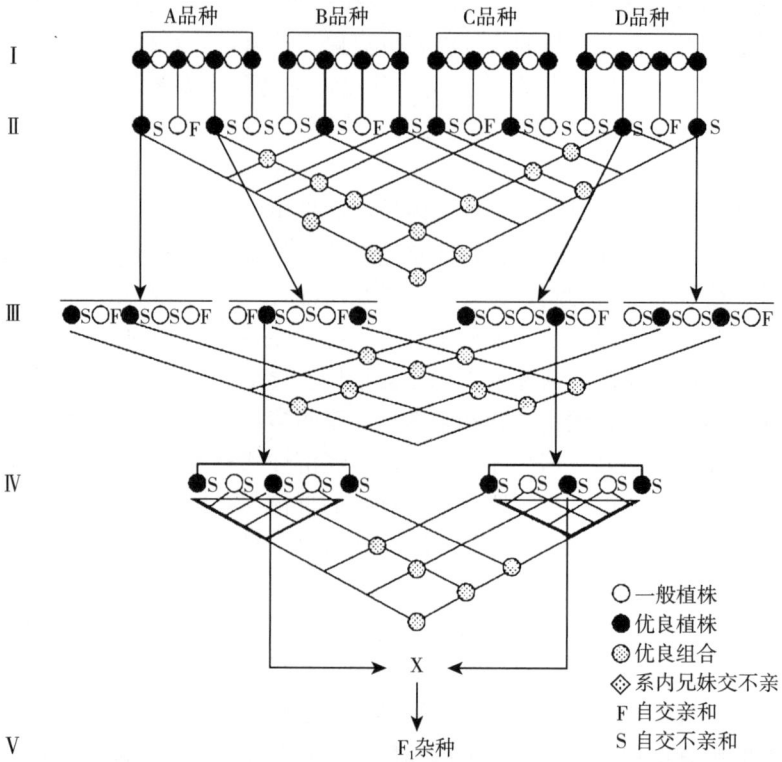

图 6-4 用自交不亲和系途径选育甘蓝单交种的模式图

(方智远等，1977)

Ⅰ.亲代材料单株选择纯化　Ⅱ.配合力及不亲和性初步测定　Ⅲ.优良组合及不亲和系进一步选育
Ⅳ.优良 S1 系育成及一代杂种试验采种　Ⅴ.一代杂种制种

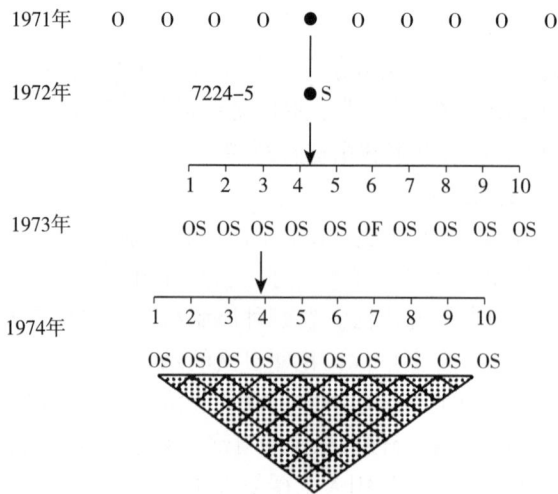

图 6-5 黄苗自交不亲和系 7224-5-3 的选育过程

(方智远等，1977)

```
                              7201-16
                                OS
1972年
              ┌──┬──┬──┬──┬──┬──┬──┬──┬──┬──┬──┬──┬──┬──┐
              1  3  4  5  6  7  8  9  10 11 12 13 14 15
1973年        OS OS OS OS OS OS OS OF OF OS OS OS OS OS
           ┌──┬──┬──┬──┐              ┌──┐          ┌──┐
           1  3  5  8  9              1  2          5  6
           OS OS OS OS OS             OF OS         OS OS
1974年              ┌──┬──┬──┬──┬──┬──┬──┐
                    4  5  6  7  14 15 16 17 18 19
                    OS OS OS OS OS OS OS OS OS OS
1975年
```

```
                    ┌──┬──┬──┬──┬──┬──┬──┬──┐
                    1  2  3  4  5  6  7  8  9  10
                    OS OS OS OS OS OS OS OS OS OS
```

◇ 系内异交不亲和
F 自交亲和
S 自交不亲和

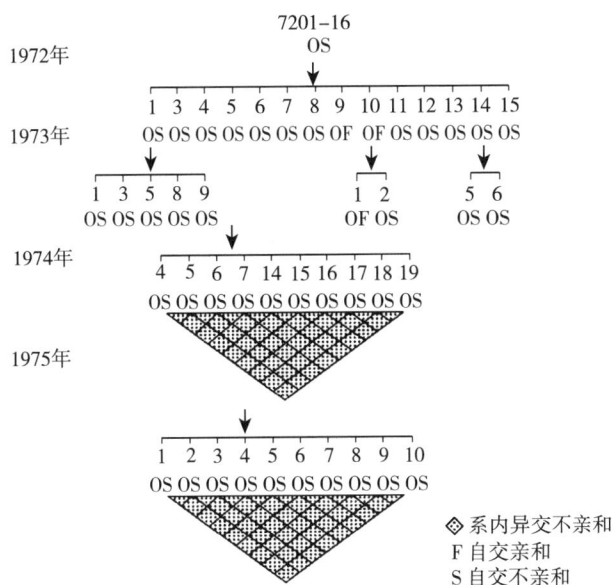

图 6-6 北京早熟自交不亲和系 7201-16-5 选育过程

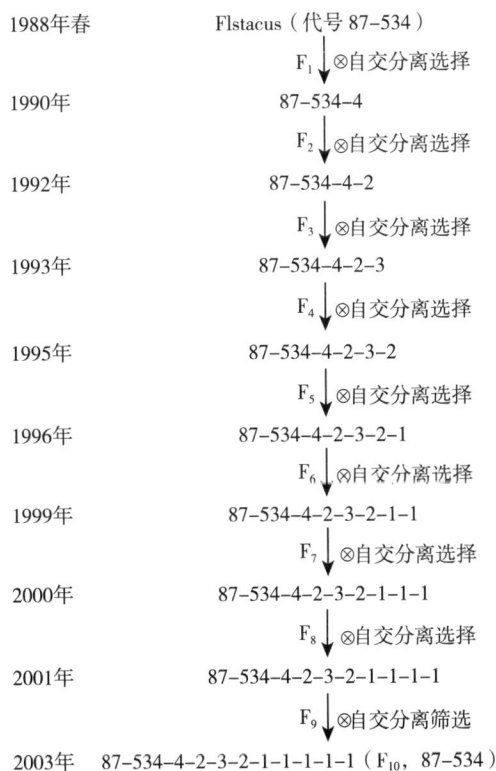

（方智远等，1977）

```
1988年春              F1stacus（代号 87-534）
                   F₁ ↓⊗自交分离选择
1990年                87-534-4
                   F₂ ↓⊗自交分离选择
1992年                87-534-4-2
                   F₃ ↓⊗自交分离选择
1993年                87-534-4-2-3
                   F₄ ↓⊗自交分离选择
1995年                87-534-4-2-3-2
                   F₅ ↓⊗自交分离选择
1996年                87-534-4-2-3-2-1
                   F₆ ↓⊗自交分离选择
1999年                87-534-4-2-3-2-1-1
                   F₇ ↓⊗自交分离选择
2000年                87-534-4-2-3-2-1-1-1
                   F₈ ↓⊗自交分离选择
2001年                87-534-4-2-3-2-1-1-1-1
                   F₉ ↓⊗自交分离筛选
2003年    87-534-4-2-3-2-1-1-1-1-1（F₁₀，87-534）
```

图 6-7 自交亲和系 87-534 选育系谱图

（方智远等，2012）

第四节 甘蓝雄性不育系的选育

2000 年以前，甘蓝杂交种几乎都是利用自交不亲和系制种。利用自交不亲和系配制甘蓝一代杂种有许多优点：①自交不亲和性在甘蓝中广泛存在；②自交不亲和系配制的甘蓝杂交种，比自交亲和系配制的杂交种杂交率高；③用两个自交不亲和系配制杂交种时，互为父母本，双亲上收到的种子基本都是杂交种。但用自交不亲和系制种也存在一些缺点：①杂交种的杂交率很难达到 100%，特别是双亲花期不遇时，杂交率更低；②自交不亲和系长期连续自交繁殖易发生自交退化；③自交不亲和系亲本需要人工蕾期授粉繁殖，成本高等。用雄性不育系途径生产杂交种与用自交不亲和系途径相比有明显的优点：首先，杂交率一般可达 100%；其次，杂交种的父本及雄性不育系的保持系均可用自交亲和系，能在隔离条件下用蜜蜂授粉繁殖，可降低种子生产成本。国内外甘蓝育种工作者经过几十年努力，最终实现了甘蓝雄性不育系的规模化应用，雄性不育制种途径成为甘蓝育种史上的一项重大技术变革和创新。

一、实际应用的甘蓝雄性不育源类型

（一）Ogura 萝卜胞质甘蓝雄性不育材料

康奈尔大学 Walters 等（1992）采用原生质体非对称融合方法，成功地将 Ogu CMS R_1 7642A 不育系的萝卜叶绿体替换成了花椰菜的叶绿体，获得 Ogu CMS R_2 9551 等材料，基本上克服了苗期叶片低温黄化问题。方智远等 1994 年从美国康奈尔大学 Dickson 处引进了经过初步改良的胞质不育材料并进行转育，从中筛选出几份开花结实性状较好的不育系，但多数材料在转育 5～6 代后，植株生长势变弱，雌蕊畸形的花朵数、畸形种荚数较多，配制的杂交组合杂种优势不强，实际应用有局限（方智远等，2001；杨丽梅等，1997）。方智远等又于 1998 年从美国引进了新改良的萝卜胞质甘蓝雄性不育材料 CMS R_3 625、CMS R_3 629 等，新改良的萝卜胞质甘蓝雄性不育材料，植株性状、开花结实性状和配合力均较好，有较好的应用前景（方智远等，2001，2004）。通过回交转育，育成一些有应用前景的甘蓝胞质雄性不育系，配制出一批通过审（认）定或鉴定的新品种，如中甘 22、中甘 192、中甘 96、中甘 101 等（方智远等，2001；杨丽梅等，2005）。

（二）显性核基因雄性不育材料

中国农业科学院蔬菜花卉研究所甘蓝育种课题组于 20 世纪 70 年代末期在甘蓝原始材料的自然群体中发现雄性不育株 79 - 399 - 3，研究发现该不育株及其衍生后代中分离出的不育株与正常可育株的测交后代，可育株与不育株的比例为 1∶1，正常可育株自交后代全部可育，低温诱导下可出现微量花粉的敏感不育株，其自交后代不育∶可育符合 3∶1 分离（表 6 - 6）。上述结果表明，该不育材料的不育性受 1 对显性主效基因控制，且微量花粉中也携带有雄性不育基因。该雄性不育材料的遗传模式如图 6 - 8 所示（方智远等，1997）。

表6-6 甘蓝不育株与正常可育株的测交后代及微量花粉敏感株自交后代育性分离

(方智远等，1997)

组合类型	年份	观察植株总数	雄性不育植株数	可育植株数
测交	1981	7	3	4
	1982	20	9	11
	1984	14	6	8
	1991	20	9	11
	1992	84	44	40
	1993	1 902	987	915
	1994	1 532	789	743
	总计	3 558	1 836	1 720
自交	1993	147	103	44
	1994	314	227	87
	总计	461	330	131

图6-8 甘蓝显性雄性不育系材料 DGMS 399-3 的遗传模式

(方智远等，1997)

通过研究发现 DGMS 399-3 这份雄性不育材料部分不育株在低温诱导条件下，少数花可产生微量花粉，具有微量花粉的不育株自交后代可以获得显性纯合不育株（MSMS）。目前，利用该显性雄性不育源材料，已育成雄性不育性稳定、配合力优良的显性核基因雄性不育系，配制出中甘17、中甘18、中甘19、中甘21等优良甘蓝新品种。

Ogura 胞质甘蓝雄性不育系和显性雄性不育系相比较，有各自的优点。Ogura 胞质甘蓝雄性不育系与任何甘蓝杂交后，其后代都是100%雄性不育，因此很容易找到保持系。但这类不育系的杂交后代均为雄性不育，不利于种质资源的再利用，不利于种质的多样性。甘蓝显性核基因雄性不育系杂种后代可分离出可育株，有利于保护资源的多样性。另外，其花朵比胞质雄性不育系大，花色更鲜艳，花蜜也较多，更能吸引蜜蜂授粉，因此，实际制种产量比胞质不育系高（王庆彪等，2011）（表6-7）。在实际制种中，河南济源绿茵种苗公司2015年在同一制种田相同的条件下，繁殖中甘21的种子，胞质不育系和显性雄性不育系平均每公顷产量分别为669.0kg、1 558.5kg，显性雄性不育系的平均公顷产量较胞质不育系制种田高123.0%。

表 6 - 7　显性雄性不育系和 Ogura 胞质雄性不育系开花结实性状与种子产量比较

(王庆彪等，2011)

试验地点	田间编号	荚粒数（粒）	小区产量（g）	折合每公顷产量（kg）
所区农场	02 - 12	4.20±0.37a	217.84±13.57a	588.76
	DGMS 02 - 12	4.17±0.12a	173.04±20.82a	467.68
	CMS R$_3$ 02 - 12	2.93±0.21b	73.60±10.72b	198.92
	01 - 20	11.51±0.56a	383.04±3.81a	851.20
	DGMS 01 - 20	12.31±1.19a	364.34±30.94a	809.64
	CMS R$_3$ 01 - 20	6.71±0.53b	257.92±12.02b	573.16
南口试验基地	DGMS 02 - 12	—	295.56±35.12a	422.23
	CMS R$_3$ 02 - 12	—	181.52±15.48b	259.31
	DGMS 01 - 20	—	700.60±24.58a	1000.86
	CMS R$_3$ 01 - 20	—	600.44±4.52b	857.77

二、优良的甘蓝显性核基因雄性不育系的选育

（一）优良甘蓝显性雄性不育系应具备的条件

（1）雄性不育性稳定，在不同年份不育株率均达 100%，不育度 100% 或接近 100%。

（2）开花结实性状中，除雄蕊退化无花粉外，花冠蜜腺、雌蕊等均正常。

（3）植物学性状正常，经济性状优良，整齐度高且与保持系（回交父本）表现整齐一致。

（4）保持系尽量选择性状稳定的自交亲和系，保持系及不育系可在严格隔离条件下用蜜蜂授粉。

（5）有良好的配合力。

（二）显性雄性不育系的选育方法

采用连续回交转育方法，具体步骤如下：

（1）在显性雄性不育原始材料中，选经济性状优良的不育株为母本，与开花结实性状和植物学性状正常、经济性状优良、整齐度高、配合力好的自交系进行杂交。

（2）在杂交后代中继续选优良不育株为母本与原父本继续连续回交。

（3）回交 5～6 代以后，注意扩大回交后代群体植株数量（50 株以上），并在开花期于低温（15℃左右）条件下诱导不育株产生微量花粉，利用诱导产生的微量花粉进行蕾期自交。

（4）用低温敏感不育株自交后代中出现的不育性稳定的雄性不育株为母本，与原父本进行测交。

（5）在田间鉴定这些测交后代的经济性状与雄性不育性表现，如果某个测交后代（12株以上）不育株率达100%，则该测交组合的母本不育株即为纯合显性不育株。对纯合显性雄性不育株的测交后代进行鉴定，同时结合利用与显性雄性不育基因紧密连锁的分子标记辅助进行雄性不育植株的进一步选择，选择雄性不育性稳定、经济性状优良、整齐、配合力好的系统作为配制杂交组合的显性雄性不育系，回交父本即为保持系。图6-9为甘蓝显性雄性不育系选育过程图。

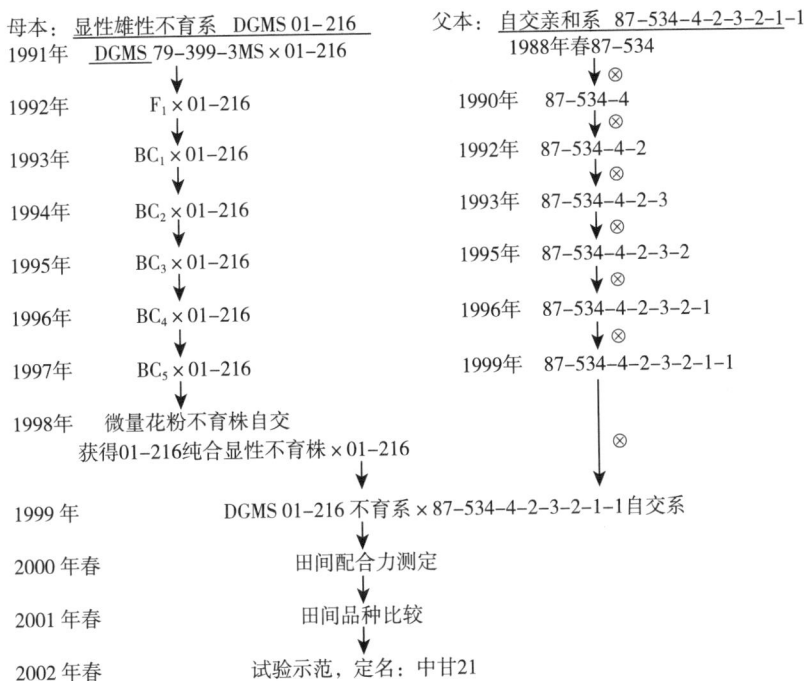

母本：显性雄性不育系 DGMS 01-216　　　　父本：自交亲和系 87-534-4-2-3-2-1-1

年份	母本	年份	父本
1991年	DGMS 79-399-3MS × 01-216		1988年春 87-534 $\otimes$
1992年	F_1 × 01-216	1990年	87-534-4
1993年	BC_1 × 01-216	1992年	87-534-4-2 $\otimes$
1994年	BC_2 × 01-216	1993年	87-534-4-2-3 $\otimes$
1995年	BC_3 × 01-216	1995年	87-534-4-2-3-2 $\otimes$
1996年	BC_4 × 01-216	1996年	87-534-4-2-3-2-1 $\otimes$
1997年	BC_5 × 01-216	1999年	87-534-4-2-3-2-1-1
1998年	微量花粉不育株自交 获得01-216纯合显性不育株 × 01-216		$\otimes$

1999年　DGMS 01-216 不育系 × 87-534-4-2-3-2-1-1自交系

2000年春　田间配合力测定

2001年春　田间品种比较

2002年春　试验示范，定名：中甘21

图6-9　甘蓝显性不育系及其配制的甘蓝新品种中甘21的选育过程

三、甘蓝胞质雄性不育系的选育

（一）优良胞质雄性不育系应具备的条件

（1）雄性不育性稳定，与所有甘蓝杂交其后代均表现100%雄性不育。

（2）植株生长发育正常，低温下叶片不黄化。

（3）花朵能正常开放，死花蕾少，花药退化无花粉，雌蕊正常，蜜腺发达，结实后种荚正常。

（4）主要经济性状优良、整齐，与保持系（回交父本）一致。

（5）配合力优良。

（二）甘蓝胞质雄性不育系的选育方法

（1）以植株生长发育正常、雄性不育性稳定，除雄蕊外其他花器官正常的胞质不育源为母本，以经济性状优良、稳定、配合力好的自交系（最好为自交亲和系）为父本进行杂交。

（2）在杂交后代中继续选不育性稳定、生长发育正常、花朵可完全开放、死蕾少、雌蕊正常、蜜腺发达的不育株与父本自交系（保持系）继续回交。

（3）在每个回交世代中，除对其花器官继续进行调查外，还要在田间鉴定它们的主要经济性状。

（4）一般需要连续回交6代以上，胞质不育系主要经济性状与保持系几乎一致，可用于杂种一代的配制。

第五节　甘蓝优良杂交组合选配

在杂种优势育种中，配置杂交组合时一个亲本将其优良性状传递给后代的相对能力，称为配合力。常以杂种一代的产量表现作为度量配合力的依据，分为一般配合力和特殊配合力。在甘蓝优势育种，选育优良自交系的过程中，要利用它们试配杂交组合，进行配合力测定，一般可分两步，第1步采用顶交法，用1～2个已知配合力优良的自交系与多个新选出的自交系试配杂交组合，然后通过鉴定筛选，初步获得一批新的配合力优良的自交系，然后再用双列杂交的方法进行配合力测定，选出最优良的杂交组合。实践证明，甘蓝杂交种的正反交表现基本一致，进行双列杂交时只需来用半轮配法即可。

第2步，初步筛选出的优良杂交组合，进入品种比较试验，每个组合小区面积不小于$50m^2$，3次重复，以生产上的主栽品种做对照。品比试验一般由品种的育成单位负责，通常进行2年，优良品种要求产量、品质、熟性、抗病性、抗逆性达到育种目标，且主要经济性状达到或超过对照品种。

一、优良杂交组合亲本选配的主要原则

（一）按照育种目标的需求选配亲本，使亲本具有较多的优良目标性状

甘蓝的经济性状很多为数量性状，杂交种经济性状的表现与亲本关系密切，因此，选择的亲本应尽可能具有育种目标所需要的优良性状，如果其中一个亲本的某一性状有欠缺，应从另一亲本得到互补。例如，我国育成时间最早、推广面积最大、应用时间最长的杂交品种京丰一号，其亲本黑叶小平头表现耐热、抗病性好，但耐抽薹性不理想；另一个亲本黄苗抗病性不强，但极耐未熟抽薹，育成的耐先期抽薹的杂交种京丰一号具有双亲的优点，克服了双亲的缺点。

（二）重视在我国优良的地方品种中选择亲本

甘蓝虽非起源于我国，但有不少优良地方品种已在各地种植多年，对我国的气候条件有较好的适应性，同时一些地方品种遗传上比较混杂，然而通过自交纯化完全可以选出一些优良的育种亲本材料，用这些育种材料作亲本，培育出的杂交种，对我国的自然条件有很好的适应性。例如，用从我国的黑叶小平头、黑平头、金早生、牛心甘蓝、楠木叶等优良地方品种中选出的自交系作亲本，已配制出一批适应性很好的甘蓝杂交种。

（三）注意选择来源于不同国家或不同地区的材料

甘蓝起源于欧洲，国外栽培历史悠久，种质资源丰富，选择来源不同国家或地区的材料作亲本，不仅可以丰富亲本材料的遗传基础，而且也证明，一代杂种往往具有较强的杂种优势，中国生产上应用广泛的许多甘蓝一代杂种如京丰一号、中甘 21、春丰、夏光等，基本都符合这一原则。

（四）按照植物学性状选择亲本

注意选择植物学性状有一定差异的材料作亲本，这种杂交组合也往往有较强的杂种优势，如晚丰、春丰的双亲均来自中国，但来源的生态地区不同，而且双亲植物学性状有较大差异。

（五）按照一代杂种制种时的需求选择亲本

甘蓝一代杂交种制种是采用自交不亲和系或雄性不育系途径在隔离条件下通过昆虫授粉而实现的。用自交不亲和系配制杂交种，亲本选择除重视上述几点外，还特别要重视两个亲本具有不同的 S 基因型，杂交时能相互亲和，获得较高的种子产量。

用雄性不育系配制杂交种，在双亲的选择时，母本不仅应与父本花期杂交亲和，两亲本花期基本一致，而且母本应具有很好的结实能力，而父本最好是花粉量较大的自交亲和系。

（六）按照性状的遗传表现选择亲本

在一代杂种中，甘蓝多数性状表现为中间型，但也有不少性状明显表现为显性或隐性遗传，这在甘蓝主要性状遗传（本书第五章）中已有介绍，可为亲本选择提供参考。例如，叶球内中心柱长度，长中心柱为不完全显性，要选中心柱短的一代杂种，双亲最好都具备短中心柱这一性状；球形的遗传表现，尖球与圆球、尖球与扁圆球杂交，尖球一般为显性，要培育一个球形圆正的甘蓝品种，不宜选用尖球类型的自交系作亲本。

（七）按照配合力强弱选择亲本

有些自交系经济性状很好，但配合力不一定好，有些亲本一般配合力好但特殊配合力不理想，应选择具有很好的一般配合力而且特殊配合力也好的材料作亲本。

二、不同类型甘蓝杂交组合亲本的选配

（一）不同生产季节栽培的杂交组合的亲本选择

按照生产季节，主要可分为春、夏、秋和越冬甘蓝，在各生产季节，对甘蓝品种有不同的要求。春甘蓝主要要求早熟、耐未熟抽薹；夏秋甘蓝主要要求抗病、耐热；越冬甘蓝主要目标要求耐寒。因此，在选育不同季节栽培的甘蓝一代杂种时，要按主要目标需求选择亲本，例如，选育春甘蓝需选择早熟、不易未熟抽薹的材料作亲本；选育夏秋甘蓝要选择抗病、耐热的材料作亲本；选育带球露地越冬甘蓝必须选择耐寒的材料作亲本。

（二）不同生态条件下栽培杂交组合的亲本选择

生态条件不同，温度、湿度、光照差异较大，对甘蓝杂交组合及亲本选择也有不同的要求。例如，我国西南地区的重庆、四川、贵州等地，夏秋季温度高、湿度大，根肿病流行，配制甘蓝杂交组合应选择耐高温、高湿、抗病性强的亲本；我国长江中下游地区栽培

的春甘蓝品种一般在冬前播种，苗期露地越冬，早春3～5月上市，应选择抗寒性强、耐未熟抽薹、早熟性好的尖球类型材料作亲本。

（三）不同叶球类型杂交组合的亲本选择

按照叶球形状，甘蓝主要分为圆球、扁圆球和尖球三种类型，不同球形的亲本杂交后杂种优势很强，产量高，球的形状除尖球一般表现为显性外，多数表现为中间型。在以获得高产为主要育种目标时，可选择不同球形的材料作亲本。但近年来，市场愈来愈欢迎叶球圆正的甘蓝品种，配制这种球形圆正的扁圆或圆球类型品种，亲本在球形上不宜差异过大，应选择球形相同或相近的材料作亲本。

三、优良一代杂种新品种的育成

优良的甘蓝一代杂种新品种的选育过程已在育种目标与途径（本书第四章）做了说明，其要点是：按照育种目标要求，搜集、鉴定出优异的种质资源；通过多代连续自交纯化，由优异种质资源中选育出优良的自交系；与此同时，按照亲本选配的原则，选择亲本进行一般配合力和特殊配合力测定，选育出优良杂交组合，并进行品种比较试验，然后再进行区域性试验和生产示范，在区域性试验和生产示范中表现优秀并符合审定（认定、鉴定）、登记条件的杂交组合即可通过审定（认定、鉴定）、登记，作为新品种在适宜地区推广。

从确定育种目标、搜集种质资源开始，到育成一个新品种，一般需要7～8年或者更长的时间，为了使选配的杂交组合符合育种目标，并尽量缩短育种年限，提高育种效率，在整个过程中，有几点是要特别需要重视的：

（1）亲本的纯化可以和配合力测定同时进行，可在自交早代，如自交第3～4代就进行配合力测定，较早地预测出优良的杂交组合。

（2）配合力的测定要在多个世代、多次进行，用不同亲本互相杂交进行配合力测定，选出优良亲本，在优良亲本的自交后代中再进行配合力测定，在姊妹系中筛选出最优良的自交系作杂交种的亲本。

（3）在规模化制种之前，要进行试验采种。小规模配合力测定所需用的种子，可用人工蕾期杂交的方法获得，区域性试验和生产示范需用的种子，应把双亲种株定植在一个隔离区，用蜜蜂授粉获得种子，这样做的目的一是可获得较多的杂交种种子，同时可以调查两个亲本的亲和性和开花期的一致性，为规模化制种提供依据。

（4）应用小孢子培养的方法加速亲本的纯化，用分子标记辅助优良性状的选择，以提高育种效率，具体做法在生物技术育种（本书第八章）部分进行介绍。

四、杂种优势育种的代表品种

（一）春甘蓝代表品种

1. 中甘 11 中国农业科学院蔬菜花卉研究所1987年育成的早熟春甘蓝一代杂种。由母本自交不亲和系 01-88 和父本 02-12 杂交而成。中甘 11 田间表现早熟，生育期50d

左右，双亲的生育期分别为 55d 和 50d；单球重约 0.9kg，比双亲均大，双亲的单球重均约为 0.5kg。此外，由于母本 01-88 耐先期抽薹，中甘 11 也具有不易先期抽薹的特点，春季种植耐寒性较强，冬性较强。

2. 中甘 15　中国农业科学院蔬菜花卉研究所育成的中早熟春甘蓝新品种。1998 年通过北京市农作物品种审定委员会审定。由母本自交不亲和系 01-216 和父本 7205-84 杂交而成。双亲中的 7205-84 具有耐先期抽薹、优质的特点，但是双亲质量小，分别约为 0.7kg 和 0.5kg，而杂交品种中甘 15 单球重约 0.9kg，质量比双亲均大，且具有耐先期抽薹、优质的特点。

3. 8398　中国农业科学院蔬菜花卉研究所育成的早熟春甘蓝一代杂种。由母本自交不亲和系 01-20 和父本 8180-D 杂交而成。8398 田间表现早熟，生育期 50d 左右，与双亲的生育期相当；株型半平展，开展度比双亲均要大；单球重约 0.9kg，比双亲均大，双亲的单球重均约为 0.6kg。

4. 中甘 21　中国农业科学院蔬菜花卉研究所用显性雄性不育系育成的早熟春甘蓝一代杂种（图 6-10）。由母本显性核基因雄性不育系 DGMS 01-216 和父本自交亲和系 87-534-2-3 杂交而成。中甘 21 叶球中等大小，单球重约 1.0kg，单球重远超双亲（约 0.5kg 和 0.6kg）；株型半直立，开展度比双亲均要大。

5. YR 中甘 21　中国农业科学院蔬菜花卉研究所育成的早熟春甘蓝一代杂种（图 6-11）。由细胞质雄性不育系 CMS 87-534 和父本 YR01-20 杂交而成。YR 中甘 21 单球重约 1.0kg，比双亲均大；人工接种鉴定和田间鉴定均表现高抗枯萎病，父本 YR01-20 高抗枯萎病，母本 CMS 87-534 感枯萎病。

6. 春秋秀美　江苏省农业科学院蔬菜研究所选育而成的杂交一代早熟甘蓝品种。由母本 CMS411 和父本 364 杂交育成。春秋秀美叶球牛心形，球形美观，球色绿，绿叶层平均 9 片，品质优。单球重 1.3kg 左右，比双亲均大，双亲的单球重均约为 1.1kg。母本 CMS411 耐裂球，父本 364 冬性强、耐寒性好，春秋秀美既耐抽薹性强，又耐裂球。

图 6-10　中甘 21

图 6-11　YR 中甘 21

（二）夏甘蓝代表品种

1. 夏光甘蓝　上海市农业科学院园艺研究所于 1978 年育成的优良耐热杂种一代甘蓝

品种（图 6-12），由母本 103 和父本 60 天早椰菜杂交而成。夏光甘蓝从定植到收获 60～70d，扁圆形，单球重 1kg 左右，比双亲均大。父本 60 天早椰菜是从泰国引进的甘蓝品种中分离出的甘蓝自交不亲和系，耐热性好，由母本 103 和父本 60 天早椰菜杂交育成的夏光甘蓝也具有较强的耐热性，在 8～9 月平均气温高的长江中下游地区仍能正常生长、结球，适合作夏甘蓝栽培，也可作早秋甘蓝栽培。

2. 早夏-16 上海市农业科学院园艺研究所利用上海地方品种和国外引入品种杂交选育而成的耐热夏甘蓝一代杂种。由母本 98-52 和父本 98-8 杂交而成。早夏-16 田间表现早熟，单球重 1kg 左右，比双亲均大；株型直立，开展度也比双亲均要大。母本 98-52 叶色灰绿，叶片小，抗逆性强，早夏-16 也具有较强的耐热、耐湿、抗病性强的特点。

3. 中甘 602 中国农业科学院蔬菜花卉研究所育成的一代杂种（图 6-13）。由母本 CMS 07-521 和父本 05-487 杂交而成。中甘 602 表现极早熟，成熟期 55d，比双亲的成熟期均要短；单球重 1.3kg 左右，比双亲均大。母本 CMS 07-521 球色绿，中心柱短；父本 05-487 球色灰，中心柱长，但耐热性强。由母本 CMS 07-521 和父本 05-487 杂交育成的中甘 602 球色绿，中心柱短，耐热性强，具有较强的杂种优势表现。

图 6-12　夏光甘蓝　　　　　　　　　　　　　图 6-13　中甘 602

（三）秋冬甘蓝代表品种

1. 京丰一号 中国农业科学院蔬菜研究所和北京市农林科学院蔬菜研究所合作，于 1973 年育成的国内第 1 个甘蓝一代杂种（图 6-14）。由母本 21-3 和父本 24-4-5 杂交而成。京丰一号单球重约 3kg，比双亲均大，双亲单球重分别约为 1.6kg 和 1.7kg。母本 21-3 扁圆形，适应性强；父本 24-4-5 中心柱短，球形扁平，不易发生未熟抽薹。京丰一号春季栽培冬性较强，不易发生未熟抽薹，品质较好且丰产，适应性强，具有较强的杂种优势表现。

2. 西园 4 号 西南农业大学园艺系"七五"期间育成的抗芜菁花叶病毒兼抗黑腐病秋甘蓝一代杂种（图 6-15）。西园 4 号植株开展度大，叶色浅灰绿，蜡粉较多。叶球扁圆形，单球重 1.7～2kg，比双亲均大。亲本 78-17-5-10-3-3-3 主要经济性状优良，抗病，性状整齐一致，配合力强；亲本 83281-3-1-8-9-1 抗病，性状整齐，配合力强，球形好，中心柱短。西园 4 号在抗病、抗逆、球色等方面表型较为突出。

3. 中甘 1305　中国农业科学院蔬菜花卉研究所育成的露地越冬甘蓝一代杂种（图 6 - 16）。以细胞质雄性不育系 CMS 708 - 1 - 1 为母本，1186 - 1 - 2 - 3 为父本配制的适于长江中下游地区种植的越冬甘蓝一代杂交种。中甘 1305 单球重 1.2kg 左右，比双亲均大，双亲单球重均约为 0.8kg。母本 CMS 708 - 1 - 1 和父本 1186 - 1 - 2 - 3 均具有较强的耐寒性、耐裂球性；中甘 1305 也具有较强的耐寒性和耐裂球性。

4. 中甘 596　中国农业科学院蔬菜花卉研究所育成的秋甘蓝一代杂种（图 6 - 17）。以细胞质雄性不育系 CMS 07 - 521 为母本，09 - 957 为父本配制的一代杂交种。中甘 596 单球重约 1.5kg，比双亲均大，双亲单球重分别约为 0.97kg 和 0.6kg。母本 CMS 07 - 521 球色绿、球形圆正，但是感枯萎病和黑腐病，而父本 09 - 957 抗枯萎病兼抗黑腐病。由 CMS 07 - 521 和父本 09 - 957 杂交选育的中甘 596 具有较强的杂种优势表现，抗枯萎病兼抗黑腐病，并且也具有球色绿、球形圆正、中心柱短等特点。

图 6 - 14　京丰一号

图 6 - 15　西园 4 号

图 6 - 16　中甘 1305

图 6 - 17　中甘 596

第六节 区域性试验和品种审（认、鉴）定、登记

20 世纪 80 年代初到 2000 年前，甘蓝新品种的审（认）定由全国农作物品种审定委员会和各省级农作物品种审定委员会负责，在区试和生产示范中表现优秀的品种可申报审（认）定，品种审定采取"三年一轮"的周期，一个品种要通过审定，必须先通过 2 年的区域试验后，再进行 1 年的生产试验才可以通过审定。未经审（认）定的品种不能在生产上推广。国家品种审定委员会制定的蔬菜新品种审定标准为：在多数区试点上比对照增产 10％以上或经统计分析增产显著的品种；产量与对照相近，但在品质、成熟期、抗逆性等方面有一项或多项性状表现突出的品种。据统计，1980—2001 年国家及各省（自治区、直辖市）审（认）定的甘蓝新品种有 103 个。

2000 年后，甘蓝被列为非主要农作物，不再需要审定作物品种之列，但在一些省（自治区、直辖市）仍在开展甘蓝新品种审（认）定、登记工作。2005 年开始，全国农业技术推广服务中心主持恢复甘蓝等主要蔬菜作物新品种的全国区试和生产示范，并组织成立蔬菜品种鉴定委员会，到 2015 年，已有 60 余个甘蓝新品种在全国区试和生产示范中表现优秀，并通过国家鉴定。2016 年后，结球甘蓝被列为非主要农作物，不再需要审（认、鉴）定，但仍需进行品种登记。为了规范非主要农作物品种管理，科学、公正、及时地登记非主要农作物品种（包括大白菜、结球甘蓝、辣椒、番茄等），2017 年农业部发布了《非主要农作物品种登记办法》。根据该办法，至 2023 年年初，已完成登记 1 022 个结球甘蓝品种。品种登记属于行政管理行为，主要是在品种大面积推广前，确保新品种的适应性、抗逆性等农艺性状和经济性状具有推广价值，但无法对品种权进行保护。

而植物新品种权可以赋予权利人为商业目的的生产销售授权品种的独占权。新修订的《中华人民共和国种子法》，将《新品种保护》单独列为一章，明确了"一个植物新品种只能授予一项植物新品种权"，第二十八条还规定，任何单位或者个人未经植物新品种权所有人许可，不得生产、繁殖或者销售该授权品种的繁殖材料，这有利于杜绝新品种育种者知识产权被侵犯的乱象。

一、区域性试验

农作物新品种审定区域试验，简称区域试验，是指通过统一规范的要求进行试验，根据品种在区域试验中的表现，对新育成品种的产量、熟期、适应性、抗逆性和品质等进行全面的鉴定，结合抗逆性鉴定和品质鉴定结果，对品种进行综合评价，也是新品种审定和推广的重要依据。

为明确新育成甘蓝品种在不同生态区的表现和在适宜地区的推广应用价值，20 世纪 80 年代初以来，全国农作物品种审定委员会就组织了我国甘蓝新品种的区域试验和生产示范，2000 年以后该工作由全国农业技术推广服务中心组织，试验具体工作一直由中国农业科学院蔬菜花卉研究所负责主持。到 2015 年为止，已完成八轮全国秋甘蓝新品种区试，七轮全国春甘蓝新品种区试，两轮长江流域越冬甘蓝新品种区试。除国家区试外，一

些省（自治区、直辖市）也有省级甘蓝区试和生产示范。全国甘蓝区域试验要在不同生态区设 10 个左右的区试点，每轮参加区试的品种从全国甘蓝育种机构中征集，小区面积不少于 $50m^2$，3 次重复，以生产上的主栽品种为对照。国家区域试验一般为 3 年，前 2 年为区域试验，在区域试验中表现优良的品种在第 3 年进行生产试验。

（一）区域试验方法

在我国不同的甘蓝生态区域和不同栽培模式地区设立区试点，每个区域试验点要具有代表性，使试验结果接近当地农业生产实际。每个参试品种设 3 次重复，并以全国或者当地栽培面积较大的品种作为对照。制订统一的调查项目和标准，对每个品种在品种的全生育期进行多次观察记载，充分记载甘蓝品种的生物学特征、抗病性等情况，成熟后对每个品种进行测产，并进行统计分析。

（二）甘蓝区域试验调查项目

对品种的播种期、定植期、结球期、收获期、熟性、产量、品质、抗病性等进行记载；对甘蓝的株高、开展度、外叶的数量和形状、叶球的形状、色泽、横径、纵径、单球重、紧实度、裂球数进行统计。

二、品种审（认、鉴）定及登记

甘蓝和其他农作物一样，新育成的品种或新引进的品种，在大面积推广之前，需要经过区域试验、品种登记。新品种的审（认）定或登记，确保了待推广的新品种在丰产性、适应性、抗病性、抗逆性、稳产性、品质等农艺性状方面具有推广价值。

20 世纪 80 年代到 2000 年，甘蓝和其他主要农作物一样，均列为主要农作物，按照当时的种子法，甘蓝新品种也必须先通过区试，只有在区试中表现优秀并通过审（认、鉴）定的新品种才能在生产中推广。2000 年后，甘蓝被列为非主要农作物，新品种不需要审定，但作为非主要农作物品种需进行鉴定或登记，即根据《非主要农作物品种登记办法》，结球甘蓝作为非主要农作物蔬菜中的登记目录品种，在推广前应当登记。可在中国种业大数据平台（http：//202.127.42.145/bigdataNew/Business/Index?）进行申请。

（一）品种登记办理条件
申请登记的品种应当具备下列条件：
（1）人工选育或发现并经过改良。
（2）具备特异性、一致性、稳定性。
（3）具有符合《农业植物品种命名规定》的品种名称。申请登记具有植物新品种权的品种，还应当经过品种权人的书面同意。

（二）申请材料准备
申请者应提交以下材料：
（1）新培育的品种
①品种选育情况。申请材料中需说明品种特性、育种过程等。
②特异性、一致性、稳定性测试报告。
③种子、植株、果实等实物彩色照片。

（2）已销售品种

①填写品种登记表，申请材料中需说明品种特性、育种过程等。

②品种的销售发票和出库单。

（三）流程图

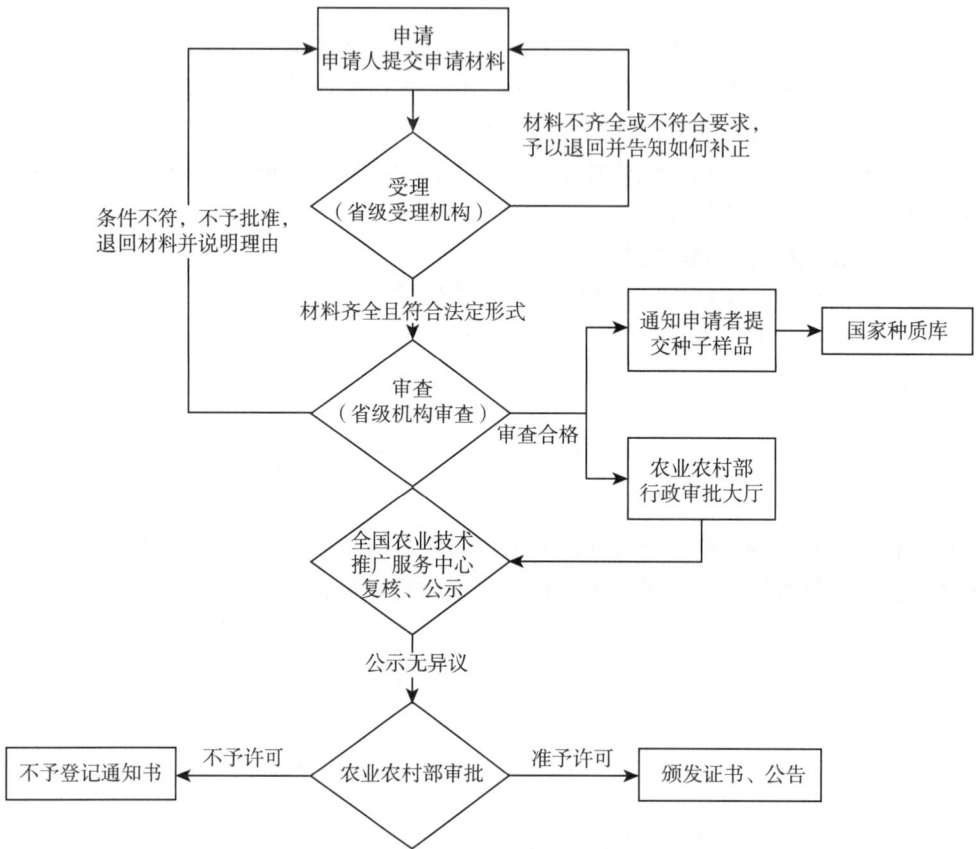

三、植物新品种权申报

植物新品种权，是指完成育种的单位或个人对其授权的品种依法享有的排他使用权。我国于 1997 年首次颁布了《中华人民共和国植物新品种保护条例》（简称《条例》），2013年对《条例》进行了修订，2015 年修订的《中华人民共和国种子法》新增《新品种保护》一章，将《条例》的内容上升为法律。植物新品种保护既保护授权的繁殖材料，也保护品种权人。获得品种权的品种享有 15～20 年的保护期限（授权之日起，藤本植物、林木、果树和观赏树木 20 年，其他 15 年），获得植物新品种权的品种权人享有排他的独占权，享有生产、许可、使用、销售、转让、处分等权利，任何单位或者个人未经植物新品种权所有人许可，不得用于商业目的（科研、农民留种除外），但为了国家和公共利益，规定了强制许可事项，强制许可必须支付使用费。2017 年 3 月，财政部、国家发展改革委发布通知，"自 2017 年 4 月 1 日起，植物新品种权申请停征申请费、审查费、年费"。截至

2022 年 10 月，普通结球甘蓝授权总量为 122 件。

新品种权申请程序：

（一）提出申请

申请人通过农业农村部政务服务平台递交农业植物新品种权的申请。

（二）初步审查

审批机关在 6 个月内对申请品种权的申请人性质、品种名称、品种种属以及新颖性进行初步审查。

（三）授权或驳回

根据《中华人民共和国植物新品种保护条例》，一个申请品种经审查，具备新颖性、特异性、一致性、稳定性以及适当名称，审批机关做出授予品种权的决定，并登记和公告，颁发品种权证书。如不符合授权条件，将驳回该品种权的申请。

◆ 主要参考文献

达尔文，1876. 植物界异花受精和自花受精的效果［M］. 季道藩，刘祖洞，译. 北京：科学出版社.

方智远，刘玉梅，杨丽梅，等，2004. 甘蓝制种技术上的一项重要变革［J］. 中国蔬菜（5）：34.

方智远，刘玉梅，杨丽梅，等，2012. 甘蓝自交亲和系'中甘 87 - 534'［J］. 园艺学报，39（12）：2535 - 2536.

方智远，孙培田，1981. 甘蓝几个数量性状遗传力研究初报［J］. 中国蔬菜（1）：23 - 25.

方智远，孙培田，1982. 甘蓝自交系几个数量性状配合力的分析初报［J］. 中国农业科学（1）：49 - 55.

方智远，孙培田，刘玉梅，1983. 甘蓝杂种优势利用和自交不亲和系选育的几个问题［J］. 中国农业科学（3）：51 - 62.

方智远，孙培田，刘玉梅，1984. 甘蓝胞质雄性不育系的选育简报［J］. 中国蔬菜（4）：42 - 43.

方智远，孙培田，刘玉梅，等，1997. 甘蓝显性雄性不育系的选育及其利用［J］. 园艺学报（3）：44 - 49.

方智远，孙培田，刘玉梅，等，2001. 几种类型甘蓝雄性不育的研究与显性不育系的利用［J］. 中国蔬菜（1）：11 - 15.

柯桂兰，赵稚雅，宋胭脂，等，1992. 大白菜异源胞质雄性不育系 CMS3411 - 7 的选育及应用［J］. 园艺学报（4）：333 - 340，388.

李升娟，许忠民，郭佳，等，2019. 基于叶球转录组数据比较的甘蓝杂种优势分析［J］. 园艺学报，46（6）：1079 - 1092.

王庆彪，方智远，张扬勇，等，2011. 甘蓝两种类型雄性不育系花器官形态及结实特性的比较研究［J］. 园艺学报，38（1）：61 - 68.

杨丽梅，方智远，刘玉梅，等，2005. 用雄性不育系配制的秋甘蓝系列新品种（组合）［J］. 中国蔬菜（1）：27 - 29.

杨丽梅，刘玉梅，王晓武，等，1997. 甘蓝胞质雄性不育材料主要植物学性状初步观察［J］. 中国蔬菜（6）：26 - 27.

赵稚雅，干正荣，等，1975. 甘蓝品种间杂种一代优势利用的研究［C］//蔬菜科学实验资料汇编. 杨凌：西北农林科技大学.

Bannerot H，Boulidrad L，Cauderon Y，et al.，1974. Transfer of cytoplasmic male sterility from *Raphanus sativus* to *Brassica oleracea*［J］. Proceedings of the Eucarpia Meeting on Cruciferae，25：52 - 54.

Dickson M H，1970. A temperature sensitive male sterile gene in broccoli，*Brassica oleracea* L. var. *italical*

[J]. Journal of the American Society for Horticultural Science, 95 (1): 13 - 14.

Doucet J, Lee H K, Goring D R, 2016. Pollen acceptance or rejection: A Tale of two pathways [J]. Trends in Plant Science, 21 (12): 1058 - 1067.

H B, 1977. Unexpected difficulties met with the radish cytoplasm in *Brassica oleracea*. [J]. Eucarpia Cruciferae Newsletter, 2: 16.

H O, 1968. Studies on the new male sterility in Japanese radish, with special references on the utilization of this sterility towards the practical raising of hybrid seeds [J]. Memoirs of the Faculty of Agriculture, Kagoshima University, 6: 40 - 75.

Holderegger R, 2002. Review of incompatibility and incongruity in wild and cultivated plants 2nd edition [J]. Plant Systematics and Evolution, 232 (3/4): 263 - 266.

Indriolo E, Tharmapalan P, Wright S I, et al., 2012. The *ARC1 E3* ligase gene is frequently deleted in self - compatible *Brassicaceae* species and Has a conserved role in *Arabidopsis lyrata* self - pollen rejection [J]. The Plant Cell, 24 (11): 4607 - 4620.

Lv H, Fang Z, Yang L, et al., 2014. Mapping and analysis of a novel candidate *Fusarium* wilt resistance gene *FOC1* in *Brassica oleracea* [J]. BMC Genomics, 15 (1): 1094.

Murase K, Shiba H, Iwano M, et al., 2004. A Membrane - anchored protein kinase involved in *Brassica* self - incompatibility signaling [J]. Science, 303 (5663): 1516 - 1519.

Nasrallah J B, 2019. Chapter sixteen - self - incompatibility in the Brassicaceae: Regulation and mechanism of self - recognition [C] //GROSSNIKLAUS U. Current Topics in Developmental Biology.

Nettancourt D D, 2001. Incompatibility and incongruity in wild and cultivated plants [M]. Springer Science & Business Media.

Nieuwhof M, 1961. Male sterility in some cole crops [J]. Euphytica, 10 (3): 351 - 356.

Ockendon D J, 2000. The S - allele collection of *Brassica oleracea* [J]. Acta Horticulture (539): 25 - 30.

Parkash C, Kumar S, Thakur N, et al., 2017. Genetic analysis of important antioxidant compounds in cabbage (*Brassiaca oleracea* var. *capitata* L.) [J]. Journal of Crop Improvement, 31 (3): 418 - 437.

Pearson O H, 1932. Breeding plants of the cabbage group [M]. Bulletin of the California Agricultural Experiment Station.

Pearson O H, 1972. Cytoplasmically inherited male sterility characters and flavor components from the species cross *Brassica nigra* (L.) Koch × *B. oleracea* L. 1 [J]. Journal of the American Society for Horticultural Science, 97 (3): 397 - 402.

Samuel M A, Chong Y T, Haasen K E, et al., 2009. Cellular pathways regulating responses to compatible and self - incompatible pollen in *Brassica* and *Arabidopsis stigmas* intersect at *Exo70A1*, a putative component of the exocyst complex [J]. The Plant Cell, 21 (9): 2655 - 2671.

Sanabria N, Goring D, Nürnberger T, et al., 2008. Self/nonself perception and recognition mechanisms in plants: a comparison of self - incompatibility and innate immunity [J]. New Phytologist, 178 (3): 503 - 514.

Schopfer C R, Nasrallah M E, Nasrallah J B, 1999. The male determinant of self - incompatibility in *Brassica* [J]. Science, 286 (5445): 1697 - 1700.

Silva N F, Stone S L, Christie L N, et al., 2001. Expression of the S receptor kinase in self - compatible *Brassica napus* cv. Westar leads to the allele - specific rejection of self - incompatible *Brassica napus* pollen [J]. Molecular Genetics and Genomics, 265 (3): 552 - 559.

Singh B K, Sharma S R, Singh B, 2013. Genetic variability, inheritance and correlation for mineral contents in cabbage (*Brassica oleracea* var. *capitata* L.) [J]. Journal of Horticultural Research, 21 (1): 91 - 97.

Stout A B, 1917. Fertility in cichorium intybus: The sporadic occurrence of self - fertile plants among the progeny of self - sterile plants [J]. American Journal of Botany, 4 (7): 375 - 395.

Suzuki G, Kai N, Hirose T, et al., 1999. Genomic organization of the S locus: identification and characterization of genes in SLG/SRK region of S9 haplotype of *Brassica campestris* (syn. *rapa*) [J]. Genetics, 153 (1): 391 - 400.

Takayama S, Isogai A, 2005. Self - incompatibility in plants [J]. Annual Review of Plant Biology, 56 (1): 467 - 489.

Walters T W, Mutschler M A, Earle E D, 1992. Protoplast fusion - derived Ogura male sterile cauliflower with cold tolerance [J]. Plant Cell Reports, 10 (12): 624 - 628.

Watanabe M, Suwabe K, Suzuki G, 2012. Molecular genetics, physiology and biology of self - incompatibility in Brassicaceae [J]. Proceedings of the Japan Academy, Series B, 88 (10): 519 - 535.

Wilkins K A, Poulter N S, Frankli - tong V E, 2014. Taking one for the team: self - recognition and cell suicide in pollen [J]. Journal of Experimental Botany, 65 (5): 1331 - 1342.

（王勇　方智远）

第七章

甘蓝抗病育种

[中 国 结 球 甘 蓝]

第一节　甘蓝抗病育种概况

病害是影响我国甘蓝丰产、稳产及优质的重要因素。甘蓝复种指数高，栽培方式多样，生态环境复杂，因而病害种类多，防治难度大。随着甘蓝栽培面积的扩大以及种子、植株携带的病原菌扩散，病毒病、黑腐病、枯萎病、根肿病等病害在各产区不断发生，已成为现今危害我国甘蓝生产的主要病害，平均每年可造成10%～20%的产量损失，部分严重地块甚至造成绝产。

传统的甘蓝病害防控手段包括农业防治、物理防治、化学防治、生物防治等。对少数病害来说，这些手段可能有一定的效果，但通常实施过程复杂、成本高，且有的对环境有害，而挖掘和利用作物本身的抗病性是最为理想的防控手段，应用起来既简单高效，又环保无害，并可与其他措施综合起来，实现防控效果的最大化。

国外甘蓝抗病育种起步较早。20世纪80年代之前，研究者在病原菌分化、抗性鉴定方法、抗性遗传分析、抗性种质资源挖掘与创制，以及抗性品种选育等各个方面进行了广泛的研究并取得了显著成绩。在此期间，我国甘蓝育种工作者在系统选育和杂种优势利用方面取得了较大进展，而在抗病育种方面则基本处于起步阶段，主要工作体现在搜集地方品种和引进国外种质资源的基础上进行田间抗病性观察和筛选，初步筛选鉴定出黑叶小平头、楠木叶、大乌叶等一批抗病种质资源，为后续抗病育种奠定了基础。自1983年甘蓝抗病育种被列为国家重点科技协作攻关课题以来，我国甘蓝抗病育种取得了长足的进步。在国家和省部级科研项目的支持下，先后提出单抗病毒病（TuMV）、抗两种病害、多抗、抗病与丰产优质相结合的不断满足生产需求的育种目标，并选育出符合育种目标要求的新品种在生产上广泛推广应用。我国甘蓝抗病育种发展历程大致可分为以下2个阶段：

一、抗源筛选鉴定为主的阶段（20世纪80至90年代中期）

1983年以来，"六五""七五""八五"国家重点科技攻关项目"甘蓝新品种选育"将抗病性列为主要育种目标之一，通过育种学与植物病理学相结合的攻关研究，在由中国农业科学院蔬菜花卉研究所、西南农业大学园艺系、陕西省农业科学院蔬菜研究所、东北农

業

业大学园艺系、江苏省农业科学院蔬菜研究所等单位组成的攻关组协作努力下,甘蓝抗病育种研究取得了一批重要成果。

早在 20 世纪 70 年代,病毒病和黑腐病在我国甘蓝生产上就时有发生,造成了一定的威胁。进入 80 年代后,随着甘蓝栽培面积的扩大,病毒病和黑腐病在全国各地普遍流行。据调查,在病害流行年份秋甘蓝发病率达到 30%～40%,严重威胁甘蓝的产量和品质。国家甘蓝攻关课题组"六五"期间（1983—1985）的抗病育种目标是抗病毒病（TuMV）一种病害,"七五"期间（1986—1990）要求抗 TuMV 兼抗黑腐病,"八五"期间（1991—1995）要求秋甘蓝抗 TuMV、黑腐病（或 CMV）,兼抗 CaMV 或根肿病。

通过攻关组的协作研究,明确危害我国甘蓝的主要病毒是 TuMV,建立了 TuMV 摩擦人工接种鉴定方法、黑腐病菌的喷雾接种法以及双抗性平行接种鉴定方法,筛选出 8020－2－1、8364、1162、84025 和 85003 等高抗病毒病材料,20－2－5－2、23202－1、8702、8726、8901 和 302 等抗 TuMV 兼抗黑腐病的材料,并初步开展了甘蓝抗 TuMV 和抗黑腐病的抗性遗传研究。利用筛选和创制的优良、抗病材料,"六五"期间育成抗 TuMV 的秋甘蓝杂交种中甘 8 号、西园 2 号和秦菜 3 号等,"七五"期间育成抗 TuMV 兼抗黑腐病的秋甘蓝杂交种中甘 9 号和西园 4 号等,"八五"期间育成抗 TuMV 兼抗黑腐病或根肿病的甘蓝新品种西园 6 号和东农 609 等。

二、生物技术和常规育种相结合的阶段（20 世纪 90 年代后期至今）

20 世纪 90 年代后期,尤其是进入 21 世纪以来,甘蓝生产上黑腐病、病毒病不断发生,新发病害枯萎病和根肿病的蔓延及危害日趋严重,使得我国的甘蓝抗病育种面临新的严峻挑战。通过建立和完善甘蓝病害的单抗和多抗鉴定方法,收集、引进和筛选抗源材料,开展抗性遗传研究,挖掘抗性基因,并将常规育种与分子标记辅助筛选和单倍体诱导等生物育种技术相结合,我国科技工作者在甘蓝抗病育种方面取得了重要进展。

20 世纪 90 年代末至 21 世纪初,我国甘蓝栽培面积由 20 万 hm² 迅速发展到 90 万 hm² 左右,生产和市场对甘蓝育种提出许多新的需求,抗病育种要求抗病性、抗逆性与优质、丰产更加紧密地结合在一起。围绕这一目标要求,在此期间国内的多家科研单位和大学选育出通过国家或省（自治区、直辖市）审定或鉴定的一批新品种,如中甘 18、惠丰 4 号等田间表现优质、丰产、抗病毒病,秋甘 1 号、争牛等田间表现抗黑腐病、抗逆,中甘 22、惠丰 1 号、豫生 4 号等表现丰产、抗 TuMV 兼抗黑腐病,秦甘 70、秦甘 80 等抗 TuMV、CMV 和黑腐病,豫生 1 号、绿球 66 等抗 TuMV、黑腐病和霜霉病 3 种病害。

2001 年在北京延庆首次发现了甘蓝枯萎病,随后在北方地区迅速蔓延,并成为危害我国北方夏秋甘蓝生产的毁灭性病害。中国农业科学院蔬菜花卉研究所在筛选鉴定出 96－100、88－62 等优异抗源材料的基础上,明确了甘蓝枯萎病 1 号小种的抗性符合显性单基因遗传,成功定位和克隆了抗性基因 FOC1,并设计了通用性好的分子标记应用于抗病材料筛选和创制,选育出中甘 628、中甘 828、YR 中甘 21 等抗枯萎病甘蓝新品种。北京市农林科学院蔬菜研究中心筛选鉴定出一批高抗材料,培育出抗枯萎病的甘蓝新品种秋甘 5

号。这些品种在生产上广泛应用，极大地缓解了枯萎病的危害。

近年来，甘蓝根肿病在 20 多个省（自治区、直辖市）蔓延并呈现危害加重趋势。目前，国内研究者已从病原菌生理小种鉴定、抗源筛选、抗性基因挖掘及抗病品种选育等方面开展了一系列卓有成效的工作。迄今为止，主要采用菌土法等鉴定出大楠木、P3、BDH3、2538 等对部分根肿菌生理小种表现抗性的甘蓝类抗源材料，但是缺乏免疫或者高抗根肿病的种质。在抗性品种培育方面，西南大学已选育出西园 8 号和西园 10 号等一系列耐或者抗根肿病的新品种，并在生产上推广应用。

就甘蓝其他病害而言，甘蓝猝倒病、立枯病、菌核病、软腐病、霜霉病、黑斑病等病害在我国不同地区、不同栽培条件下也时有发生，目前尚未大面积蔓延，为非主要病害。与甘蓝病毒病、黑腐病、枯萎病和根肿病等抗病育种相比，研究相对薄弱，培育出的抗性品种较少，现仅有抗菌核病的苏甘 26，抗霜霉病的绿球 66、豫生 1 号等。

我国在甘蓝抗病育种方面虽然取得了不少成绩，但与发达国家相比起步晚、遗传资源不丰富，特别是抗根肿病、抗黑腐病等优异种质资源匮乏。随着生物技术和组学技术的迅速发展，以及 2014 年由中国农业科学院主导研究完成的甘蓝"02-12"参考基因组的发布，甘蓝抗性基因或 QTL 的分子标记开发、精细定位、克隆及功能分析成为目前抗病育种的研究热点之一。同年，中国农业科学院蔬菜花卉研究所科研人员在国内外首次图位克隆了甘蓝类蔬菜第 1 个抗病基因 FOC1，并完成了功能验证，极大地促进了甘蓝抗病育种进程。为了进一步提高我国甘蓝抗病育种的水平，未来应根据生产和市场的需求优化抗病性（特别是抗黑腐病、枯萎病、根肿病）与优质、抗逆紧密结合的育种目标，继续加强抗病材料搜集、引进、筛选，重视通过分子生物学和组学手段进行病原菌的分化鉴定、抗性基因挖掘和抗性遗传规律研究，综合利用分子标记辅助选择、细胞工程、基因工程等生物技术手段挖掘和聚合抗性基因、创制优异种质、提高育种效率，实现抗病品种的更新换代，满足生产和市场需求。

第二节　甘蓝抗病毒病育种

危害甘蓝的病毒主要有芜菁花叶病毒（*Turnip mosaic virus*，TuMV）、黄瓜花叶病毒（*Cucumber mosaic virus*，CMV）、烟草花叶病毒（*Tobacco mosaic virus*，TMV）、花椰菜花叶病毒（*Cauliflower mosaic virus*，CaMV）等。从"六五"开始，国内学者就在全国各地开展了危害甘蓝及其他十字花科蔬菜的病毒种类研究工作，利用寄主反应、血清学、分子鉴定等方法，目前已明确危害病毒以 TuMV 为主，在不同地区占病毒病样品的 50%～90%；其次是 CMV，占 13%～31%；此外还有少量 CaMV 和 TMV。研究还发现甘蓝上经常存在两种或两种以上病毒复合侵染的情况，其中以"TuMV＋CMV"所占比例最大。

TuMV 是对甘蓝和其他十字花科作物危害最严重的病毒，因此国内外针对其开展的研究工作也最集中、最深入。TuMV 最早是在 1921 年发现于美国的白菜和芜菁上，随后迅速传播到欧洲。目前，TuMV 已传播到世界各大十字花科作物种植地区，其中在欧洲、亚洲、北美洲的部分地区对甘蓝等十字花科作物造成较大威胁，严重时可导致减产 50%

以上。在我国，夏秋季茬口甘蓝的病毒病较重，部分地区减产可达 30%以上。

　　TuMV 侵染甘蓝植株初期表现为局部侵染（local lesions，L）、花叶（mosaic）、明脉、褪绿斑（chlorosis，C）、植株矮小、叶片皱缩，后期出现系统侵染（systemic infection，S）、枯斑（veinal necrosis，N）、叶片严重畸形、植株明显矮化、生育期推迟、结球困难甚至植株坏死等症状（图 7-1）。另外，也有研究表明，TuMV、CMV 等病毒的单一或复合侵染会造成贮存期甘蓝叶球的球面和球内黑斑，并进一步引起腐生菌侵染从而导致叶球腐烂。

图 7-1　甘蓝感染 TuMV 症状及 TuMV 形态

[上：田间正常植株和感染 TuMV 植株；左下：电镜下的 TuMV 形态（Walsh 和 Jenner，2002）；右下：感染 TuMV 的甘蓝叶片和叶球（Walkey 和 Pink，1988）]

　　TuMV 病毒的主要传播途径有蚜虫传播、汁液传播、机械传播等，其中以蚜虫的非持久性传播为主。十字花科作物连作和温暖的气候条件有利于蚜虫大量繁殖和频繁迁飞传播病毒，造成病毒病流行和暴发。TuMV 的非持久传播方式和广泛变异导致其防控非常困难，传统的依赖化学药剂杀蚜虫、防治病毒病的效果不明显，且对环境危害大，培育和应用抗病品种是防治病毒病最经济有效的措施。

　　随着植物病理学、遗传学及分子生物学的发展，国内外学者围绕 TuMV 株系分化、抗性资源挖掘、抗性遗传解析、抗性基因的定位和克隆、植病互作机制以及抗 TuMV 基因工程等各方面开展了大量研究工作，极大地促进了甘蓝抗 TuMV 的育种进程，目前已育成较多抗性品种并在生产上应用，显著减轻了 TuMV 的危害。

一、TuMV 株系分化

TuMV 属于马铃薯 Y 病毒科（Potyviridae）马铃薯 Y 病毒属（*Potyvirus*），其寄主范围广泛，能够侵染 43 个双子叶植物科的 318 种植物，其中对甘蓝、白菜、油菜等芸薹属作物的危害尤为严重。

TuMV 易产生变异，存在多种株系（strain）和致病型（pathotype）。从 20 世纪 60 年代至今，株系的划分一直是国内外学者研究的重点，使用的方法有鉴别寄主法、血清学法、分子鉴定等，其中基于鉴别寄主抗性反应的划分方法与抗性基因的关系最密切，因此在抗病育种中最具参考价值。美国康奈尔大学研究者首先建立的 Provvidenti 体系使用 9 个来自中国和日本的大白菜品种，将来自美国纽约的分离物划分为 C1～C4 四个株系。由于该鉴定寄主谱不能完全区分来自我国 6 个大区 10 个省份的 TuMV 分离物的株系分化情况，在此背景下，国家"六五"至"八五"蔬菜抗病育种攻关课题成立了十字花科蔬菜抗 TuMV 病害研究协作组，从 94 个品种中选定 6 个十字花科蔬菜品种组成一套株系鉴定谱，将我国 5 739 份 TuMV 标样的 19 个代表性分离物归纳为 7 个株系，即 Tu1～Tu7。后来，英国华威大学的 Jenner 和 Walsh（1996）利用甘蓝型油菜的多个品系将来自世界各地的菌株划分为 12 个致病型，即 pathotype 1～12，涵盖了 Provvidenti 体系的 4 个株系和中国体系的 7 个株系，在这 12 个致病型中，1、3 和 4 在欧洲和亚洲占据主要地位。

二、抗源材料的筛选鉴定

对育种材料进行抗性鉴定是解析抗性遗传、挖掘抗性基因并将其应用于抗病育种的前提。常用的抗病性鉴定方法有田间鉴定和苗期人工接种鉴定。田间鉴定能较为真实地反映材料的抗性，但易受环境影响；苗期抗性鉴定省时、省力，可快速、准确鉴定甘蓝材料的抗性。目前主要采用苗期摩擦接种法进行甘蓝 TuMV 抗源材料的筛选鉴定。需要注意的是，田间鉴定、苗期鉴定等方法要相互配合以提高抗病性鉴定的准确性。

苗期摩擦接种法的一般流程（王超等，1991）：

（1）育苗　将试验所用各甘蓝材料种子分别放入 50℃ 热水中杀菌消毒，恒温水浴处理 10min，晾干后播到装有灭菌土的营养钵（10cm×10cm）中。在温室或者专用苗房育苗，统一管理、培育壮苗，注意防治病虫。

（2）接种　苗龄为 2～3 片真叶时，选择大小整齐一致、无病虫害的幼苗进行第一次接种。接种方法：采集 TuMV 新鲜病叶 1g，洗净加入 5mL 磷酸缓冲液（0.05mol/L，pH=7.0），在灭菌研钵中研磨成浆，用双层纱布滤出病毒汁液，并立即用于人工摩擦接种。接种时，先在待鉴定植株的第 1 和第 2 片叶正面均匀喷撒少许金刚砂，左手托住叶背，右手食指蘸病毒汁液在叶面轻轻往返摩擦 2～4 次，随后立即用清水冲洗叶面，遮阴 24h。在第 1 次人工摩擦接种 1～2d 后再重复接种 1 次，并将所有接种的叶片做好标记。

（3）接种后的管理　白天温度控制在 25～28℃，夜间 20～22℃，同时可增加光照时间来缩短病毒的潜育期。每隔 1 周左右打 1 次药防虫，以免蚜虫等传播病毒对接种结果造成影响。

（4）调查　根据 TuMV 发病情况，潜育期 20～30d 后，开始调查鉴定，此时甘蓝幼苗大小为 6 片真叶左右。

（5）病害分级标准　0 级：无任何症状；1 级：心叶明脉，个别叶有花叶症状；3 级：心叶及中部叶片花叶；5 级：心叶及中部叶片花叶，少数病叶畸形皱缩，植株轻度矮化；7 级：重度花叶，多数病叶畸形皱缩，植株矮化；9 级：严重花叶畸形，叶脉坏死甚至整株枯死。

（6）病情指数（DI）计算

$$DI = \frac{\sum(\text{各发病等级} \times \text{相应级别发病株数})}{\text{调查总株数} \times \text{最高病级}} \times 100$$

（7）抗性水平（RL）划分　免疫（immune，I）：$DI=0$；高抗（highly resistant，HR）：$0<DI\leqslant2$；抗病（resistant，R）：$2<DI\leqslant15$；耐病（tolerant，T），$15<DI\leqslant30$；感病（susceptible，S）：$DI>30$。

传统的病情指数计算和抗性鉴定多采用生物学目测观察的方法，该方法虽然简单易行、成本低，但其检测速度慢、准确率较低，目前基于酶联免疫吸附测定（enzyme linked immunosorbent assay，ELISA）的检测方法已在 TuMV 抗性鉴定中广泛应用。其大概流程为：人工摩擦接种 20d 后，取植株心叶检测病毒含量、进行抗性鉴定，根据 ELISA 鉴定的 P/N 值用于抗病性判定，当 P/N≥2.0 时，判定结果为阳性，即寄主表现感病；当 P/N<2.0 时，判定结果为阴性，即寄主表现抗病。

基于人工摩擦接种等抗性鉴定方法，国内外均大规模开展了甘蓝抗 TuMV 种质资源的挖掘工作。英国华威大学 Walkey 和 Neely（1980）对 88 份甘蓝种质资源进行抗性筛选，发现很多品种的抗性达到高抗水平。Nyalugwe 等（2015）利用 TuMV 致病型 8 对近 100 份甘蓝和其他十字花科蔬菜资源材料进行 TuMV 抗性鉴定，获得了一批高抗甚至免疫的材料。在我国"六五"至"九五"期间，甘蓝抗 TuMV 材料的筛选是国家重点科技攻关、"863"计划等的重要研究内容，通过多年的努力，已获得一批抗 TuMV 等病害的优异育种材料并在育种中利用。刘佳等（1988）率先采用摩擦法和剪叶法同时进行甘蓝的 TuMV 和黑腐病抗性鉴定，筛选出 8020-2 和 8364 等 5 份对 TuMV 免疫的抗源材料，以及 23202 和 20-2-5 等 5 份对 TuMV、黑腐病具有复合抗性的材料。许蕊仙等（1992）对"七五"攻关课题"甘蓝优质、多抗、高产新品种选育"的 500 多份甘蓝材料进行 TuMV、黑腐病的抗病性筛选，利用摩擦法和剪叶法接种鉴定，获得高抗两种病害的优良材料 89-1077，高抗 TuMV 兼抗黑腐病的材料 19 份，抗 TuMV 兼高抗黑腐病的材料 4 份，抗 TuMV 兼抗黑腐病的材料 49 份。王超等（2000）利用基于摩擦法和喷雾法的苗期多抗性鉴定技术对多份甘蓝材料进行了 TuMV、CMV 和黑腐病抗性鉴定，发现甘蓝自交系 103-1、A20、84-1038-1186 等 5 份材料无论是病毒病还是黑腐病发病都较轻，平均病情指数都达到了抗病水平，有可能成为好的多抗性育种材料。

三、抗性基因的遗传定位

国内外有关甘蓝抗 TuMV 遗传规律的报道较多，但结论不一，可能与不同材料抗性和病毒株系有关。总体来看，甘蓝的 C 基因组 TuMV 抗性多符合显性遗传，由寡基因或者多基因控制（表 7-1）。美国威斯康星大学 Pound 和 Walker（1945）率先利用遗传分离群体对甘蓝 Jersey queen 的 TuMV 抗性进行了研究，指出其抗性表现为不完全显性遗传，推断可能由多基因控制。崔继哲（1989）对甘蓝抗病自交系 1162 和感病材料引 9-3 构建的六世代群体进行苗期人工接种鉴定和遗传分析，发现甘蓝对 TuMV 的抗性表现为数量性状，其遗传符合加性-显性模式，遗传效应以加性作用为主。Pink 和 Walkey（1990）利用筛选出的 3 份甘蓝抗性材料构建分离群体，进行抗性鉴定和遗传分析，结果表明甘蓝 TuMV 抗性遗传力为 41%～48%，而且证明了外叶和叶球内的病症严重程度紧密相关，收获期外叶无病症的甘蓝在后续贮存时不会出现内部黑斑。王超等（1991）利用抗病甘蓝 20-2-5 和 B2-1-1 建立的 F_2 以及回交群体进行抗病鉴定，遗传分析表明该抗性材料对 TuMV 的抗性为完全显性，受 2 对独立的显性基因控制，细胞质效应不明显。曹必好等（2002）以抗 TuMV 甘蓝自交系 84075 和感病自交系 9797 构建的分离群体为材料鉴定其抗病性，结果表明甘蓝抗 TuMV 性状符合孟德尔遗传规律，为单显性基因控制。由上述研究结果可见，甘蓝的不同品系对 TuMV 的不同分离物的抗性呈现出多种遗传规律，因此在配制杂交组合时应考虑具体材料的抗性遗传特性。

表 7-1 甘蓝 TuMV 抗性遗传规律研究

抗源材料名称	抗性遗传分析结论	TuMV 致病型/株系	参考文献
Jersey queen	不完全显性，多基因控制	—	Pound 和 Walker，1945
1162	多基因控制	83-8	崔继哲，1989
Vitala 等	多基因控制，遗传力为 41%～48%	UK-NVRS	Pink 和 Walkey，1990
20-2-5 等	2 对显性基因控制	83-8	王超等，1991
84075	显性单基因控制	—	曹必好等，2002

由于甘蓝的 C 基因组 TuMV 抗性多为多基因控制，导致抗性基因资源挖掘工作进展缓慢，分子标记开发、抗性基因或者数量性状基因座（quantitative trait locus，QTL）的定位研究还很少。王雪（2004）率先以抗病甘蓝自交系 20-2-5 和感病自交系 01-16-5 构建的 F_2 分离群体为试材，用侵染我国甘蓝的 TuMV 主导致病株系 TuMV-C4，采用集群分离分析法（bulked segregation analysis，BSA）筛选出了与甘蓝抗 TuMV 基因连锁的扩增片段长度多态性（amplified fragment length polymorphism，AFLP）分子标记 E24M61-530，其遗传距离为 14.44cM。高金萍等（2008）以高抗 TuMV 的结球甘蓝自

交系 A21 为父本，易感 TuMV 的自交系 1047 为母本，以及两者杂交后自交获得的 144 个 F_2 代单株为试材，筛选获得两个与抗病基因连锁的随机扩增多态性 DNA（random amplified polymorphic DNA，RAPD）分子标记，遗传距离分别为 8.6cM 和 7.7cM。

相比甘蓝 C 基因组而言，A 基因组抗性多由显性或者隐性寡基因控制，定位工作进展较快。国内外研究者已从白菜、芥菜中挖掘出 retr01、retr02、TuRB07、retr03 等抗性基因，并且定位了超过 20 个抗性 QTL 位点，其中显性基因 ConTR01 和隐性基因 retr01、retr02、retr03 均编码翻译起始因子（eukaryotic initiation factor，eIF），而显性基因 TuRB07 编码 CNL 类型抗病蛋白，这些抗性基因可通过远缘杂交或者基因工程的方法导入甘蓝中，实现育种应用。

四、抗病毒病品种的育成

自"六五"以来，甘蓝抗源材料的筛选和创制一直被列为国家重点科技攻关研究内容，在相关科研学位和大学等多个单位联合攻关下，筛选出一批 TuMV 抗源材料，育成一大批优良抗病毒病品种。中国农业科学院蔬菜花卉研究所培育的品种有春甘蓝中甘 18，圆球秋甘蓝中甘 22 和中甘 96，扁球秋甘蓝中甘 8 号和中甘 9 号等。北京市农林科学院蔬菜研究中心培育的品种有圆球甘蓝秋甘 4 号，扁球甘蓝秋甘 1 号和秋甘 5 号等；西南大学培育的扁球甘蓝品种有西园 2 号、西园 4 号、西园 8 号和西园 10 号等；西北农林科技大学培育的品种有圆球甘蓝秦甘 60 和绿球 66，扁球甘蓝秦甘 70 和秦甘 80 等；江苏省农业科学院蔬菜研究所培育的品种有圆球甘蓝嘉兰，扁球甘蓝苏甘 8 号和锦秋 60，牛心形甘蓝锦秋 55 等；河南省农业科学院园艺研究所培育的品种有圆球甘蓝豫生 1 号、豫甘 1 号、豫甘 3 号，扁球甘蓝豫生 4 号；山西省农业科学院蔬菜研究所培育的品种有圆球甘蓝惠丰4 号、惠丰 5 号和惠丰 8 号，扁球甘蓝惠丰 1 号、惠丰 3 号等；东北农业大学培育的品种有圆球甘蓝东农 610 和东农 611 等；陕西省农业科学院蔬菜研究所培育的品种有扁球甘蓝秦菜 3 号和秋抗等。

今后应从以下两方面开展抗 TuMV 育种工作：一是利用分子手段快速鉴定病毒类型并监测其动态变化，对病毒的鉴定和分化类型的明确是有针对性地开展抗性育种的前提，而新兴的分子生物学技术和基因组学技术为快速实现这一目标提供了有力手段。二是利用现代分子育种手段堆叠抗性基因，获得持久抗性（durable resistance）。一般来说，针对某一个或者几个病原小种或致病型的垂直抗性（vertical resistance）的短期效果非常明显；而多基因控制的水平抗性（horizontal resistance）在育种上的应用效果稍差，但可持续较长时间。因此，理想的抗性育种手段是实现二者结合，使得抗性既有效又持久。目前已鉴定的多个分子机制不同的芸薹属 TuMV 抗性基因和 QTL 位点为实现这一目标提供了有力支撑。

第三节 甘蓝抗黑腐病育种

甘蓝黑腐病（black rot，BR）属于细菌性病害，是目前危害甘蓝及其他十字花科蔬菜生产的主要病害之一。由于甘蓝类蔬菜中抗源较少，黑腐病对此类蔬菜的危害最为严重。

甘蓝黑腐病最早在美国肯塔基州和艾奥瓦州的甘蓝等芸薹属作物上被发现。随后，在美国东北部和中西部的十字花科作物主产区，黑腐病大范围流行并造成了严重的经济损失。截至目前，黑腐病已蔓延至世界各地，特别是对亚洲、欧洲和北美的甘蓝及其他芸薹属作物造成重大危害，严重时导致减产70％以上。我国十字花科作物的黑腐病最早发生在20世纪50年代末的华北地区，到70年代中期，该病已经对十字花科蔬菜特别是甘蓝生产造成了一定危害，到80年代已在北起黑龙江、南至海南岛的全国各地普遍流行，极大地威胁着甘蓝及其他十字花科蔬菜的生产。目前，甘蓝黑腐病危害严重的地区有河北、山西、陕西、甘肃、云南等。

黑腐病是一种维管束病害，主要危害寄主的叶片，从幼苗期到成株期均可发病。在成株期，病原菌在适宜的温度、湿度等条件下可通过水孔、气孔、伤口等途径侵入植株，侵染寄主植物后在细胞间隙迅速增殖，随后进入维管束，病菌菌体及分泌物堵塞导管、阻碍水分的正常运输，导致植株局部组织坏死。叶片外缘形成V形病斑，其尖端指向中脉；病斑的外围组织褪绿，呈现淡黄色，病菌沿维管束扩展到叶柄，可形成较大的坏死区或不规则黄色至褐色大斑，并进一步造成叶片干腐或脱落。黑腐病发病严重时，病菌通过茎部维管束进一步蔓延到短缩茎、叶球，使叶脉变黑，植株生长停滞，叶片变脆干枯，甚至整株萎蔫、死亡，形似火烧状（图7-2）。

种子带菌是黑腐病菌远距离传播的主要途径。种株感病后，病原菌经果柄维管束进入角果，或从种脐侵入种子内部，使种子带菌。在蔬菜的生长期，病菌也可通过雨水、灌溉、农事操作及昆虫等媒介传播。黑腐病多发生在温带和部分亚热带地区，平均气温25～30℃、降水丰富或湿度较大的天气条件利于发病，十字花科重茬、排水不良、虫害等均会加重病害发生。目前防治黑腐病的方法有间作和轮作、土壤处理、种子消毒、使用生防制剂、种植抗病品种等。其中，抗病品种的应用是最有效的方法，利用作物自身抗性既可有效减少黑腐病的发生和蔬菜作物的损失，又可降低农药的使用量，减轻对环境的污染。

目前，国内外在甘蓝黑腐病病原分化、抗源筛选、分子标记开发及抗性品种培育等方面取得了一些进展，但由于甘蓝类蔬菜抗源少，育成的优质且高抗的圆球抗病品种较少。

一、病原小种分化

甘蓝黑腐病的致病菌为油菜黄单胞菌油菜变种（*Xanthomonas campestris* pv. *campestris*）。其寄主范围广泛，不仅能侵染甘蓝、白菜、油菜等芸薹属作物，也能危害萝卜、紫罗兰、拟南芥等其他十字花科植物。

目前，甘蓝黑腐病黄单胞菌已经报道的有11个生理小种。英国华威大学Vicente等（2001）首次建立了较为完善的鉴别寄主体系，利用7个十字花科寄主的不同抗性反应将来自世界各地的144个黑腐病菌株划分为1～6号生理小种，其中1号小种占总体的

图 7-2 甘蓝黑腐病危害症状及黑腐病菌特征
（上：黑腐病严重危害的田间及病株；下：黑腐病黄单胞菌及菌落形态）

62%，4 号小种占 32%，其他小种较少。随后，研究者又从来自欧洲的黑腐病菌株中鉴定出 7~11 号生理小种，由此可见该病原菌的小种分化十分复杂。现今，Vicente 鉴别寄主体系及对应的 6 个生理小种被广泛应用于世界各地的小种鉴定研究中。从欧洲、非洲等一些国家和地区的菌株鉴定结果可以看出，1 号和 4 号小种为世界范围内的主流小种，占 90%以上，同时也是致病力最强的 2 个小种。

我国对黑腐病的研究起步较晚，病原菌小种分化方面研究很少，仅有少数致病力分化方面的研究报道。李经略等（1990）首次研究了来自北京、重庆、哈尔滨、陕西等地的黑腐病病原菌，发现陕西分离的 YL-1 和 YL-2 致病力最强。Burlakoti 等（2018）利用致病力测试、基于重复序列的 PCR（repetitive sequence-based PCR，rep-PCR）等方法对我国台湾省甘蓝、白菜等作物上的黑腐病菌分离物进行了鉴定，发现了新的致病型。上述研究多关注致病力（pathogenicity），而均未涉及小种类型。Chen 等（2021）在国内首次利用分子方法对 20 多个不同地区收集的 39 个菌株进行分型，结果表明 79%以上的菌株聚集到一个群组，但不同于国外的主流小种；致病力测试发现国内代表性类型与国外 1 号小种的致病力类似，说明国内主流小种很可能为 1 号小种的不同亚型。这一结果为进一步明确国内黑腐病菌分化情况和有针对性地开展抗病育种工作提供了参考。

二、抗源材料的筛选鉴定

甘蓝黑腐病抗性鉴定方法较多，包括种子侵染接种法、喷雾接种法、剪叶接种法、吐水接种法、水孔接种法、离体剪叶接种法、针刺接种法等。不同的鉴定方法各有优缺点，研究者可根据试验目的和条件选择合适的方法。种子侵染接种法在早期国外研究中应用较多，但此法受环境影响较大。甘蓝苗期喷雾法接种是国内外普遍采用的一种方法，该方法简单便捷，可较好地反映材料的实际抗性。喷雾接种后，病原菌在水孔处迅速入侵并繁殖，随后蔓延扩展，但由于侵入途径的局限，菌体可能出现无法进入水孔的现象，以致出现漏接，因此使用该法必须注意保湿。剪叶法接种发病快速，群体发病水平较高，但也有学者认为用剪叶法接种后，各材料之间抗性水平差异小，无法较准确地区分抗感材料，且鉴定结果与田间成株期抗性表现不一致。离体剪叶接种法易操作，且不受季节时间限制和外界环境的影响，具有较好的应用潜力。

目前主流方法为喷雾法，适合批量鉴定。此外，离体叶片法简单易行，适合少量鉴定，也受到研究者青睐。喷雾法的一般流程如下（孔枞枞等，2018）：

（1）育苗　将试验所用各甘蓝材料种子分别放入50℃热水中处理10min杀死致病菌，晾干后播种到装有灭菌土的营养钵（10cm×10cm）中。在温室育苗，幼苗生长至4~6片真叶时（约30d苗龄），选择生长健壮、大小一致的幼苗进行接种鉴定。

（2）接种菌液制备　将黑腐病菌移至营养肉汤培养基（NBM）中，在28℃、200r/min下摇培24h，用适量无菌水调节菌液浓度至$1×10^8$cfu/mL（OD_{600}=0.2），以备接种用。

（3）接种　接种前将幼苗移入鉴定室内，浇透水并盖塑料膜保湿12~24h（15~20℃），使叶缘吐露。第2天早上用医用喉头喷雾器将菌液均匀喷洒到植株叶片上，以叶片无液滴滴落为度。接种后继续保湿24h，除去薄膜后，将幼苗置于20~25℃室温下培养。

（4）病情调查和分级　每份甘蓝材料设3组重复，每一组重复10株幼苗，于接种后12~15d，以接种叶片为单位分级调查。分级标准为：0级，接种叶片无任何症状；1级，接种叶片水孔处有黑色枯斑，无扩展；3级，接种叶病斑从水孔向外扩展，小于叶面积5%；5级，接种叶病斑从水孔向外扩展，占叶面积5%~25%；7级，接种叶病斑从水孔向外扩展，占叶面积25%~50%；9级，接种叶病斑从水孔向外扩展，占叶面积50%以上。

（5）病情指数计算

$$DI = \frac{\sum（各发病等级 × 相应级别发病株数）}{调查总株数 × 最高病级} × 100$$

（6）抗性水平划分　依据甘蓝材料的叶片病情级别，分别计算出DI平均值，进而确定其抗性水平。高抗（HR）：$0 \leqslant DI \leqslant 10$；抗病（R）、$10 < DI \leqslant 30$；中抗（MR）：$30 < DI \leqslant 50$；感病（S）：$50 < DI \leqslant 70$；高感（HS）：$DI > 70$。

基于上述多种鉴定方法，国外于20世纪50年代就已经开展了甘蓝黑腐病抗源筛选工作。总体来看，甘蓝类作物中缺乏黑腐病抗源，尤其是高抗材料极少。美国威斯康星大学Bain等（1952）率先利用种子侵染法筛选出了2个抗性品种Early fuji（即富士早生，引自日本）和Hugenot。Williams等（1972）利用田间接种鉴定筛选了300多份材料，发现美国本地的杂交种均表现高感，而来自日本的少数杂交品种如 Early fuji 及部分美国本土的常规品种表现抗病。Hunter 等（1987）研究发现了 1 份抗性材料 PI436606，即从中国引种的地方品种黑叶大平头（20 - 2 - 5），该品种苗期与成株期抗性表现一致。Lema 等（2012）对 256 份甘蓝类材料进行黑腐病生理小种 1 和生理小种 4 的抗性鉴定，发现大多数品种对 2 个小种表现为感病，只有甘蓝 Balón、Quintal de Alsacia 和芥蓝 MBG - BRS0070 对 2 个小种表现出不同程度的水平抗性。上述抗源材料中的 Early fuji、PI436606 等在国外早期抗黑腐病育种中被广泛使用，尤其是 PI436606 对 1 号和 4 号两个主流小种均表现出高度抗性。

我国在 20 世纪 80 年代以前，甘蓝抗性鉴定主要采用田间自然发病的方法。1983 年蔬菜抗病育种被列入国家重点科技攻关计划后，研究者系统地开展了甘蓝黑腐病苗期人工接种鉴定工作。刘佳等（1988）筛选了 110 份甘蓝材料，发现 2 份对黑腐病表现高抗的材料 8286 - 1 和 20 - 2 - 5 - 2。蔡岳松等（1990）对 140 份甘蓝材料进行黑腐病抗性鉴定，获得 4 份抗性材料。李经略和干正荣（1994）从 249 份甘蓝材料中筛选出了 50 份相对较抗黑腐病的材料。王超等（2000）筛选出的 5 份甘蓝自交系材料 103 - 1、A20、84 - 1038 - 1186、606 - 12 - 21 - 14、84 - 1072 - 3 - 4，其对黑腐病和病毒病都达到了抗病水平，为较好的多抗性育种材料。张恩慧等（2005）对 815 份甘蓝自交系的黑腐病、TuMV、CMV 抗性进行鉴定，获得抗 3 种病害的抗源 4 份。孔枞枞等（2018）鉴定了 99 份不同来源的甘蓝材料的黑腐病和枯萎病抗性，筛选出了 2 份高抗黑腐病的种质 99 - 192 与 20 - 2 - 5，尤其是首次获得了 99 - 192、JS119、ZL66 等 5 份优良、双抗且早熟的甘蓝材料，为下一步培育兼抗或高抗、早熟品种提供了新的种质资源（图 7 - 3）。

图 7 - 3　甘蓝黑腐病病害分级（上）及喷雾法抗性鉴定（下）
（孔枞枞等，2018）

三、抗性基因的遗传定位

国内外研究表明，甘蓝对黑腐病的抗性遗传较为复杂，受抗源材料基因型和病原小种类型影响较大（表7-2）。美国威斯康星大学 Bain（1955）首先对甘蓝 Hugenot 的黑腐病抗性进行遗传分析，发现其受 1 个或多个显性基因的控制。Williams 等（1972）利用抗黑腐病甘蓝富士早生构建了一系列群体，并利用田间接种鉴定分析其抗性表现，结果发现其黑腐病抗性受 1 对隐性主效基因（ff）的控制，杂合时受 1 个显性和 1 个隐性修饰基因影响。Dickson 和 Hunter（1987）利用分离群体对 PI436606 的抗性进行遗传分析，发现其符合隐性单基因遗传。同样，国内学者对该材料的黑腐病抗性进行研究，也认为甘蓝 20-2-5 黑腐病抗性由隐性基因控制，并存在修饰基因（王晓武，1992）。Ignatov 等（1998）发现甘蓝 PI436606 和芥蓝 SR1 对 1 号小种的抗性由 1 个显性基因 $R1$ 控制，而对 5 号小种的抗性由隐性基因 $r5$ 控制。Vicente 等（2002）发现甘蓝材料 BOH 85c 和 PI436606 对 3 号小种的抗性受显性单基因 $Xca3$ 控制，而 Badger Inbred-16 对 1 号和 3 号小种的抗性由隐性多基因控制，支持 Carmago 等（1995）的观点。Kong 等（2021）以甘蓝自交系材料 05-574-323（高抗）和 CB201（高感）为亲本构建六世代群体，利用喷雾法对其进行单株抗性鉴定，通过主基因+多基因混合遗传模型软件分析表明，该材料对 1 号生理小种的抗性由 1 对加性主基因+加性-显性多基因控制，BC_1、BC_2、F_2 的主基因遗传率分别为 49.29%、43.53% 和 50.35%。主基因遗传率相对较高，说明抗性表现主要受主基因的控制，但其他微效基因和环境对其抗性的影响也较大。

表7-2　甘蓝黑腐病抗性遗传研究

抗源材料名称	小种类型	抗性遗传分析结果	参考文献
Hugenot	—	受 1 个或多个显性基因控制	Bain，1955
富士早生	—	受 1 对隐性主基因（ff）控制	Williams，1972
PI436606	—	受 1 个隐性基因控制，有一或两个修饰基因	Dickson 和 Hunter，1987
20-2-5、8020	—	由隐性基因控制，并存在修饰基因	王晓武，1992
BI-16	—	多基因控制的数量性状	Camargo et al.，1995
PI436606	Race 1	由显性单基因控制	Ignatov et al.，1998
PI436606	Race 5	隐性基因控制	Ignatov et al.，1998
BI-16	Race 1，3	受隐性多基因控制	Vicente et al.，2002
PI436606、BOH 85c	Race 3	由显性单基因 $Xca3$ 控制	Vicente et al.，2002
05-574-323	Race 1	1 对加性主基因+加性-显性多基因控制	Kong et al.，2021

由国内外研究结果可知，不同甘蓝材料的黑腐病抗性遗传机制存在差别，这可能与寄主植物的基因型和遗传背景不同有关，也可能与病原菌的生理小种有关。因此，明确病原

分化以及特定抗源材料的遗传背景对抗性遗传分析、抗性基因的挖掘与利用及抗病品种的培育具有重要意义。

目前，对甘蓝类抗黑腐病基因的研究大都集中在分子标记开发和 QTL 定位上（表 7 - 3）。美国威斯康星大学 Camargo 等（1995）率先利用 RFLP 分子标记技术，采用抗病甘蓝材料 Badger inbred 16 和感病青花菜建立的 $F_{2:3}$ 家系定位了 4 个抗黑腐病 QTL，其中位于第 1 和第 9 连锁群的 2 个主效位点与苗期和成株期抗性均高度相关，可解释 55.1% 的表型变异。Kifuji 等（2013）基于 EST - SNP 分子标记技术，利用抗病甘蓝富士早生和感病青花菜杂交得到的 F_2 群体定位了 3 个抗 1 号生理小种的 QTLs，包括 1 个主效抗黑腐病 QTL 位点，2 个微效 QTL 位点，其中主效位点 QTL - 1 与拟南芥 5 号染色体区段同源，富集 TNL 家族基因。Tonu 等（2013）利用抗病甘蓝双单倍体材料 Reiho P01 和感病青花菜构建的 F_2 群体进行 QTL 分析，发现 3 个与 1 号生理小种抗性关联的 QTL 位点，主效位点为 XccBo（Reiho）2，位于 C8 染色体，贡献率为 34.0%。Saha 等（2014）利用 RAPD 和 ISSR 标记将花椰菜 BR - 161 抗 1 号生理小种显性单基因 Xcalbo 定位到 1.6cM 区间内。随着甘蓝基因组数据的公布，高通量标记的开发和应用为抗性基因定位提供了更加高效、准确的平台。Lee 等（2015）利用抗病甘蓝 C1234 和感病甘蓝 C1184 构建的 F_2 和 F_3 群体定位了 1 个主效 QTL（BRQTL - C1 _ 2），其贡献率为 15.1%～27.3%。孔枞枞（2019）基于 05 - 574（高抗亲本）与 02 - 359（高感亲本）构建的 F_2 群体，采用 QTL - seq 技术挖掘抗性位点，发现 C03 染色体的 25.44～31.72Mb 区间可能是一个抗黑腐病 QTL 位点，命名为 Bobr3.1，该区域最高可解释 38.4% 的表型变异（图 7 - 4）。

表 7 - 3　甘蓝类蔬菜黑腐病抗性基因和 QTL 定位研究

群体来源	抗源材料	小种类型	主要研究结论	参考文献
甘蓝×青花菜	BI - 16	—	定位了 4 个 QTL	Camargo et al.，1995
甘蓝×青花菜	CY	Race 1	定位了 1 个主效 QTL 位点和 2 个微效位点	Kifuji et al.，2013
青花菜×甘蓝	Reiho P01	—	定位了 1 个主效 QTL 位点和 2 个微效位点	Tonu et al.，2013
花椰菜	BR - 161	Race 1	抗性基因 Xcalbo 定位在 C3 染色体 1.6 cM 区间	Saha et al.，2014
甘蓝	C1234	—	定位了 1 个主效 QTL 和 3 个微效 QTL	Lee et al.，2015
甘蓝	05 - 574	Race 1	定位了 1 个主效 QTL	孔枞枞，2019

四、抗黑腐病品种的育成

国外在甘蓝黑腐病抗性育种方面起步较早，如美国威斯康星大学利用前期筛选出的抗

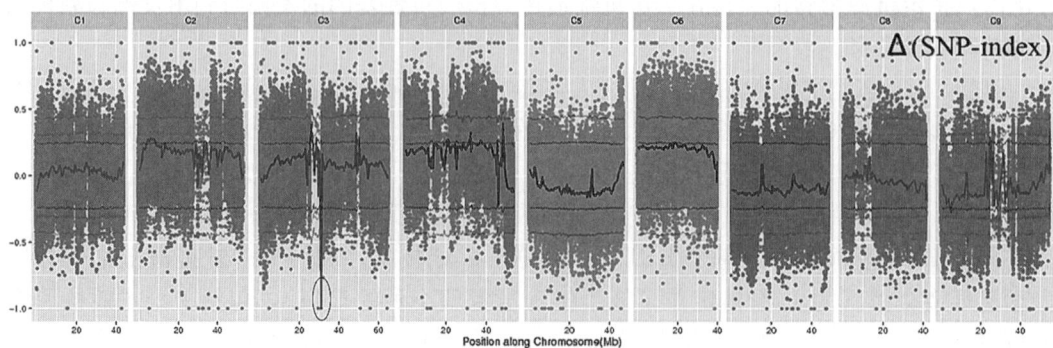

图 7-4 甘蓝黑腐病抗性主效位点的定位

(孔枞枞，2019)

性材料富士早生和 PI436606 等作为抗源已培育出多个抗病品种在生产上应用，如利用 PI436606 育成的甘蓝品种 NY4002 和 Badger inbred-16 等。Kocks 和 Ruissen（1996）对 4 个甘蓝品种进行田间抗性鉴定，发现 Roxy 表现最抗。Jensen 等（2005）利用田间发病的方法鉴定了 49 个甘蓝品种对 1 号小种的抗性，发现几个抗性表现好的品种，包括 T-689、Gianty、No.9690 等，具有较好的推广潜力。

国内抗黑腐病育种起步较晚，但进展迅速，近些年已有多家单位报道了抗黑腐病品种的育成。中国农业科学院蔬菜花卉研究所育成的品种有圆球甘蓝中甘 22、中甘 96，扁球甘蓝中甘 9 号等；北京市农林科学院蔬菜研究中心育成的品种有圆球甘蓝秋甘 4 号，扁球甘蓝秋甘 1 号、秋甘 5 号等；西南大学育成的扁球甘蓝品种有西园 4 号、西园 8 号和西园 10 号等；西北农林科技大学育成的品种有圆球甘蓝秦甘 60 和绿球 66，扁球甘蓝秦甘 70、秦甘 80 等；江苏省农业科学院蔬菜研究所育成的品种有圆球甘蓝嘉兰，扁球甘蓝苏甘 8 号、锦秋 60，牛心甘蓝锦秋 55 等；河南省农业科学院园艺研究所育成的品种有圆球甘蓝豫生 1 号、豫甘 1 号、豫甘 3 号，扁球甘蓝豫生 4 号；山西省农业科学院蔬菜研究所育成的品种有扁球甘蓝惠丰 1 号、惠丰 3 号等；上海市农业科学院园艺研究所育成的品种有圆球甘蓝沪甘 2 号，牛心甘蓝早春 6 号、争牛等；东北农业大学育成的品种有圆球甘蓝东农 610、东农 611 等。总体来看，目前市场上的抗黑腐病品种以扁球类型居多，早熟、优质、高抗的圆球抗病品种较少。

为加快抗黑腐病育种工作，应从以下几个方面努力：一是利用分子手段结合常规方法明确我国黑腐病病原分化情况，有针对性地进行抗源材料的筛选和抗病育种研究。二是完善抗性鉴定方法，从芸薹属作物中广泛挖掘新型抗源材料。研究发现，芸薹属埃塞俄比亚芥、黑芥等的 B 基因组含有 1 号小种抗源，而白菜、油菜等的 A 基因组含有较多的 4 号小种抗源，因此可通过远缘杂交等技术实现黑腐病抗性基因向甘蓝类作物中的导入。三是应深入挖掘黑腐病抗性基因并解析其分子机制。目前多数研究都停留在标记开发、QTL 或基因的初步定位阶段，缺乏深入研究，尚无抗性基因克隆和功能分析的报道。因此，后续研究应加强基因精细定位、克隆和功能解析，以期为抗病育种提供分子依据。

第四节　甘蓝抗枯萎病育种

甘蓝枯萎病（*Fusarium wilt*，FW）是由真菌尖孢镰刀菌侵染引起的土传病害。甘蓝枯萎病最早是在 1895 年发现于美国纽约州的哈德逊峡谷，1910 年前后，枯萎病迅速蔓延至美国多数甘蓝栽培州，造成重大损失。目前，枯萎病已在包括欧洲、美洲、亚洲、大洋洲等地的多数夏秋甘蓝栽培地区发现，同时对这些地区的甘蓝型油菜、白菜等作物也造成了较大危害。在我国，2001 年于北京延庆地区首次发现甘蓝枯萎病。截至目前，枯萎病已蔓延至我国北方甘蓝产区的大多数省份以及南方的福建、台湾等地，危害较重的地区有北京延庆、河北邯郸和秦皇岛、山西寿阳、陕西太白、甘肃兰州等北方夏秋甘蓝主产区，平均造成 30%～50% 的产量损失，严重地块造成绝产（图 7-5）。

图 7-5　甘蓝枯萎病危害状及枯萎病菌培养形态
（上：甘蓝枯萎病绝收的病田和发病植株；下：甘蓝枯萎病菌尖孢镰刀菌菌丝、孢子及菌落）

甘蓝枯萎病菌尖孢镰刀菌多从新根或老根的伤口侵入植株，进而扩展到木质部，然后通过茎秆向上到达叶片，病菌在侵染的组织内部和外部大量繁殖，产生孢子和菌丝。病株症状表现为：侵染前期，病株下部的叶片首先变黄，除叶脉外的叶片仍然保持绿色，呈网状黄化，植株萎缩、生长缓慢；随后，上部叶片逐渐变黄，有的植株会呈现半边黄化、萎蔫，另一半保持一段时间绿色，俗称"一边倒""半边疯"；最后，全部叶片变黄萎蔫，生长点和茎坏死，整个植株萎蔫并逐渐死亡。将病株的短缩茎、叶柄等切开，可发现维管束部分变褐，植株死亡一段时间后，还会看到白色的菌丝从植株表面生长出来。枯萎病有明显的发病中心，在田间可以见到明显的缺苗断垄现象。

甘蓝枯萎病的发生和发展受土壤温度、湿度、营养成分等多种因素影响，但温度是首要因素。当土壤温度在 16℃时，病原菌可侵染寄主；当温度达到 24～29℃时，病菌侵染速度最快。雨水、漫灌、农事操作等可加快病害的蔓延。在世界范围内，甘蓝枯萎病主要发生在较为温暖的热带、亚热带等地区，或者在较寒冷地区的晚春、夏季和早秋时节，而在冷凉条件下栽培的甘蓝受枯萎病影响很小。甘蓝枯萎病是一种难以防控的土传病害，一旦发生过枯萎病的田地其病原菌将存在 10 年以上。因此，应对甘蓝枯萎病最有效、最理想的方法是培育和应用抗病品种。

国外在甘蓝抗枯萎病育种方面起步较早，已育成多个品种在生产上应用并成功控制了枯萎病的蔓延。目前，国内在甘蓝抗枯萎病育种方面虽然起步较晚，但进展很快，尤其是中国农业科学院蔬菜花卉研究所在病原鉴定与小种分化、甘蓝抗源筛选、抗性基因挖掘、分子标记辅助选择及抗性品种培育等方面取得了较大的进展，已育成不少抗病、优质品种并在生产上大面积应用，成为甘蓝类蔬菜抗病育种的一个代表。

一、病原小种分化

甘蓝枯萎病病原为尖孢镰刀菌黏团专化型（*Fusarium oxysporum* f. sp. *conglutinans*）。该专化型有 2 个生理小种，主要侵染甘蓝类作物，也可侵染白菜、萝卜、紫罗兰、拟南芥等其他十字花科植物。

从小种分布来看，目前已报道 1 号小种在世界各地的甘蓝产区普遍存在，而 2 号小种仅有报道发现于美国和俄罗斯。当前主要通过鉴别寄主对甘蓝枯萎病菌进行生理小种鉴定。美国威斯康星大学 Bosland 和 Willams（1988）率先报道了鉴定甘蓝枯萎病菌的 2 个小种的 3 个鉴别寄主：Golden acre、Wisconsin golden acre 和 Badger inbred 16，通过它们的不同抗、感反应来区分 2 个小种。另外，国内外学者也提出一些抗、感反应明显的甘蓝材料可作为区分生理小种的鉴别寄主，如 96 - 100 和 01 - 20 等（图 7 - 6）。在国内，多家研究单位从 2001 年开始先后开展了甘蓝枯萎病病原菌的分离和鉴定工作。Liu 等（2019）首次对来自全国甘蓝主产区的 20 多个菌株进行了种群变异、毒力（virulence）及小种类型（race type）分析，发现这些菌株均属于 1 号小种，暂未发现 2 号小种。

二、抗源材料的筛选鉴定

常用的抗源筛选鉴定方法有田间鉴定和苗期人工接种鉴定。田间鉴定能较为真实地反映材料的抗性，但易受环境影响；苗期抗性鉴定省时、省力，可快速、准确鉴定甘蓝材料的枯萎病抗性，常用的接种方法有拌土法、浸根法等。国外早期主要采用拌土法对甘蓝进行苗期枯萎病抗性鉴定。Walker（1930）将单孢分离到的枯萎病菌在砂石与粗玉米粉混合培养基中培养若干周，后拌入无菌土并充分混合，用这种菌土栽培供试甘蓝幼苗进行抗性鉴定。Ramirez - Villupadua 等（1985）采用浸根法（孢子悬浮液浓度 1×10^6 个/mL）研究枯萎病菌对不同十字花科蔬菜的侵染能力。我国自 2001 年首次报道在北京市延庆县

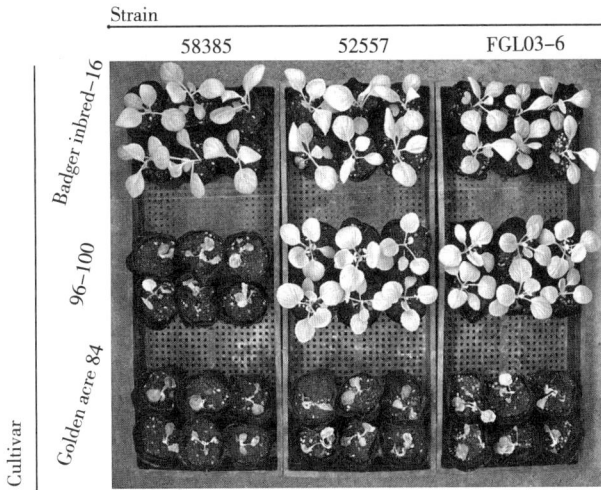

图 7-6 甘蓝鉴别寄主对 1 号和 2 号小种的抗性表现

(Liu et al.，2019)

发生甘蓝枯萎病后，研究者就对该病害的苗期抗性接种鉴定技术进行了系统研究。吕红豪等（2011）采用的接种方法是：在 2 叶 1 心期，将幼苗的根系浸入 1×10^6 个/mL 孢子悬浮液中 15min，并在浸根前对幼苗进行适度伤根，以利于病原菌侵入和在根部的定殖；接种后的培养温度以 25～30℃为宜，有利于病情发展。

目前，浸根法是应用较多的苗期枯萎病抗性鉴定方法，其一般流程如下（吕红豪等，2011）：

（1）幼苗培育 将甘蓝种子消毒后于生长箱内催芽，发芽后播种于灭菌土（蛭石：草炭：土壤=1：1：2）中，培育甘蓝幼苗至 2 叶 1 心期。

（2）菌液准备 将病原菌株在液体完全培养基（complete medium，CM：含酵解干酪素 10g/L，酶解干酪素 10g/L，酵母提取物 16g/L，乳糖 20g/L）中摇培 3d（150 r/min，26℃），过滤除去菌丝并将孢子浓度稀释至 1×10^6 个/mL。

（3）接种方法 将幼苗拔出，适度伤根后将根系浸入孢子悬浮液中 15min，空白对照株浸入灭菌的蒸馏水中，然后将植株栽到装有灭菌土的培养钵中，每个接种的甘蓝材料设置 3 次重复，每个重复 10 株幼苗。接种后置于白天 27～29℃、夜间 23～25℃的温室里培养。10d 左右调查发病情况。

（4）病害分级标准 0 级：无症状；1 级：1 片叶片轻度变黄；2 级：1～2 片叶中度变黄；3 级：半数叶片重度黄化或萎蔫；4 级：除心叶外，全部叶片重度黄化或萎蔫；5 级：全株叶片严重黄化或植株死亡。

（5）病情指数计算

$$DI = \frac{\sum (\text{各发病等级} \times \text{相应级别发病株数})}{\text{调查总株数} \times \text{最高病级}} \times 100$$

（6）抗性水平划分 高度抗病（HR）：$0 \leqslant DI < 10$；抗病（R）：$10 \leqslant DI < 30$；中度抗病（MR）：$30 \leqslant DI < 50$；感病（S）：$50 \leqslant DI < 70$；高度感病（HS）：$DI \geqslant 70$。

利用上述鉴定方法结合田间自然发病情况，国内外鉴定和选育出不少枯萎病抗源材料。如 19 世纪 20～30 年代美国威斯康星大学报道的 Copenhagen market、Jersey wake-field、All head early 等一批结球甘蓝抗性材料。Lee 等（2014）利用浸根法对韩国 60 多份甘蓝类材料进行了枯萎病和根肿病抗性鉴定，获得了 IT227115、K161791 等 5 份高抗枯萎病材料。近年来，国内学者也相继开展了枯萎病抗源材料的筛选鉴定工作，获得了部分抗源材料。康俊根等（2010）利用从山西寿阳分离得到的枯萎病菌株对 87 份甘蓝种质资源进行了筛选，发现 36 份高抗材料中的绝大部分（31 份）来源于欧洲及日本、韩国等国家和地区，只有 2 份是来源于中国的传统育种材料；吕红豪等（2011）利用采自北京延庆的甘蓝枯萎病菌株 FGL03－6 对 117 份甘蓝自交系材料进行抗性鉴定，获得了 99－14、99－77 等 37 份抗病材料，进一步发现抗性材料多来自日本、韩国等国家，且以扁球类型和叶色灰绿的材料居多（图 7－7）。孔枞枞等（2018）对 99 份甘蓝种质材料进行枯萎病和黑腐病抗性鉴定，获得引 162、奥奇娜等 43 份高抗枯萎病材料。总体而言，甘蓝类材料中枯萎病抗源较多，这些抗性材料的获得为进一步解析遗传机制和培育抗病品种提供了基础。

图 7-7 甘蓝枯萎病病害分级（上）及浸根法抗性鉴定（下）

三、抗性基因的遗传定位

对植物病害抗性遗传规律研究的基础是孟德尔遗传定律，可以通过杂交组合、F_2 以及回交世代的抗性分离情况来分析。据报道，甘蓝对枯萎病的抗性有 A 型和 B 型两种类型，其中 A 型抗性为单基因遗传，表现为对 1 号小种的抗性在低温和高温下均稳定，对 2 号小种仅在低温时（土壤温度低于 20℃）有一定的抗性，而在土温超过 20℃时则失去作用；B 型抗性符合多基因遗传，仅在温度较低时对 1 号（土壤温度低于 20℃）和 2 号小种（土壤温度低于 12℃）表现出一定抗性。

相关学者于 20 世纪初就开始了对甘蓝枯萎病抗性的研究。美国威斯康星大学 Walker（1930）首先报道了甘蓝枯萎病抗性的遗传规律，认为其受单一显性基因控制，随后在对影响枯萎病抗性的环境条件的研究中发现该抗性在 26℃下表现稳定，而在 28℃条件下虽然有少数个体表现出枯萎病的症状，大部分依然表现明显抗性，说明这种抗性在较高温度下表现稳定。Melvin（1933）在对甘蓝品种 Wisconsin hollander 的研究中发现，该品种对枯萎病的抗性在不同的后代中表现不同，认为其受多基因控制，且该抗性在 20～24℃ 条件下容易丧失。至此，研究者将受单基因控制的抗性称为 A 型抗性，而将受多基因控制的抗性称为 B 型抗性。Ramirez－Villupadua 等（1985）、Bosland 等（1988）系统研究了不同温度下两种抗性的生理小种特异性：A 型抗性的甘蓝品种对甘蓝枯萎病菌 1 号生理小种具有较强抗性，但对 2 号生理小种的抵抗能力较弱；B 型抗性在较低温度条件下对 1 号和 2 号生理小种均具有抗性，随着温度的升高，2 个小种的危害程度都增加；当土温在 10℃时，A 型抗性对 2 个小种表现高抗，当温度升高到 22～24℃ 时，对 1 号小种仍表现高抗，而对 2 号小种失去作用；多基因控制的 B 型抗性在 20℃ 以下时对 1 号小种表现出抗性，而仅在 12℃ 以下时对 2 号小种表现出抗性。在国内，吕红豪等（2011）首先利用多个 F_1 和亲本接种后的抗感表现证明甘蓝对枯萎病抗性符合显性遗传，而后利用高抗材料 96－100 和高感材料 01－20 构建的六世代群体进一步证明了甘蓝 96－100 对枯萎病的抗性符合显性单基因遗传。甘蓝对枯萎病 1 号小种的单显性抗性遗传使其应用变得简单，即双亲只要有 1 个表现抗性，F_1 就会表现抗病。基于这一点，具有 A 型单显性基因抗性的品种不断被培育出来和走向市场，而 B 型抗性不稳定的特点限制了其在育种中的进一步应用。

鉴于单基因遗传的 A 型抗性应对枯萎病菌主流 1 号小种非常有效，各国学者针对该抗性开展了较多研究，包括标记开发、基因定位、功能分析等（表 7－4）。北京市农林科学院姜明等（2011）利用高抗枯萎病的甘蓝自交系 8024 与感病材料构建 F_2 和 F_3 代家系，从中选择 10 株纯合基因型显性抗病单株和 10 株纯合基因型隐性感病单株，利用 BSA 法构建甘蓝抗感基因池，筛选出与甘蓝枯萎病抗性基因紧密连锁的 AFLP 标记，并进一步将其转化为 SCAR 标记 S46M48199，其与甘蓝抗枯萎病基因遗传距离为 2.78cM。Pu 等（2012）以抗病甘蓝 Anju 和感病青花菜 Green comet 构建 $F_{2:3}$ 群体，利用 BSA 分析和 SSR 分子标记将甘蓝枯萎病抗性基因 *Foc－Bol* 定位于连锁群 O7 上，最近的标记分别距离 4.6cM 和 1.2 cM。Lv 等（2013）利用抗性甘蓝材料 99－77 和感病材料 99－91 构建 DH 群体，利用 BSA 法和 InDel 标记将抗性基因 *FOC1* 定位在 1.8 cM 区间内，两个侧翼标记 M10 和 A1 分别距离目的基因 1.2cM 和 0.6cM。

表 7-4　甘蓝枯萎病抗性基因定位和分子标记开发

群体来源	抗源材料	分子标记	主要研究结论	参考文献
甘蓝	8024	SCAR	获得一个紧密连锁的 SCAR 标记	姜明等，2011
甘蓝×青花菜	Anju	SSR	抗性基因 *Foc-Bol* 定位于 O7 连锁群上 5.8 cM 区间内	Pu et al.，2012
甘蓝	99-77	InDel	抗性基因 *FOC1* 定位在 C06 染色体上 1.8cM 区间内	Lv et al.，2013
甘蓝	99-77	InDel	精细定位成功，候选基因为 *Bol 037156*	Lv et al.，2014
甘蓝×青花菜	AnjuP01	InDel	精细定位成功，候选基因为 *Bra 012688*	Shimizu et al.，2015
甘蓝	96-100	—	功能验证成功，*FOC1* 编码 TNL	刘星，2020

　　基于全基因组的标记开发和基因定位工作为下一步克隆抗性基因奠定了基础。基因克隆的方法通常有图位克隆、转座子标签法、差异表达基因分离法等。其中，图位克隆（map-based cloning）又称定位克隆（positional cloning），是基于分子标记图谱的建立而发展起来的一种基因克隆技术，该技术是根据功能基因组中都有相对稳定的基因座先通过分子标记对基因进行定位，然后根据基因组注释获得候选基因信息。中国农业科学院蔬菜花卉研究所 Lv 等（2014）利用图位克隆技术将抗性基因 *FOC1* 精细定位于 84kb 的区域内，并在 *Bol 037156* 的基础上重新预测了一个 TIR-NBS-LRR（TNL）类型的抗病基因作为 *FOC1* 的候选基因，这是国内外首次报道该抗性基因的成功精细定位（图 7-8）。随后，Shimizu 等（2015）利用抗病甘蓝 Anju P01 和感病青花菜 GC P04 获得的重组自交系群体成功定位候选基因至 1.0cM 区间内，并认为 *Bra012688* 的同源基因是可能的候选基因，命名为 *Foc-Bol*。经序列比较，两个候选基因 *FOC1* 和 *Foc-Bol* 相似性非常高，为同一基因。2020 年，中国农业科学院蔬菜花卉研究所进一步对 *FOC1* 进行了功能验证，发现过表达该基因可以显著增强感病甘蓝和拟南芥的抗性，而利用 CRISPR/Cas9 基因编辑技术敲除 96-100 的 *FOC1* 基因时其抗性完全丧失（刘星，2020）。至此，*FOC1* 成为甘蓝类蔬菜中图位克隆和功能验证的首个抗病基因，为其他抗性基因的挖掘工作提供了范例。

四、抗枯萎病品种的育成

　　防治甘蓝枯萎病最有效的方法是应用抗病品种。由于世界范围的甘蓝枯萎病菌多为 1 号小种，同时单基因遗传的 A 型抗性应对该小种非常有效，因而具有 A 型抗性的品种逐渐成为市场的主流。

　　欧美国家甘蓝抗枯萎病育种起步较早，已育成了较多抗性品种。1915 年，美国威斯康星大学报道了第 1 个抗枯萎病甘蓝常规品种 Wisconsin hollander 的育成，随后，又报道育成一批抗枯萎病的甘蓝品种，其中最典型的是 Wisconsin all seasons 和 Wisconsin brunswick。其他代表性品种还有 All head select（从 All head early 中选育）、Globe（从 Glory of enkhuizen 中选育，圆球类型）、Marison market（从 Copenhagen market 中选育，圆球类型）、Wisconsin ballhead（A 型抗性）、Early jersey wakefield（尖球类型）、

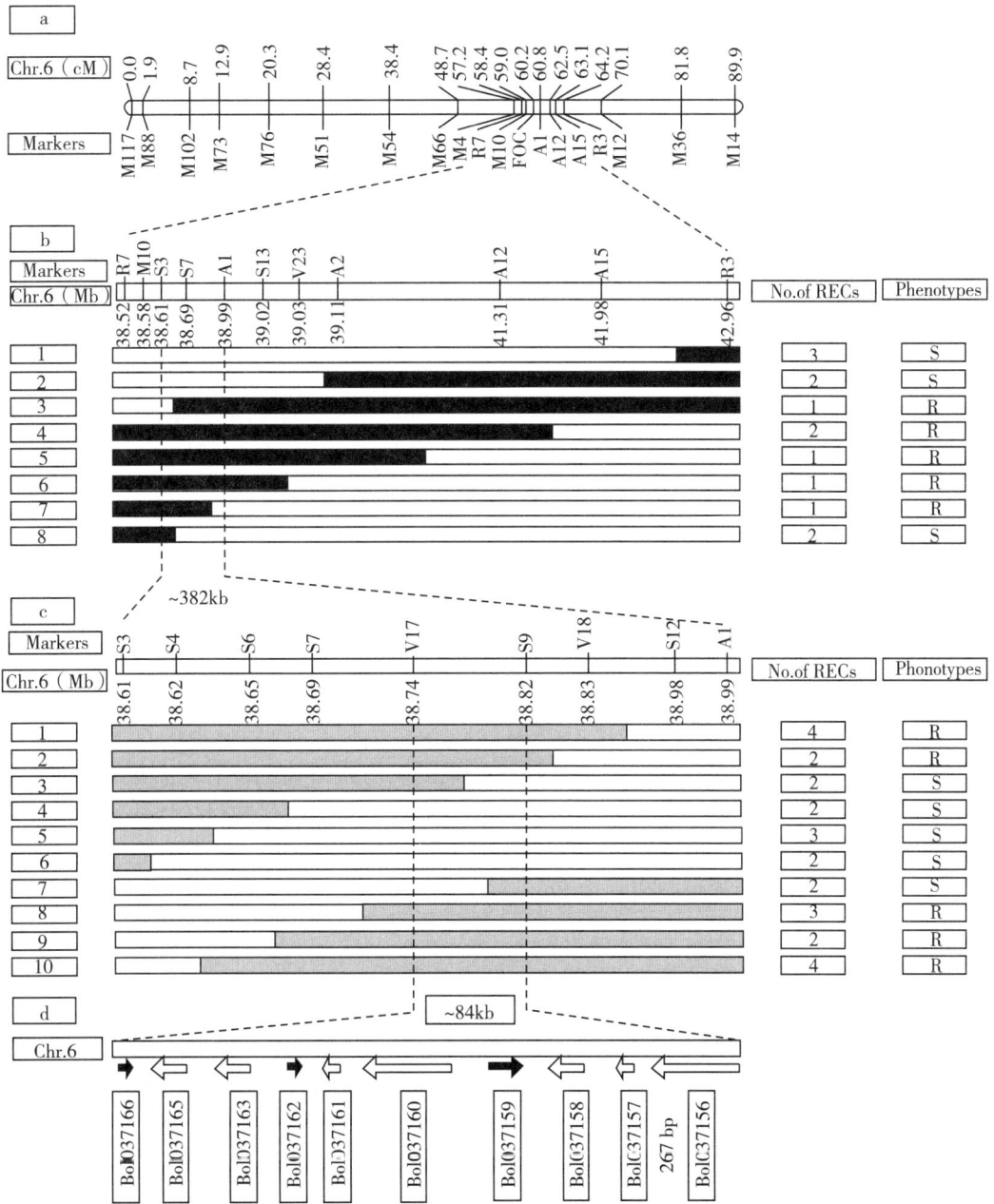

图 7-8 甘蓝枯萎病抗性基因 *FOC1* 的精细定位和克隆

(Lv et al.，2014)

Danish ballhead（圆球类型）等。这些品种尤其是 A 型抗性品种在近 100 年中成功在欧美甘蓝产区应用，显著减轻了枯萎病的危害程度。这也成为利用作物垂直抗性防控病害的一个经典例子。

国内的抗枯萎病品种多在 2010 年以后育成。中国农业科学院蔬菜花卉研究所杨丽梅等（2011）在国内首次报道了抗枯萎病品种中甘 96 的育成。后来，又有一批抗病品种的育成，并在生产上大面积推广应用，其中包括春甘蓝品种中甘 18、中甘 828，圆球秋甘蓝品种中甘 582，越冬甘蓝品种中甘 1305 等。2020 年，又利用创制的优良甘蓝材料 YR01-20 育成高抗枯萎病、早熟、优质春甘蓝新品种 YR 中甘 21，具有广阔的应用前景。此外，北京市农林科学院蔬菜研究中心报道育成了抗枯萎病品种秋甘 5 号，江苏省农业科学院蔬菜研究所报道育成了抗枯萎病品种锦秋 60。

目前，甘蓝抗枯萎病育种已取得较大成绩，基本控制了生产中枯萎病的危害。展望未来，仍应从以下几个方面继续开展相关工作：一是利用分子生物学手段结合常规方法实现快速病害诊断和小种鉴定。常规鉴定手段主要依靠寄主反应，其费时费力且不准确，分子鉴定将是未来病害诊断和小种鉴定的重要手段。二是务必关注单一 A 型抗性品种风险，挖掘更多抗性类型。从 1920 年美国第 1 批抗枯萎病品种育成到现在近 100 年的时间，A型抗性已在世界各地的甘蓝类作物生产中大量应用并成功控制了枯萎病蔓延，然而，2 号小种可以克服 1 号小种抗性，对 2 号小种的抗性遗传机制、分子标记开发、基因定位等方面亟待开展研究。三是应利用组学等技术多层次挖掘甘蓝-枯萎菌互作的分子机制，为抗病育种提供更多依据。例如 Liu 等（2020）对抗、感甘蓝材料接种枯萎病菌后不同时间点的根部转录组进行分析，挖掘到 9 个可能与致病性密切相关的病原基因，以及多个 NLR、WRKY 等与寄主抗性相关的关键基因及信号途径。

第五节 甘蓝抗根肿病育种

甘蓝根肿病（CR）是一种由芸薹根肿菌侵染引发的毁灭性土传病害，被人们形象地称为"根癌"。有关根肿病最早的记录可以追溯到公元 4 世纪的意大利；15～16 世纪，根肿病在西班牙被发现；1737 年在英国地中海西岸和欧洲南部发现，并快速席卷整个欧洲；1852 年美国报道首次发现根肿病；19 世纪末，俄罗斯圣彼得堡甘蓝根肿病大流行，造成大面积甘蓝绝收；19 世纪末 20 世纪初根肿病出现在亚洲的日本、韩国等地并迅速蔓延。目前，根肿病几乎在每个栽培十字花科作物的国家和地区都有发生，据不完全统计，全球范围内每年因根肿病造成的损失占总产量的 15% 以上。在我国，根肿病于 1937 年在台湾省的大白菜上首次被发现，之后于 1947 年在福建被发现；随着十字花科作物栽培面积的扩大，商品种子和蔬菜产品的相互调运，近年来我国根肿病的发生面积逐年扩大，尤其以云南、四川、贵州、重庆、湖南、湖北、河南、山东、辽宁、吉林、陕西等地区最为严重。在我国，根肿病常年危害面积为 320 万～400 万 hm²，占十字花科作物种植面积的30% 以上，平均造成的产量损失为 20%～30%，严重田块损失甚至可达 60% 以上。

甘蓝全生育期均可感染根肿病，以苗期感病为主，感病越早发病越严重。根肿菌的侵染阶段一般划分为初级侵染阶段和次级侵染阶段。在初级侵染阶段，土壤中的休眠孢子（resting spores，RS）萌发为初级游动孢子（primary zoospores，PZ），侵染根毛并穿透细胞壁在其内部形成初生原生质团（primary plasmodia，PP），初生原生质团分裂形成游动孢子囊（zoosporangia），每个游动孢子囊包含 4～16 个次生游动孢子（secondary zoo-spores，SZ）。在此阶段，植株地上部分症状不明显。次级侵染阶段多发生在皮层和中柱，次生游动孢子从根毛细胞中释放后侵入皮层细胞并形成次生原生质团（secondary plasmodia，SP），次生原生质团的不断积累造成了寄主皮层细胞的异常增大和过度分裂，随后次生原生质团形成休眠孢子并随着肿根腐烂分解又重新释放到土壤中。在侵染过程中，寄主根部薄壁细胞受到根肿菌刺激后会不断分裂、增生，主根逐渐膨大成大块的不规则状的肿瘤，侧根则多形成纺锤状、手指状或者不规则状的肿瘤。肿瘤初期表面光滑，后期常变得粗糙、龟裂，且易被其他杂菌侵入而引起腐烂。这些形成的肿瘤不仅消耗植株正常生长所需的养分，而且阻碍了根部对水分和养分的吸收和运输，影响了植株地上部的生长发育。发病初期地上部表现为生长缓慢，基部叶片在中午水分蒸发量大的时变萎蔫，早晚恢复原状，形似缺水症状，后期基部叶片变黄，萎蔫症状不能恢复，严重时整株枯萎甚至死亡（图7-9）。

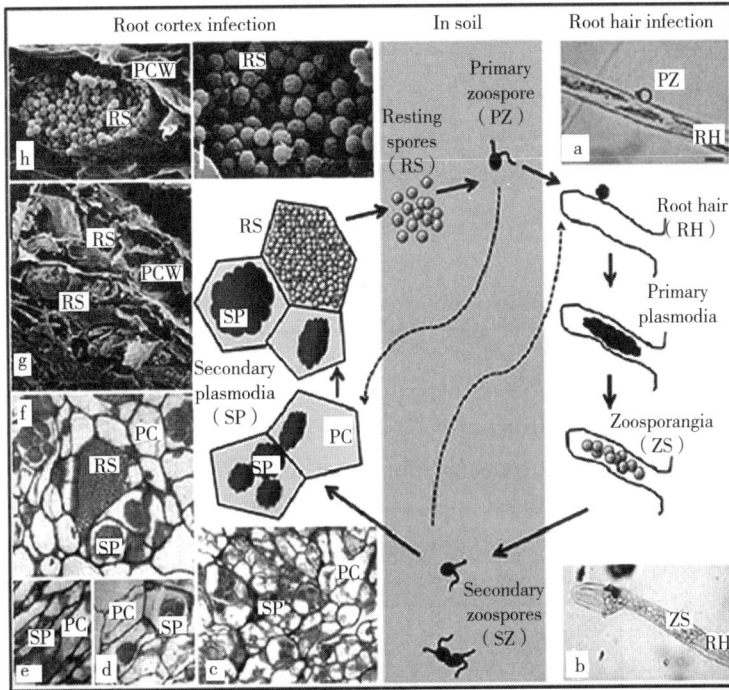

图7-9　甘蓝根肿病分布、危害状及病原菌

［上：根肿菌生活史（Schwelm et al.，2015）；左下：甘蓝根肿病田间危害状；右下：甘蓝根肿病病株］

甘蓝根肿病的发生与土壤的环境条件密切相关。研究表明，当土壤 pH 为 5.4～6.5，土壤温度 19～25℃，土壤相对湿度在 65％～85％时，最适合根肿菌的萌发和侵入。根肿病菌以休眠孢子黏附在种子上或在带有病残体的土壤及未腐熟的厩肥中越冬。休眠孢子既可在田间近距离传播（主要借助昆虫活动、土壤水分、农事操作等），又可进行远距离传播（带菌泥土或基质的转移、带病苗及病株的调运等）。由于根肿菌休眠孢子可在土壤中存活 17 年以上，土壤一旦污染将长期不再适合十字花科作物的种植。施用化学药剂、土壤处理等手段对防治根肿病有一定效果，但成本高且对环境危害大，因此培育抗根肿病的品种是解决根肿病危害最经济有效和最环保的方法。

目前，国外相关研究单位及国内中国农业科学院蔬菜花卉研究所、沈阳农业大学和西南大学等单位已从病原菌生理小种鉴定、抗源筛选、抗性基因挖掘等方面取得了一些进展，但由于甘蓝类蔬菜中根肿病抗源极少，严重制约了抗病育种工作进程，已育成的抗病品种尤其高抗品种极少。

一、病原小种分化

甘蓝根肿病病原为芸薹根肿菌（*Plasmodiophora brassicae*），其寄主范围很广，几乎可以侵染包括甘蓝、白菜、油菜、萝卜、芜菁、拟南芥等在内的大部分十字花科作物。

根肿菌变异丰富，生理小种的划分非常复杂。目前国际上常用的根肿菌生理小种鉴定系统包括美国威斯康星大学 Williams 系统和由英国国家蔬菜研究站联合多家单位公布的欧洲根肿病鉴别寄主系统（European clubroot differential，ECD）。Williams 系统包括 2 个芜菁甘蓝品种 Laurentian、Wilhelmsburger 和 2 个结球甘蓝品种 Jersey queen、Badger shipper（表 7-5），根据这 4 个品种被根肿菌侵染后的不同反应类型组合来判定生理小种类型。利用该系统，国内的研究人员对全国各发病区的生理小种进行了鉴定，共鉴定出 10 多个生理小种，其中多数地区的主流小种是 4 号，约占黑龙江、吉林、辽宁、山东、河南、湖北、湖南、四川、云南、重庆等地区比例的 50％～70％，这些生理小种研究结果为抗病育种提供了重要基础（Chai et al.，2014）。ECD 系统较为复杂，包括 *B. rapa*、*B. napus* 和 *B. oleracea* 三组共计 15 个品系。鉴于 Williams 系统的容量小、ECD 系统过于复杂的局限性，近年世界各国或各地区也正在根据本国或本地区十字花科作物栽培习惯

表 7-5 十字花科根肿菌 Williams 鉴别系统及寄主反应

鉴别寄主名称	生理小种															
	1	2	3	4	5	6	7	8	9	10	11	12	13	14	15	16
Jersey queen	+	+	+	+	−	+	+	−	−	+	−	+	−	−	−	−
Badger shipper	−	+	−	+	−	+	+	+	−	+	+	+	+	+	−	−
Laurentian	+	+	+	+	−	−	+	−	−	+	−	+	−	+	−	−
Wilhelmsburger	+	−	+	−	−	−	+	+	+	+	+	−	+	−	−	+

注：＋表示感病反应；－表示抗病反应。

及生理小种的特性及规律，构建针对不同国家或地区的鉴别系统。我国沈阳农业大学建立了由 8 个包含不同抗根肿病基因的大白菜自交系构成的 SCD（sinitic clubroot differential）鉴别系统（Pang et al.，2020），并把来自我国不同地区的 132 份根肿菌划分为 Pb1～Pb16 共计 16 个致病型，提升了鉴定的准确性。

二、抗源材料的筛选鉴定

抗源材料的筛选鉴定是作物抗病育种中的重要环节，根肿病抗源筛选主要采取室内人工接种鉴定和田间自然鉴定两种方法。室内人工接种鉴定主要包括蘸根法、注射法、菌土法和伤根灌菌法等。蘸根法是指将播种 7～10d 后的幼苗从基质中拔出，将根部浸入根肿菌休眠孢子液中，随后将幼苗取出并移栽在无菌培养基质中；注射法是用移液器将根肿菌孢子液注射到萌发种子根际周围；菌土法是指将发病的肿根磨碎并与无菌土混合，在装有无菌基质的营养钵中挖一圆柱形小洞，把制备好的菌土放入其中，并将已萌发的种子播种在菌土上面；伤根灌菌法是指在幼苗长至 2 叶 1 心期时进行伤根处理，随后在根际处灌注休眠孢子液。张小丽（2017）比较了伤根灌菌法、蘸根法及浸芽法第 6 种方法的致病效果，研究了不同接种苗龄、不同接种液浓度及不同基质 pH 对甘蓝类材料接种效果的影响，认为在偏酸性土壤条件下，幼苗 2～3 叶期接种浓度为 $3×10^8$ 个/mL 的休眠孢子是最佳的人工接种鉴定方法，并指出接种前进行伤根处理有利于根肿菌的侵染。宁宇（2019）对影响根肿病注射法接种效果的苗龄、接种浓度和调查时间等条件进行的优化试验表明，当幼苗长至 2 叶 1 心期时，在茎基部注射 $2×10^8$ 个/mL 的休眠孢子液，接种 50d 时调查病情为适宜的甘蓝根肿病接种鉴定体系（图 7-10）。

目前，根肿病苗期人工接种抗性鉴定方法多样，具体可根据实际情况采用合适的方法。利用注射法对甘蓝进行根肿病抗性鉴定的一般流程如下（宁宇，2019）：

（1）幼苗培养　将甘蓝种子消毒灭菌后置于装有湿润滤纸的培养皿中催芽，露白后播种于培养基质中（腐叶土∶蛭石＝1∶1），在温室中培养幼苗至 2 叶 1 心。

（2）休眠孢子液的制备　提前取出预存在 −20℃ 冰箱中的发病根组织于室温条件下，将软化后的病根放入组织搅碎机中，加入 3 倍体积的无菌蒸馏水充分搅碎。匀浆液通过 8 层纱布滤去残余植物组织，滤液在 500r/min 条件下离心 5min，弃去底层的泥渣取上清液，再在 2 500r/min 条件下离心 5min，弃去上清液。沉淀用无菌蒸馏水冲洗 3 次，用血球计数板将休眠孢子悬浮液浓度调整至 $2×10^8$ 个/mL，4℃ 保存，24h 内使用。

（3）接种方法　用小刀在幼苗根部进行划伤处理，用移液器在伤口处注射 2mL 制备好的休眠孢子液，对照注射等量的无菌水。每份材料设置 3 个重复，每个重复接种 10 株幼苗。接种后幼苗置于 18～25℃ 的温室中培养。接种 50d 后，拔出幼苗，将根部用清水冲洗干净后调查发病情况。

（4）病害分级标准　0 级：无明显症状；1 级：主根不发病，1%～25% 的侧根有很小的肿瘤；2 级：主根有轻微膨大，或 25%～50% 的侧根有肿瘤；3 级：主根发病较重，异常膨大、龟裂，有明显侧根或须根；4 级：主根异常膨大，几乎无侧根。

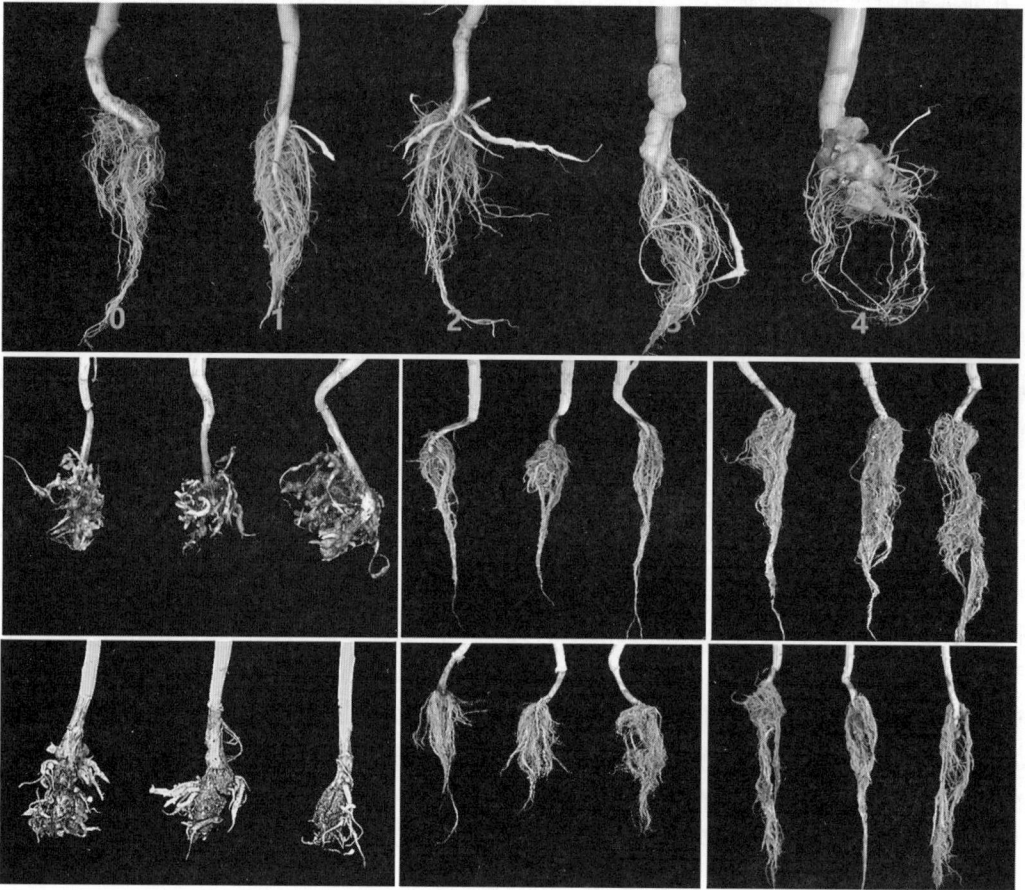

图 7 - 10　甘蓝根肿病病害分级（上）及注射法抗性鉴定（中、下）

（宁宇，2019）

（5）病级指数计算

$$DI = \frac{\sum(各发病等级 \times 相应级别发病株数)}{调查总株数 \times 最高病级} \times 100$$

（6）抗性评价　免疫（I）：$DI=0$；高抗（HR）：$0<DI\leqslant5$；抗病（R）：$5<DI\leqslant$ 20；中抗（MR）：$20<DI\leqslant30$；感病（S）：$30<DI\leqslant60$；高感（HS）：$DI>60$。

国外早期筛选获得的甘蓝类抗性材料主要是少数羽衣甘蓝和结球甘蓝品系，而在花椰菜、青花菜等材料中抗源极少。荷兰瓦赫宁根大学 Nieuwhof 和 Wiering（1962）利用田间鉴定的方法筛选了 30 多份甘蓝类材料，获得少数抗性材料包括 Böhmerwaldkodl 和 Bindsachsener 等结球甘蓝，以及一些皱叶甘蓝和羽衣甘蓝材料，而在紫甘蓝、花椰菜、青花菜和抱子甘蓝中没有找到抗性材料。Chiang 和 Crête（1972）利用田间自然发病结合菌土法人工接种鉴定了 334 份甘蓝材料对 1 号、2 号和 6 号小种的抗性，共获得 PI215513、PI215514、PI215515 等 13 份抗性较好的结球甘蓝材料，其中 8-41 抗性最好，对 1 号表现免疫，对 6 号高抗，但对 2 号表现感病。Crisp 等（1989）利用蘸根法鉴定了

1 000多份甘蓝类材料的根肿病抗性，发现多数材料表现感病，少数抗性材料包括Böhmerwaldkohl、Bindsachsener和DSIR78404等结球甘蓝，以及Cambridge、Continuity等抱子甘蓝品种，而在花椰菜、青花菜中没有发现抗源材料。Manzanares - Dauleux等（2000）利用2个法国来源的小种ECD16/31/31和ECD16/30/31对404份甘蓝、羽衣甘蓝和花椰菜材料进行接种鉴定，发现羽衣甘蓝中有部分抗性材料，如4434和6301等；结球甘蓝中有少数中抗材料，如5602，而花椰菜中缺乏抗源。通过进一步对羽衣甘蓝品系6301进行系统选择，还获得了对多个小种表现高抗的自交系C10和C7，其中C10在后来的抗性遗传和QTL定位中被多次使用。

国内研究者也通过鉴定获得了少数抗性材料。司军等（2009）利用菌土法先后筛选获得5份抗病甘蓝材料99033、99037、日本甘蓝、皱叶甘蓝和大楠木。胡靖锋等（2010）用菌土接种法和云南菌株鉴定了云南地区110份十字花科作物对根肿病的抗性，其中甘蓝类材料牛心莲花白、建水青花等表现抗病。此外，孙超等（2016）利用注射法鉴定了22份甘蓝的根肿病抗性，筛选出1份对陕西太白菌种高抗的材料BDH3，3份对河南新野菌种免疫的材料Chou hybride tekila、SW - 110和CGL - 8，但没有筛选到对湖北长阳菌种免疫或者高抗的材料。张小丽等（2016）利用4号小种和伤根灌菌法对531份青花菜和近缘种属材料进行抗性鉴定，结果表明，446份青花菜材料中缺乏抗病材料，仅有中抗材料5份；85份近缘种属材料中有免疫材料1份：欧洲山芥（*Barbarea vulgaris*），高抗材料1份：B2013（甘蓝近缘野生种，*B. oleracea* var. *macrocarpa*），抗病材料5份：先甘336甘蓝和3份白菜、1份芜菁。其中，B2013与甘蓝无杂交障碍，可作为抗源材料应用于抗根肿病育种中。王神云等（2016）利用湖北长阳强致病力小种ECD17/31/13对88份甘蓝种质进行抗性评价和筛选，共获得8份抗性材料，其中CR21抗性最强，且表现稳定。Ning等（2018）利用注射法对102份甘蓝类材料进行根肿菌4号小种抗性鉴定，获得1份高抗材料Xiangan336和4份抗病材料Verheul、Bindsachsener、2358及Zhouyebai，其中2358来自云南地方品系，打破了我国本土育种材料中无根肿病抗源的传统观念。

尽管国内对甘蓝根肿病研究投入的关注越来越多，尤其是在抗源筛选方面，但是高抗根肿病的种质的缺乏仍然是目前困扰甘蓝抗根肿病育种的最大难题，尤其是缺乏4号生理小种的抗源材料。此外，抗病性较强的材料可能会通过筛选压力使根肿菌出现遗传和致病力的变化，促进新的生理小种的出现，使得现有抗性失效。因此，广泛搜集和鉴定种质资源、挖掘抗性基因、创制抗性材料仍然是未来一段时间内甘蓝根肿病研究的重点。

三、抗性基因的遗传定位

明确抗性遗传规律是开展抗性基因定位和抗病育种工作的基础。现有研究表明，甘蓝的根肿病抗性遗传规律比较复杂，依抗源和生理小种而有所不同，但一般认为是由多基因控制的数量遗传性状。国外在早期就报道甘蓝类抗性由隐性或显性多基因控制。加拿大农业部Chiang和Crête（1970）率先通过遗传分析证明甘蓝8 - 41和Badger shipper对6号小种抗性由隐性基因控制，以加性效应为主。Yoshikawa（1983）通过构建分离群体和遗传分析发现羽衣甘蓝 K269 对 2 号小种的抗性由隐性单基因控制；而甘蓝 Böhmerwaldkohl 的抗性由 4 个基因控制；Crute 和 Pink（1989）对 Böhmerwaldkohl 的抗性进一步分析，证明其由隐性多基因控制，并以加性效应为主。Hansen（1989）利用 10×10 双列杂交分析了甘蓝品系 Badger shipper 和 Bindsachsener 的根肿病抗性遗传规律，认为其由隐性多基因控制。Voorrips 和 Kanne（1997）用定性和定量分析方法研究了 4 份抗病 DH 系对 ECD16/3/30 小种的抗性遗传规律，发现其均由 2 对或 2 对以上基因控制。甘蓝根肿病抗性多基因遗传的特性也在多份甘蓝类材料中证实，如 Bindsachsener、Anju、C1220 和 GZ87 等（Voorrips et al.，1997；Nagaoka et al.，2010；Lee et al.，2016；Peng et al.，2018）。

国内关于甘蓝根肿病抗性遗传规律的研究较少。司军等（2003）采用 4×4 完全双列杂交的方法对甘蓝苗期的根肿病抗性进行了鉴定，结果发现抗病性受 3 对以上基因控制，为不完全隐性，回交效应极显著，正反交效应差异不显著。张小丽等（2014）利用抗病野生甘蓝 B2013 和感病青花菜 90196 构建六世代群体，基于主基因＋多基因遗传模型进行遗传分析，发现根肿病抗性受 2 对加性-显性-上位性主基因控制，BC_1、BC_2 和 F_2 世代主基因遗传率分别为 81.2%、78.3% 和 80.0%，遗传变异平均值占表型变异的 79.86%，环境变异平均值占表型变异的 20.14%，表明抗病性以主基因遗传为主，同时受环境影响较大，应在早期世代进行选择。宁宇（2019）以高抗甘蓝材料 2358 和高感材料 21-3 为双亲构建了 F_2 分离群体，遗传规律初步分析表明材料 2358 的根肿病抗性是由多基因控制的数量性状。

在明确抗性遗传规律的基础上，利用分离群体对基因进行精细定位是挖掘和利用抗性基因的主要方式。多数研究表明，甘蓝的 C 基因组根肿病抗性是由多基因控制的数量性状，迄今为止有超过 30 个 QTL 位点被检测到（表 7-6），证明了其遗传的复杂性。

表 7-6 甘蓝类作物中挖掘出的主要抗根肿病基因/QTL 位点

抗源	类型	小种/致病型	定位结果	参考文献
86-16-5	结球甘蓝	race 2	2 个 QTL	Landry et al.，1992
C10	羽衣甘蓝	ECD16/31/31	至少 2 个 QTL	Grandclément 和 Thomas，1996
Bindsachsener	结球甘蓝	田间小种	2 个 QTL，位于 LG3 和 LG1	Voorrips et al.，1997
K269	羽衣甘蓝	race 1，3	1 个 QTL，位于 LG3	Moriguchi et al.，1999
C10	羽衣甘蓝	race 1，2，4，7	9 个 QTL，位于 7 个连锁群	Rocherieus et al.，2004
K269	羽衣甘蓝	田间小种	3 个 QTL，位于 LG1、LG3 和 LG9	Nomura et al.，2005
Anju	结球甘蓝	race 4	5 个 QTL，主效位点为 *PbBo（Anju）1*	Nagaoka et al.，2010

（续）

抗源	类型	小种/致病型	定位结果	参考文献
C1220	结球甘蓝	race 2，9	3 个 QTL，位于 C2 和 C3	Lee et al.，2016
B2013	野生甘蓝	race 4	主效位点为 *BoCR9.1*	张小丽，2017
GZ87	结球甘蓝	race 4	23 个 QTL	Peng et al.，2018
Tekila	结球甘蓝	race 3	主效位点为 *Rcr7*	Dakouri et al.，2018
2358	结球甘蓝	race 4	主效位点为 *qBoCR8.1*	宁宇，2019

加拿大农业部 Landry 等（1992）首先报道利用抗病甘蓝材料 86-16-5（抗性源于芜菁甘蓝 Wilhelmsburger）和感病材料构建分离群体，并利用 RFLP 分子标记技术定位了对根肿菌 2 号小种的 2 个抗性位点，其中主效位点 *CR2a* 可解释 58.0％的表型变异。基于 RAPD 技术，Grandclément 和 Thomas（1996）等分析发现羽衣甘蓝 C10 中至少有 2 个位点与 ECD16/31/31 小种抗性相关；针对这一抗性材料与感病青花菜 HDEM 构建的 F$_{2:3}$ 家系，Rocherieux 等（2004）利用 5 个不同的病原小种分别挖掘到 2～5 个 QTL 位点，其中主效位点 *Pb-Bo1* 在对所有小种的抗性分析中都能检测到，可以解释 20.7％～80.7％的表型变异。在另一份羽衣甘蓝材料 K269 中，研究者分别针对不同的病原小种挖掘到 1 个和 3 个 QTL 位点（Moriguchi et al.，1999；Nomura et al.，2005）。Voorrips 等（1997）利用 RFLP 和 AFLP 技术挖掘到抗性甘蓝 Bindsachsener 对田间小种的 2 个主效 QTL 位点 *pb-3* 和 *pb-4* 以及 1 个微效位点，可解释 68.0％的表型变异。Nagaoka 等（2010）利用抗病结球甘蓝 Anju 与感病甘蓝 GC 构建的 F$_{2:3}$ 群体定位到 5 个抗 4 号生理小种的 QTL 位点，其中主效位点 *PbBo（Anju）1* 的 LOD 值为 13.7。随着甘蓝基因组数据的公布，基于重测序数据的高通量基因分型技术得到了迅速应用。Lee 等（2016）首先利用测序分型技术（genotyping by sequencing，GBS）构建了一张包含 1 403 个 SNP 标记的高密度遗传连锁图谱，而后利用 F$_{2:3}$ 分离群体和该图谱检测到了抗根肿病甘蓝自交系 C1220 对 9 号小种的 2 个抗性 QTL 位点 *CRQTL-GN_1*、*CRQTL-GN_2*，以及对 2 号小种的 1 个抗性 QTL 位点 *CRQLT-YC*；经比较发现这些位点与已报道的白菜中的位点均不同，证明了 A 基因组和 C 基因组来源抗性的差异性。Dakouri 等（2018）通过集群分离 RNA 测序（bulked segregant RNA-seq，BSR-seq）将控制甘蓝 Tekila 根肿病 3 号致病型抗性的主效基因 *Rcr7* 定位到 7 号染色体 41～44Mb 的区间内，并进一步通过精细定位将 2 个 TNL 类基因 *Bo7g108760* 和 *Bo7g109000* 确定为可能的候选基因。

国内关于甘蓝根肿病 QTL 定位的研究起步较晚。张小丽（2017）率先利用 QTL-seq 技术和传统连锁分析将野生甘蓝 B2013 的 4 号生理小种抗性位点 *BoCR9.1* 定位在 C09 染色体 560kb 区间内，并通过变异位点分析推测区间内的 *Bol044005*（TNL 类型）可能为抗性候选基因，这也是甘蓝类作物中精细定位的第 1 个抗根肿病基因。Peng 等（2018）利用 SNP 芯片技术检测到甘蓝 GZ87 对 4 号小种的 23 个抗性 QTL 位点，其与发病率等 3 个性状密切相关，每个 QTL 位点可解释 6.1％～17.8％的表型变异。宁宇（2019）利用高抗甘蓝材料 2358 和高感材料 21-3 为双亲构建了 F$_2$ 分离群体，通过 QTL-seq 分析，预测甘蓝的 C08 染色体上 2～21Mb 的区间内存在控制甘蓝根肿病抗性的 QTL 位点,命名为 qBoCR8.1,该位点可解释 16.4% 的表型变异 (图 7-11)。总体而言,甘蓝类蔬菜作物根肿病抗性多基因遗传的特性导致定位和克隆工作进展缓慢,目前虽有 30 多个抗性位点被挖掘出来,但尚无任何抗性基因克隆和功能验证的报道。

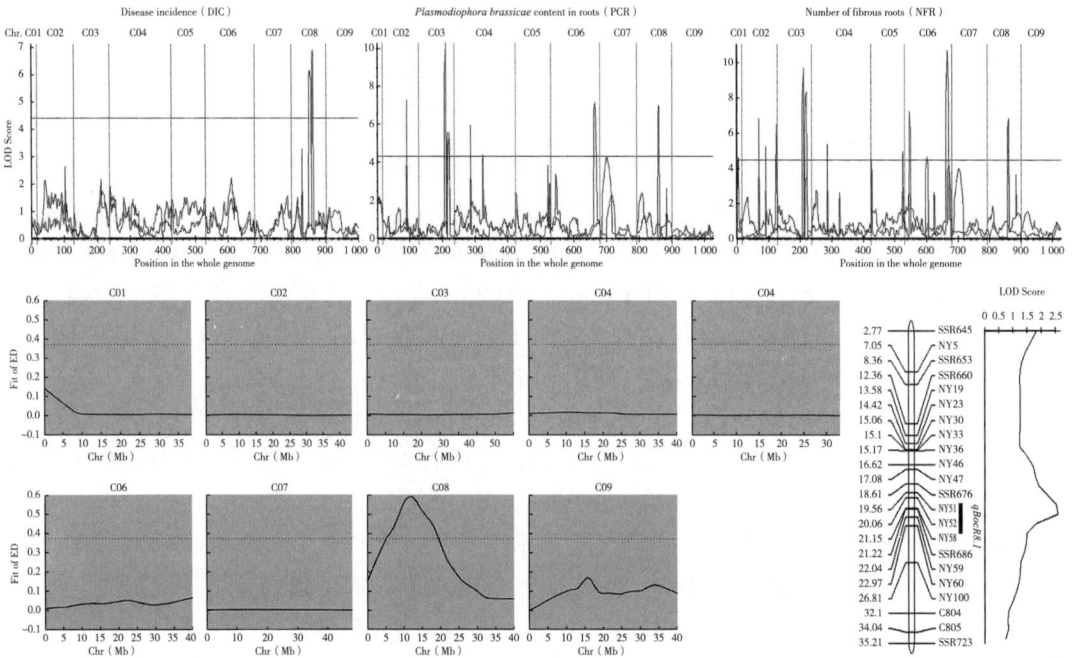

图 7-11 利用 SNP 芯片(上)和 QTL-seq 技术(下)在全基因组
水平挖掘甘蓝根肿病抗性 QTL 位点
(Peng et al., 2018;宁宇,2019)

相比甘蓝而言,白菜类作物抗根肿病抗性基因定位和克隆取得了较大进展,目前已有超过 15 个位点被定位,并有 CRa/CRb、Crr1a 等基因被克隆。CRa/CRb 基因的定位和克隆花费了 20 多年,是芸薹属抗性基因克隆的经典例子。日本信州大学 Ueno 等(2012)首先克隆了来自白菜 T-168 的对 2 号小种的显性抗性基因 CRa,这是芸薹属中首个克隆的根肿病抗性基因,编码 TNL。随后,国内外学者分别对 4 号小种和 3 号小种抗性基因 CRb 和 CRb^Kato 进行了多次定位,并经过多次探讨和纠正后,最终证明 CRa 和 CRb^Kato 基因相同,而 CRb 可能是一个与 CRa 紧密连锁的其他基因(Hatakeyama et al., 2017)。另外,日本学者针对来自芜菁的 Crr1-4、CRk、CRc 等位点开展了较多研究,并获得了一些 QTL 位点和主效基因。其中,Hatakeyama 等(2013)通过精细定位发现 Crr1 包含 2 个位点 Crr1a 和 Crr1b,并克隆和验证了 Crr1a,它同样编码 TNL。近年来,随着基因组学和分子遗传学的发展,国内外学者挖掘出更多抗性基因,包括来源 A 基因组的 Rcr1(2 个 TNL 类型候选基因)、CRd,来源于黑芥 B 基因组的 Rcr6 等。

迄今为止,已在芸薹属作物中挖掘到几十个抗性基因和 QTL 位点。下一步应当利用分子标记和基因组信息比较与明确这些基因、位点的关系，以利于标记辅助抗性基因的转育，特别是针对甘蓝中缺乏根肿病抗性资源，而白菜类作物抗性基因丰富的情况，可采用远缘杂交、分子标记辅助育种等手段加快新的甘蓝抗性种质材料的创制。

四、抗根肿病品种的育成

鉴于目前根肿病给甘蓝栽培生产所带来的损失日益严重，生产上对抗病品种的需求愈来愈迫切。但由于甘蓝抗源稀少，总体来看，国内外育成品种都很少。

在北美，Badger shipper 是最早报道育成的抗根肿病品种之一，抗 1 号、3 号、5 号和 6 号生理小种，由美国威斯康星大学经过多年选育而成。该品种于 20 世纪 60 年代被引入北美，其抗性由隐性多基因控制（Chiang 和 Crête，1970，1972）。同期研究较多的抗源材料还有青花菜 MSU134 和 Oregon CR1、羽衣甘蓝 Verheul 等，其抗性同样由隐性基因控制。在欧洲，早期研究和应用较多的抗源材料有 Böhmerwaldkohl、Bindsachsener、Shetland 等，被广泛用于甘蓝类蔬菜结球甘蓝、抱子甘蓝、青花菜、花椰菜等的抗性改良，如育成的甘蓝品种 Resista 等。

甘蓝类抗源中的抗性多表现为多基因隐性遗传，因此难以在实际育种中应用。另外，甘蓝类鉴别寄主对当前的主流小种几乎都表现感病；相比而言，白菜类（特别是芜菁）、甘蓝型油菜中的抗源多表现为小种特异的高度抗性，易于在育种中转移和应用。近年来，利用这些抗性育成的甘蓝品种已在生产中应用。第 1 个例子是通过远缘杂交由芜菁甘蓝向甘蓝中导入抗性。研究者将芜菁甘蓝品种 Wilhelmsburger 的抗性导入人工加倍的四倍体甘蓝 ChAteauguay 中（Chiang 和 Crête，1983），获得 1 株抗病的 BC_1 单株（染色体数 26），被用作抗性供体，导入甘蓝品种 Badger shipper 和自交系 8-41，并成功获得了与供体同样抗 6 号小种的品系。经过 15 年的努力，加拿大农业部的研究者育成了抗根肿病甘蓝品种 Acadie 和 Richelain 等。另外 1 个经典的例子是国外育种家历经 17 年从白菜品种 Parkin 中将单显性根肿抗性转育到甘蓝中（图 7-12）。1987 年开始转育工作；F_1 和 BC_1 的获得均利用远缘杂交结合胚挽救技术；从 1 个 BC_1 单株获得了 9 株 BC_2；BC_4 表现为抗性 1:1 分离，表明抗性基因已整合到 C 基因组；利用该材料进行了数年的回交、测交、鉴定筛选，并配制杂交组合；在欧洲及印度、澳大利亚多年多点的田间鉴定表明所有的抗性品种均表现抗病，这些抗性品种在 2005 年开始进入市场，如甘蓝品种 Kilaton 和 Tekila。但是，近年来这些品种的抗性也受到挑战，如在德国、法国、印度尼西亚、中国等国家出现了可克服这些抗性的小种。

国内也开展了甘蓝抗根肿病育种相关研究工作，但目前报道的甘蓝抗根肿病的品种较少，特别是抗主流 4 号小种的品种。至今仅有少数耐根肿、扁球品种育成的报道，如西南大学育成的西园 8 号、西园 10 号和西园 16。另外，科研人员也在病区进行了品种筛选试验，总体来看，抗性品种很少，而且多为初步试验结果，尚需进一步验证。例如，甘彩霞等（2016）在湖北宜昌市长阳县和利川市对 25 个抗根肿病的十字花科蔬菜品种进行了集中试验示范，其中甘蓝品种仅有西南大学 2012070 在长阳表现为耐病，而其他参试甘蓝品种均不抗利川根肿病菌。

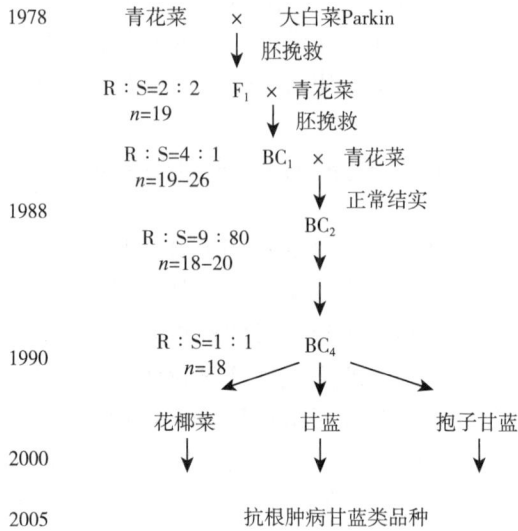

```
1978         青花菜      ×      大白菜Parkin
                            ↓ 胚挽救
   R∶S=2∶2       F₁  ×  青花菜
   n=19                ↓ 胚挽救
   R∶S=4∶1       BC₁  ×  青花菜
   n=19-26              ↓ 正常结实
1988                   BC₂
   R∶S=9∶80             ↓
   n=18-20              ↓
                        ↓
   R∶S=1∶1       BC₄
1990   n=18        ↙  ↓  ↘
          花椰菜      甘蓝      抱子甘蓝
2000        ↓        ↓         ↓
2005         抗根肿病甘蓝类品种
```

图 7-12 利用远缘杂交将根肿病抗性从白菜导入甘蓝中

(Diederichsen et al.，2009)

总体而言，目前市场上抗根肿病的甘蓝品种很少。因此，应考虑综合利用多种手段加快甘蓝抗根肿病育种进程。首先，利用寄主反应、单孢分离和分子手段明确病原分化情况。现已利用 Williams 系统和 ECD 系统鉴定出了多个小种。两个系统各有优缺点，也存在一些共性问题，如生理小种混生等。随着单孢分离技术逐渐成熟，根肿菌基因组学研究也不断深入，未来有望建立一套准确、便捷的根肿菌分子鉴定体系。其次，利用远缘杂交和分子标记辅助选择等手段创制抗根肿病新材料。从目前来看，甘蓝类根肿病抗源很少，而白菜、油菜、黑芥等作物中抗源较多，通过远缘杂交等手段将抗性转育到甘蓝中将是甘蓝抗根肿病材料创制的重要手段。Zhu 等（2022）利用远缘杂交获得了"甘蓝×白菜"BC₂代抗根肿材料，经分子标记检测，这些材料中含有白菜的 CRa 抗性位点。再次，多层次挖掘甘蓝-根肿菌互作的分子机制，为抗病育种提供依据。目前，表型组学、基因组学、转录组学等手段已为抗性机制解析和重要基因挖掘提供了强大工具，并已挖掘出大量相关代谢途径、关键基因、信号转导途径等机制，为下一步深入研究打下了基础。

第六节　甘蓝多抗性聚合育种

自 1983 年开始，蔬菜抗病育种正式列入国家重点科技攻关计划，甘蓝抗病育种作为其中的一项重要内容受到研究者重视。"六五"至今，TuMV、黑腐病、枯萎病、根肿病等主要病害在不同时期危害甘蓝生产，为此科研人员针对生产需求和病害危害情况，系统地开展了抗病育种技术研究、抗源筛选创制和抗病品种选育工作。自"十三五"甘蓝多抗性聚合育种列入国家重点研发计划以来，已育成了一批高抗、多抗品种并在生产上应用，极大地缓解了病害的危害。

一、多抗性鉴定技术和材料筛选

多抗性鉴定和材料筛选是培育多抗性品种的基础。一般来说，双亲应尽可能具有较多的抗性性状才能获得多抗、高抗的杂交种。例如，王超等（2000）利用苗期多抗性鉴定技术对多份甘蓝材料进行了 TuMV、CMV 和黑腐病抗性鉴定，筛选出 5 份甘蓝自交系材料 103‑1、A20、84‑1038‑1186、606‑12‑21‑14、84‑1072‑3‑4，对黑腐病和病毒病的抗性均达到了抗病水平，成为较好的多抗性育种材料。张恩慧等（2005）首先对 815 份甘蓝种质材料的主要经济性状和抗病性进行初步选择，入选了比较优良的自交系 612 份，然后利用摩擦法和喷雾法进行苗期 TuMV、黑腐病、CMV 抗性鉴定，结合田间自然发病情况，鉴定筛选出 H8501、B8502 等 4 份抗源材料。在这些抗性材料的基础上，进一步选用不同致病力的毒原和菌原，采用室内苗期人工接种鉴定结合自然诱发鉴定筛选方法，育成了对 TuMV、黑腐病和 CMV 等 3 种病害表现高抗的优良自交系 J8806，为多抗性聚合育种提供了材料。

在抗性鉴定中，为获得准确的鉴定结果，一般采用单独接种的方法鉴定某种病害抗性。为提高筛选效率，有时也可采用平行鉴定的方法在一个周期中对多种病害抗性进行鉴定，目前最常见的是 TuMV 抗性和黑腐病抗性的平行鉴定。刘佳等（1988）率先采用摩擦法和剪叶法同时进行甘蓝的 TuMV 和黑腐病抗性鉴定。具体方法：幼苗 2～3 叶时接种 TuMV，待长至 5～6 叶时，在第 3～4 叶接种黑腐病菌，利用该方法筛选出 23202、20‑2‑5 等 5 份对 TuMV、黑腐病具有复合抗性的材料。蔡岳松等（1990）利用摩擦法和剪叶法对 140 份甘蓝材料进行 TuMV 和黑腐病人工接种鉴定，获得高抗 TuMV 材料 8785、8709 等 5 份，抗黑腐病材料 4 份，对两种病害同时抗的只有 1 份 8788。许蕊仙等（1992）对"七五"攻关课题"甘蓝优质、多抗、高产新品种选育"的 500 多份相关甘蓝材料进行 TuMV、黑腐病的抗性筛选，利用摩擦法和剪叶法接种，顺序是先接种 TuMV，经 20～30d 发病后进行调查，再接种黑腐病菌，7～10d 后再进行症状调查。通过此方法获得对两种病害均高抗的优良材料 1 份 89‑1077，TuMV 的病情指数为 1.67，黑腐病的病情指数为 9.4；高抗 TuMV 兼抗黑腐病的材料 19 份；抗 TuMV 兼高抗黑腐病的材料 4 份；抗 TuMV 兼抗黑腐病的材料 49 份。李经略等（1994）利用摩擦法和叶端剪叶法进行 TuMV 和黑腐病苗期复合接种鉴定，接种程序为 2～3 叶期接种病毒，4～5 叶期接种黑腐病菌，在 249 份甘蓝材料中筛选获得对病毒病和黑腐病同时高抗或抗、兼抗材料共 30 份，为多抗性育种提供了新的抗源材料。

二、分子聚合育种技术

传统的甘蓝多抗性育种主要依赖抗性鉴定技术（田间鉴定或人工接种鉴定），通过表型进行评价和筛选后代，因其无法与抗性基因位点关联，往往存在准确性和效率不高的问题。自"十三五"甘蓝多抗性聚合育种列入国家重点研发计划以来，多个与枯萎病、黑腐病、根肿病等主要病害抗性基因连锁的分子标记被开发出来，将这些抗性前景标记与基因组背景选择相结合，利用 KASP 平台等实现高通量筛选，可显著提高育种效率。例如，中国农业科学院蔬菜花卉研究所孔枞枞（2022）利用开发的枯萎病抗性标记和黑腐病菌 1 号小种抗性标记作为前景标记，同时根据 05 - 574（黑腐病抗源材料）、96 - 100（枯萎病抗源材料）和受体亲本 02 - 359（优质亲本材料，感黑腐病和枯萎病）的重测序数据开发了 94 对全基因组背景标记，基于前景、背景筛选结合田间农艺性状和抗性筛选的方法，经过 3 代回交转育和 1 代自交，获得了遗传背景回复率 90% 以上的纯合、双抗材料。基于类似的方法，多抗且优质的新种质也在陆续研发中，显著提高了育种效率，为培育多抗优质新品种提供了技术和材料支撑。

三、多抗性品种的选育

据不完全统计，截至目前国内已育成 80 多个抗性品种并在生产上推广应用（表 7 - 7）。

表 7 - 7　国内育成和推广的部分高抗、多抗甘蓝品种

育成单位	品种名称	审/认/鉴/登记	类型	抗病性表现
中国农业科学院蔬菜花卉研究所	中甘 8 号	1990 国审	早熟、扁球、秋甘蓝	抗病毒病
	中甘 9 号	1995 京审	中熟、扁球、秋甘蓝	抗病毒病和黑腐病
	中甘 22	2007 国鉴	中早熟、圆球、秋甘蓝	田间抗 TuMV 和黑腐病
	中甘 18	2002 国审	早熟、圆球、春甘蓝	抗病毒病和枯萎病
	中甘 96	2010 国鉴	中早熟、圆球、秋甘蓝	抗枯萎病、病毒病、黑腐病
	中甘 828	2014 国鉴	早熟、圆球、春甘蓝	高抗枯萎病
	中甘 1305		晚熟、圆球、越冬甘蓝	抗枯萎病
北京市农林科学院蔬菜研究所	秋甘 1 号	2007 国鉴	中熟、扁球、秋甘蓝	田间抗病毒病、中抗黑腐病
	秋甘 4 号	2010 国鉴	中早熟、圆球、秋甘蓝	抗病毒病、中抗黑腐病
	秋甘 5 号	2012 国鉴	中早熟、扁球、秋甘蓝	田间表现高抗枯萎病，抗病毒病、黑腐病
西南大学	西园 2 号	1986 川审	中熟、扁球、秋甘蓝	抗 TuMV、软腐病
	西园 4 号	1991 川审	中熟、扁球、秋甘蓝	抗 TuMV、黑腐病
	西园 8 号	2000 渝审	中熟、圆球、夏秋甘蓝	抗病毒病、中抗黑腐病、耐根肿病
	西园 10 号	2006 渝登	中熟、圆球、夏秋甘蓝	抗 TuMV、中抗黑腐病、耐根肿病
西北农林科技大学	秦甘 80	2000 陕审	中熟、扁球、春甘蓝	抗病毒病和黑腐病
	秦甘 70	2000 陕审	中早熟、扁球、秋甘蓝	高抗病毒、霜霉病，抗黑腐病
	秦甘 60	2002 国审	中熟、圆球、秋甘蓝	抗病毒病和黑腐病
	绿球 66	2010 国鉴	早熟、圆球、春甘蓝	人工接种鉴定表现抗病毒病、黑腐病和霜霉病

（续）

育成单位	品种名称	审/认/鉴/登记	类型	抗病性表现
江苏省农业科学院蔬菜研究所	苏甘8号	2002苏审	中晚熟、扁球、秋甘蓝	抗黑腐病、病毒病
	锦秋55	2012苏鉴	早熟、牛心形、秋甘蓝	抗黑腐病、病毒病
	锦秋60		中熟、扁球、秋甘蓝	抗黑腐病、病毒病、枯萎病
	嘉兰	2015国鉴	中早熟、近圆球、秋甘蓝	高抗病毒病、黑腐病
河南省农业科学院园艺研究所	豫生1号	2001豫审	早熟、圆球、春甘蓝	抗病毒病、黑腐病、霜霉病
	豫生4号	2007国鉴	中早熟、扁球、秋甘蓝	抗病毒病、黑腐病、霜霉病
	豫甘3号	2010国鉴	早熟、圆球、秋甘蓝	抗病毒病、黑腐病、霜霉病
山西省农业科学院蔬菜研究所	惠丰1号	2000国审	晚熟、扁球、秋甘蓝	高抗病毒病、抗黑腐病
	惠丰3号	2001国审	晚熟、扁球、秋甘蓝	高抗病毒病、黑腐病
	惠丰4号	2007国鉴	早熟、圆球、秋甘蓝	抗TuMV
	惠丰5号	2007国鉴	早熟、圆球、秋甘蓝	抗TuMV
上海市农业科学院园艺研究所	沪甘2号	2003沪认	早熟、圆球、夏甘蓝	抗黑腐病和霜霉病
	早春6号	2004沪认	早熟、牛心形、越冬甘蓝	抗黑腐病
	争牛	2009沪认	早熟、牛心形、越冬甘蓝	抗黑腐病
东北农业大学	东农610	2001黑认	早熟、圆球、春甘蓝	抗TuMV和黑腐病
	东农611	2007黑登	中早熟、圆球、秋甘蓝	抗TuMV和黑腐病

"六五"期间，病毒病（主要是TuMV）危害较大，因此甘蓝的育种目标为单一TuMV抗性。截至目前，国内已报道育成一大批抗病毒病品种，成功控制了病毒病的危害，如中甘8号、中甘9号、秋甘4号、西园4号、秦甘80、苏甘8号、豫生1号、惠丰4号、东农610、秦菜3号等。

"七五"到"九五"期间，由于种植方式的变化和种植面积的扩大，造成黑腐病的传播和蔓延，因此甘蓝育种目标要求抗TuMV和抗黑腐病两种病害。现已育成一批抗黑腐病甘蓝品种，如中甘96、秋甘5号、西园4号、豫甘1号、惠丰3号、争牛和东农611等。张恩慧等（2001）利用苗期室内人工接种鉴定和田间自然诱发鉴定相结合的方法，筛选出TuMV、黑腐病、CMV三种病害抗源材料H8501和B8502，与其他8份优良抗病自交系杂交育成经济性状优良，并抗3种病害的甘蓝品种秦甘70。

"十五"开始，枯萎病传播至国内并迅速蔓延，造成重大危害，因此生产上要求甘蓝品种抗枯萎病，兼抗TuMV或黑腐病。中国农业科学院蔬菜花卉研究所在国内首次报道了抗枯萎病品种中甘96的选育成功，后来又有中甘18、中甘828等一批抗病品种的育成，并在生产上大面积推广应用。其他抗枯萎病品种还有秋甘5号、锦秋60等。这些品种在生产上大规模应用，显著减轻了枯萎病的危害。

"十一五"至今，根肿病在西南、东北等一些地区迅速蔓延，因此新的育种目标要求抗根肿病和其他至少一种主要病害。目前，甘蓝抗根肿病育种进展缓慢，仅有少数耐病扁球品种的报道，如西南大学育成的西园8号和西园10号，其中西园8号抗病毒病、中抗黑腐病、耐根肿病。

值得一提的是，目前各家单位育成的品种中，有不少已具有复合抗性（表 7 - 7）。抗两种主要病害的甘蓝品种有：抗病毒病兼抗黑腐病有中甘 9 号、秋甘 1 号、西园 4 号、秦甘 80、苏甘 8 号、豫生 1 号、惠丰 1 号、东农 610 等；抗病毒病兼抗枯萎病有中甘 18。抗三种主要病害及以上的有中甘 96、秋甘 5 号、西园 10 号、锦秋 60 等。

尽管国内甘蓝抗病育种研究早在"六五"期间就已经开始，并创制出不少抗性材料和育成一批抗性较强的品种在生产上推广应用，但从当前生产和市场需求看，我国的抗病育种工作与发达国家相比还存在一定的差距，国内的高抗黑腐病品种、抗根肿病品种、多抗品种仍较少。因此，在今后一段时间内，育种目标仍为培育高抗枯萎病且优质的品种，以及培育高抗黑腐病优质圆球形品种，初步培育一批抗根肿病品种，并进一步综合利用单倍体育种、标记辅助筛选、分子聚合育种等手段培育优质、多抗、适应性强的新品种。

◆ 主要参考文献

柴阿丽，李宝聚，石延霞，等，2021. 十字花科蔬菜抗根肿病鉴定技术规程：NY/T 3857—2021 [S]. 北京：中国农业出版社.

蔡岳松，童南奎，曲竹蓉，等，1990. 甘蓝品种（系）对芜菁花叶病毒和甘蓝黑腐病的抗性鉴定 [J]. 西南大学学报（自然科学版）（1）：19 - 21.

曹必好，宋洪元，雷建军，等，2002. 结球甘蓝抗 TuMV 相关基因的克隆 [J]. 遗传学报，29（7）：646 - 652.

崔继哲，1989. 甘蓝抗病毒病遗传的研究 [J]. 北方园艺（6）：1 - 5.

甘彩霞，余阳俊，袁伟玲，等，2016. 国内主要十字花科抗根肿病品种在湖北病区的表现 [J]. 中国蔬菜（6）：53 - 58.

高金萍，王超，刘英，2008. 结球甘蓝抗 TuMV 基因的 RAPD 和 SCAR 标记研究 [J]. 植物病理学报，38（5）：549 - 552.

胡靖锋，吴丽艳，林良斌，等，2010. 用菌土接种法鉴定云南省主要十字花科作物对根肿病的抗性 [J]. 中国蔬菜，1（14）：71 - 74.

姜明，赵越，颉建明，等，2011. 甘蓝抗枯萎病 SCAR 标记的开发 [J]. 中国农业科学，44（14）：3053 - 3057.

康俊根，田仁鹏，耿丽华，等，2010. 甘蓝抗枯萎病种质资源的筛选及抗性基因分布频率分析 [J]. 中国蔬菜，2：15 - 20.

孔枞枞，刘星，邢苗苗，等，2018. 甘蓝黑腐病和枯萎病兼抗材料的鉴定筛选 [J]. 中国蔬菜（6）：22 - 31.

孔枞枞，2019. 甘蓝黑腐病抗源筛选和抗性遗传分析及 QTL 定位 [D]. 北京：中国农业科学院.

孔枞枞，2022. 甘蓝黑腐病菌 1 号生理小种抗性基因的精细定位与分析 [D]. 北京：中国农业科学院.

李经略，干正荣，1994. 甘蓝对 TuMV 和黑腐病苗期兼抗性平行鉴定研究 [J]. 陕西农业科学（1）：19 - 21.

李经略，赵晓明，李惠兰，1990. 甘蓝苗期黑腐病菌致病性分化研究 [J]. 陕西农业科学（3）：26 - 27.

刘佳，冯兰香，蔡少华，等，1988. 结球甘蓝对 TuMV 和黑腐病的抗性鉴定 [J]. 植物保护，14（6）：9 - 11.

刘星，2020. 甘蓝抗枯萎病基因 FOC1 的功能解析及相关抗性因子挖掘 [D]. 北京：中国农业科学院.

吕红豪，方智远，杨丽梅，等，2011. 甘蓝枯萎病抗源材料筛选及抗性遗传研究 [J]. 园艺学报，38（5）：875 - 885.

宁宇，2019. 甘蓝根肿病抗源筛选、抗病 QTL 定位及抗性相关基因表达分析 [D]. 北京：中国农业科学院.

司军，李成琼，宋洪元，等，2009. 结球甘蓝对根肿病的抗性鉴定与评价 [J]. 西南大学学报（自然科学版），31（6）：26-30.

司军，李成琼，肖崇刚，等，2003. 甘蓝根肿病抗性遗传规律的研究 [J]. 园艺学报，30（6）：658-662.

孙超，马建，雷蕾，等，2016. 甘蓝种质资源根肿病抗性鉴定及 cra、crrla 同源基因分析 [J]. 植物遗传资源学报，17（6）：1058-1064.

王超，吴世昌，秦智伟，等，2000. 甘蓝苗期多抗性鉴定技术研究 [J]. 东北农业大学学报（2）：152-159.

王超，许蕊仙，秦智伟，1991. 甘蓝抗 TuMV 遗传规律的研究 [J]. 东北农业大学学报（4）：328-332.

王神云，吴强，王红，等，2016. 结球甘蓝根肿菌鉴定和种质抗性评价 [J]. 植物遗传资源学报，17（6）：1123-1132.

王晓武，1992. 甘蓝黑腐病抗性遗传分析 [D]. 北京：中国农业科学院.

王雪，2004. 结球甘蓝抗 TuMV 基因的 AFLP 标记研究 [D]. 武汉：华中农业大学.

许蕊仙，王超，秦智伟，等，1992. 甘蓝对芜菁花叶病毒（TuMV）和黑腐病的抗病性鉴定 [J]. 东北农学院学报（3）：235-237.

杨宇红，谢丙炎，冯兰香，等，2013. 甘蓝抗枯萎病鉴定技术规程：NY/T 2313—2013 [S]. 北京：中国农业出版社.

张恩慧，程永安，许忠民，等，2001. 甘蓝 3 种病害抗源筛选及抗病品种选育研究 [J]. 西北农林科技大学学报（自然科学版），29（6），30-33.

张恩慧，许忠民，程永安，等，2005. 甘蓝多抗性抗源筛选及抗病品种选配鉴定分析 [J]. 中国农学通报，21（10）：259-260.

张小丽，2017. 甘蓝类蔬菜抗根肿病基因定位、克隆及抗感材料比较转录组分析 [D]. 北京：中国农业科学院.

张小丽，李占省，方智远，等，2014. 青花菜与甘蓝近缘野生种 'B2013' 杂交后代对根肿病抗性的遗传分析 [J]. 园艺学报，41（11）：2225-2230.

张小丽，刘玉梅，方智远，等，2016. 青花菜及近缘种属种质资源抗根肿病鉴定 [J]. 植物遗传资源学报，17（6）：1106-1115.

Bain D, 1952. Reaction of *Brassica* seedlings to black rot [J]. Phytopathology, 42：497-500.

Bain D, 1955. Resistance of cabbage to black rot [J]. Phytopathology, 45：35-37.

Bosland P, Williams P, Morrison R, 1988. Influence of soil temperature on the expression of yellows and wilt of crucifers by *Fusarium oxysporum* [J]. Plant Disease, 72：777-780.

Bosland P, Williams P, 1988. Pathogenicity of geographic isolates of *Fusarium oxysporum* from crucifers on a differential set of crucifer seedlings [J]. Phytopathology, 123：63-68.

Burlakoti R, Chen J, Hsu C, et al., 2018. Molecular characterization, comparison of screening methods, and evaluation of cross - pathogenicity of black rot (*Xanthomonas campestris* pv. *campestris*) strains from cabbage, choy sum, leafy mustard, and pak choi from Taiwan [J]. Plant Pathology, 67：1589-1600.

Camargo L, Williams P, Osborn T, 1995. Mapping of quantitative trait loci controlling resistance of *Brassica oleracea* to *Xanthomonas campestris* pv. *campestris* in the field and green house [J]. Genetics, 85（10）：1296-1300.

Chai A, Xie X, Shi Y, et al., 2014. Special issue：research status of clubroot (*Plasmodiophora brassicae*) on cruciferous crops in China [J]. Canadian Journal of Plant Pathology. 36（1, SI）：142-153.

Chen G, Kong C, Yang L, et al., 2021. Genetic diversity and population structure of the *Xanthomonas*

campestris pv. *campestris* strains affecting cabbages in China revealed by MLST and rep - PCR based gen-
otyping [J]. Plant Pathology Journal, 37 (5): 476 - 488.

Chiang M, Crête R, 1970. Inheritance of clubroot resistance in cabbage (*Brassica oleracea* L. var. *capitata*
L.) [J]. Canadian Journal of Genetics and Cytology, 12 (2): 253 - 256.

Chiang M, Crête R, 1972. Screening crucifers for germ plasm resistance to clubroot *Plasmodiophora brassicae*
[J]. Canadian Plant Disease Survey, 52: 45 - 50.

Chiang M, Crête R, 1983. Transfer of resistance to race 2 of *Plasmodiophora brassicae* from *Brassica na-
pus* to cabbage (*B. oleracea* spp. *capitata*): V. The inheritance of resistance [J]. Euphytica, 32: 479 -
483.

Crisp P, Crute I, Sutherland R, et al. , 1989. The exploitation of genetic resources of *Brassica oleracea* in
breeding for resistance to clubroot (*Plasmodiophora brassicae*) [J]. Euphytica, 42: 215 - 226.

Crute I, Pink D, 1989. The characteristics and inheritance of resistance to clubroot in *Brassica oleracea*
[J]. Aspects of Applied Biology, 23: 57 - 60.

Dakouri A, Zhang X, Peng G, et al. , 2018. Analysis of genome - wide variants through bulked segregant
RNA sequencing reveals a major gene for resistance to *Plasmodiophora brassicae* in *Brassica oleracea*
[J]. Scientific Reports, 8 (1): 17657.

Dickson M, Hunter J, 1987. Inheritance of resistance in cabbage seedlings to black rot [J]. Hortscience,
22 (1): 108 - 109.

Diederichsen E, Frauen M, Linders E, et al. , 2009. Status and perspectives of clubroot resistance breed-
ing in crucifer crops [J]. Journal of Plant Growth Regulation, 28 (3): 265 - 281.

Grandclément C, Thomas G, 1996. Detection and analysis of QTLs based on rapd markers for polygenic
resistance to *Plasmodiophora brassicae* woron in *Brassica oleracea* L. [J]. Theoretical Applied Genet-
ics, 93 (1 - 2): 86 - 90.

Hansen M. 1989. Genetic variation and inheritance of tolerance to clubroot (*Plasmodiophora brassicae*
Wor.) and other quantitative character in cabbage (*Brassica oleracea* L.) [J]. Hereditas, 110: 13 -
22.

Hatakeyama K, Suwabe K, Tomita R, et al. , 2013. Identification and characterization of crr1a, a gene
for resistance to clubroot disease (*Plasmodiophora brassicae* Woronin) in *Brassica rapa* L. [J]. PLoS
One, 8 (1): 621 - 626.

Hatakeyama K, Niwa T, Kato T, et al. , 2017. The tandem repeated organization of NB - LRR genes in
the clubroot - resistant crb, locus in *Brassica rapa* L. [J]. Molecular Genetics Genomics, 292 (2):
397 - 405.

Hunter J, Dickson M, Ludwig J, 1987. Source of resistance to black rot of cabbage expressed in seedlings
and adult plants [J]. Plant Disease, 71 (3): 263 - 266.

Ignatov A, Kuginuki Y, Hida K, 1998. Race - specific reaction of resistance to black rot in *Brassica olera-
cea* [J]. European Journal of Plant Pathology, 104 (8): 821 - 827.

Jenner C, Walsh J, 1996. Pathotypic variation in Turnip mosaic virus with special reference to European
isolates [J]. Plant Pathology, 45: 848 - 856.

Jensen B, Sms M, Swai I, et al. , 2005. Field evaluation for resistance to the black rot pathogen *Xan-
thomonas campestris* pv. *campestris* in cabbage (*Brassica oleracea*) [J]. European Journal of Plant Pa-
thology, 113 (3): 297 - 308.

Kifuji Y, Hanzawa H, Terasawa Y, et al. , 2013. QTL analysis of black rot resistance in cabbage using newly developed EST – SNP markers [J]. Euphytica，190 (2)：289 – 295.

Kocks C，Ruissen M，1996. Measuring field resistance of cabbage cultivars to black rot [J]. Euphytica，91 (1)：45 – 53.

Kong C，Chen G，Yang L，et al.，2021. Germplasm screening and inheritance analysis of resistance to black rot in a worldwide collection of cabbage (*Brassica oleracea* var. *capitata*) resources [J]. Scientia Horticulturae，288：110234

Landry B，Hubert N，Crête R，et al.，1992. A genetic map for *Brassica oleracea* based on RFLP markers detected with expressed DNA sequences and mapping of resistance genes to race 2 of *Plasmodiophora brassicae* (Woronin) [J]. Genome，35：409 – 420.

Lee J，Izzah N，Jayakodi M，et al.，2015. Genome – wide SNP identification and QTL mapping for black rot resistance in cabbage [J]. BMC Plant Biology，15 (1)：32.

Lee J，Izzah N，Choi B，et al.，2016. Genotyping – by – sequencing map permits identification of clubroot resistance QTLs and revision of the reference genome assembly in cabbage (*Brassica oleracea* L.) [J]. DNA Research，23 (1)：29 – 41.

Lee J，Jo E，Jang K，et al.，2014. Evaluation of cabbage – and broccoli – genetic resources for resistance to clubroot and *Fusarium* wilt [J]. Research in Plant Disease，20 (4)：235 – 244.

Lema M，Velasco P，Soengas P，et al.，2012. Screening for resistance to black rot in *Brassica oleracea* crops [J]. Plant Breeding，131 (5)：607 – 613.

Liu X，Xing M，Kong C，et al.，2019. Genetic diversity，virulence，race profiling，and comparative genomic analysis of the *Fusarium oxysporum* f. sp. *conglutinans* strains infecting cabbages in China [J]. Frontiers in Microbiology，10：1373.

Liu X，Zhao C，Yang L，et al.，2020. A time – resolved dual transcriptome analysis reveals the molecular regulating network underlying the compatible/incompatible interactions between cabbage (*Brassica oleracea*) and *Fusarium oxysporum* f. sp. *conglutinans* [J]. Plant soil，448：455 – 478.

Lv H，Yang L，Kang J，et al.，2013. Development of indel markers linked to *Fusarium* wilt resistance in cabbage [J]. Molecular Breeding，32 (4)：961 – 967.

Lv H，Fang Z，Yang L，et al.，2014. Mapping and analysis of a novel candidate *Fusarium* wilt resistance gene FOC1 in *Brassica oleracea* [J]. BMC Genomics，15 (1)：1094.

Manzanares – Dauleux M，Baron F，Thomas G，2000. Evaluation of French *Brassica oleracea* landraces for resistance to *Plasmodiophora brassicae* [J]. Euphytica，113：211 – 218.

Melvin E，1933. *Fusairum* resistance in Wisconsin Hollander cabbage [J]. Journal of Agricultural Science，47 (9)：639 – 661.

Moriguchi K，Kimizuka – Takagi C，Ishii K，et al.，1999. A genetic map based on RAPD，RFLP，isozyme，morphological markers and QTL analysis for clubroot resistance in *Brassica oleracea* [J]. Breeding Science，49 (4)：257 – 265.

Nagaoka T，Doullah M，Matsumoto S，et al.，2010. Identification of QTLs that control clubroot resistance in *Brassica oleracea* and comparative analysis of clubroot resistance genes between *B. rapa* and *B. oleracea* [J]. Theoretical and Applied Genetics，120：1335 – 1346.

Nieuwhof M，Wiering D，1962. Clubroot resistance in *Brassica oleracea* L [J]. Euphytica，11：233 – 239.

Ning Y，Wang Y，Fang Z，et al.，2018. Identification and characterization of resistance for *Plasmodiophora brassicae* race 4 in cabbage (*Brassica oleracea* var. *capitata*) [J]. Australasian Plant Pathology，47 (5)：531 – 541.

Nomura K, Minegishi Y, Kimizuka - Takagi C, et al. , 2005. Evaluation of F$_2$ and F$_3$ plants introgressed with QTLs for clubroot resistance in cabbage developed by using SCAR markers [J]. Plant Breeding, 124: 371 - 375.

Nyalugwe E, Barbetti M, Jones R. 2015. Studies on resistance phenotypes to Turnip mosaic virus, in five species of Brassicaceae, and identification of a virus resistance gene in *Brassica juncea* [J]. European Journal of Plant Pathology, 141 (4): 647 - 666.

Pang W, Liang Y, Zhan Z, et al. , 2020. Development of a sinitic clubroot differential set for the pathotype classification of plasmodiophora brassicae [J]. Frontiers in Plant Science, 11: 568 - 771.

Peng L, Zhou L, Li Q, et al. , 2018. Identification of quantitative trait loci for clubroot resistance in *Brassica oleracea* with the use of *Brassica* SNP microarray [J]. Frontiers in Plant Science, 9: 822.

Pink D, Walkey D, 1990. Resistance to turnip mosaic virus in white cabbage [J]. Euphytica, 51 (2): 101 - 107.

Pound G, Walker J, 1945. Differentiation of certain crucifer viruses by the use of temperature and host immunity reactions [J]. Journal of Agricultural Science, 71: 255 - 278.

Pu Z, Shimizu M, Zhang Y, et al. , 2012. Genetic mapping of a *Fusarium* wilt resistance gene in *Brassica oleracea* [J]. Molecular Breeding, 30: 809 - 818.

Ramirez - Villupadua J, Endo R M, Bosland P, et al. , 1985. A new race of *Fusarium oxysporum* f. sp. conglutinans that attacks cabbage with type A resistance [J]. Plant Disease, 69: 612 - 613.

Rocherieux J, Glory P, Giboulot A, et al. , 2004. Isolate - specific and broad - spectrum QTLs are involved in the control of clubroot in *Brassica oleracea* [J]. Theoretical Applied Genetics, 108 (8): 1555 - 1563.

Saha P, Kalia P, Sonah H, et al. , 2014. Molecular mapping of black rot resistance locus Xca1bo on chromosome 3 in Indian cauliflower (*Brassica oleracea* var. *botrytis* L.) [J]. Plant Breeding, 133 (2): 268 - 274.

Schwelm A, Fogelqvist J, Knaust A, et al. , 2015. The *Plasmodiophora brassicae* genome reveals insights in its life cycle and ancestry of chitin synthases [J]. Scientific Reports, 5: 11153 - 11165.

Shimizu M, Pu Z, Kawanabe T, et al. , 2015. Map - based cloning of a candidate gene conferring *Fusarium yellows resistance* in *Brassica oleracea* [J]. Theoretical and Applied Genetics, 128 (1): 119 - 130.

Tonu N, Doullah M, Shimizu M, et al. , 2013. Comparison of positions of QTLs conferring resistance to *Xanthomonas campestris* pv. *campestris* in *Brassica oleracea* [J]. American Journal of Plant Sciences, 4 (8): 11 - 20.

Ueno H, Matsumoto E, Aruga D, et al. , 2012. Molecular characterization of the CRa gene conferring clubroot resistance in *Brassica rapa* [J]. Plant Molecular Biology, 80 (6): 621.

Vicente J, Conway J, Roberts S, et al. , 2001. Identification and origin of *Xanthomonas campestris* pv. *campestris* races and related pathovars [J]. Phytopathology, 91: 492 - 499.

Vicente J, Taylor J, Sharpe A, et al. , 2002. Inheritance of race - specific resistance to *Xanthomonas campestris* pv. *campestris* in *Brassica* genomes [J]. Phytopathology, 92 (10): 1134 - 1141.

Voorrips R, Jongerious M, Kanne H, 1997. Mapping of two genes for resistance to clubroot (*Plasmodiophora brassicae*) in a population of doubled haploid lines of *Brassica oleracea* by means of RFLP and AFLP markers [J]. Theoretical and Applied Genetics, 94: 75 - 82.

Voorrips R, Kanne H, 1997. Genetic analysis of resistance to clubroot (*Plasmodiophora brassicae*) in *Brassica oleracea*: I. Analysis of symptom grades [J]. Euphytica, 93: 31 - 39.

Walker J, 1930. Inheritance of *Fusarium* resistance in cabbage [J]. Journal of Agricultural Science, 40: 721 - 745.

Walkey D，Neely H，1980. Resistance in white cabbage to necrosis caused by turnip and cauliflower mosaic viruses and pepper‐spot [J]. Journal of Agricultural Science，95：703‐713.

Walkey D，Pink D，1988. Reactions of white cabbage (*Brassica oleracea* var. *capitata*) to four different strains of *Turnip mosaic virus* [J]. Annals of Applied Biology，112 (2)：273‐284.

Walsh J，Jenner C，2002. *Turnip mosaic virus* and the quest for durable resistance [J]. Molecular Plant Pathology，3 (5)：289‐300.

Williams P，Staub T，Sutton J，1972. Inheritance of resistance in cabbage to black rot [J]. Phytopathology，62：247‐252.

Yoshikawa H，1983. Breeding for clubroot resistance of crucifer crops in Japan [J]. Japan Agricultural Research，17：6‐11.

Zhu M，Yang L，Zhang Y，et al.，2022. Introgression of clubroot resistant gene into *Brassica oleracea* L. from *B. rapa* based on homoeologous exchange [J]. Horticulture Research，9：195.

（庄木　吕红豪　曾爱松）

第八章

甘蓝生物技术育种

.... [中 国 结 球 甘 蓝]

生物技术育种是指利用遗传学、细胞生物学、分子生物学等方法原理，培育生物新品种的过程，主要包括细胞工程育种、分子育种、基因工程育种等。根据育种技术发展历程大致可分为 4 个阶段：原始驯化选育（1.0 版）、杂交育种（2.0 版）、分子育种（3.0 版）和智能分子设计育种（4.0 版）（美国科学院院士 Edwards Buckler 于 2018 年提出）。其中，智能分子设计育种是当今最前沿的技术，是育种的未来方向。

利用生物技术育种可以提升食物供给、节约土地、提高作物竞争力。推进生物育种产业化，把产品研发从以产量为核心转向优质、高效的多元化发展，是顺应食物结构调整、满足人民生活水平提高后新需求的关键。当前，新兴学科高度交叉，前沿技术深度融合，重大理论与技术创新不断涌现，生物技术育种的内涵不断扩展，其关键核心技术如全基因组选择、基因编辑和合成生物等前沿新兴技术发展势头强劲，正在孕育和催生新一轮农业科技与新兴产业革命。

甘蓝的生物技术育种比大田作物起步晚，但发展较快。目前在甘蓝育种上应用的生物技术主要有细胞工程育种、分子标记辅助育种、基因工程育种等技术。我国甘蓝的生物技术育种起步于 20 世纪 70～80 年代，以组织培养、原生质体融合、花药/小孢子培养为代表的生物技术率先兴起，对甘蓝亲本材料纯化、杂交育种体系的建立、外源优异基因导入发挥了至关重要的作用。90 年代，以基因工程、分子标记辅助育种为代表的生物技术开始建立，对甘蓝遗传改良发挥了重要作用。目前甘蓝生物技术育种处于杂交育种（2.0版）到分子育种（3.0 版）的过渡阶段，细胞工程育种技术发展趋于成熟和稳定，分子育种技术处于快速发展阶段，特别是 2014 年甘蓝基因组测序的完成以及后续参考基因组版本升级，大大促进了分子标记、基因工程等技术的发展。

第一节　细胞工程育种

细胞工程育种是指在细胞水平上，基于现代细胞生物学、发育生物学、遗传学和分子生物学的理论与方法所进行的遗传操作，改变生物体的结构和功能，并通过细胞融合、组织和细胞培养等方法，快速繁殖和培养出所需要的新材料的生物工程技术。细胞工程技术应用于甘蓝育种具有缩短育种或繁殖周期、创造丰富遗传变异等突出优势，是甘蓝品种改良中应用比较成熟的生物技术。甘蓝细胞工程育种主要包括双单倍体培养、组织培养和胚培养、原生质体融合等技术。

一、双单倍体育种

双单倍体育种是指利用植物组织培养等技术产生单倍体（haploid）后，进行人工或自然染色体加倍，形成纯合二倍体植株的育种方式。传统的育种方法周期长，需耗费大量的人力物力才能得到稳定自交系，而通过双单倍体育种技术可在 1～2 代内获得纯合的育种材料，大大缩短育种周期。该育种技术的关键是单倍体植株的获得。自 1964 年 Guha 对曼陀罗花粉进行培养首次在离体条件下获得单倍体以来，科研和育种工作者已在多种植物中研发了人工诱导单倍体植株的方法。

甘蓝的单倍体培养方法包括体外（in vitro）培养（花药培养、游离小孢子培养）和体内（in vivo）诱导。甘蓝花药培养在 20 世纪 70～80 年代获得突破，而小孢子培养直到 1989 年才取得成功（Lichter，1989）。此后，花药培养以及小孢子培养成为了双单倍体育种的两种重要手段，在甘蓝育种及相关应用基础研究中得到广泛利用；而体内诱导技术在近几年已取得重要突破，具有较好的应用前景。

（一）甘蓝体外单倍体培养

1. 花药培养 甘蓝花药培养基本流程如下：取 3.5～4.5mm 长的花蕾，分别用 70% 酒精和 0.1% $HgCl_2$ 溶液灭菌，用无菌水冲洗干净，置于已灭菌的滤纸上；取出花药，接种到已配制好的培养基上（通常为 B5＋13% 蔗糖＋0.5g/L 活性炭固体培养基），封口后立即进行高温热激（约 33℃）、黑暗培养 24～48h，再转入 25℃ 条件下暗培养；当诱导得到的胚状体长大到子叶态时，转入含 2.0% 蔗糖和 0.1mg/L 6－BA 的 B5 固体培养基上，诱导胚状体分化，形成再生植株。小孢子处于单核靠边期是花药培养的最佳时期，可以通过镜检或按花瓣与花药的长度比来挑选适合花药培养的花蕾，这是花药培养能否成功的一个先决条件。一般而言，在自然条件下植株开花早期温度适宜，处于单核靠边期的小孢子比例会高一些，而到末花期温度高，小孢子发育的同步性更差，因此应尽量在开花早期、盛花期进行花药培养，在末花期进行花药培养的效果不理想。在温度预处理方面，35℃ 热激处理 24h 比处理 48h 的出胚率更高，4℃ 低温预处理也能起到与热激处理相似的效果；在培养基对花药培养的影响方面，B5 培养基可直接诱导出胚状体，而在 MS 培养基上多产生愈伤组织（Lillo & Hansen，1987；Roulund 等，1991；Górecka，1997；张恩惠等，2006）。培养基的碳源方面，使用 13% 蔗糖比 10% 蔗糖的胚胎诱导频率更高（Chiang 等，1985；Roulund 等，1990）。此外还发现添加 2mg/L $AgNO_3$ 能提高胚状体诱导频率。花药培养中多采用激素组合，如 2，4－D＋NAA（陈世儒等，1991）、2，4－D＋KT（张恩慧等，2006）。

2. 游离小孢子培养 甘蓝小孢子培养主要包括取材、小孢子游离、小孢子培养等步骤。基本流程如下：取 3～3.5mm 长的花蕾，用 70% 酒精灭菌 30s，再用 7% 次氯酸钠灭菌 10～12min，无菌水清洗干净；将灭菌的花蕾放入玻璃试管内，加入少量灭菌过的 B5 培养基，研磨使小孢子游离出来，经 45μm 孔径的尼龙网过滤到离心管中；再添加适量 B5 培养基，离心后弃上清液，加入适量灭菌的 NLN 培养基悬浮小孢子，调整小孢子浓度为 $1×10^5$ 个/mL；将小孢子悬浮液分装入培养皿中，加入适量活性炭，封口后高温热激（32～33℃）、黑暗培养 24h，随后转入 25℃条件下暗培养；约培养 21d 后，小孢子出胚。相比花药培养，小孢子培养涉及小孢子的游离环节，要求的技术相对复杂一些（图 8-1，图 8-2）。花药培养存在来自花药壁的影响，容易形成体细胞植株的混杂，而小孢子培养则可消除这个不利因素，另外，小孢子培养比花药培养效率高，因此得到非常广泛的应用。自 1989 年 Lichter 成功得到了甘蓝游离小孢子再生植株后，各国学者陆续开展了对结球甘蓝小孢子培养影响因素以及加倍频率等方面的研究（Takahata 等，1991；Duijs 等，1992；Rudolf 等，1999；严准等，1999；苏贺楠等，2018）。影响小孢子培养成胚的因素主要包括基因型、取蕾时期、活性物质等，其中供体植株的基因型对小孢子胚胎发生的影响最大。供体基因型方面，祁魏峥等（2015）研究发现圆球、早熟、春甘蓝品种易出胚，而扁球、中熟或晚熟以及越冬甘蓝不易出胚，再生植株的自然加倍率会因基因型的不同而有较大差异。苏贺楠等（2018）研究发现 25 份不同类型的结球甘蓝，仅有 11 份可诱导出胚，杂交种中甘 628 的出胚率（19.8 个/蕾）最高，而在高代自交系中 01-88 出胚率（47.5 个/蕾）最高，极显著高于其他参试材料。取样时期方面，最适于进行培养的时期是小孢子单核靠边期或双核早期，对应花蕾大小在 3.0～4.5mm 之间。与花药培养类似，一般是初花期或盛花前期取材较好，推测是因为前期温度较低，花蕾发育一致性较好（严准等，1999；方淑桂等，2005）。另外，花蕾位置对小孢子培养效果可能也有影响（汤青林等，2000）。游离小孢子通常需要进行预处理，利用逆境来改变花粉发育途径，诱导胚胎形成。预处理有低温、高温、糖饥饿和秋水仙素等，目前广泛应用的是高温热激。苏贺楠等（2018）发现黑暗条件下 32℃热激 1d 是甘蓝小孢子胚诱导的最佳条件。培养基方面，普遍都是用 NLN 进行悬浮培养，以 13% 的蔗糖为碳源，一般不添加激素（Duijs 等，1992；Rudolf 等，1999；严准等，1999；杨丽梅等，2003）。在培养基中添加一些活性成分物质有助于提高小孢子的产胚能力。培养基中通常添加 0.5～1g/L 的活性炭，苏贺楠等（2018）认为浓度 0.5g/L 效果最好，这可能与活性炭吸附培养过程中的部分有害物质有关。曾爱松等（2013）认为在 B5 培养基中添加 5mg/L $AgNO_3$ 时，有助于甘蓝小孢子胚的诱导。也有研究发现当培养基中添加 10mg/L 的阿拉伯半乳聚糖或阿拉伯半乳糖蛋白、10～50mg/L 秋水仙碱和 0.1mg/L TDZ 有利小孢子出胚和获得双单倍体植株（张恩慧，2016）。

我国科研工作者在甘蓝花药和游离小孢子培养技术体系建立方面已经取得了较大进展，在加速甘蓝新品种培育、DH 群体构建等方面发挥了重要作用，但仍存在一些问题，如还有一部分难诱导的材料，其小孢子胚植株再生频率低或者完全无法诱导，限制了该技术在甘蓝育种进程中的应用。

（二）甘蓝体内单倍体/双单倍体诱导

1922 年 Guha 首次在曼陀罗中发现天然单倍体（体内自发形成）。随着单倍体技术的不断发展，至今已获得上百种植物单倍体，成为当前植物领域的一大研究热点。体内单倍体/双单倍体诱导途径包括自发形成、辐射花粉诱导、种间杂交或远缘杂交诱导、单倍体诱导系诱导等方法。

甘蓝体内单倍体诱导技术于近几年才开始出现，成都市农林科学院 Fu 等（2018）获得了两个人工合成的八倍体油菜（AAAACCCC，$2n=8x=76$）Y3560 和 Y3380，发现其

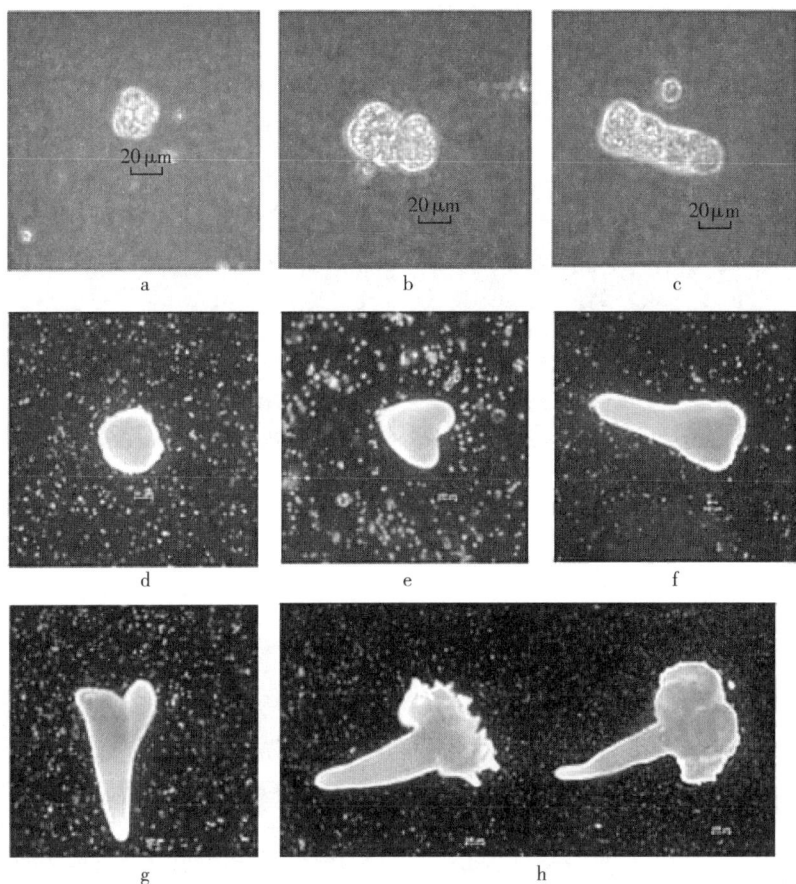

图 8-1 甘蓝小孢子分裂和胚状体发育阶段（Mineykina 等，2021）

a. 小孢子培养的第 1 次分裂（3d）　b. 培养 10d 的小孢子细胞分裂情况　c. 悬索状结构　d. 处于
球形发育阶段的胚状体　e. 处于心形阶段的胚状体　f. 处于鱼雷形阶段的胚状体　g. 早期子叶
阶段　h. 具有各种形态的长满子叶的胚状体

对甘蓝、油菜、白菜等多种芸薹属作物具有双单倍体诱导功能。在甘蓝中的应用方法为：以 Y3560 或 Y3380 作为父本、待诱导材料为母本进行授粉，收获种子后进行播种、鉴定。该方法在实际应用过程中也存在一些难点，Y3560 或 Y3380 与甘蓝属于不同的种，杂交结实率极低，授粉工作量大；另外，由于预期获得的植株为 DH，一旦授粉、收获种子过程中出现母本自交、接受外来其他花粉、种子机械混杂等情况，在后代中难以鉴别，因此无法在当代确定是否为真实 DH 植株，需自交一代后进行鉴定，工作量大。

中国农业科学院蔬菜花卉研究所 Zhao 等（2022）利用基因编辑技术首次创制了甘蓝单倍体诱导系 boc 03. dmp9。以该系作为父本与不同背景的甘蓝材料杂交，后代中可产生一定比例的单倍体，诱导率为 0.41%～2.35%（图 8-3）。产生的单倍体可通过表型、倍性、分子标记等方法进行鉴定。该体内诱导方法不受基因型的限制，具有较好的应用前景，但诱导效率仍有待提高。

图 8-2 甘蓝小孢子胚状体及其再生植株

(袁素霞等, 2010)

图 8-3 利用甘蓝单倍体诱导系 *boc 03.dmp9* 诱导产生的单倍体

H. 单倍体 D. 双单倍体 (Zhao 等, 2022)

(三) 单倍体培养在甘蓝育种上的应用

单倍体培养在甘蓝上的应用之一就是快速获得纯系, 提高新品种的培育效率, 缩短育种周期。河南农业科学院园艺研究所张晓伟等 (2001, 2008) 利用游离小孢子培养技术获得 C57-11、C95-16、CF-4、CH81 等优良甘蓝纯系, 并育成甘蓝新品种豫生 1 号和豫生 4 号。中国农业科学院蔬菜花卉研究所杨丽梅等 (2003) 通过小孢子培养获得了 4 个纯合自交系, 以其试配的 3 个杂交组合具有较好的农艺性状。自 2005年以来, 中国农业科学院蔬菜花卉研究所、西北农林大学等单位通过小孢子培养获得了一批新的优良 DH 系, 如叶色绿、中心柱短的 DH811, 耐寒性强、晚熟扁圆球形的DH07-329, 耐寒性强、晚熟圆球形的 DH07-338, 球色绿、耐裂性强的 DH181, 球色绿、株型直立的 D77 和 D83 等。其中，D83 田间表现中早熟，株型半直立，开展度中等，外叶绿，蜡粉少；叶球绿，圆形，中心柱短。利用育成的优良 DH 系，育成了优良的中甘 27、中甘 28、富绿、秦甘 1652 等甘蓝新品种并通过新品种登记（吕红豪等，2022）。

在实际应用过程中，利用 F$_1$ 代进行双单倍体培养获得的很多 DH 系的综合性状并不优良，特别是在 DH 系群体数量小的情况下，要获得优良的 DH 系非常困难。因此在双单倍体育种过程中，需要扩大 DH 群体株系数量，或者在 F$_1$ 代自交后经过 2～3 代田间选择（如 F$_3$、F$_4$ 代）再用于单倍体培养，可以大大提高目标性状的选择效率，且能避免大量 DH 系的田间筛选工作。

双单倍体的另一个应用是构建 DH 群体，用于遗传连锁图谱构建和重要农艺性状的定位。如中国农业科学院蔬菜花卉研究所甘蓝课题组采用中甘 18 进行小孢子培养构建了包含近 200 个 DH 系的群体（吕红豪，2011），用于枯萎病抗性、叶色、球宽、球高、单球重等重要农艺性状的定位。DH 群体是永久性作图群体，可以反复使用，重复试验，因此特别适合于 QTL 定位的研究，缺点是经小孢子培养形成的 DH 群体易出现偏分离现象。

在甘蓝中，尽管花药培养和游离小孢子培养技术已取得了较大的进展，但是目前还有很多问题有待进一步解决。在基础理论研究方面，人们对甘蓝出胚率的调控因素进行了初步研究。Ji 等（2023）利用 DH 群体进行出胚率分析和遗传连锁分析，发现甘蓝的小孢子胚胎发生能力遗传机制复杂，是由多个基因控制的数量性状，并在 3 号染色体发现了控制甘蓝出胚性状的主效 QTL，目前诱导胚胎形成的机制尚未明确，有待更深入、细致的研究。实际应用方面还存在胚胎诱导频率和优良 DH 系选择效率不高、难出胚基因型等障碍问题。花药培养和小孢子培养技术严重受基因型的影响，许多基因型很难诱导出胚，如果想利用这些资源材料中的优异性状，一方面可采用杂交的方法，将易出胚基因转移到难出胚基因型中，提高难出胚基因型的出胚率（Rudolf 等，1999）。但也会转入易出胚基因型的其他一些不良性状，降低了目的基因型出现的频率。另一方面是继续改良难出胚基因型的培养条件或预处理方式，从而启动胚状体发育途径。甘蓝杂交种中甘 8 号属于难出胚基因型，通过改变 pH 值（6.4）、添加 MES ［2 -（N - molpholino) ethanesulfonic acid］和 AGP（arabinogalactan - protein）可大大提高中甘 8 号的出胚率（Yuan 等，2012）。

相比于花药培养和游离小孢子培养，体内单倍体诱导体系操作简便、不受基因型限制，未来有望取代传统的小孢子培养，成为主流的 DH 育种技术。此外，体内单倍体诱导体系具有一些独特的作用：单倍体诱导系 boc03. dmp9 及 DH 诱导系 Y3560 和 Y3380，均是诱导母本大孢子（雌配子）产生单/双单倍体，对甘蓝显性核基因雄性不育育种体系的利用有很大的帮助，既可通过体内诱导显性核基因雄性不育杂合材料产生纯合显性雄性不育系，也可直接诱导纯合显性雄性不育系，实现以种子的形式保存和繁殖；Y3560 和 Y3380 诱导体则可以与基因编辑相结合，对定向改良优良材料有较好的应用价值（Li 等，2021）。

二、组织培养与胚培养

（一）组织培养

组织培养是指将植物组织（如叶片、茎段、根尖等）经过一系列处理（如无菌处理、切片、植入培养基等）后置于体外环境下，让其进行生长、分化和发育的过程。从 20 世纪 80 年代开始，国内相关育种单位开展了组织培养的研究工作，主要进行了外植体类型、分化培养基、生根培养基、防止褐化等方面的研究，并建立起了甘蓝组织培养体系。甘蓝组织培养基本流程包括：①外植体灭菌（无菌培养的组织可省略此步骤）：通常先使用 75% 乙醇灭菌，再使用 10% 次氯酸钠溶液或 0.1% $HgCl_2$ 灭菌，之后无菌水清洗干净。②组织培养：将外植体切成小段/块，插入或平放于培养基中进行培养，包括愈伤组织分化、长苗和生根培养过程，大多数体系均以 MS 培养基为基础，添加 3% 蔗糖，0.7% 琼脂，激素 6 - BA、IAA（或 NAA）、2，4 - D（激素浓度视不同培养过程进行调整），pH 约 5.8（金波等，1982；章志强等，1991），培养条件多为 16h 光照/8h 黑暗，光照强度 1 500～3 000lx，温度（26±2）℃。

在甘蓝育种过程中，有些种子或植株数量较少的珍贵材料，常常因为种种原因而丢失，使育种工作受到影响，而通过组织培养可以保存或扩繁重要育种材料。在春甘蓝育种过程中，5～6 月选择的优异材料需要留种，可以通过组培将材料保存至 9 月份，然后将组培苗移栽后在冬季通过低温春化。另外，远缘杂交后代通常表现是高度不育的，可采用组培保存下来，以满足进一步的试验需要。组培扩繁通常采用的是花茎培养，优点是分化快、繁殖系数高，1 棵种株经过 68d 的培养可获得幼苗近 5 000 株（金波等，1982）。在甘蓝显性核基因雄性不育系的利用过程中，纯合不育株无法通过种子繁殖，但通过组培每年可以繁殖上万株，可满足大规模显性雄性不育制种的需要（方智远等，2004）。显性雄性不育材料的组培繁殖体系如下：每年 4～5 月，取纯合雄性不育株侧芽，清洗后，用 75% 酒精和 10% 次氯酸钠溶液依次进行消毒杀菌，移到 MS 培养基（加激素 6 - BA 和 NAA）上进行分化培养，培养温度（25±0.5）℃，光照强度 1 500～2 000lx，12～14h，约 1 个月继代一次；基部会分化长出较多新的芽，长度达 2cm 以上时，可切下来进行培养、扩繁；9 月上旬，将扩繁的组培苗进行生根培养，约 20d 后，长出发达的根系，将其移植到营养土中，成活后定植到阳畦或温室，经过低温春化后第 2 年 3～4 月开花。

（二）胚培养

胚培养是指将植物受精后未成熟胚放置于含有营养物质的培养基中，通过调节培养基的组成和培养条件，使其生长、分化和发育的过程。甘蓝胚培养流程如下：取授粉后一段时间的种荚，用 70% 乙醇灭菌 30s，再用 7% 次氯酸钠溶液或 1% $HgCl_2$ 灭菌 15min，用无菌水清洗干净后，将甘蓝种荚放置于无菌滤纸上，用灭菌后的镊子将幼胚剥出接种于 B5 固体培养基上进行培养；也可以先将种荚培养一段时间，再将幼胚从种荚中剥离出来放置 B5 固体培养基上，置于温度（24±2）℃、光照周期 16h/d、光照强度 2 000lx 环境下培养。待胚珠形成的幼苗长达 1～2cm 时，将其切下进行常规组织培养。

甘蓝育种中胚培养多应用于克服远缘杂交障碍。远缘杂交可以突破种属界限，扩大遗传变异，从而创造新的种质资源。但远缘杂交普遍存在早期胚败育现象，很难或无法得到杂交种子。而采用幼胚培养，将败育之前的幼胚从母体剥离出来，进行离体培养可提高胚成活率，达到远缘杂交的目的。胚培养几乎与组织培养一样，于20世纪80年代开始得到甘蓝育种者们的研究和重视，在杂交后幼胚发育形态、授粉后接种时间、接种培养基成分、杂交后代的形态特征及育性等方面陆续取得了进展。胚培养受多种因素的影响，如远缘杂交不同组合取材时间，激素、糖类物质、活性炭不同比例或浓度，光照时间，培养温度等。胚的发育不仅受基因型的影响，而且不同材料在不同时间、不同天气条件取材接种，取材时的胚龄（胚发育期的长短）都是不同且具有较大差异，进而影响胚挽救的成效（出胚率、出苗率）。Tukey（1993）指出胚挽救的最佳时期是培养发育接近完全的胚珠期，在胚得到最大程度发育但还未发生败育之前接种最易获得成功，取材时间太早、太迟都不恰当。因此，研究胚败育的过程、根据各品种的胚珠发育状况、确定胚珠接种的最佳时期是胚挽救成功的前提，掌握最佳的接种时期是提高胚珠培养成功率的关键因素之一。综合已发表的结果，多数是于授粉后10d取子房进行离体培养，子房离体培养10d后再剥胚培养。

另一方面，植物激素几乎参与植物生长发育过程中所有生理过程的调节。胚胎的败育也受激素的调控，选择合适的激素配比是胚挽救成功的关键环节（Li et al.，2013）。胚挽救一般分两个过程进行，即胚萌发阶段和成苗培养阶段，不同阶段的培养，选用的激素类型及配比不同。在植物组织培养中，生长素和细胞分裂素的相互作用维持一种平衡，对细胞的分裂增生和发育起着重要作用。一般认为，GA_3可促进胚早期萌发，适量的IAA、IBA可促进根生长，过量致使幼苗发育不良。ABA能打破胚珠休眠，使胚尽早萌发。KT可诱导细胞分裂，提高胚的生存机会。此外研究表明NAA、6-BA激素的使用对离体子房和胚珠的发育与形成能起到很好的促进作用（杨红丽等，2022）。因此，激素种类及激素浓度配比的选择，在胚挽救中对胚的发育、萌发及成苗至关重要。此外，合适的温度、pH值及适量的光照都是胚挽救成功的重要条件。酚类物质在培养过程中容易发生褐变，影响幼胚的发育与萌发，在培养基中添加适量的活性炭能够减少组织褐变现象的发生，促进幼胚的正常生长发育。通过胚培养，已获得了白菜与甘蓝（Nishi等，1959；Inomata，1981；冯午等，1981；Wei等，2019）（图8-4）、萝卜与甘蓝（金波等，1982；方智远等，1983）、甘蓝与菜心（梁红等，1994）、白菜型油菜与甘蓝（张国庆等，2005）的远缘杂种植株。

胚培养在甘蓝育种上的应用主要是通过远缘杂交导入近缘种或属间的优异基因。最典型的例子就是，法国凡尔赛植物育种试验站的Bannerot等（1974）通过反复开放授粉结合胚培养的方法，属间杂交将萝卜细胞质雄性不育性状（Ogura，1968）转移到甘蓝中，并进行了不同甘蓝材料的转育。但后来的研究结果表明，该不育系表现出低温（15℃以下）黄化（Bannerot等，1977）、蜜腺发育不完全或花蜜分泌少（Mesquida和Renard，1978）、低叶绿素含量（Rousselle，1982）等不良性状。经过多个材料筛选均无法改变这种不良性状，使得该不育系无法在生产上加以利用（Bannerot等，1977）。中国农业科学院蔬菜花卉研究所最初引进的Ogura CMS $R_1$409就是这种类型（Dickson，

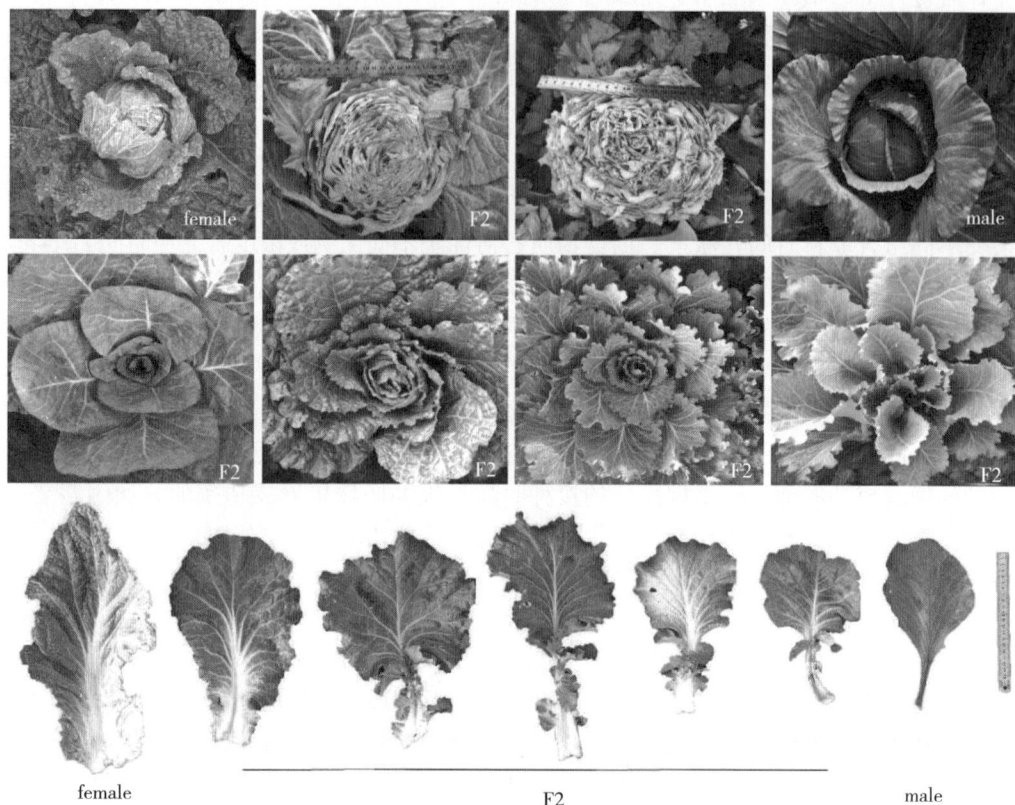

图 8-4　甘蓝-白菜远缘杂交亲本及后代表型
（Wei 等，2019）

1985；方智远等，2001）。鉴于属间有性杂交后代的胞质均为萝卜 Ogura 胞质，不良性状的产生是由于异源胞质和甘蓝核基因的不协调造成的，所以很多学者提出采取原生质体非对称融合，将部分 Ogura 萝卜胞质替换为甘蓝胞质来解决低温黄化、低叶绿素含量的问题。

　　另外一个成功的应用是创制 Ogura 胞质不育（Ogura CMS）的恢复系。中国农业科学院蔬菜花卉研究所 Yu 等（2016，2017，2020）利用含有 Rfo 育性恢复基因的甘蓝型油菜与 Ogura CMS 芥蓝远缘杂交，将甘蓝型油菜中的 Rfo 育性恢复基因导入到芥蓝中，再经过与甘蓝进行多代回交、标记筛选、育性和细胞学观察，获得了结实性正常、育性稳定恢复、形态与甘蓝一致，染色体数为 18 条（$2n=18$）的甘蓝 Ogura CMS 育性恢复材料。Ren 等（2020）利用创制的甘蓝 Rfo 育性恢复系，通过育性恢复—胞质替换两步法，恢复了 Ogura CMS 抗根肿病材料的育性，获得了含有 CRb 根肿病抗性基因的正常胞质甘蓝可育材料，试配的杂交组合在重庆武隆疫区表现抗根肿病（图 8-5，图 8-6）。中国农业科学院蔬菜花卉研究所 Zhu 等（2022）通过甘蓝×白菜远缘杂交，将根肿病抗性基因 CRa、CRb 和 $Pb8.1$ 初步导入甘蓝中，获得 BC_2 代单株，含 CRa 的植株表现出根肿病抗性。

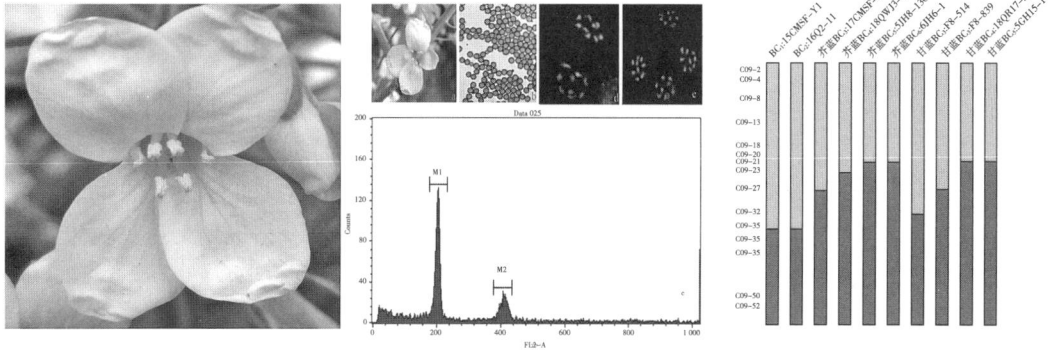

图 8-5 创制的 Ogura CMS 育性恢复材料 18QR17-216
（Yu 等，2017）

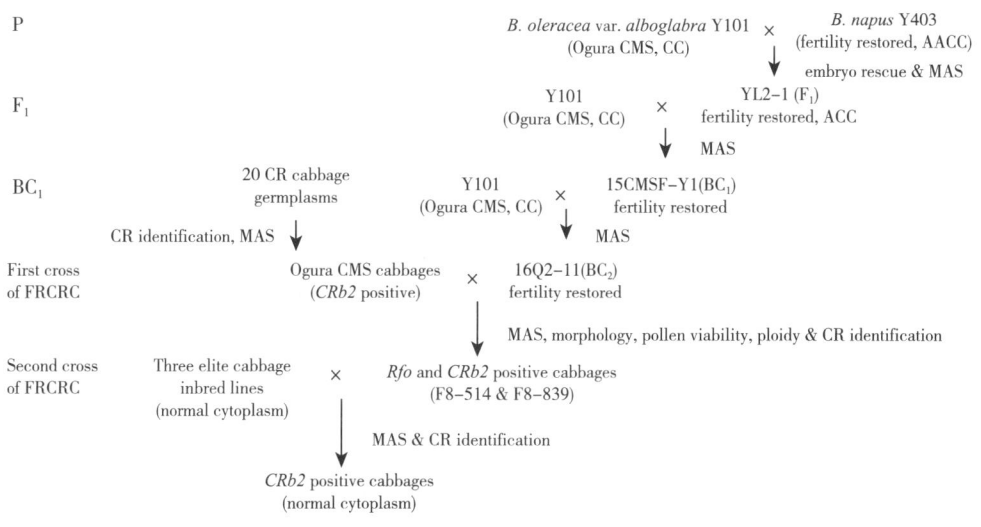

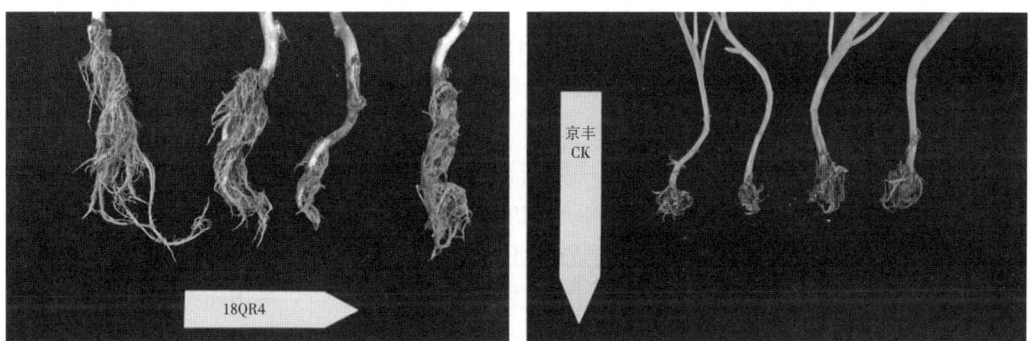

图 8-6 甘蓝 Ogura CMS 恢复系的创制、抗根肿不育材料育性
恢复技术路线及抗根肿材料 18QR4 的表现
（Ren 等，2020）

三、原生质体培养及融合

原生质体培养是一种利用细胞中的原生质体进行体外培养和操作的技术。远缘杂交能在一定程度上突破种属界限，但仅限于亲缘关系不太远的物种。而有些资源亲缘关系远，无法通过胚培养获得杂交后代。因此原生质体融合就成为转移属间目标性状的重要手段，在20世纪80年代后期至90年代初，甘蓝与萝卜原生质体融合获得成功并得到再生植株。此外，原生质体还是基因遗传转化、瞬时表达的良好受体。

甘蓝原生质体分离培养流程如下：

（1）无菌苗的培养　将甘蓝种子进行消毒，置于无激素的MS培养基上培养无菌苗。

（2）原生质体游离　以下胚轴或子叶作为外植体，通常采用酶解法进行原生质体游离（酶解液为含一定浓度的纤维素酶和果胶酶的CPW溶液，加入甘露醇作为渗透压调节剂，MES作为pH稳定剂，pH约5.6）。将外植体材料切碎后，加入CPW溶液处理0.5～1h，使其质壁分离，再使用酶解液处理，在黑暗条件下震荡培养。

（3）原生质体收集和纯化　将酶解后的材料经尼龙膜过滤，除去残渣，离心后用CPW溶液悬浮，轻铺于含21%蔗糖的溶液，离心使溶液分层，在CPW溶液与蔗糖溶液的中间出现一个原生质体带，吸取原生质体至新的离心管中，加入YP培养基（改良B5培养基）。

（4）原生质体培养　调整原生质体密度至$0.5 \times 10^5 \sim 5 \times 10^5$个/mL之间，选择合适的培养方式进行培养，常用的有液体浅层培养、固液双层培养和固体包埋培养，10d后将培养液渗透压逐渐降低，3～4周后出现微愈伤，将培养皿移到弱光下培养。

（5）植株再生　待微愈伤生长至1mm大小，进行常规组织培养，约4周后，愈伤组织分化出芽。

吕德扬等于1982年以基因型Greyhound的子叶为材料，在甘蓝上进行游离原生质体培养并获得成功。之后陆续以甘蓝的根（Xu等，1982）、真叶（Bidney等，1983；傅幼英等，1985）和下胚轴（Lillo等，1986；钟仲贤等，1994）等外植体为材料获得了再生植株。甘蓝原生质体培养多采用下胚轴或子叶为材料；酶解时的纤维素酶浓度一般为1%～2%，果胶酶浓度为0.5%～1.0%；培养基以MS和B5培养基为基础的改良培养基，如KM8p和NT培养基等，pH为5.6～5.8；以糖为渗透压稳定剂和碳源，常用的有甘露醇、山梨醇、蔗糖和葡萄糖；培养方法主要有液体浅层培养和琼脂糖包埋培养；培养密度一般在$5 \times 10^4 \sim 1 \times 10^5$个/mL；一般是经细胞团发育形成愈伤组织，再分化出芽长成植株。

原生质体融合是不同基因型的原生质体不经过有性杂交，在一定条件下融合创制杂种的过程。通常在原生质体分离的基础上，进行原生质体融合，常用的方法有聚乙二醇（PEG）法和电融合法，融合完成后进行原生质体培养和植株再生。Schenck等（1982）采用PEG法获得甘蓝与白菜的体细胞杂种。之后各国学者在提高异核体的融合率、选择和鉴别融合体方法、提高体细胞杂种愈伤组织的植株再生频率方面进行了研究。Toriyama等（1987）用15mmol碘乙酰胺处理甘蓝原生质体，使它的细胞核钝化，再利用白菜原生质体再生能力差的特性进行互补选择，结果体细胞杂种率提高到50%。随后相继获得了甘蓝和白菜（Schenk 等，1982；Terada 等，1987）、甘蓝和芜菁（Tered 等，1987）、甘蓝和 *Moricandia arvensis*（Toriyama 等，1987）、甘蓝和萝卜（Kemeya 等，1989）的体细胞杂种植株。

目前，原生质体培养及融合在甘蓝育种中的应用有以下两个典型例子。

（一）属间或种间优异性状的转移

甘蓝育种经常面临种质资源遗传背景狭窄的问题，而原生质体融合则是拓宽遗传背景的一个有效手段。如甘蓝中缺乏一些病（虫）害的抗源，即使个别品种有一定的抗性，其抗性水平也比较低。但在属间或种间常常有很好的抗源，传统的育种方法无法克服有性杂交的不亲和性，很难利用这些抗源。Scholze 等（2010）用 PEG 法将芸薹属其他种中的特异抗病基因转移到甘蓝中，包括抗黑斑病（*Alternaria brassicicola*）、抗根肿病（*Plasmodiophora brassicae*）、抗黑胫病（*Phoma lingam*）等。

（二）甘蓝 Ogura 细胞质雄性不育的改良

有性杂交后代的细胞质都是由母本提供的，因此采用常规的杂交不能获得胞质杂种。由于甘蓝 Ogura CMS R_1 是通过常规杂交转育得到的，细胞质全部为萝卜胞质，转到甘蓝中后具有低温黄化、叶绿素含量低等缺陷，因此许多学者试图通过原生质体融合创造胞质杂种，既要将萝卜胞质不育留下来，又要尽量减少萝卜胞质的比例，从而避免甘蓝细胞核和萝卜细胞质间的不协调。

康奈尔大学的 Walters 等（1992）采用 Ogura CMS $R_1$7642A 和花椰菜保持系 NY3317 的原生质体进行非对称融合获得了体细胞融合植株，成功将原不育系的萝卜叶绿体与保持系花椰菜的叶绿体进行重组整合，克服了低温黄化及低叶绿素含量的问题，然后再进行变种间材料的有性杂交转育。中国农业科学院蔬菜花卉研究所引进的改良萝卜胞质不育材料 Ogura CMS $R_2$9551、Ogura CMS $R_2$9556）属于这种类型（方智远等，2001）。虽然其转育后代解决了低温下叶色黄化、叶绿素含量低的问题，并在转育后代中筛选出几份开花结实性状较好的不育系，但经多代回交后，不育系配制的 F_1 代杂种优势弱，植株生长势减弱，雌蕊畸形花朵数、畸形种荚数较多，应用有局限性。推测可能由于其萝卜胞质仍在融合植株中占较大比例，影响了进一步的应用。

Asgrow 公司（1994 年被 Seminis 收购）在 Walters 等（1992）融合的 Ogura CMS 材料基础上，以青花菜自交系 BR206 和不育系 Ogura CMS BR362 进行原生质体非对称融合。因为 Ogura CMS 的叶绿体已和花椰菜叶绿体重组过（Walters 等，1992），因此这次融合主要针对的是线粒体。融合后获得了 2 个既有很好的雄性不育性又有很好的雌蕊结构的不育源：998.5 和 930.1。通过 RFLP 技术鉴定发现，融合再生植株线粒体发生了重组，在保证雄性不育性状不丢失的前提下减少了萝卜线粒体的所占比例。以这 2 个不育源对不同甘蓝材料进行转育，包括自交系 C44、C45、C517、C80、C631、C916 等。中国农业科学院蔬菜花卉研究所 1998 年引进的 Ogura CMS R_3 625、Ogura CMS $R_3$629 即属于这种类型。这种新改良的 Ogura 胞质不育系在低温下叶色不黄化、植株生长势正常、开花结实及配合力均较好，有较好的应用前景（方智远等，2001）。方智远等（2004）以改良萝卜胞质甘蓝不育系 Ogura CMS R_3 为不育源，优良稳定自交系为保持系，育成了 10 余个应用前景较好的甘蓝细胞质雄性不育系，其中的 CMS 7014、CMS 87 - 534、CMS 96 - 100 - 312 具有优良的经济性状，且不育性稳定，目前已配制出优良早熟秋甘蓝新品种中甘 22（方智远等，2003）、早熟春甘蓝新品种中甘 192（庄木等，2010）、抗枯萎病秋甘蓝品种中甘 96（杨丽梅等，2011）等品种。

Chen 等（2021）通过对细胞器 DNA 进行测序，发现了比 Ogura CMS R₃ 异源胞质更少的改良不育源 Bel CMS，其线粒体异源比例仅占 8.93%。采用这个不育材料已开始对优异不育材料的转育工作。此外，Harn 等（2013）申请了采用原生质体非对称融合从萝卜中导入 NWB CMS 不育源的专利（专利号 KR2013/000448），进一步丰富了甘蓝不育源。

第二节　甘蓝基因组作图与测序

基因组作图（genome mapping；genomic mapping）是确定标记或基因在构成基因组的各条染色体上的位置，以及染色体上各个界标或基因之间的相对距离，绘制遗传连锁图或物理图。基因组图谱常用作基因定位、辅助组装物理基因组草图。甘蓝基因组作图始于 20 世纪 90 年代，图谱中与关键性状紧密连锁的分子标记可用于辅助育种，但最初的基因图谱由于选用的遗传分离群体不同，以及缺乏物理图谱，难以进行整合利用。随着测序技术的进步和甘蓝基因组草图的公布，甘蓝基因组作图迅速发展，成为重要基因挖掘、分子标记辅助育种的重要基础手段。

全基因组测序（whole genome sequencing，WGS）是将一个生物的基因组完整（或接近完整）测序的流程，最早被测序完成的生物为流感嗜血杆菌（1995）。2014 年科研人员完成首个基于第 2 代测序技术的甘蓝基因组测序和组装，随后利用二代和三代测序技术，完成了对现有基因组的升级以及新基因组的测序。

一、细胞核基因组的遗传作图

甘蓝是由 C 基因组组成的二倍体植物（CC）。在 20 世纪 20～30 年代，Morinaga（1929，1934）通过细胞学研究推测 3 个染色体数目较少的二倍体物种黑芥（*B. nigra*，$n=8$）、甘蓝（*B. oleracea*，$n=9$）和白菜（*B. rapa*，$n=10$）为芸薹属的 3 个基本种，并用 A、B、C 分别表示白菜（AA，$2n=20$）、黑芥（BB，$2n=16$）和甘蓝（CC，$2n=18$）的基因组。3 个基本种在自然条件下互相杂交和自然加倍，从而形成了甘蓝型油菜（*B. napus*：AACC，$2n=38$）、芥菜型油菜（*B. juncea*：AABB，$2n=36$）和埃塞俄比亚芥（*B. carinata*：BBCC，$2n=34$）3 个四倍体复合种，这就是著名的"禹氏三角"。

利用分子标记进行遗传作图发展迅速，分子标记技术从 RFLP（restriction fragment length polymorphism）、RAPD（random amplification of polymorphic DNA）、AFLP（amplified fragment length polymorphism）发展到 SSR（simple sequence repeat）、InDel（insertion/deletion）、SNP（single nucleotide polymorphism），图谱的密度也在不断提升。前期的遗传图谱大多使用的是 RFLP、RAPD、AFLP 分子标记，SSR 标记使用较少，并且构建的遗传图谱在覆盖长度与分子标记密度上也参差不齐。最早的图谱是 Slocum 等（1990）利用结球甘蓝和青花菜变种间杂交获得的 F₂ 群体，构建的包含 258 个

RFLP 标记、覆盖长度 820 cM 的遗传图谱。Kinanian 和 Quiros 等（1992）构建了一个包括 102 个标记，分布在 11 个连锁群上，覆盖 747cM 的甘蓝图谱。Landry 等（1992）构建的甘蓝图谱包括 201 个 RFLP 标记，分布在 9 个连锁群上，覆盖 1 112cM。Voorrips 等（1997）利用 92 个 RFLP 和 AFLP 标记，以包含 107 个系的甘蓝 DH 群体，构建甘蓝遗传图谱，覆盖基因组总长度为 615cM。Cheung 等（1997）利用 AFLP、RAPD、SCAR 和 STS 共 310 个标记构建的甘蓝遗传图谱，覆盖基因组 1 606cM，标记间的平均间距仅为 5cM。Camargo 等（1997）对甘蓝和青花菜杂交的 F_2 群体作图，构建了一个含有 117 个 RFLP 和 47 个 RAPD 标记的连锁图谱，分布在 9 个连锁群上，覆盖 921cM，并将自交不亲和基因定位在第 2 连锁群上。Hu 等（1998）通过 AFLP 分子标记方法，对甘蓝 F_2 群体的 69 个单株进行标记，构建了一张分布在 9 个连锁群、覆盖 1 738cM、含有 175 个 RFLP 标记的遗传图谱。陈书霞等（2002）以芥蓝 C100 - 12×甘蓝秋 50 - Y7 的 F_2 群体为基础，用 96 个 RAPD 标记构建了芥蓝×甘蓝的 RAPD 标记连锁图，覆盖基因组总长度约为 555.7 cM，在所构建的 9 个主要的连锁群中，发现了 2 对共分离的 RAPD 标记。胡学军、邹国林（2004）以两个不同生态型甘蓝品种杂交得到的 F_2 代为作图群体，选取 111 个 RAPD 引物对群体进行分析，构建了一张含有 135 个标记位点、9 个连锁群、覆盖 1 023.7cM 的分子连锁图。

近十多年来，SSR、InDel、SNP 标记快速应用于遗传图谱的构建。Gao 等（2007）利用 F_2 群体和 1 257 个 SRAP、SNP 分子标记构建的遗传图谱，覆盖长度达到 703cM，利用该遗传图谱，发现抗霜霉病基因 *BoDM1* 和 *BoGSL - Elong* 紧密连锁，为抗病基因的标记开发提供参考。Wang 等（2012）利用 DH 作图群体，构建了包括 1 227 个 SSR 与 SNP 分子标记、覆盖长度为 1 197.9cM 的遗传图谱，该图谱的完成也有力辅助了第 1 个甘蓝参考基因组 02 - 12 的组装。陈登辉等（2018）利用 126 个重组自交系组成的作图群体，将 387 个分子标记定位到 9 个连锁群中，覆盖长度 838cM，标记间平均间距 2.2cM，利用该高密度遗传图谱，将与控制抽薹时间有关的 QTL（*qbt - 2 - 2*）定位在 8 号染色体上，贡献率为 9.1%，加性效应为 −1.23。Lv 等（2014）利用骨干亲本 01 - 20 与 96 - 100 构建的 DH 群体，利用重测序开发的 InDel 和 SSR 标记构建了覆盖长度 934.06cM 的遗传连锁图，标记间平均间距 2.3cM，利用该遗传连锁图谱鉴定了 13 个和甘蓝叶球成熟期、球重、中心柱长、叶球纵径和中心柱长/叶球纵径的 QTL。李幸（2019）采用 GBS 技术构建了高密度甘蓝遗传连锁图谱，筛选到 694 883 个可用于遗传图谱构建的 SNP 标记，利用滑动窗口法获得 1 465 个 bin 标记，构建的甘蓝高密度遗传连锁图谱总长度 1 285.77cM，平均两相邻 bin 标记之间的遗传距离为 0.88cM，利用该遗传连锁图谱检测到 7 个控制产量相关性状的 QTL。

二、细胞核基因组测序

2002 年在美国加利福尼亚州立大学戴维斯分校举行了十字花科植物遗传学会（Crucifer Genetics Workshop）第 12 届会议，会上韩国代表 YongPyo Lim 教授和美国代表 Chris Town 博士分别介绍了他们启动白菜和甘蓝基因组测序的工作。随后，在英国 Ian Bancroft 和 Graham King 博士的倡议下，各国科学家决定联合开展"国际芸薹属基因组项目"（Multinational Brassica Genome Project，MBGP），并由英、美、加、德、法、澳、韩和中等国科学家组成，但进展十分缓慢。2005 年后，国际上推出了以 Solexa、Roche 454 和 SoliD 等高通量测序仪为代表的第 2 代测序技术，DNA 测序技术的数据产出能力呈指数增长，测序成本则直线下降。2014 年中国科学家通过 Illumina、Roche 454 和 Sanger 测序技术，完成了甘蓝"02－12"的基因组草图，参考基因组大小为 514.4Mb，N50 contig 为 28.3kb，测序数据中共注释了 4.57 万个基因（Liu 等，2014）（基因组网址：http：//brassicadb. cn/♯/）。该草图为国际首个甘蓝基因组，其成功组装加速了甘蓝分子标记开发、基因定位、全基因组关联分析、组学研究等，辅助定位并克隆了首个甘蓝抗枯萎病基因 *FOC 1*，甘蓝隐性蜡质缺失（亮绿）基因 *Bocer 1*、*Bocer 2*、*Bocer 4*，甘蓝黄绿叶色基因 *Boygl－1*、*Boygl－2*，花瓣黄色基因 *BolC cpc－1* 等（吕红豪，2014；Liu et al.，2017；Ji et al.，2018，2021；张斌，2020；韩风庆，2016），大大加速了甘蓝分子育种进程。

2020 年中国农业科学院蔬菜花卉研究所利用三代测序技术 PacBio 结合高通量染色体构象捕获（Hi－C）技术，完成了圆球甘蓝 D134（Lv 等，2020）（基因组网址http：//www. bogdb. com/genome/round _ cabbage）和 JZS v2（Cai 等，2020）（基因组网址 http：//brassicadb. cn/♯/）的基因组测序，基因组大小分别为 529.9Mb 和 561.16Mb，N50 contig 分别为 3.5 Mb 和 2.4 Mb。在 JZS v2 基因组中，鉴定出了 5.9 万个蛋白编码基因，比"02－12"基因组中的基因数目多了 1.3 万个，而且 JZS v2 的重复元件序列（269.66 Mb）也比"02－12"基因组中长了 47 Mb（图 8－7），极大提高了甘蓝基因组的质量。此外，通过对 D134 和 02－12 基因组序列比对，鉴定了 2 057 052 个 SNPs 和 434 689 个 InDels 标记（图 8－8）。

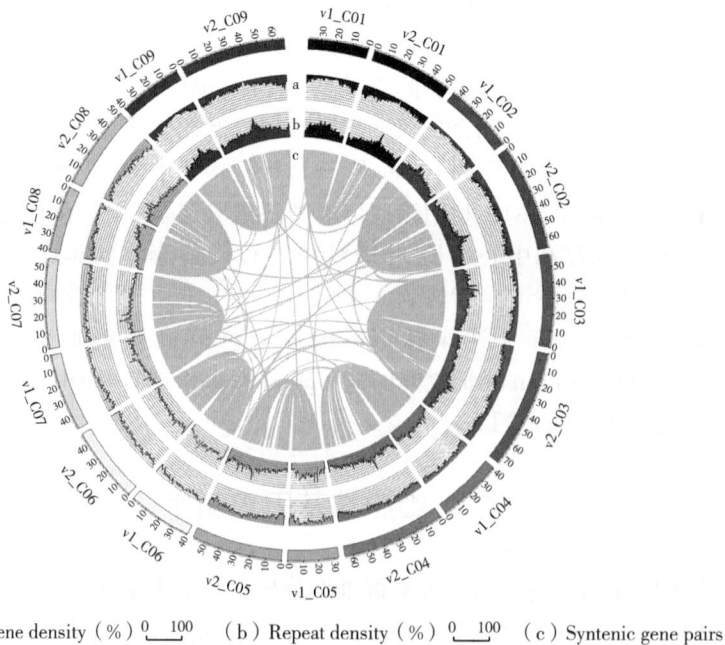

（a）Gene density（%）0 100　　（b）Repeat density（%）0 100　　（c）Syntenic gene pairs

图 8－7　组装完成的结球甘蓝 JZS v2 基因组

（Cai 等，2020）

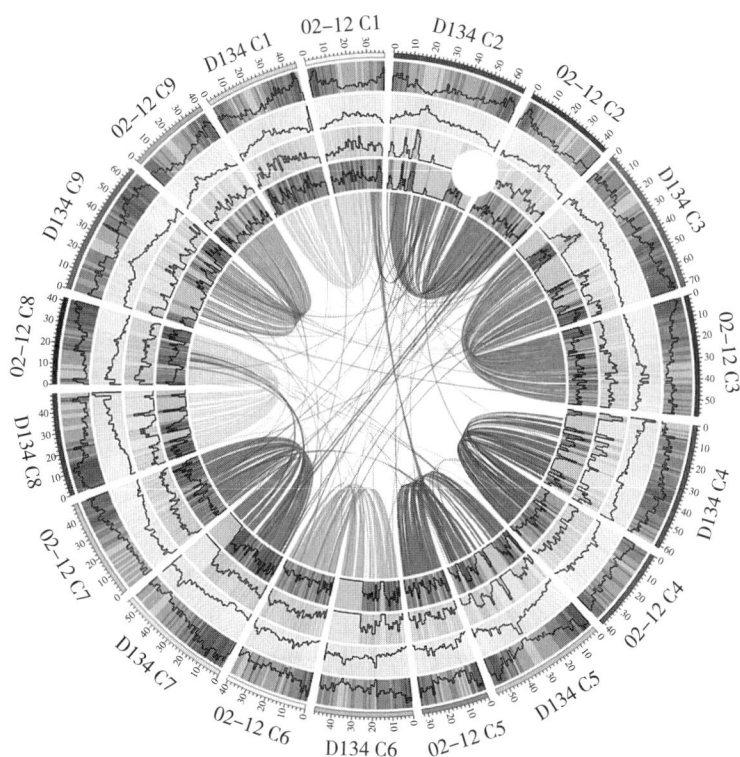

图 8-8　组装完成的结球甘蓝 D134 基因组

(Lv 等，2020)

2021 年 Guo 等（2021）也利用 PacBio 长读取技术和高通量染色体构象捕获（Hi-C）技术，对尖球甘蓝 OX-heart_923 进行了基因组测序，产生约 70.0 Gb 的 PacBio 序列，覆盖约 120 倍的 OX-heart 基因组，其估计大小为 587.7Mb。用 PacBio 从头组装成 contig，使用 PacBio 长序列和 Illumina 短序列（每个样本约 100Gb）校正组装的 contig 中的错误。用 242.2 GB 的 BioNano 光学图谱数据和 Hi-C 数据分别对 OX-heart 进行辅助组装，最终组装得到的 OX-heart 的基因组 contig 个数为 973 个，累计长度为 565.4Mb，N50 大小为 3.10Mb。这些参考序列将为甘蓝的基因组研究和重要性状的基因克隆提供重要的资源。

由于基因组结构变异，代表单个个体基因组的参考序列无法获得该物种中所有基因。Golicz 等（2016）对 10 个甘蓝材料进行测序，组装获得了甘蓝泛基因组，基因组大小587Mb，包含 61 379 基因。通过对甘蓝泛基因组的分析表明，近 20% 的基因受结构（存在/缺失）变异的影响，并与多个主要农艺性状相关，包括抗病性、开花时间、芥子油苷代谢和维生素生物合成等性状。Bayer 等（2019）利用甘蓝泛基因组对抗病基因进行分析，发现抗病候选基因的存在与否因品系而异，SNP 和结构变异是抗病候选基因多样性的主要因素，确定了 59 个与菌核病、根肿病和枯萎病抗性 QTL 相关的候选基因，对于甘蓝抗病育种具有重要价值。

Cheng 等（2016）构建了甘蓝群体基因组变异图谱，确定了一大批与甘蓝叶球形成相关的基因组信号和相关基因，发现叶球的形成与多种植物激素信号传导相关基因以及叶片背性和腹性两类不同极性形成的基因受高度选择相关。此外，Zhang 等（2022）通过结球甘蓝转录组测序发现大量的植物激素、激酶及其他调控基因在该时期特异上调表达，向内卷曲的结球叶也在该时期内开始出现，进一步研究发现该转变期的启动受温度调控，而且大白菜和甘蓝在结球转变期上存在着趋同驯化。这两个关于叶球形成的研究案例表明，通过组学测序结果，可以挖掘参与重要性状调控的关键基因或模块，为今后设计育种提供依据。

三、线粒体和叶绿体基因组测序

叶绿体和线粒体是高等植物细胞中重要的半自主细胞器，拥有独立遗传物质和遗传体系（Dyall 等，2004）。研究表明，叶绿体和线粒体除了负责光合作用和呼吸作用之外，还与种子含油量、耐冷性、性别分化等性状有关（Levi 等，2006；Ali 等，2014；Liu 等，2019）。叶绿体和线粒体基因组是保证其行使正常生理功能的最重要的分子基础。此外，线粒体基因组的重排是导致细胞质雄性不育的主要原因，因此，获得完整、准确的叶绿体和线粒体基因组序列，解析其遗传信息，对作物遗传进化、物种鉴定、杂交育种等具有重要意义（朱强龙，2018）。

（一）线粒体基因组

植物的线粒体基因组在大小和结构上都是高度可变的分子（Bock & Knoop，2012）。例如芸薹属作物的线粒体基因组在 200 kb 左右（Qiao 等，2020），而圆锥麦瓶草（Silene conica）的线粒体基因组高达 11.3 Mb（Sloan 等，2012），但线粒体基因组的大小与其编码基因的数量没有线性关系。除此之外，植物线粒体基因组具有复杂的结构，主要是由于频繁的重组事件和基因间的重排导致的（Davila 等，2011；Guo 等，2016），大量的重复序列以及细胞核和叶绿体来源的插入片段，使得植物线粒体基因组的测序组装比较困难（Sang 等，2019）。近几年，随着测序技术的不断发展，高质量的植物线粒体基因组也越来越多地被发布。

Cheng 等（2011）对野生甘蓝品种"08C717"的线粒体基因组进行了测序，最终组装成一个单环的线粒体基因组（GenBank：NC_016118.1），大小为 360 271bp，CG 含量 45.20%。整个基因组共包含 95 个已知基因，其中蛋白编码基因 56 个、rRNA 基因 4 个、tRNA 基因 35 个，总的基因长度占基因组序列的 31.20%。其大小比其他芸薹属作物大很多是因为存在一个 141.8kb（R2）的重复。除此之外，野生甘蓝的线粒体基因组中还存在 3.6kb（R1）和 2.4kb（RB）两个大片段重复（图 8-9）。串联重复序列在线粒体基因组中普遍存在，野生甘蓝线粒体基因组中有 33 个串联重复序列，大小主要在 11～40bp（96.97%），串联重复的拷贝数主要为 2.0～3.0 个（90.91%）。

Tanaka 等（2014）对结球甘蓝栽培种 Fujiwase 的线粒体基因组进行了测序（GenBank：AP012988.1），基因组被组装成一个 219 952bp 的环状序列（图 8-9），CG 含量为 45.2%。该基因组共包含 54 个已知基因，其中 34 个蛋白质编码基因、3 个 rRNA 基因和 17 个 tRNA 基因。由于缺少一个大的重复序列（140kb），Fujiwase 的线粒体基因组明显小于野生甘蓝"08C717"（Chang 等，2011）。在这两种线粒体类型中，除了 cox2-2，所有的基因都是相同的，cox2-2 只存在于 Fujiwase 中。通过对重复序列的比对分析发现至少有两个重复序列的重排事件导致了两种线粒体类型之间的结构差异。

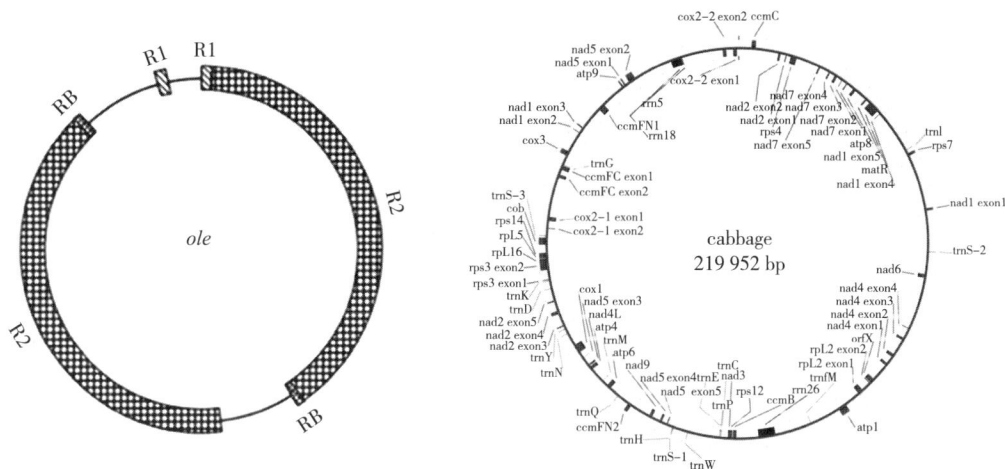

图 8-9　野生甘蓝"08C717"线粒体基因组（左：Chang 等，2011）和结球
甘蓝栽培种 Fujiwase 的线粒体基因组（右：Tanaka 等，2014）

Yang 等（2018）对结球甘蓝自交系"4119"的线粒体基因组进行了测序（GenBank：KU831325.1），组装成大小为 219 975bp 的环状线粒体结构，CG 含量为 45.25%。该基因组包含 34 个蛋白质编码基因、3 个 rRNA 基因和 19 个 tRNA 基因。该基因组同样存在一个 2.4 bp 的大重复序列，同时存在 101 个串联重复序列，串联重复序列的大小在 8～24bp。该基因组与其他几个已知甘蓝类作物线粒体基因组相比存在明显的结构变异，可能是重复序列引起的重组造成的。

Zhong 等（2021）对甘蓝保持系 R2P2 和 Ogura 不育系 R2P2CMS 的完整线粒体基因组进行了测序和组装（图 8-10），结果发现保持系和 Ogura CMS 甘蓝的基因组大小分别为 219 962bp 和 236 648bp。通过共线性分析发现，Ogura CMS 甘蓝线粒体基因组有 5 个特异的区域，与保持系线粒体基因组不同源。特异区域总长度为 25 125bp，占线粒体基因组总长度的 10.6%。通过 BLASTN 比对发现，特异序列与萝卜品种 MS Gensuke（AB694744）的线粒体序列具有高度相似性。表明甘蓝不育系 R2P2CMS 最初可能是由甘蓝材料与 Ogura 型萝卜品种"MS Gensuke"通过原生质体融合和属间杂交重组产生的。

Chen 等（2021）对改良的甘蓝 Ogura CMS R₃进行了线粒体基因组测序，发现经过原生质体非对称融合得到的不育源，其线粒体为双环结构，且含有来自萝卜线粒体的 9 个特异异源区段，总长度为 35 618bp，占线粒体基因组的 13.84%（图 8-11）。针对这 9 个特异区段开发了 32 对异源线粒体 PCR 标记，可以实现异源胞质的快速检测。采用这些标记从 305 份引进材料中筛选到了新的胞质不育源 Bel CMS，其异源线粒体长度为

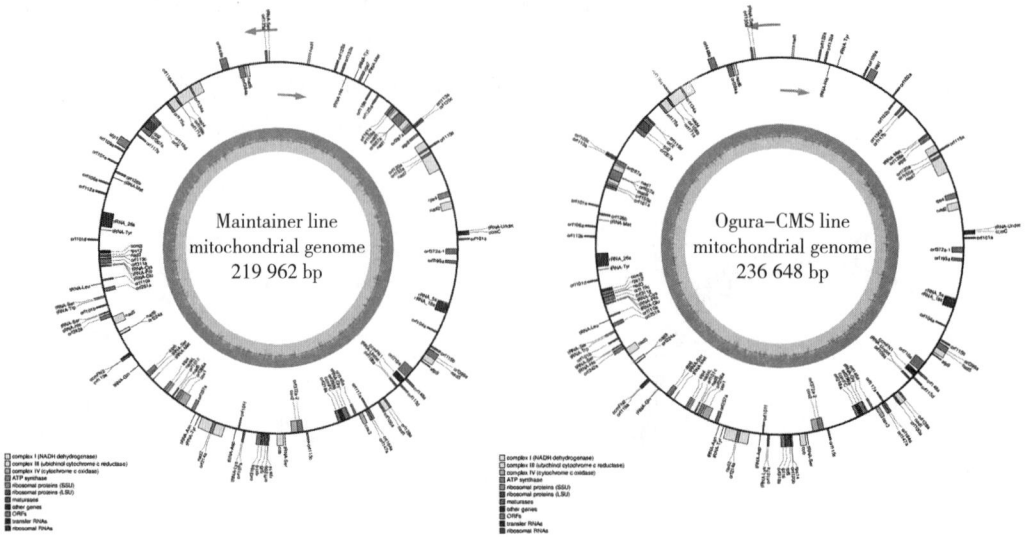

图 8-10　甘蓝保持系 R2P2 和 Ogura 不育系 R2P2CMS 的线粒体基因组图谱

（Zhong 等，2021）

21 587bp，占线粒体基因组的 8.93%。有趣的是，Ogura CMS 典型的不育基因 *orf138* 被 Bel CMS 里的 *orf112* 取代，DNA 水平上少了 78 个碱基，蛋白质水平上少了 26 个氨基酸。

Zhong 等（2022）对甘蓝 C5 型细胞质雄性不育系的完整线粒体基因组进行了测序和组装。比较表明，C5 型 CMS 的线粒体基因组很可能是通过与 nap 型 CMS 重组产生的。该线粒体基因组大小为 221 862bp，共鉴定出 67 个未知功能开放阅读框（ORF），其中特异性鉴定出 7 个 orf，分别为 *orf114a*、*orf123a*、*orf188a*、*orf222a*、*orf261a*、*orf286a* 和 *orf322a*。这些候选 CMS 基因的存在通过影响能量代谢相关基因的转录水平和 F_1F_0-ATP 合成酶组装来降低 ATP 酶活性和 ATP 含量。酵母双杂交分析表明，ORF222a 蛋白在 F_0 型 ATP 合成酶组装过程中与油酸杆菌 ATP17 同源物（Bo7g114140）相互作用，降低了组装的 F_1F_0-ATP 合成酶的数量和活性。这可能是导致 C5 型 CMS 花粉败育的原因。

通过对 Ogura 细胞质雄性不育材料进行多组学分析，法国农业、食品与环境研究院（INRAE）Jean-Pierre Bourgin 研究所的王传德博士等（2021 年）在 PNAS 发表了题为 *The radish Ogura fertility restorer impedes translation elongation along its cognate CMS-causing mRNA* 的研究论文，率先明确解释了 Ogura 细胞质雄性不育的育性恢复分子机制，育性恢复 PPR-B 蛋白特异结合在线粒体不育基因 *orf138* 的编码区内，抑制了 *orf138* mRNA 翻译延伸，降低 Orf138 蛋白含量，从而使育性恢复。

（二）叶绿体基因组

研究表明，高等植物的叶绿体基因组（cpDNA）结构简单，尺寸小（100~300kb），基因含量和基因组结构相对稳定，几乎没有重组（Dong 等，2014）。但在进化时间的标度上，不同和相近支系上的叶绿体基因组之间会存在一定幅度的变异，比如基因和内含子的获得与丢失、反向重复区的扩张和收缩、序列插入缺失的发生、微卫星序列变异、单核苷

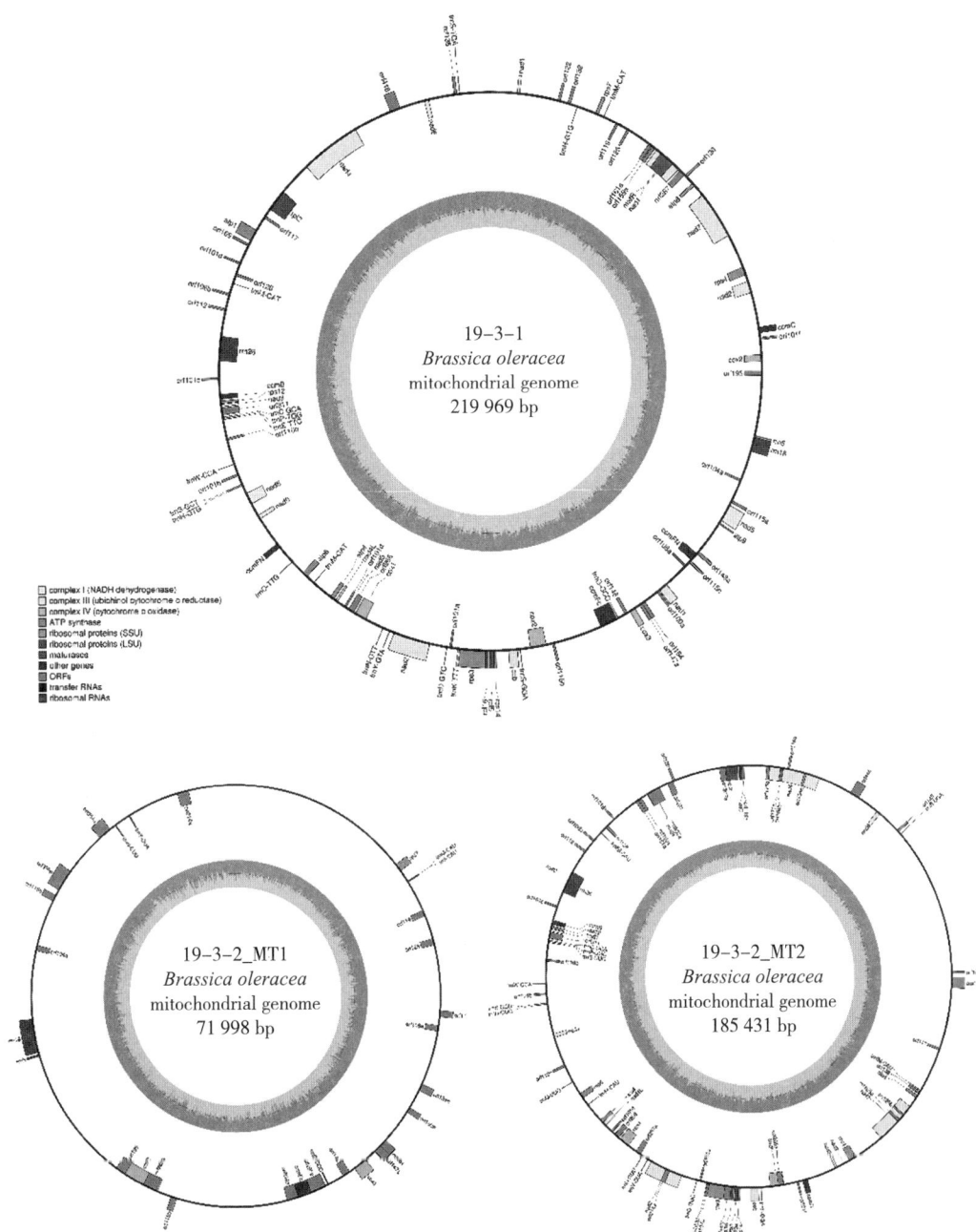

图 8-11　甘蓝保持系 19-3-1 和 Ogura CMS R₃ 不育系 19-3-2 的线粒体基因组图谱
(Chen 等, 2021)

酸多态性的变异等 (王硕, 2016)。因此, 叶绿体基因组常被用于研究物种起源和进化。

Seol 等 (2017) 对结球甘蓝栽培种 "C1176" 的叶绿体基因组进行了测序 (Gen-Bank: KR233156.1), 组装成一个单一环状分子, 大小为 153 366bp。该基因组具有叶绿体基因组的典型结构, 包括一个 83 137bp 的大单拷贝区 (LSC)、一个 17 835bp 的小单拷贝区（SSC）和一对 26 197bp 的反向重复序列（IRA 和 IRB）。该基因组共包含 114 个已知基因，其中 80 个蛋白编码基因、4 个 rRNA 基因、30 个 tRNA 基因。系统发育分析表明，甘蓝（CC 基因组）与芜菁（AA 基因组）和甘蓝型油菜（AACC 基因组）有密切的亲缘关系，但与黑芥（BB 基因组）的亲缘关系比近邻种萝卜更远。

Chen 等（2021）使用二代 Illumina 测序数据对甘蓝 Ogura CMS 19 - 3 - 2 及其保持系 19 - 3 - 1 的叶绿体基因组进行组装，两者的叶绿体基因组均被组装成一个单一环状分子，长度分别为 153 363bp 和 153 365bp，CG 含量均为 36.36%，与其他十字花科 cpDNA 类似。两个叶绿体基因组具有一致的结构，包括 1 个大的单拷贝区（LSC）、1 个小的单拷贝区（SSC）和 1 对反向重复序列 IRA 与 IRB（图 8 - 12）。两者的叶绿体基因组均编码 131 个基因，其中，蛋白编码基因 86 个、rRNA 基因 8 个、tRNA 37 个。蛋白编码基因主要包括 ATP synthase、Cytochrome b/f complex、NADH dehydrogenase、Photosystem、Ribosomal proteins 等相关的基因（表 8 - 1）。131 个基因中有 114 个不含内含子，15 个基因（trnK - UUU、rps16、trnG - UCC、atpF、rpoCl、trnL - UAA、trnV - UAC、petB、petD、rpl16、rpl2、ndhB、trnI - GAU、trnA - UGC、ndhA）含有 1 个内含子，2 个基因（clpP、ycf）含有 2 个内含子，rps12 基因存在反式剪接现象。以上结果显示，甘蓝 Ogura CMS19 - 3 - 2 和保持系 19 - 3 - 1 的叶绿体基因组具有相同的结构和基因序列，表明 Ogura CMS 19 - 3 - 2 的叶绿体基因组完全来自甘蓝。

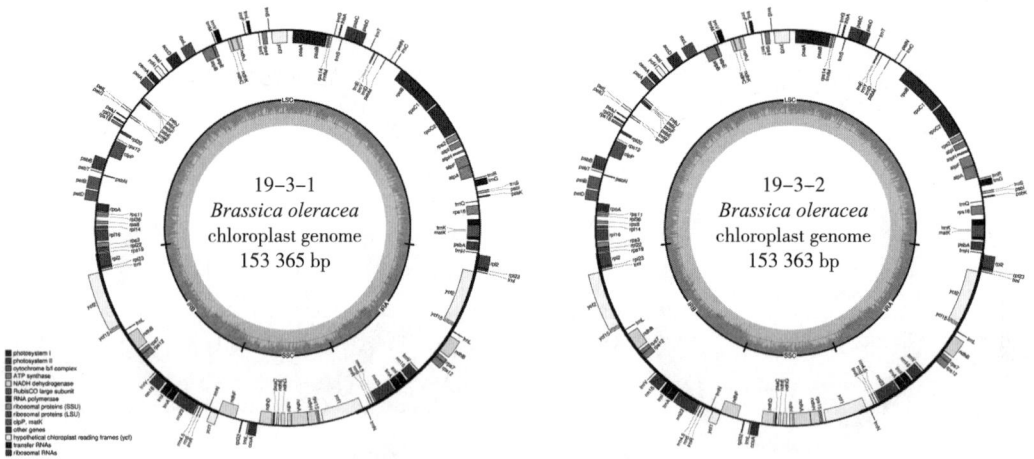

图 8 - 12　甘蓝 Ogura CMS 19 - 3 - 2 和保持系 19 - 3 - 1 的叶绿体基因组图谱
（Chen 等，2021）

表 8 - 1　甘蓝叶绿体基因组蛋白编码基因功能分类
（Chen 等，2021）

Function	Gene Name
ATP synthase	atpA，atpB，atpE，atpF*，atpH，atpI
Cytochrome b/f complex	petA，petB，petD，petG，petL，petN
NADH dehydrogenase	ndhA*，ndhB*，ndhC，ndhD，ndhE，ndhF，ndhG，ndhH，ndhI，ndhJ，ndhK

（续）

Function	Gene Name
Photosystem I	$psaA$，$psaB$，$psaC$，$psaI$，$psaJ$
Photosystem II	$psbA$，$psbB$，$psbC$，$psbD$，$psbE$，$psbF$，$psbH$，$psbI$， $psbJ$，$psbK$，$psbL$，$psbM$，$psbN$，$psbT$，$psbZ$
Ribosomal proteins（SSU）	$rps2$，$rps3$，$rps4$，$rps7$，$rps8$，$rpsl1$，$rpsl2^{\#}$， $rpsl4$，$rpsl5$，$rpsl6$，$rpsl8$，$rpsl9$
Ribosomal proteins（LSU）	$rpl2^{*}$，$rpl14$，$rpl16$，$rpl20$，$rpl22$，$rpl23$，$rpl32$，$rpl33$，$rpl36$
Ribosomal RNAs	$rrn4.5^{1}$，$rrn5^{1}$，$rrnl6^{1}$，$rrn23^{1}$
RNA polymerase	$rpoA$，$rpoB$，$rpoCl^{*}$，$rpoC2$
unknown function	$ycf1^{1}$，$ycf2$，$ycf3^{**}$，$ycf4$
Other genes	$accD$，$ccsA$，$cemA$，$clpP^{**}$，$matK$，$rbcL$，$infA$

注：＊含有 1 个内含子的基因；＊＊含有 2 个内含子的基因；♯反式剪接基因；1 处于 IR 区存在 2 个拷贝的基因。

Xu 等（2022）对 2 个甘蓝品种（JF 和 JF-CMS）的完整叶绿体基因组进行了测序，并与其他 4 种十字花科作物进行了比较分析。结果显示，153 363bp 的 JF 叶绿体基因组由 1 个大的单拷贝区（LSC，83 136bp）和 1 个小的单拷贝区（SSC，17 833bp）组成，由 2 个 26 197bp 的反向重复区（IR）分隔。全基因组的 GC 含量为 36.36%，而 LSC、SSC 和 IR 的 GC 含量分别为 29.10%、34.15% 和 42.34%。共鉴定出 134 个基因，包括 87 个蛋白质编码基因、39 个 tRNA 基因和 8 个 rRNA 基因。重复结构分析显示 JF 叶绿体基因组中存在 271 个简单序列重复（SSR）和 49 个长重复，但未检测到串联重复。6 个叶绿体基因组的比对分析显示，与 SSC 区相比，LSC 区和 IR 区的差异更大；与编码区相比，非编码区的差异也更大；而 JF 和 JF-CMS 叶绿体基因组序列在同一物种内没有显著差异。对于 IR 区边界的比较分析显示，6 种十字花科作物的 IR 区高度保守。对 40 个被子植物叶绿体基因组的系统发育分析表明，甘蓝与拟南芥的亲缘关系较远，JF-CMS 与 *Brassica oleracea* 关系最近，其次是 JF。

关于叶绿体基因组的变异，总体而言甘蓝叶绿体的变异比较少，相对保守。Allender 等（2007）使用 6 个叶绿体 SSR 标记，研究了代表芸薹属 "C"（$n=9$）基因组的 171 份材料的叶绿体基因组多样性，结果显示不同芸薹属 C 基因组物种的多样性水平不同，其中甘蓝的多样性最低，大多数甘蓝栽培种和野生品种共有一个单一叶绿体单倍型。Li 等（2017）对包括甘蓝在内的 60 个重要芸薹属作物的叶绿体基因组进行了测序，制作了不同芸薹属植物叶绿体基因组中单核苷酸变异、插入和缺失的完整图谱。通过组装和序列比对发现，17 个甘蓝类作物叶绿体基因组大小差别不大，最小的为 153 265bp，最大的为 153 581bp，平均 SNVs 密度为 0.1 个 SNV/kb，平均 Indel 密度为 0.04 个 Indel/kb。同时对芸薹属作物的分化年代进行了估计，甘蓝位于第 2 分支。Kim 等（2018）对 28 个芸薹属作物的叶绿体基因组进行了测序，结果发现，相比其他芸薹属作物，具有 C 基因组的甘蓝的叶绿体基因组具有非常低的多态性，只检测到 7 个 SNP 和 4 个 Indel（图 8-13）。

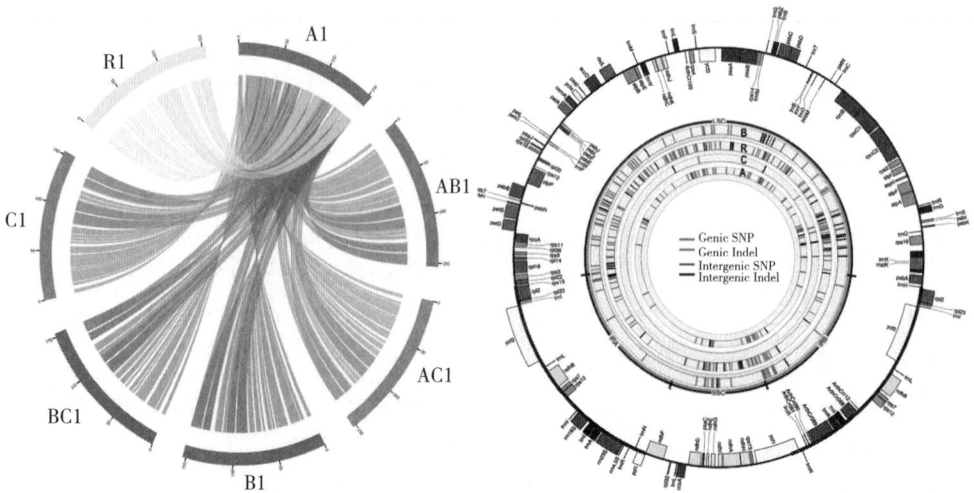

图 8-13 芸薹属植物叶绿体基因组变异及比较分析

(Kim 等，2018)

由于叶绿体基因组的高保守性，将外源基因导入叶绿体基因组中不会导致位置效应和基因沉默，使得通过叶绿体基因组进行转基因育种成为可能。Liu 等（2007）通过基因枪法，将抗生素基因 *aadA* 和 *uidA* 导入质粒 pASCC201 中，开创了甘蓝再生率为 2.7%～3.3%的甘蓝叶绿体基因组转化体系。随后，将外源抗虫基因 *cry1b* 通过叶绿体基因组转化体系成功获得转基因甘蓝，转基因材料中 cry1b 的蛋白表达量显著增强，且对小菜蛾有一定抗性（Liu et al.，2008）。

第三节　分子标记辅助育种

分子标记辅助选择（marker assisted selection，MAS）是将分子标记技术应用于作物品种改良过程中进行选择的一种辅助手段。其基本原理是利用与目标基因紧密连锁或表现共分离关系的分子标记对选择个体进行目标区域以及全基因组筛选，从而减少连锁累赘，获得期望的个体，达到提高育种效率的目的。与形态标记、细胞标记和生化标记等遗传标记相比，分子标记具有以下优点：①直接以 DNA 形式表现，不受组织类别、发育时期和环境条件等干扰；②数量多，可遍及整个基因组；③多态性高；④不影响目标性状的表达，与不良性状无必然的连锁遗传现象。从发展进程上，可将其分成 3 个世代：第 1 代是20 世纪 70 年代以传统的 Southern 杂交为基础的分子标记，如 RFLP 标记；第 2 代是以PCR 为基础的分子标记，如 RAPD、SSR、AFLP 等标记；第 3 代是以基因组序列为基础的分子标记，如 SNP、InDel（Insertion-Deletion）、cSSR（coding Simple Sequence Repeat）、KASP（Kompetitive Allele Specific PCR）等标记。

作物育种中，过去对目标性状的选择是根据形态标记进行的，由于环境因素、生长时期对表型有极大影响，这种选择需要大量的人力及很长时间。分子生物学和功能基因组学的飞速发展，为育种家对基因型的选择提供了很大帮助，从而可以大幅度提高育种效率，

缩短育种年限。分子标记辅助育种为实现基因型的直接选择和有效聚合提供了可能。早在
20 世纪 90 年代，研究者就开发了甘蓝黑腐病抗性（Camargo 等，1997）、自交不亲和等
分子标记。2014 年结球甘蓝全基因组序列的公布为许多重要性状的分子标记开发、基因
定位和克隆提供了参考（Liu 等，2014），并随着分子生物学技术的实用化，DNA 分子标
记技术在甘蓝上已被广泛应用于构建分子遗传图谱、定位克隆重要农艺性状基因、鉴定遗
传多样性与种质资源等方面。目前我国甘蓝分子育种尚处于快速发展阶段，今后仍需要加
强甘蓝分子育种基础研究，解析甘蓝基因组结构，挖掘重要性状调控基因及连锁标记。利
用分子标记技术实现优良基因型的直接选择和有效聚合，是将来甘蓝品种改良的研究
重点。

一、重要基因定位克隆及标记开发

为了提高育种效率，加快育种进程，各育种单位先后开展了甘蓝抗病、抗逆、雄性不
育及无蜡粉亮绿等性状相关基因/QTL 的定位与克隆研究，并开发了紧密连锁的分子标
记，如与枯萎病抗性紧密连锁的 SSR 标记 Frg13，与根肿病抗性紧密连锁的分子标记
KBrH059L13R，与黑腐病抗性紧密连锁的分子标记 BoGMS0971，与开花时间性状紧密
连锁的 InDel 标记 indel-FLC2，与显性不育性状紧密连锁的 KASP 标记 K6 等（Liu 等，
2017a；Nagaoka 等，2010；Tonu 等，2013；Li 等，2022；Han 等，2019），为甘蓝分子
标记辅助育种奠定了基础。

（一）抗枯萎病基因

甘蓝枯萎病是一种由尖孢镰刀菌黏团专化型致病菌引起的土传病害，目前中国分离得
到的枯萎病病原几乎都为 1 号生理小种（吕红豪等，2011），且甘蓝对枯萎病 1 号生理小
种的抗性受显性单基因控制（刘星，2017；Liu 等，2017a）。中国农业科学院蔬菜花卉研
究所 Lv 等（2014b）采用集群分析法将甘蓝抗枯萎病基因定位于甘蓝 6 号染色体 84kb 区
间内，确定该区间内的 1 个 TIR-NBS-LRR 类型的基因 re-Bol037156 为候选基因，该
基因在感病材料中存在不同类型的变异，利用候选基因设计的分子标记已在抗病材料筛选
中得到规模化应用。刘星（2017）构建了甘蓝抗枯萎病基因 FOC1 的过表达载体，并通
过农杆菌介导的遗传转化将其导入感病甘蓝自交系材料 XW 中，获得了 FOC1 基因高表
达的阳性植株，抗性鉴定结果表明，转基因阳性植株的抗病能力显著提升，人工接种后未
出现发病症状。基于全基因组重测序数据，Liu 等（2017a）开发了与甘蓝枯萎病抗性紧
密连锁的 SSR 标记 Frg13，物理距离为 75kb，利用标记辅助育种准确率达 95% 以上，提
高了抗病材料的筛选效率；与此同时，以抗病 DH 系材料 D134 作为抗性供体亲本，结合
标记筛选通过回交的方式将抗枯萎病基因成功转移到优质的骨干亲本 01-20 中，获得高
抗枯萎病亲本材料 YR01-20，已成功应用于甘蓝抗枯萎病优质品种的选育（图 8-14）。
如以 YR01-20 为亲本，育成早熟春甘蓝新品种 YR 中甘 21，其表型优良，商品性佳，人
工接种鉴定和田间鉴定均表现高抗枯萎病。

（二）抗根肿病

根肿病是一种由芸薹根肿菌侵染引起的危害极大的土传病害，俗称"根癌"。研究表

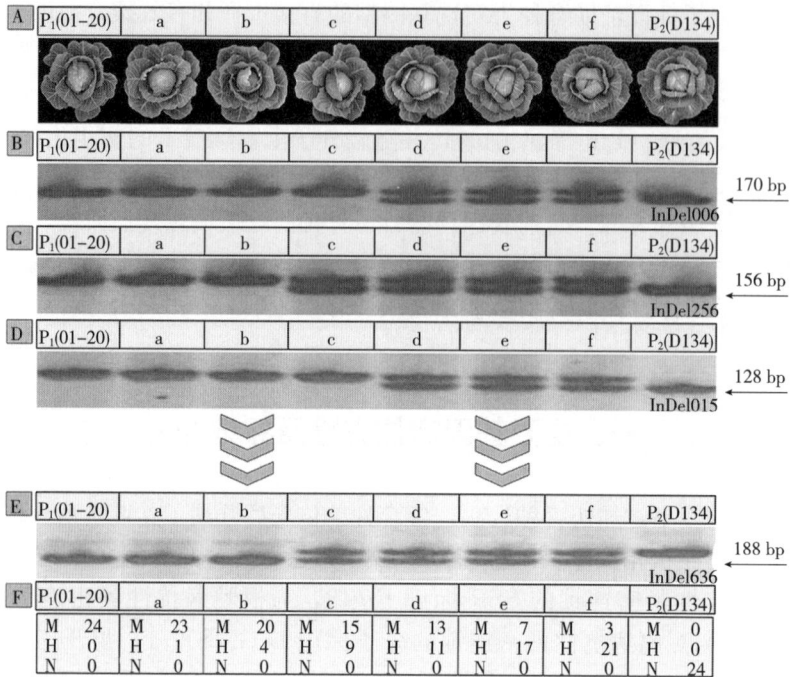

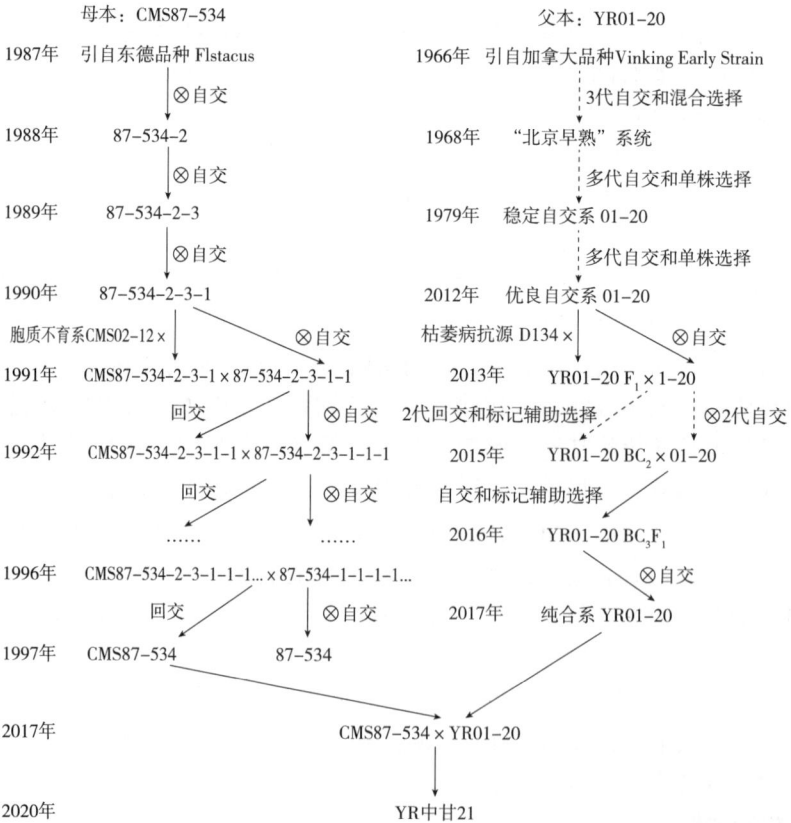

图 8-14　甘蓝抗枯萎病分子标记辅助选择（上：Liu 等，2017a）及 YR 中甘 21 选育（下）系谱图

明，甘蓝对根肿病的抗性是由多基因控制的数量遗传性状。Nagaoka 等（2010）利用抗根肿病甘蓝 DH 系和易感根肿病青花菜 DH 系进行抗根肿病 QTL 定位，在 4 个连锁群中定位到 5 个 QTL 位点，其中 1 个主效 QTL 位点 pb - Bo (Anju) 1 的 LOD 值为 13.7，能够解释 47% 的表型变异，通过筛选获得了与其紧密连锁的分子标记 KBrH059L13R。Lee 等（2016）利用 GBS 技术，结合 $F_{2:3}$ 群体对甘蓝抗根肿病 QTL 进行定位，获得抗根肿病菌 2 号生理小种的 1 个主效 QTL 位点 $CRQTL$ - YC 和抗 9 号生理小种的 2 个主效 QTL 位点 $CRQTL$ - GN _ 1 和 $CRQTL$ - GN _ 2，其中 $QTLCRQTL$ - YC 位点可以解释 47.1% 的表型变异。中国农业科学院蔬菜花卉研究所张小丽（2017）将野生甘蓝 B2013 中抗根肿病 4 号生理小种的主效 QTL 位点定位在 C09 染色体 32.01～40.01Mb 区间内，并将区间内的 $Bol\ 044005$ 确定为抗性候选基因。Dakouri 等（2018）通过 BSR - seq 技术将甘蓝抗根肿病 3 号生理小种的主效基因 $Rcr7$ 定位到 C07 染色体 41～44Mb 区间内，并进一步将 TIR - NBS - LRR 类型基因 $Bo7g109000$ 和 $Bo7g108760$ 确定为候选基因。Peng 等（2018）利用 SNP 基因芯片在甘蓝抗病材料中检测到 23 个与根肿病抗性连锁的 QTL 位点，可解释的表型变异介于 6.1%～17.8% 之间。宁宇（2019）结合 QTL - seq 技术，将甘蓝抗病材料 2358 中抗 4 号生理小种的 1 个 QTL 位点 $qBoCR8.1$ 定位在 8 号染色体 500kb 的区间内，该区间可解释 16.4% 的表型变异。

（三）抗黑腐病

甘蓝黑腐病是由野油菜黄单胞菌野油菜致病变种侵染引起的细菌性病害，近年来，随着甘蓝栽培面积的扩大，其危害程度也日益严重。Tonu 等（2013）获得位于 5 号、8 号和 9 号连锁群上的 3 个 QTL 位点，其中位于 8 号连锁群的 QTL 位点 $XccBo$ (Reiho) 2 效应最大，可以解释 34% 的表型变异，筛选获得与其紧密连锁的分子标记 BoGMS0971。Lee 等（2015）利用抗黑腐病甘蓝材料 C1234 和易感病甘蓝材料 C1184 构建分离群体对甘蓝黑腐病抗性进行 QTL 定位，共发现 4 个 QTL 位点，其中 $BRQTL$ - $C1$ _ 2 位点的效应最大，可解释 15.1%～27.3% 的表型变异。孔枞枞（2019）通过遗传分析发现，甘蓝对黑腐病 1 号生理小种的抗性由 1 对加性主基因＋加性-显性多基因控制；利用抗感双亲构建的 F_2 群体结合 QTL - seq 技术，将抗 1 号生理小种的 QTL 定位在 3 号染色体 25.44～31.72Mb 区间内，两侧标记分别为 I254 和 I317，该区域最高可解释 38.4% 的表型变异。此外，刘泽慈（2019）利用重组自交系与染色体片段替换系将甘蓝抗黑腐病 3 号生理小种的主效 QTL 位点 qBR - 7 - 3 定位在 7 号染色体 2.91 Mb 的区间内，该区域可解释 16.72% 的表型变异，推断该区间内 NBS - LRR 类型基因 $Bo7g111290$ 可能为抗病基因。

（四）耐裂球

在甘蓝栽培过程中，时常会出现叶球开裂的现象，严重影响外观和品质。中国农业科学院蔬菜花卉研究所苏彦宾等（2019）对甘蓝耐裂球性进行遗传分析发现，该性状的遗传符合 G - 0 模型，受 3 对加性-上位性主基因＋加性-上位性多基因控制。这些研究可为甘蓝耐裂球分子设计育种提供参考。利用甘蓝 DH 群体构建了基于 SSR 和 InDel 标记的高密度遗传连锁图谱，并对耐裂球性状进行 QTL 定位，通过 2 年重复鉴定获得位于 3、4、7、9 号染色体上的 9 个 QTL 位点，可解释 39.4%～59.1% 的表型变异，其中 $Hsr\ 3.2$、$Hsr\ 4.2$、$Hsr\ 9.2$ 为 3 个主效 QTL 位点（Su 等，2015）。Pang 等（2015）利用分离群体鉴定获得位于甘蓝2、4、6号染色体上6个耐裂球相关的QTL位点，其中2个QTL位点 $SPL-4-1$ 与 $SPL-2-1$ 在两年的试验中均被检测到，可分别解释表型变异的7.84%～8.93%和10.47%～14.95%，并筛选获得位于 SPL-2-1 位点区域内2个与耐裂球性状紧密连锁的SSR标记BRPGM0676与BRMS137。上海市农业科学院园艺研究所朱晓炜等（2018）利用QTL-seq技术将甘蓝耐裂球QTL定位在3号染色体46～51Mb的区间内，并将 Bol 016058 和 Bol029881 确定为候选基因，这2个基因与拟南芥细胞壁合成相关基因 At 4g38770 和 At 4g19120 为同源基因。上海市农业科学院园艺研究所Zhu等（2022）利用QTL-seq技术对耐裂球 F_2 分离群体进行分析，挖掘到一个主效QTL位于3号染色体5.6Mb的区间，并开发了一个InDel标记，用于耐裂球品种选育。

（五）耐抽薹

甘蓝属于绿体春化植物，如果在结球前遇到长时间的低温和长日照条件满足其春化要求，就会发生先期抽薹，严重影响其产量和品质。李梅（2009）利用未熟抽薹时间不同的两份甘蓝自交系构建了 F_2 分离群体，对抽薹时间进行QTL定位，鉴定得到4个相关QTL位点，可解释表型变异的56.2%。朱洪运等（2013）利用 F_2 分离群体，鉴定获得位于LG3和LG9两个连锁群上与抽薹时间相关的2个QTL位点，可解释表型变异的17.5%。陈登辉等（2018）利用耐抽薹和易抽薹材料构建的重组自交系群体对甘蓝耐抽薹QTL进行定位，在8号染色体上检测到1个QTL位点 $qbt-2-2$，贡献率为9.1%，获得连锁分子标记CB10139。王五宏等（2020）采用SLAF-BSA方法在甘蓝2号染色体2.31～3.09Mb和33.57～34.40Mb区间内定位到2个耐抽薹QTL位点。西南大学Li等（2022）利用20个极端早花和20个极端晚花材料，定位并克隆了甘蓝 BoFLC2 基因，发现其第一内含子上的215bp缺失是造成甘蓝晚花的主要原因，根据此变异开发的特异性indel-FLC2标记可用于甘蓝开花早晚的辅助育种。

（六）叶球相关性状

甘蓝以叶球为产品器官，其形态、紧实度、中心柱长度等性状对其产量和商品性十分重要。中国农业科学院蔬菜花卉研究所Lv等（2014）利用一个包含196个系的DH群体对甘蓝球形、横径、纵径、紧实度、球叶颜色等性状进行了QTL分析，检测到144个QTL位点，其中55个与叶球性状相关，包括 Htd 3.2 （max R2＝28.5，max LOD＝9.49）等主效QTL（图8-15）。孙朋朋等（2014）利用EST-SSR标记对100份甘蓝自交系组成的自然群体进行了遗传结构分析，获得了1个与"中心柱长/球高"相关联的标记以及3个与中心柱长相关联的标记。Alemán-Báez等（2022）对308份甘蓝材料进行重测序和性状分析，通过关联分析，挖掘到50个控制莲座叶和球叶性状的QTL位点，其中25个位点与莲座叶和球叶同时相关，QTL区间包含激素、叶片发育、叶片极性相关基因。Yan等（2019）通过遗传定位，挖掘到一个调控叶球紫色的基因 BoMYB 2，其启动子区突变造成表达量大幅上调，进而使花青素积累增加。

（七）雄性不育

雄性不育是指植物雄性生殖器官不能产生正常有活力花粉的现象。雄性不育突变体在甘蓝杂种优势利用中发挥着重要作用，同时也是研究植物生殖发育调控的重要材料。针对甘蓝中广泛应用的甘蓝显性雄性不育遗传性状，刘玉梅等（2003）通过BSA方法找到一

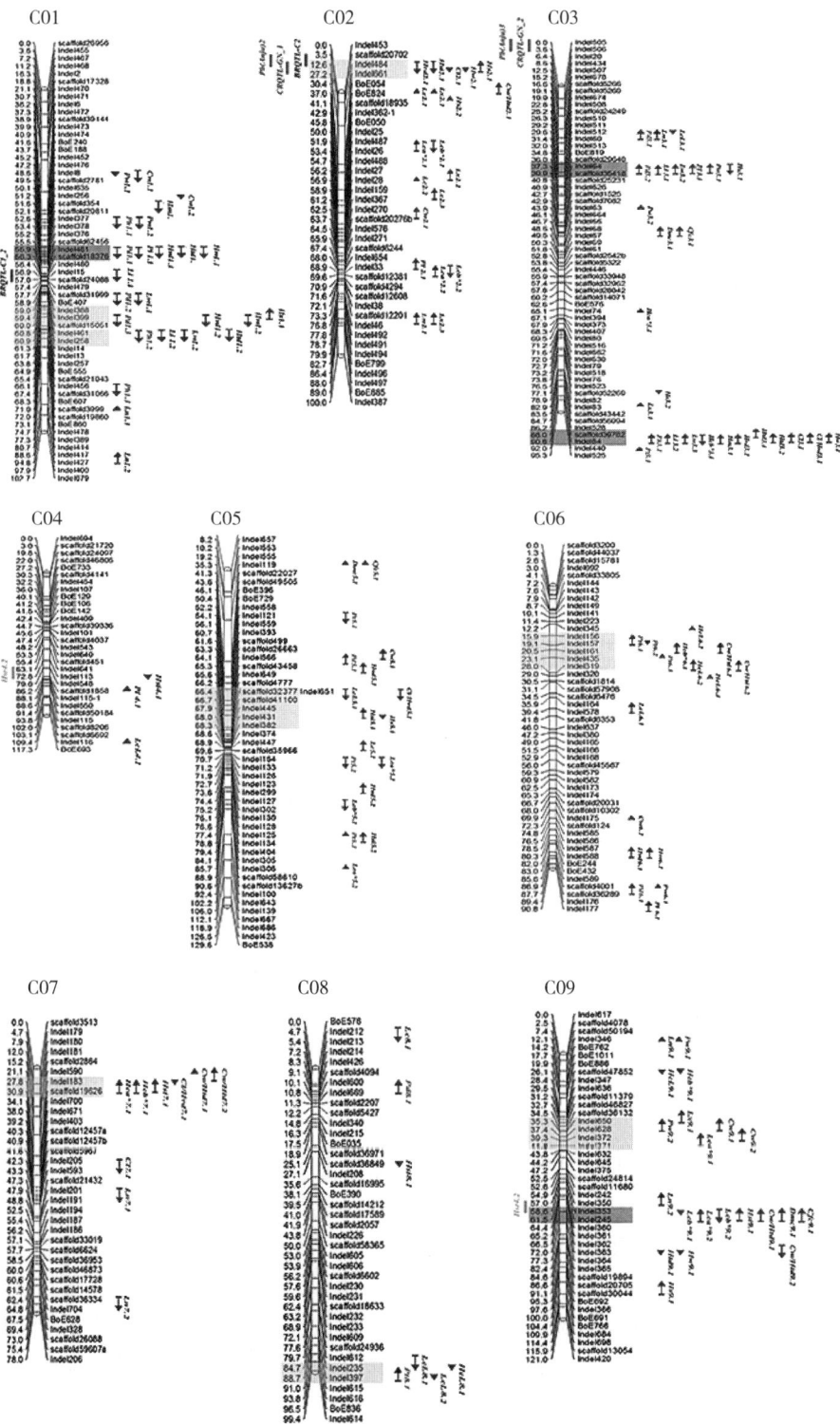

图 8-15 叶球相关性状的 QTL（Lv 等，2016）

个与不育基因连锁的 RFLP 标记 Pbn11，经 2 个回交群体检测，其遗传距离分别为 1.787cM 和 5.189cM。Zhang 等（2011）采用集群分析法，筛选获得了与显性核不育基因（*MS-cd1*）紧密连锁的 SSR 标记和 SCAR 标记，可用于甘蓝显性雄性不育材料的辅助转育，同时为 *MS-cd1* 的克隆奠定了基础。Han 等（2019）在显性不育基因 *Ms-cd1* 定位的基础上，基于重测序数据开发了 1 个与显性不育性状 100% 连锁的 KASP 分子标记 K6，可在苗期快速鉴定正常、杂合不育和纯合不育单株。2023 年 Han 等首次克隆了甘蓝显性雄性不育基因 *Ms-cd1*，其启动子区存在 1bp 缺失，使其转录活性大幅增强，是导致显性雄性不育的根本原因；另外，敲除该基因会导致隐性雄性不育，说明 *Ms-cd1* 的精准表达对于维持甘蓝雄性育性是十分关键的。

此外，许多隐性雄性不育基因也被定位和克隆。Ji 等（2017）通过比较基因组学和转录组学分析，将 *BoCYP704B1* 确定为甘蓝 83121A 隐性雄性不育的候选基因，测序发现 83121A 突变体 *BoCYP704B1* 基因中插入了 1 个反转录转座子，抑制了该基因表达，同时也改变了其转录剪切位点，根据突变位点设计的引物与不育性状 100% 连锁，可用于不育材料的辅助选择。Han 等（2018）通过图位克隆技术将甘蓝隐性核雄性不育基因 *ms3* 定位在 C01 号染色体 187.5kb 的区间内，并将 *BoTPD1* 确定为 *ms3* 的候选基因。研究发现，雄性不育突变体的 *BoTPD1* 基因中有一段 182bp 片段的插入，根据该变异位点设计的分子标记与雄性不育性状 100% 连锁，可用于雄性不育材料的辅助选择。

（八）蜡质缺失

普通甘蓝植株表面覆盖有一层蜡质，球叶颜色表现为绿色、灰绿色或深绿色，而甘蓝蜡质缺失突变体的球叶则呈现为亮绿色，外观色泽好。刘泽洲等（2015）对甘蓝无蜡粉亮绿突变体 10Q-961 进行了蜡质缺失基因的分子标记研究，获得 1 个与蜡质突变基因遗传距离为 0.085cM 的 SSR 标记。Liu 等（2017b）以甘蓝隐性蜡质缺失突变体 LD10 及其野生型为材料，通过图位克隆将与拟南芥 CER4 同源的基因 *Bol013612* 确定为候选基因，突变体中该基因发生单碱基突变导致其 mRNA 转录剪切异常，通过转基因试验也证明 LD10 的蜡质缺失性状是由 *Bol013612* 突变造成。Ji 等（2018）以甘蓝隐性蜡质缺失突变体 g21-3 及野生型为材料，通过图位克隆技术获得 g21-3 蜡质缺失候选基因 *BoCER1*，突变体中该基因第 4 个内含子中插入了 1 个 252bp 的片段，该片段的插入严重抑制了该基因的表达，根据插入位点设计的分子标记与蜡质缺失性状 100% 连锁。Dong 等（2019）结合 BSA 法对甘蓝显性蜡质缺失基因 *BoGL-3* 进行了精细定位，将 *BoGL-3* 定位于 8 号染色体末端 33.5kb 的区间内，并开发了 1 个与显性蜡质缺失性状紧密连锁的 SSR 标记，还将该区间内与拟南芥 CER1 同源的基因 *Bol018504* 确定为候选基因，该基因在显性蜡质缺失突变体中的表达受到严重抑制。Zhu 等（2019）在普通有蜡粉甘蓝高代自交系 G287 中发现 1 份无蜡粉亮绿突变材料 nwgl，通过图位克隆方法将 *BoNWGL* 基因定位于 8 号染色体末端 99kb 区间内，同样将拟南芥 CER1 同源的基因 *Bol018504* 确定为候选基因，并发现 DNA 甲基化修饰可能是造成 *Bol018504* 在突变体中表达量显著下降的重要原因。Ji 等（2021）将蜡质缺失基因 *BoCER2* 精细定位于 C01 染色体 InDel 标记 BOL01-20 和 BOL01-24 之间 80kb 的区域，该基因在突变体 TL28-1 的编码区存在一个单碱基突变，造成翻译提前终止，通过功能互补发现野生型中的 *BoCER 2* 能够挽救 TL28-1 的蜡质缺失表型，根据该 SNP 开发的 KASP 标记 CER2-KASP-1 可用于甘蓝蜡质缺失的辅助育种。

（九）其他性状

王神云（2006）找到了与甘蓝抗霜霉病基因连锁的 AFLP 标记，并将其中一个标记成功转化成 SCAR 标记（Wang 等，2013）。高金萍等（2008）获得了 2 个与甘蓝抗 TuMV 基因连锁的 RAPD 标记 U16/660 和 AG13/2000，并成功转化为 SCAR 标记 USC16 和 ASC13。Han 等（2015）以甘蓝和芥蓝为亲本构建群体，进行分子标记研究，获得了与花色基因紧密连锁的 InDel 标记，将目标基因定位在 3 号染色体 397kb 区间内。2019 年 Han 等将甘蓝花色基因 *BoCCD 4* 定位于 C03 染色体 207kb 的区域，并发现在黄花亲本 YL-1 中编码区存在 3 个 InDel 及 34 个 SNP 变异，导致 *BoCCD 4* 基因功能丧失，并通过功能互补分析发现白花亲本 11-192 中的 *BoCCD 4* 基因能够挽救 YL-1 亲本的黄花性状；Zhang 等（2019）利用 InDel 标记定位克隆了芥蓝花色基因 *BoCCD 4*，发现在亲本 2114 中插入了一个 7 073bp 的转座子，造成 *BoCCD 4* 基因功能丧失，导致其出现黄色花瓣表型。Liu 等（2016）将甘蓝黄绿叶基因 *ygl-1* 定位于 C01 染色体 InDel 标记 ID2 和 M8 之间，遗传距离分别为 0.4cM 和 0.35cM。Liu 等（2017）利用 InDel 标记定位克隆了甘蓝紫叶基因 *BoPr*。张斌（2020）将甘蓝黄绿叶基因 *BoYgl-1* 精细定位于 C01 染色体 392kb 的重组抑制区域，揭示了该区段发生一个 6.3Mb 的染色体倒位；同时将另一黄绿叶基因 *BoYgl-2* 定位于 C03 染色体左侧末端标记 B36-11 左侧，遗传距离为 0.1cM，区间大小为 232kb，并揭示了突变体 4 036Y 中 C03 染色体左侧末端约 162kb 的区域缺失。闫龙祥（2020）将甘蓝种莛白化基因 *albl* 定位于 C01 染色体 InDel 标记 yw31 和 yw14 之间 63.2kb 区间内。肖志亮（2018）利用 KASP 标记，将甘蓝杂种致死基因 *BoHL1* 和 *BoHL2* 分别定位于 C01 染色体 56kb 和 C04 染色体 27kb 区间内。Mei 等（2017）通过 SNP 基因芯片分析将甘蓝叶毛基因 *BoTRY* 定位于 C01 染色体 13.24~14.28Mb 区间，基于该基因 SNP 开发的 CAPS 标记可用于甘蓝叶毛性状的辅助育种。李幸（2019，2023）利用 DH 群体及衍生的测交群体对叶球产量相关性状的一般配合力、中亲优势和超亲优势进行 QTL 定位，发现了骨干亲本 01-20 含有 2 个控制甘蓝杂种优势的重要染色体区段 mk300~316 和 mk258~268；同年利用该 DH 群体定位了控制每种莛粒数的位点，在 6 号染色体检测到一个主效 QTL *qSNS 6.1*，可解释 15.2% 的表型变异（Li 等，2019）（图 8-16）。Zhang 等（2021）利用 BSA-seq 及遗传连锁分析将羽衣甘蓝裂叶基因 *BoLMI1a* 定位于 C09 染色体 SNP 标记 SL4 和 SL6 之间 127kb 的区域，*BoLMI1a* 在裂叶亲本 18Q2513 的启动子区域存在 3 种变异，造成其表达显著提高；根据 *BoLMI1a* 启动子变异开发了 2 个特异标记，共显性标记 CMLMI1 和 dCAPS 标记 DMLMI1，可用于羽衣甘蓝叶型的辅助育种。Xiao 等（2017）对甘蓝自交不亲和基因进行了定位，发现主要基因 *qSC 7.2* 可解释 54.8% 的表型变异，并开发了两个标记 BoID0709 和 BoID0992 用于辅助筛选，成功获得高亲和的育种材料 SC96-100。

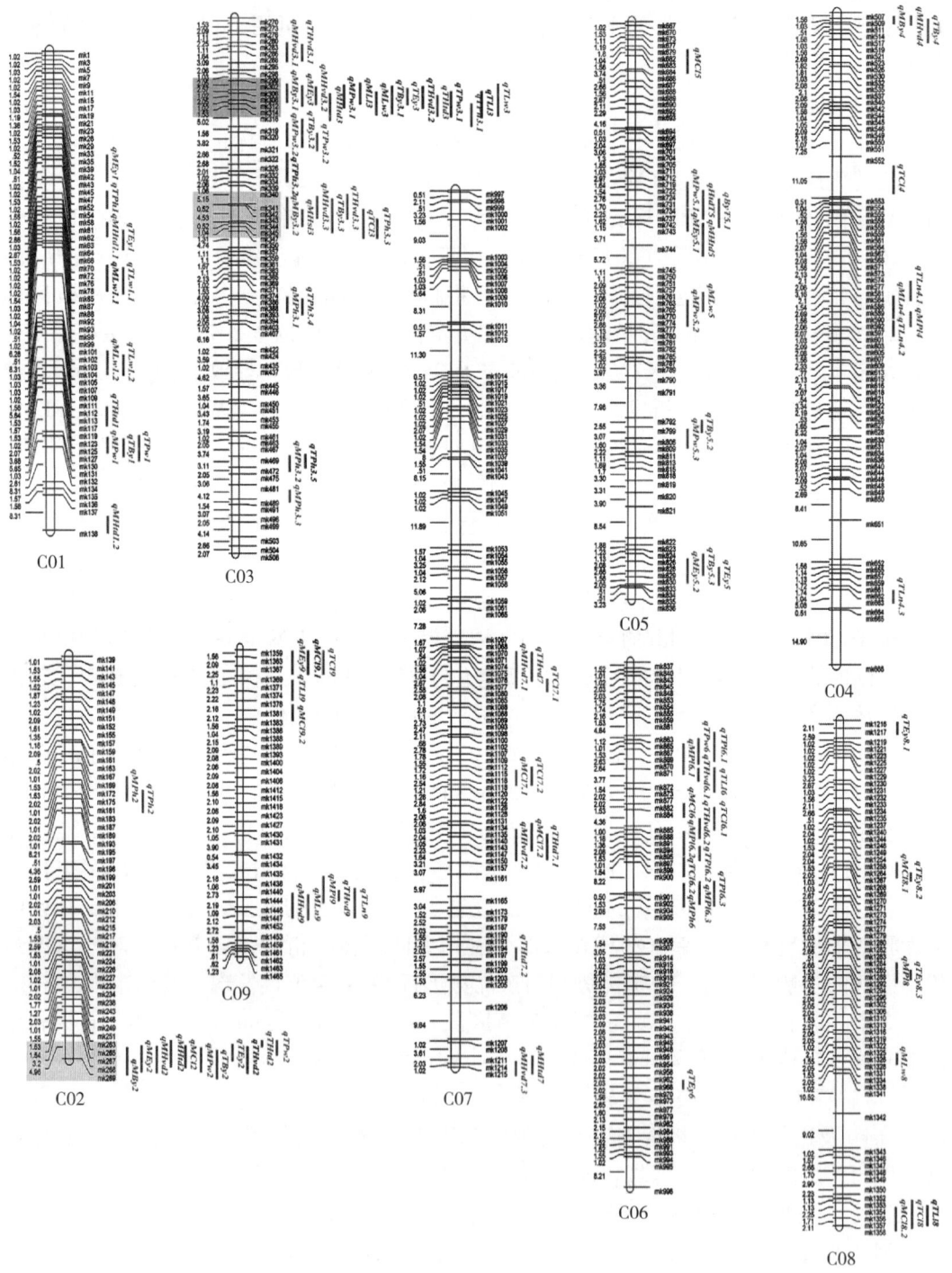

图 8 - 16　甘蓝杂种优势 QTL 位点

(Li 等，2023)

二、遗传多样性鉴定与指纹图谱构建

（一）种质遗传多样性分析

分子标记是进行种质亲缘关系分析和检测种质资源多样性的有效工具。在种质资源鉴定方面，分子标记可以用来绘制品种、品系的指纹图谱，确定亲本之间的遗传差异和亲缘关系，从而确定亲本间的遗传距离，进行杂种优势预测（曹维荣，2003）。

Phippen 等（1997）利用 RFLP 分子标记方法，筛选出可以产生 110 个片段的 9 个引物，其中 80 个多态性的片段将"Golden acre"甘蓝栽培种分为 4 个品系。宋洪元等（2002）利用 RAPD 标记对 17 个结球甘蓝品种进行了分析，发现利用 4 个引物在 17 个品种间扩增出的多态性标记可将全部品种鉴别。17 个品种的遗传多样性分析显示，秋冬甘蓝品种内的遗传差异较春甘蓝品种更大。缪体云等（2010）利用 26 对 SRAP 引物组合对 46 份甘蓝材料的遗传多样性和亲缘关系进行了分析，在相似性系数为 0.568 的水平上，可将 46 份甘蓝品种分为 4 大类，前 3 类结球甘蓝的主要聚类依据是其开花时间依次间隔 1 周左右，而第 4 类是形态特征明显有别于其他材料的抱子甘蓝。Kang 等（2011）利用 AFLP 标记技术分析了 83 份甘蓝地方品种的遗传多样性和亲缘关系。当引物平均多态性信息含量（PIC）为 0.354 时，575 个 AFLP 标记中 41.9% 表现出多态性，通过非加权组平均法（UPGMA）聚类分析及群体结构分析，将这 83 份来源于不同地方的品种分为 2 大类：来源于中国北方和欧洲东部的地方品种归为第 1 大类，而来源于中国南方、欧洲西部及其他国家的地方品种归为第 2 大类。Zuzana 等（2011）以 30 个 AFLP 引物组合共产生的 1 084 个片段为基础，利用其中的 364 个多态性片段，将来源于捷克作物研究所基因库中的 20 个甘蓝栽培种以及地方品种分为 A、B 两大类，并又将 B 类因地域来源不同分为两个亚群。李志远（2018）利用开发的 KASP 标记进行甘蓝自交系杂种优势群划分，春甘蓝划分为 7 个优势群、秋甘蓝划分为 6 个优势群、越冬甘蓝划分为 5 个优势群。

张扬勇等（2011）开发了甘蓝叶绿体和线粒体 SSR 标记，并基于 Solexa 测序数据找到了一些叶绿体和线粒体 SNP 标记，这些标记成功用于变种间、变种内的细胞器基因组多态性检测及胞质不育源区分。以显性雄性不育（DGMS）79 - 399 及回交父本 60Tian 间特有的 SNP 标记和 CAPS 标记，验证了显性不育系比 Ogura 不育系具有胞质可替换的优势，这也是核不育实现胞质多样化的一个成功案例。DGMS 不育系的胞质得到成功替换，实现了 DGMS 不育系的胞质多样化，避免了胞质单一的潜在风险。Zhang 等（2012）成功发现一个甘蓝变种特异的 dCAPS 叶绿体多态性标记，Chen 等（2022）利用开发的 dCAPS 和 InDel 标记，基于测序得到的 58 份越冬甘蓝材料 *SRK* 基因序列，建立起一套快速区分 8 个 I 类自交不亲和 S 单元型（S6，S7，S12，S14，S33，S45，S51，S68）的标记筛选体系。

（二）品种指纹图谱构建及纯度鉴定

鉴定品种纯度的常规方法是根据田间表型性状进行鉴定，后来发展为利用同工酶的方法，但二者都有一定的缺陷。目前，应用分子标记建立的品种指纹图谱较多，并已用于品种纯度的鉴定，该方法快速、准确、简便、成本低，在幼苗或种子阶段就可鉴定出品种的纯度。

Phillip 等（1999）最早利用 RAPD 标记方法鉴定甘蓝杂种，36 个随机引物共有 241 个条带，其中 54 个条带存在多态性。选取其中的 2 个随机引物便可检测出 F₁ 杂种的纯度。庄木等（1999）利用 RAPD 方法，通过对 100 个随机引物的筛选获得能区分中甘 11 及其亲本和 8389 及其亲本的引物 OPR15，用于鉴定这两个春甘蓝品种的纯度，实现了甘蓝一代杂种纯度的快速鉴定。田雷等（2001）利用 AFLP 方法对农业生产上大面积推广使用的 5 个甘蓝杂交组合及其 10 个亲本共 15 个材料进行了分析研究，得到了清晰的 DNA 扩增指纹图谱，利用图谱对供试的 5 个甘蓝杂交种进行真实性及品种纯度鉴定。郝风等（2006）利用 RAPD - PCR 技术构建了西园 4 号甘蓝及其亲本的 DNA 指纹图谱，用于西园 4 号杂种、亲本 A 和亲本 B 的种子质量鉴定。宋顺华等（2006）以 AFLP 引物 E - AAC/M - CTA 和 E - AG/M - CTC 组合的多态性条带构建了 9 个栽培地区的 44 份甘蓝主栽品种材料的指纹图谱，用此指纹图谱可将这 44 份材料一一区分。薄天岳等（2006）通过 RAPD 标记方法筛选出能鉴定争春和寒光 2 号 2 个品种纯度的引物，分别为 S42、S103、S193 和 S42、S89、S151，其中引物 S42 对 2 组材料均能扩增出特异的 RAPD 指纹图谱，并将 RAPD 指纹图谱转变为相应的数字指纹。同年，刘冲等通过 RAPD 标记方法筛选出能鉴定夏光、早夏 - 16 两个杂交种纯度的引物，分别为 S15、S42、S147 和 S42、S78、S88，其中引物 S42 对两个组合均能扩增出特异的 RAPD 指纹图谱，并将 RAPD 指纹图谱转变为相应的数字指纹。陈琛等（2010）通过开发的 EST - SSR 引物，利用其中的 4 对多态性引物，初步构建了中甘 11、8398、中甘 15、中甘 21 杂交种及其亲本的指纹图谱。2011 年，陈琛等基于开发的 BoE974、BoE916、BoE337、BoE316 和 BoE222 等 5 对甘蓝 EST - SSR 引物，构建了京丰一号、晚丰、中甘 8 号、中甘 18、中甘 19 和中甘 22 六个秋甘蓝杂交种及其亲本共 18 份材料的指纹图谱，并利用 BoE222 引物对一份京丰一号的商品种子进行纯度鉴定，种子纯度达到 90%。简元才等（2011）以 4 个甘蓝杂交种秋甘 2 号、秋甘 3 号、春甘 2 号和紫甘 2 号以及其亲本共 12 份种子为试材，应用 4 对具有稳定多态性的 EST - SSR 引物便可将以上 4 个杂交种与其亲本鉴定开来，从而对杂交种的纯度进行了鉴定。苗明军等（2011）利用 SSR 分子标记技术对结球甘蓝西园 4 号及其亲本的 DNA 进行扩增，从 90 对 SSR 引物中筛选出 1 对具有双亲条带差异明显的引物 O112 - G04，构建了清晰的 DNA 扩增指纹图谱，并对西园 4 号种子进行了纯度鉴定，与田间形态学的鉴定结果高度一致，种子纯度均为 96.7%。王庆彪等（2014）利用来自不同生态条件、植物学性状差异较大的甘蓝品种进行引物筛选，获得 20 对核心引物，并构建了包含中国 50 个甘蓝代表品种的 DNA 指纹数据库。李志远等（2018）利用重测序数据与甘蓝参考基因组（02 - 12）进行比对，共开发获得 2.54×10^6 个 SNP 标记，最终筛选出 50 个核心 SNP 标记构建了 59 个甘蓝品种的指纹图谱，并采用人工虚拟混合群体对核心 SNP 标记进行了验证。Jo 等（2022）利用 GBS 技术对 96 份甘蓝材料进行分析，并开发了一组 SNP 标记，可用于鉴定 96 个甘蓝品种，区分 17 个 DUS 性状。关于利用 SSR 分子标记技术鉴定品种纯度也先后发布了行业标准（《结球甘蓝品种鉴定技术规程 SSR 分子标记法》，NY/T 2473—2013）和地方标准（《甘蓝品种纯度及真实性 SSR 分子检测方法》，DB32/T 2260—2012）。

第四节　基因工程育种

基因工程（gene engineering）又称遗传工程（genetic engineering），是在分子水平上对基因进行定向操作的复杂技术，是一种使用生物技术直接操纵有机体基因组、用于改变其遗传物质的工程。基因工程包括转基因、基因靶向、基因敲除等。Cohen 和 Boyver 1973 年首次完成了 DNA 分子的体外重组实验，宣告基因工程的诞生。与传统育种方法不同的是，基因工程育种可以突破物种间的障碍，实现真正意义上的远缘杂交。利用基因工程，人们可以按照自己的想法进行自然演化过程中不可能发生的新的遗传组合，创造全新的物种。

甘蓝基因工程主要包括转基因和基因编辑，可直接操纵其基因组，以改变甘蓝原有遗传特性。利用基因工程技术并配合常规育种手段，人们可以培育出具有抗病、抗虫、优质等特性的甘蓝新品种。目前甘蓝转基因研究和育种主要集中在抗虫、抗逆等方面。近年来，以 CRIPSR/Cas9 为主的基因编辑技术，具有操作简单、可定向改变基因、可去除转基因成分等特点，成为新的研究热点。

一、甘蓝遗传转化体系构建及应用

Holbrook 等（1985）利用根癌农杆菌介导法首次对甘蓝的遗传转化进行了研究，揭开了甘蓝转基因研究的序幕。Metz 等（1995）以下胚轴和叶柄为外植体，利用根癌农杆菌介导法获得了转 *cry1Ac* 基因的甘蓝，并通过 Southern 杂交首次在分子水平上证明 *cry1Ac* 已被成功地整合到甘蓝基因组中，并利用抗虫性鉴定试验证明转基因植株抗虫效果明显。

目前已报道甘蓝的遗传转化体系大致相同，主要流程包括：

（1）播种　先将甘蓝种子消毒，播于 MS 播种培养基培养 5～7d；

（2）外植体预培养　切取下胚轴或子叶作为外植体，置于预培养基培养 2d；

（3）侵染和共培养　配制农杆菌侵染液，将下胚轴或子叶浸泡 10～15min，转移至共培养培养基，黑暗条件下培养 2d；

（4）延迟培养（可选）　将外植体转移至延迟培养基，培养 4～7d；

（5）筛选培养　将外植体转移至筛选培养基（根据载体抗性选择除草剂、潮霉素或卡那霉素），每 2 周更换一次培养基；

（6）抗性苗的获得和鉴定　待抗性芽生长至 2cm 以上，切下来转移至长苗培养基，待生长至 5～7 片叶，进行转基因株系的鉴定。

成功进行遗传转化的前提是建立高效的再生体系。甘蓝具有较好的组织培养基础，其不定芽的诱导相对容易，但品种之间存在较大差异，并且供体植株的苗龄、外植体的类型、培养基中的激素配比、硝酸银浓度、硫代硫酸银浓度等因素对再生体系的影响都很大。植物的外植体必须具备较高的芽再生率和易被农杆菌侵染特性才能成为良好的转化受体。目前甘蓝应用最多的外植体是子叶、下胚轴和花茎切段等（卫志明等，1998；崔磊等，2009）。在以下胚轴和具柄子叶为外植体时，苗龄显著影响芽的再生频率，最适的苗龄为5～10d（蔡林等，1999；崔磊等，2009）。不同的植物品种、外植体对激素组成的要求有较大差异，银离子作为乙烯生理作用的抑制剂已经被广泛应用于芸薹属作物的再生体系建立和遗传转化。卫志明等（1998）研究发现培养基中添加7.5mg/L的 $AgNO_3$ 可使甘蓝下胚轴的再生频率由48.33%提高到81.67%。寻求最佳的激素配比是提高芽再生频率的重要途径。甘蓝的外植体在培养基中含有4mg/L 6-BA和0.01mg/L NAA时可获得较高的再生频率（Rafat等，2010）。崔慧琳等（2019）筛选出高效甘蓝转化受体材料YL-1，再生频率显著高于其他3份材料；基于建立的高效遗传转化体系，共获得47株抗除草剂植株，PCR检测显示其中12株为阳性，初步表明 bar 基因已转化到甘蓝中，转化率达到2.18%。利用转录组测序技术对2株PCR阳性材料进行基因表达分析，均检测到 bar 基因高效表达。王飞（2020）利用甘蓝下胚轴成功建立了甘蓝原生质体瞬时转化体系，转化效率为43%，然后通过PEG-$CaCl_2$介导的甘蓝原生质体转化方法，在原生质体中表达构建好CRISPR/Cas9sgRNA载体，24h后提取原生质体DNA，利用PCR、酶切和测序检测编辑效率。

二、基因工程在甘蓝育种中的应用

（一）利用遗传转化创制甘蓝抗虫材料

用于甘蓝抗虫研究的外源基因来源十分广泛，除了来源于微生物外，还有植物、动物等。目前主要有以下几种：苏云金芽孢杆菌杀虫晶体蛋白（Bt）基因、蛋白酶抑制剂基因、外源凝集素基因和昆虫神经毒素基因等。目前甘蓝上抗虫转基因应用较多的是 Bt 基因，其次是蛋白酶抑制剂基因。

Bai等（1993）在获得的转 Bt 基因甘蓝植株中，发现有2株对小菜蛾幼虫抗性明显。在国内，甘蓝转 Bt 基因研究也相继展开和取得一定进展，毛慧珠等（1996）将 cry1Ac 基因导入甘蓝品种青种大平头和黄苗中，在 T_0 代与 T_1 代均表现对小菜蛾有较强的抗性。薛经卫、卫志明等（1998）也成功地将 Bt 基因导入甘蓝中，获得转化植株。蔡林等（1999）采用根癌农杆菌介导的方法，成功地将 Bt 毒蛋白基因 GFM Cry1A 导入到甘蓝中，获得了抗菜青虫的转基因植株。李汉霞等（2006）利用优化的遗传转化体系将 Bt cry1Ac 基因导入甘蓝获得抗虫植株。李贤等（2008）将 cry1Ac 基因导入甘蓝中，饲喂二龄小菜蛾的生物测定表明，其对小菜蛾具有较强的毒杀作用，而且该基因已经稳定地遗传到 T_2 代。崔磊等（2009）将 Bt cry1Ia8 基因导入甘蓝，并通过PCR、Southern blot、RT-PCR、Western blot、Northern blot等检测证明抗虫基因已成功整合到甘蓝基因组中并得到表达。仪登霞（2014）采用农杆菌介导法将 cry1Ia8 和 cry1Ba3 基因同时导入甘蓝高代自交系，获得了对小菜蛾和菜青虫具有极强抗性的双价转基因植株，拓宽了 Bt 甘蓝的抗虫谱，增强了其抗虫性（图8-17）。蛋白酶抑制剂抗虫谱广，害虫不易产生耐受性，对人、畜副作用小，无污染，现已成为一种重要的抗虫基因资源。蛋白酶抑制剂可分为丝氨酸蛋白酶抑制剂、巯基蛋白酶抑制剂、金属蛋白酶抑制剂和天冬氨酰蛋白酶抑制剂等近10个蛋白酶抑制剂家族（Hilder 等，1987）。其中，丝氨酸类蛋白酶抑制剂的抗虫作用研究得最为深入，因为大多数昆虫肠道内的蛋白酶主要是丝氨酸蛋白酶（Ryan 等，1990）。丝氨酸类蛋白酶抑制剂中的豇豆胰蛋白酶抑制剂（cowpea trypsin inhibitor，CpTI）的抗虫效果最好，CpTI 对大部分鳞翅目和鞘翅目害虫均有较好的杀灭作用。张七仙、高丽等将 CpTI 基因导入甘蓝中，得到了具有抗虫

图 8-17 转 cry1Ia8 和 cry1Ba3 基因
甘蓝（左）的抗虫性表现
（仅登霞，2014）

效果的植株（张七仙等，2001；高丽等，2010）。然而蛋白酶抑制剂的缺点是其转化植株还无法达到与 Bt 类转基因植物同样高效的抗虫效果。

（二）利用遗传转化创制甘蓝其他优异材料

任雪松（2015）通过甘蓝基因组信息获得了 BoHB 12 和 BoHB 7 的基因全长，并分别构建了这两个基因的正义表达载体和反义表达载体，采用农杆菌介导法转化获得了相应的甘蓝转基因植株，证明这两个基因与甘蓝叶片卷曲相关，为进一步研究甘蓝结球机制奠定了基础。何绍敏等（2015）采用农杆菌介导法将反义 MLPK 基因导入高度自交不亲和甘蓝材料中，获得了 MLPK mRNA 积累量明显低于野生型的转基因植株，导致花期自交结籽数上升，花期自交亲和指数和蕾期自交亲和指数均明显高于野生型对照植株。Li 等（2021）将来自萝卜的 Rfo^B 恢复基因优化后转入结球甘蓝中，创制了结球甘蓝 Ogura CMS 恢复系，将该恢复系与不同类型的甘蓝类蔬菜杂交和回交创制了一系列（18 种类型）甘蓝类蔬菜 Ogura CMS 专用恢复系，并利用该恢复系成功转育了 Ogura CMS 品种 GZ87 的根肿病抗性。

（三）利用基因编辑技术创制甘蓝优异材料

基因编辑技术是在活体基因组中进行 DNA 插入、删除、修改或替换的一项技术，随着 CRISPR/Cas 技术的开发和利用，基因编辑技术在植物上的应用取得较大进展。2015年，CRISPR/Cas9 技术首次在甘蓝类作物中应用（Lawrenson 等，2015）；2017 年首次在结球甘蓝中应用，如西南大学利用农杆菌介导的遗传转化法，将 CRISPR/Cas9 表达载体导入甘蓝中，实现了对 BoPDS 和 SRK 基因的编辑（马存发，2017）。随后几年，通过对 BoSRK3 等基因编辑创制了自交亲和材料（Ma 等，2019）（图 8-18）；对 BoEMS、BoDAD、BoAOS 等基因编辑创制了雄性不育材料（朱陈曾，2018）；通过对 BoBIK1、BoLACS 2 等基因编辑创制了抗病、抗逆材料（郑思迪，2020）。中国农业科学院等单位也开始利用 CRISPR/Cas9 进行基因功能验证、性状定向改良、创制工具材料等。Cao 等（2021）利用 CRISPR/Cas9 基因编辑技术及农杆菌介导的甘蓝转化体系，成功获得 3 个蜡质合成基因 BoCER1 的编辑株系，其叶片表面蜡质大量减少，促进了叶色亮绿材料在甘蓝育种中的应用。Zhao 等（2022）利用 CRISPR/Cas9 基因编辑技术敲除了一个在花粉中高度表达的基因 BoC 03. DMP9，成功获得了甘蓝首个单倍体诱导系。boc 03. dmp9 突变体

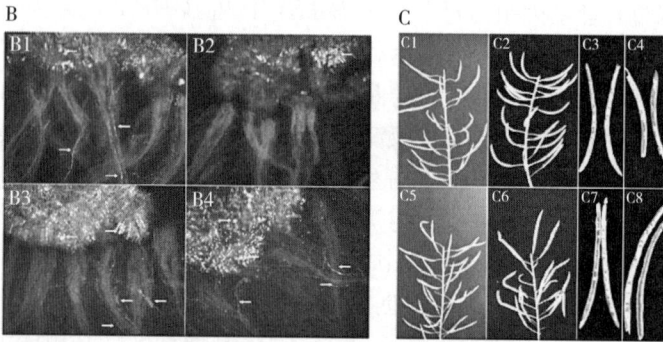

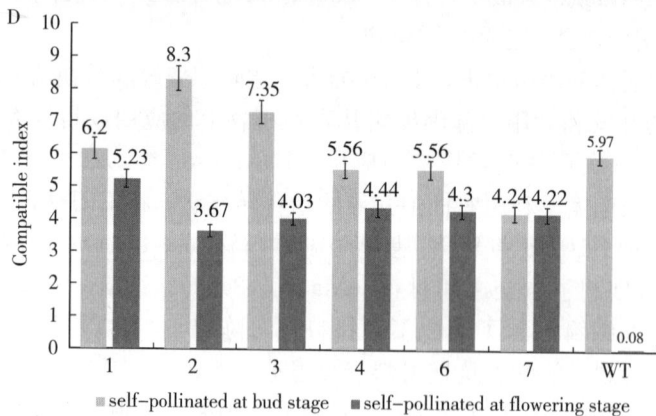

图 8 - 18 利用基因编辑技术敲除 *BoSRK3* 创制自交亲和材料

(Ma 等，2019)

A. 靶标位点的突变类型和频率 B. 突变型和野生型植株柱头花粉萌发的荧光检测 C. 突变型和野生型植株的荚果形态和结实率 D. 突变型和野生型植株在蕾期和花期的自交亲和指数调查

营养生长正常，但在自交或作为父本杂交的情况下，结实率显著降低。对不同背景的甘蓝材料进行诱导效率研究，结果表明，*boc 03. dmp9* 自交或作为父本进行杂交，均能够诱导产生母本单倍体，诱导率为 $0.41\%\sim2.35\%$，解决了甘蓝单倍体诱导受基因型限制的难题。

在基因编辑系统方面，除了常规的 CRISPR/Cas9 外，其衍生的 ABE 基因编辑系统和 Prime editing 也开始在甘蓝中应用（张德军，2020；李文平，2022）。在编辑策略方面，目前仍以遗传转化法为主，同时也开始出现基于原生质体瞬时表达的 DNA - free 基因编辑（Murovec 等，2018；Park 等，2019）。

基因编辑技术在甘蓝类蔬菜育种中具有巨大的发展潜力和应用价值，通过基因编辑技术，将来可以构建突变体文库，高效便捷地获得定向创制突变体，同时能够为分子育种提供重要的供体材料；通过靶向编辑打破基因座之间连锁累赘，加快优良性状的基因渗入；通过多重基因编辑，实现重要性状的基因聚合，加速多种优良性状的聚合育种，从而推动甘蓝分子育种进程。

在经济全球化的不断发展中，我国甘蓝生物技术育种发展迅速。在未来，全基因组选择、基因编辑与合成生物学等前沿新兴育种技术，将被广泛应用于甘蓝育种中，如重要种质的基因型与遗传背景鉴定、种质资源创制与性状改良、设计优异基因资源、合成具有营养强化的全新甘蓝品系，大大提高甘蓝育种效率。同时，我国甘蓝生物技术育种也面临着一些问题，如原始创新薄弱、关键技术缺乏；优异基因资源挖掘不足、利用率低；分子育种、生物育种的步伐还需加快。只有克服上述制约因素，才能加快我国甘蓝生物技术育种进程，提升我国甘蓝产业及种业科技的核心竞争力，实现我国甘蓝种业自主可控、甘蓝产品稳产保供。

◆ 主要参考文献

蔡林，崔洪志，张友军，等，1999. 苏云菌芽孢杆菌毒蛋白基因导入甘蓝获得抗虫转基因植株 [J]. 中国蔬菜（4）：33 - 34.

陈琛，庄木，张扬勇，等，2010. 一个与甘蓝显性雄性不育基因连锁的 EST - SSR 标记 [C] //中国园艺学会 2010 年学术年会论文摘要集. 北京：中国园艺学会、中国工程院农业学部.

陈登辉，李海龙，田多成，等，2018. 结球甘蓝高密度遗传图谱构建及抽薹时间相关 QTL 定位 [J]. 甘肃农业大学学报，53（5）：21 - 28.

陈世儒，王晓佳，宋明，1989. 结球甘蓝自交不亲和系的离体培养繁殖研究 [J]. 西南农业大学学报，11（1）：93 - 96.

崔磊，杨丽梅，刘楠，等，2009. *Bt Cry1Ia8* 抗虫基因对结球甘蓝的转化及其表达 [J]. 园艺学报，36（8）：1161 - 1168.

方智远，刘玉梅，杨丽梅，等，2004a. 甘蓝显性核基因雄性不育与胞质雄性不育系的选育及制种 [J]. 中国农业科学（5）：717 - 723.

方智远，刘玉梅，杨丽梅，等，2004b. 甘蓝制种技术上的一项重要变革 [J]. 中国蔬菜（5）：34.

方智远，孙培田，刘玉梅，1983. 甘蓝杂种优势利用和自交不亲和系选育的几个问题 [J]. 中国农业科学（3）：51 - 62.

方智远，孙培田，刘玉梅，等，2001. 几种类型甘蓝雄性不育的研究与显性不育系的利用 [J]. 中国蔬菜（1）：11 - 15.

何绍敏，李春雨，兰彩耘，等，2015. 转 *MLPK* 反义基因对甘蓝自交不亲和性的影响 [J]. 园艺学报，42（2）：252-262.

金波，王纪方，贾春兰，等，1982. 甘蓝花茎培养的研究 [J]. 园艺学报（1）：53-57，73-74.

金波，王纪方，贾春兰，等，1982. 萝卜×甘蓝远缘杂种幼胚离体培养简报 [J]. 中国蔬菜（3）：34-35.

孔枞枞. 2019. 甘蓝黑腐病抗源筛选和抗性遗传分析及 QTL 定位 [D]. 北京：中国农业科学院.

李梅，2009. 结球甘蓝抽薹开花性状的遗传、QTL 定位及生理研究 [D]. 北京：中国农业科学院.

李文平，2023. 基于 Prime editin 的 myb 突变基因功能重建及甘蓝 CENH3 基因编辑 [D]. 重庆：西南大学.

李志远，于海龙，方智远，等，2018. 甘蓝 SNP 标记开发及主要品种的 DNA 指纹图谱构建 [J]. 中国农业科学，51（14）：2771-2788.

刘星，2018. 甘蓝抗枯萎病基因 *FOC1* 的功能分析与抗病材料的快速创制 [D]. 北京：中国农业科学院.

刘玉梅，方智远，D Mcmullenm，等，2003. 一个与甘蓝显性雄性不育基因连锁的 RFLP 标记 [J]. 园艺学报（5）：549-553.

刘泽慈，2020. 甘蓝染色体片段替换系的构建和黑腐病抗性 QTL 定位及候选基因分析 [D]. 兰州：甘肃农业大学.

吕红豪，方智远，杨丽梅，等，2011. 甘蓝枯萎病原材料筛选及抗性遗传研究 [J]. 园艺学报，38（5）：875-885.

吕红豪，杨丽梅，方智远，等，2022. 春甘蓝新品种'中甘 27'和'中甘 28' [J]. 园艺学报，49（S1）：63-64.

马存发，2018. 利用 CRISPR/Cas9 技术编辑甘蓝基因的初步研究 [D]. 重庆：西南大学.

毛慧珠，唐惕，曹湘玲，等，1996b. 抗虫转基因甘蓝及其后代的研究 [J]. 中国科学 C 辑：生命科学（4）：339-347.

任雪松，2015. 甘蓝叶片卷曲关联基因 *BoHB12* 和 *BoHB7* 的克隆与功能研究 [D]. 重庆：西南大学.

苏彦宾，李强，仪登霞，等，2019. 结球甘蓝叶球相关性状遗传分析 [J]. 北方园艺（8）：7-14.

孙朋朋，刘基生，张扬勇，等，2014. 与甘蓝中心柱长相关联的 EST-SSR 标记分析 [J]. 园艺学报，41（7）：1344-1354.

王飞，2020. 利用 CRISPR/Cas9 系统构建甘蓝 *BoPDS* 和 *SRK15* 基因敲除载体及遗传转化 [D]. 兰州：甘肃农业大学.

王庆彪，张扬勇，庄木，等，2014. 中国 50 个甘蓝代表品种 EST-SSR 指纹图谱的构建 [J]. 中国农业科学，47（1）：111-121.

王硕，2019. 植物细胞器基因组变异与进化机制研究 [D]. 昆明：昆明理工大学.

王五宏，汪精磊，李必元，等，2020. 结球甘蓝抽薹性遗传规律和 QTL 定位分析 [J]. 园艺学报，47（5）：974-982.

肖志亮，2018. 甘蓝杂种致死基因 *BoHL1* 和 *BoHL2* 的精细定位及候选基因分析 [D]. 北京：中国农业科学院.

薛玉前，2016. 甘蓝杂种致死遗传分析与基因定位 [D]. 北京：中国农业科学院.

闫龙祥，2021. 甘蓝种荚白化基因 *alb1* 的遗传分析及其定位 [D]. 北京：中国农业科学院.

杨红丽，徐学忠，胡靖锋，等，2022. 甘蓝与甘蓝型油菜杂交胚挽救技术研究 [J]. 湖北农业科学，61（13）：65-68.

杨丽梅，方智远，刘玉梅，等，2003. 利用小孢子培养选育甘蓝自交系 [J]. 中国蔬菜（6）：36-37.

杨丽梅，方智远，刘玉梅，等，2011. 抗枯萎病耐裂球秋甘蓝新品种'中甘 96' [J]. 园艺学报，38

（2）：397-398.

仪登霞，2014. 转 Bt 双价基因甘蓝的抗虫性及遗传稳定性研究［D］. 北京：中国农业大学.

袁素霞，刘玉梅，方智远，等，2010. 结球甘蓝和青花菜小孢子胚植株再生［J］. 植物学报，45（2）：226-232.

张斌，2021. 甘蓝黄绿叶色基因 BoYgl-1 和 BoYgl-2 的精细定位及候选基因分析［D］. 北京：中国农业科学院.

张德军，2021. CRISPR/Cas9 及 ABE 基因编辑系统在甘蓝中的应用［D］. 重庆：西南大学.

张恩慧，欧承刚，许忠民，等，2006. 甘蓝花药培养胚状体诱导形成影响因子研究［J］. 西北植物学报（11）：2372-2377.

张小丽，2018. 甘蓝类蔬菜抗根肿病基因定位、克隆及抗感材料比较转录组分析［D］. 北京：中国农业科学院.

张晓伟，高睦枪，耿建峰，等，2001. 利用游离小孢子培养育成早熟春甘蓝新品种'豫生1号'［J］. 园艺学报（6）：577-582.

张扬勇，2011. 甘蓝类蔬菜的细胞质 DNA 多样性研究［D］. 北京：中国农业科学院.

郑思迪，2021. 利用 CRISPR/Cas9 基因编辑系统获得甘蓝抗逆、抗病相关基因突变体［D］. 重庆：西南大学.

朱陈曾，2019. BoMS1 和 BoAOS 基因控制甘蓝雄性不育的功能研究［D］. 重庆：西南大学.

朱洪运，田多成，颉建明，等，2013. 结球甘蓝抽薹开花时间性状的 QTL 定位及分析［J］. 华北农学报，28（5）：1-5.

朱强龙，2019. 西瓜与甜瓜细胞器比较基因组学研究［D］. 哈尔滨：东北农业大学.

朱晓炜，陈锦秀，邰翔，等，2018. 基于 QTL-seq 技术的甘蓝裂球时间 QTL 定位［C］//中国园艺学会2018年学术年会论文摘要集. 北京：中国园艺学会.

Alemán-Báez J，Qin J，Cai C，et al.，2022. Genetic dissection of morphological variation in rosette leaves and leafy heads in cabbage (Brassica oleracea var. capitata)［J］. Theoretical and Applied Genetics，135（10）：3611-3628.

Ali A，Bang S W，Yang E M，et al.，2014. Putative paternal factors controlling chilling tolerance in korean market-type cucumber (Cucumis sativus L.)［J］. Scientia Horticulture，167：145-148.

Allender C J，Allainguillaume J，Lynn J，et al.，2007. Simple sequence repeats reveal uneven distribution of genetic diversity in chloroplast genomes of Brassica oleracea L. and (n=9) wild relatives［J］. Theoretical and Applied Genetics，114（4）：609，18.

Bai Y Y，Mao H Z，Cao X L，et al.，1993. Transgenic cabbage plants with insect tolerance［J］. Biotechnology in Agriculture，1：309-317.

Bannerot H，Boulidard L，Canderon Y，et al.，1974. Transfer of cytoplasmic male sterility from Raphanus sativus to Brassica oleracea［J］. Eucarpia Cruciferae Newsletter，1：52-54.

Bannerot H，Boulidard L，Chupeau Y，1977. Unexpected difficulties met with radish cytoplasm in Brassica oleracea［J］. Eucarpia Cruciferae Newslett，2：16.

Bayer P E，Golicz A A，Tirnaz S，et al.，2019. Variation in abundance of predicted resistance genes in the Brassica oleracea pangenome［J］. Plant Biotechnology Journal，17（4）：789-800.

Bock R，Knoop V，2012. Genomics of chloroplasts and mitochondria (advances in photosynthesis and respiration)［J］. Advances in Photosynthesis & Respiration，35（3）：377-377.

Cai X，Wu J，Liang J，et al.，2020. Improved Brassica oleracea JZS assembly reveals significant changing of LTR-RT dynamics in different morphotypes［J］. Theoretical and Applied Genetics，133：3187-3199.

Camargo L，Savides L，Jung G，et al.，1997. Location of the self‐incompatibility locus in an RFLP and RAPD map of *Brassica oleracea* [J]. Journal of Heredity，88 (1)：57‐60.

Cao W X，Dong X，Ji J L，et al.，2021. *BoCER1* is essential for the synthesis of cuticular wax in cabbage (*Brassica oleracea* L. var. *capitata*) [J]. Scientia Horticulture，277.

Chang S，Yang T，Du T，et al.，2011. Mitochondrial genome sequencing helps show the evolutionary mechanism of mitochondrial genome formation in *Brassica* [J]. BMC Genomics，12 (1)：497.

Chen L，Ren W J，Zhang B，et al.，2021. Organelle comparative genome analysis reveals novel alloplasmic male sterility with *orf112* in *Brassica oleracea* L. [J]. International Journal of Molecular Sciences，22 (24)：13230.

Chen W，Zhang B，Ren W，et al.，2022. An identification system targeting the *SRK* gene for selecting S‐haplotypes and self‐compatible lines in cabbage [J]. Plants，11 (10)：1372.

Dakouri A，Zhang X，Peng G，et al.，2018. Analysis of genome‐wide variants through bulked segregant RNA sequencing reveals a major gene for resistance to *Plasmodiophora brassicae* in *Brassica oleracea* [J]. Scientific Reports，8：17657.

Davila J，Arrieta‐Montiel M，Wamboldt Y，et al.，2011. Double‐strand break repair processes drive evolution of the mitochondrial genome in *Arabidopsis* [J]. BMC Biology，9：64.

Dong X，Ji J J，Yang L M，et al.，2019. Fine mapping and transcriptome analysis of *BoGL‐3*，a wax‐less gene in cabbage (*Brassica oleracea* L. var. *capitata*) [J]. Molecular Genetics and Genomics，294：1231‐1239.

Duijs J G，Voorrips R E，Visser D L，et al.，1992. Microspore culture is successful in most crop types of *Brassica oleracea* L. [J]. Euphytica，60：45‐55.

Dyall S D，Brown M T，Johnson P J，2004. Ancient invasions：from endosymbionts to organelles [J]. Science，304 (5668)：253‐257.

Golicz A A，Bayer P E，Barker G C，et al.，2016. The pangenome of an agronomically important crop plant *Brassica oleracea* [J]. Nature Communications，7 (1)：13390.

Grewe F，Edger P P，Keren I，et al.，2014. Comparative analysis of 11 Brassicales mitochondrial genomes and the mitochondrial transcriptome of *Brassica oleracea* [J]. Mitochondrion，19：135‐143.

Guo N，Wang S，Gao L，et al.，2021. Genome sequencing sheds light on the contribution of structural variants to *Brassica oleracea* diversification [J]. BMC Biol，19：93.

Guo W，Grewe F，Fan W，et al.，2016. Ginkgo and welwitschia mitogenomes reveal extreme contrasts in gymnosperm mitochondrial evolution [J]. Molecular Biology and Evolution，33 (6)：1448‐1460.

Han F Q，Cui H L，Zhang B，et al.，2019. Map‐based cloning and characterization of *BoCCD4*，a gene responsible for white/yellow petal color in *B. oleracea* [J]. BMC Genomics，20 (1)：242.

Han F Q，Yang C，Fang Z Y，et al.，2015. Inheritance and InDel markers closely linked to petal color gene (*cpc‐1*) in *Brassica oleracea* [J]. Molecular Breeding，35 (8)：160‐167.

Han F Q，Yuan K W，Kong C C，et al.，2018. Fine mapping and candidate gene identification of the genic male‐sterile gene *ms3* in cabbage 51S [J]. Theoretical and Applied Genetics，131：2651‐2661.

Han F Q，Zhang X L，Yuan K W，et al.，2019. A user‐friendly KASP molecular marker developed for the DGMS‐based breeding system in *Brassica oleracea* species [J]. Molecular Breeding，39 (6)：90.

Ji J L，Cao W X，Dong X，et al.，2018. A 252‐bp insertion in *BoCER1* is responsible for the glossy phenotype in cabbage (*Brassica oleracea* L. var. *capitata*) [J]. Molecular Breeding，38：128.

Ji J L，Cao W X，Tong L，et al.，2021. Identification and validation of an *ECERIFERUM2‐LIKE* gene controlling cuticular wax biosynthesis in cabbage (*Brassica oleracea* L. var. *capitata* L.) [J]. Theoretical and Applied Genetics, 134 (12): 4055 - 4066.

Ji J L, Yang L M, Fang Z Y, et al., 2017. Recessive male sterility in cabbage (*Brassica oleracea* var. *capitata*) caused by loss of function of *BoCYP704B1* due to the insertion of a LTR - retrotransposon [J]. Theoretical and Applied Genetics, 130: 1441 - 1451.

Jo J, Kang M Y, Kim K S, et al., 2022. Genome - wide analysis - based single nucleotide polymorphism marker sets to identify diverse genotypes in cabbage cultivars (*Brassica oleracea* var. *capitata*) [J]. Scientific Reports, 12 (1): 20030.

Kim C K, Seol Y J, Perumal S, et al., 2018. Re - exploration of U's triangle *Brassica* species based on chloroplast genomes and 45S nrDNA sequences [J]. Scientific Reports, 8 (1): 7353.

Landry B S, Hubert N, Crete R, et al., 1992. A genetic map for *Brassica oleracea* based on RFLP markers detected with expressed DNA sequences and mapping of resistance genes to race 2 of *Plasmodiophora brassicae* (Woronin) [J]. Genome, 35 (3): 409 - 420.

Lawrenson T, Shorinola O, Stacey N, et al., 2015. Induction of targeted, heritable mutations in barley and *Brassica oleracea* using RNA - guided Cas9 nuclease [J]. Genome Biology, 16: 1 - 13.

Lee J, Izzah N K, Choi B S, et al., 2016. Genotyping - by - sequencing map permits identification of clubroot resistance QTLs and revision of the reference genome assembly in cabbage (*Brassica oleracea* L.) [J]. DNA Research, 23 (1): 29 - 41.

Lee J, Izzah N K, Jayakodi M, et al., 2015. Genome - wide SNP identification and QTL mapping for black rot resistance in cabbage [J]. BMC Plant Biology, 15: 32.

Levi, Amnon, Thomas, et al., 2006. Novel watermelon breeding lines containing chloroplast and mitochondrial genomes derived from the desert species *Citrullus colocynthis* [J]. Hort Science, 41 (2): 463 - 464.

Li G R, Ji W, Wang G, et al., 2014. An improved embryo - rescue protocol for hybrid progeny from seedless *Vitis vinifera* grapes × wild Chinese *Vitis* species [J]. In Vitro Cellular & Developmental Biology, 50 (1): 110 - 120.

Li P, Zhang S, Li F, et al., 2018. A phylogenetic analysis of chloroplast genomes elucidates the relationships of the six economically important *Brassica* species comprising the triangle of U [J]. Frontiers in Plant Science, 8: 111.

Li Q, Peng A, Yang J, et al., 2022. A 215 - bp Indel at intron I of *BoFLC 2* affects flowering time in *Brassica oleracea* var. *capitata* during vernalization [J]. Theoretical and Applied Genetics, 135 (8): 2785 - 2797.

Li Q, Xu B, Du Y, et al., 2021. Development of Ogura CMS restorers in *Brassica oleracea* subspecies via direct *Rfo^B* gene transformation [J]. Theoretical and Applied Genetics, 134: 1123 - 1132.

Li X, Lv H, Zhang B, et al., 2023. Dissection of two QTL clusters underlying yield - related heterosis in the cabbage founder parent 01 - 20 [J]. Horticultural Plant Journal, 9 (1): 77 - 88.

Lichter R, 1989. Efficient yield of embryoids by culture of isolated microspores of different Brassicaceue species [J]. Plant Breeding, 103: 119 - 123.

Liu C W, Lin C C, Chen J W, et al., 2007. Stable chloroplast transformation in cabbage (*Brassica oleracea* L. var. *capitata* L.) by particle bombardment [J]. Plant Cell Reports, 26 (10).

Liu C W, Lin C C, Yiu J C, et al., 2008. Expression of a *Bacillus thuringiensis* toxin (*cry1Ab*) gene in cabbage (*Brassica oleracea* L. var. *capitata* L.) chloroplasts confers high insecticidal efficacy against *Plutella xylostella* [J]. Theoretical and Applied Genetics, 117 (1): 75 - 88.

Liu D M，Tang J，Liu Z Z，et al.，2017b. *Cgl2* plays an essential role in cuticular wax biosynthesis in cabbage (*Brassica oleracea* L. var. *capitata*) [J]. BMC Plant Biology，17 (1)：223.

Liu J，Hao W，Liu J，et al.，2019. A novel chimeric mitochondrial gene confers cytoplasmic effects on seed oil content in polyploid rapeseed (*Brassica napus* L.) [J]. Molecular Plant，12：82 - 96.

Liu S，Liu Y，Yang X，et al.，2014. The *Brassica oleracea* genome reveals the asymmetrical evolution of polyploid genomes [J]. Nature Communications，5 (1)：3930.

Liu X，Gao B，Han F，et al.，2017c. Genetics and fine mapping of a purple leaf gene，*BoPr*，in ornamental kale (*Brassica oleracea* L. var. *acephala*) [J]. BMC Genomics，18：230.

Liu X，Han F Q，Kong C C，et al.，2017a. Rapid introgression of the *Fusarium* wilt resistance gene into an elite cabbage line through the combined application of a microspore culture，genome background analysis，and disease resistance specific marker assisted selection [J]. Frontiers in Plant Science，8：354.

Liu X，Yang C，Han F，et al.，2016. Genetics and fine mapping of a yellow - green leaf gene (*ygl - 1*) in cabbage (*Brassica oleracea* var. *capitata* L.) [J]. Molecular Breeding (36)：82.

Lv H H，Fang Z Y，Yang L M，et al.，2014b. Mapping and analysis of a novel candidate *Fusarium* wilt resistance gene *FOC1* in *Brassica oleracea* [J]. BMC Genomics，15 (1)：1094.

Lv H H，Wang Q B，Zhang Y Y，et al.，2014a. Linkage map construction using Indel and SSR markers and QTL analysis of heading traits in *Brassica oleracea* var. *capitata* L [J]. Molecular Breeding (34)：87 - 98.

Lv H，Wang Y，Han F，et al.，2020. A high - quality reference genome for cabbage obtained with SMRT reveals novel genomic features and evolutionary characteristics [J]. Scientific Reports，10：12394.

Ma C，Zhu C，Zheng M，et al.，2019. CRISPR/Cas9 - mediated multiple gene editing in *Brassica oleracea* var. *capitata* using the endogenous tRNA - processing system [J]. Horticulture Research，6.

Mei J，Wang J，Li Y，et al.，2017. Mapping of genetic locus for leaf trichome in *Brassica oleracea* [J]. Theoretical and Applied Genetics，130 (9)：1953 - 1959.

Mineykina A，Bondareva L，Soldatenko A，et al.，2021. Androgenesis of red cabbage in isolated microspore culture in vitro [J]. Plants，10 (9)：1950.

Murovec J，Guček K，Bohanec B，et al.，2018. DNA - free genome editing of *Brassica oleracea* and *B. rapa* protoplasts using CRISPR - Cas9 ribonucleoprotein complexes [J]. Frontiers in Plant Science，9：1594.

Nagaoka T，Doullah M，Matsumoto S，et al.，2010. Identification of QTLs that control clubroot resistance in *Brassica oleracea* and comparative analysis of clubroot resistance genes between *B. rapa* and *B. oleracea* [J]. Theoretical and Applied Genetics，120 (7)：1335 - 1346.

Pang W，Li X，Choi S R，et al.，2015. Mapping QTLs of resistance to head splitting in cabbage (*Brassica oleracea* L. var. *capitata*) [J]. Molecular Breeding，35：126.

Park S C，Park S，Jeong Y J，et al.，2019. DNA - free mutagenesis of *GIGANTEA* in *Brassica oleracea* var. *capitata* using CRISPR/Cas9 ribonucleoprotein complexes [J]. Plant Biotechnology Reports，13：483 - 489.

Peng L S，Zhou L L，Li Q F，et al.，2018. Identification of quatitative trait loci for clubroot resistance in *Brassica oleracea* with the use of *Brassica* SNP microarray [J]. Frontiers in Plant Science，9：822.

Ren W J，Li Z Y，Han F Q，et al.，2020. Utilization of Ogura CMS germplasm with the clubroot resistance gene by fertility restoration and cytoplasm [J]. Horticulture Research，7 (1)：1 - 10.

Roulund N，Andersen S B，Farestveit B. 1991. Optimal concentration of sucrose for head cabbage (*Brassi-*

ca oleracea L. convar. *capitata* (L.) Alef.) anther culture [J]. Euphytica, 52: 125 – 129.

Rudolf K, Bohanec B, Hansen M, 1999. Microspore culture of white cabbage, *Brassica oleracea* var. *capitata* L.: Genetic improvement of non – responsive cultivars and effect of genome doubling agents [J]. Plant Breeding, 118: 237 – 241.

Sang S F, Mei D S, Liu J, et al., 2019. Organelle genome composition and candidate gene identification for Nsa cytoplasmic male sterility in *Brassica napus* [J]. BMC Genomics, 20 (1): 813.

Scholze P, Krämer R, Ryschka U, et al., 2010. Somatic hybrids of vegetable brassicas as source for new resistances to fungal and virus diseases [J]. Euphytica, 176: 1 – 14.

Seol Y J, Kim K, Kang S H, et al., 2015. The complete chloroplast genome of two *Brassica* species, *Brassica nigra* and *B. oleracea* [J]. Mitochondrial DNA Part A, 28 (2): 167 – 168.

Shen Y W, 2013. Development of SCAR molecular marker linked to downy mildew resistance gene in cabbage [J]. Molecular Plant Breeding.

Sloan D B, Alverson A J, Chuckalovcak J P, et al., 2012. Rapid evolution of enormous, multichromosomal genomes in flowering plant mitochondria with exceptionally high mutation rates [J]. PLoS Biology, 10 (1): e1001241.

Su Y, Liu Y, Li Z, et al., 2015. QTL analysis of head splitting resistance in cabbage (*Brassica oleracea* L. var. *capitata*) using SSR and InDel markers based on whole – genome re – sequencing [J]. PLoS ONE, 10: e0138073.

Tanaka Y, Tsuda M, Yasumoto K, et al., 2014. The complete mitochondrial genome sequence of *Brassica oleracea* and analysis of coexisting mitotypes [J]. Current Genetics, 60 (4): 277.

Tonu N N, Doullah M, Shimizu M, et al., 2013. Comparision of positions of QTLs conferring resistance to *Xanthomonas compestris* pv. *campestris* in *Brassica oleracea* [J]. American Journal of Plant Sciences, 4: 11 – 20.

Tukey H B, 1993. Artifical culture of sweet cherry embryos [J]. Journal of Heredity, 24: 7 – 12.

Voorrips R, Jongerius M, Kanne H. 1997. Mapping of two genes for resistance to clubroot (*Plasmodiophora brassicae*) in a population of doubled haploid lines of *Brassica oleracea* by means of RFLP and AFLP markers [J]. Theoretical and Applied Genetics, 94 (1): 75 – 82.

Walters T W, Mutschler M A, Earle E D, 1992. Protoplast fusion – derived Ogura male – sterile cauliflower with cold tolerance [J]. Plant Cell Reports, 10: 624 – 628.

Wang C, Lezhneva L, Arnal N, et al., 2021. The radish Ogura fertility restorer impedes translation elongation along its cognate CMS – causing mRNA [J]. Proceedings of the National Academy of Sciences of the United States of America, 118 (35): e2105274118

Wei Y, Li F, Zhang S, et al., 2019. Characterization of interspecific hybrids between Chinese cabbage (*Brassica rapa*) and red cabbage (*Brassica oleracea*) [J]. Scientia Horticulture, 250: 33 – 37.

Xu Y Y, Xing M M, Li J Q, et al., 2022. Complete chloroplast genome sequence and variation analysis of *Brassica oleracea* L [J]. Acta Physiologiae Plantarum, 44: 106.

Yan C, An G, Zhu T, et al., 2019. Independent activation of the *BoMYB2* gene leading to purple traits in *Brassica oleracea* [J]. Theoretical and Applied Genetics, 132: 895 – 906.

Yang K, Nath U K, Biswas M K, et al., 2018. Whole – genome sequencing of *Brassica oleracea* var. *capitata* reveals new diversity of the mitogenome [J]. PLoS One, 13 (3): e0194356.

Yu H L, Fang Z Y, Liu Y M, et al., 2016. Development of a novel allele – specific *Rfo* marker and creation of Ogura CMS fertility – restored interspecific hybrids in *Brassica oleracea* [J]. Theoretical and Applied Genetics, 129 (8): 1625 - 1637.

Yu H L, Li Z Y, Ren W J, et al., 2020. Creation of fertility - restored materials for Ogura CMS in *Brassica oleracea* by introducing *Rfo* gene from Brassica napus via an allotriploid strategy [J]. Theoretical and Applied Genetics, 133 (10): 2825 - 2837.

Yu H L, Li Z Y, Yang L M, et al., 2017. Morphological and molecular characterization of the second backcross progenies of Ogu - CMS Chinese kale and rapeseed [J]. Euphytica, 213 (2): 55.

Zhang B, Chen W, Li X, et al., 2021. Map - based cloning and promoter variation analysis of the lobed leaf gene *BoLMI1a* in ornamental kale (*Brassica oleracea* L. var. *acephala*) [J]. BMC Plant Biology, 21: 456.

Zhang B, Han F, Cui H, et al., 2019. Insertion of a CACTA - like transposable element disrupts the function of the *BoCCD4* gene in yellow - petal Chinese kale [J]. Molecular Breeding, 39 (9): 130.

Zhang X M, Wu J, Zhang H, et al., 2011. Fine mapping of a male sterility gene *MS - cd1* in *Brassica oleracea* [J]. Theoretical and Applied Genetics, 123 (2): 231 - 238.

Zhang Y Y, Fang Z Y, Wang Q B, et al., 2012. Chloroplast subspecies - specific SNP detection and its maternal inheritance in *Brassica oleracea* L. by using a dCAPS marker [J]. Journal of Heredity, 103 (4): 606.

Zhao X, Yuan K, Liu Y, et al., 2022. *In vivo* maternal haploid induction based on genome editing of *DMP* in *Brassica oleracea* [J]. Plant Biotechnol Journal, 20 (12): 2242 - 2244.

Zhong X, Chen D, Cui J, et al., 2021. Comparative analysis of the complete mitochondrial genome sequences and anther development cytology between maintainer and Ogura - type cytoplasm male - sterile cabbage (*B. oleracea* var. *capitata*) [J]. BMC Genomics, 22 (1): 646.

Zhong X, Yue X, Cui J, et al., 2022. Complete mitochondrial genome sequencing and identification of candidate genes responsible for C5 - type cytoplasmic male sterility in cabbage (*B. oleracea* var. *capitata*) [J]. Frontiers in Plant Science, 13: 1019513.

Zhu M, Yang L, Zhang Y, et al., 2022. Introgression of clubroot resistant gene into *Brassica oleracea* L. from *Brassica rapa* based on homoeologous exchange [J]. Horticulture Research, 2022: 9.

Zhu X, Tai X, Ren Y, et al., 2022. QTL - seq and marker development for resistance to head splitting in cabbage [J]. Euphytica, 218 (4): 41.

（张扬勇　王勇　韩风庆　张斌　陈立）

第九章

甘蓝种子繁殖

[中 国 结 球 甘 蓝]

种子是植物个体发育过程中的一个重要阶段，也是植物繁衍的必要环节。育种家利用各种育种技术选育蔬菜新品种，通过良种繁育体系生产出合格的种子，才能生产出优质的蔬菜产品。因此，种子是良种繁育体系的重要载体，前承育种，后接推广，是优良品种成果转化的重要节点。

结球甘蓝作为我国主要大宗蔬菜作物之一，因其适应性强，易栽培，产量高，耐贮运，适于四季生产、周年供应。由于结球甘蓝一代杂种优势明显，能显著提高产量、品质，增加抗逆性，提高生产者经济效益，因而甘蓝生产一般采用一代杂种。甘蓝一代杂种种子的繁殖，主要采用自交不亲和系和雄性不育系两种途径配制，其生产环节包含原原种、原种及杂交种的生产。在种子的繁殖过程中，保证原种纯度，防止种子混杂、退化和利用好繁种地域的环境条件是种子繁殖成功的关键。由于常规品种繁种简单，目前仍有部分产区、部分品种采用常规品种繁种。

第一节 甘蓝繁种基地所需的条件

一、自然条件

甘蓝种子繁殖要经历甘蓝生长发育的全过程，所以符合结球甘蓝繁种要求的制种基地，需要满足甘蓝不同生长发育阶段对温、光、水、肥、气等外界条件的要求，特别是温度的要求。

甘蓝喜温和冷凉的气候，但对寒冷和高温也有一定的忍耐能力。甘蓝在不同的生长时期对温度的要求和适应能力有所不同，一般在 15～25℃ 的条件下最适宜其生长；种子发芽适温为 18～20℃，但在 2～3℃ 条件下也能缓慢发芽；幼苗期和莲座期对 25～30℃ 的高温有较强的适应能力；进入结球期，需要温和冷凉的气候条件，结球期的最适温度为 15～20℃。

甘蓝对低温的忍耐力因品种和生长期的不同而有差异。刚出土的幼苗抗寒能力弱，随着植株的生长，耐寒性逐渐加强，具有 6～8 片叶的健壮幼苗能忍耐较长时期的 -2～-1℃低温及较短期的 -5～-3℃低温，而经过低温锻炼的幼苗能忍耐极短期 -12～-8℃ 的严寒。甘蓝在 5～10℃ 的低温条件下，叶球仍能缓慢生长。在抽薹开花期，抗寒力很弱，10℃ 以下的低温都能影响植株正常授粉结实，当遇到 -3～-1℃ 的低温时，易使花薹受冻害。在开花期，当植株遇到 30℃ 以上高温时结实不良，如连续几天 30℃ 以上的高温，更会影响种子产量甚至颗粒无收。

甘蓝属浅根系作物，根系多分布在 15～25cm 的土层中，且其外叶大，导致其水分蒸发量大。因此，甘蓝喜湿润的栽培条件，一般在 80%～90% 的空气相对湿度和 70%～80% 的土壤湿度下植株生长良好。其中，尤其对土壤的湿度要求严格，如果土壤水分保持适当，即使空气湿度较低，植株也能生长良好；如果在空气干燥、土壤水分不足时，就会造成植株生长缓慢，包心延迟。甘蓝不耐涝，如果雨水过多，土壤排水不良，易使根系泡水受渍而变褐、死亡。因此，作为甘蓝的繁种基地，要确保排、灌条件，做到旱能浇，涝能排。

甘蓝对土壤适应性较强，从沙壤土到黏壤土均能种植。在中性到微酸性的土壤中生长良好，但在酸性过度的土壤中植株表现不良，且根肿病等也容易发生。在偏酸性的土壤中应补充石灰和必要的微量元素，以便于植株生长。甘蓝能忍耐一定的盐碱度，据山西农业科学院调查，在土壤含盐量为 0.3% 时，对产量有影响；含盐量为 0.8% 时，能开花结实，但对产量影响较大；含盐量超 1.2% 时，很多品种就不能生存，导致死亡。

甘蓝为喜肥、耐肥蔬菜作物。苗期和莲座期需要较多的氮肥，特别是莲座期达到高峰，开花结实期要控制氮肥，防止徒长恋青。土壤中的氮以硝态氮（$NO_3^- - N$）或氨态氮（$NH_4^+ - N$）的形式被根吸收到植株体内，经转化，一部分用于合成各种氨基酸和必要的蛋白质，另一部分则有机化成为核酸及其他物质。一般来说，在比较肥沃的田块要减少氮肥施用量，在肥力一般的田块可多施一些。磷是非常重要的大量元素，如果缺乏必需量的磷，就不可能正常生长发育，特别是在结球期需磷量达到高峰。钾在细胞中以无机态存在，与钙、镁等一起在植物体内起着中和酸和缓冲酸性的作用，或者参与植物体内阴离子转移的任务。一般甘蓝整个生长期对氮、磷、钾的吸收比例约为 3∶1∶4。

除了氮、磷、钾外，甘蓝需钙量也较多。钙除具有钾的中和及缓冲酸性的作用外，还参与有机酸的解毒作用。缺钙或不能吸收钙时，尤其在植株生长点附近，叶子叶缘会出现枯萎或引发叶球干烧心病。甘蓝对镁、硼、锰、钼、铁等微量元素需要量不多，但一旦缺乏也会引起各种不良反应，甚至引起花而不实。

甘蓝是喜光性蔬菜，在未通过春化阶段前，充足的光照有利于生长。甘蓝是绿体春化型蔬菜，需幼苗长到一定大小时才能感受低温通过春化，不同的品种对低温春化的要求不一。甘蓝也是长日照蔬菜作物，日照长度长于 14h 对甘蓝种株完成春化后的抽薹、开花有促进作用。

二、技术条件

一个优良的品种除应具备高产、优质、多抗、广适、高商品性等优良经济性状外，还应容易繁殖，种子产量高，繁种成本越低，市场竞争力越强。

杂交亲和性影响杂交品种种子产量和纯度。对于采用自交不亲和性繁殖的一代杂种，如果双亲杂交不亲和，不仅杂交种子产量低，而且自交种比例容易偏高，最终影响品种纯度，所以利用自交不亲和系生产甘蓝杂交种子时，应选择杂交授粉表现亲和的双亲。采用雄性不育系时，父本最好是自交亲和系。

良种繁育技术非常关键。在良种繁育基地、繁育品种选定的基础上，基地的种植技术水平对最终的种子产量和质量起到决定性的作用。影响种子产量的技术包括自交不亲和系蕾期人工授粉繁殖以及花期喷盐水技术、水肥管理技术、花期调控技术、蜜蜂放养技术等。影响种子纯度和质量的技术包括同类作物的隔离条件和隔离距离、双亲花期相遇调节技术、苗床及田间去杂技术、采后脱粒加工技术等。为了提高种子产量和质量，应建立与品种相适应的提高种子产量和质量的良种繁育规程，建立稳定的良种繁育技术队伍，加强对良种繁育种植户的技术培训，不断提高管理水平和质量意识。

近年来，在全球气候变暖的大背景下，高温、干热风、暴雨、倒春寒、极端低温等天气频发、广发，甘蓝繁种基地也要根据气候条件的变迁，筛选合适的基地和采用相适应的栽培模式。甘蓝繁种的形式多样，有阳畦繁种、种株阳畦越冬翌春定植露地繁种和露地越冬繁种等。

华北地区利用风障阳畦繁种（图9-1），可克服早春多变的气候对繁种种株的影响，有利于提早开花、调节花期。由于阳畦上口气温较高，光照好，比阳畦下口发育快，花期早。因此，在亲本定植时，把要求有充足光照的圆球亲本栽到上口，对光照要求不严格的扁球、尖球的亲本栽到下口，充分利用阳畦的不同气候条件，实现两个亲本花期相遇的目的，以期获得高产。利用阳畦繁种的局限是用工多，成本高。

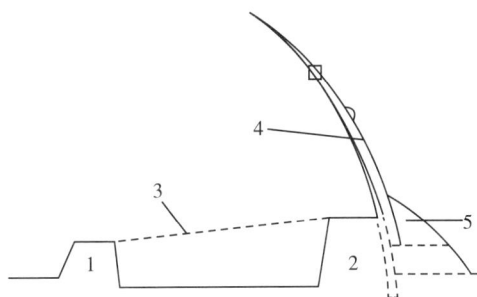

图9-1 风障阳畦示意图
1. 南框 2. 北框 3. 覆盖物 4. 风障 5. 土背

长城以南及山海关以西的华北中部地区，多采用甘蓝种株在阳畦或温室越冬，翌春定植露地繁种。这种方式受气候影响较大，在春季气温较低的情况下，露地定植后又要扎根又要抽薹，就很难满足种株对水分、养分的需求，无法形成健壮而高大的种株，因此种子不容易高产。

长江流域及以南地区，虽然有利于甘蓝种株的越冬，但由于气温较高，不利于甘蓝种株的阶段发育，特别是圆球品种较难正常抽薹开花，因而也不适于安排甘蓝制种。

江淮平原，从气温条件上讲甘蓝种株完全可以安全越冬，有利于甘蓝露地制种，但是由于该地区雨水较多，不利于花期授粉，对种子产量和芽率都有影响，也不适于安排甘蓝制种。

在陇海线南北的平原及丘陵地带，这里气候温和，年平均气温在15～17℃，冬季最低气温在-8～-5℃，无霜期长，适于甘蓝种株露地生长，并有利于种株通过低温春化。该地区春季少雨，一般在7月上中旬才进入雨季，有利于甘蓝种株开花授粉结实，因此该地区适于安排甘蓝露地越冬制种。

第二节　常规品种的繁殖

目前我国生产上使用的甘蓝品种约 98％是一代杂种，只有少数偏远地区及山区还使用常规地方品种。甘蓝种子的繁育一般采用原原种、原种、生产用种的三级繁育制度。

原原种又称育种家种子，是指由育种家育成的遗传性状稳定的品种或杂交种亲本的最初一批种子，具有该品种最典型的特征，用于进一步繁殖原种。原原种是种子扩大繁殖的源头，其性状的优劣及遗传稳定性决定了品种的优劣及遗传稳定性。原原种通常由育种家针对不同类型品种特性采用相应的繁育技术进行种子繁殖，保证品种原始性状的遗传稳定性。一旦出现原种混杂和退化，可以使用原原种维持品种的典型特征。

原种是指由原原种繁殖的种子，是育成的常规品种或杂交种的亲本，用于生产用种量大的生产用良种。原种的繁殖一般采用单株选择法、混合选择法和集团选择法。单株选择法是对经田间选择的单株分别留种，分别种植，经鉴定后将优良单株后代保留下来作原种。混合选择法是将选出的优良单株的种子混合播种，第 2 年继续选择优良的单株混合留种。这种方法比较简便，效率高。集团选择法亦称"分组混合选择法"，是一种特殊的混合选择法，主要做法是选择属于各种类型的个体，同一类型者混合组成一个集团，然后各集团间及其与原始品种之间进行鉴定比较，选择其中最优的集团作原种。

生产用种是由原种繁殖、经检测达到规定质量要求的常规品种种子，也称良种或商品种子。

一、采种形式

甘蓝常规品种的繁殖主要有秋季成株采种、秋季半成株采种和春季老根采种三种形式。

（一）秋季成株采种法

将需要繁殖的甘蓝品种种子，于夏秋季适时播种，使种株在越冬前包球成熟，选择符合品种特性的优良植株留种。秋季成株采种法一般采用带球采种和割球采种两种方法。

带球采种是将选中的种株以带外叶的叶球或去掉外叶的叶球的形式越冬（图 9-2），翌年早春选晴朗天气，用刀在叶球顶端十字形切开。切球时叶球四周刀口要深切一些，直至中心柱的边缘，其顶部刀口不能过深，以防切断主薹。顶部切球一般分 2～3 次进行，防止早春霜冻冻伤主薹。切开的球叶在光照作用下将会变绿，有利于抽薹开花结实。

割球采种是在入冬前割去全部叶球（图 9-3），留下基部叶片和老根，从秋季老根短缩茎上发出侧芽越冬，翌春抽薹开花采种（图 9-4）。

图 9-2　完整叶球越冬

图 9 - 3　割球采种

图 9 - 4　割球后的花枝

（二）秋季半成株采种法

半成株采种是将需要繁殖的品种在秋季适当晚播，于冬前使其长成半包心的松散叶球越冬，翌年春季采种。此法种株占地时间短，免去了割球或划球，成本低，种株越冬抗逆性强，春季种株长势好，种子产量高。

（三）春季老根采种法

春甘蓝一般在春季种植、选种，为了使春季选出优良种株安全度过炎热的夏季，第 2 年春季达到开花、结实的目的，需要采用特殊的采种方法，且比较费工、费时，成本高，一般用于原原种或原种的繁殖。主要采用以下 3 种留种方法：

1. 春老根腋芽扦插法　在春甘蓝鉴定田中选择优良单株，于晴天将优良单株留 4～5 片莲座叶，切去叶球，要切成斜面伤口，伤口愈合后侧芽萌动，连根移到地势较高的空闲地或花盆中，待腋芽长到 5～6 片叶时，将腋芽切下，蘸上生根粉后扦插在湿润的沙土里，促进腋芽生根，提高成活率。扦插后要搭阴棚，防雨防晒，保持沙土湿润，随时注意防虫、防病。扦插的腋芽长成植株，通过冬季低温春化，翌年春季开花结实留种。采用此种方法选种，其优点是不仅在春季对耐抽薹性及株型、外叶、球形等外部形态进行选择，而且还能观察到叶球内部的结构，因此选择的准确率高，但因需经过一个炎热的夏季，扦插腋芽的成活率不高，成本高。

2. 春甘蓝成株冷藏法　在春甘蓝鉴定田中选择优良单株，剥去外叶，在通风阴凉的地面上晾放 5～7d，然后用报纸包住根部，10 株左右放一筐，种株筐摆在一起，放到温度为 2～4℃、湿度为 70%～80% 的低温库中，每摆筐之间要留 10cm 左右的空隙，以便空气流通，降低筐内湿度。在冷贮过程中，为防止叶球腐烂，要定期检查，初期每周要检查一次，以后每隔半月左右要检查一次，除去烂叶。待 9 月中旬天气转凉时取出种株，剥去烂叶，切开叶球，栽到阴凉、通风、可见到散射光的湿润沙土中，待 10d 左右，切开的叶球变绿，发出了新根，于 9 月下旬再移栽到大田。冬季移到保护设施中越冬、春化，第 2 年春季抽薹开花结实。

3. 组培留种法　在春甘蓝鉴定田中选取优良单株，直接切开叶球，从叶球内取出腋芽，于无菌试验室用 70% 的酒精和次氯酸钠溶液消毒后，接种到分化培养基上，诱导腋芽直接长出幼苗或分化出小苗，然后经生根、成苗后，定植田间。秋季幼苗长成植株，越冬后抽薹，最后完成开花结实。

二、采种技术要求

秋季成株或半成株采种，其技术要点如下：

（一）培育种株

甘蓝的种株必须在低温下通过春化阶段发育才能于翌春抽薹、开花，所以，在第 1 年的秋季要培育种株。播种时间要根据甘蓝品种的熟性早晚来决定，秋季成株采种，华北地区中晚熟品种可在 6 月下旬播种，早熟品种在 7 月中下旬播种；如采用半成株采种，播种期要比成株采种晚播约 20d。由于育苗时期正值高温多雨季节，要选择土壤肥沃、地势较高的地块做小高畦育苗。出苗前，畦面上搭阴棚以防止暴雨冲刷和烈日暴晒。幼苗长到 2～3 片真叶时分苗，株行距为 10～15cm 见方。育苗盘育苗可直接在盘中播种，于 7～8 片真叶时移栽大田。如成株法采种，中晚熟类型品种的株行距为 40～50cm 见方，早熟类型为 30～40cm 见方；如半成株采种，中晚熟类型的株行距为 35～40cm 见方，早熟类型的株行距为 25～30cm 见方。生长期除注意一般水肥管理外，应特别注意防治菜青虫、小菜蛾和蚜虫。

（二）种株的留种选择

种株的去杂去劣一般在苗期、结球期及抽薹期、初花期等几个时期进行。

1. 苗期选择 选择无病、健壮，叶片形状、叶色、叶缘、叶脉、叶面蜡粉、叶柄等性状均符合品种特征特性的幼苗留种。

2. 冬前成株、半成株期选择 选留种株生长正常，无病害，外叶数适当，叶球圆正、外叶及叶球的主要性状均符合本品种特性的植株。

3. 抽薹、初花期选择 主要根据初花期种株高度及分枝习性，花茎及茎生叶形状、颜色等进行性状选择，淘汰不符合本品种特征特性的植株。

（三）种株的越冬

江淮及其以南地区，种株大多可露地越冬。华北南部地区，种株在大田越冬，需在种株根部周围培细土至莲座叶柄基部上 3～4cm，盖严整个根部，防止冻伤根茎。华北中北部及西北、东北地区，选好的种株需要从露地挖出，在阳畦假植或死窖埋藏、活窖贮藏安全越冬。

1. 保护地越冬

（1）阳畦假植 圆球甘蓝种株最好定植在阳畦中，以有利于顺利通过春化，保证种株正常开花；扁球、尖球类型品种对光照要求不严格，埋藏、活窖贮藏，都能正常开花。

将入选的圆球甘蓝种株连根挖起，除去老叶、病叶，假植于阳畦内。为了节省空间，囤苗时的株距尽量小，如空间有限也可以一棵靠一棵，但行间要留 8～10cm 的间距，便于空气流通，避免种株发热，浇 1 次定根水。靠夜间温度低于 −5℃ 时应加盖草帘或苇席，防止种株受冻，白天要揭开草帘或苇席使种株见到阳光，保持阳畦内温度在 0℃ 左右，防止温度偏高。

（2）死窖埋藏 将收回的扁球或尖球形甘蓝种株去掉老叶、病叶。选择地势较高、排水良好的地方挖沟，沟深一般为 80～90cm，宽 1m。扁球或尖球甘蓝种株收回后晾晒 5～7d，于上冻前囤于沟内。随着气温的下降，在种株上方逐渐加盖细土或其他覆盖物，覆盖厚度因各地气温高低而异，总的原则是：既保持种株不受冻害，又不要因覆盖物过厚而使种株受热腐烂。

（3）活窖贮藏　将收回的扁球或尖球形甘蓝种株去掉老叶、病叶，晾晒 3～4d，于上冻前存入菜窖里。在窖的两边用竹竿搭架，将种株放在架上。窖上覆盖草帘，窖内温度保持在 0℃左右，湿度以 60%～80% 为宜。

（4）温室越冬　入冬前直接将种株定植到温室，通过覆盖及放风控制室内温度。温室可以采用纱罩，实现采种所需的隔离条件。此法种子生产成本高，主要用于原种或加代种子的繁殖。

2. 露地越冬　在露地最低气温 −8～−5℃，短时极端天气达到 −12～−10℃，春季少雨的地区，甘蓝种株都可以露地越冬，但种株必须在上冻前有发育完好的根系，在寒冷条件下完成春化。甘蓝种株露地越冬避免了冬季使用阳畦、地窖或温室过冬的麻烦，而且种株在冬季缓慢生长，根系得到良好发育，有利于翌春抽出健壮的花薹，开更多的花，可提高甘蓝制种产量。露地越冬的种株应在 8 月中下旬播种，10 月上中旬定植露地，半成株越冬，每公顷 52 500 株左右，注意浇水保墒和防治病虫害。

（四）种株的定植及田间管理

不能露地越冬的地区，种株于翌年春季定植，定植密度一般每公顷 60 000～67 500 株。定植后，为促使种株尽快缓苗，提高种子产量，可覆盖地膜。浇缓苗水后，要控制浇水，重视中耕，以提高地温，促进种株根系发育。如种株叶球尚未切开，应及时切开叶球以利于抽薹。种株抽薹后要适当追肥，每公顷施硫酸铵 225～300kg，并去掉下部老叶、黄叶。进入初花期前，要注意追肥、浇水，每公顷追施复合肥 150kg 左右。进入盛花期每隔 5～7d 浇水 1 次，进入结荚期可适当减少浇水，但如遇高温干旱天气，仍应及时浇水。进入末花期应控制浇水，以防止发生第二茬花枝。在种株整个生长期间，要特别注意防治蚜虫、菜青虫和小菜蛾等虫害。

甘蓝种株在早春抽薹时往往会遇到低温，易使主薹顶端受冻害，应及时打掉受冻部分，否则受主薹顶端优势的影响，其下部枝条不能正常生长及抽薹，影响产量。

（五）种子收获

种株中部种荚开始变黄，种子开始变色时收获（图 9-5）。由于成熟荚果容易裂开，收获不可过迟。应于上午 7～10 时收获，以免荚果炸裂而造成损失。收获后的种株可在晒场上后熟 2～3d（图 9-6），注意要翻动保证晾晒均匀，并防止雨淋以免霉烂。脱粒的种子要及时晾晒，不要在袋子内长时间存放，以防止含水量高的种子在高温、高湿的环境中发霉。种子晾晒，不宜直接在水泥地或塑料薄膜上暴晒。种子晾晒、脱粒、精选、装袋过程，应由专人管理，防止机械混杂。

（六）种子繁殖的隔离

甘蓝为异花授粉植物，易与甘蓝类其他作物杂交。为保证种子纯度，甘蓝采种田应与不同品种的甘蓝及花椰菜、青花菜、球茎甘蓝（苤蓝）、芥蓝等甘蓝类作物的采种地隔离 2 000m 以上。

图 9-5　种子成熟时的种株

图 9-6　种子的后熟

第三节　甘蓝杂交一代种子的生产

甘蓝是典型的二年生作物，需要一定大小的绿体植株在低温下才能通过春化，然后经过光照阶段的发育，才能进入生殖生长阶段。

绿体春化植株的大小与品种冬性强弱有很大关系，对完成春化需要的苗龄大小、低温时间长短相差也很大。总的看来，尖球及一部分扁球品种，冬性较强，大部分扁球品种次之，圆球品种往往冬性偏弱。冬性强的品种，完成春化所需植株偏大些，要求低温时间较长。反之，冬性弱的品种，完成春化所需植株偏小些，要求低温时间也较短。例如黄苗、黑平头等冬性极强的品种，植株茎粗 1.5cm 以上、真叶 15 片以上的大苗，在约 90d 的低温作用下，才能完成春化。而小金黄等冬性弱的甘蓝品种，茎粗 0.6cm 左右、真叶 6～7 片的幼苗，经过 50～60d 的低温作用，就可通过春化阶段发育。而圆球品种对光照的要求一般比扁球、尖球品种严格，在光照时间达不到圆球品种的要求时，就不能通过光照阶段的发育，往往造成花期推迟，花枝减少。

甘蓝种株的播种、分苗、定植等田间管理技术与常规秋甘蓝相似。根据熟性，一般在 6 月下旬到 9 月初播种，晚熟甘蓝品种多是扁球类型，很难形成紧实的叶球，割球比较容易，尖球类型也有类似情况。而圆球甘蓝包球紧实不易割球，割球晚了易折断主薹，所以圆球品种要适当晚播，采用半成株越冬，免去了割球的麻烦。

甘蓝一代杂种制种时，在种株定植前、初花期前，要对种株进行一次严格的选择，淘汰不符合本株系性状的杂株及病、劣株。露地越冬的采种田要在每年的 11 月下旬进行严格的去杂去劣。每年春季抽薹、初花期还要根据本株系的抽薹、开花特性，对种株进行选择，再次进行去杂、去劣，以保证制种田的纯度。典型的杂株，一类是机械混杂的杂株，株型、叶色、叶型等性状与采种种株明显不一样，可直接淘汰；还有一类是生物学混杂的杂株，往往株型大，叶色深，主薹比正常种株高 20～30cm，初花期也早 2～3d，发现杂株时应当及时拔掉。

甘蓝种株采用露地越冬栽培的，一般在种株长到 6～7 片叶时定植。有些区域冬季较冷，为了防止冻害发生，要在浇过防冻水后，中耕松土时给种株根部培土，培土要培到莲座叶柄上 2～3cm，防止根茎受冻，一旦根茎受冻种株就容易死亡。对于徒长苗，定植时可以斜着栽，避免种株的外茎太长而容易受冻。

露地制种的种株定植，自交不亲和系制种一般父母本行比以 1：1 或 2：2 为好，有利于蜜蜂授粉。用雄性不育系制种父母本一般采用 1：2 或 1：3 的行比定植，因为授粉后要拔除父本。1：3 是在父本花粉特别多的情况下采用，以利提高一代杂种制种产量。每块制种地定植时尽量要父本栽头行和尾行，有利于母本授粉。每公顷 45 000～52 500 株为宜，行距约 50cm。

翌春种株抽薹后，在初花期前要搭支架（图 9-7），架材可用竹竿或树枝，第一道塑料绳要距地面 40cm 左右，进入盛花期前拉第二道塑料绳，位于第一道绳上 30cm 左右，防止种株结荚后枝条垂落在地上，影响制种质量。

图 9-7　种株田搭支架和拉绳子

在初花期前要喷 1～2 次防治菜青虫、蚜虫的农药，进入花期后不能再喷药，要保证蜜蜂的授粉安全。末花期结束后及时撤离蜜蜂，根据害虫情况喷药，同时可以在药液中加入 0.5% 尿素和 0.2% 的磷酸二氢钾，以叶面追肥的形式促使籽粒饱满，提高千粒重。

甘蓝杂交制种需要蜜蜂授粉，每公顷要有 15～30 箱蜜蜂授粉，这样不仅大大提高种子产量，也可以提高一代杂种的杂交率。

在种株中部枝条种荚开始变黄时，最好根据天气预报选择后面有连续几个晴天的时间收获，摊开放在晒场上晾晒。刚脱粒的种子也不能长时间放在口袋内，要及时晾晒，防止种子霉变，降低发芽率。在种子晾晒时不能直接放在热水泥地上，否则会烫伤种子。在种子收购时应采取以质（纯度和发芽率）论价，以提高采种户对种子质量的重视。

甘蓝一代杂种的生产，主要分原种繁殖和一代杂种种子生产两个方面。一代杂种种子的生产有自交不亲和系和雄性不育系两种途径；甘蓝雄性不育源又分胞质雄性不育系和显性核基因雄性不育系两大类。

原种繁殖包含原原种繁殖和原种繁殖，其中种株的选择同常规品种的繁殖一节。秋季成株采种法常用于繁殖秋甘蓝品种或自交系的原原种。春甘蓝原原种在春季采取成株法鉴定筛选后，需要采用扦插法、冷藏法进行越夏。秋季半成株采种法由于不能进行严格选种，此法多用于繁殖原种、生产用种，不适用于原原种繁殖。

一、甘蓝自交不亲和系制种

自交不亲和性是指植物的雌雄两性机能正常，但不能进行自花受精或同一品系内异株花粉受精的现象。根据花粉识别特异性的遗传方式，自交不亲和性分为配子体自交不亲和性和孢子体自交不亲和性两种类型。甘蓝属于孢子体型自交不亲和性（SSI），利用自交不亲和系配制杂交种，母本必须是自交不亲和系；如果父本上的种子也要收获，则父本也应为自交不亲和系。利用自交不亲和系配制一代杂种，首先要掌握自交不亲和系的繁殖技术。

（一）自交不亲和系原种的繁殖

为了保证一代杂种种子的质量，首先要建立起自交不亲和系原原种、原种和生产用种的三级繁种体系。

为避免自交不亲和系亲本的连续自交生活力退化，原原种一次可繁殖 30～50g，放入 -18℃ 的冷柜低温保存，8～10 年后种子仍能保证发芽率，每次取出原原种 2～3g 用来繁殖原种。原种一次繁殖 3～5kg，冷库保存。最后，根据繁种面积大小取出原种，繁殖生产用种。

甘蓝自交不亲和系的原种繁殖一般采用半成株留种。其好处：一是种株包球不实，有利于贮存过冬；二是避免了包球后需要割球或划球；三是翌年种株生长旺盛，种子产量高。在华北地区采用穴盘育苗，一般晚熟品种可在 7 月中下旬播种；早熟、中熟品种在 8 月上中旬播种，其他繁种技术同常规品种的繁殖。

为了保证繁殖出的种子的纯度，先应保证采种种株的整齐度，在苗期、莲座期、抽薹开花期，根据该自交不亲和系的植物学特征严格选种，淘汰杂株、弱株、病株。特别要注意生长势特强、叶色深、结球特大的特异株，一般情况下是杂株，应淘汰。在抽薹、初花期还要根据本株系的抽薹、开花特性及分枝习性，对种株再进行一次选择。

华北地区在 10 月中下旬至 11 月上旬可进行种株贮存，尖球、扁圆球类型的种株可带土坨假植于阳畦（冷床）、日光温室，也可入死窖埋藏或存入菜窖；圆球类型的种株多数在阳畦定植或贮存，也可假植或直接定植于日光温室，白天让种株见到阳光，否则影响其正常抽薹开花。温度高、湿度大易导致种株腐烂，湿度过小易风干，温度过低易发生冻害，因此，贮存温度一般以 0～4℃ 为宜，日光温室尤其要注意白天放风。甘蓝自交不亲和系的原种繁殖多在日光温室、塑料棚或阳畦（图 9-8）等保护地进行，翌年春天采用蕾期人工授粉。

有些圆球类型的自交系的始花期较晚，低温春化条件要求高，而温室内的温度较高，使种株花期不能正常结实，因而不宜在温室中繁殖，宜在阳畦纱罩内繁殖。一般在当年 10 月下旬或翌年 2 月中旬将种株定植于阳畦，开花前用纱罩将种株罩上，开花时注意防止花枝接触纱罩，以免昆虫传粉，造成种子混杂。

人工授粉种株定植时，建议采用宽、窄畦，窄畦 35～40cm，宽畦 55～60cm。种株定植在窄畦，一般 2 行，株距 25～30cm，行距 30～33cm。宽畦作为授粉通道。

定植后到抽薹期，注意放风管理，白天温度控制在 10℃ 左右，夜间应控制在 5℃ 左

图 9-8　阳畦采种

右。适当控水，注意中耕以提高地温，促进根系生长。抽薹及开花授粉期要有充足的肥水供应，温室要注意通风，夜间要保持在 10℃ 以上，白天温度不超过 25℃。

甘蓝自交不亲和系植株花期自交及系内姊妹株异交都不易受精结实，其原原种、原种的繁种，一般采用人工蕾期授粉的方法繁殖。具体做法是：先用镊子或剥蕾器将花蕾顶部剥开，露出柱头，然后取同系的花粉授在柱头上。生产用种可用剥蕾器旋转剥蕾，用海绵球棒蘸取本系多个植株的混合花粉授粉，此法比镊子剥蕾授粉速度快 2～3 倍，可大大提高授粉效率。蕾期授粉剥花蕾，动作要轻，不能在剥蕾时转动花柄，更不能损伤柱头。

甘蓝自交不亲和系原种繁殖，授粉后结实的多少因花蕾大小和株系间特性不同而异，一般来说，花蕾过大、过小，结实都不好。按开花时间计算，以开花前 2～4d 的花蕾授粉结实最好。如从花蕾在枝条上的位置看，结实率的多少呈抛物线形。以当天开放的最后一朵花往上数 1～5 个花蕾和第 20 个以上的小花蕾，每荚只能结 1～2 粒种子，结实都较差；第 6～9 个花蕾荚结实逐渐增多，而 10～15 个花蕾荚结实多，甚至每个花蕾荚可结 10～20 粒种子。生长势弱的尖球类型不亲和系，以当天最后一朵花往上数 5～13 个花蕾结实较好，而 1～4 个花蕾和 13 个以上的花蕾授粉后结实较差。

甘蓝蕾期人工授粉，每个授粉工可负责 60 株左右植株授粉。第 1 天可先做 20 株，把所有枝条上适宜授粉的花蕾都做完；第 2 天再做 20 株；第 3 天做最后 20 株；第 4 天再从第 1 次做过的 20 株重新做起。这就符合以开花前 2～4d 的花蕾授粉结实最好规律。蕾期授粉时，严格选择授粉蕾的大小，大花蕾不做，只做开花前 2～4d 的中等大小的花蕾，以提高原种产量。

授粉工作要求特别精心、细致，要由专人负责，严防混杂。由一个不亲和系转移到另一个不亲和系授粉时，手和镊子一定要用酒精消毒。采种的日光温室或纱罩内要严防蜜蜂等昆虫飞入，并要防止花枝顶到纱网，以免外部昆虫传粉造成种子混杂。授粉用的花粉要取当天或前 1d 开放花朵中的新鲜花粉。如用前 2d 的花粉，结实率就会大大下降。

蕾期授粉要用套袋隔离繁殖，必须在花蕾未开放前，先在花枝上套上半透明纸袋，待花枝下部花朵开放后，取同株系纸袋内混合花粉进行蕾期授粉，授粉后要立即再套上纸袋。为了避免自交代数过多而造成活力过度退化，可取系内各株的混合花粉授粉。

自交不亲和系原种繁殖时蕾期授粉用工多，成本高。为克服这一缺点，国外一些学者研究提出电助授粉、钢丝刷授粉及提高二氧化碳浓度等方法，但都因存在某些缺陷而停留在试验阶段。近年来，我国一些单位采用在花期喷 3‰～5‰ 的 NaCl 溶液（食盐水）的方法，可克服自交不亲和性，采用蜜蜂授粉能繁殖出原种。但注意不同基因型有差异，需要提前试验。

用盐水处理结合蜜蜂授粉的方式，具体做法是：将原种种株定植于温室或大棚，扣上纱罩，种株开花后，每天上午 9 时前后，用精细喷雾器在花枝上喷 5‰ 不含碘的食盐水＋0.3‰ 硼酸溶液。试验表明，由于芸薹属作物的花粉与柱头相互作用的第一步，是花粉与柱头上的乳突细胞表面发生亲和作用而黏合在柱头上，由于它们之间存在自交不亲和的关系，花粉无法萌发进入柱头完成授粉受精。经过 5‰ 氯化钠溶液处理后，柱头乳突细胞的胼胝质反应相对降低，大多数花粉开始萌发，形成花粉管，进而完成受精结实。有些自交不亲和系处理后的自交亲和指数可达 5 左右。

采用花期喷 3‰～5‰ NaCl 溶液（食盐水）的方法在温室或网棚内繁种，同时必须放置蜜蜂进行授粉。此外，如是少量种株繁种，可用壁蜂授粉或经处理后可用鸡毛掸子及时授粉。采用这种方法授粉要注意如下几点：①网棚或温室授粉的蜜蜂应在开花前 3～5d 放入，授粉期间，注意给蜂箱添加糖水，保证蜜蜂的营养；②进入甘蓝种株繁殖棚的工作人员，必须穿隔离服，每个隔离区要准备一套隔离服，每进一个隔离棚要换上本棚的隔离服，用过的隔离服要留在原棚内下次再用，防止花粉污染；③原种种株的纯度一定要达到100‰，而且繁殖出的种子只能用作生产一代杂种用，不能再作原原种用；④纱网隔离要严密，防止纱网外的昆虫进入，造成种子混杂；⑤喷盐水用的盐，必须是大粒海盐，不能用已加工过的含碘细盐，否则效果不明显。

种子在种荚开始变黄时就要分期分批收获。由于设施内的湿度高于露地，有的品种种子易在种荚内出芽，应适当早收。为保证种子的发芽率，原种种子晒干后，宜放在干燥器或冰柜中保存，种子采收、晾晒、保管都要有专人负责，严防机械混杂。

（二）自交不亲和系杂交种制种

自交不亲和系杂交制种的成败关键是如何让开花期处于合适的温度区间。甘蓝授粉最适宜的温度为 12～25℃，华北及黄淮海地区的 4 月正处在这个温度区域。尖球、扁球甘蓝种株的花期也正处在这个时间段，圆球甘蓝种株的花期处在 4 月下旬至 5 月中旬，因此，就应采取措施提早圆球甘蓝种株的花期。开花期的温度合适，往往就会高产，如1998 年生产 8398 的种子，由于风调雨顺，5 月份气温又有利于结实，因而，最高产量达2 100kg/hm²，平均产量在 1 500kg/hm² 以上，而京丰一号最高产量达到了 2 400kg/hm²。但异常天气的出现也会给制种带来极大的挑战，如 1996 年因受高温和干热风的影响，庆丰制种每公顷产量还不到 150kg，且都是些干瘪种子。

另外，在选育优良杂交组合时，选出一个优良性状的组合，且具有很强的杂种优势，品种的特性很受市场欢迎。但在配制一代杂种时，偶尔会出现制种不结籽现象。原因很可能是前期配制杂交组合时都采用蕾期授粉，未经过花期授粉的考验，如果这两个甘蓝亲本带有相同的不亲和 S 单元型，制种时就会发生两个亲本杂交不亲和。要克服这一现象，首先在配制组合时，就要先做两个亲本的花期杂交，如花期杂交不结实，就要改用其他株系再配制。

　　扁球×扁球类型的甘蓝品种，制种比较简单。其一，扁球类型的甘蓝种株越冬后包球不实，叶球划开后易抽薹。其二，扁球类型甘蓝抽薹较早，一般在 2 月下旬割球，3 月中旬开始抽薹，4 月上中旬进入初花期，温度适宜，结实较好。

　　1973 年育成的我国第 1 个甘蓝一代杂种京丰一号，就是利用扁球甘蓝自交不亲和系制种的典型代表。母本黑叶小平头有好几个株系，制种产量最高的株系是 7222 - 9。但其在营养生产阶段叶球内叶腋萌动早，发育快，在植株进入半包球时就长出大腋芽，等到收获时，它的叶球内的腋芽每个已经有 50～80g。为了改变这一性状，先后用 7221 - 3、7223 - 6 等不同株系替代配制，最后以"7221 - 3×7224 - 5"的性状最好，不仅球形圆正，产量高，而且球内腋芽不大，适于春、秋种植。

　　黄苗冬性特强，播种期一般要在 7 月底 8 月初，延迟播种不能正常抽薹开花。而黑叶小平头冬性稍弱，一般在 8 月上旬播种。黑叶小平头自交不亲和性较强，亲和指数在 1 以下，而且比较稳定。因此，在制种时配比为 2∶1，黄苗定植 1 行。

　　用自交不亲和系配制的京丰一号，其双亲的花期都比较早，亲本之一黄苗在 4 月初就可以见花，另一亲本黑叶小平头的初花期略晚 3～5d，只要把黑叶小平头的主薹打掉 1/3～1/2，就可以使花期相遇。不过黄苗的花期长约 35d，而黑叶小平头的花期只有25～30d，所以在给黑叶小平头打主薹时，不能全部种株都打掉主薹，必须每 3～5 株打 1 株，留下大多数主薹不打，以保证后期还有足够的花粉提供给黄苗授粉。

　　扁球×圆球类型的甘蓝品种繁种，特别要注意花期的调节。1996 年用"黑叶小平头×金亩 84"配制中熟一代杂种庆丰，金亩 84 是圆球亲本，开花晚，双亲花期不遇，相差 10～15d，由于当时还没有成熟的使圆球甘蓝种株提早开花的技术，所以制种双亲花期难以相遇。又因受高温和干热风的影响，庆丰种子产量每公顷不到 150kg，且都是些干瘪种子。

　　圆球×尖球类型的甘蓝品种繁种，也需特别注意花期的调节。如"北京早熟×金早生"组合（中甘 11），双亲花期也不遇，起初为了调整花期，只在金早生上下功夫，打掉主薹花期不相遇，再打掉一、二级分枝的花蕾，花期仍不能相遇，只有靠三级分枝的花朵提供花粉给北京早熟授粉，制种产量很低。后来调整思路，试验打掉北京早熟的主薹，以促使其下部分枝花蕾提前开花的方法，结果成功，就是通过打掉花期晚的亲本的主薹或一级分枝的花蕾，来促使其剩余花蕾提前开花，达到与早花亲本的花期相遇的目的，早花亲本虽然花期早，只要不整枝，开花速度不会加快。

　　圆球×圆球类型的甘蓝品种，是较难繁种的甘蓝组合，首先是它们的花期都晚，其次是有的还花期不遇。因此，繁种中既要解决花期晚，使其花期提前，还要保证尽量多开花。2013 年开始采取割球加覆盖第二层地膜的组合技术措施，可使圆球甘蓝种株的花期提早，并且能多开花，而且使双亲的花期都处在有利于结实的温度范围内，达到了提高圆球甘蓝制种产量的目的。

二、甘蓝雄性不育系制种

　　随着生产上对种子纯度的要求越来越高，用自交不亲和系制种存在杂交种的杂交率很难达到100%的缺陷；而且在双亲花期不遇时，杂交率会大大下降，同时还有自交不亲和系长期连续自交繁殖易发生自交退化、自交不亲和系亲本靠人工蕾期授粉成本高等不足。

用雄性不育系生产杂交种比用自交不亲和系有以下明显的优点：一是杂交种的杂交率有保证，一般可达100%，比用自交不亲和途径生产出的杂交种的杂交率提高5%～8%；二是杂交种的父本及雄性不育系的保持系均可用自交亲和系，能在隔离条件下用蜜蜂授粉繁殖父本及不育系原种，降低制种成本。

（一）雄性不育系繁殖

雄性不育系的繁殖采用不育系和保持系混合授粉的方法，保持系的繁殖同常规品种的繁殖方法，保持系的性状保持是保证不育系整齐度的关键。由于雄性不育系转育材料（保持系）的不同，它的繁殖方式也略有不同。如果是用甘蓝亲和系转育的，只要在纱棚内不育系和保持系按2∶1或3∶1的行比定植，用蜜蜂、壁蜂授粉即可，花期结束割除保持系，以保证不育的纯度。如果是用优良自交不亲和系转育的，由于优良自交不亲和系的亲和指数比较低，用蜜蜂授粉很难结到种子，必须采用蕾期授粉的方法繁殖。对于部分自交不亲和系，可以喷5%不含碘的食盐水＋0.3%硼酸溶液以打破不亲和性。

保持系需另外搭棚繁殖，不能用繁不育系用的保持系。

（二）雄性不育系杂交制种

雄性不育系制种父母本一般按1∶2的行比安排，如果父本花粉量多，花期又长，可按1∶3行比安排。花期结束后要割除父本。

现以雄性不育系配制"CMS京丰一号"为例进行介绍：以黑叶小平头CMS 7221-3作母本，黄苗自交系7224-5-3的花粉能满足母本需要，不必采取特别的花期调节措施。如用黄苗CMS 7224-5-3作不育系，因其花期早，需对黑叶小平头7221-3种株的主薹打掉1/3～1/2，促使花期相遇。但由于黄苗的花期长约35d，而黑叶小平头的花期只有25～30d，所以不能将黑叶小平头全部种株的主薹都打掉，每3～5株打1株，留下大多数主薹不打，以保证后期还有足够的花粉提供给黄苗授粉。

尖球×圆球的组合制种，因尖球甘蓝种株不育系母本，一般其花期只有25d左右，而圆球甘蓝为父本，其花期一般在40d以上，但是花期晚。但通过割球、覆盖二层地膜的技术措施，可使花期提前，并且有6～8个一级分枝的花朵同时开放，使花粉的供应量大大增加，较好地满足了母本对花粉量的要求。

圆球×尖球的组合制种，如用圆球甘蓝当不育系母本，父母本之间花期不遇的时间相差较大，因此在促使圆球甘蓝种株提前花期的同时，还需要调整尖球种株的花期，使其花期延长，才能做到使它们的花期相遇。具体技术措施是：在父本的主薹还未抽出叶球时，用刀削球至削掉中心柱顶端0.5～1cm，促使其下部的腋芽迅速发育，以延长花期。父本不能全部按一个方式打掉茎生叶以上的花薹，要每3～5株打1株，也不要只打具3片茎生叶以上的花薹，还要打掉4片、5片或6片茎生叶以上的花薹，以便花期延长至与母本花期尽可能吻合。这个方法，要根据不同的品种，做好预备试验，明确打掉几片茎生叶以上的花薹能推迟几天花期，才能达到延长花期的目的。虽然延长了这个时间段的花期，但父本的整个花期会缩短。由于打掉茎生叶以上的花薹后，种株的高度降低，因此，需要对打掉茎生叶以下的枝条在出现花蕾时轻喷500mg/L赤霉素，另外，还要再喷一些含

0.2％磷酸二氢钾和0.5％尿素的营养液，促使其向上生长，尽可能使其在与母本种株高矮相近，花期才相遇。

在使用赤霉素时应注意，赤霉素的有效期为15d左右，喷施5～7d后开始起作用，一般可促使花薹伸长10～20cm。赤霉素的作用效果随温度的变化而变化，一般温度较高时，起始时间较短，伸长的高度也大些。

尖球×扁球的雄性不育系组合制种，也有花期不遇的问题，但它们的花期都比较早，且花期都在25～30d，因此比起"圆球×尖球"的雄性不育系组合制种，克服起来就容易得多。

用圆球雄性不育系×圆球的组合制种，先要把圆球亲本的花期提前，使父母本的花期都处在适于甘蓝制种结实的温度范围内，才能提高制种产量，这就是需要利用割球和覆盖二层地膜的技术措施，来达到提早花期和多开花的目的。如果在实施割球和覆盖二层地膜的技术措施后，父母本仍有3～5d的花期不遇，就需要用其他的技术措施来调节花期。可先于花期晚的种株的主薹还未抽出叶球时，扒开球叶露出花蕾用500mg/L的赤霉素轻喷，等花薹伸长后再打掉花薹的1/3～1/2，促其下部的大花蕾迅速开花。若花期还不遇，几天后再打掉二级分枝顶尖的小花蕾，促其下部花蕾迅速开花，以达到花期相遇的目的。

三、杂交制种的几个关键技术

（一）漂浮苗盘育苗技术

在十字花科蔬菜杂交制种过程中，甘蓝育苗是一项比较复杂的工作。为了减轻制种者的负担，采用漂浮苗盘育苗技术，可大大减少工作量。漂浮苗盘育苗技术近年来推广越来越广泛，有条件的地方多已应用（图9-9，图9-10）。

图9-9　漂浮苗盘育苗

图9-10　漂浮育苗的苗情

以河南北部为例，一般于8月下旬至9月初播种，为了防雨，选择在四周通透、顶棚扣膜的大棚内育苗。按畦长1 010cm、畦宽105cm、畦深10cm挖低畦，畦埂要踩实、切齐，畦底也要整平踩实，并铺上黑地膜，直包到畦埂上，然后灌水，保持水深8cm。采用聚苯乙烯泡沫压制而成的漂浮盘育苗，一般的规格是漂浮盘长 67cm、宽 34cm、厚 5.5cm，136 个穴孔。每畦放 45 个漂浮盘，并排 3 个，共 15 排。新盘不用消毒，用过的育苗盘要用 2 000 倍高锰酸钾水溶液浸泡 2min 消毒。以湿润的蛭石、草炭和膨胀珍珠岩作培养土，填入漂浮盘中，采用配套的播种器播种，一次性播完。每穴 1 粒种子，要求种子发芽率在 95% 以上，尽量保证每个穴的种子都能发芽，以减少补苗的麻烦。

将播种覆土后苗盘放入已灌水苗床里，苗盘浮在水面，苗出齐后 7～10d 开始施肥。先将复合肥（按每盘 10g 计）用水化开，再把畦水放出一半，然后把肥料稀释进育苗畦，补水至 8cm 深，使肥料在畦内均匀分布。10d 后再施一次肥，定植前 5d 再施一次，使苗强、苗壮。苗龄 30～40d 可以定植，即长到 6～7 片叶时，从漂浮盘中取出幼苗放在大筐内便于人工在栽植机上排苗定植并同步给幼苗浇水，注意父母本要用不同颜色的塑料筐分装，以免栽混。由于根系发达易缓苗，7d 后就可长 1 片新叶。漂浮盘育苗的优点是不用频繁浇水，幼苗生长健壮、不徒长。

（二）半成株割球

半成株割球与秋甘蓝成株采种割球基本相同，不同点是半成株割球不是割商品球，而是冬前割除甘蓝种株刚开始包心的小叶球（即顶芽），一般于 11 月中旬至 12 月上旬割球。小叶球一般有大樱桃至板栗大小时割球为好；割球时叶球越小，中心柱的伤口越小（图 9 - 11），愈合后甚至见不到伤口。已形成商品球再割球，其伤口大，虽然表面愈合，但翌年伤口因雨水或浇水而易发生病害，会造成种株在花期或结荚期因病而死亡。

图 9 - 11　种株割球后伤口及发出的腋芽

割球时要尽量保留小叶球外的叶片。割球能促使下部莲座叶的腋芽迅速萌动，在 1～4℃ 低温条件下，完成春化阶段的发育，翌年春季形成多个健壮的一级分枝同时抽出、开花。由于多个一、二级分枝同时抽出，开花时间比不割球的种株明显提前，增加了种株前、中期的开花数量。种株割球后抽出的一级分枝较为分散，在初花期前需要在离地面 30cm 处用绳子拢住，防止种株倒伏。但要松紧适度，有利于蜜蜂授粉。

为了明确什么时间割球最好，孙培田等在制种基地试验设计了 5 个处理，以不割球为对照。第 1、2 个处理在 11 月 19 日和 12 月 12 日割球，一级分枝数分别为 6.6 个和 7.0 个，单株结荚数分别为 494 个和 525 个，而二级分枝数分别为 21.6 个和 29.6 个，单株结荚数分别为 794 个和 1 087 个，种子产量分别比对照增产 21％和 60％。12 月 27 日割球的（第 3 处理），种株虽有 15 个二级分枝，但由于开花晚，单株结荚数就少。在翌春 1、2 月份割球（第 4、第 5 处理），虽然叶腋萌动，但未能完全通过阶段发育，形成了一些长有小叶球的枝条。说明在 11 月下旬至 12 上旬进行割球为好。

割球一方面增加了种株的分枝数，另一方面提早了甘蓝开花期。据调查（表 9-1），2013 年 12 月 5 日对圆球形甘蓝品种早熟 2 号进行割球处理，割球后种株比不割球对照初花期早 6d，盛花期早 8d，单株种子量比对照增加了 15g。对照虽然有 22 个一级分枝，明显多于割球处理，但由于有主薹的种株开花是从主薹开始，逐级往下开放，多数下部的一、二级分枝的花期处在 4 月底 5 月初，温度环境不适宜开花结实，所以种子产量明显低于割球种株。

从 2013 年 12 月上旬对圆球形甘蓝进行割球处理、2014 年开花结实的调查结果表明（表 9-2），割球处理的种株于 4 月 20 日和 25 日进入盛花期，单株开花量多于不割球对照 25.5％、62.1％；5 月 1 日进入末花期，开花量比对照多 14.4％，这对提高制种产量起关键作用。

种株割球后虽然失去了 1 个主薹，但同时抽出了 6～8 个一级分枝（暂称次生主薹），最多可抽出 20 多个次生主薹。这些次生主薹开花时间与有主薹种株的主薹开花时间相当。但它们又各自产生 3～5 个二级分枝，其开花时间与有主薹种株上部一级分枝的开花时间相当，这就比同期有主薹种株的开花数量大大增加。因此，割球种株有数倍于有主薹种株的一、二级分枝，且开花、授粉都处在温度适宜的气候环境下，有利于结更多的种子。

对父母本同时割球的种株其花量是足够的，只割母本而对父本未进行割球的，花粉就满足不了母本的需求，为此在播种时，母本：父本应为 2：1.5（父本行适当加密或将父本行栽成小双行即可），来满足母本对父本花粉的需求，否则达不到制种增产的目的。

如果割球后，抽出的次生主薹比较细弱，就要把品种的割球时间比原定的割球时间提前 20d，以促使其次生主薹发育比较健壮。

（三）种株覆盖第二层地膜

定植时覆盖地膜主要是起保墒和促使根系生长的作用。生产中加盖二层地膜可改变种株的小气候环境，促使腋芽较快地生长发育，为翌年春季早抽薹、早开花（图 9-12）打下基础。

表 9-1　圆球甘蓝制种割球试验产量调查统计表

处理时间 (2013/12/05)	初花期 (2014) (月/日)	盛花期 (2014) (月/日)	末花期 (2014) (月/日)	一级分枝 (个)		二级分枝 (个)		单株 总枝条 (个)	单株总 荚数 (个)	单株 产量 (g)	折公顷 产量 (kg)	比 CK 增减 (％)
				单株 枝条	单株 荚数	单株 枝条	单株 荚数					
割球	4/12	4/15	5/9	6	178	43	837	49	1 015	55	1 650	37.5
不割球（CK）	4/18	4/23	5/9	22	392	51	543	73	935	40	1 200	—

表 9-2　圆球甘蓝割球对物候期以及产量影响调查*

处理	单株平均有效枝条数		平均花期提前天数（d）		适温花期平均开花量（2014）					平均单株有效荚数		平均单株产量		折公顷平均产量	
	个	比对照增减（%）	初花期	盛花期	4月20日	4月25日	5月1日	合计	比CK增减（%）	个	比CK增减（%）	g	比CK增减（%）	kg	比CK增减（%）
割球	50		2.2	3.0	482	274	183	939	32	1 229	18	47.8	44	1 554.0	43
对照（CK）	40	25	0	0	384	169	160	713	—	1 041	—	33.3	—	1 087.5	—

* 本表由 6 个实验基地平均数据汇总而成。

图 9-12　覆盖一层膜与覆盖二层膜甘蓝种株的开花情况

　　第二层膜一般在浇完防冻水中耕后，地面还未结冰时覆盖。只在地膜边沿压上土，防止被风吹跑。如果温度较高，可在种株顶部戳一小孔透气，防止高温、高湿造成种株腐烂。翌春随着气温的升高，小孔要逐渐加大，一般在 3 月上中旬撤去地膜。

表 9-3　圆球甘蓝制种植株冬季覆二层膜对花期、产量影响

品种	处理	覆地膜时间	初花期	盛花期	单株产量（g）	折公顷产量（kg）	比CK增减（%）
早熟 1 号	覆二层地膜	2012.12.25	2014.4.8	2014.4.14	34.0	1 275	67
	覆一层地膜（CK）	2012.10.20	2014.4.18	2014.4.25	20.5	765	—
早熟 2 号	覆二层膜	2013.12.23	2014.4.9	2014.4.13	60	1 800	50
	覆一层膜（CK）	2013.10.21	2014.4.18	2014.4.23	40	1 200	—

　　孙培田等在制种基地多年的试验示范结果表明（表 9-3），圆球甘蓝制种覆盖二层地膜能使种株的花期提前，提高制种产量。以覆盖一层地膜甘蓝制种为对照，早熟 1 号覆盖二层地膜的比覆盖一层地膜的初花期提前 10d，盛花期提早 11d，单株产量提高 13.5g，

折合单位面积种子产量提高 67％；早熟 2 号初花期提早 9d，盛花期提早 10d，折合单位面积种子产量提高 50％，由此可见覆盖二层地膜对花期提早、产量提高有至关重要的作用。

表 9-4　甘蓝种株割球＋覆盖二层膜对物候期及产量影响的调查统计

处理	平均花期提前天数（d）		适温花期平均开花量（个）				平均单株有效荚数（个）		单株产量		折公顷平均产量	
	初花	盛花	4月20日	4月25日	5月1日	合计	个	比CK增减（％）	g	比CK增减（％）	kg	比CK增减（％）
割球＋覆二层膜	5	4.8	550	410	203	1 163	1 237	32.4	55.8	51.6	1 932.0	42.0
割球＋覆一层膜（CK）			244	375	271	890	934	—	36.8	—	1 360.5	—

注：本表由 7 个实验基地平均数据汇总而成。

据 2014 年 7 个制种基地调查结果（表 9-4）表明，采用割球和覆盖二层地膜措施，种株 4 月 20、25 日的开花量比对照平均每株增加 125.4％、9.3％，5 月 1 日的开花量比对照减少 25.1％。说明割球和覆盖二层地膜种株在 4 月 25 日以后已进入末花期，而对照到 4 月底 5 月初才进入盛花期，后期气温升高，不适宜授粉、结实，种子产量明显降低。

由此可见，割球和覆盖二层地膜能够增加种株的分枝数和有效荚数，促使种株 4 月中旬进入盛花期，此时的温度条件适宜种株开花授粉，可大幅度提高种子产量（图 9-13）。笔者将该技术措施大面积用于

图 9-13　割球加覆盖二层膜制种田

种子生产，中甘 21 应用该技术后产量从每公顷 600kg 左右提高到 1 500kg 以上。

（四）调节花期的几种方法

1. 半成株制种法　晚熟的圆球甘蓝，半成株的花期比成株早 3～5d。对尖球、扁球类型甘蓝而言，其半成株的始花期及盛花期均比成株略晚。早熟一代杂种报春就是尖球×圆球甘蓝制种典型的例子：自交不亲和系别种，其母本为金早生，采用半成株法花期略晚；对父本北京早熟适当晚播，使其半成株越冬，花期就比成株早，但还要把北京早熟主薹打掉 1/2 和把一级分枝的顶尖抹去，进一步促使其花期提前。

2. 打主薹　对同一类型的亲本如初花期略晚 3～5d，只要把花期稍晚的亲本主薹打掉 1/3～1/2，就可以使花期相遇。当然调节时还要注意到双亲的花期长短的差异。

3. 抹一级分枝的顶尖　圆球甘蓝花期晚且较长，要促使其提前抽薹开花，先把主薹打掉 1/3～1/2，甚至更多，7～10d 后再把一级分枝的顶尖抹去，这样处理过的种株花期

能再提前 5～7d。

4. 喷赤霉素 对于双亲花期相差 10～15d 的，要对花期晚、未抽出主薹的亲本，扒开叶球顶部的叶片，露出主薹顶端花蕾，用 500mg/L 的赤霉素（九二〇）轻喷一下，切莫过量。

5. 割球 割球可使种株在没有顶端优势控制的情况下，促其下部莲座叶的腋芽迅速萌动，在 1～4℃ 的低温条件下快速完成春化阶段的发育，并在翌年春季形成 6～8 个，甚至多达 12～15 个健壮的次生主薹同时抽出、开花。由于多个次生主薹和二级分枝的抽出，开花时间比不割球的种株提前 6～8d，从而增加了种株制种过程中前、中期的开花数量。

6. 覆盖二膜 露地甘蓝制种田于 12 月下旬覆盖第二层地膜，3 月上中旬撤去，可使整个株系再提前花期 10～20d。

综上所述，针对不同的采种田，由于气候条件和植株状况不同，应灵活采用上述措施，促使双亲花期相遇。

四、种株高矮相差悬殊品种的制种

甘蓝种株的高度，因品种和栽培管理条件不同而异。早熟尖球品种，种株高度可达 1.2m，圆球、扁球品种，种株高度可达 1.8m。露地越冬的种株，其高度要比第 2 年春季定植于露地采种田的种株高 1/3 以上。在制种过程中，双亲高度相差 20～30cm 比较容易调节，相差 50～80cm 的调节比较困难，但可用以下办法解决。

一是调整父母本比例，提高垄高。在种株定植时，如果父本矮，可采用行比 4∶2 的模式，加大父母本的空间距离，并在高 20cm 的垄上栽父本，以提高父本的高度，便于蜜蜂授粉。

二是抑制主薹顶端优势。可采用自然或人为调控，抑制主薹的生长，促进侧薹生长，可较好解决甘蓝双亲种株高矮相差悬殊的问题。如山东莱州某试验农场于 2015 年开始试验沟栽采种，利用自然冻害破坏顶端生长点，降低株高。8 月 1 日播圆球亲本 99-1，8 月中下旬播尖球类型的金早生不育系，其株高 1m 左右。亲本 99-1 为圆球类型，株高 1.5m 以上，二者相差 40～50cm。由于种株生长点受到 0℃ 以下低温的损害，主薹顶端优势受到抑制，下面腋芽便慢慢生长起来，撤膜后它们就能迅速生长，抽出 30 多个一级分枝，虽然不同品种抽出的一级分枝数不同，但一般都有 25 个以上的一级分枝。这样，双亲之间主薹高度的差异到一级分枝高度已大大缩小，而且一级分枝比正常割球的多，结果既调节了植株高矮，又使花期早而集中，产量有较大提高。种子 6 月底成熟，由于种子收获避开了雨季，发芽率高达 92.0%。

五、三交种和双交种的制种

谭其猛先生提出了蔬菜的三交种和双交种育种。三交种是用 3 个自交系组配的杂交种，即用一个单交种和一个自交系组配而成。双交种是双杂交种的简称，由 4 个品种或自交系先两两配成单交种，再由两单交种杂交而得的杂交组合。玉米是利用三交种、双交种育种最早的农作物，但玉米的三交种、双交种的整齐度较差，是因为单交种再与另外一个亲本杂交时，F_1 产生性状分离，出现了不同的基因型，整齐度也就不一样了。对于蔬菜来讲就更难了，蔬菜的性状必须一致，不仅叶形、株型、株高等要一致，甚至球形也要一致。这样就要求亲本整齐一致，否则 F_1 就会表现杂乱无章。

开展蔬菜三交种的育种就更难了，在作三交种时 F_1 就要分离，和另一个亲本杂交时其杂交种就不能完全一样，整齐度就较差，菜农就不会接受，失去种子的价值。为了做到 F_1 少分离或者不分离，选亲本时就要选性状近似但又必须有一定杂种优势的亲本，当与另一个亲本杂交时就产生更大的杂种优势，这就产生了三交种，具体实践的例子如苏甘 401 的选育。双交种的育种原理同三交种，三交种和双交种的整齐度，远不如单交种的整齐度。

六、甘蓝制种的两种运行模式

随着甘蓝生产用种杂交种子的推广普及，我国从 20 世纪 80 年代初开始了甘蓝的大面积制种，经过 50 多年的发展，我国甘蓝制种产业已呈现出规模化和集约化。回首过去，甘蓝制种产业的发展，先后经历了代理人制种和专业公司制种两种运行模式。

20 世纪 80 年代初，当时的农村是小农经济形式，只有熟悉当地情况、被农民信任的经纪人才能安排到一定面积的甘蓝制种，于是就形成了代理人制种的模式。

由于人们一开始不熟悉甘蓝的制种，代理人只能把制种任务安排给自己的亲属或熟人，当人们看到制种是条致富之路，纷纷参与到甘蓝制种中。这就导致因能力、水平及条件的参差不齐，制种工作出现了许多问题，如：农户土地有限，茬口安排不当，播种有早有晚，种苗大小不一；农户的劳动力强弱差异，对田间管理也不同，造成种苗强弱悬殊，产量相差较大；农民培训不够，不熟悉制种亲本的特性，造成父母本的混杂定植等问题。

这种模式虽有不足，但对当时制种起到了很大的推动作用。随着市场对甘蓝一代杂种的需求越来越多，制种面积也逐年扩大，代理人所管辖的面积就越来越大，造成管理不够，农户对技术的掌握和理解不透，出现了甘蓝种子质量下降甚至出现不合格的种子的现象。

随着蔬菜生产的蓬勃发展，对甘蓝一代杂种的种子质量要求越来越高，专业的甘蓝制种公司应运而生，如河南济源市的绿茵种业科技公司就是典型代表，通过 20 年的努力，成长为 AAA 级专业化蔬菜种子生产企业。

河南省济源市位于太行山南麓，属丘陵地的半山区，暖温带大陆性季风型气候，年平均气温 14.3℃，无霜期 223d，气候温和，最低气温在 −8～−5℃，极端天气达到 −12～−10℃，春季少雨，一般在 7 月上旬进入雨季。适宜的地理纬度、独特的小气候条件、山区自然隔离的生态禀赋，成为我国甘蓝种子的理想产区。

公司建立了以企业为主体的制种体系，积极做好产前、产中、产后服务，不断完善"公司＋基地＋农户"的产业发展机制，实行"全订单"生产，公司和农户形成了稳定、牢固的利益共同体，不仅有效解决了农户与市场的对接问题，而且充分调动了农民开展蔬菜制种的积极性。随着制种面积的扩大，公司开展了早熟甘蓝的"漂浮穴盘育苗"和"牵引式移栽机定植"的研究。"漂浮穴盘育苗"技术不仅解决了一家一户的育苗地和按时播种的问题，也提高了亲本种子的利用率，同时减少了父母本苗子的混杂问题。在配套机械的帮助下，解决了大量占用劳力定植和浇水问题，对促进甘蓝制种面积的扩大起到推动作用。在做调整花期试验时，他们利用技术员在不同气候环境下的驻村入户，安排了不同气候环境条件下的"割球试验"和"覆盖第二层地膜"试验，使圆球甘蓝制种在适宜的气候条件下既能早开花，又能增多开花量。该研究取得成功后，很快应用到大面积甘蓝制种中，因而使圆球甘蓝制种产量，由原来的每 $667m^2$ 几十千克提高到 100kg 以上。

第四节　种子质量的检验

种子质量指种子本身具有的品种真实性、纯度、发芽能力、生活力以及通过加工等措施可以达到的干、净、饱、壮、健的程度。种子质量由质量指标和质量标注值组成，质量指标包括品种的纯度、净度、发芽率、水分含量；质量标注值应真实，符合品种纯度、净度、发芽率、水分含量的规定。高质量的种子应当兼有优良的品种属性和良好的种子质量，缺一不可。

一、种子质量的构成因素

种子质量通常包含遗传质量和播种质量两方面的内容。遗传质量是指种子的真实性、纯度、丰产性、抗逆性、熟性、产品的优质性以及良好的加工工艺品质等。播种质量是指品种的净度、发芽率、水分含量等。

二、品种混杂退化的原因

品种混杂退化是指在生产过程中，品种纯度降低，种性发生不良变异，致使品种失去原有的性状特点，抗病、抗逆性和适应性减弱，产量下降，品质变劣等现象。品种的混杂退化可发生在原原种的繁殖、原种的扩大繁殖和生产用种的规模化繁殖过程中。生产用种的混杂退化只会影响生产用种当代种子的不纯或退化，而原原种、原种的混杂退化延续下去，将导致生产用种的性状变异，最终导致产品的产量和质量标准无法保证。因此，加强对品种混杂与退化发生原因及防止措施的认识非常重要。种子生产过程中，影响种子质量的主要因素有以下几种：

1. 机械混杂　良种繁殖过程中，某一品种群体中混有同作物的其他品种或其他蔬菜作物的种子。一旦发生机械混杂，将导致品种整齐度下降、生育期不一致、质量下降等。如在原种或原原种环节不及时采取提纯和严格的去杂去劣等有效措施，则会导致在以后的繁殖过程中大概率可能产生生物学混杂，最终致使品种混杂退化的加剧。

2. 生物学混杂　在品种繁育过程中，由于隔离条件不严格或亲本材料不纯而产生不同品种或类型、亚种、变种之间的天然杂交，从而使优良品种的遗传性状发生变化，造成品种生物学混杂。这种混杂常见于异花授粉作物中。造成生物学混杂的原因中，除作物授粉习性外，繁种时的隔离距离、天气情况、授粉昆虫活动情况、采种田面积大小、周围的地理环境对其都有影响。如果异品种的种子机械混杂在采种群体内，花期经传粉后，则引起后代性状的变异，发展为生物学混杂。在种子生产田中，某些植株与本品种退化株或邻近种植的其他品种发生自然杂交后，"迁入"了新的基因，而且产生了新的基因型，这种来自其他品种的花粉污染导致杂交，使原有品种混杂，也属于生物学混杂。

三、品种混杂退化的防止措施

防止品种退化，必须强化良种繁育体系，完善良种繁育制度，严格执行各个繁种环节的操作规程，从根本上防止品种的退化。防止品种退化的主要措施如下：

1. 严格技术操作规程，避免发生机械混杂

（1）合理安排轮作和耕作栽培制度　繁种田一般不连作，防止上茬种株因角果开裂遗留种子出苗生长而造成混杂。

（2）及时分品种收获种株种果　种株种果必须分品种收获堆放，并标上标签或名称牌，确保品种间有足够的距离或障碍，并由专人负责品种的采收、晾晒及贮藏，防止各种因素造成混杂。

（3）严格良种收获后的清选工作　在种株收获后，要对种株进行后熟、脱粒、清选、晾晒、消毒、贮藏及包装等工作，在这些操作过程中，要对场所和用具进行清洁，认真检查，严格防止和其他种子发生混杂。

2. 采取严格的隔离措施，防止发生生物学混杂　甘蓝属异花授粉作物，具有自交不亲和性的品种更是属于严格异花授粉。这类作物一般雌雄同花，但在开花时同朵花、同株花或同系统上的花粉落到自己的花柱上，会出现花粉不能萌发或萌发率极低，或受精后结实率较低等自交不亲和现象。但不同品种间的受精结实率较高，因而进行甘蓝制种，必须采取严格的隔离措施。隔离的方式主要有机械隔离和空间隔离。

（1）机械隔离　是在开花期用纸袋、网罩等物体进行隔离。机械隔离主要应用于繁殖少量的原种种子或原始材料的保存。采用机械隔离，就必须解决种子繁殖的授粉问题，如采用纸袋隔离可采取人工辅助授粉，采用网罩隔离或采用大棚及温室隔离可以采取壁蜂等虫媒辅助授粉。

（2）空间隔离　也称距离隔离。将易于发生自然杂交的品种相互隔开一定距离进行露地留种，这种方式是良种繁育中最常用的。其隔离的距离根据影响自然杂交的因素来确定。甘蓝类蔬菜不同变种之间可杂交，隔离距离要求更严。在平原地区，隔离距离不能少于 2 000m；在有屏障的地区，如山区，隔离距离要求不小于 1 000m。甘蓝与其他十字花科蔬菜及其近缘种之间的杂交亲和关系各不相同，有些是杂交不亲和的，可以在同一隔离区内，不必隔离。主要十字花科蔬菜的杂交亲和关系见表 9-5。

表9-5　主要十字花科蔬菜及其近缘种之间的杂交亲和关系

代号	蔬菜种类	染色体数	1	2	3	4	5	6	7	8	9	10	11
1	白菜类蔬菜	$2n=2x=20$	+										
2	甘蓝类蔬菜	$2n=2x=18$	×	+									
3	芥菜类蔬菜	$2n=4x=36$	△	×	+								
4	芜菁	$2n=2x=20$	+	×	△	+							
5	萝卜	$2n=2x=18$	×	×	×	×	+						
6	芜菁甘蓝	$2n=4x=38$	△	△	△	△	×	+					
7	甘蓝型油菜	$2n=4x=38$	△	△	△	△	×	+	+				
8	白菜型油菜	$2n=2x=20$	+	×	△	+	×	△	△	+			
9	芥菜型油菜	$2n=4x=36$	△	×	+	△	×	△	△	△	+		
10	黑芥	$2n=2x=16$	×	×	△	×	×	×	×	×	△	+	
11	埃塞俄比亚芥	$2n=4x=34$	×	△	△	×	×	△	△	×	△	△	+

注：+表示杂交亲和；×表示杂交不亲和；△表示杂交能获得少量或极少量种子。以上均指天然杂交情况下的表现。

3. 采用正确选种方式防止品种劣变　在甘蓝原种的多代繁殖过程中，可能发生部分个体特性变异，其原因或是由于原种本身存在部分杂合或外来花粉杂交导致的杂株。因此，必须进行严格的选择。选择的原则是按原品种的典型性选择，不要只针对单一性状选择；选留较多的个体，以免发生随机漂移；选择产量性状应兼顾几个与产量构成有关的因素，标准应接近群体的平均值，或按众数选择。建议严格按照原品种的标准选留至少60～100株的优良单株，或严格除去不表现典型性状的植株。

四、种子的检验

种子检验是良种繁育工作的重要环节，是保证播种材料的纯净、优良、发挥良种增产效果的一项重要技术措施。须建立一套完整的检验制度以保证种子的质量，同时通过种子检验掌握种子的质量，为种子的分级和按质论价提供依据。种子检验包括室内检验及田间检验。种子的检验程序如图9-14所示。

（一）扦样

扦样是指从大量种子中抽取适当数量的代表性样品，供种子检验用。扦样前首先要了解被检验种子的来源、产地有无检疫性病虫害。扦取小样的部位要分布均匀，每次扦取的数量要基本一致。袋装种子，一般建议每袋扦样，供检验及留存。如种子袋数量过大、种子来源相对一致时，可酌情适当减少扦样袋数。散装种子扦样，按种子堆顶部面积大小划分检验区，每区中心和四角各设一点，共5个扦样点，将各个部位扦取的小样混合在一起成为原始样品。

原始样品的种子数量较多，采用分样器或四分法取出2份平均样品，一份检验用，一份留存。经过分取得到的平均样品，应根据检验项目不同，分别进行包装。检验净度、发

```
                        ┌─────────────┐
                        │    种子批    │
                        └──────┬──────┘
                               ↓
                        ┌─────────────┐
                        │   初次样品   │
                        └──────┬──────┘
                               ↓
                        ┌─────────────┐
                        │   混合样品   │
                        └──────┬──────┘
```

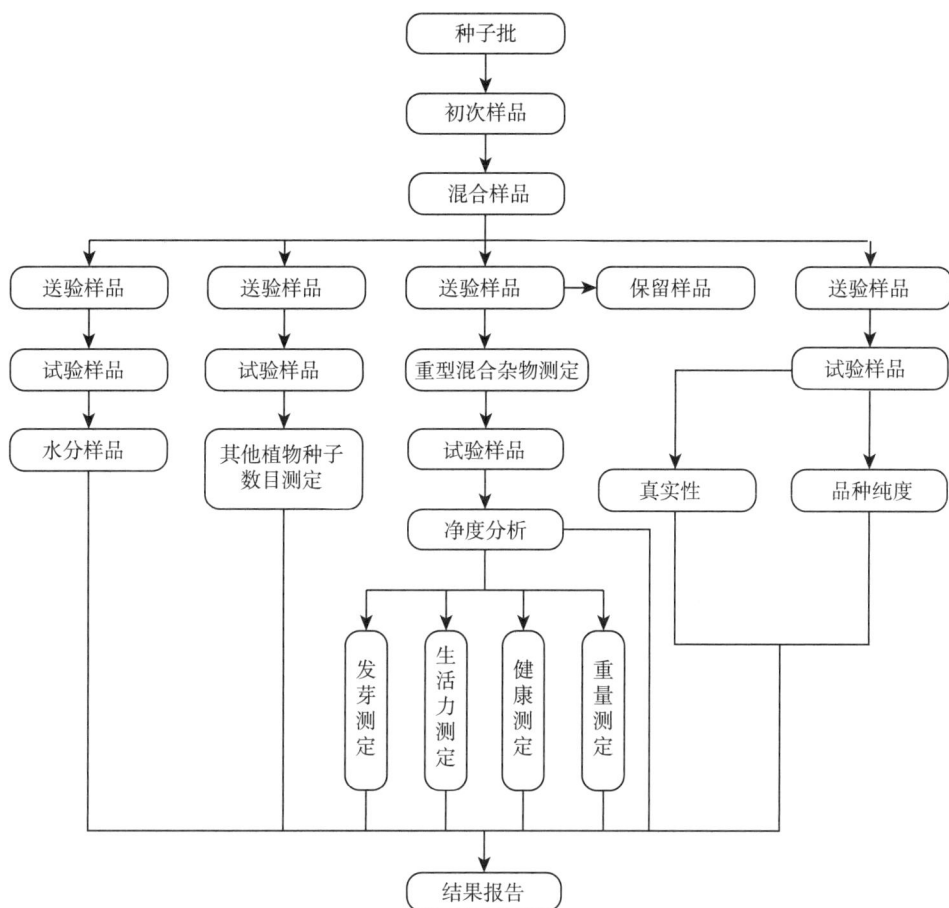

图 9-14　种子的检验程序

芽率和千粒重用的样品，可装入布袋或纸袋内；检验水分用的样品应立即装入防潮、防湿容器内，密封包装。在样品瓶或样品袋上贴标签，注明品种名称、编号、重量、繁种单位及取样日期、取样员姓名。种子样品送检验室进行室内检验和田间检验。

（二）室内检验

室内检验主要包括种子净度、发芽力、水分含量、生活力、病害带菌、千粒重等指标的检验。蔬菜种子质量的检测应参照《农作物种子检验规程》（GB/T 3543.1—1995～3543.7—1995）进行。

1. 种子净度检验　种子净度是指检验样品中除去杂质、其他植物种子后留下种子的重量占样品总重量的百分率。种子净度分析应符合《农作物种子检验规程　净度分析》（GB/T 3543.3—1995）之规定。

对检测样品中所有种子和各种杂质应尽可能加以区分。为便于操作，将其他植物种子的数目测定也归于净度分析。在净度分析时，一般将试验样品分成 3 种成分，净种子、其他植物种子和杂质。净种子指符合送检者所述的品种要求的种子；其他植物种子指除净种子以外的任何植物种子，包括杂草种子和异作物种子；杂质指除种子之外的其他物质。

$$种子净度(\%) = \frac{试样重量 - 其他植物种子重量 - 杂质重量}{试样重量} \times 100$$

在测定试样种子净度时，重复之间允许有一定的误差。3 次重复，如有一份超过允许差距（表 9-6），则计算其余 2 份的平均数；如有 2 份超过允许误差，则应重做。

表 9-6　种子净度分析允许差距

净度范围（%）	允许误差（%）
99.5 以上	±0.2
99.1～99.5	±0.4
98.1～99.0	±0.6

2. 种子发芽力检验　发芽率测定按《农作物种子检验规程　发芽试验》（GB/T 3543.4—1995）的规定进行。发芽试验需用经过净度分析后的净种子，在适宜水分和规定的发芽技术条件下进行测定。种子的发芽力是用发芽势和发芽率表示。发芽势是指在发芽初期于规定的日期内正常发芽种子粒数占供试种子粒数的百分率，一般以发芽试验规定期限的最初 1/3 期间内的种子发芽数占供验种子数的百分比为标准。发芽率是指发芽终期在规定日期内的全部发芽种子粒数占供试种子粒数的百分率。

发芽试验方法：从经过净度检验的种子中随机抽取 100 粒，3 次重复，共 300 粒。发芽容器一般采用直径 10cm 的培养皿，将 3 层滤纸铺放在培养皿中，供检种子均匀地排列在滤纸发芽床上。培养皿上要贴标签，注明品种名称、编号。然后将种子放在 20～25℃ 的温度条件下使其发芽，注意检查发芽期间的温度、水分，并注意通风换气，遇有发霉的种子、霉烂种子要及时取出并做记录。发芽势和发芽率按下列公式计算：

$$发芽势(\%) = \frac{规定日期内发芽种子的粒数}{供试种子粒数} \times 100$$

$$发芽率(\%) = \frac{全部发芽种子的粒数}{供试种子粒数} \times 100$$

发芽势和发芽率测定，一般 3 次重复。3 次结果之间允许有一定的误差，如有一份超过允许差距（表 9-7）；则计算其余 2 份的平均数；如有 2 份超过允许误差，应重做发芽试验。发芽势高，表示种子生活力强，发芽整齐，出苗一致；发芽率高，表示有生活力的种子多，播种后出苗率高。

表 9-7　发芽率允许差距

平均发芽率（%）	允许差距（%）
95 以上	±2
91～95	±3
81～90	±4

3. 种子水分测定　种子含水量与种子安全贮藏有着密切关系，超过安全含水量的种子不利于贮藏，在种子入库前，必须检验种子含水量是否已达到安全贮藏水分的标准。入库后也要定期测定和掌握种子的含水量，了解贮藏期间水分变化情况，以便改进贮藏方法

或进行种子处理。通常用种子水分测定仪进行检测，如电子水分速测仪、红外线速测仪、快速烘箱测定仪和直接读数的快速水分测定仪等。如需准确测定种子的水分，可采用标准法测定仪器，包括烘箱法测定仪器（如电热恒温箱、磨粉机、干燥器和样品盒等）和卡尔·费休化学滴定仪。烘箱法测定方法如下：采用105℃的标准法测定，甘蓝种子为小粒种子，用千分之一电子天平称试样5g、三份，放入烘干恒重铝盒内。打开装有种子的铝盒盖放入预热115℃的烘箱内，放入试样5min内应使烘箱温度稳定保持在105℃±2℃时，开始计算时间。烘干8h后，打开箱门迅速盖好盒盖，放入干燥器内冷却至室温时称重，由烘干后减少的重量计算水分含量。

$$水分(\%)=(试样烘前重量-试样烘后重量)/试样烘前重量\times100$$

3份样品，如其中2份或3份试样结果允许误差不超过0.2%，以这些允许误差内的样品平均数作为测定结果。如低于2份，则需要重做。

4. 种子生活力的测定　种子生活力是指种子发芽的潜在能力或种胚所具有的生命力。种子生活力测定一般用于休眠种子，或在短期内急需了解种子发芽率，或发芽试验有疑问时的补充试验，但种子生活力不能代表发芽率。

种子生活力测定方法很多，目前较广泛应用的是四唑染色法（简称 TTC 法），即用2，3，5-氯化三苯基四氮唑（$C_{19}H_{16}N_4Cl$）水溶液浸泡种子，正常种子胚部的活组织能起化学反应而呈现红色，丧失生活力的种子胚部没有脱氢酶，不能产生红色反应。

5. 种子病害的检验　通过检验可以判断种子带病的情况，再根据带菌情况采取适当的措施，防止或杜绝种子带菌传播，提高种子的品质。检验方法有培养分离后进行肉眼观察和镜检等。

6. 种子千粒重的测定　千粒重是衡量种子充实、饱满、大小、均匀的指标，以 g（克）为单位，甘蓝种子的千粒重约为3～5g。测定方法：选净度检验后的种子，随机数取两份试样，每份1 000粒，然后称重，用两份试样的平均值表示，两份试样允许误差为5%。如超过允许误差，则数取第 3 份试样称重，取误差最小的两份计算平均千粒重。

各项检验项目结束，进行综合评定，填写种子检验结果报告单，对检验合格的种子根据种子分级标准划分等级，并填写种子检验结果（表9-8），对不合格种子要提出处理意见。

表9-8　种子检验结果

	受检单位		产地	
	蔬菜种类		数量	
	品种名称		等级	
检验结果	纯度（%）		杂草粒（kg）	
	净度（%）		病害带菌率（%）	
	发芽率（%）		千粒重（g）	
	水分（%）			
备注				
	检验单位：			
	检验员　　　　日期　　　年　　月　　日			

（三）田间检验

田间小区种植鉴定是目前种子检验唯一认可的检测品种种子纯度的方法。小区鉴定可以充分展示品种的特征特性，现行品种描述的特异性都是根据表现型来鉴别，而分子标记检测所采取的核心引物（位点）与田间观察测试的性状特征之间并不具有绝对的对应性，所以小区种植鉴定虽然存在费工、费时等缺陷，但仍是迄今为止检测品种纯度的唯一公认、可行的方法。

五、甘蓝种子的质量标准

1999 年国家颁布了甘蓝种子质量的新标准，包括杂交亲本、杂交种和常规品种种子的质量标准，并于 2000 年 2 月 1 日起实施。2010 年又发布了修订版（表 9 - 9），对甘蓝种子的发芽率要求提高到 80％以上，但尚未达到穴盘育苗的种子发芽率要求。因此，甘蓝种子的生产质量尚有较大的提升空间。

表 9 - 9　甘蓝类种子主要质量指标（GB 16715.4—2010）

作物	种子类别		纯度≥ （%）	净度≥ （%）	发芽率≥ （%）	水分≤ （%）
甘蓝	常规种	原种	99.0	99.0	85	7.0
		大田用种	96.0			
	亲本	原种	99.9	99.0	80	7.0
		大田用种	99.0			
	杂交种	大田用种	96.0	99.0	80	7.0

第五节　种子的精选加工

甘蓝种子的生产过程可能会有杂草、其他品种种子的混杂，以及收获过程中产生的各种杂质。通过对收获种子进行脱粒、干燥、清选、分级，尽可能去掉不需要的掺杂物，如作物茎叶和穗部残留物、杂草种子、土壤泥石，以及未成熟的、破碎的、退化的、遭受病虫害或机械损伤的种子，从而使种子的质量达到标准。

种子的精选加工由脱粒、清选、干燥、精选、包衣和丸粒化等流程组成（图 9 - 15）。

1. 脱粒　对收获的种子采用合适的脱粒方法进行脱粒，要注意尽量减少脱粒过程中对种子、特别是种胚的损伤，防止异物进入种堆造成混杂。

2. 清选　就是将影响种子流动的碎茎叶、碎屑、断穗等夹杂物从脱粒后的种子中清除掉。清选只是为下一步的种子加工打下一个基础，对种子清选的质量要求并不十分严格。一般清选多采用扬场、风筛、重力筛等机械完成。

3. 种子的干燥　一般通过晾晒就可以达到安全水分要求，也有公司通过机械烘干的措施以达到高安全水分要求的目的。机械烘干应用最多的是通风干燥，也称对流干燥，包括不加热空气干燥、辅助加温干燥和加温干燥等形式。

4. 精选　精选是种子加工必不可少的重要工序，种子只经过基本清选往往达不到商品种子的质量标准，还需要再加工，比如按照种子的大小特性和比重等进行加工精选，以选出饱满优良的种子。有些种子在精选加工结束后，为了体现优质优价或满足精量播种的需要等，还要再行分级。种子的分级一般要利用分级机来完成。目前种子精选加工所用的机械有螺旋分离器、种子重力精选机、种子色选机等，通过精选分级，使精选出的种子符合市场要求，提高种子的商品性和附加值。

5. 包衣和丸粒化　随着科技的高速发展，种子加工、贮藏机械化、自动化控制也获得快速发展，自动包衣处理、种子丸粒化等现代技术正在不断普及。在种子包衣过程中，将药、肥溶于包衣剂中，缓慢释放，为幼苗生长提供良好条件。种子丸粒化是指种子外面包裹营养物质形成丸状，更利于播种及幼苗生长的技术。

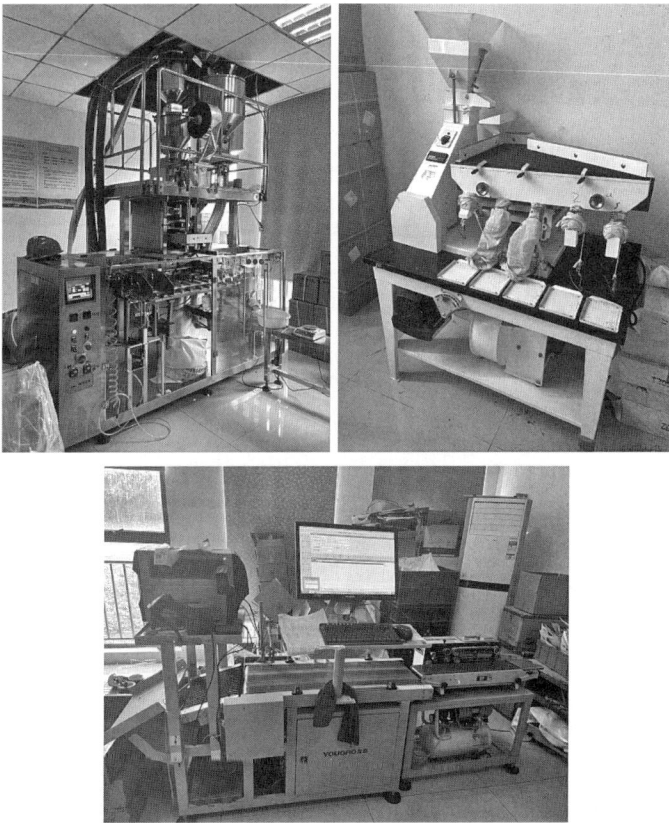

图 9-15　种子的加工包装

第六节　种子贮藏

一、种子贮藏的意义及任务

种子贮藏是蔬菜生产过程中不可缺少的环节，种子贮藏得好坏对蔬菜生产的影响较大。科学地贮藏种子，可以延长种子的寿命，保持种子旺盛的生活力，为培育壮苗、高产提供先决条件。通过改善种子的贮藏条件和贮藏期间的科学管理，使种子在贮藏期间生理代谢和物质消耗降低到最低限度，能在较长时间内保持种子的生活力。

二、贮藏期间影响种子寿命的因素

贮藏期间影响种子寿命的因素较复杂，除取决于种子本身的质量外，还取决于贮藏环境条件，其中起决定性作用的两个环境因素是温度和水分，其他因素如气体、微生物及仓库害虫等也能影响种子的寿命。

（一）种子本身的质量

影响种子寿命的因素，一方面取决于甘蓝作物本身的遗传特性，不同品种的甘蓝种子寿命的长短有较大差异。种子寿命的长短与种子本身个体发育的状态有密切关系，如籽粒大小、饱满度、生理成熟度等，都或多或少地影响着种子的呼吸强度，在长期的贮藏下，必然会影响种子的生活力。种子贮藏期间，小粒的、不饱满的种子，其呼吸强度要比大粒的、饱满的种子强；未成熟种子的呼吸强度比成熟种子强；种子含油分较多，其寿命往往比较短；种皮结构致密坚实的种子，其寿命比较长。

（二）水分

水分是影响种子寿命最重要的因素。种子本身含水分高，呼吸作用旺盛，消耗大量贮藏物质，在进行有氧呼吸比较旺盛的条件下，在种子堆内易产生大量呼吸热和水分积聚，使种温逐渐增高，进一步增强种子的呼吸作用，并为附着在种子表面的微生物的繁殖发育创造了有利条件，易使种子发热、霉变而丧失生活力。

在贮藏过程中，种子的含水量随着温度、湿度变化而时增时减，并逐渐趋向于平衡。当环境条件处于稳定状态，种子含水量就保持平衡状态，这种状态的水分叫作平衡水分。种子的平衡水分与种子的化学组成和环境条件有关，不同蔬菜种子在同一温度、相同湿度条件下，种子的平衡水分是不相同的。

（三）温度

贮藏温度对种子寿命的影响很大，因为种子的呼吸和微生物的活动与温度极为密切。种子的呼吸和微生物的活动，在一定范围内是随着温度的升高而加强。但当温度升高到55℃以上，种子的呼吸和微生物的活动反而会迅速减弱，因为温度超过55℃，会引起种子和微生物细胞蛋白质凝固而使酶失去活性，以及原生质受到破坏，使种子失去生活力。一般适宜微生物生长繁殖的温度为20～40℃，在此范围内，微生物繁殖最为迅速，危害性也最大。如果把温度降低在15℃以下，微生物活动受到阻碍，种子的呼吸强度也会放缓。例如2008年生产的中甘15由于花期温度适宜，授粉时间长，杂交制种公顷产量达1 500kg以上，发芽率在92％以上，于8～12℃的冷库中贮存到2017年发芽率仍在85％以上（夏季冷库开启除湿机，保证冷库中的湿度低于50％）。

据试验，贮藏温度在0～35℃范围内，温度每降低5℃，种子寿命可延长1倍。贮藏期间过高的温度会使种子迅速趋于死亡，如长时间保持40℃以上的高温，种子的生活力很快就丧失。

（四）气体

空气中和呼吸作用有密切关系的氧气和二氧化碳含量对种子的寿命会有一定程度的影响，氧气充足有利于种子增强呼吸作用，如果再遇上温度高、湿度大，种子会因增温吸湿而增强其生命活动，致使种子很快丧失生活力。

密闭贮藏在二氧化碳中的种子，较密闭贮藏在空气中的同样种子，能更好地保持生活力。氮气、氢气，二氧化碳和一氧化碳有延长种子寿命的效果，氧气因促进种子的呼吸作用，往往被认为有缩短种子寿命的作用。气体对种子寿命的作用还与温度和湿度等密切相关，因此，不能孤立地分析气体条件对种子的影响问题。

（五）微生物和仓库害虫

微生物中对种子寿命影响较大的是霉菌和细菌。它们在适宜的水分、温度和通气条件下进行生命活动，消耗种子内的大量营养物质，同时释放出热能、水气和二氧化碳。这些微生物生命活动对种子能量的消耗大大超过种子自身的消耗，它与种子的呼吸作用交织在一起，便严重地恶化了种子贮藏的条件，促使种子生活力下降。

仓库害虫对种子寿命的影响，主要体现在仓库害虫侵入后会咬食种子，同时咬破种皮，使其呼吸作用加强，并为微生物的侵入创造了途径，加速微生物的活动与繁殖。因此，仓库害虫的大量繁殖会直接或间接地能引起种子堆发热和霉变，影响种子的寿命。

三、种子贮藏管理技术

种子贮藏期间要保持或降低种子含水量、温度，有效地控制种子、仓虫和微生物的生命活动，达到安全贮藏的目的。

1. 种子入仓前的准备　做好种子进仓前的各项准备工作是保管好种子的主要关键。准备工作包括仓库检修、清仓和消毒三项。

（1）仓库检修　凡是准备存放种子的仓库都应该进行全面检查和维修，要求做到防潮、防热、防火、防漏、防虫、防鼠，门窗齐全、开关灵活，仓库内壁光滑、石灰刷白。

（2）清仓　包括清理仓库和仓库内外清洁工作。清理仓库不仅是清除仓库内的异品种种子、杂质及垃圾等，同时还要做好仓内器材清理、修补墙面、嵌缝粉刷等工作，仓外应做好清洁卫生工作，消除杂草，排除污水等。

（3）消毒　种子未进仓库前应在清理仓库的基础上进行空仓消毒。可用敌敌畏、敌百虫喷雾，施药后密闭 72h，然后通风散气 24h。空仓消毒后，应将仓内各部分打扫干净，以免残留的药剂与种子直接接触，影响种子生活力。

2. 种子清选与干燥　在代理人体制时甘蓝制种，种子入库前若不进行清选，大量种子中往往混有泥沙、石块、杂草种子、虫蛹、菌核及未充分成熟的和机械破损的种子，这些混杂物极易引起种子发热、霉变。为了保证种子的安全贮藏，必须严格做好种子入库前的清选工作。

当前甘蓝制种在收获清选、精细加工的基础上，只要晾晒好种子，使种子的含水量降低至 7%以下，再把贮藏温度降低至 8～12℃，并注意于雨季及时排湿，种子可储存 8～10 年。

3. 种子贮藏期间的管理 贮藏期间要做好防潮隔湿、合理通风、低温密闭，防止外界湿热空气侵入，使种温维持在 8～10℃，有效地控制种子、仓虫和微生物的生命活动，即可防止种子发热和霉变，达到安全贮藏的目的。

4. 种子贮藏期间的检查 种子贮藏期间的检查指对温度、种子含水量、发芽率及虫鼠害等的检查。

（1）种子温度的检查 检查种子温度的次数与间隔时间，应随着种子入库贮藏后含水量的变化及不同季节的变化而变化，温暖季节的检查次数应比冷凉季节多，种子含水量较高的比含水量较低的检查次数要多，若种子温度很快地增高时，要每天进行检查。

（2）种子含水量的检查 种子含水量的变化与温度变化密切相关。因此，种子含水量的检查，取决于种子温度。种子温度在 0℃ 以下时，每月检查 1 次；0～20℃ 时，每月检查 2 次；20℃ 以上时每 10d 检查 1 次。

（3）种子发芽率的检查 贮藏期间种子发芽率的变化，反映了种子贮藏的好坏。种子发芽率应每季度检查 1 次，最后 1 次应在种子出仓前 10d 进行。在种子温度和含水量不稳定的情况下，应适当增加检查次数。

（4）种子仓库虫害的检查 仓虫检查周期与种子的水分、温度和季节有关。一般种子温度在 15℃ 以下时，每季检查 1 次；15～20℃ 每半月检查 1 次；20℃ 以上每 5～7d 检查 1 次。另外，还应根据仓虫习性、栖息部位和发育阶段等情况调整检查周期，在仓虫比较密集的部位加以补充检查。当害虫增多时，须增加检查次数，并采取灭虫措施。

◆ 主要参考文献

方智远，2008. 甘蓝栽培技术［M］. 北京：金盾出版社.

何启伟，1993. 十字花科蔬菜优势育种［M］. 北京：农业出版社.

戴忠良，张振超，肖燕，等，2010. 播期和氮肥水平对甘蓝杂交制种效果的影响［J］. 江苏农业学报，26（6）：1443 - 1444.

侯三元，孙培田，方智远，等，2018. "割球和覆二膜"提高圆球型甘蓝制种产量的方法和效果［J］. 中国蔬菜（10）：85 - 87.

胡维海，2016. 甘蓝制种主要管理技术［J］. 四川农业与农机（2）：38.

李东锋，聂小舟，蒋艳芬，等，2010. 甘蓝高产杂交制种技术［J］. 河南农业（23）：31.

李鹏，2010. 河西地区甘蓝自交不亲和系繁殖及杂交制种技术［J］. 种子世界（3）：48 - 49.

刘光武，1986. 十字花科主要蔬菜及其近缘植物杂交关系［J］. 武汉蔬菜（4）：42 - 42.

刘艳波，杨金兰，史小强，2012. 郑州地区甘蓝制种技术要点［J］. 农业科技通讯（4）：211 - 212.

马志峰，张恩惠，王智民，2013. 角额壁蜂对网室制种甘蓝授粉效果的影响［J］. 北方园艺（13）：29 - 31.

《蔬菜采种技术》编写组，1991. 蔬菜采种技术［M］. 天津：天津科学技术出版社.

王爱根，2018. 甘蓝制种水漂盘育苗技术［J］. 河南农业（4）：17.

王庆彪，方智远，张扬勇，等，2011. 甘蓝两种类型雄性不育系花器官形态及结实特性的比较研究［J］. 园艺学报，38（1）：61 - 68.

汪荣锋，黄毅，2009. 杂交甘蓝制种地膜覆盖栽培的效果［J］. 农技服务，26（4）：23.

王玉江，王志强，田学，等，2010. 甘蓝小株制种技术研究［J］. 中国果菜（4）：25 - 26.

张合龙，闫书鹏，高富欣，等，2019. 提高甘蓝杂交制种产量和质量的关键技术措施［J］. 农业科技通讯（9）：312 - 314.

Chen W，Zhang B，Ren W，et al.，2022. An identification system targeting the SRK gene for selecting S - haplotypes and self - compatible lines in cabbage [J]. Plants，11 (10)：1372.

Deng X H，Nie Q J，Zhu F J，et al.，2014. Impact of head cutting methods on cabbage seed production [J]. China Cucurbits and Vegetables，27 (1)：38 - 39.

Fang Z，Liu Y，Yang L，et al.，2004. Breeding and seed production technique of dominant genic male sterile (DGMS) line and cytoplasmic male sterile (CMS) line in cabbage [J]. Zhongguo Nongye Kexue，37 (5)：717 - 723.

Fang Z，Sun P，Liu Y，et al.，1997. A male sterile line with dominant gene (Ms) in cabbage (*Brassica oleracea* var. *capitata*) and its utilization for hybrid seed production [J]. Euphytica，97：265 - 268.

Fang Z，Wang X，Qu D，et al.，1999. Hybrid seed production in cabbage [J]. Journal of New Seeds，1 (3 - 4)：109 - 129.

Kumar P R，Yadav S K，Sharma S R，et al.，2009. Impact of climate change on seed production of cabbage in North Western Himalayas [J]. World Journal of Agricultural Sciences，5 (1)：18 - 26.

Liu G，Liu L，Gong Y，et al.，2007. Seed genetic purity testing of F_1 hybrid cabbage (*Brassica oleracea* var. *capitata*) with molecular marker analysis [J].，Seed Science and Technology，35 (2)：477 - 486.

Liu L，Liu G，Gong Y，et al.，2007. Evaluation of genetic purity of F_1 hybrid seeds in cabbage with RAPD，ISSR，SRAP，and SSR markers [J]. Hort. Science，42 (3)：724 - 727.

MAH B，2012. Effect of rate of arbuscular mycorrhizal inoculum for cabbage seedling production [J]. Bulletin of the Institute of Tropical Agriculture，Kyushu University，35 (1)：069 - 076.

Motoki K，Kinoshita Y，Nakano R，et al.，2023. Investigation of the field performance of progenies obtained by a non - vernalization - grafting floral induction method in terms of application to cabbage breeding and seed production [J]. The Horticulture Journal，92 (1)：66 - 76.

Muleke E M，Saidi M，Itulya F M，et al.，2012. The assessment of the use of eco - friendly nets to ensure sustainable cabbage seedling production in Africa [J]. Agronomy，3 (1)：1 - 12.

Nakanishi T，Hinata K，1975. Self - seed production by CO_2 gas treatment in self - incompatible cabbage [J]. Euphytica，24 (1)：117 - 120.

Pant T，Bhatt R P，Pandey V，et al.，2007. Effect of various seed production methods on cabbage crop performance under hilly conditions [J]. Indian Journal of Horticulture，64 (2)：178 - 180.

Pan Y F，Qin W B，Yao Y M，et al.，2013. Test for seeding time of cabbage combinations with different maturities in seed production [J]. Acta Agriculturae Jiangxi，25 (11)：30 - 32.

Singh R C，Biswas V R，Arya M C，et al.，2000. Effect of plant population and dates of transplanting on seed yield of cabbage (*Brassica oleracea*) [J]. Indian Journal of Agricultural Sciences，70 (6)：405 - 406.

Ye S，Wang Y，Huang D，et al.，2013. Genetic purity testing of F_1 hybrid seed with molecular markers in cabbage (*Brassica oleracea* var. capitata) [J]. Scientia Horticulture，155：92 - 96.

Zahoor S，Ahmed M S，Abbasi N A，2003. Effect of phosphorus levels and effective microorganisms on seed production in cabbage (var. *capitata*) [J]. Sarhad Journal of Agriculture (Pakistan)，19 (2)：193 - 197.

（孙培田　李建斌　王神云　余方伟　张　伟）

第十章

东南及华南地区甘蓝栽培

[中 国 结 球 甘 蓝]

我国地域宽广，气候和地理条件复杂多样，按甘蓝栽培区域特点划分，可分为东南及华南栽培区、西南栽培区、北方二季作栽培区和北方一季作栽培区。东南及华南甘蓝栽培区主要包括江苏、上海、安徽、浙江、广东、广西、江西、湖南、湖北、福建、海南、台湾等省（自治区、直辖市）。

第一节　甘蓝在东南及华南地区蔬菜产业中的地位

一、自然条件

（一）气候条件

东南及华南地区从北到南，气候变化明显，分属温带气候、亚热带和热带气候。本栽培区夏季高温多雨，冬季温和少雨，东南沿海的广东、福建、浙江等省，年降水量为 2 000mm 左右，长江流域在 1 300mm 左右，到了淮河、秦岭一线，大体减至 1 000mm 左右；热量资源丰富，无霜期长，年平均气温介于 13~21℃，1 月份最冷，平均气温大多在 0℃以上，最低温度可达−7℃，7 月平均气温达 28℃左右，最高温可达 41℃。本栽区的雨量分布从东南向西北方向逐渐减少，气候上呈现从湿润逐渐向半干燥转变的特点。

（二）土壤条件

本区域跨越亚热带和热带，因热量、水分条件、成土母质等变化及差异，形成了复杂多变的土壤类型，地形以山地、丘陵和平原为主，广东、广西、海南、福建、台湾主要以山地和丘陵为主，江苏、安徽、湖北等省以平原和丘陵为主，浙江以山地和丘陵为主。虽然不同类型的土壤有机质含量、大量元素含量、含盐量和 pH 值各不相同，但结球甘蓝适应性强，适宜的土壤类型主要有：红壤、棕壤、褐土、潮土（包括砂姜黑土）、灌淤土、水稻土、盐碱土等，以富含有机质而肥沃的弱酸到弱碱性壤土最好；适宜地形主要有滩地、平原、丘陵、中低山地带。

二、主要栽培季节及种植模式

结球甘蓝虽然喜温和冷凉的气候，但适应性较强，亦较耐寒冷和高温，在东南及华南地区形成了周年生产和周年供应。随着生产种植模式和茬口的变化，以及不同的市场需求，本地区甘蓝栽培方式、生产基地、上市时间也发生了重大变化，逐渐由过去的春、秋两季种植模式发展到当今的多茬次、多季节种植模式。

（一）春季甘蓝种植模式

春甘蓝是东南及华南地区的主要栽培茬口，其中牛心类型甘蓝露地越冬栽培是本地区的一大特点。一般于 10～11 月播种，11 月至翌年 1 月定植，3～5 月上市，是春淡季重要的蔬菜种类之一。春牛心甘蓝也可采用连栋大棚、单体大棚、中棚、小棚等设施栽培，于 11 月至翌年 2 月播种，4～6 片真叶定植，3～6 月上市。在江苏、浙江和安徽等省也有圆球类型甘蓝设施栽培模式，一般选用优质、抗病的中早熟和中熟品种，于 11 月底至翌年 1 月播种，4～6 片真叶定植，3～5 月上市。华南地区采用地膜覆盖栽培，于 12 月至翌年 2 月播种，4～6 片真叶定植，4～6 月上市。扁球类型甘蓝熟性稍晚，一般进行地膜覆盖、春露地栽培，于 10～12 月播种，4 片外叶定植，翌年 5～7 月上市。

（二）夏季甘蓝种植模式

东南及华南地区的城郊菜区有种植夏甘蓝的习惯，可以采用防虫网种植耐热、耐湿品种。广西、江西、湖南、湖北海拔 1 000～1 400m 的山区，夏季气温较低，昼夜温差较大，气候条件适宜反季节越夏栽培，一般选用早熟或中熟的牛心类型或扁球类型品种，3 月下旬至 6 月上旬播种育苗，4～7 月分期定植，6 月底至 9 月上旬分批上市，解决了夏季及早秋叶菜供应不足的问题。

（三）秋季甘蓝种植模式

秋季露地甘蓝是东南及华南地区经典的种植模式。牛心类型、圆球类型和扁球类型品种皆有种植，秋季栽培以优质、抗病、丰产的早中晚品种相配套，达到品种丰富、供应期长的目的。一般于 6 月下旬至 8 月下旬播种育苗，7 月下旬至 9 月下旬定植，9～11 月收获。

（四）冬季甘蓝种植模式

本区域是冬季甘蓝种植的主要区域，为补冬缺起到了重要作用。温度不同，冬季甘蓝的种植模式不一。广东、广西、福建、海南、台湾等温带气候区冬季较温暖，适合甘蓝生长，一般种植优质、抗病、丰产的圆球类型和扁球类型甘蓝品种，于 9 月下旬至 11 月下旬播种育苗，10 月下旬至 12 月下旬定植，12 月至翌年 3 月收获。

为获得更好的经济效益，江西、湖南、湖北、江苏、上海、安徽、浙江等地选用耐寒、抗病和耐裂的圆球类型和扁球类型甘蓝品种进行大球越冬露地栽培，于 8 月上旬至 9 月上旬播种育苗，9 月中下旬至 10 月中旬定植，12 月至翌年 4 月收获，达到补冬春缺口的目的，成为甘蓝的一个新的茬口种植模式。

三、甘蓝在本地区蔬菜生产中的重要地位

结球甘蓝在东南及华南地区的种植历史悠久，是主要的蔬菜作物之一。除了作为满足本地区的蔬菜供应之外，也可以南菜北运、供应全国市场，特别是大球越冬和高山反季节栽培成为堵缺保供的重要蔬菜。据《中国农业统计年鉴（2006）》，东南及华南地区结球甘蓝年播种面积达 49.78 万 hm²，约占本地区蔬菜总播种面积的 5.17%，占全国甘蓝种植

面积的 53.10%；总产量约 1 317.7 万 t，占全国结球甘蓝总产量的 42.84%，在蔬菜供应中具有举足轻重的地位。

第二节　甘蓝在东南及华南地区栽培发展概况

一、主要栽培地区及面积

本区域甘蓝种植模式繁多，品种类型丰富。牛心形甘蓝于春秋及冬季广泛种植于江苏、上海、安徽、浙江、湖南、湖北等地，圆球形甘蓝于春秋及冬季广泛种植于江苏、上海、安徽、浙江、广东、广西、江西、湖南、湖北、福建、海南、台湾等地，扁球形甘蓝四季栽培于本区域各地。表 10 - 1 为本区域甘蓝的主要栽培地区和面积。

表 10 - 1　东南及华南地区甘蓝的主要栽培地区和面积

省份	栽培类型			甘蓝播种面积（万 hm²）	甘蓝总产量（万 t）	产量占全国比重（%）
	春季	夏秋季	冬季			
江苏	A+B+C	A+E	F	3.96	133.7	4.35
上海	A+B+C	A+E	F	0.67	26.8	0.87
安徽	A+B+C+D	A	F	3.29	81.5	2.65
浙江	A+B+C	A+E+G	F	2.40	96.9	3.15
广东	A+B	A	A+B	8.53	178.6	5.80
广西	A+B+C	A+G	A+B	5.24	103.0	3.35
江西	A+B+C+D	A+G	F	4.69	86.7	2.82
湖南	A+B+C	A+G	F	6.75	206.3	6.71
湖北	A+B	A+G	F	7.83	252.6	8.21
福建	A+B	A	B	6.00	145.5	4.73
海南	A+B	A	B	0.42	6.1	0.20
总计				49.78	1 317.7	42.84

注：①A=露地栽培；B=地膜覆盖栽培；C=大棚栽培；D=小拱棚栽培；E=防虫网栽培；F=秋延后越冬栽培；G=高山反季节栽培。

②数据来源于农业部编《中国农业统计年鉴（2006）》。

二、栽培历史和品种的发展变化

成书于 18 世纪中叶的《台湾府志》（1747）和《泉州府志》中提到了"番芥蓝"，在台湾地区也有称结球甘蓝为高丽菜。从清代中期开始，广东巧兰角地区引入的结球甘蓝种植已经较多，尤其是城镇周边的菜农。清末我国国门渐开，结球甘蓝不断被引入中国沿海和内陆地区，逐渐普及并成为人们的日常蔬菜和主要的贸易农产品。

20 世纪 70 年代以前，东南地区及华南地区结球甘蓝多采用冬天小苗越冬春露地种植模式，品种主要以常规品种扁球类型黄苗和黑叶小平头及尖头类型鸡心为主。随着杂交育种技术在甘蓝上的应用，在方智远等全国结球甘蓝育种者的努力下，地方品种黄苗、黑叶平头、鸡心、福农 3 号、60 天早椰菜等作为重要的育种材料被广泛应用，1973 年我国第 1 个杂交品种京丰一号育成，该品种在本地区作为中晚熟春甘蓝和中熟秋甘蓝被广泛种植。70 年代末，杂交一代品种夏光成为夏甘蓝的主栽品种；80 年代，陆续育成一批结球甘蓝杂交一代品种，牛心甘蓝有春丰、争春，圆球甘蓝有 8398、中甘 11 等，丰富了该地区甘蓝品种和种植模式。杂交品种以其丰产、优质、适应性广、整齐度高等特点迅速占据主导地位，逐渐替代了地方品种，90 年代该地区品种更加丰富。

21 世纪以来，随着蔬菜产业结构调整、种植模式的变化，以及流通市场、城镇化的发展和消费需求的变化，东南地区及南方地区结球甘蓝种植面积有所增长，品种需求向优质、多抗、耐贮运等方向发展，形成了品种多元化、茬口多样化、产区更优化的格局。

三、栽培制度及栽培技术的发展变化

随着我国开放程度的日益加深，以及人口流动、西餐引入，特别是结球甘蓝高效栽培技术的推广和新品种的育成，我国东南及华南地区的结球甘蓝栽培类型和模式不断丰富。20 世纪中后期，本地区以秋甘蓝露地栽培为主，且栽培面积较大，春甘蓝次之，夏甘蓝面积较小。21 世纪以来，该地区结球甘蓝种植逐渐以小苗露地越冬春甘蓝为主，秋甘蓝栽培渐少，而且逐渐转向春甘蓝，安徽、江苏、上海等地种植大球露地越冬甘蓝的面积越来越小。近些年，秋延后和春提早设施栽培面积也在不断扩大，本地区结球甘蓝的栽培方式正由单一的露地栽培向露地、设施等多样化的栽培模式转变；栽培季节亦由春秋栽培衍生到四季栽培；栽培类型有牛心形、圆球形和扁球形，产品主要以鲜食为主，部分用于腌制和脱水加工。特别是牛心形甘蓝，原是本地区的特色品种，随着新育成牛心类型品种具有更好商品性和脆嫩口感，已逐渐在全国普遍栽培。目前，东南地区及华南地区结球甘蓝栽培品种已由单一品种向多类型、多熟性、多商品性转变，形成了生产上大区域多元化、小区域单元化，栽培季节各异，模式多样，目标产品细化的特点。

结球甘蓝栽培简单、栽培方式灵活，产品较耐贮运，消费市场大。占地时间因品种而异，早熟品种定植后 50d 左右就可采收，耐寒越冬品种可以充分利用耕地冬茬空闲时间，作为补茬品种，在解决叶菜类蔬菜供应的同时提高单位耕地面积的收益，并逐渐形成了结球甘蓝特色生产模式。随着结球甘蓝种植面积迅速扩大，生产基地已由城市郊区为主向农村规模化优势生产基地转移，基地一般采用连作或与其他规模种植的作物轮作。因结球甘蓝栽培方式多样，其栽培制度各异，形成了远郊区或粮菜轮作区的冬春甘蓝—水稻的轮作栽培、近郊区或纯菜区的甘蓝春秋两季露地栽培、春秋冬三季栽培以及各种轮作、套作模式，如大棚春甘蓝与西瓜套种模式、春甘蓝—甜玉米—秋延后甘蓝轮作栽培模式、早春大棚甜瓜—越夏番茄—秋甘蓝的高效栽培模式、山区春萝卜—夏甘蓝—秋豌豆栽培模式、菜豆—水稻—秋甘蓝栽培模式、夏甘蓝套种玉米栽培模式、高山反季节栽培甘蓝多熟间套种模式、春甘蓝—西瓜—秋甘蓝栽培模式、地膜春甘蓝—豇豆—辣椒—秋延后黄瓜栽培模式等。

东南及华南地区结球甘蓝的栽培模式主要有以下几种：小苗露地越冬春甘蓝栽培、早春露地甘蓝栽培、保护地春甘蓝栽培（含小棚、中棚、大棚、地膜覆盖等栽培模式）、夏秋甘蓝栽培、高山反季节甘蓝及大球越冬（秋延后）甘蓝栽培模式。在结球甘蓝生长阶段所进行的前茬处理、整地、施肥、播种育苗、定植、田间管理、采收和病虫害防治等农艺措施都是尽量提供适合甘蓝生长的外部环境。随着劳动力成本的上升和技术的进步，结球甘蓝栽培管理有了一些新的变化，如20世纪主要采用田间苗床育苗、撒播种子、漫灌浇水、人工施肥除草和中耕，21世纪以来主要采用工厂化育苗或漂浮育苗、喷灌滴灌施肥浇水、半自动施药等技术，近些年机械化栽培技术得到了长足的发展，在前茬处理、整地、施肥、播种育苗、定植、田间管理及病虫害防治等环节，都可以采用机械化或半机械化作业，今后全程机械化栽培将成为趋势。

第三节　东南及华南地区甘蓝栽培技术及其特点

随着甘蓝的市场需求变化以及甘蓝品种的多样性、栽培设施的应用及栽培技术的更新，甘蓝的栽培方式、生产基地也在逐年变化。东南地区的甘蓝生产已具有鲜明的区域特色，实现了周年生产和周年供应，成为蔬菜保供的重要基地。甘蓝的栽培技术主要包括前茬处理、整地、施肥、播种育苗、定植、肥水管理、采收、病虫害防治和尾菜处理等。

一、主要栽培环节

（一）前茬处理

甘蓝基本上采用高度集约化基地种植，具有复种指数高的特点，进行前茬处理，可以较好地解决连作障碍。上茬作物收获后，残留于前茬植株上的病菌、虫卵及田间杂草，如不彻底清除，往往留下数量巨大的病虫草害基数，所以彻底清茬是清洁田块的重要措施之一。生产上一般进行尾菜清园或粉碎还田。推荐采用尾菜粉碎还田，即选用轮式拖拉机配套秸秆粉碎还田机进行作业，可改善土壤结构，增加土壤肥力，减少化肥的使用量（图10-1）。需要注意的是，尾菜粉碎还田后应进行深耕，耕层深度应保持在20cm以上。通过土壤的深耕晒垡或冻垡，可改善土壤的结构和通气状况，改变土壤微生物的分布状况，达到改良土壤的目的。

图10-1　甘蓝前茬尾菜（秸秆）还田

（二）整地施肥

整地、施肥一般结合进行，施肥以基肥为主，追肥为辅。基肥一般应以有机肥为主，无机肥为辅，有机肥不仅可以提供养分，而且具有改良土壤环境，增加土壤生物多样性的作用，最好是多种有机肥混合施用或交替施用，尽量避免长期施用一种有机肥。化肥优先选用铵态氮肥和尿素，不提倡单独施用硝态氮肥。根据品种的产量指标，确定适宜的氮肥施用量。氮肥施用上应采取"前重后轻"的措施。为降低和控制蔬菜硝酸盐含量，可采用氮抑制剂如双氰胺来抑制土壤硝化细菌的活性，从而达到减少土壤和蔬菜硝酸盐含量积累的目的。

矿质肥料应用要注意养分的均衡供应，特别要注重钙、镁、硫、铁、锌、硼等中、微量元素的使用。而有机-无机复混肥是一种既能够提供速效养分又能够改良土壤、维持长效土壤肥力的肥料。另外，可配合施用生物肥料，这是进一步防治土壤连作障碍的有效措施。

甘蓝种植前需对土壤进行耕整，翻耕土壤有利于为甘蓝生长创造良好的土壤环境。前茬处理后施有机肥，然后采用轮式拖拉机配套旋耕机作业，作业深度 15～20cm，作业 2 遍，使碎土率在 90% 以上（图 10 - 2）。如施用复合肥，在第 2 遍旋耕前撒施。根据不同的季节及气候条件，可采用低畦、平畦、中畦和高畦栽培甘蓝，还可进行沟栽，原则是保证墒情、能排能灌。

图 10 - 2　甘蓝定植前旋耕作业

（三）育苗

甘蓝育苗是一项技术性强而又需细致的工作，特别是夏秋季高温高湿，幼苗脆嫩易发病，稍有疏忽就难以保证全苗壮苗。21 世纪以前，甘蓝一般采用阳畦营养土或营养钵育苗，阳畦播种前整平，将营养土填入阳畦播种，出苗后再行分苗。进入 21 世纪，穴盘育苗因省时省工且高效逐渐被生产上采用。

现在，除了少数偏远山区还保留有直播的习惯，甘蓝一般采用育苗移栽的方法进行生产。育苗方法主要有苗床育苗、穴盘育苗和漂浮盘育苗等。根据栽培季节不同，分露地育苗、冬季塑料大棚育苗、夏季防雨遮阳防虫棚育苗。

1. 苗床育苗　可以采用撒播、条播或点播法播种。条播，可按行距 7cm 开沟，逐行均匀播种；撒播以每平方米播 3g 甘蓝种子为宜，点播则以每 5cm^2 营养土块播 2～3 粒种子为宜。播后均匀覆上一层细土，浇水以土壤湿润而不板结为宜。一般播后 4d 即可出苗。

2. 穴盘育苗 穴盘育苗适合基地规模种植，穴盘育苗的苗期管理简单，无需间苗、分苗，且幼苗整齐健壮，根系发达，生长速度快，但对水分管理要求比较高。采用投苗式机械移栽，可根据品种特性和气候条件，采用 50 穴、72 穴或 128 穴的穴盘育苗；采用全自动机械化移栽，需使用专用穴盘。

穴盘使用前必须彻底清洗消毒干净。穴盘育苗的基质应具有良好的物理性状，pH 值在 6.0～7.0 之间，孔隙度为 70%～90%，可以直接购买专用育苗基质。播种前，将准备好的基质倒入干净的场地，拌匀并加水搅拌，一直搅拌到手能将其捏成团，水从指缝渗出而不下滴为适，说明基质含水量适宜。

播种方式可以采用人工播种、半机械化播种及机器播种，人工播种适合小面积种植，机器播种适合大面积规模化种植。采用成套育苗播种流水线播种，把处理好的育苗基质装入床土及覆土料斗中；人工播种或半机械化播种，将拌湿的基质装入穴盘中，填满刮平，后在装满基质穴盘上放置空穴盘，并轻压上方穴盘，形成小坑，坑深 0.2～0.5cm，便于播放种子。保证每穴一粒种子，将播后穴盘整齐摆放在苗床上，并在穴盘上轻撒一层基质进行覆盖，然后浇水，直到盘底渗出水为止，最后在苗床表面覆盖一层保湿的无纺布，覆盖 3～5d，出苗后即可揭开（图 10-3）。

图 10-3 甘蓝穴盘育苗

图 10-4 甘蓝漂浮育苗

3. 漂浮育苗 漂浮法育苗（图 10-4）适合空气湿度较低的地区或季节，以草炭、植物秸秆、膨胀珍珠岩及蛭石为原料，按照一定的配比构成基质。基质的质量要求：基质粒径均匀，1～5mm 粒径所占比例>50%；孔隙度在 70%～90%；pH 6.0～7.8；电导率为 150～800μS/cm。选用聚苯乙烯泡沫塑料制成的育苗盘，育苗盘一般为 34cm×68cm 的 200 孔或 128 的标准盘。将基质装入育苗盘中时，先将基质喷水湿润，然后把基质置于育苗盘面上，用木板将基质均匀推入苗穴，如此反复 2～3 次，使每个苗穴的基质装填量均匀一致。可采用手动播种机干籽直播。在每个苗穴的中心位置用特制的压穴板压出整齐一致的 2mm 深的小穴，每穴播 1 粒种子，播后覆盖基质 2mm 厚。育苗池深度一般为 15～20cm，在育苗池上配置防雨育苗棚，宜采用南北向，由棚架、棚膜、通风门窗组成，一般宽 6～8m，高 2.4～2.7m，长随育苗数量及地形而定，一般在 50～100m。棚架由钢管、薄壁轻型管或高强度的复合材料制成，棚膜选用厚 0.07mm 的聚氯乙烯塑料膜或无滴长寿膜；大棚两侧设通风窗，通风窗离地面的高度为 0.5～1m，门位于大棚两端，高 2m 左右，宽 1～2m，通风门窗设有防虫尼龙网，棚上用压膜线压膜固定。

4. 苗期管理　播种后白天温度控制在 30℃以内，最适 20～25℃，夜间 5～15℃，3～5d 出苗。齐苗后白天温度不宜过高，以防徒长，以 15～25℃为宜，夜间 5～15℃即可。齐苗 10d 左右，观察幼苗生长状况，如叶色淡，向育苗池中加适量复合肥，以后根据幼苗的生长情况可继续添加复合肥。苗龄为 25～30d，4～6 片真叶时即可移栽定植。

出苗后基质保持 70%～90%的含水量，若基质缺水，易造成幼苗萎蔫，长成老化苗。浇水次数可根据天气、温度、幼苗大小具体而定，原则上是穴面基质发白即应补充水分，可采用微喷补水。夏秋季高温，利用微喷补水还能降温补湿。甘蓝育苗时间较长，在低温、干燥和缺肥的情况下极易引起苗黄化、变弱、老化，成僵化苗，可适当采用冲施肥法补充养分，防止脱肥；苗期还要加强管理，防止发生病虫害，如猝倒病、立枯病及跳甲、小菜蛾等危害。

（四）定植

根据各地栽培习惯，采用低畦、平畦、中畦和高畦栽培及沟栽。苗龄 25～40d，真叶 4～6 片时（图 10 - 5），根据气候条件和苗情，合理安排定植时间。土壤相对含水量 70%～90%时均可定植。定植时避开太阳暴晒，夏季于下午 3～4 时后定植，春、秋、冬三季可全天定植。采用覆膜或不覆膜移栽，根据肥水管理不同，也可铺滴灌带后覆膜定植。

可采用人工定植或机械定植，如在壤土或沙壤土条件下，规模化种植甘蓝，可采用蔬菜移栽机定植。起苗时，应保证幼苗带土，穴盘苗基质成团，栽后浇适量定根水，1 周后即可活棵。如采用机械定植，农田整畦要符合机械要求，移栽机也要能适应垄的凹凸不平，始终保持移植深度一致、移植轨迹整齐（图 10 - 6）。移栽机轮间距可调，作业前进行株距、行距和栽植深度的调整，以保证不漏苗、不倒伏。定植密度应根据品种特性、气候条件和土壤肥力等而定，一般每 667m^2 早熟种 3 000～5 000 株，中熟种 2 500～4 500 株、晚熟种 1 600～3 500 株。

图 10 - 5　甘蓝机械化定植壮苗

图 10 - 6　甘蓝机械化定植田

（五）肥水管理

大田管理，按不同季节各异。春甘蓝对追肥要求严格，掌握好追肥的时期，是防止先期抽薹夺取高产的关键。冬季温度低，有利于植株通过阶段发育，追肥会促进生长和发育，故须控制。春季温度升高，植株生长加快，追肥促进生长。所以，在冬季要严格控制追肥，只需使幼苗能安全越冬，春季回暖后，采用大肥大水进行管理，加快幼苗生长。春季寒冷期后，应及时进行中耕除草，轻施提苗肥，结合浇水，保持田间土壤湿润。结球初期，植株生长变快，重施追肥1次，促进结球充实。夏季气温高，光照强度大，且时常有雷阵雨和暴雨天气，对品种的耐热性、抗病性要求高，同时，对栽培管理水平也有很高的要求。夏季气温高，甘蓝需水量大，为了促进其快速生长，结合浇水，施用追肥是丰产的主要措施，追肥以氮肥为主。甘蓝秋季栽培气温从高转低，适合结球甘蓝的生长，因此要肥水充足，充分促进其快速生长，应在重施基肥的基础上，加强莲座期的合理肥水管理，保持田间土壤湿润，同时注意甘蓝忌土壤积水，避免受渍，发生沤根。

在很多规模化种植基地，喷灌、滴灌及肥水一体化管理已经成为标准配置。灌溉系统主要由首部枢纽、管路和滴头三部分组成，一般包括水泵、过滤器、施肥罐、主管、支管、毛管及调节控制装置。根据定植方式，于定植前后铺设滴灌带或喷灌带。滴灌系统运行前，应检查管道附属设备是否符合设计要求，接头、阀门及仪表等设备是否有损坏和连接牢固。发现问题，应及时维修或更换。

滴灌肥料的选择和配制需要注意以下两点：一是含磷酸根的肥料与钙、镁、铁、锌等金属离子的肥料混合后会产生沉淀；二是含钙离子的肥料与含硫酸根离子的肥料混合后会产生沉淀，不适宜混合使用。选择水肥一体化肥料时，先要考虑肥料的溶解度，要求在田间温度条件下肥料的溶解度要高，在常温下能够完全溶解，溶解度高的肥料沉淀物少，不易堵塞管道和出水口。

（六）适时采收

根据生长情况和市场的需求，在叶球大小定型，达到采收标准，可陆续采用人工或甘蓝收获机进行采收，选用低速田间搬运机搬运。采收后按照大小、形状、品质进行分类分级。

采收时，一般留2～3片外叶用刀割断，保持刀口平整，避免机械损伤叶球（图10-7），采用网袋或菜筐包装运输（图10-8）。

图10-7　甘蓝机械化采收

图10-8　牛心形甘蓝采收贮运

（七）尾菜处理

采后需进行尾菜处理，尾菜处理可结合前茬处理合理进行。尾菜处理后需耕翻晒冻堡，不建议立即种植下茬。菜帮、落叶等可高温堆肥，短期发酵还田，洁净老叶、菜帮可作饲料，过腹还田；非全生物降解地膜、化肥包装袋、产品包装袋等废弃物要清理出田，进行资源化回收再利用。目前，蔬菜废弃物可采用柜式蔬菜废弃物处理机或蔬菜废弃物处理成套设备进行处理，制成有机肥料。

二、露地越冬春甘蓝栽培技术

江淮地区及长江流域，露地越冬春甘蓝是一个非常重要的茬口，在秋末冬初定植于大田，利用冬茬来增加有效积温，而达到提早上市的目的。由于生长期主要在冬季及早春季节，因此要求品种具有较强的耐寒性及耐抽薹性，可选用春丰、博春、探春、争春、争牛、苏甘107等品种。

(一) 前茬

露地越冬春甘蓝的定植期一般在11月中旬至12月中旬，以能安全越冬为宜，可以接大部分的秋季作物茬口，如冬瓜、南瓜、莴苣、芹菜等非十字花科蔬菜，甘薯、玉米、水稻等大田作物，于上茬作物收获后进行尾菜清田，或秸秆粉碎还田后结合施用腐解剂翻耕。

(二) 整地施肥

结合施基肥进行耕整地。基肥一般应以有机肥为主，无机肥为辅，尽量避免长期施用一种有机肥。可采用低畦、平畦、中畦栽培，以保证墒情、能排能灌。

(三) 播种育苗

露地越冬春甘蓝的播种期一般在10月上旬至11月上旬。根据各地的习惯，采用穴盘育苗或苗床育苗。穴盘育苗适合规模化种植，所育幼苗整齐健壮、根系发达、生长速度快，但水分管理要求比较高。可以采用人工播种、半机械化播种及机器播种，人工播种适宜小面积种植，机器播种适宜大面积种植。苗床表面最好覆盖一层无纺布保湿，3～5d出苗后可揭开。

壮苗标准：植株健壮，叶片肥厚，无病虫害，无机械损伤。移栽前3d可选择喷施1次瑞毒霉。

(四) 定植

长江中下游及以南地区，冬至以后进入寒冷季节。所以，一般在11月底至12月初定植，促使幼苗于定植后来得及缓苗、发生新根，以利抗冻。定植过早，在年内生长过大，可能发生未熟抽薹现象；定植过迟，幼苗根系尚未恢复生长，寒冷来临，可能发生受冻缺苗现象。因此，结合地区气候条件，掌握适宜的定植期，既达到防止先期抽薹，又达到全苗壮苗的要求。根据所栽培品种的特性，确定定植的株行距，一般株距为30～40cm，行距为40cm。根据各地栽培习惯和条件，进行低畦、平畦、中畦栽培或沟栽，人工定植或机械定植，定植时应保证幼苗带土，穴盘苗基质成团，栽后浇适量定根水，1周后即可活棵。

(五) 田间管理

露地越冬春甘蓝对追肥要求严格，掌握好追肥的时期，是防止先期抽薹夺取高产的关键。冬季温度低，有利于植株通过阶段发育，追肥会促进生长和发育，故须控制。春季温度升高，植株生长加快，追肥促进营养生长，结成叶球。所以，在冬季要严格控制追肥，只需使幼苗能安全越冬，春季回暖后，采用大肥大水进行管理，加快幼苗生长。

春季寒冷结束，应及时进行中耕除草，根据苗情和气候，结合水分管理，轻施提苗肥，莲座期再施一次追肥，每公顷施尿素375kg。同时结合浇水，保持田间土壤湿润，促进结球充实。

（六）采收

根据甘蓝的生长情况和市场需求，在叶球大小定型、紧实度达到八成时，可陆续采收上市。采收时要保留2～3片外叶，以保护叶球免受机械损伤及病菌侵入。在市场价格平稳且尚未裂球的情况下，也可适当晚一些上市。

三、早春甘蓝露地栽培技术

早春露地甘蓝是东南及华南地区一个非常重要的茬口，但东南及华南地区的气候和地理条件复杂多样，如浙江、广东、广西、福建等地，早春气候变化大，常常是气温骤升骤降、忽高忽低，极易发生倒春寒，所以对品种提出了较高的要求，除了要有广适性外，还要具有较好的早熟性、耐寒性和耐抽薹性，可采用如中甘56、苏甘35、苏甘25、8398、中甘21、中甘628等品种。

（一）前茬

广东、广西、福建等热带或亚热带地区，冬季气温高，作物生长旺盛，前茬收获后应及时彻底清茬，江苏、浙江等地在上茬作物收获后，把尾菜清出田，或用灭茬机粉碎还田，同时进行深耕冻垡。前茬尽量选择非十字花科蔬菜田。

（二）整地施肥

广东、广西、福建等种植区域，清茬后的地块结合施基肥进行耕整地。基肥一般应以有机肥为主，化肥为辅，然后用旋耕机将土块旋细、地块整理平整。江苏、浙江等种植区域经过冻垡的田块，施基肥后进行旋耕和起畦，然后根据各区域的种植习惯和移栽方式采用低畦、平畦、中畦和高畦栽培，畦宽可根据种植习惯和移栽方式而定，原则是保证墒情、能排能灌。

（三）播种育苗

早春温度变化大，生产中易发生先期抽薹和叶球发尖等情况，宜选择早熟、耐抽薹甘蓝品种。根据品种特性和定植期，合理安排播种时期，一般为12月初到2月中旬。根据栽培目的，于设施大棚采用穴盘育苗或漂浮育苗。定植时间，广东、广西、福建等种植区域，一般为12月上旬至翌年2月中旬；江苏、浙江等种植区域，一般为2月上旬至3月上旬。

播种后白天温度控制在30℃以内，最适20～25℃，夜间10～15℃，5～7d出苗。早春温度变化大，注意棚温管理，齐苗后白天温度不宜过高，以15～25℃，夜间5～15℃即可，以防徒长。2～3片真叶时，观察幼苗生长状况，如叶色淡，采用穴盘育苗的喷施叶面肥，采用漂浮育苗的可在育苗池里加适量水溶肥。注意棚内湿度，湿度过大，易发生霜

霉病等病害。苗期 30～60d，4～6 片真叶时即可移栽定植。如采用地膜栽培，定植前
10d，苗床要放大风炼苗。

（四）定植

定植前开沟作畦，做好排灌系统，选择适合的透明强化膜或全生物降解膜进行覆膜栽
培，达到保温、保墒、除草的效果；不铺地膜的田块直接在畦面定植。广东、广西、福建
等热带或亚热带地区，冬季气温高，作物生长旺盛，一般不采用覆膜栽培，当夜间温度稳
定在 5℃以上，真叶 4～6 片时即可定植。采用地膜覆盖栽培，当夜间温度稳定在 0℃左右
即可定植。根据所栽培品种的特性，确定定植密度，一般早熟品种每 667m² 栽 4 000～
6 000株，中熟品种 3 000～4 500 株。起苗时，保证幼苗带土，穴盘苗基质成团，栽后浇
适量定根水。

（五）田间管理

春季气温从低转高，适合结球甘蓝营养体生长，在此期间要求肥水充足，应根据生长
情况，合理施肥。甘蓝需水量大、喜湿润，应根据土壤墒情，及时补水，但忌土壤积水，
以防受渍，发生沤根。进入结球期，浇水应根据天气情况及土壤含水量而定，适宜土壤含
水量为 70％～85％。叶球紧实后，停止浇水，以防叶球开裂，造成经济损失。

（六）采收

根据甘蓝的生长情况和市场需求，在叶球大小定型、紧实度达到八成时，陆续采收上
市。采收时要保留 1～2 轮外叶，以保护叶球免受机械损伤及病菌侵入。早春甘蓝一般是
抢早上市，但如果市场价格较低，也可控制水分，延缓叶球生长，防止裂球的情况下可适
当晚一些上市，保证收益。

四、春甘蓝保护地栽培技术

随着设施蔬菜的发展，利用保护设施进行春提早栽培或秋延后栽培的面积和区域日益
增多。采用设施栽培，不仅有效减少冬春冻（冷）害，可增加有效积温，提早上市，同
时，在设施条件下可有效控制病虫害。进行地膜栽培，可减少水分蒸发，增加地温，淮河
流域日光温室和大棚栽培可全膜铺设控制湿度。进行春甘蓝设施栽培，品种选择尤为重
要。保护地栽培如定植偏早，易发生先期抽薹现象，而且日光温室栽培存在弱光、湿度大
的问题，所以要选择光合饱和点低、光合效率高、产量和品质好的品种；同时冬季温度相
对较低，所选品种还应在低温条件下生长速度相对较快。根据种植茬口安排和上市时间的
要求，应选择早熟、冬性强的品种，如中甘 56、苏甘 25、8398、中甘 21、苏甘 35 等。

（一）前茬

设施蔬菜品种丰富，栽培模式繁多，秋冬茬的豆类、瓜类、茄果类蔬菜都适合作甘蓝
的前茬。春甘蓝进行连栋大棚栽培的定植期一般在 10 月中旬至 12 月中旬，大棚、中棚、
小棚栽培的定植期一般在 12 月中旬至 2 月中旬，于上茬作物收获后进行尾菜清田，或粉
碎还田，结合施用腐解剂翻耕。

（二）整地施肥

结合施基肥进行耕整地。基肥一般以有机肥为主。设施大棚一般肥力水平偏高，注意

监测 pH 值和 EC 数据值，防止设施内的土壤盐渍化和连作障碍，可采用低畦或中畦栽培。

（三）播种育苗

一般在大棚内育苗，且多采用穴盘育苗。播种后白天温度不要超过 30℃，最适 20～25℃，夜间 10～15℃，3～5d 出苗。齐苗后白天温度不宜过高，以防徒长，白天 15～25℃，夜间 5～15℃即可。苗龄 30～45d，4 片真叶时即可移栽定植，要求幼苗根系发达成坨，茎粗 0.2～0.3cm，第 1 节间短，叶片肥厚。

（四）定植

塑料大棚等设施有各自的规格，大棚畦宽的确定，一般既要便于农事操作，又要最大限度利用土地，80～160cm 皆宜。小棚、中棚采用地膜覆盖栽培，畦宽根据栽培行数确定，地下水位高的地区采用窄畦，地下水位低的地区采用宽畦。棚土为沙土、壤土或有机质含量高、团粒结构好的地块少耕翻，少耙地，而土壤板结的黏土地则应深耕多耙。保护地栽培均应覆盖地膜，在降低棚室内湿度的同时，覆盖透明膜可增温，黑色膜可防草。膜下铺设喷灌带，用于肥水管理。

定植前翻耕晒垡土壤，每 667m² 施农家肥 1 500～2 000kg 做基肥，翻土后以大棚纵向进行做畦。定植前 1 周幼苗需放风进行低温锻炼，定植株行距为 25～40cm 见方，每667m² 4 000～8 000 株。棚室甘球也可以与生长周期较长的果菜类等蔬菜进行套作，根据实际情况决定种植密度。

（五）田间管理

塑料大棚等设施栽培的关键是做好棚室内温度、湿度的管理及提高地温，以期加速甘蓝的生长。定植后 10d 左右可不放风（温度高于 30℃需放小风），待缓苗成活后开始逐渐通风，通风口由小到大，使棚内温度保持在 15～25℃，促进甘蓝顺利结球。如果长时间维持在 25℃以上，容易导致松散球现象；如果温度过低，光合作用减弱，植株生长缓慢，甚至停止生长。夜间温度 10℃左右即可，白天室温不得超过 30℃，白天揭棉苫控制温度、补充光照，晚上盖棉苫防寒保温。

定植后适当蹲苗，促进根系发育，根据墒情，合理浇水，大多数植株进入莲座期后，随水追肥，主要施含氮肥比重高的复合肥。合理水分管理，以土壤含水量为 60%、5 厘米的土壤偏白时补水，浇水要选晴天上午进行，水量可稍大一些。设施内湿度过高，通过放风降低湿度，上午温度上升后即可放风，一天中也可采取小—大—小的放风方式。

（六）采收

设施栽培，一般都抢早上市，根据甘蓝的生长情况和市场需求，在叶球大小定型、紧实度达到八成及以上时，就可采收上市。采收时要保留 2～3 片外叶，以保护叶球免受机械损伤及病菌侵入。

五、夏甘蓝栽培技术

东南地区及华南地区夏甘蓝栽培有露地栽培和防虫网栽培两种模式。但随着高山（高原）越夏栽培甘蓝及北菜南调的甘蓝供应市场，夏甘蓝的栽培面积逐渐减少。夏季甘蓝栽培，由于整个生长期处于夏季高温季节，对品种的抗逆性要求较高，栽培品种应具有耐热性好、抗病、耐涝等特性，目前夏甘蓝以扁球类型为主，如启夏、黑丰、中甘 101、苏甘8 号等。

（一）前茬

夏甘蓝栽培前茬多是越冬蔬菜或早春采收的蔬菜作物，也可接大棚、小棚西瓜等茬口，揭膜覆盖防虫网栽培。上茬作物收获后清理田园，或尾菜粉碎还田，结合施用腐解剂翻耕。

（二）整地施肥

结合施基肥进行耕整地。基肥一般应以有机肥为主，无机肥为辅。采用低畦、平畦、中畦和高畦栽培，原则是保证墒情、能排能灌。

（三）播种育苗

夏甘蓝可在 4～6 月分批播种育苗。这一时间段，本地区的气温逐渐上升，最高温度可达 40℃，且时常有大雨天气，所以，苗床除选择地势较高、排灌便利的地段外，还要搭设遮阴棚，遮阴棚的设置同秋甘蓝的苗床荫棚设置。在雷阵雨来临前和阴雨天气，在棚架上加盖塑料薄膜，防止雨滴对幼苗的冲击。当白天最高气温达 30℃ 以上时，晴天要覆盖遮阳网，一般在上午 10 时半盖上，下午 3 时揭掉，阴天不盖，使幼苗生长健壮。当幼苗长到 4～5 片真叶或在定植前 1 周左右，揭掉覆盖物炼苗，提高其抗逆性。采用穴盘育苗，基质和穴盘规格根据种植习惯和移栽方式选择，一般选用蔬菜育苗基质及 72 穴或128 穴盘，育苗过程要经常观察幼苗叶色，如果叶色偏黄、苗子瘦小，及时补肥，可以喷施 0.2%～0.5% 可溶性复合肥，以培育壮苗。

（四）定植

苗龄 25～35d，真叶为 4～6 片时即可定植。根据所栽品种的特性和移栽方式，合理密植，一般株行距为 35～40cm 见方，每 667m² 栽 3 500～4 000 株。由于夏季气温高，常伴有降雨，病害高发，单株产量相对较低，合理密植是夺取高产的主要措施之一。起苗时，保证幼苗带有土块、穴盘苗基质成团，不散坨，减少缓苗期。定植时间最好选择在下午 4 时后，或在阴天进行，减少强光对幼苗的灼伤。栽后一定要浇透定根水，缓苗后再根据土壤墒情合理喷灌补水，以土壤含水量为 70%～85% 为宜。

（五）田间管理

夏季气温高，日照强度大，且时常有雷阵雨和暴雨天气，对品种的耐热性、抗病性要求高，同时，对栽培管理也有较高的要求。夏季甘蓝需水量大，为了促进其快速生长，应加强水分管理，同时结合浇水，追肥是丰产的主要手段，施肥以氮肥为主。在莲座叶生长的初期，结合松土每公顷施尿素 375kg；莲座叶生长盛期施重肥，有效氮用量应达到每公顷225kg。定植后应每隔 10d 左右浇水 1 次，控制水量，忌土壤积水发生沤根。进入结球期，根据天气情况及土壤含水量适量补水，叶球生长紧实后，停止浇水，以防叶球开裂。

由于夏秋季虫害较多，可采用防虫网覆盖栽培。利用已有的大棚骨架覆盖防虫网，实行全封闭覆盖，四周用土压严压实，留正门揭盖，方便出入。立柱式平顶覆盖可将多块菜畦一同全部覆盖，网室面积大，可节省网和网架。

采用防虫网栽培，覆盖前要进行虫害的防治，这是防虫网覆盖栽培的重要配套措施，以杀死残留在土壤中的害虫，杜绝虫源。使用防虫网，整个生育期实行覆盖，网棚内高温高湿，需要采用深沟高畦栽培，以利于排灌，并保持适当的湿度，营造不利于病虫害发生的环境。浇水应在太阳升起前或落山后，水分应掌握宁可干一点，不要太湿，否则易诱发烂菜。在气温特别高时，要调控网内湿度，如适当增加供水次数，以保持网内有适宜的湿度，以湿降温。进出网要将门关闭严密，防止害虫特别是蚜虫乘虚而入，确保防虫网的使用效果。

（六）采收

结球紧实后，应及时上市。为了提前上市，当叶球长到一定的紧实度即可分期上市，以获得最佳效益。

六、高山反季节越夏甘蓝栽培技术

高山气候比平原凉爽，常与平原、丘陵地区形成一个明显的季节差，选择运销对路、耐贫瘠、抗病、耐贮运的品种，如中甘96、苏甘35、中甘628、嘉兰等，合理安排茬口，使采收期安排在7～9月间，可补充平原地区"夏淡"蔬菜的供应，获得较高的经济效益。

（一）前茬

高山反季节越夏甘蓝的前茬作物多为上一年度的蔬菜或大田作物，蔬菜收获后清理田园，或作物秸秆粉碎还田，结合施用腐解剂翻耕。

（二）整地施肥

结合施基肥进行耕整地。基肥一般应以有机肥为主，无机肥为辅。大田作物地块肥力一般较低，结合测土配方，可适当多施。采用低畦、平畦、中畦和高畦栽培，原则是保证墒情、能排能灌。

（三）播种育苗

反季节种植甘蓝，一般一年种植一茬，如茬口安排合理，也可一年种植二茬。适宜的播期在3～6月，甘蓝在不同的海拔高度其播期、定植期、上市期稍有不同，海拔越低，播种可提早，上市期越早。不同时期播种选择不同的育苗方式，多采用穴盘育苗或苗床育苗，方法同其他栽培模式。

育苗期间要注意防止冻害、烫伤、徒长、缺肥和病害等问题。当早春育苗时温度较低，苗床选择在避风处，可用双层薄膜覆盖并加盖稻草等作物秸秆保温，防止幼苗冻伤；夏季育苗温度较高，苗床宜选择在遮阴处，采用防雨棚加盖遮阳网降温，防止高温高湿熏苗伤苗。育苗期间要早晚揭盖遮阳网，防止苗床光照不足，幼苗徒长形成高脚苗；定植前1周揭开所有覆盖物炼苗，苗龄30～40d，当植株长到4～5片真叶时移栽到大田。

（四）定植

高山反季节栽培一般是雨养条件，可根据苗情等待雨后定植。根据品种特性，确定合理株行距。定植时起苗尽量多带土，穴盘苗保证根部成团，定植后根部土稍压一下，浇足定根水。

（五）田间管理

高山栽培，田间条件相对较差，可采用轻简化栽培，减少劳动量。莲座期可追肥，雨后注意排水防涝，生长期间及时防治虫害。

（六）采收

根据甘蓝的生长情况和市场需求，在叶球大小定型、紧实度达到八成时，陆续采收上市。采收时要保留1～2轮外叶，以保护叶球免受机械损伤及病菌侵入。同时，在市场价格平稳且尚未裂球的情况下，也可适当晚一些上市，以获得较高经济效益。

七、秋甘蓝栽培技术

秋季是东南及华南地区甘蓝最主要的栽培季节。由于苗期处于夏季高温季节，对品种的抗高温能力要求较高，因此应选择耐热性好、抗病、耐涝的品种，如京丰一号、苏甘134、中甘19、中甘101、苏甘31、秋甘5号等。

（一）前茬

秋甘蓝是广泛种植的一茬，前茬可以是7～8月采收的蔬菜作物，也可接小麦、春玉米等大田作物。于上茬作物收获后清理田园，或秸秆粉碎还田后结合施用腐解剂翻耕。

（二）整地施肥

结合施基肥进行耕整地。基肥一般应以有机肥为主，无机肥为辅。小麦、春玉米等大田作物地块肥力一般较低，结合测土配方，可适当多施。采用低畦、平畦、中畦和高畦栽培，原则是保证墒情、能排能灌。

（三）播种育苗

秋季栽培，一般在6月中下旬到8月初播种，此时正值东南及华南地区的高温季节，光照强度大，温度高，且时常有雷阵雨和暴雨天气，采用温室或大棚育苗的，应采用遮阳网覆盖。如采用苗床育苗，应选择地势较高、排灌便利的地段搭设遮阴棚，遮阴棚的设置可以就地取材，以能防止剧烈阳光直射并能适当透进阳光、降低棚内温度、适当提高棚内空气相对湿度，创造适合于幼苗生长的小气候为原则。棚高一般为1.2m，过高不便揭盖覆盖物，且阳光易晒到畦面，过低通风不良，降温效果差，棚内空气相对湿度过高，引起床面潮湿。

一般采用黑色的透光率为70%的遮阳网覆盖。苗床育苗的遮阳网较畦宽40cm，为防止风刮走遮阳网，遮阳网需固定在棚架上。在雷阵雨来临前和阴雨天气，在棚架上加盖塑料薄膜，防止雨滴对幼苗的冲击。遮阳网等覆盖物要按时揭盖，晴天一般在上午10时盖上，下午3～4时揭掉，阴天一般不盖，使幼苗处于露地条件下健壮生长。在定植前1周左右，揭掉覆盖物炼苗，提高其抗逆性。

根据栽培目的和所栽培的品种特性，合理安排播种期。采用穴盘育苗、漂浮盘育苗或苗床育苗。

苗床育苗时，注意适量浇水，防止因床土湿度过大引起病害和幼苗徒长，或床土过干引起死苗。一般初出土苗每天浇一次水，以后隔1～2d一次，具体以土壤湿润、土表略干为宜。4片真叶时要控水促根。出苗后20d间苗，原则是留壮苗，除去密苗、弱苗和劣苗，以 5cm² 一株为宜，使幼苗整齐一致，定植后便于管理，为高产、优质生产提供条件。

漂浮育苗在齐苗 10d 左右，观察幼苗生长状况，如色淡，向育苗池里加施水溶肥。苗期 20d 时注意控苗，促进长根；25～30d，3～4 片真叶时即可移栽定植。注意要按时揭盖遮阳网，防止幼苗徒长，形成高脚苗。

（四）定植

当苗龄 25～35d，真叶 4～6 片时定植。根据所栽培的品种特性确定株行距后挖穴。定植前，每公顷施复合肥 450kg 和有机肥 60 000kg。起苗时，苗床要浇透水，保证幼苗带有土块，减少缓苗期。栽后要浇透定根水，1 周后即可活棵。

（五）大田管理

夏秋季气温从高转低，适合结球甘蓝的生长。秋甘蓝要求肥水充足，充分促进其快速生长，可分别在莲座叶生长盛期和结球期适量追肥 1 次。根据各地习惯，采用行间开沟埋窖肥或结合浇水施用化肥。甘蓝需水量大，定植后应每隔 10d 左右浇水一次，但忌土壤积水，以防受渍，发生沤根。进入结球期，浇水应根据天气情况及土壤含水量而定，叶球生长紧实后，停止浇水，以防叶球开裂。

秋季杂草生长迅速，封行前的松土除草对植株健康生长非常关键。在生长前期和中期应中耕 2～3 次，以防止土表板结或杂草滋生，减少病虫害的发生。

（六）采收

结球紧实后，应及时采收上市。为了提前上市获得较好的收益，当叶球成熟即可采收上市。判断叶球是否紧实，可用手指在叶球顶部压一下，有紧实感，即表明球已包紧，可以收获。

八、甘蓝大球越冬栽培技术

由于越冬栽培的结球甘蓝生长期经历秋、冬、春三个季节，并且要求所栽培的品种在冬前形成松球，在冬季和初春季节低温条件下能缓慢结球紧实，于 1～3 月采收上市。所以要求所选用的品种具有耐寒力强、冬季不易冻死，冬性强、起薹晚、能在春季顺利结球，以及产量高的特点，可选用中甘 1305、苏甘 27、冬兰等。

（一）前茬

越冬甘蓝是长江流域特有的栽培模式，前茬一般是 7～8 月采收的非十字花科蔬菜作物，也可是小麦、春玉米等茬口。于上茬作物收获后清理田园，或秸秆粉碎还田后结合施用腐解剂翻耕。

（二）整地施肥

结合施基肥进行耕整地。基肥一般应以有机肥为主，无机肥为辅。小麦、春玉米等大田作物地块肥力一般较低，结合测土配方，可适当多施肥。采用低畦、平畦、中畦和高畦栽培，原则是保证墒情、能排能灌。

（三）播种育苗

长江中下游地区适宜的播种期是 7 月下旬至 8 月中旬。播期不能过早，否则冬前结球过紧，抗寒性差，易遭受冻害；也不能过迟，否则在严寒前不能形成叶球，翌年春季通过低温春化，引起抽薹开花。

8月正是东南及华南地区的高温季节，日照强度大，温度高，且时常有雷阵雨和暴雨天气，一般采用温室或大棚育苗，采用遮阳网进行遮阴。露地苗床宜选择地势较高，排灌便利的地段，并搭设遮阴棚，阴棚的设置同秋甘蓝的苗床阴棚。遮阳网等覆盖物要按时揭盖，晴天一般在上午10时盖上，下午3～4时揭掉，阴天不盖，保证幼苗有充足的光照，生长健壮。当气温降至日最高温30℃以下时，可不覆盖。

根据所栽培品种的特性，合理安排播种期。采用穴盘育苗、漂浮盘育苗或苗床育苗，方法同秋甘蓝育苗。

(四) 定植

当苗龄25～45d，真叶3～6片时即可定植。大田要求土壤肥沃，排水便利。在前茬收获后应及时清除杂草，利用夏季的高温烤晒土壤。耕整地时每公顷施复合肥450kg或有机肥60 000kg，耙碎耙平开沟作畦。越冬甘蓝一般每667m^{2}栽2 800～3 500株。

(五) 田间管理

秋季以后气温从高转低，适合结球甘蓝的生长，要求肥水充足，充分促进其快速生长，在入冬前形成叶球。莲座期每公顷施尿素150kg，入冬前保证形成小球；如墒情不足，要灌水保墒防寒。开春后气温回暖，注意结球紧实度，防止炸裂，如结球偏小、土壤偏干，也可补水促长。

(六) 采收

11月下旬，当球长到一定的紧实度即可分期上市。一般根据市场价格决定采收期，中晚熟品种可延迟到3月下旬采收上市。但要根据田间实际情况，合理采收时间，防止后期抽薹、裂球，影响叶球质量。

九、东南及华南地区几种甘蓝高效间套作和轮作栽培技术

间作是在同一田地上于同一生长期内，分行或分带相间种植两种或两种以上作物的种植方式。间作可提高土地利用率，由间作形成的作物复合群体可增加对阳光的截取与吸收，减少光能的浪费；同时，两种作物间作还可产生互补作用，但间作时不同作物之间也常存在着对阳光、水分、养分等的竞争。因此，对株型高矮不一、生育期长短稍有参差的作物进行合理搭配和在田间配置宽窄不等的种植行距，有助于提高间作效果。从害虫防治的角度看，合理的间套作可合理利用自然因子的生态控制作用抑制害虫的发生。

套种是在前季作物生长后期的株、行或畦间播种或栽植后季作物。套种可延长后季作物的生长季节，提高复种指数，是农业上的一项增产措施。对比单作，套作能阶段性地充分利用空间。套种的两季作物共同生长的时间短，一般不超过套种作物全生育期的一半。

轮作指在同一田块上有顺序地在季节间和年度间轮换种植不同作物或复种组合的种植方式。轮作是用地养地相结合的一种措施，不仅有利于均衡利用土壤养分和防治病虫草害，还能有效地改善土壤的理化性状，调节土壤肥力。合理的轮作有较高的生态效益和经济效益，如有助于防治病、虫、草害，均衡利用土壤养分，调节土壤肥力，水旱轮作还可改变土壤的生态环境，有利土壤通气和有机质分解，防止土壤次生潜育化过程，促进土壤

有益微生物的繁殖。

（一）大棚春甘蓝与西瓜套种模式

在江淮流域，采取春甘蓝与西瓜大棚套种模式，可充分利用大棚，增加1季，并可提高肥料的利用率，提高收益。

选择耐抽薹、早熟甘蓝品种，如中甘56、苏甘25、中江旺春，于11月上旬至12月上旬播种，苗期管理以促为主，苗床须保持较高的温度，以利快速生长；苗床见干才能浇水，促进根系生长。幼苗2～4片真叶，即可定植，根据天气情况，12月中旬至1月下旬适时定植。一般采用高畦种植，畦高0.2～0.3m，畦宽2.2m，以利于后期西瓜定植。一般早中熟类品种的种植密度为每667m² 3 000～3 500株。定植时留好套种西瓜的位置，浇定根水后覆盖地膜，以利于保温。

定植后，大棚白天温度掌握在25～30℃，夜间不低于10℃，以利于促进根系快速生长。水分管理掌握前少后多的原则。缓苗后浇小水，进入结球中期，对水分的要求逐渐增加，要保持土壤湿润，同时控制棚内湿度，预防软腐病和菌核病的发生。结球后，当叶球大小定型、紧实度达到八成时即可采收。收获时注意不要碰到西瓜的瓜蔓，采收后及时清理残株，控制棚内湿度。

西瓜于1月中旬至2月中旬于大棚育苗，3月上旬至4月初，苗龄2～3叶时定植，株距约0.4m，每667m²定植600～650株。定植时注意不要损伤甘蓝叶球。

（二）早春拱棚马铃薯套种甘蓝模式

江淮流域于早春采用拱棚种植马铃薯套种甘蓝，可以充分利用土地和拱棚保护设施，提高土地利用率和设施利用率，使马铃薯、甘蓝都可提早上市，提高经济效益。此模式一般每667m²产马铃薯2 000kg、甘蓝3 000kg，甘蓝4月20日左右即可上市，马铃薯在5月上旬上市，效益可观。

马铃薯选用早熟脱毒良种，甘蓝可选用早熟、抗寒性强的品种。每个拱棚内种植3行马铃薯，6行甘蓝。垄沟式种植，垄高15～18cm，垄背宽20cm，垄沟宽60cm，垄上种1行马铃薯，株距22cm，每667m²栽苗2 000株；垄沟内栽2行春甘蓝，行距40cm，株距33cm，每667m²栽苗3 000株。

采用日光温室或大棚育甘蓝苗，苗龄一般30～50d。淮河流域一般12月下旬为播种最佳适期。2月上旬，当气温3℃以上、10cm地温0℃以上播种马铃薯，选无大风、寒流的晴天播种，马铃薯播后及时扣棚，用土将农膜四边压紧踏实，尽量做到棚面平整，棚两边每隔1.5m打一小木桩，用14号铁丝或压膜线拴住两边木桩绷紧，以防风固棚。2月底，当棚内10cm的地温稳定在5℃、气温稳定在8℃以上，即可定植甘蓝。

3月中下旬，当气温达到20℃开棚通风降湿，下午3时左右封口。4月上旬可酌情半揭膜或全揭膜，终霜期全揭膜。

甘蓝定植后注意控水蹲苗以防苗期生长过旺，造成通过"春化"而发生先期抽薹。在结球初期可施优质复合肥或腐熟的有机肥追肥，采收前1周不浇水，促球紧实。浇水要保持小水勤浇，薯块膨大期注意保持土壤湿润，收获期在4月20日左右。拱棚马铃薯一般5月上旬即可收获上市。

（三）早春大棚甜瓜—越夏番茄—秋茬甘蓝的高效栽培模式

江淮流域地区，可采用早春大棚甜瓜—越夏番茄—秋茬甘蓝的栽培模式。甜瓜一般于2月10～15日，用50穴的穴盘育苗，3月10～20日定植。采用大小行高垄栽培，大行距70cm，小行距50cm，株距40～50cm，每667m² 保苗2 200～2 500株。

越夏番茄的播种时间根据甜瓜生长情况而定，掌握在甜瓜拉秧前30～40d，一般在4月25～30日为宜。甜瓜拉秧后立即整地，起高垄，大小行定植，大行70cm，小行50cm株距60cm，每667m² 定植1 700～1 800株。番茄从定植到采收一般在60～65d，采收期在7月15日至8月10日。

于6月中旬进行甘蓝育苗，番茄采收后及时整地定植，正常田间管理。10月初上市。

（四）山区春萝卜—夏甘蓝—秋豌豆栽培模式

浙江省泰顺县地处海拔500～700m的山地，实行春萝卜—夏甘蓝—秋豌豆三熟制高效栽培模式。

选用早熟耐低温春萝卜品种，于3月中旬直播，5月中旬开始采收，5月底采收完毕。夏甘蓝选用耐热、耐旱品种，于5月下旬播种，苗龄30～35d，6月下旬定植，8月中下旬采收。秋豌豆每667m² 种植2 500穴，8月下旬至9月下旬为初花期，10月下旬采收完毕。

夏甘蓝采用遮阳网覆盖培育壮苗，长至4～6片真叶时移栽大田，1.3m宽的畦种2行，株距30～35cm，每667m² 栽培3 000～3 500株。晴天时要选择傍晚移栽，栽后浇定根水，促进活棵，莲座期重施一次追肥促进结球。

（五）菜豆—水稻—甘蓝栽培模式

福建省古田县实行菜豆—水稻—甘蓝一年三熟种植，经济效益明显。

菜豆选用当地品种，于2月上旬播种。水稻选全生育期135d左右的品种，5月上旬软盘育秧、适时播种，秧龄25～28d，常规栽培。

甘蓝选抗逆、优质品种，于9月上旬播种，苗龄25～30d，采用黑色地膜覆盖栽培，移栽后浇足定根水。施肥坚持"宜早、前重、后轻"的原则。苗期保持土壤湿润，结球膨大期保证有充足的水分供应，促进生长，包球紧实。干旱时要定期浇水抗旱，多雨天气应排水降渍。

（六）黄瓜—芹菜—秋甘蓝—秋菠菜栽培模式

安徽省淮北市实行黄瓜—芹菜　秋甘蓝—秋菠菜栽培模式，一年生产4茬蔬菜，经济效益显著。

黄瓜应选择早熟、高产、抗寒性好、综合性状优良的品种，667m² 栽4 000～4 500株。芹菜选用西芹或白芹等。秋甘蓝选用高产品种，采用高畦育苗，浇足底水播种，播种后上盖1cm厚过筛细土；平畦定植，畦宽1.5m，每667m² 定植3 000～3 200株；适时浇水，保持土壤湿润；团棵期、包心初期分别追施三元复合肥1次，每次每667m² 施20～30kg。秋菠菜选用大叶品种，整地后直播。

（七）高山反季节栽培甘蓝多熟间套模式

结球甘蓝不耐连作，要在合理轮作的基础上推广间套高效种植模式。高山反季节栽培甘蓝多熟间套模式主要有：

地膜玉米+结球甘蓝：1.6m一带，1垄地膜覆盖玉米，2行结球甘蓝，均实行两段栽培，玉米和结球甘蓝同为3月中旬育苗，4月上中旬移栽。

马铃薯+结球甘蓝：4.6m一带，1垄马铃薯，8行结球甘蓝。3月中下旬播种马铃薯，双行垄栽，株距15～20cm，窄行距33cm；结球甘蓝5月上中旬移栽，株行距均为45cm。

地膜辣椒+结球甘蓝：1.5m一带，4月中下旬移栽辣椒、结球甘蓝，1垄地膜覆盖辣椒，株行距33cm×40cm；2行结球甘蓝，株行距均为45cm。

向日葵+结球甘蓝：4.3m一带，1行向日葵，4月上旬播种，株距50cm；8行结球甘蓝，4月中下旬移栽，株行距均为45cm。

(八) 地膜甘蓝—豆角—辣椒—秋延黄瓜栽培模式

江苏淮安市推广地膜甘蓝—豆角—辣椒—秋延黄瓜高效套作栽培模式，茬口衔接紧凑，一年四熟，经济效益高。

3月上旬按1m的行距起垄覆膜，垄宽50cm，及时在垄上错位移栽2行甘蓝，株距40cm左右；4月上中旬在甘蓝行中间直播1行豆角，穴距30cm；甘蓝在5月中旬收获后，及时移栽2行辣椒，穴距30cm；豆角7月下旬拉秧后，错位移栽2行秋延黄瓜，株距35～40cm，黄瓜8月中旬始收，10月中下旬拉秧。

甘蓝选用成熟较早、抗病性强的品种，于2月中旬在阳畦或拱棚中育苗，5～6片真叶时带土移栽。定植后半个月左右随水进行追肥。植株进入莲座期开始旺盛生长，进行蹲苗，一般10d左右即可，当叶片蜡粉较多、心叶开始抱合时要停止蹲苗，然后开始浇水追肥，促进结球。结球期是甘蓝生长量最大的时期，浇水次数要勤，并随水重施一次化肥，每公顷用尿素375kg左右，并可适当追施硫酸钾或草木灰。当叶球紧实后，在收获前1周停止灌水，以免叶球生长过旺而开裂，一般在包球后45d左右可陆续采收上市。

豆角选用抗病、高产、早熟品种，4月上中旬进行直播。辣椒品种选用高产线椒，3月上旬育苗，5月中旬起垄带花移栽。秋延黄瓜选用抗病、高产品种，6月下旬育苗，7月下旬定植。

(九) 春甘蓝—甜玉米—秋延后甘蓝轮作栽培模式

在长江中下游地区，采用甘蓝和甜玉米轮作，可充分利用玉米和甘蓝需肥差异，均衡利用土壤养分，有效改善土壤的理化性状，调节土壤肥力，达到保护耕地，增产增效的目的。

春甘蓝品种宜选用抗寒性强、结球紧实、品质好、不易抽薹、适于密植的早中熟品种，如中甘56、苏甘25、苏甘107等。一般于12月中下旬至1月上旬育苗，2月底选择晴天定植，4月底至5月上旬收获。甜玉米宜选择株型紧凑、高产稳产、多抗耐密型品种，春甘蓝收获后直接整地播种，8月下旬至9月上旬收获。秋甘蓝于7月中下旬育苗，8月下旬至9月上旬定植大田，冬季至春季前收获。

甘蓝采用设施大棚或小拱棚穴盘育苗，4～6片真叶时即可移栽定植。根据品种特性确定株行距。起苗时保证幼苗带土，穴盘苗基质成团，栽后浇适量定根水。浇水应根据天气情况及土壤含水量而定，叶球生长紧实后，停止浇水，以防叶球开裂，造成经济损失。叶球紧实度达到八成时，即可采收上市。

甘蓝采收后种植甜玉米。采用宽窄行种植，宽行 80cm，窄行 40cm，也可 60cm 等行距种植，株距 20～25cm。秋甘蓝于 7 月中下旬育苗，玉米采收后清茬整地，玉米秸秆粉碎深翻，每 667m² 基施复合肥 30kg。秋甘蓝要求肥水充足，为充分促进其快速生长，可在莲座叶生长盛期和结球期适量追肥。秋季雨水较多，如遇连阴雨要及时清沟排涝。叶球生长紧实后，根据市场行情，适时上市。

（十）夏甘蓝套种玉米栽培模式

夏甘蓝和玉米间套作，玉米可以起到遮阴降温作用，给甘蓝的生长创造良好的环境，减轻甘蓝病毒病及软腐病的发生。粮菜双收是实现高产高效的有效途径之一。

夏甘蓝可选用耐热品种，于 4 月下旬播种育苗，5 月中旬定植；玉米可选用紧凑型中晚熟品种，于 6 月上旬点播。夏甘蓝套种玉米种植条带幅宽为 140cm，每带种甘蓝 2 行，玉米 2 行。选择前茬为草莓、大葱、莴笋等的地块，4 月下旬整地，每 667m² 施腐熟农家肥 5 000kg，复合肥 50kg，深翻耙平后，按 140cm 宽等距划线，依线起垄，垄高 20cm，垄宽 40cm。

5 月中下旬在垄两侧按株距 40cm 定植甘蓝 2 行，每 667m² 栽 2 800 株，栽苗后进行浇水，缓苗后浅中耕 1 次；6 月上旬在 2 行甘蓝中间按行距 70cm，株距 24cm，定向点播玉米 2 行，每 667m² 栽 4 000 株左右，甘蓝、玉米都呈宽窄行种植。玉米定苗时注意选留叶子伸展方向与行间一致的植株，以增强玉米株间的通风透光。

甘蓝进入莲座期，每 667m² 穴施尿素 20kg，施肥后进行浇水，始包心时浇 2 次水，并随浇水每 667m² 追施尿素 5～10kg，以后视土壤湿度再浇 1～2 次水。7 月底至 8 月上旬甘蓝包球紧实后陆续采收上市。

第四节　生产中的主要问题及其克服途径

一、春甘蓝先期抽薹的原因及克服途径

结球甘蓝属绿体春化作物，在春季低温、短日照条件的诱导下，较大的甘蓝植株更易通过春化，而发生未熟抽薹现象。主要原因有 3 个方面：

1. 品种选择不当　不同的品种，具有不同的冬性，通过阶段发育的条件也有较大差异。如春丰甘蓝的幼苗，具有 10 片左右的外叶，茎粗为 1.6cm 时，在 4℃ 左右的温度下，经过 1 个月时间，也不易通过阶段发育，而像丹京甘蓝，在具有 4 片左右的外叶，茎粗为 0.6cm 时，在 0～15℃ 的温度下，只需 20d 左右的时间，幼苗就能通过阶段发育。品种的冬性强弱及适应地区、适应栽培时间均不相同，各地应选用合适的品种和适宜的播期。例如，北方冬性较强的中甘 11、中甘 12、8398、金早生等品种，在北方早春栽培不易抽薹，但引到南方栽培，易发生先期抽薹。因为其冬性强是相对北方特定地区、特定栽培方式、栽培季节而言。此外，优良品种如退化或混有劣质种子，也可能导致先期抽薹。

2. 播种期过早　选用优良品种，可避免先期抽薹，但任何品种的播种期、定植期都有一个界限，在这个界限内，一般不易发生先期抽薹，如无限制地提早播种、提早定植，也会发生先期抽薹。另外，如在苗期肥水过旺，长成大苗或育苗期间日温及夜温控制不

当，使幼苗通过春化阶段，也会发生先期抽薹。

3. 倒春寒等异常气候　如春季气候反常，发生倒春寒，易使春甘蓝发生先期抽薹。栽培管理技术的差异，也易导致先期抽薹。如有些菜农为了提早上市，取得较好的经济效益，提早播种，超出了正常播种期，使越冬的甘蓝植株较大，如无倒春寒现象，则可促进春季早发，提前上市，但如发生倒春寒，则极易引起先期抽薹，造成极大损失。

可根据上述原因，采取以下措施，防止先期抽薹：

（1）正确选用优良品种。根据各地的栽培方式选用冬性强的优良品种，是防止先期抽薹的根本措施。

（2）适时播种、定植并控制冬前幼苗大小。严格控制播期、定植期，在苗期控制水肥，加强温度管理，防止幼苗徒长，培育壮苗，是防止先期抽薹的重要措施。

二、夏季甘蓝产量低的原因及克服途径

甘蓝对温度的适应范围较广，但喜温和，生长期间以 15～25℃ 为适。甘蓝对高温的适应能力因品种、生育期不同而不同，在幼苗期、莲座叶形成期，对 30℃ 以上的高温有较强的适应能力。进入结球期，要求温和冷凉的气候，高温会阻碍包心过程；如果高温加干旱，会造成叶球松散，产量下降，品质变劣。

克服夏季甘蓝产量低、品质差主要措施如下：

（1）选用耐热、丰产、抗病性强的品种，如夏光、启夏等。

（2）采用遮阴棚育苗，培育壮苗，适时炼苗；适龄移栽，合理密植。夏甘蓝定植时正值伏天，气温高，水分蒸发量大，应选择下午 4 时后或阴天定植，浇足定植水。整个生长期应及时浇水，保持土壤湿润，特别是叶球膨大期不可缺水，此时干旱叶球会松散，降低商品性和产量。一般在早上或傍晚浇水，若遇阴雨天气，要及时清沟排水，达到雨停畦面不积水的要求。

（3）秧苗活棵后应及时进行中耕除草，减少土壤水分蒸发，蓄水保墒。中耕时注意不要伤到苗和根系。

三、沿海滩涂甘蓝生产注意事项

滩涂地含盐量较高、养分贫瘠，成为几乎所有农作物栽培的障碍因子。盐土环境下土壤贫瘠，盐分随水分运行而呈时空变化，在夏季，盐分总体向上运行；春秋季随着大气环境变化，地表蒸腾量减少，盐分相对可控。甘蓝具有较强的耐盐性，在浅盐土环境下生长，品质优，适口性、商品性好，受到市场及消费者欢迎。现将盐碱滩涂耐盐甘蓝高效栽培技术总结如下。

1. 品种选择　选用耐盐碱能力强、耐贫瘠、耐低温、产量高、品质好、抗病性强的品种。

2. 栽培技术　根据甘蓝栽培季节和方式，可在保护地或露地育苗，如有条件可采用工厂化育苗或漂浮盘育苗。夏秋露地育苗要有防雨、防虫、遮阴设施。根据当地气象条件

和品种特性，选择适宜的播种期。最好选用温室育苗，可以缩短育苗期，减少外界影响，培育壮苗。

选择盐土适中，排水畅通的滩涂，每隔20m挖深1m的排水沟，平整土地。平整土地可使水分均匀下渗，提高降雨淋盐和灌溉洗盐的效果，防止土壤斑状盐渍化。定植前要深耕深翻，因盐分在土壤中的分布为地表层多，下层少，经过耕翻，可把表层土壤中盐分翻扣到耕层下，把下层含盐较少的土壤翻到表面。翻耕还能疏松耕作层，切断土壤毛细管，减弱土壤水分蒸发，有效地控制土壤返盐。一般春甘蓝苗龄55d，夏秋季35～30d定植。根据季节、气候条件和土壤肥力，确定定植密度，一般每667m²定植3 500～4 500株。定植的壮苗标准是植株健壮，叶片肥厚，根系发达，无病虫害，无机械损伤。

盐碱地施用化肥时要避免施用碱性肥料，如氨水、碳酸氢铵、石灰氮、钙镁磷肥等，而应以中性和酸性肥料为好。硫酸钾复合肥是微酸性肥料，适合在盐碱地上施用，且有改良盐碱地的良好作用。推广有机、无机、生物肥配合施用。

四、脱水甘蓝生产注意事项

结球甘蓝是一种重要的脱水蔬菜原料。工业化蔬菜脱水技术方法主要有：热风干燥、冷冻升华干燥、微波干燥、远红外干燥等。由于热风干燥具有投资小、见效快的特点，是目前我国脱水蔬菜的主要生产工艺。根据脱水工艺及脱水产品的要求，用于脱水的甘蓝需保证脱水后产品的品质，如色素保存、风味物质保存、营养成分保存及抑制褐变和外观品质应符合产品要求。

1. 选择适宜的专用品种　脱水甘蓝对商品性、生产季节等有特殊的要求。脱水甘蓝主要用于调料包和辅料，要求球叶色泽均匀，颜色淡绿，为提高原料利用率，还要求绿叶层越多越好。由于工艺的要求，脱水甘蓝的球形要求是扁球，球叶要松，紧实度低，球叶厚度均匀，抗干烧心，无病斑、坏点，在保证品质的前提下，商品菜的含水量要低，干物质含量高。同时，由于成本控制的要求，脱水甘蓝一般应于春、秋季采用规模化轻简栽培，选用耐贫瘠、易栽培、产量高的品种，以降低成本，提高生产效益。

根据上述要求，脱水甘蓝需选择耐贫瘠、产量高，结球稍松、绿叶层多、内外叶颜色一致的熟性偏晚、抗干烧心的扁圆形品种，如京丰一号、苏甘40等。

2. 适时播种，合理施肥，避开高温多湿气候，以减轻病害，提高产量　春季栽培于上茬秋冬季作物收获后尾菜清田，或秸秆粉碎还田后结合施用腐解剂翻耕冻垡；秋季栽培于上茬作物收获后清理田园，或秸秆粉碎还田后结合施用腐解剂翻耕。

结合施基肥进行耕整地。基肥一般施用复合肥，前茬为大田作物地块肥力一般较低，结合测土配方，可适当多施。可采用低畦、平畦栽培，以保证墒情、能排能灌。

春季栽培，一般在1～2月播种，秋季栽培一般在7月中下旬播种，采用穴盘或苗床育苗。苗期要注意温度和水分管理，防止因床土湿度过大引起病害和幼苗徒长，或床土过干引起死苗。秋季要注意按时揭盖遮阳网，防止幼苗徒长，形成高脚苗。

当苗龄35d左右，真叶4～6片时即可定植，株行距一般为（40～50）cm×40cm，每667m²定植2 500～3 500株。采用人工移栽或机械移栽，起苗时，保证幼苗带土，穴盘苗基质成团，栽后浇适量定根水。由于加工厂每天的加工量相对稳定，可根据每日需求量，合理安排播种及定植时间，有计划、分批分期的采收，做到均匀供料，尽量延长供料时间。

春季气温从低转高，适合结球甘蓝营养体生长，管理上要求肥水充足，应根据生长情况，合理施肥。根据墒情，及时补水。夏秋季气温从高转低，为促进秋甘蓝快速生长，可分别在莲座叶生长盛期和结球期适量追肥 1 次。根据各地习惯，采用行间开沟埋窖肥或结合浇水施用化肥。甘蓝需水量大，定植后应每隔 10d 左右浇水一次。

3. 适时采收，提高成品率　当叶球成型，符合加工要求时，及时采收上市。采收时保留 2～3 片外叶，保护叶球。收割后做好田间预冷，保持质量，尽快装运至加工厂加工。

第五节　东南及华南地区甘蓝发展趋势

东南及华南地区的农业生态环境适合甘蓝的生产。甘蓝先天具备防外界污染生长特性（叶片从里向外充实形成叶球，食用部分不接触 PM2.5 和农药等），而且富含萝卜硫素及维生素等营养成分，成为安全保健蔬菜的新宠，且适合多种茬口、栽培简易、产量高，已成为不可或缺的重要功能性蔬菜之一，栽培面积日益增加。但随着甘蓝栽培面积的扩大和异常天气增多，生产上的一些问题愈发凸显，如以农户自主生产为主的方式，正朝向"公司＋合作社＋农户"转变，迫切需要集成的轻简化生产技术、病虫害生态防控技术。现有的销售模式缺少明显的标识，较难实现产品的优质优价，生产者只能通过追求产量来提高效益，导致过分依赖化学农药来控制病虫害，致使菜品的安全性存在隐患。采后又未进行包装、分级等处理，直接销售，无品牌优势，无法提升菜品的附加值，影响农民的收益。另外，生产上现有的规模化生产基地，其安全质量监测监控体系也不尽完善，也并没有严格规范从而实现标准化生产，对产品的质量不能严格把关，也大大制约了甘蓝产业的可持续发展。此外，消费者对优质蔬菜的追求日渐增长，包括商品性、口感、营养品质及安全性，也需要配套的绿色轻简化栽培来实现。

随着甘蓝产业的发展，品种正朝着高抗、宜栽培、宜机械化、商品性好、功能品种等方向发展，消费者的需求朝着高品质、中小型甘蓝转变，叶球松紧适度、球色黄绿的暗菜类型将有较大的发展潜力，发展叶新鲜翠绿、帮叶比较低的品种也可获得较好的经济效益。随着现代农业的发展和供给侧结构改革的需求，甘蓝产业链的健康有序发展势在必行，要紧抓品种改良、病虫害绿色防控、贮存和保鲜关键技术优化，建立全程质量保证技术体系，实现产前、产中、产后的有机衔接，保持甘蓝产业的健康有序发展。

◆ **主要参考文献**

陈志杰，张淑莲，张锋，2018. 设施蔬菜病虫害与绿色防控 ［M］. 北京：科学出版社．

邓晓辉，聂启军，2016. 露地越冬蔬菜安全高效生产技术 ［M］. 武汉：湖北科学技术出版社．

方智远，1991. 甘蓝（包菜、圆白菜）栽培技术 ［M］. 北京：金盾出版社．

方智远，孙培田，刘玉梅，等，2008. 甘蓝栽培技术（修订版）［M］. 北京：金盾出版社．

贾朝应，2018. 中高海拔地区白菜—辣椒—甘蓝一年三熟高效栽培技术 ［J］. 上海蔬菜（5）：37，50.

李萍萍，2019. 重庆市綦江区结球甘蓝栽培技术 [J]. 长江蔬菜 (17)：17-19.

李贞霞，陈碧华，刘振威，2006. 结球甘蓝栽培技术 [M]. 郑州：中原农民出版社.

倪彩琴，2019. 陇南市武都区春甘蓝栽培技术 [J]. 农业科技与信息 (17)：22-23.

王爽，2018. 甘蓝优质栽培新技术 [M]. 北京：中国科学技术出版社.

王长波，张有民，王迪轩，2019. 结球甘蓝科学施肥及注意事项 [J]. 长江蔬菜 (19)：69-72.

王志和，2012. 大棚大白菜甘蓝栽培答疑 [M]. 济南：山东科学技术出版社.

许蕊仙，蒋先华，1983. 甘蓝栽培 [M]. 哈尔滨：黑龙江科学技术出版社.

叶延柳，2019. 高山区春甘蓝高产栽培技术 [J]. 现代农业科技 (19)：60，62.

于丽艳，2012. 大棚大白菜甘蓝高效栽培技术 [M]. 济南：山东科学技术出版社.

于丽艳，2016. 大白菜甘蓝高效栽培 [M]. 济南：山东科学技术出版社.

张洪昌，段继贤，李星林，2017. 设施蔬菜高效栽培与安全施肥 [M]. 北京：中国科学技术出版社.

章心惠，周成丽，林晓军，2020. 丘陵山区"露地甘蓝—松花菜—芹菜"一年三茬蔬菜高效栽培技术 [J]. 农业科技通讯 (1)：283-285.

赵春明，2018. 塑料大棚甘蓝番茄套作栽培技术 [J]. 农业开发与装备 (10)：185-187.

朱凤娟，邱正明，2016. 高山蔬菜安全高效生产技术 [M]. 武汉：湖北科学技术出版社.

Dobosy P，Vetési V，Sandil S，et al.，2020. Effect of irrigation water containing iodine on plant physiological processes and elemental concentrations of cabbage (*Brassica oleracea* L. var. *capitata* L.) and tomato (*Solanum lycopersicum* L.)：cultivated in different soils [J]. Agronomy，10 (5)：720.

Jaipaul S，Choudhary A K，Negi M S，et al.，2014. Scientific cultivation of cabbage (*Brassica oleracea* L. var. *capitata*) [J]. Advances in Vegetable Agronomy，6 (4)：131-133.

Joraboevich S A，Sanakulovich L S，2022. Varieties，sowing times and planting the influence of schemes on the productivity of cabbage [J]. International Journal of Biological Engineering and Agriculture，1 (6)：68-73.

Kumar S，Parkash C，Dhiman M R，et al.，2019. Standardization of production technology of cabbage and cauliflower hybrids for off-season cultivation in kullu valley of Himachal Pradesh [J]. International Journal of Chemical Studies，7 (1)：869-873.

Rahi S，Choudhary A K，2016. Integrated crop management practices for off-season cabbage in high-hill wet-temperate region of north-western Himalayas [J]. Annals of Agricultural Research，37 (4)：406-409.

Stoleru V V，Munteanu N C，Stoleru C M V，et al.，2012. Cultivar selection and pest control techniques on organic white cabbage yield [J]. Notulae Botanicae Hort. Agrobotanici Cluj-Napoca，40 (2)：190-196.

Timbilla J A，Nyarko K O，2004. A survey of cabbage production and constraints in Ghana [J]. Ghana Journal of Agricultural Science，37 (1)：93-101.

Wang Y，Li Q，Zhang G，et al.，2023. Mechanism of tolerance to head-splitting of cabbage (*Brassica oleracea* L. var. *capitata* L.)：A review of current knowledge and future directions [J]. Horticulture，9 (2)：251.

（李建斌 严继勇 王神云 黄建新）

西南地区甘蓝栽培

第一节　甘蓝在西南地区蔬菜产业中的地位

一、自然条件

（一）气候条件

西南地区主要包括四川、重庆、贵州、云南、西藏等省（自治区、直辖市），大部分区域处于亚热带季风气候带，夏季炎热多雨，冬季温和，降水偏少。受地形地势影响，农耕地从青藏高原东缘海拔 3 500m 以上一直延伸到云南高原（2 000m）、贵州高原（1 000m）、四川盆地（260～500m）。气候类型根据地势从温暖湿润的海洋气候到四季如春的高原季风气候，再到亚热带高原季风湿润气候以及青藏高原独特的高原气候。

四川盆地属于亚热带季风气候，夏秋多雨，盆地东部易遭受伏旱，盆地西部则易受春旱困扰。夏秋季发生的干旱常导致包括结球甘蓝在内的秋冬季蔬菜大田播种或定植，无法按正常季节进行，影响产量及后续茬次安排。同时，盆地内春季及秋冬季云雾多，日照少，阴雨天气较多而空气潮湿，农作物易发生病虫害。川西南的西昌、攀枝花河谷地区受焚风影响形成典型的干热河谷气候，适合喜温蔬菜如茄果类、瓜类以及豆类的周年栽培。川西北的阿坝藏族羌族自治州和甘孜藏族自治州地处高山高原高寒气候区，海拔高差大，立体气候变化明显，日照充足，年日照 1 600～2 600h，其夏季冷凉气候条件适合甘蓝的夏秋季栽培。

贵州地处低纬度高原山区，属亚热带湿润季风气候，气候温暖湿润，气温变化小，冬暖夏凉。黔中高原区阴雨、寡日照明显，与四川盆地同为全国云量最多、日照最少的地区。处于贵州东部武陵山区山地气候明显，已经成为重庆、贵州、湖北、湖南等省（直辖市）重要的高山冷凉蔬菜生产基地。而处于高海拔区域毕节、大方、龙里等县市，7 月份平均温度 17.5～19.5℃，适合夏甘蓝的生产。

云南地处低纬高原，区域内多山，气候类型多样。地势北高南低，南北之间高低悬殊大，气候差异显著，从滇南西双版纳至滇西北迪庆高原不到 1 000km 的直线距离，涵盖了热带、温带、寒带气候特征。云南明显的立体型气候特点，为蔬菜周年生产上市提供了有利条件，是我国重要的南菜北运基地之一。冬季在南部热区和干热河谷区域可生产喜温的番茄、辣椒、茄子、黄瓜等蔬菜，夏季在滇中以北的高海拔冷凉山区可生产喜冷凉气候的白菜、甘蓝、花椰菜、芥菜类等蔬菜。

西藏高原平均海拔在 4 000m 以上，具有日照长、气压低、含氧少、辐射强、温差大、降水少且集中、区域气候变化明显的特点。大部分地区 1 月均温低于－12℃，7 月平均气温多在 15℃左右。西藏广大河谷农区具有春季气温上升缓慢、秋季降温平缓的特点，喜凉作物进行秋播、春播均可顺利通过"高温"季节，满足各生育时期对温度的要求，有利于产量构成因素的形成。全区蔬菜产业主要布局于拉萨、日喀则、昌都、山南、林芝和阿里等 20 个区县，蔬菜种植面积达 2 万 hm² 以上。随着交通改善后带来的物流便利以及进出西藏人数增加，利用西藏天然冷凉气候条件生产反季节喜冷凉气候的甘蓝具有巨大的前景。

（二）土壤条件

我国西南农区主要包括四川盆地、秦巴山地、云贵高原大部及青藏高原东南部区域，地貌以高原和山地为主。农业耕作区主要集中于丘陵、低山、中山地带，耕地面积仅占整个农用地 9.5% 左右。该区地处热带、亚热带，因热量、水分条件、成土母质等变化及差异，形成了西南地区复杂多变的土壤类型。西南地区常见的土壤类型包括：

（1）紫色土　主要分布在四川盆地丘陵区和海拔 800m 以下的低山区以及云南的滇中、滇南地区，矿质养分丰富，有机质含量 1.0% 左右，pH5.5～8.5。

（2）水稻土　普遍分布于四川、重庆、云南及贵州等地，灌溉条件方便地区可实现稻菜水旱轮作。

（3）黄壤和黄棕壤　主要分布于贵州、四川盆地周边区域以及西藏察隅和墨脱地区。其中黄壤属于典型的缺磷土壤之一，pH 值普遍小于 6.0；黄棕壤有机质含量较高，pH5.5～6.7。

（4）红壤　主要分布于云南高原及黔南地区，有机质含量低，矿质养分较贫乏，pH4.5～5.5，质地黏重，保水、保肥力强，但土壤耕性较差。

（5）石灰土　主要分布于黔南、文山、德宏、保山一带，土壤中含游离碳酸盐，有机质和养分含量较丰富，结构和耕性好，但土层浅薄，抗旱能力差，分布零星，耕作不便，pH6.5～8.5。

（6）亚高山草原土带　包括高山草甸土带、沼泽土、亚高山灌丛草甸土，主要分布于西藏和四川松潘、马尔康、甘孜等地，生长茂密的草甸及森林植被导致每年均有大量的植物残体进入土壤，但该地区冬季寒冻低温和潮湿环境条件抑制微生物活动，有机质分解缓慢，积累增多，一般土壤表层有机质达 10% 以上，最高可达 40%。

结球甘蓝喜肥、耐肥，对土壤适应性较广，通过合理的肥水管理，结球甘蓝在西南地区各种土壤类型中均可栽培。

二、主要栽培季节及种植模式

（一）平坝及丘陵地区

主要包括四川盆地（含重庆）及贵州南部地区，海拔高度一般在 200～700m。本地区结球甘蓝生产按种植季节分为春甘蓝、夏甘蓝、秋甘蓝和越冬甘蓝。春甘蓝栽培每年10～11月播种，翌年4～5月收获；夏甘蓝栽培每年3～5月播种，6～9月收获；秋甘蓝栽培每年6～7月播种，11月至翌年1月收获；越冬甘蓝栽培每年8月播种，翌年1～3月收获。浅丘平坝地区秋甘蓝播种面积最大，春甘蓝次之，越冬甘蓝面积稳步增长，夏甘蓝面积较小，其原因是近年来利用高山、高原冷凉气候条件，高山、高原夏季甘蓝栽培面积不断增加，平坝地区的夏甘蓝生产因品质和产量缺少竞争优势，栽培面积不断下降。

（二）高山及高原地区

西南地区800～2 000m高山均有大量农耕地分布，海拔高度增加带来明显的温度下降，在炎热的7～8月，高山及高原地区气候凉爽，昼夜温差大，适合喜冷凉气候甘蓝的生产。如在海拔1 200m左右的重庆武隆仙女山双河乡荞子村、木根村和石坝村，年平均气温17.9℃，7月平均气温在28.4℃左右，适合甘蓝的夏季生产。高山及高原地区结球甘蓝播种时间，一般根据田间蔬菜茬口安排，如四川、重庆高山地区一般在3月下旬至6月下旬陆续播种，7～11月供应市场。贵州高原甘蓝生产一般分为三季，春甘蓝栽培在高原中部地区10月20日前后播种，南部地区于11月上中旬播种，西部冷凉地区于10月上旬播种，次年3～6月陆续收获；夏秋甘蓝一般在4～7月陆续播种，定植后80～90d采收，7月下旬至11月上市；冬甘蓝生产在7月至8月中旬播种（最晚不超过8月25日），8月中旬至9月下旬定植，12月前后陆续采收至春节。云南甘蓝产区主要集中分布在滇中地区（玉溪、昆明、楚雄、曲靖）、滇南（红河）以及文山、昭通等地，由于独特的气候特点，选择适当的品种，甘蓝在这些地区可周年栽培。西藏露地甘蓝早熟栽培一般在1月中下旬冷床播种，4月中旬定植，7月后上市；晚熟露地栽培则在4月上旬露地苗床播种育苗，5月上旬定植，苗龄30～35d，9月中旬后陆续收获。

三、甘蓝在本地区蔬菜生产中的重要地位

因地理气候优势，西南地区的四川、重庆是长江流域冬春蔬菜生产的优势区域，适合喜冷凉气候蔬菜的露地栽培，是我国冬春喜冷凉蔬菜生产的重要基地之一。云贵高原、渝东南与渝东北山区，夏季凉爽，7月平均气温≤25℃，有"南方天然凉棚"之称，适合喜冷凉气候蔬菜的反季节栽培。结球甘蓝属于典型的喜冷凉气候叶菜类蔬菜，较耐寒，结球适温15～20℃，在西南地区各省（自治区、直辖市）均有栽培，播种面积超过15万hm²，占全国总面积的15%左右，产量在670万t左右，在西南地区秋冬季蔬菜生产中占有重要的地位，是所有秋冬季栽培蔬菜中仅次于白菜类、萝卜的第三大类蔬菜作物。同时，结球甘蓝也是四川、重庆高山蔬菜，云贵高原夏菜栽培的主要蔬菜种类之一，在促进山区农民致富、丰富夏季城市高品质叶菜类蔬菜供应中具有不可替代的作用。将耐抽薹的结球甘蓝品种作为春季栽培，可解决4～5月市场"春淡"问题，丰富市场叶菜类蔬菜产品供应。结球甘蓝作为西藏拉萨、日喀则、泽当等城镇主要的秋季蔬菜之一，通过夏秋季排开播种，结合冬春贮藏，基本可以实现周年供应。另外，由于结球甘蓝耐藏、耐运，是藏北高原和边防地区官兵日常膳食的主要蔬菜，结球甘蓝的生产对于巩固国防，提高戍边战士生活水平发挥着积极的作用。

第二节 甘蓝在西南地区栽培发展概况

一、主要栽培地区及面积

结球甘蓝在我国西南地区各省、自治区、直辖市均有栽培，2006 年农业部统计数字显示，四川结球甘蓝栽培面积最大，达到 6.29 万 hm^2；其次是云南，面积 3.59 万 hm^2；贵州面积 2.78 万 hm^2；重庆市面积 1.89 万 hm^2；西藏面积最小，仅有 0.05 万 hm^2。

近年来，不同地区的结球甘蓝生产面积发生了较大的变化，其中贵州和重庆的面积增加较大，而四川和云南的面积出现下降。根据 2017 年四川、重庆、贵州、云南等地提供的数据，四川作为我国南方最大的结球甘蓝生产地，全省 21 个市（州）均有栽培，年播种面积 4.96 万 hm^2。甘蓝商品化生产主要集中在成都、德阳、绵阳、南充、西昌、宜宾等地，以秋冬甘蓝和春甘蓝栽培为主。秋冬甘蓝年栽培面积在 3.33 万 hm^2 左右，春甘蓝年栽培面积在 0.66 万 hm^2 左右。阿坝、广元、巴中、雅安等地是四川高山越夏甘蓝的主要栽培区域，年栽培面积在 1 万 hm^2 左右，相对集中成片的地区有广元朝天区的曾家山，年栽培面积在 0.2 万 hm^2 左右；雅安市汉源县皇木乡年栽培面积在 0.13 万 hm^2 左右。重庆市甘蓝年栽培面积在 3.33 万 hm^2 左右，主要以秋冬甘蓝和春甘蓝为主，分布在渝遂高速公路沿线以及渝西地区的江津、荣昌等区县。重庆武陵山区高山甘蓝种植面积大约在 0.4 万 hm^2 左右，其中武隆区栽培面积最大，达到 0.23 万 hm^2 左右；另外，在丰都、黔江、石柱、秀山、彭水、酉阳等地高山甘蓝种植面积接近 0.16 万 hm^2。四川、重庆地区，秋冬季栽培甘蓝品种主要以扁球类型为主，春甘蓝主要以耐抽薹的尖球类型为主。贵州结球甘蓝生产近年来发展迅速，年栽培面积达到 4.87 万 hm^2，已经接近四川省甘蓝栽培面积。结球甘蓝在贵州全省 9 个市州均有栽培，贵阳和遵义两地栽培面积较大，年栽培面积在 0.87 万 hm^2 以上。贵州省甘蓝主要栽培品种为扁圆球类型，在春季或者秋冬季也有部分圆球和尖球品种类型。结球甘蓝在云南省的年栽培面积在 1.87 万 hm^2 左右，主要分布在 7 个州市。其中以玉溪市和红河哈尼族彝族自治州结球甘蓝栽培面积较大，年栽培面积在 0.53 万 hm^2 以上，其次是楚雄彝族自治州，年栽培面积约 0.2 万 hm^2。云南省甘蓝生产多数喜欢圆球形品种，扁球品种主要以京丰一号为主。另外，由于光照条件优势，除了绿球甘蓝栽培外，紫甘蓝在云南各地也有一定的栽培面积。

二、栽培历史和品种的发展变化

根据道光二十四年（1844）《城口厅志》中的记载，在嘉庆十三四年（1808—1809），结球甘蓝开始在四川盆地栽培，并逐渐由成都向盆地的周边区域传播。到清朝末年，结球甘蓝已在北起松潘，南达宜宾、泸州，西自雅安，东到黔江的四川盆地各州县栽培。19 世纪中期，结球甘蓝逐渐传入贵州。光绪二十一年（1895）前后，结球甘蓝栽培沿丽江、楚雄、宜良、曲靖一线迅速在云南传播开来。而有关甘蓝在西藏自治区的栽培历史记载较少，但有调查显示至少在新中国成立前，西藏已经有结球甘蓝的栽培了。

甘蓝喜冷凉气候，早期的栽培多见于秋冬季和春季露地栽培，保护地栽培则较为少见。在高寒地区西藏，为解决早春叶菜类蔬菜供应，将结球甘蓝1月份在温室播种，2月下旬在温室或大棚定植，4月中旬至下旬采收上市。在早期缺少杂种一代优良品种的情况下，多采用地方品种栽培，产量及抗性等方面均不理想。

20世纪中期，结球甘蓝地方品种常见于四川及重庆地区。成都周边常见的地方品种有鸡心、二乌叶、大乌叶等，用于春季以及秋冬栽培。自贡地方品种大叶子和二叶子、宜宾地方品种大油叶、遂宁地方品种灰二叶子、泸县地方品种皱叶大平头等常用于秋冬季栽培。重庆周边常见地方品种有大灰叶、二灰叶、小楠木叶、大楠木叶、黑叶大平头等，主要用于秋冬季栽培。随着杂种一代品种京丰一号的引入，西南地区结球甘蓝生产逐渐弃用地方品种而过渡到杂种一代的使用，包括西南农业大学育成的"西园"系列甘蓝、重庆市九龙坡农业科学研究所育成的渝丰甘蓝、成都市农业科学研究所育成的甘杂1号、贵州省农业科学院育成的"黔甘"系列杂种一代品种在生产上推广应用。由于西南地区不同区域之间生态气候条件差异较大，加上产品市场定位及消费习惯的不同，形成了不同区域之间甘蓝栽培品种选择的偏好性，如重庆地区除了春季外，在其他季节均喜好扁圆球类型品种（表11-1）。

表11-1 重庆浅丘平坝区甘蓝代表品种及播种面积

（钟建国等，2014）

栽培季节	常见品种数量（个）	代表品种	占该区域全部甘蓝栽培面积的比例（%）
春甘蓝	63	京丰一号、春丰、春眠、争春、西园12	20
夏甘蓝	18	夏盛、夏王、夏光、兴福1号	5
秋甘蓝	78	西园4号、西园6号、渝丰3号、聚丰园、秋实1号	61
越冬甘蓝	8	寒胜、寒将军、寒雅、茂月、西园14	14

三、栽培制度及栽培技术的发展变化

西南地区受到地形条件、局部气候条件等因素影响，结球甘蓝栽培制度较为复杂，其中最常见的是秋冬季的露地栽培。秋甘蓝生产一般在6~7月采用露地苗床育苗移栽，苗龄35~45d可定植大田。6~7月，西南地区多处于高温暴雨频发季节，虽可用一般的草帘或竹帘覆盖降温避雨，但效果有限，难以达到苗齐苗壮的目的。为提高幼苗定植大田后的抗逆能力，露地床土育苗时，可在3~4片真叶时假植一次，促进根系的生长而达到培育壮苗的目的。采取假植措施还可以防止8~9月发生较长时间的伏旱或秋旱，幼苗难以及时定植大田时高脚苗或者老苗的出现。随着遮阳网以及温室大棚的出现，生产上越来越多采用具有护根作用的营养钵、穴盘或漂浮盘育苗法。夏甘蓝在西南地区，一般于2月上旬播种，4月上旬移栽，5月下旬至7月上旬收获，多选用抗病、抗热能力较强的夏盛、夏王、夏光、兴福1号等品种，且多在凉爽的山区栽培或进行间套作遮阴栽培。由于平坝丘陵地区夏季甘蓝栽培进入结球阶段时常遇高温多雨天气，产量及品质远不如秋冬季以及春季栽培，栽培面积逐渐减少。但武陵山区、贵州西部以及川西、川北高山、高原地区具有天然冷凉气候环境条件，夏季甘蓝栽培品质和效益显著。西南地区传统的晚熟冬甘蓝一般在1月下旬至2月初即采收完成，导致2～3月缺少甘蓝的供应。近年来，在冬季少雪、无冻害的区域利用耐寒且低温条件下结球性好的品种进行越冬甘蓝生产，一般在8月上中旬播种，9月下旬定植，在2～3月采收上市，有效解决了2～3月市场上甘蓝产品供应短缺的问题。另外，在传统的粮作区，水稻收割后，种植一茬越冬甘蓝，第2年的2～3月甘蓝收获后，继续栽植水稻，实现粮菜轮作及水旱轮作，可达到提高经济效益、降低病虫害发生的目的。目前，越冬甘蓝在四川、重庆及贵州面积逐渐增大，但生产上使用的品种大多为国外耐裂球品种，国内越冬型品种在品质方面具有明显优势，然而在综合抗病性、耐裂球等方面存在一定的差距。另外，雨水较多、排水不畅的地块，在利用平畦多行栽培结球甘蓝时，秋冬季更易滋生病害。近年来，高畦双行的栽培模式在生产上被广泛应用，可有效减轻田间病害的发生。

第三节　西南地区甘蓝栽培技术及其特点

甘蓝是一种适应范围较广的十字花科蔬菜，结合西南地区不同生态环境条件，选择合适的品种，辅以适当的栽培技术措施，基本可以实现周年供应。

一、春甘蓝栽培技术

西南地区春甘蓝主要采用露地栽培形式，于10月中下旬至11月上旬育苗，12月中旬左右定植大田，定植后通过控水、控肥、控制植株适宜大小越冬，避免低温春化，翌年4～5月陆续采收上市。

（一）前茬

春甘蓝前茬作物一般要求为非十字花科作物，可选择莴苣、芹菜、菠菜、茼蒿及葱蒜类等蔬菜作物。另外，甘薯或水稻等大田作物收获后，也可利用冬闲田（地）种植春甘蓝。如西昌市安宁河流域，采取水稻—甘蓝水旱轮作模式，水稻收获后种植一季甘蓝，可增加农户收入的同时，降低病虫害发生。云南玉溪、昆明、红河、楚雄等地春甘蓝栽培的前茬作物还可选择瓜类、豆类、茄果类等非十字花科蔬菜作物。

（二）整地施肥

前茬作物收获后，选择晴天除草耕翻。针对水稻田，可在水稻采收前即放水干田。另外，为防止后期持续阴雨导致田间积水，一般在田间按10～15m间距挖30～45cm深沟排水促进田土干燥。春甘蓝栽培一般以底肥为主，追肥为辅，底肥以腐熟的厩肥、堆肥与化肥配合，并适当增施磷钾肥。上茬作物为蔬菜的种植地块，肥力水平较高，一般每667m²按有机肥4 000kg、三元复合肥25kg施用，或者饼肥100～150kg、三元复合肥50～60kg施用。对于前茬作物为水稻、红薯等大田作物，则按每667m²有机肥5 000kg以上、三元复合肥50kg，或饼肥250kg、三元复合肥60～75kg于整地时一同施入。在贵州关岭县断桥镇的田间施肥试验结果显示，在水稻土中，一定范围内增施磷肥对春甘蓝栽培（京丰一号）具有增加产量的效果（表 11 - 2）。

表 11 - 2 不同施肥对春甘蓝京丰一号产量及效益的影响

（杨全怀等，2012）

NPK	N（kg/hm²）	P（kg/hm²）	K（kg/hm²）	平均产量（kg/hm²）	肥料成本（元/hm²）	经济效益（元/hm²）
N2P0K2	300	0	225	66 502.5	3 783.75	48 218.25
N2P1K2	300	37.5	225	70 404.0	4 033.35	52 289.85
N2P2K2	300	75	225	73 353.0	4 282.95	54 504.45
N2P3K2	300	112.5	225	76 254.0	4 532.55	56 470.65

由于西南地区冬季常遇连绵阴雨，在地势低洼、排水不畅的地块易积水，春甘蓝一般采取高畦双行栽培，便于排水；而在坡地或者排水较好的地块，则采取平畦多行栽培方式。

（三）播种育苗

西南地区春甘蓝栽培的关键技术是防止先期抽薹，品种上应选择冬性强的品种，如尖头（牛心）类型品种，四川及重庆地区主要种植春丰、博春、探春、西园 12、西园春 1 号等品种；贵州主要种植上海牛心、春丰等品种；云南主要种植春丰、探春 1 号、争春、威丰牛心等品种。圆球类型，四川、重庆地区主要种植中甘 11、8398、春雷等品种；贵州主要种植中甘 11、东农 607、津甘 8 号、冬甘 1 号等品种；云南则主要种植中甘 21、中甘 628 等品种。平头类型品种则以京丰一号、春眠在西南地区种植最为普遍。

西南地区春甘蓝生产周期跨越两个年头，其播种期十分关键，播种期过早，导致大苗越冬，在冬暖春寒的情况下，易通过低温春化而抽薹；播种期过晚，则导致生长量不够，影响甘蓝结球，达不到早熟丰产的目的。四川盆地、贵州中部地区一般在 10 月中下旬播种育苗，贵州南部冬季温度较高地区，播种育苗通常在 11 月上中旬进行；四川西昌、攀枝花及云南大部分地区春甘蓝播种育苗安排在 10 月至次年 2 月陆续进行。另外，对于冬性较强的早熟牛心类型春甘蓝品种，同等条件下可提前 10d 播种。

西南地区 10 月中下旬平均气温在 21℃左右，气候较凉爽，且降水较少，春甘蓝育苗可以采取露地床土育苗方式。具体方法是：选择肥沃疏松的地块做苗床，播种前 7～10d 做好苗床准备工作。播种床内可填入 10cm 厚事先配好的营养土，营养土按 6 份菜园土、4 份腐熟农家肥，并按每立方米营养土加 1kg 复合肥、80g 多菌灵、100g 辛硫磷混合均匀。另外，亦可直接在苗床内施肥，每个育苗畦（33.3m²）施入腐熟捣细的农家肥 300kg、腐熟过筛的大粪干或鸡粪 50kg、过磷酸钙 5kg、复合肥 2.5kg。施肥后翻翻 2～3 遍，使肥料和土壤均匀混合，整平待播。甘蓝发芽容易，一般采用干籽下地。如果浸种催芽播种，浸种时间应控制在 2～3h，浸种时间过 6 长，对幼苗出土和生长不利。播种前浇底水，保证湿透 10cm 深的营养土层。若浇水量不足，土壤干燥，将影响种子发芽出苗，甚至使已发芽的种子干死，出苗后影响幼苗生长。另外，不宜采取沟灌形式浇水，床土含水量过大会造成床土缺氧而影响种子正常发芽。浇水后畦面撒一层过筛的营养土，按每平方米 3～4g 种子量撒播，播后覆 0.5～1cm 厚营养土并覆膜保湿，保证出苗整齐。幼苗顶土时，均匀撒施 0.5cm 厚的潮干土，利于幼苗扎根，降低床内湿度，防止猝倒病等病害的发生。子叶展平和间苗以后各覆土一次，防止倒苗现象。两次覆土厚度均为 0.2～0.4cm。为培育壮苗，在苗期可间苗两次，分别在幼苗出齐、子叶展平时进行第 1 次间苗，间去小苗、弱苗和丛生苗；当幼苗第 1 片真叶长出后进行第 2 次间苗，选留大小整齐一致的幼苗，控制株距 2.5～3cm。另外，在遇冬季气候温暖、干燥的年份，于 2～3 叶期，可采取幼苗假植办法进行蹲苗（10cm×10cm 间距），将幼苗大小控制在感受低温春化的生理苗龄以下。假植时将大小苗分开栽培，避免混栽，防止大苗欺小苗而导致幼苗参差不齐的现象。假植缓苗后应适当降低温度，白天保持 15℃，防止温度过高引起徒长，夜间温度控制在 8～10℃。

近年来，穴盘育苗、漂浮盘育苗具有育苗效率高、人工投入少等优点，逐渐得到种植户的认可并不断普及。

（四）定植

春甘蓝定植时间在不同地区有较大差异，一般在苗龄 40～55d 定植。如四川盆地春甘蓝定植时间在 12 月上旬，定植过早，秧苗生长速度快，易形成大苗越冬通过春化抽薹；过晚定植，外界温度低影响秧苗定植成活率或者造成生长不良，影响春甘蓝的早熟性及产量。另外，西南地区小气候环境差异大，应结合各地具体气候条件灵活把握定植期，既需达到防止先期抽薹的目的，又要达到苗全苗壮的要求。一般早熟品种株行距 35cm×40cm，每 667m² 栽 4 500 株左右；中晚熟品种株行距为 40cm×50cm，每 667m² 栽 3 000～3 200 株。近年来，西南地区春甘蓝栽培也有采用地膜覆盖方式的，地膜覆盖后，可以起到提高土壤温度，保持土壤水分，改善土壤性状，提高土壤养分供应和肥料利用率，使植株根系发达、叶片数增加，促进长势，并有减轻杂草和病虫害、提早上市的作用。

（五）田间管理

春甘蓝定植后，肥水管理一般采取"冬控春促"的原则，即春前温度低，春甘蓝苗子小，生长量小，一般不用追肥浇水。冬前施肥过多，易导致幼苗过大而未熟抽薹。若定植时苗较小，定植后可按每 667m² 施腐熟稀人畜粪＋15kg 尿素提苗。第 2 年春季气温回升以后，开始追肥浇水。进入莲座后期结球前期，肥水应适当加大，按每 667m² 施复合肥 20kg 左右，或每 667m² 施尿素 25～30kg，并结合施适量草木灰，在莲座期、结球初期、结球中期追施 2～3 次。同时用 0.2％磷酸二氢钾液叶面喷施 2 次，促进结球。采收前 10d 停止浇水，防止裂球。

西南地区春甘蓝病害发生少，生产中主要受到菜青虫危害。防治上，可选用生长期短的早熟尖头类型品种，并配合地膜覆盖等早熟栽培技术，使收获期提前以避开菜青虫发生盛期，减轻危害。由于菜青虫世代重叠现象严重，3 龄以后的幼虫食量加大、耐药性增强。因此，施药防治应在幼虫 1～2 龄盛期进行，对甘蓝植株叶片正反两面喷雾，确保覆盖全株。

（六）采收

四川盆地、贵州中部等地区春甘蓝采收上市时间一般在 4 月上中旬，贵州南部地区则在 3 月上中旬采收，四川西昌、攀枝花及云南大部分地区则可从春节陆续采收上市。采收前 1 个月内禁止叶面喷施氮肥，避免叶球硝酸盐含量超标。采收后去除老叶、破损球叶，按叶球大小分级包装上市。

二、秋甘蓝栽培技术

秋甘蓝是西南地区甘蓝生产面积最大的栽培茬口，前接茄果类、豆类、瓜类等大春蔬菜茬口，10月中旬开始陆续上市，并在入冬前采收完毕，是西南地区秋季栽培最重要的叶菜类蔬菜之一。西南地区秋甘蓝栽培前期高温多雨，空气湿度大，病虫害较多，生产管理难度较大。

（一）前茬

西南地区秋甘蓝栽培前茬作物一般是茄果类、豆类、瓜类等蔬菜作物或大田作物。在排灌系统良好的成都平原地区，水稻收获前已放干田水，水稻采收后即可翻地烤晒，在8月中下旬种植一季秋甘蓝。

（二）整地施肥

一般选择地势高、排灌水通畅的沙壤土、壤土或轻黏土壤地块进行秋甘蓝栽培。春茬作物收获后及时清洁田园，将病残体集中清除后及时翻耕土地，耕深以20～25cm为宜，利用夏季的高温进行晒垡，以减少病菌，消灭杂草。近年来，采用在土壤翻耕前浇透水，利用大棚膜或者使用后的旧塑料膜进行覆盖，四周用土密封，利用膜下高温进行土壤消毒杀菌的方法，时间在20d左右。该措施对于多年种植十字花科作物的地块，在减轻秋甘蓝病害发生、促进甘蓝生长方面具有非常明显的效果。

根据大田肥力水平，每667m²施腐熟有机肥5 000～6 000kg，或商业有机肥350～400kg、三元复合肥40～50kg，在翻耕土地时一并施入，让肥料与土壤充分混匀。另外，若翻耕后进行底肥穴施，则穴施后一定要与泥土拌匀再定植，避免根系与肥料直接接触而造成烧根死苗。鉴于西南地区酸性土壤较为普遍，土壤缺乏硼、镁元素时，可在基肥中增加硼肥和镁肥，一般每667m²增施硼砂1～1.5kg、硫酸镁10～15kg。西南地区秋季甘蓝栽培正值高温多雨，应采取高畦窄厢双行栽培方式，增加通风透光性，减少病害发生。

（三）播种育苗

西南地区秋甘蓝栽培，甘蓝生长期大多处于温度较高的夏季及早秋季，与甘蓝生长发育对温度的要求不一致。因此在品种选择上，应选择耐热性强、生长周期短、抗旱、抗病性强以及受市场欢迎的品种。四川、重庆等地主要以扁圆球类型品种为主，如西园4号、西园6号、京丰一号、中甘8号、甘杂5号、绿园4号、聚丰园、渝丰3号等；贵州主要栽培黔甘3号、黔甘6号、京丰一号、西园4号、西园6号、中甘8号、夏光等扁圆球品种；云南地区则以圆球类型品种中甘11、中甘21等为主，以及扁圆球类型品种京丰一号、晚丰等为主；西藏则主要选择春天宝、中甘11和京丰一号等甘蓝品种。

根据西南地区不同区域气候特点及茬口安排，秋甘蓝的播种时间从6月中旬开始至7月陆续进行，苗龄35～45d，幼苗有6～8片真叶时即可定植露地。因此，6月下旬至7月下旬播种的，其定植时间一般在8月初至9月上旬。秋甘蓝播种时间如果过早，苗龄过长，需要假植1～2次。但大苗移栽，在高温干燥季节难以成活，且难以管理，肥水供应不及时，可能造成老僵苗，加上病虫危害，往往失去商品价值。秋甘蓝的播种期，特别是中晚熟大型品种的播期，不可过于延后，该类品种推迟播种后，若遇生长期间连续阴雨，缺少日照而导致积温不足时，往往造成秋甘蓝结球不紧实，产量大幅下降现象。

西南地区秋甘蓝栽培常见育苗方式为露地床土育苗和穴盘育苗两种。

1. 露地床土育苗　6～7月，西南地区气温多在30℃以上，暴雨频发，甘蓝育苗技术难度较大，露地床土育苗稍有管理不慎就会导致死苗及损苗，耽误大田栽培。宜选择通风凉爽、土壤肥沃、有机质含量高、灌溉条件好，前作为非十字花科蔬菜的菜园地作为育苗的苗床。床土耕翻前，按每667m²施入5 000kg的腐熟有机肥、20kg复合肥做基肥。苗床按每667m²栽培田需15～20m²面积准备，适当加大苗床面积有利于培育壮苗，增强定植大田后对于高温干旱的抗性。另外，为防止苗床地下害虫的危害，可按每667m²施入阿维菌素颗粒剂1.5～2.0kg进行土壤处理。苗床经反复耕翻耙匀后做成宽1m、长6～7m的高畦。播种前苗床浇足底水，覆盖一层过筛的营养土（床土与腐熟有机肥6∶4混合）。按每30m²苗床60g种子均匀撒播后，覆盖0.5～1.0cm厚的过筛营养土，洒足水，并保持床土湿润，一般3～5d即可齐苗。

秋甘蓝露地育苗期，光照强，气温高，暴雨多，为防止日晒和高温伤苗及暴雨冲刷幼苗，需要设置遮阴棚。在苗床四周用竹竿、木杆搭成拱棚或者方形棚，上面覆盖遮阳网，四周留50cm左右的空隙，以便通风降温。遮阳网应按时揭盖，一般晴天上午10时左右盖，下午4时左右揭，阴天不盖。随着秧苗逐渐长大，逐渐缩短遮阴覆盖时间直至完全不覆盖。若遇暴雨，则应在遮阳网上覆盖塑料膜，防止暴雨直接冲刷苗床。对刚出土的幼苗，晴天每日早上浇水一次，随着幼苗的逐渐长大，可根据天气情况减少浇水次数。下雨后苗床湿度加大，可在苗床中洒干土或者草木灰降湿，避免苗床过湿引起幼苗徒长或者病害而发生倒苗。在幼苗2～3片真叶时，结合浅松土追施1次稀人畜粪，促进根系发育，4片真叶时用稀薄的人粪尿或腐熟的饼肥水浇1次提苗肥。

西南部分地区仍保留有分苗的种植习惯。幼苗2叶1心时可进行分苗，按大、中、小苗分级移植。甘蓝分苗可使幼苗植株茎节增粗、株型矮壮，促进根系发育，有利于后期结球整齐和增强抗逆能力。分苗地和育苗床一样，选择排灌良好、地势较高、通风好的地块进行分苗。分苗床地平整及肥料施用同播种苗床，分苗株行距7～8cm，边移苗边浇水，栽后遮阴。另外，也可采用营养钵和营养块进行分苗。也可采取多次间苗的方式去除密苗、弱苗及病苗。

2. 穴盘育苗　甘蓝秋季穴盘育苗与传统的床土育苗相比，无需间苗分苗，具有幼苗整齐健壮、根系发达、生长速度快、缓苗期短、成活率高、长势强等优点。

秋甘蓝一般在7～8叶时定植大田，因此进行穴盘育苗时，宜选用54.9cm×27.8cm规格、72孔的穴盘。穴盘育苗场地宜选择在设置有床架的玻璃温室或者塑料大棚内。若无床架，可在床面上铺一层厚塑料膜，防止秧苗根系往床土里扎，移栽时根系受损。穴盘育苗基质应具有良好的物理性状，pH6.0～7.0，孔隙度70%～90%，可以直接购买专用育苗基质或自制育苗基质。自制育苗基质采用草炭、蛭石与珍珠岩以3∶2∶1比例混合，混合均匀的每立方米基质加入腐熟粉碎的干鸡粪10～15kg、尿素1.0～1.5kg和磷酸二氢钾0.4～0.8kg，再将50%多菌灵可湿性粉剂200g或70%甲基托布津可湿性粉剂150g与基质拌匀后备用。

播种前，将准备好的基质倒在干净的场地上，压碎并加水搅拌，一直搅拌到用手能将其捏成团，水从指缝渗出而不下滴为止，说明基质含水量合适。将拌湿的基质装入穴盘中，刮平，保证每个穴中装满基质。在装好基质的穴盘上进行压穴，压穴深度为0.5cm左右，作播种孔。可以采用人工播种、半机械化播种及机器播种，保证每穴1粒种子。播后将穴盘整齐地摆放在苗床上，再用基质覆盖一层，多余的基质用刮板刮去，使基质与格室相平。种子盖好后，用带细孔喷头的喷壶喷透水直至穴盘下水滴出为止，然后盖上一层地膜或无纺布保湿，3～5d出苗后可揭开。

出苗后应始终保持一定的基质湿度，若基质缺水，易造成幼苗萎蔫，长成老化苗。在整个育苗过程中无需另浇营养液，只需浇水即可。浇水次数可根据天气、温度、苗子的大小具体确定，原则上是穴面基质发白即应补充水分。

秋甘蓝育苗期间常见菜青虫、小菜蛾、斜纹夜蛾和黄条跳甲危害，可用10%菜虫净1 000倍液或阿维菌素2 000倍液喷防。猝倒病可用50%多菌灵500倍液，立枯病可用70%敌克松800倍液或10%立枯灵500倍液喷防。

（四）定植

秋甘蓝定植大田一般在7月末至8月，气候炎热，定植应尽量选择阴天或者降雨后第2天下午进行。栽培密度根据所选择的品种株型大小、生育期长短、土壤肥力水平等而定。一般早熟品种的株行距35cm×40cm，每667m²定植4 500株左右；中熟品种的株行距40cm×50cm，每667m²定植2 500～2 800株；晚熟品种的株行距50cm×60cm，每667m²定植1 500～2 000株。定植前的苗床土提前浇透水便于带土坨起苗，利于根系保护。定植后立即浇水，以利于缓苗。西南地区7～8月暴雨频发，在透水性较差的黏壤土地块，连续降雨后易导致种植穴的长时间积水而沤根，因此定植不宜过深。定植后若遇连续晴天，则应每天早上或者傍晚浇水。有条件的情况下，定植后可用遮阳网进行浮面覆盖，促进缓苗和成活。

（五）田间管理

秋甘蓝生长前期气温高，蒸发量大，遇久晴不雨时应每2～3d浇水1次。浇水的次数根据天气情况和土壤保水力而定。如中午前后叶片萎蔫塌地，应及时浇水，保持畦面湿润。植株进入生长盛期遇干旱则生长不良，结球延迟，甚至开始包心的叶片也会重新散开，不能结球。此外，甘蓝喜湿润，但忌土壤积水，遇大雨时要及时清沟排水，防止田间积水成涝。

秋甘蓝生长期间通常需追肥4～5次，分别在缓苗期、莲座期和结球初期进行，重点在结球初期。追肥的浓度和用量，随植株的生长而增加，并酌量增加磷、钾肥用量。为促进根系发育和生长，促进缓苗，于定植后7～10d每667m²穴施尿素5～8kg，或磷酸二铵20kg。定植后15～20d，在幼苗达到团棵之前，结合中耕，每667m²追施尿素15kg，为完成莲座期生长奠定基础。莲座期是秋甘蓝实现高产的关键时期，需肥量较大，667m²追施腐熟人粪尿（有机肥）2 000～3 000kg，或尿素15～20kg、硫酸钾10～15kg。结球期的施肥一般在结球初期进行，中晚熟品种可以适当增加施肥次数。667m²追施腐熟人粪尿（有机肥）1 000kg，或三元复合肥20～30kg，或尿素和硫酸钾各10～15kg。另外，也可在结球前期和中期用0.2%的磷酸二氢钾溶液叶面喷施2～3次，对促进结球、提高产量和品质具有一定的作用。

甘蓝是需肥量大的叶类蔬菜，其对氮、磷、钾的需求比例为 3∶1∶4。其中，钾肥的使用对提高结球甘蓝的产量和品质有明显的效果。在重庆沙坪坝石灰岩黄壤中的试验结果显示，增施钾肥有明显提高甘蓝产量的效果（表 11 - 3）。针对氯化钾和硫酸钾两种钾肥来说，每 $667m^2$ 15kg 的施用量产量最佳。

表 11 - 3　不同施钾肥处理的甘蓝产量
（金珂旭等，2014）

处理 （kg/hm²）	生物产量 （kg/hm²）	商品产量 （kg/hm²）	商品率（%）
K_2O - 0kg	82 491	51 071	61.9
K_2O - 75kg（KCl）	86 056	54 149	62.9
K_2O - 225kg（KCl）	92 385	59 898	64.8
K_2O - 450kg（KCl）	88 908	56 555	63.6
K_2O - 75kg（K_2SO_4）	86 814	54 550	62.8
K_2O - 225kg（K_2SO_4）	92 919	60 566	65.2
K_2O - 225kg（K_2SO_4）	90 602	58 694	64.8

秋甘蓝生长期间的气候条件利于各种杂草的生长，在秧苗成活后未封垄前应结合中耕及时除草。封垄后则宜采用人工拔除方式。在生长前期和中期中耕宜深，以利保墒和促根生长。进入莲座期宜浅中耕、培土，以促外短缩茎多生根，有利于养分和水分的吸收。

西南地区秋甘蓝生产中常见的病虫害主要是菜青虫、黑腐病和软腐病。菜青虫危害秋甘蓝主要是 4～5 代幼虫，除了采用常见的生物农药如菜青虫颗粒体病毒、Bt 苏云金毒蛋白以及化学农药防治外，有条件的地区可结合大棚使用防虫网进行覆盖防治。另外，秋甘蓝生产中遭受连绵阴雨天气影响时，有利于黑腐病的发生。而田间中耕除草、虫害危害严重导致植株受伤时易导致软腐病的发生。进入包心期以后，遇温度低、雨水多，加上地势低洼、排水不畅情况下软腐病发病加重。还有，因播种早而导致秋甘蓝生育期提前、包心提早也会导致发病加重，尤其是在降雨多且早的年份更为明显。因此，针对黑腐病和软腐病，在栽培中应采取合理密植、高畦深沟、雨后及时排水等措施降低田间湿度。防治措施上可采取适期晚播，使甘蓝包心期避过高温多雨季节，减轻软腐病发生。另外，注意防治地下害虫，苗期及时防治黄条跳甲、小菜蛾、蚜虫、菜青虫等害虫，减少害虫造成的伤口导致的发病。早期发现病株，连根拔除，将其深埋，病穴用石灰消毒。

（六）采收

秋甘蓝采收根据品种熟性的不同，可从 10 月中旬开始一直采收到 11 月中下旬。叶球成熟后应及时采收，若采收过晚，则易发生裂球、球叶黄化，出现黑点；或者被雨水浸入而腐烂，出现脱帮、烂帮现象，对甘蓝品质和产量具有较大的影响。

三、晚熟越冬甘蓝栽培技术

西南地区 12 月至翌年 2 月的最冷季，大多数地方少有发生 -5℃ 以下的持续低温，结球甘蓝无需任何覆盖即可正常越冬。选用抗低温能力强、低温下结球性能好的品种在8月中旬左右播种，可在翌年2～3月（春节前后）陆续上市，可有效填补蔬菜早春淡季空档。由于越冬甘蓝品质优良，经济价值高，近年来已成为西南地区甘蓝生产的一个重要茬口。

（一）前茬

越冬甘蓝栽培可以接秋茬黄瓜、茄子、辣椒、菜豆等蔬菜，或者利用冬闲田进行种植，如利用水稻收割后的冬闲田进行种植，或者在桃、李、梨、葡萄等落叶果树林下进行种植。

（二）整地施肥

越冬甘蓝地块最好做到能排能灌，前茬作物收获后，移栽前15～20d，先将大田土深翻，烤晒10d左右，然后每667m² 施优质有机肥或农家肥5 000kg、三元复合肥75～100kg整地。前茬为水稻的地块有机肥按每667m² 5 500～6 000kg施用。为防治杂草，用乙草胺进行杂草封闭的土壤处理。移栽前2d开沟开厢，对于地势高燥、排水好的沙性土可做成平畦，畦埂高20～30cm，畦宽1.8m，便于浇水；地势低洼、黏湿的地块可做成高垄，垄宽70cm，高10～15cm，垄距30cm，防涝降渍。

（三）播种育苗

越冬甘蓝宜选用耐寒性及冬性强、低温下生长势强、叶片厚实、干物质及含糖量高、叶球紧实、耐裂球性强的品种。目前，西南地区常见栽培的越冬甘蓝品种主要为进口的寒胜、寒将军、寒春4号、寒雅、茂月等，叶球为扁圆形或高扁圆形。另外，国内品种如冬春2号、西园14、西园16、中甘CQ55在重庆及成都地区也有一定面积的栽培。由于不同的品种耐裂球性、耐抽薹等存在差异，在越冬甘蓝栽培中提前进行品种引种栽培试验是必要的。如四川方圆种业科技有限公司在彭州进行的4个越冬甘蓝品种栽培试验结果显示，有2个品种发生裂球、2个品种在采收时已抽薹现蕾。

越冬甘蓝栽培需要严格控制播种期，栽培上掌握宁早勿晚的原则。越冬甘蓝播种期不仅要求严格，且适宜播种窗口时间狭窄，一般在10～15d，根据不同的区域，播种多在7月底至8月20日左右进行。海拔增高，播期应适当提前。但若播种过早，会导致植株生长过大，在进入冬季时，叶球已基本成熟，植株抗性逐渐降低，不利于越冬，且病害发生更为严重。播种期过晚的植株处于半包球状态，易通过春化而早期抽薹，从而导致种植失败。因此，播种期的确定需要综合考虑品种生长期的长短、当地秋季气候特点及早霜到来时间等因素。越冬甘蓝育苗多在8月份进行，此时西南地区大多数区域仍然处在夏季高温炎热、潮湿季节，育苗可参照相应地区秋甘蓝的育苗方法进行。

（四）定植

越冬甘蓝一般在9月中下旬完成定植，即苗龄30～35d。西南地区进入9月下旬后，气温逐渐下降，昼夜温差加大，适合甘蓝营养体的生长。西南地区冬季多雨，土壤长期处于潮湿状态，不利于甘蓝根系的生长。因此，越冬甘蓝适合采用深沟高畦栽培。定植时，可按每667m² 穴施复合肥10kg作为缓苗肥，并在定植后及时浇缓苗水。根据品种不同确定适宜的栽培密度，如常见的甘蓝品种寒胜按株行距45cm×45cm开穴，每667m² 栽3 300～3 400株。

（五）田间管理

越冬甘蓝定植后至越冬前管理，重点是通过合理的肥水管理促进幼苗健壮生长，形成数量足够的肥厚莲座叶。越冬前要进入包心前期或中期，球叶合拢，地下部分形成庞大的根系，使抗逆性增强，甘蓝植株即使在较低的温度下，叶球也能够缓慢充填而逐渐长大。

越冬甘蓝水肥管理的主要原则是以促为主，施肥重点在莲座后期包心前期。定植10～12d后，追施第1次缓苗肥，每667m²追施用600～800kg 10％的人畜粪稀液，或随着浇水每667m²均匀追施尿素10～15kg。10月下旬越冬甘蓝进入莲座期后，每667m²再冲施尿素或磷酸二铵20kg加上1 000kg腐熟人粪尿。11月中下旬，越冬甘蓝进入结球前期，按每667m²人粪尿1 500kg、硫酸钾15kg追施，促进叶片干物质积累以提高抗寒能力。入冬前越冬甘蓝良好植株外部特征：生长势强，叶片厚实，进入包球中、后期的叶球直径20cm以上，结球紧实度达六至七成；植株干物质及含糖量较高，根粗壮，具备越冬的条件。立春前后，气温回升，甘蓝开始生长，此时根据天气情况浇1次"返青水"，以后每隔一定的天数，地面见干时重灌水，一直到球叶紧实开始收获。越冬甘蓝生育期大多数时间处在寒冷的冬季，虫害极少，病害方面主要是预防12月下旬开始陆续发生的菌核病。

越冬甘蓝早熟品种应中耕2～3次，中晚熟品种中耕3～4次。其中，第1次中耕要深，要全面锄透、锄平整，以利保墒，促进根系生长。进入莲座期后，中耕宜浅锄，注意向植株四周培土，护好根系，利于安全越冬。在植株未封垄前，随中耕即可除去杂草，封垄后若有杂草，应及时人工拔除，以免影响植株生长或造成病害传播。

西南地区越冬甘蓝生产中常见的病害主要是菌核病，一般发生于10～12月和翌年2～4月。阴雨连绵天气、多雾、地势低洼易积水、种植密度过大、通风透光较差、氮肥施用偏多等均会造成菌核病发生程度加重。为防止菌核病的发生，应及时清除田间病株残体，深翻土壤，将土表菌核深埋在20cm以下，抑制其萌发出土，减少病菌来源。有条件地方最好实行水旱轮作，1年即可收到明显的效果。

（六）采收

越冬甘蓝可在自然条件下度过整个冬季，已基本长成的可根据市场行情酌情采收上市。要掌握在顶芽开始萌动，但未开始抽薹之前及时采收上市，一般在3月中旬以前完成，不可再晚，否则叶球内出现抽薹后将导致叶球品质明显下降。

四、高山、高原夏甘蓝栽培技术

甘蓝性喜冷凉气候，生长发育适温为18～25℃，一般在15℃以下时，结球速度放缓，平均温度超过30℃时，结球不良或不结球。因此，西南地区平坝、河谷地区在夏季6～9月进行甘蓝生产难度大，即使利用耐热品种如夏光、夏盛、夏王、兴福1号等进行生产，其产量以及品质均不太理想。西南地区云贵高原平均海拔在1 000m以上，川西高原及青藏高原海拔在4 000m以上，重庆武陵山区有大量海拔在800m以上的耕地，夏季冷凉，正好适合甘蓝生长。西南地区充分利用区域内高山及高原地区夏季气候冷凉的条件进行结球甘蓝的夏季生产具有明显的优势。

（一）前茬

西南地区高山甘蓝前作可选择马铃薯、地膜玉米、小麦等农作物。云南夏甘蓝栽培前作一般选择菜豌豆、大棚瓜类、大棚西芹等，将种植瓜类、西芹的菜地去掉棚膜后定植甘蓝。

（二）整地施肥

重庆武陵山区及贵州高原高山地区多以喀斯特地貌为主，具有地形复杂、土壤贫瘠、有机质含量低、偏酸性、追肥困难等特点。进行高山甘蓝的反季节栽培应选择海拔800m以上的高山，为了保证高产稳产，应优先考虑海拔1 200~1 500m地区种植最为适宜。选取土层深厚、有机质含量高、保水保肥的地块作为高山反季节结球甘蓝的种植基地。整地前每667m^{2}施腐熟农家肥2 000~4 000kg、三元复合肥50kg，整地时深耕细耙。大多数高山地区种植甘蓝基本不用考虑排水的问题，所以多采用平畦种植，厢面宽1.2~1.5m，畦长根据具体地块而定。在易涝低洼地或雨水多地区则需做成高厢栽培。

（三）播种育苗

西南地区高山甘蓝栽培应选择抗热、耐旱、抗病、生长期较短的品种，目前，主要以京丰一号、西园4号、中甘8号、黔甘1号、寒将军等扁圆球类型品种为主，其中京丰一号面积最大。云南夏甘蓝栽培品种除了扁球类型的京丰一号外，来自日本和韩国的圆球类型品种也较为普遍。近年来，由于云南、重庆武陵山区甘蓝根肿病流行区域不断扩大，迫切需要抗根肿病的品种。

高山夏秋甘蓝种植一般在3~6月播种都能获得较好的经济效益。具体的播种时间应根据海拔高度而定。重庆武陵山区800~1 200m高山地区播种时间为2~7月，3月中旬后陆续定植，6~10月陆续上市；1 200~1 600m高山地区播种时间3~7月，3月下旬陆续定植，7月上旬至10月上市；1 600m以上高山地区在4~7月播种，7~10月陆续上市。贵州高原海拔1 450~1 600m地区4月上旬至5月上旬播种均可，而海拔1 600~2 200m的地区以4月中下旬至6月上旬播种适宜，将播种期掌握在播种出苗后90~120d内收获，目的是抢占甘蓝夏秋淡季市场。西藏日喀则地区露地夏甘蓝种植一般在4月上旬育苗，5月上旬移栽，9月中旬前后陆续收获。

高山甘蓝栽培可以采用床土育苗以及基质育苗等，具体措施可以参考秋甘蓝床土育苗和基质穴盘育苗方法。近年来，云南、贵州、四川凉山彝族自治州、重庆武陵山区等高原及高山地区均出现十字花科根肿病流行蔓延趋势，给高山甘蓝的安全生产带来巨大的威胁。传统的床土育苗或者因基质带菌的穴盘育苗方法，可能导致甘蓝在育苗阶段即被根肿病侵染，移栽大田后过早发病而减产。因此，采用漂浮育苗方法可解决甘蓝根肿病的苗期土壤带菌，缩短定植以后的缓苗时间。同时，该方法与穴盘育苗相比较，具有不需间苗除草，无需浇水和节省劳动力等优点，在云南、重庆武隆等地被广泛推广应用。图11-1为甘蓝漂浮育苗。

（四）定植

高山夏秋甘蓝种植对定植苗龄要求较严格，一般应控制在25~30d，苗龄过大会影响产量。定植时秧苗不宜栽得过深，以免遇暴雨时泥浆糊住心叶或心叶埋入土中，造成烂苗。早熟品种株行距（33~40）cm×（33~40）cm，每667m^{2}种植4 000~6 000株；中熟品种株行距（40~50）cm×（50~60）cm，每667m^{2}种植2 200~3 000株；晚熟品种株行距（50~60）cm×60cm，每667m^{2}种植1 800~2 200株。另外，西南地区大多数高山地

图 11-1　甘蓝漂浮育苗

区为喀斯特地貌，灌溉水源缺乏，因此采用地膜覆盖栽培将有助于减少土壤水分蒸发，达到节约用水的目的。定植时间以阴天、下午或傍晚为宜，避免气温过高或日灼萎蔫。定植后立即浇水，过 1～2d 浇第 2 次水，过 3～4d 后再浇第 3 次水。

（五）田间管理

高山反季节结球甘蓝生长过程中，温度较高，日照时间比较长，会造成畦面缺水而出现干旱。应根据天气状况适当浇水，天旱无雨时，一般每 5～7d 浇 1 次水，最好于清晨或傍晚进行，大雨后应及时排水防涝。植株缓苗后，进行第 1 次追肥，随浇水每 667m² 施尿素 10～15kg。在第 1 次追肥后 10～15d，追施第 2 次肥，随浇水每 667m² 施尿素 20～25kg，促进莲座叶生长。待球叶开始抱合时，追施第 3 次肥，每 667m² 施复合肥 15～20kg，或随水冲施腐熟的人粪尿 1 000kg。10～15d 后追施第 4 次肥，每 667m² 冲施硫酸钾 10kg。包心期可按每 667m² 150g 叶面喷施磷酸二氢钾、绿叶先锋等叶面肥，7～10d 喷 1 次，共喷 2～3 次。在贵州永靖镇老厂村针对中甘 8 号栽培的肥料试验表明，以 N：P_2O_5：K_2O 为 13：5：7 的洋洋复合肥 26.7kg＋2 000kg 农家肥作基肥，25kg 的尿素作追肥，甘蓝产量高、商品性好。

根肿病是十字花科植物中流行的一种全球性病害，植株主根染病后呈块状，侧根、须根染病后局部多肿大畸形，故称根肿病。西南地区的云贵高原、重庆武陵山区以及四川西昌、攀枝花、广元等主要进行高山、高原甘蓝生产的地区，均有程度不同遭受根肿病的危害，也是当前高山、高原甘蓝生产中面临的主要难题。一些根肿病发生严重地区已经无法进行甘蓝的生产而改种玉米或其他的果菜类以及瓜类蔬菜。目前，结球甘蓝抗根肿病品种较少，市场上仅有先正达公司的部分品种对某些生理小种具有抗性。因此，生产上多采取轮作、土壤改良结合化学、生物防治等手段减轻根肿病危害。防治措施方面，对重病田块适当施用草木灰或生石灰等碱性肥料，如每 667m² 施生石灰 35～50kg 或熟石灰 75～100kg 于土表，调节土壤酸碱度至弱碱性，可抑制病菌生长，减轻发病程度。化学防治可用 75％多菌灵可湿性粉剂或 75％百菌清可湿性粉剂 1 000 倍液灌根 1 次，每株灌 0.2～

0.3kg，防效可达80%。另外，在四川西昌甘蓝根肿病发病田用500g/L氟啶胺2 000倍液（福帅得）在定植前喷厢面并耕翻混土15cm，再在移栽时灌2 000倍液，防治效率可达94%（魏英，2013）；而在重庆武隆仙女山进行甘蓝根肿病防治时，用100g/L氰霜唑悬浮剂（科佳）1 000倍液分别于苗床播种时及出苗后15d各施药1次，并在定植时和定植后15d用1 000倍液灌根处理2次，有效防治率可达83%以上（表11-4）。另外，利用生防菌进行根肿病防治也具有较好的效果。在云南武定县白路镇针对中甘21品种采用枯草芽孢杆菌粉剂（根肿灭，$2.0×10^6$ cfu/g）400倍液结合3506-2基质处理防治根肿病，平均发病率低（13.70%）、病情指数低（5.23），防治效果好（79.12%），667m² 产量高（8 094.05kg），每667m²成本约180元（王贵斌等，2017）。

表11-4 重庆武隆高山甘蓝根肿病田间防效试验

(陶伟林等，2011)

处理	667m² 用药量（mL）	每穴灌根量（mL）	发病率（%）	病情指数	防治效果（%）	每667m² 产量（kg）
科佳1 000倍液苗处理+灌根	320	250	48.33	14.58	83.65	4 025.80
福帅得1 000倍液苗处理+2 000倍液灌根	320	250	65.00	25.84	71.02	3 955.73
根肿灭300倍液苗处理+GPIT 1 000倍液灌根	640	250	100.00	82.50	7.48	140.25
根肿灭300倍液苗处理+灌根	2 085	250	100.00	87.08	2.34	245.44
科佳1 000倍液苗处理+消肿灵150倍液灌根	4 170	250	96.67	61.67	30.84	1 097.25
清水（CK）	—	250	100.00	89.17	—	96.94

注：品种为西园4号。GPIT：植物基因诱导剂，云南省生态农业研究所；根肿灭：云南农业大学；消肿灵：广州市沃丰生物科技有限公司。

（六）采收

高山反季节甘蓝一般于6月下旬开始采收，10月采收完毕。主要填补低海拔地区夏季及早秋季甘蓝淡季的供应，具有较好的经济效益。进入11月以后，低海拔秋甘蓝上市供应，高山甘蓝竞争优势逐渐减弱。因此，宜在叶球有一定大小和适当的紧实度时，根据市场行情，随时采收上市，以防造成损失。在云南等地，夏甘蓝成熟遇雨季时应及时采收，若采收不及时，温度较高的情况下，叶球易开裂、腐烂而影响品质。图11-2为重庆丰都高山甘蓝栽培基地。

图11-2 重庆丰都高山甘蓝

第四节　生产中的主要问题及其克服途径

一、春甘蓝生产中的主要问题及其克服途径

西南地区春甘蓝生产跨越两个年头，生产周期长，从育苗到采收长达 7 个月。春甘蓝结球之前处于冬季低温环境，适合其通过春化，管理稍有不慎即易出现抽薹开花现象。进入第 2 年结球期，温度上升快，不利于叶球发育，产量及品质受影响较大。因此，春甘蓝栽培管理的重点是防止植株在冬季形成适合感受低温春化的植株大小，进入春季后，促使叶球快速发育，提早采收。春甘蓝栽培管理中常见的问题主要表现在如下一些方面。

（一）未考虑不同地区之间的小气候环境差异，导致提前抽薹

由于西南地区地形复杂，存在海拔高度、局部小气候、光照差异等影响温度变化的因素。若在生产中未将这些变量因素纳入播种时间、肥水管理中进行考虑，则容易导致栽培失败。如重庆市的浅丘平坝地区，海拔在 $250 \sim 400m$ 范围，一般安排在 10 月 20 日前后播种。而同处四川盆地的成都地区，则播种时间可以在 10 月上旬开始。一般情况下，海拔高度越高，播种时间可以适当提前，但处于云南高原的玉溪、昆明等地区，尽管海拔较高，但其冬春季具有丰富的光热资源，春甘蓝播种时间则可适当灵活掌握。因此，在西南地区春甘蓝栽培中需要高度重视小环境气候差异，做好播期试验，确定适当的播种时间。

（二）对品种特性不熟悉导致春甘蓝未熟抽薹

近年来，市场上来自国内外的甘蓝品种不断增加，适合春季栽培的品种覆盖了尖球、圆球以及扁圆球等类型，有部分品种可以春秋兼用。由于不同品种冬性强弱不同，其通过春化的难易不同。冬性较强的品种，正常年份或正常管理条件下不易发生先期抽薹，但有的品种在遇到暖冬或者春季低温时间持续较长的情况下会出现未熟抽薹现象。解决的措施是尽量选择冬性强的春季栽培专用品种，如早熟品种原则上应考虑牛心或者鸡心类型。再有是不随意变更栽培品种，新品种更换需要重点针对播期，按正常春甘蓝栽培管理措施开展 2 年以上的引种栽培试验。

（三）盲目抢早上市，提前播种导致植株通过低温春化而抽薹

西南地区春甘蓝开始上市时间一般在 4 月初，上市时间与大棚栽培的喜温叶菜类如苋菜、蕹菜、落葵有重叠现象而导致春甘蓝价格下降明显。因此，春甘蓝种植者希望尽量将其上市时间提前到 3 月下旬至 4 月初之间而获得较好的价格。在这种情况下，若播种期被提前过多并在越冬过程中过早使用提苗肥，加快幼苗生长速度，则会出现在春季叶球未紧实的情况下即发生抽薹现象。因此，西南地区春甘蓝露地栽培需要严格掌握播种时间，冬性强的尖球、圆球类型品种可在 10 月中旬播种，而冬性较弱的扁球类型品种需在 10 月下旬播种。另外，定植太早，感受低温时间长，抽薹风险会增加。因此，春甘蓝适当晚定植，可以避免和减少先期抽薹现象。

（四）苗龄控制不当引起抽薹

甘蓝幼苗感受春化的生理苗龄指标为 $6 \sim 7$ 片叶，茎粗 0.6cm。因此，西南地区露地春甘蓝栽培的核心是控制适当大小的植株。植株感受低温春化与幼苗的日历苗龄和生理苗

龄均有关。同一品种如日历苗龄相同，则生长速度快（即生理苗龄比较大）者易先感受低温而通过春化；反之，当生理苗龄相同，则日历苗龄较大者易先感受低温通过春化。因此，采用露地育苗和温室育苗，尽管日历苗龄相同，但由于温室温度高，温室幼苗生长速度快，导致生理苗龄大，通过春化的机会就大，抽薹率就高。生产上可以通过控制春甘蓝日历苗龄，将春甘蓝播种时间安排在 12 月初，利用塑料大棚温室育苗，苗龄 40d，在 2 月 10 日左右定植露地，春丰、春眠等品种在重庆地区可以在 4 月中旬上市，京丰一号可以在 5 月下旬采收。该栽培方式仅苗期处于温度较低的季节且有大棚增温，植株难以感受低温春化，定植大田后环境温度快速提高，植株感受低温春化时间不够而无法通过春化。通过该栽培模式，可以缩短西南地区春甘蓝种植的占地时间，提高复种指数，减轻冬季田间肥水管理压力，避免先期抽薹现象发生。

（五）春季肥水管理不当，结球性差

为避免苗期植株过大进行控水控肥管理的春甘蓝，如在进入 2 月下旬后，未及时在莲座叶生长跟进肥水管理，则会导致植株营养体偏小，生长量不足，出现叶球小、产量低的现象。因此，开春后，外界气温回升快，适合植株生长发育时，需要进行大水大肥管理，特别是在莲座中期至结球前期要重施速效肥，促进莲座叶生长和结球。这样既可以防止春甘蓝先期抽薹，又可获得早熟丰产。

二、秋冬甘蓝生产中的主要问题及其克服途径

秋冬甘蓝在西南地区栽培面积大，根据品种熟性的不同，其上市时间从 10 月份开始，持续到 12 月上旬。秋冬甘蓝生产中，生长前期常面临高温、干旱、暴雨天气，在进入结球期后，除云南及四川的凉山、攀枝花等地外，大多数地区处于光照少、阴雨连绵的气候条件，有利于病害的流行和发生。

（一）持续高温伏旱导致大田定植时间延后，影响结球性

西南地区秋甘蓝定植时间多在 7 月至 8 月初，易遭遇持续高温伏旱天气，往往导致甘蓝幼苗无法按时定植大田，在苗床内形成老苗，定植后植株生长发育受影响明显。或者即使定植大田后，因田间温度高，土壤干旱，幼苗生长缓慢，导致结球时间延后，一些品种在结球期温度过低情况下，出现结球不紧实现象。解决上述问题可以考虑以下措施：在出苗 15d，幼苗达到 2 叶 1 心时假植，有利于解决因高温干旱导致秋甘蓝无法及时定植大田时，苗床内出现徒长苗和高脚苗问题，并有促进根系生长，提高抗旱能力的作用。另外，完善栽培田灌溉条件，通过沟灌、喷灌、滴灌等设施的完善，及时将秋甘蓝定植大田。利用大棚设施进行遮阳网覆盖，或者在定植露地后用遮阳网进行简单的浮面覆盖，有利于减轻秋甘蓝定植大田后遇高温干旱对植株生长的危害。

（二）病害流行影响产量和质量

西南地区秋甘蓝进入结球期后，天气转凉，光照时间及强度下降，且在 9 月下旬至 10 月期间常出现连绵阴雨天气，田间施肥、锄草、打药等工作受阻，利于各种病害的流行。黑腐病、软腐病、菌核病三种病害发生最为普遍，其中软腐病和菌核病在结球的中后期若遇阴雨天气，土壤潮湿条件下发病严重，叶球品质受到影响。目前，菌核病在西南地

区各甘蓝栽培区域流行程度有逐年上升趋势，危害秋冬及越冬甘蓝。并且市场上缺少抗性品种，化学防治成本较高。西南地区的武陵山区，贵州，云南大部，四川凉山、攀枝花及成都平原均有根肿病发生，主要以4号和7号生理小种危害为主，危害程度大的地区常造成全田感病，绝产绝收。选用具有根肿病抗性或者耐性较高的甘蓝品种是解决上述问题的根本措施，如来自先正达的部分圆球甘蓝品种对4号生理小种具有较高的抗性，可用于云南地区秋甘蓝栽培，减轻根肿病危害。另外，加强前期的化学防治、及时清理田间杂草、保证行间通风、叶球成熟后及时采收，均可减轻软腐病、菌核病等病害的危害。

三、晚熟越冬甘蓝生产中的主要问题及其克服途径

（一）播期及肥水管理不当提早成熟

西南地区越冬甘蓝主要利用冬闲田、冬季果园林下进行栽培，产品目标上市时间在1月下旬至3月间，该时间段前期逢春节市场，后期面对"春淡"市场，因此，种植越冬甘蓝具有比较好的经济价值。若上市时间推迟到4月，则有春甘蓝以及保护设施栽培的喜温叶菜类蔬菜上市，越冬结球甘蓝的比较经济效益就会降低。因此，一些越冬甘蓝种植户提前播种，加强肥水管理，抢先上市以获取高的经济收益。若时间过于提前，加上栽培熟性较早的品种，在肥水管理充足的情况下，叶球在12月中下旬即成熟，及时采收就没有达到越冬的目的，若未及时采收叶球易感病、裂球，失去经济价值。因此，除云南地区外，西南地区的越冬甘蓝栽培需严格掌握播种期，选用晚熟、低温条件下结球能力强、耐裂球品种，控制在8月中旬左右播种，在12月下旬进入结球期，翌年2月初开始陆续采收。

（二）优质、抗寒、低温结球能力强的品种缺乏

消费市场对球叶脆嫩、甜味较浓的越冬甘蓝品种具有较大的需求。目前，越冬甘蓝栽培品种主要为国外公司的寒胜、寒将军等扁圆球品种，具有抗寒性强、耐裂球的特点，结合播期，品种供应时间可从1月初持续到3月，在越冬甘蓝市场上占据优势地位。但在1~2月，该类品种过于紧实，且球叶不够脆嫩，市场价格明显低于同期上市的国内扁圆球类型品种如西园14、丰园913及部分地方品种。目前西南地区作为越冬甘蓝栽培的优质品种上市时间主要集中在1月至2月初，而低温下具备较强结球能力、耐裂球，可持续采收到2月下旬至3月的优质、脆嫩扁球类型越冬甘蓝品种缺少，限制了越冬甘蓝的生产效益。

第五节　西南地区甘蓝发展趋势

（一）对栽培品种类型需求多样化

近年来，随着西南地区交通条件的大力改善，西南地区生产的蔬菜产品对全国的辐射能力不断上升。利用西南地区独特的高原及高山地理气候条件，夏甘蓝和早秋甘蓝栽培面积发展迅猛，改变了长期以来西南地区甘蓝生产主要以秋冬甘蓝生产为主的局面。如贵州省依托发展高山、高原夏甘蓝，甘蓝栽培面积已接近四川省。结合地区气候条件，选用适当的品种，四季均可在西南地区找到最适合甘蓝生长发育的区域进行高品质甘蓝的生产。因此在品种上，对适合春季、夏季、秋冬季以及越冬季栽培的品种提出了更多的需求。另

外，随着专业化生产基地和外销基地的建立以及消费需求的变化，对圆球、尖球、扁球甘蓝品种均有需求，改变了过去该地区主要以扁球类型甘蓝品种为主的局面。如云南和四川凉山、攀枝花等地，圆球、尖球和扁球类型品种均有大面积栽培。近年来，成都平原及周边地区在春季和秋季对尖球类型品种的需要不断增加。从消费细分角度来看，供应学校、工厂食堂消费的甘蓝品种，要求向大型化方向发展，叶球紧实、耐储运。而家庭消费则需要甘蓝叶球向小型化发展，要求品质佳、口感好。从适合机械化的角度看，要求叶形直立、适宜密植的品种。

（二）对结球甘蓝品质要求不断提高

西南地区各地均有栽培甘蓝的传统习惯，产品很大一部分就近供应本地市场。本地市场喜欢叶球松紧适度、球叶层次清晰、叶色翠绿、叶质脆嫩、口味回甜的品种，对于叶球蜡粉重，叶球过于紧实且不易裂球、球叶质地偏硬的品种接受程度低。消费者往往将前一类品种习惯上称为"脆甘蓝"，其市场售价一般相对较高。因此，针对本地消费市场的甘蓝生产，宜选择叶球松紧适度、球叶新鲜翠绿、帮叶比较低的品种，可获得较好的经济效益。

（三）适应性广、多抗病品种需求急迫

西南地区地形复杂多变，除了海拔高度差异大外，特殊的地理地貌环境可形成局部小气候。因此，要求所选择的甘蓝品种对这种局部小气候环境的变化具有强的适应性，不至于小幅的提前或延后播种而造成先期抽薹或者结球性下降等问题。西南地区存在阴雨天气多、湿度大的问题，秋冬季的黑腐病、软腐病及菌核病发生较为严重，防治难度大、成本高。特别是菌核病近年来流行程度已超过黑腐病，因缺少抗病品种，该病害已成为西南地区秋冬甘蓝及越冬甘蓝生产中的主要问题之一。西南地区十字花科根肿病流行面积逐年扩大，在云南及四川凉山、攀枝花等根肿病发生严重地区，若无抗根肿病品种，已经无法进行包括结球甘蓝在内的十字花科蔬菜生产。重庆及贵州武陵山区高山甘蓝生产也面临根肿病危害，很多区域开始改种茄果类、瓜类及豆类蔬菜。目前，先正达、日本泷井等公司在云南推出了部分抗根肿病圆球类型甘蓝品种，在一定程度上缓解了结球甘蓝根肿病危害的问题。而针对四川、重庆、贵州等习惯种植扁球类型品种的地区来说，市场上仍缺少抗根肿病的优质扁球甘蓝品种。

（四）高山、高原夏甘蓝栽培面积将继续扩大

进入6～9月，西南地区低海拔平坝及丘陵区处于高温多雨季节，环境条件不适合甘蓝的生长发育。虽然耐热品种夏光、夏盛等，可在海拔250～350m的地区进行栽培，但存在虫害严重、产量低、叶球品质较差等诸多问题。随着西南山区交通设施的持续改善，在高山或者高原地区夏季进行喜冷凉气候蔬菜的生产，其管理难度、产量和品质均较低海拔平坝地区具有明显的优势。以重庆为例，高山甘蓝种植面积已达0.4万hm²以上，其中武隆区面积最大，面积达到0.23万hm²左右，整个区域高山甘蓝的年产量在20万～25万t，大多数年份平均价格能够达到1.0元/kg以上，高山甘蓝年产值达到2亿～2.5亿元。在高山进行甘蓝生产，相对其他蔬菜具有种植技术简单、单位面积投工少、采收集中、经济效益稳定等优点，因此一直是高山蔬菜产业发展的主要品种。鉴于西南地区具有独特的高山高原冷凉气候，可供甘蓝夏季生产的范围广，且交通条件的持续改善带来甘蓝产品对全国辐射能力不断增强。因此，从市场对夏季高品质甘蓝需求以及农户种植意

愿上来看，高山甘蓝栽培面积在西南地区具有逐渐扩大的潜力和趋势。

◆ 主要参考文献

董言香，董伟，2006. 甘蓝亩产 4000 元关键技术［M］. 北京：中国三峡出版社.

董泽军，2012. 重庆地区春甘蓝先期抽薹的原因及预防措施［J］. 南方农业，6（3）：19-20.

方智远，张扬勇，刘玉梅，等，2010. 高山（高原）夏菜中的甘蓝［J］. 中国蔬菜（19）：12-13.

官开江，刘萍，2018. 重庆市沙坪坝区甘蓝软腐病发生原因及防治措施［J］. 江西农业（4）：28.

孟平红，2010. 贵州主要蔬菜无公害栽培技术［M］. 贵阳：贵州科技出版社.

韩灿功，苏成军，赵凤莲，2008. 甘蓝无公害标准化生产技术［M］. 郑州：中原农民出版社.

胡燕，周娜，郑阳，等，2018. 甘蓝黑腐病的发生及综合防治［J］. 植物医生，31（12）：35-36.

黄巧云，2006. 土壤学［M］. 北京：中国农业出版社.

金珂旭，王正银，樊驰，等，2014. 不同钾肥对甘蓝产量、品质和营养元素形态的影响［J］. 土壤学报，51（6）：1369-1377.

赖仲廉，易翔，吴金镐，等，1997. 贵州春甘蓝菜青虫防治技术［J］. 中国蔬菜（5）：47.

李洪，廖敦秀，陶伟林，等，2016. 不同配制营养液对甘蓝漂浮育苗及物理杀菌效果影响研究［J］. 南方农业，10（25）：7-9.

李世奎，侯光良，欧阳海，等，1988. 中国农业气候资源和农业气候区划［M］. 北京：科学出版社.

李顺凯，1992. 西藏蔬菜栽培技术［M］. 北京：中国农业科技出版社.

李小丽，张婷，2015. 不同施肥水平对中甘 8 号甘蓝产量形成的影响［J］. 长江蔬菜（20）：80-81.

李晓梅，高立均，陶伟林，2019. 武隆区高山蔬菜根肿病发生特点及影响因素研究［J］. 安徽农业科学，47（12）：156-160，165.

刘艳波，史小强，2015. 甘蓝四季高效栽培［M］. 北京：金盾出版社.

孟平红，郭惊涛，蔡霞，等，2018. 贵州结球甘蓝无公害周年栽培技术［J］. 农技服务，35（5）：11-18.

普布顿珠，2012. 西藏日喀则地区露地甘蓝栽培关键技术［J］. 中国园艺文摘，28（11）：140-141.

四川省农牧厅，1990. 四川蔬菜品种志［M］. 成都：四川科学技术出版社.

陶伟林，樊国昌，周娜，等，2011. 高山甘蓝根肿病田间防效试验初报［J］. 南方农业，5（4）：12-14.

王贵斌，马金彩，杨红芬，等，2017. 枯草芽孢杆菌结合 3506-2 基质使用防治甘蓝根肿病药效试验初报［J］. 农药科学与管理，38（4）：58-62.

王天文，李桂莲，何庆才，2002. 贵州高海拔地区夏秋甘蓝无公害栽培技术［J］. 贵州农业科学（3）：56-57.

王先明，1995. 西藏高原农业气候特点［J］. 西南农业学报（3）：100-106.

魏林，梁芯怀，张屹，2017. 结球甘蓝菌核病发生规律及其综合防治［J］. 长江蔬菜（9）：52 53，3.

魏英，2013. 50％福帅得防治结球甘蓝根肿病试验初报［J］. 北京农业（15）：122-123.

杨全怀，马艳，黎瑞君，等，2015. 贵州省关岭县结球甘蓝田间肥料试验产量初探［J］. 农技服务，32（8）：69-70.

张楠，2014. 结球甘蓝在中国的传播及其本土化发展［J］. 南方农业，8（33）：20-22.

张文邦，1990. 结球甘蓝［M］. 重庆：科学技术文献出版社重庆分社.

钟建国，陶伟林，刘晓波，等，2014. 重庆甘蓝市场品种需求变化分析［J］. 长江蔬菜（3）：10-13.

朱凤娟，2008. 湖北高山甘蓝栽培技术［J］. 长江蔬菜（15）：24-25.

（宋洪元　李成琼）

第十二章

北方二季作地区甘蓝栽培

[中 国 结 球 甘 蓝]

第一节　甘蓝在北方二季作地区蔬菜产业中的地位

北方二季作地区主要包括西北地区的陕西、甘肃、宁夏，华北地区的北京、天津、河北、山西、内蒙古，东北南部的辽宁以及黄河流域的河南、山东等省。该地区既有广阔的平原，如华北平原，又有大量丘陵纵横的黄土高原，自然条件复杂。

一、自然条件

（一）气候条件

1. 平原地区　华北平原位于秦岭、淮河以北，是北方地区的代表农业区域。华北平原属于典型的温带季风气候带，四季变化明显，年均气温 11～12℃，年降水量大致在400～800mm，华北地区夏季炎热多雨，7 月份大部分地区平均气温 26～28℃，冬季干燥寒冷，京津冀一带 1 月份平均气温为 −5～−4℃。四季分明、夏季高温多雨的气候特点决定了华北平原地区适宜结球甘蓝栽培的时期主要为春季和秋季，不适合进行甘蓝越夏栽培，是典型的一年两季作地区。

2. 高原地区　黄土高原属干旱大陆性季风气候区，局部地区是高原气候。黄土高原区域年平均温度 3.6～14.3℃，由于终年受大陆气团控制，具有冬季严寒、夏季暖热的特征，气温年较差和日较差大。年降水量 100～600mm，夏季风由东南至西北渐弱，蒸发量远大于降水量。

内蒙古高原处于北纬 40°左右，由于所处地理位置和地形的影响，冬季冷空气活动频繁，春季气温回升快，但波动较大，晚霜期较晚，雨量偏少，大风日数较多；夏季凉爽而短促，气温比较稳定，昼夜温差较大；秋季气温下降迅速，初霜出现较早。7 月平均气温低于 22℃，夏秋季气候温凉，适合半耐寒蔬菜生长，因此也是我国重要的结球甘蓝商品生产基地之一。

北方高原地区气候的基本特征是气温低，日较差大，降水稀少，气温随着海拔高度的升高而逐渐下降。利用高原气候的特点，可以在夏季进行甘蓝越夏栽培，弥补平原地区夏秋蔬菜品种短缺的问题。

（二）土壤条件

1. 平原地区　结球甘蓝对土壤适应性较强，且有一定的耐盐碱能力，在一般土壤条件下均正常结球，但以富含有机质而肥沃的中性到弱酸性壤土栽培最好。结球甘蓝喜肥、耐肥，生长期间需大量的肥料，其中以氮肥为主，磷、钾肥次之。苗期和莲座期需要较多的氮，中后期尤其是结球期需要较多的磷、钾供应。全生长期吸收氮、磷、钾的比例约为3∶1∶4，每生产 1 000kg 叶球，大约吸收氮 4.1～4.8kg、磷 1.2～1.3kg、钾 4.9～5.4kg，在施足氮肥的基础上，配合施用磷、钾肥，有明显的增产效果。

华北平原是中国三大平原之一，是中国东部大平原的重要组成部分，跨越北京、天津、河北、山东和河南等多个省、直辖市，面积约 30 万 km²。华北平原海拔多不及百米，地势平缓倾斜。华北平原地带土壤为棕黄壤或褐色土。平原地区耕作历史悠久，各类自然土壤已熟化为农业土壤。黄潮土为华北平原最主要耕作土壤，耕性良好，矿物养分丰富，是结球甘蓝栽培较为适宜的地区。

2. 高原地区　高海拔地区主要分布在华北及西北的陕西、山西、甘肃、宁夏等地的黄土高原、秦岭山区和河北、山西、内蒙古交界地区的蒙古高原，这些地区海拔较高，夏季凉爽，温差较大。

黄土高原位于我国中部偏北部，包括太行山以西，青海省日月山以东，秦岭以北，长城以南的广大地区，总面积 64 万 km²，横跨青海、甘肃、宁夏、内蒙古、陕西、山西、河南 7 省、自治区，主要由山西高原、陕甘晋高原、陇中高原、鄂尔多斯高原和河套平原组成。黄土高原地势西北高，东南低，自西北向东南呈波状下降，海拔高度多在 1 000m 以上。地貌起伏大，山地、丘陵、平原与宽阔谷地并存，四周为山系所环绕。盆地和河谷农垦历史悠久，也是结球甘蓝引入我国后最早广泛种植的地区之一，经过 300 年的种植历史发展，形成了较为丰富的地方特色甘蓝种质资源和周年甘蓝生产模式。

内蒙古高原一般海拔 1 000～1 200m，南高北低，南缘地带最高，北连蒙古大戈壁，南临黄土高原和华北平原。地处内蒙古高原的张家口、承德地区位于河北省西北部，属于内蒙古高原与华北平原过渡地带，海拔从 814m 延伸到 2 174m，是我国著名的越夏甘蓝种植区域，已经形成了大规模的商品甘蓝生产基地。

本区域栽培的甘蓝因其夏季独特的气候和土壤条件，有利于甘蓝生长和干物质积累，品质优良，病虫害少，风味独特。

二、主要栽培季节及种植模式

甘蓝喜冷凉，北方地区传统均采取一年二季种植模式，选用早熟或中熟品种，于冬末春初育苗，春季定植，夏初收获，称之为春甘蓝；选用中熟或晚熟品种，在夏季育苗，秋末冬初收获，称之为秋甘蓝。随着生产上种植甘蓝茬口的增加和不同季节的市场需求，该地区甘蓝栽培方式、生产基地、栽培品种也发生了重大变化，甘蓝栽培逐渐由过去的春、秋两季种植模式发展到当今的多茬次、多季节种植模式，实现了一年四季周年化栽培和供应。

（一）春季露地甘蓝种植模式

春季露地栽培是北方地区甘蓝主要的栽培方式，可满足春淡季蔬菜市场供应。华北北部和西北地区，1～2月播种育苗，3月下旬至5月初定植，5～7月采收上市；华北平原及山东等地于1月至2月初播种育苗，3月定植，5～6月采收。部分地区定植时结合地膜覆盖或加扣小拱棚的栽培模式可以提早上市。

（二）秋季露地甘蓝种植模式

秋季露地甘蓝种植模式也是北方地区经典的种植模式。华北平原及西北地区南部的部分区域，秋季栽培以抗枯萎病、抗黑腐病的中早和中熟甘蓝品种为主，6月下旬至7月下旬播种育苗，7月下旬至8月上中旬定植，9～11月收获。

（三）夏季高山及高原越夏甘蓝种植模式

河北、山西、甘肃和陕西等黄土高原地区，利用高海拔地区夏季气温较低，昼夜温差较大，气候条件适宜甘蓝生长，且病虫害发生程度较轻的特点，多采用于晚春开始分期播种育苗，夏季分批采收的高山、高原越夏甘蓝栽培模式（图12-1，图12-2）。一般选用早熟或中熟品种，3月下旬至5月播种育苗，4～6月分期定植，6月底至9月分批上市，主要解决夏季及早秋叶菜供应不足的问题。

图12-1　山西寿阳丘陵地区旱地越夏甘蓝规模化种植

图12-2　陕西太白高山甘蓝规模化种植

图12-3　甘蓝冬春大棚栽培

图12-4　甘蓝日光温室栽培

（四）冬春保护地甘蓝种植模式

为获得更好的经济效益，河北、山东、陕西、山西、河南、天津以及内蒙古和辽宁的一些地区，利用小拱棚、中棚、大棚、冬春茬日光温室等设施在秋末冬初、冬季或早春进行甘蓝早熟栽培，供应深秋、冬季及早春蔬菜淡季市场，实现了甘蓝周年生产和供应，成为甘蓝产业的一个新的发展模式。小拱棚、中棚和大棚由于保温性能有限，可用于秋延后（11～12月上市）和冬春早熟栽培（2～3月上市，图12-3），而日光温室可在冬季栽培（图12-4），元旦至春节上市。

三、甘蓝在本地区蔬菜生产中的重要地位

结球甘蓝是东北、西北、华北等北方地区仅次于大白菜的第二大叶用蔬菜，种植历史悠久，自结球甘蓝于17世纪末经西北引入中国后，迅速在北方地区传播，至18世纪中叶，在北方地区栽培已经极为普遍，成为北方主要的蔬菜作物之一，占本地区蔬菜总播种面积的4.24%，占本地区蔬菜总供应量的4.58%。随着甘蓝周年生产的发展，北方地区日光温室、大棚等设施栽培甘蓝可满足深秋和早春蔬菜淡季市场供应，高原（高山）地区越夏甘蓝栽培可满足夏秋蔬菜淡季市场供应，已经成为我国北菜南运、供应全国市场的重要蔬菜作物。

第二节　甘蓝在北方二季作地区栽培发展概况

一、主要栽培地区及面积

北方二季作地区是结球甘蓝传入我国后最先兴盛发展的地区。由于甘蓝适应性广，抗逆性强，易栽培，在北方各省（自治区、直辖市）均有栽培。根据2006年农业部统计资料（表12-1），该地区甘蓝栽培面积约26.59万 hm^2，占全国甘蓝种植面积的28.37%，总产量约1 297.9万 t，占全国甘蓝总产量的42.18%，反映了本地区高效的甘蓝种植水平。随着甘蓝产业的迅速发展，北方二季作地区甘蓝种植区域也由城市近郊的平原菜田逐渐发展到城市远郊、农村专业蔬菜基地和高山高原蔬菜产业基地，甘蓝种植规模由自种自足的小面积就近供应栽培，逐渐发展到专业化、规模化的大型商品甘蓝生产基地（方智远等，2008）。北方二季作地区已经成为主要的北菜南运商品甘蓝生产区域，春露地商品甘蓝生产基地主要分布在河北永年、曲周、定州、唐山，陕西泾阳、三原，山西长治、晋中、太原，甘肃定西、临洮，山东济南、济宁、聊城、临沂等地；秋甘蓝栽培基地主要分布在西北各省（自治区）和山西、内蒙古、河北等地。地处黄土高原的山西晋中、陕西高山地区的陕西宝鸡、陇中高原的甘肃兰州周边、河西走廊一带及蒙古高原的北京延庆、河北张家口和承德地区夏季气候凉爽，生产的甘蓝可以满足全国夏秋甘蓝淡季市场供应，目前已经发展成为我国重要的越夏甘蓝北菜南运基地；北方设施栽培的早春甘蓝种植基地主要分布在河北邯郸、唐山，山东济南、济宁、临沂，河南洛阳，陕西西安、咸阳，山西运城、晋中，辽宁大连，天津，北京等地。北方二季作地区中，河北、河南和山东三省是最主要的3个甘蓝栽培地区，甘蓝年供应量占全国的30%左右。河北省作为我国北方地区最大的结球甘蓝生产省份，年播种面积达7.49万 hm^2，覆盖了二季作地区所有甘蓝种植

模式，实现了四季生产，周年供应，年甘蓝总产量达 460.5 万 t，占我国甘蓝年供应量的 14.97%。河南和山东也是北方地区甘蓝种植面积较大的省份，年播种面积分别达到 5.68 万 hm² 和 4.23 万 hm²，年产量分别占我国甘蓝年供应量的 7.49% 和 7.01%。

表 12 - 1   北方二季作地区甘蓝主要栽培地区和面积

省份	栽培类型			播种面积（万 hm²）*	总产量（万 t）*	产量占全国比重（%）
	春季	夏秋季	冬季			
北 京	露地栽培、大棚栽培	高原越夏栽培、秋露地栽培	日光温室栽培	0.41	19.4	0.63
天 津	露地栽培、大棚栽培	露地栽培	日光温室栽培	0.44	15.6	0.51
河 北	露地栽培、小拱棚栽培、大棚栽培	高原越夏栽培、秋露地栽培	秋延后拱棚栽培、日光温室栽培	7.49	460.5	14.97
山 西	露地春甘蓝栽培、露地一年一季栽培、小拱棚栽培、大棚栽培	高原越夏栽培、秋露地栽培	日光温室栽培	2.97	129.5	4.21
内蒙古	露地春甘蓝栽培、露地一年一季栽培、小拱棚栽培、大棚栽培	露地栽培		1.83	87.6	2.85
辽 宁	露地栽培	露地栽培		0.77	42.9	1.39
山 东	露地栽培、小拱棚栽培、大棚栽培	露地栽培	日光温室栽培	4.23	215.7	7.01
河 南	露地栽培、小拱棚栽培、大棚栽培	露地栽培	秋延后越冬栽培	5.68	230.7	7.49
陕 西	露地栽培、小拱棚栽培、大棚栽培	露地栽培	日光温室栽培	1.76	61.7	2.01
甘 肃	露地栽培	露地栽培、高原越夏栽培		0.76	24.0	0.78
宁 夏	露地栽培	露地栽培、高原越夏栽培		0.25	10.3	0.33
总 计				26.59	1 297.9	42.18

*   数据来源于农业部编《中国农业统计年鉴》(2006)。

二、栽培历史和品种的发展变化

20 世纪 70 年代以前，多采用一年一季种植模式，种植品种主要是扁球类型中晚熟品种，均为经当地改良选择、适应当地气候条件的地方品种，如山西的罗文皇元白菜、120天苗子白、汾阳二平头、二不秋，内蒙古地区的杭后大圆菜、苏木沁二虎头、和尚头、二黑甘蓝、大平顶、桥靠三板墩，陕西地区的定边大平头、西安大平头、西安灰叶，甘肃的靖远甘蓝，宁夏地区的盐池大甘蓝、吴忠大甘蓝，新疆的大莲花白等。

随着 1973 年我国第 1 个甘蓝一代杂种京丰一号的育成，以及报春等 7 个早、中、晚熟配套的系列甘蓝新品种的推出和大面积推广应用（方智远，2021），北方地区栽培的甘蓝地方品种开始被优良的杂交品种替代，种植区域和种植面积亦迅速扩大，甘蓝栽培模式逐渐形成了典型的春、秋二季种植模式。其中，春甘蓝种植区域包括华北平原的河北、山西、山东、陕西、河南，栽培品种主要为中甘 11、8398、中甘 15 等早熟圆球类型品种和京丰一号、理想 1 号等少量中晚熟扁球甘蓝品种；秋甘蓝种植区域包括西北及山西、内蒙古一年二季作地区，栽培品种集中在京丰一号、庆丰、秋丰、中甘 8 号、晚丰、理想 1 号、秋锦、惠丰 1 号及内配系列等中晚熟品种（方智远等，2002；翟依仁等，2002；武永慧等，2005；杨明，1990）。

进入 21 世纪，随着市场经济的发展和大生产大流通时代的到来，蔬菜生产和供应模式发生了重大变化，甘蓝种植区域也由城市近郊的平原菜田逐渐发展到城市远郊、农村专业蔬菜基地和高山高原蔬菜产业基地，甘蓝种植规模由自种自足的小面积就近供应栽培，逐渐发展到专业化的外销生产基地（方智远等，2008）。基地化种植对甘蓝品种的商品性、耐贮运性和抗病抗逆性提出了更高的要求，春甘蓝种植区域通过地膜覆盖，不同熟期、品种和茬口搭配，扩展了春甘蓝的生产和供应期。用于露地春甘蓝栽培的主栽品种也从中甘 11、8398、中甘 15、春甘 2 号、春甘 3 号等早熟春甘蓝品种更新为中甘 21、中甘 628、秦甘 50、秦甘 60、春甘 6 号、邢甘 23、亮球、京甘 3 号等春甘蓝品种（张扬勇等，2005；简元才等，2008；许忠民等，2007；杨丽梅等，2011，2016，2020）；用于秋甘蓝栽培的品种主要为中早熟耐裂球的中甘 588、中甘 596、中甘 96、京甘 611 等圆球品种和京丰一号、中甘 8 号、中甘 9 号、秋甘 5 号、秋甘 14、奥奇娜等扁球甘蓝品种（杨丽梅等，2011；康俊根等，2013；张扬勇等，2014）。

当前，北方二季作地区结球甘蓝种植模式已经由以往的春、秋两季为主，发展到目前的多季节多茬口栽培，特别是新出现了一些供应淡季市场、具备规模化栽培的甘蓝生产方式，如北方设施栽培的早春甘蓝、高原和高山冷凉地区夏季甘蓝栽培等。从整体上看，目前我国北方甘蓝基本实现了周年生产、周年供应，种植品种也从 20 世纪的高产晚熟品种逐渐过渡到适应不同茬口种植的高品质专用品种（方智远等，2010）。

北方设施栽培的早春甘蓝种植基地主要利用小拱棚、塑料大棚、简易日光温室等保护地设施在早春、秋延后冬春季节进行早熟甘蓝栽培，以满足冬季及早春淡季市场（吕红豪等，2019）。该生产方式由于处于寒冷季节，生产成本较高，普遍采用早熟性好、耐抽薹、低温膨球快的保护地专用品种 8398、中甘 56 和中甘 26（张扬勇等，2018）。

地处黄土高原的山西晋中、陕西高山地区的宝鸡、陇中高原的甘肃兰州周边、河西走廊一带及蒙古高原的北京延庆、河北张家口和承德地区以及南方高山地区夏季气候凉爽，生产的甘蓝可以满足全国夏秋甘蓝淡季市场供应，目前已经发展成为我国重要的越夏甘蓝生产基地（方智远等，2010）。由于甘蓝种植基地多年连作，病害日趋严重，枯萎病和黑腐病已经成为影响北方二季作地区甘蓝栽培模式的重要因素，对品种的抗病性也提出了更高的要求。目前主栽品种主要为高抗枯萎病的中甘 23、中甘 588、中甘 828、中甘 192、YR 中甘 21、京甘 3 号、京甘 5 号、京甘 611 等（庄木等，2020；张扬勇等，2014；杨丽梅等，2020）。

三、栽培制度及栽培技术发展变化

整体上看，我国北方二季作地区结球甘蓝基本实现了周年生产和周年供应。随着栽培模式和市场需求的不断变化，为了满足结球甘蓝产业链对周年供应、省时省工、提高效益、提高商品性的需求，甘蓝种植在茬口安排、育苗方式、机械化栽培、商品性栽培和病虫害防治等方面，也出现了一些新的技术变化。

（一）甘蓝轮作套种高效栽培制度的变化

由于甘蓝省工省力易栽培，生育期较短，生长期间对环境条件要求较低，近年来，一些甘蓝传统种植区域为了提高土地利用率和生产效益，根据当地栽培作物及气候特点，因地制宜地开发出多种高效的甘蓝轮作、间作、混作和套作栽培模式。

北方各地利用结球甘蓝对弱光适应性强的特点，有的地区开发了与玉米、番茄等高秆作物间作、混作、套作的栽培模式；有的地区则根据当地气候条件以及设施条件，开发出了高效的轮作、套作栽培模式，实现了蔬菜多茬口周年生产和供应，如秋延后甘蓝—辣椒，日光温室甘蓝—黄瓜—辣椒、日光温室辣椒—菜豆—甘蓝、日光温室秋冬茬菜豆—甘蓝间套作茼蒿等栽培模式（魏福敏，2014；陈靖和王艳菲，2015）。

河北省唐山市是华北地区传统的蔬菜生产基地，结合简易设施，探索出甘蓝 2～3 茬周年高效生产模式，投入少，效益高，提高了设施生产效率，年栽培面积达 1 000hm² 以上。其中滦南县的稻菜双茬栽培模式最为经典，该栽培模式主要利用早春稻田空白期于 2 月中旬扣小棚定植甘蓝，4 月下旬至 5 月上旬采收甘蓝后，撤掉小拱棚种植水稻（冯顺富等，2003）。另外，有些区域采用间作、套作相结合，实现一年四茬作物的生产。河北省玉田县采取甘蓝—西瓜—棉花—甘蓝栽培模式，第 1 茬甘蓝采用早熟优良品种中甘 11、8398 或中甘 21，12 月下旬至翌年 1 月上旬育苗，3 月中下旬移栽，5 月上旬收获上市。甘蓝收获后定植第 2 茬西瓜和第 3 茬棉花。甘蓝 7 月中下旬育苗，8 月中下旬移栽在棉花行间，双行种植，株距 30cm，每 667m² 留苗约 2 200 株，10 月份可收获上市。陕西商洛地区采用地膜甘蓝—豆角—辣椒—秋延黄瓜栽培模式，早春地膜甘蓝选用中甘 11、8398 或中甘 21 等优良品种，3 月上旬定植，4 月上中旬在甘蓝行间直播 1 行豆角，5 月中旬甘蓝收获后于甘蓝行移栽 2 行辣椒，7 月下旬豆角拉秧后移栽 2 行秋延后黄瓜。

河北省滦南县姚王庄镇利用简易日光温室加冷暖棚等设施探索出秋延后甘蓝—冬春茬甘蓝—早春茬尖椒一年二季甘蓝高效栽培模式（杜春凤等，2011）。第 1 茬甘蓝为秋延后栽培，一般在 8 月中旬播种，9 月下旬定植，翌年元旦前后采收上市（定植后 90d 左右）；第 2 茬甘蓝为冬春茬栽培，于 10 月底播种，翌年 1 月上中旬定植，3 月上中旬采收上市（定植后 60d 左右）。河北省滦南县方各庄镇利用地膜覆盖，形成春甘蓝—大葱—秋大白菜一年三种三收的种植模式，该模式甘蓝在上一年的 12 月下旬于阳畦内播种育苗，3 月上中旬覆地膜定植，4月底至5月初收获（贾宝玲等，2009）。山东德州采用小拱棚韭菜—甘蓝—辣椒栽培模式，韭菜于10月底扣棚，进行越冬生产，11月下旬采用早熟保护地专用甘蓝品种育苗，翌年2月上旬韭菜第2刀收割后定植于韭菜行间，4月下旬保护地甘蓝收获后可定植辣椒（史小强等，2010）。

（二）甘蓝育苗栽培技术的发展变化

甘蓝育苗是一项技术性很强而又十分细致的工作，特别是夏秋甘蓝育苗时期正处于高温多雨季节，加上病虫害等不利因素，稍有疏忽就难以保证全苗壮苗。甘蓝育苗的主要方式有苗床育苗、营养钵育苗和穴盘育苗。

21世纪以前，甘蓝育苗一般采用阳畦营养土或营养钵育苗，阳畦播种前整平，将营养土填入阳畦播种。21世纪以来，穴盘育苗因省时省工且高效逐渐被接受。穴盘育苗由于幼苗根系与基质结合，容易由穴孔内取出，适宜机械化定植（图12-5）。漂浮板育苗也属于穴盘育苗的一种，适合夏秋季高温季节育苗。泡沫穴盘漂浮在水中可以保证甘蓝幼苗在一个相对较为恒定的生长环境中生长，提高壮苗率（图12-6）。

工厂化育苗与传统育苗方式相比，出苗整齐一致，根系发达，定植后无缓苗期，生长速度快，病虫害防治容易。根据辽宁、河北、山东等25个省（自治区、直辖市）统计，2011—2013年采用蔬菜工厂化育苗技术累计育苗686.87亿株，其中结球甘蓝约占1/10左右。甘蓝工厂化穴盘育苗播种时，先将基质与肥料搅拌均匀后装入盘内，刮平压窝后自动播种机点播，然后洒水盖基质，将播好的穴盘层叠后送催芽室控温催芽，出芽后将穴盘摆在温室苗床上进行培养，温室采用自动控温和喷水施营养液，培养成壮苗后用运苗车运送至各地进行甘蓝栽培。甘蓝工厂化育苗对甘蓝种子质量也提出了更高的要求，一是甘蓝种子的发芽率接近100%，确保机械移栽时不出现漏苗现象；二是对品种纯度和发芽势提出了更高的要求，如果种苗整齐度不高，很有可能造成漏夹或夹持不稳的现象，从而导致漏苗。

图12-5　甘蓝工厂化穴盘育苗

图12-6　甘蓝漂浮板育苗

（三）甘蓝机械化栽培技术的发展变化

甘蓝定植前整地作业包括旋耕、开沟作畦2个部分。随着自动导航技术、激光平地技术的逐步推广，近年来我国相继开发出一系列甘蓝耕整环节的专业机型，可一次性完成旋耕、开沟、起垄、镇压等过程，不但可以使碎土性、耕作深度保持一致，而且还可以根据农艺参数调节播种行数和行距。但是，由于小型集成化农机在设计上的特点，其灭茬旋耕深度只有5～10cm。一般情况下常规机械移栽甘蓝耕作深度应为10cm以上，如果遇到盐渍化较重的土壤则要求40cm以上。因此，需要根据实际情况选用适宜的旋耕机械。甘蓝机械化作畦主要分为宽畦、窄畦2种模式，窄畦畦面宽度一般80～90cm，宽畦畦面宽度一般140cm左右。畦面的宽窄应根据不同甘蓝品种及移栽机械的类型选择，一般来说，叶球较小的甘蓝品种的移栽行距应控制在30～35cm，而叶球较大的甘蓝品种行距应控制在40～45cm。在实际定植过程中，对于叶球较小的品种，为了发挥其适合密植的特点应选择宽畦面定植；对于叶球较大的甘蓝品种，为保证其正常生长应选择窄畦面定植。

甘蓝移栽机的常用类型主要有全自动双行、四行移栽机，半自动双行、四行移栽机，国内一般采用半自动双行移栽机。

在甘蓝生产过程中，收获的用工量占到了甘蓝生产投入劳动量的40%左右。研究表明，甘蓝实现机械化收获可提升甘蓝生产效率2.5～2.8倍，而我国的甘蓝机械化采收基本处于研究阶段，生产上大多数仍以人工收获为主，导致用工量增加，劳动强度增大，生产成本增高等问题。相对于粮食作物，机械化水平严重滞后，实现机械化采收将是未来甘蓝产业的发展趋势。

（四）甘蓝病害综合防治技术的发展变化

随着结球甘蓝种植规模的扩大，多年重茬栽培、土壤营养失衡、病虫害加剧、产量和品质逐年下降等连作障碍问题日趋严重。一些传统病害仍时有发生，而一些新发毁灭性土传病害如北方的甘蓝枯萎病和南方的根肿病，成为当前我国甘蓝生产的重要制约因素（李明远等，2003；耿丽华等，2009；杨丽梅等，2011）。黑腐病和枯萎病是当前威胁北方二季作地区甘蓝生产的主要病害。近年来，随着栽培面积的逐渐增加及不合理栽培方式的影响（如高密度、连作等），其危害程度日趋严重，特别是北方高原越夏甘蓝种植基地是枯萎病和黑腐病的重灾区，两种病害同时危害的情况也时有发生（康俊根等，2010；吕红豪等，2011；孔枞枞等，2018）。

甘蓝抗病品种的选育一直是甘蓝育种的重要目标。除了培育抗病品种外，也研究集成了一些行之有效的综合防治技术，如农业防治、生物防治、化学农药防治等。农业防治措施包括实行轮作、避免连作、种子及育苗苗床消毒、清洁田园、深翻耕地、合理水肥管理等，对防止这些主要病害的发生和严重程度均有效果。目前，各地均建立了规范安全的化学农药防治技术规程或规范，如防治黑腐病的有效药剂有春雷霉素、喹啉铜、链霉素、噻菌铜等。

第三节 北方二季作地区甘蓝栽培技术及其特点

一、露地春甘蓝栽培技术

春季是北方地区最主要的甘蓝栽培季节。露地春甘蓝栽培在北方二季作地区，一般于冬季育苗、春季定植、春末或夏初收获，是春夏淡季叶菜类蔬菜的主要供应种类之一。

（一）前茬

露地春甘蓝前茬主要选择非十字花科蔬菜田块，可选择百合科蒜苗、大葱，藜科菠菜，豆科秋菜豆，伞形花科芹菜、芫荽、胡萝卜、茴香等前茬。秋季在前茬收获后，清除残枝烂叶和杂草，深翻土壤，翌年土壤解冻后整地栽植。

（二）整地施肥

选择经过深翻、熟化土壤的田块，翻挖碎土，整平作畦。露地春甘蓝栽培多选用定植到收获生长期短的早熟品种，植株开展度小，栽培密度相对较大。露地春甘蓝栽培畦以东西向为好，利于保持畦内的温度，促进植株生长。

基肥选用农家肥和氮磷钾复合肥，每 667m² 施农家肥 3 000～4 000kg，复合肥 25～30kg。田块施入基肥后，深翻 20～25cm，使基肥与土壤混合均匀。

（三）播种育苗

露地春甘蓝栽培主要选用冬性强的早熟品种或中早熟品种。露地春甘蓝育苗期处在冬季寒冷季节，育苗保护设施主要有阳畦、塑料大棚和日光温室，可根据当地习惯采用穴盘育苗或苗床育苗。播完种子后，覆盖 0.5～0.8cm 厚的细土或基质。注意覆土过厚会使出苗慢，消耗营养多，幼苗不壮；覆土过薄易造成种子带壳出土，影响幼苗进行光合作用和生长发育。覆土后阳畦上覆盖玻璃窗或大棚内苗床加盖薄膜小拱棚，两者均加盖草帘。玻璃窗相连处用报纸封严，窗框或塑料薄膜四周用泥土密封保温，促使种子尽快出苗。

播前苗床浇透水。露地春甘蓝播种后的出苗天数因苗床温度不同而异，一般床温 15～20℃，需 10～12d 出苗；床温 20～25℃，需 5～7d 出苗。出苗前不需通风，以免降低床温。幼苗出现真叶后，开始通风锻炼，先通小风，后通大风，保持白天苗床温度 15～20℃，夜间苗床温度 8～10℃为宜。对于苗床内幼苗过密处可选晴天间苗，淘汰杂苗及叶色黄绿、节间细长的弱苗，选留茎秆粗壮、节间短、叶片肥厚、叶色深绿的健壮幼苗。定植前 7～8d，逐步进行幼苗适应性锻炼，控制浇水，并逐渐延长揭帘时间至定植前 4～6d 全部除去覆盖物，使之适应露地环境。

（四）定植

北方二季作地区春甘蓝露地定植于土地完全解冻后进行。定植时间依照品种冬性强弱和抗寒力而定，一般于气温稳定在 10℃以上，幼苗有 5～7 片真叶时定植。华北地区一般于 3 月中下旬进行露地定植。定植前应细致选苗，淘汰杂苗、劣苗。定植株行距，早熟品种行距 35～40cm，株距 33～35cm；中早熟品种行距 40～45cm，株距 35～40cm。

（五）田间管理

定植缓苗后浇水 1 次，促进幼苗生长。因北方此时气温和地温相对较低，浇水量不宜过大。随后控制浇水（土壤过干可浇小水 1 次）进行蹲苗，到结球初期蹲苗结束。待结球包心后，温度升高，春甘蓝生长快，需加大浇水量，增加浇水次数，使地面见干见湿，结球初期和中后期至少需浇水 1 次。生长期共浇水 4～5 次，在采收前要适当控制水分，防止裂球。

春甘蓝根系分布浅，需肥较多，重施基肥外，还须追肥 3～4 次。追肥前期以氮、磷、钾复合肥为主，后期以氮肥为主。追肥时间主要体现 3 次关键肥，一是在缓苗后中耕追肥

1次；二是在莲座末期即植株生长需肥高峰期追肥1次，按照每667m²尿素10～15kg和磷、钾肥5kg混合追肥；三是结球中期由于温度逐渐升高，日照逐渐加长，对于早熟品种需要在较短的时间内完成结球过程，对肥料要求迫切，需追施氮肥1次，促进叶球充实，追肥量为每667m²施尿素10～15kg。追肥方式采取环施于植株周围或穴施植株旁，同时伴随浇水或中耕。

中耕次数及深浅，依天气及植株苗棵大小而定，棵大浅耕，棵小深耕。中耕主要分3次进行，一是缓苗后中耕1次，宜深，植株周围锄透以利保墒和提高地温，促使发根；二是植株生长莲座中期1次；三是植株结球前期1次。第3次中耕宜浅松土，并向植株周围培土，促使外短缩茎多生根，促进叶球膨大，但需防止中耕伤害外叶。外叶封垄后若有杂草，应随时拔除，减少水肥损失。

（六）采收

甘蓝叶球成熟后应及时收获，避免过迟采收导致裂球。判断叶球是否紧实，只需用手指在叶球顶部按压，如有坚硬结实感，即表明叶球成熟。进行远途外运时，一般傍晚采收，夜间散热，清晨趁凉装筐上市。

二、高原越夏甘蓝栽培技术

越夏甘蓝栽培是利用高山、高原地区夏季冷凉的气候条件，进行甘蓝生产，于夏季及早秋季节收获上市，弥补平原地区夏秋叶类蔬菜品种短缺的一种栽培和供应模式。越夏甘蓝是近年来发展迅速、生产效益较高的甘蓝栽培模式，对丰富我国主要大中城市夏季和早秋淡季蔬菜供应、增加菜农收入、促进三北地区农村致富发挥了重要作用。由于产地位于高海拔山区和高原，距离大中城市较远，因此要求甘蓝商品性好、品质优、结球紧实、耐裂球、耐运输。冀北高原夏菜中的甘蓝产区主要分布在高海拔的张家口、承德等冷凉地区。以张家口地区为例，该地区一般海拔800～1 600m，夏季气候凉爽，昼夜温差大，适合甘蓝种植，夏季甘蓝播种面积超过1.5万hm²，约占当地蔬菜总面积的17.5％。前几年中甘11、铁头等主栽品种，目前已被早熟优质的中甘21、中甘15等新品种替代。在主产区崇礼区和康保县，中甘21、中甘15两个品种占甘蓝种植面积的90％以上。该地区的甘蓝一般4～5月播种，8～9月上市，主要供应京、津、冀地区，部分远销华南及港澳地区。

兰州高原甘蓝种植区域主要分布在兰州周边的定西、榆中以及河西走廊部分地区。这些地区海拔1 600～2 000m，夏季气候凉爽，阳光充足，昼夜温差较大，有利于甘蓝生长。该地区的甘蓝一般4～6月排开播种，7～9月分批上市，产品主要销往武汉、南京、杭州、上海等长江中下游大中城市，当地市场称之为"兰包"，很受市民欢迎。由于该茬口甘蓝种植效益好，当地甘蓝面积发展迅速。

随着种植规模的扩大和复种指数的提高，土壤营养失衡、病虫害加剧、产量和品质逐年下降等连作障碍问题，特别是枯萎病和黑腐病的暴发开始成为制约北方越夏高原蔬菜产业可持续健康发展的共性问题。以甘肃定西为例，自2009年在当地发现甘蓝枯萎病以来，该病害的累计危害面积已经占当地甘蓝种植总面积的30％以上，严重影响了甘蓝的质量和产量，造成了严重的经济损失（申永铭等，2017）。甘蓝品种的抗病性逐渐成为品种选择的最迫切要求，原主栽品种中甘 21 由于不抗枯萎病，目前已经逐渐退出了当地市场。"十三五"以来，中甘 628、中甘 828、YR 中甘 21、京甘 3 号、京甘 5 号等优良抗枯萎甘蓝品种在高原越夏甘蓝种植基地推广面积逐年扩大，减少了农药用量及栽培成本。这些品种的推广基本满足了我国北方越夏甘蓝种植区甘蓝产业可持续发展的迫切需求（杨丽梅等，2020）。

（一）前茬

高原越夏甘蓝种植大部分采用上年越夏栽培瓜类、生菜、菜豆或越冬菠菜、小葱等茬口，不宜选用长期连作十字花科蔬菜的地块。前茬越夏蔬菜采收后，应立即清除地面杂草及病残株等，深翻田块，有助于冬季冻杀病菌和害虫，减轻越夏茬甘蓝病虫害发生。

（二）整地施肥

高原越夏甘蓝种植，应选择地势平缓，土层深厚肥沃、疏松、排灌方便的田块。每 667m² 施优质农家肥 4 000kg、复合肥 100kg 作基肥。耕翻后整地作畦，可采用平畦（附带排水沟）或直接做成半高畦露地或覆膜栽培。平畦（附带排水沟）栽培主要适合多暴雨山区的越夏甘蓝种植，畦面宽 5～10m，沟宽 30cm，沟深 20～30cm（图 12-7）。畦沟主要用于排水，防止田间积水过多而影响甘蓝生长。半高畦栽培一般畦面宽 60～70cm，沟宽 30cm，畦高 15～20cm。采用膜下水肥一体化滴灌或微灌栽培技术的地区，可随整地铺设好管路后覆盖地膜（图 12-8）。

图 12-7　高山甘蓝平畦附带排水沟栽培

图 12-8　高山甘蓝半高畦覆膜栽培

（三）播种育苗

高原越夏甘蓝播种期可根据上市时间安排，多在 3～5 月分期播种育苗，6～9 月分批上市。

可用阳畦或简易小拱棚播种育苗，播种方法参见露地春甘蓝栽培技术育苗方法。高原越夏甘蓝育苗期，外界气温较低，苗床应选择避风处，以双层薄膜加草帘覆盖保温（图12-9）。近年来穴盘基质育苗发展较快，省时省工且有利于齐苗和起坨定植。育苗基质选用商品基质或配制基质，草炭与蛭石按2∶1充分混合。基质适当浇水拌匀装盘后压穴，每穴播种1～2粒（图12-10），播后均匀覆盖基质，并用刮板刮去多余基质，与格室相平为宜。将已播种的育苗穴盘摆放在已浇过水的苗床畦中，随后对苗盘进行喷洒浇水，浇水要轻而匀，防止将孔穴内的基质和种子冲出。后在苗床上插拱形棚架，覆盖塑料薄膜保温并防止育苗盘内水分散失。

播种后至出苗前，保持苗床温度20～25℃，促进迅速出苗。当幼苗出土后，白天将拱棚背风一头薄膜打开通风，晚上盖上（图12-11）。苗子第1片真叶展开时，及时间苗，防止徒长。随着幼苗长大，拱棚两头逐渐加大通风，降低苗床温度和湿度，以利幼苗苗壮成长，防止形成高脚苗（图12-12）。苗床土旱时可适当浇水。定植前7d，揭去所有覆盖物炼苗，进行适应性锻炼。苗龄50d左右，幼苗6～7片真叶时即可定植。

图12-9 高山甘蓝小拱棚育苗

图12-10 高山甘蓝穴盘育苗

图12-11 高山甘蓝小拱棚育苗时苗小背风通小风

图12-12 高山甘蓝小拱棚育苗时苗大通大风

（四）定植

高原越夏甘蓝因为海拔高，植株开展度通常会比平原地区小，可适当密植，定植密度可根据品种特性和需求而定（图12-13）。可选择雨前或雨后土壤足墒时的下午或傍晚定植。定植前浇透苗床水，带大土坨定植或穴盘整坨定植，防止伤根过多。否则较高的气温、地温易造成死苗率高或定植后缓苗不齐，田间植株生长差异较大不利于统一管理、集中采收。定植时按大小苗分类移栽，定植后压实根系周围土壤。如土壤水分不足，则可以采用暗水定植，即在定植穴浇稳苗水定植（图12-14）。地膜覆盖栽培定植后要封严土、压实防止风刮。

图12-13　高山甘蓝高密度定植栽培

图12-14　高山甘蓝暗水定植

（五）田间管理

定植后浇1次缓苗水，保证成活率。缓苗后的莲座中期，选墒情适中时中耕除草和培土（图12-15）。第1次中耕宜深，锄透畦面，打碎土块，以利保墒，促根生长。莲座期中耕宜浅锄，并向植株周围培土和除草，以促进多生根，有利于结球。莲座叶封垄后，发现杂草要及时拔除。

高原越夏甘蓝栽培施足基肥后，一般不需要追肥。可根据甘蓝长势需要，或在需肥高峰期适量追肥（图12-16）。一般选在缓苗后、莲座后期和结球中期，每667m² 分别追施尿素或硫酸钾10～15kg。高原越夏甘蓝浇水应在早晨或傍晚进行，以避免高温、高湿带来的不良影响。多雨时应及时排水，田间积水会使根系窒息死亡，所以要特别注意排水防涝，防止田间积水造成烂根和叶球腐烂。同时及时清除杂草，缓苗后除草1次，团棵前进行第2次除草，但要减少中耕，利于排水。

图12-15　高山甘蓝的中耕、培土

图12-16　高山甘蓝的追肥

越夏甘蓝病虫害防治要采用综合防治原则。我国北方甘蓝枯萎病发病高峰期集中在6～9月，正好是高原夏菜甘蓝生产的季节，近来发病区域逐年扩大。该病主要造成植株黄萎，影响甘蓝结球，最终导致枯死，发病田间可见明显的断垄死苗，产量损失平均高达30％以上，严重时往往毁种绝收。由于枯萎病系土传维管束病害，病原菌抗逆性强，在土壤中存活时间长，农业及化学防治方法均难以控制。

选用抗病品种是控制枯萎病最根本、最安全且最为经济有效的途径。如品种不抗枯萎病，在栽培措施上实行轮作可以一定程度缓解病害危害症状。如选择与非十字花科蔬菜（如葫芦科、茄科等）进行3年以上轮作，以减少因为连作造成的土壤中枯萎病菌的累积，控制病害的发生危害。也可选择近3年未种过十字花科作物或未发生过甘蓝枯萎病的田块作为苗床，播种前将苗床耙松、耙平，施适量底肥或者撒施适量尿素做基肥，并进行必要的药剂处理，即将适量的多菌灵或甲基托布津或30％枯萎灵撒施于苗床土壤表面，混匀后将种子直接撒播于苗床上，以降低病害发生危害程度。

田间管理方面，蹲苗要适度，防止苗期土壤干旱。遇有苗期干旱年份地温过高宜勤浇水降温，确保根系正常发育。及时清理田园，清除前茬和田间发病植株及病残体，防止随农事操作在田间传播或者成为病害的侵染来源。具体做法是：在夏季7～8月将病残体进行集中堆放于阳光可直射的地方，然后用塑料薄膜覆盖，利用太阳光提升薄膜下温度，从而杀死病原菌，有利于控制病害田间扩展危害和蔓延。黑腐病也是高原越夏甘蓝种植的主要病害，全国各地均有发病，发病初期可用细菌性病害防治药剂，7～10d喷1次，连喷2～3次。

越夏甘蓝主要虫害是小菜蛾、甜菜夜蛾、菜青虫和蚜虫。虫害防治首先必须通过综合防治技术减少虫源，如避免十字花科蔬菜周年连作；蔬菜收获后，及时处理残株败叶，并立即深耕细耙，减少越冬虫源；铲除寄主杂草。其次，化学防治应选用高效低毒农药。小菜蛾防治可利用小菜蛾的趋光性，在成虫发生期，每2～3hm²设1盏频振式杀虫灯诱杀小菜蛾成虫，减少虫源。同时，可利用小菜蛾性诱剂进行诱杀。甜菜夜蛾和菜青虫可在大暴发的7、8、9三个月，采用频振式杀虫灯对成虫进行诱杀，当诱集成虫最多之日向后推算5～7d，即为幼虫卵块孵化高峰期，为防治适期。蚜虫防治宜尽早用药，将其控制在点片发生阶段。可利用黄板诱杀蚜虫。用60cm×40cm长方形纸板，涂上黄色油漆，再涂1层机油，挂在行间或株间，每667m²30～40块，当黄板粘满蚜虫时，再涂1次机油。

总之，高原甘蓝栽培要加强综合管理防治。一是选用抗病品种，培育无病壮苗，避免连作，实施高垄栽培，合理密植，科学施肥浇水，使用银灰色遮阳网避虫、灯光诱虫等新技术；二是病虫害防治要做到早发现、早防控，防治重点要突出，用药要严格掌握采收间隔期。

（六）采收

高原越夏甘蓝栽培，其产品主要运往外地销售，因此所选用品种应具有结球紧实、耐贮运的特点。这类甘蓝品种一般具有一定的耐裂球性，叶球成熟后有较长的采收期，可根据市场需求分期分批采收。所收获的植株进入采收中后期，要注意田间的肥水管理，叶球紧实后不要浇水，以免引起叶球开裂。叶球适当紧实即可根据市场行情进行分期收获（图12-17）。为便于运输和销售，所收获的叶球要带两片保护叶和收后遮阴盖叶

（图 12 - 18），以防止外运装菜时损伤球叶和叶球失水，降低商品性。避免在雨后采收，防止叶球腐烂。宜在傍晚采收，放在通风处，夜间散热，清晨装车外运。规模较大、设施先进的商品甘蓝生产基地可在冷库或者恒温库里打冷后装车运输，达到长途运输中保鲜、防止腐烂的作用。

图 12 - 17　高山甘蓝分期采收

图 12 - 18　高山甘蓝采收装袋后及时覆盖叶片，防止叶球失水

三、露地秋甘蓝栽培技术

该茬口育苗时处于高温多雨季节，应覆盖遮阳网，防烈日和暴雨，并注意防治病虫害。近年来开始推广的漂浮盘育苗技术可以提高该茬口育苗成功率。植株结球期处于秋季，温度等条件符合甘蓝形成叶球的要求，所以此栽培模式产量较高，品质较好，适合远距离运输或加工贮藏。

（一）前茬

秋甘蓝栽培在北方二季作地区，一般于夏季育苗，晚夏、早秋定植，秋末或冬初收获，主要作为甘蓝鲜菜和冬季贮藏菜栽培。前茬主要选择非十字花科蔬菜如百合科洋葱、大蒜、葱，豆科菜豆、豇豆，茄科茄子、番茄、辣椒，葫芦科黄瓜、西葫芦、南瓜，菊科莴苣等茬口。晚夏于前茬收获后，及时清除病残体和杂草，深翻土壤，适当暴晒，定植前 5～7d 整好地等待定植。

（二）整地施肥

深翻土地 25～30cm，打碎土块，细碎土壤，整平地面。南北向整畦有利于田间的通风排热，降低温度。整地时施足底肥，每 667m² 施腐熟有机肥 5 000kg、复合肥 40kg。按照品种栽培密度整畦，主要有低畦和高畦两种。

（三）播种育苗

秋甘蓝育苗时期处在夏季高温季节，华北地区可于 6 月下旬至 7 月下旬播种育苗，8 月上中旬定植，10～11 月收获。多采用露地遮阴育苗栽培，培育壮苗是保证该茬口甘蓝种植成功的关键。

育苗床宜选择栽培秋甘蓝的本田或邻近地势高燥、土壤疏松、排水性好、灌水方便、前茬非十字花科作物的田地。平畦苗床规格,床长 10~15m,宽 1.2~1.5m。苗床土深翻暴晒,踩实床畦埂、整平苗床土。做好床土后,施入厩肥 400~500kg,尿素 0.15kg,复合肥 1.0kg 以及适量土壤杀虫灭菌剂。秋甘蓝育苗期正处在外界气温高、光照强季节,幼苗生长速度快,苗龄短,一般 28~30d 即可定植。

秋甘蓝采用干籽播种,分为撒播和等距离点播。秋甘蓝适宜播期可视品种熟性和适应性而定,晚熟品种早播,中、早熟品种晚播。西北地区于 6 月上旬至 7 月中旬播种。播种过早容易发生病害和裂球腐烂;播种过晚包球不紧,产量降低,商品率下降,不易冬贮。

整平苗床土后放水灌床,待水渗完后再撒一层培养土,随后撒播种子或按 5~6cm 见方纵横划行,在每个方格中央播 2~3 粒种子。播后覆盖 0.5~1.0cm 厚过筛细土,并搭建遮阴棚,棚高 1m 左右,上盖苇帘或遮阳网,以降低苗床温度。出现阵雨时临时加盖塑料薄膜,防止暴雨对幼苗的冲击。苇帘或遮阳网要按时揭盖,一般晴天上午 10 时左右盖上,下午 4 时左右揭开,阴天不盖,出齐苗后逐渐撤去遮盖物,但要注意防暴雨。避免揭去遮盖物过迟造成幼苗徒长、变黄,过早造成烤晒芽苗和表土干燥不利继续出苗(图 12-19)。每 667m² 栽培甘蓝一般需苗床 13~15m²,撒播需种 50~100g,点播需种 20~30g。

浇灌苗床　　　　　　　　均匀撒播或等苗距点播种子

覆盖遮阳网　　　　子叶展开及时间苗　　　第3片真叶期定苗

图 12-19　秋甘蓝苗床育苗步骤

苗床管理是培育壮苗,实现秋甘蓝优质高产栽培的关键措施。具体措施:出苗后做好遮阴防晒防雨,子叶展开后及时间苗,拔除丛生苗、弱苗、病苗,点播穴留 2 苗,第 3 片真叶定苗。第 2 片、第 4 片真叶展开后，各轻追 1 次尿素，追肥量为每平方米 25g。2 片子叶展开，地面干燥时，可在下午用水壶洒水或小水灌苗，长出真叶后经常保持地面湿润，但要防止苗床过湿。床土过湿，可用草木灰、干细土覆床，防止黑胫病、霜霉病发生。

（四）定植

6～7 片真叶时及时定植，苗子过大不易缓苗，苗子过小成活率下降。定植前 1d 苗床灌水，次日下午带土坨和喷药防虫带药移栽。注意防止根土的散落，以免暴露根系和伤根，延长缓苗期。低畦栽苗时宜浅栽，以甘蓝幼苗底叶距离地面 1cm 为度，栽完后及时灌水；高畦垄作，将幼苗定植在垄的阴面半坡，栽后立即浇定植水，缓苗后劈垄整埂，使秧苗处于垄脊正中，随即疏通垄沟，以利于排灌。

（五）田间管理

适于秋冬栽培的生育期长、产量高的晚熟品种，对营养和水分的需求量较其他早、中熟品种更多，加之有利生长的气候条件，秋冬甘蓝管理措施不同春、夏甘蓝，科学施肥和合理浇水是管理的关键。

秋冬甘蓝的定植期在北方地区正处在高温时期，合理浇水是保证定植苗成活和具有一定同化莲座叶面积的重要措施。苗子定植后，第 1 次稳苗水不宜过大、过多，隔 1d 后再浇 1 次水，以利降温、缓苗和保苗。缓苗后实行蹲苗，7～10d 后再行浇水。莲座期至结球中期，每隔 6～7d 浇 1 次水；结球后期每隔 10～15d 浇 1 次水，经常保持地面见干、见湿。用于运输外销或贮藏，以及脱水加工的秋冬栽培甘蓝，在收获前 10d 停止浇水。浇水选在傍晚或清晨进行。气温高、雨水少时要定时浇水，雨水多的地区要做好排涝工作。华北地区秋甘蓝栽培 8 月底至 9 月中旬易发生黑腐病，这时要尽量减少浇水，避免形成高温高湿的发病条件。

对于选用生育期短的早、中熟品种，在以基肥为主的基础上，适当追肥；对于选用生育期长的晚熟品种，除以基肥为主外，还应重视增施追肥。定植后 10d 左右中耕防止地面板结，促进土壤通气而蹲苗，即可施第 1 次追肥，每 667m² 追施尿素 15kg，为莲座叶生长提供充足养分；莲座期追 2 次肥，环施追肥较好，并且追肥量要大，才能促使植株旺盛而健壮地生长，确保莲座叶生长良好。追肥时间为莲座叶初期，可施第 2 次追肥，伴随中耕除草。中耕远苗宜深，近苗宜浅，并应提高施肥浓度，每 667m² 追施尿素 15～20kg。莲座叶中后期进行第 3 次追肥，这是重点施肥时期，浅耕时应在行间开沟，每 667m² 追施复合肥 50kg 或尿素和过磷酸钙各 15～20kg，施后以土封沟，随行浇水。结球期是甘蓝叶球产品形成时期，此时根系生长达到最大量，外叶面积增大，球叶形成并长大充实叶球。如果这时脱肥，影响结球紧实度和品质，引起减产。因此，结球期同样需要大量的肥料和水分，还需适当追肥 2 次，才能使甘蓝外叶大量制造养分和球叶积累养分而形成大的产品器官，特别是多施有机肥，有利提高品质。进入结球初期每 667m² 追施尿素 20kg 和钾肥 5kg，并适当根外追肥 2～3 次；结球中期，结合浇水施人粪尿 3 000kg 左右；收获前 20d 停止追肥。

秋甘蓝的主要病害是病毒病、枯萎病和黑腐病。防治病毒病应以综合防治为主，注意清理干净杂草，避免高温干旱等适宜蚜虫发生的条件，根治蚜虫，切断传毒链条。枯萎病防治的经济有效途径就是选用抗病品种。防治黑腐病应在 8 月底至 9 月下旬控制浇水，减少发病条件。发现有病害发生时，于发病前和发病初期，及时用杀菌剂防治。秋甘蓝栽培前期虫害较重，主要害虫以菜青虫和小菜蛾为主，应早发现、早防控，防治重点要突出。

（六）采收

叶球充实后，北方地区 10 月下旬开始采收，陆续供应市场；冬贮在 11 月下旬至 12 月上旬采收。用于贮藏的秋甘蓝可在采收时连根拔起，将外叶覆盖在叶球上晾晒，叶球中的含水量降低后再留 1～2 片外叶采收叶球，以延长冬贮时间。

四、冬春保护地甘蓝栽培技术

该栽培模式属于反季节栽培，生产的甘蓝病虫害少、农药用量低，品质好，产品供应淡季市场，可获得较高的效益，因而受到广大菜农欢迎。冬春保护地甘蓝栽培宜选择早熟、耐抽薹、耐寒、耐弱光的 8398、中甘 56、中甘 11、中甘 17、宝蓝 4 号等早熟和中早熟品种（吕红豪等，2019）。

秋延后栽培一般于 8 月上旬至 11 月初播种，根据当地气候条件或设施保温性能不同，不同栽培模式可于 8 月下旬至翌年 1 月分期定植，11 月至翌年 3 月分期上市，供应深秋和春节。采用日光温室栽培的地区可通过分期播种，实现整个冬季甘蓝鲜菜供应，还可以通过与茄果类轮作套种以获得更好的效益。

冬春保护地早熟栽培是甘蓝设施栽培的主要形式（图 12 - 20）。该地区采用简易保护地设施栽培，可实现提早播种，提早采收。小拱棚覆盖，播种期和定植期可比露地提早5～7d；中棚和大棚覆盖，播种期和定植期可比露地提早 10～15d；多膜覆盖和日光温室，播种期和定植期可比露地提早 30d 左右。冬春保护地早熟甘蓝栽培可提早采收上市，不仅可以填补早春淡季蔬菜市场的空白，满足蔬菜供应淡季市场需求，而且不影响夏茬作物的生长，有效增加农民收入。

日光温室甘蓝种植　　　　　　　　　　　　拱棚甘蓝种植

图 12 - 20　冬春保护地早熟甘蓝栽培

（一）前茬

甘蓝保护地生产应选择地势平坦，排灌方便，采光良好，背阴向阳的地块。前茬忌为长期连作的十字花科蔬菜作物，可以实行 2～3 年的轮作。

保护地设施主要采用日光温室或塑料拱棚。日光温室可利用秋茄果类、瓜类等茬口，塑料拱棚茬口可选用非十字花科秋延后蔬菜作物。塑料拱棚搭建的大小和高矮可因地制宜，一般用钢管做骨架，也可用竹木结构，但必须骨架牢固，保证拱棚的稳定性和安全性。于冬前建好棚架，定植前半个月左右覆膜烤地。夜间可在膜外加盖草帘、保温棉被等，防寒保温效果更好。

（二）整地施肥

定植前应提前扣棚保温，精细整地。结合整地每 667m² 施农家肥 5 000kg、过磷酸钙 25kg、草木灰 150kg 或氯化钾 10kg 作基肥。深翻土壤 25cm 以上，整平耙细做畦。地块不宜过长，一般 8～10m；平畦栽培不宜过宽，以 1～1.5m 为宜，便于管理；高畦栽培的畦高以 20cm 左右为宜。实践证明，与平畦栽培相比，起垄栽培具有幼苗成活率高、病害发生率低、产量高、商品性好等优点。可在扎小拱棚前，起定植垄，一般单垄单行定植，垄高 20～25cm，垄面宽 20～25cm，行距为 40cm。起垄完毕后，使用长度为 4m 的竹片扎小拱棚，覆盖专用聚氯乙烯无滴膜，四周用土压实密封。

（三）播种育苗

保护地栽培育苗一般采用温室或温床床土和穴盘育苗（图 12－21）。注意适期播种，播种过早，易通过春化而未熟抽薹，播种过晚则达不到早熟高产的目的。温室育苗方法同春甘蓝。温床育苗可在阳畦苗床底部铺马粪、树叶、秕糠等酿热物，根据苗床南北受光照和温度不同，南边铺 9～12cm 厚，北边铺 6～9cm 厚，上边再覆 12～15cm 营养土，以提高床温。营养土的配制方法为 70% 肥沃无病害的园田土加 30% 腐熟马粪或草炭土。每 20m² 苗床施复合肥 1.5kg，或过磷酸钙 3kg 加尿素 0.5kg。

采用床土育苗时要按照规格修建苗床，填好培养土。播前育苗床应浇足底水，水渗入床土后覆一层细土再播种，将种子均匀撒播于床面，然后覆细土 0.5cm，播后及时覆盖薄膜保温。播种后管理可参见露地春甘蓝栽培管理方式。甘蓝壮苗的标准是植株健壮，叶片肥厚，无病虫害，无机械损伤。

穴盘育苗一般选用 72 孔或 128 孔穴盘。育苗时一般选用商品育苗基质，或用草炭与蛭石按 2：1 的比例自制的基质，将基质装入育苗盘并在育苗床摆放整齐备用。播种时每穴 1～2 粒，播后覆 0.6cm 左右厚的基质，苗出齐后要及时补苗间苗，保证每穴 1 株幼苗。穴盘育苗不适宜进行控水蹲苗，要保证幼苗水分供应。穴盘幼苗具 6～7 片真叶时定植。

床土育苗

穴盘育苗

图 12－21　温室育苗

（四）定植

日光温室冬春茬于 12 月下旬定植，拱棚于 2 月中下旬定植。选择连续有 3～5d 的晴朗天气定植。定植前 7～10d，应通过早揭苫、晚盖苫、多放风进行低温炼苗。夜间逐渐减少覆盖物，白天放风由小到大。定植前 3～5d 全天不覆盖，确保定植后顺利成活。

定植前 7～10d 在整好的畦上覆盖地膜以提高地温促进缓苗。定植前 3～4d 应将苗床浇透水利于起苗带坨，保护地春茬甘蓝定植应合理密植，以保证优质高产。早熟品种株行距 40cm×35cm，每 667m² 定植密度为 4 500～5 000 株。定植时先用打孔器按株行距在覆盖地膜的栽培畦上打孔，将苗摆到定植孔内，注意尽量不散坨、不伤根。在根部培适量土稳苗，然后点浇水，水渗下后覆土。覆土高度不能掩盖幼苗真叶，定植后用土将定植孔周围地膜封严。

（五）田间管理

保护地栽培管理关键是处理好棚内温度、湿度关系及提高地温，以加速甘蓝的生长。早春定植时气温较低而又不稳定，有时还受寒流影响。因此定植后要闷棚 10d 左右，待缓苗后并开始生长时，开始通风，通风口由小到大，使棚内白天温度保持在 15～25℃，夜间 10℃左右。

定植后塑料拱棚内前期气温较低，蒸发量较小，浇缓苗水要少，以免降低地温。一般 5～7d 后可缓苗，缓苗后的幼苗开始生长时可进行中耕，提高地温，促进幼苗根系生长。保护地栽培后期气温回升，棚内温度、湿度上升较快，在高温、高湿条件下，幼苗外叶易徒长，结球延迟，甚至不结球。因此要及时通风、控温，保持棚内气温白天不高于 28℃，夜间控制在 10℃左右。结球期适当降低棚温，采用通大风，保持 18～20℃，利于结球。莲座后期及时结束蹲苗，可随水追肥，每 667m² 施尿素 10～15kg，以后每隔 10～15d 浇水 1 次，每次浇水要选晴天上午进行，浇水后要放风排湿。结球后期应控制浇水次数和水量，以免裂球。

（六）采收

保护地栽培，为争取提早上市，当叶球充实度达七八成熟即可陆续采收上市，一般单球重在 0.8～1.0kg。采收时在叶球下部保留 2～3 片莲座叶，以保护叶球。必要时可采用泡沫网袋包装，避免在运输中遭遇挤压和机械损伤，提高叶球商品性。

第四节　生产中的主要问题及其克服途径

一、甘蓝裂球的原因及其克服途径

甘蓝裂球是指叶球完全成熟后，没有及时采收，导致出现叶球开裂；或因管理措施不当，叶球未完全达到商品标准就产生叶球开裂现象（图 12 - 22）。最常见的是叶球顶部开裂，有时侧面也开裂，轻者仅叶球外面几层叶片开裂，重者开裂可深至短缩茎。裂球后的甘蓝几乎没有商品价值。

1. 发生原因

（1）外界环境引起。在叶球形成过程中，遇到高温及水分过多的环境，致使叶球的外

图 12 - 22 甘蓝裂球

侧叶片已充分成熟，而内部叶片继续生长，外部叶片承受不住内部叶片生长的压力而导致叶球开裂。

（2）栽培季节和品种熟性不同引起。一般春季栽培早熟品种叶球成熟后不及时采收，或秋季栽培早熟和中熟品种定植过早，都可引起严重裂球。晚熟品种相对而言不太容易出现裂球现象。

（3）品种质地不同引起。甘蓝的不同品种抗裂球的能力不同，一般来说，质地脆嫩、品质较佳的早熟春甘蓝品种容易裂球，而质地较硬、纤维素含量较高的品种较耐裂球。

2. 防止措施

（1）选择耐裂球的品种。甘蓝叶球开裂与否主要取决于品种遗传特性，不同品种抗裂球性有所差异，生产中为满足市场对叶球品质的需求和栽培中对叶球耐裂性的需求，应兼顾选择品质和耐裂球性的品种。

（2）成熟叶球及时采收。当甘蓝叶球包合达到紧实时，要及时采收。尤其是叶球成熟期在雨季时，要在叶球包合达到七八成时就开始采收，陆续上市，防止暴雨过后导致大面积叶球开裂。在甘蓝成熟期，如果田间有裂球现象发生，即使部分叶球未达到完全成熟，也要立刻采收。

（3）结球期肥水供应要均匀。甘蓝需肥需水量较大，加强肥水管理，保持土壤湿润，收获前不要肥水过大，尤其要注意水分的均衡供应，避免由于水分过多出现裂球。选择地势平坦、排灌方便、土质肥沃的土壤种植甘蓝。

二、甘蓝结球松散甚至不结球现象及其克服途径

甘蓝优良品种在正常的栽培条件下，都会形成叶球。但在不正常的栽培条件下，就容易发生不结球或结球松散，失去食用价值或降低商品性。这种现象是引起甘蓝减产的一个重要因素。

1. 发生原因

（1）品种生物学混杂导致结球不实。甘蓝品种与其变种间极易发生杂交，在育种时未

采取有效的隔离措施，容易产生变种间的串花杂株，杂株一般较高大，形态差异较大，长成的植株一般不结球。

（2）定植时期不适宜。甘蓝在温光条件不适宜时，容易发生不结球或结球松散的现象。如结球期温度在25℃以上，或结球期遇长时间阴雨天光照不足，甘蓝叶片光合同化物质积累少；或露地秋甘蓝播种定植过早，栽培密度过大等，均会导致结球期环境条件不适宜，影响叶球形成。

（3）栽培管理粗放，肥水条件差，或土壤水分过多，土壤通气不良，均可能出现不结球或结球松散现象；苗期幼苗徒长或控苗过度形成老化苗，也会导致结球不紧实现象产生。

（4）病虫危害。害虫咬断植株生长点导致植株不能正常生长，或叶片受害虫危害导致莲座叶面积过小，引起结球松散或不能结球；植株感染病毒病、黑腐病、枯萎病和根肿病等病害，引起叶片萎缩、黄化或根系受阻等不良现象，使植株光合作用减弱，导致叶球松散或不结球。

2. 克服途径

（1）选用高质量的种子。甘蓝制种时必须隔离，防止天然杂交；易相互杂交的变种、品种间需进行严格隔离。

（2）同地理位置的不同海拔高度，播种和定植期也不相同，可根据栽培地区的自然条件特点确定适宜的播种和定植期。

（3）施足基肥，合理追肥，特别在莲座后期及结球期，要有充足的肥水供给。科学施肥，重视氮、磷、钾肥的配合施用，注意钙、硼等微肥的追施。栽培时选择含钙多的土壤、基肥多用有机肥、结球前增施钾肥等。

（4）加强病虫害防治，减少病虫危害。

三、越夏甘蓝生产中病害发生及其克服途径

我国北方地区越夏甘蓝生产中的主要病害包括枯萎病、黑腐病等，长年连作容易导致枯萎病等病害蔓延，这也成为困扰北方越夏甘蓝生产的最主要问题。

1. 发生原因　甘蓝枯萎病是近年传入我国的一种毁灭性病害，该病主要造成植物黄萎，影响甘蓝结球，最终导致枯死。发病田间可见明显的断垄死苗现象，产量损失平均高达30%以上，严重时往往毁种绝收。甘蓝枯萎病菌在土壤中可存活数年之久，可通过病土和水流传播。此外，播种带菌的种子也可传病，而带病的叶球（即产品）、种子和土壤是远距离传病的主要途径。据研究，该病的传播速度很快，即使在病田走1次，再进到无病田，鞋底上带的病土即可将病害传染给无病田。

2. 防止措施　由于枯萎病属于土传维管束病害，病原菌厚垣孢子抗逆性强，在土壤中存活时间长，农业及化学防治方法均难以控制。

（1）种植抗病优良品种。实践证明，培育及利用抗病品种是控制病害最根本、最安全且最为经济有效的途径。

（2）种子消毒。加强种子消毒处理，实行无病土育苗，杜绝发病初侵染源。选择从未

种植过十字花科作物或从未发生过甘蓝枯萎病的田块作为苗床，播种前将苗床土耙松、耙平，施适量底肥或者撒施适量尿素做基肥，并进行必要的药剂处理，混匀后将种子直接撒播于苗床上，以降低病害发生危害程度。

（3）加强田间管理。蹲苗适度，防止苗期土壤干旱，遇有苗期干旱年份地温过高宜勤浇水降温，确保根系正常发育。及时清理田园，清除前茬和田间发病植株及病残体，防止其随农事操作在田间传播或者成为病害的侵染来源。具体做法是：在夏季 7～8 月间将病残体集中堆放于阳光可直射的地方，然后用塑料薄膜覆盖，利用太阳光升高薄膜下温度直至病残体全部腐烂，从而杀死病菌，有利于控制病害田间扩展危害和蔓延。

（4）轮作栽培。轮作在一定程度上可以控制土传病害。建议选择与非十字花科蔬菜（如葫芦科、茄科等）进行 3 年以上轮作，以减少因为连作造成的土壤中枯萎病菌的累积，控制病害的发生危害。

（5）茬口调整，适期移栽，避开发病高峰期。我国北方甘蓝枯萎病发病高峰期集中在 6～9 月，因此春甘蓝适当提前播种、秋甘蓝适当推迟播种可避开枯萎病的发病高峰，从而减轻枯萎病对甘蓝的危害。

四、甘蓝生产中未熟抽薹及其克服途径

春甘蓝未熟先期抽薹是指在春季栽培甘蓝，当植株长到一定大小时，遇到一定的低温感应通过春化，或在幼苗期间就满足了其春化要求，在秧苗移栽以后，一旦遇到长日照，就不能继续营养生长形成叶球，而转入生殖生长抽薹开花（图 12 - 23），导致降低或完全失去其商品价值的现象。

图 12 - 23　甘蓝未熟孕薹和抽薹

1. 发生原因

（1）播种期和定植期不适宜。结球甘蓝品种不同，冬性强弱也不同，春甘蓝品种在不同地区其播种时期有所不同。如果播种过早，低温来临时营养体达到春化标准，植株就容易感受低温而通过春化，导致未熟抽薹。即使播期适宜，但幼苗定植过早，在正常气候年份能正常形成叶球，若遇到春季长期低温，或"倒春寒"，也会引起未熟抽薹现象发生。

（2）品种不适宜。选用不适宜品种进行保护地早春栽培，导致甘蓝未熟抽薹现象发生。例如，用夏甘蓝品种进行春季栽培，品种冬性弱，幼苗在较高温度条件下即可通过春化阶段而抽薹开花，导致减产甚至绝收。

（3）结球甘蓝在不同土壤上的生长是有差异的。在同一定植期，沙性土壤栽培甘蓝生长速度快，发生未熟抽薹率相对较高；黏性土壤栽培甘蓝生长较慢，发生未熟抽薹率相对较低。因此，在栽培春甘蓝时，应根据不同土壤质地，选择适宜的定植时期，尽量保证植株生长期尤其是结球期的营养供应，使植株能够正常形成产品器官，避免出现未熟抽薹现象，影响产量和效益。

2. 防止措施

（1）选择冬性强的优良品种。如中甘 21、中甘 56、秦甘 50、秦甘 58、8398、宝蓝 4号等优良耐抽薹甘蓝品种。

（2）选择适宜播种期和定植期。甘蓝春季栽培若遇到倒春寒，要采取相应栽培措施，比如可在植株上覆盖塑料膜，保证植株能正常形成产品器官。

（3）加强栽培管理，培育壮苗。定植缓苗后，要加强肥水管理，促进营养生长，防止过于干旱和缺肥而导致的未熟抽薹。

第五节 北方二季作地区甘蓝发展趋势

北方二季作地区甘蓝种植水平较高，栽培模式多种多样。近年来，随着我国蔬菜产业的发展，甘蓝生产面积也迅速增加，特别是随着市场需求、生产基地及茬口的变化，甘蓝种植模式也由过去的春、秋二季种植发展到多茬多模式种植。夏季和冬春季是甘蓝生产和供应的淡季，利用北方二季作地区气候特点的多样性，在高山或者高原地区夏季进行结球甘蓝的生产，在平原地区冬春季利用设施进行反季节甘蓝的生产，其种植效益、产量和品质均具有明显的优势。从市场对高品质甘蓝需求以及农户种植意愿上来看，高原越夏甘蓝面积和冬春保护地栽培面积具有逐渐扩大的发展潜力和趋势。

为满足甘蓝品种多样化需求，迫切需要培育适应北方甘蓝不同产区和不同茬口需求的广适多抗优质专用品种类型；为提高甘蓝生产效率和优质甘蓝供给，迫切需要集成绿色轻简化生产技术、全程智能化机械化栽培技术和病虫害生态防控技术，建立甘蓝安全优质生产技术规程，按照绿色甘蓝生产的要求，改善和优化菜田生态系统，创造有利于甘蓝生长发育的环境条件，实现生产优质甘蓝产品、满足甘蓝产业发展的目的。

◆ **主要参考文献**

安匀彬，2009. 日光温室甘蓝栽培技术 ［J］. 中国蔬菜（3）：38 - 39.

陈靖，王艳菲，2015. 日光温室结球甘蓝—黄瓜—辣椒一年三种三收高效栽培技术 ［J］. 蔬菜（10）：49 - 50.

杜春凤，贾宝玲，冯宝芹，2011. 秋冬茬甘蓝—冬春茬甘蓝—早春茬尖椒周年生产高效栽培技术 ［J］. 蔬菜（10）：21 - 23.

董军，李慧楠，赵利民，等，2019. 春甘蓝先期抽薹原因及预防措施 ［J］. 西北园艺（综合）（6）：41 - 42.

方智远，2007. 我国甘蓝生产和市场的变化及对策建议——在首届中国蔬菜种业发展论坛北京峰会上的讲话摘要 [J]. 中国蔬菜 (9)：4-5.

方智远，2008. 我国甘蓝产销变化与育种对策 [J]. 中国蔬菜 (1)：1-2.

方智远，等，2017. 中国蔬菜育种学 [M]. 北京：中国农业出版社.

方智远，2021. 甘蓝类蔬菜育种团队 50 年发展的几点体会 [J]. 中国蔬菜 (1)：1-3.

方智远，刘玉梅，杨丽梅，等，2002. 我国甘蓝遗传育种研究概况 [J]. 园艺学报，29（增刊）：657-663.

方智远，刘玉梅，杨丽梅，等，2003. 以胞质雄性不育系配制的早熟秋甘蓝新品种"中甘 22"[J]. 园艺学报 (6)：761-778.

方智远，刘玉梅，杨丽梅，等，2007. 雄性不育系配制的甘蓝新品种及其繁育技术 [J]. 长江蔬菜 (11)：32-34.

方智远，刘玉梅，杨丽梅，等，2007. 甘蓝杂种优势育种技术研究和中甘系列新品种选育回顾与展望 [J]. 中国农业科学，40（s）：320-324.

方智远，孙培田，刘玉梅，等，1987. 北方地区早熟春甘蓝新品种"中甘 11 号"的选育 [J]. 中国蔬菜 (4)：1-4.

方智远，孙培田，刘玉梅，等，1996. 早熟春甘蓝新品种 8398 的选育 [J]. 中国蔬菜 (1)：5-8.

方智远，孙培田，刘玉梅，等，2008. 甘蓝栽培技术 [M]. 北京：金盾出版社.

方智远，张扬勇，刘玉梅，等，2010. 高山（高原）夏菜中的甘蓝 [J]. 中国蔬菜 (19)：12-13.

冯顺富，毕树广，2003. 滦南县稻区稻菜双茬种植模式的应用与推广 [J]. 张家口农专学报，19 (3)：26-28.

高富欣，刘佳，闫书鹏，等，2005. 我国甘蓝品种市场需求的变化趋势 [J]. 中国蔬菜 (2)：41-42.

耿丽华，迟胜起，焦晓辉，等，2009. 北京延庆县甘蓝枯萎病病原菌的分离及其生物学特性的研究 [J]. 中国蔬菜 (2)：34-37.

郝春燕，张峰豪，王惠林，等，2015. 移栽机械在甘蓝类蔬菜上的试验示范 [J]. 上海蔬菜 (5)：89-91.

郝金魁，张西群，齐新，等，2012. 工厂化育苗技术现状与发展对策 [J]. 江苏农业科学，40 (1)：349-351.

何其伟，郭素英，等，1993. 十字花科蔬菜优势育种 [M]. 北京：农业出版社.

侯岗，武永慧，王翠仙.2014. 早熟甘蓝新品种"惠丰 8 号"[J]. 园艺学报，41 (8)：1747-1748.

侯三元，孙培田，方智远，等，2018. 割球和覆二膜"提高圆球类型甘蓝制种产量的方法和效果"[J]. 中国蔬菜，356 (10)：91-93.

贾宝玲，冯宝琴，2009. 春甘蓝—大葱—秋大白菜高效种植 [J]. 中国蔬菜 (5)：42-43.

简元才，丁云花，屈广琪，2007. 秋甘蓝新品种秋甘 1 号的选育 [J]. 中国蔬菜 (12)：29-31.

简元才，丁云花，屈广琪，2008. 早熟春甘蓝新品种春甘 2 号的选育 [J]. 中国蔬菜 (2)：35-37.

康俊根，丁云花，简元才，2010. 耐裂夏秋甘蓝新品种秋甘 4 号的选育 [J]. 中国蔬菜 (20)：74-76.

康俊根，田仁鹏，耿丽华，等，2010. 甘蓝枯萎病种质资源的筛选及抗性基因分布频率分析 [J]. 中国蔬菜 (2)：15-20.

康俊根，丁云花，简元才，2013. 秋甘蓝新品种秋甘 5 号的选育 [J]. 中国蔬菜 (18)：96-98.

孔枞枞，刘星，邢苗苗，等，2018. 甘蓝黑腐病和枯萎病兼抗材料的鉴定筛选 [J]. 中国蔬菜 (6)：22-31.

李宝筏，2003. 农业机械学 [M]. 北京：中国农业出版社.

李春峰，张永奇，胡玉珍，等，2009. 冬春茬日光温室辣椒—豆角—甘蓝立体高效种植模式 [J]. 农业工程技术（温室园艺）(2)：28-29.

李明远，张涛涛，李兴红，等，2003. 十字花科蔬菜枯萎病及其病原鉴定 [J]. 植物保护，29 (3)：44-45.

李现国，田志强，2008. 春甘蓝—夏大葱—秋甘蓝套种技术 [J]. 河北农业科技 (2)：13.

李兆虎，王神云，王红，等，2014. 春甘蓝日光温室优质高效栽培技术 [J]. 蔬菜 (10)：53-54.

梁松练，李志伟，2004. 南方蔬菜生产机械化的特点与对策 [J]. 农机化研究 (9)：47-48.

刘玉梅，方智远，孙培田，1985. 甘蓝品种中甘十一号 [J]. 农业科技通讯：10.

刘玉梅，方智远，孙培田，等，1996. 秋甘蓝新品种中甘 9 号的选育 [J]. 中国蔬菜 (4)：6-8.

吕红豪，方智远，杨丽梅，等，2011. 甘蓝枯萎病抗源材料筛选及抗性遗传研究 [J]. 园艺学报，38 (5)：875-885.

吕红豪，方智远，杨丽梅，等，2019. 保护地甘蓝高产高效栽培技术 [J]. 中国蔬菜 (7)：97-102.

吕红豪，庄木，杨丽梅，等，2019. 早熟春甘蓝新品种'中甘 628'[J]. 园艺学报，46 (7)：1421-1422.

糜南宏，赵映，秦广明，2014. 蔬菜全程机械化研究现状与对策 [J]. 中国农机化学报，35 (3)：66-69.

蒲子婧，张艳菊，刘东，等，2012. 甘蓝枯萎病研究进展 [J]. 中国蔬菜 (6)：1-7.

申永铭，李海源，陈爱昌，等，2017. 甘肃定西地区甘蓝枯萎病病原菌的分离与鉴定 [J]. 植物保护，43 (4)：180-184.

王翠仙，武永慧，谷晓滨，2011. 秋早熟甘蓝新品种'惠丰 7 号'[J]. 园艺学报，38 (12)：2417-2418.

魏福敏，2014. 日光温室秋冬茬菜豆、甘蓝（结球生菜）间套作茼蒿（小茴香）高效栽培技术 [J]. 中国蔬菜 (1)：75-77.

武永慧，1994. 理想一号甘蓝露地越冬制种几个关键技术 [J]. 北方园艺 (5)：14-15.

武永慧，王翠仙，程伯瑛，等，2005. 甘蓝新品种惠丰 1 号的选育 [J]. 中国蔬菜 (1)：30-32.

徐菊敏，于海欧，王云爱，2013. 早熟春甘蓝保护地栽培技术 [J]. 蔬菜 (3)：7-8.

许忠民，张恩慧，程永安，等，2007. 抗病优质甘蓝品种秦甘 60 [J]. 长江蔬菜 (1)：8.

许忠民，张恩慧，程永安，等，2015. 甘蓝新品种'秦甘 1265'[J]. 园艺学报，42 (7)：1413-1414.

杨丽梅，方智远，刘玉梅，等，2011. "十一五"我国甘蓝遗传育种研究进展 [J]. 中国蔬菜 (2)：1-10.

杨丽梅，方智远，刘玉梅，等，2011. 抗枯萎病耐裂球秋甘蓝新品种'中甘 96'[J]. 园艺学报，38 (2)：397-398.

杨丽梅，方智远，刘玉梅，等，2004. 以显性雄性不育系配制的早熟秋甘蓝新品种'中甘 18'[J]. 园艺学报，(6)：837.

杨丽梅，方智远，庄木，等，2016. "十二五"我国甘蓝遗传育种研究进展 [J]. 中国蔬菜 (11)：1-6.

杨丽梅，方智远，张扬勇，等，2020. 中国结球甘蓝抗病抗逆遗传育种近年研究进展 [J]. 园艺学报，47 (9)：1678-1688.

杨丽梅，刘玉梅，王晓武，等，1999. 春甘蓝新品种'中甘 15 号'[J]. 园艺学报，26 (2)：137.

杨丽梅，张扬勇，方智远，等，2008. 近年来秋冬甘蓝育种研究进展 [C] //中国园艺学会十字花科蔬菜分会. 中国园艺学会十字花科蔬菜分会第六届学术研讨会暨新品种展示会论文集. 北京：中国园艺学会.

杨明，1990. 内配号系列甘蓝品种简介 [J]. 现代农业 (1)：35.

张恩慧，程永安，许忠民，等，2001. 春秋两用型甘蓝新品种——秦甘 80 [J]. 园艺学报，28 (5)：484.

张扬勇，方智远，刘玉梅，等，2005. 早熟春甘蓝新品种中甘 21 的选育 [J]. 中国蔬菜 (10/11)：28-29.

张扬勇，方智远，杨丽梅，等，2018. 保护地专用春甘蓝新品种'中甘 56'[J]. 园艺学报，45 (9)：1861-1862.

张扬勇，方智远，杨丽梅，等，2020. 露地越冬甘蓝新品种'中甘 1305'[J]. 园艺学报，47 (3)：607-608.

张扬勇，庄木，孙世贤，等，2014. 2014 年国家鉴定的甘蓝品种 [J]. 中国蔬菜 (7)：87-88.

张桢，2007. 甘蓝夏季工厂化穴盘育苗技术 [J]. 上海蔬菜 (5)：59-60.

周祥，2008. 定西市甘蓝生产现状分析及对策 [J]. 农业工程技术（温室园艺）(4)：32-32.

庄木，方智远，孙培田，等，2001. 利用显性雄性不育系配制的甘蓝新品种'中甘 16'、'中甘 17'[J].

园艺学报（2）：183-190.

庄木，方智远，刘玉梅，等，2010. 春甘蓝新品种'中甘192'［J］. 园艺学报，37（11）：1881-1882.

兆辉，陈春宏，邰翔，2020. 甘蓝机械化栽培研究进展［J］. 长江蔬菜（3）：8-11.

（康俊根　张恩慧）

北方一季作地区甘蓝栽培

‧‧ ［中 国 结 球 甘 蓝］

第一节　甘蓝在北方一季作地区蔬菜产业中的地位

一年一季作地区是指在自然环境条件下，没有保护措施的露地，大多数农作物一年只能完成一个生长周期的地区。我国一年一季作地区，主要分布在北纬43°以北的广大地区。甘蓝北方一季作区主要集中在黑龙江、吉林、内蒙古东北部以及新疆北疆地区。这些地区地形地貌以平原、山地为主，其中的长白山、兴安岭是东北生态系统的重要天然屏障；三江平原、松嫩平原，土层深厚；黑龙江、乌苏里江、松花江等主要河流发源这里，水资源丰富。

一、自然条件

（一）气候条件

1. 北方寒地黑土耕作区　黑龙江省和吉林省属于温带大陆性季风气候，全年平均气温在4～6℃，最高气温30℃，最低气温零下30℃。受季风气候影响，各地差异较大。无霜期80～130d，年平均降水量400～550mm。

内蒙古海拉尔区属中温带半干旱大陆性草原气候，特点是春季多大风而少雨，蒸发量大；夏季温凉而短促，降水集中；秋季降温快，霜冻早；冬季严寒漫长，地面积雪时间长；年平均气温为-2～-1℃，年平均降水量350～370mm，年无霜期平均130d。兴安盟属于温带大陆性季风气候，年平均气温大部分地区为4～6℃，无霜期大部分地区为120～140d，岭西北为51d，年平均降水量在370～465mm。

2. 新疆北疆农业区　新疆北疆农业区，分布在北纬43°～45°，为温带大陆性干旱半干旱气候，年均气温2～8℃，全年降水量150～200mm，无霜期140～180d，四季分明。夏季炎热干燥，热量充足，光照强烈，有利于瓜果着色；昼夜温差大，有利于蔬菜作物的糖分积累；有稳定的灌溉水源。

（二）土壤条件

1. 北方寒地黑土耕作区　北方寒地黑土耕作区，跨越黑龙江省大部、吉林省北部和内蒙古海拉尔区和兴安盟。该地区森林资源丰富，生态环境优良，有超过1 300万 hm² 优质黑土耕地，土壤有机质含量高，平均3%～6%。其中东南部为玉米和水稻主产区，东北部为大豆、马铃薯主产区，此耕作区处于黑龙江流域、松花江流域和嫩江流域，水力资源丰富（李瑜，2016）。

2. 新疆北疆农业区　该地区土壤类型较多，以风沙土、棕漠土、棕钙土和寒冻土为主（杨利普，1981），土壤有机质含量较低，小麦、玉米、棉花、甜菜和高粱是主要农作物，瓜果类作物是新疆绿洲的特色农产品。

二、主要栽培季节及种植模式

（一）寒地春甘蓝栽培

一年一季作地区，2月上旬至6月下旬是当地春甘蓝栽培的主要季节。20世纪90年代以前主要是春季早熟露地栽培，90年代后期由于温室、大棚的普及，开始出现春季保护地提早栽培模式。春季提早栽培一般在2月初温室播种，温床育苗，3月中下旬保护地内定植，5月上中旬上市；春季早熟露地栽培3月初温床育苗，4月末至5月初定植露地，6月中下旬上市。

（二）寒地秋茬甘蓝栽培

寒地秋茬甘蓝栽培期为6月至10月上旬。露地秋甘蓝栽培一般6月中旬小棚播种，7月末定植，露地栽培选择生长期60～65d的早熟品种，10月上旬上市。也可以通过一定的防寒，选择生长期65～75d的中熟品种进行秋延后栽培，10月中下旬上市。

（三）寒地春秋茬甘蓝栽培

一年一季作地区的北部地区，包括大兴安岭南麓、小兴安岭东部和三江平原北部地区。无霜期80～90d，保护地设施少，选择大型晚熟甘蓝，3月末温床播种，5月末到6月上旬定植，9月下旬到国庆节前收获。

（四）新疆北疆春到夏季栽培

一年一季作地区的新疆北部地区，包括乌鲁木齐、昌吉、石河子、奎屯和乌苏等地，春季日光温室栽培选择生育期短的春甘蓝品种，2月下旬育苗，6月上旬收获。

（五）新疆北疆春到秋季栽培

一年一季作地区的新疆北部地区，采用露地覆膜栽培形式，4月中上旬直播，7月中上旬收获，生长期80～90d（鲁建新，2015）。

三、甘蓝在本地区蔬菜生产中的重要地位

甘蓝具有喜冷凉、适应性强、耐贮运、产量高、易栽培等特点，是中国东北、西北等地区春、夏、秋三季的主要蔬菜之一。以黑龙江省为例，早期生产上的品种主要是海拉尔4号、红旗磨盘、金早生、迎春、黑叶小平头、京丰一号及东农系列早、中、晚熟类型，产区集中在大、中城市郊区。改革开放以来，中甘11、8398、中甘8号、中甘9号和中甘15等品种开始大面积推广。1991年黑龙江省甘蓝的栽培面积近万公顷，仅次于大白菜、马铃薯和萝卜，为第四大宗蔬菜（表13-1）。

表 13 - 1　1991 年黑龙江省大宗蔬菜播种面积及产量

(引自中国蔬菜专业统计资料，1992)

大宗秋菜种类	播种面积（万 hm²）	总产量（万 t）	平均产量（kg/hm²）
大白菜	7.01	249.9	35 655.0
甘蓝	0.94	34.1	36 360.0
萝卜	1.023	26.7	21 696.0
马铃薯	6.03	14.0	23 184.0

　　21 世纪以来，黑龙江省结球甘蓝栽培面积有所减少，主要集中在沿江对俄开放的 14 个边境口岸地区，作为主要对俄贸易商品（李巧莲，2015）。近 5 年来，国家加强东北老工业基地建设，成立了 200 多家寒地果蔬生产合作社，从事"对俄出口""北菜南运"的生产（于振华等，2014），结球甘蓝栽培面积逐渐增加。栽培方式也从传统的秋露地栽培，逐渐发展到节能日光温室栽培、塑料大棚栽培、中小棚栽培等多样化模式。生产季节也随之拉长，从 2 月中旬开始到 11 月初结束，茬口有春种夏收、越夏和春种秋收等多种类型。该区域的栽培品种主要是中甘 21、8398 和京丰一号。近年来，日本、韩国和荷兰的品种也引进北方寒地栽培，但因其种子价格昂贵，所以栽培面积不大。

<h2 style="text-align:center">第二节　甘蓝在北方一季作地区栽培发展概况</h2>

<h3 style="text-align:center">一、主要栽培地区及面积</h3>

　　北方一季作地区结球甘蓝主要栽培区域包括黑龙江、吉林、内蒙古东北部和新疆北疆地区。根据 2006 年农业部统计资料（表 13 - 2），该地区甘蓝栽培面积约 2.72 万 hm²，占全国甘蓝种植面积的 2.90%，总产量约 108.2 万 t，占全国甘蓝总产量的 3.52%（此数据不包含内蒙古自治区一季作甘蓝栽培数据）。黑龙江南部、吉林的主要栽培方式是春季保护地提早栽培、春露地栽培、秋露地栽培模式等；黑龙江对俄口岸地区主要是夏秋露地栽培模式，以中早熟或中晚熟圆球类型品种为主；新疆北部地区和大、中城市郊区，一年只种一茬，以春种夏收、夏种秋收、春种秋收等栽培模式为主。

表 13 - 2　北方一季作地区甘蓝的主要栽培季节和类型

(2006 年农业部统计资料)

省份	栽培类型		播种面积（万 hm²）	总产量（万 t）	产量占全国比重（%）
	春季	夏秋季			
黑龙江	露地栽培、大棚栽培	露地栽培	1.43	54.5	1.77
吉林	露地栽培、大棚栽培	露地栽培	0.74	28.2	0.92
新疆	露地栽培、节能日光温室栽培	夏秋露地栽培	0.55	25.5	0.83
总计			2.72	108.2	3.52

二、栽培历史和品种的发展变化

东北地区和新疆地区是结球甘蓝最早传入我国的地区，史料记载如"俄罗斯菘"、"老羌白菜"和"阿罗斯菜"等，均为结球甘蓝在东北地区具有特色的名称，后世很多地方史志大都沿袭了这种叫法。康乾时期从俄罗斯传入我国东北的结球甘蓝数量极为有限，仅仅是上层官吏有幸享用的贡品之一，如《龙沙纪略》有"老枪菜，即俄罗斯菘也……郊圃种不满二百本，八月移盆，官弁分偿之，冬月包纸以贡。"记述嘉庆年间黑龙江地方风土的《黑龙江外纪》载有"老羌白菜，其种自俄罗斯来，人家偶见之，非园圃所种"，说明从康熙末年一直到19世纪初的1个多世纪里，结球甘蓝都未在东北地区推广普及，仍然是东北罕有的蔬菜品种。直到清朝末年，东北史志中关于结球甘蓝的记载逐渐增多，而其称谓也有了明显的变化，如光绪三十二年（1906）的辽宁《兴京厅乡土志》："西洋白……俗曰疙疸白，盖其种来自西域也，种者甚多，大者至廿余斤重。"又如宣统二年（1910）的黑龙江《宾州府政书》："又西洋白菜，叶紧抱一处成圆形，大者重约一斤余"，"西洋白"名称的出现表明结球甘蓝很可能在清末通过通商口岸直接从西方传入了我国东北地区，而"种者甚多"则说明结球甘蓝的种植利用已在此地区逐渐推广开来。

结球甘蓝一年一季作地区，基本上处于我国北方高纬度地区，纬度跨度为北纬43°～53.5°。冬季气候寒冷，夏季短期炎热，生长期短，南部地区无霜期130d，中部100～120d，北部极地90d左右。南部地区≥10℃的有效积温2 600℃，中部2 000～2 500℃，北部极地1 600℃，热量资源少，是这一地区结球甘蓝生产的主要限制因子，然而这一地区病虫害少，又是结球甘蓝生产的有利因素。这一地区冬季晴天多，平均日照百分率65%左右，冬季在补充热量和光照的情况下，通过发展各种设施来生产结球甘蓝，可实现结球甘蓝的春提早和秋延后。

黑龙江省的哈尔滨、大庆、绥化、牡丹江地区，吉林省榆树和松源地区，主要采取春季保护地提早栽培、春露地栽培、秋露地栽培等模式，面积在0.2万hm²左右。春早熟栽培品种主要是中甘系列及少部分日本、韩国的早熟圆球类型品种；秋甘蓝栽培品种主要是东农系列和京丰一号等中早熟扁圆和圆球类型。黑龙江省的东宁、绥芬河、鸡东、密山、虎林、饶河、抚远、同江、绥滨、萝北、嘉荫、逊克、黑河、呼玛、漠河等15个县市靠近俄罗斯边境，结球甘蓝生产主要用于对俄出口，面积大约1 300～2 000hm²，栽培品种多为荷兰进口的中晚熟类型和日本、韩国的中早熟圆球类型品种。新疆北部地区和大、中城市郊区甘蓝栽培面积1 000～2 000hm²，一年只种一茬，春种夏收后茬是秋白菜，夏种秋收前茬是春小麦，春种秋收栽培的都是生长期超过100d的传统农家品种。

三、栽培模式及栽培技术的发展变化

（一）传统露地晚熟甘蓝春种秋收栽培模式

黑龙江省是中国栽培结球甘蓝较早的地区，有20多个传统农家品种，在清末多由闯关东的农民种植，一部分自己消费，一部分供中欧铁路沿线的俄罗斯及东欧其他地区的侨民消费。栽培的品种为俄国侨民带来的，多是一些抗寒、优质、扁球、产量高的晚熟品种。3月中旬温床播种，5月末到6月初晚霜结束后择期露地定植，如表13-3所示。垄作，株行距55cm×60cm，9月下旬一直到10月上旬多次采收，大多数农家品种整齐度不太高，一般分3~4次采收完毕。这种栽培模式一直延续到20世纪70年代（许蕊仙等，1982）。

（二）春露地栽培模式

20世纪70年代以后，东北农业大学从辽宁大连、北京、上海和山西陆续引进了一批早、中、晚熟的春甘蓝和秋甘蓝品种，如金早生、北京早熟、迎春、黄苗、黑叶小平头、京丰一号等，北方寒地的中南部地区，才开始有露地的配套结球甘蓝栽培。栽培模式见表13-3所示。早熟甘蓝栽培在3月初温床播种育苗，5月初定植，垄作，6月末至7月初收获；中熟甘蓝栽培在3月末冷床播种育苗，6月初露地定植，7月末至8月中旬收获。

（三）秋露地栽培模式

晚熟甘蓝栽培采用早中熟、中熟品种，如京丰一号、黑叶小平头和当地选育的东农605等，6月中旬网室播种，7月20~30日定植大田，10月初开始收获到10中下旬上冻为止。目前，这种栽培模式仍是以黑龙江省为代表的北方寒地结球甘蓝栽培的主要方式（崔崇士等，2000）。

表13-3 北方寒地结球甘蓝露地不同栽培模式对比

栽培模式	播种时间	定植时间	收获时间
春播秋收甘蓝	3月中下旬	5月末至6月初	9月末至10月上旬
露地早熟春甘蓝	3月初	5月初	6月末至7月初
露地中熟春甘蓝	3月末	6月初	7月末至8月中旬
露地晚熟秋甘蓝	6月中旬	7月中下旬	10月中下旬

（四）冬春保护地栽培模式

1. 春甘蓝地膜覆盖提早栽培模式 这种栽培模式，可使黑土5cm土层平均增温4~5℃，从而促进甘蓝根系的生长，保持了土壤墒情，土壤结构疏松，有机质分解快，一次基肥施足而不用生长季节再追肥，另外又阻止了杂草的生长。地膜覆盖技术促进甘蓝早熟增产有显著作用，能使结球甘蓝较露地栽培提早5~7d定植，早期产量提高15%~20%，提早收获7~10d。

2. 春提早和秋延后一膜多用塑料小棚栽培模式 20世纪80年代，随着聚氯乙烯塑料棚膜的开发和利用，在北方寒地兴起了用塑料小棚生产结球甘蓝的栽培模式，其优点为投入少、成本低、见效快。如表13-4所示，以哈尔滨郊区新春乡为代表的简易设施栽培模式，在松花江地区、绥化地区、大庆市、齐齐哈尔市等有4 000hm²左右，对当时市场供应起到了至关重要的作用。小棚用8~12mm铁丝、竹条儿、柳条儿等弯成半拱形插入土中，跨度1.2~1.5m，正好覆盖2条垄（60~70cm），高0.9~1.1m，长15~30m。春季较露地提早7~10d播种，提早10d左右收获，15~20d后可撤掉小棚，用于覆盖其他果菜栽培。北方寒潮来得早，10月初，一些生长期超过65d的露地秋甘蓝，个别年份生长不足，或叶球表面球叶受冻变红，这时把简易小棚扣上，可延后 10～15d 收获，可提高秋甘蓝 15％的产量和商品率。一膜多用的塑料小棚栽培技术，在春早甘蓝、夏果菜和秋晚熟甘蓝生产中都能收到良好的经济效益（蒋先华等，2003）。

3. 春甘蓝塑料大棚提早栽培模式　塑料大棚蔬菜栽培技术，在 20 世纪 70 年代末引入北方寒地，主要栽培的蔬菜作物是密刺类型的水黄瓜；80 年代中后期东农系列早熟番茄进入大棚。1992 年东北农业大学首先将春结球甘蓝东农 606、东农 607 和中甘 11 在黑龙江省牡丹江市沿江乡蔬菜基地 100 多 hm² 塑料大棚中推广。2 月末温室播种，4 月 10 日后择期定植大棚，畦作，5 月末开始收获，比春露地提早 20～30d（表 13-4）。从此，开启了第 3 种春季蔬菜进入大棚的栽培模式，并在黑龙江省、吉林省北部和内蒙古海拉尔区推广了近 500 多 hm² 的面积。后又在哈尔滨市香坊区幸福乡、佳木斯市郊区沿江乡推广了"早甘蓝间作番茄后茬秋菜豆"和"早甘蓝间作春菜豆后茬秋黄瓜"的栽培模式，这种混合栽培模式，比较适合当地蔬菜发展的需要，一度推广 1 000hm² 左右。目前还是黑龙江省南部地区保护地蔬菜生产的一种主要方式（王超，2002）。

4. 春甘蓝寒地节能日光温室提早栽培模式　20 世纪 90 年代，从辽宁省引进了节能日光温室蔬菜栽培设施。后又在黑龙江省大庆、哈尔滨市周边开发了东农 98Ⅰ、东农 98Ⅱ型节能日光温室。由于这一地区冬季高寒，在 12 月至翌年 2 月极寒期，如果不额外加热增温，温室最低温不高于 5℃，很难进行越冬生产（沈能展，2002）。针对这一实际情况，东北农业大学开发了日光温室春甘蓝栽培模式，在 2 月初播种，4 月 1 日左右择期定植，采用垄作或高畦栽培方式，膜下滴灌，5 月中旬可以收获，采收时间比普通塑料大棚栽培提早 15d，比露地春甘蓝提早 30d。但由于北方寒地受到"南菜北运"的影响，5 月份的黑龙江春甘蓝市场多数是山东寿光、河北邢台和辽宁营口的甘蓝，地产甘蓝虽然品质上乘，但因此时市场已有大量外地甘蓝，造成甘蓝价格较低，再加上"节能日光温室"生产的春甘蓝成本较高，推广难度较大，未能成为该地区结球甘蓝主要的生产方式（陈伟健等，2017）。

表 13-4　北方寒地结球甘蓝不同保护地栽培模式对比

设施类型	播种时间	定植时间	收获时间
地膜覆盖	2 月下旬	4 月下旬	6 月上中旬
塑料小棚	2 月下旬	4 月中下旬	6 月上旬
塑料大棚	2 月中旬	4 月中旬	5 月下旬
节能日光温室	2 月上旬	4 月上旬	5 月中旬

5. 新疆北疆春甘蓝节能日光温室提早栽培模式　21 世纪以来，新疆北疆地区从山东寿光引入了大批节能日光温室，先后形成了多种保护地甘蓝生产模式。春提早大白菜—夏甘蓝—秋延迟番茄模式经济效益比较高，春提早大白菜于 1 月上旬育苗，4 月中旬开始收获；甘蓝于 2 月下旬育苗，6 月上旬收获；秋延迟番茄于 6 月上旬播种育苗，10 月中旬采收上市（陈远良，2015）。

第三节 北方一季作地区甘蓝栽培技术及其特点

一、春种秋收大型甘蓝栽培技术

春种秋收大型甘蓝是北方寒地一季作地区最早采用的栽培模式，目前在黑龙江省北部地区还有一些种植面积，可满足当地自产自销需求。

（一）前茬

一年一季春种秋收大型甘蓝，一般都在农作区栽培，如黑龙江省嫩江县的一些农场和林场等地。前茬最好选择大豆、春小麦，这样的茬口比较利于晚熟大型甘蓝的生长。要尽量避开向日葵、甜菜和玉米的茬口，这样的茬口当地叫"冷茬"，耗肥量大，加重施用基肥的负担。更不选"秋白菜"茬，这样的茬口枯萎和腐烂叶多，由于栽培田块面积大、机械作业，不能较好地清理田园，第 2 年结球甘蓝病虫害重。

（二）整地施肥

采用垄作栽培方式，秋季翻地，春季打垄，60～70cm 行距。每 667m² 施 5 000kg 腐熟鸡粪或牛粪，在上冻前用机械撒开，防止形成"粪底子"，第 2 年烧苗。秋翻地把粪覆盖，便于腐熟。

（三）播种育苗

生产上多采用黑龙江省等北部寒地特有品种，如红旗磨盘、海拉尔 4 号、晚丰，还有部分农家品种：如大平顶子、二虎头、西集磨盘、兰兰甘蓝、依兰甘蓝、吉秋甘蓝等。

传统的育苗方式为：3 月中下旬（3 月 20 日左右依天气情况）温床（电热线加温或马粪加温）播种。浇透底水，水渗后种子撒播，播后覆土 1cm，电热线通电，使床土温度保持在 25～28℃。5～7d 苗出齐后，适当降低床土温度至 18～20℃，白天不用加温，通风排湿；夜间加温，土温提高的同时，要防止夜间高温导致甘蓝苗徒长。后期床土温度保持 10～12℃，直到 1 叶 1 心。可不用浇水，晴天可通风，风雪天防冻加盖简易覆盖物（许蕊仙等，1982）。目前采用日光温室育苗，3 月中下旬温室播种，播干种子，室内温度尽量保持在 15～25℃，一般 5d 左右出齐苗，出苗后及时通风，逐渐降温，使温度保持在 10～20℃。

苗床床土要"见干见湿"，浇水应在晴天上午进行，在下午封床时浇水会造成幼苗徒长。一般在苗床管理期不额外追肥，除非个别床土缺营养，可叶面喷施 0.2% 的 KH_2PO_4。甘蓝幼苗到 6～7 片真叶，即 5 月末至 6 月初，苗床加大通风，定植前 5～7d 撤去所有覆盖物，进行炼苗。

（四）定植

6 月初的晴天上午进行定植，带床土起苗，按 60cm×60cm 的株行距或 70cm×50cm 的株行距挖定植穴，每 667m² 1 800～2 000 株，垄沟放水，插放苗，覆土。定植后 2～3d，浇缓苗水；缓苗后 7d，放大水浇灌，促苗生长。

（五）田间管理

这类品种多半在黑龙江省农作区栽培，都有较好的水利灌溉条件。北方寒地年降水量

500mm 以上，大多数集中在 7～8 月，可依据天气及降水情况，择期灌溉。该地区十年九春旱，所以第 1 个关键灌溉期是在莲座期前，6 月末左右，结球甘蓝这时正是需水的关键点，可选喷灌或大水垄灌，浇透。第 2 个关键的灌溉期是莲座后期，7 月末左右，这时期，有的年份会出现伏旱，需及时喷灌或大水垄灌，浇透。第 3 个关键的灌溉期是在 8 月 15 日以后，甘蓝处于结球初期，及时补充水分，利于提早结球，提高单球重。

一年一季春种秋收大型结球甘蓝，生长期长，往往需要"三铲三蹚"的耕作方式，结合灌水及时铲地、松土、消灭杂草。第 1 次铲、蹚在 6 月末至 7 月初，第 1 个关键灌水期后进行；第 2 次铲、蹚在 7 月末至 8 月初，第 2 个关键灌水期后进行；第 3 次铲、蹚在 8 月 20 日左右，第 3 个关键灌水期后进行。

该类大型结球甘蓝生长期长，如果土壤肥力不足，结球中后期就会脱肥，造成结球不紧实的现象，不结球率会提高。关键的追肥主要分 3 次，第 1 次莲座期前，追施"提秧肥"，按每 667m² 15～20kg 尿素，随灌水追施或抢在雨前追施。第 2 次在莲座后期，追施"团棵肥"，按每 667m² 20～25kg 尿素或磷酸二铵，随灌水追施或抢在雨前追施。第 3 次在结球中期，追施"壮心肥"，按每 667m² 15～20kg 尿素，随灌水追施或抢在雨前追施。

春种秋收大型结球甘蓝主要病害有黑腐病、霜霉病，主要虫害有小菜蛾、甘蓝夜蛾等。对于病害主要选用抗病品种、种子消毒、轮作换茬、加强田间管理等，预防病害发生。如果发病可在早期选用低毒、低残留农药防治。虫害首选农业防治、生物防治、物理防治方法，其次选用化学防治，以减少结球甘蓝的农药残留。

（六）采收

大型结球晚熟甘蓝，一般在 9 月 30 日以后陆续成熟，这类结球甘蓝品种多数是常规农家品种，成熟期不太集中，可从 9 月 30 日至 11 月 2 日前分批采收。第 1 批可作秋甘蓝上市，第 2 批可以作商品菜"北菜南运"，第 3 批可以用于当地冬季贮藏。

二、露地春甘蓝栽培技术

（一）前茬

北方寒地春甘蓝，在当地结球甘蓝生产上占有较大比重。春甘蓝一般在城市远郊区栽培，前茬是大葱、大蒜和韭菜茬口，尽量避开秋白菜、秋甘蓝和萝卜等十字花科蔬菜茬口，病虫害轻。

（二）整地施肥

选择地势平坦、排灌方便、交通便利、最好有防护林的田块，垄作栽培。秋季翻地，春季打垄，60cm 垄距。每 667m² 施 3 000～3 500kg 腐熟猪粪或鸡粪，上冻前用机械撒开，防止形成"粪底子"，导致甘蓝定植后烧苗。

（三）播种育苗

在黑龙江省等北部寒地栽培春结球甘蓝，要选择生长期短的早熟圆球类型，从定植到收获不超过 60d，50～60d 比较合适，低于 50d 的品种叶球小，产量低；超过 60d 的品种，生长后期进入夏季高温多雨的时段，病虫害严重，易裂球（崔崇士等，2000）。适合的品种有东农 606、东农 610、中甘 11、8398、中甘 21、爽月等。

日光温室（2月中下旬）或小拱棚（3月上中旬）播种育苗。播种前，种子一般不催芽。把平苗畦，浇透底水，播干种子，撒籽要匀，播后覆盖过筛后的细土，覆盖土中可加入30％苗菌敌（多菌灵含量15％，福美双含量15％）1袋/m²。为了更好地预防病害，可先将药土的1/3均匀撒铺在苗床上，再用剩余2/3作为覆盖土，覆盖土厚约1cm。播种后用无纺布或塑料薄膜覆盖保温、保湿。

苗期管理前期温室尽量保持在15～25℃，一般5d左右出齐苗。齐苗后要注意及时通风，逐渐降温，使温度保持在10～20℃。如果幼苗过密，则需要及时"间苗"，以防徒长。到4月下旬，幼苗长至6～7片真叶时，即可以准备定植。定植前7～10d，苗床要注意通风炼苗，苗床最低温度可逐渐降至3～5℃。

（四）定植

选择5月初的晴天上午进行定植。按60cm的垄距、45～50cm的株距进行，一垄双行，错行栽培，每667m²4 500～5 000株。定植后立即浇灌定根水，2～3d补浇缓苗水，待缓苗后3～4d大水浇灌，促苗生长。

（五）田间管理

北方寒地，虽年降水量500mm以上，但大多数集中在7～8月，而5～6月春甘蓝生长期内，大多处于"春旱"状态，可根据天气及降水情况，择期灌溉。定植后2～3d，放大水灌溉促进缓苗。根据天气情况，在莲座前期灌一次"团棵水"，春旱严重的年份，结球初期还要浇一次水，结球中后期不再补水，避免裂球。有的年份6月末进入雨期，应及时采收以免裂球。

春结球甘蓝生长期，要及时进行中耕除草，结合灌水及时铲地、松土、消灭杂草。第1次除草、中耕可在第1次灌水后进行；第2次除草、中耕于莲座期前、第2次灌水后完成。

由于北方寒地春结球甘蓝生长期短，需肥集中，如果土壤肥力不足，易造成结球不紧实、结球率降低的现象，所以必要时需进行追肥管理。一般追施速效肥1～2次，第1次莲座期前追施"提秧肥"，按每667m²10～15kg尿素，随水追施或抢在雨前追施；第2次莲座后期追施"团棵肥"，按每667m²10～15kg尿素或磷酸二铵，随水追施或抢在雨前追施；结球期不能追肥，易裂球。

北方寒地露地春结球甘蓝主要病害有黑根病、菌核病，主要虫害是蚜虫、菜粉蝶等。对于病虫害防治，遵循以农业防治、生物防治、物理防治为主，化学防治为辅，综合防治的原则。

（六）采收

春早熟结球甘蓝在6月20日以后成熟，成熟期相对集中，可于6月20日至7月初完成叶球的采收，供应当地市场，也可以做商品菜"北菜南运"，还可以出口俄罗斯。

三、露地秋甘蓝栽培技术

北方寒地秋甘蓝栽培面积最大，秋甘蓝一般在远郊区和农作区栽培，如黑龙江省佳木斯市的沿江乡、绥化市的西长发镇和北安市赵光镇的红星农场等地。

（一）前茬

秋甘蓝前茬一般是春小麦、春大蒜和荞麦等茬口。前茬应避开大白菜和萝卜等十字花科蔬菜作物，目的是减轻秋甘蓝的病虫害。有条件的地方春茬可以种苜蓿、三叶草和大豆等绿肥，在整地时翻入土中，增加土壤肥力。

（二）整地施肥

选择交通便利、土质肥沃、有排灌条件的地块。秋甘蓝多数是垄作栽培。夏季在前茬作物收获后，清洁田园，每 $667m^2$ 施 5 000kg 腐熟猪粪或鸡粪，进行深松旋耕，起垄，垄距 60～70cm。如果来不及施入基肥，可以补施"穴肥"。

（三）播种育苗

北方寒地一年一季作地区，可供秋结球甘蓝生长的季节较短，从 7 月 20 日到 10 月初，大约仅有 70d 的生长季节。因此，品种选择很关键。在黑龙江省的中部地区，可种植生长期 60d 的秋早熟结球甘蓝；在黑龙江省南部和吉林省北部地区，可以种植生长期 65～75d 中早熟结球甘蓝；在黑龙江省北部和内蒙古海拉尔地区，不适宜种植秋甘蓝。常见的秋甘蓝栽培品种有东农 605、东农 611、东农 612、中甘 8 号、中甘 15、京丰一号等。

北方寒地可供秋甘蓝生长的时间有限，因此对播种期要求严格，不能晚于 6 月中旬，否则，上冻之前甘蓝结球不紧实。如黑龙江中部地区一般在 6 月 10 日、黑龙江南部地区一般在 6 月 15 日和吉林北部地区一般在 6 月 20 日露地阳畦播种。整平畦面，浇透底水，均匀撒一层细土，干籽均匀散播，播后覆 1cm 左右细土。出苗后去掉覆盖物，加盖防虫纱网。

出苗前阳畦表面尽量保持湿润，一般 5d 左右出齐苗，撒一些细土，封住种子拱土造成的空隙，保持土壤墒情。中午时加盖遮阳网，如果苗床干旱，可早、晚适当补水。要注意及时逐渐通风，如果幼苗过密，则需要及时"间苗"，以防幼苗徒长。

后期如果甘蓝苗脱肥可以补施 $0.2\%KH_2PO_4$ 叶面肥，雨水多的年份要及时排除苗床积水，防止幼苗徒长。到 7 月中下旬生长至 6～7 片真叶即可以准备定植，定植前 7～10d，遮阳网和防虫网全都揭开。

（四）定植

定植时间根据不同地区霜冻来临的早晚决定，各地大约有 15d 的差异。还要根据选用品种生长期的不同，选择在 7 月 15～30 日的阴天或晴天下午进行定植。按 60cm 垄距、40cm 株距，挖定植穴，密度为每 $667m^2$ 3 000 株。此时气温较高，中午能达到 30℃左右，要边定植边喷灌。定植后 2～3d，放大水灌溉促进缓苗。

（五）田间管理

这类生长期相对较短的秋早熟品种，多在黑龙江省中南部和吉林省北部的农作区栽培，都有较好的水利灌溉条件，主要依据天气和降水情况，择期灌溉。北方寒地，降雨大多数集中在 7～8 月，因此秋结球甘蓝的苗期和莲座期雨水都比较充沛。如果出现干旱，重点还是浇好几次关键水：第 1 次，在莲座期前、8 月中下旬左右，是一次比较关键的给水，这时正是结球甘蓝需水的关键，喷灌或大水垄灌、浇透；第 2 次灌水在莲座后期 9 月初左右，如果无有效降雨，需及时喷灌或大水垄灌、浇透，在结球期到来之前促进甘蓝莲座叶充分生长；进入结球期，有的地方和有的年份秋雨连连，要有一定的排涝设备，否则易出现裂球。

秋结球甘蓝定植后到上冻前，大约仅有 65～75d 的生长期，要及时中耕，促苗生长。结合灌水，在封垄前进行中耕松土，消灭杂草。封垄后就不再进行田间作业。

由于此时段生长期雨水较多，每次追肥宜选在阴天下雨之前。追肥一般分 2 次进行，第 1 次追施，在第 2 次铲地后蹲地前，每 667m^2 施 15～20kg 尿素作"提秧肥"；第 2 次在莲座期，每 667m^2 追施"团棵肥"20～25kg 尿素或磷酸二铵。

露地秋结球甘蓝主要病害有软腐病、黑斑病，虫害同其他生长期结球甘蓝。防治方法原则上同其他甘蓝。

（六）采收

秋甘蓝在北方寒地从北到南，10 月 1～25 日陆续成熟。这类结球甘蓝品种多数是商品化较高的杂交品种，应在霜冻之前完成收获，否则叶球受冻、球叶发红，影响商品品质。秋结球甘蓝商品上市，一部分供应当地秋菜市场，一部分作商品菜"北菜南运"，大部分作为冬贮菜入窖。

四、保护地甘蓝栽培技术

一年一季作北方寒地，结球甘蓝保护地栽培主要有塑料大棚、塑料小棚和节能日光温室三种类型，其中塑料大棚春季提早栽培最为常见。

（一）前茬

前一年，北方寒地保护地秋延后栽培的多数是秋黄瓜、秋菜豆等，还有一些生长季节短的叶菜类，如菠菜、茼蒿和小白菜等，一般不会对春结球甘蓝有多大影响，只是灌水较多的设施内土壤易板结。最合适的前茬是保护地韭菜，病虫害轻，土壤结构也好。

（二）整地施肥

为抢早定植春结球甘蓝，大棚冬季一般不撤棚膜，这样设施内冻土层浅，早春土温回升快。3 月中旬有条件的地方，大棚或日光温室加盖"二层幕"，促进化冻，白天拉下"二层幕"增加光照，晚上拉上保持地温。新建棚室或要更换覆盖膜的棚室，最好在定植前 1 个月扣上棚膜。设施内 11 月末旋耕、耙平整地、施入基肥，春天土壤化冻 20～30cm 开始起垄，垄距 50cm，垄高 20cm。畦作则采用畦面宽 1m 左右的高畦，畦长 4～5m，覆膜，膜下滴灌。每 667m^2 施 4 000kg 腐熟猪粪或鸡粪，加氮磷钾复合肥 50kg 做基肥，最好在上冻前施入保护地，用机械或人工撒开，防止形成"粪底子"第 2 年烧苗。

（三）播种育苗

在黑龙江省等北部寒地，春结球甘蓝设施内提早栽培，宜选择生长期短的早熟圆球或尖球类型品种，从定植到收获时间不能超过 60d，以 50～55d 为最合适，低于 50d 的品种叶球小、产量低，超过 60d 品种，失去了抢早的意义。设施内栽培的品种要求冬性要强，避免未熟先期抽薹。一些早熟、结球紧、品质好、整齐度高、开展度小的品种受欢迎，如 8398、中甘 11、东农 610 等。

甘蓝保护地栽培，育苗都在加温的温室内进行。育苗用土要在上冻前准备好，一要疏松、通气、透水、保温，具有良好的物理性状；二要营养成分均衡、pH 值适宜，又具有良好的化学性状；三要无病虫、无杂草种子。播种土配比：5 份园土（葱蒜地为最好）：3 份有机肥：2 份细炉灰，充分混匀，过筛，堆放备用。在加温温室（1 月中下旬）或日光温室（2 月上中旬）播种育苗，种子一般不催芽，播干种子。育苗盘要铺平营养土，并浇足底水，撒籽要匀，播后覆盖过筛后的细土，保墒并防表面龟裂。如每平方米覆盖土加入苗菌敌 1 袋，则可先将药土的 1/3 均匀撒铺在苗床上，用剩余的 2/3 作为覆盖土，覆土厚约 1cm。播完种子加盖塑料膜保温保湿。

出苗前，温室尽量保持在 20～25℃，一般 7～10d 出齐苗，要注意及时逐渐掀开覆盖物。出苗后，温度逐渐保持在 10～20℃，如果幼苗过密，则需要及时"间苗"，以防幼苗徒长。4 月上旬，幼苗生长至 6～7 片真叶时，即可定植。定植前 7～10d，苗床要注意通风炼苗，日光温室（苗床）最低温度维持 3～5℃，以对幼苗进行训练（王超，2002）。

（四）定植

定植时间选择 4 月上旬的晴天上午。棚内气温稳定在 0℃以上，地下 10cm 的土温稳定高于 5℃才是安全期。无论高畦还是平畦，都是 33cm×42cm 的株行距，挖定植穴，每 $667m^2$ 栽植 4 800～5 000 株。定植后立即浇灌"定根水"，2～3d 后浇"缓苗水"，缓苗后 3～4d 逐渐加大灌水量，但要注意早春地温低，一次浇水量过大影响地温升高。

（五）田间管理

定植后的温湿度管理结合通风、浇水和追肥分段进行，具体要求见表 13-5 所示。缓苗之前，白天棚室尽量不通风；缓苗后，"见干见湿"控水保地温，棚室白天维持 20℃以上，夜间维持 10℃以上，如果室温超过 25℃，通风降温，防止烤苗。此期如果棚室内温度高、湿度大，结球甘蓝幼苗外叶易徒长，颜色变淡，后期会延迟结球。到了莲座期生长加快，应加强水肥管理，7d 一次小水，湿度维持在 85％左右，温度超过 25℃及时通风。

4 月中旬以后，甘蓝生长进入结球期，当叶球长到拳头大小时灌水，结合灌水每 $667m^2$ 追施尿素或磷酸二铵 10～15kg，过晚灌水就会裂球。这一时期，白天温度不能超过 30℃，夜间温度不低于 18℃。前期室温超过 25℃就开始通风，后期逐渐加大通风，当室温超过 20℃时开始通风，湿度维持在 70％左右。通风口要安装防虫网，阴天夜间温度低时，拉上二层幕保温。由于天气原因，造成外叶变黄，结球松散，可以根外追施 0.1％～0.2％ KH_2PO_4。叶球表面发亮，按下紧实为可收获状态。

表 13-5　保护地春结球甘蓝栽培温湿度分段调控管理表

（于广建等，2005）

生长阶段	昼温/夜温（℃）	相对湿度（%）	通风极限温度（℃）
缓苗期	18～20/10～12	90	＞25
莲座期	20～25/15～18	85	＞25
结球前期	25～30/18～20	90	＞25
结球后期	20～25/15～20	70	＞20

（六）采收

保护地春早熟结球甘蓝，一般于 5 月 20 日以后成熟上市，供应当地市场，也可作商品菜进行"北菜南运"。

五、北方寒地一季作甘蓝生产中的主要问题及其克服途径

(一)北方寒地结球甘蓝栽培过程中防寒问题及克服途径

一年一季作地区处于我国最北部,作物生长周期短,春天回暖慢,不时出现倒春寒现象;秋季霜冻来得早,在暖秋的年份还不时出现寒流。这些结球甘蓝生产上经常遇到的问题,既影响春甘蓝,又影响秋甘蓝。

1. 春季提早栽培防寒要点

(1)露地春甘蓝防寒　采用日光温室和加温苗床(阳畦)育苗。第 1 次关注防寒是在播种时,播种是在 2 月末,外面还是冰天雪地,一定要加温和增加覆盖,极端寒流到来时,要有临时加温设备以防不测。播种后注意保温,争取 10d 内出齐苗,否则会"粉籽儿"(种子发霉腐烂)。第 2 次防寒的关键点是在定植后未缓苗的 2~3d,此时出现寒流或降温,会造成刚进入田间尚未扎根的幼苗(6~7 片真叶)大量死亡。寒流过后没死的苗也变得茎叶紫红,后期易先期抽薹,莲座期开展度变小,结球早且小。可在一天温度最低的凌晨 3~5 时通过"熏烟"、加盖无纺布或地膜等来临时防护,度过寒流期。

(2)保护地春甘蓝防寒　提早栽培时,播种育苗在温室内进行是安全的。防寒关键是在定植后、缓苗前。当地 3 月中下旬,气温变化不是太剧烈,但如遇阴天和风雪,此时保护地内若光照不足或地温低,甘蓝将在 8~10 叶前变得茎叶紫红,后期易未结球先期抽薹,莲座期开展度变小,结球早且小(图 13-1)。防寒措施可挂"二层幕",或在一天温度最低的凌晨 3~5 时利用红外线加温器临时加温等。

图 13-1　甘蓝幼苗及叶球受冻后表现

2. 秋季延后栽培的秋甘蓝防寒要点　近几年来,由于全球气候变暖,北方寒地一年一季作地区,秋天霜冻来得晚了,甚至是短暂寒流过后,有较长一段温暖时间,从而秋结球甘蓝的生长期可向后延迟 15~20d,这样在一年一季作地区的南部可以栽培像京丰一号等中熟品种。秋甘蓝的防寒重点就是抵御寒流。秋末和冬初寒流大多持续 2~3d,最低 -6~-4℃,出现在凌晨 4~5 时,白天晴,温度 5~10℃。所以防寒要结合天气预报,采取短期简易覆盖、熏烟等措施。简易覆盖物有塑料薄膜、稻草秸秆等。若不防护,结球

甘蓝的叶球表面霜冻后会变红，影响商品价值。生产中也可选用一些在当地选育的抗寒品种，如东农611和东农612，受害会轻一些。

（二）甘蓝不结球或结球松散的原因及克服途径

1. 甘蓝不结球或结球松散的原因　在一年一季作地区，甘蓝生产水平低的地方，有不结球或结球松散的现象，叶球食用价值和商品性较差。在大面积生产中，总会出现部分不结球或结球松散现象，个别高达15％左右的不结球率。造成不结球或结球松散原因主要有以下几点。

（1）地方品种退化、种子不纯　一年一季作地区，有一部分种植和栽培的是结球甘蓝农家品种，这些农家品种往往因品种混杂和种子不纯而不结球或结球松散。

（2）选用品种的生长期不合适　春甘蓝品种生长期超过65d，结球期遇高温会造成不结球或结球松散现象。秋露地结球甘蓝品种生长期超过75d以上，结球后期上冻也会造成结球松散现象。

（3）播种期、定植期过晚　春结球甘蓝播种期过晚，结球期正值炎夏，不利于结球，会造成不结球或结球松散现象。秋结球甘蓝由于前茬收获晚，甘蓝定植晚，亦会造成不结球或结球松散现象。

（4）气候条件不适　秋结球甘蓝生长中后期阴雨过多、阳光不足、气温过低和霜冻早都影响甘蓝的生长发育，均会造成不结球或结球松散现象。春结球甘蓝生长期干旱、气温过低等也会发生不结球或结球松散现象。

（5）田间管理差　甘蓝生长期肥水不足、病虫害防控不力，均会影响生长发育，而发生不结球或结球松散现象。

2. 克服甘蓝不结球和结球松散的途径

（1）及时选用优良品种　要根据当地自然条件选择适宜品种。春季播种应选早熟品种，秋播应选中晚熟品种，不易早抽薹。筛选出发芽率高、种子饱满的优质种子。

（2）合理安排播种期和定植期　在一年一季作地区，春甘蓝应安排在2月育苗，4月份定植，5月底至6月初收获。秋甘蓝应安排6～7月播种，7～8月定植，9～10月收获。

（3）加强水肥管理　施足底肥，适时追肥，每667m² 可施4 000kg腐熟猪粪或鸡粪、氮磷钾复合肥50kg做基肥。露地秋甘蓝每667m² 可追施"提秧肥"15～20kg尿素和"团棵肥"20～25kg尿素或磷酸二铵。

（4）及时喷药防控好病虫害　重视甘蓝病虫害防治，保护莲座叶，提高甘蓝品质。

（三）甘蓝干烧心发生的原因及克服途径

1. 甘蓝干烧心发生的原因　一年一季作地区的大型甘蓝生产，露地生产由于化肥施用过多、连作，保护地土壤因盐渍化高等原因，春、秋结球甘蓝生产季都有"干烧心"出现。结球初期或包心后，球叶边缘变干黄化，叶肉呈干纸状，发病组织和正常组织之间界限分明。发生干烧心的叶片，不会继续生长，叶片在先端边缘向内弯曲，表面皱缩。干烧心轻时结球不紧实，严重时引起不能结球。一旦出现叶球内叶干烧心，甘蓝的商品性下降，经济损失较大。

干烧心是一种生理性病害，主要由植株缺钙所致。植株缺钙原因：

（1）土壤本身缺钙。

(2) 由于氮肥施用过多、灌水不足或灌水水质不良，氯化物含量过高，致使土壤盐浓度过高，出现反渗透现象，致使缺钙。

(3) 植株球叶内部的钙缺乏所致。虽然有大量的钙为根吸收，但环境条件阻碍了钙的运转，钙到不了叶球内部叶片的边缘组织，以致烧边。

2. 克服甘蓝干烧心发生的途径　在栽培管理上，选择含钙多的田块，深耕，多施有机肥，增强土壤的保水力。在结球甘蓝生长期，如气候干燥，要及时灌水，水质要达标（杜绝盐碱地的表层水灌溉）；同时防止土壤积水，影响根系吸收。追肥时，勿单一或过量追施氮肥，需结合灌水或根据土壤墒情，适量追施磷、钾肥，才可达到防止干烧心发生的目的。另外，更换品种或叶面喷施 $0.3\%\sim0.5\%CaCl_2$ 液。

（四）早春和晚秋甘蓝外叶出现"疱疹"的原因及克服途径

北方寒地一年一季作地区，早春气候波动较剧烈，时常有"寒三温四"的现象，在 3d 左右的春寒期间，会出现 $-5\sim-3℃$ 的短暂寒流（多发生在半夜）。秋季在晚霜来临后，气温持续回暖，有所谓的经历"三次寒流"才能进入初冬，寒流持续时间短、结束快（多发生在凌晨）。这样，春结球甘蓝莲座期的外叶、秋结球甘蓝的球叶上常出现颗粒状的"疱疹"。这是由短期寒流原因造成的，是一种生理病害，多发生在较嫩外叶和球叶表面，一般危害不大。

1. 发生原因　结球甘蓝在气温较暖的环境下生长，突然遇到寒流而大幅度降温，特别是夜间遇到寒流来袭，就会出现这种外叶局部损伤性生理病害。这种情况出现时，结球甘蓝根部仍保持较强的吸水能力，叶部特别是外部叶片积水快于失水，胀破表皮，而形成外叶白色泡状破碎物，叶肉细胞暴露后较快木栓化而形成颗粒状的"疱疹"（王迪轩，2014）。

2. 克服途径

(1) 因地制宜　选择最佳的播种期和定植期，以避免较重的寒潮来袭。

(2) 加强水肥管理　合理调配氮、磷、钾的比例和水分供给的关系，培育壮秧，减少"水秧子"。

(3) 积极预防　夜间和凌晨寒流来袭时，为了减少寒害，露地可以"熏烟""隆火堆"，保护地可以增加覆盖、使用临时加温设备等。

(4) 应用防护剂　结合天气预报，喷洒一些保护试剂，如 27%高脂膜乳剂 80~100 倍液或 0.2%的磷酸二氢钾，或植物防冻膜剂 50~60 倍液等（王迪轩，2014）。

（五）寒地冬储甘蓝窖藏的损耗及克服途径

1. 冬储甘蓝窖藏的损耗　在北方寒地一年一季作地区，偏远山区和农垦地区生产的晚熟大型甘蓝，大部分用于冬贮，秋收后和大白菜、马铃薯、萝卜一起作为冬菜"四大样"。结球甘蓝由于个体大，水分多，贮藏时间长的原因，在窖藏过程中的损耗较大，有脱帮、腐烂、变味、花薹和腋芽发育等现象出现，给贮藏带来较大的损失。分析其原因：首先，窖藏过程中温度管理不当，前期窖温过高，上冻前窖温降不下来；后期，特别是过了"大寒"季节，菜窖容易受冻。其次，菜窖的湿度管理不当，前期通风不良，叶球干燥脱帮。第三，窖藏人工管理不当，没有及时"倒垛"，CO_2、乙烯积累过多。其他原因，如窖藏品种选择不当，采收后入窖前的预处理不得当等。

2. 克服途径

（1）选用当地耐贮品种　平头类型品种如红旗磨盘、大平顶子、西集磨盘、木兰甘蓝、依兰甘蓝、吉秋甘蓝、晚丰和京丰较耐贮藏，但海拉尔4号、二虎头、和尚头等圆球类型品种不耐贮，易脱帮。

（2）结球甘蓝收获后入窖前要进行预处理　采收后晾晒7d左右，除掉泥土和老烂叶，每个叶球保留2~3片完好外叶，在菜窖外堆成垛，白天倒垛，夜间覆盖防寒，直到室外气温稳定降至零度以后，时间大约是11月1~10日，此时菜窖温度已降至8~10℃，选择晴天上午入窖。

（3）入窖后的管理　结球甘蓝贮藏的最适宜温度是0℃±0.5℃，湿度是95%~98%，入窖初期要加强通风排湿，及时倒垛防止伤热；入窖40d后结合倒垛，摘除烂叶和脱帮；后期翌年1~2个月要加强覆盖，及时防冻。

第四节　北方一季作地区甘蓝发展趋势

结球甘蓝早在17世纪从俄罗斯引入，现已有300多年历史。东北地区是结球甘蓝最早传入我国的地区，并在清朝末年在东北地区较普遍种植，清末和民国初年在东北地区甘蓝叫"老枪菜"。后因闯关东的山东移民引种驯化了许多山东省的早熟大白菜品种，占据了地产菜的大部分，一度影响了"结球甘蓝"栽培面积的扩张。新中国成立后，东北农业大学引进了关内的一些小型春、秋结球的早熟品种，其栽培面积又逐渐大了起来。20世纪80年代，保护地栽培技术的推广，加大了一年一季作地区春甘蓝的种植面积。加入世贸组织以后，随着国外优良品种的引进以及当地选育品种水平的提高，以及大量南方人口移入黑龙江，增加了当地消费量，促使了甘蓝生产面积的不断扩大。另外，据2017年《中国水果蔬菜网》报道，俄罗斯远东大量人口喜食甘蓝，需要大量从中国黑龙江省近地进口甘蓝，边境的大型口岸平均出口4万~5万t/季。还有，在黑龙江省的夏季冷凉气候条件下，生产出的绿色、少污染的结球甘蓝，受到京、津、沪和深、广市场的欢迎，一些春、秋露地生产的结球甘蓝，也"北菜南运"到南方。综上所述，以黑龙江为代表的北方一季作地区，结球甘蓝的发展空间较大。

北方一季作地区甘蓝种植水平不高，加之近年来南菜北运的冲击，栽培面积有所缩减，但由于保护地设施的引入和全球气候变暖的影响，栽培模式却多种多样。甘蓝种植模式已由过去的春、秋二季露地种植发展到多茬多模式种植，如春温室、春大棚、春露地延后、秋露地延后栽培等。不同栽培模式所选用的品种类型不同，如春温室、春大棚一般是早熟圆球形，而春延后、秋延后一般是晚熟扁球形。

"北菜南运"，供应南方市场的甘蓝栽培，由于各地对圆球形、扁球形、尖球形品种的需求不同，栽培时要考虑当地的消费习惯，选择适合的品种进行栽培，如长江三角洲地区喜欢尖球类型、京津地区喜欢圆球类型。另外，7~8月的盛夏时节，北京、天津、上海这些大城市，以及环渤海经济圈、长三角地区的蔬菜市场结球甘蓝供应缺乏，可发挥北方寒地一年一季作地区的条件优势，稳步发展春结球甘蓝的延后生产，通过增加防虫网和遮阳网，延迟播种期、定植期和收获期，把叶球采收期推迟到7月10日以后，从而可实现

"北菜南运"，提高种植效益。虽然这时的气候自然条件，已不利于结球甘蓝生产，病虫害、高温多雨等逆境接踵而来，但通过选择耐热、生长期 65d 左右的品种，如日本的夏皇、东北农业大学新育的品系 PM×P3 及"黑叶小平头"等进行春甘蓝延后栽培，以及在田间架设防虫网和覆盖遮阳网，有效应对高温和病虫害，可实现优质高产。对俄出口甘蓝的栽培，可选用传统的扁圆形和适合沙拉的"水果"甘蓝。干制菜甘蓝的栽培，可选用一年一季作地区的超大型晚熟甘蓝，其产量高、品质好，适合做加工蔬菜。

北方一季作地区甘蓝栽培模式多样，但栽培技术相对落后，要想提高本区域甘蓝产品的竞争力，必须加大投入，建设配套的保护地设施及大型贮藏冷库和冬贮菜窖，建立大型生产基地，实行机械化生产。同时，引进国内外先进育种和生产技术，选育适合本区域的优质多抗不同类型的甘蓝品种，优化种植模式和生态系统，充分利用本地气候条件的优势，打造绿色甘蓝品牌，促进北方一季作地区甘蓝产业健康可持续发展。

◆ 主要参考文献

陈伟健，潘凯，杜丹，等，2017. 黑龙江省不同地区冬季日光温室蔬菜生产模式及效益分析 [J]. 北方园艺（22）：200-205.

崔崇士，傅喜山，2000. 黑龙江蔬菜常用品种大全 [M]. 哈尔滨：黑龙江科技出版社.

关钟燕，张弘强，刘淑滨，1986. 黑龙江省蔬菜品种名录 [A]. 哈尔滨：黑龙江省农业科学院园艺研究所.

黑龙江省种子管理局，1990. 蔬菜新品种与高产栽培 [M]. 哈尔滨：黑龙江科技出版社.

蒋先华，蒋欣梅，2003. 科学种菜奔小康 [M]. 哈尔滨：黑龙江人民出版社.

李洪奎，孙平，赵俊靖，2015. 蔬菜病虫害绿色防控技术 [M]. 中国农业科技出版社.

李巧莲，2015. 黑龙江省对俄贸易口岸发展构思 [J]. 商业经济（22）：77-78，80.

李瑜，2016. 浅析黑龙江省农业生态环境的现状及发展对策 [J]. 农业与技术，36（8）：118.

鲁建新，2014. 红旗农场紫甘蓝高产栽培措施 [J]. 新疆农垦科技，37（5）：27-28.

吕佩珂，李明远，1992. 中国蔬菜病虫害原色图谱 [M]. 北京：农业出版社.

马敏，王超，2008. 春甘蓝裂球分级标准与鉴定方法的研究 [D]. 哈尔滨：东北农业大学.

马敏，王超，许一荣，2009. 春结球甘蓝裂球分级新标准 [J]. 安徽农业科学，37（23）：10951-10952.

王超，2002. 无公害结球甘蓝生产技术 [J]. 北方园艺（4）：29.

王超，许蕊仙，于守江，2009. 中早熟甘蓝新品种东农 611 [J]. 中国蔬菜（13）：26，57.

王迪轩，2014. 甘蓝类蔬菜优质高效栽培技术问答 [M]. 北京：化学工业出版社.

王就光，1980. 蔬菜病理学 [M]. 北京：农业出版社，105-108.

王丽娟，1995. 春甘蓝裂球性研究 [D]. 哈尔滨：东北农业大学.

吴崇义，何强强，2019. 结球甘蓝软腐病防治田间药效试验 [J]. 农业科技与信息（21）：7-8，10.

仵均祥，2009. 农业昆虫学 [M]. 北京：中国农业出版社.

许蕊仙，1982. 甘蓝栽培 [M]. 哈尔滨：黑龙江科技出版社.

杨利普，1981. 新疆农业自然资源综合评价 [J]. 自然资源（3）：1-12.

杨昕沫，2012. 改革开放以来黑龙江省与俄罗斯远东地区的边境贸易的回顾与解析 [J]. 经济研究导刊（22）：172-175.

于广建，付胜国，2005. 蔬菜栽培 [M]. 哈尔滨：黑龙江人民出版社.

于振华，陈立新，于杰，等，2014. 黑龙江省蔬菜产业现状与发展建议 [J]. 北方园艺（11）：170-173.

张国新，2016. 如何防治甘蓝霜霉病和病毒病［J］. 现代农村科技（4）：26.

张楠，2014. 结球甘蓝在中国的引种与本土化研究（明清至民国）［D］. 南京：南京农业大学.

中国农学会遗传资源学会，1994. 中国作物遗传资源［M］. 北京：中国农业出版社.

中国农业百科全书编辑部，1990. 中国农业百科全书·蔬菜卷［M］. 北京：农业出版社.

中国农业科学院蔬菜研究所，1987. 中国蔬菜栽培学［M］. 北京：农业出版社.

中国水果蔬菜网，2017. 中国最大对俄果蔬集散地输俄果蔬猛增［EB/OL］. 农业工程技术，37
　（28）：80.

中华人民共和国农业部农业司，1992. 中国蔬菜专业统计资料（第二号）［M］. 北京：中国农业科技出
　版社.

朱国仁，2018. 塑料棚温室蔬菜病虫害防治［M］. 3 版. 北京：金盾出版社.

（王超　张晓炟）

甘蓝主要病害及其防治

.... [中国结球甘蓝]

第一节 概　　述

一、甘蓝病害种类与分布特点

据不完全统计，世界各地甘蓝上发生的各种病害在 30 种以上，涉及的病原近 40 种。其中以真菌病害的种类最多，约 20 种，占甘蓝发病种类的 60％以上，细菌、病毒及线虫病害发病种类较少（表 14－1）。其中在我国分布较广、比较常见的甘蓝病害有：立枯病（含黑根病、褐腐病）、霜霉病、菌核病、枯萎病、黑斑病、黑腐病、根肿病、软腐病、病毒病等。它们在不同的地区发生轻重和栽培的甘蓝品种、环境条件等有关，如立枯病、霜霉病、菌核病在保护地中更常见一些，而枯萎病、黑腐病、根肿病、软腐病、病毒病、黑斑病等在露地栽培中更为常见。

表 14－1　甘蓝主要病害及病原

分类	病　害	病　　原
真菌病害	立枯病（黑根病、褐腐病）	*Rhizoctonia solani* Kühn，有性阶段 *Thantephorus cucumeris*（A. B. Fank）Donk
	猝倒病	*Pythium aphanidermatum* Edson Fitzpatrick，*Pythium* spp.
	霜霉病	*Hyaloperonospora parasitica*（Pers. ex Fr.）Constant
	枯萎病	*Fusarium oxysporum* Schltdl. f. sp. *conglutinans*（Wollenw.）Snyder et Hansen
	菌核病	*Sclerotinia sclerotiorum*（Lib.）de Bary
	黑斑病	*Alternaria brassicicola*（Schw.）Wiltshire，*A. brassicae*（Berk.）Sacc.，*A. raphani* Groves et Skoloko
	灰霉病	*Botrytis cinerea* Pers.
	根肿病	*Plasmodiophora brassicae* Woronin
	黑胫病	*Phoma lingam*（Tode ex Fr.）Desm.
	白锈病	*Albugo candida*（Gmelin）Kuntze，*A. macorspora*（Togashi）S. Ito
	疫霉根腐病	*Phytophthora megasperma* Drechsler

（续）

分类	病害	病原
真菌病害	白粉病	*Erysiphe polygoni* Dc Candolle，*E. cruciferarum* Opiz ex L. Junell
	白斑病	*Psudocercosporella capsella*（Ellis & Everh.）Deighton
	白绢病	*Sclerotium rolfsii* Sacc.
	炭疽病	*Colletotrichum higginsianum* Sacc.
	黄萎病（萎凋病）	*Verticillium dahliae* Kleb.
	环斑病	*Mycosphaerella brassicicola*（Duby）Lindau
	轮纹病	*Asteromella brassicae*（Chev.）Boerema et van Kesteren
	花椰菜油壶菌病	*Olpidium brassicae* Woron
细菌病害	黑腐病	*Xanthomonas campestris* pv. *campestris*（Pammel）Dowson
	软腐病	*Pectobacterium caratovorum* subsp. *caratovorum* Jones
	细菌性斑点病	*Xanthomonas campestris* pv. *raphani* White
	细菌性黑斑病	*Pseudomonas syringae* pv. *maculicola*（McCulloch）Young et al.
	细菌性腐败病	*Pseudomonas marginalis* pv. *marginalis*（Brown）Steven
病毒病害	芜菁花叶病毒病	*Turnip mosaic virus*，TuMV
	花椰菜花叶病毒病	*Cauliflower mosaic virus*，CaMV
	黄瓜花叶病毒病	*Cucumis mosaic virus*，CMV
	萝卜花叶病毒病	*Radish mosaic virus*，RMV
线虫病害	南方根结线虫病	*Meloidogyne incognita* Chitwood
	短根线虫病	*Paratrichodorus minor*（Colbran）Siddqi，*P. christiei*（Allen）Siddiqi，*P. allius*（Jensen）Siddiq

　　这些病害的发生规律与地域条件密切相关。如根肿病、白绢病主要适合在气温较高，土壤 pH 值较低的南方各省发生，但近年在东北地区危害也呈现加重趋势。白斑病主要发生在纬度较高的我国东北地区、内蒙古及河北北部一带。枯萎病常见于北方甘蓝产区，包括北京、河北、山西、山东、陕西、甘肃、辽宁等地，另外南方福建、台湾也时有发生。此外，还有一些甘蓝病害，如白粉病、黄萎病、炭疽病、疫霉根腐病、环斑病等，目前在生产上并不常见，危害也不严重，甚至极少见到。

二、病害发生现状与流行趋势

　　20 世纪 80 年代之前，甘蓝病害以霜霉病、病毒病和软腐病在我国发生与流行较为普遍。但是进入 21 世纪以后，随着抗病品种的推广，其中霜霉病及病毒病明显减轻，在一些防治水平较高的地区，这两种病害已得到较好的控制。但是软腐病在不少地区仍时有发生。软腐病的发生除与品种及栽培的环境条件有关外，还与害虫的防治水平有关，特别是在我国南方害虫控制不到位的地区，往往造成较大的损失。

根肿病在我国分布较广，不只发生在我国南方各省，实际在北京、辽宁甚至黑龙江的十字花科蔬菜上都有该菌的分布。只是该病在我国南方酸性土地区的甘蓝上发生较多，造成的损失严重，在北方仅在 pH 值偏低、淹水及贫瘠土壤地域的大白菜、甘蓝及萝卜上有少量发生。

甘蓝的菌核病一般多发生在南方的冷凉季节和北方的冬、春保护地里，南方重于北方，流行时往往给甘蓝产量带来严重影响。但是如果轮作得较好，防治措施到位，或在北方的露地栽培时并不常见。

甘蓝黑腐病在我国的分布较广，南至海南岛北到黑龙江都有该病的发生，一般在南方更为严重一些。在我国北方一般在夏秋茬多雨时或在某些不抗病的品种上也会十分严重，而在其他季节或在保护地里并不常见。

甘蓝枯萎病于 2001 年首次在北京市的延庆区发现，此后在该区发展迅速，危害严重，成为发生地区甘蓝生产的限制因素。但是该病向周边、低海拔的平原地区扩展的速度并不是很快，先是在张家口市的阳原地区发生，直到 10 多年后，在北京平原地区的局部地区渐有发生，目前已扩散至河北、山西、山东、陕西、甘肃等北方甘蓝产区。鉴于该病一旦发生防治难度较大，应引起足够重视。

甘蓝猝倒病及立枯病（含黑根病、褐腐病）往往在高湿、低光照的苗期发生较为严重，引起一些幼苗黑根、枯死。此外，由该菌还可引致甘蓝的褐腐病，一般在北方秋茬上发生较多，收获时引起叶球基部腐烂，因为发现时已近收获期，较难防治。

值得一提的是甘蓝腐败病，近些年来该病在我国北方偶有发生。有文献认为它的病原是瓜果腐霉（*Pythum aphanidermatum* Edson Fitzpatrick），将其归入猝倒病（Arden F. Sherf et al.，1986）。但该病多发生在定植后的高温季节，从危害的症状来看，一般是产生浓密的白霉，和猝倒病的区别明显，经分离后鉴定的病原也不是瓜果腐霉。目前只能确认是由一种腐霉属的真菌引起。

甘蓝黑斑病在我国南、北方都有发生，发生的种类以芸薹生链格孢为主。虽在我国南方各省份重一些，但一般年份对甘蓝生产的影响并不大。

甘蓝较为常见的病毒病种类，以芜菁花叶病毒更为普遍。花椰菜花叶病毒仅在个别年份部分地段有少量的发生。随着抗病品种的研发与推广，近些年来该类病害较 20 世纪 50～60 年代已明显减轻。

线虫病总体上看，可危害甘蓝的种类不少，其中根结线虫发生的主要种类仍是南方根结线虫，一般危害不是十分严重。

总之，在十字花科蔬菜中，甘蓝因病害造成的损失明显地较大白菜小。但是，其中不乏一些比较难防、经济损失较大的种类，如根肿病、菌核病、褐腐病、枯萎病、黑腐病、软腐病等，在今后的研究与防治上，都需要投入更多的精力。

三、综合防治对策与发展

甘蓝病害的综合防治（绿色防控）主要指植物检疫、农业防治、生物防治、物理防治及化学防治的协调防控。

1. 植物检疫　目前列入检疫对象的十字花科蔬菜病害仅有两种：一种是甘蓝根肿病（*Plasmodiophora brassicae*）；另一种是十字花科细菌性黑斑病（*Pseudomonas syringae* pv. *maculicola*），又称细菌性胡椒叶斑病。实际上甘蓝根肿病的分布已较广，主要是为防止新的病原小种被引入，仍将其列为检疫对象。十字花科细菌性黑斑病 1915 年在日本已有报道（日本植物病理学会，2003），目前在我国发生的地区也不少，黑龙江、吉林、辽宁、河北、陕西、四川、湖南、云南、广西、广东等地均有分布（方中达，1996）。

2. 农业防治　农业防治措施对控制甘蓝病害的作用较大。例如，使用抗病品种防治甘蓝病害，目前已十分普遍，甘蓝霜霉病、病毒病的减轻都和抗病品种的推广有关。此外，如根肿病、黑腐病、枯萎病等重要病害的防控，其最经济、最安全、最有效的途径也是选育和栽培抗病品种。

农业防治措施还包括栽培条件、栽培技术的优化及改善等方面。例如，采用高垄直播减轻软腐病、褐腐病的发生；施用石灰氮对根结线虫进行控制；用石灰改变土壤的酸度减轻根肿病、白绢病的危害；轮作倒茬对甘蓝菌核病、白绢病的控制；放风降湿对霜霉病、菌核病、灰霉病的防控等，都属于农业防治之列，确实为防控甘蓝病害增色不少。

3. 生物防治　目前也有一些成功的例子。例如，利用拮抗微生物枯草芽孢杆菌（*Bacillus subtilis*）和产生几丁酯酶的放线菌（*Streptomyces* sp.）与有机肥混合防治根肿病；利用盾壳霉（*Coniothyrium minitans*）和木霉中的某些种寄生真菌（*Trichoderma* spp.）防治菌核病；利用假单胞杆菌（*Pseudomonas fluorescens*）LRB3WI 菌株与苯菌灵复配，在防治甘蓝枯萎病时，可减少苯菌灵的用量等（郭予元等，2015），都是利用生物防治措施防治甘蓝病害的案例。

4. 物理防治　也有些利用热处理防治甘蓝病害的尝试。例如，采用温汤浸种的方法处理甘蓝的种子防治黑胫病、黑腐病（吕佩珂等，2008），利用甘蓝残株结合太阳能加热协同作用防治甘蓝枯萎病等（Villapudua et al.，1986；郭予元等，2015），都属于物理防治的范畴。

5. 化学防治　尽管采用化学防治在控制甘蓝病害时会对环境造成一些负面的影响，但目前化学防治仍是防治甘蓝病害的主要手段。特别是有许多难以预见的病害，一旦流行会造成较大的损失，因而化学防治往往作为减少损失的应急措施。例如，霜霉病、黑斑病、白斑病、炭疽病、灰霉病、白粉病在突发时往往都需要用到化学防治。此外，化学防治还是防病增产的最后一道措施，即在病害尚未流行时，虽然可以使用检疫措施、农业措施、生物防治、物理防治进行堵截，但是，如果因某种原因，病害仍流行起来，化学防治往往仍十分必要。

实际上，采用化学防治甘蓝病害也存在一些局限性。例如，甘蓝枯萎病等土传病害，使用化学农药往往效果并不理想。而长期使用化学农药对土壤有益群落的破坏以及对环境的污染不可忽视，从长远考虑采用抗病品种及生物防治是最佳措施。

综上所述，对大多数甘蓝病害防治来说，当前主要依靠的是包括利用抗病品种在内的农业及化学两方面的防治措施。农业防治是治本，化学防治是救急，而且在今后的一段时间里仍然会坚持这种格局，一些难防的病害仍会发生，甚至加重。以甘蓝枯萎病为例，它无法像防治瓜类枯萎病那样利用嫁接进行防治，当前的控制方法主要是利用抗病品种。但是，鉴于病原菌的分化及变异以及市场对甘蓝的多方面需求，并不是靠一两个抗病品种所能解决的。还有甘蓝根肿病，虽然在我国北方发生较少，但在南方酸性土地区，发生极其严重。采用抗病品种虽然有效，但是选育难度较大，达到理想的路程仍比较漫长。此外，软腐病、黑腐病、菌核病与褐腐病虽然在理论上也有防治措施，但这些病害因其流行期较晚，一旦发生往往失去有效防治价值。因此，有些病害可能在今后一段时间，还会给甘蓝生产造成较大的经济损失。

从长远来看，培育抗病品种仍需坚持和加强。此外，大力发展生物防治也值得重视和加强，尤其是拮抗菌的利用。从研究土传病害的历程中可以知道，一些根病的回接、发病并不容易，这种情况的存在说明是一些有利和不利生态因素较量的结果，如果通过人为的方法使有益的拮抗菌和寄主的抗病能力占到优势，病害就不会流行开来。特别是近些年来生物技术的突飞猛进，为提高品种抗病性及利用生物防治提供了更多的技术支撑，将来在甘蓝病害防治上有望实现以农业防治及生物防治为主的格局。

第二节　甘蓝真菌病害及其防治

一、立　枯　病

1. 分布与危害　甘蓝立枯病又称黑根病，是甘蓝类蔬菜生产中的常见病害。1966 年在美国夏威夷首次发现该病害，之后澳大利亚、加拿大、巴西、以色列、意大利、印度尼西亚等国相继有该病害发生的报道。立枯病在我国各甘蓝主产区也普遍发生。甘蓝立枯病主要在苗期危害，定植后也能继续发展，发病率一般为 10%～20%，严重时可达 50%。立枯丝核菌的寄主广泛，除十字花科蔬菜外，还可侵染豆科、茄科、葫芦科等 260 多种植物，引起立枯病、丝核菌猝倒病、茎基腐病、黑痣病、纹枯病、褐腐病等病害（司凤举等，2009）。

2. 症状　甘蓝立枯病主要在苗期危害根颈部，幼苗被病菌侵染后，病部变黑，出现缢缩，湿度大时病部长出淡褐色霉状物，数天内叶片萎蔫、干枯，造成整株死亡（图 14 - 1）。该病害还可表现为猝倒状，成株染病引起基腐或叶球腐烂。

3. 病原　甘蓝立枯病的病原为立枯丝核菌（*Rhizoctonia solani* Kühn），无性型为丝核菌属真菌，有性态为瓜亡革菌［*Thanatephoru cucumeris* (Frank) Donk］，属担子菌门亡革菌属。立枯丝核菌菌丝初期为白色，蛛丝状，直径 3.0～7.0μm，菌丝分枝角度近直角，分枝基部明显缢缩，离分枝不远处有一个隔膜。后

图 14 - 1　甘蓝立枯病发病症状

期菌丝变为浅黄褐色至深褐色，部分菌丝膨大呈酒坛状，并且会在菌落外围产生深褐色的微小菌核，菌核表面粗糙，直径 1.0～5.0mm，不产生孢子（图 14 - 2）。立枯丝核菌存在

着广泛的菌丝融合，根据菌丝融合与否可将立枯丝核菌划分为 14 个融合群（AG-1～AG-13 和 AG-BI）（李伟等，2022），其中 AG-4 对甘蓝侵染力最强，AG-2-1 侵染力最弱（王朵等，2019）。

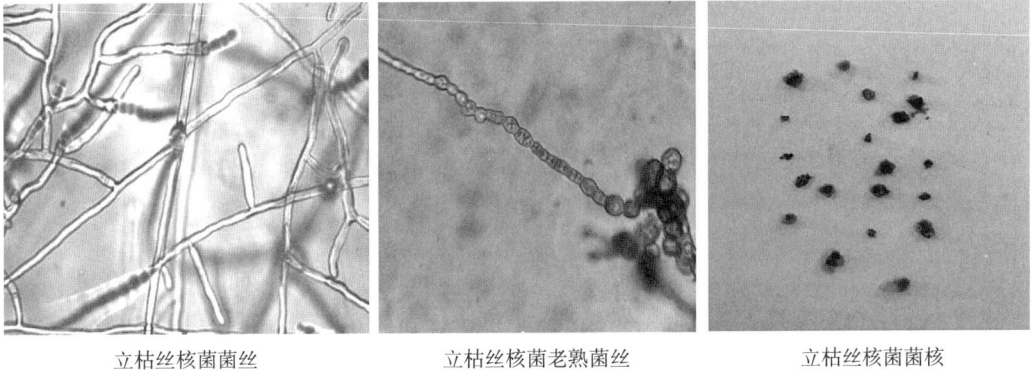

| 立枯丝核菌菌丝 | 立枯丝核菌老熟菌丝 | 立枯丝核菌菌核 |

图 14-2　立枯丝核菌形态特征

4. 发病流行规律　立枯丝核菌以菌丝和菌核在土壤、堆肥或甘蓝病残体上越冬，腐生性较强，可在土壤中存活 2～3 年。菌丝生长适宜温度为 23～30℃，15℃以下或 35℃以上生长受到抑制。立枯丝核菌不产生孢子，以菌丝体形式传播和繁殖。菌核在 6～30℃ 范围内均能萌发，适宜温度为 14～26℃，2℃以下、34℃以上菌核均不萌发。菌丝生长最适pH 为 8.0，pH 高于 11.0 或低于 5.0 菌丝停止生长（王超等，2019）。菌核在相对湿度达到 98% 时才能萌发，病原菌侵入时要求有自由水存在或环境中的相对湿度接近 100%，若相对湿度在 85% 以下则侵染受到抑制。立枯丝核菌主要靠接触传染，产生侵染菌丝直接侵入，也可形成球形附着胞、分枝状附着胞和侵染垫后再侵入。当甘蓝的根茎或叶片接触病土时，即可被土壤中的菌丝侵染。病原菌菌丝可通过发病根部与健壮根部接触进行传播，也可随着雨水飞溅或灌溉水在田间进行传播。甘蓝种子调运是病原菌远距离传播的主要途径。

5. 防治方法

（1）农业防治

①选用抗性品种。春季栽培宜选用生长前期对低温不敏感的品种。

②种子温汤浸种。种子用 50℃温水浸泡 20～30min，取出后直接用凉水冷却，待种子表面干燥后播种。

③加强苗期管理，培育壮苗。幼苗期白天温度不超过 30℃，移栽前 10d 左右进行炼苗。夏秋季高温时期采用防虫网和遮阳网，浇水后注意通风换气。

（2）生物防治　定植前沟施 3 亿 cfu/g 的枯草芽孢杆菌可湿性粉剂，每 667m² 用量为 5～10kg；缓苗后用 3 亿 cfu/g 哈茨木霉菌可湿性粉剂 4～6g/m² 灌根；发病初期用 0.3% 多抗霉素水剂 5～10mL/m² 对根茎部喷淋。

（3）化学防治

①种子包衣。甘蓝种子与 25g/L 咯菌腈悬浮种衣剂按药种比 1:（100～167）搅拌均匀，晾干后使用。

②喷雾或灌根防治。发病初期可喷洒 38％噁霜·嘧铜菌酯水剂 800 倍液，或 72.2％霜霉威盐酸盐水剂 800 倍液；也可用 30％噁霉灵水剂 1 000 倍液，或 70％敌磺钠可溶粉剂 800～1 000 倍液，或 3％甲霜·噁霉灵水剂 1 000 倍液，或 80％甲基硫菌灵可湿性粉剂 800～1 000 倍液灌根，每隔 7～10d 施药 1 次，每季最多施药 3 次（王迪轩，2018）。

二、猝 倒 病

1. 分布与危害　腐霉菌引起的猝倒病是甘蓝苗期的一种重要土传病害，主要在育苗阶段造成幼苗猝倒、死苗。在世界各地甘蓝种植区均有发生，在我国各地也都普遍发生。苗床育苗时一旦遇到低温高湿环境，发病率可达到 15％～60％。腐霉菌寄主范围广泛，可以侵染烟草、玉米、老鹳草、紫花苜蓿、甘蓝、大豆、棉花、豌豆、野生水稻、甜菜、甘蔗、茄子、番茄、辣椒、莴苣、芹菜、洋葱等作物和蔬菜（王宽仓等，1992）。

2. 症状　甘蓝种子发芽后出土前染病可导致烂种。出土后染病于近土表处根颈出现水渍状，病斑变软，表皮易脱落，继而病部缢缩成细线状，导致幼苗地上部失去支撑能力而贴伏地面，造成成片死苗（图 14-3）。湿度大时，病株附近常常长出白色棉絮状菌丝。成株期危害，导致甘蓝叶柄的基部干腐，在干腐的叶柄上可见白色霉层。

图 14-3　甘蓝猝倒病症状（闫凤岐摄）

3. 病原　引起猝倒病的病原菌种类很多，除了瓜果腐霉［*Pythium aphanidermatum*（Edson）Fitzpatrick］，宽雄腐霉（*P. dissotocum*）、刺腐霉（*P. spinosum* Sawada）、异丝腐霉（*P. diclinum*）、畸雌腐霉（*P. irregular* Buisman）、终极腐霉（*P. ultimum* Trow）、群结腐霉（*P. myriotylum* Drechsler）和多茎腐霉（*P. polymastum* Drechsler）也能引起猝倒病。均属于卵菌门（Oomycota）、霜霉目（Peronosporales）、腐霉科（Pythiaceae）、腐霉属（*Pythium*）。

（1）瓜果腐霉　是引起甘蓝猝倒病的优势病原菌。其菌丝体生长繁茂，呈白色棉絮状，菌丝无色，无隔膜，直径为 2.3～7.1μm。菌丝与孢囊梗区别不明显，孢子囊丝状或分枝裂瓣状，或呈不规则膨大，大小为（63～725）μm×（4.9～14.8）μm（图 14-4）。泡囊球形，内含 6～26 个游动孢子。藏卵器球形，直径为 14.9～34.8μm。雄器袋状至宽棍状，同丝或异丝生，多为 1 个，大小为（5.6～15.4）μm×（7.4～10）μm。卵孢子球形，平滑，不满器，直径为 14.0～22.0μm（余永年，1998）。

（2）宽雄腐霉　在 PDA 上菌丝疏密呈轮纹状，在 PCA 上呈放射状，无气生菌丝。孢子囊丝状或略膨大呈分枝状，泄管长，顶端形成泡囊。藏卵器球形至亚球形，顶生或间生，顶生时顶端常具 1 段外延菌丝，直径为 20～24.5μm，每器具雄器 1～4 个，多同丝生，偶见异丝生，形状为镰刀状至长卵形，具短柄，常见 2 雄器着生在藏卵器柄的同一部位；卵孢子球形至亚球形，壁光滑，不满器至近满器，直径为 18.5～22μm（图 14-5）。

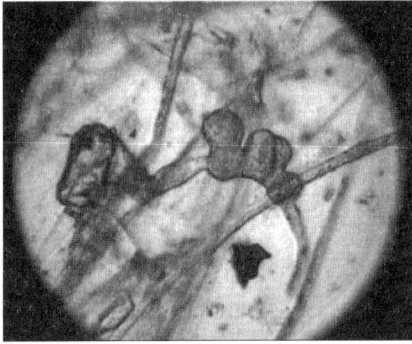

图 14-4　瓜果腐霉孢子囊形态特征
（李明远摄）

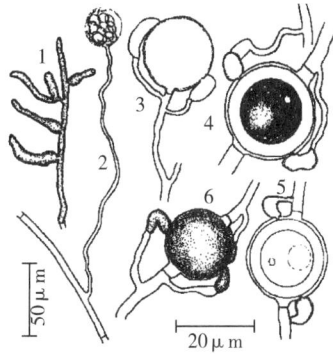

图 14-5　宽雄腐霉形态特征（引自刘慧）
1. 孢子囊　2. 孢子囊泡囊　3～6. 藏卵器、雄器和卵孢子

4. 发病流行规律　瓜果腐霉以卵孢子或菌丝体在表土层的病残体或土壤中越冬或越夏。病菌的腐生性很强，喜栖息于富含有机质的潮湿土壤里，以菜园土中最多，其次是大田土，能在土壤中营腐生生活 2～3 年。瓜果腐霉菌丝生长最低温度为 12℃，最适温度为 32～36℃（余永年等，1990），所需土壤 pH 为 5.3～8.4，最适 pH 为 7.2。当土壤 pH 高于 9.9 或低于 4.2 均停止生长。瓜果腐霉在沙土和黏土中生长最快，在壤土或沙壤土中生长较慢。其孢子囊产生的最适温度为 25℃、最适 pH 为 8，光照培养可刺激孢子囊产生。宽雄腐霉菌丝可在 5～35℃生长，在 5～20℃释放游动孢子。

甘蓝育苗期遇到低温高湿的环境条件有利于猝倒病发生。卵孢子可直接萌发成芽管和菌丝或产生游动孢子，随着流水从甘蓝根颈处伤口和自然孔口侵入。当土壤温度为 18～30℃、土壤湿度超过 80％时，会发生"缢缩"猝倒病。而当土壤温度低于 12℃、土壤湿度更高或接近饱和状态，特别是苗床积水处或棚顶滴水处发生甘蓝"烂种"猝倒病，这可能与低温胁迫下幼苗发芽和生长缓慢有关。当苗床出现猝倒病的发病中心后，病菌会以游动孢子借雨水或灌溉水传播，也可通过土壤、未腐熟的农家肥、农具等多种途径传播。因此，甘蓝育苗时播种过密，育苗室保温差或遇到连续阴天、雨雪天气，菌丝或游动孢子可快速在苗间传播和蔓延，造成猝倒病严重发生。当条件合适时，腐霉菌除了引起猝倒病外，还可引起根腐病、基腐病、苗枯病等多种病害。当蚜虫危害瓜果腐霉侵染的菠菜、花生、大豆、辣椒、番茄、黄瓜、甜瓜、南瓜、生菜、玉米、小麦和水稻后，除了小麦、玉米未现网斑症状外，其他作物上均出现严重的网枯病危害症状。因此，蚜虫也可能为瓜果腐霉的一种传播途径。

5. 防治方法

（1）农业防治

①合理选用品种。可以选择细胞壁木质素和酚类物质含量高、对瓜果腐霉抗性强的甘蓝品种。

②育苗床育苗。选择地势高、地下水位低、排水良好、水源方便、避风向阳的地方育苗。育苗床土选择土壤肥沃，上茬没有种植过白菜、甘蓝、萝卜等十字花科蔬菜的田园土。70m² 的育苗床施入腐熟的优质羊粪 500kg、15∶15∶15 复合肥 5kg，将有机无机肥撒

施均匀后深翻、耙平。苗期喷施 500~1 000 倍磷酸二氢钾，或 1 000~2 000 倍氯化钙等，提高植株抗病能力。

③基质育苗。甘蓝育苗基质要求有良好的物理性状，适合甘蓝种苗生长的 pH，以及无病虫害、草种和有毒物质。一般草炭∶珍珠岩∶蛭石按 1∶3∶1 配制。基质中加入适量的基肥，要求 pH 在 6.0~6.5，EC 为 0.5mS /cm，基质偏酸偏碱可分别用石灰粉和硫酸亚铁进行调节，1.5kg 石灰粉可调高每立方米基质 pH0.5~1.0 单位，0.9kg 硫酸亚铁可调低每立方米基质 pH0.5~1.0 单位。

④苗期合理管理。出苗前，苗室温度要保持在 15~25℃，播种 5d 齐苗后逐渐放风，使温度保持在 10~20℃。当幼苗长到 3 片真叶时，进行分苗，将幼苗移栽到营养钵中，分苗床的温度保持在 8~20℃。幼苗定植前逐渐加大放风量，进行低温炼苗以提高成活率。

（2）物理防治　深冬季节育苗时，在育苗棚铺设电热线。当育苗棚内温度低、湿度大时打开电源，适当提高地温，保障甘蓝幼苗健壮生长，预防病菌侵染。

（3）生物防治　甘蓝育苗前按 100~120g/m³ 用量将 3 亿 cfu/g 哈茨木霉菌可湿性粉剂与基质拌匀后播种；移栽后随着缓苗水每 667m² 滴灌 1kg 的 3 亿 cfu/g 哈茨木霉菌可湿性粉剂；生长期每 667m² 用 1~2kg 的 3 亿 cfu/g 哈茨木霉菌可湿性粉剂灌根，每月 1 次。

（4）化学防治

①种子消毒。用甘蓝种子质量 0.3% 的 65% 代森锰锌可湿性粉剂拌种或用 0.6% 精甲霜灵包衣处理种子能有效降低甘蓝猝倒病的发病率，促进成苗。

②药剂防治。播前用 25% 甲霜灵可湿性粉剂 5g/m² 和 50% 多菌灵可湿性粉剂 5g/m² 与 10~15kg 基质混匀，制成含药基质后播种。发病前或发病初期用 72.2% 霜霉威盐酸盐水剂 400 倍液或 30% 精甲·噁霉灵水剂 1 500~2 000 倍液喷淋苗床或甘蓝茎基部，隔7~10d 喷 1 次，连续施药 3 次，施药间隔期为 5~7d（杨宇红等，2015）。发病时用 20% 乙酸铜可湿性粉剂 1 000~1 500 倍液或 30% 噁霉灵水剂 2 000 倍液灌根，每 4d 施药 1 次，可连续施药 2 次。

三、霜　霉　病

1. 分布与危害　霜霉病是甘蓝的重要真菌病害之一，在世界各甘蓝种植区均有发生，在我国各地也普遍都有发生，尤以北方和长江流域及沿海湿润地区危害较重。该病常引起甘蓝叶片枯黄坏死，导致甘蓝产量及品质严重下降。在我国一些发病严重的地区，每年因甘蓝霜霉病危害造成的损失多为 10%~15%，发病严重时，损失可达 30%。

2. 症状　在幼苗和成株期均可危害，主要危害叶片。幼苗发病，子叶、真叶上出现退绿病斑及白色霜状霉层，发病严重时，幼苗叶片变黄枯死。成株期发病时，初期在叶面出现淡绿或黄色斑点，扩大后为黄色至黄褐色、紫褐色或暗黑色病斑，病斑由于受叶脉限制而呈多角形或不规则形，略凹陷。空气潮湿时，叶背面产生白色至灰白色稀疏的霜状霉层（图 14-6），即病原菌的孢囊梗及孢子囊。温度较高时，病斑常发展为黄褐色或黄白色枯斑。发病严重时，病斑相互融合形成枯死黄斑。老叶发病后，病原菌有时也能侵染茎部，继而发展侵染叶球，使中脉及叶肉组织上出现黄色至褐色不规则的坏死斑，后期叶片干枯脱落。病害在甘蓝贮藏期也可继续发展危害，直至叶片干枯脱落。

病叶（Paul Koepsell, 1977）　　　叶背霉层（李明远）　　　叶球发病症状（李明远）

图 14 - 6　甘蓝霜霉病症状

3. 病原　甘蓝霜霉病病原为寄生霜霉 ［*Hyalopero-nospora parasitica*（Pers. ex Fr.）Constant.；异名：*Peronospora parasitica*（Pers. ex Fr.）Fr.］，属卵菌门、霜霉目、霜霉属。菌丝无色，不具隔膜，以吸器深入寄主细胞内吸收水分和养分，吸器圆球形至梨形或棍棒状。孢囊梗单枝或多枝，无色，长 192～333μm，基部膨大，主轴 128～192μm。菌丝无色，上部锐角二叉状分枝，分枝 1～7 次，多 3～6 次，末枝（6.4～25.6）μm×（1.3～3.2）μm，弯曲，末端尖细。每个枝顶端着生一个孢子囊，孢子囊椭圆形至近球形，单胞，无色，大小为（13～29）μm×（13～26）μm，萌发时直接产生芽管，不形成游动孢子（图 14 - 7）。有性态产生卵孢子，卵孢子球形，单胞，黄褐色，直径 34～42μm，表面光滑或略带皱纹，抗逆性强，条件适宜时可直接产生芽管进行侵染。

图 14 - 7　寄生霜霉孢囊梗和孢子囊
（李明远）

寄生霜霉产生孢子囊的最适温度为 8～12℃，卵孢子形成的最适温度为 10～15℃。孢子囊和卵孢子萌发的最佳温度为 8～14℃，最高 35℃，最低 3℃。孢子囊在水滴中和适宜的温度下，只需 3～4h 即可萌发，相对湿度低于 90% 时不能萌发。侵入寄主的最适温度为 16℃，在植株体内生长发育的最适温度为 20～24℃。寄生霜霉的生长发育需要凉爽高湿的环境条件，因此甘蓝霜霉病在春、秋两季易流行发生。

寄生霜霉为专性寄生菌，存在明显的寄主专化型。目前在我国寄生霜霉分为 3 个专化型：芸薹专化型（*H. parasitica* f. sp. *brassicae*）、萝卜专化型（*H. parasitica* f. sp. *raphani*）和荠菜专化型（*H. parasitica* f. sp. *capsellae*）。其中，根据致病力的差异，芸薹专化型分为 3 个致病类型：①甘蓝致病类型，对甘蓝、苤蓝、花椰菜致病力较强，对大白菜、油菜、芜菁和芥菜致病力弱；②白菜致病类型，对白菜、油菜、芥菜等致病力很强，对甘蓝致病力很弱；③芥菜致病类型，对芥菜致病力很强，对甘蓝致病力很弱（余永年，1998；于利等，2013）。

4. 发病流行规律 在北方气温较低地区，甘蓝霜霉病病菌主要以卵孢子随病残组织在土壤中越冬，也能以卵孢子附着在种子上或以菌丝体在留种株及贮窖甘蓝上越冬。翌年春天环境条件适宜时，卵孢子或休眠菌丝产生的孢子囊萌发芽管，经气孔或表皮细胞间侵入春菜寄主，春菜收获后，病菌以卵孢子在田间休眠 2 个月后侵染秋菜。在南方冬季种植十字花科作物的地方，病菌在田间不断产生大量的孢子囊在多种作物上辗转危害，致使该病周年不断，因此不存在越冬问题（李金堂，2013）。

病原菌孢子囊可随气流、雨水、灌溉水等传播，使病害扩大和蔓延。近年来研究发现该病原菌也可通过种子带菌进行传播。

甘蓝霜霉病的发生与气候条件、栽培管理、品种抗性等均有关系。其中气候条件对甘蓝霜霉病的发生影响最大，尤其是湿度和温度，温度决定病害出现的迟早，雨量决定病害发生的轻重，在适温范围内，湿度越大，病害越重；一般而言，气温忽高忽低，日夜温差大，白天光照不足，多雨露天气，霜霉病发生快，易流行。菜地土黏重，低洼积水，大水漫灌，十字花科蔬菜连作菜田和生长前期病毒病较重的地块，霜霉病危害重；基肥施用量过少，或生长期施肥不及时容易引起植株营养缺乏，抗病力降低；过多施用氮肥、通风不良、过分密植的地块，田间湿度大，发病重；移栽田病害往往重于直播田。孢子囊在感病品种汁液和露水中的萌发率高于抗病品种，且病菌在感病品种中的生长速度明显加快，吸器形成较多，潜育期较短。

5. 防治方法

（1）农业防治

①选用抗病品种。如秦甘 70、绿球 66、沪甘 2 号、豫生 1 号、豫甘 3 号等。

②清洁田园卫生。前茬收获后，及时清洁田园，处理或掩埋病残体，深耕翻土，杀灭土壤中病原菌。

③轮作。与非十字花科蔬菜轮作 2～3 年，有条件的可以进行水旱轮作。

④加强田间管理。要施足底肥，增施有机肥，合理配合施用氮、磷、钾肥；合理勤灌，雨后及时排水；种植时做到合理密植，以利通风透光和排水。

（2）生物防治 病害发生初期，可使用 3 亿 cfu/g 木霉菌可湿性粉剂 1 000～1 500 倍液喷雾，5～7d 喷 1 次，连喷 3 次。

（3）化学防治

①种子处理。可用 72.2% 霜霉威盐酸盐水剂 600 倍液浸种 30min，或用 50% 烯酰吗啉可湿性粉剂 1 000 倍液浸种 30min；也可选用 53% 甲霜灵·锰锌水分散粒剂，或 25% 甲霜灵可湿性粉剂，或 64% 恶霜灵·代森锰锌可湿性粉剂，或 50% 福美双可湿性粉剂按种子重量的 0.4% 拌种。

②药剂防治。发病初期可用 72.2% 霜霉威盐酸盐水剂 800～1 000 倍液＋10% 氰霜唑悬浮剂 2 000～2 500 倍液，或 69% 烯酰吗啉·代森锰锌可湿性粉剂 1 000 倍液，或 72% 锰锌·霜脲可湿性粉剂 600～800 倍液，或 20% 氟吗啉可湿性粉剂 600～800 倍液＋70% 代森锰锌可湿性粉剂 600～800 倍液喷雾防治，视病情间隔 7～10d 喷 1 次。普遍发病时可

用 687.5g/L 霜霉威盐酸盐·氟吡菌胺悬浮剂 1 000 倍液，或 25% 吡唑醚菌酯乳油 1 500～2 000 倍液喷雾，或每 667m² 用 20% 氰霜唑悬浮剂 25～35mL 兑水喷雾防治，视病情间隔 5～7d 喷 1 次。

四、根 肿 病

1. 分布及危害　根肿病是由根肿菌目芸薹根肿菌（*Plasmodiophora brassicae* Woronin）侵染植物根部，引起根部肿大畸形的病害，是一种世界性土传病害。根肿病最早发现于地中海和欧洲等地区，现世界范围都有发生危害。在我国根肿病分布范围非常广，几乎在我国各个省份都有发生，近年危害范围仍呈现逐年上升的趋势，发病面积急剧增加，尤其以云南、四川、贵州、重庆、湖南、湖北、河南、山东、辽宁、吉林、陕西等地区最为严重（司军等，2003）。常年危害面积达 320 万～400 万 hm²，占十字花科作物种植面积的 30% 以上，并且危害程度越来越重，平均产量损失为 20%～30%，严重田块损失可达 60% 以上，甚至绝收（杨丽梅等，2016）。

2. 症状　根肿病可危害甘蓝及其他 100 多种十字花科植物，其典型症状表现为根部组织膨大。根肿部位初期表面光滑，后期常发生龟裂，易被其他微生物侵染而腐烂。通常甘蓝苗期即可受害，地下部症状为根部肿大，地上部引起黄化萎蔫，严重时幼苗枯死。成株期受害，地上部分初期表现生长缓慢、矮小，叶片中午时经常萎蔫，早晚恢复；危害后期基部叶片变黄，萎蔫症状不能恢复，严重时全株枯死，地下部主根膨大形成椭圆形或近球形等不规则的肿瘤，侧根则多形成纺锤状、手指状等大小不等的肿瘤，发生根肿病的植株往往不能发育形成叶球（图 14-8）。

图 14-8　甘蓝根肿病地上部、地下部症状

3. 病原　甘蓝根肿病为专性寄生菌，病原为芸薹根肿菌（*Plasmodiophora brassicae* Woronin），属于根肿菌属（*Plasmodiophora*）。芸薹根肿菌休眠孢子为近球形，孢壁表面光滑或有乳状突起，直径 2.1～3.1μm（平均直径 2.5μm）。游动孢子为近球形或椭圆形，大小为 1.6～3.6μm，同侧着生不等长尾鞭式双鞭毛（肖崇刚等，2022）。根肿菌存在严重的生理小种分化现象，在全世界已经鉴定出 24 个根肿菌生理小种（Buczacki et al.，1975）。利用威廉姆斯（Williams）法，采用 2 个结球甘蓝品种 Jersey queen、Badger Shipper 和 2 个芜菁甘蓝品种 Laurentian、Wilhelm sburger 作为鉴别寄主，在我国根肿病菌已初步鉴定出 1 号、2 号、4 号、5 号、6 号、7 号、8 号、9 号、10 号、11 号、12 号、13 号和 16 号等 10 余个生理小种，其中 4 号生理小种为优势种。

4. 发病流行规律　根肿病休眠孢子萌发后，释放出初生游动孢子，从植株幼根侵入根毛组织，并在根毛内形成游动孢子囊，多个游动孢子囊聚集在一起，每个孢子囊可以释放 4～16 个次生游动孢子，形成再侵染，若条件适宜，从根肿菌萌发侵入寄主植株到植株表现出发病症状，最短只需要 8～10d。随着病菌的侵染，植株呈现出根部膨大畸形症状，2～6 叶期是防控根肿病的关键时期。

根肿菌以休眠孢子在病田土壤或病残体中越冬、越夏，条件适合的情况下，可长时间存活，因此发病植株和病田带菌土壤是翌年的主要初侵染源。通过雨水、灌溉水及农事操作，病原菌可进行近距离的传播。远距离传播则主要依托于带病植株的调运或带菌泥土的转移。在条件适合的情况下，一年四季均可发病，危害高峰在春季及夏秋季。温湿度及土壤酸碱性是影响发生的重要因素，病菌休眠孢子在 4～40℃ 范围内均可萌发，最适萌发温度为 24℃，同时土壤湿度为 65%～85%、土壤偏酸（pH5.4～6.5）等条件均有利于发病。根肿病病原菌休眠孢子生命力顽强，在土壤中可存活长达 20 年之久。因此，发过病的田块，将不再适合易感病的十字花科蔬菜种植，对十字花科蔬菜的可持续生产造成了严重威胁。

5. 防治方法　目前，防控十字花科根肿病应遵循预防为主、综合防治的原则，主要包括选用抗病品种、病原菌检疫、农业防治、生物防治、物理防治和化学防控等措施，以选用抗根肿病品种为主，科学使用化学防治及生物防治措施，综合利用农业措施，实现蔬菜产业的绿色高效可持续发展。

（1）农业措施

①病原菌检疫。防止病原菌传入是预防根肿病的关键措施，对于新菜区及尚未发现根肿病的地区，严禁从重病区调运种苗。对调用的苗子、育苗基质及种子要进行严格检疫，一旦检测到该病害，应立即对整批苗子、基质或种子就地进行无害化处理，切断病原菌的传入途径，保障蔬菜安全生产。

②选用抗耐病品种。针对根肿病 4 号生理小种是我国的优势种，已选育出少数抗、耐根肿病的甘蓝品种，如西园 8 号、西园 10 号等。在生产及育种中可根据需要选择，并注意品种的合理布局和轮换使用。

③培育健康种苗。提倡在无病田块或是采用无病土壤/基质进行育苗。如果种植区域已经发生了根肿病，就必须对育苗土壤进行化学药剂处理。对于种子可以进行温汤浸种处理，杀死种子表面携带的根肿病病原。同时建议采用穴盘育苗或是漂浮育苗方法，不但可提高育苗效率，且利于消毒处理及带土（基质）移栽，避免伤根，大大降低了病原菌侵染概率。

④加强田间管理。严格管理农事操作，严禁工作人员在发生根肿病的田块进行农事操作后携带病残体、病土、农机具等转移到其他田块，造成根肿病菌在田间传播。灌水和施肥操作中要避免与病田交叉，防止病害传播。同时禁止使用未充分腐熟的生物肥料，防止病原菌随病残体传播。使用滴灌浇水的方式，或采用小水勤浇，避免大水漫灌。发现病株后及时清理，并对根际土壤及病残体进行消毒处理，确保田块清洁。

⑤适当延期播种。根据地区气候特点适当推迟甘蓝种植期，在南方地区对于秋季种植的甘蓝适当推迟种植期 10d，可以降低发病率，10 月初播种的苗子比 9 月底播种的苗子根

肿病可以降低5%～20%。

⑥合理轮作及起垄栽培。轮作是防治根肿病的重要措施，建议与葱、蒜、玉米、亚麻、麦类以及豆科、茄科、葫芦科等非十字花科作物实行5～6年以上的轮作，同时采用起垄栽培方式，垄高不低于15cm，这样有利于及时排水，防止根肿病大面积扩散。

（2）物理防治　改良并提高土壤碱度是根肿病防治中应用较广泛的一种方法。当土壤pH在5.4～6.5范围内时，在移栽前1周按每667m² 50～75kg将石灰撒入田间，结合翻耕将其与土壤混合均匀，若危害严重可以连续处理4～5年。在施肥时注意氮、磷、钾肥的合理搭配，不偏施氮肥。同时注意微量元素肥料的施用，适时补充适量的钙、硅、镁等微量元素肥料，以提高土壤肥力和通透性，促进甘蓝生长，提高抗病性。

（3）生物防治　在种植前施用生物菌肥作为底肥，并用100亿孢子/g的枯草芽孢杆菌可湿性粉剂500～650倍液进行拌种、蘸根或灌根处理。

（4）化学防治

①药剂浸种。采用10%氰霜唑悬浮剂20倍液进行拌种，或用70%甲基硫菌灵可湿性粉剂12～15g直接拌种5kg，或用70%百菌清可湿性粉剂600倍液浸种20min，然后迅速吹干或晾干后进行播种。

②苗床药剂处理。将10%氰霜唑悬浮剂（8～10mL）稀释500倍液，或将50%氟啶胺悬浮剂（7～10mL）用清水稀释1 000倍，对100kg育苗土或基质进行喷雾处理，使药液充分渗透到育苗土或是基质内，并用塑料薄膜覆盖密封3～5d后进行播种育苗。

③田间土壤消毒。在移栽前采用棉隆、氰胺化钙（石灰氮）等药剂进行土壤消毒，每667m²用量分别为98%棉隆颗粒剂25～30kg或氰胺化钙颗粒剂80～100kg。在撒施药剂后立即用旋耕机深翻（30cm左右），然后适当灌水，使得土壤相对含水量达到60%～70%，覆盖较厚的塑料薄膜（0.04mm以上），四周密封，消毒处理10～15d后，揭膜通风7～10d，确保无残留药害后进行移栽。该防治措施适用于根肿病危害严重且大面积发生的田块。

④生长期药剂防治。田间发病可选用50%氟啶胺悬浮剂，或10%氰霜唑悬浮剂，或30%氟胺·氰霜唑悬浮剂，用清水稀释1 000倍，采用喷施、沟施或是灌根等方法处理根际土壤及植株，或用10%氟啶胺·精甲霜灵颗粒剂进行撒施（每667m² 1.25～1.5kg），对根肿病均具有一定的防治效果。

五、菌 核 病

1. 分布与危害　甘蓝菌核病是危害甘蓝的一种重要病害，在全世界分布广泛，几乎在所有甘蓝种植国家特别是温带地区普遍发生和流行，是世界上许多国家甘蓝生产中最常见的病害之一。我国最早在1915年台湾即有报道，1940年在江苏亦有记载。该病在我国长江流域及南方沿海地区发生普遍且严重，北方地区随着种植面积的不断增加，发生与危害亦呈明显上升的趋势，以保护地蔬菜发生尤为严重，主要危害甘蓝茎基部、叶片、叶球及种荚，可引起受害甘蓝死苗、烂叶、枯茎，叶球或茎基部腐烂，采种株结荚率低，种荚籽粒不饱满，严重影响甘蓝的产量和质量。一般发病率为10％～30％，发病重时可达到80％以上，已成为甘蓝生产的一大障碍。

2. 症状 菌核病在甘蓝整个生育期均可发生，主要危害茎基部、叶片或叶球。幼苗受害，叶片及近地面的茎基部呈现水渍状病斑，很快病部组织腐烂引起猝倒；成株受害，一般从靠近地表的茎、叶柄或叶片边缘开始发病，初呈水渍状淡褐色不规则病斑，后受害部位病斑凹陷呈湿腐状，边缘不明显，湿度大时病部出现白色棉絮状霉层，并形成黑色鼠粪状菌核（图14-9）。发病严重时，叶球由外向内坏死腐烂，茎基部病斑环茎一周后造成整株死亡，病残体上的菌核大量散落于土表及土缝中（魏林等，2017）。采种株受害多发生在终花期，根茎基部、叶柄和种荚出现浅黄色病斑，逐渐变为灰白色，最后发病组织腐朽呈纤维状，茎内中空，内有黑色菌核；花梗受害，染病部位白色或呈湿腐状，致种子瘦瘪，内生菌丝或菌核，病荚易早衰或炸裂。

| 受害叶片 | 受害植株 | 布满菌丝体和菌核的受害叶球 |

图14-9 甘蓝菌核病危害症状（梁怀松、李明远提供）

3. 病原 甘蓝菌核病的病原为核盘菌［*Sclerotinia sclerotiorum*（Lib.）de Bery］，属子囊菌门核盘菌属真菌（杜磊等，2016）。菌丝无色、具隔，在发病部位呈白色棉絮状，不耐干燥，0～30℃都能生长，适宜生长温度为20℃左右。菌核长圆形至不规则形，呈鼠粪状，表面黑色，内部粉红色，直径1～10mm，由皮层、拟薄壁细胞和疏丝组织组成，其外层包被的黑色素可保护菌核免受各种逆境侵害。菌核萌发温度为5～20℃，适温为15℃，萌发前必须吸收一定的水分，萌发后长出1至多个具长柄的肉质、杯状、大小不等的子囊盘。子囊盘初为乳白色小芽，盘下有柄，长6～7cm，细长弯曲；子囊盘柄顶部伸出土表后，逐渐膨大展开呈盘状，颜色由淡褐色变至暗褐色，开展度在0.2～0.5cm，盘梗长3.5～50mm；子囊盘表面为子实层，盘上着生一层子囊和侧丝，子囊无色呈倒棍棒状，大小为（113.87～155.42）μm×（7.70～13.01）μm；子囊内含单胞、无色子囊孢子8个，大小为（8.70～13.67）μm×（4.97～8.08）μm，椭圆形或梭形，在子囊内斜向排成一列；侧丝无色，丝状，顶部较粗，夹生在子囊之间。

菌核无休眠期，具有抵抗不良环境的能力，可以越冬和越夏，在干燥条件下，可以存活4～11年，但在湿度较大的土壤中，仅可存活1年。

4. 发病流行规律 甘蓝菌核病主要以菌核的形式在土壤、粪肥、病残体或种子中越冬或越夏，也可在种株上越冬，成为初侵染源。条件适宜时，菌核萌发形成菌丝或子囊孢子，随风雨或灌水在田间传播，通过菌丝侵染甘蓝植株，萌发的子囊孢子在营养条件允许的情况下也能形成附着胞进入寄主引发菌核病（图14-10）。病菌首先侵染衰老的叶片及花瓣，然后通过菌丝向健康部分转移危害。田间的重复侵染主要通过病、健株和组织的接触，由患病部长出的白絮状菌丝体传染，引起田间病害的扩展与蔓延，特别是植株中、下部衰老病叶上的菌丝，是后期病害流行的主要病菌来源。作物生长后期，病部菌丝生长受不良环境因子制约，逐渐集结成团形成菌核越冬越夏。

温湿度等气候条件是影响菌核病发生流行和危害程度的重要因素，病菌发育最适温度为 20℃ 左右，菌丝不耐干燥，相对湿度 85％ 以上为菌丝侵染叶片而生长繁茂的最适湿度，若湿度低于 70％ 则病害扩展明显受阻（何祖华，2000）。因此，低温寡照，阴雨潮湿，田间温度在

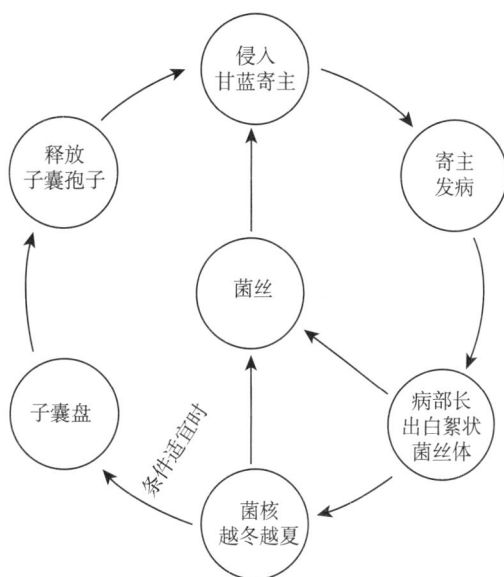

图 14 - 10　甘蓝菌核病病害循环示意

20℃ 左右、相对湿度 85％ 以上的环境条件下，病害发展迅速且病情较重。一般低温、多雨、湿度大的早春或晚秋有利于该病发生和流行，菌核形成快、数量多，且春季发病多重于秋季。此外，栽培条件对病害发生影响较大，连作、偏施氮肥、种植密度过大、地势低洼、排水不良等条件下，有利于该病的发生；遇霜害、冻害或肥害，也可加重发病。

甘蓝不同生育期与发病也密切相关。幼苗期因苗小叶少，发病株率低，随着植株的生长，发病率逐渐上升，特别在包心期，由于基部叶片老化变黄并开始腐烂，易于病菌侵害，并在病斑处产生大量菌丝进行多次重复侵染，导致发病率迅速上升，至成熟期基部老叶黄枯，病斑中心腐烂产生大量菌丝向纵深处侵害，引起全株腐烂，是全生育期发病率最高、危害最严重的时期。

5. 防治方法　贯彻"预防为主，防重于治"的方针，采取以选用抗病品种、种子处理和清除菌源等农业措施为主，辅以药剂防治的综合措施。

（1）农业防治

①选用抗病良种。生产上可选用苏甘 26 等抗菌核病品种，或从无病株上采种，播种前选用籽粒饱满的无菌良种。

②精选田块，合理轮作。选择未种植过十字花科作物或地势较高、排水较好的地块作为苗床；生产田选择地势平整、土壤肥沃、排灌方便的壤土或沙壤土，以近年未种植过十字花科或同类寄主作物的田块为最佳，或与水生蔬菜或禾本科作物实行 2 年以上轮作，以降低土壤菌源含量。

③加强栽培管理。前茬作物收获后深耕晒垡，播种、定植前施足充分腐熟的有机肥料，增施磷、钾肥或含腐殖酸的复混肥，配施硼、锰等微量元素，避免偏施氮肥，以促进植株健壮生长，提高抗病能力。采用高垄栽培、合理密植、改善田间通风透光条件来降低

相对湿度，以减少病原物的接触传播。大棚栽培搞好通风降湿，小水勤灌，忌大水漫灌，浇后加大通风量；露地栽培雨后及时排水，并结合中耕松土、清沟排渍等农事操作，营造有利于作物生长而不利于病菌滋生蔓延的外界条件，以减轻菌核病的发生。田间发现病株时，及时剪除病叶或病茎及贴近地面的黄叶、老叶，并及时将发病植株或叶片清理出园集中销毁，避免甘蓝植株自身传播。老病区春、秋季定植时，采用黑色地膜覆盖，抑制子囊盘发育，并减少病菌与植株接触的机会，减缓发病。收获后做好清园工作，并深翻土壤，加速病残体的腐烂分解。

（2）生物防治　发病初期可选用浓度为 2 000mg/L 的 2 亿活孢子/g 木霉菌可湿性粉剂液，或每 667m² 用 2 亿孢子/g 哈茨木霉菌 LTR-2 可湿性粉剂 500～650g 兑水喷施茎基部。或用 2 亿活孢子/g 小盾壳霉 CGMCC8325 可湿性粉剂喷于地表后覆土，能够有效减少病原物的数量和削弱其致病性，减轻菌核病的发生。

（3）化学防治

①土壤消毒。播种前，将 50％硫菌灵可湿性粉剂或 40％多菌灵可湿性粉剂与细土按 1∶30 拌匀后，均匀撒于床面上进行土壤消毒，控制苗期危害。

②种子处理。用 10％氯化钠溶液或 20％硫酸铵水漂洗两次，去除浮在水面上的菌核和秕粒，下沉的种子用清水冲洗干净后播种。或用 52℃温水浸泡种子 30min，也可用 50％异菌脲可湿性粉剂或 50％多菌灵可湿性粉剂拌种，用药量为种子量的 0.3％～0.4％（李光武等，2006）。

③药剂防治。发病初期喷药保护，重点喷洒植株茎基部、老叶及地面。每 667m² 可选用 50％菌核·福美双可湿性粉剂 70～100g，或 40％嘧霉胺悬浮剂 50～75mL 兑水喷防；或用 25％咪鲜胺乳油 1 000～1 500 倍液，或 60％多菌灵盐酸盐可溶性粉剂 600 倍液，或 50％腐霉利可湿性粉剂 1 000～1 500 倍液，或 40％菌核净可湿性粉剂 500～800 倍液等交替喷雾。发病较重时，可选用混合药剂进行防治，较为常用的有 50％乙烯菌核利水分散粒剂 600～800 倍液＋70％代森锰锌可湿性粉剂 600～800 倍液，50％异菌脲悬浮剂 800～1 000 倍液＋25％戊菌隆可湿性粉剂 600～1 000 倍液，40％菌核净可湿性粉剂 600～800 倍液＋50％克菌丹可湿性粉剂 400～600 倍液，50％腐霉利可湿性粉剂 1 500 倍液＋36％三氯异氰脲酸可湿性粉剂 600～800 倍液，视病情每隔 7～10d 喷雾 1 次，连喷 3～4 次，必要时喷施、淋施相结合。

温室、大棚等保护地栽培蔬菜，可在发病初期每 667m² 用百菌清烟剂 230g、10％或 15％腐霉利烟剂 250g 于傍晚在室内进行密闭烟熏，每隔 7～10d 熏 1 次，连熏 3～4 次。也可于发病初期傍晚喷撒 5％百菌清粉尘剂或 10％氟吗啉粉尘剂，每 667m² 每次用药 1kg，隔 7～9d 喷撒 1 次，连续喷撒 3～4 次。

六、枯　萎　病

1. 分布和危害　甘蓝枯萎病是造成甘蓝产量严重损失的一种土传病害。该病害由 Smith 于 1895 年在美国哈德逊河谷地区的甘蓝上首次发现，随后在美国东北部的甘蓝种植地区迅速蔓延（Smith et al.，1899），至 20 世纪 70 年代在美国所有气候温暖地区普遍发生，目前已扩散至世界各大洲，在全球大部分夏秋甘蓝种植区均有发现。我国甘蓝枯萎病于 2001 年在北京延庆首次发现（李明远等，2003）。随着国外甘蓝种子大量进口，该病在我国迅速传播，目前在北京、山西、河北等地均有严重发生与危害，并正向我国主要甘蓝产区陕西、甘肃、河南、山东、辽宁等地扩散蔓延，在台湾、福建等地也有发现，对夏秋甘蓝的危害损失高达 30%以上，严重田块常造成毁种失收，已成为制约甘蓝产业发展的重要病害（张扬等，2008）。

2. 症状 甘蓝枯萎病在甘蓝的整个生育期均可发生。感病植株在苗期最初表现为叶脉变黄成网状黄化，随着病情的发展，整叶或全株变黄，植株矮小而萎蔫枯死。成株期病株下部的叶片首先变黄，随后上部叶片逐渐变黄，最后，整个植株枯萎和凋萎，有的植株会呈现半边黄化、萎蔫。将病株的短缩茎、叶柄等切开，可发现木质部呈现棕褐色（图 14 - 11）。

田间危害状　　　　　　　发病叶片　　　　　　　发病维管束

图 14 - 11　甘蓝枯萎病症状

3. 病原 甘蓝枯萎病的病原是尖孢镰刀菌黏团专化型〔*Fusarium oxysporum* Schltdl. ex Snyder et Hansen Schltdl. f. sp. *conglutinans*（Wollenw.）Snyder et Hansen，FOC〕，属于镰刀菌属。菌丝呈丝状，无色、有隔，多见小型分生孢子而少见大型分生孢子和厚垣孢子。小型分生孢子无色透明，短杆状，多为单胞；大型分生孢子呈镰刀状，一端略微弯曲，无色，由 3~4 个隔膜组成，大小为（3.2~8.6）μm×（32~40.8）μm。在 PDA 培养基上的菌落通常为白色或略带淡黄色（Ramirez - villupadua et al.，1985）。病原菌生长适宜温度为 20~30℃，最适温度 25℃左右，pH 对病菌生长影响不大。在条件恶劣的情况下，甘蓝枯萎病菌可产生球形厚垣孢子，在没有宿主植物的情况下厚垣孢子可以在土壤中存活数年（Schnathorst et al.，1981）。

对甘蓝枯萎病菌的生理分化，国内外研究者存在不同的观点。有报道认为 FOC 分为 5 个小种：小种 1 寄主广泛，引起甘蓝和其他十字花科蔬菜枯萎病；小种 2 通常侵染小萝卜，也可侵染其他十字花科作物，但不侵染甘蓝和花椰菜；小种 3 从花椰菜迁寄于甘蓝上；小种 4 从纽约紫罗兰上获得；小种 5 仅在加利福尼亚发生，引起抗小种 1 的含有 A 型抗病基因的甘蓝品种发病（Mace et al.，1981）。目前比较认可小种分类如下：FOC 小种 1 仍然为黏团专化型的小种 1（FOC1）；原 FOC 小种 2 现为萝卜专化型（FOR）；原

FOC 小种 3 现为紫罗兰专化型（FOM）小种 1；原 FOC 小种 4 现为紫罗兰专化型（FOM）小种 2；原 FOC 小种 5 现为尖孢镰刀菌黏团专化型小种 2（FOC2）。因此，通常认为 FOC 分为两个生理小种：FOC1 和 FOC2（Beckman et al.，1987；Agrios et al.，2005）。致病性试验显示 FOC2 的致病力强于 FOC1。根据致病性试验及病菌形态观察，北京发生的甘蓝枯萎病菌为尖孢镰刀菌黏团专化型小种 1（FOC1），但致病力强于美国 1 号小种（FOC1）。另外，根据全国性的甘蓝枯萎病病原菌的分离和鉴定研究发现，我国的 FOC 菌株均属于 1 号小种，暂未发现 2 号小种。

4. 发病流行规律 甘蓝枯萎病菌以菌丝体或厚垣孢子长期在土壤中生存，通过伤口或者自然孔口从甘蓝根部侵入，其菌丝穿透根皮定植于甘蓝根和茎的维管束导管中，菌体可对邻近组织的有限侵入，并在侵染的组织内部大量繁殖引起植株发病死亡，随后甘蓝枯萎病菌在死亡宿主内及土壤中以各种形式存在，由此完成一次侵染循环过程。翌年，甘蓝枯萎病菌通过土壤、肥料、灌溉水及昆虫、农具等传播，引起再侵染（李明远，2022）。

甘蓝枯萎病的发生流行受土壤中病原孢子的积累程度、栽培甘蓝品种的易感性和环境条件等多种因素影响。在环境因素中，温度是影响甘蓝枯萎病发病的主要因素，受甘蓝枯萎病感染的甘蓝在任何生长阶段都会出现症状。当土温在 16℃时，病原菌可侵染寄主；温度在 24~29℃时，病菌侵染速度最快。雨水、漫灌、农事操作等可加快病害的蔓延。一般来说，甘蓝枯萎病菌在温暖潮湿的土壤中更能产生大量的病原孢子，因此甘蓝枯萎病在高温潮湿的环境条件下更容易暴发。另外，甘蓝枯萎病菌可以通过水传播，通常是栽培在灌溉水渠旁边的甘蓝植株开始发病，进而扩展到整个地块发病。同时，在排水不良的地区，甘蓝枯萎病菌更容易传播和发病（蒲子婧等，2012）。

5. 防治方法

（1）农业防治

①种植抗病优良品种。种植抗病品种是防治甘蓝枯萎病最有效且最为经济安全的措施。在生产上可因地制宜选用如下抗枯萎病甘蓝品种：中甘 96、中甘 23、中甘 828、中甘 192、中甘 588、中甘 596、YR 中甘 21、秋甘 5 号、锦秋 60 等。

②实行无病土育苗和轮作防病，杜绝发病初侵染源。选择从未种植过十字花科作物或从未发生过甘蓝枯萎病的田块作为苗床，播种前将苗床耙松、耙平，施适量底肥或者撒施适量尿素做基肥，并进行必要的药剂处理，以降低病害发生危害程度。田间种植建议选择与非寄主如谷类、玉米及非十字花科蔬菜等进行 5 年以上轮作，以减少因为连作造成的土壤中枯萎病菌的累积，控制病害的发生危害。

③适期播种，调整移栽适期，避开发病高峰期。甘蓝枯萎病是一种在温暖季节中发生的病害，在我国北方其发病高峰期集中在 6~9 月，因此春甘蓝适当提前播种、秋甘蓝适当推迟播种，尽量躲过高温干旱季节，可避开枯萎病的发病高峰，减轻枯萎病对甘蓝的危害。

④加强田间管理。蹲苗适度，防止苗期土壤干旱。遇有苗期干旱年份，地温过高，宜勤浇水降温，确保根系正常发育。及时清理田园，清除前茬和田间发病植株及病残体，防止其随农事操作在田间传播或者成为病害的侵染来源。加强灌溉管理，适时浇水，掌握前少后多的原则，莲座期前可结合追肥浇水，进入结球中期，对水分的要求逐渐增加，在一

般情况下，夏秋栽培每 4～6d 浇 1 次水。多雨季节要及时排水以防渍涝，避免土壤积水造成根部缺氧。

（2）物理防病　利用甘蓝残株结合太阳能加热协同控病。利用太阳能进行土壤热处理不仅能杀死土壤中绝大多数病原菌，而且在覆膜封闭条件下，土壤中氧气逐渐消耗，呈缺氧还原状态，使大多数好气的病原菌在缺氧和高温条件下死亡，从而显著降低田间病原菌的基数，有效控制病害发生。具体做法如下：将田间甘蓝或十字花科作物的残株用机器搅碎、晒干，使用旋转式耕耘机将晒干的残留物与土表约 15cm 深的土壤充分混匀，连续洒水灌溉 3d，用 0.025mm 厚的透明薄膜覆盖，在阳光下暴晒 4～6 周后揭膜，然后整土种植甘蓝。盖膜处理时应经常检查，防止边角漏气，遇到畦面薄膜破损，应及时盖土，防止漏气，以提高增温效果（Villapudua et al.，1986）。

（3）化学防治

①种子处理。对甘蓝种子进行药物拌种和包衣处理可以预防病菌随种子传播，同时可以作为保护屏障防止土壤中的病菌侵染种子和幼苗。可用种子重量 0.3% 的 50% 多菌灵可湿性粉剂拌种，或用种子重量 3% 的 2.5% 适乐时种衣剂进行包衣处理，在一定程度上可以控制病害的发生危害。

②苗床消毒。将适量的 50% 多菌灵可湿性粉剂，或 70% 甲基硫菌灵可湿性粉剂，或 98% 噁霉灵可溶粉剂，或 80% 多福锌可湿性粉剂撒施于苗床土壤表面，混匀后将种子直接撒播于苗床上，以降低病害发生危害程度。

七、黑 斑 病

1. 分布与危害　甘蓝黑斑病美国最早于 1836 年报道，后在世界各甘蓝种植区陆续发生。我国最早于 1919 年在广东栽培甘蓝上发现黑斑病，20 世纪 40 年代已经普遍发生，但对生产影响不大。到 20 世纪 80 年代，黑斑病已在北京郊区、陕西关中菜区白菜上大流行，一般减产 25%～40%，个别严重地块高达 100%。从 20 世纪 90 年代末开始，随着结球甘蓝大面积栽培，不仅白菜黑斑病菌——芸薹链格孢（*Alternaria brassicae*）开始侵染甘蓝，芸薹生链格孢（*A. brassicicola*）和萝卜链格孢（*A. raphani*）也开始侵染甘蓝（司凤举等，2001）。甘蓝黑斑病发生后不仅叶球外观受污损引起品质下降、产量降低，留种株染病还可影响种子产量，并可使种子带菌，成为远距离传播的重要来源。

2. 症状　甘蓝黑斑病主要在外叶或外层球叶上发病，起初是黑色小斑点，直径 3～7mm，同心轮纹不显著。温度高时，多呈黑褐色圆形斑，病斑扩大到直径 5～20mm，具明显的同心轮纹，并伴有黄色晕环，湿度大时病斑上产生黑色霉状物（图 14-12）。严重时，叶上多个病斑汇合成大斑，致使叶片变黄干

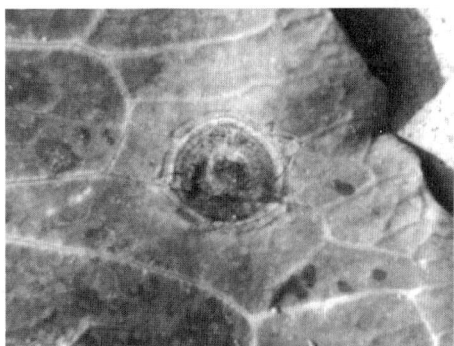

图 14-12　芸薹生链格孢引起的结球甘蓝黑斑病病斑（李明远供图）

枯，湿度大时造成叶腐。叶柄染病病斑多呈纵条状，同时也伴有黑色霉状物（李明远，1993；王宁宁，2012）。

3. 病原　甘蓝黑斑病病原主要为芸薹生链格孢［*Alternaria brassicicola*（Schw.）Wiltshire］，其次是芸薹链格孢［*A. brassicae*（Berk.）Sacc.］和萝卜链格孢（*A. raphani* Groves et Skoloko），三者均属于子囊菌无性型链格孢属真菌。

（1）芸薹生链格孢　菌丝青褐色，细长，分枝，分隔，宽 $2\sim5\mu m$。分生孢子梗单生或簇生，常见直立生长，少见屈膝状弯曲，淡褐色至褐色，具隔膜，大小为（$55.6\sim83.0$）$\mu m\times$（$5.6\sim10.9$）μm。分生孢子常串生，倒棍棒状，淡褐色至深褐色，具 $6\sim11$ 个横隔膜，纵、斜隔膜 $0\sim5$ 个，孢身大小为（$66.4\sim148.8$）$\mu m\times$（$20.5\sim37.6$）μm；喙短至不明显，淡褐色，具分隔，大小为（$23.7\sim91.4$）$\mu m\times$（$6.2\sim7.9$）μm（图 14-13）。

（2）芸薹链格孢　分生孢子梗单生或簇生，直立或膝状弯曲，淡褐色，分隔，大小为（$121.0\sim165.5$）$\mu m\times$（$21.0\sim165.5$）μm。分生孢子单生，罕见链生，直或微弯，倒棒状，淡褐色，具有 $6\sim12$ 个横隔膜，$1\sim4$ 个纵隔膜，$0\sim2$ 个斜隔膜，大小为（$64.0\sim158.0$）$\mu m\times$（$19.5\sim38.0$）μm；喙柱状，淡褐色，具分隔，大小为（$23.0\sim93.0$）$\mu m\times$（$6.0\sim8.0$）μm（图 14-14）。

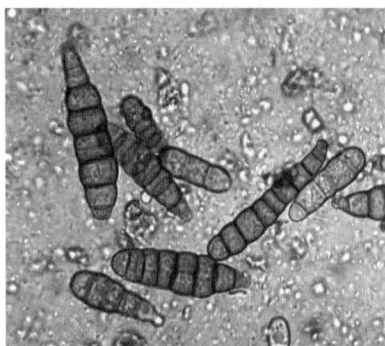

图 14-13　芸薹生链格孢分生孢子
（李明远供图）

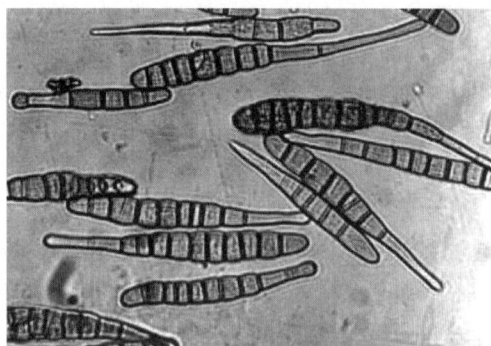

图 14-14　芸薹链格孢分生孢子

（3）萝卜链格孢　PDA 上菌落初白色，后转为暗灰色。菌丝近无色，有隔，直径 $2\sim8\mu m$。分生孢子梗一般单生，少数束生。分生孢子着生在菌丝的分枝上，在叶片上一般单生，而在 PSA 培养基上可 $2\sim3$ 个串生。分生孢子短倒棍棒状，暗褐色，多具短喙。喙至孢身宽度变化明显，具横隔 $1\sim8$ 个，纵隔 $0\sim9$ 个，分隔处缢缩明显，大小为（$27.5\sim76.25$）$\mu m\times$（$12.5\sim30$）μm，多 $2\sim3$ 个串生（图 14-15）。后期形成大量的黑褐色、串生的厚垣孢子（图 14-16）（李明远，1993）。

4. 发病流行规律　近年来甘蓝在设施栽培的模式使得甘蓝黑斑病病原菌周年可以侵染。病菌分生孢子可借风、雨水和灌溉水传播，迸溅的水滴也能传播。分生孢子还可以在甘蓝收获时，从病组织上脱离后升至高达 1 800m 的高空进行远距离传播。种株染病后使得种子带菌，成为远距离传播的重要来源。

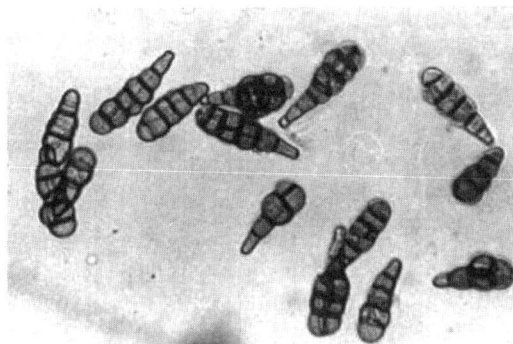

图 14-15 萝卜链格孢分生孢子
（李明远供图）

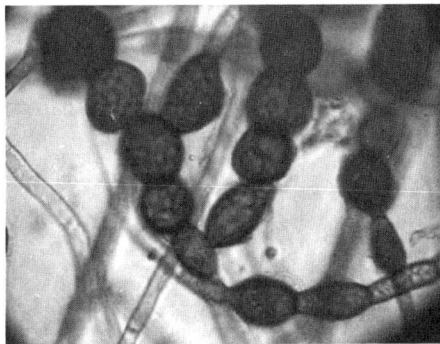

图 14-16 萝卜链格孢厚垣孢子
（李明远供图）

芸薹生链格孢产生分生孢子所需要的空气相对湿度为 87% 以上。温度范围广泛，最适温度为 20～30℃，适宜温湿度条件下分生孢子形成只需要 12～24h。分生孢子萌发最适温度为 14.6℃，温度达到 40℃后分生孢子不再萌发。10～25℃适宜附着孢形成。分生孢子萌发率在清水中 24h 可达 60% 以上。分生孢子萌发后即使遇到干燥环境，只要时间不超过 3h 仍然存活。

芸薹生链格孢适宜侵染温度为 25～27℃，低于 10℃时也能侵染。甘蓝叶片有水滴存在或暴雨后极易发病，大水漫灌、灌水次数多造成湿度大也有利于甘蓝黑斑病的发生。

5. 防治方法

（1）农业防治

①选用抗病、耐病品种。目前没有对甘蓝黑斑病免疫的品种，可因地制宜选用适合当地的抗病、耐病品种。

②水肥菌一体化高垄栽培。采用滴灌、覆膜的高垄栽培模式，结合整地每 667m² 施用腐熟有机肥 5 000kg、三元复合肥 20kg 和生物菌肥（含有芽孢杆菌、木霉菌和黏帚霉等高效微生物菌株）3～5kg。

③合理间套作与轮作。根据当地种植作物或蔬菜种类，可以采用甘蓝—娃娃菜、莴笋—越夏樱桃番茄＋越冬甘蓝的种植方式，也可以采用早春甘蓝—夏菜用大豆—秋花椰菜的种植方式，还可以采用春玉米套种春甘蓝—秋花椰菜的种植模式，通过间作套种一方面提高复种指数，另一方面改善甘蓝生长环境条件，利用生态效应防治甘蓝黑斑病。

④尾菜无害化处理。收获后及时做好甘蓝尾菜无害化处理工作。选择向阳、地势较高、运输方便、平坦的空地或田间地头，建造长度不定，宽 2m，高 1.6m 的堆沤池。将甘蓝尾菜粉碎成 10cm 左右，填入堆沤池，高度约 50cm，摊平后撒入碳酸氢铵 4～6kg/m³、普通过磷酸钙 4～6kg/m³、秸秆发酵菌剂（1kg 发酵物料中添加 1mL），最终固水比为 1：9，碳氮比为 20：1，甘蓝尾菜残株的发酵率可达到 93.02%。

（2）生物防治 幼苗移栽缓苗后，用枯草芽孢杆菌或中间苍白杆菌等菌剂 200 倍液配合 5% 氨基酸水溶肥喷雾，每隔 10～15d 喷 1 次，预防甘蓝黑斑病发生。发病初期每 667m² 可选用 4% 嘧啶核苷类抗菌素水剂 400 倍液，或 1.5% 多抗霉素可湿性粉剂 75～150 倍液，或 3% 多抗霉素可湿性粉剂 150～300 倍液喷雾，最好在傍晚使用。

（3）化学防治

①种子消毒。用种子重量 0.3％的 50％异菌脲可湿性粉剂，或 70％代森锰锌可湿性粉剂，或种子重量 0.4％的 50％福美双可湿性粉剂进行拌种。

②移栽前幼苗蘸根。甘蓝移栽前可用 560g/L 嘧菌·百菌清悬浮剂 800 倍液蘸根，30min 后移栽（杜兰英等，2021）。

③田间药剂防治。甘蓝黑斑病发病初期可采用 4％嘧啶核苷类抗菌素水剂 400 倍液，或每 667m² 用 5％氨基寡糖素水剂 50～100mL，或 10％苯醚甲环唑水分散粒剂 42.5～50g，或 68.75％噁酮·锰锌水分散粒剂 45～75g，或 30％醚菌酯可湿性粉剂 40～60g，或 430g/L 戊唑醇悬浮剂 19～23mL，或 30％戊唑·噻森铜悬浮剂 50～70g 兑水进行叶面喷雾，根据病情发展情况间隔 3～7d 施药 1 次，每季最多使用 3 次。施药时，注意轮换使用不同作用机制的药剂，以防病原菌产生抗药性。

八、黑 胫 病

1. 分布与危害 甘蓝黑胫病又称根朽病、根腐病、黑根子病，是甘蓝生产中的一种重要病害，在甘蓝的整个生长期及贮藏期均可危害，也可危害十字花科其他蔬菜和油料作物。该病在世界多个甘蓝种植区广泛发生，在我国东北、华北、西北各地也多有发生。

2. 症状 甘蓝黑胫病在甘蓝苗期、成株期的任何部位均可发生。幼苗发病，子叶、真叶上产生圆形至椭圆形病斑，初呈浅褐色，后变为灰白色，病斑上产生较多灰褐色小粒点，即病原菌的分生孢子器，重病苗很快枯死。发病轻者，沿茎基部向上下扩展，形成长条形灰褐色至暗褐色病斑，严重的病茎、病根皮层腐朽，露出木质部致植株萎蔫死亡，后期在病部产生较多灰褐色小粒点。成株期发病，叶片上初显模糊的灰白色不规则病变区，逐渐变成清晰的中部灰色病斑，病斑上散生许多黑色小粒点。茎上病斑淡褐色，长条形，若靠近地面产生病斑，常常向下蔓延至根部，呈暗褐色的溃疡斑，斑上散生少量黑色小粒点，严重时主侧根全部腐朽，地上部逐渐萎蔫枯死（图 14-17）。有时随着主根的逐渐死亡，在茎基部病斑上端健部再生新的侧根，以维持生长，但植株发育不良，长势衰弱，这种情况即使维持到叶球形成，此时患病的根茎难以支撑不断增重的叶球，最终导致折倒夭亡。采种株上的侧枝、花梗、种荚等被侵染，病斑与茎上的相似，病荚的种子干瘪，种皮皱缩。贮藏期病菌还可继续侵染，引起根朽和叶球内出现干腐病区，但不会导致严重腐烂。

图 14-17 甘蓝黑胫病病茎和病叶（引自康奈尔大学）

3. 病原 甘蓝黑胫病病原为黑胫茎点霉 [*Phoma lingam* （Tode ex Fr.）Desm.]，为半子囊菌无性型茎点霉属真菌，其有性阶段为十字花科小球腔菌 [*Leptosphaeria maculans* （Desm.）Ces. & deNot.]。黑胫茎点霉分生孢子器散生、埋生或半埋在寄主表皮下，球形或近球形，深黑褐色，直径 $120\sim180\mu m$，高 $75\sim120\mu m$。器壁膜质，褐色，由数层细胞组成，内壁无色，形成产孢细胞，上生分生孢子；产孢细胞瓶形、倒梨形，单胞，无色，大小为 $(2\sim10)\mu m\times(2\sim3)\mu m$；分生孢子长圆形、卵圆形、圆筒形，单细胞，无色，内含 $1\sim2$ 个或多个油球，大小为 $(2\sim5)\mu m\times(1.5\sim2)\mu m$。因

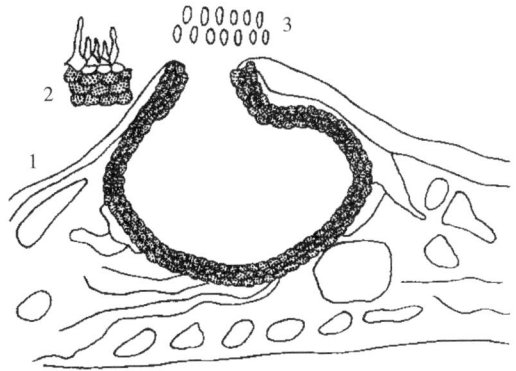

图 14-18 黑胫茎点霉（仿白金铠）
1. 分生孢子器 2. 产孢细胞 3. 分生孢子

内有胶质物和大量分生孢子，在潮湿环境下，分生孢子器吸湿后从孔口涌出长的胶质分生孢子角。有性阶段较少产生，一般在老的黑茎或叶片上形成排列紧密呈簇状的假囊壳，假囊壳内含大量圆柱形至棒形的子囊，每个子囊内含 8 个圆柱形至椭圆形、黄褐色、多分隔的子囊孢子（图 14-18）。

4. 发病流行规律 病菌能在种皮内或采种株的病组织中越冬，也可随病残体在土壤、堆肥中越冬。菌丝体在种荚内能存活 3 年以上，在土壤中能存活 $2\sim3$ 年，翌年春季气温达 20℃时产生分生孢子。播种带菌的种子，出苗时种皮上的病菌直接侵入子叶而发病，后蔓延到幼茎进行初侵染，以后从患病部位产生分生孢子器和分生孢子，重复侵染健株。

病菌喜高湿条件，苗期湿度大、发病重。定植后潮湿多雨或雨后高温，病害易于流行。分生孢子在水中几个小时即可萌发芽管。在昼夜平均气温为 $24\sim25$℃时病原菌的潜伏期只有 $5\sim6d$，在 $17\sim18$℃时需 $9\sim10d$，在 $9\sim10$℃时需 23d。

病害在田间以分生孢子主要通过雨水、灌溉水传播，也可借助危害甘蓝的潜叶蝇、灰地种蝇等昆虫的幼虫传播。

长期连作、施入未充分腐熟的有机肥、排水不良地，以及前干后涝的地块均易发病。

5. 防治方法

（1）农业防治

①选用抗病品种。选用抗甘蓝黑胫病的甘蓝品种。

②轮作。与非十字花科植物轮作 3 年以上，或选择 3 年以上未种过十字花科植物的地块作为苗床。

③加强田间管理。采用高垄或半高垄栽培，以利于排水。浇水不宜过多，避免大水漫灌，雨后及时排水；合理密植，早分苗、早定植，注意防止伤根。严格剔除病苗，可将其带出田外深埋或烧毁。收获后彻底清除田间病株，并深翻土壤。幼苗期还要注意控制甘蓝斑潜蝇、灰地种蝇等害虫的危害，发现虫害及时防治，以减少虫害伤口及昆虫传播。

④种子处理。从无病株上留选种子；或进行种子消毒，可用 50℃温水浸种 20min，或用 50%福美双可湿性粉剂拌种，也可用 50%异菌脲或 70%甲基硫菌灵可湿性粉剂拌种，

药剂用量为种子重量的 0.4％。

⑤苗床处理。可采用 50％福美双可湿性粉剂或 40％五氯硝基苯粉剂 8～10g/m² 掺拌 30～40kg 细土，播种前 1/3 撒于床面，播种后将余下的 2/3 药土覆盖在种子上。

（2）药剂防治 发病初期可采用 30％苯醚甲·丙环乳油 3 000 倍液，或 80％多·福·福锌可湿性粉剂 500～700 倍液，或 20％喹菌酮可湿性粉剂 1 400 倍液，或 50％异菌脲可湿性粉剂 1 000 倍液，或 1.5％多抗霉素可湿性粉剂 150～200 倍液喷雾，视情况间隔 7～10d 防治 1 次。

第三节 甘蓝细菌病害及其防治

一、黑 腐 病

1. 分布与危害 甘蓝黑腐病是甘蓝生产上的一种重要病害。19 世纪 90 年代该病在美国威斯康星州的甘蓝上大面积发生，目前已蔓延至世界各地，对欧洲、北美、亚洲的甘蓝等芸薹属作物造成重大危害。我国甘蓝黑腐病在 20 世纪 50 年代末仅华北地区零星发生，随着带菌种子调运，80 年代已流行于全国各地，造成甘蓝减产，严重时可减产 70％。该病主要危害结球甘蓝、球茎甘蓝、抱子甘蓝等的叶片、叶球及茎部，花椰菜、萝卜发病也较重，其他十字花科蔬菜发病较轻。

2. 症状 甘蓝黑腐病主要危害叶片（图 14-19），先从叶缘开始，向内延伸呈 V 形扩展，病斑周围具有黄色晕圈，发病部位呈黄褐色大斑或叶脉变黑网状斑。病菌如果从甘蓝叶片伤口侵入，可在叶片侵入点形成不规则的黄褐色斑。病菌从病叶维管束扩展至茎部维管束，沿着茎部向上和向下扩展，导致整株萎蔫，发病甘蓝维管束呈黑色。天气干燥时，叶片失水，病斑干脆；湿度大时，病部腐烂，无臭味。这是区别软腐病的明显特征。

甘蓝黑腐病发病叶片　　　　　　　　甘蓝黑腐病田间症状

图 14-19　甘蓝黑腐病症状

（引自 Chris Smart）

3. 病原 甘蓝黑腐病病原为油菜黄单胞菌油菜变种 ［*Xanthomonas campestris* pv. *campestris* (Panmmel) Dowson］，属于薄壁菌门黄单胞菌属。菌体呈杆状，大小为 (0.7～0.3) μm×(0.4～0.5) μm，单生或链生，无芽孢，有荚膜，有极生鞭毛 1 根。革兰氏染色阴性，好气性。在 PDA 培养基上菌落呈黄色，光滑黏稠。病菌生长温度为 5～39℃，适温为 25～30℃，致死温度为 51℃、10min。

甘蓝黑腐病菌存在生理小种分化，国际上比较认可的是根据 Vicente 等建立的鉴别寄主体系划分为 6 个生理小种，1 号和 4 号生理小种为世界范围内的主流小种，占 90％以上。国内黑腐病小种分化方面的报道较少，有研究表明国内代表性菌株与国外 1 号小种的致病力类似，但在分子水平聚集于不同的群组，说明国内主流小种很可能为 1 号小种的不同亚型（黄德芬等，2011）。

4. 发病流行规律　病原菌可在甘蓝种子、种株、病残体上越冬，还可在野荠菜、独行菜等野生寄主上越冬。种子带菌是黑腐病传播的主要方式，远距离调运种子可快速传播该病。带菌的种子播种后发病，不能出苗。甘蓝出苗后，病菌从幼苗子叶叶缘水孔侵入，导致幼苗发病死亡。病残体上的病菌在土壤中可存活 1 年以上。

甘蓝黑腐病菌可通过雨水、灌溉、昆虫、农事操作等传播蔓延。病菌从虫伤口、叶缘、水孔侵入，先在薄壁细胞内定殖，后进入维管束，在植株内向上向下蔓延，并在维管束内产生大量 β-半乳糖苷、羧甲基纤维素酶和 β-甘露聚糖酶，破坏甘蓝细胞壁。菌体和细胞糖类物质堵塞维管束，阻碍维管束运输水分，造成系统性侵染。

种株被侵染后，病菌由果柄的维管束进入果荚和种脐，致使种子内部带菌；病菌也可附着在种子表面，造成种子外部带菌。

湿度大、叶面结露、叶缘吐水、高温多雨有利于病菌侵入发病；害虫多、虫伤口多，利于病菌侵入发病。重茬、播种过早、地势低洼、浇水过多，往往发病严重；播期偏早，与十字花科蔬菜连作的地块发病重。

5. 防治方法

（1）农业防治

①种植抗病品种。目前国内培育出的对甘蓝黑腐病抗性较强的品种包括中甘 22、中甘 96、中甘 9 号、秋甘 4 号、秋甘 5 号、西园 4 号、西园 8 号、西园 10 号、秦甘 60、绿球 66、秦甘 80、秦甘 70、嘉兰、苏甘 8 号、锦秋 60、锦秋 55、豫生 1 号、豫甘 3 号、豫生 4 号、豫生早熟牛心、惠丰 1 号、惠丰 3 号、沪甘 2 号、早春 6 号、争牛、东农 610、东农 611 等，可根据需要因地制宜选择利用（程伯瑛等，2002）。

②种子处理。采用无病区留种或无病株上采种，禁止从黑腐病疫区调运种子，以控制黑腐病传播蔓延。播种前温汤浸种，可用 50℃温水浸种 20min。

③合理轮作。与南瓜、西瓜、豇豆、辣椒、番茄等非十字花科蔬菜及玉米轮作 2～3 年。

④加强栽培管理。适期播种，根据生产季节、播种地环境选择适宜品种适时播种，也可根据当年温度适当提前或延后播种，避开高温高湿的环境，以减轻病害发生。育苗采用无菌基质或漂浮式育苗。选择土壤疏松肥沃、保肥保水田块，采用深沟高畦栽培，畦宽 130cm、高约 20cm；控制氮肥施入量，增施磷、钾肥，适当增施钙肥、镁肥等，以增强甘蓝抗病性；在甘蓝的莲座和结球期，叶面喷施磷酸二氢钾溶液，或增施富含磷、钾微量元素肥料，以增强植株抗病能力；避免旱涝，及时防治害虫，减少虫伤；拔除病株，收获后清洁田园（梁元凯等，2016）。

（2）生物防治　田间发现病株时，每 667m² 可用 60 亿芽孢/mL 解淀粉芽孢杆菌 LX-11 悬浮剂 100～200mL 兑水喷淋植株。

（3）药剂防治　发病初期及时用药防治，每 667m² 可选用 2% 春雷霉素水剂 75～120mL，或 20% 噻菌铜悬浮剂 120～200mL，或 5% 大蒜素微乳剂 60～80g，或 50% 氯溴异氰尿酸可溶性粉剂 50～60g 兑水喷防；也可用 77% 冠菌铜可湿性粉剂 600～800 倍液喷雾防治。每隔 5～7d 喷药 1 次，连续 3～4 次。同时，在甘蓝生长期间，及时施用杀虫剂以降低田间害虫虫口数量，以减少甘蓝虫伤。

二、软　腐　病

1. 分布与危害　甘蓝软腐病在世界甘蓝种植区域内普遍发生，在我国大部分甘蓝产区发生频繁。近年来，随着甘蓝栽培面积扩大，尤其在前期干旱、后期多雨情况下，甘蓝软腐病很容易大面积流行，严重时造成甘蓝减产 50% 以上，严重影响其产量和品质，给菜农造成巨大经济损失。除甘蓝外，此病还危害白菜、萝卜等十字花科蔬菜。

2. 症状　甘蓝软腐病在甘蓝结球期开始发生，先在甘蓝外叶或叶球基部出现水渍状病斑，然后病部腐烂，叶球外露或甘蓝基部腐烂成泥状，塌地溃烂。病菌进入甘蓝内部，可导致叶球内部组织腐烂，并发出恶臭味。病株根系腐烂，导致"一踢即倒、一拎即起"（图 14-20）。病菌可从外叶边缘或心叶顶端向下扩展，或从叶片虫伤处向四周蔓延，导致整个球茎腐烂。腐烂叶片在干燥环境下失水，变成透明薄纸状；潮湿条件下，发病部位产生污白色菌脓，触摸有黏滑感，有恶臭味。开始发病时，病株在白天出现萎蔫，早晚恢复，一段时间后不再恢复。

包心前危害状　　　　　　　　　　　结球期症状

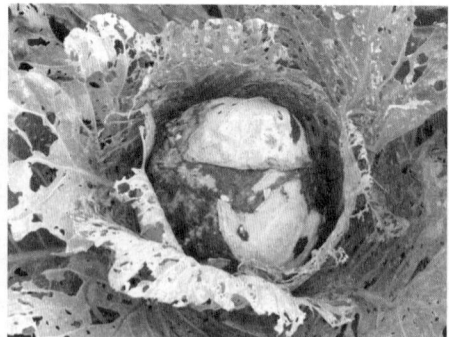

图 14-20　甘蓝软腐病症状（李明远供图）

3. 病原　甘蓝软腐病病原为胡萝卜果胶杆菌胡萝卜亚种（*Pectobacterium carotovorum* subsp. *carotovorum*），属于薄壁菌门果胶杆菌属。菌体短杆状，大小为 (0.5～1.0) μm×(2.2～3.0) μm，周生鞭毛 2～8 根，无荚膜，不产生芽孢。革兰氏染色阴性。生长发育最适宜温度为 28～35℃，最高 40℃，最低 2℃，致死温度为 50℃、10min。此菌在培养基上的菌落为灰白色，圆形或不规则状，稍带荧光，边缘清晰。对氧气要求不严格，可厌氧生活，最适合 pH 为 7。该菌不耐干燥和光照，在室温下干燥 2min 死亡，单独生活于土壤中，存活仅 15d 左右（马燕勤等，2018）。

4. 发病流行规律 软腐病菌可在甘蓝病株和病残体组织上越冬。带病种株、菜窖中病菜、土壤中烂菜根是重要的初侵染源。病菌可从甘蓝根系侵入，在维管束中潜伏侵染，逐渐向地上部运动。在甘蓝生长前期和正常通气条件下，病害呈隐症。甘蓝生长后期或通气不良，抗病性减弱，潜伏的病菌开始大量繁殖，产生果胶酶分解寄主细胞的果胶质，破坏维管束，进入薄壁细胞，进一步分解中胶层，使细胞分离，组织崩溃，细胞汁液流出，呈现软腐状态。同时病原菌还能分解细胞蛋白胨，产生吲哚，因而发出恶臭气味。

该病菌可通过雨水、灌溉水、带菌肥料、昆虫等传播，从甘蓝伤口侵入。软腐病菌潜伏繁殖后，引起生育期或贮藏期发病。一般久旱遇雨易发病，蹲苗过度，浇水过量都会造成伤口而发病；地表积水，土壤中缺少氧气，不利甘蓝根系发育，发病重；种植密度大、通风透光不好，发病重；地下害虫危害严重，造成伤口多易发病；土壤黏重、偏酸、多年重茬、田间病残体多、氮肥施用太多、肥力不足、耕作粗放、杂草丛生的田块发病重；肥料未充分腐熟、有机肥带菌或肥料中混有病残体的易发病；高湿、多雨、日照不足易发病；秋天及初冬天气温暖、多雨、多雾、湿度大，利于发病。

昆虫与软腐病发生关系密切。害虫在甘蓝上取食形成伤口，利于病菌侵入；害虫在发病叶片取食携带病菌，可将病菌传播到健康叶片。金针虫、蝼蛄、蛴螬等地下害虫能够加剧软腐病发生。甘蓝进入包心期后，田间气温较低，害虫钻入甘蓝内部，把病菌带入菜心，造成内部腐烂。

5. 防治方法

（1）农业防治

①种植抗病品种。可根据需要选用西园 2 号等抗病品种。

②轮作。实行 2 年以上轮作，轮作作物以大麦、小麦、豆类和葱蒜类蔬菜为宜，忌与十字花科、茄科及瓜类等蔬菜轮作，水旱轮作最好。

③加强栽培管理。选用排灌方便的田块，深沟高畦栽培，开好排水沟，降低地下水位，雨后田间无积水；土壤中氧气充足，有利于甘蓝愈伤组织形成，减少病菌侵染，同时促进根系发育，增强植株长势，提高抗病性；适期晚播，使甘蓝包心期避过高温多雨季节，播种或定植前提早耕翻整地，提高地温，促进病残体腐解；定植、中耕或锄草时避免伤根，防止病菌从伤口侵入；及时挖除病株并撒入石灰消毒，施用堆肥或腐熟的有机肥；适当增施磷、钾肥，培育壮苗，增强植株抗病力（李志，2008）。

播种前或收获后，清除田间及四周杂草和农作物病残体，集中销毁。土壤病菌多或地下害虫严重的田块，在播种前撒施或沟施灭菌杀虫的药剂，及时防治地下害虫，减少甘蓝伤口，切断病菌传播途径。发病时及时清除病叶、病株，病穴施药或生石灰杀菌。

（2）化学防治

①种子处理。可采用 50% 代森铵或 77% 可杀得悬浮剂 1 000 倍液浸种 20min，水洗晾干后播种。

②生物防治。发病初期每 667m² 可用 1 000 亿孢子/g 枯草芽孢杆菌 50～60g 在茎基部喷淋。

③药剂防治。发病前或发病初期每 667m² 可选用 5％大蒜素微乳剂 60～80g，或 50％氯溴异氰尿酸微乳剂 50～60g，或 2％春雷霉素可湿性粉剂 100～150g，或 20％噻唑锌悬浮剂 100～150mL 兑水喷防；或用 95％ CT 杀菌剂水剂 500 倍液，或 90％新植霉素可湿性粉剂 3 000 倍液等喷淋，每隔 7～10d 喷施 1 次，连续 2～3 次，重点喷植株基部及邻近地面。

三、细菌性黑斑病

1. 分布与危害　1911 年，国外首次报道十字花科蔬菜细菌性黑斑病。随后，在新西兰的花椰菜、美国的萝卜、英国的花椰菜和芥菜上都发现该病。1996 年该病在阿根廷甘蓝上大暴发。近年来，随着栽培环境的改变和优质高产品种的推广，甘蓝细菌性黑斑病在我国呈逐渐上升趋势，影响了甘蓝的产量和质量。在自然情况下该病还可危害白菜、芜菁、芥菜、油菜等多种十字花科植物。

2. 症状　结球甘蓝、花椰菜等甘蓝类蔬菜的叶、茎、花梗或种荚均可发病。发病初期，叶片出现大量淡褐色至发紫的小斑点，直径 0.2cm。当坏死斑连合，形成大坏死斑，直径可达 1.5～2.0cm（图 14 - 21）。病斑先出现在叶背面气孔处。病菌还可危害叶脉，导致叶片生长变缓，叶面皱缩，引起叶片脱落。

图 14 - 21　甘蓝细菌性黑斑病症状

3. 病原　甘蓝细菌性黑斑病病原为丁香假单胞菌斑点致病变种 ［*Pseudomonas syringae* pv. *maculicola* （McCulloch） Young et al.］，隶属于原核生物细菌界，变形杆菌门，假单胞菌科，假单胞菌属，是我国进境检疫性有害生物和全国农业植物检疫性有害生物，也是国际上最重要的十大病原细菌之一。菌体短杆状，两端圆，具 1～5 根极生鞭毛，大小为 (1.3～3.0) μm×(0.7～0.9) μm。在肉汁胨琼脂平面上菌落平滑有光泽，白色至灰白色，边缘初圆形，后具皱褶。在金氏培养基上产生蓝绿色荧光。此菌发育适温 25～27℃，最高 29～30℃，最低 0℃；适宜 pH 为 6.1～8.8，最适为 pH7。病原菌能产生果聚糖。

丁香假单胞菌在实验室培养条件下可产生毒素，还能抵抗抗菌化合物（如氨苄青霉素和铜制剂）。该菌至少存在 57 个致病变种和 9 个基因组群，有的变种间具有相似的营养需求、致病性和起源。

4. 发病流行规律　丁香假单胞菌主要通过伤口和自然孔侵入甘蓝地上部，不能侵染根部。该病菌在甘蓝叶面和病残体中存活时间长，存活量大，在土壤中存活能力有限。田间病残体可能为初次侵染源，病菌可在种子表面越冬。

甘蓝细菌性黑斑病的发生流行与气候相关，多发生在初夏温暖多雨的季节或夏季较冷凉而潮湿的地区。在田间以风雨和昆虫传播为主，阴雨连绵、雾大露重时蔓延迅猛。该病发生流行与田间温度和雨日有密切关系。如 6 月田间平均气温 25℃以上、雨日多，细菌性黑斑病发生就重。随着气温升高，高海拔地区甘蓝病情也开始加重。另外，当甘蓝叶间不叠接时，蔓延速度较慢，而随着甘蓝进入旺盛生长期，叶片相互重叠，病害蔓延速度较快。

5. 防治方法

（1）农业防治 建立无病留种田制度，确保种子健康无病；重病地与非十字花科蔬菜进行 2 年轮作；采用高畦且覆地膜栽培；施足粪肥，氮、磷、钾肥合理配施，避免偏施氮肥；均匀灌水，小水浅灌；发现初始病株及时拔除或摘除病叶，减少菌源；收获后彻底清除田间病残体，集中深埋或烧毁。

（2）化学防治

①种子处理。种子消毒可用种子量 0.4％的 50％琥胶肥酸铜可湿性粉剂拌种，也可用氯霉素 1 000 倍液浸种 2h，晾干后播种。

②药剂防治。发病初期可用 14％络氨铜水剂 300 倍液，或 78％波·锰锌可湿性粉剂 500 倍液，或 50％氯溴异氰尿酸可溶性粉剂 1 200 倍液，或 60％琥铜·乙铝·锌可湿性粉剂 500 倍液，或 53.8％可杀得干悬浮剂 1 000 倍液，或 47％加瑞农可湿性粉剂 900 倍液，或用 20％乙蒜素乳油或 6％春雷霉素水剂或 1％申嗪霉素悬浮剂 500～800 倍液喷雾防治（陈凯等，2010）。

第四节 甘蓝病毒病及其防治

1. 分布与危害 病毒病是甘蓝重要病害，发生普遍，分布广泛。结球甘蓝尤其是秋甘蓝的病毒病较重，平均发病率在 30％～50％，可使产量和产值减少 10％～20％，严重时可达 40％。芜菁花叶病毒（*Turnip mosaic virus*，TuMV）是对甘蓝和其他十字花科作物危害最严重的病毒，在亚洲、北美洲和欧洲的部分地区对甘蓝等芸薹属作物和蔬菜危害最为严重。TuMV 最先发现于美国，随后迅速向欧洲和亚洲蔓延，严重时导致作物减产50％以上。中国最早记载于 1899 年，直到 1941 年才鉴定其病原物为芜菁花叶病毒，20世纪 70 年代，TuMV 在我国甘蓝生产上就时有发生，进入 80 年代后在全国各地普遍流行，特别是对夏秋甘蓝的危害日益严重。

2. 症状 甘蓝病毒病的症状主要为植株矮化、叶片呈斑驳、花叶、畸形、皱缩等（图 14-22）。苗期染病，叶片产生褪绿近圆形斑点，直径 2～3mm，后整个叶片颜色变淡或变为浓淡相间绿色斑驳。成株染病除嫩叶呈现浓淡不均斑驳外，老叶背面生有黑色坏死斑点，后期叶片严重畸形、植株明显矮化、生育期推迟、结球困难，或病株结球晚且松散。种株染病，叶片上出现斑驳，并伴有叶脉轻度坏死。

3. 病原 甘蓝病毒病的毒源主要为芜菁

图 14-22 甘蓝芜菁花叶病毒症状
（引自 Warwick HRI）

花叶病毒（TuMV）。此外，黄瓜花叶病毒（*Cucumber mosaic virus*，CMV）、花椰菜花叶病毒（*Cauliflower mosaic virus*，CaMV）、烟草花叶病毒（*Tobacco mosaic virus*，TMV）、萝卜花叶病毒（*Radish mosaic virus*，RMV）也能单独或复合侵染甘蓝。

芜菁花叶病毒属于马铃薯 Y 病毒科、马铃薯 Y 病毒属，是马铃薯 Y 病毒科中危害范围最广、危害程度最大的病毒。该病毒粒体为线状，大小为（700～800）nm×（12～18）nm。失毒温度为 55～60℃，稀释限点 1 000 倍，体外保毒期为 48～72h，可通过蚜虫或汁液摩擦传播。芜菁花叶病毒有多个株系，用十字花科蔬菜组成的鉴定寄主谱，将中国 10 个省份的 TuMV 主流分离物，根据致病特性分为 7 个株系群：普通株系（Tu1）、小白菜株系（Tu2）、海洋白菜株系（Tu3）、大陆白菜株系（Tu4）、甘蓝株系（Tu5）、花椰菜株系（Tu6）和芜菁株系（Tu7）（冯兰香等，1988；施曼玲，2006）。除侵染十字花科蔬菜外，还系统侵染菠菜、花生等。已发现的野生寄主有酸浆、繁缕、荠菜、苍耳、苣荬菜、蓼菜，介体昆虫主要是萝卜蚜、桃蚜、棉蚜和甘蓝蚜，广州地区芜菁花叶病毒还可由普通叶螨传染。蚜虫传毒属非持久性的，带毒蚜虫连续在几株健株上取食后失去传毒能力，一般情况下，带毒蚜虫传毒时间只有 25～30min。

花椰菜花叶病毒粒子为等轴状，直径约 50nm，无包膜，具有 $T=7$（420 个蛋白结构亚基）的多层结构，有 72 个形态亚基。钝化温度为 75～80℃、10min，稀释限点 1 000 倍，体外保毒期 5～7d。该属有 9 个确定种和 4 个暂定种，模式种是花椰菜花叶病毒。

黄瓜花叶病毒粒子为等轴对称的二十面体（$T=3$），无包膜，3 个组分的粒子大小一致，直径约 29nm，易被磷钨酸盐降解，经醛类固定或用醋酸铀负染后可显示清晰的结构，有一个直径约 12nm 的电子致密中心，呈"中心孔"样结构。病毒汁液稀释限点 1 000～10 000 倍，钝化温度为 60～70℃、10min，体外存活期 3～4d，不耐干燥，在指示植物普通烟、心叶烟及曼陀罗上呈系统花叶，在黄瓜上也显系统花叶。

烟草花叶病毒粒子杆状，约 280nm×15nm，有极强的致病力和抗逆性，病毒在干烟叶中能存活 52 年，稀释 100 万倍后仍具有侵染活性。钝化温度为 90～93℃、10min，稀释限点 1 000 000 倍，体外保毒期 72～96h。在无菌条件下致病力达数年，在干燥病组织内存活 30 年以上。该病毒有不同株系，我国主要有普通株系、番茄株系、黄斑株系和珠斑株系等 4 个株系，因致病力差异及与其他病毒的复合侵染而造成症状的多样性。

萝卜花叶病毒为多角状粒体，直径为 28～30nm，病毒粒体散生在细胞质内，在液泡里排列成晶状或附着在细胞质内的液泡膜上。致死温度为 60～65℃。系统侵染萝卜、芜菁等十字花科蔬菜。

4. 发病流行规律　在华北、东北和西北地区，芜菁花叶病毒在窖藏甘蓝、大白菜、萝卜、青花菜或越冬菠菜上越冬，翌年春天由蚜虫把毒源从越冬寄主上传到春季青花菜、紫甘蓝、甘蓝、水萝卜等十字花科蔬菜及野油菜上。南方终年生长十字花科植物，则无明显越冬现象，感病的十字花科蔬菜、野油菜等十字花科杂草都是重要初侵染源。十字花科种株采收后，桃蚜、菜缢管蚜、甘蓝蚜等迁飞到夏季生长的小白菜、油菜、菜薹、萝卜等十字花科蔬菜上传播病毒。带毒的夏季十字花科蔬菜成为秋季甘蓝初侵染源。

田间管理粗放，地势低，不通风或土壤干燥，缺水、缺肥时发病重。地温高或持续时间长，根系生长发育受抑制，地上部停止生长，寄主抗病力下降，发病重。此外，高温还会缩短病毒潜育期，28℃芜菁花叶病毒潜育期3~14d，10℃时潜育期为25~30d或不显症。本病春秋两季或反季节栽培时，蚜虫发生高峰期与青花菜、紫甘蓝感病期吻合，并遇气温15~20℃，相对湿度75％以下易发病。北方甘蓝播种前后，遇暴雨和阴雨连绵天气发病轻。十字花科蔬菜互为邻作或和其他毒源植物邻作，病害发生严重。秋菜早播，由于正遇高温干旱，蚜虫发生也多，发病重。甘蓝不同生育期抗病性不同，苗期易感病，侵染越早，发病越重；开花后期不感病。前期肥水不足，幼苗根系发育弱，发病重。

5. 防治方法

（1）农业防治

①选种抗病品种。因地制宜选择适合当地种植条件的抗病品种，如中甘18、中甘22、中甘96、中甘8号、中甘9号、秋甘4号、秋甘1号、秋甘5号、西园2号、西园4号、西园8号、西园10号、秦甘60、绿球66、秦甘80、秦甘70、嘉兰、苏甘8号、锦秋60、锦秋55、豫生1号、豫甘3号、豫生4号、惠丰4号、惠丰5号、惠丰1号、惠丰3号、东农610、东农611等（陈延阳等，2010）。

②种子处理。晾干后种子经78℃干热处理48h可去除种子传染病毒。

③加强栽培管理。调整蔬菜布局，合理间、套、轮作；深翻起垄，施足底肥，增施磷、钾肥；适期播种，避过高温及蚜虫高峰；根据天气、土壤和苗情掌握蹲苗时间，干旱年份缩短蹲苗期；发现病弱苗及时拔除；为了防止地温升高，播后浇水有利于降低地温；苗期水要勤灌，以降温保根，增强抗性；连续浇水，地温稳定，可防止病毒病的发生。

④治蚜防病。根据蚜虫对银色的忌避性，采用银色反光膜驱蚜。或采取塑料薄膜网眼育苗，铝箔纸避蚜，具体方法：甘蓝播种后用50cm宽的铝箔纸覆盖畦埂18~20d，也可张挂5cm宽的白色聚乙烯塑料带，间隔60cm，高度20~50cm，驱蚜防病效果好。甘蓝播种前，喷药消灭邻近菜地及杂草上的蚜虫，避免有翅蚜迁飞传毒。

（2）化学防治 发病初期开始喷洒5％菌毒清（甘氨酸取代衍生物）可湿性粉剂500倍液，或20％盐酸吗啉胍水溶性粉剂500倍液，或植物抗病毒诱导剂-83增抗剂100倍液，或2％宁南霉素500倍液等。隔10d喷洒1次，连续防治2~3次。采收前5d停止用药。防治蚜虫可选择2％吡虫啉可湿性粉剂500倍液，或70％吡蚜·呋虫胺水分散粒剂3 000倍液，或1％苦参印楝素乳油500倍液，或10％氟啶虫酰胺水分散粒剂2 500倍液喷雾。晴天无风无露水时喷药，4h内遇雨须重喷。

◆ **主要参考文献**

白金铠，2003.中国真菌志（第15卷）：球壳孢目 茎点霉属 叶点霉属［M］.北京：科学出版社.

陈凯，刘源，司海燕，等，2010.20％噻唑锌悬浮剂防治甘蓝细菌性黑斑病试验［J］.吉林蔬菜（4）：91.

陈延阳，姜明，赵越，2010.甘蓝抗芜菁花叶病毒育种研究进展［J］.中国农学通报，26（12）：160-164.

程伯瑛，武永慧，王翠仙，2002.惠丰甘蓝对黑腐病的抗性鉴定研究［J］.北方园艺（6）：48-49.

戴芳澜，1979.中国真菌总汇［M］.北京：科学出版社.

戴芳澜，相望年，郑儒永，1958.中国经济植物病原目录［M］.北京：科学出版社.

董金皋，2007.农业植物病理学［M］.2版.北京：中国农业出版社.

杜磊，杨潇湘，2016.甘蓝菌核病的发生规律与防控对策［J］.长江蔬菜（23）：51-52.

方中达, 1996. 中国农业植物病害 [M]. 北京: 中国农业出版社.

冯兰香, 徐玲, 刘佳, 等, 1988. 北京地区大白菜芜菁花叶病毒株系的鉴定 [J]. 中国蔬菜 (4): 23-25.

郭予元, 吴孔明, 陈万权, 2015. 中国农作物病虫害 [M]. 3 版. 北京: 中国农业出版社.

何祖华, 2000. 甘蓝菌核病的发生及综防措施 [J]. 蔬菜 (12): 26.

黄德芬, 李成琼, 司军, 等, 2011. 甘蓝黑腐病生理小种划分及其抗病性鉴定研究进展 [J]. 中国蔬菜 (18): 6-10.

李光武, 袁灵恩, 李爱英, 2006. 羽衣甘蓝菌核病的发生与防治 [J]. 中国农村小康科技 (7): 5.

李金堂, 2013. 甘蓝霜霉病的诊断、发病规律及防治技术 [J]. 农业工程技术 (温室园艺) (9): 2.

李明远, 1993. 萝卜链格孢形态学的研究 [J]. 华北农学报, 8 (3): 98.

李明远, 2017. 菜保拾零 (七) ——值得关注的十字花科腐霉腐烂病 [J]. 中国蔬菜 (7): 89-90.

李明远, 2017. 一个植物医生的断病手迹 [M]. 北京: 中国林业出版社.

李明远, 2022. 谈谈甘蓝枯萎病的发生与防治 [J]. 蔬菜 (5): 82-84.

李明远, 李固本, 裴季燕, 1987. 北京蔬菜病情志 [M]. 北京: 中国科学技术出版社.

李明远, 张涛涛, 李兴红, 等, 2003. 十字花科蔬菜枯萎病及其病原鉴定 [J]. 植物保护, 29 (3): 44-45.

李伟, 曹淑琳, 陈怀谷, 2022. 丝核菌的分类系统: 现状及存在问题 [J]. 微生物学通报, 49 (8): 3469-3491.

李志, 2008. 十字花科蔬菜软腐病发生特点及防治技术 [J]. 河北农业 (9): 25.

梁元凯, 夏正丽, 刘润安, 等, 2016. 甘蓝黑腐病识别与综合防控技术 [J]. 西北园艺 (蔬菜) (1): 43-44.

吕佩珂, 苏慧兰, 高振江, 等, 2008. 中国现代蔬菜病虫原色图鉴 [M]. 呼和浩特: 远方出版社.

马燕勤, 李勤菲, 司军, 等, 2018. 甘蓝抗软腐病离体鉴定方法探究 [J]. 植物保护, 44 (66): 136-140.

蒲子婧, 张艳菊, 刘东, 等, 2012. 甘蓝枯萎病研究进展 [J]. 中国蔬菜 (6): 1-7.

戚培坤, 白金铠, 朱桂香, 1966. 吉林省栽培植物病害志 [M]. 北京: 科学出版社.

日本植物病理学会, 2003. 日本植物病名目录 [M]. 日本植物防疫协会.

施曼玲, 2006. 芜菁花叶病毒分子生物学研究进展 [J]. Chinese Bulletin of Life Sciences, 18 (3): 280-284.

司凤举, 司越, 2001. 白菜类、甘蓝类黑斑病的发生与防治 [J]. 长江蔬菜 (17): 21-22.

司凤举, 司越, 2009. 甘蓝类蔬菜黑根病的发生与防治 [J]. 长江蔬菜 (3): 16-17.

司军, 李成琼, 肖崇刚, 等, 2003. 甘蓝根肿病抗性遗传规律的研究 [J]. 园艺学报, 30 (6): 658-662.

王超, 鲜泽轩, 张晓烜, 等, 2019. 哈尔滨地区甘蓝黑根病病原菌鉴定及生物学特性研究 [J]. 东北农业大学学报, 50 (11): 24-31.

王迪轩, 2018. 南方甘蓝主要病虫害防治安全用药表 [J]. 科学种养 (2): 38-39.

王朵, 谢学文, 柴阿丽, 等, 2019. 华北地区十字花科芸薹属蔬菜上立枯丝核菌的病原生物学研究 [J]. 植物病理学报, 49 (5): 590-601.

王宽仓, 查先芳, 马国忠, 等, 1992. 宁夏腐霉种类及其对主要蔬菜致病性的研究 [J]. 云南农业大学学报, 7 (4): 206-210.

王宁宁, 2012. 甘蓝黑斑病病原菌鉴定与抗源材料筛选 [D]. 哈尔滨: 东北农业大学.

魏林, 梁志怀, 张屹, 2017. 结球甘蓝菌核病发生规律及其综合防治 [J]. 长江蔬菜 (9): 52-53.

肖崇刚, 郭向华, 2002. 甘蓝根肿病菌的生物学特性研究 [J]. 菌物学报, 21 (4): 597-603.

许志刚, 康振生, 周而勋, 等, 2009. 普通植物病理学 [M]. 北京: 高等教育出版社.

杨丽梅, 方智远, 庄木, 等, 2016. "十二五" 我国甘蓝遗传育种研究进展 [J]. 中国蔬菜, 1 (11): 1-6.

杨宇红, 杨翠荣, 凌键, 等, 2015. 设施蔬菜苗期病害病原鉴定及化学药剂筛选 [J]. 中国蔬菜 (6): 28-34.

于利, 黄建新, 王红, 等, 2013. 结球甘蓝霜霉病抗性鉴定与遗传分析 [J]. 华北农学报, 28 (3): 193-198.

余永年，1998. 中国真菌志（第六卷）：霜霉目 ［M］. 北京：科学出版社.

余永年，马国忠，1990. 腐霉的生长温度与分类 ［J］. 云南农业大学学报，5（2）：65-71.

张扬，郑建秋，谢丙炎，等，2008. 甘蓝枯萎病病原菌的鉴定 ［J］. 植物病理学报，38（4）：337-345.

张玉聚，张振臣，刘红彦，等，2009. 中国农业病虫草害新技术原色图谱（第2卷）：蔬菜病虫害（下册）［M］. 北京：中国农业科技出版社.

Sherf A F，MacNab A A，1986. Vegetable diseases and their control ［M］. New York：John Wiley & Sons.

Beckman C，1987. The nature of wilt diseases of plant. St. Paul ［M］. Minnesota：American Phytopathological Society Press.

Bradshaw J E，Gemmell D J，Wilson R N，2010. Transfer of resistance to clubroot (*Plasmodiophora brassicae*) to swedes (*Brassica napus* L. var. *napobrassica* Peterm) from *B. rapa* ［J］. Annals of Applied Biology，130（2）：337-348.

Buczacki S T，Toxopeus H，Mattusch P，et al.，1975. Study of physiologic speciation in *Plasmodiophora brassicae*：proposals for attempted rationalization through an international approach ［J］. Transactions of the British Mycological Society（65）：295-303.

Gilardi G，Matic S，2013. First report of damping off caused by *Pythium aphanidermatum* on bean (*Phaseolus vulgaris*) in Italy ［J］. Plant Disease，102（2）：687.

Ramirez-villupadua J，Endo R M，Bosland P，et al.，1985. Anew race of *Fusarium oxysporum* f. sp. *conglutinans* that attacks cabbage with type A resistance ［J］. Plant Diseae（69）：612-613.

Villapudua J，Donald E，1986. Munnecke. Solar heating and amendments control cabbage yellows ［J］. California Agriculture，40：11-13.

（谢丙炎 杨宇红 李明远 茆振川 凌键 田雪亮 贺字典 陈利军）

注 第一节：李明远；第二节：谢丙炎、杨宇红、茆振川、凌键、贺字典、陈利军；第三、四节：田雪亮。

第十五章

甘蓝主要虫害及其防治

[中 国 结 球 甘 蓝]

第一节 概　　述

一、甘蓝虫害主要种类

甘蓝从苗期到采收期的各个生长阶段都有虫害发生。据不完全统计，甘蓝作物上发生的虫害达 20 种以上，主要虫害涉及鳞翅目、半翅目、双翅目、鞘翅目等不同种类（表 15-1）。甘蓝虫害以鳞翅目所占种类最多，常见的、危害较重的有小菜蛾、菜粉蝶、菜螟、甘蓝夜蛾、甜菜夜蛾、斜纹夜蛾、小地老虎等，其中大部分种类主要为幼虫以咀嚼式口器啃食甘蓝叶片、叶球等造成危害，个别种类也可危害幼苗近地面的根茎部（如小地老虎），且其发生危害存在区域性差异，例如，甘蓝夜蛾主要在北方地区发生，甜菜夜蛾和斜纹夜蛾在南方地方发生危害重于北方地区。半翅目害虫主要包括菜蚜、烟粉虱等，此类害虫刺吸植物汁液造成直接危害，还可传播植物病毒病造成间接危害。其他重要虫害还有双翅目的豌豆彩潜蝇和灰地种蝇、鞘翅目的黄曲条跳甲和蛴螬，以及隶属于软体动物的蜗牛、蛞蝓等。

小地老虎、灰地种蝇、蛴螬主要以幼虫在地下部危害植物根茎部，也被称为地下害虫。不同虫害种类的发生程度与种植的甘蓝品种和栽培环境等密切相关，例如蜗牛、蛞蝓主要在保护地栽培中更常见，湿度大、雨水多的条件下也易于发生。

表 15-1　甘蓝主要虫害及其拉丁学名

分类	害虫名称	拉丁学名
	小菜蛾	*Plutella xylostella* （Linnaeus）
	菜粉蝶	*Pieris rapae* Linnaeus
	菜螟	*Hellula undalis* （Fabricius）
鳞翅目	甘蓝夜蛾	*Mamestra brassicae* （Linnaeus）
	甜菜夜蛾	*Spodoptera exigua* （Hübner）
	斜纹夜蛾	*Spodoptera litura* （Fabricius）
	小地老虎	*Agrotis ypsilon* Rottemberg

（续）

分类	害虫名称	拉丁学名
半翅目	桃蚜	*Myzus persicae*（Sulzer）
	萝卜蚜	*Lipaphis erysimi*（Kaltenbach）
	甘蓝蚜	*Brevicoryne brassicae*（Linnaeus）
	烟粉虱	*Bemisia tabaci*（Gennadius）
双翅目	豌豆彩潜蝇	*Chromatomyia horticola*（Goureau）
	灰地种蝇	*Delia platura* Meigen
鞘翅目	黄曲条跳甲	*Phyllotreta striolata*（Fabricius）
	蛴螬（如东北大黑鳃金龟幼虫）	*Holotrichia diomphalia* Bates

二、甘蓝虫害发生危害现状及特点

虫害是甘蓝生产中的重要生物灾害，直接影响甘蓝的产量和品质，是其产业发展的主要限制因素。目前，甘蓝虫害的发生危害有以下特点：第一，害虫种类多。甘蓝在各地栽培中，经常发生并造成一定危害的害虫超过数十种，如露地种植时，春、秋季甘蓝苗期刚好也是害虫多发时节，虫害危害通常比较重。第二，虫害发生危害期长。由于甘蓝栽培实现了周年生产，使得虫害可全年发生，但不同地区、季节（茬口）的主要害虫种类常有差异。我国甘蓝生产以露地播种为主，整个生长期至收获，均有虫害发生。第三，部分害虫对化学药剂产生了抗药性，增大了防治难度。目前，很多种类的甘蓝害虫已对多种杀虫剂产生抗药性，例如各地小菜蛾、甜菜夜蛾普遍对传统的菊酯类杀虫剂等产生高抗性，防控效果不佳，上海、武汉和广州等地的甜菜夜蛾对甲氨基阿维菌素苯甲酸盐和高效氯氰菊酯处于高水平抗性，且就目前活性较高的双酰胺类杀虫剂来说，对小菜蛾、甜菜夜蛾的防效也存在明显的区域差异，可能有抗性产生（常慧等，2023）。抗性机制研究发现甜菜夜蛾基因组中特定解毒酶基因的单个氨基酸位点突变介导了该虫对甲维盐和阿维菌素的高水平抗性（Zuo et al.，2021）。第四，虫害发生危害程度与田间精细化管理密切相关。在同一地区、相同茬口甚至相邻地块之间，由于生产者管理水平不同，常可见甘蓝害虫发生危害程度存在明显差异。品种选择不当、管理粗放、重治轻防、药剂选择不对症或者延误防治适期等，都会降低虫害的防治效果，造成生产成本上升、产量下降、品质降低等，直接影响经济收益，这进一步说明实施预防为主、综合防治的重要性。

三、甘蓝虫害防治策略及综合防治措施

甘蓝生产过程中虫害发生危害普遍，防治过程中不合理选择及施用化学农药还会影响到产品的食用及生态安全。秉承"预防为主，综合防治"的植物保护工作方针，构建绿色综合防控技术体系，针对甘蓝生产中不同地区和不同茬口，在明确害虫发生的优势种类及其规律基础上，实施以农业防治为基础，因时因地制宜，合理运用生物防治、物理防治、

化学防治等措施，达到经济、安全、有效的控制害虫危害，实现最佳的经济效益、生态效益和社会效益。需要关注两个方面的关系：第一，预防和控制的关系。强调预防为主，即在害虫未发生或未造成明显危害前，采取预防措施使虫害不发生或不能大发生，降低投入和损失。但当害虫发生后，则需要及时采取控制措施，两者密切结合。第二，不同防治措施间的关系。实践证明，害虫防治方法很多，但是依靠单一措施无法高效地控制其发生和危害，需要综合考虑不同防控措施的有机结合、协调应用。

（一）农业防治

1. 选用抗性品种　选用抗性品种是防治有害生物最为经济有效、安全易行的方法，在综合防治中占有基础而重要的地位。"九五"期间，由中国农业科学院蔬菜花卉研究所选育的 8020 结球甘蓝材料和江苏省农业科学院蔬菜研究所选育的 970104 结球甘蓝材料，均对菜青虫表现抗虫特性，后来也通过基因工程遗传转化获得了抗小菜蛾的 Bt 转基因早熟甘蓝材料（王丽等，2014）。但目前生产上可选用的抗虫甘蓝品种仍然极少，各地可结合种植实践，因地制宜选用抗性品种，提高植株生长势，增强植株抗逆能力，降低虫害发生程度。

2. 合理安排种植布局　根据主要害虫对寄主植物的嗜好性，制定合理的种植规划。需注意避免十字花科蔬菜的大面积连片种植，或者选择与非十字花科蔬菜（如葫芦科、伞形花科、百合科等作物或其他粮食作物）进行间套作、轮作，有条件的地方还可实行水旱轮作，可明显降低害虫发生数量。

3. 土壤耕作　土壤也是多种害虫的栖息和活动场所，翻耕、晒垡、做畦（垄）、中耕等土壤耕作措施可直接杀伤个体较大的害虫，或破坏化蛹巢室而使其致死，也可翻出钻入土中的某些害虫，使其被天敌啄食或者遭日光暴晒、冷冻致死等。

4. 调节播种（移植）期　因地制宜调整甘蓝播种（移栽）期，使甘蓝易受害的生育期与虫害盛发期错开，可明显减轻田间虫害发生危害数量。在虫害严重发生区，夏季可停种十字花科蔬菜，切断常见害虫如小菜蛾、菜青虫等的食物链，减轻虫害发生。

5. 合理施肥与灌溉　施肥和灌溉与甘蓝生长发育和虫害发生密切相关。合理施用磷、钾肥有利于提高甘蓝的抗虫能力；氮肥使用过多，有利于蚜虫的生长发育；施用未腐熟的有机肥有利于加剧地下害虫的危害。适时冬灌则可破坏土壤中多种越冬害虫的生境，压低其虫口基数。

6. 及时清洁田园　甘蓝采收后，把遗留在地面上的残株落叶及时清理并深埋，减少越冬（夏）蚜虫、小菜蛾等多种害虫的虫源。杂草是多种害虫的越冬场所或过渡寄主，结球甘蓝的整个生长季节，及时铲除杂草可减轻蚜虫、粉虱、小菜蛾、甜菜夜蛾、有害软体害虫等的发生危害。

（二）生物防治

尽管生物防治见效慢、产品应用技术有限制，但其具备安全、与环境相容性好等优点，因此在虫害防控中占据重要地位，并且应用潜力巨大。目前商业化生产并应用普遍的生物防治制剂有苏云金芽孢杆菌（Bt）、核型多角体病毒、金龟子绿僵菌、昆虫性信息素等，也可选择释放天敌昆虫，如瓢虫捕食蚜虫、赤眼蜂控制甘蓝夜蛾等。

（三）物理防治

目前已广泛应用的物理防治技术和方法包括利用害虫的趋光性，以黑光灯、双波灯、高压汞灯、频振式杀虫灯等诱杀夜出性害虫；悬挂黄板监测和诱捕蚜虫、烟粉虱等害虫的成虫；在农事操作时人工摘除带有甜菜夜蛾、斜纹夜蛾等害虫卵块和幼虫的叶片。

（四）化学防治

基于化学防治具有速度快、效果好、种类多、易操作等优点，因此其在甘蓝虫害防治中占主要地位。但使用不当可能会引起农药残留、环境污染、杀伤天敌等，同时可导致害虫产生抗药性，增加防治难度。甘蓝害虫的登记药剂产品种类丰富，化学防控应遵循下列原则：①选用高效低风险药剂，禁用高毒、高残留药剂；②明确主要防控对象，依据其发生规律和发生时间，适期科学施药；③严格按照杀虫剂的推荐剂量、施药次数、用药方法使用，并关注其安全间隔期；④注意作用机制不同的药剂轮换使用。

第二节　鳞翅目害虫及其防治

一、小　菜　蛾

1. 分布与危害　小菜蛾 ［*Plutella xylostella*（Linnaeus）］是危害十字花科作物的重大害虫，属鳞翅目、菜蛾科、菜蛾属，幼虫俗称两头尖。该虫在全球 128 个国家和地区均有发生记录，我国各省份菜区均有分布。小菜蛾是寡食性害虫，主要危害甘蓝、芥菜、花椰菜、大白菜、油菜、萝卜等十字花科作物及其他野生的十字花科植物。

小菜蛾以幼虫危害叶片（图 15-1），初孵幼虫在叶片背面短暂停留后，随即蛀入叶片的上下表皮之间，蛀食下表皮和叶肉，使叶片表面形成针眼大小的疤痕；二龄幼虫可把菜叶吃出小洞；三龄和四龄幼虫在叶片背面啃食叶肉，留下上表皮，形成透明斑块，俗称"开天窗"，这是小菜蛾危害植物后的典型症状，也可将菜叶食成孔洞和缺刻，严重时全叶被吃成网状。在苗期，幼虫常群集危害心叶，取食生长点，影响包心或结球。该虫危害可造成甘蓝产量和品质降低，减产通

图 15-1　小菜蛾幼虫及其危害状

常达 30%～50%，严重时减产损失可达 90%甚至绝收。据文献报道，全球每年用于小菜蛾防治的费用高达几十亿美元，成为世界上最难防治的害虫之一。

2. 形态特征　小菜蛾共有成虫、卵、幼虫和蛹 4 个虫态。小菜蛾的卵浅黄色，通常产在叶片背面、叶柄等隐蔽处，在植株苗期，大量的卵产在靠近地面的茎部，不易发现。

成虫：静止时触角向前伸，两翅合拢成屋脊状，黄色部分拼成 3 个连串的菱形斑纹，该特点易于识别（图 15-2）。

卵：椭圆形，略扁平，长约 0.5mm，宽约 0.3mm，初产时乳白色，后变为淡黄色，有光泽，卵壳表面光滑。

幼虫：包含 4 个龄期，一龄幼虫小，体色为深褐色，肉眼很难看到；二龄幼虫体色与

一龄幼虫相似，肉眼可看到；三龄和四龄幼虫呈梭形，通常黄绿色，腹部末端有两个臀足向后伸出。幼虫活跃，受惊时身体扭动后退或吐丝下垂，这是其显著特点。

蛹：体色多变，有绿、黄、褐、粉红等色，纺锤形，外覆白色丝质薄茧。

3. 生活习性 小菜蛾成虫有弱趋光性，成虫昼伏夜出，白天隐藏于植株隐蔽处或杂草丛中，受惊时可在植株间进行短距离飞行，表现为飞翔能力不强，但可借助风力做远距离的迁飞。成虫产卵期可达 10 d，平均单雌产卵 250 粒，最高可达 600 粒；卵通常散产，也偶见数粒在一起，在甘蓝莲座期，小菜蛾的卵主要产在甘蓝近地面的茎部、叶柄和叶背等隐蔽部位（吴青君等，2011）。卵通常 3d 孵化，在 4℃低温条件下可保存 7d 左右。幼虫发育历期 12～27d，由于不同个体之间发育进度

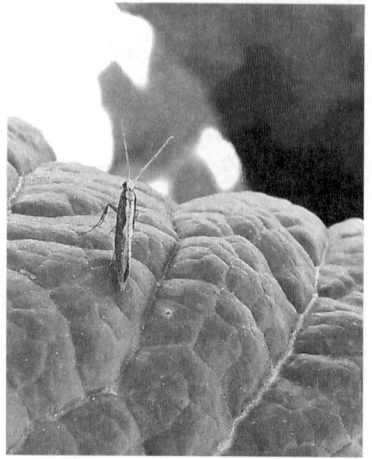

图 15-2 小菜蛾成虫

差别较大，加上产卵期较长，造成了田间小菜蛾世代重叠严重。老熟幼虫在叶脉附近结薄茧化蛹，蛹的耐寒能力较强，在 4℃低温下 20～30d 仍能正常羽化，是该虫的主要越冬虫态。小菜蛾发育适温为 20～30℃，该温度范围内种群增长速度较快。

4. 发生规律 小菜蛾年发生代数因地而异。东北地区如黑龙江 2～4 代，华北地区 4～6 代，3月下旬和4月上旬田间可见成虫；幼虫危害高峰期在 5～6 月，秋季也有高峰，但明显低于春季。在南方地区，小菜蛾可周年发生，全年小菜蛾发生也有两个高峰，但出现时期明显不同，如广东地区出现在 3～4 月和 8～9 月，并且两个危害高峰期的虫口数量差别不大；在云南高原地区，小菜蛾的年发生高峰期分别出现在春、夏、秋 3 个季节。

小菜蛾与十字花科作物存在协同进化，并在不同十字花科蔬菜及同一作物的不同品种上表现出不同的生长发育特性，在食物缺乏时，十字花科杂草是维持小菜蛾种群延续的重要过渡寄主。除了寄主植物，小菜蛾田间种群变化还受到温度、降水等气候因素、栽培和耕作方式、化学药剂等多种因素的综合影响。温暖干旱少雨的年份和气候、十字花科蔬菜大面积连片种植且复种指数高的地区，小菜蛾通常危害重。随着近年来气候变暖，我国小菜蛾发生呈北移趋势，青海、内蒙古等油菜田小菜蛾发生呈加重趋势，在原来小菜蛾危害不重的北方地区（如山东）小菜蛾危害加重。而雨日多，降水量大，对小菜蛾具有冲刷作用并影响其交配产卵，对其种群发生具有显著抑制作用；夏季休耕轮作区域的小菜蛾种群数量明显比连作区域更低。

小菜蛾对化学药剂极易产生抗药性，杀虫剂的频繁使用，使得该虫对不同化学药剂产生了不同程度的抗药性。研究发现，小菜蛾对阿维菌素和高效氯氰菊酯的抗药性明显，普遍在全国各地产生中等以上的抗药性，部分区域产生高水平抗药性，对氯虫苯甲酰胺和溴虫腈的抗药性上升明显，而对 Bt 制剂和丁醚脲总体抗药性较低，为小菜蛾的抗药性治理和科学选药提供了基础。

5. 综合防治

（1）农业防治 避免十字花科蔬菜大面积连片种植；条件许可下，甘蓝可与茄果类蔬

菜或葱蒜类蔬菜进行间作套种，或进行轮作，以免虫源积累；做好田园及周边的清洁工作，及时除草；收获后，及时处理残株落叶可消灭大量虫源。

(2) 物理防治 利用小菜蛾成虫具有趋光性的特点，每 3 335～6 670m² 菜田安装 1 盏频振式杀虫灯或黑光灯等，物理诱杀小菜蛾成虫，也可降低田间落卵量。

(3) 生物防治 可采用市售的小菜蛾专用诱芯进行诱杀防治，在甘蓝定植后安装，以诱杀雄虫。可采用专门的诱捕器，也可使用水盆，如果使用后者，在盆内加入 0.1％～0.2％洗涤灵（或适量洗衣粉），水面距诱芯 1～1.5cm。田间放置诱芯后，每隔1～2d把盆内的蛾子捞出来，并适时加水。有条件的地区，也可在小菜蛾幼虫初发期释放商品化的半闭弯尾姬蜂（*Diadegma semiclausum*）、菜蛾啮小蜂（*Oomyzus sokolowskii*）等。或于低龄幼虫发生始盛期，每 667m² 喷施 32 000IU/mg 苏云金杆菌 G033A 可湿性粉剂 75～100g、8 000IU/μL 苏云金杆菌（Bt）悬浮剂 200～300mL、0.3％印楝素乳油 50～80mL、0.5％苦参碱水剂 60～90mL 等。

(4) 化学防治 甘蓝生产中，当小菜蛾幼虫密度达每百株 30 头时应进行化学防治，应掌握在卵孵化盛期到低龄幼虫期进行，同时应注意甘蓝生产中的包心初期和后期也是小菜蛾防治的两个重点时期。每 667m² 可选用 5％氟啶脲乳油 60～80mL，或 5％氟铃脲乳油 50～75mL 等昆虫生长调节剂类药剂喷防；每 667m² 也可选用 5％阿维菌素微乳剂 10～15mL，或 5％甲维盐水分散粒剂 3～4g，或 150g/L 茚虫威悬浮剂 10～18g，或 10％虫螨腈悬浮液 33～50mL，或 5％溴虫氟苯双酰胺悬浮剂 20～30mL，或 200g/L 氯虫苯甲酰胺悬浮剂 10～14mL，或 10％三氟甲吡醚悬浮剂 50～70mL 兑水喷雾。注意上述药剂的轮换和交替使用。需要注意，小菜蛾对菊酯类杀虫剂和阿维菌素抗药性强的地区，应暂停选用这两类药剂。

二、菜 粉 蝶

1. 分布与危害 菜粉蝶（*Pieris rapae* Linnaeus），属鳞翅目、粉蝶科、粉蝶属，又称菜白蝶、白粉蝶等，幼虫称为菜青虫，也是田间常见的为害虫态。菜粉蝶原产亚洲温带地区和欧洲大陆，现已遍及世界各大洲。在我国各省份均有分布，广东、海南、新疆、西藏、香港、台湾等地区发生较轻，其他十字花科蔬菜产区，菜粉蝶都是主要害虫。该虫可危害 9 科 35 种植物，但以结球甘蓝、花椰菜和球茎甘蓝等受害最重，其次为大白菜、油菜、萝卜、芥菜等。

菜青虫初龄期在叶背啃食叶肉，呈小型凹斑，三龄以后食叶成孔洞或缺刻（图 15 - 3），苗期受害可整株被食光，严重时，只残留叶脉和叶柄。五龄进入暴食期，日夜取食，约占整个幼虫期食叶面积的 84％。幼虫取食的同时排出粪便，污染

图 15 - 3 菜青虫及其在甘蓝上危害状

菜叶和菜心，使甘蓝品质变劣，降低商品价值；幼虫取食危害伤口又为软腐病菌提供了入

侵途径，导致软腐病、黑腐病等病害的发生。

2. 形态特征

成虫：体长 12～20mm，翅展 45～55mm，翅膀上面为白色，下面为淡黄色，前翅顶角和翅基为灰黑色。雌蝶前翅顶角灰黑色，近中部有 2 个显著的黑斑，前后并列；雄蝶则仅有 1 个黑斑。

卵：竖立呈瓶状，高约 1mm，初产时淡黄色，后变为橙黄色。

幼虫：共 5 龄，体长 28～35mm，初孵幼虫灰黄色，后变青绿色，体圆筒形，中段较肥大，体表密布细小的毛，背部有 1 条不明显的黄细线，两侧具有小黄点，外观显得粗糙。

蛹：呈纺锤形，长 18～21mm，中间膨大，有棱角状突起，体色有绿色或棕褐色，背部有 3 条纵隆线和 3 个角状突起。蛹体借 1 条丝固定。

3. 生活习性 菜粉蝶成虫只在白天活动，通常在早晨露水干后即开始活动，晴天中午活动最盛，此时常出现在花丛中取食花蜜补充营养，晚上栖息在生长茂密的植物上。成虫羽化当天即能交配，交配后 2～3d 开始产卵，卵期 4～8d，幼虫期 11～12d，蛹期 5～16d，越冬蛹可长达数月。成虫寿命 2～5 周。成虫对芥子油糖苷有强烈趋性，喜欢选择在芥子油糖苷含量高的十字花科蔬菜上产卵，尤其喜欢叶面光滑、蜡质较厚的甘蓝等蔬菜。研究发现，水杨酸甲酯对其也具有较强的引诱作用（黄翠虹等，2015）。卵散产，成虫在菜园上飞翔时，在菜株上每停歇 1 次，即产 1 粒卵。夏季卵多产在叶片背面，冬季则多产在叶片正面，少数产在叶柄上。单雌平均产卵量在 100～200 粒，多者可达 500 粒。卵孵化多在清晨，初孵幼虫先食卵壳，后取食叶片，残留表皮。低龄幼虫受惊有吐丝下垂的习性，高龄幼虫受惊时则卷缩虫体坠落地面。幼虫行动迟缓，但老熟幼虫能爬行较远以寻找化蛹场所。多在菜叶背面或正面化蛹，化蛹前吐丝于尾足缠结在菜叶或附着物上，再吐丝缠绕腹部第 1 节而化蛹。菜粉蝶生长发育的适温为 20～25℃，相对湿度在 76% 左右，其不同虫态的发育历期随温度升高而缩短。

4. 发生规律 菜粉蝶 1 年发生多代，发生代数因地区而异，在我国由北到南代数逐渐增加，华北地区 4～5 代，长江流域 7～9 代，广东可达 12 代。海南、台湾和广东等地可周年发生，北方各地以蛹越冬，部分温室大棚内也有高龄幼虫越冬。菜粉蝶为寡食性害虫，同种甘蓝由于不同发育阶段的叶片数、叶面积和生物量差别很大，对菜青虫的耐害性也存在明显差异，例如，甘蓝生长期越早，耐受菜青虫危害的虫口密度越低。随着十字花科蔬菜种植制度的变化，菜粉蝶的危害态势也出现了新变化，分布与危害区域扩大，发生期延长，还有利于高龄幼虫的越冬。高海拔地区与平原地区发生规律也存在差异。温润、少雨和光照充足的气候条件适宜于菜粉蝶的生长、发育和繁殖，我国平原地区的春末夏初和秋季气候有利于该虫发生危害，在周年种植十字花科蔬菜的地区，夏季 7～8 月气温偏低的年份，菜粉蝶也会严重发生。菜粉蝶天敌资源丰富，种类多达 100 余种，寄生蜂占大多数，其自然控制作用不容忽视。此外，化学药剂也影响菜粉蝶的种群数量，该虫抗药性水平低，为因地制宜科学用药奠定了良好的基础。

5. 综合防控 菜粉蝶发生普遍，危害严重，但防治并不困难，应采取农业措施进行预防控制，以生物防治为主体，辅之以科学的化学防控措施。

（1）农业防治　选用早熟品种，例如中甘 11、中甘 21、中甘 192、春甘 2 号、津甘 8 号等；避免十字花科蔬菜连作；清洁田园，收获后及时处理残株、老叶和杂草，减少虫源。

（2）生物防治　优先选用微生物杀虫剂（如每 667m² 用 8 000IU/mg 苏云金杆菌悬浮剂 50～100mL、颗粒体病毒等）、昆虫生长调节剂等环境友好药剂，保护和发挥天敌的自然控害效能。有条件的地区可释放适合当地的赤眼蜂防治菜粉蝶。

（3）化学防治　应抓住低龄幼虫期施药，最好在三龄之前，四龄之后菜青虫食量很大，防治不及时植株会被咬出很多孔洞，品质下降。可在防治小菜蛾时进行兼治，或选择单独进行药剂防治，如每 667m² 用 30% 茚虫威水分散粒剂 4～5g，或 4.5% 高效氯氰菊酯水乳剂 30～40mL，或 25g/L 溴氰菊酯乳油 40～50mL，或 25g/L 高效氟氯氰菊酯乳油 27～40mL，或 20% 灭幼脲悬浮剂 25～38mL 兑水喷防。上述药剂应轮换和交替使用。在我国春、秋季节，菜粉蝶常与小菜蛾、甘蓝夜蛾、甜菜夜蛾、斜纹夜蛾等混合发生，应根据主要害虫种类及其抗药性现状，选择使用敏感药剂防治主要害虫并兼治其他害虫。

三、菜　螟

1. 分布与危害　菜螟〔*Hellula undalis*（Fabricius）〕属鳞翅目、螟蛾科，俗称菜心野螟、白菜螟、钻心虫等，主要分布于我国南方各省（自治区、直辖市）的十字花科蔬菜产区，以危害白菜、甘蓝、芥菜和萝卜等蔬菜为主，还可危害菠菜等，苗期危害较为严重。菜螟是一种钻蛀性害虫，初孵幼虫潜叶危害，隧道宽且短；二龄后钻出叶面；三龄幼虫吐丝缀合心叶，在叶内取食，使心叶枯死；四至五龄幼虫可由心叶或叶柄蛀入茎髓或根部，形成粗短的隧道，孔外缀有细丝，并排出潮湿的粪便，受害甘蓝苗枯死或叶柄腐烂（图 15 - 4）。

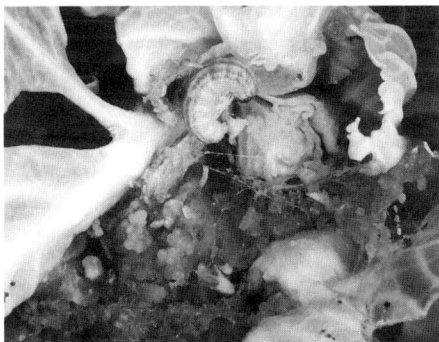

图 15 - 4　菜螟幼虫及其危害状

2. 形态特征

成虫：褐色至黄褐色的小蛾，体长约 7mm，翅展 16～20mm。前翅有 3 条灰白色波状纹和 1 个黑色肾形斑。

卵：扁椭圆形，长约 0.3mm，表面有不规则网状纹，初产时淡黄色，后转为红色或橙黄色。

幼虫：共 5 龄。头部黑色，胸腹部淡黄色或浅黄绿色。老熟幼虫体长 12～14mm，黄白色至黄绿色，背上有 5 条灰褐色纵纹（背线、亚背线和气门上线），腹部各节背侧着生毛瘤 2 排，前排 8 个，后排 2 个。

蛹：黄棕褐色，长 7～9mm，腹部背面隐约可见 5 条纵纹，蛹体外有丝茧，外附泥土。

3. 生活习性 菜螟成虫产卵部位有明显的选择性，喜产在初出土幼苗新长出来的第1～3片真叶背面的皱凹处。成虫寿命5～7d，白天隐伏在菜叶下，夜间活动，昼伏夜出，趋光性不强，飞翔力弱。卵多产于茎叶上，尤以嫩叶着卵量最多，多散产，也有几粒聚在一起，单雌产卵量100～300粒。卵期2～5d，幼虫期一般9～16d，蛹期4～9d。幼虫孵化后昼夜取食，有转株危害习性，一般被害株枯萎后即转到附近菜株危害，一生可危害4～6株，且菜螟幼虫危害时外有丝网掩蔽。幼虫生长到四至五龄时，可由心叶或叶柄蛀入茎髓或根部，蛀孔外有虫粪，肉眼可识别。当幼虫老熟后即爬到植株的根部附近的土中或地面吐丝缀合土粒、枯叶做成丝囊越冬（少数以蛹越冬），有时直接在被害株的心叶中化蛹，越冬幼虫于第2年春暖时多在土内作茧化蛹。

4. 发生规律 菜螟在我国的发生世代因地而异，由北向南代数逐渐增多。以老熟幼虫吐丝做土茧化蛹，在田间杂草、残叶或表土层中越冬。北方每年发生3～4代，长江流域6～7代，华南地区9代，以8～10月危害最重。在广州地区，该虫整年均可发生危害，无明显越冬现象，以8～10月发生数量最多，此时花椰菜受害较重，9～11月以早播萝卜受害重，白菜类4～11月均受害较重。菜螟喜高温低湿环境，平均气温为24℃左右、相对湿度67%时最适宜菜螟的生长发育。蔬菜田秋季是否造成猖獗危害与这一时期的降水量、湿度和温度密切相关，一般秋季高温干燥，有利于菜螟发生。另外，与秋冬甘蓝播种期的早晚也有密切关系，早播的一般都偏重，晚播的偏轻。

5. 综合防治

（1）农业防治 甘蓝收获后，清除残株落叶，并进行深耕，消灭幼虫和蛹。适当调节播种期，将受害最重的幼苗期（3～5片真叶期）与菜螟产卵及幼虫危害盛期错开，以减轻危害。育苗田应避免与十字花科蔬菜相邻，降低危害和虫源积累量。

（2）物理防治 甘蓝育苗棚及出口处覆盖防虫网，可防止外界菜螟成虫迁入；日常管理中结合间苗、定苗，拔除虫株并及时处理，根据幼虫吐丝结网和群集危害的习性，发现菜心被丝缠住，可及时人工捏杀心叶中的幼虫。也可采用杀虫灯进行诱杀防治，参见小菜蛾物理防治部分。

（3）生物防治 防治菜螟的寄生性天敌主要是赤眼蜂，如澳洲赤眼蜂，有条件的地方可选择释放。在菜螟始蛾期开始释放，每代释放3次，选择在无雨、无大风的天气进行。

（4）化学防治 抓住一、二龄幼虫期或初见心叶被害时及时喷雾防治，三龄以后幼虫吐丝缀合心叶和掩盖蛀孔，药物不易与虫体接触。可参考甘蓝小菜蛾的防控用药，如每667m²采用15%茚虫威悬浮剂15～20g，或5%氯虫苯甲酰胺悬浮剂30～55mL，或1%甲维盐乳油10～20mL，或10%虫螨腈悬浮剂33～50mL，或5%阿维菌素可湿性粉剂15～20g兑水喷防。交替用药喷施2～3次，隔7～10d防治1次。

四、甘蓝夜蛾

1. 分布与危害 甘蓝夜蛾［*Mamestra brassicae* (Linnaeus)］又名甘蓝夜盗蛾，属鳞翅目、夜蛾科、甘蓝夜蛾属。国内分布于各地，以黑龙江、吉林、辽宁、内蒙古、北京、河北、河南、山东、山西、天津、宁夏等省份菜区发生偏重，局部间歇性暴发危害。甘蓝夜蛾为多食性害虫，不仅危害甘蓝、白菜、萝卜等十字花科蔬菜，也可危害菠菜、胡萝卜、甜菜、豆类、茄子、马铃薯等作物。

初孵幼虫群集于叶背取食叶肉，残留表皮，呈纱网状。稍大后分散，将叶片咬成孔洞或缺刻（图 15-5）。四龄后取食量大增，白天躲藏，夜间危害，表现为"夜盗"习性，被害叶片仅留叶脉及叶柄。高龄幼虫还可以蛀入叶球内危害，并排泄大量粪便滋生细菌，引起叶球内部腐烂，严重影响甘蓝的品质和产量。

图 15-5　甘蓝夜蛾幼虫及其危害状

2. 形态特征

成虫：中型蛾类，体长 15～25mm。体、翅灰褐色，复眼黑紫色。前翅中央位于前缘附近内侧具有显著的肾形（斑内白色）和环状斑，后翅灰色，外缘具有一小黑点。

卵：产于叶背呈块状，半球形，淡黄色，表面具有放射状三条纵棱，棱间具横隔，初产黄白色，后来中央和四周上部出现褐色斑纹，孵化前转为紫黑色。

幼虫：初孵幼虫体长 2mm，黑绿色，全体有粗毛；后体色多变，淡绿至黑褐色不等。老熟幼虫体长约 40mm，头部黄褐色，散布灰黄色细点，腹面淡灰褐色。体背各节两侧有黑色条斑，呈倒八字形。气门线黑色，气门下线为一条白色宽带。第一、二龄幼虫缺前 2 对腹足，行走似尺蠖。

蛹：长 20mm 左右，棕褐色，蛹背面由腹部第 1 节起到体末止，中央具有深褐色纵行暗纹 1 条。腹部第 5 节至第 7 节近前缘处刻点较密而粗，每刻点的前半部凹陷较深，后半部较浅。臀棘较长，具 2 根长刺，刺端呈球状。

3. 生活习性　成虫昼伏夜出，白天潜伏在菜叶背面或阴暗处，日落后开始出来活动，有趋光性和趋化性，对黑光灯及糖醋液的趋性强。成虫羽化后 1～2d 即可多次交配，交配后 2～3d 产卵。产卵高峰在晚间，喜将卵集中产于生长高而茂密的植株上，卵单层成块位于中、下部叶背，每块 60～150 粒，单头雌蛾的平均产卵量为 800～1 500 粒。成虫产卵量与其获得营养、温度条件等密切相关，除直接取食叶片外，成虫还依赖各种作物的花蜜补充营养，适宜产卵温度为 22～25℃。成虫产卵会影响幼虫密度，不同密度的幼虫有明显的色型变异。幼虫密度加大，体色加深，幼虫发育加速，蛹体变小，重量减轻，蛹期延长，滞育率高，成虫成熟期和产卵期都延长，飞行能力加强。同时幼虫密度大时，还会自相残杀。幼虫发育的最适温度为 20～25℃，温度适宜时，全部幼虫可在 26～30d 内完成发育并化蛹。老熟幼虫入土作茧化蛹越冬，入土深度为 6～7cm。蛹的发育适温为 20～24℃，蛹期一般 10d，越夏蛹期约 2 个月，越冬蛹期可延至半年以上。

4. 发生规律　甘蓝夜蛾每年发生世代数因地而异，由北向南逐渐增加，如在东北地区每年 2 代，华北地区 1 年 2～3 代，新疆地区 1 年 1～3 代。以蛹在寄主根部附近 7～10cm 深土中越冬，也可在田间杂草、土坯下越冬。甘蓝夜蛾喜温暖和偏高湿的气候，生长发育最适温湿度为 18～25℃、70%～80%，温度低于 15℃或高于 30℃、湿度低于 65%

或高于 85% 则不利该虫发生。在山东地区一年有两个危害高峰，第 1 次在 6 月中旬至 7 月上旬，此时正值春甘蓝、留种菠菜盛长期，主要为第 1 代幼虫危害；第 2 次是在 9 月中旬至 10 月上旬，为秋甘蓝、白菜的盛发期，主要是第 3 代幼虫危害。春季蜜源植物丰富为越冬代羽化成虫提供丰富食源，常导致春季大发生；在春、秋季雨水较多的年份，具间歇性大发生和局部成灾的特点。

5. 综合防治

（1）农业防治　甘蓝收获后，及时清除田间枯叶并进行秋耕或冬耕深翻，铲除杂草可消灭部分越冬蛹，结合农事操作，及时摘除卵块及初龄幼虫聚集的叶片，集中处理。

（2）物理防治　利用成虫的趋光性和趋化性，在羽化期设置黑光灯或糖醋盆（诱液中糖、醋、酒、水的比例为 10：1：1：8 或 6：3：1：10）诱杀成虫。

（3）生物防治　在甘蓝夜蛾发生高峰期释放赤眼蜂，每 667m² 放置 3 点，每点 3 000 头蜂，每 5～7d 释放 1 次，可释放 4 次。也可喷施 Bt 制剂或甘蓝夜蛾核型多角体病毒进行防治。

（4）化学防治　甘蓝夜蛾幼虫三龄后分散，又常钻入叶球，防治困难，而初龄期易于用药防治，应抓住此时期及时防治。该虫化学防治可参考菜青虫、小菜蛾防控用药，每 667m² 可选择 50g/L S-氰戊菊酯乳油 10～20mL，或 15% 茚虫威悬浮剂 15～20g，或 10% 虫螨腈 33～50mL，或 1% 甲维盐乳油 10～20mL，或 5% 氯虫苯甲酰胺悬浮剂 30～55mL，或 60 g/L 乙基多杀菌素悬浮剂 20～40mL 等进行叶面均匀喷雾。通常结合小菜蛾进行统防统治。

五、甜菜夜蛾

1. 分布与危害　甜菜夜蛾 [*Spodoptera exigua* (Hübner)] 又名贪夜蛾、玉米夜蛾、青条虫，属鳞翅目、夜蛾科，世界性分布，在我国许多地方间歇性暴发成灾，危害遍及我国由南到北的 30 多个省、自治区、直辖市。寄主植物多达 35 科 170 多种，主要危害甘蓝、白菜、花椰菜、萝卜等十字花科蔬菜，以及葫芦科、豆科、百合科等 30 余种蔬菜和 28 种大田作物。田间常见其成虫和幼虫两个虫态，蛹和卵少见。

甜菜夜蛾初孵幼虫群集在叶背的卵块附近或者心叶内取食危害，稍大后分散危害。二龄后在叶面吐丝结网，取食后形成透明小孔，或只留表皮（图 15-6）。四龄后幼虫食量大增，危害甘蓝叶片成孔洞或缺刻状，严重时吃成网状，或仅残留叶脉和叶柄，若苗期受害，则可形成缺苗断垄。幼虫危害时排出大量粪便，污染菜叶和菜心，严重降低甘蓝品质，虫伤又利于软腐病菌侵入和感染，加速全株死亡。该虫对蔬菜危害损失轻者 5%～10%，重者可减产 20%～40%，甚至绝产。

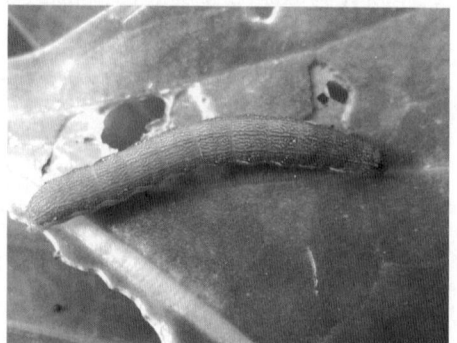

图 15-6　甜菜夜蛾幼虫及其危害状

2. 形态特征

成虫：体长 8～14mm，翅展 19～34mm。灰褐色，头胸有黑点。前翅灰褐色，基部有两条黑色波浪形的外斜线，前翅外缘线由一列黑色三角形小斑组成，并在中央近前缘外方和内方分别有 1 个肾形斑和 1 个环形斑；后翅银白色、半透明，略有红黄色闪光，翅脉和外缘灰褐色。雌蛾腹部圆锥形，雄蛾腹部窄，末节有一对抱握器。

卵：呈圆馒头形，直径 0.2～0.3mm，白色，孵化前变为灰色，卵粒重叠成块，多为 1～3 层，卵块表面覆盖有雌蛾脱落的白色绒毛。

幼虫：多数有 5 个龄期，少数有 6 个龄期。老熟幼虫体长 22～30mm，体表光滑无毛。幼虫体色变化较大，有绿色、暗绿色、黄褐色至黑褐色，不同体色有不同的背线，也有的无背线。腹部体侧气门下线为明显的黄白色纵带，带的末端直达腹部末端，不弯到臀足上，两侧气门后上方各有近圆形的白点。绿色体型的幼虫上更为明显。

蛹：体长 12mm 左右，黄褐色，中胸气门位于前胸后缘部分明显外突，臀棘 2 根呈叉状，其腹面基部有 2 根短刚毛。

3. 生活习性 甜菜夜蛾成虫昼伏夜出，活动有两个高峰时段：一个是交尾期，一个为产卵期。雌虫常产卵于寄主叶背，刚孵化的低龄幼虫聚集在叶背取食危害，稍大后分散。幼虫具有假死性，受到惊扰即蜷缩身体掉落地面，老龄幼虫则入土在表土层吐丝筑土室化蛹。甜菜夜蛾繁殖能力强，平均每头雌蛾产卵 455 粒，最多时可高达 1 800 多粒，且雄蛾多次交配。成虫趋光性与趋化性很强，且成虫需吸食一定的花蜜与露水来补充营养。生产上可以利用这个习性，采用黑光灯、性诱芯或者盛有糖醋溶液的容器等来诱杀甜菜夜蛾成虫。成虫迁飞能力强、距离远，其一日龄蛾即具备一定的飞行能力，但较弱；二至七日龄蛾飞行能力较强，迁飞过程中如果遇到合适条件，则可停止迁飞进行生殖。迁飞习性使甜菜夜蛾在不同地区扩散危害加重。甜菜夜蛾的幼虫和蛹无滞育特性，卵、幼虫和蛹能适应 -18～-15℃的低温环境。

4. 发生规律 甜菜夜蛾分布范围广，在我国长江及黄淮中下游地区发生更为严重。从南到北，随着纬度增加，甜菜夜蛾的发生代数逐渐减少、发生期逐渐缩短，华南地区年发生 9～10 代，长江流域 7～8 代，华北地区 4～6 代。甜菜夜蛾在海南无越冬现象，终年可繁殖危害。国内各地的发生量与当地越冬及外来虫源有密切关系，第1、第 2 代呈虫口积累阶段，一般 7～9 月为发生高峰期，10 月以后随着气温下降，各种天敌增多，田间种群数量下降。通常当年 7～9 月高温干旱对甜菜夜蛾种群暴发有利。该虫适宜生存温度为 26～29℃，相对湿度为 70%～80%。甜菜夜蛾为杂食性害虫，在不同寄主上的危害程度及种群增长趋势不同，但杂草多的田块该虫危害更重。

5. 综合防治 防治甜菜夜蛾遵循"预防为主、综合防治"的植保方针，加强虫情测报，采取以农业防治为基础，集成物理防治、生物防治等，合理选用化学防治的策略。

（1）农业防治 避免甜菜夜蛾喜食作物大面积种植，发生严重的田块进行间作或轮作；及时清除田间、地边杂草，可一定程度上降低虫口数量；利用播前翻耕和中耕，将蛹翻入深土层，或破坏蛹室直接杀灭虫蛹；在甜菜夜蛾产卵盛期到卵块孵化前及时摘除卵块，并利用一龄幼虫群集叶背取食的习性，人工摘除有虫叶片，该方法在田间易识别，且简单易行。

（2）物理防治　利用频振式杀虫灯诱杀甜菜夜蛾成虫。杀虫灯的布置采用棋盘式，每2～3hm²菜田设置1台杀虫灯（30W）；或利用黑光灯进行诱杀，每0.67～1hm²菜田设置1台黑光灯，北方地区开灯时间为7月初到11月初。杀虫灯每周用刷子清理电网1次，并清理收集袋中的成虫。

（3）生物防治　甜菜夜蛾卵盛期或初孵幼虫孵化盛期，每667m²可采用300亿PIB/g的甜菜夜蛾核型多角体病毒水分散粒剂2～5g，或32 000IU/mg苏云金杆菌G033A可湿性粉剂150～200g兑水喷防，连续喷施2次，间隔7d，选择傍晚或阴天施药。也可在成虫发生期采用性诱剂，每667～1 334m²面积悬挂1个诱芯，可诱杀雄虫和干扰雌雄交配，大面积连片应用可明显降低田间种群密度。有条件的地方也可选择释放寄生性天敌侧沟茧蜂、马尼拉陡胸茧蜂等进行生物防治。

（4）化学防治　甜菜夜蛾的防治指标是百株幼虫量80～100头。在其低龄幼虫期每667m²选用5%氯虫苯甲酰胺悬浮剂30～55mL，或5%溴虫氟苯双酰胺悬浮剂20～30mL，或2%甲氨基阿维菌素苯甲酸盐水乳剂7.5～10mL，或150g/L茚虫威悬浮剂18～26mL，或10%虫螨腈悬浮剂40～50mL，或22%氰氟虫腙悬浮剂67～87mL，或8%多杀霉素水乳剂15～25g进行叶面均匀喷防；或采用昆虫生长调节剂类杀虫剂，如5%氟啶脲乳油40～80mL，或5%氟铃脲乳油30～40g，或20%虫酰肼悬浮剂70～100mL，或24%甲氧虫酰肼悬浮剂10～20mL，或5%虱螨脲乳油30～50mL及其复配剂型进行叶面喷雾。甘蓝类作物上施药可添加助剂，以达到减药的目的（封云涛等，2015）。选择清晨或傍晚施药，注意叶面和叶背均匀喷雾。施药间隔期通常7～10d。为延缓甜菜夜蛾抗药性发展，每种农药在每季使用不超过2次，不同作用机制的农药轮换用药。

六、斜纹夜蛾

1. 分布与危害　斜纹夜蛾〔*Spodoptera litura*（Fabricius）〕属鳞翅目夜蛾科灰翅夜蛾属，又称斜纹夜盗蛾、莲纹夜蛾。该虫食性杂，寄主植物至少109个科389种，嗜食白菜、甘蓝、芥菜、马铃薯、茄子、番茄、辣椒、南瓜、丝瓜、冬瓜及藜科、百合科等多种植物。斜纹夜蛾是一种间歇性发生的暴食性害虫，在国内各省份均有发生，以长江流域的江西、湖南、湖北、浙江、江苏、安徽、上海以及黄河流域的河南、河北、山东等地间歇性发生，随着种植结构的调整，暴发频率上升，已成为十字花科蔬菜上的重要害虫之一，一般减产可达25%～30%，严重者超过50%。

该虫以幼虫咬食叶片、花蕾、花及果实，初龄幼虫啮食叶片下表皮及叶肉，仅留上表皮呈透明斑；四龄以后进入暴食期，咬食叶片，仅留主脉。五至六龄幼虫可钻蛀到甘蓝的叶球内危害，蛀食叶球形成孔洞，或把内部吃空，并排泄粪便造成污染，降低蔬菜商品性（图15-7）。

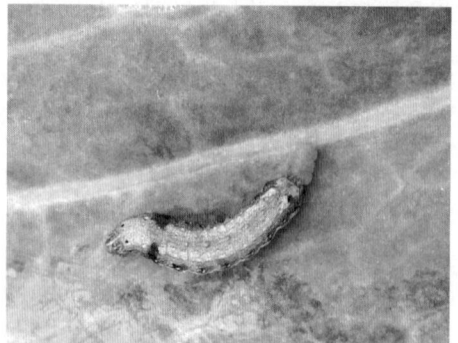

图15-7　斜纹夜蛾幼虫

2. 形态特征

成虫：体长 14～20mm，翅展 35～46mm，暗褐色，胸部背面有灰白色丛毛，腹部背面有暗褐色丛毛；前翅灰褐色，花纹多，从前缘基部斜向后方臀角有一条白色宽斜纹带，其间有两条纵纹，雄蛾的白色斜纹不及雌蛾明显；后翅灰白色。

卵：扁半球形，初产黄白色，后变为暗灰色，常有数十到数百粒卵叠成 2～3 层的卵块，表面覆盖有棕黄色的疏松绒毛。

幼虫：共 6 龄，老熟幼虫体长 35～47mm，头部黑褐色，酮体体色多变，常为土黄、青黄、灰褐或暗绿色，从中胸至第 9 腹节背面各有 1 对近半月形或三角形黑斑，其中以第 1、第 7、第 8 节黑斑最大。胸足黑色。

蛹：体长 15～20mm，圆筒形，赤褐至暗褐色，腹部第 4 节背面前缘及第 5～7 节背、腹面前缘密布圆形刻点。气门黑褐色，腹末有 1 对臀刺。

3. 生活习性　成虫昼伏夜出，在开花植物上取食蜜源以补充营养；交配后雌虫补充营养以便产卵，雄虫补充营养以便下次交配。成虫夜间飞出交尾产卵，晚上 8～12 时活动最盛。对黑光灯有强烈趋性，还对糖、醋、酒及发酵的胡萝卜、麦芽、豆饼、牛粪等有不同程度的趋化性。雌虫喜在生长高大茂密浓绿的边际作物上产卵，植株中部着卵最多，喜产在叶背。平均每头雌蛾产卵 3～5 块，400～700 粒，卵块多层排列，上覆盖有棕黄色绒毛。初孵幼虫先在卵块附近群集取食叶肉，遇惊扰后四处爬散或吐丝下坠或假死落地。三龄后分散危害或吐丝下坠转移危害；四龄后食量骤增，是三龄幼虫取食量的 2～4 倍，此时幼虫大多啃食叶心或蛀入叶球内危害，可食光叶片或蛀食叶球形成孔洞；更严重的是，进入四龄后暴食期的害虫，其表皮层变厚，耐药性大幅提升，化学药剂防效不佳。幼虫畏光，白天躲在茂密的心叶下、遮阴避光处或土表裂缝处，傍晚出来取食危害，黎明又躲起来。斜纹夜蛾生长发育最适温度为 28～32℃，适宜温度下卵历期 3～4d，幼虫期 15～20d，蛹历期 6～9d。幼虫老熟后，入土 1～3cm，作椭圆形土室化蛹。斜纹夜蛾迁飞能力强，一次可飞数十米远，如遇到适宜的气候等因素即有可能在局部地区突然暴发成灾。

4. 发生规律　斜纹夜蛾 1 年发生多代，世代重叠。华北地区 1 年 4～5 代，长江流域年发生 5～6 代，周年繁殖，无越冬（滞育）特性。在福建、广东、台湾等地区，终年都可发生，冬季可见到各虫态。华北地区 8～9 月可见该虫危害，但较少造成大面积危害；在广东、广西等南方地区猖獗危害，危害盛期集中在 7～10 月。斜纹夜蛾是一种喜温、喜湿性害虫，夏秋季雨量偏多有利于其发生，该虫耐热性强，在 33～40℃ 的高温条件下也基本能够正常生活，低温则易引致虫蛹大量死亡。另外，降水量大、洪涝灾害严重的年份，该虫发生量也大。斜纹夜蛾寄主广，但不同寄主植物影响不一致，相比棉花和豇豆上的种群，在甘蓝上的幼虫和蛹的发育历期最短，而蛹重和产卵量在甘蓝上最大，说明不同寄主植物明显影响其种群变化。

5. 综合防治

（1）农业防治　铲除地边杂草，减少该虫的滋生场所。及时摘除卵块及幼虫扩散危害前的带虫叶片。在化蛹期及时浅翻菜地，翻出的虫蛹及时消灭，减少下代发生数量。合理轮作，避免与斜纹夜蛾嗜食的作物连作或间作。

（2）物理防治　田间甜菜夜蛾和斜纹夜蛾常混合发生，结合防治甜菜夜蛾，安装频振式杀虫灯或黑光灯等来诱杀成虫，减少田间落卵量。

（3）理化诱控　采用糖醋液诱杀，以糖∶醋∶白酒∶水＝3∶4∶1∶2的比例，并添加1%～2%的90%敌百虫晶体，将盛有糖醋液的诱虫器放置在距离地面1m的支架上，每667m²设置3处。

（4）生物防治　田间可设置诱捕器和专一性的商品化性诱芯来诱杀雄性成虫，干扰成虫交配，由此降低种群数量，并可对害虫发生期进行预测。每667 m²可选用生物药剂10亿PIB/mL斜纹夜蛾核型多角体病毒悬浮剂50～75mL，或32 000IU/mg苏云金杆菌G033A可湿性粉剂150～200g，或400亿孢子/g球孢白僵菌可湿性粉剂25～30g，或1%印楝素水分散粒剂50～60g兑水喷防。单一采用生物制剂通常效果不理想，可多种生物农药混用，如印楝素与核型多角体病毒病混合施用等。

（5）化学防治　选择在斜纹夜蛾低龄幼虫盛期施药，此时幼虫个体小，对药剂抵抗力较差，防治效果好。每667m²可选用10%虫螨腈悬浮剂40～60g，或2%甲氨基阿维菌素苯甲酸盐微乳剂5～7mL，或10%阿维菌素悬浮剂12～20mL，也可以选择复配剂34%乙多·甲氧虫悬浮剂20～24mL，或10%虫螨·虫酰肼可湿性粉剂60～100g，或12%甲维·虫螨腈悬浮剂10～15mL，或20%阿维·虫螨腈悬乳剂15～20mL兑水进行喷雾防治，同时兼防小菜蛾、甜菜夜蛾等。喷药宜在下午时以后进行，对叶片正反面均匀喷雾，用药次数视田间虫卵数量情况而异。不同种类药剂应轮换使用，以免抗性发展。

第三节　半翅目害虫及其防治

一、菜　蚜

1. 分布与危害　菜蚜是十字花科蔬菜蚜虫的统称，包括桃蚜［*Myzus persicae*（Sulzer）］、萝卜蚜［*Lipaphis erysimi*（Kaltenbach）］和甘蓝蚜［*Brevicoryne brassicae*（Linnaeus）］，分别属半翅目蚜科瘤蚜属、十字蚜属和短棒蚜属。其中，桃蚜是多食性害虫，寄主植物超过350种，主要危害蔬菜和果树，萝卜蚜和甘蓝蚜主要危害十字花科蔬菜作物。

桃蚜别名腻虫、烟蚜、桃赤蚜，在我国各地分布普遍。桃蚜营转主寄生生活周期，其中冬寄主（原生寄主）植物主要有梨、桃、李、梅、樱桃等蔷薇科果树等；夏寄主（次生寄主）植物主要有甘蓝、白菜、萝卜、花椰菜、芥菜、芜菁、甜椒、茄子、辣椒、菠菜等多种作物。以成、若蚜群集在寄主植物的嫩叶、叶背等处吸食汁液，造成叶片失水，生长停滞，皱缩干枯，还分泌蜜露污染蔬菜，诱发煤污病，阻碍植物正常呼吸及光合作用。同时，桃蚜还可传播茄果类蔬菜病毒病，导致更大的经济损失。

萝卜蚜（图15-8）又名菜蚜、菜缢管蚜，我国各地区均有分布。主要危害白菜、油菜、萝卜、芥菜、甘蓝、青菜、菜薹、花椰菜等十字花科蔬菜，偏嗜白菜及芥菜型油菜。和桃蚜一样，以成虫及若虫刺吸植物汁液，在蔬菜叶背或留种株的嫩梢、嫩叶上危害，造成节间变短、弯曲，幼叶畸形皱缩，使植株矮小，影响甘蓝包心或结球，造成减产。留种菜受害不能正常抽薹、开花和结籽。

甘蓝蚜在我国的浙江、江苏、福建、湖北、台湾和新疆地区均有记载，华北地区也可见到群集发生现象。甘蓝蚜寄主植物有 60 余种，如甘蓝、花椰菜、白菜、萝卜等十字花科蔬菜，特别喜食甘蓝类蔬菜。该虫危害甘蓝后，寄主植物外层叶片失水、干枯将叶球包住，使里面的水分不易蒸发出来，在阴天条件下会导致腐烂。

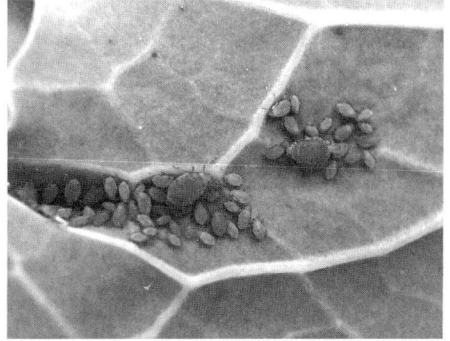

图 15-8 无翅萝卜蚜聚集危害

2. 形态特征

（1）桃蚜

有翅胎生雌蚜：体长 1.8～2.5mm，头、胸部黑色，体无白粉。额瘤内倾，触角长，与体长相同，触角第 3 节有 9～17 个（多数为 12～15 个）排成 1 列的感觉圈。腹部淡暗绿色，边缘有褐色斑块，腹背中央有一黑褐色大斑块，其两侧各有小黑斑 1 列，腹管长，中后部略膨大，末端有明显缢缩，尾片黑色，短小。

无翅胎生雌蚜：体长 2.0～2.6mm，体绿色、黄绿色、红褐色或乳白色等，高温时通常以绿色、黄绿色型多，低温时红褐色型多。触角第 3 节无感觉圈，其余同有翅胎生雌蚜。

卵：椭圆形，初产时褐绿色，后逐渐变为黑褐色。

干母：低龄时体色为暗绿色，不透明。

干雌：体色透明，体上有红斑。

（2）萝卜蚜

有翅胎生雌蚜：体长 1.6～2.3mm，长卵圆形，头、胸黑色，腹部黄绿至深绿色。腹部第 1、2 节背面各有一淡黑色横带（有时不明显），腹管后有两条淡黑色横带，腹管前侧各有一黑斑；身上有时有稀少的白色蜡粉。额瘤不显著。腹管较短，暗绿色，中后部膨大，顶端收缩，约与触角第 5 节等长，为尾片的 1.7 倍。尾片圆锥形，灰黑色。

无翅胎生雌蚜：卵圆形，体长 1.8～2.3mm，宽 1.0～1.3mm，黄绿至黑绿色，体被白色薄粉。额瘤不明显。触角较体短，约为体长的 2/3，第 3、4 节无感觉圈，第 5、6 节各有 1 个感觉圈。表皮粗糙，有菱形网纹。腹管长筒形，顶端收缩，长度为尾片的 1.7 倍。尾片有长毛 4～6 根。胸部各节中央有一黑色横纹，并散生小黑点。

（3）甘蓝蚜

有翅胎生雌蚜：体长 1.8～2.4mm，头、胸部黑色，复眼赤褐色。腹部黄绿色，有数条不很明显的暗绿色横带，两侧各有 5 个黑点，全身覆有明显的白色蜡粉。无额瘤；触角第 3 节有 37～49 个不规则排列的感觉圈；腹管很短，远比触角第 5 节短，中部稍膨大。

无翅胎生雌蚜：体长 1.9～2.3mm，黄绿色至暗绿色，被有较厚的白蜡粉，复眼黑色，触角无感觉孔；无额瘤；腹管圆筒形，基部收缩，短于尾片；尾片近等边三角形，两侧各有 2～3 根长毛。

3. 生活习性 桃蚜在南方亚热带地区可周年繁殖，无越冬现象。在北方地区有两种越冬方式：一种是有性蚜产卵后在越冬寄主桃树上越冬；另一种是当环境温度低于发育所需温度时，在不加温的保护地里越冬，或在露地背风向阳的温暖地带越冬。蚜虫营孤雌胎生和有性卵生两种方式，在北方露地、保护地和南方亚热带地区主要营孤雌胎生，在温带和寒带地区天气转冷后以有翅蚜迁至越冬寄主植物上，产生两性蚜，雌雄交配后产卵越冬，来年春天卵直接孵化出小蚜虫，称其为干母。该干母产生的后代在越冬寄主上繁殖数代后（大约 2 个月）迁往其他寄主，进入秋季前不回迁。

萝卜蚜在北方地区可产卵越冬，翌春 3～4 月孵化为干母，在越冬寄主上繁殖几代后，产生有翅蚜，向其他蔬菜上转移，扩大危害，无转换寄主的习性；在南方地区可不产卵。在华北、华东和华中地区，春末至秋季均有发生，晚秋时部分产生性蚜，交配产卵后以卵越冬。每头雌蚜可产仔蚜 50～85 头。当温度高于 30℃或低于 6℃、相对湿度低于 40%和高于 80%时，蚜量迅速下降。

甘蓝蚜是东北、西北及高海拔地区的优势蚜虫种类，会与桃蚜混合发生，但二者存在危害高峰的时间差，早春以桃蚜为主，春末和夏季以甘蓝蚜为主，莲座期和结球期的甘蓝受害重，在甘蓝叶片正反面危害，随着球茎生长，可在各个夹层中危害，使叶球局部坏死，叶球外出现严重失绿症状，失去商品性。

有翅蚜对黄色有正趋性，而对银灰色则有忌避性。蚜虫还具趋嫩性，常聚集在十字花科蔬菜的心叶及花序上危害。萝卜蚜虽然以十字花科为主，但尤喜白菜、萝卜等叶上有毛的蔬菜，故该蚜在秋季的白菜、萝卜上发生危害最为严重。夏季雨量大，可促进病原菌对蚜虫的寄生，此外大雨对蚜虫还有机械冲刷作用，能直接抑制蚜量上升，压低虫口的基数，使蚜量高峰推迟出现，高峰期的蚜量亦显著减少。蚜虫在迁飞扩散过程中能传播多种蔬菜病毒病，所传播的病毒多数为非持久性病毒，蚜虫只需短时间的试探取食就可获毒、传毒，获取速度快。

4. 发生规律 桃蚜在华北地区 1 年可发生 10 余代，南方则多达 30～40 代。露地桃蚜早春 4 月初即开始发生，冬季在加温温室和日光温室中危害的桃蚜，是第 2 年早春露地的虫源。保护地中桃蚜通常 2 月种群开始上升，3～5 月为高峰期，秋季 10～12 月也是种群上升时期。在华北露地环境下，桃蚜种群呈现春、秋两个明显的高峰期，春季数量大，秋季数量小。夏季 7～8 月之外，桃蚜全年都在保护地和露地间交替危害。各地越冬卵的孵化期不一致，华北地区在 2 月下旬至 3 月上旬，初夏时节为该蚜的繁殖盛期，危害重，繁殖几代后产生有翅蚜，迁飞到蔬菜等寄主上继续危害。桃蚜发育起点温度为 4.3℃，最适温度 24℃，高于 28℃对其发育不利。相对湿度在 40%以下和 80%以上不利于其生长发育。

萝卜蚜在我国各地的发生世代数不等，多为 15～45 代，终年以无翅胎生雌蚜繁殖，无明显越冬现象。萝卜蚜主要在露地的 6～9 月危害，一般也有春、秋两个高峰期，发生数量是春季小、秋季大，发生量大时单株虫量常在千头以上。萝卜蚜比桃蚜更耐高温，桃蚜比萝卜蚜更耐低温，导致两种蚜虫在一年中不同季节发生的数量比例不同。萝卜蚜的适温性比桃蚜更广，其生长发育的温度范围为 10～31℃，适宜繁殖的温度为 14～25℃，相对湿度为 75%～80%。

甘蓝蚜一年可发生 10～30 代。在田间常与桃蚜混合发生危害，但高峰期存在差异。早春以桃蚜为主，春末和夏季以甘蓝蚜为主，莲座期至结球期的甘蓝受害最重，若蚜、成蚜随着球茎的生长，可在各个夹层中取食危害，导致叶球局部坏死，有时感染细菌导致腐烂。甘蓝蚜越冬卵通常在翌年 4 月开始孵化，先在留种株上繁殖危害，5 月中、下旬迁移到蔬菜上危害，再扩散到夏秋蔬菜上，10 月开始产生性蚜，交尾并产卵于留种或贮藏的菜株上越冬。甘蓝蚜的发育起点温度为 4.5℃，在 15～20℃ 下繁殖力最高，每头无翅成蚜平均产仔蚜 40～60 头。

5. 综合防治　菜蚜在各地区发生危害程度不同，部分地区具有抗药性种群。因此，防控技术应注重农业、物理和生物防治，科学合理选择化学药剂。

（1）农业防治　因地制宜选择适合的抗（耐）蚜品种；及时清除田内外杂草，拔除田间感染蚜虫多的植株；合理轮作，十字花科蔬菜的下茬可选择种植瓜类作物。

（2）物理防治　可利用黄板诱杀有翅蚜，田间每 667m² 均匀悬挂黄板 20～30 片，既可监测虫情又可诱杀有翅蚜；利用有翅蚜虫对银灰色的趋避性，在甘蓝生长季节，地表覆盖银灰色地膜或田间悬挂银灰色塑料条，一定程度上减轻蚜虫危害。

（3）生物防治　应用人工繁殖释放眼蚜茧蜂、食蚜瘿蚊、瓢虫或草蛉等方式控制蚜虫，即在蚜虫发生初期，按天敌与蚜虫比 1∶20，释放食蚜瘿蚊的蛹，成虫羽化后搜寻蚜虫并在体内产卵，以幼虫寄生蚜虫控制其危害；在蚜虫盛发期释放瓢虫成虫，释放量视田间具体虫量而定，蚜虫和瓢虫的比例以 50∶1 为宜；或可选择喷施对天敌伤害小的植物源农药进行防控，在蚜虫始盛期，每 667m² 菜田可喷施 0.3% 苦参碱水剂 100～150mL，或 2.5% 鱼藤酮乳油 100～150mL，或 1.5% 除虫菊提取物水乳剂 120～160mL。

（4）化学防治　蚜虫种群数量高时需要采用化学防治。在蚜虫发生始盛期，每 667m² 可选择 10% 吡虫啉可湿性粉剂 15～20g，或 100g/L 氯氰菊酯乳油 10～20mL，或 30% 噻虫嗪悬浮剂 3～5mL，或 30% 烯啶虫胺可溶液剂 4～6mL，或 5% 啶虫脒乳油微乳剂 20～30g，或 22% 氟啶虫胺腈悬浮剂 10～12mL，或 50% 螺虫乙酯水分散粒剂 10～12g，或 50% 氟啶虫酰胺水分散粒剂 8～10g，或 25% 吡蚜酮可湿性粉剂 20～30g 喷雾防治，也可选择复配制剂，如 20% 噻虫·高氯氟悬浮剂 9～12g，或 1.8% 阿维·吡虫啉可湿性粉剂 40～60g，或 6.5% 氯氟·啶虫脒乳油 15～20mL，或 7% 氟啶·啶虫脒微乳剂 10～18mL。在甘蓝蚜虫低龄若虫发生始盛期可选择 33% 吡蚜·高氯氟可湿性粉剂 6～9g，或 30% 氟啶·螺虫酯悬浮剂 10～20mL，或 25% 螺虫·噻虫嗪悬浮剂 10～20mL 进行喷雾。注意轮换施用。

二、烟粉虱

1. 分布与危害　烟粉虱 [*Bemisia tabaci* (Gennadius)] 是一种世界性分布的"超级害虫"，又称棉粉虱、甘薯粉虱等，属半翅目粉虱科小粉虱属。烟粉虱在我国各地均有发生。研究发现，烟粉虱是包含 40 多个生物型（隐种）的复合种，其中 B 型和 Q 型是入侵我国、危害最严重的两个种类。近 20 年来，诸多研究表明，Q 型烟粉虱入侵我国并取代 B 型烟粉虱而成为我国大部分地区的优势危害种类（Chu et al.，2006；Pan et al.，2011）。烟粉虱以成虫和若虫吸食植物汁液、分泌蜜露诱发煤污病以及在某些寄主植物上传播病毒病造成更大危害（图 15-9），但携带病毒的烟粉虱在甘蓝寄主上的着落和产卵比例会明显降低（汪怡蓉等，2019）。

图 15-9 烟粉虱成虫

烟粉虱是一种多食性害虫，寄主植物多达 600 多种。蔬菜作物上，可危害结球甘蓝、球茎甘蓝、羽衣甘蓝、芥蓝、花椰菜、青花菜、小白菜、菜薹（菜心）、大白菜、雪里蕻、芥菜、萝卜和黄瓜、番茄、茄子、豇豆、菜用大豆等多种蔬菜，十字花科蔬菜受害后表现为叶片萎缩、黄化、枯萎，青花菜出现白茎等，严重时减产损失在 30% 以上。

2. 形态特征 烟粉虱属渐变态昆虫，有成虫、卵、若虫 3 个阶段。若虫包含 4 个龄期。

成虫：雌虫体长 0.85～0.91mm，雄虫约 0.85mm。成虫体色淡黄，翅被有白色蜡粉，无斑点。触角 7 节，复眼黑红色，分上下两部分并有一单眼连接。静止时左右翅合拢呈屋脊状，从两翅中间的缝隙可见其腹部背面。雌虫尾部尖形，雄虫呈钳状。

卵：椭圆形，约 0.2mm，初产时白色或淡黄绿色，随后颜色逐渐加深，孵化前为深褐色。顶部尖，端部有卵柄，卵柄通过产卵器直立插入叶表裂缝中。

若虫：一至三龄体长 0.2～0.5mm，扁平，椭圆形，淡绿色至黄色。一龄若虫有 3 对足和 1 对触角，能活动。二龄、三龄若虫椭圆形，淡绿色至黄色，腹部平，背部微隆起，足和触角退化至仅有一节，体缘分泌蜡质，固定在叶片上。四龄若虫又称伪蛹或红眼期，长 0.6～0.9mm，蛹壳呈淡黄色，边缘薄或自然下垂，无周缘蜡，管状孔长三角形，舌状突长匙状，顶部三角形，具有 1 对刚毛，尾沟基部有 5～7 个瘤状突起。

3. 生活习性 烟粉虱成虫具有趋光性和趋嫩性，群居于叶片背面取食，中午高温时很活跃，早晨和晚上活动少，飞行范围较小，可借助风或气流作长距离迁移。烟粉虱成虫可两性生殖，也可产雄孤雌生殖。受精卵为二倍体，发育成雌虫；未受精的卵为单倍体，发育成雄虫。成虫每雌产卵 30～300 粒。在甘蓝叶片上，烟粉虱产卵方式有圆形、弧形或半圆形，也可散产于叶片背面（张晓曼等，2014）。烟粉虱在适宜寄主植物上的平均单雌产卵量超过 200 粒，最高产卵量达 600 粒以上，种群数量增长很快。一龄若虫为活动态，二龄以后营固着生活。温度 25～30℃、湿度为 30%～70% 是烟粉虱种群发育、存活和繁殖最适宜的条件，在 18℃ 以下种群数量下降明显。南方和北方地区，秋季是烟粉虱发生危害严重的季节，冬春季是该虫种群增长的薄弱时期。

4. 发生规律 烟粉虱在南方地区年发生 11～15 代，世代重叠现象严重。华南地区露地和棚室栽培的烟粉虱周年发生，夏季种群数量达到高峰、危害程度最重；依次是秋季、春季，晚秋和冬季种群密度明显下降，造成轻微危害。在温暖地区，烟粉虱一般在杂草和花卉上越冬；在寒冷地区，烟粉虱在温室内作物和杂草上越冬，春季末迁到蔬菜、花卉等植物上危害。烟粉虱在江苏露地的寄主植物上不能越冬，在日光温室、智能温室和双膜大棚多种蔬菜繁殖危害，直到翌年5月下旬至6月中旬，并成为虫源基地；夏秋季温度高，则当年种群数量大，危害严重。北方地区该虫主要在加温温室、节能日光温室内繁殖危害，全年的盛发期和危害高峰期是8~9月，部分虫源可能随季风由南方菜区和棉花产区迁移而来。

烟粉虱寄主广泛，但对不同植物的嗜好性差异较大，研究发现苘麻可以作为烟粉虱的诱集植物（谭永安等，2004）。烟粉虱不同生物型间存在明显的表型差异，例如，Q型烟粉虱对寄主植物的适应性更广泛，传播病毒能力及对化学药剂的抗药性方面也均比B型烟粉虱更强，且抗性程度逐渐发展和增强（边海霞等，2011；Wang et al.，2017），随着对其烟碱类杀虫剂抗性机制的深入研究（Yang et al.，2021），两种生物型之间对药剂的抗性差异机制也会逐渐得到揭示和明确。在甘蓝植株上，B型烟粉虱的生长发育和繁殖比Q型烟粉虱更适宜，种群增长也更快。研究发现，结球期甘蓝在烟粉虱危害后，萎缩株率与枯萎株率增加40%左右，维生素C与蛋白质含量也有所下降（郭予元等，2015）。

5. 综合防治　对烟粉虱需注重预防，做好秋冬春季烟粉虱虫源基地和育苗设施的治理，采取以农业措施为主的综合防治技术。

（1）农业防治　烟粉虱危害严重田块可与烟粉虱不喜食的蔬菜，如芹菜、茼蒿、韭菜等蔬菜轮作，降低害虫种群；育苗房保持清洁，彻底清除残体、自生苗和杂草，必要时采取烟剂熏杀消灭残余虫口；结合农事作业，摘除感染烟粉虱的枯黄叶片并带出田外处理；收获后做好田园清洁。

（2）物理防治　保护地栽培的通风口处设置40~60目防虫网，阻隔烟粉虱等害虫的成虫迁入危害。烟粉虱发生初期及时悬挂黄色粘虫板，每667m²均匀悬挂20~30片，可及时监测烟粉虱发生，并可诱杀部分成虫，同时粘虫板还可诱杀蚜虫、潜叶蝇等害虫，黄板悬挂高度略高于植株顶端。

（3）化学防治　烟粉虱善于飞翔，且存在区域性的抗药性差异，单纯的叶面喷雾往往不能起到理想的防控效果。

①苗期预防。选择25%噻虫嗪水分散粒剂于定植前3~5d进行苗期喷淋，每667m²用量7~15g；或按照每株0.12~0.2g进行灌根处理，移栽后正常管理。

②生长期采用化学药剂喷雾。每667m²可选用25%氯氟•噻虫胺微囊悬浮剂25~30mL，或33%氯氟•吡虫啉水分散粒剂7~8g，或21%啶虫•辛硫磷乳油40~60mL进行喷雾。选择早上或傍晚成虫活动较弱时进行叶面喷雾。

第四节　双翅目害虫及其防治

一、豌豆彩潜蝇

1. 分布与危害　豌豆彩潜蝇［*Chromatomyia horticola*（Goureau）］又称豌豆潜叶蝇、豌豆植潜蝇、油菜潜叶蝇，俗称夹叶虫、叶蛆等，属双翅目、潜蝇科，在我国大多数省份均有分布。据统计，该虫可以危害36科268属寄主植物，以十字花科、豆科和菊科等蔬菜作物为主，包括豌豆、菜豆、蚕豆、豇豆、甘蓝、花椰菜、油菜、白菜、生菜、芥菜、萝卜、莴苣、番茄、马铃薯、茄子、黄瓜、大葱、洋葱、茼蒿等，其中以豌豆和十字花科蔬菜在春末夏初受害最重。豌豆彩潜蝇的雌成虫用产卵器刺破寄主叶片背面产卵，从刺孔处吸食汁液，留下明显的刻点，降低植物品质，也为病原物的入侵提供重要途径。卵孵化后即可取食，幼虫从边缘开始蛀食，在叶片表皮下潜食叶肉组织，留下上下表皮，随着幼虫的发育潜道变大，多由叶片的边缘向中部延伸（曹利军等，2014），形成白色或灰白色的"蛇形"不规则潜道。幼虫在同一潜道内生活，在潜道内留下细小的黑色颗粒状散生粪便。虫道通常出现在叶片背面，植株下部叶片上更多，潜道影响植物叶片的生长与光合作用，严重时受害叶片枯萎脱落，导致植物发育缓慢、减产。苗期受害严重时，会导致作物绝收。

2. 形态特征　豌豆彩潜蝇是全变态昆虫，生活史包括卵、幼虫、蛹和成虫 4 个阶段。

成虫：体长 2.3～2.7mm，头部淡黄色，全身暗灰色，无光泽，有稀疏刚毛。复眼椭圆形，红褐色至黑褐色。触角第 3 节、触角芒和下颚须均为黑色。仅具 1 对前翅，透明，长约 3mm，在光下具有彩虹反光（图 15-10）。平衡棒黄白色。足黑色，腿节端部淡黄色。雄虫腹部末端有 1 对明显的抱握器；雌虫产卵器略扁，呈黑色。

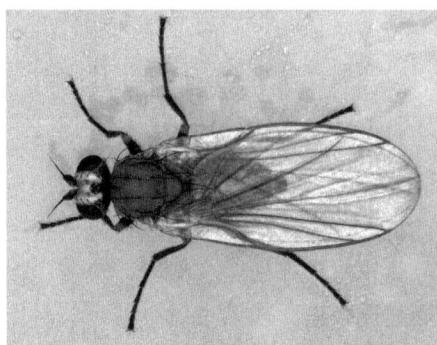

图 15-10　豌豆彩潜蝇成虫（司升云 摄）

卵：长椭圆形，长 0.27～0.34mm、宽 0.14～0.15mm，前端有呼吸角；初期卵壳光滑，呈乳白色，微透明；后期卵壳褶皱，透明度增加，呼吸角一端呈粗钝、另一端呈尖细；快孵化时，呼吸角可见黑色口钩和头咽骨；孵化时，卵壳在呼吸角一端破裂，幼虫钻出，钻入叶片危害。

幼虫：包含 3 个龄期，一龄虫体透明，体长 0.26～0.34mm，头部粗钝，腹部尖细，呈锥形；口钩弯曲部分接近钩长；无前气门，后气门较少。二龄幼虫呈近梭形，体色淡黄；口钩弯曲部分小于钩长；前气门开口较少，呈疣状突起，后气门细长，开口 6～10个。三龄幼虫呈圆柱形，橙黄色；口钩弯曲部分小于钩长；前气门开口较多，着生在柄状结构上，后气门粗短，开口 8～13 个。

蛹：长 2.1～2.6mm，围蛹，椭圆形，初期为橙黄色至黄褐色，中期颜色变淡，末期为黑色至银灰色。

3. 生活习性　豌豆彩潜蝇成虫羽化多在上午 8～11 时进行，成虫在白天进行取食、交尾、产卵等活动，可以访花、吸食花蜜，受惊吓常作螺旋状飞行。该虫对甜味物质有较强趋性，偏好开花期作物，吸食花蜜，促进卵的发育和提高成虫产卵量。豌豆彩潜蝇成虫将卵单产于叶片背面或叶表下面的产卵孔内，雌成虫每次可产卵 9～20 粒，一生可产卵 45～98 粒。幼虫孵出后即可取食叶肉组织，形成潜道，潜道随虫龄增大而加宽，幼虫孵化后在同一潜道内活动，并不转换潜道或更换叶片，老熟幼虫先咬破表皮成羽化孔，然后在潜道末端化蛹。温暖的气候条件适宜该虫生长、发育和繁殖，在 14～26℃内豌豆彩潜蝇发育速率与温度呈正相关，随温度升高而加快，气温在 13～15℃时，卵期 3.9d，幼虫期 11 d，蛹期 15d；在 23～28℃时，则分别为 2.5d、5.2d 和 6.8d。在 28℃以上，卵、幼虫、蛹发育速率明显减缓，抑制该虫发育；气温超过 35℃时，幼虫、蛹大量死亡，所以盛夏季节该虫较少发生。

4. 发生规律　豌豆彩潜蝇 1 年可发生多代，其发育与温度密切相关，该虫 1 年发生代数因地区而异。例如，在东北、华北地区，该虫可以发生 4～5 代。在沈阳地区，豌豆彩潜蝇幼虫 5 月中旬出现，于 6 月中旬到达峰值，随着寄生蜂数量增加，对豌豆彩潜蝇控制作用增强，直至 6 月下旬豌豆采收完成。在北京地区，豌豆彩潜蝇以蛹在枯叶和浅土层内越冬，是翌年早春的主要虫源；2～3 月可见越冬代成虫在二月兰、蒲公英、泥胡菜等杂草上发生，3 月下旬至 5 月上旬向露地种植的甘蓝、油菜、豌豆、生菜等作物上转移。有春季和秋季两个发生高峰期，5 月中旬至 6 月上旬为春季高峰期，夏季 7～8 月发生量较少；9 月豌豆彩潜蝇种群数量又开始上升，在 9 月中旬至 10 月初再次达到高峰，但秋季发生量低于春季发生量（钟裕俊等，2021）。在华东地区如江苏，该虫越冬蛹在 3 月上旬开始羽化，4 月下旬至 5 月中旬出现高峰；6 月上旬之后，随着温度的升高虫量急剧下降；秋季气温下降后虫口数量有所回升。在杭州地区，一年发生 10～12 代，世代重叠，在 10 月，危害青菜、萝卜等蔬菜，12 月在豌豆上取食危害，无越冬现象，在豌豆上幼虫和蛹仍能发育；翌年 3 月随着气温升高种群数量增加，4 月在豌豆上发生量最大，随后迁入开花的油菜、青菜上危害；5 月底以后，随着气温升高及作物收获，田间豌豆彩潜蝇虫量减少，在杂草上越夏；秋季气温降低后，转入秋播蔬菜上危害。在福建，该虫可以发生 13～15 代；华南地区，可以全年发生，无越冬现象，世代重叠严重。

豌豆彩潜蝇寄主植物种类较多，除了菊科、十字花科和豆科等寄主蔬菜外，也可危害杂草，如蒲公英、泥胡菜、苦苣菜等。该虫具有明显的转换寄主危害的特征，杂草和观赏性植物为豌豆彩潜蝇的寄主转换提供"桥梁"作用。随着我国蔬菜种植面积的增加，该虫的寄主植物种类也在增加。

5. 综合防治

（1）农业防治　合理安排茬口，甘蓝、油菜等与非寄主植物进行轮作（如瓠瓜、茄子等）；蔬菜收获后及时清洁田园，清理残茬枯叶和杂草，降低越冬虫源；在蔬菜换茬间隔期，适当灌水或进行高温闷棚，消灭幼虫及蛹，减少虫口基数；推迟"耐高温蔬菜"种植，错开豌豆彩潜蝇发生高峰期。

（2）物理防治　利用成虫的趋性，在春季成虫发生始盛期，田间悬挂黄色粘虫板，悬挂高度在作物上方约 20 cm 处；保护地通风口处设置 40 目防虫网，避免豌豆彩潜蝇成虫在保护地与露地之间的扩散。

（3）生物防治　豌豆彩潜蝇的自然天敌以寄生蜂为主，华北地区春季田间自然寄生率可达 20% 以上，随着气温升高，天敌数量增加，5～6 月可达 60% 以上，此时害虫必须防治时应选择对天敌伤害小的生物源和植物源药剂，充分发挥自然天敌的控制作用。

（4）药剂防治　防治幼虫以一至二龄期为最佳施药时期，在叶片上出现受害症状时施药。每 667m² 可选择 1.8% 阿维菌素可湿性粉剂 30～40g，或 30% 阿维·矿物油乳油 50～70g，或 60g/L 乙基多杀菌素悬浮剂 20～40mL，或 60% 灭蝇胺水分散粒剂 20～25g 等进行叶面喷雾。防治成虫以上午 8～12 时施药为好，每周防治 1 次，连续防治 3～4 次。轮换交替用药，防止抗药性产生。

二、灰地种蝇

1. 分布与危害 灰地种蝇 (*Delia platura* Meigen) 属双翅目、花蝇科，幼虫俗称根蛆，又称地蛆、菜蛆等。灰地种蝇在我国各地都有发生，以北部和中部发生较为普遍。主要危害萝卜、大白菜、甘蓝、豆类及瓜类蔬菜等。幼虫可在土中危害种子，取食胚乳或子叶，引起种芽畸形、腐烂而不能出苗；也可危害幼苗根茎部或叶柄基部，蛀食蔬菜作物根系的表皮，使植株生长不良、矮缩或成片死亡而减产。同时，危害造成的伤口有利于土壤中病菌传染，诱发软腐病流行；危害留种株根部，引起根茎腐烂或枯死。

2. 形态特征

成虫：体长 4～6mm，淡灰黑色，触角黑色，胸部灰褐或黄褐色，背刚毛明显。雄虫略小，两复眼近乎相接，前胸背板上有 3 条褐色纵线，腹部灰黄色，背中央有一条黑色纵线。雌虫比雄虫色浅，胸部背面具有褐色纵纹 3 条（图 15-11）。

卵：长椭圆形，稍弯，长 1.6mm，白色而透明，上有纵陷沟。

幼虫：蛆状，体长 6～7mm，乳白色略带淡黄色，前端尖细后端粗，头退化仅有一黑色口钩，腹部末端截断状，上生 6～7 对肉质小突起。

图 15-11 灰地种蝇成虫（司升云 摄）

蛹：长 4～5mm，纺锤形，黄褐色或红褐色，前端稍扁平，后端圆形，可见幼虫腹末残存的小突起。

3. 生活习性 灰地种蝇耐寒性强，在南方冬春季的暖日可进行活动。成虫常在白天晴朗天气活动，中午前后最活跃。有强烈的趋化性、趋腐性、趋湿性，喜欢集聚在田间沤肥堆、未腐熟的粪肥和发酵的饼肥上取食和产卵，尤喜在新翻耕和潮湿的地块，种子、幼苗根部附近土表和心叶、叶腋，以及正在间苗、定植的菜地土缝中集中产卵。单雌产卵20～150 粒，这与成虫的营养补充有关。卵经 9～10d 孵化后即钻入潮湿的土壤中，幼虫活动性很强，在土中能转移寄主危害。幼虫共 3 龄，在土壤中营背光生活，昼夜危害，喜湿畏干，若土壤干燥则向作物根茎部移动，加重危害，如土壤过湿或短时积水则大量死亡。

4. 发生规律 灰地种蝇在我国由南到北 1 年发生 2～6 代。黑龙江地区 1 年 2～3 代，华北地区 1 年 3 代，江西和湖南 1 年 5～6 代。北方以蛹、南方以幼虫在土中越冬。翌年3～4 月大量羽化，并到有机肥料及其附近土下产卵，成虫产卵期较长，可达 1～2 个月。4～5 月第 1 代幼虫危害甘蓝、白菜等十字花科蔬菜的采种株，也可钻入直播地种子内蛀食子叶和胚叶，形成缺苗现象，有时危害幼嫩的根茎或钻入幼苗基部。6～7 月，第 2 代幼虫危害白菜、秋萝卜等。幼虫老熟后，通常在 7～8 cm 深的表土层中化蛹，当幼虫的食物较深时，化蛹的位置也会下移。种蝇完成 1 代所需时间与气温有关，一年中以春季发生数量最多，春季重于秋季。在南方大棚栽培的地区，棚内温湿度相对稳定，15～28℃适合灰地种蝇的生长发育，种蝇在这样的环境中常连续危害。

5. 综合防治　根据种蝇发生危害特点，应抓好预防和药剂防治工作。

（1）农业防治　施用腐熟的粪肥和饼肥，施肥时要做到均匀、深施，粪肥不外露土面；适时秋耕晒垡，避免耕翻过迟及湿土暴露于地面而招引成虫产卵；菜田发生种蝇后不要追施粪水，应随水追施氨水或化肥以减轻危害；已危害地块可增加灌溉次数，能杀灭部分幼虫；选择晴天中午前后浇水；收获后清洁田园，及时清除被害株残体，减少虫源。

（2）理化诱杀　利用成虫对糖醋液的趋性进行成虫诱杀，糖醋液中加入 0.1％的敌百虫拌匀作为诱杀液。先在诱集盆底部铺上少许锯末，再放入新鲜诱液，在成虫活动盛期打开盆盖。

（3）化学防治　采用高效安全的杀虫剂与适宜的施药方法相结合，来控制种蝇。

①土壤处理。播种或定植时，每 667m² 选用 40％辛硫磷乳油 200～300mL 与 50kg 细土混匀，配成毒土，在甘蓝移栽田进行沟施或穴施后，再移栽、浇水。同时兼治蝼蛄、蛴螬、金针虫等地下害虫。

②防治成虫。成虫盛发期，每 667m² 可采用 40％辛硫磷乳油 50～60mL，或 10％虫螨腈悬浮剂 40～50mL，或 30％敌百虫乳油 100～150g，或 75％灭蝇胺可湿性粉剂 15～20g，或 2.5％溴氰菊酯乳油 20～40mL 兑水喷雾，每 7 d 喷洒 1 次，连续 2～3 次。

③防治幼虫。对已有幼虫危害的田块，可选用 40％辛硫磷乳油 300～400mL，或 75％灭蝇胺可湿性粉剂 80～100g，分别加水稀释后，顺垄灌根。

第五节　其他重要害虫及其防治

一、黄曲条跳甲

1. 分布与危害　黄曲条跳甲［*Phyllotreta striolata*（Fabricius）］属于黄条跳甲这一类群中的一种，为鞘翅目、叶甲科、条跳甲属，俗称狗虱虫、跳蚤等，全国各地普遍发生，在南方各菜区发生危害更重，主要危害甘蓝、花椰菜、芥蓝、菜心、萝卜、白菜、芥菜、油菜等十字花科蔬菜，也可危害茄果类、瓜类和豆类蔬菜及一些粮食作物等。已报道我国发生的黄条跳甲种类有 11 种，危害蔬菜的主要有黄曲条跳甲、黄直条跳甲［*P. rectilineata*（Chen）］、黄狭条跳甲［*P. vittula*（Redtenbacher）］和黄宽条跳甲（*P. humilis* Weise）等，其中黄曲条跳甲最为常见，分布广且危害重，是各地优势种类。跳甲以幼虫危害蔬菜根系，造成幼苗期缺苗断垄，甚至毁种。成虫啃食甘蓝的嫩茎、菜叶，常在两叶交接处、菜心内或贴地菜叶背面取食，使叶片布满椭圆形小孔洞，严重时造成缺刻，影响光合作用，甚至枯死；可把留种株的嫩荚表面、果柄、嫩梢咬成疤痕或咬断。该虫除直接危害菜株外，还可传播细菌性软腐病和黑腐病，造成严重经济损失。十字花科蔬菜受害后减产 10％～20％，严重者可达 30％以上，且品质严重下降。

2. 形态特征

成虫：体长 1.5～2.4mm，长椭圆形，黑色有光泽，前胸背板及鞘翅上有许多刻点，鞘翅上各有一条略似弓形的黄色纵斑，色斑中部狭而弯曲。后足腿节膨大，善跳，胫节、跗节黄褐色（图 15-12）。

卵：椭圆形，长约 0.3mm，初产时淡黄色，半透明，孵化前姜黄色。

幼虫：共 3 龄。体乳白色或黄白色，长圆筒形，尾部稍细；老熟时体长约 4mm，黄白色，头部、前胸盾片和腹末臀板淡褐色，仅有 3 对胸足，各节具不很突出的肉瘤，上生有细毛。

图 15-12　黄曲条跳甲成虫

蛹：长约 2mm，椭圆形，乳白色，羽化前淡褐色，头部隐于翅芽下面，翅芽和足达第 5 腹节，胸部背面有稀疏的褐色刚毛，腹末有 1 对叉状突起，叉端褐色。

3. 生活习性

黄曲条跳甲成虫活泼善跳跃，春秋季早晚或阴天藏于叶背或土块下，在中午前后活动最盛，夏季多在早晨和傍晚活动，高温时还能飞翔，34℃入土蛰伏；成虫有群集取食和趋嫩习性，还有假死性，对黑光灯、黄色有趋性，以成虫在落叶、杂草中潜伏越冬。翌春气温达 10℃以上开始取食，20℃时食量明显增加。成虫繁殖能力强且寿命长，平均 30～50d，最长可达 1 年，产卵期可达 1 个月以上，卵散产于植株根部附近湿润的土隙中或细根上，平均单雌产卵约 200 粒，造成世代重叠，加上成虫的后足发达，活动能力极强，生产上防治难度增大。20℃条件下卵发育历期 4～9d，最长可达 15d。幼虫共 3 龄，历期 11～16d，需在高湿（相对湿度 100%）情况下才能孵化，因而近沟边的地里多。幼虫一般栖息在植物根部，孵化后沿须根向主根剥食根部表皮，危害菜根、啃食根皮等，可咬断须根，最终导致植株萎蔫枯死。老熟幼虫在 3～7cm 深的土中筑土室化蛹，蛹期约 20d。

4. 发生规律

黄曲条跳甲在我国北方一年发生 3～5 代，华北 4～5 代，华东 4～6 代，华中 5～7 代，华南 7～8 代。黄曲条跳甲在我国华南及福建漳州等地无越冬现象，可终年繁殖。在江浙一带以成虫在田间、沟边的落叶、杂草及土缝中越冬，越冬期间如气温回升至 10℃以上，仍能出土进行取食危害。南方地区具有春季和秋季两个危害高峰，江浙地区 5 月中下旬至 7 月上中旬和 9～10 月是其发生高峰期，危害较重；在珠江三角洲地区每年的 3～5 月和 9～11 月是其危害高峰期；深圳、广州 4～5 月出现春季虫口高峰，随后因雨季来临种群数量减少，9～12 月出现秋季虫口高峰，虫口数量是春季的 2.5 倍。寄主植物是其扩散的重要影响因子，高温环境不利于其种群扩散（高泽正等，2005）。通常情况下，南方地区受害程度明显重于北方，秋菜重于春菜，湿度高的菜田重于湿度低的菜田。北方地区近些年来有加重趋势，特别是秋季十字花科蔬菜种植多，食料丰富，温湿度条件适宜，危害更重。

5. 综合防治

防治黄曲条跳甲应防控幼虫和防控成虫相结合。药剂防治成虫的参考指标为：菜苗被害率达 10%～20%，平均每百株有成虫 1～2 头；定植后植株的被害率达 20%，平均单株有成虫 0.5 头。

（1）农业防治　合理轮作，将十字花科蔬菜与非十字花科蔬菜作物轮作，可明显减轻危害；蔬菜收获后或耕作前清理田间残枝落叶，降低虫源基数；深翻晒土，待表土晒白后再播种或定植菜苗，破坏其越冬场所。

（2）物理防治　依据成虫趋光性、趋黄性及对黑光灯敏感的特点，可使用黑光灯进行诱杀；或田间悬挂黄板，研究发现，黄板下边沿距离地面 15cm 时，对甘蓝跳甲的诱杀效果更优（李慎磊等，2019）。棚室栽培田也可覆盖 30 目防虫网进行隔离防控。

（3）生物防治　斯氏线虫对黄曲条跳甲具有良好的防控效果（侯有明等，2001），有条件的地方可以选用，每 667m² 用量 1 亿～2 亿尾。在福建省春季，应用线虫控制黄曲条跳甲效果较好，因为南方春季雨水较多，土壤湿度适宜线虫生存，另外春季跳甲幼虫基数较低，更易于种群控制，而干旱少雨的秋季，菜田土壤不适宜线虫存活，控制效果不佳。也可采用生物药剂，如每 667m² 采用 0.3％苦皮藤素水乳剂 100～120mL，或 80 亿孢子/mL 金龟子绿僵菌 CQMa421 可分散油悬浮剂 60～90mL 进行防治。

（4）化学防治　防治黄曲条跳甲的关键是以防治幼虫为重点，同时结合地上部的成虫。

①苗床和土壤处理。移栽前，每 667m² 采用 1％联苯·噻虫胺颗粒剂 4 000～5 000g 或 0.5％噻虫胺颗粒剂 4 000～5 000g 于甘蓝移栽前将药剂撒施于沟（穴）中，然后移栽甘蓝，施药后覆土；或采用 3％呋虫胺颗粒剂 1 000～1 500g，按处理剂量要求将药剂与少量细沙混均匀，施于种植穴中，覆少量土壤后移栽并灌溉。

②生长期防治。每 667m² 可选用 100g/L 溴虫氟苯双酰胺悬浮剂 14～16mL，或 50％哒螨灵悬浮剂 23～30mL，或 0.2％呋虫胺水剂 5 625～6 250mL，或 45％马拉硫磷乳油 90～110mL，或 40％虫腈·哒螨灵悬浮剂 24～30mL，或 30％虫螨腈·唑虫酰胺悬浮剂 24～32mL，或 42％高氟氯·噻虫胺悬浮剂 10～15mL，或 15％啶虫·哒螨灵微乳剂 30～40mL，或 20％联苯·噻虫胺悬浮剂 30～40mL 防治成虫，对幼虫也有一定的毒杀作用。施药时期可在成虫开始活动而尚未产卵时，也可选择在成虫羽化盛期进行喷雾防治。施药时由植株四周向中央喷雾并适当喷施四周地表，形成药剂包围圈，防止成虫逃窜。不同作用机制的农药交替使用。

二、蜗牛和蛞蝓

1. 分布与危害　蜗牛包括灰巴蜗牛 [*Bradybaena ravida*（Benson）] 和同型巴蜗牛 [*B. similaris*（Ferussac）]，属软体动物门、腹足纲、柄眼目、巴蜗牛科、巴蜗牛属，别名蜒蚰螺、水牛等。分布于全国各地，适应能力强，寄主作物广泛，包括常见的蔬菜作物白菜、甘蓝、豇豆、生菜等。蜗牛多在傍晚以齿舌刮食十字花科蔬菜幼芽、嫩叶，造成缺苗断垄。成株期叶片受害出现孔洞或缺刻，严重时能吃光叶片仅残存叶脉、咬断嫩茎，同时排泄许多黑绿色粪便污染叶片，外覆一层白色黏液，易诱发菌类侵染，导致秧苗腐烂，严重影响甘蓝品质及产量。蛞蝓也属腹足纲柄眼目的陆生软体动物，其生活习性及危害特性与蜗牛相似。

2. 形态特征　蜗牛一生经历卵、幼贝、成贝 3 个阶段。蜗牛身体分为头、足和内脏囊 3 部分，爬行时体长 30～36mm，体外有坚硬扁圆球形螺壳。蛞蝓成体呈长梭形，伸直时体长 30～60mm，体宽 4～6mm，身体柔软、光滑，无外壳，体表暗黑色或暗灰色。

3. 生活习性 蜗牛为雌雄同体，同体或异体受精，单个个体即能产卵，多产在潮湿疏松的土壤中或枯叶下，单次产卵量 50～250 粒，卵期 14～31d。蜗牛喜阴湿环境，对空气湿度变化非常敏感，适宜生长发育的温度为 15～25℃，相对湿度为 70%～90%。干旱天气时蜗牛便躲藏起来，分泌黏液封住出口，干旱过后再继续危害。蜗牛在阴雨天可整天活动，晴天白天躲在植物根部、落叶或者土缝中；南方地区地势平坦的沿江、沿湖、沿海菜田，杂草多和新开垦的园田，以及保护地内蜗牛发生量大，春末夏初和秋季多雨的年份发生危害较重。阴雨连绵的天气对蜗牛发生危害非常有利，但雨量较大时也会大量死亡。蛞蝓惧光，强光照射 2～3h 即死亡，喜在夜间活动，夜晚 22～23 时为其活动高峰期。

4. 发生规律 蜗牛通常 1 年发生 1 代，其寿命一般不会超过 2 年。蜗牛通常在 4～5月和 9～10 月大量活动、产卵危害，一般秋季危害重于春季。越冬蜗牛成活数量与翌年发生量大小密切相关，当年危害重且杂草多的菜地，第 2 年蜗牛发生早且危害重。另外，蜗牛对湿度变化敏感，在适宜的温度条件下，产卵量随湿度的高低而变化，干燥或过湿的土壤对于卵的孵化、胚胎发育都不利。蜗牛的自然天敌种类很多，生产上可用于防治。种植不同蔬菜也影响蜗牛的种群数量，大白菜、甘蓝、生菜等蔬菜利于蜗牛种群增长，辣椒、胡萝卜上则受害轻，种群增长慢。对于蛞蝓来说，大白菜适合其产卵，但甘蓝更适合其生长发育。

5. 综合防治

(1) 农业防治 播种前深翻晒土，及时中耕，铲除田内外杂草，排干积水等，破坏蜗牛、蛞蝓栖息和产卵场所；控制甘蓝种植密度，保持良好的通风条件；采用地膜覆盖栽培，将蜗牛栖息地与甘蓝叶部隔离，减轻危害；甘蓝收获后清洁田园，进行秋冬季耕翻，使部分越冬蜗牛、蛞蝓暴露于地面冻死或被天敌啄食。

(2) 物理防治 利用蜗牛、蛞蝓昼伏夜出的取食习性，将树叶、杂草、菜叶等在菜田多点成堆摆放，次日清晨集中捕杀；或在苗畦或菜田的沟边、地头或垄间撒石灰带，每667m² 用生石灰 5～10kg，可阻止蜗牛、蛞蝓进入。

(3) 化学防治 春秋季的雨季是蜗牛活动盛期，也是施药防治的关键时期。化学防治需要选择专用的杀软体动物剂，并注意施用方法和使用条件，保证防治效果。在蜗牛、蛞蝓大发生情况下，在其清晨未潜入土壤之前，每 667m² 用 80% 四聚乙醛可湿性粉剂32.5～40g，兑水后进行叶面喷雾。也可以在甘蓝出苗或移栽后，于蜗牛、蛞蝓发生初盛期，用 6% 四聚乙醛颗粒剂 500～600g，拌细干土 15～20kg，于傍晚均匀撒施在作物根际周围或受害植株行间垄上，每季最多使用 1 次；或采用 5% 甲萘威颗粒剂 2 750～3 000g或 6% 聚醛·甲萘威颗粒剂 600～750g 拌适量细干土撒施。上述颗粒剂连用 2 次，间隔 7d并轮换使用。

三、小地老虎

1. 分布与危害 小地老虎 [*Agrotis ypsilon* (Rottemberg)] 属鳞翅目、夜蛾科、切根夜蛾亚科，是地老虎中分布最广的一种，在国外遍及各大洲，亚洲各国均有分布，是我国农、林、牧业生产中的重要地下害虫，各省（自治区、直辖市）均有分布记载。小地老虎是典型的广食性害虫，寄主植物十分广泛，除水稻等水生植物外，几乎可取食危害所有植物的幼苗，例如蔬菜、玉米、小麦、棉花、高粱、薯类、中草药、牧草，以及花卉、果树和林木的幼苗。在我国蔬菜上常见发生危害，发生量也较大。小地老虎幼虫在地下和地表危害，咬断甘蓝、瓜类等作物的幼根、幼茎，吞食叶片，严重时造成缺苗断垄或毁种，作物生长期内还可钻入甘蓝、白菜等的叶球内进行危害，蛀食叶球造成虫孔，排泄粪便造成污染等。

2. 形态特征

成虫：体长 16～23mm，翅展 42～50mm。额部平整光滑无突起，雌蛾触角丝状，雄蛾触角双栉齿状，栉齿渐短，端半部为丝状。虫体和翅暗褐色，前翅前缘及外横线至中横线部分（有的个体可达内横线）呈棕褐色，肾形斑、环形斑及剑形斑位于其中，各斑均环以黑边。在肾形斑外，内横线里有 1 个明显的尖端向外的楔形黑斑，在亚缘线内侧有 2 个尖端向内的黑斑，3 个楔形黑斑尖端相对，是识别成虫的主要特征。后翅灰白色，翅脉及边缘呈黑褐色。

卵：散产于叶片上。卵顶部稍隆起，底部平，呈现半球形，直径 1mm 左右，高0.3mm，表面有纵横交叉的隆起线纹。初产时为乳白色，渐变为淡黄色，孵化前呈褐色，卵顶出现黑点。

幼虫：幼虫期一般有 6 龄。末龄幼虫体长 37～47mm，头宽 3～3.5mm。身体黄褐色至暗褐色不等，虫体背面及侧面有暗褐色纵带。表皮粗糙，密布大小不等的黑色小颗粒。头部黄褐色至褐色，颅侧区有不规则的黑色网纹，额为一等边三角形，颅中沟很短，额区直达颅顶。腹部各节背面的毛片后两个要比前两个大 2 倍以上。气门后方的毛片也较大，至少比气门大 1 倍多；气门长卵形，气门片黑色。臀板黄褐色，臀板基部连接的表皮有明显的大颗粒。

蛹：体长 18～24mm，体宽 6～7mm，红褐色至暗褐色；腹部第 1～3 腹节无明显横沟，第 4 腹节背侧面有 3～4 排刻点（圈状凹纹），第 5～7 腹节背面有一圈小黑点较侧面大而深；腹末端黑色，背面有尾刺 1 对。

3. 生活习性　小地老虎成虫具有很强的趋光性和趋化性，嗜好黑光灯或糖、醋、酒混合的酸甜味物质，生产上可依此特性进行防治。成虫白天躲藏在土缝中、杂草丛中、屋檐下或其他隐蔽处，夜间出来进行补充营养、交尾等活动，产卵以晚上 7～10 时最旺盛。春季傍晚温度达 8℃时，小地老虎开始活动，之后随着温度上升其活动数量和范围增大，在大风、降雨等环境下活动少或不活动。

小地老虎成虫羽化后 4～5 d 即可交配产卵，卵多产于土块、杂草、叶片背面或嫩茎上，散产或成堆，产卵量多少根据其补充营养的质量、数量而呈现很大差异，卵量从几十粒到多至 2 500 粒不等。初孵幼虫多集中在产卵寄主的叶背，或移至寄主心叶啃食叶肉，残留表皮。幼虫三龄后白天常躲藏在寄主植物心叶等黑暗处取食叶肉，受害叶展开后呈窗纸状孔或排孔，并开始扩散，有群集迁移习性。四龄以上幼虫多在幼苗植株的茎基部取食，咬断后会将苗拖入土中或土块缝中继续取食。其四至六龄为暴食期，占幼虫期总取食量的 97% 以上，造成植株折断、缺苗断垄甚至毁种重播。老熟幼虫有假死习性，受惊后缩成环形。

4. 发生规律　小地老虎是典型的迁飞型害虫，各虫态均无滞育现象，其发生世代数由南向北递减，由低海拔向高海拔递减，世代数的多少由年积温而决定。小地老虎在我国南岭以南地区1年发生6～7代，南岭以北黄河以南1年发生4～5代，在东北中北部等地1年完成1～2代。从全国范围看，除南岭以南地区有两代危害外，其他地区，当地无论发生几个世代，都以最早发生的一代幼虫危害最重。小地老虎的种群发生数量和危害程度受环境因素影响，不同虫态的生长发育历期主要受温度影响，其次是食料。在长江以北广大地区，越冬代成虫在日平均气温达到5℃时始见活动，日平均气温稳定在10℃以上进入盛蛾期。小地老虎喜欢温暖潮湿的环境，日均温在13～24℃是其生长发育和繁殖的最适温度。地势低洼、管理粗放、杂草多的地方通常发生更重。

根据越冬调查、标记回收、室内观测等试验及资料分析，研究确定了1月0℃等温线为小地老虎能否越冬的分界线。中国境内小地老虎发生危害随季风活动、南北往返迁移。如在广东曲江进行标记释放的成虫，同期在北方的山东聊城、内蒙古呼和浩特分别回收到，其直线距离均超过1 300km（最远为1 818km）；春季越冬代成虫主要是由南向北迁飞，即由越冬虫源区逐步从南向北迁出，秋季再由北方向南方迁飞返回到越冬区过冬，从而构成一年内大区间的世代循环。按照1月不同等温线划分全国小地老虎的越冬区域，10℃等温线以南地区为主要越冬区，是中国境内春季的主要迁出虫源基地；4～10℃等温线之间的地区为次要越冬区，有大批过境成虫；0～4℃等温线之间的地区为零星越冬区，春季发生危害的虫源主要依靠南方迁入，亦有部分过境成虫。0℃等温线以北广大地区为非越冬区，春季越冬代成虫全部由南方越冬区迁入。由于太平洋暖流和西伯利亚冷流的季节性活动，形成了我国境内小地老虎随季风活动、南北往返迁移的发生危害规律（全国小地老虎科研协作组，1990）。

5. 综合防治　防治小地老虎应根据受害作物的生育阶段、危害幼虫的龄期、害虫的生活习性和发生规律等，结合预测预报手段，因地制宜地制定综合防治策略与技术。

（1）农业防治　小地老虎喜欢产卵于杂草上，早春及时清洁田园，清除农田及周围的杂草，降低小地老虎卵量，压低种群数量；春播前精耕细作，深秋或初冬深耕地块，可直接消灭部分在土壤中的蛹和幼虫，有效减少和压低虫口发生基数；在有条件的地区，合理浇灌，可淹死土壤中部分幼虫和蛹，压低土壤虫口密度；也可在发生期，清晨时刨开断苗附近的土进行人工捕杀。

（2）物理防治　利用小地老虎成虫的趋光性，也可采用黑光灯进行诱杀。于成虫发生期，在作物田地面以上1.0～1.5m处，安装频振式杀虫灯，隔1～2d收集昆虫袋和清理杀虫电网，每盏灯可控制约2hm²的范围。

（3）理化诱控　利用糖醋酒液诱杀小地老虎成虫，在其盛发期利用糖醋液（糖：醋：酒：水=3：4：1：2比例），再加1份90%敌百虫晶体调匀配成诱液于盆内，诱杀成虫；也可在成虫盛发期，采用甘薯液水诱杀成虫，配方为碎甘薯0.5kg，加水1.5kg，煮45min后过滤，再加200g醋和150g白酒；用发酵变酸的甘薯、胡萝卜、水果等加适量农药诱杀成虫，如用1.5kg红薯煮熟捣烂发酵至酸味，加等量水调成糊状，再加醋0.5kg及5.7%甲维盐可溶性粉剂30g，傍晚时置于田间地中进行诱捕。

（4）生物防治　生物防治措施的重点是保护天敌和利用生物源制剂进行防治。小地老虎的捕食性天敌有广腹螳螂、中华虎甲、细颈步甲等，寄生性天敌有腿寄蝇、松毛虫赤眼蜂等。也可采用昆虫病原线虫防治小地老虎。金龟子绿僵菌、白僵菌、苏云金芽孢杆菌（Bt）均可用于防治地老虎，每 $667m^2$ 采用 2 亿孢子/g 金龟子绿僵菌 CQMa421 颗粒剂 4～6kg，撒施在作物根部周围，可有效防治小地老虎。也可田间悬挂小地老虎的性诱剂进行诱杀防治。

（5）化学防治

①播前撒施。甘蓝种植前，每 $667m^2$ 采用 0.5％联苯菊酯颗粒剂 1 200～2 000g，均匀拌 40kg 细土，撒施于沟中或穴中，然后用耙子将沟中或穴中的药与土混匀，最后进行甘蓝移植。施药后须浇水，保持一定的土壤墒情以利于有效成分的释放。

②毒饵诱杀。利用地老虎幼虫对香甜物质有强烈趋性的特点，采用撒施毒饵的方法加以防治。先将饵料（麦麸、谷子、豆饼、玉米碎粒等）炒香，每公顷用上述饵料 60～75kg，再拌入 90％敌百虫晶体 2.25kg，加适量水配成毒饵，于傍晚撒施在农作物的苗间或畦面上，引诱毒杀；或采用 90％晶体敌百虫 0.5kg，加水 2.0～2.5kg，喷拌在 50kg 碾碎炒香的玉米面上，每公顷用量为 75kg，傍晚撒在田间，每隔 50cm 撒一小堆。

③灌根防治。可选用 16％阿维菌素悬浮剂 1 000 倍液对作物根部进行灌根，杀死土中幼虫，还可兼治蛴螬等地下害虫。

四、蛴　螬

1. 分布与危害　蛴螬是金龟子幼虫的统称，属鞘翅目金龟甲总科，是地下害虫中种类最多、分布最广的一大类群，俗称土蚕、地蚕等。在北方地区发生较普遍，危害甘蓝、大白菜在内的蔬菜作物及粮食作物等。该虫地下危害，啃食萌发的种子，咬断幼苗根茎，致使全株死亡，造成缺苗断垄，严重者毁种绝苗，还可蛀食块根、块茎等，降低蔬菜的产量和质量。蛴螬危害幼苗后断口整齐平截，易于识别。成虫（金龟子）取食幼嫩的叶、芽、果等，成缺刻和孔洞，严重者将叶片全部食光。

2. 形态特征　蛴螬常见种类有东北大黑鳃金龟（*Holotrichia diomphalia* Bates）、华北大黑鳃金龟［*H. oblita* (Faldermann)］、暗黑鳃金龟（*H. Parallela* Motschulsky）、黑绒鳃金龟（*Maladera orientalis* Motschulsky）、小云斑鳃金龟（*Polyphylla gracilicornis* Blanchard）、中华弧丽金龟（*Popillia quadriguttata* Fabricius）、铜绿丽金龟（*Anomala corpulenta* Motschulsky）等（郭予元等，2015）。这几种金龟子成虫体长约 20 mm，前 3 种成虫金龟体为黑色或黑褐色，而铜绿丽金龟体背通绿色，有金属光泽。老熟幼虫体长 30～50mm，体肥大，体形弯曲呈 C 形，多为白色，少数为黄白色。头部褐色，上颚显著，腹部肿胀。体壁较柔软多皱，体表疏生细毛。头大而圆，多为黄褐色，生有左右对称的刚毛，刚毛数量的多少常为分种的特征。如华北大黑鳃金龟的幼虫为 3 对，丽金龟幼虫为 5～6 对。蛴螬具胸足 3 对，一般后足较长。腹部 10 节，第 10 节称为臀节，臀节上生有刺毛，其数目的多少和排列方式也是分种的重要特征。

3. 生活习性　成虫即金龟子，晚上出土活动，飞翔、交配、取食等，但活动力不强。成虫对光有趋性，因此生产上防治可用黑光灯。蛴螬有假死性和负趋光性，并对未腐熟的粪肥有趋性。蛴螬始终在地下活动，与土壤温湿度关系密切，最适含水量为 20% 左右，土壤含水量低至 5% 以下时，幼虫下潜，地温较高时则在 1~5cm 深的土层中分布，如当 10cm 土温达 5℃ 时蛴螬上升土表，13~18℃ 时活动最盛，但达到 23℃ 以上时则往深土中移动，至秋季土温下降到其活动适宜范围时，又会移向土壤上层活动。蛴螬对苗圃、幼苗及其他作物的危害以春、秋两季最重。土壤潮湿时活动加强，尤其是连续阴雨天气，春、秋季在表土层活动，夏季多在清晨和夜间到表土层活动。地势平坦、保水力强、土质疏松的田块，虫量多，危害重。

4. 发生规律　蛴螬每年发生代数因种、因地而异。华北大黑鳃金龟多为 2 年 1 代，以成虫或幼虫越冬，其他种或每年 1 代（如丽金龟等），也有 4 年发生 1 代（如小云斑鳃金龟等），幼虫越冬。成虫交配后 10~15d 产卵，产在松软湿润的土壤内，以水浇地最多，每头雌虫可产卵 100 粒左右。幼虫主要在春季、夏初以及秋季危害。幼虫或成虫冬季在 30cm 左右深处生活，春暖季节上升到土表层，在种子萌发或幼苗生长季节危害严重。蛴螬喜欢生活在中性或微酸性土壤中，因此，生荒地厩肥施用较多，有利于蛴螬的发生。

5. 综合防治　蛴螬的防治采用综合防控措施，同时关注成虫和幼虫的防治。

（1）农业防治　合理调整作物布局，进行轮作，可有效减轻危害；适时灌水，可将幼龄蛴螬直接溺死，成虫被淹后，会浮出水面，便于捕杀；施用腐熟的农家肥料；清理田间地头的杂草，精耕细作，深翻细耙，可杀死大部分蛴螬，还可阻碍其潜伏越冬，且对天敌活动有利，随犁拾虫效果更好。

（2）物理防治　利用某些金龟子对光的趋性，合理布置黑光灯、频振式杀虫灯等，诱杀成虫能明显降低田间蛴螬数量；也可在傍晚利用成虫的假死性，进行人工捕杀，将成虫消灭在产卵前，降低虫口数量。

（3）药剂防治　可于甘蓝移栽时，每 667m² 采用 2% 高效氯氰菊酯颗粒剂按照 2 500~3 500g 用量，拌毒土进行均匀沟施或穴施、覆土，在大田生长期可在行侧开沟穴施再覆土；也可于甘蓝移栽前，每 667m² 采用 2% 噻虫·氟氯氰颗粒剂 700~1 000g 均匀撒施于种植沟内，然后覆土，施药后应保持一定的土壤湿度以有利于有效成分的释放和均匀分布。尽可能组织开展统防统治，提高防治效果。

◆ 主要参考文献

边海霞，穆常青，郭晓军，等，2011.6 种杀虫剂对 Q 型烟粉虱的田间防治效果及抗性测定 [J]. 植物保护，37（5）：201-205.

曹利军，宫亚军，朱亮，等，2014. 豌豆彩潜蝇幼期各虫态的形态学研究 [J]. 昆虫学报，57（5）：594-600.

常慧，江雅琴，陈滢冲，等，2023.7 种杀虫剂对 4 种鳞翅目害虫的室内活性及田间药效 [J]. 农药学学报，25（4）：878-886.

封云涛，李光玉，郭晓君，等，2015. 两种表面活性助剂在农药减量化防治小菜蛾中的应用 [J]. 农药学学报，17（5）：603-609.

高泽正，吴伟坚，崔志新，等，2005. 环境因素对黄曲条跳甲种群扩散的影响 [J]. 应用生态学报（6）：1082-1085.

郭予元，吴孔明，陈万权，等，2015. 中国农作物病虫害（第 3 版）：中册 [M]. 北京：中国农业出版社.

侯有明，庞雄飞，梁广文，2001. 局部施用斯氏线虫对黄曲条跳甲的控制效应 [J]. 植物保护学报（2）：

151-156.

黄翠虹，游秀峰，王珏，等，2015. 菜粉蝶对十字花科植物挥发物的触角电位反应及引诱剂配方的大田诱捕试验 [J]. 环境昆虫学报，37（6）：1219-1226.

李慎磊，邓伟林，谷小红，等，2019. 黄板诱杀黄曲条跳甲的关键技术研究 [J]. 环境昆虫学报，41（2）：427-431.

全国小地老虎科研协作组，1990. 小地老虎越冬与迁飞规律的研究 [J]. 植物保护学报（4）：337-342.

谭永安，柏立新，肖留斌，等，2011. 苘麻对甘蓝田烟粉虱诱集效果及药剂防治评价 [J]. 环境昆虫学报，33（1）：46-51.

汪怡蓉，焦晓国，常晓丽，等，2019. 携带 TYLCV 的 B 型和 Q 型烟粉虱对非传毒寄主的选择差异 [J]. 植物保护学报，46（3）：705-706.

王丽，仪登霞，杨丽梅，等，2014. 转 Bt 基因早熟春甘蓝抗虫材料的获得 [J]. 中国蔬菜（10）：12-17.

吴青君，朱国仁，徐宝云，等，2011. 小菜蛾在春茬甘蓝上的分布及其防治研究 [J]. 植物保护，37（2）：162-166.

张晓曼，王甦，罗晨，等，2014. B 型烟粉虱在甘蓝上的产卵行为观察 [J]. 环境昆虫学报，36（6）：1059-1064.

张赞，彭莉舒，李坤，等，2021. 斜纹夜蛾四龄幼虫暴食相关基因的鉴定和通路分析 [J]. 植物保护学报，48（6）：1281-1290.

钟裕俊，潘立婷，杜素洁，等，2021. 北京地区豌豆彩潜蝇的寄主植物及发生动态 [J]. 植物保护，47（3）：232-236.

Chu D，Zhang Y J，Brown J K，et al.，2006. The Introduction of the exotic Q biotype of *Bemisia tabaci* from the mediterranean region into China on ornamental crops [J]. The Florida Entomologist，89（2）：168-174.

Pan H，Chu D，Ge D，et al.，2011. Further spread of and domination by *Bemisia tabaci*（Hemiptera：Aleyrodidae）biotype Q on field crops in China [J]. Journal of Economic Entomology，104（3）：978-985.

Wang S，Zhang Y，Yang X，et al.，2017. Resistance monitoring for eight insecticides on the sweetpotato whitefly（Hemiptera：Aleyrodidae）in China [J]. Journal of Economic Entomology，110（2）：660-666.

Yang X，Wei X，Yang J，et al.，2021. Epitranscriptomic regulation of insecticide resistance [J]. Science Advances，7（19）：eabe5903.

Zuo Y，Shi Y，Zhang F，et al.，2021. Genome mapping coupled with CRISPR gene editing reveals a P450 gene confers avermectin resistance in the beet armyworm [J]. PLoS Genetics，17（7）：e1009680.

（张友军　王少丽　吴圣勇　李克斌）

第十六章

甘蓝的贮运与加工

.... [中 国 结 球 甘 蓝]

第一节　甘蓝的贮运

结球甘蓝属于大宗蔬菜，栽培普遍，上市量大，在"南菜北运、西菜东调"中占有很大比重。甘蓝含水量高，采收后呼吸旺盛，机械伤和病害等原因会造成甘蓝在贮运过程中的损耗巨大。适宜的贮运条件如温度、相对湿度、气体成分和病害控制等对甘蓝采后品质的保持十分重要。

一、采后生理特性

甘蓝收获之后，在贮运或销售过程中发生的腐烂、变色、失水、变味等，都是其内部生理生化发生变化的反映。通过调节采后甘蓝的生理生化活动，从而保持甘蓝的原有品质与新鲜度，是做好甘蓝采后贮运工作的基础。

（一）呼吸作用及其对甘蓝采后品质的影响

甘蓝在采收之后仍是一个活的"生命体"，在贮运过程中仍进行新陈代谢，以维持正常的生命活动。呼吸可分为有氧呼吸与无氧呼吸。有氧呼吸作为主要的呼吸方式，在氧气的作用下，将糖、有机物、淀粉等物质氧化分解成二氧化碳、水，并释放出能量。无氧呼吸一般是指在无氧条件下，通过酶的催化作用，将糖类等有机物分解为不彻底的氧化产物，同时释放少量能量的过程。对于采后甘蓝来说，呼吸作用越旺盛，生理生化进程就越快，甘蓝采后的寿命就越短。在甘蓝采后贮运过程中应抑制其呼吸作用，以维持更好的品质。

呼吸强度是衡量蔬菜呼吸作用强弱的重要指标，在一定温度下，用单位时间内单位重量的甘蓝吸收的氧气或释放的二氧化碳的量表示。呼吸强度受多方面因素影响，其中主要包括蔬菜自身因素和环境因素。在相同的温度条件下，不同种类和品种的蔬菜呼吸强度差异很大，这是由于品种特性决定的。甘蓝采后的呼吸强度非常大，在5℃环境下呼吸强度能达到 $40\sim60mg$ $(CO_2)/(kg \cdot h)$。蔬菜自身发育期与成熟度是影响呼吸强度的又一因素，蔬菜从生长期到成熟期，呼吸强度在幼苗期达到最高，并随生长发育期的增加而降低。在一定的温度下，随着温度的提高，酶的活力和呼吸强度也随之增强。温度升高会导致采后甘蓝呼吸加快，干扰内部代谢，加大营养物质的消耗。此外，大气中的氧气和二氧化碳浓度也会对甘蓝的呼吸及成熟衰老产生重要影响。因此，适当降低氧气含量，增加二氧化碳含量，可以有效地抑制甘蓝的呼吸（表 16-1）。

表 16-1　部分蔬菜的呼吸强度 $\left[mg\ (O_2)/(kg \cdot h)\right]$

分类	5℃时的呼吸速率	种类
低	5～10	洋葱、马铃薯
中等	10～20	结球甘蓝、胡萝卜、生菜、番茄
高	20～40	花椰菜、利马豆

数据来源：U.S.D.A, *AGRICULTURE HANDBOOK*（NO.66），1968。

呼吸热是指蔬菜在呼吸作用中产生的一部分能量以热的形式散发出来，它会使蔬菜贮藏环境的温度升高。贮运环境温度升高，也会导致蔬菜采后呼吸热急剧升高，进而影响甘蓝的采后品质，因而甘蓝采收之后适宜的贮藏环境对保持其品质具有重要作用（表 16-2）。

表 16-2　甘蓝在不同温度下的呼吸热 $\left[kJ/(t \cdot d)\right]$

蔬菜	0℃	5℃	15℃	20～21℃	25～26℃
甘蓝	1 045～1 463	1 797～2 842	4 305～6 019	6 437～11 370	11 286～14 755

数据来源：U.S.D.A, *AGRICULTURE HANDBOOK*（NO.66），1968。

（二）乙烯对甘蓝采后品质的影响

乙烯是植物生长发育与衰老过程中的重要调控因子。果蔬在生长和采后贮运过程中会产生乙烯，较高的乙烯含量可以引起蔬菜内部化学成分的变化，如淀粉含量下降、可溶性糖含量上升、果实硬度下降、叶绿素含量下降等。甘蓝采后的乙烯生成量是非常低的，小于 $0.1\mu L\ (C_2H_4)/(kg \cdot h)$（表 16-3）。

表 16-3　部分蔬菜的乙烯生成量 $\left[\mu L\ (C_2H_4)/(kg \cdot h)\right]$
（Kader，1992）

类型	乙烯生成量	蔬菜名称
非常低	<0.1	结球甘蓝、菠菜、芹菜、胡萝卜、洋葱、甜玉米、花椰菜
低	0.1～1.0	黄瓜、青花菜、茄子、黄秋葵、甜椒、马铃薯
中等	1.0～10.0	番茄、甜瓜

乙烯积累到一定浓度也会促进甘蓝的品质下降，叶子变黄甚至引起腐烂。在 1℃环境下，用 10～100mg/m³ 的乙烯处理，5 周后甘蓝叶子变黄（中国农业科学院蔬菜花卉研究所，2009）。因此甘蓝采后贮藏过程中，应尽量控制乙烯的浓度，防止乙烯浓度过高引起甘蓝的衰老和品质下降。目前主要是通过抑制乙烯产生或者抑制乙烯作用来延缓蔬菜的衰老，增加蔬菜采后寿命，生产上一般利用 1-MCP（1-甲基环丙烯）、AVG（氨基乙氧基甘氨酸）和 AOA（氨基氧乙酸）等抑制剂来抑制乙烯的生成，或用乙烯脱除膜、臭氧处理、二氧化钛脱除处理等除去环境中的乙烯，从而提高蔬菜的商品价值。

（三）蒸腾失水对甘蓝采后品质的影响

蒸腾作用是指蔬菜表面水分以水蒸气的状态散失到大气中的过程。甘蓝组织中的含水量在90%以上，采收后容易因蒸腾作用导致失水萎蔫，引起甘蓝失鲜，影响甘蓝的口感、脆度、颜色和风味，还会引起甘蓝的异常生理代谢、水解过程加强、细胞膨压下降以及机械结构特性发生改变，进一步影响甘蓝的耐贮性和抗病性，造成损耗，导致经济损失。

影响采后甘蓝蒸腾失水的因素主要包括自身因素和环境因素。

自身因素主要有表面积比、品种、成熟度和机械损伤程度等。表面积比是指蔬菜的表面积与其重量或体积的比值，当比值高时，其蒸发失水较多，更容易萎蔫。不同种类和成熟度的蔬菜由于内部结构不同，失水快慢不同，而甘蓝作为叶菜类蔬菜，采后极易发生蒸腾失水。甘蓝不同品种的蒸腾作用差异较大，耐失水性也不同。一般用于贮藏的晚熟和叶球外层坚韧有蜡质的品种耐失水性较好。蔬菜受机械损伤也会加速产品失水，因此甘蓝在采收和采后处理时要尽量避免机械伤。

温度、风速、空气中的水分是主要的环境因素。当气温较高时，大气中的饱和湿度较高，甘蓝的失水率也较高；反之，在一定的湿度条件下，当气温降低时，就会出现结露现象，导致甘蓝发生腐烂。风速使空气中的湿度发生变化，会增加蔬菜的失水，在贮藏过程中减少甘蓝周围的空气流动，可以减少甘蓝的失水。空气中的含水量是影响甘蓝失水的重要因素，在较低湿度条件下，甘蓝很容易发生失水现象，而在湿度较高条件下，甘蓝失水则会减轻（表16-4）。

表16-4 部分蔬菜贮运期间适宜的相对湿度

（王文生，2007）

相对湿度	蔬菜
90%～95%	甘蓝、菠菜、芹菜、胡萝卜、大白菜、甜玉米、花椰菜、青花菜
85%～90%	黄瓜、马铃薯、茄子
75%左右	冬瓜、西瓜、南瓜、洋葱、大蒜

（四）采前因素对甘蓝采后品质的影响

影响甘蓝采后品质的采前因素主要有甘蓝生长环境条件和所采用的农业技术措施等。温度影响甘蓝的生理生化特性，温度高时蔬菜生长快，产品组织柔嫩，可溶性固形物含量低。甘蓝的耐贮性很大程度上取决于生长时的温度和降水量，低温下（10℃）生长的甘蓝较耐贮藏。光照强度也能影响蔬菜的品质和耐贮性，在不同的光照条件下，甘蓝的含糖量有很大的差异。若在整个生长过程中，阴天多，日照时间少，日照强度弱，甘蓝的产量及干物质含量也会降低，耐贮性也较差。山地或高原地区生长的蔬菜所含糖、色素、维生素C等含量都比平原生长的要高，在高原生长的甘蓝，抗坏血酸氧化酶和过氧化氢酶活性都增加，有利于贮藏（中国农业科学院蔬菜花卉研究所，2009）。

此外，甘蓝的采后品质还受生长期间施肥量、灌溉量、田间病虫害的影响。甘蓝生长迅速，生育期较短，在施肥时要注意增加有机肥，并合理使用肥料，才能有优良品质，并耐贮运。甘蓝在采前7～10d应停止浇水,过分灌水会加重甘蓝贮藏过程中黑腐病和软腐病等病害的发生。病虫害是影响甘蓝采后品质的主要因素之一,而甘蓝在贮藏过程中的病害可分为两类,一类是由于不良环境导致的生理性病害,另一类是由微生物引起的病害,因此要选择适宜的自然条件和农业技术措施来减少甘蓝病虫害的发生。

二、采收与包装

甘蓝采收是甘蓝生产的最后一环,又是采后的最初一环,甘蓝采收的成熟度以及采收方法都直接影响后续的贮运和加工。甘蓝包装是实现采后商品化的重要措施,也为规范市场商品的经营、市场准入提供了指导。做好甘蓝的采收和包装,对实现甘蓝优质优价与高效流通,都有着十分重要的意义。

(一) 采收要求

1. 采收成熟度的确定　甘蓝的采收期因品种、栽培地区、栽培季节而异,需适时采收。如华东地区安徽省《结球甘蓝生产技术规程》(DB34/T 710—2019)中规定,春甘蓝12月底至翌年1月初播种,2月底至3月初定植,4～6月采收。夏甘蓝3月底至5月播种,4月底至6月定植,7～9月采收。秋冬甘蓝6月底至8月初播种,8～9月定植,10月至翌年3月采收。也可根据甘蓝的生长情况及市场需要适时采收。华中地区湖北省《地理标志产品　火烧坪包儿菜》(DB42/T 1377—2018)规定,结球甘蓝3月至7月上旬播种,4月至8月上旬定植,定植后80～90d收获,收获期为7～11月,采收标准为手捏有紧实感,叶球呈扁平状。华北地区内蒙古自治区《冷凉地区露地结球甘蓝栽培技术规程》(DB15/T 1495—2018)规定,甘蓝达到商品成熟即可采收。北方地区用于贮藏的甘蓝应大小均匀,质地均匀,无裂球,无老叶、黄叶,无烧心,无焦边,无抽薹,无机械损伤,一般在霜降前后采收,或在立冬到小雪期间采收。当甘蓝贮量较大时,可适当提前采收,提前入窖,采用人工降温的办法降低窖温,以减轻集中采收贮藏的压力。适时采收非常重要,早熟品种成熟后仍留在田间会加剧抽薹、脱帮及腐烂现象发生。贮藏用的甘蓝过早采收,将影响产量;过晚采收,容易造成田间冻害。

2. 采收方法　甘蓝的采收方法分为人工采收和机械采收。甘蓝采收前7～10d要停止浇水。一般早熟品种,为了提早上市,在叶球长到一定大小时就可进行阶段性收获。而中、晚熟品种则要等到叶球完全成熟、叶球大小整齐、外观一致再进行采收。

人工采收是甘蓝的主要采收方法。采收时可在3～4cm长的根上砍断,选择无虫蛀、无烂根、无病叶、不开裂的叶球,保留2～3片外叶,尽量避免机械损伤,装筐放置凉棚下待贮。采收时间应选择在外温较低的清晨或傍晚。甘蓝质量要求可参考行业标准《结球甘蓝》(NY/T 583—2002)。

机械采收是指利用机械对蔬菜的食用部分进行采收,并进行清理、装运等(图16-1)。视成熟度和市场需求,适时采收。机械采收省时省力,适用于甘蓝的一次性、大规模采收(图16-2)。

甘蓝采收时还需注意修整,即对甘蓝的净菜过程,将不能食用的叶、泥土和其他不符合商品质量要求的部分去掉。甘蓝的修整过程最好与采收同时进行,一方面可以减少甘蓝

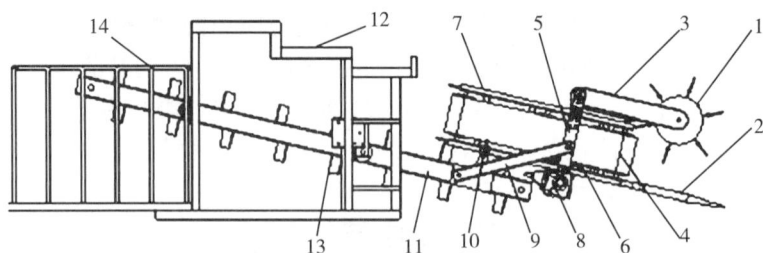

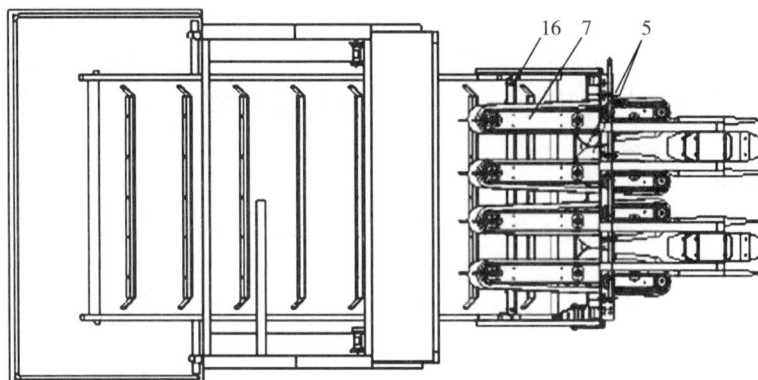

主视图

俯视图

图 16-1 甘蓝收获机结构示意图（姚森，2020）

1. 拨禾轮 2. 拨取机构 3. 拨禾轮传动罩壳 4. 夹带式输送机构 5. 双圆盘切根机构

6. 割台机架 7. 夹取式输送带安装架 8. 变速器 9. 割台连接板 10. 割台安装架

11. 平台式输送带 12. 平台式输送带挡板 13. 底盘机架 14. 料箱

图 16-2 甘蓝机械化采收（吴瑞华提供）

再修整对菜体的机械损伤，还可以直接进入下一道工序，提高效率。

3. 分级标准　生产上甘蓝一般按照质量标准要求多次采收，若一次性全田采收，则采收后应按大、中、小三个级别进行分类，将不合格的甘蓝剔除。对同一品种，制订一个统一的标准，种植户按照统一标准进行采收和把不同大小的甘蓝分为大、中、小三个等级（具体规格可以根据品种特点灵活调整）。总体原则是：大小统一，分级放置。中甘 11 一般分级标准见表 16-5。

表 16-5　甘蓝分级标准（品种：中甘 11）

规格	大（L）	中（M）	小（S）
球茎	20cm 以上	15～20cm	15cm 以下

（二）包装

蔬菜包装是一种可以防止蔬菜受到机械损伤、保持蔬菜品质、方便蔬菜搬运、保证安全贮藏和减少贮运损失的重要措施，也是实现蔬菜商品化的重要体现。包装容器主要起到容纳和保护蔬菜的作用。包装材料必须清洁无污染、没有异味、美观轻便、价格低廉、取材方便以及便于循环利用等。

蔬菜的包装分为外包装与内包装。外包装的主要作用是将同级产品包装在一起，为蔬菜装卸、运输提供保护，为流通搬运提供便利，同时为市场交易提供规格单位；内包装的主要作用是创造和维持蔬菜适宜保鲜的湿度和气体条件，同时也能够防止病虫害蔓延，减少消费者选购时带来的污染。

1. 外包装　外包装要适宜搬运，防止机械损伤。甘蓝常用外包装主要有以下几种：泡沫箱、纸箱、网袋、周转筐、塑料袋等。国外蔬菜外包装较多使用纸箱，日本要求纸箱的耐压强度要大于 300kgf。外包装容器的设计，要充分考虑到甘蓝的特性，对于包装后进行预冷的甘蓝，包装箱要设置通风孔，使其具有足够的通风区域，以确保预冷的效果；包装容器的设计不能太高，可在包装容器中添加支撑物（瓦楞纸等）和填充物（泡沫塑料等）；为了避免甘蓝的水分流失，在包装箱内侧应该设置一个防水层，或在包装容器内加上一层塑料膜，可避免甘蓝水分流失。当气温较高时，应加强包装容器内的空气流通，如在薄膜上扎洞，既能保水又能透气。

甘蓝采收后可直接放入外包装箱，如纸箱、塑料筐等，可显著减少机械损伤，待运到销售地进行销售之前再进行小包装。在对甘蓝进行外包装时，应将同样规格的甘蓝放在同一个外包装容器内，且包装容器（如塑料箱、纸箱等）应与甘蓝叶球的大小相匹配，规格大小基本相同，整洁干燥、牢固透气，无污染、无异味，内壁无尖锐物，无虫蛀、霉变等，纸箱没有受潮、离层现象。甘蓝在箱内要码放整齐，避免相互碰撞，又要注意甘蓝的通风透气，充分利用包装箱的空间。在采收旺季，运输量大，常用大网袋包装、常温运输；在生产淡季价格较高时，单个甘蓝可用网套包装后在放入箱或筐内运输（图 16-3）。甘蓝在进行包装和装卸时，要轻拿轻放，避免机械损伤。

2. 内包装　内包装一般使用 0.01～0.03mm 厚的塑料薄膜或塑料薄膜袋、包装纸、塑料托盘外包塑料薄膜、泡沫网套和塑料薄膜贴菜包装等。常用的薄膜材料是低密度聚乙

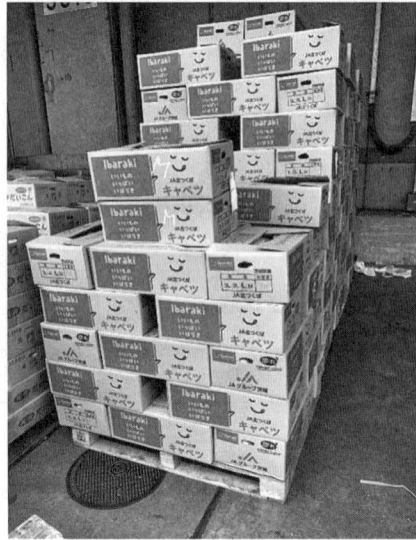

图 16-3　甘蓝网袋和纸箱包装

烯（LDPE）和聚氯乙烯（PVC）。

　　用塑料薄膜或塑料薄膜袋等将蔬菜包裹起来的方式，能够起到蔬菜与外界空气隔离，有抑制微生物生长繁殖、减缓蔬菜新陈代谢速度的作用，还可以保持水分。包装上贴上带有产地、价格、包装日期等信息，方便消费者的选购，这是我国超市货架目前采用的最普遍的方式。

　　网套包装也是零售时常采用的一种包装方式，其主要作用是防止运输过程中的蔬菜碰撞、挤压和其他机械损伤。塑料发泡网套轻，不会因为使用网套而增加蔬菜运输时的重量；弹性好，能减压、防震、抗冲击，有效防止蔬菜运输过程中的碰撞、挤压和其他机械损伤；色彩好，可调节包装与蔬菜的色泽对比，提高人们的购买欲望。常用的发泡网套主要是在聚乙烯中加入聚丁二烯等发泡剂经挤出发泡成网而制成。

　　甘蓝在货架上多裸露销售或采用单个紧缩膜包装、单个泡沫网套包装、单个泡沫网套外包紧缩膜包装销售（图 16-4）。甘蓝内包装要注意包装材料的透气性，包装内蔬菜透气不良，常会造成无氧呼吸，促使加快腐败。解决方法是使用透气性能好的薄膜，或在包装薄膜上扎洞。

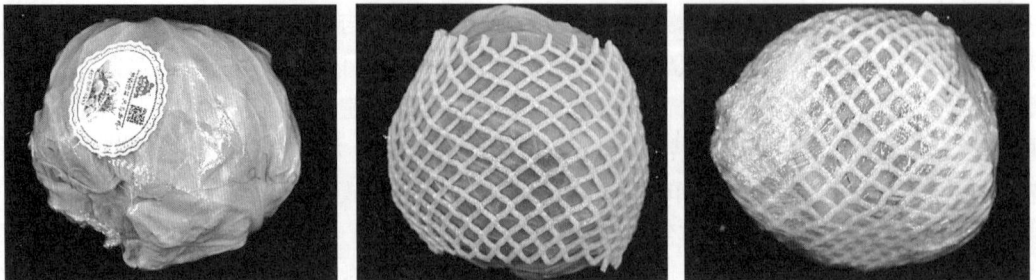

图 16-4　甘蓝货架泡沫网套与紧缩膜包装

三、预　　冷

预冷是将新鲜采收的蔬菜在运输和贮藏前快速去除田间热，使其冷却到预定温度的过程。在蔬菜收获以后，尤其是在高温下采收的蔬菜，通常都会携带大量的田间热，再加上采收作业对蔬菜造成机械伤，使得蔬菜的呼吸作用变得更加强烈，从而释放出大量呼吸热，这对于蔬菜采后品质的维持非常不利（付艳武等，2015）。因此，对采收后的蔬菜进行预冷是十分必要的。

甘蓝预冷方式主要有冷风预冷、流态冰预冷、真空预冷、水预冷和自然降温预冷。冷风预冷指的是在预冷库中利用低温冷风对蔬菜进行预冷作业。根据预冷库通风量和通风方式的差异，冷风预冷可分为两种：冷库预冷和差压预冷（强制通风预冷），其不受季节和地域的限制。流态冰预冷是一种新型的甘蓝运输过程中的预冷方式，适用于"南菜北运"冷链流通运输过程。真空预冷是将蔬菜置于密闭容器中，通过抽除蔬菜周围空气使水分蒸发，降低蔬菜温度的方法。水预冷是指用冷水作为冷却媒介与蔬菜充分接触进行对流换热，将蔬菜田间热带走，降低蔬菜温度的冷却方法。自然降温预冷是以自然冷源为冷却媒介对蔬菜进行预冷，但通常无法使蔬菜达到合适的冷却温度。在没有较好的预冷条件时，自然降温预冷仍然是目前国内蔬菜生产中常用的一种方式。

（一）冷库预冷

冷库预冷是一种将蔬菜放入冷库中进行冷却的简单预冷方法，在制冷量大及空气以1~2m/s的流速于库房或容器间循环时，具有较好的制冷效果。将蔬菜置于冷库或冷室中，冷风吹向蔬菜或包装容器周围，在蔬菜或包装容器周围形成自然对流循环，把蔬菜携带的田间热排出，从而实现对蔬菜的降温（图16-5）。这种冷却方式与通常的冷藏方式无本质区别，其优点是设施造价较低，可用于各种蔬菜冷却，但通常只有需长期贮藏的蔬菜会获得较好的经济性和冷却效果。这种冷却方式的缺点是空气不易进入到蔬菜内部，致使冷却速度缓慢，而且蔬菜冷却不均匀。蔬菜码垛时风道的设置和包装箱上留孔的多少对冷却速度有较大影响，通常可以通过改善室内空气流动状态和气流速率来加速蔬菜的冷却速度。

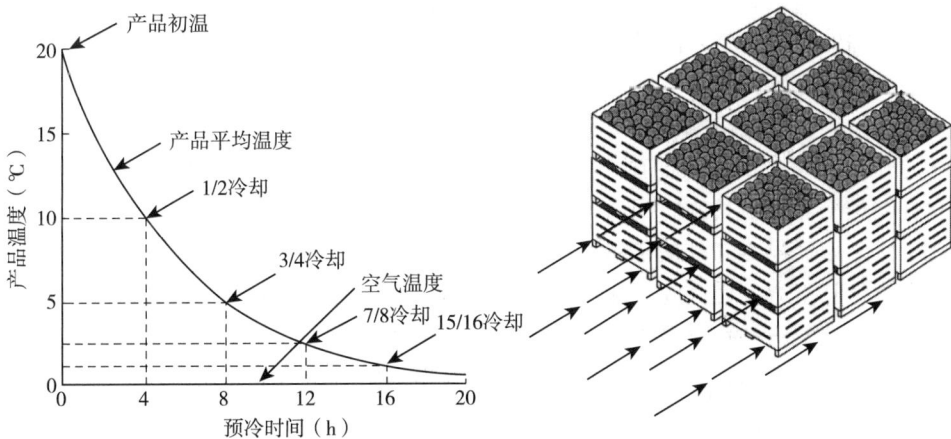

图 16-5　预冷曲线与冷库预冷（Kader，1992）

甘蓝运输到配送中心称重后，直接进入 0℃左右、相对湿度在 90％以上的预冷库预冷 24～36h。当日销售可不进行预冷处理，次日销售可进行预冷处理。将包装箱沿冷库冷风流堆放成排，包装箱之间留 5cm 间距，各排包装箱间隔 20cm，包装箱离墙约 30cm 作为风道。包装箱的堆放高度取决于冷库的高度，但不能高于吊顶风机底部高度（图 16-6）。

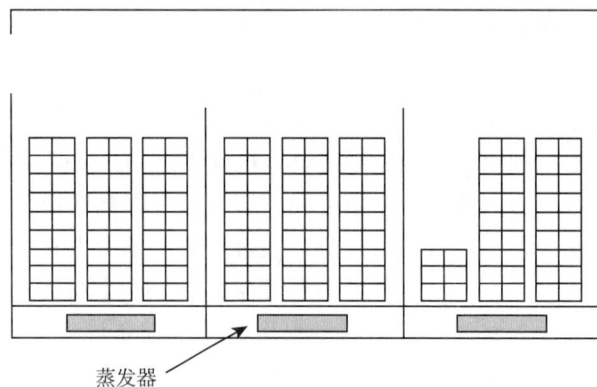

图 16-6　冷库的俯视图（Kader，1992）

（二）差压预冷

差压预冷也称为强制气流冷却，与普通通风冷却不同，盛装果蔬的包装箱或袋子要能抵挡气流的通过（例如可以用纸箱），需要在盛装箱（袋）上有规则地打孔，盛装箱（袋）按特定方式码放，与送风装置共同形成特定的气流通道，也就是使盛装箱（袋）相对的两侧形成气差压。与普通通风方式相比，差压预冷的优势在于降温速率较快，仅 2～6h 即可将蔬菜从室温降至约 5℃。采用差压预冷法对蔬菜进行低温预冷，具有预冷时间短、周转速度快、降温均匀性好等优点，适合于多种蔬菜。但不足之处在于，与常规通风制冷相比，差压预冷机的一次性处理量较小，通常需要较长的堆垛时间。差压预冷却设备成本虽低于真空制冷设备，但高于普通通风制冷设备。差压预冷气流冷却方式根据气流形成方式的不同可分为隧道式、冷墙式等。

差压预冷的原理：将产品堆码在预冷室内，经过鼓风机在垛两侧造成空气差压，由制冷机产生具有一定压力的冷空气从垛两侧迅速穿过包装容器内部，对产品进行冷却，然后从垛内通道引出。强制冷风预冷对包装容器、堆垛方式及气流速度有特殊的要求，容器要有足够的开孔，垛内要留有通道。强制冷风预冷速度是普通冷库预冷的 4～10 倍，但比水预冷和真空预冷需要更长的时间。

隧道式差压通风冷却是最普遍采用的方式，蔬菜箱码放在冷却装置风机的两侧，用苫布铺盖在蔬菜箱上方，使其间形成一个独立空间。当风机工作抽吸空气时，这个独立空间形成负压，迫使气流从蔬菜箱外部气孔进入并通过蔬菜流入这个负压区。冷却装置内有与制冷装置连接的蒸发器，进入冷却装置的空气经换热后变为冷空气送出，通过这种方式可以有效地将蔬菜的热量带走（图 16-7）。

冷墙式强制气流冷却是在冷却装置内部设置一承压墙，蔬菜箱倚靠冷却装置码放后，

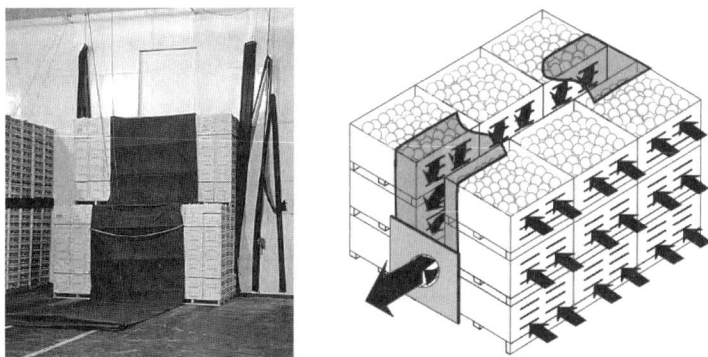

图 16-7　隧道式差压预冷设备示意图（Kader，1992）

通过保险杆将装置上的通气口打开，风机工作后在承压墙和通气口之间的区域形成负压区，装置外气流会通过蔬菜箱上的通气孔流过蔬菜后进入负压区，可将蔬菜热量不断带走（图 16-8）。冷墙式强制气流冷却方式通常适用于少量蔬菜预冷的情况，如比较适合于车载运输途中预冷。

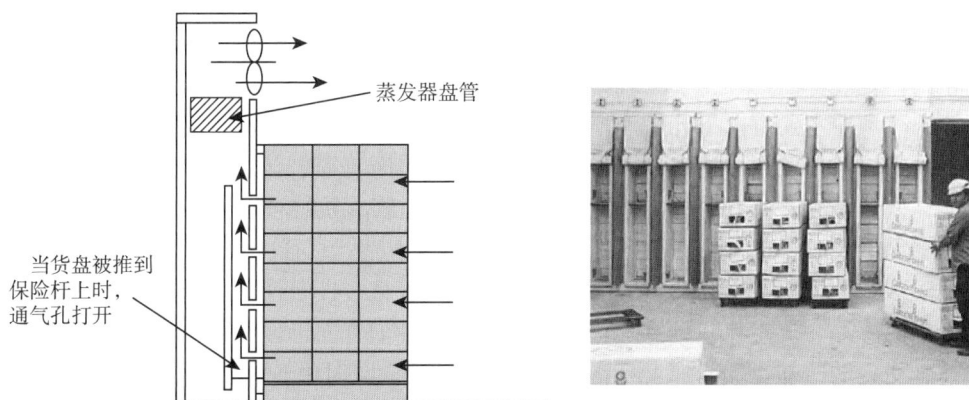

图 16-8　冷墙式差压预冷设备示意图（Kader，1992）

　　甘蓝在采用差压预冷时，预冷库温度设定为 1~2℃，相对湿度在 90% 以上。

　　在预冷之前，先将包装箱堆放在差压预冷通风口的两边，使之与进风风道成直角，每排菜箱需对齐。风道两边的菜箱需放平，若预冷的菜较少，可在两边都放一排；若预冷的菜较多，可在两边都放两排，堆码的高度要比帆布的高度低，两边高和侧面都要齐。不同的差压预冷通风装置，其一次预冷量也不同。预冷菜量大时，可以按照设备的规格码到最大量。当蔬菜码好之后，将通风设备上部帆布打开盖在菜箱上，要注意平铺，不能打折，帆布的一侧要紧贴菜箱垂直放下，避免帆布漏风（图 16-9）。

　　预冷时，打开差压预冷通风系统，码放一排的预冷时间为 3~4h，码放两排的预冷时间为 5~6h。

　　甘蓝差压预冷与冷库预冷对比见图 16-10。

图 16-9　甘蓝差压预冷设备

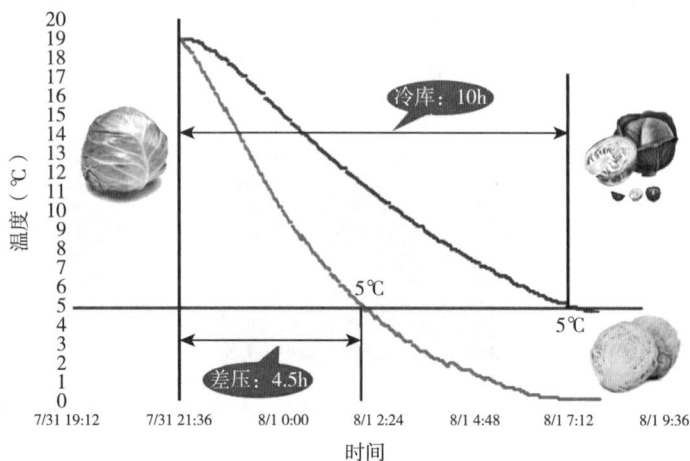

图 16-10　甘蓝差压预冷和冷库预冷对比

（三）流态冰预冷

流态冰也称流体冰，为浆状的冰水混合物，是较大规模产业化生产时常采用的一种冰冷却方式，该方式可在短时间内对大量产品进行预冷。流态冰冷却常用设备主要包括碎冰机、冰水混合槽、泵和输送软管等，用泵将碎冰和水混合的流体泵出，通过注射管口注入包装箱内。

流态冰预冷主要有以下几种形式，一是采用过冷水式冰浆蓄冷技术，以普通清水为蓄冷介质，采用板式换热器换热制取过冷水，再通过超声波辐射转化为冰浆，它的换热效率高、能耗低，蓄冷介质安全、卫生、廉价。二是通过将无机物质（例如海水）在一定温度下由水结晶析出，形成微细、光滑、无棱角的球形冰晶（直径一般为 0.2～0.8mm）。三是将不溶于水的低温冷媒介通过喷嘴喷入水槽，与水直接接触换热，水被冷却到冻结点温度以下形成冰晶。流态冰在预冷过程中，冰晶会从各个方向迅速将蔬菜包裹起来，从而实现快速、均匀的冷却，预冷速度是常规冰的 3～5 倍；同时由于冰晶特殊的结构特征，使其填充到蔬菜时避免蔬菜受到机械损伤。利用流态冰进行低温预冷，可快速有效地消除蔬菜田间热，达到保质保鲜和延长蔬菜贮藏期的目的。

对于产地加工是否采用冰冷却方法对蔬菜进行冷却，视当地获取冰的难易程度而定，如果需要配备制冰机、碎冰机和注冰机等设备才能完成冰制冷过程，其投资费用需进行核算，与其他方式比较其经济性。另外，由于需要大量的冰，会增加运输产品的总重量；产品需要防水包装，并且存在一定的贮藏安全隐患等。

将甘蓝采收后放置于底部打孔的容器内摆好，然后将流态冰通过出冰枪注入容器内，流态冰的含冰量在 45%～50%，注入容器内的流态冰会自行流入甘蓝间的缝隙中，全方位迅速将甘蓝包裹，使甘蓝外观像个冰球一样，这样可促进甘蓝快速均匀地降温，并且可保持运输过程中甘蓝的环境温度，使其适宜远途运输（图 16-11，图 16-12）。

（四）真空预冷

真空冷却是指将蔬菜放在密闭容器中，通过抽除蔬菜周围空气，蔬菜表面的水分因真空负压蒸发从而达到降温的目的。根据不同的蔬菜种类、品种，真空预冷的降温速度有较

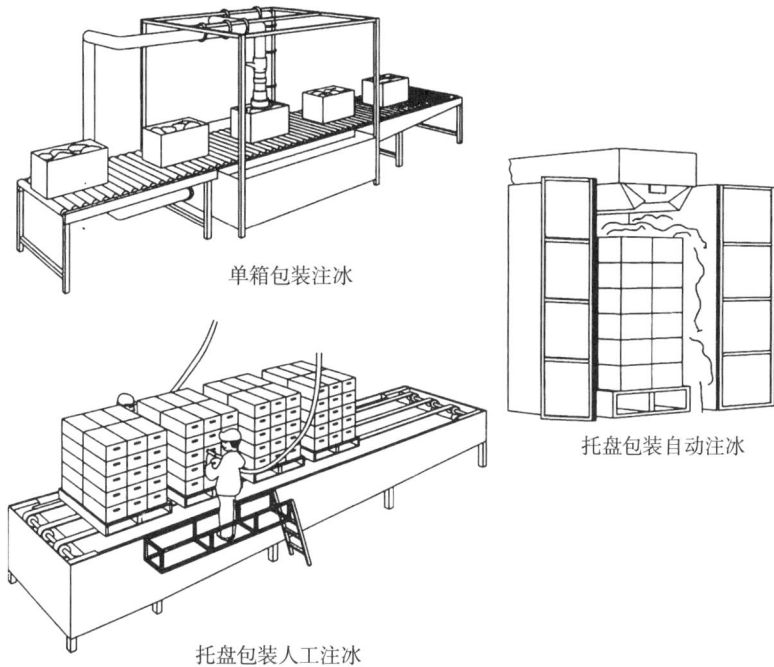

单箱包装注冰

托盘包装自动注冰

托盘包装人工注冰

图 16-11　流态冰预冷设备（王莉，2012）

图 16-12　甘蓝流态冰预冷（Kader，1992）

大的差异，在减压条件下，水分蒸发越容易的蔬菜降温速度越快，表面积大的叶菜降温速度最快。真空冷却需要透气包装，一般透气包装箱的空隙对冷却时间几乎没有影响，但用完全封闭容器包装的蔬菜，几乎不能冷却。

真空冷却机组主要由耐压容器、制冷系统和抽真空系统组成。制冷系统包括压缩机、冷凝器和蒸发冷却盘管等；抽真空系统主要包括真空泵和抽真空管路；耐压容器可以是各种形式的密闭舱。待冷却蔬菜送入耐压容器后，关闭舱门，开启真空泵抽真空，一般情况下舱内压力到 80kPa 时启动制冷系统（图 16-13）。制冷系统冷却盘管的作用不是直接用于冷却蔬菜，而是将舱内的水蒸气凝结并通过集水盘收集起来，保证蔬菜持续冷却，达到目标温度。

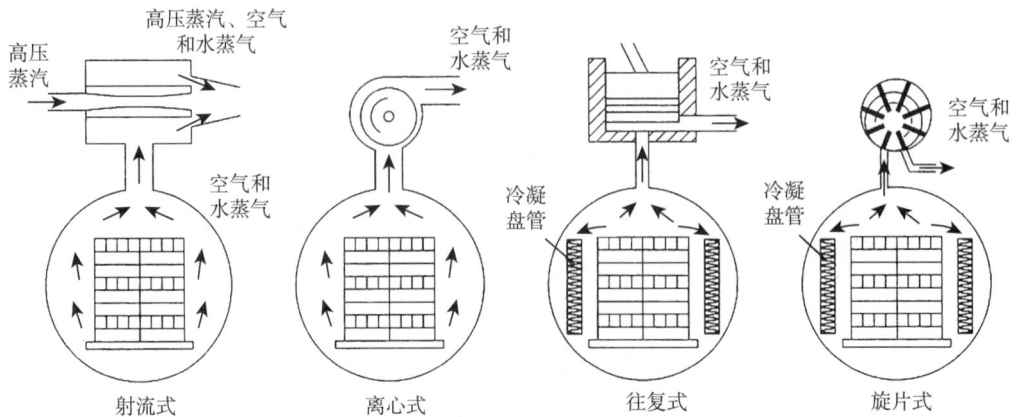

高压蒸汽　高压蒸汽、空气和水蒸气　空气和水蒸气　　空气和水蒸气　　冷凝盘管　　空气和水蒸气　　冷凝盘管　　空气和水蒸气

空气和水蒸气

射流式　　　　　　离心式　　　　　　往复式　　　　　　旋片式

图 16-13　冷却系统抽真空原理图（Ashrae, 2010）

甘蓝的不同预冷方式及效果见表 16-6。

表 16-6　甘蓝的不同预冷方式及效果

（中国农业科学院蔬菜花卉研究所，2009）

蔬菜	冷库预冷		差压预冷		真空预冷
	冷库温度（℃）	预冷时间（h）	冷库温度（℃）	预冷时间（h）	预冷时间（min）
甘蓝	1～2	1～2	1～2	4～6	15～20

　　将甘蓝放置在真空舱中对其进行真空预冷，将真空舱门关闭，启动真空预冷机，并对其进行温度和压力数据采集。当真空舱体压力达到预设终压时，泄压阀协同真空泵一起将真空舱体内的压力维持在恒定状态，直至达到预设预冷温度（为了防止冻害，以示数最低的热电偶温度为准）时，预冷结束，其中心温度与表面温度之差就是预冷温差（图 16-14）。

图 16-14　真空冷却机组（Kader, 1992）

（五）水预冷

　　水预冷是一种把蔬菜浸泡在冷水中或在其表面喷洒冷水从而降低温度的方法。冷却水的水温在不使蔬菜受到伤害的前提下要尽量低，一般在 1℃ 左右，冷却时间在 20～45min 内，能将 25～30℃ 的蔬菜体温降至 4℃ 上下。为节约能源和水源，冷却器中的水一般是循环使用的，通常使用次氯酸盐等化学试剂对冷却水进行消毒，以减少病原微生物的交叉感染。水的换热系数大于空气的换热系数，冷水预冷比冷风预冷速度更快，需时更短、更均匀，在相同的气流流速和温度差下比冷风预冷的冷却速度快 15 倍，并且这种预冷方式对根菜类蔬菜具有清洗功能。冷水预冷通常以冰或制冷机组作为冷水的预冷源。冷水预冷按

照水与蔬菜的接触方式可以分为喷淋式和浸没式两种。

　　连续喷淋式水冷却是通过传送带将蔬菜连续送入喷水区域，与水进行热交换带走果蔬的热量。用喷淋式水冷却设备对甘蓝进行预冷时，将包装好的甘蓝堆放在传送带上，利用冷水槽向甘蓝喷洒冷水，进而使甘蓝降温（图 16 - 15）。用浸没式水冷却设备对甘蓝进行预冷时，将甘蓝装入网袋、塑料箱、泡沫箱中，浸入流动的冷水中进行冷却（图 16 - 16）。冷却槽中的水经水循环系统和制冷系统使其不断循环和冷却，保持在设定的温度。以上预冷方式要按照甘蓝所需预冷时间，确定甘蓝与冷却水的接触时间。

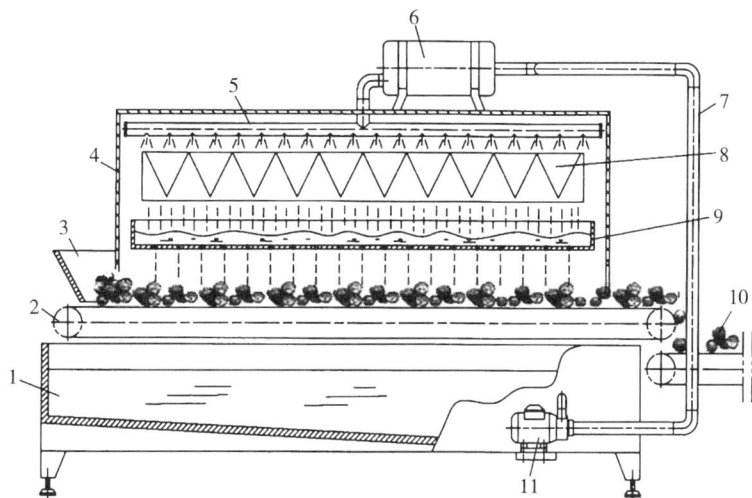

图 16 - 15　连续喷淋式水冷却设备及工作原理示意（王莉，2012）

1. 水槽　2. 输送装置　3. 进料口　4. 箱体　5. 喷水管　6. 贮水箱　7. 供水管
8. 换热器　9. 分流盘　10. 果蔬　11. 水泵

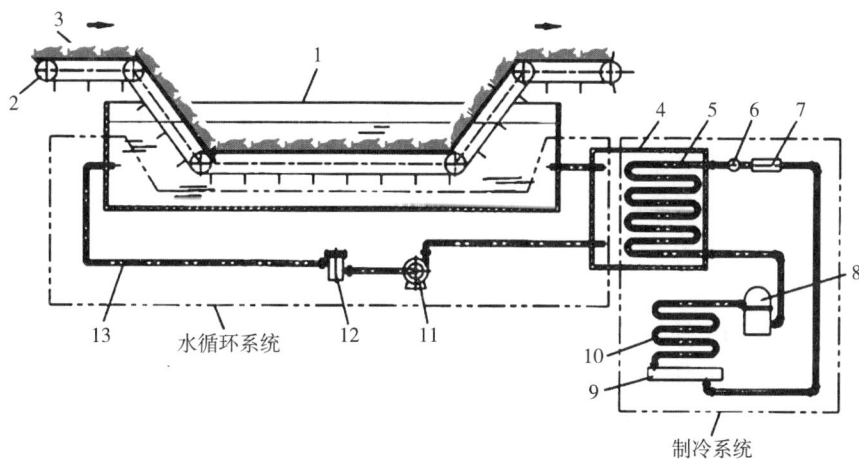

图 16 - 16　连续浸没式水冷却设备及工作原理示意（王莉，2012）

1. 冷却槽　2. 传送带　3. 果蔬　4. 冷却蓄水槽　5. 蒸发器　6. 膨胀阀　7. 干燥器　8. 压缩机
9. 储水器　10. 冷凝器　11. 水泵　12. 过滤器　13. 水管

半冷时间是指蔬菜的温度下降到蔬菜初始温度与冷却媒介温度之差的一半时所需要的时间（表16-7），是蔬菜水冷却时间的一个估算方法。

表 16-7　甘蓝水预冷的半冷时间

(Ashrae，2010)

蔬菜	容器	半冷时间（min）
	完全暴露	69
甘蓝	硬纸箱（开盖）	81
	混乱堆放（4层）	81

（六）自然降温

自然降温是把采摘后的甘蓝放置在阴凉通风的地方让其进行自然散热，从而达到降温的目的。此法操作简便，无需设备，在条件简陋的地方就能完成。然而由于低温条件的限制，自然降温无法满足甘蓝在低温条件下的贮藏要求，且冷却时间过长，效果不佳。在我国北方地区，甘蓝贮藏多采用这种预冷方式。降温结束后，若无法立即销售，可在冷库里暂存至销售。贮藏温度为0～1℃、相对湿度为95％以上。

四、运　　输

蔬菜产品运输是连接产地和市场，实现生产最终价值的重要环节。蔬菜产品流通是指蔬菜由生产产地到消费者手中的整个流通过程。只有通过运输才能调剂蔬菜市场供应，互补余缺，促进蔬菜生产的发展；只有具备良好的运输设施和技术，才能保证蔬菜产品流通应有的社会和经济效益。

运输是一个动态的贮藏过程，运输时震动的程度、环境温度、湿度和空气成分等都会影响运输的效果。如前所述，蔬菜产品含水量大，采后生理活动旺盛，易破损、易腐烂。因此，为了达到理想的运输效果，确保运输安全，要求做到：快装、快运、缩短运输时间；轻装、轻卸、减少机械损伤；防热、防冻、延缓衰老，防止腐烂和低温伤害。由于甘蓝的运输量大，因此在运输过程中除了要合理地利用好包装，还要对其温度和湿度进行严格的控制，并要注意对甘蓝的保护。目前使用的包装以塑胶筐为主，方便堆放搬运，有利于提高运载量，而运输方式主要为铁路和公路。

（一）冷链运输

冷链运输主要的交通运输工具有保温车、冷藏车、加冰保温车等。

保温车的车体具有保温作用，但无机械制冷设备，在蔬菜运送过程中主要靠保温车体的保温作用阻断内外气体热量的交换，以保证蔬菜在运输过程中保持一定温度范围。此方法受环境温湿度影响较小，但由于不能调节蔬菜自身代谢和车体渗漏对车内温度的影响，因此其保温范围有限。不同蔬菜可保温运输的时间有所不同，一般夏季运输预冷以后的蔬菜，其运输距离在8h以内能够到达的，可用保温车运输；运输未预冷的蔬菜用保温车运输，需要有较好的通风条件，以调节车内的温度、湿度和气体条件。保温车运输具有投资少、造价低、能耗少和运营费用低等优点，目前在中国蔬菜运输中的应用正逐渐增加。

冷藏车具有保温和机械制冷功能，可以调节蔬菜产品运输所需的温度，为蔬菜产品运输提供最佳的温度条件，因而大大提高了蔬菜的运输质量（图 16 - 17，图 16 - 18）。冷藏车在气温低的季节也可作为保温车和加温保温车应用。一般冷藏车的制冷量是根据保证蔬菜产品运输过程制冷的要求设计的，因此产品要在产地经过预冷后再装冷藏车运输。如将不经预冷的产品用冷藏车运输，则需要较长时间才

图 16 - 17　冷藏半挂车（Kader，1992）

能将蔬菜体温降到适宜温度，会大大降低运输质量。甘蓝在低温运输中的推荐温度见表 16 - 8。

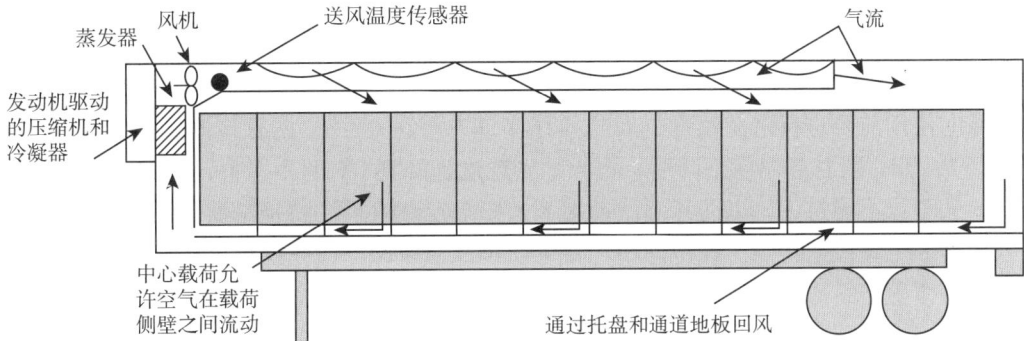

图 16 - 18　公路挂车中的制冷和气流系统（Kader，1992）

表 16 - 8　甘蓝在低温运输中推荐温度

（国际制冷学会，1974）

蔬菜	冷链运输（℃）	
	1～2d	2～3d
甘蓝	0～10	0～6

加冰保温车厢简称冰保车，它是在保温车厢的基础上增加了贮冰箱，一个车厢有 6～7 个贮冰箱。以冰箱作为冷源，保证车内温度维持在一定范围。由于冰箱的贮冰量是有限的，为保证冷源不断，在道路沿线定点设置加冰点，使车厢能在一定时间内得到冰的补充，维持较为稳定的温度。在严寒季节可用加温设备增温，以防低温伤害。

（二）常温运输

常温运输的特点是：只有运输功能，没有温度控制条件，其所运蔬菜产品受自然气温、湿度影响大。如果温度过高，就容易腐烂；如果温度过低，就易发生冻害。一般冬季运输采用加盖草席或棉被等保温，夏季运输应做到早晚运输，注意防高温和防暴雨，也可通过加冰等方法进行调节降温。此方法适宜短运程，且运输成本相对较低，但蔬菜产品损耗大。

五、贮　藏

蔬菜的贮藏是蔬菜生产的延续和补充。贮藏指的是以采后生理学原理为基础，通过对温度、湿度、气体组成等贮藏条件进行调控，来延迟蔬菜采后的后熟与衰老，从而降低蔬菜的损耗，维持品质，延长蔬菜商品的供应期。贮藏方式主要有冷库贮藏、气调库贮藏、冰温贮藏、强制通风贮藏、自然温度贮藏等。

（一）基地短期存放

当甘蓝采收后无法立即运输时，应将其贮藏在与其适宜保鲜的温度、湿度相近的环境中。夏季采收的甘蓝，有冷库的基地要放入冷库，没有冷库的基地，选择背阴冷凉的地方存放，温度不宜过高，存放时菜箱上要搭湿布或湿麻袋片降温保湿，或将塑料薄膜衬在塑料筐内，宽面的塑料薄膜要长一些盖在菜上，窄面两头开口，使菜适量通风换气。冬季采收的甘蓝，应选择较接近保鲜温度的室内存放，防止受冻，存放最适温度为−1～0℃。基地采收后存放时间最长不宜超过 2h。甘蓝适宜保鲜条件为：温度 0℃、相对湿度 95％以上。

（二）冷库贮藏

冷库使用前要进行杀菌消毒。入贮的甘蓝事先要在 0～5℃的预冷间或冷库通道处进行预冷 1～2d，待甘蓝温度下降后，再入贮到温度已降到 0℃的冷库中。入库要分批进行，一次的入贮量不能过大，以防库温波动太大，影响贮藏效果。特别是没有预冷的甘蓝，每次入库量一定要控制得当。在冷库中，将菜筐码成通风垛，或码放在菜架上，筐间适当留空隙，再覆盖塑料薄膜，或直接着地堆放成宽 50～60cm、高 70～80cm 的长方体，冷库温度保持 0～1℃，相对湿度以 95％～97％为宜，这样可贮藏 2～6 个月。另外，10～100mL/L 的乙烯就可使甘蓝脱叶和失绿，故在贮藏期间应注意通风换气。甘蓝贮藏期间易感染软腐病，可在基部切口处涂抹消石灰，有一定的预防效果。

（三）气调库贮藏

目前采用的现代化气调技术，对控制甘蓝的失水、失绿，防止抽薹、脱帮均有很显著的效果。据报道，在 3～18℃、O_2 浓度 2％～5％、CO_2 浓度 0～6％条件下，贮藏 100d 的甘蓝，外叶略黄，球心发白，未发现抽薹、腐烂等不良现象。

（四）冰温贮藏

将甘蓝分批采收，分批逐次运进冰温库堆积成垛，堆垛高度 1.6m 左右、堆垛间的通道宽度 0.6m 左右，从而保证甘蓝受冷均匀及便于冷间通风换气，将甘蓝呼吸产生的乙烯、二氧化碳等气体及时排出。甘蓝的冰点温度为−0.6℃，设定冰温带为−0.6～0℃，冰温库贮藏温度设定为−0.1℃±0.5℃。为了及时排出不利于保鲜贮藏的气体，冷间每天通风换气 2 次。当冷间温度降至 5℃时，进行第 1 次倒垛，其后每隔 15d 倒垛 1 次，将甘蓝温度降至冰温贮藏。

（五）强制通风贮藏

强制通风贮藏是在原有半地下蔬菜贮藏室的基础上，增设一套强制通风系统的贮藏技术，包括风机、风道、风道出风口、移动底板、匀风室（底板下方设计匀风室）、堆积室、出风口等。该技术能充分利用室外温度对蔬菜的温度进行调节：在室外温度低于 0℃时，以室外温度为冷源，将地窖中的热量排出，以降低地窖的温度；外界温度略高于 0℃时，可看作是热源在窖中适当蓄热；外温在 0℃时便可维持窖内适宜温度。由于气流可通过每颗菜间的间隙，便可均匀而有效地防止乙烯的积累。又因码菜均匀、密度大，甘蓝呼吸排出水汽能使窖内的相对湿度保持在 95% 左右，即使通风时有部分水汽被带出窖外，关风机后只需 1～2h，菜垛内的相对湿度即可恢复到 95% 左右。此项新技术的特点是只需通过开、关风机就能够进行调控管理，既可调控温度又能防止乙烯积累，具有较好的贮藏效果，适合北方地区冬季贮藏。

（六）自然温度贮藏

采用自然降温贮藏是一种简单而又传统的保存方法。常见的自然降温贮藏方式有堆藏、沟藏、埋藏、冻藏、假植贮藏以及通风窖藏等，这些方式都是通过外部温度（空气温度或土壤温度）、湿度对贮藏温度、湿度进行调控。但应用时受地域、季节因素的限制，无法达到理想的贮藏温度。由于其构造简单，部分为临时设施（堆藏、垛藏、沟藏等），耗材少，造价低，且对缓解产品供求具有重要意义，故其在甘蓝的贮藏中得到了广泛应用，尤其在我国北方冬季及早春经常使用。

1. 埋藏　开挖沟渠宽度约为 2m，沟渠的深度视天气情况和贮藏菜量而定。通常情况下，在沟中堆放两层，堆放时根部向下排列在沟中，第 2 层根系向上码放，堆好之后覆土，之后追加覆土的时间、厚度和次数，都要视当地的天气情况而定。

2. 假植贮藏　对于包心未充实的晚熟品种，可以采用这种方法。例如，在华北地区，在土壤未结冰之前，将甘蓝连根拔起，带土露地堆放数日，待菜体稍有萎蔫便可在平畦（或矩形沟渠）进行假植，即将每一株甘蓝的根茎向下堆放，在假植完毕之后进行浇水，水量湿地皮即可，再在上面覆盖一层甘蓝外叶，1 周之后覆土大约 10cm，在大雪（12 月上旬）时再进行二次覆土，厚度为 12～13cm，在冬至期（12 月下旬）进行第 3 次覆土，厚 5～6cm。覆土需均匀，以防止过厚的地方发热，过薄的地方受冻。

3. 窖藏　用外叶将叶球护好装筐，在窖内进行码垛，堆垛的尺寸和高度取决于窖的尺寸和高度。堆垛室应留出倒垛的空间，以便于通风。为防止水分流失，还可以将菜垛从上到下用塑料膜盖起来，不用密封。这种方法蔬菜受压力小，容易操作管理。

4. 架藏法　贮藏之前，先进行 3～4d 的摊晾，而后将甘蓝一棵棵斜放在贮藏库内的贮藏架上。堆放的高度，可根据菜身的大小而定，一般以两三棵高较为适宜，上下层间要留有空隙，以利通风散热。也可平放，菜根朝上叠放两三棵高即可。

5. 堆藏法　选室内阴凉通风的地方，把菜堆成高 0.7m，宽 0.5～0.6m，长度不限的菜堆。每堆重量不超 2 500kg。当菜堆较大时，为便于空气流通，还需在菜堆中加入几个空箱。

六、销售冷藏保鲜

超市冷库温度在 0℃左右为宜，若与其他喜温蔬菜混合存放时，冷库温度应在 5℃左右为宜。当日出售的大批量甘蓝应存放在冷库中，并根据销售量逐渐向货架补货。

超市甘蓝冷藏温度通常控制在5～10℃。常温下的售货窗口甘蓝数量应尽量少，并及时从冷库中补货。

七、采后病（伤）害

蔬菜采后病害主要是指蔬菜于采收分级、贮运、销售等环节中发生、传播、蔓延的病害，包括在田间已被感染，但尚无明显症状，于贮藏运输期间发病的病害。甘蓝采后主要的病（伤）害有冻害、气体伤害和侵染性病害。

（一）冻害

冻害是指蔬菜长时间处于冰点以下的温度发生的伤害。甘蓝是较耐低温的作物，其因苗龄不同，抗低温能力有差异。在北方早春定植的甘蓝，在生长发育期间，通常会遭遇突发或长时间温度低于0℃以下的天气，甘蓝苗时常发生冻害，导致植株体内水分结冰，使蔬菜植株组织受伤，严重时整株冻死，不仅使甘蓝失去食用价值，还会造成严重的腐烂。主要防止和减轻甘蓝冻害的措施有：适温下贮藏，贮藏温度保持在0～1℃，避免甘蓝长时间处于冰点以下温度；用通风库贮藏甘蓝时，要注意外界气温过低时的保温防寒，减少通风换气次数，尽量在中午气温较高时通风换气；长途运输时最好选用机械保温车或冰保温车等。

（二）气体伤害

气体伤害主要指气调或限制气调贮藏过程中，由于气体调节和控制不当，造成氧气浓度过低或二氧化碳浓度过高，导致蔬菜发生的低氧或高二氧化碳伤害。在贮藏过程中，乙烯和其他挥发性成分的积累也会引起蔬菜的生理损害。气体伤害主要有低氧伤害和高二氧化碳伤害两种。

植物受到低氧伤害时，表皮组织会出现局部塌陷、褐变、软化，从而导致植物不能正常成熟，产生酒精味或其他异味。甘蓝在2.5℃和5mL/L氧浓度中2周，分生组织会发生褐变。高二氧化碳伤害的表现与低氧伤害类似，其特征是蔬菜表层或内部组织发生褐变，出现褐斑、凹陷或失水萎蔫等。

（三）侵染性病害

在蔬菜的贮运过程中，微生物引起的病害是造成其产品在采收后腐烂和劣变的主要因素之一。甘蓝采后贮藏中最常发生的侵染性病害是软腐病和黑腐病。软腐病是一种由欧文氏菌引起的病害，甘蓝早期表现为外叶和叶球基部的水浸样病斑，严重时表现为腐烂，甚至整个植株腐烂，发出恶臭。黑腐病为细菌性病害，甘蓝发病症状为叶片、茎等部位出现灰棕色坏死，严重时波及叶球。

甘蓝采后侵染性病害防治方法主要是：一要注意采前病害的综合防治，如采前喷药，减少入贮蔬菜所携带的微生物，提高采后防治效果；二要严格挑选入贮蔬菜，剔除携带病虫害、机械损伤的蔬菜，贮藏前用0.2%的托布津和0.3%的过氧乙酸混合液蘸根，操作时注意轻拿轻放；三要优化采后贮运环境，控制好温度、湿度和气体环境等，避免产品受伤。要晾干甘蓝外叶表面水分，快速预冷，并贮藏于0℃左右，提高甘蓝对采后病原菌的抗性。

第二节　甘蓝的加工

一、加工现状

我国是世界第一大果蔬生产国，果蔬资源丰富，总产量已超 10 亿 t。但我国果蔬加工业起步较晚，自主研发的技术少、引进的技术多，目前果蔬加工率只有 20％左右，损耗率达 25％～30％，而国外发达国家如美国加工率达到 60％～70％、损耗率不到 10％。发展果蔬加工业具有十分重要的战略意义，有利于实现农业增效、农民增收，促进农村经济与社会的可持续发展，从根本上缓解农业、农民、农村"三农"问题。

甘蓝是我国一种重要的蔬菜，其加工程度同我国果蔬加工总体水平一致，加工起步较晚，加工方式以热风干制和腌制为主，据不完全统计，甘蓝加工率不到 15％。伴随农产品加工技术的进步和新品种的推广，2000 年后我国甘蓝加工业有了一定的发展。除干制品、腌制品等传统加工品外，伴随鲜切、冻干、制汁、色素提取等技术研发成功，一批高品质和高附加值的加工制品陆续投入生产，并形成了产业化规模。但是目前甘蓝加工仍然存在初加工产品多、深加工产品少、产品同质化严重等问题，直接影响甘蓝产业经济效益的提高。例如，甘蓝脱水产品能耗高、复水性差；甘蓝色素以粗提物为主，异臭味难以脱除以及存在返臭问题，并且目前高纯度甘蓝花色苷单体制备技术不成熟，这都使得甘蓝的加工应用受到了制约。

二、鲜切加工

鲜切果蔬（fresh‐cut fruits and vegetables），又名最少加工（minimally processed）、轻度加工（lightly processed）、半加工（partially processed）或预制（pre‐processed）果蔬等，是对新鲜果蔬进行分级、整理、清洗、切分、去心（核）、修整、保鲜、包装等处理，供消费者立即食用或餐饮业使用的一种新型、便捷果蔬加工产品。鲜切技术集成了加工和保鲜技术于一体，技术要求较高，属综合性工程技术。鲜切果蔬产品新鲜、使用方便、营养丰富，随着生活节奏加快，日益受到消费者的欢迎。

鲜切果蔬最早在 20 世纪 50 年代起源于美国，当时主要以鲜切土豆的形式供应于餐饮业，后来进入零售业，60 年代在美国开始商业化生产，主要用于餐饮业。80 年代后，在加拿大、日本、欧洲等国家和地区也相继得到了迅速发展。我国鲜切果蔬业发展较晚，20世纪 90 年代才开始在蔬菜产地发展，而近年来全国各地果蔬配送中心建立的越来越多，为鲜切蔬菜的发展提供了有利条件。近几年，我国鲜切蔬菜行业年增速在 9.1％～10.5％之间，2023 年有望超过 50 亿元，其中即食鲜切甘蓝市场规模将达 15 亿元左右。甘蓝因其质地脆爽、颜色鲜亮、汁液较少、可食用部分比例大、营养丰富，适宜用作鲜切加工。

（一）原料要求

1. 品种要求　适宜鲜切加工的甘蓝品种应具有如下特点：①形状为球形，口感爽脆、辣味淡、纤维感不明显，质地紧实、不易碎、汁液不易流失；②松散球，加工时仅需要简单的修整，叶片易分散。

2. 原料的验收 原料质量是否合格，是保证成品质量关键。进行加工的甘蓝要进行感官验收，无病叶，达到鲜切加工原料感官要求，并进行农药残留的快速检测，保障食品安全。农药残留含量应符合《食品安全国家标准 食品中农药最大残留限量》（GB 2763）之规定，污染物限量也应符合《食品安全国家标准 食品中污染物限量》（GB 2762）之规定，详见表 16-9 和表 16-10。针对绿色食品甘蓝农药残留限量和污染物限量，应先符合 GB 2763 和 GB 2762 的规定，还需符合 NY/T 746《绿色食品 甘蓝类蔬菜》的规定，详见表 16-11 和表 16-12。

表 16-9 食品中农药最大残留限量

单位：mg/kg

项目	指标	检验方法
啶虫脒（acetamiprid）	≤ 0.5	GB/T 20769
吡虫啉（imidacloprid）	≤ 1	GB/T 20769
多菌灵（carbendazim）	≤ 0.5	GB/T 20769
毒死蜱（chlorpyrifos）	≤ 0.02	GB 23200.113
虫螨腈（chlorfenapyr）	≤ 1	NY/T 1379
噻虫嗪（thiamethoxam）	≤ 0.2	GB/T 20769
烯酰吗啉（dimethomorph）	≤ 2	GB/T 20769
氯氰菊酯（cypermethrin）	≤ 5	GB 23200.113
氯氟氰菊酯（cyhalothrin）	≤ 1	GB 23200.113

注：其他检测项目要求，请参照 GB 2763。

表 16-10 食品中污染物限量

单位：mg/kg

项目	指标	检验方法
铅（以 Pb 计）	≤ 0.2	GB 5009.12
镉（以 Cd 计）	≤ 0.05	GB 5009.15
砷（以 As 计）	≤ 0.5	GB 5009.11
汞（以 Hg 计）	≤ 0.01	GB 5009.17

注：其他检测项目要求，请参照 GB 2762。

表 16-11 绿色食品甘蓝类蔬菜农药残留限量

单位：mg/kg

项目	指标	检验方法
啶虫脒（acetamiprid）	≤ 0.1	GB/T 20769
吡虫啉（imidacloprid）	≤ 0.5	GB/T 20769
多菌灵（carbendazim）	≤ 0.01	GB/T 20769

（续）

项目	指标	检验方法
腐霉利（procymidone）	≤0.01	GB 23200.113
毒死蜱（chlorpyrifos）	≤0.01	GB 23200.113
虫螨腈（pyridaben）	≤1	NY/T 1379
噻虫嗪（thiamethoxam）	≤0.2	GB/T 20769
烯酰吗啉（dimethomorph）	≤1	GB/T 20769
氯氰菊酯（cypermethrin）	≤0.5	GB 23200.113
氯氟氰菊酯（cyhalothrin）	≤0.01	GB 23200.113

注：各检测项目除采用表中所列检测方法外，如有其他国家标准、行业标准以及部发公告的检测方法，且其检出限和定量限可满足限量值要求时，检测时可采用。

表 16-12　绿色食品甘蓝类蔬菜产品申报检验项目

单位：mg/kg

项目	指标	检验方法
铅（以 Pb 计）	≤0.3	GB 5009.12
镉（以 Cd 计）	≤0.05	GB 5009.15

（二）加工工艺

甘蓝鲜切加工工艺（图 16-19）：

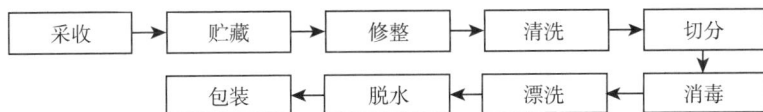

采收 → 贮藏 → 修整 → 清洗 → 切分

包装 ← 脱水 ← 漂洗 ← 消毒

图 16-19　鲜切甘蓝加工工艺

1. 采收　采收甘蓝时，要注意采摘人员和采摘刀具的卫生状况。人员采摘时，要注意采摘流程与标准，避免甘蓝与土壤接触，尽量保证甘蓝的干净。采收后的甘蓝需要按照要求进行预冷处理以消除田间热，抑制甘蓝呼吸并延缓其生理变化，尽量保持其原有的品质。目前，果蔬预冷方法主要是装箱预冷，将甘蓝快速降到 1～4℃，然后进行后续加工，如不能及时加工，需将甘蓝贮藏在冷库里。

2. 贮藏　甘蓝一般采用通风库贮藏、冷藏贮藏、气调贮藏等。垛的排列方式应与空气循环方向一致，垛底、垛间应留有一定空隙（如加托盘等）。甘蓝进入冷库暂存时，要摆放整齐，冷库的温度应维持在 1～10℃。

3. 修整　去掉结球甘蓝不可食用或影响制品品质的部分，如根、外叶及虫蚀、斑疤、机械损伤、生理伤害等部分。修整所用工具及设备采用不锈钢材料，避免铁制的工具造成色泽变化。

4. 清洗　修整后的甘蓝需要进一步清洗，清洗用水应符合《生活饮用水卫生标准》（GB 5749），可使用鼓泡式清洗机进行清洗。

5. 切分　可根据实际需求，将甘蓝切分成不同大小和形状的产品，例如条形、片状、丝状等。切分会对甘蓝组织造成损害，可能造成外观品质的劣变，因此切分时要减少对甘蓝不必要的机械伤，此步骤为鲜切加工的技术难点。切分刀具的刀刃和刀柄都要是食品级不锈钢材料，并且要保持刀具的锋利，在使用前用100mg/L的次氯酸钠（NaClO）溶液消毒。切分时采用截切，避免造成甘蓝的机械伤。切分后，刀片要卸下分开清洗，保持刀具的定期维护保养。

6. 消毒　鲜切蔬菜分为即食鲜切蔬菜和即用鲜切蔬菜，对于即食鲜切甘蓝，切分后清洗时通常在水中加入消毒剂来达到消毒目的。目前，生产常用的消毒剂主要有含氯化学物质（如NaClO）和酸性电解水（pH 2.7）等。原料在水中浸泡时间应适当控制，以防止甘蓝组织软化、细胞结构变化以及色素等细胞内容物的流失。而对于即用鲜切甘蓝，则不需要做过多的消毒处理。

7. 漂洗　切分后的甘蓝需要进行漂洗，将甘蓝浸在过滤后的生产用水中，从而将消毒时残留在甘蓝表面的消毒剂冲洗掉。

8. 脱水　经过漂洗处理的鲜切甘蓝因表面附着水分，容易导致微生物的生长繁殖，因此需进行表面水处理，生产上一般使用离心脱水。为了防止离心脱水时对甘蓝造成机械损伤，离心机的转速、脱水时间要适宜，原料装填和卸出均需小心处理。

9. 包装　包装是鲜切加工中的最后操作环节，鲜切甘蓝一般使用包装袋包装，常用的包装袋材料为聚丙烯（PP）和聚乙烯（PE）。

低 O_2 和高 CO_2 是减弱鲜切制品生理代谢、抑制好氧微生物生长繁殖的有效手段。在鲜切果蔬包装中应用最为广泛的是气调保鲜技术（MAP），其基本原理是通过使用适宜的透气性包装材料，调节包装内 O_2、CO_2、N_2 等气体比例（鲜切甘蓝一般采用 O_2 含量为3.3%～3.7%，CO_2 含量为9.1%～9.3%），形成一个调节气体环境，使产品呼吸强度维持在尽可能低的水平，且不对产品造成危害。图16-20为鲜切甘蓝产品。

图16-20　鲜切甘蓝产品

（三）品质控制

1. 微生物控制　在鲜切甘蓝加工中，微生物的控制方法一般为化学法，用的试剂主要有次氯酸及次氯酸钠、二氧化氯、过氧化氢等。

（1）次氯酸类　最常用的是次氯酸钠（NaClO），遇到酸时可以释放出游离氯（HClO），即"有效氯"，具有杀菌作用。但氯的杀菌效果受微生物种类的影响，它对细菌和病毒的杀灭效果明显，对真菌的作用不大。HClO在水溶液中的稳定性与pH值有密切关系，最适宜的pH为6.0～7.5，鲜切甘蓝推荐使用的有效氯浓度为100～150mg/kg。虽然使用含氯的试剂清洗能够大大减少果蔬表面的微生物数量，但是氯的安全性还存在隐患，因此必须注意减少产品表面残氯，使氯含量达到饮用水的标准。

（2）二氧化氯　二氧化氯（ClO_2）是黄绿色气体，其杀菌效力是氯的 2.5 倍，而且受 pH 和有机质影响小，ClO_2 在 pH6～10 和 3～5mg/kg 范围内的杀菌效力比较强。它的作用机制在于使细胞蛋白合成中断，穿透细胞壁、氧化巯基酶，从而起到杀菌作用。

（3）双氧水　双氧水（H_2O_2）分解产生的活性氧具有极强的氧化能力，能破坏微生物的原生质，杀灭微生物，也能破坏孢子及病毒，从而达到消毒灭菌的效果。适合于甘蓝鲜切产品的处理。

2. 温度控制　鲜切甘蓝的加工与贮藏环境温度必须小于 10℃，最好在 5℃ 以下，并利用冷链（温度≤5℃）进行运输和销售，通过温度管理控制微生物和品质变化，延长货架期及确保食用安全。一般在低清区，鲜切甘蓝加工温度控制在 10℃ 左右；高清区，鲜切甘蓝加工温度控制在 1～5℃。适宜的低温可以有效地缓解组织的新陈代谢速度，抑制有关酶的活性，防止褐变，降低呼吸强度及乙烯的生成率。另外，低温还可使微生物的生长繁殖受到抑制。因此，在鲜切甘蓝的加工、贮运、销售的整个过程中，都应保持低温环境，建立一条从产地到销售的冷链系统。

3. 技术规范及质量标准　鲜切甘蓝加工和质量评价应符合农业行业标准《鲜切蔬菜加工技术规范》（NY/T 1529）和《鲜切蔬菜》（NY/T 1987）之规定，其中原料感官要求如表 16-13。即食鲜切甘蓝还应符合《食品安全国家标准　即食鲜切果蔬加工卫生规范》（GB 31652）之规定，其致病菌含量（致泻大肠埃希氏菌 O157：H7、沙门氏菌、单核细胞增生李斯特氏菌等）应符合《食品安全国家标准　预包装食品中致病菌限量》（GB 29921）指标要求（表 16-14），即用鲜切甘蓝无此要求。

表 16-13　鲜切蔬菜原料感官要求

项目	指标
外观	新鲜，机械损伤不超过 5%，无腐烂、无病虫害
颜色	符合该品种的颜色
质地	符合该品种质地，不萎蔫、无冻害
风味	符合该品种风味，无异味、无不良风味

表 16-14　预包装食品中致病菌限量（即食果蔬制品）

序号	检验项目	采样方案及限量（若非指定，均以每 25g 或每 25mL 含致病菌数表示）				检测方法	备注
		n	c	m	M		
1	沙门氏菌	5	0	0	—	GB 4789.4	
2	金黄色葡萄球菌	5	0	0	—	GB 4789.10	
3	单核细胞增生李斯特氏菌	5	1	100cfu/g（mL）	1 000cfu/g（mL）	GB 4789.30	仅适用于去皮或预切的水果、去皮或预切的蔬菜及上述类别混合食品
4	致泻大肠埃希氏菌	5	0	0	—	GB 4789.6	

注：表中"m=0/25g 或 0/25mL 或 0/100g"代表"每 25g 或每 25mL 或每 100g 食品不得检出致病菌"。

三、干制加工

干制过程是物料从干制介质中吸收足够的热量使其所含水分向表面转移并排放到环境中，从而导致其含水量不断降低的过程。该过程包括了热量传递（传热过程）和质量交换（传质过程，水分及其他挥发性物质的逸散）两个过程，这两个过程反映了湿热传递过程的特性和规律，也就是食品干燥的机制。经过干制脱水的甘蓝，其内部的水分减少到一定程度时，微生物就不能利用蔬菜中的营养物质进行生长繁殖，也就不会发生腐败变质。同时，水分的减少也抑制了蔬菜本身所含酶的活性，防止品质劣变，从而使得产品在干燥条件下得以长期保存。

（一）原料要求

干制甘蓝原料要求品种优良，皮薄肉质厚密，组织致密，干物质含量高，粗纤维少，可食部分比例大，新鲜饱满，成熟度适宜，风味色泽好，不易褐变，无腐烂、无抽芽、无病虫害、无严重损伤及疤痕等。切忌使用霉变、腐烂及组织老化的原料进行加工，甘蓝原料要符合农业行业标准《脱水蔬菜原料通用技术规范标准》（NY/T 1081）之规定。

江苏省兴化市是全国最大的蔬菜脱水基地，主要用的甘蓝干制加工品种是京丰一号。另外，强夏甘蓝具有广泛的适应性，可在春、夏、秋三季不同地区栽培，耐热性好，抗黑腐病、霜霉病，球形美观，质脆味甜，商品性好，适宜脱水加工。

（二）加工工艺

干制工艺（图 16-21）：

挑选分级 → 清洗切分 → 热烫 → 冷却 → 沥水

包装 ← 分选除杂 ← 回软 ← 烘干 ← 搅拌加糖

图 16-21　甘蓝干制加工工艺

1. 原料前处理

（1）挑选、清洗、切分

挑选：剔除病虫、腐烂变质等不符合要求的甘蓝叶（图 16-22）。

清洗：采用人工或机械清洗，除去表面附着污染物。

切分：采用人工或机械将甘蓝切成满足加工要求的大小和形状，例如切分成细条、块状等（图 16-23，图 16-24）。

（2）热烫　热烫可以破坏果蔬的氧化酶系统，起到护色的作用。氧化酶在 $90 \sim 100 ℃$ 下处理 5min 即失去活性，从而防止因酶的作用而导致甘蓝的褐变以及维生素 C 的进一步氧化。同时热烫可使细胞内的原生质发生凝固、失水和细胞壁分离，使细胞膜的通透性加大，从而促使细胞组织内的水分蒸发，加快干燥速度。绿色蔬菜要保持其绿色，可在热水中加入 0.5% 碳酸氢钠或用其他方法使水呈中性或微碱性，因为叶绿素在碱性介质中水解，会生成叶绿酸、甲醇和叶醇，其中叶绿酸仍为绿色（图 16-25）。

图 16-22　干制用甘蓝原料挑选
（江苏顶能食品有限公司提供）

图 16-23　干制甘蓝人工切分
（江苏顶能食品有限公司提供）

图 16-24　干制甘蓝机械切分
（江苏顶能食品有限公司提供）

图 16-25　干制甘蓝护色
（江苏顶能食品有限公司提供）

　　对甘蓝进行短时沸水或蒸汽热烫，以烫透而不软烂为宜。热烫后迅速用冷水冷却，以防甘蓝组织软烂。采用热水热烫时水温为 80～100℃，可在水中加入食用碳酸氢钠，采用蒸汽热烫时注意分层铺放均匀，通常热烫时间为 2～3min。

　　（3）冷却　　通过传送带将甘蓝送进冷却槽进行冷水冷却，以防止因热烫导致甘蓝发生组织软烂。

　　（4）沥水与加糖　　甘蓝烘干前，需将表面部分水分去除，也即沥水，一般用离心机除水或者用套有尼龙网袋的压榨机压榨除水。除水后，按生产要求添加葡萄糖搅拌进行渗透。为了防止脱水甘蓝贮藏过程中葡萄糖从内部迁移到表面产生返霜，渗糖处理时添加一定量的乳糖和高麦芽糖浆代替葡萄糖，从而延长脱水甘蓝的返霜期。

　　2. 干燥　　干燥过程是要把水分从甘蓝中排除出来。甘蓝含水量 92% 左右，其中游离水 83%、结合水 9%，干燥过程中被除去的水主要为游离水。干燥是一个复杂的过程，排除水分的快慢和程度受着许多因素的影响和约束。要使脱水不断进行，一方面要持续提供蒸发所需的热量，另一方面又要将蒸发的水汽排出，是热和质的传递过程。目前常规的加热干燥都是以空气作为干燥介质，当甘蓝所含的水分超过平衡水分时，自由水开始蒸发。干燥初期，水分蒸发主要是外扩散，造成产品表面和内部水分之间形成水蒸气分压差，使内部水分向表面移动。干燥过程中水分的表面汽化和内部扩散同时进行，两者的速度随着甘蓝品种、状态及干燥介质的不同而有差别。像甘蓝这类蔬菜，含糖量低、水分含量高，其内部水分扩散速度较表面水分汽化速度快，因此，表面水分汽化速度对整个干制过程起控制作用，称为表面汽化控制。只要提高环境温度、降低湿度，就能加快干制速度。

目前，干制方法大致分为自然干燥和热风干燥两种。

（1）自然干燥　利用太阳辐射热将物料在阳光下直接暴晒称为晒干，在通风良好的室内、棚下以自然热风吹干称为阴干或晾干。自然干制方法操作简单、生产成本低、使用面广，但干燥速度慢、生产效率低、受自然条件影响大，干制效果和干制品质量难以得到保障。

（2）热风干燥　在具有良好加热装置和通风装置的干燥设备中人工控制干燥条件，快速排除原料中水分的干燥方法。这种方法不受自然条件限制，卫生条件良好，干燥速度快，产品质量高，但设备成本较高。目前，热风干燥主要装备有（图16-26）：

①隧道式干燥机。隧道式干燥机为长形通道干燥设备，原料铺在输送设备上沿隧道连续或间隔地通过而实现干燥。隧道式干燥机由干燥间和加热间两部分组成，加热间设有加热器和吹风机，将热空气送到干燥间，原料经过使其水分蒸发而达到干燥目的。

②带式干燥机。将原料置于帆布、橡胶或金属网制成的传送带上，装在每层传送带间的加热管充当热源。一般采用若干层传送带，干燥中原料下落时可自动翻搅，从而保证干燥均匀，质量好。

③槽式热风干燥机。干燥机由烘干槽、散热器和风机三部分组成。烘干槽由不锈钢板制成，槽内套以U形活动烘筛。散热器和风机安装在烘干槽的一端。从锅炉间送来的热蒸汽通过导热管进入散热器来加热，借助风机鼓动作用，将热空气从机槽底部的风门送入干燥机烘筛的底部，热气流通过烘筛孔眼向上散发热气，对槽内物料进行湿热交换从而达到干燥目的。

采用上述槽式热风干燥机烘干前先要预热几分钟，然后将甘蓝平铺于槽内烘筛上。在烘干过程中，要用不锈钢铲将原料经常翻动、抖散，使其上下受热均匀，以便加速水分蒸发。当原料干燥到一定程度，将半成品抖散成疏松状，然后将两台干燥机的半成品合并一台机再行第二次干燥，当原料水分降至5%～6%时即可终止烘干，将干品移出，稍微冷却后，装入密闭容器内进行一昼夜平衡水分，使其中高低不均的水分互相转移，能使整批干品的水分达到较一致的结果。

隧道式干燥机

带式干燥机

热风干燥机

图16-26　常见干燥设备

（3）新型干燥技术

①真空冷冻干燥。真空冷冻干燥是指将物料冻结到共晶点温度以下，在真空状态下，通过升华除去物料中水分的一种干燥方法。冻干食品不仅能够保留新鲜食品原有的活性成分和色香味，还具有脱水彻底、复水快、质量轻、适合常温长期贮藏和运输等优点。真空冷冻干燥设备主要包括冷制系统、真空系统、加热系统及排湿系统等部分。物料放入设备后，一方面真空系统抽真空把一部分水分带走，另一方面是制冷系统对物料冷冻时将某些组织中所含水分排到物料的表面冻结，然后由加热系统对物料加热干燥，再通过排湿系统把物料中所含的水分排出。

与热风干燥相比，真空冷冻干燥能够很好地保护甘蓝维生素 C、叶绿素等营养成分和感官品质。并且，真空冷冻干燥的复水率显著高于热风干燥，原因是真空冷冻干燥对甘蓝组织结构破坏程度较低，可以使甘蓝组织中的冰晶直接升华散失，使细胞发生不规则排列或分离，组织变形性好，从而形成多孔结构，这种结构有利于产品在复水过程中水分的截留，因而可以保持较好的复水性。

②微波干燥。微波干燥是利用水分可将吸收的微波能量转化为热能的特性，达到对甘蓝脱水干燥的效果。微波干燥的优点：干燥速率快；可充分保持甘蓝原有的品质；能量利用率高。需要注意的是，微波功率升高，结球甘蓝的焦煳程度会加重，因此低微波功率有助于色泽的保护，但功率太低，导致干燥时间较长，对营养物质也会产生不利影响。为有效发挥微波干燥速度快，对营养物质保护效果较好的优点，同时弥补微波加热后期易焦化的缺点，可一定程度上提高干燥功率，从而得到综合品质良好的结球甘蓝干制品（图 16-27）。

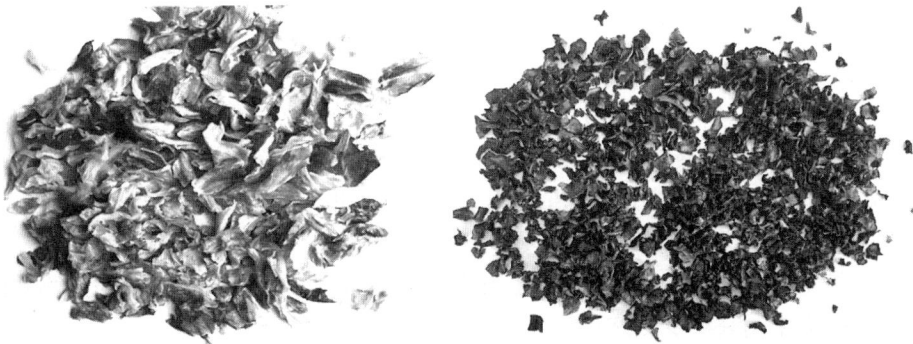

图 16-27　干制甘蓝产品

③红外和远红外干燥。红外干燥方式能有效代替热风干燥方式，由于红外波长较长，具有较强的穿透能力，能够渗透到被加热物料的内部，引起分子和原子之间的高速摩擦，产生热量，完成干燥过程，同时也减少对其品质的损伤，这也是红外干燥区别于其他干燥方式的特殊之处。在此过程中，物料内部水分的湿扩散与热扩散方向一致，从而加速了水分的内扩散。因此，红外干燥时间短且能源消耗低，更适合叶片型蔬菜甘蓝的干燥。

3. 干燥后的处理工序

（1）回软　回软又称均湿、发汗，无论是自然干燥还是人工干燥制得的干制品，其内部水分含量分布不均匀，需进行均湿处理。将干制品堆积起来盛放在密闭容器中，使内部水分进行转移从而达到水分平衡和水分分布均匀一致。干制品变软、变韧，也便于后续工序的处理，一般回软需 1～3d。

（2）分选　干燥后的产品应按规定标准进行分选，便于包装。多采用人工分选的方式（图 16 - 28），也可采用振动筛等设备进行分选，剔除不符合要求的产品。同时，用磁铁吸进行金属杂质清除。

（3）包装　干制品的包装材料和包装容器应能够密封、防潮、遮光、防虫，符合食品卫生要求。一般内包装多用有防潮作用的材料，如聚乙烯聚丙酯复合薄膜、防潮纸等；外包装多用起支撑保护及避光作用的金属罐、木箱、纸箱等。纸箱是干制品常用的包装容器。金属罐是包装干制品较为理想的

图 16 - 28　甘蓝干制后人工分选
（江苏顶能食品有限公司提供）

容器，具有密封、防潮、防虫及牢固耐久的特点，并能避免在真空状态下发生破裂。坚固质轻的塑料罐也常用于干制品的包装。复合薄膜袋由于能热合密封，可用于抽真空和充气包装。有时包装内附装干燥剂、吸氧剂以保证干制品的品质稳定。

此外，干制品最好采用真空充氮（N_2）包装，这样可有效防止营养成分在贮藏过程中的损失与外部形态的破坏。

（三）品质控制

1. 微生物控制　甘蓝干燥过程并不是杀菌过程，而是随着水分活度的下降，微生物慢慢进入休眠状态的过程，在一定环境中吸湿后，微生物仍能恢复活力，引起品质劣变，因此长期贮藏的干制甘蓝，应在干制之前通过清洗，减少大部分微生物。也有干制后用 5～7kGy 的 ^{60}Co γ 射线辐照处理脱水蔬菜，能有效杀灭微生物，延长货架期，具体应参照《脱水蔬菜辐照杀菌工艺》（GB/T 18526.3—2001）之规定执行。

2. 质构控制

（1）收缩　干制甘蓝原料含水量多、组织脆嫩，其干制收缩程度大，应适当降低干制温度，通过缓慢干制来减少收缩。

（2）表面硬化　表面硬化形成的原因：一方面，甘蓝干燥时内部的溶质随水分不断向表面迁移、积累在表面上形成结晶的硬化现象，常见于含糖或含盐多的甘蓝的干燥；另一方面，由于甘蓝的表面干燥过于强烈，水分汽化过快，使得内部水分不能及时迁移到表面上来，致使表面迅速形成一层干硬膜。其形成与干燥条件有关，如在干燥早期使物料温度保持在 50～55℃，以促进内部水分较快扩散和再分配，可避免表面硬化形成。

3. 颜色控制　甘蓝干制过程中的颜色变化主要是由色素物质降解、褐变反应以及甘蓝透明度改变引起的。

（1）色素物质降解　甘蓝中的色素物质主要是叶绿素和花色苷。绿色蔬菜在加工处理时，由于与叶绿素共存的蛋白质受热凝固影响，叶绿素会游离于植物体中，并在酸性条件下，变为脱镁叶绿素，从而使其失去鲜绿色而成为黄褐色或褐色。用碱性水进行烫漂可提

高叶绿素稳定性，减少脱镁叶绿素的形成，保持良好的绿色。在干制前用热水烫漂，可保持其鲜绿色，叶绿素在低温条件下干燥较稳定。

紫甘蓝中的花色苷为水溶性色素，其在不同 pH 值条件下会表现不同颜色，切分前后清洗、消毒、高温烫漂都会造成大量损失，水中的铁、铝等金属离子浓度和种类也会影响花色苷的颜色。因此，在紫色甘蓝的干燥过程中应控制烫漂的温度在 80～100℃，烫漂的时间为 2～3min，而且水要呈中性或微碱性，具体应参照《甘蓝热风干制技术规程》（GH/T 1385—2022）进行。

（2）褐变反应　干燥过程中甘蓝常出现颜色变褐甚至变黑的现象称为褐变，分为酶促褐变和非酶褐变。

① 酶促褐变。甘蓝中的酶促褐变是在多酚氧化酶和过氧化物酶的作用下，多酚类物质氧化呈现褐色。干燥前采用沸水或蒸汽进行烫漂处理可钝化酶，避免酶促褐变的发生。

②非酶褐变。主要是甘蓝中游离氨基酸的氨基与还原糖的羰基发生羰氨反应，使颜色加深，因此要严格控制各个阶段的烘干温度。温度低，甘蓝菜泛白；温度过高，甘蓝菜过黄或焦黄。烘干过程中温度也不可忽高忽低，否则甘蓝菜表面无光泽。硫处理可抑制非酶褐变。

（3）透明度改变　透明度高的制品不仅外观好看，而且由于空气含量少，可减少氧化作用。干燥前的热烫处理和干燥过程中物料受热均有利于排除细胞间隙中的空气，减少氧化作用，增加甘蓝干制品的透明度。

4. 复水性控制　复水性就是将脱水蔬菜浸在水里一段时间，使其尽可能恢复到干制前的状态。由于干燥降低了蔬菜的持水力，增加了组织纤维的韧性，导致脱水蔬菜的复水性变差。相比常压干燥，真空干燥、冷冻干燥等新型干燥技术加工的脱水蔬菜复水性更好。

5. 贮藏　干制后的甘蓝含水量应在 13% 以下，但也不宜太干，否则易破碎。干制甘蓝易吸湿回潮，应按分类等级装在双层大塑料袋中，封严袋口，再装硬纸箱，放在室温 15℃ 左右和空气相对湿度 50% 以下的阴凉、干燥、遮光处，同时要防鼠、防虫，经常检查贮存情况。

6. 质量标准　干制加工甘蓝质量应符合农业行业标准《脱水蔬菜甘蓝类》（NY/T 3269—2018）之规定，其中感官指标和微生物指标如表 16-15 和表 16-16。

表 16-15　脱水甘蓝感官指标

项目	指标	检验方法
色泽	与原料的色泽相近或接近一致	称取混合后样品 200g 于白瓷盘内，外观、色泽、形态、杂质、霉变等用目测法检测。气味和滋味用嗅和尝的方法检测
形态	各种形态产品的规格应均匀一致，无黏结，无碎屑，无焦化、干裂、病虫害斑等主要缺陷	
气味和滋味	具有原料固有气味和滋味，无酸味或其他异味	
杂质	无	
霉变	无	
复水性	95℃ 热水浸泡 2min 基本恢复脱水前状态	称取 20g 样品放入 500mL 的烧杯中，倒入 95℃ 热水 300mL 恒温浸泡 2min，观察其状态

表 16－16　脱水甘蓝微生物限量

项目	采样方案[a]及限量				检验方法
	n	c	m	M	
菌落总数（cfu/g）	1	—		1×10^5	GB 4789.2
大肠杆菌（MPN/g）	1	—	—	3	GB 4789.3
沙门氏菌（cfu/g）	5	0	0	—	GB 4789.4
金黄色葡萄球菌（cfu/g）	5	1	100	1 000	GB 4789.10

注：n 为同一批次产品应采集的样品件数；c 为最大可允许超出 m 值的样品数；m 为致病菌可接受水平的限量值；M 为致病菌指标的最高安全限量值；a 样品的分析及处理按 GB 4789.1 的规定执行。

四、腌制加工

腌制蔬菜作为我国传统的蔬菜加工食品之一，有着悠久的历史。腌制蔬菜具有鲜、香、脆、嫩的特点，可直接食用，亦可用作多种特殊风味烹饪菜肴的原辅材料，现代研究表明腌制蔬菜还含有多种功能菌群和功能性成分。

腌制是指用食盐、糖等腌制剂处理食品原料，使其渗入食品组织内促进食品失去部分水分，以提高其渗透压、降低其水分活度，并有选择性地抑制有害微生物的活动、促进有益微生物的生长，防止食品的腐败，改善食用品质的加工方法。经过腌制加工的食品统称为腌制品。不同的食品类型，采用的腌制剂和腌制方法均不相同。蔬菜类腌制品根据其在腌制过程中是否存在明显的微生物发酵作用，分为非发酵性和发酵性腌制品两大类。非发酵性腌制品因食盐或其他腌制剂的用量很高，在腌制过程中完全抑制微生物的乳酸发酵作用，典型的产品有咸菜、酱菜和糖渍品等。发酵性腌制品则添加相对较少的食盐、糖等腌制剂，在腌制过程中伴随明显的微生物乳酸发酵作用，从而使产品的酸度提高。有时在发酵前人为添加酸性调味料，为微生物发酵创造良性环境，泡菜、酸菜、酸黄瓜属此类产品。

（一）原料要求

要求原料新鲜，色泽白亮，无腐烂变质；组织致密、质地嫩脆、肉质肥厚、不易软化、干物质含量高；腌制后汤汁清澈不浑。

（二）加工工艺

非发酵性和发酵性腌制甘蓝加工工艺见图 16－29 和图 16－30。

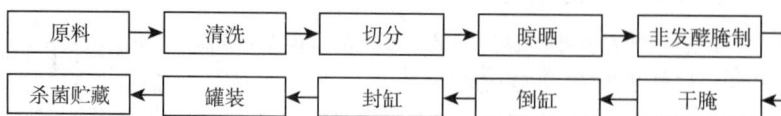

图 16－29　非发酵性腌制甘蓝加工工艺

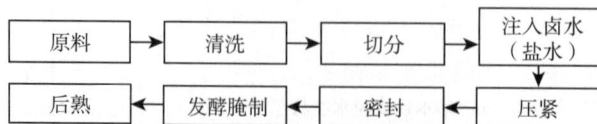

图 16－30　发酵性腌制甘蓝加工工艺

1. 原料前处理

（1）清洗 摘除甘蓝外层叶片，清洗表面附着的尘土、泥沙等。

（2）切分 将内叶作四切分去除菜心，然后与叶脉垂直切成均匀的细条或块状。

（3）晾晒 把切分好的甘蓝晾晒 3～5d，使原料呈半干状态（含水量一般控制在60%～70%）。

2. 腌制

（1）非发酵性腌制 又称盐渍加工，可分四种：盐渍品、酱渍品、糖醋渍品、酒糟制品。主要是采取高盐腌制，腌制过程不产生发酵或轻微发酵，利用高浓度食盐溶液使细胞内的汁液渗透出来，同时食盐也逐渐渗入细胞内部，使加工品的含盐量增高，提高了渗透压，使微生物细胞内的溶液反渗透出来，造成微生物的生理干燥，从而抑制了微生物的生长繁殖，起到防腐作用，故而能较长时间的保存。同时，非发酵性腌制产品也可加入香辛料、糖或其他调味品，使其物质渗透至蔬菜内部，并伴有少量微生物的作用、蔬菜自身化学以及生物化学的作用形成风味化合物，促进腌制产品风味的形成。甘蓝非发酵性腌制主要步骤如下：

①干腌。将切好的甘蓝加入洁净的缸中，一层原料一层食盐，最上层加盐后盖木排、压重石或其他重物。食盐用量为原料的 10%～15%，留总用盐量的 10%～20% 作为面盐，中下部加盐 35%～40%，中上部加盐 45%～50%。

②倒缸。使腌制品在缸中上下翻动或使盐水在缸中上下循环，促进食盐溶解和散热。每隔 1～2d 倒 1 次，连续倒 4～5 次，甘蓝变软后缸内出现汁液。

③封缸。盐渍 30d 左右即可成熟，如不立即食用，可再倒缸一次，压紧，在缸口留一定空隙，再将澄清的盐水倒入缸内，淹没木排，最后盖上缸罩。

（2）发酵性腌制 发酵性腌制品可分为半干态发酵和湿态发酵两类，这类腌菜食盐用量较低，往往加用香辛料，在腌制过程中经过乳酸发酵，利用发酵所产生的乳酸与加入的食盐及香辛料等的防腐作用，可以有效地抑制有害微生物活动，从而达到保藏蔬菜并增进其风味的目的。这一类产品都具有较明显的酸味，如泡酸菜、东北酸菜。

图 16-31 甘蓝发酵坛

发酵性腌制甘蓝主要步骤如下：先将清水煮沸，按 4%～8% 浓度把盐溶化在水中，冷却后灌入坛中，一般装到坛子的 3/5 处，再根据不同口味放入适量的花椒、辣椒、姜片、茴香、黄酒等配料，制成发酵性腌制甘蓝的卤水。将甘蓝洗净沥干后切成大块放入卤水中，盖好坛盖，腌制 7～10d 即可食用（图 16-31）。

3. 包装、杀菌与储藏 腌制蔬菜如需长期保存，则需要进行包装。包装容器可用玻璃瓶、塑料瓶或者复合薄膜袋，进行热灌装或者抽真空包装。若密封温度不低于 75℃，不需进行杀菌处理也可长期保存；也可将包装后的腌制蔬菜采用热杀菌或者超高压杀菌处理。

（三）腌制加工新技术

1. 盐渍-发酵复合新工艺 国内工厂生产腌制甘蓝大多采用自然发酵方式，利用乳酸菌的发酵作用和食盐的保存作用进行加工，操作简单，但这种发酵方式对天气、环境依赖较大，造成产品品质不稳定，并且存在发酵周期长、亚硝酸含量高的缺点。为降低腌制甘蓝中亚硝酸盐的含量，同时保持传统盐渍的风味价值，相关研究推出将传统盐渍与人工接种发酵工艺相结合的复合新工艺。

2. 低盐腌制技术 低盐腌制技术一般分为高盐咸坯脱盐技术和直接低盐腌制技术两种。

（1）高盐咸坯脱盐技术 高盐咸坯脱盐技术的工艺流程一般为：新鲜原料→清洗切块→烘干脱水→成坯→高盐咸坯→脱盐→脱水→调味→包装→杀菌→冷却→成品。

目前国内有许多围绕高盐产品的脱盐工序工艺的研究，但实际上并没有从根本上解决腌制品的高盐问题，并且脱盐工序一方面会损失产品的营养物质和呈香、呈味物质，对产品的原本品质有很大影响；另一方面对产品的成本也不利，产品需盐量大，晾晒时间长，脱盐用水量大，浪费水严重，而且造成水和土壤污染，不利于环境保护。

（2）直接低盐腌制技术 直接低盐腌制法的工艺流程一般为：新鲜原料→清洗切块→脱水→入坛→腌制→成品（图 16-32）。由于腌制过程盐含量低，需要结合其他技术控制贮藏过程微生物繁殖，如结合超高压等非热杀菌技术进行冷杀菌，既可保证腌制蔬菜的口感和风味，又可保证微生物安全。

3. 超声波辅助腌制技术 超声波是指声波频率大于 20 kHz 的弹性机械波，主要有热作用、空化作用、机械作用。在食品中应用主要是基于其空化效应，应用超声空化效应进行快速腌制取得了良好的效果。

图 16-32　腌制甘蓝

（四）品质控制

1. 微生物控制 微生物是影响腌制甘蓝蔬菜品质的重要因素，优良菌群是品质形成的基础，而异常菌群不仅无法获得优质产品，甚至还存在安全隐患。控制微生物先要从原料着手，要求原料新鲜，杂菌污染轻，腌制前彻底清洗原料和器皿，并可在清洗时添加次氯酸钠等提高减菌效果，随后通过晾晒和紫外线杀菌的方式减菌，进一步减少污染。

发酵性腌制甘蓝发酵过程中温度不宜过高，因乳酸菌适宜生长温度为 12~22℃。需经常检查，避免长膜生花现象的发生，对已经发生此现象的可采取以下方法补救：坛内补加 2% 左右食盐，加入新鲜蔬菜并装满使坛内形成无氧状态，抑制产膜酵母和酒花菌活动，并及时除去水表面白膜。还可加入少量白酒、姜、蒜等，防止进一步发生更为严重的腐败现象。

注意水槽内要保持水满，并且经常清洗换水，也可在水槽内加 15%~20% 的食盐水，以防杂菌污染。

2. 颜色控制　腌制前可用碱水浸泡甘蓝，并且按时倒缸，这样可使甘蓝不断散热，受热均匀，保持其原有的绿色。

3. 脆度控制　将甘蓝在钙盐水溶液内或微碱水溶液进行短期浸泡，或在腌渍液内直接加入钙盐（加入占原料重量 0.05％钙盐，如 $CaCl_2$、$CaSO_4$ 等），可提高产品脆度。此外，还应防止杂菌污染。

4. 营养物质控制　腌制过程中需尽量减少空气，保持缺氧状态，有利于乳酸发酵，防止败坏，也有利于维生素的保存。为了减少空气，应将容器尽量装满、压紧实，盐水要淹没菜体，并且需要密封。

5. 亚硝酸盐控制　腌制品中亚硝酸盐的生成和变化规律与核心微生物、发酵的酸度密切相关。在腌制甘蓝发酵过程中，杂菌生长会将蔬菜中的硝酸盐还原成亚硝酸盐，但是在酸性条件下，亚硝酸盐难以稳定存在，而乳酸菌能迅速降低发酵腌制甘蓝的 pH 值，即抑制杂菌生长以及硝酸盐的转化，促进亚硝酸盐的降解。因此，亚硝酸盐的控制核心是减少杂菌，迅速提高乳酸含量。

6. 卫生控制　注意控制加工过程洁净程度：原料清洗彻底，腌制时注意密封等。

7. pH 值控制　目前，欧美各国和日本等都在食品中大量添加各种食用酸，并把减盐增酸作为今后酱腌菜发展的方向。酸味料（食醋、冰醋酸及柠檬酸等）能降低腌渍液的 pH，抑制微生物的生长繁殖，对酱腌菜的贮藏极为有利。

8. 温度控制　温度越低，发酵速度越慢，提高温度，有利于腌制甘蓝快速产生乳酸和乙酸，缩短成熟期，而不同的发酵温度会导致不同的代谢物产生，提高发酵温度也有利于发酵甘蓝挥发性成分的增加。一般将腌制甘蓝放在室温 25～30℃的地方发酵，并置于干燥阴凉处贮藏。

9. 其他控制　发酵过于缓慢时可采用以下方法促进成熟：在新配制的腌制甘蓝的卤水中加入少量品质良好的老卤水、人工接种乳酸菌或对含糖量少的原料加入少量糖以促进乳酸菌活动。甘蓝装坛时应装满，并淹没在盐水的下面，装好后，液面距坛口 6～7cm，然后盖上坛盖，并在坛口边的槽内加清洁的水以封闭坛口。

10. 质量标准　腌制甘蓝应符合《食品安全国家标准 酱腌菜》（GB 2714—2015）之规定，其中产品感官要求见表 16-17，致病菌限量应符合《食品安全国家标准 食品中致病菌限量》（GB 29921—2013）中即食果蔬制品（含酱腌菜类）的规定，还应符合表 16-18 之规定；亚硝酸盐的含量应符号《食品安全国家标准　食品中污染物限量》（GB 2762—2022）之规定，限量指标为 20mg/kg。

表 16-17　酱腌菜感官要求

项目	要求	检验方法
滋味、气味	无异味、无异嗅	取适量试样置于白色瓷盘中，在自然光下观察色泽和状态；闻其气味，用温开水漱口后品其滋味
状态	无霉变，无霉斑白膜，无正常视力可见的外来异物	

表 16-18　酱腌菜微生物限量

项目	采样方案^a及限量				检验方法
	n	c	m	M	
大肠菌群^b（MPN/g）	5	2	10	10^3	GB 4789.3 平板计数法

注：a. 样品的采样和处理按 GB 4789.1 执行；b. 不适用于非灭菌发酵性产品。

五、制汁加工

果蔬汁香气浓郁、甘甜可口、营养丰富，含有丰富的碳水化合物（主要是葡萄糖和果糖）、氨基酸、维生素和矿物质，深受消费者喜爱，正成为全球最受欢迎的饮料之一，市场前景非常广阔。

果蔬汁及其饮料（fruit /vegetable juice and beverage）是以水果和（或）蔬菜（包括根、茎、叶、花、果实）等为原料，经加工或发酵制成的液体饮料。传统果蔬汁以浓缩还原（from concentrate，FC）果蔬汁为主，是以水果或蔬菜为原料，采用物理方法制取果汁（浆）或蔬菜汁（浆），随后采用高温手段除去一定量的水分而制成浓缩汁，最后加入其加工过程中除去的等量水分复原，制成具有果汁（浆）或蔬菜汁（浆）应有特征的制品。随着消费者对更加新鲜、营养、健康产品的需求不断增加，现代果蔬汁正朝着非浓缩还原（not from concentrate，NFC）果蔬汁转变。NFC 果蔬汁是以水果或蔬菜为原料，采用机械方法直接制成的可发酵但未发酵、未经浓缩的汁液制品。由于没有经过浓缩和复原环节，NFC 果蔬汁能够最大限度地保留果蔬原料的新鲜品质特征。甘蓝由于含水量高，并且营养物质丰富，十分适合进行制汁加工。

（一）原料要求

甘蓝原料品质是影响其制汁加工产品质量优劣的重要因素之一。因此，甘蓝原料要求有相应的成熟度、新鲜度、清洁度和健康度。

（二）加工工艺

1. 甘蓝浓缩汁　甘蓝浓缩汁加工工艺流程如下：

清洗切分 → 热烫 → 榨汁 → 浓缩 → 杀菌与灌装

（1）清洗切分　摘除甘蓝外层叶片，清洗表面附着的尘土、泥沙等，随后将甘蓝叶片切分至 3～5cm 宽度。清洗可分为物理及化学两类方法，其中物理法包括浸泡、鼓风、喷洗等，化学法则主要使用清洗剂、消毒剂及表面活性剂等。要注意的是，用水清洗甘蓝时，不能重复用循环水清洗。清水洗净后的细菌数可减少到 1/10，而臭氧水处理后的细菌数可减少至 1/100～1/10，进而更好地保证甘蓝汁质量。目前果蔬专用清洗剂的种类越来越丰富，如过氧乙酸、酸化亚氯酸钠、二氧化氯等新型化学杀菌剂，以及常用香辛料的提取物、乳酸链球菌素和壳聚糖等新型生物杀菌剂。

（2）热烫　将切分好的甘蓝放入热水热烫或蒸汽漂烫，以去除紫甘蓝的青草味，软化组织，钝化多酚氧化酶等内源酶，抑制甘蓝褐变，且热烫能使蛋白质凝聚及果胶水解，提高甘蓝出汁率。

（3）榨汁　一般采用螺旋榨汁机或液压式榨汁机等进行榨汁，现也有将电子脉冲应用于压榨机中的新技术，其能更好地压榨果蔬原料并提高出汁率。甘蓝汁需要进行筛滤除去汁中较大的颗粒或者悬浮颗粒，可以采用振动筛网，或者采用离心法，在机械离心力的作用下将甘蓝汁中的悬浮颗粒除去，实现汁和渣的分离。

如果加工甘蓝清汁，一般需破碎后加入纤维素酶和果胶酶进行复合酶解，提高甘蓝出汁率，然后进行离心或者超滤。超滤是利用机械力的作用，在压力驱动下利用超滤膜的筛分，将溶液中分子量 1 000～50 000u 的溶质分子与溶液分离。由于超滤是在管内进行，因此超滤不仅具有较优的分离效果，密闭的环境也能防止甘蓝汁与氧气接触而导致褐变等反应的发生，且该过程芳香物质的损失也较少。

（4）浓缩　常用的浓缩方法有蒸发浓缩法、反渗透浓缩法等。

① 蒸发浓缩。采用板式或片式换热器进行蒸发浓缩，根据加热蒸汽的作用次数可分为单效浓缩和多效浓缩。单效浓缩是加热蒸汽使用一次，只利用一台蒸发器；而多效浓缩则是将两台以上蒸发器串联，经第一道浓缩产生的二次蒸汽再次利用。

由于甘蓝汁对热较为敏感，因此长时间高温蒸煮浓缩将会对甘蓝汁的色香味带来不利影响，为了解决这一问题，大多工厂采用真空浓缩技术，通过负压降低果蔬汁的沸点，进而保障浓缩可在较低温度、较短时间内完成。一般情况下，真空下的浓缩温度为 25～35℃，真空度为 0.096MPa 左右。甘蓝汁的冷冻浓缩也是蒸发浓缩的一种，是应用了冰晶与水溶液间的固-液相平衡原理，即将甘蓝汁中的水分以冰晶体形式排除。

② 反渗透浓缩。一种基于反渗透膜的浓缩分离方法，分离过程无相变，水可以通过膜而溶质被截流。反渗透一般用于去除分子质量为 0～10 000u 的小溶质分子，超滤一般用于分子质量为 1 000～50 000u 的溶质分离。

以上两种技术相比热蒸发来说，无需加热，不发生相变；能一次性处理大量甘蓝汁产品；挥发性芳香成分损失较少；在密闭管道进行，与氧气接触较少；节能并且膜材料具备环境友好特征。与蒸发浓缩相比，反渗透浓缩甘蓝汁能够更好地保持原有的颜色、风味和营养等品质。

（5）杀菌与灌装　甘蓝浓缩汁可采用高温短时热杀菌方式，然后进行无菌灌装，常温贮存。此外，随着杀菌技术的开发，欧姆杀菌等新型热杀菌技术逐步在食品工业中得到应用，相比于传统热杀菌技术，它结合非热技术对热处理进行了优化，能提高微生物和酶的失活率，延长保质期，并更好地保留甘蓝汁的营养价值及品质。甘蓝浓缩汁也可以不杀菌，灌装后冷冻贮存。

2. NFC 甘蓝汁及甘蓝复合汁　NFC 甘蓝汁是甘蓝榨汁后不经过浓缩，直接杀菌后灌装或者灌装后杀菌，能很好地保留甘蓝原有的品质。可将甘蓝和其他水果、蔬菜分别制汁，再经调配而制成 NFC 甘蓝复合汁，调配时需综合考虑不同果蔬汁的糖酸比、颜色、风味等因素。超高压 NFC 甘蓝汁加工工艺流程如下：

清洗切分 → 破碎 → 榨汁 → 均质脱气 → 灌装 → 超高压杀菌

（1）清洗切分　同甘蓝浓缩汁。

（2）破碎　榨汁前先行破碎可以提高出汁率，特别是皮肉致密的甘蓝更需要破碎，但破碎粒度要适当，要有利于压榨过程中在甘蓝内部形成果汁的排汁通道。

（3）榨汁 同甘蓝浓缩汁。

（4）均质、脱气 利用均质机将大颗粒破碎成小颗粒，并使得体系均匀、稳定。常用均质设备有胶体磨、高压均质机、超声波均质机。生产中使用较多的为高压均质机，均质压力一般为 2～40 MPa。均质后将甘蓝汁引入真空锅内，然后被喷成雾状或分散成液膜，排除甘蓝汁中残存的空气。

（5）杀菌与灌装 食品工业采用的杀菌技术主要有热杀菌和非热杀菌两大类。热杀菌具有可靠、简便和投入小的特点，在当今果蔬汁生产中，热杀菌仍是主要杀菌方式，传统热杀菌方式有巴氏杀菌和高温短时杀菌。巴氏杀菌一般条件为 85℃以上持续 15s，相比于高温杀菌，可减少热造成的品质损失。非热杀菌主要包括超高压杀菌、高压电脉冲杀菌、辐照杀菌、紫外线杀菌、臭氧杀菌、低温大气等离子体处理技术等。这些杀菌技术由于未引入过多热量从而在保证食品安全性的基础上能更好地保留其品质。如利用超高压技术在常温条件下杀菌，甘蓝汁的天然风味与营养价值几乎不受影响，不仅如此，超高压还有提取花青素的作用，甘蓝汁中花青素含量有升高趋势，提升了产品的营养品质。采用超高压杀菌是需要先灌装，后杀菌（图 16-33，图 16-34）。

图 16-33 紫甘蓝复合汁

图 16-34 超高压杀菌设备（由北京速原中天科技股份公司提供）

3. 发酵甘蓝汁 一般以人工接种发酵为主，添加乳酸菌可以快速地将甘蓝汁或浆进行乳酸发酵。甘蓝先要经过榨汁或打浆、加热、短时保温、冷却，然后接种乳酸菌，经过一定时间的发酵，当甘蓝汁或浆 pH 值下降到一定程度时，将其进行离心分离，经 85℃巴氏杀菌或超高压杀菌，制成发酵甘蓝汁（图 16-35）。

（三）品质控制

1. 微生物控制 甘蓝汁的变质一般是由微生物引起的，未经过发酵的甘蓝汁属于中性 pH 体系，杀菌是非常重要的工艺步骤。如采用超高压等非热杀菌技术生产的 NFC 甘蓝汁，由于超高压无法杀灭芽孢，而中性 NFC

图 16-35 发酵甘蓝汁

甘蓝汁体系又适宜芽孢复苏，因此需要在低温下贮藏和运输，以防止未被杀灭的芽孢萌发和一些细菌营养体生长。同时也可添加生物抑菌剂，如乳酸链球菌素等，或结合气体来提高杀菌效果，延长货架期。

2. 褐变抑制 甘蓝制汁过程导致细胞破碎，多酚等抗氧化性物质释放溶出，在多酚氧化酶和氧气的作用下发生酶促褐变，生成褐色的醌类物质。抑制褐变主要是可以通过加热或添加有机酸来钝化/抑制酶活、添加抗氧化剂（维生素 C 或异维生素 C）抑制氧化或加工过程脱气以减少与氧气接触等方法。

3. 颜色保持 甘蓝中含有的花色苷是其呈现紫、深红、红等颜色的主要色素。花色苷能溶于水，颜色会受 pH 值影响，且易发生热降解而使其颜色变为暗棕色，其还会螯合金属离子，光和氧也会加速其降解。因此，在甘蓝汁加工时，为保留其固有的色泽，在工艺处理过程中应注意保持适当的酸度；尽量避免长时间高温加工；制汁用的所有机器、设备、管道、附件等一切金属部件与果汁直接接触的部分，都必须用耐酸的不锈钢或用其他非金属材料制造，如塑料等；在加工中避免与氧气接触；贮藏时也应避光贮藏。

4. 技术规范及质量标准 甘蓝制汁加工及产品质量应符合国家标准《食品安全国家标准 饮料生产卫生规范》（GB 12695—2016）、《饮料通则》（GB/T 10789—2015）、《食品安全国家标准 饮料》（GB 7101—2015）和《果蔬汁类及其饮料》（GB/T 31121—2014）之规定。感官要求和微生物限量见表 16-19 和 16-20。

表 16-19 果蔬汁类及其饮料感官要求

项目	要求	检验方法
色泽	具有所标示的该种（或几种）水果、蔬菜制成的汁液（浆）相符的色泽，或具有与添加成分相符的色泽	取一定量混合均匀的被测样品置 50mL 无色透明烧杯中，在自然光下观察色泽，鉴别气味，用温开水漱口，品尝滋味，检查其有无异物。浓缩饮料按产品标签标示的冲调比例稀释后进行检测
滋味和气味	具有所指示的该种（或几种）水果、蔬菜制成的汁液（浆）应有的滋味和气味，或具有与添加成分相符的滋味和气味；无异味	
组织状态	无外来杂质	

表 16-20 饮料微生物限量

项目	采样方案[a]及限量				检验方法
	n	c	m	M	
菌落总数[b]（cfu/g）	5	2	10^2	10^4	GB 4789.2
大肠杆菌（MPN/g）	5	2	1	10	GB 4789.3
霉菌/（cfu/g 或 cfu/mL）			20		GB 4789.15
霉菌/（cfu/g 或 cfu/mL）			20		GB 4789.15

注：a. 样品的采样及处理按 GB 4789.1 和 GB/T 4789.21 进行；b. 不适用于活菌（未杀菌）型乳酸菌饮料。

六、色素提取

紫甘蓝呈紫色的成分主要是花色苷，花色苷是由花青素在自然状态下与各种糖形成的糖苷，是良好的天然色素资源，其中花青素主要包括矢车菊花色素、飞燕草花色素、天竺葵花色素、芍药花色素、牵牛花色素和锦葵花色素。紫甘蓝花色苷多为矢车菊-3-二葡萄糖苷-5-葡萄糖苷和矢车菊-3-三葡萄糖苷-5-葡萄糖苷的各类酰基化产物及其衍生物，如矢车菊-3-阿魏酰-二葡萄糖-5-葡萄糖苷 [cyanidin - 3 - (feruloyl) diglucoside - 5 - glucoside]、矢车菊-3-p-香豆酰酪胺-二葡萄糖-5-葡萄糖苷 [cyanidin - 3 - (p - coumaroyl) diglucoside - 5 - glucoside]、矢车菊-3-介子酰咖啡酰-二葡萄糖-5-葡萄糖苷 [cyanidin - 3 - diglucoside (caffeoyl sinapoyl) - 5 - glucoside]、矢车菊-3-介子酰-二葡萄糖-5-葡萄糖苷 [cyanidin - 3 - diglucoside (sinapoyl) - 5 - glucoside] 等20余种。

花色苷能强烈吸收紫外光，在体内起着紫外屏障作用，同时能够预防冠心病和心肌缺损，是一种具有较好开发与应用潜力的天然色素。可以利用紫甘蓝提取花色苷作为食品色素。

紫甘蓝花色苷提取工艺流程如图16-36。

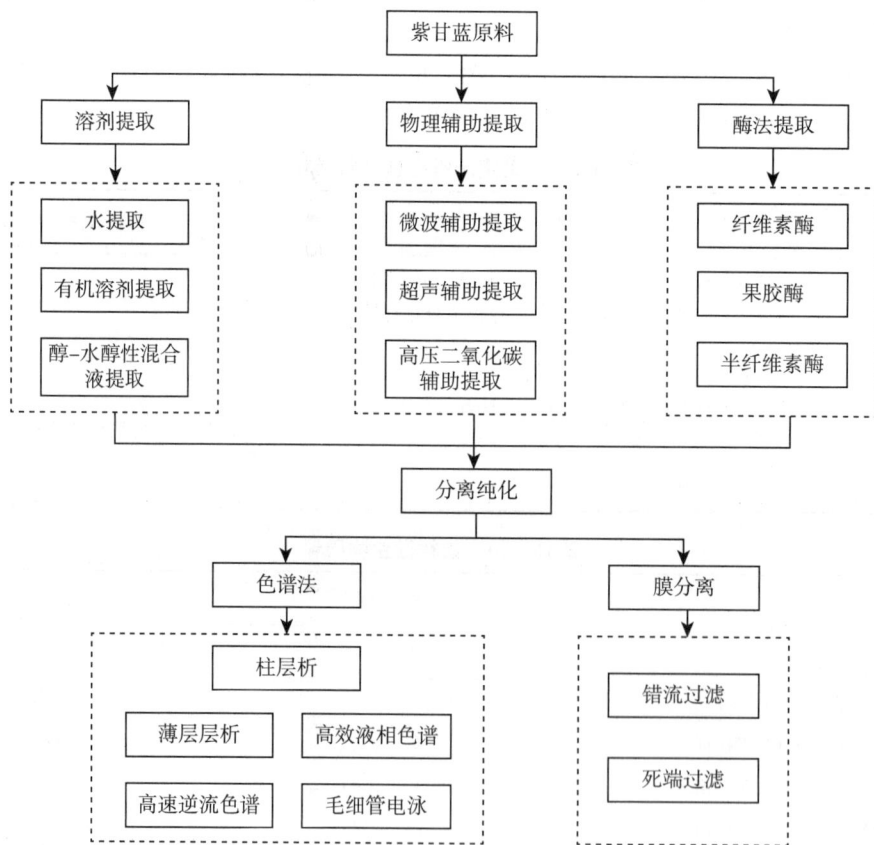

图 16-36 紫甘蓝花色苷提取流程

（一）原料要求

作为提取色素用的紫甘蓝，应该新鲜、无腐烂霉变、花色苷含量高且稳定，或采用干制后的紫甘蓝。

（二）提取方法

目前，紫甘蓝花色苷的提取主要有两类方法：

1. 化学溶剂提取法　溶剂提取基于溶剂的渗透、扩散作用，溶剂反复渗透入原料组织细胞内部，促使更多的可溶性物质溶出，直至所需物质全部或大部分溶出。

花色苷是分子中存在高度共轭体系的一类弱极性化合物，单独使用水提法，得率较低，通常使用甲醇、乙醇或醇-水的酸性混合液作为提取溶剂。酸化乙醇提取法是常见的提取方法。将紫甘蓝洗净、切分、干燥粉碎后进行提取。用酸性乙醇为提取溶剂，在调整固液比、pH 值、温度、浸提时间后进行花色苷提取。相比直接用水作为溶剂提取，采用酸性乙醇提取法提取花色苷的提取率有所增加。

2. 物理辅助提取法　采用微波、超声波、高压二氧化碳等物理手段辅助化学溶剂完成提取过程，可提高提取效率。

（1）微波辅助提取法　微波加热导致提取过程中植物细胞内的极性物质，尤其是水分子吸收微波能，产生大量热量，使细胞内温度迅速上升，液态水汽化产生的压力将细胞膜和细胞壁破坏，使胞外溶剂容易进入细胞内，溶解并释放出细胞内的产物。微波萃取法的优点为试剂用量少、节能、污染小、加热均匀、过程易于控制、热效率较高、处理批量较大，与传统的溶剂提取法相比，可节省 $50\%\sim90\%$ 的时间。

（2）超声波辅助提取法　超声波技术可在提取体系内在溶剂和样品之间产生机械效应、空穴效应和热效应，特别是空穴效应导致溶液内气泡的形成、增长和爆破压缩，从而使固体样品分散，增大样品与萃取溶剂之间的接触面积，提高目标物从固相转移到液相的传质速率。超声波辅助提取时，调节最适固液比、最适温度和最适超声波功率，可提高总色素的提取率。

（3）高压二氧化碳辅助提取法　高压二氧化碳是用压强高于大气压、低于 100MPa，即二氧化碳密度不大于 $1.97\times10^3\text{kg/cm}^3$ 的处理技术，提取的主要原理是利用高压二氧化碳创造的高压、酸化和无氧的环境，以及涡流、剪切、搅拌和爆炸效应，不可逆地破坏紫甘蓝细胞壁和细胞膜，加速紫甘蓝花色苷从固态植物基质向液态提取溶剂的传质过程，提高提取效率；同时该技术具有杀菌和钝酶的作用，可在保证最终产物活性和安全性的前提下，加快目标物的提取速率、提高得率，提升稳定性及提取物质量品质。具体可将新鲜紫甘蓝破碎后加水，固液混合物与高压二氧化碳按一定的体积比混合（1∶5∼4∶5），在 $45\sim85$℃下，升压至 $6\sim48$MPa，循环通入高压二氧化碳处理 $10\sim50$min 以提取总色素。图 16-37 为高压二氧化碳提取设备。

3. 酶辅助提取法　作为化学溶剂提取法的前处理，纤维素酶、果胶酶、半纤维素酶等均可破坏植物细胞壁结构，增加细胞壁的通透性，加快胞内活性物质的溶出，酶法可显著提高花色苷得率。按一定比例加入活化酶、紫甘蓝粉及无水乙醇，调节固液比、浸提温度和浸提时间来提取紫甘蓝色素。

（三）分离纯化方法

尽管提取溶剂不同、提取方式不同、提取得率不同，但目前所有从紫甘蓝中提取花色苷的方法都不具有特异选择性，提取液中含有糖、有机酸等溶解性相似的物质。因此，进一步从提取液中分离、纯化花色苷是非常必要的。目前，主要以色谱法中的层析柱方法为

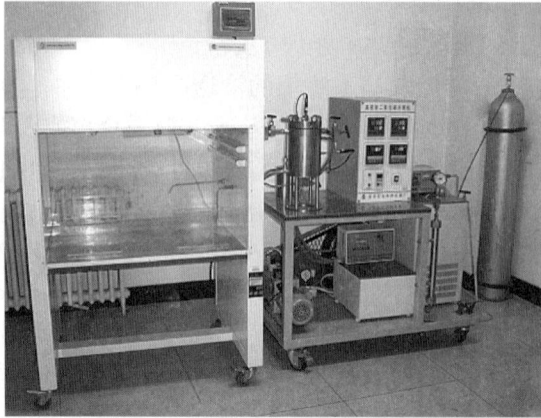

图 16 - 37　高压二氧化碳提取设备

主，其他方法还包括薄层层析、高效液相色谱、高速逆流色谱、毛细管电泳等色谱法，以及膜分离技术的物质分离方法。

1. 色谱法

（1）柱层析　柱层析技术是根据样品混合物中各组分在固定相和流动相中分配系数不同，经多次反复分配将组分分离开来。在圆柱管中先填充不溶性基质，形成一个固定相。将样品加到柱子上，用特定溶剂洗脱，溶剂组成流动相，在样品洗脱过程中，因样品混合物中各组分在固定相和流动相中分配系数不同将组分分离。柱层析技术使用较为广泛，主要有大孔吸附树脂、凝胶树脂、离子交换树脂。具体可采用 Sephadex LH - 20 凝胶层析柱分离纯化花色苷，使用体积分数为 30% 乙醇作为洗脱液，控制洗脱流速在 1mL/min 时，紫甘蓝中花色苷的纯化效果较好，杂质的含量较低，纯度较高。

（2）薄层层析　薄层层析是指将固定相与支持物制作成薄板或薄片，流动相流经该薄层固定相而将样品分离的层析系统。其特点是样品用量少，分析快速。按所用固定相材料不同，有吸附、分配、离子交换、凝胶过滤等薄层层析方法。

（3）高效液相色谱　高效液相色谱是色谱法的一个重要分支，以液体为流动相，采用高压输液系统，将具有不同极性的单一溶剂或不同比例的混合溶剂、缓冲液等流动相泵入装有固定相的色谱柱，各成分在柱内被分离后，进入检测器进行检测，从而实现对试样的分析。HPCL 法分离纯化花色苷已经成为目前最为重要的一种方法。高效液相色谱法通常采用薄层色谱法（TLC）和柱层析（OCC）作为前处理手段，乙腈、甲醇作为有机相，配合甲酸、乙酸或三氟乙酸等水相进行分离，流动相 pH 值通常低于 1.5，分离柱常采用 C18 柱，用二极管阵列检测器（DAD）在线收集花色苷的全部光谱图，也可使用单波长的紫外-可见光检测器在 520~546nm 处检测花色苷。

（4）高速逆流色谱　高速逆流色谱是一种液液色谱分离技术，它的固定相和流动相都是液体，没有不可逆吸附，具有样品无损失、无污染及高效、快速和大制备量分离等优点。可以水—正丁醇—甲基叔丁基甲醚—乙腈—三氟乙酸为分离溶剂系统，分离得到花色苷单体化合物。

（5）毛细管电泳　毛细管电泳是一类以毛细管为分离通道、以高压直流电场为驱动力的新型液相分离技术。毛细管电泳实际上包含电泳、色谱及其交叉内容，它使分析化学得以从微升水平进入纳升水平，并使单细胞分析，乃至单分子分析成为可能。相比高效液相色谱和高速逆流色谱，毛细管电泳是相对较新的技术，它具有高灵敏度、高分辨率、低样品消耗和低废溶剂产生（1～2mL/d）等优点。

2. 膜分离技术　膜分离是以半透膜（又称分离膜或滤膜）为分离介质，用薄膜两侧的压力差作为动力，按照相对分子质量大小为分界，把溶液分成通过液和保留液。膜分离是一种物理分离过程，采用错流过滤或死端过滤方式。

以甘蓝花色苷色素提取液为原料，在一定操作压力和一定的操作温度下通过不同孔径的膜组件，可提高花色苷的提取纯度（图 16-38）。

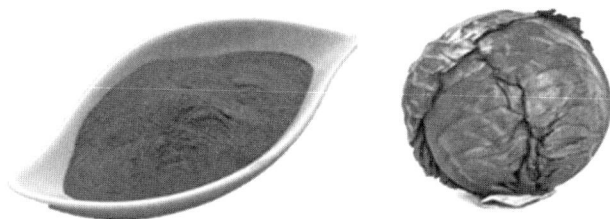

图 16-38　甘蓝花色苷色素

七、未来发展方向

对于甘蓝加工，未来将朝着加工专用品种筛选与选育、加工产品安全和品质提升、深加工水平提升以及甘蓝加工品更营养与健康等方向发展。

（一）甘蓝加工特性评价和专用品种的筛选

针对已有的甘蓝品种进行加工特性、营养成分与活性成分的系统评价，为育种工作提供参考，进一步培育出满足加工要求的甘蓝品种，筛选出适合鲜切、制干、腌制、制汁、制色素等不同加工类型产品的专用品种。

（二）甘蓝深加工技术与品质提升研究

从甘蓝采收、贮藏、加工等各环节综合考虑，利用现代农产品加工技术开发绿色、节能、高效的甘蓝深加工技术，创新精深加工产品，提高产品品质和安全性。

（三）甘蓝加工副产物综合利用

甘蓝加工过程中会产生较多的外叶、内茎等副产物，需要对其进行综合开发，可以直接或干燥或发酵后作为饲料，也可以提取有效成分，提高原料的利用度和经济效益，减少浪费，且避免环境污染。

（四）甘蓝中活性成分的纯化与功能研究

甘蓝中含有丰富的花色苷和硫代葡萄糖苷等活性物质，这些物质具有较好的生理活性。如花色苷具有抗氧化、抗癌、抗突变、抗炎等作用，对于某些慢性退行性疾病具有辅助治疗作用，其具体机制有待进一步研究；硫代葡萄糖苷具有杀菌、杀虫、防癌、抗肿瘤等作用，其营养功能广泛，极具研究价值。

◆ 主要参考文献

曹帅颖，李洋，何晨阳，等，2018. 热处理及贮藏温度对紫甘蓝花色苷稳定性和抗氧化能力的影响 [J]. 食品研究与开发，39 (2)：21 - 27.

陈洁，王冠岳，王春，等，2008. 鲜切甘蓝保鲜工艺的研究 [J]. 保鲜与加工 (4)：23 - 25.

陈锦秀，薄天岳，邱翔，等，2015. 抱子甘蓝生产及采收技术规范 [J]. 上海蔬菜 (4)：32 - 33.

陈智斌，张筠，赵晶，2012. 食品加工学 [M]. 哈尔滨：哈尔滨工业大学出版社.

范林林，高丽朴，左进华，等，2015. 不同包装材料对甘蓝的保鲜效果 [J]. 北方园艺 (11)：112 - 115.

付艳武，高丽朴，王清，等，2015. 蔬菜预冷技术的研究现状 [J]. 保鲜与加工，15 (1)：58 - 63.

高丽朴，郑淑芳，2005. 紫甘蓝贮藏技术 [J]. 蔬菜 (12)：29.

高丽朴，郑淑芳，李武，等，2003. 果蔬差压预冷设备及预冷技术研究 [J]. 农业工程学报 (6)：185 - 189.

葛成鹏，王振兴，孙红，等，2021. 基于模糊聚类分析的结球甘蓝等级检测 [J]. 河北建筑工程学院学报，39 (3)：161 - 168.

郭鸣灏，2009. 对甘蓝类蔬菜采后保鲜的探讨 [J]. 现代农业科技 (22)：342 - 343.

胡晓茹，袁青云，敖文萍，2012. 南方甘蓝高效栽培技术 [J]. 科学种养 (5)：25 - 26.

胡亚男，张建友，吕飞，等，2021. 流态冰制取技术及其在水产品中应用的研究进展 [J]. 食品工业科技，42 (21)：464 - 472.

冀卫兴，牛建会，2013. 开孔方式对甘蓝差压预冷效果影响实验研究 [J]. 食品研究与开发，34 (2)：17 - 21.

金玉忠，李志民，赵福顺，等，2015. 无公害农产品甘蓝生产技术规程 [J]. 北方园艺 (5)：58 - 60.

雷琳，阚茗铭，叶发银，等，2017. 采收成熟度对甘蓝营养成分的影响 [J]. 食品与发酵工业，43 (11)：101 - 106.

李翠红，魏丽娟，李长亮，等，2022. 流态冰预冷近冰温贮藏对西兰花贮藏品质的影响 [J]. 甘肃农业科技，53 (9)：52 - 57.

李建良，2006. 甘蓝类蔬菜常见病害的症状与防治技术 [J]. 农业新技术 (3)：14.

李翔，许彦，聂青玉，2013. 甘蓝类蔬菜采后保鲜研究进展 [J]. 长江蔬菜 (14)：6 - 8.

廖小军，吴继红，2022. 果蔬加工学 [M]. 北京：中国农业出版社.

刘达玉，王卫，2014. 食品保藏加工原理与技术 [M]. 北京：科学出版社.

刘天红，2015. 黑龙江省抱子甘蓝常见病害的发生与防治 [J]. 现代农业科技 (23)：142 - 143.

刘瑶，左进华，高丽朴，等，2019. 流态冰预冷处理对西兰花品质及生理的影响 [J]. 现代食品科技，35 (4)：77 - 86.

刘章武，2007. 果蔬资源开发与利用 [M]. 北京：化学工业出版社.

马爱民，王峰，潘国云，等，2018. 结球甘蓝主要加工利用途径分析 [J]. 中国果菜，38 (5)：5 - 8.

聂青玉，李翔，刘丹，2015. 甘蓝贮藏保鲜技术规程 [J]. 长江蔬菜 (8)：42 - 43.

牛建会，田海川，2013. 球形甘蓝差压通风预冷试验 [J]. 江苏农业科学，41 (6)：377 - 379.

潘永贵，谢江辉，2009. 现代果蔬采后生理 [M]. 北京：化学工业出版社.

彭丽桃，蒋跃明，姜微波，等，2002. 园艺作物乙烯控制研究进展 [J]. 食品科学 (7)：132 - 136.

蒲彪，胡小松，2016. 饮料工艺学 [M]. 北京：中国农业大学出版社.

宋晓秋，叶琳，杨晓波，2011. 紫甘蓝色素提取方法研究 [J]. 食品科学，32 (8)：74 - 77.

王丹，赵肖肖，马越，等，2017. 不同贮藏条件对脱水甘蓝外观品质的影响 [J]. 食品工业，38 (2)：138 - 140.

王莉，2013. 生鲜果蔬采后商品化处理技术与装备 [M]. 北京：中国农业出版社.

王文生，杨少桧，2012. 果品蔬菜保鲜包装应用技术［M］. 北京：印刷工业出版社.

王永刚，2014. 北方地区露地春茬甘蓝栽培技术［J］. 中国农业信息（10）：35-36.

王玉梅，2018. 北方早春甘蓝安全生产技术［J］. 农业开发与装备（1）：162.

徐贞贞，2013. 紫甘蓝花色苷提取、分离、鉴定及体外食管鳞癌化学预防研究［D］. 北京：中国农业大学.

许青莲，王冉冉，王丽，等，2019. 不同预冷方式对鲜切紫甘蓝冷链贮运销品质变化的影响［J］. 食品与发酵工业，45（7）：135-143.

颜丽萍，刘升，饶先军，2012. 预冷、冷藏运输和销售方法对青花菜品质的影响［J］. 食品与机械，28（2）：174-176，218.

叶兴乾，2002. 果品蔬菜加工工艺学［M］. 北京：中国农业出版社.

张莉会，陈学玲，俞静芬，等，2017. 不同加工方式对甘蓝品质的影响［J］. 食品工业，38（9）：79-81.

张憨，孙金才，卢利群，2015. 蔬菜食品加工品质调控与质量安全新技术［M］. 北京：科学出版社.

张子德，王颉，2009. 果品蔬菜贮藏加工原理与技术［M］. 北京：化学工业出版社.

赵华，胡鸿，1991. 主要果菜采后真菌病害的发生与防治［J］. 中国蔬菜（6）：43-46.

赵艳云，连紫璇，岳进，2013. 食品包装的最新研究进展［J］. 中国食品学报，13（4）：1-10.

中国农业科学院蔬菜花卉研究所，2010. 中国蔬菜栽培学（第2版）［M］. 北京：中国农业出版社.

朱文学，2009. 食品干燥原理与技术［M］. 北京：科学出版社.

Cho S D，Lee E J，Bang H Y，et al.，2017. The effects of spring kimchi cabbage pre-treatment and storage conditions on kimchi quality characteristics［J］. Horticultural Science and Technology，35（6）：747-757.

Dyeyi M，Zenda M，2022. Challenges in the supply chain of cabbage in Nelson Mandela Bay Metropolitan municipality，Eastern Cape，South Africa［J］. South African Journal of Agricultural Extension，50（2）：42-56.

Fernandez M V，Denoya G I，Agüero M V，et al.，2018. Optimization of high pressure processing parameters to preserve quality attributes of a mixed fruit and vegetable smoothie［J］. Innovative Food Science & Emerging Technologies（47）：170-179.

Hounsome N，Hounsome B，Tomos D，et al.，2009. Changes in antioxidant compounds in white cabbage during winter storage［J］. Postharvest Biology and Technology，52（2）：173-179.

Jolie R P，Christiaens S，De Roeck A，et al.，2012. Pectin conversions under high pressure：Implications for the structure-related quality characteristics of plant-based foods［J］. Trends in Food Science & Technology，24（2）：103-118.

Kader A A，2002. Postharvest technology of horticultural crops［M］. California：University of California Agriculture and Natural Resource.

Klieber A，Porter K L，Collins G，2002. Harvesting at different times of day does not influence the postharvest life of Chinese cabbage［J］. Scientia Horticulturae，96（1-4）：1-9.

Lamanauskas N，Bobinaite R，Atkauskas S，et al.，2015. Pulsed electric field-assisted juice extraction of frozen/thawed blueberries［J］. Zemdirbyste-Agriculture，102（1）：59-66.

Li H，Li X，Wang R，et al.，2020. Quality of fresh-cut purple cabbage stored at modified atmosphere packaging and cold-chain transportation［J］. International Journal of Food Properties，23（1）：138-153.

Miller F A，Silva C L M，Brandao T R S，2013. A review on ozone-based treatments for fruit and vegetables preservation［J］. Food Engineering Reviews，5（2）：77-106.

Nagata M，2012. Characteristics of winter cabbage for fresh-cut cabbage by harvest date and storage period［J］. Nippon Shokuhin Kagaku Kogaku Kaishi-Journal of the Japanese Society for Food Science and

Technology，59（1）：40－44.

Rai D R，Narsaiah K，Bharti D K，et al.，2009. Modified atmosphere packaging of minimally processed cabbage（*Brassica oleracea* var. *capitata*）［J］. Journal of Food Science and Technology（Mysore），46（5）：436－439.

Suojala T，2003. Compositional and quality changes in white cabbage during harvest period and storage ［J］. The Journal of Horticultural Science and Biotechnology，78（6）：821－827.

Wambrauw D Z K，Sato Y，Sugino N，et al.，2020. Effect of moisture－proof corrugated boxes on water loss from cabbage during storage ［J］. Journal of Applied Botany & Food Quality（93）：54－58.

Xu Z，Wu J，Zhang Y，et al.，2010. Extraction of anthocyanins from red cabbage using high pressure CO_2 ［J］. Bioresource Technology，101（18）：7151－7157.

（廖小军　高丽朴　王清　赵靓　岳晓珍　庞茜　谢嘉俊　王文欣　徐嘉悦　杨肖飞　陈安均）

注　第一节：高丽朴、王清、岳晓珍、庞茜；第二节：廖小军、赵靓、谢嘉俊、王文欣、徐嘉悦、杨肖飞、陈安均。

图书在版编目（CIP）数据

中国结球甘蓝 / 方智远主编. —北京：中国农业
出版社，2024.1
ISBN 978-7-109-31635-5

Ⅰ.①中… Ⅱ.①方… Ⅲ.①结球甘蓝 Ⅳ.
①S635.1

中国国家版本馆 CIP 数据核字（2023）第 241185 号

中国农业出版社出版

地址：北京市朝阳区麦子店街 18 号楼
邮编：100125
责任编辑：孟令洋 郭晨茜
版式设计：小荷博睿 责任校对：吴丽婷
印刷：北京通州皇家印刷厂
版次：2024 年 1 月第 1 版
印次：2024 年 1 月北京第 1 次印刷
发行：新华书店北京发行所
开本：787mm×1092mm 1/16
印张：34 插页：8
字数：850 千字
定价：300.00 元

DGMS 材料和 CMS 材料

地方品种：北京早熟

地方品种：金早生 5-3

地方品种：大楠木叶

地方品种：海拉尔和尚头

地方品种：红旗磨盘

地方品种：上海鸡心

地方品种：上海牛心甘蓝

骨干亲本：01-20

骨干亲本：9025-4

骨干亲本：花期自交亲和系 87-534

骨干亲本：上海黑叶小平头

花期自交不亲和系：02-11-2-6

抗根肿病材料：SW110-24-1-7

抗黑腐病材料：QP07-5

抗枯萎病材料：96-100

抗枯萎病耐热材料：95085

重要亲本：84067- 早

重要亲本：84079

重要亲本：2011214

重要亲本：2013403

重要亲本：DH12-3M2

重要亲本：黄苗

重要亲本：95100

YR 中甘 21

春丰

春丰 007

春甘 3 号

东甘 60

京丰一号

绿球 66

秦甘 50

秦甘 60

庆丰

秋抗

晚丰

西园 4 号

早夏 -16

争春

争牛

中甘 11

中甘 15

中甘 21

中甘 56

中甘 628

中甘 1305

中甘 8398

育种技术

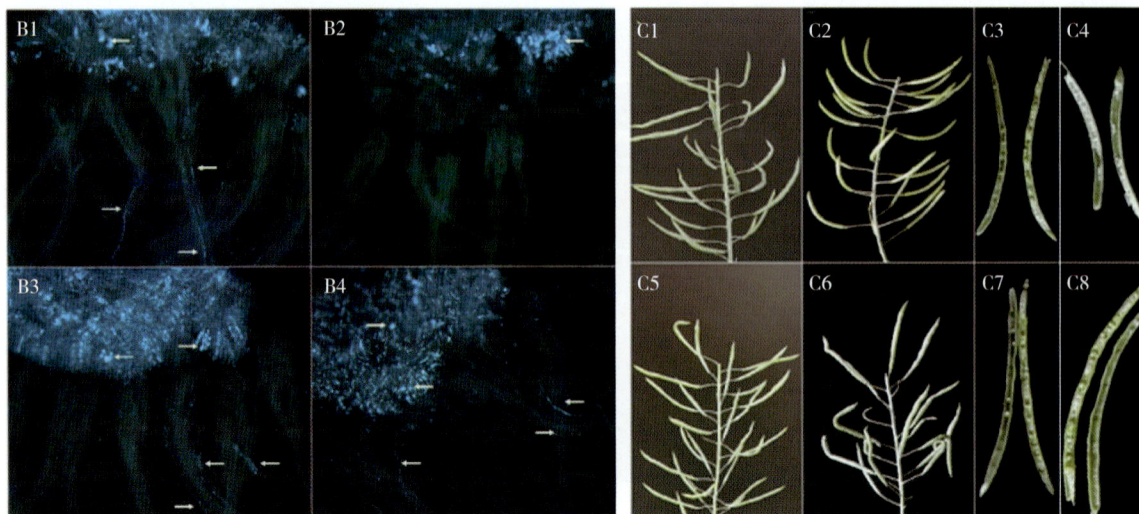

利用基因编辑技术敲除 *BoSRK3* 创制自交亲和材料

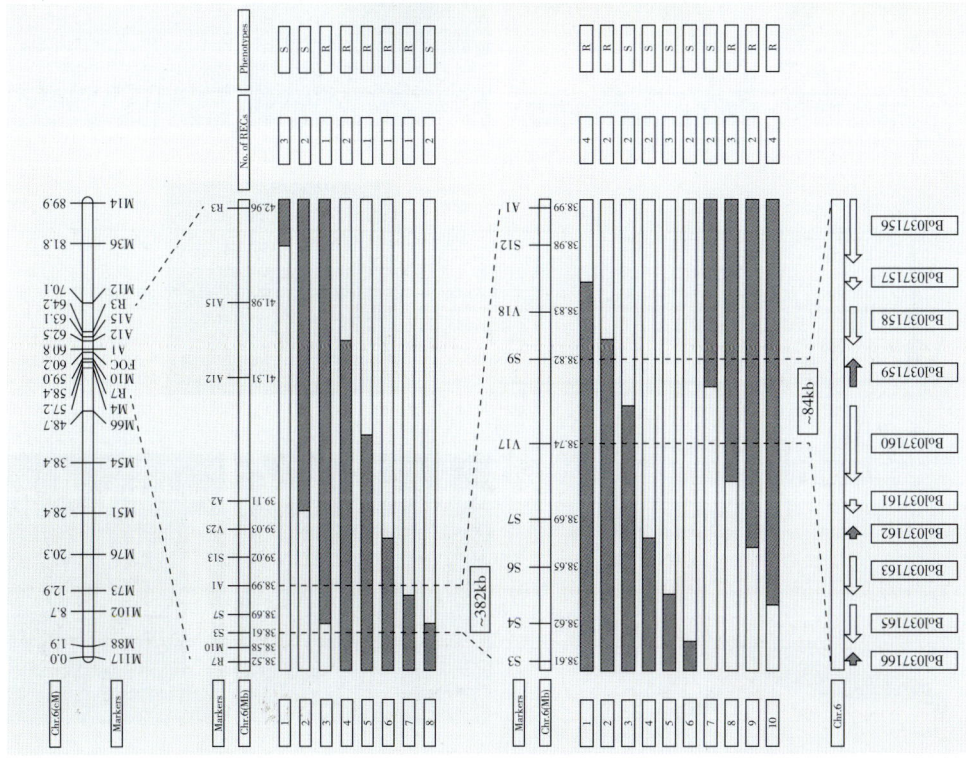

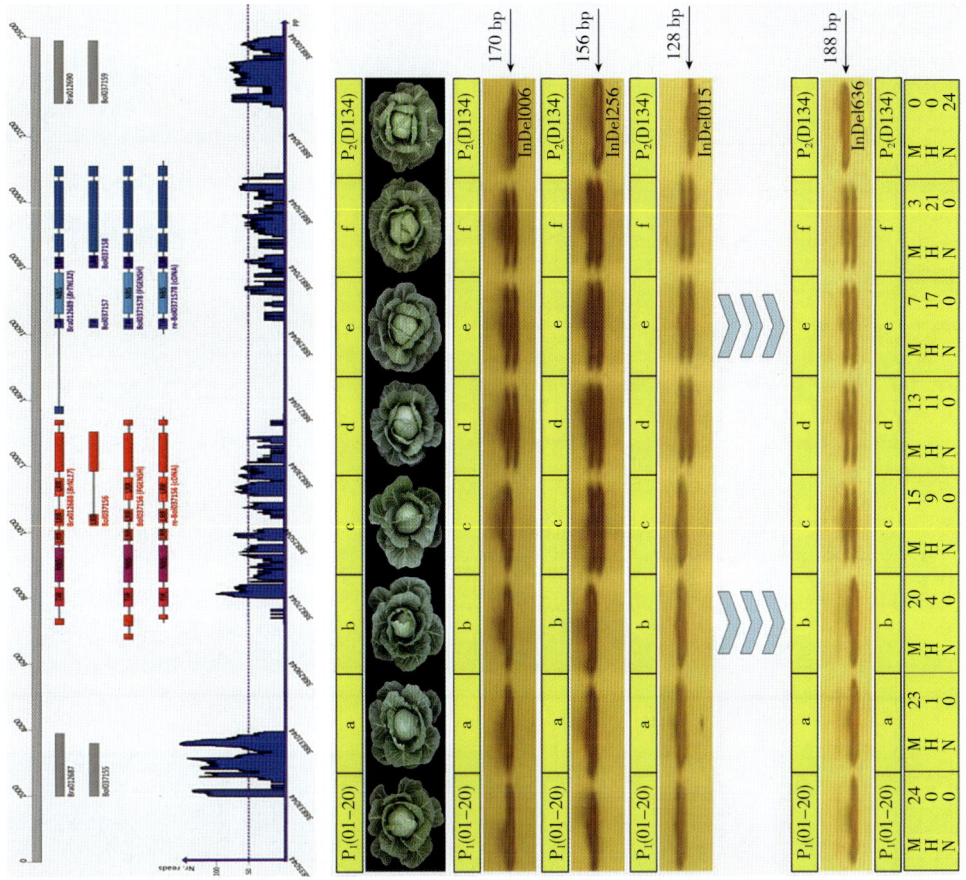

甘蓝枯萎病抗性基因 *FOC1* 的克隆及在育种中的应用

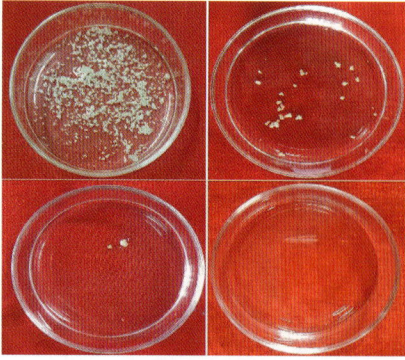

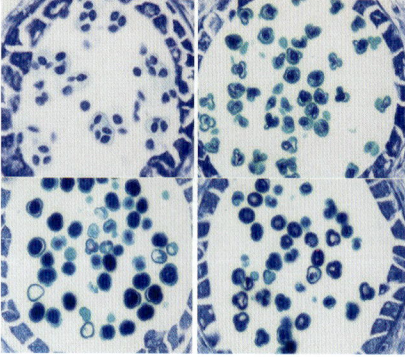

甘蓝游离小孢子培养

转 *Bt* 基因甘蓝抗虫性鉴定

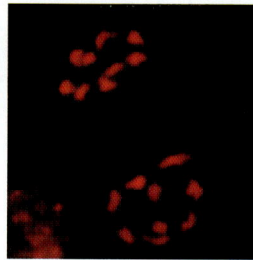

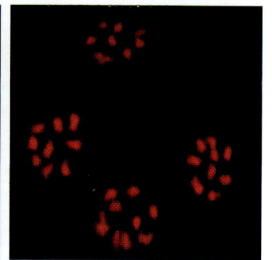

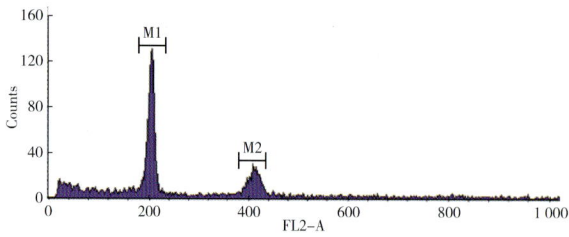

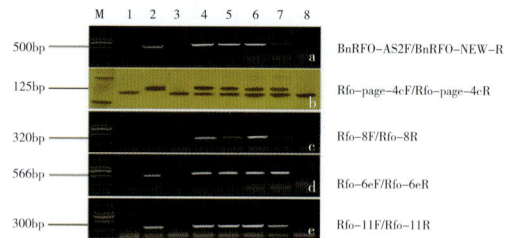

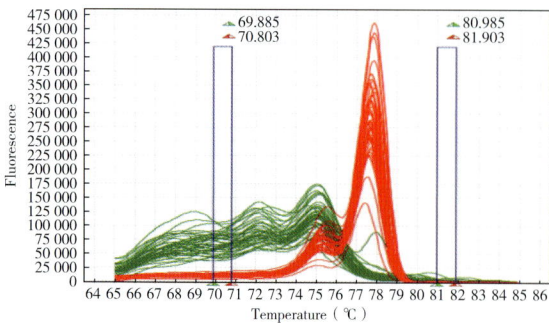

远缘杂交创制的 Ogura CMS 育性恢复系用于抗根肿病不育材料的挖掘

WT（C20）　DGMS-C20

S9　D　S9　S11

中甘21

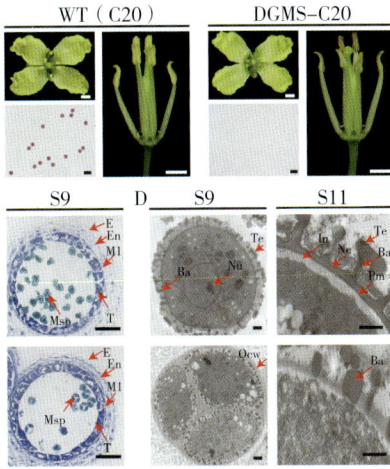

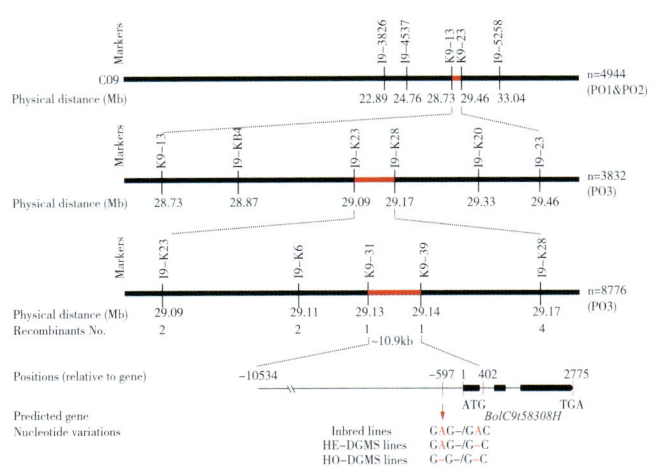

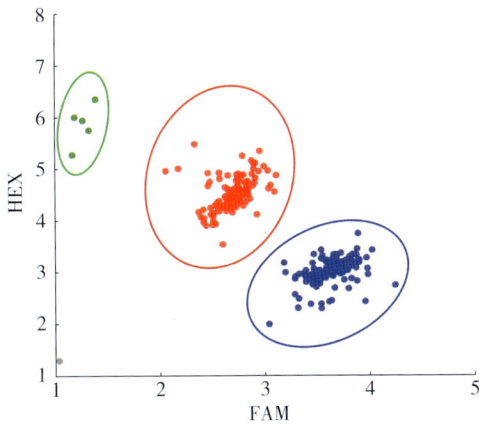

甘蓝显性雄性不育基因 *BoMs-cd1* 的克隆及在育种中的应用

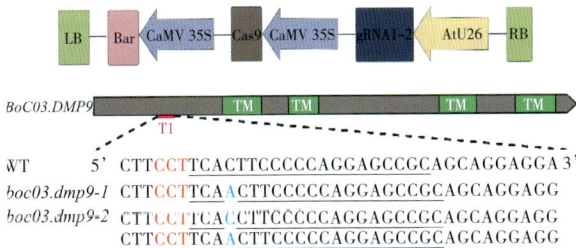

Event Selfing	Total seedling	Haploids	HIR(%)
WT	320	0	0
boc03.dmp9-1	123	1	0.8
Cross			
ms4×boc03.dmp9-1	255	6	2.35
19Z2053×boc03.dmp9-1	225	3	1.18
19Z2053×boc03.dmp9-2	518	3	0.58
19Z2053 × WT	413	0	0
2039×boc03.dmp9-2	499	8	1.60
2085×boc03.dmp9-1	448	2	0.41
boc03.dmp9-1×2085	251	0	0

利用基因编辑技术首次创制的甘蓝 dmp 单倍体诱导系

漂浮育苗

营养钵育苗

工厂化穴盘育苗

河北邯郸中甘 28 春露地栽培

山西运城春甘 6 号春露地栽培

浙江杭州中甘 628 春露地栽培

甘肃定西夏甘蓝中甘 828 栽培

河北张北夏甘蓝中甘 21 栽培

湖北利川夏甘蓝京丰一号高山栽培

云南昭通夏甘蓝苏甘 42 栽培

浙江丽水夏甘蓝春丰栽培

重庆丰都西园 4 号高山栽培

湖北嘉鱼秋甘蓝中甘 596 栽培

内蒙古乌兰察布秋甘蓝中甘 590 栽培

山东寿光秋甘蓝中甘 606 栽培

河南中牟秋甘蓝中甘 602 栽培

重庆大足秋甘蓝西园 4 号栽培

湖北嘉鱼中甘 1305 越冬栽培

江苏南京苏甘 27 越冬栽培

河北滦南春甘蓝中甘 8398 日光温室栽培

河北曲周春甘蓝中甘 56 大棚栽培

陕西泾阳秦甘 50 连栋温室栽培

陕西咸阳春甘蓝中甘 56 地膜覆盖栽培

四川攀枝花春甘蓝西园 4 号地膜覆盖栽培

黑龙江哈尔滨东甘 60 一年一季栽培

甘蓝机械化定植

甘蓝机械化收获

制种

覆盖二膜调节甘蓝花期

大面积杂交制种结荚期

大面积杂交制种开花期

晾晒种子

种子精选机

病虫害

甘蓝黑腐病

甘蓝枯萎病

甘蓝根肿病

甘蓝软腐病

甘蓝菌核病

甘蓝霜霉病

菜青虫及其在甘蓝上的危害状

甘蓝夜蛾幼虫及其在甘蓝上的危害状

小菜蛾幼虫及其在甘蓝上的危害状

无翅萝卜蚜及其在甘蓝上的危害状

甘蓝机械化采收

甘蓝差压预冷

京丰一号冷库贮藏

甘蓝腌制

干制甘蓝人工筛选

提取的紫甘蓝色素